Eduard Riecke

Lehrbuch der Physik zu eigenem Studium und zum Gebrauche bei Vorlesungen

Erster Band

Verlag
der
Wissenschaften

Eduard Riecke

Lehrbuch der Physik zu eigenem Studium und zum Gebrauche bei Vorlesungen

Erster Band

ISBN/EAN: 9783957003348

Auflage: 1

Erscheinungsjahr: 2015

Erscheinungsort: Norderstedt, Deutschland

Hergestellt in Europa, USA, Kanada, Australien, Japan
Verlag der Wissenschaften in Hansebooks GmbH, Norderstedt

Cover: Foto ©Bernd Kasper / pixelio.de

LEHRBUCH

DER

PHYSIK

ZU EIGENEM STUDIUM UND ZUM
GEBRAUCHE BEI VORLESUNGEN

VON

EDUARD RIECKE,

O. Ö. PROFESSOR DER PHYSIK
AN DER UNIVERSITÄT GÖTTINGEN.

ERSTER BAND.

MECHANIK, MOLEKULARERSCHEINUNGEN
UND AKUSTIK. OPTIK.

DRITTE, VERBESSERTE UND VERMEHRTE AUFLAGE.

MIT 466 FIGUREN IM TEXT.

LEIPZIG
VERLAG VON VEIT & COMP.
1905

Vorwort zur ersten Auflage.

Das vorliegende Lehrbuch, welches in zwei handlichen Bänden das ganze Gebiet der Physik umfaßt, ist erwachsen aus Vorlesungen, die ich an der Universität zu Göttingen gehalten habe: Den Grundstock bilden meine Vorlesungen über Experimentalphysik; ich habe damit aber manches verbunden, was den Gegenstand von spezielleren Vorträgen oder seminaristischen Übungen gebildet hatte. Meine Absicht war darauf gerichtet, den Lesern einen möglichst deutlichen und vollständigen Einblick in die Tatsachen und Ideen zu geben, welche den Bestand unserer heutigen Physik ausmachen. Das Buch wendet sich aber an alle, die der Physik wissenschaftliches Interesse entgegenbringen: an die Hörer der Physik an Universität und technischer Hochschule, denen es neben der Vorlesung und zu eigenen Studien dienen kann; an den Lehrer, der in ihm manches im Zusammenhange finden wird, was, oft schwer zugänglich, in Zeitschriften und Sammelwerken zerstreut ist; an den großen Kreis derer, die auf verwandten Gebieten im Dienste der theoretischen Forschung oder der technischen Anwendungen tätig, ihre Kenntnisse von der Entwickelung der Physik wieder ergänzen möchten. Mit Rücksicht auf diese allgemeinere Bestimmung wünschte ich, daß das Buch ein leicht zu lesendes sei; ich habe daher mathematische Entwickelungen nur sparsam benützt, und, wo sie nicht zu vermeiden waren, in elementaren Grenzen gehalten. So unschätzbare Dienste die Mathematik der Physik bei der Begründung und Formulierung ihrer Gesetze leistet, so sind die physikalischen Wahrheiten doch unabhängig von ihrem mathematischen Gewande, und ihr wesentlicher Inhalt muß auch ohne die Mittel der Infinitesimalrechnung deutlich zu machen sein. In ausgedehnter Weise wird in diesem Sinne von der Zeichnung Gebrauch gemacht werden; anschauliche geometrische Bilder haben bei der Entdeckung physikalischer Gesetze eine wichtige Rolle gespielt: sie bilden ein ebenso wertvolles Hilfsmittel für ihre Überlieferung.

Über die Anordnung und Auswahl des Stoffes, über seine methodische Behandlung wird man immer verschiedenen Ansichten begegnen; einen allein seligmachenden Kanon gibt es hier nicht, das subjektive Gefühl muß vielmehr sein Recht behalten. Ich glaube, daß die Art, wie sich die Wissenschaft historisch entwickelt hat, im großen auch den Weg zeigt, den wir beim Unterricht, beim Lernen zu gehen haben; die historische Entwickelung ist keine zufällige und willkürliche, es herrscht in ihr vielmehr ein natürliches Gesetz des Fortschrittes von einfachen und naheliegenden Tatsachen zu verwickelten und verborgenen. Aber auch abgesehen hiervon, kann ein Lehrbuch der Physik den stufenweisen Fortschritt der Erkenntnis, die allmähliche Wandlung unserer Anschauungen nicht ganz mit Stillschweigen übergehen. Der Zusammenhang der Wissenschaft, die Kenntnis des Grundes, auf dem ihr heutiger Bau erwachsen ist, darf nicht verloren gehen; und wenn wir auch den Anschauungen von Coulomb, Ampère, Weber oder Carnot jetzt ablehnend gegenüberstehen, so dürfen wir doch den vielfachen Nutzen nicht vergessen, den die aus ihnen geschöpften Vorstellungen uns auch heute noch gewähren. Wer Physik verstehen will, der muß auch von den Ideenkreisen wissen, die von jenen Männern entwickelt worden sind.

Daß ein Lehrbuch der Physik naturgemäß mit der Mechanik beginne, darüber dürfte kaum eine Meinungsverschiedenheit herrschen. Soll aber nicht schon an ihre Spitze das Energieprinzip treten, so daß die Gesetze der Statik und Dynamik aus ihm als ihrem gemeinsamen Grunde entwickelt werden? Es ist dies nicht der Weg der historischen Entwickelung, und ich glaube auch nicht der Weg, auf dem die in Frage kommenden Gebiete am leichtesten zugänglich zu machen sind. Die experimentellen Tatsachen sind es allein, die in jedem Wechsel unserer Anschauungen dieselben bleiben, und sie werden auch den besten Ausgangspunkt der Darstellung bilden, wenn diese in sich selber ruhen und nicht auf schon erworbenen Kenntnissen nur weiterbauen will.

Ich beginne dementsprechend mit der Mechanik starrer Körper und führe sie zunächst bis zu dem von Galilei erreichten Standpunkt; in ihre Mitte stelle ich sodann die Entwickelung der Newtonschen Prinzipien und schließe daran Anwendungen der Prinzipien auf wichtige Probleme der Bewegung. Nachdem so eine größere Summe von Anschauungen gewonnen ist, wird das Energieprinzip zuerst für rein mechanische Systeme entwickelt; die Fälle, in denen mechanische Energie verschwindet, leiten zu der Einführung der Wärmeenergie hinüber; auf die allgemeine Bedeutung der energetischen Prinzipien wird nur in vorbereitender Weise aufmerksam gemacht, sie stehen aber von jetzt an bei allen folgenden Untersuchungen zur Verfügung.

Der Statik inkompressibler und derjenigen kompressibler Flüssigkeiten ist je ein besonderes Kapitel gewidmet; dagegen sind in der Dynamik beide Arten flüssiger Körper nebeneinander behandelt. Ein erstes Kapitel enthält die Gesetze der Strömungen und Wirbel, ein zweites die Erscheinungen der Wellenbewegungen.

In dem Buche über Molekularerscheinungen hielt ich es für nützlich, die Verhältnisse der Kristallelastizität wenigstens an einem Beispiele zu erläutern; ebenso habe ich die interessanten Vorgänge, welche bei bleibender Deformation und beim Bruche fester Körper auftreten, durch ein paar Figuren anschaulich gemacht. In der Lehre von der Kapillarität ist zunächst das Gesetz der Oberflächenspannung aus den experimentellen Tatsachen abgeleitet; es ist aber auch die Theorie eines zu der Oberfläche senkrechten Molekulardruckes gegeben, zum Teil im Hinblick auf seine Bedeutung für die van der Waalssche Formel. Bei den Molekularerscheinungen der Gase ist für die Darstellung zunächst ihre Analogie mit den entsprechenden Erscheinungen der Flüssigkeiten maßgebend; der allgemeinen Übersicht über die Erscheinungen folgt dann ein kurzer Abriß der kinetischen Theorie. Die Gesetze selbst werden stets ergänzt durch Angabe numerischer Werte für die in ihnen auftretenden Moduln und Koëffizienten; es war überhaupt in dem ganzen Lehrbuche mein Bestreben, die Vorstellungen, welche sich an die allgemeinen Gesetze knüpfen, durch Angabe von Maß und Zahl zu möglichst konkreten zu machen; dabei sind die Maßsysteme, auf welche sich die mitgeteilten Zahlen beziehen, stets deutlich bezeichnet worden.

Die Akustik wurde an die Mechanik angeschlossen, so daß sie mit dieser zusammen den ersten Teil des Lehrbuches bildet; um sie nicht über Gebühr auszudehnen, habe ich fortgelassen, was der Theorie der Musik oder der Physiologie der Tonempfindungen angehört, mit Ausnahme eines kurzen Berichtes über den Phonographen und die mit seiner Hilfe ausgeführte Analyse der Vokalklänge, Dinge von so allgemeinem Interesse, daß sie meinem Gefühle nach nicht übergangen werden durften.

Daß ich zum zweiten Teile des Lehrbuches die Optik, zum dritten Magnetismus und Elektrizität, zum vierten die Wärmelehre gemacht habe, wird nicht durch die innere Natur des Stoffes gefordert. Es hängen diese Gebiete in so mannigfacher Weise zusammen, daß, nach Vorwegnahme des Energieprinzips, jede Anordnung möglich scheint, daß jede ihre besonderen Vorzüge und Nachteile mit sich bringt. Für meine Wahl war einmal der historische Gesichtspunkt maßgebend, dann die Überlegung, daß die Wellenlehre des Lichtes wesentlich auf das schon bei den Wasserwellen eingeführte HUYGHENSsche Prinzip, sowie auf die Analogien mit den Erscheinungen des Schalls sich stützt; es schien mir daher zweckmäßig, die Optik in dem gleichen Bande zu bringen, wie die Kapitel, in denen jene Dinge abgehandelt werden.

Die Optik selbst zerfällt in drei Bücher; den Inhalt des ersten bilden die Lehren von der geradlinigen Ausbreitung, Reflexion, Brechung und Farbenzerstreuung. In dem Kapitel über Brechung werden auch schon die allgemeinen Verhältnisse der Doppelbrechung an dem Beispiele des isländischen Spates entwickelt. In dem Kapitel über Farbenzerstreuung findet sich die Theorie des Farbenkreisels und der Farbenmischung, soweit sie sich auf physikalischem Boden bewegt. In dem Kapitel über das Auge und die optischen Instrumente wird Gelegenheit genommen zu einer Darstellung der Gesetze, denen die Brechung in einem aus mehreren Medien bestehenden Systeme folgt. Das zweite Buch der Optik enthält die Lehren von Emission und Absorption, von der Fluoreszenz und der chemischen Wirkung; hier wird auch die anomale Dispersion und die auswählende Reflexion erörtert. Das dritte Buch ist der Undulationstheorie gewidmet. Einem einleitenden Kapitel folgen die Erscheinungen der Interferenz und Beugung. In der Lehre von Polarisation und Doppelbrechung werden die Gesetze der Reflexion, insbesondere auch die der Metallreflexion, in möglichst gedrängter Form dargestellt. In der Kristalloptik wird ausschließlich die Wellenfläche und nicht die Normalenfläche benützt, um das Studium dieser nicht ganz leichten Dinge so einfach wie möglich zu gestalten. Den Schluß des Kapitels bildet die Frage nach der Schwingungsrichtung des polarisierten Lichtes. In einem letzten Kapitel finden sich einige ergänzende Betrachtungen, namentlich über das Verhältnis der Emission und der Absorption zu der Undulationstheorie.

Der dritte Teil des Lehrbuches, der erste des zweiten Bandes, beginnt mit der Lehre vom Magnetismus, in der die Theorie der Kraftlinien ihre einfachste und anschaulichste Begründung findet. Es folgt darauf die Elektrostatik, welche für die Lehre vom Potential in ähnlicher Weise grundlegend ist; ich habe die Elektrostatik aber auch deshalb vorangestellt, weil die Lehre von den elektrostatischen Apparaten, von der Dielektrizität, von den pyroelektrischen und piëzoelektrischen Erscheinungen an späterer Stelle den geschlossenen Fortgang der Darstellung unterbrochen hätte. In die Elektrostatik ist übrigens auch der Voltasche Fundamentalversuch hereingezogen worden. Der Elektromagnetismus behandelt in drei Kapiteln die Gesetze der Wechselwirkung der Ströme und Magnete, die Lehre vom induzierten Magnetismus und die elektromagnetischen Rotationen. Das folgende Buch bringt dann die Erscheinungen des Diamagnetismus und die Theorie der Spannungen und Drucke im Magnetfeld. Die Lehre von der Magnetinduktion wird auf die bekannten Beziehungen zu den Kraftlinien und zu dem Energieprinzip gegründet; das Ohmsche Gesetz bildet den wesentlichen Inhalt des Galvanismus, in dem aber auch das Hallsche Phänomen und das Joulesche Gesetz ihre Stelle gefunden haben. In der Elektrodynamik werden eingehender nur die Wechselwirkungen starrer, geschlossener Stromkreise besprochen; das allgemeine Gesetz der Voltainduktion wird durch die Betrachtung der Induktionslinien gewonnen. An die Besprechung des Ruhmkorffschen Induktors schließt sich die Darstellung der Entladungserscheinungen in verdünnten Gasen. Ein besonderes Buch ist der Lehre von den Dynamomaschinen, von den Wechselströmen und Transformatoren gewidmet. Ebenso sind die Gebiete der Elektrooptik, der Thermoelektrizität und Elektrochemie je in einem eigenen Buche dargestellt.

Da die Energetik in der Mechanik vorweggenommen wurde, wenigstens so weit, als es für ihre Anwendungen im folgenden wünschenswert schien, so konnte die Wärmelehre ohne Bedenken an den Schluß des zweiten Bandes gestellt werden. Es schien sich dies aber zu empfehlen mit Rücksicht auf die Lehre von der Strahlung; diese wird begründet durch die Erscheinungen des Lichtes, sie erscheint in einem neuen Zusammenhange in der Elektrooptik und kommt zu einem gewissen Abschluß erst durch die Wärmelehre. Die letztere selbst wird in fünf Bücher geteilt; das erste behandelt Thermometrie und Ausdehnung, das zweite Kalorimetrie und spezifische Wärme; hier werden die Verhältnisse der Atom- und Molekularwärme bei festen und flüssigen Körpern einerseits, bei gasförmigen andererseits eingehender besprochen. Es folgt die mechanische Theorie der Wärme mit einer ausführlicheren Begründung des zweiten Hauptsatzes. Im vierten Buche werden zuerst die Gesetze des Schmelzens und Verdampfens untersucht; daran schließt sich dann die Lehre von dem thermodynamischen Potential und von seinen Anwendungen auf allgemeinere Fälle von Zustandsänderungen, sowie auf die kritischen Zustände. Das letzte Buch endlich enthält die Lehre von Wärme-Leitung und Strahlung.

Der Darstellung der physikalischen Erscheinungen selbst habe ich eine Einleitung vorangeschickt. In ihr sind allgemeine Ausführungen über Methode und Gegenstand der physikalischen Forschung, Angaben über Messungen und Maßeinheiten, sowie einige mathematische Sätze aufgenommen worden, von denen gelegentlich Gebrauch zu machen ist. Ich hoffe mit dieser Erinnerung an die Schulbank vielleicht dem einen oder anderen meiner Leser einen Dienst zu erweisen.

Ein ausführliches Sachregister soll an den Schluß des zweiten Bandes gestellt werden.

Die Figuren sind für das vorliegende Buch beinahe sämtlich neu gezeichnet worden; nur wenige Zeichnungen von Apparaten sind aus Katalogen und aus RIESS' Lehre von der Reibungselektrizität kopiert. Die Zeichnungen von Interferenzkurven bei Kristallen sind der physikalischen Kristallographie von LIEBISCH entnommen.

Für Lesung einer Korrektur bin ich Herrn Professor VOIGT und Herrn Dr. POCKELS zu großem Danke verpflichtet. Ihre Bemerkungen haben zu zahlreichen Verbesserungen des Textes Veranlassung gegeben. Weitere solche Bemerkungen, auch von anderer Seite, können mir nur willkommen sein.

Die Zitate beziehen sich auf solche Publikationen, die mir bei der Abfassung des Buches unmittelbar vorgelegen haben; sie besitzen keineswegs den Charakter eines systematischen Literaturverzeichnisses. Sie sollen nur dem Leser die Kontrolle der im Texte gemachten Angaben ermöglichen, ihn auf weniger bekannte Publikationen aufmerksam machen, oder ihm Anregungen zu weiterem Studium der im Text behandelten Gegenstände geben.

Wenn ich an meine eigene Studienzeit zurückdenke, so verweilt meine Erinnerung besonders gern bei den Stunden, in denen ich WILHELM WEBERS Vorlesung über Experimentalphysik hörte. Wer seine elektrodynamischen Maßbestimmungen gelesen hat, kann sich wohl einen Begriff machen von der Kunst, mit der er den Zusammenhang der Erscheinungen zu entwickeln und Schritt für Schritt die Erkenntnis zu erweitern und zu vertiefen wußte. So gestaltete sich vor allem die von ihm mit Vorliebe behandelte Elektrizitätslehre zu einem Kunstwerk, dessen dramatischen Aufbau von Stunde zu Stunde zu verfolgen, mir eine Quelle des reinsten Genusses war. Möchte ein Hauch von diesem Geiste auch in meiner Darstellung zu spüren sein!

November 1895.

Eduard Riecke.

Vorwort zur dritten Auflage.

In die Zeit zwischen dem Erscheinen der ersten und der zweiten Auflage dieses Buches fiel eine der größten Epochen, welche die Physik erlebt hat. Zwar der Röntgenstrahlen konnte in der ersten Auflage noch flüchtig gedacht werden, aber Becquerelstrahlen und Zeemaneffekt kamen später. Im Zusammenhange damit standen die Untersuchungen über Kathodenstrahlen, Kanalstrahlen und über die Ionisierung der Gase, welche über ein weites Gebiet der Elektrizitätslehre neues Licht verbreitet, und eine Darstellung nach einheitlichen Gesichtspunkten ermöglicht haben. Dadurch war bedingt, daß die zweite Auflage einen erheblich größeren Umfang bekam als die erste. Es gilt dies vor allem von dem zweiten Bande; aber auch der Inhalt des ersten wurde durch die Einschaltung eines größeren Abschnittes über gemeinsame Bewegungen von festen Körpern und von Flüssigkeiten vermehrt. In der Tat handelt es sich dabei um Dinge, die ein vielseitiges, praktisches und theoretisches Interesse besitzen. Bei der Bearbeitung der dritten Auflage war es meine Absicht, den Umfang des Buches so wenig wie möglich zu vermehren. Wenn trotzdem die Seitenzahl des ersten Bandes um 41 gewachsen ist, so liegt die Ursache in einem Tadel, der mir in einer Besprechung der zweiten Auflage entgegengetreten ist. Man fand mit Recht, daß die geometrische Optik in dem Buche etwas stiefmütterlich behandelt sei. Ich halte es nicht für leicht, auf diesem Gebiete, wo es sich vielfach um rein geometrische Betrachtungen handelt, zwischen einem Zuviel und Zuwenig die richtige Mitte zu finden. Schließlich habe ich mich in folgender Weise entschieden. Ein allgemeines Interesse knüpft sich für uns an die Frage nach der Leistungsfähigkeit des Mikroskops. Ich habe also in die Darstellung der geometrischen Optik alle Sätze aufgenommen, die zur Lösung jener Frage notwendig sind; dabei habe ich Betrachtungen physikalischer Natur weiter ausgeführt, als rein geometrische. Der Erfolg wird zeigen, ob ich getroffen habe, was der Leser an dem Buche früher vermißte. Die im Inhaltsverzeichnisse mit einem Stern versehenen Paragraphen sind in der dritten Auflage neu hinzugefügt.

Bei der zweiten Auflage haben mich meine Kollegen Professor Dr. Wiechert, Professor Dr. Simon und Dr. J. Stark bei der Durchsicht der Korrekturbogen in aufopfernder Weise unterstützt; bei der dritten Auflage bin ich Dr. Stark wiederum für diesen Dienst zu Dank verpflichtet.

Göttingen, 1. Juli 1905.

Eduard Riecke.

Inhalt.

Erster Teil. Mechanik. Molekularerscheinungen. Akustik.

Erstes Buch. Mechanik starrer Körper.

Erster Abschnitt. Statik starrer Körper.

Zweiter Abschnitt. Dynamik starrer Körper.

Zweites Buch. Mechanik der Flüssigkeiten und Gase.

Erster Abschnitt. Statik der Flüssigkeiten und Gase.

Einleitung.

Drittes Buch. Molekularerscheinungen.

Einleitung.

Viertes Buch. Akustik.

— · — —

Zweiter Teil. Optik.

Einleitung.

Erstes Buch. Geradlinige Ausbreitung, Reflexion, Brechung und Farbenzerstreuung.

Zweites Buch. Emission und Absorption des Lichtes und die sie begleitenden Erscheinungen.

Drittes Buch. Das Licht als Wellenbewegung.

Einleitung.

§ 1. Physikalische Erscheinungen und Versuche. Die Untersuchungen
der Physik beziehen sich auf die Welt der uns umgebenden Körper, von
deren Dasein uns die verschiedenen Sinne Nachricht geben. Aber diese
Welt ist nicht starr und tot, sondern in einer ewigen Verwandlung begriffen, sie ist nicht bloß eine Welt von Körpern, sondern eine Welt von
Erscheinungen. Wir sehen den Fall des Steines, die Wellen des Wassers,
von den regelmäßigen, feinen Kreisen an der Oberfläche eines Teiches
bis zu den brandenden Wogen des Meeres; wir fühlen im Sturme den
Druck der Luft, wir sehen sie zittern über dem von der Sonne erhitzten
Boden. Aus den sich verdichtenden Wolken fallen die Regentropfen;
wenn ihr durch die Luft herabhängender Schleier über den Beobachter
hinweg von der sinkenden Sonne beschienen wird, so wölbt sich über
der Erde der farbige Kreis des Regenbogens. — Aber der Mensch hat
sich nicht begnügt, müßig das Schauspiel zu betrachten, das die Natur
immer von neuem und immer wieder anders vor seinen Augen spielt;
die Not des Daseins und die eingeborene Lust zum Wissen haben ihn
veranlaßt, mit eigener Hand in den Lauf der Naturerscheinungen einzugreifen, sie zu seinem Nutzen zu lenken, durch Versuche die Bedingungen der eintretenden Veränderungen, die Ursachen der beobachteten Wirkungen zu erforschen, das Gebiet der Erscheinungen selbst zu
erweitern. Er benutzt den Hebel, das Seil und die Rolle zum Heben
einer Last; durch Wasser und Wind treibt er das Rad der Mühle;
die Kraft des Dampfes zwingt er in seinen Dienst, mit der Spannkraft
des Bogens beflügelt er den Pfeil, mit Saite und Pfeife erzeugt er die
musikalischen Töne, er entdeckt das Farbenspiel der Seifenblasen, die
doppelte Brechung des Lichtes im Kalkspat, und entwickelt daraus, Versuche an Versuche reihend, eine neue vorher unbekannte Welt der schönsten
Farbenerscheinungen. Er findet den natürlichen Magnet, entdeckt seine
Eigenschaft den Pol zu suchen, er macht die Stahlnadel magnetisch, und
der Seefahrer sucht nach ihrer Weisung seinen Weg. Der geriebene
Bernstein zieht leichte Papierstückchen an, auf den genäherten Finger
springt von ihm ein kleiner Funken. Diese unscheinbaren Beobachtungen
erweitern sich im Laufe weniger Jahrhunderte zu einer beinahe er-
schreckenden Fülle von neuen Tatsachen, die für unsere ganze Auffassung von dem Wirken der Natur von der größten Bedeutung sind.

welche die Verhältnisse unseres Verkehrs und Erwerbes von Grund aus umgestalten.

§ 2. Erklärung. Bei der unendlichen Menge der Erscheinungen, mögen sie nun in der Natur ohne unser Zutun sich abspielen oder in Versuchen durch eine bewußte Tätigkeit erzeugt worden sein, wäre es unmöglich, alle einzelnen im Gedächtnis zu behalten. Schon aus einem ökonomischen Bedürfnis müssen wir suchen, die Erscheinungen nach einheitlichen Gesichtspunkten zu ordnen; diese Ordnung besteht aber nicht in einer äußerlichen Klassifikation nach Ähnlichkeit oder Verschiedenheit, sondern in der Herstellung eines Zusammenhanges, bei dem wir die Erscheinungen nach dem Verhältnisse von Ursache und Wirkung aneinander zu reihen suchen.

Aus den vielen und mannigfaltigen Tatsachen greifen wir die einfachsten heraus und machen ihre Bedingungen zum Gegenstand unserer Forschung; die komplizierten suchen wir zu zerlegen, so daß sie als eine Folge der schon bekannten einfachen erscheinen. Gelingt dieses, so haben wir eine Erklärung jener Tatsachen gewonnen. So erscheint die Bewegung des Wurfes als eine Verbindung der gleichförmigen Bewegung in der Wurfrichtung mit der Fallbewegung; die Farbenzerstreuung des Lichtes erklären wir durch die verschiedene Brechbarkeit der verschiedenfarbigen Strahlen.

§ 3. Begriffe und Vorstellungen. Bei jeder Naturerscheinung fassen wir zunächst die Beziehungen auf, welche den allgemeinen Anschauungsformen des Raumes und der Zeit entsprechen. Wir unterscheiden verschiedene Körper, ihre Gestalt und Größe, ihre gegenseitige Lage und Bewegung. Diese Begriffe, der Physik und der Mathematik gemeinsam, sind uns allen in vollkommener Deutlichkeit und Schärfe immer in der gleichen Weise gegenwärtig, und wir folgen bei ihrer Bildung einer unbewußten inneren Notwendigkeit. Zu ihnen gesellen sich die sinnlichen Empfindungen der Farben, der Töne, der Wärme un Kälte, die nach Qualität und Intensität eine unendliche Reihe verschiedener Stufen bilden. Zu den Begriffselementen der Zahl, des Raumes und der Zeit, zu den sinnlichen Qualitäten fügen wir aber schon bei der Betrachtung der einfachsten Naturerscheinungen Vorstellungen, deren Bildung nicht durch einen inneren psychologischen Zwang gefordert wird. Wir sprechen von der Anziehung, welche die Erde auf den fallenden Stein ausübt, von Kräften, mit denen die Körper aufeinander wirken; diese Vorstellungen sind entlehnt dem Beispiel unseres eigenen Wirkens; wie wir durch die Kraft unserer Muskeln Lasten bewegen, so schreiben wir den Körpern Kräfte zu, durch die sie sich wechselseitig beeinflussen; wir sind uns bewußt, daß wir Arbeit verrichten können, sobald wir wollen, daß wir ein gewisses Maß von Arbeitsfähigkeit besitzen. Nun kann aber dieselbe Last, die wir durch Muskelkraft in die Höhe ziehen, durch ein fallendes Gewicht, durch Dampf oder durch elektrische Kraft gehoben werden. Auch die Naturkörper besitzen danach ein bestimmtes Maß von Wirksamkeit oder Energie. Schon hier möge darauf hingewiesen werden, daß ihre Bestimmung eines der wesentlichsten Ziele der physikalischen Forschung bildet. Sie ist wichtig nicht bloß für die technische Verwertung der Naturkräfte, sondern auch wissenschaftlich von der größten Bedeutung; denn kein Begriff durchdringt und verbindet in gleichem Maße die verschiedenen Gebiete der Erscheinungen, wie der der Arbeitsfähigkeit oder Energie.

§ 4. Hypothesen. Wenn wir von der Kraft sprechen, die ein Körper A auf einen Körper B ausübt, so drücken wir damit nichts anderes aus als die Tatsache, daß A bestimmte Veränderungen erleidet, so oft er in bestimmte räumliche Beziehungen zu B gebracht wird. Es handelt sich dabei nur um eine anschauliche Art, die beobachteten Erscheinungen zu beschreiben. Demselben Zweck dienen zunächst auch die mannigfachen Hypothesen, die wir mit den physikalischen Erscheinungen verbinden. Eine nicht kleine Zahl von diesen zeigt einen so verwickelten Charakter, daß wir zu keiner Übersicht, zu keiner verständlichen Ordnung gelangen, solange wir uns nur an den beobachteten Tatbestand halten. Wir ergänzen diesen durch hypothetische Annahmen über die ihm zugrunde liegenden Eigenschaften der Körper, über die Existenz von Körpern, die unsichtbar mit den unmittelbar wahrnehmbaren sich mischen, Annahmen, durch welche wir gewissermaßen einen verborgenen Teil der wirkenden Ursachen zu erraten suchen. Solche Hypothesen werden natürlich nicht willkürlich und aufs Geratewohl gebildet, sondern man läßt sich dabei von Analogien mit bekannten Tatsachen leiten. So wurde man durch die Analogien zwischen Schall und Licht darauf geführt, die optischen Erscheinungen zu erklären durch Wellen in einem den ganzen Raum erfüllenden Stoffe, dem Äther, der jeder anderen Wahrnehmung sich entzieht; die elektrischen Erscheinungen hat man zuerst in einheitlicher Weise darzustellen gelernt mit Benutzung der Analogien, die sie in mancher Hinsicht mit den Bewegungen eines flüssigen Körpers zeigen. Man dachte sich an der Oberfläche der elektrischen Körper zwei unsichtbare, den Wirkungen der Schwere entzogene, imponderable Flüssigkeiten, deren Teilchen sich anziehen und abstoßen, mit Kräften aufeinander wirken, die mit den zwischen den Himmelskörpern beobachteten entweder gleichgerichtet oder entgegengesetzt sind

In dem Gebiete der Elastizitätserscheinungen wurde ein leitendes Band zuerst in der Annahme gefunden, daß die Körper aus kleinen Teilchen, den Molekülen, bestehen, die voneinander durch Zwischenräume getrennt sind, im Vergleich mit denen die Dimensionen der Moleküle selbst verschwinden; die kontinuierliche Raumerfüllung der Körper wäre danach nur ein Schein, sie wären zu vergleichen dem Sternhaufen, der am nächtlichen Himmel den Anblick einer gleichmäßig leuchtenden Scheibe darbietet, während er aus einer ungezählten Menge von Sternen besteht, zwischen denen weite, von Sternen leere Räume sich erstrecken.

§ 5. Hypothesen und Theorien. Die Hypothesen der Physik entwickeln sich zunächst aus der Betrachtung von einzelnen Erscheinungen, die nicht ohne weiteres auf andere schon bekannte zurückgeführt werden können. Wenn man dann auf Grund der gemachten Annahmen das ganze Gebiet der mit jenen Fundamentalerscheinungen zusammenhängenden Tatsachen in einheitlicher Weise darzustellen sucht, so gelangt man zu einer physikalischen Theorie. So wurde man durch eine gewisse Gruppe von Fundamentalerscheinungen zu der Hypothese der elektrischen Fluida geführt; die konsequente Verfolgung dieser Annahme durch das ganze Gebiet der elektrischen Erscheinungen hindurch führte zu einer Theorie der Elektrizität. Da die physikalischen Hypothesen sich auf einen nur gedachten Teil der Erscheinungen beziehen, der nicht Gegenstand der unmittelbaren Beobachtung ist, können sie nie als eine ausgemachte Wahrheit gelten; sie tragen den Charakter von Hilfsvorstellungen, geeignet größere Gebiete von Erscheinungen in einfacher und verständlicher Weise zusammenzufassen.

Sie liefern uns Bilder der Erscheinungen und ihres Zusammenhanges; wir benutzen sie als Modelle, bei denen jeder zwischen den realen Körpern stattfindenden Beziehung eine bestimmte mechanische Verbindung, jeder Veränderung in der Körperwelt eine bestimmte Änderung des Modelles entspricht. Je weiter nun der Kreis der Erscheinungen ist, den wir auf diese Weise abzubilden vermögen, desto größer wird unser Vertrauen sein, daß die benutzte Hypothese, das mit ihrer Hilfe konstruierte Modell richtig sei. Darunter aber verstehen wir folgendes. Wir haben uns das Modell zunächst gedacht als ein Abbild der beobachteten Erscheinungen; aber es hat gewissermaßen sein eigenes, selbständiges Leben, und wir können mit ihm ohne Rücksicht auf die Welt der realen Körper spielen, beliebige seiner Teile bewegen und zusehen, wie sich die anderen dabei verhalten. Wenn unser Modell ein richtiges ist, wenn es keine überflüssigen, bedeutungslosen Bestandteile enthält, so muß jeder solchen Veränderung in dem Modell ein realer Vorgang in der Welt der Erscheinungen entsprechen.

Die Hypothesen und die aus ihnen folgenden Theorien sind danach für die Physik nicht bloß ein Mittel der Darstellung, sie sind ein Leitfaden zu neuen Versuchen, zu der Entdeckung neuer Erscheinungen. Denn die Benützung unseres Modelles, die Anwendung der Theorie ist nach dem vorher Gesagten nicht beschränkt auf Verhältnisse, die schon einmal Gegenstand der Beobachtung waren; wir können an ihrer Hand vorhersagen, was unter neuen Verhältnissen geschehen wird. Die Entdeckung einer neuen Erscheinung auf Grund einer solchen Vorhersage bildet den wahren Prüfstein für die Richtigkeit der zugrunde liegenden Hypothese, für die Brauchbarkeit des mit ihrer Hilfe konstruierten Modells. Eines der berühmtesten Beispiele dieser Art ist die Entdeckung des Neptuns, nachdem seine Existenz und Stellung vorhergesagt war auf Grund von Störungen der Uranusbahn, die durch die Einwirkung der damals bekannten Planeten nicht zu erklären waren. Daß wir Modelle oder Bilder der Erscheinungen konstruieren können, die in dem angegebenen Sinne richtig sind, ist eine Tatsache der Erfahrung. Begreiflich aber ist dieses Verhältnis nur, wenn Geist und Natur nicht zwei voneinander geschiedene Welten, sondern Teile einer höheren Einheit sind.[1]

Da man für eine und dieselbe Erscheinung häufig verschiedene Analogien finden kann, so ergibt sich die Möglichkeit verschiedener Hypothesen, verschiedener Modelle für einen und denselben Kreis von Erscheinungen. So hat man beobachtet, daß die Wechselwirkungen elektrischer Konduktoren abhängig sind von dem Mittel, in dem sie sich befinden, andere in Luft, andere in Wasserstoff oder Terpentinöl. Man wurde dadurch zu der Annahme veranlaßt, daß die elektrischen Wirkungen durch elastische Spannungen der die Konduktoren umgebenden an ihrer Oberfläche haftenden Isolatoren vermittelt werden, daß fernwirkende Kräfte zwischen elektrischen Körpern nicht existieren.

Verschiedene Theorien erweisen sich oft innerhalb eines weiten Kreises von Erscheinungen als gleichberechtigt. Sobald wir aber Tatsachen finden, die, über jenes Gebiet hinausliegend, nur dem Vorstellungskreis einer einzigen von ihnen untergeordnet werden können, für die nur eines der Modelle Veränderungen zuläßt, die mit den realen Erscheinungen übereinstimmen, wird die Alternative entschieden sein. So hat die Erfahrung gezeigt, daß die elektrischen Wirkungen mit der Geschwindigkeit des Lichtes im Raume sich ausbreiten, daß sie vermittelte Wirkungen sind. Damit ist die Annahme der elektrischen Fluida mit den zwischen geladenen Konduktoren nach Art der Gravitation in die Ferne wirkenden Kräften nicht vereinbar, wohl aber die Annahme von Verschiebungen und Spannungen im Zwischenmedium, die wellenförmig in diesem sich ausbreiten. Die Vorstellungen von den unvermittelt in die Ferne wirkenden elektrischen Flüssigkeiten, das auf ihnen beruhende Modell der Erscheinungen, sind nur innerhalb eines gewissen Gebietes zulässig; darüber hinaus geraten sie in Widerspruch mit den Tatsachen, sie stellen sich als unrichtig heraus. Wir werden aber demungeachtet nicht auf ihre Benutzung verzichten, da sie in vielen Fällen zu einem kürzeren und bequemeren Ausdruck der Tatsachen führen, als die Theorie der vermittelten Wirkungen.

§ 6. Gesetze. Als Ziel der physikalischen Forschung bezeichnen wir die Aufstellung von Gesetzen. Wenn man die Umstände, von denen eine Erscheinung abhängt, die Verhältnisse, die sie darbietet, vollkommen kennt, wenn man sie durch bestimmte gemessene Größen ausgedrückt hat, so sucht man eine mathematische Formel, welche die gefundenen Zahlen von Maßeinheiten miteinander verbindet, so daß man bei gegebenen Verhältnissen die eintretende Wirkung nach Maß und Zahl

---

[1] Vgl. MAXWELL, On FARADAYS Lines of Force. The Scientific Papers of JAMES CLERK MAXWELL. Vol. I. p. 155. HERTZ, Die Prinzipien der Mechanik. Einleitung. Gesammelte Werke. Bd. III.

voraus berechnen kann. Jede derartige Formel bezeichnen wir als ein physikalisches Gesetz. Es sei z. B. gefunden, daß der Druck eines Gases gleich p Kilogrammgewichten auf das Quadratzentimeter, sein Volumen gleich v Litern ist; es gilt dann das Gesetz, daß das Produkt aus Druck und Volumen konstant, $pv = C$, ist. Physikalische Gesetze können nicht bloß auf dem Wege der unmittelbaren Beobachtung gewonnen werden, sie ergeben sich häufig auch als Folgerungen einer Theorie. Aber auch in diesem Falle werden wir ihnen Gültigkeit erst dann zuschreiben, wenn sie durch Beobachtung bestätigt worden sind. In letzter Instanz beruht also die Gültigkeit aller physikalischen Gesetze lediglich auf der Beobachtung.

§ 7. Abgrenzung der Physik. Ehe wir uns nun zu unserer eigentlichen Aufgabe, der Darstellung der physikalischen Erscheinungen und der Entwickelung der für sie geltenden Gesetze, wenden, wollen wir noch den Teil der Naturwissenschaft, mit dem wir uns zu beschäftigen haben, etwas genauer abgrenzen. Wir überlassen zunächst der Biologie und Physiologie alle die Erscheinungen, die auf dem Gebiete der organischen Natur das ausmachen, was wir Leben nennen. So blieben also der Physik die Vorgänge der unorganischen Natur. Aber auch aus dem so beschränkten Gebiete scheiden wir noch die große Mannigfaltigkeit von Erscheinungen aus, mit denen sich auf der einen Seite Chemie und Mineralogie, auf der anderen die Astronomie und die geophysischen Wissenschaften beschäftigen; nicht aus sachlichen Gründen, sondern auf Grund der historischen Entwickelung und der verschiedenen Ausbildung der Methoden. Physik und Chemie insbesondere stehen in der engsten Wechselbeziehung, sie sind in ihren Grundlagen und Zielen eins.

§ 8. Einteilung der Physik. Wir beginnen unsere Untersuchungen naturgemäß mit den einfachsten Erscheinungen. Dies sind die Erscheinungen der Bewegung oder Ruhe der uns durch tägliche Erfahrung wohl bekannten Körper unserer Umgebung. Ihre Erforschung bildet den Gegenstand der Mechanik. Die Frage, welche Vorgänge in der Außenwelt stattfinden müssen, damit in uns die Empfindungen des Schalles und des Lichtes entstehen, führt auf die Kapitel der Akustik und Optik. Von diesen steht die Akustik in der nächsten Beziehung zu der Mechanik, da die Lehre von den tönenden Schwingungen der Körper ganz auf den Gesetzen der Mechanik beruht. Magnetismus und Elektrizität stehen in der innigsten Wechselbeziehung und bilden zusammen ein wohl abgegrenztes Gebiet von Erscheinungen. Die Wärmelehre knüpft sich zunächst an die Untersuchung des Einflusses, den die von unseren Nerven als warm oder kalt empfundenen Verschiedenheiten auf die Erscheinungen der Körper üben; sie beschäftigt sich weiter mit der Frage nach der Erzeugung und der Natur der Wärme.

§ 9. Messen. Wir haben gesehen, daß physikalische Gesetze durch Beobachtung und Messung gefunden oder bestätigt werden. Die letztere bildet daher eine fundamentale Aufgabe der physikalischen Forschung. Wegen dieser ihrer allgemeinen Bedeutung scheint es zweckmäßig, die

Bemerkungen, welche wir über das Messen zu machen haben, vorweg-
zunehmen, ehe wir uns auf spezielle Untersuchungen einlassen. Jede
Messung beruht auf einer Vergleichung der zu messenden Größe, A, mit
einer anderen von derselben Art, N, die wir als Maßeinheit benutzen.
Die Aufgabe der Messung ist es, zu ermitteln, wie viele Maßeinheiten N
zusammen zu nehmen sind, um eine mit A gleiche Größe herzustellen,
wie oft also die Maßeinheit N in A enthalten ist. Die gefundene Zahl
$\frac{A}{N} = n$ repräsentiert das Maß der Größe A; diese ist gleich dem n-fachen
der Maßeinheit N.

    § 10. Winkelmessung. (Die trigonometrischen Funktionen des
Winkels und die Exponentialfunktion.) Zur Feststellung des Winkelmaßes wird der rechte Winkel in 90 gleiche Teile geteilt; ein solcher Teil,
der Grad, stellt die gewöhnliche Einheit des Winkelmaßes dar. Der
Grad wird weiter in 60 Minuten, die Minute in 60 Sekunden geteilt;
$1^0 = 60'$, $1' = 60''$.

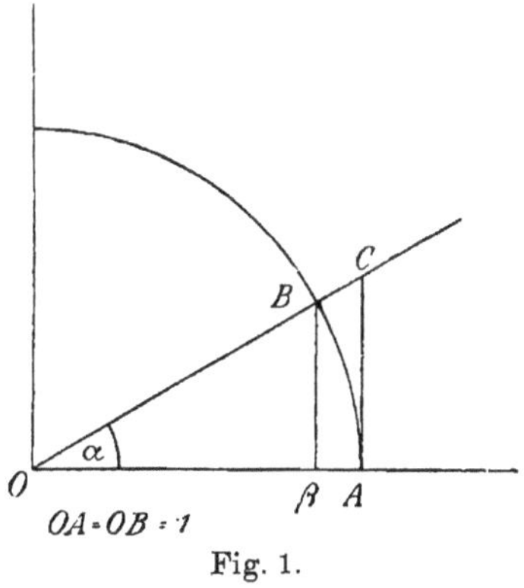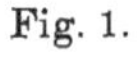

Fig. 1.

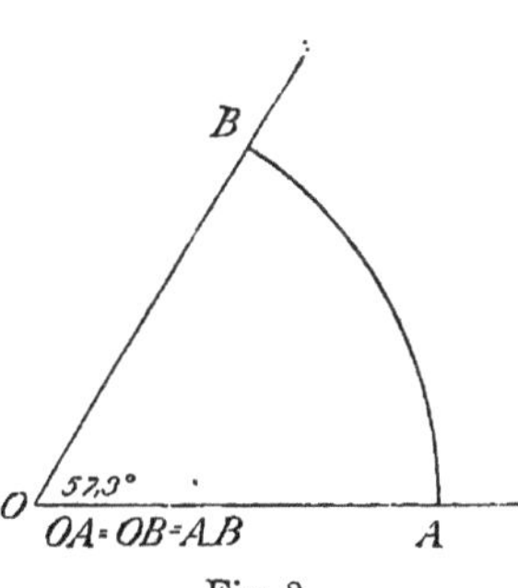

Fig. 2.

    Bei der Aufstellung physikalischer Gesetze ist es sehr häufig vorteil-
haft, die Winkel anders, in dem sogenannten Bogenmaße, zu messen. Um
den Scheitel O des Winkels α (Fig. 1) beschreiben wir einen Kreisbogen, dessen Halbmesser wir als Ein-
heit der Länge benützen. Schneidet er
die Schenkel des Winkels in den Punkten A und B, so bestimmt die Länge
des Bogens $A B$, in Teilen des Halbmessers ausgedrückt, das Bogenmaß
des Winkels. Danach ist das Bogen-
maß eines rechten Winkels gleich $\frac{\pi}{2}$;
und ein Winkel von 57·30 Grad hat das
Bogenmaß Eins (Fig. 2). In einem Kreise vom Halbmesser r gehört zu
einem Zentriwinkel, dessen Bogenmaß gleich φ, der Bogen $r\varphi$ (Fig. 3).

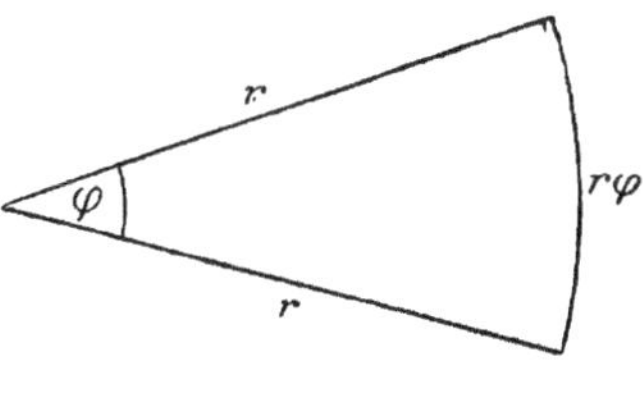

Fig. 3.

Fällen wir von dem Punkte B (Fig. 1) eine Senkrechte $B\beta$ auf den anderen Schenkel des Winkels, so nennen wir $B\beta$ den Sinus, den Abschnitt βO den Cosinus des Winkels α, $B\beta = \sin\alpha$, $O\beta = \cos\alpha$; ziehen wir in A die Tangente AC bis zum Schnitt mit dem zweiten Schenkel, so ist AC die Tangente des Winkels, $AC = \operatorname{tg}\alpha$. Dabei ist immer vorausgesetzt, daß $OA = OB = 1$ genommen wird.

Da $CA : B\beta$ sich verhält wie $AO : \beta O$, so ist:

$$\operatorname{tg}\alpha = \frac{\sin\alpha}{\cos\alpha}.$$

Den Winkel α in Fig. 1 können wir als den Winkel betrachten, um welchen der Radius OA gedreht werden muß, damit er in die Lage OB übergeht. Von diesem Gesichtspunkt aus ergibt sich leicht eine Verallgemeinerung, welche in Fig. 1 a dargestellt ist. Wir ergänzen den in der Fig. 1 mit dem Halbmesser Eins beschriebenen Kreisbogen zu einem vollen Kreise; in diesem ziehen wir den Durchmesser BOB_2 und den zu ihm mit Bezug auf die horizontale Achse OX symmetrischen, B_1OB_3. Die Lagen OB_1, OB_2, OB_3 des Radius OA werden dann durch Drehungen von $(180-\alpha)^0$, $(180+\alpha)^0$ und $(360-\alpha)^0$ erreicht oder, wenn der Winkel α im Bogenmaß ausgedrückt ist, durch Drehungen von $\pi - \alpha$,

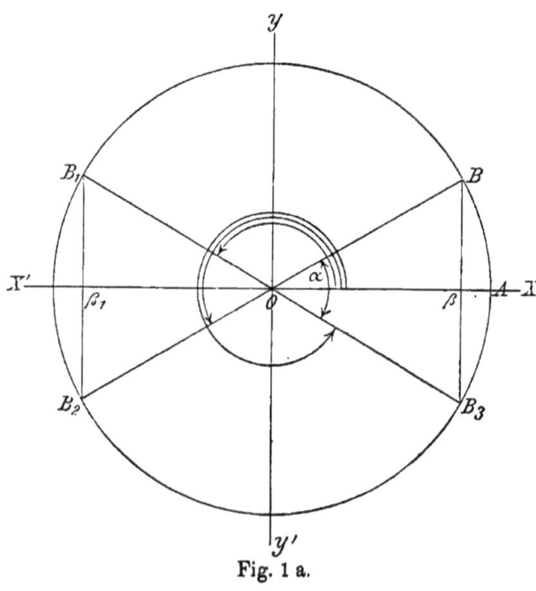

Fig. 1 a.

$\pi + \alpha$, $2\pi - \alpha$. Die Cosinus dieser Winkel sind durch die einander gleichen Strecken $O\beta$ und $O\beta_1$ dargestellt. Aber es besteht zwischen diesen Strecken ein Unterschied der Richtung. $O\beta$, die Projektion des Radius OB auf die horizontale Achse OX, geht nach rechts, $O\beta_1$, die Projektion von OB_1, nach links. Solche Richtungsunterschiede werden wir sehr häufig dadurch kennzeichnen, daß wir die eine Richtung, in unserem Falle die Richtung OX, als eine positive, die ihr entgegengesetzte OX' als eine negative betrachten. Wir geben dann auch den in der Richtung OX liegenden Strecken ein positives, den in der Richtung OX' liegenden ein negatives Zeichen. Mit Rücksicht auf diese Festsetzung ergibt sich nun ein Unterschied zwischen den Cosinus der vier Winkel. Es ist:

$$\cos(2\pi - \alpha) = \cos\alpha = O\beta,$$

$$\cos(\pi - \alpha) = \cos(\pi + \alpha) = -O\beta.$$

Betrachten wir ebenso die Richtung Oy als positiv, die ihr entgegengesetzte Oy' als negativ, so finden wir in derselben Weise die Formeln:

$$\sin(\pi - \alpha) = \sin\alpha = B\beta,$$

$$\sin(\pi + \alpha) = \sin(2\pi - \alpha) = -B\beta.$$

Wir haben bisher den Radius OA im entgegengesetzten Sinne des Uhrzeigers gedreht, um ihn in eine der Positionen OB, OB_1 ... zu bringen. Insbesondere bei der letzten Position OB_3 liegt es nahe, sie durch eine Drehung um den Winkel α im Sinne des Uhrzeigers zu erreichen, statt durch eine Drehung um $2\pi - \alpha$ im entgegengesetzten Sinne. Wir können nun auch den Unterschied der Drehungsrichtung durch die Worte „positiv" und „negativ" festlegen. Bezeichnen wir die zuerst benutzte Drehung, entgegen dem Sinne des Uhrzeigers, als eine positive, so wäre die Drehung im Sinne des Uhrzeigers eine negative. Der Winkel, um den wir in diesem Sinne drehen müssen, um den Radius OA in die Position OB_3 überzuführen, ist dann gleich $-\alpha$. Wir haben dementsprechend die Formeln:

$$\sin(-\alpha) = -\sin\alpha \quad \text{und} \quad \cos(-\alpha) = \cos\alpha.$$

Im vorhergehenden wurde der Winkel α als Maß einer Drehung betrachtet; die Drehung des Radius OA können wir aber beliebig lange fortsetzen, den Winkel α beliebig anwachsen lassen. Gehen wir aus von der Stellung OA; drehen wir um den Winkel α, so kommen wir zu der Stellung OB; drehen wir weiter, so kommt der Radius nach einer ganzen Umdrehung, einer Drehung um den Winkel 2π, zurück nach OA, nach einer weiteren Drehung um α, einer Gesamtdrehung um $2\pi + \alpha$, wieder nach OB; ebenso wird die Stellung OB nach einer Drehung um $4\pi + \alpha$, $6\pi + \alpha$, ... von neuem erreicht. Die Drehungswinkel $\pi + \alpha$, $3\pi + \alpha$, $5\pi + \alpha$, ... dagegen führen den Radius in die mit OB entgegengesetzte Stellung OB_2. Aus dieser Bemerkung ergeben sich die Gleichungen:

$$\sin\alpha = \sin(2\pi + \alpha) = \sin(4\pi + \alpha) = \ldots$$

$$\cos\alpha = \cos(2\pi + \alpha) = \cos(4\pi + \alpha) = \ldots$$

$$-\sin\alpha = \sin(\pi + \alpha) = \sin(3\pi + \alpha) = \ldots$$

$$-\cos\alpha = \cos(\pi + \alpha) = \cos(3\pi + \alpha) = \ldots$$

In einem rechtwinkligen Dreieck ist das Verhältnis einer Kathete zu der Hypotenuse gleich dem Sinus des gegenüberliegenden, gleich dem Cosinus des anliegenden Winkels; das Verhältnis dieser Kathete zu der zweiten gleich der Tangente des gegenüberliegenden Winkels;

$$\frac{BC}{AB} = \sin\alpha, \quad \frac{AC}{AB} = \cos\alpha, \quad \frac{BC}{AC} = \operatorname{tg}\alpha \text{ (Fig. 4)}.$$

Der an der Ecke B liegende Winkel des Dreiecks ist gleich $\frac{\pi}{2} - \alpha$. Dem vorhergehenden zufolge ist:

$$\sin\left(\frac{\pi}{2} - \alpha\right) = \frac{A\,C}{A\,B} = \cos\alpha.$$

$$\cos\left(\frac{\pi}{2} - \alpha\right) = \frac{B\,C}{A\,B} = \sin\alpha.$$

Bei einem sehr kleinen Winkel α sind die Längen der Linien $B\beta$, CA und des Bogens BA in Fig. 1 nicht merklich verschieden. Bei ihm

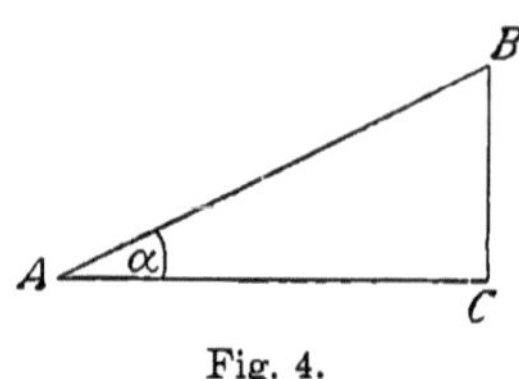

Fig. 4.

sind der Sinus und die Tangente sehr nahe gleich seinem Bogenmaße, eine Bemerkung, von der wir häufig Gebrauch machen. Zugleich wird $O\beta$ sehr nahe gleich OA; d. h. der Cosinus eines sehr kleinen Winkels ist nur wenig verschieden von Eins.

Die Richtigkeit dieser Sätze kann noch von einer anderen Seite her bestätigt werden. Wenn ein Winkel im Bogenmaß gemessen gleich x ist, so läßt sich der Sinus und der Cosinus desselben durch die folgenden Reihen ausdrücken, die nach Potenzen von x fortschreiten:

$$\sin x = x - \frac{x^3}{1.2.3} + \frac{x^5}{1.2.3.4.5} - + \cdots$$

$$\cos x = 1 - \frac{x^2}{1.2} + \frac{x^4}{1.2.3.4} - + \cdots$$

Für kleine Werte von x kann man hiernach in der Tat setzen

$$\sin x = x \quad \text{und} \quad \cos x = 1.$$

Mit den Potenzreihen für Sinus und Cosinus steht in nahem Zusammenhang die Potenzreihe

$$1 + x + \frac{x^2}{1.2} + \frac{x^3}{1.2.3} + \frac{x^4}{1.2.3.4} + \frac{x^5}{1.2.3.4.5} + \cdots$$

Der Wert, den sie für $x = 1$ annimmt, ist gegeben durch die Reihe;

$$1 + 1 + \frac{1}{1.2} + \frac{1}{1.2.3} + \frac{1}{1.2.3.4} + \frac{1}{1.2.3.4.5} + \cdots$$

Man bezeichnet die hierdurch bestimmte Zahl mit dem Buchstaben e und findet

$$e = 2{,}718 \ldots \ldots$$

Nun ergibt sich ein sehr merkwürdiger Zusammenhang zwischen dem Wert, den die Reihe für ein beliebiges x, und zwischen dem, welchen sie für $x = 1$ besitzt; man findet

$$1 + x + \frac{x^2}{1.2} + \frac{x^3}{1.2.3} + \frac{x^4}{1.2.3.4} + \frac{x^5}{1.2.3.4.5} + \cdots = e^x.$$

Bezeichnen wir den Wert der links stehenden Reihe mit y, so gilt die Gleichung:

$$y = e^x.$$

Mit Beziehung auf diese Gleichung bezeichnet man x als den natürlichen Logarithmus von y;

$$x = \log \mathrm{nat}\, y, \quad \text{oder auch abgekürzt} \quad x = \lg y.$$

Die Zahl e heißt die Basis der natürlichen Logarithmen. Man kann aber offenbar jede beliebige Zahl y in der Form der mit y bezeichneten Reihe, oder was dasselbe ist, in der Form e^x darstellen; jeder Zahl y entspricht in dieser Weise eine andere x, ihr natürlicher Logarithmus.

§ 11. Längenmessung. Als Längenmaß gebrauchen wir das Meter, m, mit seinen dezimalen Unterabteilungen, dem Decimeter, dcm, Centimeter, cm, Millimeter, mm; für die Messung sehr kleiner Längen hat man den tausendsten Teil des Millimeters mit der Bezeichnung Mikron, μ, eingeführt und das Milliontel Millimeter oder Millimikron, $\mu\mu$. Von den Vielfachen des Meters dient insbesondere das Kilometer, km, zur Messung größerer Entfernungen.

Bei der Begründung des Metermaßes lag die Absicht vor, daß jede Angabe der Entfernung zweier Orte an der Erdoberfläche in Metermaß zugleich eine Angabe ihrer Entfernung in Graden, Minuten und Sekunden sein sollte; diese Absicht ist aber vereitelt worden durch den zweimaligen Wechsel des Winkelmaßes während der französischen Revolution. Erst wurde dekretiert, daß der rechte Winkel in 100 Grade, der Grad in 100 Minuten, die Minute in 100 Sekunden geteilt werden solle; dementsprechend wurde dann das Kilometer gleich einer solchen Minute, d. h. gleich dem 10000sten Teil des Meridianquadranten, gesetzt. Bald aber stellte es sich heraus, daß die dezimale Teilung des Winkels der in allen astronomischen und geographischen Werken eingebürgerten Sexagesimalteilung gegenüber nicht durchgesetzt werden konnte. Das die Winkelteilung betreffende Gesetz wurde wieder aufgehoben, das Meter aber gleich dem zehnmillionsten Teil des Meridianquadranten gelassen, und auf diese Weise der bei der Einführung des Meters verfolgte Zweck gänzlich verfehlt.

Objektiv und ohne Rücksicht auf die im vorhergehenden erwähnte Beziehung wird das Meter definiert durch die Entfernung, welche zwei auf einem in Paris aufbewahrten Normalstabe gezogene Striche bei der Temperatur Null Grad Celsius voneinander besitzen. Die Herstellung, Prüfung und Verbreitung von Kopien des Normalmeters für wissenschaftlichen und technischen Gebrauch ist Aufgabe der Eichämter.

§ 12. Abgeleitete Maße. Nachdem das Meter mit seinen Unterabteilungen als Grundmaß der Länge festgesetzt ist, haben wir nicht nötig, für die Messung von Flächen und Räumen besondere neue Grundmaße zu wählen; wir leiten sie aus dem Meter ab, indem wir als Maßeinheiten für Flächen das Quadratmeter, qm oder m², das Quadratcentimeter, qcm oder cm², das Quadratmillimeter, qmm oder mm², das Ar = 100 qm, das Hektar = 10000 qm, als Maßeinheiten für Rauminhalte das Kubikmeter, cbm oder m³, das Kubikcentimeter, cbcm oder cm³, das Kubikmillimeter, cbmm oder mm³, benutzen. Insbesondere dient noch als **Hohlmaß** für Flüssigkeiten das Kubikdecimeter oder Liter = 1000 cbcm.

Das **Prinzip** der **abgeleiteten Maße**, wie es durch die vorhergehenden Beispiele erläutert wird, spielt in der Physik eine große Rolle. In der Tat ist klar, daß Bedeutung und Wert der Maßbestimmungen um so sicherer sind, je weniger neue, voneinander unabhängige Grundmaße eingeführt werden.

§ 13. Maßeinheit des Gewichtes. Im metrischen System wurde als Einheit des Gewichtes dasjenige genommen, welches ein ccm reinen Wassers im Zustande seiner größten Dichtigkeit bei dem Druck der Luft besitzt; man bezeichnet diese Einheit als ein Grammgewicht, g-Gew. Dementsprechend würde das Milligrammgewicht gleich dem Gewichte von 1 cbmm Wasser, das Kilogrammgewicht gleich dem von 1 cbdcm, die Tonne gleich dem von 1000 cbdcm Wasser unter den angegebenen Umständen, d. h. bei einer Temperatur von 4° Celsius, sein.

Da es nun nicht möglich ist, ein Gewichtsstück herzustellen, das mit absoluter Genauigkeit den Ansprüchen der obigen Definition entspricht, so ist es richtiger, auch die Gewichtseinheit durch das Gewicht eines bestimmten Normalstückes zu definieren. Da man aber bei seiner Herstellung die Bedingungen der früheren Definition mit äußerster Sorgfalt zu erfüllen gesucht hat, so ist die vorhandene Abweichung so klein, daß sie in der Regel zu vernachlässigen ist.

Wir werden später sehen, daß es in vieler Beziehung besser ist, das Kilogramm nicht als Maßeinheit des Gewichtes, sondern als Einheit der Masse zu definieren; doch können wir diesen Punkt erst im Anschluß an die Darstellung der dynamischen Prinzipien ausführlicher besprechen.

Gesetze, die sich auf physikalische Eigenschaften chemisch verschiedener Stoffe beziehen, stellen sich häufig in einfacherer und allgemeinerer Form dar, wenn man für jeden Stoff eine besondere Gewichtseinheit benützt, das sogenannte **Gramm-Molekulargewicht**. Es ist dies eine Anzahl von Grammgewichten, die numerisch gleich dem Molekulargewichte des betreffenden Stoffes ist. Bei Wasserstoff z. B. würde das Grammmolekulargewicht gleich 2 g, bei Sauerstoff gleich 32 g, bei Wasser gleich 18 g sein. Haben wir eine beliebige Menge eines Stoffes gewogen und ein Gewicht von m g gefunden, so erhalten wir die entsprechende Anzahl von Grammmolekulargewichten, wenn wir m durch das Molekulargewicht μ dividieren. Wir bezeichnen diese Zahl $\dfrac{m}{\mu}$ als die Anzahl der Grammmoleküle, die in der gegebenen Menge des Stoffes enthalten sind.

Auch die Bedeutung des Grammatomes wird nach dem vorhergehenden nicht zweifelhaft sein. Es ist eine Anzahl von g-Gewichten, die gleich dem Atomgewicht des betreffenden Stoffes ist; 1 g-Atom Wasserstoff ist gleich 1 g-Gewicht Wasserstoff, 1 g-Atom Sauerstoff gleich 16 g-Gewichten Sauerstoff.

§ 14. Längenmaßstab, Nonius. Ein Längenmaßstab ist entweder ein **Endmaßstab**, der die Längeneinheit zwischen seinen beiden Endflächen einschließt, oder ein **Strichmaßstab**, bei dem die Längeneinheit durch zwei in der Nähe der Enden auf der Fläche des Stabes gezogene Striche begrenzt wird. Zum Zwecke der praktischen Ausführung von Messungen versehen wir den Maßstab mit einer nach Zentimetern oder Millimetern fortschreitenden Teilung. Mit einem nach Millimetern geteilten Stabe kann man die Länge einer gegebenen Linie unmittelbar bis auf eine gewisse ganze Zahl von Millimetern bestimmen; man findet, daß die zu messende Linie länger als a mm, aber kürzer als $a + 1$ mm ist. Den Bruchteil eines Millimeters, der zu a noch hinzuzufügen ist, kann man schätzen, man kann ihn aber auch messen mit Hilfe eines Instrumentes, das in der ganzen messenden Physik eine große Rolle spielt, des Nonius. So nennen wir einen kleinen geteilten Schieber, der mit dem Maßstab verbunden wird, so daß seine Teilstriche denen des Maßstabes gerade gegenüber stehen. Die Länge des Nonius machen wir gleich 9 mm (siehe die in vergrößertem Maßstabe gezeichnete Fig. 5). Wir teilen ihn in

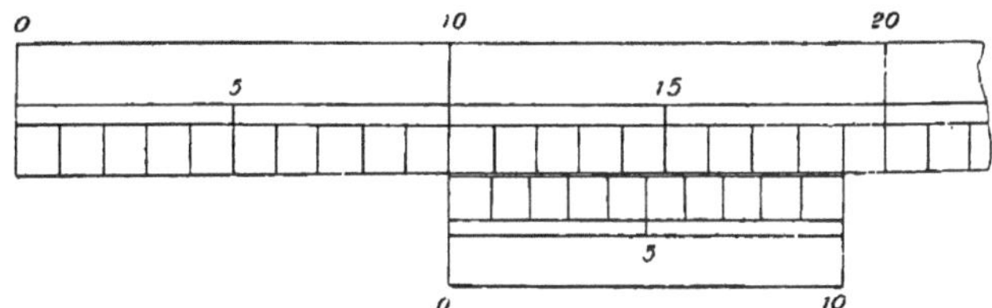

Fig. 5. Nonius.

10 Teile, so daß die Differenz zwischen einem Maßstabteil und einem Noniusteil gleich 0·1 mm wird. Stellen wir beispielsweise den Nullpunkt des Nonius auf 10 mm, so fällt sein Endstrich auf 19 mm; verschieben wir den Nonius um 0·1 mm, so fällt sein erster Teilstrich auf 11 mm, verschieben wir ihn um 0·2 mm, so fällt der zweite Strich auf 12 mm, verschieben wir allgemein um $\frac{p}{10}$ mm, so fällt der p-te Strich des Nonius mit einem Striche der Teilung zusammen. Hieraus ergibt sich für eine Längenmessung mit dem Nonius die folgende Regel. Wir legen den Anfangspunkt der zu messenden Linie an den Nullpunkt des Maßstabes und schieben den Nullpunkt des Nonius an das Ende der Linie. Wir erhalten dann die ganzen Millimeter der zu messenden Länge, wenn wir den letzten Teilstrich des Maßstabes ablesen, der von dem Nullpunkt des Nonius überschritten ist; wir haben dazu noch $\frac{p}{10}$ mm hinzuzufügen, wenn der p-te Strich des Nonius mit einem Striche der Teilung zusammenfällt.

Es ist einleuchtend, daß das Noniusprinzip einer ganz allgemeinen Anwendung fähig ist. Es möge eine nach beliebigen gleichen Intervallen fortschreitende Skale gegeben sein, etwa eine nach halben oder drittel Graden fortschreitende Kreisteilung. Wir konstruieren einen in dem letzteren Falle natürlich ebenfalls kreisförmigen Nonius, indem wir seine

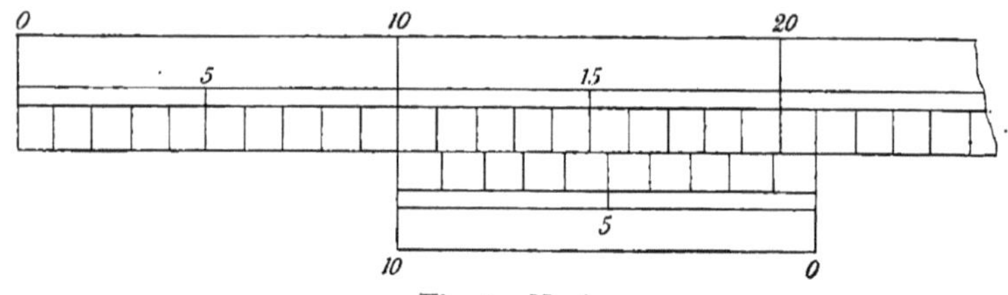

Fig. 6. Nonius

Länge gleich $i-1$ Teilen der Skale machen und in i Teile teilen. Die Differenz zwischen dem Skalenteil und dem Noniusteil beträgt dann $\frac{1}{i}$ des Skalenteiles, und der Nonius ermög-

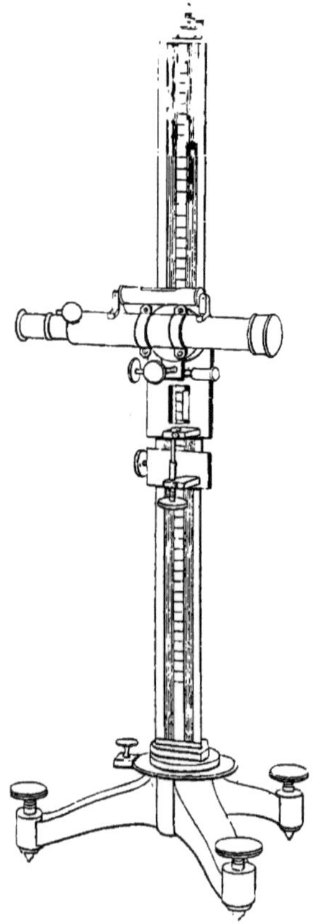

Fig. 7. Kathetometer.

licht eine Messung bis auf den i-ten Bruchteil des Skalenteiles. Um mit einer Kreisteilung, die nach halben oder drittel Graden fortschreitet, Winkel bis auf 1 Minute zu messen, werden im ersten Fall 30 Noniusteile gleich 29 Skalenteilen, im zweiten 20 Noniusteile gleich 19 Skalenteilen zu machen sein.

Man kann das Verhältnis zwischen dem Skalenteil und dem Noniusteil auch in etwas anderer Weise gestalten, wie wir an dem Beispiel eines Nonius erläutern wollen, der ein Zehntel des Maßstabteiles, etwa des mm geben soll. Wir machen die Länge des Nonius gleich 11 mm und teilen diese Länge wieder in 10 gleiche Teile (Fig. 6). Der Noniusteil ist dann um 0·1 mm größer als der Maßstabteil. Die Regel für die Benützung des Nonius bleibt dieselbe wie zuvor, wenn wir die Ziffern am Nonius entgegengesetzt laufen lassen, wie am Maßstab.

§ 15. Kathetometer. In der messenden Physik wiederholt sich häufig die Aufgabe, Höhenunterschiede gewisser Punkte, z. B. bei Flüssigkeitssäulen, zu bestimmen; man hat zu diesem Zwecke ein besonderes Instrument konstruiert, das Kathetometer. Dasselbe besteht aus einem vertikalen Maßstab, an dem ein mit einem Nonius verbundenes Fernrohr verschiebbar ist (Fig. 7). Die horizontal gestellte Visierlinie des Fernrohrs wird erst auf den einen, dann auf den anderen Punkt gerichtet; der Höhenunterschied ist dann gleich der Differenz der beiden Einstellungen des Nonius.

§ 16. Zeitmessung. Die Beobachtung von Bewegungserscheinungen setzt Zeitmessungen voraus. Wie die Längenmessung auf der Zählung von aneinandergereihten, gleich großen Längenabschnitten beruht, so die Zeitmessung auf der Zählung von aufeinanderfolgenden gleich großen Zeitabschnitten. Es fragt sich nun, wie wir die Gleichheit zweier Zeitabschnitte konstatieren. Sie ist unmittelbar evident, wenn die Zeitabschnitte identisch sind. Wenn zwei Körper ihre Bewegungen im selben Momente beginnen und im selben Momente schließen, so sind die hierdurch bestimmten Zeiten gleich, ebenso wie zwei Linien gleich sind, deren Anfangspunkte und Endpunkte zusammenfallen. Anders verhält es sich, wenn die beiden Körper zu verschiedenen Zeiten ihre Bewegungen ausführen; ein direktes Urteil über die Gleichheit oder Ungleichheit der dazu nötigen Zeiten ist dann nicht möglich. Bei der Längenmessung tritt der analoge Fall ein, wenn zwei Linien räumlich getrennt sind. Um über ihre gleiche oder ungleiche Länge zu entscheiden, legen wir einen Maßstab erst an die eine, dann an die andere an und messen die Linien. Aus der Vergleichung mit der Länge des Maßstabes ergibt sich das Verhältnis ihrer eigenen Längen. Diesem Verfahren liegt aber die Hypothese zugrunde, daß der Maßstab selbst bei der Bewegung seine Länge nicht ändert, eine Hypothese, die ihre Rechtfertigung schließlich doch nur darin findet, daß ihre beständige Anwendung uns noch nie in einen Widerspruch mit der Erfahrung verwickelt hat. Um auf dem Gebiete der Zeitmessung über gleiche oder ungleiche Länge verschiedener Zeitabschnitte zu urteilen, bedürfen wir eines Körpers, der eine bestimmte Bewegung immer wieder genau in derselben Weise zu wiederholen vermag. Ob irgend ein Körper diese Eigenschaft besitzt, können wir nicht wissen; wir können nur vermuten, daß die Umstände, unter denen er seine Bewegung wiederholt, immer dieselben seien, daß also auch die dazu nötige Zeit die gleiche bleibe. Wir lassen beispielsweise einen Körper aus einer genau bestimmten Höhe auf die Erde fallen; wir werden geneigt sein zu der Annahme, daß die Fallzeit dieselbe bleibt, so oft die Bewegung wiederholt wird. Diese Annahme beruht offenbar auf der Voraussetzung, daß die Bewegung vollständig bestimmt sei durch die Fallhöhe. Nun zeigt sich aber, daß die Bewegung auch in etwas beeinflußt wird durch die Reibung der Luft, und es erscheint von vornherein nicht so selbstverständlich, daß dieser Einfluß unter allen Umständen derselbe bleibe. Die Voraussetzung der gleichen Fallzeiten hat also in der Tat den Charakter einer Hypothese. Zu wirklicher Zeitmessung kann aber die Fallbewegung, selbst eine vollkommene Gleichmäßigkeit vorausgesetzt, nicht dienen; denn zu diesem Behufe ist es nötig, daß die als gleich groß vorausgesetzten Zeitabschnitte in ununterbrochener Folge sich aneinanderreihen. Nehmen wir dagegen einen Körper, der nur unter der Wirkung seiner Trägheit, ohne äußere Einwirkung sich bewegt, so können gleiche Wege, die er nacheinander durchläuft, eine Reihe gleicher aufeinanderfolgender Zeiten definieren; jeder solcher Körper wird also durch seine Bewegung einen Maßstab der Zeit liefern können. Ob aber wirklich kein äußerer Einfluß verändernd auf seine Bewegung wirkt, bleibt in jedem einzelnen Fall eine Hypothese, über deren Zulässigkeit nur die Erfahrung zu entscheiden imstande ist.

§ 17. Sternzeit und mittlere Sonnenzeit. Vor allem geeignet zur Messung der Zeit sind die Bewegungen der Erde, zunächst ihre Umdrehung um die eigene Achse. Wenn, wie es den Anschein hat, keine äußere Kraft auf diese Bewegung einwirkt, so können wir durch die aufeinanderfolgenden Umdrehungen gleiche Zeiträume definieren. Die Zeit der Umdrehung aber wird für einen beliebigen Beobachtungsort gegeben durch die Zeit zwischen zwei aufeinanderfolgenden Durchgängen eines und desselben Fixsterns durch den Meridian, zwei Kulminationen. Man bezeichnet diese Zeit als einen Sterntag, der weiter in 24 Stunden zu 60 Minuten, die Minute zu 60 Sekunden, geteilt wird; $1^h = 60^{min}$, $1^{min} = 60^{sec}$. Den Winkelraum von $1°$ durchläuft die Erde bei ihrer Umdrehung in 4^{min} Sternzeit. Der Lauf des bürgerlichen Lebens wird nun aber nicht durch die Sterne, sondern durch die Sonne geregelt; man hat daher an Stelle der Kulminationen eines Sterns diejenigen der Sonne benützt; als Einheit für die Zeitmessung tritt dann an Stelle des

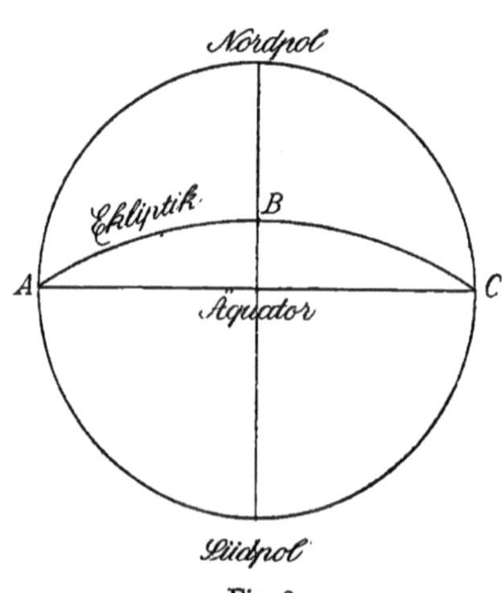

Fig. 8.

Sterntages zunächst der sogenannte wahre Sonnentag, die Zeit zwischen zwei aufeinanderfolgenden Kulminationen der Sonne. Der wahre Sonnentag ist länger als der Sterntag, weil sich die Sonne infolge ihres scheinbaren jährlichen Umlaufes um die Erde von einem Tag zum anderen gegen die Fixsterne verschiebt in einem der täglichen Bewegung entgegengesetzten Sinne. Der wahre Sonnentag ist außerdem veränderlich aus doppeltem Grunde; einmal, weil die Gechwindigkeit, mit der die Sonne ihre scheinbare jährliche Bahn, die Ekliptik, durchläuft, keine konstante ist, dann aber, weil die Ekliptik gegen den Äquator des Himmelsgewölbes geneigt ist. Die tägliche Verschiebung der Sonne in der Ekliptik beträgt zur Zeit des Frühlingsäquinoktiums 59·5′, zur Zeit des längsten Tages 57·3′, zur Zeit des Herbstäquinoktiums 58·7′, zur Zeit des kürzesten Tages 61·0′. Die Neigung der Bahn gegen den

Meridian ist zur Zeit der Äquinoktien gleich 66° 32′, zur Zeit des längsten und kürzesten Tages gleich 90°. In den Wendepunkten wird sich die Sonne von einem Tag zum anderen um den vollen Betrag ihrer Verschiebung in der Ekliptik von dem Meridian des ersten Tages entfernen, in den Äquinoktien wird die Entfernung durch die Neigung der Bahn vermindert. Es wird dies deutlich werden durch die Betrachtung von Fig. 8, in der A den Frühlingspunkt, B den Punkt des Sommersolstitiums, C den Herbstpunkt darstellt. Beide Ursachen zusammen bedingen eine Veränderlichkeit des wahren Sonnentages, die ihn zur Zeitmessung unbrauchbar macht. Man hat daher an Stelle der Sonne einen fingierten Punkt, die sogenannte mittlere Sonne, gesetzt, der den Äquator des Himmels in derselben Zeit vollkommen gleichmäßig durchwandert, in der die Erde ihren jährlichen Umlauf um die Sonne vollzieht. Die Kulminationen dieser mittleren Sonne bestimmen den sogenannten mittleren Sonnentag, der die Grundlage unserer bürgerlichen Zeitmessung bildet. Der mittlere Sonnentag übertrifft den Sterntag um 3^{min} $55 \cdot 9^{sec}$.

§ 18. Siderisches und tropisches Jahr. Zur Messung größerer Zeiträume benutzen wir als Einheit die Umlaufszeit der Erde um die Sonne. Man bestimmt dieselbe durch Beobachtung der Zeitpunkte, in denen das Zentrum der Sonne vom Mittelpunkt der Erde aus gesehen wieder in einem und demselben Punkte der Ekliptik erscheint; der zwischen zwei solchen Punkten enthaltene Zeitraum ist das siderische Jahr. Nun verschiebt sich infolge von einer eigentümlichen Richtungsänderung der Erdachse, der Präzession, der Punkt der Frühlings-Tag- und -Nachtgleiche in der Ekliptik in einem dem Umlauf der Erde um die Sonne entgegengesetzten Sinne; dies hat zur Folge, daß in dem siderischen Jahr die Tag- und Nachtgleiche von Jahr zu Jahr früher eintritt. Die Tätigkeit der Menschen ist aber in einem solchen Maße abhängig von dem Wechsel der Jahreszeiten, daß eine Verschiebung derselben gegen die Periode des Jahres in der bürgerlichen Zeitrechnung nicht zulässig ist. Darin liegt der Grund, daß man an Stelle des siderischen Jahres das sogenannte tropische, die Zeit zwischen zwei aufeinanderfolgenden Frühlingsäquinoktien, gesetzt hat. Die Dauer des tropischen Jahres ist nicht völlig konstant wegen der ungleichförmigen Geschwindigkeit, mit welcher der Frühlingspunkt in der Ekliptik sich verschiebt. Im Mittel beträgt die Verschiebung jährlich 50″, entsprechend einem Unterschiede zwischen dem siderischen und dem mittleren tropischen Jahre von $0 \cdot 014$ Tagen. In der Tat umfaßt das siderische Jahr $365 \cdot 256$ Tage, das mittlere tropische Jahr $365 \cdot 242$ Tage.

§ 19. Pendeluhren und Chronometer. Ebenso wie die Bewegungen der Erde können auch Bewegungen von Körpern an der Oberfläche der Erde zur Zeitmessung benutzt werden, wenn sie die Eigenschaft haben, stets in derselben Weise ohne Unterbrechung aufeinander zu folgen. In der Tat benutzen wir in unseren Pendeluhren die Schwingungen eines Pendels, in den Taschenuhren und Chronometern die Schwingungen einer feinen elastischen Feder, der Unruhe, zur Messung der Zeit. Alle diese Bewegungen stehen unter dem Einfluß der Reibung; die Weite der Schwingungen wird kleiner und kleiner, und schließlich hört die Bewegung auf. Um sie dauernd zu erhalten, müssen wir dem schwingenden Körper in regelmäßigen Intervallen einen Antrieb geben, der den durch die Reibung bedingten Verlust wieder ersetzt. Bei den Pendeluhren dient hierzu das ablaufende Gewicht. Den Bestandteil der Uhr, der die Verbindung des Pendels mit dem Gewicht vermittelt, nennt man die Hemmung. Diese erteilt einerseits bei jeder Schwingung dem Pendel einen kleinen Stoß, andererseits wirkt sie regulierend auf den Ablauf des Gewichtes, so daß dieses bei jeder Pendelschwingung um denselben Betrag fällt. Bei den Chronometern wird die zur Erhaltung der Schwingung nötige Kraft geliefert durch eine aufgewundene, allmählich sich entspannende Feder, deren Wechselwirkung mit der regulierenden Unruhe, wie bei der Pendeluhr, durch eine Hemmung vermittelt wird. Die Zeit, welche wir bei allen physikalischen Beobachtungen als Einheit benützen, ist der mittlere Sonnentag, beziehungsweise die daraus abgeleiteten Stunden, Minuten und Sekunden. Unsere Uhren sind also nach dieser Zeit zu regulieren. Die einzelnen Sekunden werden bei Sekunden-Uhren durch den deutlichen scharfen Schlag markiert, der von Sekunde zu Sekunde durch die Hemmung erzeugt wird.

§ 20. Veränderung des Tages. Wir haben im vorhergehenden zwei verschiedene Systeme der Zeitmessung besprochen, von denen das eine auf der Umdrehung der Erde um ihre Achse, das andere auf ihrem Umlauf um die Sonne beruht. Der Anwendung beider Systeme liegt die Voraussetzung zugrunde, daß die Umstände, unter denen jene Bewegungen sich vollziehen, völlig unveränderlich sind. Ein Mittel zur Prüfung dieser Voraussetzung liegt eben in der gleichzeitigen Anwendung der beiden Systeme; denn wenn sie nicht richtig ist, so muß ihr Verhältnis eine allmähliche Veränderung erleiden. Mit Bezug hierauf ist es von Interesse, daß wir von vornherein eine Ursache angeben können, durch welche die Achsendrehung der Erde allmählich verzögert werden muß. Die Anziehung von Sonne und Mond erzeugt in dem die Erde bedeckenden Meer eine Flutwelle, welche die Erde in einem ihrer Rotation entgegengesetzten Sinne umläuft. Dies muß infolge der Reibung, welche das Wasser bei seiner Bewegung erleidet, eine Verzögerung der Rotation und damit eine allmähliche Verlängerung des Tages bewirken. In der Tat hat man aus Untersuchungen über die Mondbewegung geschlossen, daß die Dauer eines Sterntages seit 1000 Jahren um 0·012 Sekunden zugenommen hat.[1]

---

[1] THOMSON und TAIT, Handbuch der theoretischen Physik. II. Teil. S. 402. — THOMSON, Mathematical and Physical Papers. Vol. III. Art. XCV. Irregularities of the Earth as a Timekeeper.

§ 21. Gradmessung der Temperatur. Die Entwickelung der Prinzipien und Gesetze, auf denen die Gradmessung der Temperatur beruht, ist eine Aufgabe der Wärmelehre. Doch können wir die Einrichtung des Quecksilberthermometers, mit dem wir im täglichen Leben Temperaturen messen, als bekannt voraussetzen. Die Graduierung beruht bei ihm auf der Ausdehnung des Quecksilbers in dem gläsernen Gefäße. Die beiden Fundamentalpunkte sind die Temperaturen des schmelzenden Eises und des bei einem Barometerstand von 76 cm siedenden Wassers. Die Temperatur des ersteren bezeichnen wir als eine solche von 0° Celsius, die des letzteren als eine solche von 100° Celsius. Die zwischen den Fundamentalpunkten und über sie hinaus liegenden Teilpunkte des Thermometers bestimmen andere Temperaturverhältnisse nach Graden Celsius. Die unter dem Nullpunkt liegenden werden negativ genommen. Bei gewissen physikalischen Untersuchungen ist es zweckmäßiger, die Grade von dem Punkte − 273°, statt von 0 an zu zählen. Die so gerechneten Temperaturen bezeichnet man als absolute. Zwischen der absoluten Temperatur T und der nach der gewöhnlichen Celsiusteilung gemessenen t besteht die Beziehung

$$T = 273 + t.$$

Bei der übrigens kaum noch gebrauchten Gradeinteilung von Réaumur wird das Intervall zwischen Nullpunkt und Siedepunkt nicht in 100, sondern in 80 gleiche Grade geteilt. In englischen Publikationen findet man vielfach Temperaturangaben nach der Skala von Fahrenheit. Bei dieser ist der Gefrier- oder Schmelzpunkt mit 32, der Siedepunkt mit 212 bezeichnet, das Intervall zwischen den beiden Fundamentalpunkten somit in 180 gleiche Grade geteilt. Der Nullpunkt der Fahrenheitschen Skala entspricht einer Temperatur von − 17·7° Celsius, der Temperatur einer Kältemischung aus Kochsalz und Eis.

§ 22. Graphische Darstellung. Von der zwischen zusammengehörigen Beobachtungen bestehenden Beziehung gewinnt man am leichtesten eine Übersicht durch graphische Darstellung. Nehmen wir den Fall, daß nur zwei veränderliche Größen in Betracht kommen, wie etwa Druck und Volumen der Luft, so tragen wir die Werte der einen als Abszissen x auf einer horizontalen Achse von dem Anfangspunkt O aus ab (Fig. 9); in dem Endpunkte jeder Abszisse errichten wir ein Lot, die Ordinate,

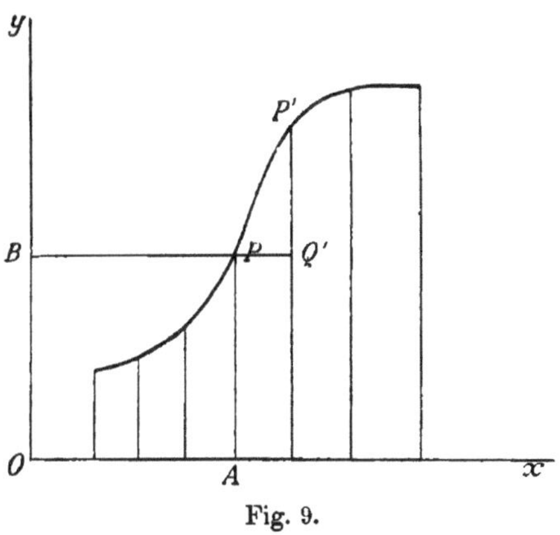

Fig. 9.

2*

dessen Länge y gleich dem zugehörigen Wert der anderen veränderlichen Größe ist. Wir tragen also in dem angeführten Beispiele auf der horizontalen Abszissenachse so viel Längeneinheiten ab, als das Volumen der Luft in Kubikzentimetern beträgt; wir machen die zugehörige Ordinate gleich so viel Längeneinheiten, als der Druck der Luft in Millimetern Quecksilber beträgt. Wir drücken das aus, indem wir sagen: wir machen die Abszissen numerisch gleich dem Volumen, die Ordinaten numerisch gleich dem Drucke der Luft. Die Endpunkte der in dieser Weise gezeichneten Ordinaten verbinden wir durch eine Kurve, die dann ein einfaches graphisches Bild von dem Zusammenhange der beobachteten Größen x und y gewährt; ist nämlich P irgend ein Punkt der Kurve, so brauchen wir durch denselben nur zwei Parallelen PB und PA zu der Abszissenachse Ox und zu der durch O senkrecht zu ihr gezogenen Ordinatenachse Oy zu ziehen; die erste liefert den Wert der

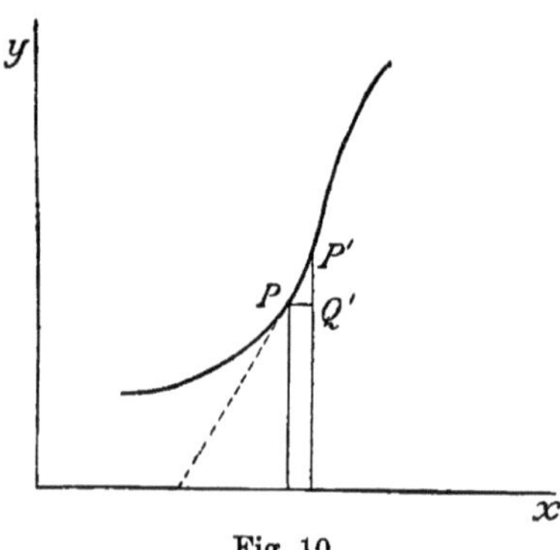

Fig. 10.

Ordinate $y = AP = OB$, die zweite den zugehörigen Wert der Abszisse $x = OA$.

Gehen wir von P über zu einem folgenden Punkte P' der Kurve, so ist der Zuwachs, den hierbei die Abszisse erfährt, gegeben durch PQ', der gleichzeitige Zuwachs der Ordinate durch $Q'P'$. Bei pyhsikalischen Gesetzen handelt es sich nicht selten um das Verhältnis jener Zuwüchse, unter der speziellen Voraussetzung, daß der Punkt P' sehr nahe an P gelegen ist (Fig. 10); man bezeichnet dann, einem allgemeinen Gebrauche zufolge, den kleinen Zuwachs der Abszisse x durch dx, den der Ordinate y durch dy, hat also $dx = PQ'$, $dy = Q'P'$. Wenn aber die Punkte P und P' sehr nahe beieinander liegen, so kann man das Dreieck $PQ'P'$ als ein geradliniges betrachten und es ist dann

$$\frac{P'Q'}{PQ'} = \frac{dy}{dx} = \operatorname{tg} P'PQ';$$

das Verhältnis der Zuwüchse ist gleich der trigonometrischen Tangente des Winkels, unter dem PP' gegen die Abszissenachse geneigt ist; die als geradlinig betrachtete Strecke PP' nennt man ein Element der Kurve; die Richtung der Kurve an der Stelle P ist gegeben durch die Richtung des Elementes PP'.

Es gibt physikalische Gesetze, durch welche nicht eine unmittelbare Beziehung zwischen zwei meßbaren, veränderlichen Größen x und y selbst gegeben wird, sondern nur eine solche zwischen sehr kleinen Zuwüchsen dx und dy, welche beide gleichzeitig erleiden. In solchen Fällen gibt die graphische Darstellung immer eine anschauliche Interpretation des Gesetzes. Denkt man sich die Werte von y als Ordinaten zu denen von x als Abszissen aufgetragen, so ist das Verhältnis $\frac{dy}{dx}$ gleich der Tangente des Winkels, den die Richtung der Kurve mit der Abszissenachse bildet. Gesetze, die in der genannten Form auftreten, bestimmen also nicht die Kurve der Abhängigkeit selbst, sondern nur die Richtungen ihrer aufeinanderfolgenden Elemente. Die Kurve selbst kann danach gezeichnet werden, wenn noch einer ihrer Punkte, d. h. ein Paar zusammengehörender Werte von x und y selbst, gegeben ist.

Wir wollen noch eine andere Aufgabe, die sich gelegentlich an eine solche graphische Darstellung knüpft, kurz erwähnen. Es seien P und U (Fig. 11) zwei beliebig entfernte Punkte der Kurve, PA und UV ihre Ordinaten. Der Inhalt des Flächenstückes $PAVU$, das zwischen der Abszissenachse, der Kurve und den beiden Ordinaten eingeschlossen ist, soll berechnet werden. Wir teilen zunächst das Flächenstück in schmale Streifen $PAA'P'$, $P'A'A''P''$, $P''A''A'''P'''$, ... Jeden einzelnen ersetzen wir durch das in ihm liegende Rechteck $PAA'Q'$, $P'A'A''Q''$, $P''A''A'''Q'''$, ... Der Inhalt

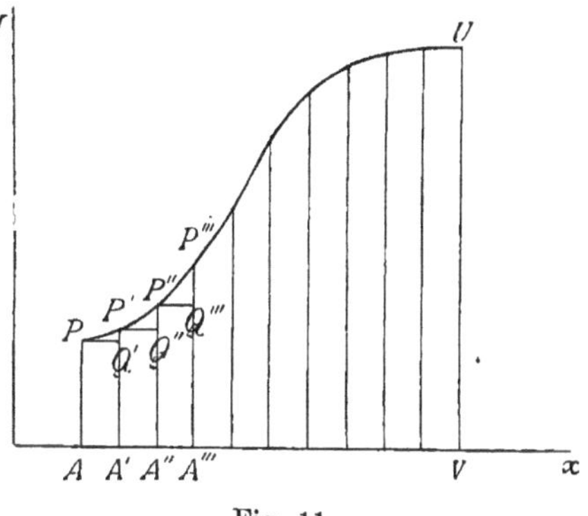

Fig. 11.

jedes Rechtecks ist kleiner als der Inhalt des entsprechenden Streifens, aber der Unterschied ist im Verhältnis zu letzterem um so geringer, je schmäler wir die Streifen nehmen.

Es wird also auch die Summe der Rechtecksinhalte

$$PAA'Q' + P'A'A''Q'' + P''A''A'''Q''' + \cdots$$

dem Flächeninhalt der Figur $PAVU$ um so näher kommen, je kleiner die Breiten der aneinanderliegenden Rechtecke sind. Dies drückt man nach einem abkürzenden Sprachgebrauche so aus, daß man sagt: der Inhalt der Figur $PAVU$ ist bei unendlich kleiner Breite der Rechtecke gleich der Summe ihrer Inhalte. Setzen wir die Breiten der aufeinanderfolgenden Rechtecke

$$AA' = dx, \quad A'A'' = dx', \quad A''A''' = dx'', \quad \ldots,$$

die durch die Ordinaten gegebenen Höhen

$$PA = y, \quad P'A' = y', \quad P''A'' = y'', \quad \ldots,$$

so ist mit einer beliebig weit zu treibenden Annäherung

$$PAVU = y\,dx + y'\,dx' + y''\,dx'' + \cdots = \Sigma y\,dx,$$

wo Σ das Zeichen für die Summation ist.

§ 23. Gefälle und Gradient. Es gibt eine Reihe von physikalischen Gesetzen, die sich auf gewisse räumliche Änderungen der in Betracht kommenden Größen beziehen, auf sogenannte Gefälle oder Gradienten. Es scheint zweckmäßig, den einzelnen Anwendungen eine allgemeinere Betrachtung über diese Begriffe voranzuschicken. Dabei wollen wir uns aber zunächst nicht um eine abstrakte Definition bemühen, sondern die Bedeutung jener Begriffe an einzelnen Beispielen erläutern. Ihre allgemeine Anwendung wird daraus leicht zu entnehmen sein.

Wir knüpfen zunächst an die Darstellung eines Geländes durch Höhenkurven an. Diese Kurven seien, wie z. B. auf den Karten der preußischen Landesaufnahme, in Vertikalabständen von 10 zu 10 m gezogen; alle Punkte einer bestimmten Kurve liegen in einer und derselben Horizontalebene, zwischen den Punkten zweier aufeinanderfolgenden Kurven besteht ein Höhenunterschied von 10 m. Ziehen wir auf der Karte eine Linie, welche die Höhenkurven senkrecht durchschneidet, so stellt sie in jedem ihrer Punkte durch ihre Richtung die Richtung der steilsten Böschung dar; wir können sie die Fallinie nennen. Die Kurven der Fig. 12 wollen wir beispielsweise als solche Höhenkurven betrachten. AB sei das zwischen zwei aufeinanderfolgenden Höhenkurven liegende Stück der Fallinie. Wenn dieses Stück von einer geraden Linie nicht merklich abweicht, nennen wir den Quotienten aus dem Höhenunterschiede h der Punkte A und B und aus ihrem durch AB gemessenen horizontalen Abstande das Gefälle des Geländes an der betrachteten Stelle; das Gefälle ist also gleich h/AB, gleich dem auf 1 m horizontaler Distanz kommenden Höhenunterschiede. Man kann nun von dem Punkte A aus in einer beliebigen Richtung eine Linie ziehen, welche die nächste Höhenkurve in dem Punkte C schneidet. Wir bezeichnen dann den Quotienten h/AC als das Gefälle des Geländes in der Richtung AC, während wir unter Gefälle schlechtweg das in der Richtung der Fallinie vorhandene bezeichnen.

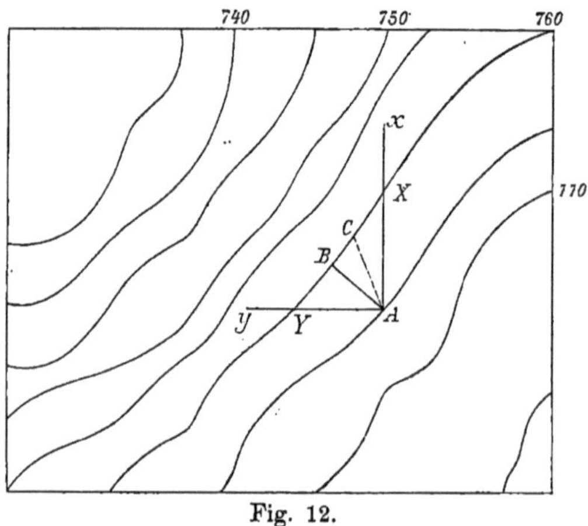

Fig. 12.

Ein zweites Beispiel bieten die Wetterkarten, die von den meteorologischen Zentralstellen aus verbreitet und in vielen Tageszeitungen abgedruckt werden. Die auf diesen Karten verzeichneten Kurven, die sogenannten Isobaren, verbinden die Punkte gleichen Barometerstandes an der Erdoberfläche. Die Kurven (Fig. 12) sind so gezeichnet, daß die Änderung des Luftdruckes von einer Kurve zur anderen 5 mm beträgt. Zeichnen wir eine Linie, welche die Isobaren senkrecht durchschneidet, so findet auf ihr die verhältnismäßig stärkste Änderung des Luftdruckes statt. Können wir das Stück AB einer solchen Linie, welches zwischen zwei aufeinanderfolgenden Isobaren liegt, als gcradlinig betrachten, so gibt der Bruch $5/AB$ die Änderung des Luftdruckes auf der Längeneinheit von AB, den barometrischen Gradienten. Würde die Linie AB zwischen den beiden Isobaren noch merklich gekrümmt sein, so müßte man das System der Isobaren enger ziehen, bis das zwischen zwei aufeinanderfolgenden liegende Stück ab von einer Geraden nicht mehr merklich abweicht. Wäre dann β der Unterschied der Barometerstände in den Punkten a und b, so wäre der barometrische Gradient bestimmt durch den Bruch β/ab. Spricht man von barometrischen Gradienten schlechtweg, so setzt man immer voraus, daß man sich bei ihrer Bestimmung längs einer Linie stärkster Änderung bewege. Man kann aber von A aus, ebenso wie bei den Höhenkurven, eine Gerade in beliebiger Richtung ziehen; schneidet sie die nächste Isobare in dem Punkte C, so gibt der Bruch β/AC den barometrischen Gradienten in der Richtung AC; unter β ist hier der Unterschied der Barometerstände in den Punkten A und C verstanden. Es liegt nahe, durch den Punkt A zwei ausgezeichnete, zueinander senkrechte Richtungen zu ziehen, die eine Ax etwa in südnördlicher, die andere Ay in ostwestlicher Richtung. Sind X und Y die Punkte, in denen die nächstliegende Isobare von jenen Linien durchschnitten wird, so sind $\dfrac{\beta}{AX}$ und $\dfrac{\beta}{AY}$ die barometrischen Gradienten in der Richtung Ax und Ay.

Der Luftdruck nimmt mit der Höhe über dem Meeresspiegel ab; wir nehmen einen Punkt P, der in dem Gebiete höchsten Luftdruckes liegt, das von der Isobare von 770 mm begrenzt wird. Gehen wir von diesem Punkte aus vertikal in die Höhe, so müssen wir auf einen Punkt stoßen, in dem der Luftdruck gerade gleich 770 mm wird. Daraus folgt, daß das von der Kurve 770 mm begrenzte Gebiet unserer Karte von einer Fläche überwölbt wird, in deren Punkten der Luftdruck überall gleich 770 mm Quecksilber ist. Ebenso wird das von der Isobare 760 mm umgrenzte Gebiet von einer Fläche überwölbt, in deren Punkten der Stand des Barometers gleich 760 mm ist, usf. In der Atmosphäre erhalten wir also Flächen gleichen Druckes, und zwar sind die Flächen höheren Druckes überwölbt von den Flächen geringeren Druckes. Die an der Erdoberfläche verlaufenden Isobaren sind dann nichts anderes als die Schnitte jener Flächen gleichen Druckes durch die Oberfläche der Erde. Nehmen wir auf irgend einer der isobarischen Flächen einen Punkt O, so können wir durch ihn zunächst eine vertikale Achse Oz ziehen. In der durch O gehenden horizontalen Ebene ziehen wir zwei zueinander senkrechte Richtungen Ox und Oy, die erste etwa südnördlich, die zweite ostwestlich (Fig. 13). Wir betrachten dann eine isobarische Fläche F, welche die durch O gehende so eng umschließt, daß das in den räumlichen Winkel $Oxyz$ fallende Stück als eben betrachtet werden kann. Der Druckunterschied der beiden Flächen sei β. Wir erhalten dann für die betrachtete räumliche Verteilung des Druckes drei Gradienten nach den zueinander senkrechten Richtungen Ox, Oy, Oz. Sind A, B, C die Punkte, in denen die isobarische Fläche F die Achsen Ox, Oy, Oz durchschneidet, so sind die Gradienten des Luftdruckes nach diesen Achsen gegeben durch:

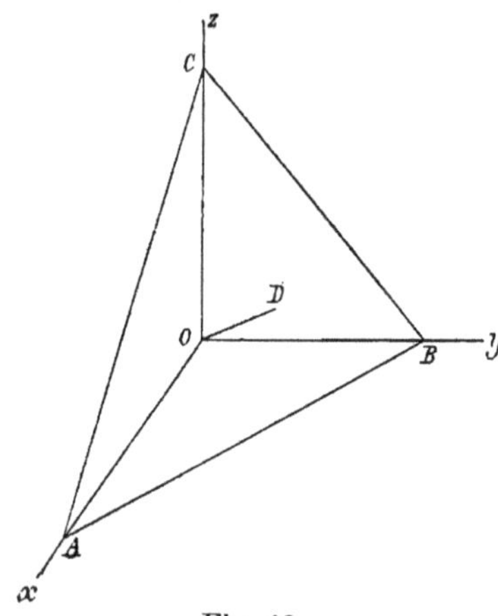

Fig. 13.

$$g_x = \frac{\beta}{OA}, \quad g_y = \frac{\beta}{OB}, \quad g_z = \frac{\beta}{OC}.$$

Von den verschiedenen Richtungen, die wir durch den Punkt O ziehen können, ist besonders ausgezeichnet die der Senkrechten OD auf der Fläche F. Der Gradient nach dieser Normalen ist:

$$g = \frac{\beta}{OD}.$$

Zwischen den Gradienten g und g_x, g_y, g_z besteht eine sehr wichtige Beziehung, die wir zum Schlusse noch ableiten wollen. Wir bemerken zunächst, daß

$$\frac{OD}{OA} = \cos \angle AOD, \quad \frac{OD}{OB} = \cos \angle BOD, \quad \frac{OD}{OC} = \cos \angle COD$$

ist. Somit ergibt sich durch Multiplikation der obenstehenden Gleichungen mit OD:

$$g_x \times OD = \beta \cos \angle AOD, \quad g_y \times OD = \beta \cos \angle BOD,$$
$$g_z \times OD = \beta \cos \angle COD.$$

Nun ist aber einem bekannten geometrischen Satze zufolge:

$$\cos^2 \angle AOD + \cos^2 \angle BOD + \cos^2 \angle COD = 1.$$

Somit:

$$(g_x{}^2 + g_y{}^2 + g_z{}^2)\, OD^2 = \beta^2,$$

oder

$$g_x{}^2 + g_y{}^2 + g_z{}^2 = g^2.$$

Das Quadrat des Gradienten nach der Normalen ist gleich der Summe der Quadrate der drei Gradienten nach drei zueinander senkrechten Richtungen Ox, Oy, Oz.

Ganz ähnliche Betrachtungen, wie wir sie mit Bezug auf den Luftdruck durchgeführt haben, lassen sich anstellen bei der Temperatur. Der einfachste Fall wird hier realisiert durch die Außenwände eines Zimmers. Wir können annehmen, daß die innere Fläche einer solchen Wand überall dieselbe Temperatur, die des Zimmers, habe.

Ebenso wird dann die äußere Fläche eine konstante Temperatur, die der äußeren Luft, besitzen. Beide Flächen sind isotherme Flächen, aber die Temperatur der inneren Fläche wird wenigstens im Winter höher sein, als die der äußeren. Wir können ferner annehmen, daß in der Wand selbst die Temperatur von innen nach außen stetig abnehme, so daß alle Punkte dieselbe Temperatur besitzen, welche in einer zu den Grenzflächen parallelen Ebene liegen. Die isothermen Flächen wären also in diesem Falle parallele Ebenen, die erste davon gegeben durch die innere, die letzte durch die äußere Fläche der Hauswand. Als Temperaturgefälle bezeichnet man in diesem Falle die Abnahme der Temperatur auf der Längeneinheit gemessen in der Richtung der Normalen der isothermen Ebenen.

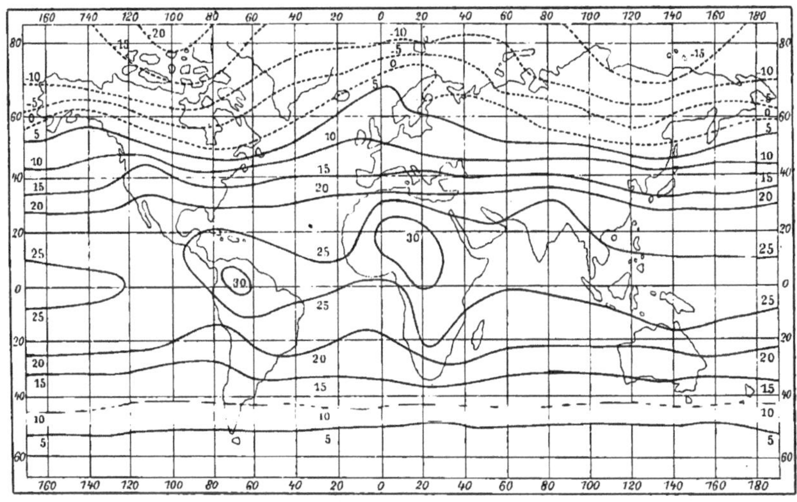

Fig. 14.

Ein komplizierteres Beispiel bietet die Verteilung der mittleren Jahrestemperatur an der Oberfläche der Erde. Man verschafft sich ein anschauliches Bild von dieser Verteilung, indem man die Orte gleicher mittlerer Jahrestemperatur durch Kurven miteinander verbindet, die sogenannten Jahresisothermen. Ein Bild davon gibt Fig. 14. Die Isothermen sind dabei so gezeichnet, daß die Temperatur vom Äquator nach dem Pol hin von Isotherme zu Isotherme um 5^0 abnimmt. Man kann nun an dieses Bild dieselben Überlegungen knüpfen, die wir bei der Betrachtung der Isobaren angestellt haben. Die Temperatur nimmt mit der Höhe über der Erdoberfläche ab. Wir nehmen einen Punkt P der Erdoberfläche innerhalb eines Gebietes, an dessen Grenzen die mittlere Jahrestemperatur überall dieselbe ist. Ein solches Gebiet, welches nur eine einzige in sich zurücklaufende Randkurve besitzt, liegt im zentralen Afrika, es ist umschlossen von der Jahresisotherme 30° Celsius. Im allgemeinen werden diese Gebiete zwei in sich zurücklaufende Ränder besitzen, eine Isotherme der nördlichen und eine Isotherme der südlichen Halbkugel mit der gleichen mittleren Jahrestemperatur. Welches aber auch die Form des Gebietes und welches die Lage von P in ihm sein mag, immer werden wir von Punkt P aus vertikal in die Höhe gehend Punkte finden, deren Temperatur gleich der Temperatur der Randkurven des Gebietes ist. Wir konstruieren so isotherme Flächen; über einfach berandeten Gebieten werden sich diese Flächen glockenartig erheben; Zonen, welche durch eine nördliche und die ihr entsprechende südliche Isotherme begrenzt sind, werden von den zu ihnen gehörenden isothermen Flächen gewölbartig überdeckt. Ganz ebenso wie beim Luftdrucke können wir aus dieser graphischen Darstellung der Temperaturverteilung die Begriffe des Temperaturgefälles oder der Temperaturgradienten entwickeln. Von Gefälle werden wir vorzugsweise dann sprechen, wenn wir die Abnahme der Temperatur längs einer Linie ins Auge fassen, die von der Oberfläche der Erde entspringend die aufeinanderfolgenden isothermen Flächen senkrecht durchschneidet. Den Ausdruck Temperaturgradient benützen wir, wenn es sich um die Änderung der Temperatur auf der Längeneinheit einer Linie handelt, die wir von einem Punkte O der Atmosphäre aus in einer beliebigen Richtung ziehen. Zwischen den Gradienten nach drei zueinander senkrechten Richtungen Ox, Oy, Oz und dem Temperaturgefälle in dem eben definierten Sinne besteht wieder die für den Luftdruck entwickelte Beziehung.

Man übersieht, daß die im vorhergehenden aufgestellten Begriffe des Gefälles oder des Gradienten auf jede Eigenschaft eines Körpers angewandt werden können, die sich mit dem Orte in stetiger Weise ändert, so daß von den Flächen, in welchen die Eigenschaft je einen konstanten, aber von der einen zur anderen abnehmenden oder zunehmenden Wert besitzt, jede von der folgenden umhüllt wird. Die Worte „Gefälle" und „Gradient" bedeuten im wesentlichen dasselbe. Wie schon erwähnt, benützen wir das Wort Gefälle dann, wenn es sich um die Abnahme einer Eigenschaft in einer Richtung handelt, die normal zu einer Fläche konstanter Eigenschaft steht. Das Wort Gradient verwenden wir, wenn es sich um die Änderung der Eigenschaft in einer beliebigen Richtung, insbesondere um die Änderungen nach drei zueinander senkrechten Achsen handelt.

Mit Bezug auf die physikalischen Eigenschaften selbst, deren räumliche Verteilung in der geschilderten Weise dargestellt wird, möge noch eine Bemerkung hinzugefügt werden. Druck und Temperatur der Luft werden durch die alleinige Angabe einer Zahl vollkommen bestimmt. Wir bezeichnen Eigenschaften dieser Art als skalare; die Zahlen, durch welche ihr Maß bestimmt wird, also den Barometerstand, den Temperaturgrad als einen Skalar. Es gibt andere physikalische Eigenschaften, die durch die Angabe einer Maßzahl keineswegs völlig bestimmt sind, sondern bei welchen zur völligen Fixierung noch die Angabe einer einseitigen Richtung erforderlich ist. Eine solche Eigenschaft ist z. B. die Geschwindigkeit, welche an den verschiedenen Stellen eines stationären Luftstromes herrscht. Größen dieser Art nennt man vektorielle. Von einer Geschwindigkeit erhalten wir ein anschauliches Bild, wenn wir von einem gegebenen Punkte aus eine Gerade in der Richtung der Bewegung ziehen und auf dieser ein dem absoluten Betrage der Geschwindigkeit proportionales Stück abtragen. Eine Größe, zu deren völligen Bestimmung die Angabe einer Maßzahl und die Angabe einer einseitigen Richtung notwendig ist, nennen wir einen Vektor. Zu den Vektoren gehören auch die von uns eingeführten Gradienten. Auf einen Vektor, dessen Richtung im Raum von Punkt zu Punkt dieselbe bleibt, der also nur seine Größe ändert, können wir dieselben Betrachtungen anwenden, wie auf einen Skalar. Z. B. wird der Gradient des Luftdruckes nach einer von den Richtungen Ox, Oy, Oz räumlichen Änderungen unterworfen sein, die sich mit Hilfe neuer Gradienten ebenso darstellen lassen, wie die räumlichen Veränderungen des Luftdruckes selbst.

ERSTER TEIL.

MECHANIK. MOLEKULARERSCHEINUNGEN. AKUSTIK.

———

ERSTES BUCH.

MECHANIK STARRER KÖRPER.

Erster Abschnitt.

Statik starrer Körper.

Erstes Kapitel. Vom Gleichgewicht der Kräfte.

§ 24. Das Senkel. Wir beginnen unsere Untersuchungen mit einer möglichst einfachen Ruheerscheinung, der Erscheinung des Senkels, eines an einem Faden aufgehängten Gewichtes. Den Faden betrachten wir als unausdehnsam; alle Orte, an die das Gewicht kommen kann, liegen dann auf einer um den Aufhängepunkt beschriebenen Kugel. Wenn das Senkel in Ruhe ist, so ist der Faden vertikal; jenes nimmt die tiefste Stelle ein, an die es überhaupt gelangen kann. Schneiden wir den Faden durch, so fällt das Senkel, ebenso wie ein von der Hand erst gehaltenes und dann losgelassenes Gewicht. Im letzteren Falle üben wir anfangs mit der Hand einen Zug aus, der das Fallen des Gewichtes hindert, im ersteren entsteht in dem Faden eine Spannung, welche dem Senkelgewichte das Gleichgewicht hält. Die Ruhe des Senkels wird somit durch Wirkung und Gegenwirkung bedingt; unter der alleinigen Wirkung des Gewichtes würde das Senkel fallen; könnten wir das Senkel für einen Augenblick gewichtlos machen, so würde es durch die

Spannung des Fadens nach oben gerissen. Beide Wirkungen heben sich
auf, wenn sie entgegengesetzt gleich sind. Die Fadenspannung ist danach gleich dem angehängten Gewichte, sie kann also durch eine bestimmte Zahl von g-Gewichten gemessen werden.

Gleichheit von Aktion und Reaktion. Wir sehen, daß es sich
bei der einfachen Erscheinung des Senkels um zwei verschiedene Wirkungen handelt; einmal wirkt das Gewicht auf den Faden, indem es ihn
spannt, andererseits wirkt der Faden auf das Gewicht, indem er seinen
Fall hindert. Es ist dies ein erstes Beispiel eines ganz allgemeinen
physikalischen Prinzipes. So oft ein Körper A einen anderen B drückt
oder zieht, wird A in umgekehrter Richtung ebenso stark von B gedrückt oder gezogen.

§ 25. Die Rolle. Eine kreisförmige Scheibe sei um eine durch
ihren Mittelpunkt senkrecht hindurchgehende Achse vollkommen leicht
drehbar, ihre Peripherie genau und glatt abgedreht. Stellen wir eine
solche Rolle mit ihrer Achse horizontal und legen wir über sie einen
Faden, so ist Gleichgewicht vorhan-
den, wenn die beiden frei herabhängenden Enden durch gleiche Gewichte gespannt sind. Nehmen wir
das eine Gewicht ab, so fällt das
andere zu Boden. Wir können aber
Gleichgewicht wieder herstellen, indem wir das nicht belastete Ende
des Fadens mit der Hand nach unten
ziehen. Ebenso wie in dem vorhergehenden Falle werden dann die
Spannungen in den zu beiden Seiten
der Rolle befindlichen Fäden gleich
sein; der Zug, den unsere Hand ausübt, gleich dem an dem anderen Faden-
ende hängenden Gewichte. Dabei
können wir den Faden ebensogut
in schiefer Richtung ziehen, wie in

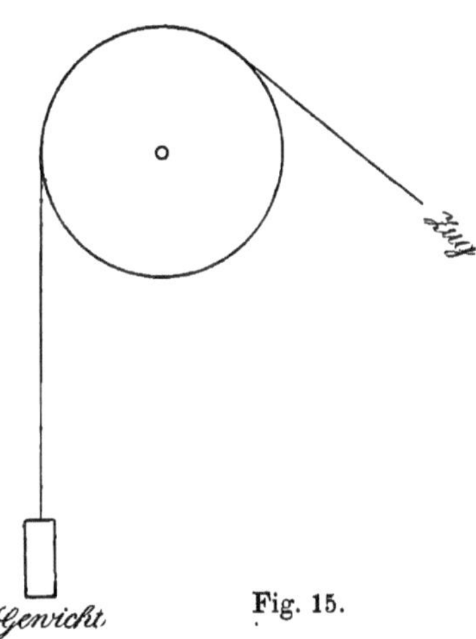

Fig. 15.

vertikaler; Gleichgewicht wird immer nur dann vorhanden sein, wenn der
Faden in seiner ganzen Ausdehnung gleiche Spannung besitzt, wenn der
beliebig gerichtete Zug der Hand gleich ist dem angehängten Gewichte
(Fig. 15).

§ 26. Kräfte gemessen durch Gewichte. Wenn in dem vorhergehenden Beispiele nur das Gegengewicht oder nur der Zug der Hand auf ein
gewichtlos gedachtes Senkel wirkte, so würde Bewegung eintreten. Nun
gibt es außerordentlich mannigfache Verhältnisse, unter denen ein Körper
in Bewegung gerät oder zu einer schon vorhandenen Bewegung eine neue
erhält; in all diesen Fällen sprechen wir von einer Kraft als der Ursache der
Bewegung. Mit Rücksicht hierauf können wir den in dem vorhergehenden

Paragraphen gemachten Bemerkungen eine viel allgemeinere Bedeutung geben. Wenn wir das eine Ende des über eine Rolle geschlungenen Fadens mit einem Gewicht belasten, so können wir auf das andere eine Kraft von ganz beliebigem Ursprung, beliebiger Richtung wirken lassen.

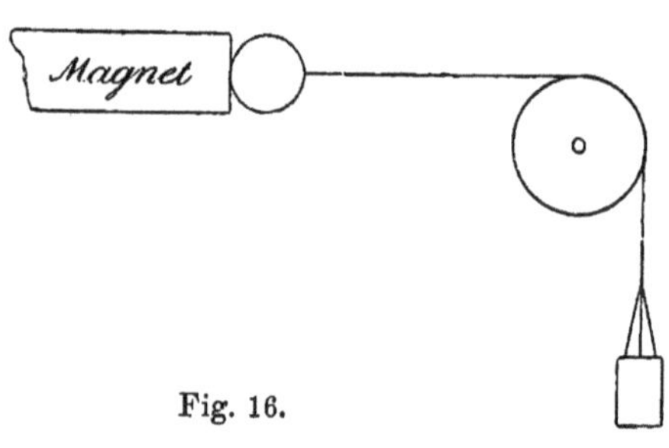

Fig. 16.

Wenn Gleichgewicht vorhanden ist, so wird der Faden in seiner ganzen Ausdehnung dieselbe Spannung besitzen, also die Kraft gleich dem angehängten Gewicht sein. Wir können so immer ein Gewicht finden, das einer gegebenen Kraft gleich ist, welches auch ihr Ursprung, welches ihre Richtung sein mag; d. h. wir können jede Kraft messen durch ein Gewicht; wir können unser g-Gewicht als allgemeine Maßeinheit der Kräfte benützen. Um dies noch durch ein Beispiel zu erläutern, befestigen wir an dem einen Ende des Fadens eine Eisenkugel. Nähern wir sie der Polfläche eines horizontal liegenden Magnetstabes, so wird sie von dieser angezogen. Wir führen den Faden in der Richtung des Stabes horizontal fort (Fig. 16), legen ihn über eine Rolle und belasten ihn am anderen Ende so, daß die Kugel bei der geringsten Mehrbelastung von dem Pole abreißt. Die magnetische Anziehung ist dann gemessen durch das Gewicht, welches eben noch getragen wird.

Den Betrachtungen von § 24 können wir im Anschluß an das Vorhergehende einen allgemeinen Ausdruck geben in dem Satze:

Wenn auf einen Körper, genauer auf einen und denselben Punkt des Körpers, zwei Kräfte wirken, so bleibt er in Ruhe, wenn die Kräfte gleich und entgegengesetzt sind.

§ 27. Graphische Darstellung von Kräften. Bei der Fadenspannung liegt der Gedanke unmittelbar nahe, ihre Verhältnisse durch eine Zeichnung anschaulich zu machen. Wir haben ihren Angriffspunkt, den Befestigungspunkt des Fadens, ihre Richtung, übereinstimmend mit der des Fadens. Man kann aber auch ihre Größe in der Zeichnung zum Ausdruck bringen, wenn man die Länge der die Richtung darstellenden Linie der Spannung numerisch gleich, d. h. gleich ebensoviel Längeneinheiten macht, als die Zahl der g-Gewichte beträgt, durch welche die Spannung gemessen wird. Diese graphische Darstellung ist aber in derselben Weise auf jede beliebige Kraft anwendbar, denn jede hat einen bestimmten Angriffspunkt, eine bestimmte Richtung, eine durch eine bestimmte Zahl von g-Gewichten gegebene Größe. Wir werden gelegentlich Kräfte und die sie darstellenden Strecken durch denselben Buchstaben bezeichnen; sofern dieser die Strecke bezeichnet, versehen wir ihn mit einem Striche, während er ohne Strich die Anzahl der g-Gewichte angibt, die das Maß der Kraft bilden. Pfeile an den die Kräfte repräsentierenden Linien geben die Richtung an, in der sie wirken.

§ 28. Der Satz vom Parallelogramm der Kräfte. Wenn zwei Kräfte P und Q, d. h. Kräfte, die beziehungsweise gleich P und Q g-Gewichten sind, in einem und demselben Punkte eines Körpers angreifen, so lassen sie sich in ihrer Wirkung erfahrungsgemäß durch eine einzige Kraft ersetzen, die man ihre **Resultante** nennt. Die sie repräsentierende Strecke wird durch eine einfache geometrische Konstruktion gegeben. Wir ziehen die P und Q repräsentierenden Linien OA und OB (Fig. 17) und ergänzen sie zu einem Parallelogramm; die Diagonale OD ist dann die graphische Darstellung der resultierenden Kraft.

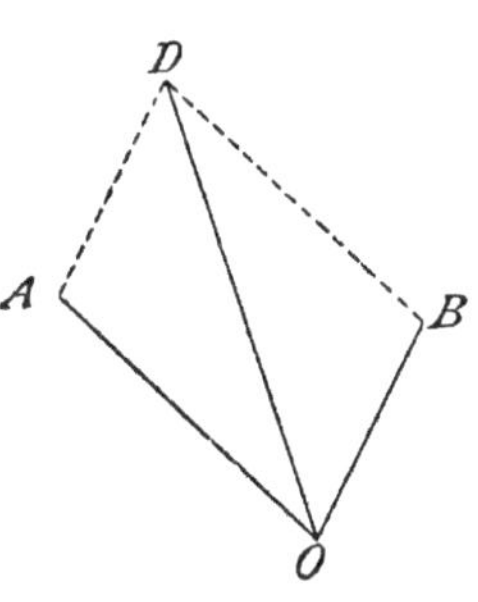

Fig. 17.

Zur experimentellen Prüfung des Satzes benützen wir drei miteinander verknüpfte Senkelfäden (Fig. 18), von denen der eine vertikal herabhängt, während die beiden anderen nach rechts und links über Rollen geführt sind. Die an den Enden angehängten Gewichte seien P, Q und R. Gleichgewicht ist vorhanden, wenn die Resultante von P und Q gleich und entgegengesetzt ist mit R. Stellen wir also die Kräfte graphisch dar durch die Linien OA, OB und OC, so muß die Diagonale OD des aus OA und OB konstruierten Parallelogrammes gleich und entgegengesetzt sein mit OC. Daß dies in der Tat der Fall ist, läßt sich in dem folgenden speziellen Falle leicht nachweisen. Wir spannen den vertikal herabhängenden Faden durch

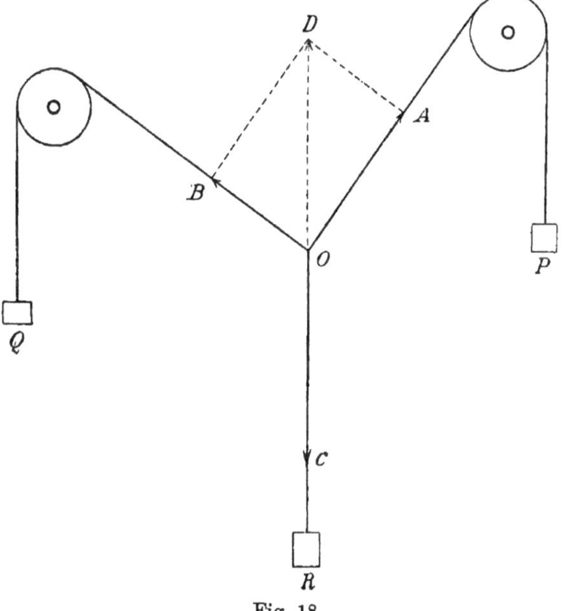

Fig. 18.

50 g-Gewichte, die beiden nach oben über die Rollen laufenden mit 40 und 30 g-Gewichten. Zunächst zeigt sich, daß das Gleichgewicht ein ganz

bestimmtes ist; denn so oft wir die Senkel aus ihrer Ruhelage herausbringen, kehren sie nach einigen Schwankungen immer wieder in dieselbe Lage zurück. Nun ergibt sich weiter, daß der Winkel, den die beiden schief nach oben gehenden Fäden miteinander bilden, ein rechter ist. Das Dreieck OAD ist somit ein rechtwinkliges; die Diagonale DO des Parallelogramms ist gleich 50 Längeneinheiten, wenn OA gleich 40 und OB gleich 30. Die Diagonale des aus den Repräsentanten der Kräfte P und Q konstruierten Parallelogramms ist also in der Tat numerisch gleich der Kraft R. Daß ihre Richtung der von R entgegengesetzt, also vertikal ist, ergibt sich, wenn wir beachten, daß die nach oben gehenden Fäden in einer vertikalen Ebene liegen, und wenn wir die Linien OA und OB mit der Neigung gegen die Verkale zeichnen, wie sie tatsächlich bei den Versuchen beobachtet wird.

Die von den Fäden gebildeten Winkel ändern sich natürlich, sobald die Verhältnisse der angehängten Gewichte andere werden, sobald etwa an den mittleren, vertikal herabhängenden Faden ein Gewicht von anderer Größe gehängt wird. Daraus ergibt sich, daß unsere einfache Vorrichtung benutzt werden kann, um über die Gleichheit oder Ungleichheit von Gewichten zu entscheiden, sie ist das erste Beispiel einer Wage.

§ 29. Gleichgewicht von Kräften in einem Punkte. Die in dem vorhergehenden Paragraphen benützte Einrichtung bringt uns zugleich die Lösung einer anderen Frage, die von selbständigem Interesse ist. Wir sehen, daß drei in einem Punkt angreifende Kräfte P, Q, R im Gleichgewicht sind, wenn die sie repräsentierenden Strecken durch Parallelverschiebung zu einem geschlossenen Dreieck (OAD, Fig. 18) sich zusammenfügen lassen. Die Regel läßt sich ausdehnen auf den Fall beliebig vieler Kräfte, die einen gemeinsamen Angriffspunkt haben; sie sind im Gleichgewicht, wenn sie durch Parallelverlegung zu einem geschlossenen Polygone sich zusammenfügen lassen. Bleibt der polygonale Zug offen, so stellt die offene Seite Größe und Richtung der zum Gleichgewichte fehlenden Kraft dar; im umgekehrtem Sinne somit auch die Resultante der sämtlichen gegebenen Kräfte. Dies wird durch Fig. 19 anschaulich gemacht.

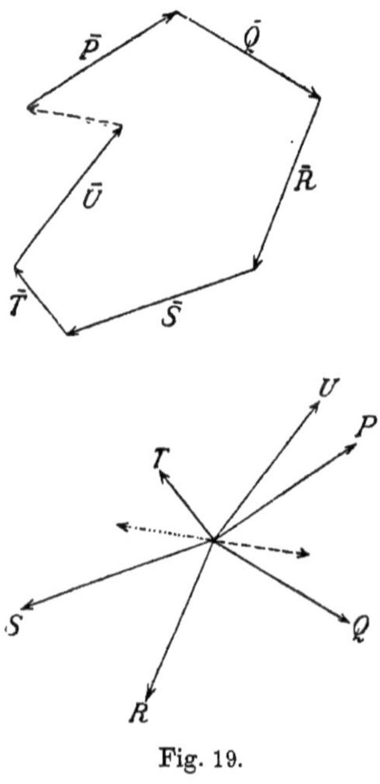

Fig. 19.

§ 30. Verlegung des Angriffspunktes einer Kraft. Auf einen Körper wirken in den Punkten A und B (Fig. 20) zwei Kräfte, die einander gleich und entgegengesetzt sind. Der Körper ist im Gleichgewicht, und dieses wird der Erfahrung zufolge nicht geändert, wenn wir den Angriffspunkt der einen oder anderen Kraft auf der Linie AB verlegen,

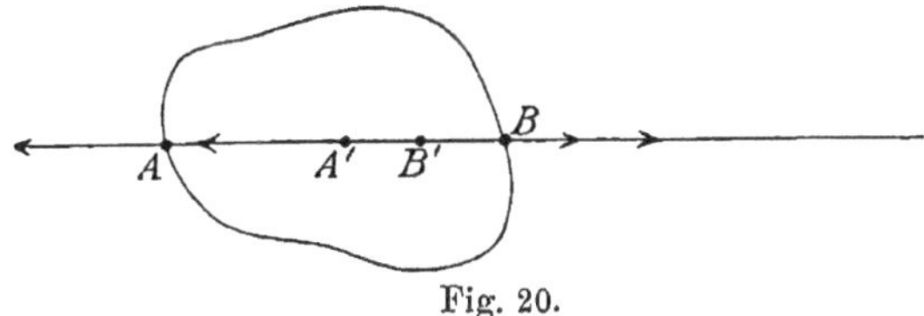

Fig. 20.

etwa nach A' oder B'. Daraus ergibt sich, daß man den Angriffspunkt einer auf einen starren Körper wirkenden Kraft in ihrer Richtung beliebig verlegen kann, ohne in ihrer Wirkung etwas zu ändern.

§ 31. Gleichgewicht von drei Kräften an einem starren Körper. Wenn in einem Punkt eines starren Körpers drei Kräfte P, Q und R angreifen, so wird ihr Gleichgewicht durch die in § 28 gegebene Regel bestimmt. Verlegen wir die Angriffspunkte in den Richtungen der Kräfte nach A, B und C (Fig. 21), so kann dadurch das Gleichgewicht nicht gestört werden. Umgekehrt ergibt sich hieraus der Satz: Ein starrer Körper ist unter der Wirkung dreier Kräfte im Gleichgewicht, wenn ihre Richtungen durch einen Punkt gehen, und wenn ihre geometrischen Repräsentanten durch Parallelverschiebung zu einem geschlossenen Dreieck sich zusammenfügen lassen. Die Richtigkeit des Satzes kann man leicht mit der in § 28 benützten Einrichtung prüfen, wenn man die drei Senkelfäden nicht direkt miteinander verknüpft, sondern an dem Umfang einer leichten Pappscheibe von beliebiger Gestalt befestigt.

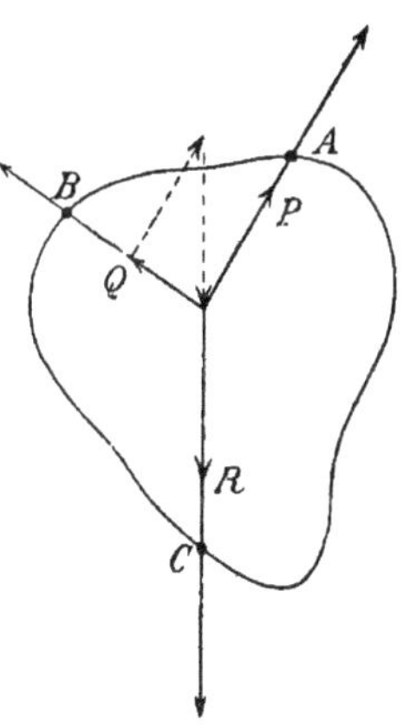

Fig. 21.

§ 32. Zerlegung einer Kraft in Komponenten. Ebenso wie man zwei gegebene Kräfte zu einer Resultante vereinigen kann, so kann man auch eine gegebene Kraft in zwei von beliebig gegebenen Richtungen zerlegen, die man dann ihre Komponenten nennt. Wir wollen dies durch ein Beispiel erläutern. Es seien AC und BC (Fig. 22) zwei in einer Vertikalebene liegende starre aber gewichtlose Stäbe, ihre Endpunkte A und B seien in Gelenken befestigt, in C seien sie verbunden, und es sei dort ein Gewicht angehängt; die in den Stäben entstehende Spannung und Pressung soll bestimmt werden. Wir machen zu diesem Zweck die Linie CD, durch die das Gewicht graphisch dargestellt wird, zu der Diagonale eines Parallelogramms, dessen Seiten in die Richtungen AC und BC fallen; dann ist die Seite CE die geometrische Darstellung des auf AC wirkenden Zuges, CF repräsentiert den auf CB ausgeübten Druck. Die Konstruktion des Parallelogramms kann man ersetzen durch die Konstruktion eines Dreiecks $C'D'E'$, dessen

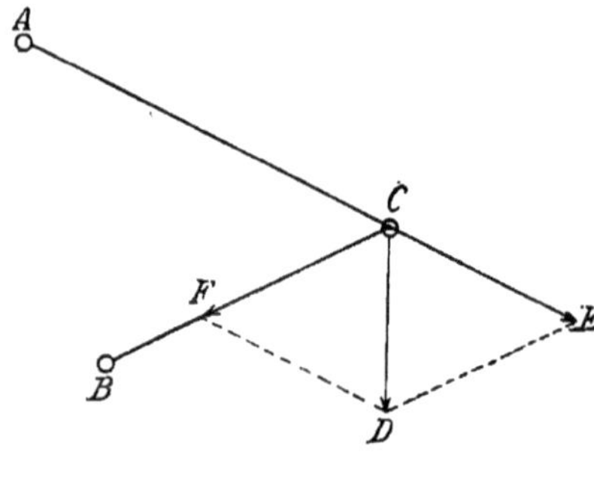

eine Seite $C'D'$ die in C wirkende Last repräsentiert, während $C'E'$ und $D'E'$ den Richtungen der beiden Stäbe parallel sind. Die Längen von $C'E'$ und $D'E'$ repräsentieren dann den auf AC und BC wirkenden Zug und Druck.

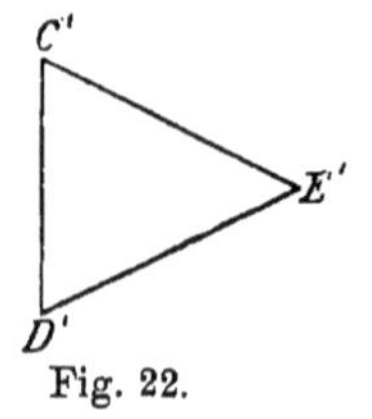

Fig. 22.

§ 33. Gleichgewicht eines Stabsystems. Die letzte Wendung, die wir der graphischen Bestimmung der auf den Träger wirkenden Kräfte gegeben haben, ist besonders wichtig, weil sie eine bequeme Anwendung auf sogenannte Stabsysteme gestattet, wie wir sie bei der Konstruktion von Dachstühlen, Brücken, Krahnen benützen. Wir beschränken uns auf einen Fall von möglichster Einfachheit; in Fig 23a bedeutet die Linie AB einen dritten Stab, so daß also das Dreieck ABC einen aus drei verbundenen Stäben bestehenden Rahmen darstellt. Wir benützen diesen

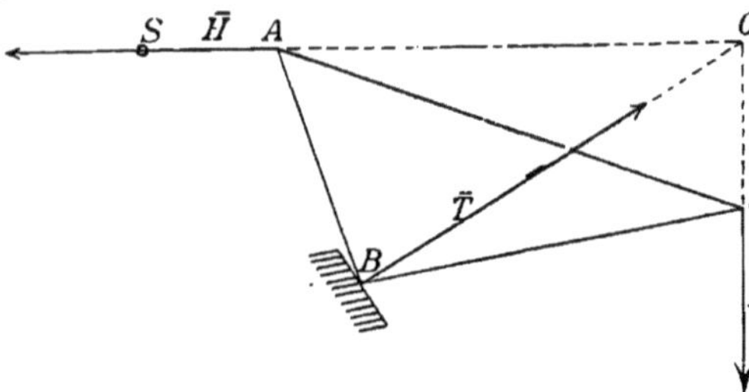

Fig. 23 a.

als Träger, indem wir das Dreieck mit vertikaler Ebene in B auf einen festen Pfeiler aufsetzen; in C hängen wir die Last R an. Damit der Träger nicht umkippt, lassen wir in A einen horizontalen Zug H von außen her wirken; der Pfeiler übt auf den Punkt B einen Druck T aus, der durch die Linie $\overline{T}$ dargestellt sein möge. Unsere Aufgabe ist es nun, die Kräfte H und T, sowie die Spannungen und Drucke zu bestimmen, durch welche die einzelnen Stäbe des Rahmens in Anspruch genommen werden. Von dem eigenen Gewichte der Stäbe

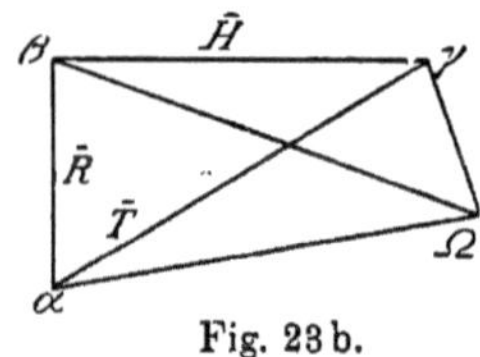

Fig. 23 b.

sehen wir ebenso wie in dem vorhergehenden Paragraphen ab, um die Betrachtung nicht zu sehr zu komplizieren.

    Vorweg läßt sich die Richtung des Druckes T bestimmen; der Träger ABC kann bei der festen Verbindung seiner Teile als ein einziger starrer Körper betrachtet werden; R, H und T sind äußere Kräfte, die auf ihn wirken; nach § 31 können sie nur im Gleichgewicht sein, wenn ihre Richtungen durch einen Punkt gehen. Suchen wir also den Schnittpunkt O der durch C gehenden vertikalen, der durch A gehenden horizontalen Linie, so muß die den Pfeilerdruck repräsentierende Linie $\overline{T}$ gleichfalls durch O gehen. Die Größe der gesuchten Kräfte ergibt sich durch eine wiederholte Anwendung der in dem vorhergehenden Paragraphen gegebenen Konstruktion. Wir beginnen mit der Bestimmung der in dem Eckpunkte C wirkenden Spannungen oder Drucke. Zuerst ziehen wir (Fig. 23 b) die Linie $\beta\alpha$ oder $\overline{R}$, durch welche die Last R graphisch dargestellt wird. Durch β ziehen wir eine Parallele $\beta\Omega$ zu $A\,C$, durch α die Parallele $\alpha\,\Omega$ zu $B\,C$. Ebenso wie in § 32 stellt dann $\beta\Omega$ die Spannung in $A\,C$, $\alpha\,\Omega$ den Druck in $B\,C$ dar.

Wir gehen über zu dem Gleichgewicht des Punktes A. Durch Ω ziehen wir eine Parallele $\Omega\gamma$ zu $A\,B$, durch β eine Horizontale, parallel der Richtung des in A angebrachten Zuges H. Es ist dann $\gamma\beta$ oder $\overline{H}$ die geometrische Darstellung jenes Zuges, $\Omega\gamma$ die des Druckes, durch den der Stab $A\,B$ in Anspruch genommen wird. Ziehen wir endlich noch die Linie $\alpha\gamma$, so enthält das Dreieck $\alpha\gamma\Omega$ die Bedingungen für das Gleichgewicht der auf den Eckpunkt B des Rahmens wirkenden Kräfte; $\Omega\alpha$ stellt ja den in $B\,C$, $\Omega\gamma$ den in $A\,B$ herrschenden Druck dar; die dritte Seite des Dreieckes $\alpha\gamma$ oder $\overline{T}$ repräsentiert also den äußeren von dem Pfeiler herrührenden Druck T, der nötig ist, um das Gleichgewicht herzustellen. Seine Richtung ist doppelt bestimmt, denn sie ist ja schon in der Fig. 23 a durch die Linie $B\,O$ gegeben. Sache einer kleinen geometrischen Untersuchung ist es, zu zeigen, daß die beiden die Richtung bestimmenden Linien $B\,O$ und $\alpha\gamma$ parallel sind. Daß die äußeren auf den Rahmen wirkenden Kräfte R, H und T auch für sich genommen im Gleichgewicht sind, zeigt der Anblick unserer Figuren; nach Fig. 23a gehen ihre Richtungen durch einen Punkt, nach Fig. 23b bilden sie ein geschlossenes Dreieck.

Wenn wir die Figuren 23, a und b, betrachten, so bemerken wir eine sehr eigentümliche Beziehung zwischen ihnen. Jede besteht aus sechs Linien; jeder Linie der einen Figur entspricht eine ihr parallele der anderen, in jeder Figur gehen je drei Linien durch einen Punkt und je drei umschließen ein Dreieck; aber drei Linien, die in der einen Figur durch einen Punkt gehen, entsprechen in der anderen drei parallele, die ein Dreieck umschließen, und umgekehrt. Man nennt solche Figuren reziproke. Die Aufgabe, die in einem Stabsystem, einem Rahmen oder Gitterwerke herrschenden Spannungen durch Zeichnung zu bestimmen, bildet den Gegenstand eines besonderen Zweiges der Mechanik der graphischen Statik. Die Betrachtung reziproker Figuren spielt dabei eine fundamentale Rolle.[1]

---

[1] Maxwell, On reciprocal Figures and Diagrams of Forces. The scientific Papers. Vol. I. p. 514.

§ 34. Brückenkonstruktionen. Den horizontalen Zug H, den wir nötig haben, um den Träger in Fig. 23a im Gleichgewichte zu halten, können wir dadurch erhalten, daß wir mit A eine kurze horizontale Stange SA verbinden, die in ihrem Ende S festgehalten wird. Die Befestigung von S wird überflüssig, wenn auf der anderen Seite der durch S gezogenen Vertikallinie SV (Fig. 24) ein zweiter Träger $A'C'B'$ angebracht wird, der mit dem ersten in bezug auf die Vertikale SV symmetrisch ist und an seinem Endpunkt C' ebenso belastet wird wie der erste. Die horizontale Verbindungsstange AA' wird dann von beiden Seiten her gespannt; ihre Spannung wirkt ebenso wie die bisher eingeführte äußere Kraft H. Wir haben so einen Doppelträger konstruiert, der auf beiden Seiten gleich belastet ist. Die Spannungen und Drucke in den einzelnen Teilen sind dieselben wie bei dem einfachen Träger des § 33.

Wir stellen nun einen solchen Doppelträger zwischen zwei halbe $A\Gamma B$ und $A'\Gamma'B'$, bei denen die oberen Ecken A und A' durch die äußeren horizontalen Züge H versichert sind. Die Lücken $C\Gamma$ und $C'\Gamma'$ überbrücken wir durch zwei schwere Balken, die sich in den Punkten

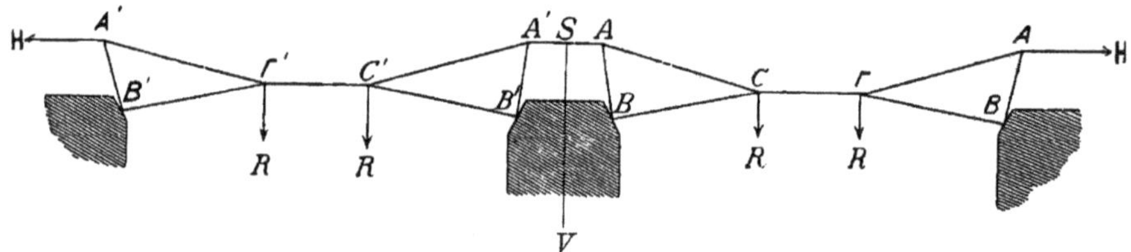

Fig. 24. Schema der Forthbrücke.

C und Γ, C' und Γ' auf die Träger legen. Wir haben dann im wesentlichen das Konstruktionsschema der über die Mündung des Forth in Schottland gebauten $1\,^{1}/_{2}$ km langen Brücke. Nur sind bei dieser auch, die äußeren Träger zu Doppelträgern ergänzt; der ganze Raum ist also mit Hilfe dreier Träger von der Form $BCAA'C'B'$ überspannt. Die freie Länge zwischen den Pfeilern, BB, $B'B'$ beträgt dabei 520 m, die horizontale Länge der Rahmen ACB und $A'C'B'$ mehr als das Anderthalbfache von der Höhe eines Kölner Domturmes. Das Gewicht der Verbindungsglieder $C\Gamma$ und $C'\Gamma'$ verteilt sich gleichmäßig auf die beiden Auflegepunkte; die auf die Enden der einzelnen Träger wirkenden vertikalen Kräfte R sind also gleich der Hälfte jenes Gewichtes. Hätten wir nur mit diesen Kräften R zu tun, so würden die Spannungen und Drucke durch die Konstruktion von § 33 sich bestimmen. Bei der wirklichen Brücke spielen außerdem die Eigengewichte der Stäbe eine wesentliche Rolle, ihre Berücksichtigung liegt außer dem unserer Darstellung gezogenen Rahmen.

§ 35. Das Hebelgesetz. Das Hebelgesetz ist eines von den wenigen physikalischen Gesetzen, die schon den Alten bekannt waren. ARCHIMEDES betrachtet eine Stange, die in ihrer Mitte unterstützt ist und in horizontaler Stellung im Gleichgewichte sich befindet. Wenn auf ihren beiden

Seiten Gewichte angehängt werden, so bleibt die Stange im Gleichgewicht,
sobald die Gewichte sich umgekehrt verhalten wie ihre Entfernungen vom
Unterstützungspunkt. Eine allgemeine Fassung wurde dem Hebelprinzip
zuerst von LIONARDO DA VINCI gegeben. Wir betrachten den Hebel (Fig. 25)
als einen gewichtlosen Körper, der um eine horizontale Achse D drehbar
ist, und auf den in den Punkten A und B zwei zur Achse senkrechte Kräfte
wirken, die durch die Linien $\overline{P}$ und $\overline{Q}$ dargestellt sind. Von D aus fällen wir
auf $\overline{P}$ und $\overline{Q}$ die Senkrechten DE und DF, die wir als die Hebelarme

bezeichnen. Gleichgewicht ist
vorhanden, wenn die beiden
Kräfte den Hebel in entgegengesetztem Sinne zu drehen
suchen, und wenn die Pro-
dukte aus den Kräften und
den zugehörigen Hebelarmen
einander gleich sind: $P \times DE$
$= Q \times DF$. Diese Produkte
sind die zuerst von LIONARDO
betrachteten statischen

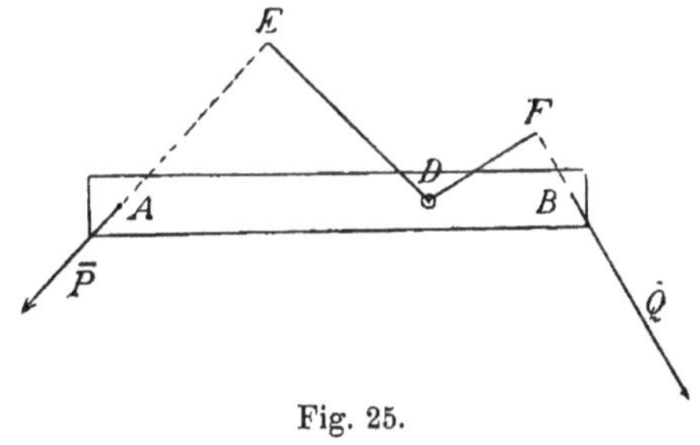

Fig. 25.

Momente oder Drehungsmomente der Kräfte. In dieser Form kann
der Hebelsatz sehr leicht verallgemeinert werden. Es mögen beliebig viele
gegen die Achse senkrechte Kräfte auf den Körper wirken. Gleichgewicht
ist vorhanden, wenn die Summe der in dem einen Sinne wirkenden statischen Momente gleich ist der Summe der entgegengesetzten. Besteht der Hebel aus einem geraden Stabe, der um seine Mitte
drehbar ist, und auf den zwei Kräfte wirken, die zu ihm senkrecht stehen,
so kommen wir auf den von ARCHIMEDES gefundenen Satz zurück.

   Wenn die Richtungen der Kräfte P und Q sich schneiden, so kann
man das Hebelgesetz unmittelbar auf den Satz vom Parallelogramm der
Kräfte reduzieren. Auch in dem
von ARCHIMEDES betrachteten Falle
gelingt dies, wenn man zunächst
zu den gegebenen parallelen Kräften
in A und B noch zwei entgegengesetzt gleiche hinzufügt, deren Richtung in die des Hebels fällt.

   **§ 36. Der Mittelpunkt paralleler
Kräfte.** Nach dem Satze vom Parallelogramm können wir zwei Kräfte
zu einer Resultanten vereinigen,
wenn ihre Richtungen sich schneiden.
Die Konstruktion versagt, wenn

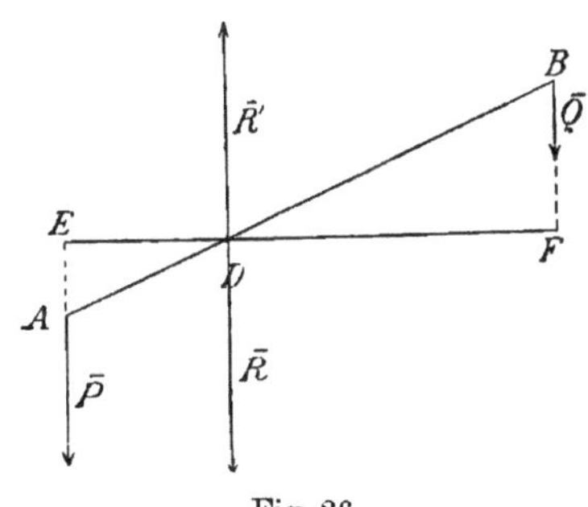

Fig. 26.

die Richtungen der Kräfte parallel sind. In diesem Falle beruht die
Konstruktion der Resultante auf einer Anwendung des Hebelgesetzes.
   Wir betrachten einen geradlinigen Hebel AB (Fig. 26) mit dem

Drehungspunkte D, auf den zwei parallele Kräfte P und Q wirken, Zeichnen wir die Hebelarme DE und DF, so ist die Bedingung für das Gleichgewicht:

$$P : Q = DF : DE = DB : DA.$$

Aber diese Gleichung enthält offenbar nicht alles, was zum Gleichgewicht des Hebels notwendig ist. Ihre Erfüllung sorgt nur dafür, daß die Hebelstange AB nicht um D gedreht wird. Außerdem muß der Punkt D unterstützt sein, sonst würde der Hebel zu Boden gerissen werden; wir müssen den Punkt D mit einer Kraft nach oben ziehen, die gleich der Summe der Parallelkräfte, gleich $P + Q$, und ihnen entgegengesetzt gerichtet ist. Ist die Hebelstange mit einer horizontalen Achse verbunden, die in einem festen Lager sich drehen kann, so ist $P + Q$ der Druck, den der Hebel auf das Lager ausübt, der Druck, durch den umgekehrt das Lager die Achse des Hebels trägt. Eine vollständige Darstellung der Kräfte, die am Hebel im Gleichgewicht stehen, haben wir erst, wenn wir in D die Linie $\overline{R'} = \overline{P} + \overline{Q}$ parallel mit $\overline{P}$ und $\overline{Q}$ nach oben hin ziehen. Wir können nun das Verhältnis auch so auffassen, daß am Hebel die auf D wirkende Kraft $R' = P + Q$ kompensiert wird durch die in A und B wirkenden Kräfte P und Q, so daß weder Verschiebung noch Drehung eintritt. Dasselbe wird erreicht, wenn man die Kräfte P und Q wegläßt und in D eine Kraft $R = P + Q$ hinzufügt, die mit R' gleich, aber entgegengesetzt gerichtet ist. Diese Kraft R ist dann nichts anderes, als die Resultante von P und Q.

Wir haben im vorhergehenden die Kräfte P und Q auf eine Hebelstange AB wirken lassen. Wir können an ihre Stelle einen beliebigen Körper setzen, ohne daß in unseren Überlegungen etwas geändert wird. Somit kommen wir zu dem folgenden Resultat: Wenn auf zwei Punkte A und B eines Körpers die parallelen Kräfte P und Q wirken, so vereinigen sie sich zu einer Resultante $R = P + Q$ von derselben Richtung. Ihr Angriffspunkt D, oder allgemeiner ausgedrückt, der Punkt, in dem sie die Linie AB schneidet, liegt so, daß die Abschnitte AD und BD sich umgekehrt verhalten wie die Kräfte P und Q. Der Punkt D hat danach die sehr wichtige Eigenschaft, daß er von der Neigung der Parallelkräfte gegen die Verbindungslinie ihrer Angriffspunkte unabhängig ist, nur abhängig von dem Verhältnis ihrer Größen. Man nennt diesen Angriffspunkt der Resultante den Mittelpunkt der Parallelkräfte. Er teilt die Linie, welche die Angriffspunkte der Parallelkräfte verbindet, im umgekehrten Verhältnis der anliegenden Kräfte.

§ 37. Das Kräftepaar. Aus den vorhergehenden Betrachtungen wird man den Schluß ziehen, daß im allgemeinen auch entgegengesetzt parallele Kräfte durch eine Resultante zu ersetzen sind, z. B. die in A und D wirkenden Kräfte P und R' durch die in B wirkende Q. Wenn aber die entgegengesetzt parallelen Kräfte gleich groß sind, wie in Fig. 27, so ist dies nicht mehr möglich. Zwei solche Kräfte bilden ein mecha-

nisches Element von durchaus selbständiger, eigenartiger Bedeutung.
Man bezeichnet zwei entgegengesetzt parallele gleiche Kräfte
als ein Kräftepaar. Seine Wirkung reduziert sich auf ein reines
statisches Moment.

Dem Satze von § 30 entsprechend können wir die Angriffspunkte
der beiden Kräfte eines Kräftepaares in der Richtung der Kräfte
beliebig verschieben, ohne daß in der Wirkung etwas geändert
wird. Man kann auf diese Weise leicht erreichen, daß die Verbindungslinie ab der Angriffspunkte zu der Richtung der Kräfte senkrecht steht, wie das in Fig. 27 b gezeichnet ist. Der Körper, auf welchen
das Kräftepaar wirkt, sei drehbar um eine Achse, welche durch den
Mittelpunkt c von ab senkrecht zu der Ebene des Kräftepaares hindurchgeht. Das von dem Kräftepaar ausgeübte Drehungsmoment ist dann
gleich $P \times ca + P \times cb = P \times ab$. Man wird sich leicht davon überzeugen, daß das Drehungsmoment des Kräftepaares um eine beliebige
andere zu seiner Ebene senkrechte Achse denselben Wert hat. Die Wirkung

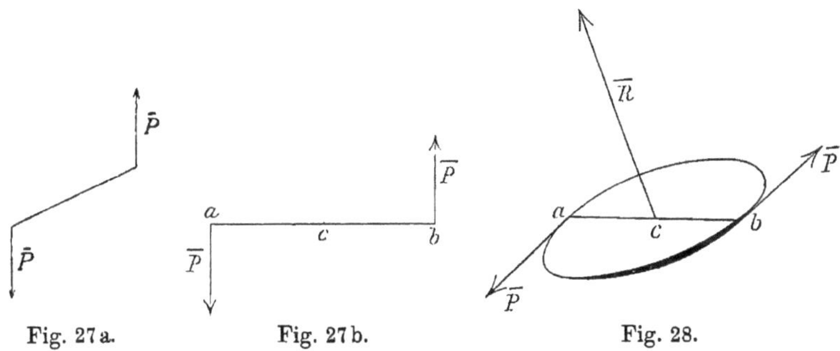

Fig. 27 a.   Fig. 27 b.   Fig. 28.

bleibt auch dann die gleiche, wenn wir das Kräftepaar und damit die das
Paar repräsentierende Figur $\overline{P}$, acb, $\overline{P}$ parallel mit sich selbst nach
irgend einer anderen Stelle des Körpers verlegen.

Die Einführung des Kräftepaares als eines besonderen mechanischen
Elementes ist von großem Nutzen bei der Lösung der Aufgabe, die
Wirkung von Kräften zu bestimmen, welche in beliebiger Zahl, mit beliebigen Angriffspunkten und in beliebigen Richtungen auf einen starren
Körper einwirken. Eine Untersuchung von wesentlich geometrischem
Charakter führt zu dem Satze, daß die Wirkung jener Kräfte stets ersetzt werden kann durch eine einzelne Kraft R, und durch ein Kräftepaar, $P \times ab$, dessen Ebene zu der Einzelkraft senkrecht steht. Die
geometrische Konstruktion führt zunächst auf einen bestimmten Punkt
im Innern des Körpers als Angriffspunkt der Einzelkraft. Ziehen wir
durch diesen Punkt die Richtung der Einzelkraft, so kann ihr Angriffspunkt auf der so bestimmten Linie noch beliebig verschoben werden.
Den Mittelpunkt c des Kräftepaares $P \times ab$, dessen Ebene zu der Kraft
R senkrecht steht, kann man nach der vorhergehenden Bemerkung durch

Parallelverschiebung in den Angriffspunkt der Einzelkraft bringen. Die Wirkung beliebiger Kräfte auf einen starren Körper läßt sich also immer reduzieren auf das Bild von Fig. 28.

§ 38. Der Schwerpunkt. Wir haben in § 36 gelernt, zwei parallele Kräfte zu einer Resultanten zu vereinigen. Durch sukzessive Anwendung derselben Konstruktion ist es möglich, auch beliebig viele parallele Kräfte durch eine Resultante zu ersetzen, die gleich der Summe der Einzelkräfte und ihnen parallel ist. Die Konstruktion führt zu einem bestimmten Punkt, in dem die Resultante angreift, dem Mittelpunkt der parallelen Kräfte; wie bei zweien, so ist auch bei beliebig vielen Parallelkräften die Lage dieses geometrisch bestimmten Punktes nur abhängig von dem Verhältnis ihrer Größen, nicht von ihrer Richtung.

Diese Bemerkungen finden Anwendung auf die Schwere. Wenn wir einen Körper in Gedanken in irgend einer Weise in kleine Stücke zerlegen, so kommt jedem ein gewisses Gewicht zu, das durch eine vertikale Linie von entsprechender Länge dargestellt wird. Die ganze Wirkung der Schwere ist gleich der Resultante aus all jenen parallelen Gewichten. Ihren Angriffspunkt nennen wir den Schwerpunkt; in ihm können wir uns alle einzelnen Parallelkräfte, d. h. das ganze Gewicht des Körpers vereinigt denken. Der allgemeinen Eigenschaft des Mittelpunktes paralleler Kräfte zufolge ist die Lage des Schwerpunktes von der besonderen Stellung des Körpers unabhängig.

§ 39. Gleichgewicht eines drehbaren schweren Körpers. Ein Körper (Fig. 29) sei drehbar um eine horizontale Achse D; sein Gewicht G

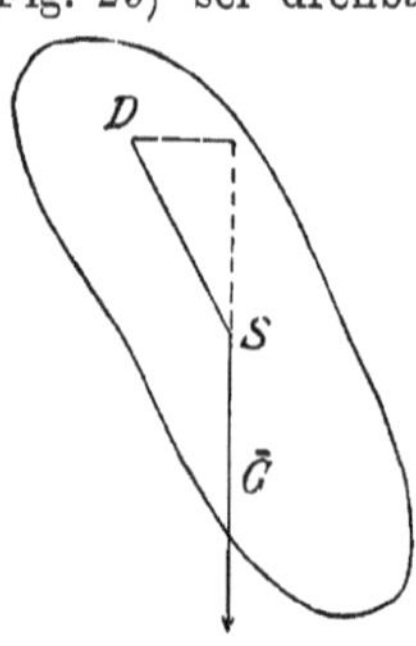

können wir uns vereinigt denken in dem Schwerpunkte S; es wird durch eine von S ausgehende vertikale Linie $\overline{G}$ repräsentiert. Gleichgewicht ist vorhanden, wenn der Hebelarm von G verschwindet, d. h. wenn der Schwerpunkt vertikal über oder unter der Drehungsachse liegt, wenn er die höchste oder tiefste von den Stellen einnimmt, die er bei der vorhandenen Beweglichkeit überhaupt erreichen kann. Im ersten Falle ist das Gleichgewicht ein labiles, d. h. es geht bei der geringsten Störung verloren, im zweiten ist das Gleichgewicht stabil, d. h. es stellt sich nach jeder Störung von selbst wieder her. Geht die Drehungsachse gerade

Fig. 29.

durch den Schwerpunkt hindurch, so ist der Körper in jeder Stellung im Gleichgewicht, dieses ist ein indifferentes.

§ 40. Die Hebelwage. Eine wichtige Anwendung finden die in den vorhergehenden Paragraphen besprochenen Sätze in der Lehre von der Hebelwage. Diese besteht im wesentlichen aus einem zweiarmigen Hebel, dem Wagbalken, der um eine horizontale Achse drehbar ist und an seinen Enden die zur Aufnahme der Gewichte dienenden Wagschalen trägt. Wenn wir die letzteren abhängen, so soll der Balken für sich in horizontaler Stellung in stabilem Gleichgewichte sich befinden. Dies wird der Fall sein, wenn der Balken symmetrisch ist zu einer durch seine Achse und seinen Schwerpunkt gehenden Ebene, und wenn sein Schwerpunkt unter der Drehungsachse liegt. Es soll ferner die horizontale Gleichgewichtsstellung des Wagbalkens nicht geändert werden, wenn man beiderseits die Wagschalen anhängt. Dies ist erreicht, wenn die Schalen gleiche Gewichte besitzen, und wenn die Punkte, in denen sie am Wagebalken hängen, gleich weit von der Achse entfernt sind, wenn die Wage gleicharmig ist. Unter diesen Umständen wird das Gleichgewicht auch nicht gestört, wenn wir zu beiden Seiten gleiche Gewichte auf die Wagschalen setzen. Wenn wir aber auf der einen Seite ein kleines Übergewicht hinzufügen, so neigt sich der Balken nach dieser Seite. Je größer die Neigung bei eiiem gegebenen Übergewicht ist, um so kleinere Gewichtsdifferenzen können wir mit der Wage beobachten, um

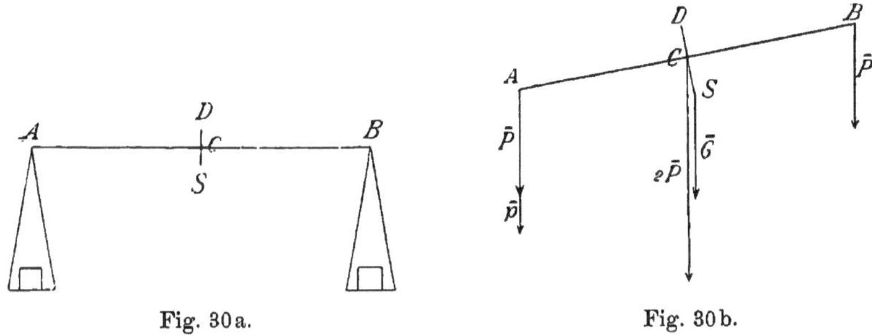

Fig. 30 a.Fig. 30 b.

so größer ist ihre Empfindlichkeit. Wir gehen nun über zu der Entwickelung der Bedingungen, von denen diese Empfindlichkeit der Wage abhängt.

Schematisch können wir die Wage darstellen durch eine gerade Linie (Fig. 30a), deren Endpunkte A und B die Anhängepunkte der Schalen bezeichnen. Die Drehungsachse D muß nach dem Vorhergehenden gleich weit von A und B entfernt sein, liegt also auf dem in C errichteten Mittellote von $A B$. In der Ruhelage steht der Wagbalken $A B$ horizontal, und der Schwerpunkt S liegt vertikal unter der Drehungsachse in der Verlängerung von $D C$. Wir legen zuerst auf die Wagschalen zwei gleich große Gewichte, der Wagbalken bleibt horizontal; sodann legen wir auf die in A hängende Schale noch ein kleines Übergewicht p, so daß diese Schale sinkt. Wir wollen nun untersuchen, wovon die durch das Übergewicht p hervorgebrachte Neigung des Wagbalkens abhängt, und zu diesem Zweck die Bedingung des Gleichgewichts aufsuchen. Auf den Wagbalken (Fig. 30b) wirkt sein Gewicht G, das wir in dem Schwerpunkte S konzentriert denken können; ferner in A und B die gleichen aufgelegten Gewichte zusammen mit den Gewichten der Schalen; dies gibt für A und B zwei gleiche Kräfte P, die wir nach § 36 zu einer Resultanten $2P$ vereinigen können, deren Angriffspunkt in C liegt. Nun sehen wir, daß das von dem Übergewicht p ausgeübte Drehungsmoment den entgegengesetzt wirkenden Momenten der Kräfte $2P$ und G das Gleichgewicht halten muß. Hiernach ist die dem Übergewichte zugemutete Leistung um so größer, je größer die Belastung der Wagschalen ist. In demselben Maße wird die durch das Übergewicht erzeugte Neigung kleiner. Es würde sich so eine stetige Verminderung der Empfindlichkeit mit der Belastung ergeben. Dieser Nachteil läßt sich in einfachster Weise dadurch vermeiden, daß wir den Drehungspunkt D zusammenfallen lassen mit dem Angriffspunkt C der Resultante $2P$. Dann fällt die Wirkung dieser letzteren ganz weg, das Übergewicht p hat nur noch dem Wagbalkengewicht G das Gleichgewicht zu halten, und es wird so nicht bloß die Unabhängigkeit von der Belastung, sondern auch eine sehr wesentliche Vergrößerung der Empfindlichkeit erreicht. Als die fundamentalste von den Bedingungen, denen man bei der Konstruktion einer guten Wage zu genügen hat, werden wir demnach zu betrachten haben, daß die Drehungsachse der Wage in einer und derselben Ebene mit den Aufhängepunkten der Schalen, und zwar in ihrer Mitte, gelegen sei.

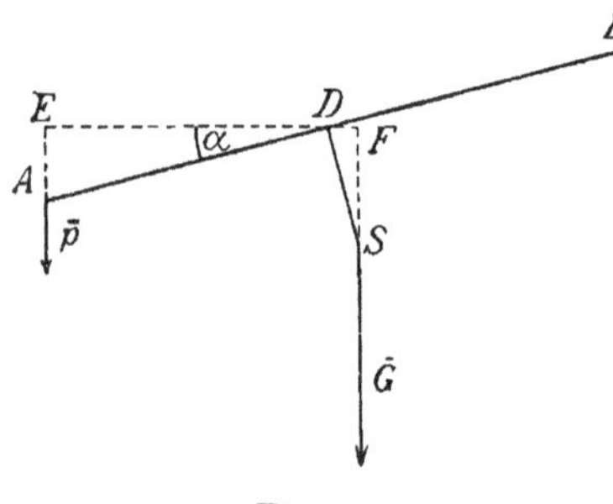

Fig. 31.

Setzen wir voraus, daß bei der mechanischen Herstellung des Balkens dieser Bedingung genügt sei, so vereinfacht sich das Schema der Wage und der auf sie wirkenden Kräfte wesentlich. Der Drehungspunkt D liegt in der Mitte von AB (Fig. 31), die einzigen wirksamen Kräfte sind p und G. Bezeichnen wir durch DE den Hebelarm des Übergewichtes, durch DF den des Wagbalkengewichtes, so ist Gleichgewicht vorhanden, wenn

$$p \times DE = G \times DF.$$

Den Ausschlagswinkel, den Winkel, um den sich der Wagbalken gedreht hat, bezeichnen wir durch α; da es sich bei der Wage immer nur um kleine Drehungen handelt, so können wir nach § 10 $DF = DS \times \alpha$ setzen und erhalten

$$\alpha = p \times \frac{DE}{G \times DS}.$$

Benutzen wir als Einheit des Gewichtes das mg-Gewicht und verstehen wir unter Empfindlichkeit den Ausschlag α_1, welcher der Zulage von 1 mg-Gewicht entspricht, so ergibt sich für die Empfindlichkeit der Ausdruck

$$\alpha_1 = \frac{DE}{G \times DS}.$$

Bei kleinen Ausschlägen weicht entsprechend einer in § 10 gemachten Bemerkung DE nicht merklich ab von der Länge des Wagarmes. Wir haben dann den Satz: Die Empfindlichkeit einer

Wage ist gleich der Länge des Wagarmes, dividiert durch die Entfernung des Schwerpunktes von der Drehungsachse und dividiert durch das Gewicht des Wagbalkens.

Vorausgesetzt, daß die Drehungsachse in derselben Ebene mit den Aufhängepunkten der Schalen und in ihrer Mitte liegt, werden wir den Schwerpunkt dem Drehungspunkt möglichst nahe rücken und bei gegebener Länge den Wagbalken möglichst leicht zu machen suchen.

Wir haben im vorhergehenden eine Kraft nicht berücksichtigt, die außer den Gewichten noch auf die Wage wirkt; es ist dies die zwischen der Drehungsachse und ihrem Lager vorhandene Reibung. Da die Wirkungen der Reibung veränderlicher Natur und nicht durch genaue Gesetze bestimmt sind, so kann man sie bei der Theorie der Wage nicht so in Rechnung ziehen, wie die Gewichte; es bleibt nichts anderes übrig, als sie auf einen so geringen Betrag zu reduzieren, daß sie neben den Gewichten vernachlässigt werden können. Dies geschieht dadurch, daß man als Achse der Wage die scharfe, geradlinige Kante eines Stahlprismas, als Lager eine eben geschliffene Platte aus Stahl oder Stein benützt. Auch die Wagschalen werden über zwei an den Enden des Wagbalkens befestigte Stahlprismen mit Hilfe ebener stählener Platten oder zylindrisch ausgedrehter Bügel gehängt. Man hat also in Wirklichkeit nicht mit Aufhängepunkten der Wagschalen zu tun, sondern mit Schneiden. Diese müssen auf das vollkommenste der Drehungsachse der Wage parallel gemacht werden; denn sonst würde eine geringe Verschiebung, welche der Aufhängebügel der Wagschale erleidet, eine Veränderung in der Länge des Hebelarmes bewirken.

Zweites Kapitel. Die einfachen Maschinen und das Prinzip der virtuellen Verschiebungen.

§ 41. Die schiefe Ebene. Im Hebel besitzen wir einen Apparat, mit Hilfe dessen wir einer großen Last durch eine kleinere Kraft das Gleichgewicht halten können. Wir werden in den folgenden Paragraphen eine Reihe von Einrichtungen beschreiben, die, demselben Zwecke dienend, gewöhnlich als einfache Maschinen bezeichnet werden.

Wenn auf eine horizontale Platte eine Last gelegt wird, so wird sie im Gleichgewicht gehalten durch den von der Platte ausgeübten vertikalen Gegendruck. Sobald die Platte geneigt wird, sucht ein Teil des Gewichtes den Körper auf der, durch ihre Oberfläche dargestellten, schiefen Ebene herabzuziehen; dieser Teil wächst mit der Neigung der schiefen Ebene, bis er bei vertikaler Stellung der Platte gleich dem ganzen Gewichte des Körpers wird. Um die Kraft, die den Fall des Körpers längs der schiefen Ebene herbeizuführen sucht, zu finden, zerlegen wir das Körpergewicht G in eine zu der schiefen Ebene parallele Komponente P und eine zu ihr senkrechte N (Fig. 32a). Die erstere gibt die gesuchte Kraft, die zweite den Druck des Körpers gegen die

schiefe Ebene. Soll der Körper auf der schiefen Ebene in Ruhe bleiben,
so muß der Komponente P durch eine äußere Kraft das Gleichgewicht
gehalten werden. Bis zu einem gewissen Grade genügt hierzu schon die
zwischen der schiefen Ebene und dem Körper vorhandene gleitende Reibung.

Bei der praktischen Anwendung der schiefen Ebene stellt sich das
Problem häufig so, daß der Körper durch eine horizontal wirkende
Kraft H am Heruntergleiten verhindert werden soll. Dies wird der Fall
sein, wenn die Resultante aus H und G zu der schiefen Ebene senk-

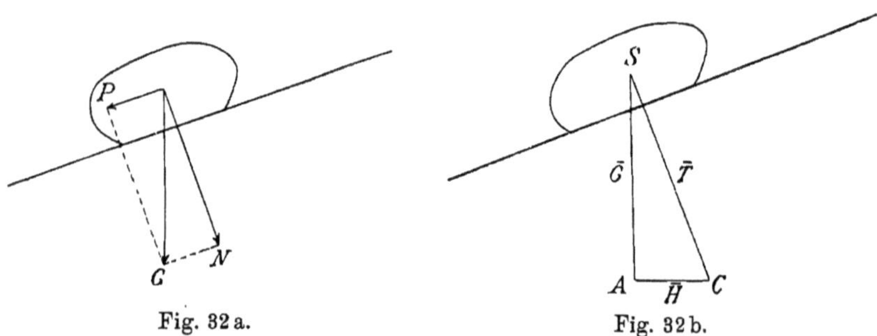

Fig. 32 a.
Fig. 32 b.

recht steht. Ist in Fig. 32 b S der Schwerpunkt des Körpers, $SA = \overline{G}$
die geometrische Darstellung des Gewichtes, $S A C$ ein rechtwinkliges
Dreieck, dessen Hypotenuse $S C$ zu der schiefen Ebene senkrecht steht,
dessen zweite Kathete $A C$ horizontal ist, so repräsentiert $A C = \overline{H}$ die
gesuchte Horizontalkraft, $S C = \overline{T}$ den Druck gegen die schiefe Ebene.
Für die zur Erhaltung des Gleichgewichtes erforderliche Kraft gilt die
Beziehung
$$H = G \times \frac{A C}{A S},$$
sie ist gleich dem Gewichte multipliziert mit dem Gefälle der schiefen
Ebene. Je kleiner die Tangente des Winkels, den die schiefe Ebene
mit einer horizontalen bildet, um so kleiner ist H.

In dieser Form findet der Satz von der schiefen Ebene Anwendung
bei der Schraube. Wenn eine Schraubenspindel mit vertikaler Achse
in ihrer Mutter beweglich ist, so wird sie durch ihr Gewicht oder durch
eine in vertikaler Richtung wirkende Kraft längs der Windungen der
Mutter verschoben, also gleichzeitig gedreht. Wir können die Verschiebung hindern durch horizontale Kräfte, die wir auf den Umfang der
Spindel in tangentialer Richtung wirken lassen. Es verhält sich dann
die Gesamtheit der horizontalen Kräfte zu der Vertikalkraft, wie die
Höhe des Schraubenganges zu dem Umfang der Schraube. Bei der
Schraubenpresse (Fig. 33) rührt die Vertikalkraft von der Rückwirkung
des gepreßten Körpers her. Die horizontalen Gegenkräfte wirken nicht
unmittelbar auf den Umfang der Schraube; sie werden mit Hilfe eines
horizontalen gleicharmigen Hebels erzeugt, der auf die Schraubenspindel
aufgesetzt und durch ein horizontales Kräftepaar gedreht wird.

§ 42. Das Wellrad. Das Wellrad (Fig. 34) besteht aus zwei Rollen von verschiedenem Halbmesser und gemeinschaftlicher Achse; die größere bezeichnen wir als Rad, die kleinere als Welle. An dem Umfang der

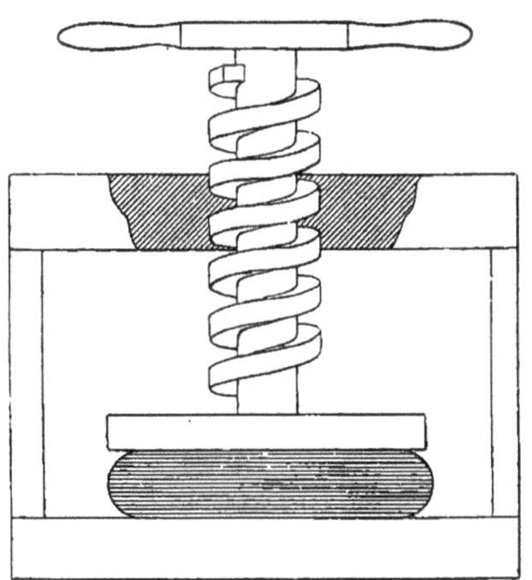

Fig. 33. Schraubenpresse.

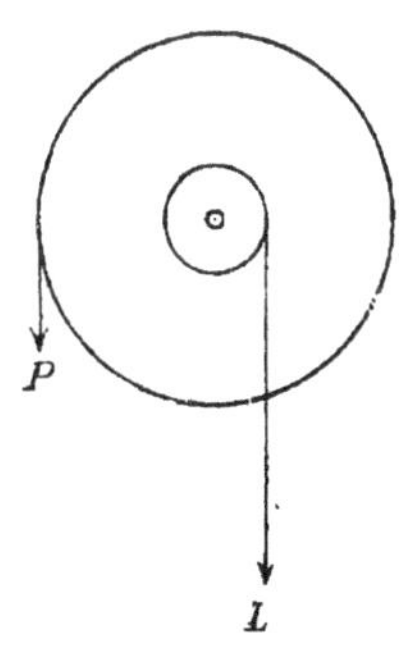

Fig. 34. Wellrad.

Rollen sind zwei Seile befestigt, und so um sie geschlungen, daß ihre Enden nach entgegengesetzten Seiten hin herabhängen. Trägt das um die Welle geschlungene Seil eine Last L, das von dem Rade herabhängende ein Gewicht P, so ist nach dem Hebelprinzip Gleichgewicht vorhanden, wenn Last und Gewicht sich umgekehrt verhalten wie die Halbmesser von Welle und von Rad.

§ 43. Der Flaschenzug. In seiner einfachsten Gestalt besteht der Flaschenzug aus einer geraden Anzahl von Rollen, die zur Hälfte fest, zur Hälfte beweglich sind. Die festen Rollen seien an der Unterseite eines horizontalen Trägers so angebracht, daß ihre Flächen in derselben vertikalen, ihre Achsen in derselben horizontalen Ebene liegen (Fig. 35). An dem gleichen Träger befestigen wir ein Seil, führen dasselbe abwärts und schlingen es um die erste lose Rolle, dann

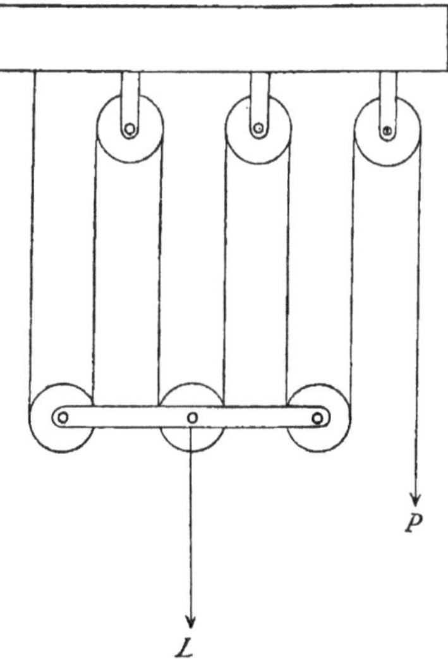

Fig. 35. Flaschenzug.

zurück über die erste der festen Rollen, wieder nach unten um die zweite der losen usw. Die Flächen der losen Rollen bringen wir gleichfalls in eine vertikale, ihre Achsen in eine horizontale Ebene und vereinigen sie nun zu einer sogenannten Flasche, indem wir ihre Achsen in einen gemeinsamen Metallrahmen einlassen. An die Fläche hängen wir die Last L, während wir an dem über die letzte feste Rolle frei herabhängenden Seil ein Gewicht oder eine Kraft P wirken lassen. Die in dem Seil herrschende Spannung ist in all seinen Teilen gleich der letzteren Kraft. Haben wir beispielsweise 6 Rollen, so wirkt auf die Last nach oben der Zug der 6 zwischen der losen und der festen Flasche hin- und hergehenden Seilstücke, im ganzen ein Zug gleich dem Sechsfachen der Seilspannung. Gleichgewicht ist vorhanden, wenn die Last ebensogroß, also gleich dem Sechsfachen der am freien Ende des Seiles wirkenden Kraft ist. Allgemein ist bei einem Flaschenzuge von der beschriebenen Art im Falle des Gleichgewichts die Last gleich der Kraft multipliziert mit der Gesamtzahl der Rollen.

§ 44. Räderwerke. Räderwerke bestehen im allgemeinen aus einer Reihe paralleler Achsen, von denen jede zwei am Umfange gezähnte Räder trägt; von diesen hat das eine, das Getriebe, einen kleinen, das andere das Rad, einen größeren Halbmesser. In das Getriebe greifen die Zähne des vorhergehenden Rades ein; das Rad treibt das Getriebe, oder umgekehrt das Getriebe das Rad. Wir beschränken uns vorerst auf ein System von nur zwei Achsen, mit einem Zahnrad und einem Getriebe (Fig. 36). Um die Welle des Rades schlingen wir ein Seil und hängen an dieses die Last L; der Halbmesser der Welle sei l, der Halbmesser des mit der Welle verbundenen Zahnrades R; der Halbmesser des auf der zweiten Achse befindlichen Getriebes r. Mit der Achse des letzteren

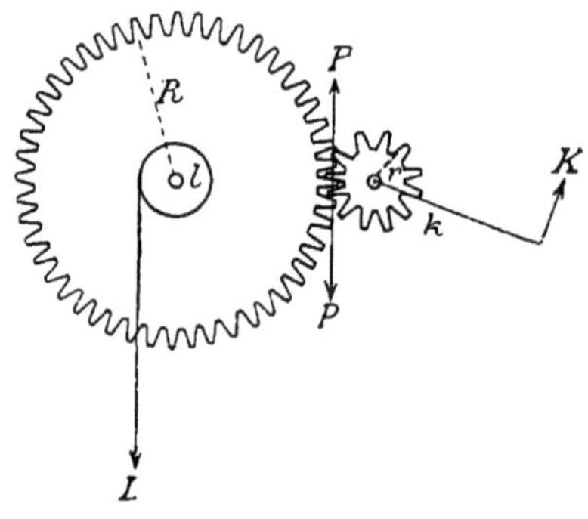

Fig. 36.

sei außerdem eine Kurbel von der Länge k verbunden. Die Kraft K, mit der wir senkrecht gegen die Kurbel drücken müssen, um der Last L das Gleichgewicht zu halten, ergibt sich aus der folgenden Betrachtung. Die Welle mit dem Zahnrad repräsentiert einen, das Getriebe mit der Kurbel einen zweiten Hebel. Auf die Welle wirkt das statische Moment der Last $L \cdot l$, auf das Getriebe das Moment der an der Kurbel wirkenden Kraft $K \cdot k$. Nun werden aber durch Kraft und Last die sich eben berührenden Zähne von Rad und Getriebe gegeneinander gepreßt, und es wirkt daher auf die beiden Hebel noch die in der Berühungsfläche auftretende Druckkraft P. Das statische Moment des auf den Zahn des Rades wirkenden Druckes ist $P \cdot R$, das Moment des auf den Zahn des Getriebes wirkenden Druckes ist $P \cdot r$; die beiden Hebel sind im Gleichgewicht, wenn:

$$L \cdot l = P \cdot R \quad \text{und} \quad P \cdot r = K \cdot k,$$

woraus
$$K = L \cdot \frac{l \cdot r}{k \cdot R}.$$

Nun verhalten sich die Anzahlen z und Z der auf dem Umfang des Getriebes und des Rades befindlichen Zähne offenbar wie ihre Halbmesser; wir erhalten daher für das Verhältnis von Kraft zu Last:

$$\frac{K}{L} = \frac{l \cdot z}{k \cdot Z}.$$

Schalten wir nach dem Schema von Fig. 37 zwischen die Welle und die Achse der Kurbel noch zwei parallele Achsen ein, deren Räder

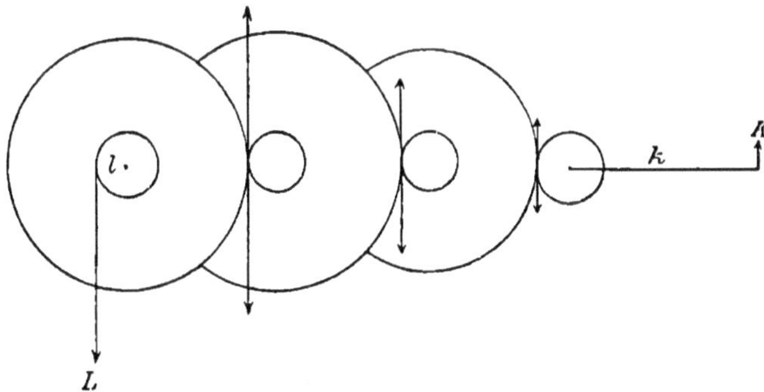

Fig. 37. Räderwerk.

Z' und Z'', deren Getriebe z' und z'' Zähne tragen, so ergibt sich durch dieselbe Berechnung

$$K = L \cdot \frac{l}{k} \cdot \frac{z \cdot z' \cdot z''}{Z \cdot Z' \cdot Z''}.$$

Man sieht, daß durch Einschaltung mehrerer Achsen mit Rädern und Getrieben das Verhältnis zwischen Kraft und Last auf jeden beliebigen Wert verkleinert werden kann.

§ 45. **Kraft und Weg der Maschinen.** Die vorhergehenden Betrachtungen veranlassen uns zu einer Bemerkung von allgemeiner Bedeutung. Der gemeinsame Charakter all der Einrichtungen, die wir beschrieben haben, ist der, daß sie die Möglichkeit bieten, große Kräfte mit kleinen Gegenwirkungen zu überwinden. Es entspricht einem gewissen instinktiven Gefühl, daß ein solcher Vorteil nicht erreicht werden kann, ohne eine Kompensation, ohne einen Verzicht auf eine andere, an sich ebenfalls wünschenswerte Leistung. Daß etwas Derartiges in der Tat vorhanden ist ergibt sich am leichtesten aus dem Beispiele des Flaschenzuges. Sein Zweck ist ja nicht der, die an der Flasche hängende Last durch den Zug am freien Seilende schwebend zu erhalten, sondern die Last zu heben. Wenn wir nun das freie Seilende um eine bestimmte Strecke herabziehen, so verteilt sich die entsprechende Verkürzung auf die einzelnen zwischen den Rollen hin- und herlaufenden Stücke des Seiles. Ist ihre Zahl, wie in dem früheren Beispiele, gleich 6, so wird jedes nur um den sechsten Teil der Strecke verkürzt, um die das freie

Seilende herabgezogen wurde. Die Hebung der Last beträgt also auch nur den sechsten Teil des von dem freien Seilende durchlaufenen Weges. Damit ist aber die gesuchte Kompensation gefunden. Zwar beträgt der am freien Ende ausgeübte Zug nur den sechsten Teil der Last, dafür aber auch die Hebung der Last nur den sechsten Teil der Strecke, um die wir das freie Ende des Seiles herabziehen. **Was wir an Kraft gewinnen, geht an Weg verloren.**

Drehen wir einen Hebel (Fig. 38), an dem die Kräfte P und Q, senkrecht zu AB, mit den Armen DA und DB im Gleichgewicht sind, um

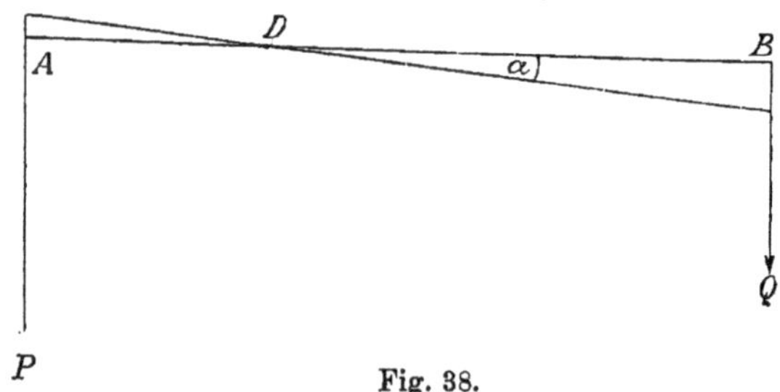

Fig. 38.

einen kleinen Winkel α (Bogenmaß), so legt der Endpunkt A den Weg $AD \times \alpha$, der Endpunkt B den Weg $BD \times \alpha$ zurück. Die Wege verhalten sich wieder umgekehrt wie die Kräfte.

Nehmen wir das Beispiel des Räderwerkes von § 44; wenn wir das letzte mit der Kurbel verbundene Getriebe um einen Winkel α (Bogenmaß) drehen, so dreht sich die Welle, an der die Last hängt, um den Winkel

$$\beta = \frac{z \cdot z' \cdot z''}{Z \cdot Z' \cdot Z''} \cdot \alpha \cdot$$

Nun ist der Weg, den das Ende der Kurbel durchläuft, gleich $k \cdot \alpha$; die Strecke, um welche die Last gehoben wird, gleich $l \cdot \beta$; man findet daher:

$$\frac{l \cdot \beta}{k \cdot \alpha} = \frac{l \cdot z \cdot z' \cdot z''}{k \cdot Z \cdot Z' \cdot Z''} = \frac{K}{L} \cdot$$

Wieder verhalten sich Last und Kraft umgekehrt wie die durchlaufenen Wege.

§ 46. Mechanische Arbeit. Die Erfahrung hat gezeigt, daß der in dem vorhergehenden Paragraphen erläuterten Beziehung in der Tat eine allgemeine Gültigkeit zukommt. Wir gewinnen für sie einen Ausdruck von größerer Tragweite durch Einführung des Begriffes der mechanischen Arbeit, eines Begriffes, der erwachsen ist aus dem, was wir im täglichen Leben als körperliche Arbeit bezeichnen. Wir leisten Arbeit, wenn wir mit dem Aufwande unserer Muskelkraft ein Gewicht heben. Ihre Größe beurteilen wir nicht allein nach der ausgeübten Kraft, sondern auch nach der Länge des Weges, auf dem die Kraft ausgeübt wird. Wenn wir 1 kg-Gewicht 4 m hoch heben, so ist die Arbeit viermal so groß, als wenn wir es um 1 m heben; als Maß der geleisteten Arbeit betrachten wir also das Produkt aus dem Gewicht und aus der Höhe, zu der es gehoben wird. Den Begriff der Arbeit, der sich zunächst an die menschlichen Leistungen knüpft, übertragen wir nun auf die Kräfte der unbelebten Natur. Wenn ein Körper fällt, so sagen wir, sein Gewicht leiste eine Arbeit gleich dem Produkt aus dem Gewichte und aus dem Fallraum. Allgemein, wenn ein Punkt A sich im Sinne einer auf ihn wirkenden Kraft P von A nach B bewegt, so sagen wir, die Kraft leiste eine Arbeit gleich dem Produkte $P \times AB$. Verschiebt sich der Punkt umgekehrt in einem der Kraft entgegengesetzten Sinne, so sagt man, daß in ihm eine gewisse Arbeit konsumiert oder daß an ihm eine **negative** Arbeit verrichtet werde. Wenn man also P kg-Gewichte h m hoch hebt, so verrichtet die Kraft des Armes eine Arbeit gegen die Schwere, und die von der Schwere verrichtete Arbeit ist eine negative vom Betrage $P \cdot h$.

Wenn wir eine Last auf eine horizontale Fläche setzen, so ist zu ihrer Bewegung eine um so kleinere Kraft nötig, je glatter die Fläche, je kleiner die Reibung ist. In der Tat haben wir bei der Bewegung

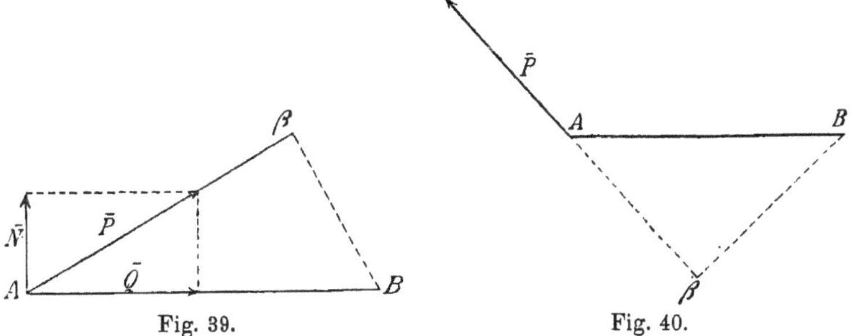

Fig. 39.   Fig. 40.

mit dem Gewichte der Last gar nichts zu schaffen, sondern nur mit ihrer Reibung auf der Unterlage. Würden wir diese vollkommen zu beseitigen imstande sein, so würde eine Verschiebung der Last auf horizontaler Unterlage keine Arbeit erfordern. Wir schließen aus diesem Beispiel, daß keine Arbeit geleistet wird, so oft der von einem Punkte durchlaufene Weg senkrecht zu der auf ihn wirkenden Kraft steht. Der allgemeine Fall wird natürlich der sein, daß die Richtung, in der sich ein Punkt bewegt, mit der auf ihn wirkenden Kraft einen Winkel bildet (Fig. 39). Man kann dann die Kraft P zerlegen in zwei Komponenten Q und N, nach der Verschiebungsrichtung und senkrecht zu ihr; die Arbeit würde unter diesen Umständen durch das Produkt aus Q und aus der Verschiebung AB gegeben sein; man kann aber auch die Verschiebung AB projizieren auf die Richtung der Kraft P, nach $A\beta$; die Figur zeigt dann, daß

$$\overline{P} \times A\beta = \overline{Q} \times AB.$$

Wir haben somit den Satz:

Wenn ein Punkt A, auf den eine Kraft P wirkt, eine Verschiebung AB erleidet, so ist die Arbeit gleich dem Produkt aus der

Kraft und aus der Projektion $A\beta$ der Verschiebung auf die Richtung der Kraft: positiv, wenn die Projektion auf $\overline{P}$ selbst, wie in Fig. 39, negativ, wenn sie auf die Verlängerung von $\overline{P}$ fällt, wie in Fig. 40.

§ 47. Das Prinzip der virtuellen Verschiebungen. Wenn wir beim Flaschenzuge das freie Seilende um eine Strecke S herabziehen, so steigt die an der Flasche hängende Last um s; der auf das freie Seilende wirkende Zug P leistet die Arbeit $P\cdot S$; von der Last wird die Arbeit $L\cdot s$ konsumiert; nach § 43 ist $P\cdot S = L\cdot s$, die bei der Verschiebung geleistete Arbeit gleich der konsumierten; diese letztere Arbeit haben wir nach dem vorhergehenden als eine negative zu bezeichnen; schreiben wir dementsprechend $P\cdot S - L\cdot s = 0$, so haben wir den Satz:

Wenn Last und Kraft am Flaschenzuge sich Gleichgewicht halten, so ist bei einer Verschiebung die algebraische Summe der Arbeiten gleich Null.

An dem Beispiele des Hebels, des Räderwerkes kann man sich leicht davon überzeugen, daß dieser Satz allgemein für jede im Gleichgewicht befindliche Maschine gilt. Welches auch der Mechanismus sein mag, wenn die wirkenden Kräfte im Gleichgewichte stehen, ist die Summe der bei einer Verschiebung geleisteten Arbeiten gleich Null. Man bezeichnet alle Verschiebungen eines Mechanismus, die mit dem gegebenen Zusammenhange seiner Teile verträglich sind, als virtuelle Verschiebungen. Wir erhalten mit Benützung dieses Ausdruckes den Satz:

Wenn eine Maschine im Gleichgewicht ist, so ist die Summe der positiven und der negativen Arbeiten bei einer virtuellen Verschiebung gleich Null.

§ 48. Natürliche Bewegungen. An den vorhergehenden Satz wird sich noch die Frage knüpfen, was geschieht, wenn die Summe der Arbeiten bei einer virtuellen Verschiebung nicht Null ist.

Wir werden dabei zwei Fälle zu unterscheiden haben; es sei einmal zu jeder Verschiebung eine ihr entgegengesetzte möglich, die Maschine könne ebensogut vor- wie rückwärts laufen. Dann ist immer ein System von Verschiebungen vorhanden, für das die geleistete Arbeit positiv ist, und in diesem Sinne tritt dann wirkliche Bewegung der Maschine von selber ein. Ist z. B. beim Flaschenzuge das Produkt $L\cdot s$ größer als $P\cdot S$, so sinkt die Last zu Boden. Es sei andererseits der Mechanismus mit irgend einer Hemmung verbunden, die nur eine Bewegung in einem bestimmten Sinne gestattet; wird dann bei einer virtuellen Verschiebung positive Arbeit geleistet, so gerät die Maschine wieder von selber in Bewegung; ist aber die hierbei geleistete Arbeit negativ, so bleibt sie in Ruhe. Ein Beispiel hierfür liefert eine im Grunde eines Trichters liegende Kugel; wie wir sie auch aus ihrer Gleichgewichtslage entfernen, immer wird sie dabei gehoben, immer ist die Arbeit der Schwere negativ. Ihr Gleichgewicht erfüllt in der Tat die Bedingung, daß jeder virtuellen Verrückung eine negative Arbeit entspricht. Andererseits sind die von selber eintretenden, die natürlichen Bewegungen stets so gerichtet, daß positive Arbeit geleistet wird.

§ 49. Die Brückenwage. Den in § 47 entwickelten Satz wollen
wir noch in Anwendung bringen auf die zur Wägung größerer Lasten
dienende Brückenwage. Dabei sollen einmal die horizontalen Schwankungen vermieden werden, die bei einer nur an einer Schneide aufgehängten Wagschale lästig sein würden; die eine der Wagschalen wird zu
diesem Zweck gleichzeitig mit zwei verschiedenen Hebeln verbunden. Es
soll aber außerdem gleichgültig sein, an welcher Stelle die Last auf die Schale
oder Brücke aufgesetzt wird; zu diesem Zweck sorgt man dafür, daß die
Brücke bei jeder Verschiebung des Systems ihre horizontale Lage behält.
O und O' (Fig 41) sind die festen Drehungspunkte zweier Hebel, deren

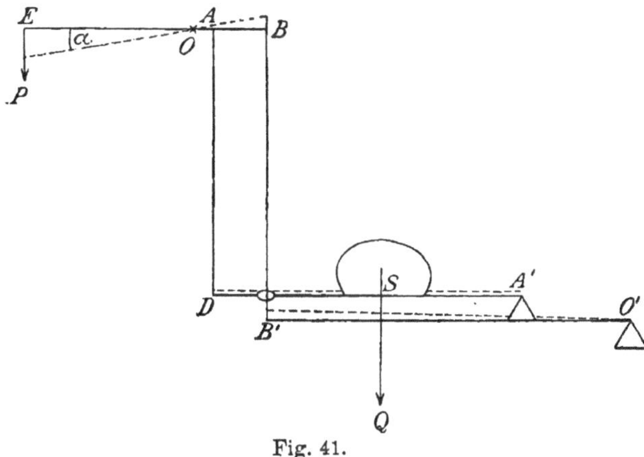

Fig. 41.

Enden durch eine Stange $B\,B'$ verbunden sind. Auf den Hebel $O'\,B'$ ist
in A' eine horizontale Schneide aufgesetzt, welche die Achse eines dritten
Hebels $A'\,D$ bildet; dieser ist durch ein horizontales Brett, die Brücke,
dargestellt, das in D durch die Stange $D\,A$ mit dem Hebel $O\,B$ verbunden
ist. In S wirkt die Last Q, in dem anderen Endpunkt E des Hebels
$O\,B$ das Gewicht P. Wenn wir den Hebel $E\,B$ um den kleinen Winkel α
nach links drehen, so sinkt das Ende E um $O\,E \times \alpha$, es wird also eine
positive Arbeit geleistet vom Betrage $P \times O\,E \times \alpha$. Gleichzeitig hebe
sich der Angriffspunkt S der Last Q um eine Strecke s; Gleichgewicht
ist vorhanden, wenn die damit verbundene negative Arbeit mit der in E
verrichteten positiven zusammen Null gibt, d. h. wenn

$$P \times O\,E \times \alpha = Q \cdot s$$

ist. Nun hängt s zunächst ab von den Hebungen der Punkte A' und D
und von den Abständen $D\,S$ und $A'\,S$. Wenn aber die Endpunkte D
und A' der Brücke sich um gleich viel heben, wenn ihre Fläche bei der
Verschiebung horizontal bleibt, so ist s unabhängig von der Stelle, auf
welche die Last gesetzt wird, und gleich der Hebung der ganzen Brücke.

4*

Die Hebung von D ist gleich $OA \times \alpha$, die von A' gleich $OB \times \alpha \times \dfrac{O'A'}{O'B'}$; beide sind gleich, wenn

$$\frac{OA}{OB} = \frac{O'A'}{O'B'};$$

dann ist aber auch $s = OA \times \alpha$, und die Bedingung für das Gleichgewicht der Wage:

$$P \times OE = Q \times OA.$$

Macht man $\dfrac{OE}{OA} = 10$, so ist

$$Q = 10 \times P,$$

die Last gleich dem Zehnfachen des Gewichtes („Dezimalwage").

Zweiter Abschnitt.

Dynamik starrer Körper.

Erstes Kapitel. Geschwindigkeit und Beschleunigung.

§ 50. Gleichförmige Bewegung. Wenn ein Körper in seiner Bahn in gleichen aufeinanderfolgenden Zeiten gleiche Strecken durchläuft, so nennen wir seine Bewegung eine gleichförmige. Den Weg, den er in der Zeiteinheit zurücklegt, nennen wir seine Geschwindigkeit. Ist also t die Zeit, während der wir die Bewegung beobachten, s der in ihr zurückgelegte Weg, so ist der in der Zeiteinheit zurückgelegte Weg, die Geschwindigkeit:

$$c = \frac{s}{t}.$$

Aus dieser Beziehung ergibt sich, daß wir für die neu eingeführte Größe, die Geschwindigkeit, keiner neuen Maßeinheit bedürfen; diese ist offenbar mitbestimmt, sobald die Maßeinheiten der Länge und der Zeit festgelegt sind. Die Geschwindigkeit Eins besitzt ein Körper, der in der Zeiteinheit die Einheit der Länge durchläuft. Wir bezeichnen eine Maßeinheit, die sich in irgend einer Weise aus anderen schon vorher definierten bestimmt, als eine abgeleitete. Die Maße für Flächen- und Rauminhalte waren solche; das Maß der Geschwindigkeit bildet ein neues Beispiel.

§ 51. Dimension der Geschwindigkeit. Wir erhalten die Geschwindigkeit eines Körpers, wenn wir den Weg durch die ihm entsprechende Zeit dividieren. Die Messung der Geschwindigkeit läßt sich also auf die fundamentalen Messungen einer Länge und einer Zeit zurückführen. Die gefundenen Maßzahlen werden so kombiniert, daß die Maßzahl des Weges dividiert wird durch die der Zeit. Diese rechnerische Verbindung der fundamentalen Größen der Länge, l, und der Zeit, t, bei der Berechnung der Geschwindigkeit nennen wir die Dimension der letzteren. Man sieht hieraus, daß der Begriff der Dimension bei allen abgeleiteten Maßen Anwendung findet; die ihnen entsprechenden Maßzahlen werden sich immer durch Multiplikationen und Divisionen aus den Grundmaßen ergeben. Die Zahl und Art dieser Operationen wird durch die Dimension gegeben. Allgemein bezeichnen wir die Dimension einer physikalischen Größe dadurch, daß wir den für sie gewählten Buchstaben in eine eckige Klammer setzen; für die Geschwindigkeit ergibt sich hiernach die Dimensionsgleichung:

$$[c] = l \cdot t^{-1}.$$

Die Maßzahl einer Geschwindigkeit hängt selbstverständlich von der Wahl der Maßeinheiten der Länge und der Zeit ab. So beträgt die mittlere Bahngeschwindigkeit c der Erde 3,990 Meilen in der Sekunde, im metrischen System 29,606 km oder 2 960 600 cm in der Sekunde; man verbindet die Angabe der zugrunde gelegten Maßeinheiten mit der der Dimension, indem man schreibt:

$$c = 3{,}990 \text{ Meilen} \cdot \sec^{-1}.$$
$$c = 29{,}606 \text{ km} \cdot \sec^{-1}.$$
$$c = 2\,960\,600 \text{ cm} \cdot \sec^{-1}.$$

§ 52. Geschwindigkeit und Weg. Der Definition der Geschwindigkeit zufolge ist der Weg

$$s = c \cdot t,$$

wenn c die Geschwindigkeit und t die vom Anfang der Bewegung an verflossene Zeit bezeichnet. Wir können die hierdurch gegebene Beziehung leicht in ein geometrisches Gewand kleiden. Eine horizontale gerade Linie (Fig. 42) machen wir zur Achse der Zeiten; senkrecht zu ihr tragen wir die in den aufeinanderfolgenden Zeiten vorhandenen Geschwindigkeiten auf, und erhalten dann in dem vorliegenden Falle eine zu der Achse der Zeit parallele Linie, da ja die Geschwindigkeit immer dieselbe bleiben soll.

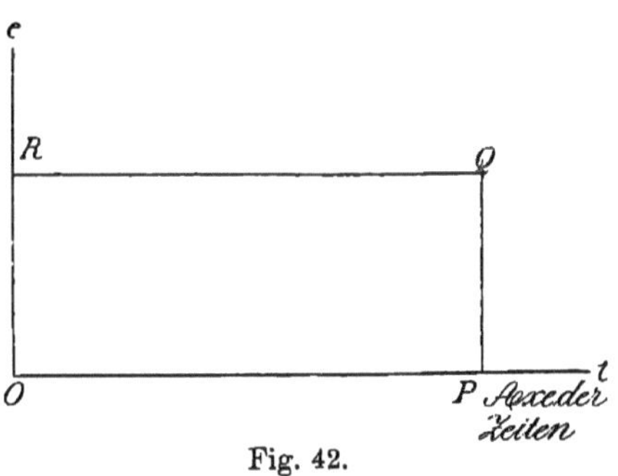

Fig. 42.

Die Strecke OP der horizontalen Achse ist numerisch gleich der Zeit t, die Senkrechte PQ numerisch gleich der Geschwindigkeit c, somit repräsentiert der Flächeninhalt des Rechteckes $OPQR$ den in der Zeit t durchlaufenen Weg $s = c \cdot t = OP \times PQ$.

§ 53. Gleichförmig beschleunigte Bewegung. Den Fall einer gleichförmigen Bewegung finden wir bei den Körpern, die wir an der Oberfläche der Erde beobachten, selten verwirklicht. Nehmen wir das Beispiel eines Eisenbahnzuges, so finden wir, daß seine Geschwindigkeit, der in einer Sekunde zurückgelegte Weg, während der Fahrt mannigfachen Schwankungen unterworfen ist. Stellen wir sie ebenso graphisch dar, wie zuvor bei der gleichförmigen Bewegung, so werden die Ordinaten, durch welche die Geschwindigkeit repräsentiert wird, zu verschiedenen Zeiten verschiedene Längen besitzen; nun aber wird die Geschwindigkeit im allgemeinen nicht momentan von einem Werte zu einem anderen überspringen; die zu verschiedenen Zeiten gemessenen Werte müssen sich dann stetig aneinanderschließen, und wir kommen somit zu dem Schluß, daß die Kurve der Geschwindigkeiten in diesem Falle, wie in den meisten anderen, eine gekrümmte, auf- und absteigende Linie ist. Der einfachste Fall ist der einer gegen die Achse der Zeit geneigten geraden Linie. Nehmen wir an, daß sie mit wachsender Zeit ansteige, so erhalten wir den Fall der gleichmäßig beschleunigten Bewegung, dessen Untersuchung für die Mechanik eine fundamentale Bedeutung besitzt.

Im Anfang der Beobachtung, zu der Zeit Null, sei auch die Geschwindigkeit Null, es gehe also die Linie, welche die Geschwindigkeit repräsentiert, von dem Anfangspunkt unserer rechtwinkligen Achsen aus (Fig. 43). Tragen wir auf der horizontalen Achse die den Zeiten von

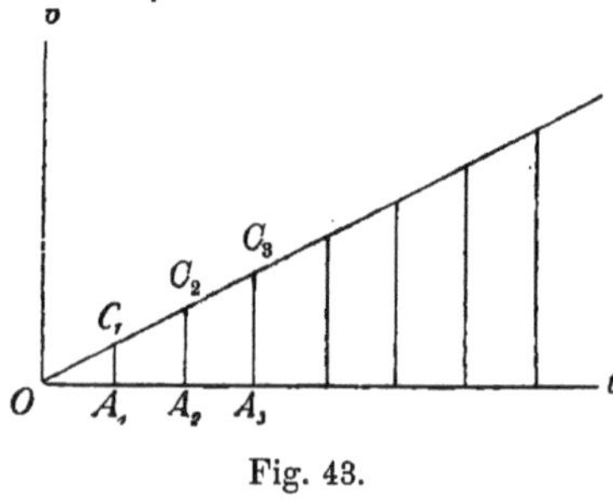

Fig. 43.

1, 2, 3 ... Sekunden numerisch gleichen Strecken OA_1, OA_2, OA_3 ... ab, so repräsentieren die zugehörigen Ordinaten die entsprechenden Geschwindigkeiten; wir erkennen sofort, daß die Geschwindigkeit in A_2 doppelt so groß, in A_3 dreimal so groß als in A_1 ist. Bezeichnen wir die am Ende der ersten Sekunde erreichte Geschwindigkeit mit a, so ist die Ordinate $A_1 C_1$ numerisch gleich a; die Geschwindigkeit wächst dann in jeder folgenden Sekunde um denselben Betrag a. Diesen in der Zeiteinheit erfolgenden Zuwachs der Geschwindigkeit nennen wir die Beschleunigung; eine Bewegung, bei der die Beschleunigung konstant bleibt, ist eine gleichförmig beschleunigte. Der Definition zufolge erhalten wir die Beschleunigung, wenn wir den in einem beliebigen Zeitintervall $t_2 - t_1$ erfolgenden Zuwachs der Geschwindigkeit $v_2 - v_1$ durch jene Zeit dividieren; es ist

$$a = \frac{v_2 - v_1}{t_2 - t_1}.$$

Lassen wir den Anfangspunkt des betrachteten Intervalles mit dem Anfangspunkte der Zeit zusammenfallen, so ist $t_1 = 0$ und $v_1 = 0$, und wir erhalten

$$a = \frac{v}{t}.$$

Die Beschleunigung ist dann gleich der zu irgend einer Zeit t vorhandenen Geschwindigkeit v durch diese Zeit dividiert.

Ebenso wie bei der Geschwindigkeit ist auch bei der Beschleunigung die Maßeinheit bestimmt, sobald die fundamentalen Maße der Länge und der Zeit festgesetzt sind. Aus der Geschwindigkeit berechnet sich die Beschleunigung durch Division mit einer Zeit; die Geschwindigkeit ihrerseits aus einem Wege gleichfalls durch Division mit einer Zeit. Somit gelangt man vom Wege aus zu der Beschleunigung durch eine zweimalige Division mit einer Zeit. Wir haben daher die Dimensionsgleichung

$$[a] = l \cdot t^{-2}.$$

Nach dem Vorhergehenden ist bei der von der Ruhe ausgehenden gleichförmig beschleunigten Bewegung die Geschwindigkeit gleich der Beschleunigung multipliziert mit der Zeit:

$$1) \qquad\qquad v = a \cdot t.$$

Die Berechnung des zurückgelegten Weges ergibt sich in folgender Weise. An Stelle der Bewegung, die mit kontinuierlich sich ändernder Geschwindigkeit vor sich geht, setzen wir eine andere, bei der die Geschwindigkeit in kleinen Intervallen sprungweise sich ändert, und auf deren einzelne Abschnitte die in § 52 gegebene Formel sich anwenden läßt. Wir grenzen zu diesem Zweck auf der Achse der Zeit durch die Punkte α_1, α_2, α_3, α_4 ... gleiche Intervalle ab (Fig. 44); an Stelle der wachsenden Geschwindigkeiten, mit denen sich der Körper in den durch $O\,\alpha_2$, $\alpha_2\,\alpha_4$, $\alpha_4\,\alpha_6$ ... dargestellten Zeiten bewegt, setzen wir dann die konstanten

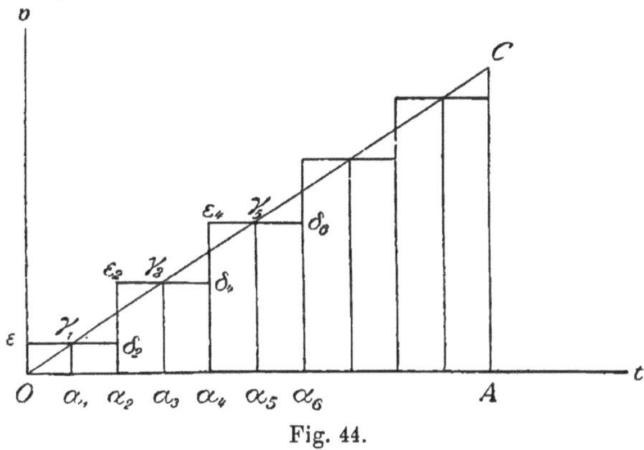

Fig. 44.

Geschwindigkeiten $\alpha_1\gamma_1$, $\alpha_3\gamma_3$, $\alpha_5\gamma_5$ ..., die Mittelwerte aus den Anfangs- und Endgeschwindigkeiten der Intervalle; wir ersetzen also die allmählich ansteigende Linie der Geschwindigkeiten durch die Zickzacklinie $\varepsilon\,\delta_2\,\varepsilon_2\,\delta_4\,\varepsilon_4\,\delta_6$ ... Nach § 52 aber ist der Weg, der in der durch $O\,\alpha_2$ dargestellten Zeit mit der konstanten Geschwindigkeit $\alpha_1\,\gamma_1$ zurückgelegt wird, numerisch gleich dem Inhalt des Rechteckes $O\,\alpha_2\,\delta_2\,\varepsilon$; ebenso die in den Zeiten $\alpha_2\,\alpha_4$ und $\alpha_4\,\alpha_6$ zurückgelegten Wege numerisch gleich den Rechtecken $\alpha_2\,\alpha_4\,\delta_4\,\varepsilon_2$ und $\alpha_4\,\alpha_6\,\delta_6\,\varepsilon_4$. Setzen wir diese Betrachtung weiter fort, so kommen wir zu folgendem Schlusse: der Weg, den der Körper mit sprungweiser Änderung der Geschwindigkeit zurücklegt bis zu der durch $O\,A$ dargestellten Zeit t, ist numerisch gleich dem Inhalt der von $O\,A$, von der Zickzacklinie $O\,\varepsilon\,\delta_2\,\varepsilon_2\,\delta_4\,\varepsilon_4$ ... und von der Ordinate $A\,C$ begrenzten Figur, d. h. gleich dem Inhalt des Dreieckes $O\,A\,C$. Der fingierte Vorgang nähert sich der wirklichen Bewegung um so mehr, je kleiner die Zeitintervalle werden, die durch $O\,\alpha_2$, $\alpha_2\,\alpha_4$ ... dargestellt sind; in demselben Maße schließt sich auch unsere Zickzacklinie enger an die gegebene Linie der Geschwindigkeiten an. Wir werden daher annehmen, daß auch bei der wirklichen Bewegung der zur Zeit t zurückgelegte Weg dargestellt sei durch den Inhalt des Dreieckes OAC, durch $\frac{1}{2}OA \times AC$. Nun ist OA numerisch gleich der Zeit t, AC gleich der zugehörigen Geschwindigkeit v, somit der Weg

$$s = \tfrac{1}{2}v\,t,$$

oder, wenn wir den Wert von v aus der Gleichung 1 benutzen,

2) $$s = \tfrac{1}{2}a\,t^2,$$

eine Gleichung, durch die unsere frühere Bemerkung über die Dimension der Beschleunigung a bestätigt wird. Die Beschleunigung selbst ist danach numerisch gleich dem Doppelten des in der ersten Sekunde zurückgelegten Weges.

§ 54. Allgemeine Definition von Geschwindigkeit und Beschleunigung. Die im vorhergehenden entwickelte Methode, bei einer nicht gleichförmigen Bewegung den Weg zu berechnen, ist von besonderer Bedeutung, weil sie in ähnlicher Weise bei einer Bewegung benützt werden kann, deren Geschwindigkeit in beliebiger Weise mit der Zeit sich ändert. Gleichzeitig knüpft sich aber an die ihr zugrunde liegende Zerlegung der Bewegung in einzelne Abschnitte von kurzer Dauer die allgemeinere Bestimmung der Geschwindigkeit. Bei einer veränderlichen Bewegung liefert die ursprüngliche Definition der Geschwindigkeit verschiedene Werte, je nach der Größe des zurückgelegten Weges, $s_2 - s_1$, und des entsprechenden Zeitraumes, $t_2 - t_1$, je nach der Stelle der Bahn, an der die Beobachtung vorgenommen wird. Der Bruch $\frac{s_2 - s_1}{t_2 - t_1}$ liefert nur das, was wir als die mittlere Geschwindigkeit während der Zeit $t_2 - t_1$ bezeichnen können. Lassen wir neben dem wirklichen einen fingierten Körper mit der gleichförmigen Geschwindigkeit $\frac{s_2 - s_1}{t_2 - t_1}$ sich bewegen, so wird dieser in der Zeit $t_2 - t_1$ denselben Weg zurücklegen, wie der wirkliche. Je kleiner wir nun den Zeitraum $t_2 - t_1$ nehmen, um so geringer werden die Unterschiede zwischen den Geschwindigkeiten seiner aufeinanderfolgenden Bruchteile sein, um so mehr wird die Bewegung jenes fingierten Körpers mit der des wirklichen sich decken; wir können somit den Bruch $\frac{s_2 - s_1}{t_2 - t_1}$ mit um so größerem Rechte als die wirkliche Geschwindigkeit des Körpers betrachten, je kleiner der Zeitraum $t_2 - t_1$ ist. Bezeichnen wir einen solchen äußerst kleinen Zeitraum entsprechend § 22 durch dt, den in ihm zurückgelegten Weg durch ds, so erhalten wir als Wert der wahren Geschwindigkeit

$$v = \frac{ds}{dt}.$$

Damit ist dann auch die Definition der Geschwindigkeit allgemein für eine beliebige Bewegung gegeben.

Als Zeit, für welche die Geschwindigkeit gilt, könnten wir zunächst die Mitte des Zeitelementes dt betrachten; da aber die Geschwindigkeit während der Zeit dt nur eine unendlich kleine Änderung erleidet, so stellt $\frac{ds}{dt}$ ebensogut die Geschwindigkeit im Anfang jenes Zeitraumes dar. Sind dt_1, dt_2, dt_3 ... aufeinanderfolgende kleine Zeitabschnitte, v_1, v_2, v_3 ... die ihnen entsprechenden, als gleichförmig zu betrachtenden Geschwindigkeiten, so ergibt sich nach § 51 für den in der Zeit

$$dt_1 + dt_2 + dt_3 + \cdots$$

zurückgelegten Weg der Ausdruck

$$s = v_1\, dt_1 + v_2\, dt_2 + v_3\, dt_3 + \cdots$$
$$s = \sum v\, dt.$$

Wir wollen die wechselnden Werte der Geschwindigkeit in ihrer Abhängigkeit von der Zeit wieder durch eine Kurve darstellen (Fig. 45). Die auf der horizonta-len Achse abgetragene Strecke OA repräsen-tiere die Zeit $t = dt_1 + dt_2 + dt_3 + \cdots$

Aus den Bemer-kungen von § 22 und § 52 ergibt sich dann, daß der Weg, der in der Zeit t zurückge-legt wird, numerisch gleich dem Inhalt der von der Geschwindig-keitskurve begrenzten Fläche $OACD$ ist.

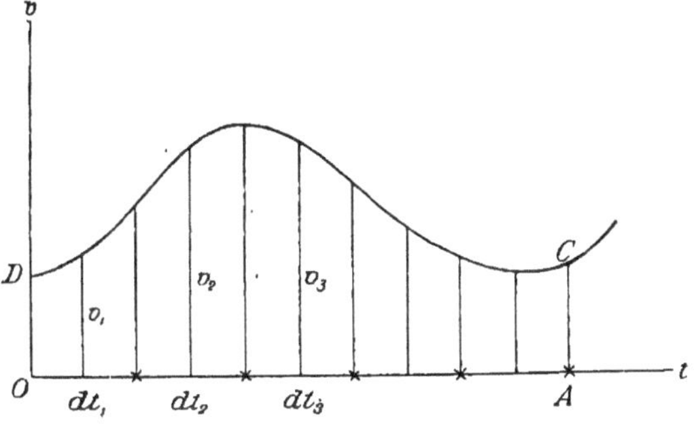

Fig. 45.

Eine ganz analoge Betrachtung führt auch zu der allgemeinen De-finition der Beschleunigung. Wir nehmen zunächst an, daß die Ge-schwindigkeitskurve gegen die Abszissenachse steige; bei einer wellenförmigen Kurve beschränken wir uns auf einen ansteigenden Teil derselben. Wir wählen dann das Zeitintervall $t_2 - t_1$ so klein, daß das entsprechende Stück der Geschwindigkeitskurve als geradlinig betrachtet werden kann; die Geschwindigkeit steigt dann in der Zeit t_1 bis t_2 gleichmäßig an; die Bewegung hat solange den Charakter einer gleichmäßig beschleu-nigten. Sind v_1 und v_2 die Geschwindigkeiten am Anfang und am Ende des betrachteten Zeitraumes, so ist die Beschleunigung

$$a = \frac{v_2 - v_1}{t_2 - t_1}.$$

Bezeichnen wir den kleinen Zeitraum $t_2 - t_1$ wieder durch dt, den ihm entsprechenden Zuwachs der Geschwindigkeit durch dv, so ist die Be-schleunigung gegeben durch

$$a = \frac{dv}{dt}.$$

In den gegen die Achse der Zeit fallenden Teilen einer wellenförmigen Geschwindigkeitskurve tritt eine allmähliche Abnahme der Geschwindigkeit ein. Findet der Abfall in gerader Linie statt, so nimmt die Geschwindigkeit in gleichen Zeiten um gleich viel ab; die Abnahme der Geschwindigkeit bezogen auf 1 Sekunde, die Verzögerung, ist konstant. Die Bewegung ist eine gleichmäßig verzögerte. Aber auch die Bewegung, deren Geschwindigkeitskurve in beliebiger Weise gegen die Abszissenachse sich senkt, wird innerhalb eines sehr kleinen Zeitraumes $t_2 - t_1$ den Charakter einer gleichmäßig verzögerten Bewegung annehmen. Ist die Geschwindigkeit im Anfang des betrachteten Zeitraumes gleich v_1, am Schlusse gleich v_2, so ergibt sich ebenso wie vorher zur Berechnung der Beschleunigung die Formel:

$$a = \frac{v_2 - v_1}{t_2 - t_1}.$$

Aber nun ist v_2 kleiner als v_1, es wird also die Beschleunigung negativ:

$$a = - \frac{v_1 - v_2}{t_2 - t_1}.$$

Die verzögerte Bewegung ist also eine Bewegung mit negativer Beschleunigung. Auf die gleichförmig verzögerte Bewegung werden wir in § 66 zurückkommen.

Wir schließen diese allgemeinen Betrachtungen mit einer Bemerkung über die Maßeinheiten der Geschwindigkeit und der Beschleunigung. Legen wir als Maßeinheit das Zentimeter und die Sekunde zugrunde, so hat ein Körper die Einheit der Geschwindigkeit, wenn der auf die Sekunde berechnete Zuwachs des Weges 1 cm beträgt. Man hat die so definierte Einheit der Geschwindigkeit als ein „Cel" bezeichnet. Ein Körper hat ferner die Beschleunigung Eins, wenn der auf die Sekunde berechnete Geschwindigkeitszuwachs 1 Cel beträgt. Die so definierte Einheit der Beschleunigung bezeichnet man als ein „Gal". Rechnen wir den Weg nach Zentimetern, die Zeit nach Sekunden, so geben die zuvor entwickelten Formeln die Beschleunigung in der Einheit des Gal.

Die Dimensionsgleichungen von Geschwindigkeit und Beschleunigung im cm-sec-System sind:

$$[v] = \mathrm{cm \cdot sec}^{-1},$$
$$[a] = \mathrm{cm \cdot sec}^{-2}.$$

Zweites Kapitel. Fallbewegung und Pendel.

§ 55. Die Fallbewegung. Das klassische Beispiel einer gleichförmig beschleunigten Bewegung ist die Fallbewegung, durch deren Erforschung Galilei der Begründer der Dynamik geworden ist.

Bei jeder Bewegungserscheinung können wir gewisse Beobachtungen machen, die eine Messung der Zeit nicht erfordern. Hierzu gehört vor allem die Bestimmung der Bahn, in der die Bewegung sich vollzieht. Beim freien Fall ist die Bahn des fallenden Körpers eine vertikale gerade Linie. Eine zweite Frage, die gleichfalls ohne Zeitmessung entschieden werden kann, ist die, ob die Fallbewegung verschiedener Körper eine verschiedene ist, oder ob sie bei allen in derselben Weise erfolgt. Die Beantwortung wird erschwert durch die Reibung, welche die Körper bei ihrer Bewegung in der Luft erleiden. Bei leichten Körpern von großer Oberfläche wird die Fallbewegung dadurch ganz wesentlich abgeändert; die Bahn eines fallenden Papierstreifens ist nicht vertikal, sondern geneigt, und mit der fortschreitenden Bewegung verbindet er eine wirbelnde Bewegung um seine Längsrichtung.[1] Wenn man aber die Fallbewegung in einer evakuierten Röhre vor sich gehen läßt, so wird diese von den verschiedenartigsten Körpern in derselben Zeit durchfallen. Zu einem endgültigen Beweis dieser fundamentalen Tatsache genügt allerdings der Versuch nicht; wir setzen ihre Richtigkeit vorläufig voraus, bis uns die Pendelbewegung ein Mittel zu ihrer exakten Prüfung liefern wird. Gestalt, Größe, Gewicht würden danach von keinem Einfluß auf die Fallbewegung sein, wir kennen die Fallbewegung aller Körper, wenn wir die eines einzigen untersucht haben.

Eine dritte ohne Zeitmessung auszuführende Beobachtung ist folgende. Wir befestigen eine vertikale und eine geneigte Rinne so, daß sie mit ihren unteren Enden in einem und demselben Punkte zusammenstoßen. In demselben Momente lassen wir eine erste Kugel längs der vertikalen Rinne frei herabfallen, eine zweite längs der geneigten mit möglichst geringer Reibung heruntergleiten. Durch Probieren bestimmen wir die Länge der geneigten Rinne so, daß die Kugeln wieder in demselben Momente unten zusammentreffen. Es ergibt sich, daß das obere Ende der geneigten Rinne auf einem Kreise liegt, der um die vertikale Rinne als Durchmesser beschrieben wird. Allgemein gilt hiernach der Satz: Alle nach dem tiefsten Punkte einer Kugel gehenden Sehnen werden in derselben Zeit von einem fallenden Körper durchlaufen.

Wir knüpfen hieran noch eine wichtige Bemerkung. Längs der geneigten Rinne BC (Fig. 46) wird der Körper nur durch die ihr parallele Komponente Q des Gewichtes getrieben, längs der vertikalen AC durch das ganze Gewicht P; nun findet die Proportion statt

$$\overline{P} : \overline{Q} = AC : BC.$$

Da aber AC und BC in gleichen Zeiten durchlaufen werden, so ergibt sich der Satz: Die von einem Körper in gleichen Zeiten von der Ruhe aus zurückgelegten Wege sind proportional den treibenden Kräften.

Nach diesen Vorbereitungen gehen wir nun über zu vollständigen Systemen von Messungen mit Zuhilfenahme von Zeitbeobachtungen. Für diese bleibt nur übrig die Beobachtung der Fallräume und der Fallzeiten. Wir müßten die Höhe, von der der Körper fällt, so regulieren, daß er, bei einem bestimmten Sekundenschlage, der Zeit Null, losgelassen, bei

---

[1] MAXWELL, On a particular case of the descent of a heavy body in a resisting medium. The Scientific Papers. Vol. I. p. 115.

einem bestimmten späteren Schlag auf den Boden auffällt. Die Ausführung der Messung ist aber auf diesem Wege nicht möglich, da schon die einer Fallzeit von zwei, drei Sekunden entsprechenden Fallräume zu groß sind. Nun gibt aber der vorhergehende Satz ein Mittel, das eine Verkleinerung der Fallräume in beliebigem Verhältnisse gestattet. Wird der Körper bei seiner Fallbewegung getrieben nicht durch sein ganzes Gewicht, sondern nur durch einen Teil davon, so reduzieren sich die Fallräume in dem Verhältnis, in dem das treibende Gewicht zu dem ganzen Gewicht steht. Das hierdurch gegebene Prinzip wurde von GALILEI dadurch verwertet, daß er an Stelle des freien Falles den auf der schiefen Ebene untersuchte. Wir benützen zu demselben Zwecke die

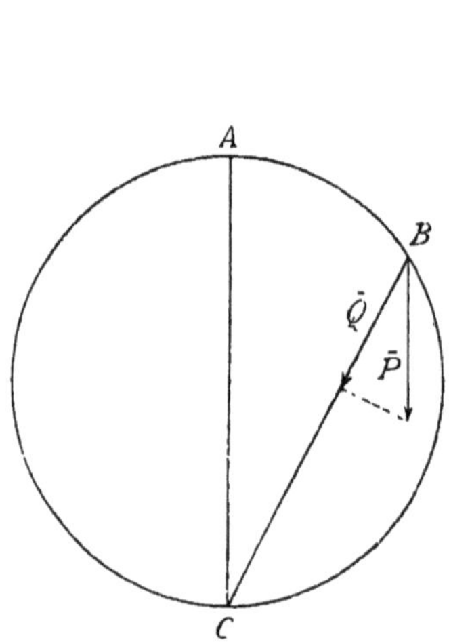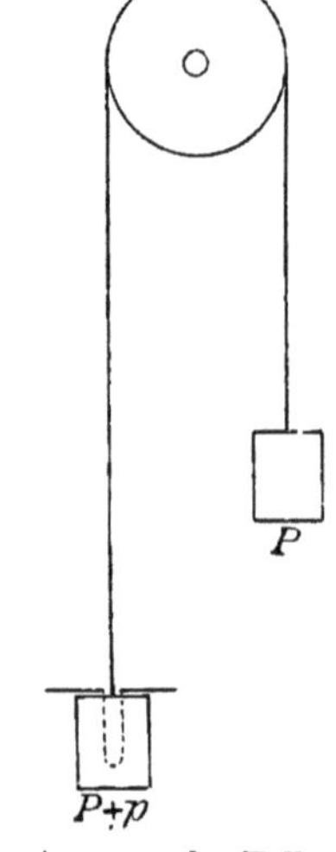

Fig. 46.   Fig. 47. ATWOODsche Fallmaschine.

ATWOODsche Fallmaschine (Fig. 47). Bei ihr besteht der in Fallbewegung zu versetzende Körper aus zwei gleichen Gewichten P, die durch einen Kokonfaden miteinander verbunden sind. Der letztere wird über eine leichte, mit möglichst wenig Reibung um ihre Achse drehbare Rolle gelegt, so daß die Gewichte zu beiden Seiten frei herabhängen. Die Fallbewegung wird dadurch erzeugt, daß dem einen der Gewichte ein Übergewicht p zugelegt wird, das einen bestimmten Bruchteil des gesamten zu bewegenden Gewichtes $\mathfrak{P}$ bildet. Ist der freie Fallraum für eine beliebige Zeit t gleich s, der an der ATWOODschen Maschine in derselben Zeit durchlaufene Raum gleich σ, so ist

$$\sigma = \frac{p}{\mathfrak{P}}\, s \ \text{ oder } \ s = \frac{\mathfrak{P}}{p}\, \sigma.$$

Die Rolle, um die der Kokonfaden geschlungen ist, wird bei der ATWOODschen Maschine von einem vertikalen Maßstabe getragen, längs dem das mit dem Übergewicht versehene Gewicht herabsinkt. Die Teilung ist so ausgeführt, daß der in der ersten Sekunde zurückgelegte Weg die Längeneinheit bildet. Man findet dann, daß in den Zeiten von 1, 2, 3, 4 ... Sekunden die Wege 1, 4, 9, 16 ... zurückgelegt werden.

Die Fallräume verhalten sich wie die Quadrate der Fallzeiten.

Damit ist aber gezeigt, daß die beobachtete Bewegung eine gleichförmig beschleunigte ist. Nennen wir die Beschleunigung an der Atwoodschen Maschine a, die Geschwindigkeit ω, so gelten dann nach § 53 die Beziehungen:

$$\sigma = \tfrac{1}{2}\,a\,t^2, \quad \omega = a\,t.$$

Die Fallgeschwindigkeiten sind proportional den Fallzeiten.

Die Berechnung der Fallgeschwindigkeiten aus den Beobachtungen wird wesentlich erleichtert durch die folgende Bemerkung. Wenn wir bei einer gleichförmig beschleunigten Bewegung von einem Zeitpunkt t aus um gleiche Zeiten τ vor- und rückwärts gehen, so ist die mittlere Geschwindigkeit in dem Zeitraum $t-\tau$ bis $t+\tau$ dieselbe, wie groß oder klein wir τ wählen. Die für einen beliebigen solchen Zeitraum berechnete mittlere Geschwindigkeit ist somit zugleich die wirkliche Geschwindigkeit zur Zeit t. Die Richtigkeit des Satzes folgt leicht aus der Betrachtung von Figur 43. Aus den Beobachtungen an der Atwoodschen Maschine ergibt sich so die folgende Tabelle:

t	1	2	3	4	5	6	7	8	9
σ	1	4	9	16	25	36	49	64	81

ω	1	3	5	7	9	11	13	15	17
t	$\tfrac{1}{2}$	$\tfrac{3}{2}$	$\tfrac{5}{2}$	$\tfrac{7}{2}$	$\tfrac{9}{2}$	$\tfrac{11}{2}$	$\tfrac{13}{2}$	$\tfrac{15}{2}$	$\tfrac{17}{2}$

Das sogenannte zweite Fallgesetz, nach dem die Fallgeschwindigkeit der Fallzeit proportional ist, wird hierdurch unmittelbar bestätigt. Wäre es möglich, an der Atwoodschen Maschine den Fallraum in der ersten Sekunde genau zu bestimmen, so würde sich der beim freien Fall in der ersten Sekunde durchlaufene Raum durch Multiplikation mit $\dfrac{\mathfrak{P}}{p}$ ergeben; das Doppelte davon würde nach § 53 die Beschleunigung des freien Falles sein. Diese, die **Beschleunigung der Schwere**, repräsentiert eine der fundamentalen Konstanten der Physik, und man hat sie daher durch einen besonderen Buchstaben, g, bezeichnet. Aus Pendelbeobachtungen leitet sich (für 49° Breite) als genauerer Wert ab:

$$g = 981 \text{ cm} \cdot \sec^{-2}.$$

Daran schließen sich dann die Formeln für Geschwindigkeit und Weg beim freien Fall:

$$v = g \cdot t \quad \text{und} \quad s = \tfrac{1}{2}\,g \cdot t^2.$$

§ 56. Beschleunigung und Geschwindigkeit an der Atwoodschen Maschine. Bezeichnen wir wie früher durch a die an der Atwoodschen Maschine auftretende Beschleunigung, durch p das Übergewicht, das Gesamtgewicht durch $\mathfrak{P}$, so haben wir

$$a = \frac{p}{\mathfrak{P}} \cdot g;$$

die Beschleunigung ist Null, sobald p Null ist. Wenn also das Übergewicht in einem bestimmten Augenblicke abgenommen wird, so ist von da an keine Beschleunigung, keine Zunahme der Geschwindigkeit mehr vorhanden. Der Körper muß sich also mit der Geschwindigkeit weiter bewegen, die er im Augenblick der Abnahme hatte. Diese Bemerkung bietet ein Mittel, um das für die Fallgeschwindigkeiten sich ergebende Gesetz $v = \frac{p}{\mathfrak{P}} \cdot g \cdot t$ einer experimentellen Prüfung zu unterziehen, indem man das durch einen Draht mit überstehenden Enden hergestellte Übergewicht (Fig. 47) in einem bestimmten Momente wegnimmt.

§ 57. Arbeit an der Atwoodschen Maschine. Der Begriff der Arbeit hat sich im ersten Abschnitt sehr nützlich erwiesen, um für ein mechanisches System die Bedingung des Gleichgewichtes in möglichst einfacher Weise zu formulieren. Man kann daher fragen, ob jener Begriff nicht auch für die Bewegungserscheinungen von Bedeutung ist. Wenn wir die Bezeichnungen der vorhergehenden Paragraphen beibehalten, so ergibt sich für die Arbeit, welche das Übergewicht p der Atwoodschen Maschine leistet, während der Fallraum σ durchlaufen wird:

$$p\,\sigma = \tfrac{1}{2}p\,a\,t^2.$$

Nun ist $t = \frac{\omega}{a}$, somit:

$$p\,\sigma = \tfrac{1}{2}\frac{p}{a} \cdot \omega^2;$$

nach § 56 aber ist:

$$\frac{p}{a} = \frac{\mathfrak{P}}{g};$$

die von dem Übergewicht p geleistete Arbeit wird somit:

$$p\,\sigma = \tfrac{1}{2}\frac{\mathfrak{P}}{g}\,\omega^2.$$

Die hiermit hergestellte Beziehung ist nun in der Tat höchst bemerkenswert; die Gleichung enthält auf ihrer rechten Seite nichts mehr von dem Übergewicht, sondern nur Dinge, die wir als Eigenschaften des Gesamtgewichtes $\mathfrak{P}$ betrachten können; abgesehen von dem Faktor $\tfrac{1}{2}$, das Quadrat der dem Fallraum σ entsprechenden Geschwindigkeit ω und das Verhältnis $\frac{\mathfrak{P}}{g}$. Dieses letztere bezeichnet man als die Masse des in Bewegung gebrachten Gewichtes; setzen wir

$$\frac{\mathfrak{P}}{g} = m,$$

so wird die für die Arbeit des Übergewichtes geltende Gleichung:

$$p\,\sigma = \tfrac{1}{2}m\,\omega^2.$$

Um den hierin liegenden Satz möglichst kurz auszusprechen, führen wir auch für die rechts stehende Größe eine besondere Benennung ein. Wir nennen das Produkt aus der halben Masse und aus dem Quadrate der Geschwindigkeit des bewegten Gewichtes seine lebendige Kraft. Wir erhalten dann den Satz:

Die Arbeit, welche das Übergewicht bei dem Durchlaufen eines bestimmten Fallraumes leistet, ist gleich der lebendigen Kraft, welche das Gesamtgewicht dabei gewinnt.

Wir können den Satz auch so wenden, daß wir sagen: die lebendige Kraft, welche das Gesamtgewicht in irgend einem Augenblicke besitzt, wurde durch die von dem Übergewicht bis dahin geleistete Arbeit erzeugt, diese Arbeit wurde verwandelt in die lebendige Kraft des Gesamtgewichtes. Den hiermit angesponnenen bedeutungsvollen Gedankengang werden wir später von allgemeineren Gesichtspunkten aus weiter verfolgen.

Ehe wir aber die Betrachtung der ATWOODschen Maschine verlassen, wollen wir noch zwei Bemerkungen an dieselbe knüpfen, die sich später als nützlich erweisen werden.

Die Bestimmung der lebendigen Kraft des bewegten Gewichtes durch die Beobachtung der Geschwindigkeit und die Berechnung seiner Masse würde ziemliche Mühe verursachen. Nach dem gefundenen Satze kann man sich diese Mühe sparen. Die gesuchte lebendige Kraft ist gleich der von dem Übergewicht geleisteten Arbeit; diese aber ist sehr leicht zu bestimmen und durch sie wird mittelbar auch die lebendige Kraft gemessen.

Wir wollen ferner an derselben ATWOODschen Maschine nacheinander zwei verschiedene Gesamtgewichte $\mathfrak{P}$ und $\mathfrak{P}'$ durch dasselbe Übergewicht p in Bewegung setzen. Die durch Division der Gewichtszahlen $\mathfrak{P}$ und $\mathfrak{P}'$ mit der Beschleunigung der Schwere, g, zu erhaltenden Massen der Gewichte bezeichnen wir mit m und m'. Wir erhalten dann die Gleichungen:

$$p\,\sigma = \tfrac{1}{2}\,m\,\omega^2, \quad p\,\sigma' = \tfrac{1}{2}\,m'\,\omega'^2.$$

Nehmen wir bei beiden Bewegungen die Fallräume gleich groß, $\sigma = \sigma'$, so sind auch die von dem Übergewicht p in beiden Fällen geleisteten Arbeiten die gleichen, und damit auch die von ihnen erzeugten lebendigen Kräfte. Dann aber müssen sich die Quadrate der Geschwindigkeiten umgekehrt verhalten wie die Massen der Gesamtgewichte:

$$\omega^2 : \omega'^2 = m' : m.$$

Wir haben somit den Satz:

Wenn wir an der ATWOODschen Maschine auf verschieden große Gesamtgewichte gleiche Arbeiten des Übergewichtes wirken lassen, so verhalten sich die Quadrate der erzeugten Geschwindigkeiten umgekehrt wie die Massen der Gewichte. Vergrößern wir die Masse auf das Vierfache, so sinkt die Geschwindigkeit auf die Hälfte.

§ 58. Die Wurfbewegung. Die Wurfbewegung, die sich in natürlicher Weise an die Fallbewegung anschließt, ist zu Messungen wenig geeignet; wir begnügen uns daher mit der Betrachtung der Bahn des geworfenen Körpers. Diese kann man beobachten, wenn man eine Reihe von Körpern unter ganz denselben Bedingungen in Wurfbewegung versetzt, so daß sie durch ihre Aufeinanderfolge ein bleibendes Bild der Bahn entwerfen. Am vollkommensten wird dies erreicht bei einem Wasserstrahl, der aus einem Gefäße mit konstantem Niveau ausströmt. Die Bahn des Strahls, die Bahn des geworfenen Körpers, ist eine Parabel.

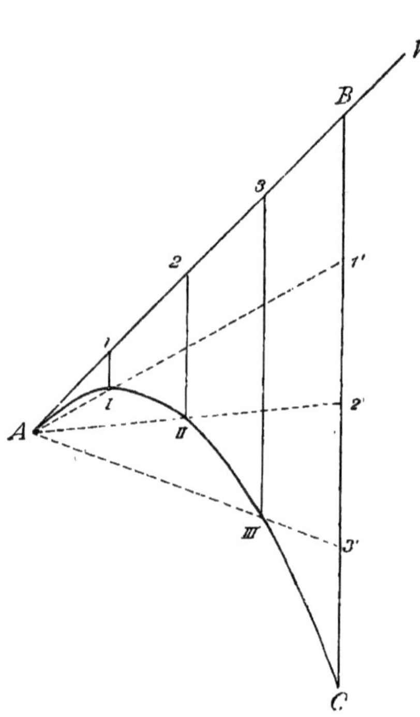

Fig. 48. Wurfbahn.

Für diese ergibt sich eine hübsche Konstruktion, wenn die anfängliche Wurfrichtung AW und die Stelle C gegeben ist, in welcher der geworfene Körper den Boden erreicht (Fig. 48). Wir ziehen durch C eine Vertikale, welche die Wurfrichtung in B schneidet. Die Strecken AB und BC teilen wir in eine gleiche Anzahl gleicher Teile, z. B. in je vier. Nach den Teilpunkten von BC ziehen wir die Linien $A1'$, $A2'$, $A3'$, durch die Teilpunkte 1, 2, 3 von AB vertikale Linien, welche die vorhergehenden in I, II, III treffen. Die Kurve, welche die Richtung AW in A berührt und die Punkte A, I, II, III, C verbindet, ist die gesuchte Parabel. An diese Konstruktion schließt sich noch eine Bemerkung, die in der Folge von Bedeutung sein wird. Würde der Körper sich mit der ihm anfänglich erteilten Geschwindigkeit weiter bewegen, so würde er in gleichen aufeinanderfolgenden Zeiten die gleichen Wege $A1$, 12, 23, $3B$ zurücklegen. Die vertikalen Abweichungen von der Richtung AW, die Strecken 11, $2II$, $3III$, BC verhalten sich wie $1:4:9:16$, d. h. wie Fallräume, die in den Zeiten 1, 2, 3, 4 von der Ruhe aus zurückgelegt werden. Hierdurch wird die Auffassung nahe gelegt, daß es sich bei der Wurfbewegung um eine Kombination der gleichförmigen Bewegung in der Wurfrichtung mit der Fallbewegung handelt.

§ 59. Die Bewegung des Pendels. Eine zweite Bewegung, die als eine Abänderung der Fallbewegung betrachtet werden kann, ist die Bewegung des Pendels. Wir haben früher gesehen, daß ein an einem Faden aufgehängtes Senkel sich in Ruhe befindet, wenn der Faden vertikal ist. Wenn wir den Faden als unausdehnsam voraussetzen, so ist das Senkel gezwungen, auf einem Kreise zu bleiben, dessen Mittelpunkt in dem Aufhängepunkte liegt; die Ruhelage entspricht dem tiefsten Punkte dieses Kreises. Ziehen wir das Senkel zur Seite, so wird es unter der Wirkung seines Gewichtes auf dem Kreisbogen wie auf einer Reihe von schiefen Ebenen von allmählich abnehmender Neigung herabfallen (Fig. 49). In dem tiefsten Punkte kommt es mit einer gewissen Geschwindigkeit an und steigt infolgedessen auf der anderen Seite mit abnehmender Geschwindigkeit wieder aufwärts. Es kehrt um, wenn es die ursprüngliche Höhe wieder erreicht hat, und wiederholt rückwärts die frühere Bewegung; es reiht sich so eine ununterbrochene Folge von Hin- und Hergängen des Senkels aneinander; die hierdurch charakterisierte Bewegung nennen wir eine Pendelbewegung, das Senkel, sofern es diese Bewegung ausführt, ein Pendel.

Eben durch diese ununterbrochene Wiederholung von Hin- und Hergängen bildet die Pendelbewegung ein ausgezeichnetes Objekt für Zeitbeobachtungen. Das Element, welches hierbei in erster Linie in Betracht kommt, ist die Schwingungsdauer, d. h. die Zeit, die das Pendel zu einem einmaligen Durchlaufen seiner Bahn, zu einem Hingang oder einem Hergang gebraucht. Man bezeichnet diese Zeit wohl auch als die Dauer einer halben Schwingung; unter

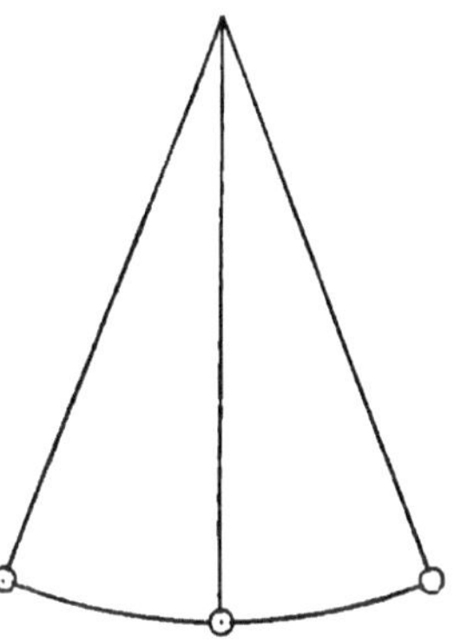

Fig. 49.   Pendel.

einer ganzen Schwingung versteht man dann ein zweimaliges Durchlaufen der Bahn, die Bewegung, durch welche das Pendel von dem äußersten Punkt auf der einen Seite bis zu demselben Punkt, hin und her, zurückgeführt wird.

Wenn wir die Zeit messen, die während einer großen Zahl von Hin- und Hergängen vergeht, können wir die Dauer eines einzelnen Hin- oder Herganges, die Schwingungsdauer, mit großer Genauigkeit bestimmen.

Ehe wir aber zu Zeitmessungen übergehen, schicken wir einige Beobachtungen voraus, durch die unsere Aufgabe wesentlich vereinfacht wird. Hängen wir Körper von verschiedener Gestalt, verschiedenem Gewicht, verschiedenem Stoffe an gleich langen Fäden auf, ziehen wir sie gleich weit von ihrer Ruhelage zur Seite und lassen wir sie im selben Momente los, so führen sie ganz übereinstimmende Pendelschwingungen aus. Die Pendelbewegung ist ebenso wie der freie Fall von Gestalt, Größe, Stoff des bewegten Körpers unabhängig; bei der Pendelbewegung ist aber dieser Satz einer ungleich schärferen Prüfung fähig als beim Fall.

Wir nehmen ferner zwei Pendel mit gleich langen Fäden, entfernen dieselben ungleich weit von ihren Ruhelagen und lassen sie gleichzeitig los. Auch in diesem Falle kehren die Pendel anscheinend gleichzeitig in den Endpunkten der von ihnen durchlaufenen Bahnen um. Doch gilt dies nur, wenn die durchlaufenen Bögen nicht zu groß sind. Ein Pendel, das in sehr weitem Bogen hin- und herschwingt, bleibt gegen ein in kleinem Bogen schwingendes allmählich etwas zurück. Immerhin sind die hierdurch bedingten Unterschiede von sekundärer Bedeutung, und bei kleinen Schwingungsbögen brauchen wir den Einfluß der Schwingungsweite jedenfalls nicht zu berücksichtigen.

Nach diesen Erfahrungen kann nun die Schwingungsdauer eines Pendels nur noch abhängen von der Länge des Pendelfadens. Um diese Abhängigkeit zu ermitteln, suchen wir zuerst ein Pendel herzustellen, dessen Schwingungsdauer gleich einer Sekunde ist, ein sogenanntes Sekundenpendel; ebenso machen wir durch Probieren ein Zwei-, ein Dreisekundenpendel. Wir finden dann die Pendellängen $99 \cdot 4$ cm, $397 \cdot 6$ cm, $894 \cdot 6$ cm. Hieraus folgt das Gesetz:

Die Quadrate der Schwingungsdauern sind proportional den Pendellängen.

Bezeichnen wir durch T die Schwingungsdauer in Sekunden, durch l die Pendellänge in Zentimetern, so ist

$$T^2 = \frac{l}{99 \cdot 4}.$$

Wir haben bemerkt, daß die Pendelbewegung in naher Beziehung zu der Fallbewegung steht. Es ist zu vermuten, daß diese Verwandtschaft der Bewegungen auch in ihren Gesetzen zum Ausdruck kommt; in der Tat ist nun $99 \cdot 4 = \frac{981}{\pi^2} = \frac{g}{\pi^2}$. Das Pendelgesetz kann daher in der Form geschrieben werden:

$$\frac{T^2}{\pi^2} = \frac{l}{g} \quad \text{oder} \quad T = \pi \sqrt{\frac{l}{g}}.$$

Die Schwingungsdauer hängt demnach nicht allein von der Pendellänge, sondern auch von der Beschleunigung der Schwere ab.

Drittes Kapitel. Newtons Prinzipien der Dynamik.

§ 60. Die Entwickelung der Prinzipien der Dynamik. Ehe wir zu der Betrachtung komplizierterer Bewegungserscheinungen übergehen, ist es notwendig, eine neue Methode der Untersuchung zu entwickeln. Wir haben uns bisher lediglich auf die Beobachtung gestützt; wir stellten mit ihrer Hilfe Tabellen her, welche zusammengehörige Werte der zu messenden Größen, Fallraum — Fallzeit, Pendellänge — Schwingungsdauer, enthielten. Diese Tabellen ersetzten wir durch Formeln, die den Zusammenhang der gemessenen Größen in allgemeiner Weise wiedergeben und die Gesetze der Bewegungen darstellen. Es ist aber nicht zu verkennen, daß die so gewonnenen Resultate nur wenig befriedigende sind. Zwar sind wir zu einer vollständigen Kenntnis der Gesetze des freien Falles gelangt, aber die Beobachtungen, aus denen sie abgeleitet sind, können nur mit mäßiger Genauigkeit angestellt werden, die Gesetze selbst sind nicht sicher begründet. Die Beobachtung der Schwingungsdauer eines Pendels ist allerdings einer außerordentlichen Genauigkeit fähig, aber das Pendelgesetz selbst gibt über die Bewegung doch nur einen fragmentarischen Aufschluß. Es läßt ganz unentschieden die Frage nach dem Ort, an dem sich das Pendel zu einer gegebenen Zeit befindet, nach der Geschwindigkeit, mit der es eine bestimmte Stelle seiner Bahn durchläuft. Wenn so die experimentelle Forschung schon bei den einfachsten Bewegungen zu ungenügenden Resultaten führt, so würde dies natürlich in noch viel höherem Maße der Fall sein, wenn wir zu komplizierteren Bewegungen übergehen wollten. Würden wir auf den Weg der rein experimentellen Forschung beschränkt bleiben, so würden wir nur zu unsicheren und fragmentarischen Kenntnissen über die Bewegungserscheinungen gelangen. Diese Schranke, die der Erforschung der Bewegungserscheinungen entgegenzustehen scheint, wurde durchbrochen durch die genialen Leistungen von GALILEI und NEWTON. Diese erst haben das Fundament für eine wissenschaftliche Dynamik gelegt. Die epochemachende Bedeutung des GALILEI-NEWTONschen Ideenkreises für die ganze Naturforschung macht es notwendig, ihn wenigstens seinem allgemeinen Inhalte nach zu entwickeln.

Vor GALILEI knüpft sich die Vorstellung der Kraft in erster Linie an den Zug oder Druck, den wir empfinden, wenn wir ein Gewicht in der Hand halten. Wir haben uns überzeugt, daß jede Kraft, welches auch ihr Ursprung sein mag, gemessen werden kann durch den Zug oder Druck eines Gewichtes, welches ihr das Gleichgewicht hält. Innerhalb der statischen Betrachtung unterscheiden sich die Kräfte nur durch Angriffspunkt, Richtung· und Größe. Wenden wir uns zu den Erscheinungen der Bewegung, so zeigt sich, daß ein Körper nie von selbst aus dem Zustande der Ruhe in den der Bewegung übergeht oder von selbst die Bewegung, die er in einem gegebenen Augenblick besitzt, verändert. Alle solche Veränderungen treten nur ein, wenn der betrachtete Körper in die Nähe, in eine gewisse Beziehung zu anderen Körpern ·gebracht wird. Eine kleine Eisenkugel kommt in Bewegung, wenn in ihrer Nähe ein Elektromagnet erregt wird; ein Papierstückchen steigt auf, wenn wir darüber eine mit Wolle geriebene Siegellackstange halten. Wir drücken nichts anderes aus, als jene Tatsache, wenn wir die entstehende Bewegung als Folge einer auf den Körper wirkenden, von jenen anderen Körpern ausgehenden Kraft bezeichnen. Dieselben Kräfte, die im Falle des Gleichgewichtes als Druck, Zug oder Spannung sich äußern, betrachten wir andererseits als die Ursache einer entstehenden oder sich ändernden Bewegung. Setzen wir dann voraus, daß auch bei ihrer dynamischen Wirkung Kräfte sich nur unterscheiden durch Angriffspunkt, Richtung und Größe, so kann das GALILEI-NEWTONsche Problem in folgender Weise formuliert werden.

Gegeben sind die auf einen Körper wirkenden Kräfte nach Angriffspunkt, Richtung und Größe; es soll eine allgemeine Regel aufgestellt werden, nach der die hervorgerufene Bewegung durch Rechnung oder Zeichnung zum Voraus bestimmt werden kann.

Wenn es gelingt, solche Regeln zu entdecken, so werden wir die aus ihnen abgeleiteten Bewegungsgesetze allerdings nicht ohne weiteres als gültig betrachten, sondern sie erst einer Prüfung durch den Versuch unterwerfen. Da aber nun die Gesetze fertig vorliegen, so ist es leicht, für den Versuch bequeme, die Beobachtung vereinfachende und erleichternde Verhältnisse auszuwählen, und wenn die experimentelle Forschung auch nicht ausreicht, jene Bewegungsgesetze zu entdecken, so wird sie doch der einfacheren Forderung genügen, die Richtigkeit der auf anderem Wege gefundenen Gesetze durch einzelne unter günstigen Verhältnissen angestellte Beobachtungen zu bestätigen.

Es fragt sich nun, wie wir zu der Aufstellung jener allgemeinen Regeln gelangen. Wenn die Kräfte gegeben sind, so kann nach dem Vorhergehenden die Bewegung der Körper nur noch abhängen von ihrer inneren Natur; mit Bezug auf diese aber ist eine doppelte Möglichkeit vorhanden. Entweder besitzen alle Körper so viel gemeinsames, daß die Regeln, nach denen sich die Bewegungen berechnen, für alle dieselben sind; oder aber jene innere Beschaffenheit ist eine jedem Körper oder wenigstens einzelnen Körperklassen eigentümliche; dann würden für jeden Körper oder für jede Körperklasse besondere Bewegungsregeln aufzustellen sein. Es ist klar, daß die letztere Annahme die Begründung einer wissenschaftlichen Dynamik außerordentlich erschwert. Wir versuchen es also mit der einfachsten ersten. Wenn aber für alle Körper die zu der Berechnung der Bewegung bei gegebenen Kräften dienenden Regeln dieselben sind, so müssen sie schon verborgen sein in den Gesetzen der Fallbewegung. Es handelt sich also darum, die bei der Fallbewegung gemachten Erfahrungen so zu verallgemeinern, daß sie auf die Bewegungen aller möglichen Körper unter der Wirkung aller möglichen Kräfte Anwendung finden können.

§ 61. Das Prinzip der Trägheit. Eine erste Verallgemeinerung knüpft sich an die Beobachtung, daß der an der ATWOODschen Maschine fallende Körper sich mit gleichbleibender Geschwindigkeit weiterbewegt, wenn das ihn treibende Übergewicht weggenommen wird. Wir haben in diesem Falle eine Bewegung, die nicht durch eine äußere Einwirkung unterhalten wird, sondern ihren Grund lediglich in dem sich bewegenden Körper haben muß. Die Geschwindigkeit, die der Körper in einem bestimmten Augenblicke besitzt, bleibt dieselbe, solange keine Kraft auf ihn einwirkt; sie kann nur durch äußere Ursachen geändert werden. In Übereinstimmung hiermit schloß GALILEI aus seinen Versuchen, daß ein Körper, der längs einer schiefen Ebene fallend eine gewisse Geschwindigkeit erreicht hat, mit derselben Geschwindigkeit unaufhörlich sich weiterbewegt, wenn er von der schiefen auf eine horizontale Ebene übergeht; denn hier verschwindet jeder Impuls des Gewichtes, jede Ursache einer Änderung. NEWTON weist auf die fortschreitende und rotierende Bewegung der Planeten hin, die ihre durch Reibung kaum gestörten Bewegungen unaufhörlich fortsetzen, und faßt das Resultat der Betrachtung in seinem ersten Gesetz der Bewegung so zusammen:

Jeder Körper beharrt in seinem Zustande der Ruhe oder der geradlinigen gleichförmigen Bewegung, wenn er nicht durch einwirkende Kräfte gezwungen wird, seinen Zustand zu ändern.[1]

Man bezeichnet die hierin liegende allgemeine Eigenschaft der Körper als ihre Trägheit oder ihr Beharrungsvermögen.

§ 62. Das Prinzip der Masse. Aus dem Vorhergehenden folgt, daß die Bewegung eines Körpers in jedem Augenblicke zerlegt werden kann in zwei Teile, von denen der eine lediglich als die Fortsetzung der früheren Bewegung, als Folge der Trägheit erscheint, während der andere neu hinzukommt. Eine solche hinzukommende Bewegung tritt nur auf, wenn der bewegte Körper in physikalischer Beziehung zu irgend einem anderen Körper steht, wenn auf ihn eine Kraft wirkt. Wir haben zu untersuchen, wie die neu hinzukommende Bewegung von der Kraft abhängen kann. Die Frage wurde entschieden durch den von GALILEI in die Mechanik eingeführten Begriff der Beschleunigung. Denn von den Elementen der Bewegung, Weg, Geschwindigkeit, Beschleunigung, kann in der Tat nur die letztere in einfacher und unmittelbarer Abhängigkeit von der auf den Körper wirkenden Kraft stehen. Schon die Geschwindigkeit enthält jederzeit einen Teil, der mit der wirkenden Kraft nichts zu tun hat, sondern Folge der Trägheit ist. Bei den Fallversuchen GALILEIS tritt Beschleunigung ein, sobald ein treibendes Gewicht vorhanden ist, und solange dieses gleich bleibt, erweist sich die Beschleunigung als dieselbe, wie auch im übrigen die Verhältnisse der Bewegung sich ändern; sie bedingt bei einem vertikal aufwärts geworfenen Körper eine Verzögerung der Bewegung, entsprechend der Beschleunigung des frei fallenden. Wenn also die Beobachtung der Fallbewegung lehrt, daß Kräfte unmittelbar Beschleunigungen bestimmen und nicht etwa Wege oder Geschwindigkeiten, so fragt sich nur, in welcher Abhängigkeit die Beschleunigung von der sie erzeugenden Kraft steht.

Was zunächst die Richtung anbelangt, so wird diese identisch sein mit der Richtung der Kraft; das ergibt sich aus der Bewegung des frei fallenden und aus der eines geworfenen Körpers.

Die Größe der Beschleunigung können wir auf Grund der GALILEIschen Fallversuche der wirkenden Kraft proportional setzen; denn

---

[1] Sir ISAAC NEWTONS mathematische Prinzipien der Naturlehre, herausgegeben von Prof. Dr. PH. WOLFERS. Berlin 1872. S. 82. (NEWTONS I. Ausgabe. London 1686.)

bei der Bewegung auf der schiefen Ebene vermindert sich die Beschleunigung in demselben Maße, in dem mit abnehmender Neigung die treibende Komponente des Gewichtes abnimmt; ebenso ist bei der ATWOODschen Maschine die Beschleunigung proportional dem treibenden Teile des Gewichtes. Wenn aber allgemein die Beschleunigung der wirkenden Kraft proportional ist, so muß der Quotient aus Kraft und Beschleunigung eine für einen gegebenen Körper unveränderliche Zahl, eine konstante Eigenschaft des Körpers sein; diese Eigenschaft bezeichnen wir als seine Masse. Wir erhalten somit den Satz:

Die auf einen Körper wirkenden Kräfte erteilen ihm Beschleunigungen, deren Richtung mit der Richtung der Kräfte zusammenfällt, deren Größe der der Kräfte proportional ist; das für einen gegebenen Körper unveränderliche Verhältnis der wirkenden Kräfte zu den ihnen entsprechenden Beschleunigungen nennt man die Masse des Körpers.

Wir haben früher die Beschleunigung, welche ein Übergewicht p dem Gesamtgewicht $\mathfrak{P}$ an der ATWOODschen Maschine erteilt, durch a bezeichnet; nehmen wir ein anderes Übergewicht p', so erhält das gleiche Gesamtgewicht $\mathfrak{P}$ eine andere Beschleunigung a'. Nach § 56 ist

$$\frac{p}{a} = \frac{p'}{a'} = \frac{\mathfrak{P}}{g}.$$

Das Verhältnis zwischen dem treibenden Gewichte und der dadurch erzeugten Beschleunigung ist konstant, gleich dem Gesamtgewicht $\mathfrak{P}$, dividiert durch die Beschleunigung g des freien Falles. Für diesen Quotienten $\frac{\mathfrak{P}}{g}$ haben wir schon im § 57 den Namen „Masse" eingeführt.

Sind F, F' F'' Kräfte beliebigen Ursprungs, die auf einen Körper wirken, a, a', a'' die ihnen entsprechenden Beschleunigungen, m die Masse des Körpers, so ist:

$$m = \frac{F}{a} = \frac{F'}{a'} = \frac{F''}{a''},$$

also auch

$$F = m \cdot a, \quad F' = m \cdot a', \quad F'' = m \cdot a''.$$

Die auf einen Körper wirkende Kraft ist gleich seiner Masse, multipliziert mit der Beschleunigung seiner Bewegung.

§ 63. Beziehung zwischen dem Prinzip der Masse und dem der Trägheit. Die im Vorhergehenden aufgestellte Beziehung zwischen Kraft und Beschleunigung entspricht dem Inhalte des zweiten NEWTONschen Gesetzes der Bewegung, eines Gesetzes, dem eine ungleich größere Tragweite zukommt, als dem der Trägheit, und dem man dieses letztere unterordnen kann. Von Beschleunigung kann nämlich nur die Rede sein, wenn die Geschwindigkeit in ihrer Abhängigkeit von der Zeit durch eine stetige Reihe zusammenhängender Maßzahlen gegeben ist, also graphisch durch eine Kurve dargestellt werden kann, deren Abszissen die Zeiten, deren Ordinaten die Geschwindigkeiten sind. Wenn aber von irgend einem Momente an keine Kraft mehr wirkt, so fällt die Veränderung der Geschwindigkeit fort und die vorher irgendwie auf- oder absteigende Linie der Geschwindigkeit geht in eine horizontale über. Der Körper bewegt sich gleichförmig mit der erlangten Geschwindigkeit weiter.[1]

§ 64. Massenvergleichung. Die von NEWTON zuerst erkannte fundamentale Bedeutung des Massenbegriffes macht es notwendig, der im vorhergehenden enthaltenen Definition noch einige Bemerkungen hinzuzufügen, durch die unsere Vorstellungen möglichst präzisiert und der unmittelbaren Anschauung nahegebracht werden. Vor allem bedürfen wir eines Maßstabes zur Beurteilung der Größenverhältnisse verschiedener Massen m, m', m''. Wir wählen zu diesem Zwecke die Kräfte F, F', F'' so daß die Beschleunigungen, die sie den Massen m, m', m'' erteilen, gleich groß sind. Bezeichnen wir die gemeinsame Beschleunigung durch a, so ist;

$$m = \frac{F}{a}, \quad m' = \frac{F'}{a}, \quad m'' = \frac{F''}{a}.$$

Somit verhalten sich die Massen wie die auf sie wirkenden Kräfte. Die Schwere hat nun, wie wir gesehen haben, die Eigenschaft, allen Körpern dieselbe Beschleunigung g zu erteilen. Die Massen der Körper verhalten sich wie ihre Gewichte, jede Wägung ist zugleich eine Vergleichung der Massen.

§ 65. Der Einfluß der Masse auf die Bewegung. Der Einfluß der Masse auf die Bewegung tritt hervor, wenn wir dieselbe Kraft auf einen Körper von großer und einen von kleiner Masse wirken lassen. Hängen wir zwei Senkel von recht verschiedener Masse, also verschiedenem Gewicht, an gleich langen Fäden auf, und führen wir gegen beide einen Schlag von der gleichen Stärke, so macht das Pendel von kleiner Masse eine weite Schwingung, während das von großer kaum aus seiner Gleichgewichtslage herausgebracht wird. Derselbe Impuls erteilt dem Pendel von kleiner Masse eine große, dem von großer Masse eine kleine Geschwindigkeit. Umgekehrt, wenn wir verschiedene Pendel in gleich weite Schwingungen versetzen, so haben wir zum Anhalten derselben eine um so größere Kraft nötig, je größer ihre Masse ist.

In § 57 haben wir gesehen, daß bei der ATWOODschen Maschine dieselbe Arbeit eines Übergewichtes einer fallenden großen Masse eine kleine, einer kleinen Masse eine große Geschwindigkeit erteilt. In demselben Sinne können wir die Anziehung benützen, die ein Magnetpol auf eine kleine Kugel von weichem Eisen ausübt. Diese wird nicht geändert, wenn wir die Kugel mit irgend welchen nicht magnetischen Stoffen verbinden. Wir umgeben sie einmal mit einer konzentrischen Hohlkugel von Kork, dann mit einer solchen von Blei. Legen wir die Kugel beidemal auf eine horizontale Schiene vor den Pol des Magnets, so wird sie bei kleiner Masse schneller, bei größerer langsamer dem

---

[1] Vergl. MACH, Die Mechanik in ihrer Entwickelung historisch-kritisch dargestellt. Leipzig 1883. S. 222.

Pole zurollen. Hängen wir die in der angegebenen Weise vorgerichtete Kugel über dem Pole eines Elektromagnets auf, so schwingt sie schnell, wenn sie mit Kork, langsam, wenn sie mit Blei umgeben ist. Nach dem Newtonschen Gravitationsgesetz besteht zwischen zwei Weltkörpern eine wechselseitige Anziehung; dieselbe Kraft, mit der die Erde gegen die Sonne gezogen wird, zieht in umgekehrter Richtung die Sonne gegen die Erde. Die Beschleunigung aber, welche die Erde hierdurch erfährt, übertrifft ebensoviele Male die gleichzeitige Beschleunigung der Sonne, als die Masse der Sonne die der Erde; die Beschleunigung der letzteren ist 320 000 mal größer als die der ersteren.

§ 66. Gleichförmig beschleunigte oder verzögerte Bewegung. Was endlich den Nutzen des Massenprinzips für die Erforschung der Bewegungserscheinungen anbelangt, so beschränken wir uns vorläufig auf die folgende Bemerkung. Ist die Masse eines Körpers bekannt, so ist die einer gegebenen auf ihn wirkenden Kraft F entsprechende Beschleunigung $a = \dfrac{F}{m}$. Ist die Kraft ihrer Richtung und Größe nach konstant, so gilt gleiches von der Beschleunigung, und die Bewegung ist im wesentlichen der Fallbewegung analog. Bezeichnen wir durch v_0 und s_0 die Werte von Geschwindigkeit und Weg für den Nullpunkt der Zeit, so sind ihre Werte v und s zu einer beliebigen Zeit t

$$v = v_0 + a\,t,$$
$$s = s_0 + v_0\,t + \tfrac{1}{2}\,a\,t^2.$$

Ist die Beschleunigung der ursprünglichen Bewegung entgegengesetzt, so erhalten wir eine verzögerte Bewegung. Dabei ist nach § 54 die

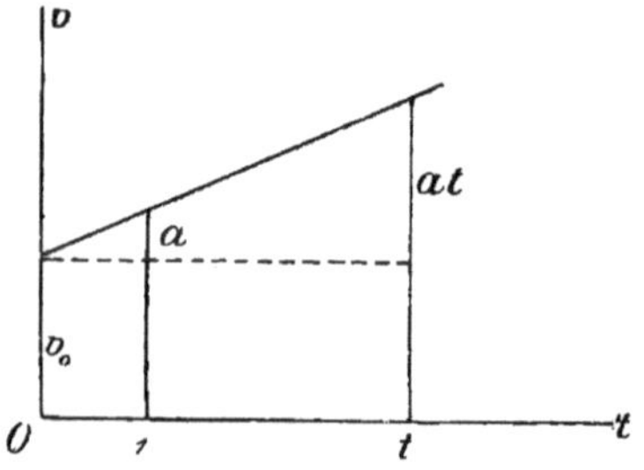

Fig. 50. Gleichförmige Beschleunigung.

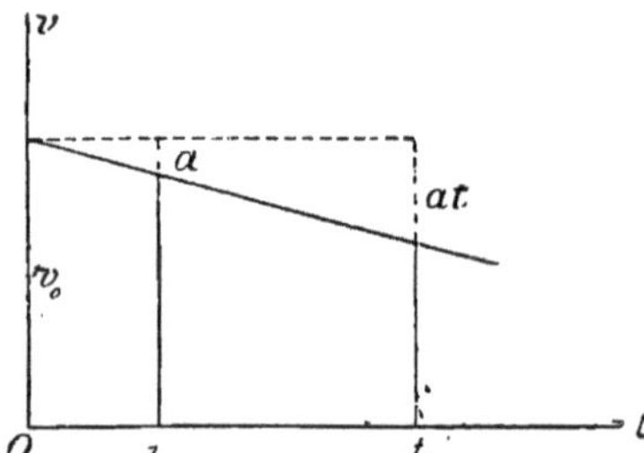

Fig. 51. Gleichförmige Verzögerung.

Beschleunigung als eine negative einzuführen und wir erhalten dann die Formeln:

$$v = v_0 - a\,t,$$
$$s = s_0 + v_0\,t - \tfrac{1}{2}\,a\,t^2.$$

Die graphische Darstellung der Geschwindigkeiten für diese beiden Fälle ist durch die Figuren 50 und 51 gegeben. Mit ihrer Hilfe und mit Benutzung der in den §§ 52 bis 55 entwickelten Sätze sind die vorstehenden Formeln leicht zu beweisen.

Wir machen von den Gleichungen noch eine Anwendung auf die Bewegung eines Körpers, der zur Zeit Null von dem Punkte A aus mit der Geschwindigkeit v_0 vertikal aufwärts geworfen wird. Bezeichnen wir durch t_0 die Zeit, die er braucht, um den höchsten Punkt B seiner Bahn zu erreichen, so muß für $t = t_0$ die Geschwindigkeit v Null geworden sein. Es ist also, da die Beschleunigung a in diesem Falle gleich g,

$$0 = v_0 - g t_0 \quad \text{oder} \quad t_0 = \frac{v_0}{g},$$

und daher allgemein $v = g\,(t_0 - t)$. Fällt nun der Körper von dem Punkte B aus wieder herab, so ist seine Geschwindigkeit, wenn abermals die Zeit t_0 verflossen, gleich $g t_0$ oder v_0. Zugleich ist er wieder in dem Ausgangspunkt A angelangt, wie man mit Hilfe der Gesetze des freien Falles leicht beweisen kann. Die Bewegung des fallenden Körpers ist zeitlich genommen ein Spiegelbild von der des steigenden.

§ 67. Das Prinzip der Kombination. Bei der Bewegung eines geworfenen Körpers haben wir bemerkt, daß sie als eine Kombination der geradlinigen und gleichförmigen Bewegung in der Wurfrichtung mit der Fallbewegung betrachtet werden kann. Wenn Ausgangspunkt A, Wurfrichtung AW und Geschwindigkeit w gegeben sind, so ist es in der Tat auf Grund jener Vorstellung möglich, für jeden späteren Zeitpunkt den Ort des geworfenen Körpers zu bestimmen. Würde er sich nur infolge seiner Trägheit bewegen, so legte er in der Richtung AW (Fig. 52) in der Zeit t den Weg $AB = wt$ zurück; würde nur das Gewicht auf ihn wirken, so fiele er in vertikaler Richtung um die Strecke $AC = \frac{1}{2}g t^2$ herab; der in Wirklichkeit zu der Zeit t erreichte Ort ist gegeben durch den Endpunkt D der Diagonale des aus AB und AC konstruierten Parallelogramms.

Gehen wir über zu dem Fall eines Körpers, auf den beliebige Bewegung bestimmende Umstände wirken.

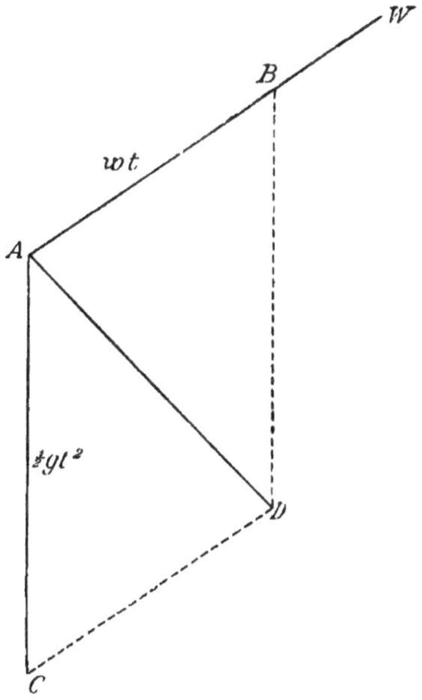

Fig. 52.

Wir können uns denken, daß ihm gleichzeitig gegebene Geschwindigkeiten nach verschiedenen Richtungen erteilt werden, daß er verschiedenen beschleunigenden Kräften unterworfen sei, deren Richtung und Größe mit der Bewegung selbst sich ändert. Wir kommen in diesem allgemeinsten Falle zu Verhältnissen, auf welche die für den Wurf geltenden Sätze anwendbar sind, wenn wir die Betrachtung einschränken auf eine so kleine Zeit, daß wir innerhalb derselben die Beschleunigungen und Kräfte nach Richtung und Größe als konstant betrachten können. Die weitere Reduktion des Problems kann nun auf einem doppelten Wege erfolgen. Der erste ergibt sich, wenn man die gegebenen Kräfte nach dem Satz vom Parallelogramm zu einer einzigen Resultante vereinigt und die dieser entsprechende Beschleunigung bestimmt. Macht man außerdem die naheliegende Annahme, daß auch die verschiedenen gegebenen Geschwindigkeiten nach dem Satze vom Parallelogramm durch eine einzige resultierende Geschwindigkeit ersetzt werden können, so hat man schließlich nur mit einer Beschleunigung und einer Geschwindigkeit zu tun und kann während der betrachteten kurzen Zeit die Bewegung ganz so bestimmen, wie beim Wurfe.

Man kann zweitens die beim Wurfe gemachten Beobachtungen weiter verallgemeinern. Wenn ein Körper verschiedenen Bewegung bestimmenden Ursachen, Geschwindigkeiten und Beschleunigungen, unterworfen ist, so kann man annehmen, daß jede dieser Ursachen unabhängig von den anderen wirkt. Man verfolge nun die Bewegung während einer so kleinen

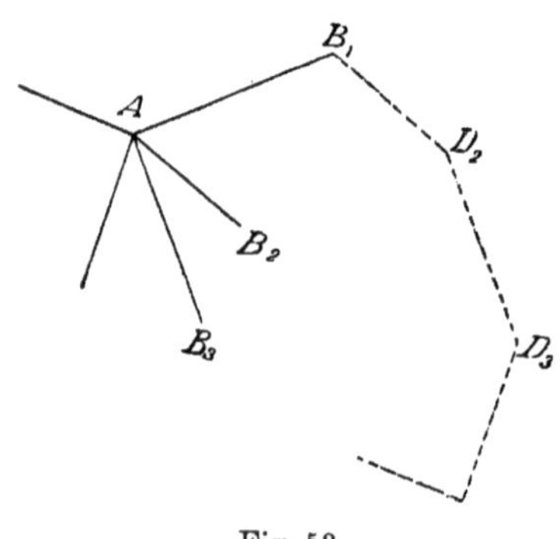

Fig. 53.

Zeit τ, daß die vorhandenen Kräfte nach Richtung und Größe als unveränderlich zu betrachten sind. Dann werden nach denselben Regeln wie bei der Wurfbewegung die verschiedenen Wege $A B_1$, $A B_2$, $A B_3 \ldots$ bestimmt, die der Körper in der Zeit τ zurücklegen würde, falls je nur eine der gegebenen Geschwindigkeiten oder Beschleunigungen vorhanden wäre. Der Ort, an den der Körper in der Zeit τ wirklich gelangt, ergibt sich durch die wiederholte Anwendung des Parallelogrammsatzes auf jene einzelnen Wege, durch die Konstruktion der Resultante aus den Strecken $A B_1$, $A B_2$, $A B_3 \ldots$ (Fig. 53). Man sucht also die Ecke D_2 des aus $A B_1$ und $A B_2$ konstruierten Parallelogramms, dann die Ecke D_3 des aus $A D_2$ und $A B_3$ konstruierten usf.; der schließlich resultierende Weg wird durch dieselbe Konstruktion bestimmt, wie die resultierende Kraft in Fig. 19. Formulieren wir das im vorhergehenden entwickelte Prinzip für den Fall von nur zwei Bewegung bestimmenden Momenten, so ergibt sich seine Erweiterung auf den Fall beliebig vieler von selbst. Das Prinzip der Kombination kann daher ausgedrückt werden durch den Satz:

Unterliegt ein Körper gleichzeitig der Wirkung zweier Bewegung bestimmender Ursachen und sind die Wege gefunden, die er in einer kleinen Zeit zurücklegt, falls jedesmal nur die eine zur Geltung kommt, so wird der unter der gleichzeitigen Wirkung beider erreichte Ort durch den Endpunkt der Diagonale des aus jenen beiden Wegen konstruierten Parallelogramms gegeben.

Die Zeit, in der die untersuchte Bewegung erfolgt, muß so klein gewählt werden, daß während derselben Beschleunigungen, die auf den Körper wirken, nach Richtung und Größe als konstant zu betrachten sind.

Man sieht leicht, daß das Prinzip der Kombination in dieser Fassung als spezielle Fälle die Sätze vom Parallelogramm der Geschwindigkeiten, der Beschleunigungen und der Kräfte umfaßt.

§ 68. Das Prinzip von der Gleichheit der Aktion und Reaktion. Eine der wichtigsten Leistungen Newtons für die Dynamik haben wir in der Aufstellung des Prinzips von der Gleichheit der Wirkungen und Gegenwirkung zu erkennen. Er spricht dasselbe in seinem dritten Bewegungsgesetz in folgender Weise aus:

Die Wirkung ist stets der Gegenwirkung gleich, oder die Wirkungen zweier Körper aufeinander sind stets gleich und von entgegengesetzter Richtung.

Ein schwerer Körper drückt auf seine Unterlage und erleidet von ihr einen entgegengesetzt nach oben gerichteten Druck von der gleichen Größe.

Ein Magnet zieht ein Stückchen weiches Eisen an und wird umgekehrt mit der gleichen Kraft von ihm angezogen.

Zwei gleichnamig elektrische Körper stoßen sich wechselseitig mit der gleichen Kraft ab.

Alle Kräfte in der Natur existieren nur als Paare von Kräften. Die Erfahrung lehrt, daß Körper, die in gewissen physikalischen Beziehungen zueinander stehen, in der Richtung der sie verbindenden Linie entgegengesetzt gerichtete Beschleunigungen erhalten. Ihre Werte stehen im umgekehrten Verhältnis der unveränderlichen Körpermassen. So erfahren Sonne und Erde entgegengesetzt gerichtete Beschleunigungen in der Richtung der ihre Mittelpunkte verbindenden geraden Linie. Die Beschleunigung der Sonne ist, wie wir schon in § 65 erwähnten, 320 000 mal kleiner als die der Erde; das Produkt aus der Masse der Sonne und aus ihrer Beschleunigung, die auf die Sonne von der Erde ausgeübte Anziehung, ist gleich dem Produkt aus der Beschleunigung der Erde und aus ihrer Masse, gleich der in umgekehrter Richtung auf die Erde wirkenden Kraft.

§ 69. Masseneinheit; technisches und absolutes Maßsystem. Die in den vorhergehenden Paragraphen entwickelten Prinzipien genügen nun in der Tat, um die Bewegung eines Körpers bei beliebig gegebenen Kräften und anfänglichen Geschwindigkeiten zu bestimmen; denn sobald man für irgend einen Zeitpunkt die Beschleunigungen gefunden hat, kann man das resultierende Wegelement bestimmen und so von Intervall zu Intervall fortschreitend die ganze Bahn konstruieren. Die Bestimmung der Beschleunigungen setzt aber die Kenntnis der Masse voraus; die graphische Anwendung der allgemeinen Resultate auf konkrete Bewegungen wirklicher Körper ist daher nur möglich, wenn wir ein bestimmtes Maß für die Masse festgesetzt und eine Methode entwickelt haben, um gegebene Massen nach diesem Maße zu messen. Nun besteht jede Messung in einer Vergleichung der zu messenden Größe mit einer als Maßeinheit angenommenen gleichartigen. Man könnte also die Masse eines beliebigen Körpers willkürlich als Masseneinheit wählen; die Vergleichung anderer Massen mit dieser würde dann nach § 64 durch eine Wägung auszuführen sein. Allein eine solche Lösung der Aufgabe würde uns in einen Widerspruch mit einer früheren Festsetzung verwickeln. Nach § 62 ist nämlich die Masse eines Körpers gleich einer auf ihn wirkenden Kraft, dividiert mit der durch sie erzeugten Beschleunigung, insbesondere also gleich seinem Gewichte, dividiert durch die Beschleunigung der Schwere. Ist das Gewicht des Körpers gemessen in Grammgewichten gleich p, so ist seine Masse

$$m = \frac{p}{981},$$

sie ist also völlig bestimmt durch das Gewicht. Die Masse des Grammgewichtes ist $1/_{981}$, und die Einheit der Masse besitzt ein Körper, der 981 Grammgewichte wiegt. Jede Willkür in der Wahl der Masseneinheit ist hierdurch ausgeschlossen.

Die zwischen Gewicht und Masse bestehende Beziehung $p = m \cdot g$ gibt uns aber Veranlassung zu einer weiteren Erwägung. Wir haben gesehen, daß die Masse bestimmt ist, sobald wir p nach einer bestimmten Maßeinheit gemessen haben. Kommen wir auf den schon vorher berührten Gedanken einer willkürlichen Fixierung der Masseneinheit zurück, so ergibt sich, daß umgekehrt p bestimmt ist, sobald wir m in jener Einheit gemessen haben. Nichts aber zwingt uns zu der früher angenommenen Messung eines Druckes nach Gramm- oder Kilogramm-Gewichten, nichts hindert uns, diese früher gemachte Festsetzung fallen zu lassen und durch die neue zu ersetzen, welche durch die willkürliche Annahme einer Masseneinheit bedingt wird. Nun liegt aber in der Tat ein Umstand vor, der die Definition einer Krafteinheit durch das Gewicht eines Grammstückes als unzweckmäßig erscheinen läßt. Die Beschleunigung der Schwere ist nicht an allen Stellen der Erdoberfläche dieselbe, sie nimmt vielmehr vom Äquator nach dem Pole um etwa $1/_2$ %$_0$ zu; sie beträgt am Äquator 978·0, bei 45° Breite 980·6, bei 70° Breite 982·6 cm·sec^{-2}. Daraus folgt aber eine gleiche Veränderlichkeit des Gewichtes; in den verschiedenen angeführten Breiten hat das Gewicht eines Körpers von der Masse m die Werte:

$$p_0 = 978 \cdot 0\, m, \quad p_{45} = 980 \cdot 6\, m, \quad p_{70} = 982 \cdot 6\, m.$$

Um mit Hilfe des Grammstückes die Gewichtseinheit in unzweideutiger Weise zu definieren, müssen wir unsere Angabe beziehen auf eine bestimmte Breite oder einen bestimmten Punkt der Erdoberfläche.

Wir können als Einheit des Gewichtes den Druck wählen, den ein Grammstück in einer Breite von 45⁰ ausübt. Für jede andere Breite müssen wir dann das Gewicht eines Grammstückes besonders berechnen; wir finden für den Äquator eine Anzahl von $^{9780}/_{9806}$, in der Breite von 70⁰ eine solche von $^{9826}/_{9806}$ der gewählten Einheiten. Auf diese Weise wird das auf der Einheit des Grammgewichtes beruhende System zu einem in sich konsequenten; allein die Schwerfälligkeit bleibt bestehen, die darin liegt, daß jedes Gewichtsstück nur unter der Breite von 45⁰ die seiner Bezeichnung entsprechende Zahl von Gewichtseinheiten repräsentiert, während für jede andere Breite seine Bedeutung durch eine Rechnung zu ermitteln ist. Tatsächlich fällt es niemand, der zu praktischen Zwecken eine Wägung ausführt, ein, diese Rechnung anzustellen; denn es kommt ihm in der Regel gar nicht auf den Druck an, den der Körper vermöge seines Gewichtes auf die Unterlage ausübt, sondern nur auf die Menge des Gewogenen; für diese aber gibt die Masse ebensogut einen Maßstab, wie der Gewichtsdruck. Damit ist es aber auch vom praktischen Standpunkte aus gerechtfertigt, wenn wir die dem Techniker geläufige Definition des Gramms als einer Gewichtseinheit verlassen und an ihre Stelle die Definition des Gramms als einer Masseneinheit setzen. Wir stellen damit dem zuerst entwickelten Maßsystem, in dem das Maß des Gewichtes zur Ableitung eines solchen für die Masse benutzt wurde, ein zweites gegenüber, in dem zuerst die Einheit der Masse festgesetzt und daraus die Einheit des Gewichtes abgeleitet wird. Wir benützen in diesem sogenannten absoluten Maßsystem als Einheit der Masse die eines Grammstückes; ist die Masse irgend eines Körpers in Grammen gleich m, so ist sein Gewicht gleich $m \cdot g$. Unter der Breite von 45⁰ ist das Gewicht eines Grammstückes gleich $980 \cdot 6$, und die Einheit des Gewichtes besitzt ein Körper, dessen Masse gleich $^{1}/_{980 \cdot 6}$ g, gleich $1 \cdot 0198$ mg oder nahezu gleich 1,02 mg ist.

Mit Bezug hierauf ergibt sich die folgende Gegenüberstellung der beiden Maßsysteme:

<table>
<tr><td align="center">Absolutes</td><td align="center">Technisches</td></tr>
<tr><td colspan="2" align="center">Maßsystem.</td></tr>
<tr><td>Masse als Grundmaß.</td><td>Gewicht als Grundmaß.</td></tr>
<tr><td>Einheit der Masse gleich der Masse
des Grammstückes.</td><td>Einheit des Gewichtes gleich dem
Gewicht eines Grammstückes
unter 45⁰ Breite.</td></tr>
<tr><td>Einheit des Gewichtes gleich dem
Gewicht von $^{1}/_{980 \cdot 6}$ g unter
45⁰ Breite.</td><td>Einheit der Masse gleich der Masse
von $980 \cdot 6$ g-Gewichten.</td></tr>
</table>

Ebensogut kann natürlich im absoluten System das Kilogrammstück zur Einheit der Masse, im technischen das Kilogrammgewicht als Einheit des Gewichtes genommen werden. Als Einheit der Länge wird man dann das Meter benützen, so daß die Beschleunigung der Schwere gleich

$9 \cdot 806$ m·sec^{-2} wird. Im absoluten System wird dann die Einheit des Gewichtes gleich dem Gewichte von $\frac{1}{9 \cdot 806}$ kg, im technischen die Einheit der Masse gleich der Masse von $9 \cdot 806$ kg-Gewichten.

Die gleichzeitige Anwendung der beiden Maßsysteme ist unzweckmäßig wegen der doppelten Bedeutung, in der das Grammstück in ihnen auftritt. Wir werden uns vorzugsweise des absoluten Systems bedienen. Wir werden aber in Teilen der Physik, die in unmittelbarer Beziehung zu der Technik stehen, z. B. in der Elastizitäts- und Wärmelehre, auch das technische Maßsystem benützen. Damit jede Zweideutigkeit über den Sinn, den wir mit dem Worte Gramm zu verbinden haben, ausgeschlossen ist, bedienen wir uns der Ausdrücke Grammgewicht oder Kilogrammgewicht, so oft es sich um die Einheit des Gewichtes oder der Kraft im technischen System handelt, während unter Gramm oder Kilogramm schlechtweg die Masseneinheit im absoluten System verstanden werden soll.

Wir haben wiederholt bemerkt, daß jede beliebige Kraft gemessen werden kann durch den Zug oder Druck eines Gewichtes. Die im vorhergehenden eingeführten Maßeinheiten des Gewichtes sind also gleichzeitig auch Maßeinheiten der Kraft. Nun müssen wir aber bemerken, daß unserer Bestimmung der Gewichtseinheit im absoluten, der Masseneinheit im technischen System eine gewisse Unsicherheit anhaftet, weil der Wert der Schwerebeschleunigung doch nur innerhalb gewisser Grenzen bekannt ist. Wir können diese Unsicherheit beseitigen, wenn wir die Definition der Einheiten etwas allgemeiner fassen.

Nach § 62 besteht zwischen Kraft und Beschleunigung ganz allgemein die Beziehung:

$$F = m \cdot a.$$

Die abgeleitete Krafteinheit des absoluten Maßsystems kann hiernach so definiert werden:

Die Einheit der Kraft ist die, welche der Masseneinheit die Einheit der Beschleunigung erteilt.

Die Dimension der Kraft ist danach $[F] = l\,m\,t^{-2}$, wenn wir mit m die Fundamentalgröße einer Masse bezeichnen.

Arbeit (A) haben wir früher definiert als das Produkt aus einer Kraft in den Weg, den ihr Angriffspunkt in der Richtung der Kraft zurücklegt; die Dimension einer Arbeit im absoluten Maßsystem ist daher $[A] = l^2\,m\,t^{-2}$.

Im technischen Maßsystem würde die analoge Definition der Masseneinheit sein: Die Masseneinheit besitzt ein Körper, welchem durch die Einheit der Kraft (eine Kraft gleich dem Gewicht eines Gramm- oder eines Kilogrammstückes) die Einheit der Beschleunigung erteilt wird.

§ 70. Spezielle Maßeinheiten. Dasjenige absolute Maßsystem, in dem das Zentimeter als Einheit der Länge, das Gramm als Einheit der

Masse, die Sekunde als Einheit der Zeit benützt wird, nennt man das cm·g·sec-System.

In diesem System ist die Einheit der Kraft diejenige, welche der Masse von 1 g die Beschleunigung 1 cm·sec^{-2} erteilt; man nennt diese Krafteinheit eine **Dyne**.

Nach den Bemerkungen des vorhergehenden Paragraphen ist eine Dyne gleich dem Gewichte von 1·0198 mg, nahezu gleich 1·02 mg-Gewichten; man erhält dadurch eine unmittelbare Vorstellung von der Größe der Dyne, während die allgemeine Definition eine solche Anschauung nicht gewährt.

Die Einheit der Arbeit im cm · g · sec-System ist gleich der einer Dyne auf dem Weg von 1 cm; diese Arbeitseinheit nennt man ein **Erg**.

Als technische Einheit der Kraft benützen wir das **Kilogramm-gewicht**; es ist:

$$1 \text{ Kilogrammgewicht} = 980\,600 \text{ Dynen.}$$

Ist eine Kraft im absoluten System gleich F Dynen, so ist ihr Maß im technischen System

$$F_t = \frac{F}{980\,600} \text{ Kilogrammgewichten.}$$

Die technische Einheit der Arbeit ist die beim Heben eines Kilogrammgewichtes um 1 m geleistete, das **Kilogrammgewicht-Meter**; es ist daher

$$1 \text{ Kilogrammgewicht-Meter} = 980 \cdot 6 \times 10^5 \text{ Erg.}$$

Ist eine Arbeit im cm · g · sec-System gleich A Erg, so ist ihr Maß in technischen Einheiten

$$A_t = \frac{A}{980 \cdot 6 \times 10^5} \text{ kg-Gewicht-Meter.}$$

In technischen Dingen kommt es nicht bloß darauf an, daß eine Arbeit überhaupt verrichtet wird, sondern es spielt auch die Zeit, die dazu nötig ist, eine wesentliche Rolle. Man hat daher den Begriff des **Effektes** oder der **Leistung** eingeführt und versteht darunter die in der Zeiteinheit geleistete Arbeit, die ganze Arbeit dividiert durch die dazu gebrauchte Zeit. Eine Arbeit von 75 Kilogrammgewicht-Metern in der Sekunde nennt man eine **Pferdestärke** (P.S.). Es ist

$$1 \text{ P.S.} = 75 \times 980 \cdot 6 \times 10^5 \text{ Erg per Sekunde}$$
$$= 735 \cdot 4 \times 10^7 \text{ Erg per Sekunde}$$

oder mit Angabe der Dimension im absoluten cm·g·sec-System

$$1 \text{ P.S.} = 735 \cdot 4 \times 10^7 \text{ cm}^2 \cdot \text{g} \cdot \text{sec}^{-3}.$$

§ 71. Dichte und spezifisches Gewicht. Die in der Volumeinheit enthaltene Masse eines Körpers bezeichnen wir als seine **Dichte**. Mit diesem Worte verbinden wir von Haus aus eine andere, anschaulichere Bedeutung. Wenn irgend ein Raum mit einer gewissen Regelmäßigkeit von unter sich gleichartigen Dingen erfüllt ist, so nennen wir Dichte die Zahl der in der Volumeinheit befindlichen. Wenn wir uns an die dem Chemiker geläufige Vorstellung halten, daß die Körper aus gleichartigen kleinsten Teilchen, den Molekülen, bestehen, so werden wir unter Dichte die Zahl der Moleküle in der Volumeinheit verstehen. Nun sehen wir aber leicht, daß bei einem und demselben Körper mit dieser Zahl auch die Masse wächst. Betrachten wir z. B. ein einziges Molekül, so ist seine Masse bestimmt durch das Verhältnis einer auf dasselbe wirkenden Kraft zu der erzeugten Beschleunigung. Lassen wir dieselbe Kraft auf zwei verbundene Moleküle wirken, so verteilt sie sich auf die beiden und erteilt jedem die Hälfte der früheren Beschleunigung; mit der Verdoppelung der Molekülzahl ist auch die Masse verdoppelt; so ergibt sich, daß die Masse der Volumeinheit in der Tat der Zahl der Moleküle in der Volumeinheit proportional ist, solange es sich um Moleküle eines und desselben Körpers handelt, und es rechtfertigt sich dadurch der Gebrauch des Wortes Dichte für die Masse der Volumeinheit. Die gefundene Beziehung zwischen der Zahl der Moleküle und der Masse gilt natürlich nicht mehr, wenn es sich um chemisch verschiedene Körper handelt. Nach dem Gesetz von Avogadro sind bei gleichem Druck und gleicher Temperatur in 1 ccm gleich viel Moleküle von Kohlensäure und von Wasserstoff enthalten, die Dichte der Kohlensäure ist aber 22 mal größer als die des Wasserstoffes. In diesem Falle sind die Massen der einzelnen Moleküle der beiden Gase verschieden, sie verhalten sich wie die Zahlen, welche von den Chemikern als Molekulargewichte der Kohlensäure und des Wasserstoffes bezeichnet werden, wie 44:2; in demselben Verhältnisse stehen dann bei gleicher Zahl der Moleküle im Kubikzentimeter auch die Dichten. Um gleiche Dichten, d. h. gleiche Massen der Volumeinheit zu erhalten, müßte man 22 mal weniger Kohlensäuremoleküle nehmen als Wasserstoffmoleküle.

Aus der zu Anfang aufgestellten Definition folgt der Satz:

Im absoluten System gibt die Dichte die Zahl der Gramme im Kubikzentimeter, der Kilogramme im Kubikdezimeter, der Milligramme im Kubikmillimeter.

Das Gewicht der Volumeinheit bezeichnen wir als das spezifische Gewicht. Im technischen Maßsystem ist das spezifische Gewicht gleich der Anzahl der Kilogrammgewichte des Kubikdezimeters, der Grammgewichte des Kubikzentimeters, der Milligrammgewichte des Kubikmillimeters.

Die Dichte im absoluten und das spezifische Gewicht im technischen System werden durch dieselben Zahlen gegeben, da ja die Masse eines Körpers immer ebensoviel Gramme beträgt, wie sein Gewicht Grammgewichte. Dagegen ist im absoluten System das Gewicht der Volumeinheit gleich der Dichte mal der Beschleunigung der Schwere; im technischen Maßsystem die Masse der Volumeinheit gleich dem spezifischen Gewicht, dividiert durch die Beschleunigung der Schwere, entsprechend den Sätzen von § 69.

§ 72. Der Massenmittelpunkt. Die Einführung des Massenbegriffes gibt noch Veranlassung zu einem wichtigen Zusatze zu der Lehre vom Schwerpunkt. Wir haben diesen bezeichnet als den Punkt, in dem man sich das ganze Gewicht eines Körpers vereinigt denken kann. Sind nun $m, m' m'' \ldots$ die Massen der einzelnen Teilchen, in die wir den Körper zerlegen können, so ist sein Gewicht gleich der Summe der Teilgewichte $m g + m' g + m'' g + \ldots$ oder gleich $(m + m' + m'' + \ldots)g$, d. h. gleich der ganzen Masse des Körpers multipliziert mit der Beschleunigung der Schwere. Statt die Teilgewichte $m g, m' g, m'' g \ldots$ zu einer Resultante zu vereinigen, können wir erst die ganze Masse der Körpers im Schwerpunkt konzentrieren und dann das in ihm angreifende Gewicht durch Multiplikation mit g bestimmen. Man nennt daher den Schwerpunkt eines Körpers auch seinen **Massenmittelpunkt.** Bei allen Aufgaben der Mechanik, in denen es sich nur um translatorische Bewegungen eines Körpers handelt, nicht um Rotationen um eine durch ihn gehende Achse, werden wir uns die ganze Masse konzentriert denken im Schwerpunkt. Wir können dann die Bewegung behandeln wie die eines mit Masse begabten sogenannten **materiellen Punktes**, wodurch eine wesentliche Vereinfachung erzielt wird. Hiervon haben wir im Grunde schon im vorhergehenden Gebrauch gemacht, sofern wir etwaige Rotationsbewegungen der Körper stillschweigend außer acht gelassen haben.

Viertes Kapitel.   Anwendungen der Newtonschen Prinzipien.

§ 73. Schwingende Bewegungen. Für die Pendelbewegung sind charakteristisch die in ununterbrochener Folge sich wiederholenden Hin- und Hergänge in der kreisförmigen Bahn, deren Mittelpunkt mit der Ruhelage des Pendels zusammenfällt. Bewegungen von derselben Art begegnen wir in den verschiedensten Teilen der Physik; die Bewegung des Pendels ist ein typisches Beispiel für eine große Klasse von Bewegungen, die wir schwingende, oszillierende oder periodische nennen. Hängen wir an einer Spiralfeder, wie sie zur Konstruktion der Federwagen benützt wird, ein Gewicht auf, so können wir dieses um seine Ruhelage in derselben Weise schwingen lassen, wie ein Pendel um den tiefsten• Punkt seiner Bahn; die Bewegung der Punkte einer tönenden Saite, einer aus dem magnetischen Meridian abgelenkten und dann losgelassenen Kompaßnadel sind von derselben Art. Wir können für die Zwecke der Untersuchung ein solche Bewegung künstlich auf folgendem Wege herstellen. In der Peripherie eines Kreises (Fig. 54) bewege sich ein Punkt A mit vollkommen gleichförmiger Geschwindigkeit. Von A fällen wir auf den horizontalen Kreisdurchmesser $B D$ das Lot $A \alpha$. Wenn der Punkt A durch den oberen Halbkreis von B nach D geht, so legt gleichzeitig der Punkt α den Durchmesser $B D$ zurück. Während der Punkt A von D über A' nach B zurückgeht, läuft auch α von D wieder nach B zurück. Während also der Punkt A ohne Unterbrechung gleichförmig im Kreise herumläuft, schwingt der Projektionspunkt α auf dem Durchmesser BD hin und her. Die Hälfte der durchlaufenen Bahn, den Halbmesser CB, bezeichnen wir dabei als die Amplitude der Schwingung. Die Schwingungsdauer T von α, die Zeit eines einmaligen Hin- oder Herganges durch BD, ist gleich der halben Umlaufszeit von A. Zwischen der so erzeugten künstlichen Pendelbewegung und den vorher angeführten Beispielen besteht nun ein wesentlicher Unterschied. Bei den letzteren kennen wir die Kräfte, unter deren Wirkung die Bewegung entsteht; bei dem künstlichen Pendel da

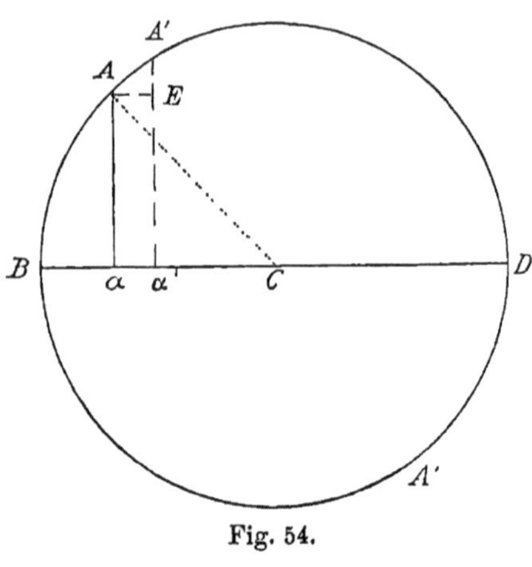

Fig. 54.

gegen ist die Bewegung vollkommen bestimmt durch die Umlaufszeit $2\,T$ des Punktes A; wir wissen aber nicht, welche Kraft unser Mechanismus auf eine in α konzentrierte Masse ausüben muß, damit sie die vorgeschriebene Bewegung ausführt. Diese Kraft ist nun mit Hilfe der Newtonschen Prinzipien leicht zu bestimmen.

Wir betrachten die Bewegung während einer so kurzen Zeit τ, daß der Bogen $A\,A'$, den der Punkt A in dieser Zeit zurücklegt, als eine gerade Linie anzusehen ist. Der Punkt α gelangt gleichzeitig nach α' und seine Geschwindigkeit ist gegeben durch $\alpha\,\alpha'/\tau$. Ziehen wir durch A die Parallele AE zu BD, so sind die Dreiecke $C\,\alpha\,A$ und $A'EA$ einander ähnlich, somit ist:

$$\alpha\,\alpha' = A\,E = A\,\alpha \times \frac{A\,A'}{A\,C}.$$

Nun durchläuft der Punkt A in der Zeit T den halben Umfang $\pi \times A\,C$ des Kreises, somit in der Zeit τ den Weg:

$$A\,A' = \pi\,\frac{\tau}{T}\,A\,C.$$

Hiernach wird

$$\alpha\,\alpha' = \pi\,\frac{\tau}{T} \cdot A\,\alpha,$$

die Geschwindigkeit des Projektionspunktes an der Stelle α ist somit gegeben durch $\frac{\pi}{T} \cdot A\,\alpha$; sie ist proportional der Länge von $A\,\alpha$.

Man erkennt weiter aus der Figur, daß der Zuwachs, den die Geschwindigkeit des Punktes α in der Zeit τ erfährt, gleich ist $\frac{\pi}{T}A'E$.

Die Beschleunigung des Projektionspunktes an der Stelle a ist daher

$$\frac{\pi}{T} \cdot \frac{A'E}{\tau}.$$

Es ist aber

$$A'E = Ca \frac{AA'}{AC} = \pi \frac{\tau}{T} \cdot Ca;$$

somit findet man für die Beschleunigung des Punktes a den Wert $\frac{\pi^2}{T^2} \cdot Ca$. Ist in a die Masse m konzentriert, so ist die gesuchte Kraft, welche von dem Mechanismus auf a ausgeübt wird, gegeben durch

$$m \cdot \frac{\pi^2}{T^2} \cdot Ca.$$

Sie fällt in die Richtung des Durchmessers BD, ist nach dem Mittelpunkte C gerichtet und proportional dem jeweiligen Abstande des Punktes a von C. Die Kraft ist nach Richtung und Größe einem periodischen Wechsel unterworfen.

Dasselbe Gesetz gilt nun aber für die wirkenden Kräfte in den oben angeführten Beispielen; sie sind proportional dem Abstande des schwingenden Körpers von der Ruhelage und nach dieser hin gerichtet. Wir schließen hieraus, daß die schwingenden Bewegungen jener Körper denselben Gesetzen folgen, wie unsere künstliche Schwingung. Die zu ihrer Erzeugung dienende Konstruktion kann auf jede pendelnde Bewegung angewandt werden, sobald die Schwingungsdauer bekannt ist, und sobald die Bahn des schwingenden Körpers als geradlinig betrachtet werden kann.

§ 74. Ergänzung des Pendelgesetzes. Die vorhergehende Bemerkung wenden wir nun an auf den Fall des Pendels. Es sei D in Figur 55 der Mittelpunkt des Kreises, auf dem sich das Pendel bewegt, C seine Ruhelage, A der Punkt, in dem es sich zu irgend einer Zeit befindet, AB eine Senkrechte zu DC; die Kraft P, die auf das Pendel wirkt, ist sein Gewicht, also, wenn wir unter m die Masse des Pendels verstehen, $P = mg$. Von dieser Kraft kommt nur die zu der Bahn parallele Komponente $S = mg \cdot \dfrac{AB}{AD}$ zur Geltung.

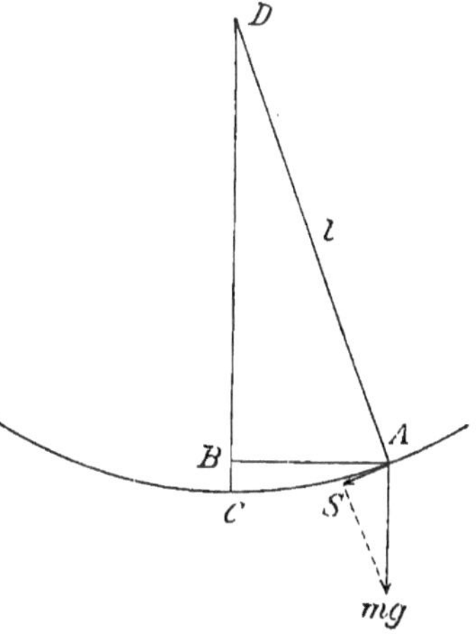

Fig. 55.

Bezeichnen wir die Pendellänge durch l, so ist

$$S = \frac{mg}{l} \cdot AB.$$

Wenn die Schwingungsweite des Pendels klein ist gegen seine Länge, so fällt AB nahe zusammen mit dem Kreisbogen AC und wir können setzen: $S = \dfrac{m\,g}{l} \cdot A\,C$. Gleichzeitig können wir die Krümmung der Pendelbahn vernachlässigen und sie als eine Gerade betrachten, deren Endpunkte beiderseits gleich weit von C abstehen; in diese Gerade fällt dann natürlich auch die Richtung von S. Unter der gemachten Voraussetzung wird also das Pendel nach seiner Ruhelage gezogen mit einer Kraft, die gleich ist $\dfrac{m\,g}{l}$ multipliziert mit dem jeweiligen Abstande von der Ruhelage. Die für das künstliche Pendel in § 73 gefundenen Sätze finden somit auf das in kleinem Bogen schwingende Pendel Anwendung; es kann die treibende Kraft aus der Schwingungsdauer T berechnet werden nach der Formel $m\,\dfrac{\pi^2}{T^2} \cdot A\,C$. Wir haben damit für ein und dieselbe Kraft zwei verschiedene Ausdrücke gefunden; setzen wir sie gleich, so ergibt sich:

$$\frac{m\,g}{l} \cdot A\,C = m\,\frac{\pi^2}{T^2} \cdot A\,C$$

oder

$$\frac{T^2}{\pi^2} = \frac{l}{g}.$$

Wir sind damit zu demselben Gesetze gelangt, das wir früher auf dem Wege der Beobachtung gefunden hatten. Wir erkennen aber deutlich die Überlegenheit der Galilei-Newtonschen Methode über die rein empirische Forschung. Einmal liefert die Theorie eine vollständige Beschreibung der Bewegung nach all ihren Einzelheiten, was wir früher vermißten; sodann zeigt sie, daß das früher für die Schwingungsdauer aufgestellte Gesetz in der Tat nicht allgemein gültig ist, sondern beschränkt auf Schwingungen, bei denen die Abweichung der Kreisbahn von einer geradlinigen vernachlässigt werden kann, auf Schwingungen von kleiner Amplitude.

§ 75. Das physische Pendel. Wir haben uns bei den vorhergehenden Betrachtungen die ganze Masse des Pendels in einem Punkte konzentriert gedacht; bei jedem wirklichen Pendel besitzt aber diese Masse eine gewisse Ausdehnung, und ihre Konzentration im Massenmittelpunkt ist im allgemeinen nicht statthaft, da die Bewegung eine drehende ist. Die bisher betrachtete Bewegung stellt also einen idealen Fall dar, dem man sich mehr und mehr durch Verkleinerung der Pendelkugel nähert, der aber von der Bewegung eines wirklichen Pendels als verschieden betrachtet werden muß. Ein Pendel, dessen Masse in einem einzigen Punkte vereinigt ist, nennt man ein mathematisches, zum Unterschied von den physischen Pendeln, auf die sich unsere Experimente beziehen. Am nächsten kommen den mathematischen Pendeln physische Pendel, die aus langem Faden mit kleiner Kugel bestehen. Wir haben bisher mit derartigen Fadenpendeln operiert; wir dehnen jetzt unsere Untersuchung aus auf solche, die durch beliebige um einen festen Unterstützungspunkt oder eine horizontale Achse drehbare Körper dargestellt sind. Nach einem früheren Satze sind solche Körper im Gleichgewicht, wenn ihr Schwerpunkt senkrecht unter dem Drehungspunkt liegt. Ziehen wir den Körper zur Seite und lassen wir ihn dann los, so führt er um die Ruhelage herum Pendelschwingungen aus, deren Gesetz wir zu ermitteln haben. Denken wir uns den Körper zerlegt in Teilchen von solcher Kleinheit, daß wir ihre Massen in den Schwerpunkten konzentriert denken können, so zerfällt er in ein System von unendlich vielen mathematischen Pendeln, deren Länge von Null bis zu einem durch die Ausdehnung des Körpers bedingten Betrage wächst, die aber alle miteinander fest verbunden sind Denken wir uns diese Verbindung gelöst, so werden alle Pendel von gleicher Länge in derselben Weise hin- und herschwingen, die der Drehungsachse näheren schneller, die entfernteren langsamer. Nun sind aber die Pendel fest verbunden; sie müssen sich also auf eine gemeinsame Schwingung akkommodieren, die Pendel von kleiner Länge müssen ihre Bewegung verzögern, die von großer beschleunigen. Mit Notwendigkeit folgt hieraus, daß eine gewisse Reihe von Pendeln existiert, die gerade jene mittlere Schwingungsdauer besitzen, auf welche die der Drehungsachse näheren und ferneren sich vereinigen. Diese Pendel schwingen" also genau so, als ob sie frei wären, nicht mit den anderen zu dem festen Körper verbunden. Experimentell lassen sich die Punkte des physischen Pendels, die wie freie mathematische Pendel schwingen leicht bestimmen. Man hängt neben dem physischen Pendel ein mathematisches auf und reguliert seine Länge so, daß es synchron mit dem physischen Pendel schwingt. Die Länge dieses mathematischen Pendels gibt dann die Entfernung der gesuchten Punkte von der Drehungsachse. An diese Beobachtung schließt sich die Einführung eines Punktes, der für die Theorie des physischen Pendels von großer Bedeutung ist, des **Schwingungspunktes.** Es repräsentiere der Punkt A (Fig. 56) die horizontale Achse, um die sich das Pendel dreht, S sei der Schwerpunkt; wir ziehen die Linie AS und tragen auf ihr AB gleich der Länge des gleichschwingenden mathematischen Pendels ab. Der Punkt B heißt dann der Schwingungspunkt des physischen Pendels. Dem Vorhergehenden zufolge ist die Schwingungsdauer T des Pendels gleich der eines mathematischen Pendels von der Länge AB, somit

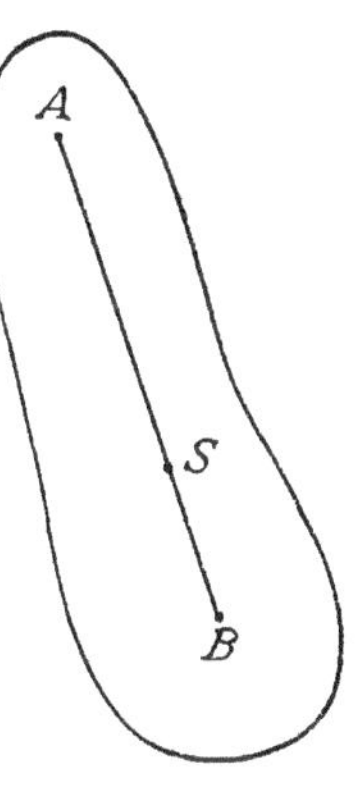

Fig. 56.

$$\frac{T^2}{\pi_2} = \frac{AB}{g}.$$

§ 76. Das Reversionspendel. Der im vorhergehenden eingeführte Schwingungspunkt hat noch eine weitere merkwürdige Eigenschaft. Stecken wir durch ihn eine horizontale Achse, und hängen wir nun das

Pendel umgekehrt so auf, daß die Achse B seine Drehungsachse wird, so ist seine Schwingungsdauer dieselbe wie zuvor, also wieder gegeben durch $\frac{T^2}{\pi^2} = \frac{AB}{g}$; für die neue Schwingung ist somit der Punkt A Schwingungspunkt geworden. Wir drücken das aus in dem von Huyghens entdeckten Satze:

Bei jedem physischen Pendel existieren zwei mit dem Schwerpunkt in einer Ebene, aber im allgemeinen unsymmetrisch zu ihm gelegene, einander parallele Achsen, welchen dieselbe Schwingungsdauer entspricht. Der Abstand dieser Achsen ist gleich der Länge des gleichschwingenden mathematischen Pendels.

Ein Pendel, das man um zwei solche zu beiden Seiten des Schwerpunktes liegende Achsen schwingen lassen kann, heißt ein Reversionspendel.

§ 77. **Allgemeine Formulierung des Pendelgesetzes.** Unabhängig von der Bestimmung des Schwingungspunktes kann das Gesetz für die Schwingungsdauer des physischen Pen-

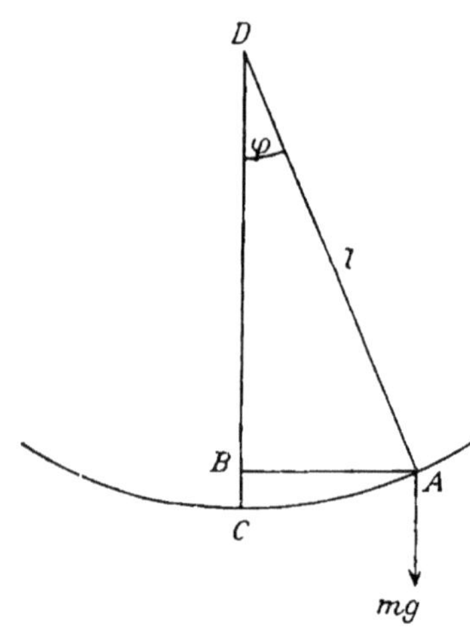

Fig. 57.

dels in folgender Weise formuliert werden. Wir betrachten zunächst ein mathematisches Pendel und nehmen an, der Pendelkörper sei durch eine starre gewichtlose Linie mit der Drehungsachse verbunden. Sein Gewicht übt dann ein statisches Moment $mg \times AB$ oder, wenn wir hier die Länge l des Pendels einführen, $mg \cdot l \cdot \frac{AB}{AD}$ aus (Fig. 57). Nun ist der letztere Bruch gleich dem Sinus des Winkels φ, um den das Pendel aus der Ruhelage abgelenkt ist, bei kleiner Elongation ist also $\frac{AB}{AD} = \varphi$, und das Drehungsmoment gleich $mgl\varphi$. Der Faktor mgl, mit dem hier der in Bogenmaß ausgedrückte Ablenkungswinkel multipliziert ist, wird als die auf das Pendel wirkende Direktionskraft bezeichnet. Es ist nun leicht, diese Direktionskraft in die Formel für die Schwingungsdauer des mathematischen Pendels einzuführen, indem man setzt:

$$\frac{T^2}{\pi^2} = \frac{l}{g} = \frac{ml^2}{mgl}.$$

Den im Zähler stehenden Ausdruck ml^2 nennt man das Trägheitsmoment des Pendels mit Bezug auf die Drehungsachse. Mit Hilfe der neu eingeführten Begriffe ergibt sich also der folgende Ausdruck für das Pendelgesetz:

$$\frac{T^2}{\pi^2} = \frac{\text{Trägheitsmoment}}{\text{Direktionskraft}}.$$

In dieser Form gilt nun das Gesetz allgemein für jeden schwingenden Körper, gleichgültig welches die Lage der Drehungsachse, welches der Ursprung der Direktionskraft ist. Wir nehmen dies hier als ein feststehendes Ergebnis der Forschung hin und behalten uns vor, später (§ 98) darauf zurückzukommen. Für das physische Pendel insbesondere erhalten wir zunächst die Direktionskraft, wenn wir beachten, daß die Wirkung der Schwere dieselbe ist, wie wenn die ganze Masse des Pendels im Schwerpunkte konzentriert wäre. Bezeichnen wir jene Masse durch M, durch s die Entfernung des Schwerpunktes von der Drehungsachse, so ist die Direktionskraft gleich Mgs. Das Trägheitsmoment des ganzen Körpers aber ist gleich der Summe der Trägheitsmomente seiner kleinsten Teilchen. Bezeichnen wir die Massen dieser durch m, m', $m'' \ldots$, ihre Entfernungen von der Drehungsachse durch l, l', $l'' \ldots$ (Fig. 58), so ist das Trägheitsmoment gleich

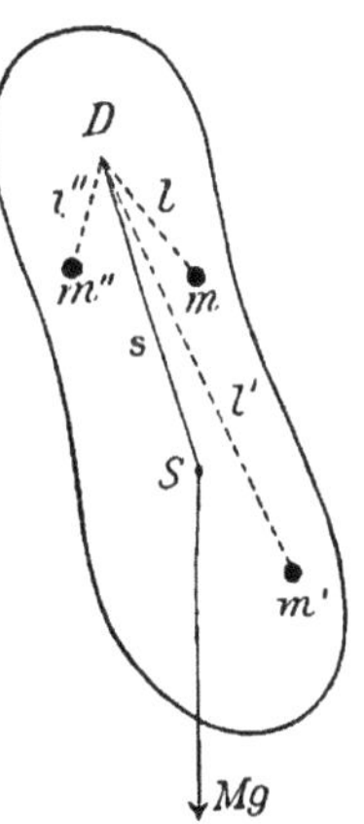

$$m\,l^2 + m'\,l'^2 + m''\,l''^2 + \ldots = \sum m\,l^2,$$

und das Pendelgesetz:

$$\frac{T^2}{\pi^2} = \frac{\sum m\,l^2}{Mgs}.$$

Fig. 58.
Physisches Pendel.

Wir schließen hieran noch den schönen Satz über das Trägheitsmoment eines Körpers, auf dem die Theorie des Reversionspendels beruht.

Es sei gegeben ein Körper von beliebiger Gestalt; durch seinen Schwerpunkt legen wir eine Achse und berechnen für sie das Trägheitsmoment J; verlegen wir nun die Achse aus dem Schwerpunkt heraus parallel mit sich selbst in die Entfernung d von der früheren Lage, so nimmt das Trägheitsmoment zu um Md^2, wo M die Masse des Körpers; sein Wert für die neue Achse ist also $J + Md^2$.

§ 78. Die Beschleunigung der Schwere. Wir haben früher bemerkt, daß die Fallversuche zu der Berechnung von g wenig brauchbar sind. Dagegen läßt sich g bestimmen aus der Länge eines mathematischen Pendels von bekannter Schwingungsdauer. Man wählt dazu die Länge des Sekundenpendels, d. h. eines Pendels, dessen Schwingungsdauer eine Sekunde beträgt. Ein solches wird entweder dargestellt in einer dem mathematischen Pendel nahe kommenden Form durch eine an einem Faden hängende Kugel, oder in der Form eines Reversionspendels, bei dem die Entfernung der Achsen die Länge des Sekundenpendels gibt.

Die Gleichheit der Beschleunigung der Schwere für alle möglichen Stoffe hat NEWTON und später BESSEL geprüft, indem er an demselben Pendelfaden Kugeln aus Platin, anderen metallischen Massen, Glas usw. aufhing.

Die Messung der Länge des Sekundenpendels an verschiedenen Orten der Erdoberfläche hat gezeigt, daß die Beschleunigung der Schwere mit der geographischen Breite zunimmt. Der numerische Betrag der Änderung ergibt sich aus der folgenden Tabelle:

Breite	0	15	30	45	60	75	90
$g\,\dfrac{\mathrm{cm}}{\mathrm{sec}^2}$	978,00	978,35	979,30	980,60	981,89	982,84	983,19

Die Abhängigkeit der Beschleunigung der Schwere von der geographischen Breite läßt sich nach HELMERT durch die Formel darstellen:[1]

$$g = 978,00 \cdot (1 + 0,00531 \sin^2 \varphi)\,\mathrm{cm} \cdot \mathrm{sec}^{-2}.$$

§ 79. Die Bifilarsuspension. Um einen Körper in horizontalem Sinne drehbar zu machen und ihm gleichzeitig eine bestimmte Gleichgewichtslage zu geben, benützen wir bei manchen physikalischen Apparaten und Versuchen die sogenannte Bifilarsuspension (Fig. 59). Wir hängen den Körper an zwei gleich langen, in derselben Höhe befestigten Fäden AB und CD so auf, daß der Abstand der Befestigungspunkte AC gleich ist dem der Aufhängungspunkte BD und daß der Schwerpunkt S in der Mittellinie der Strecke BD liegt. In der Ruhelage hängen die beiden Fäden in derselben Vertikalebene parallel herab; drehen wir nun den aufgehängten Körper in horizontalem Sinne, so daß sein Schwerpunkt in derselben Vertikallinie bleibt, so führt er Pendelschwingungen um seine Gleichgewichtslage aus, sobald jenes horizontale Drehungsmoment aufgehoben wird. Die Schwingungsdauer kann berechnet werden, sobald das Trägheitsmoment des Körpers um die vertikale Drehungsachse und die Direktionskraft der bifilaren Suspension bekannt sind. Die letztere ergibt sich aus der folgenden Überlegung. Das Gewicht des Stabes verteilt sich auf die beiden Aufhängepunkte B und D. In den wirkenden Kräften wird also nichts geändert, wenn wir uns die Masse M des Stabes in zwei gleiche Teile zerlegt denken, die in den Punkten B und D konzentriert sind. Werden diese beiden Punkte sodann durch eine gewichtlose Stange miteinander verbunden, so entsteht ein neues Bifilarpendel, das dieselbe Direktionskraft besitzen muß, wie das gegebene.

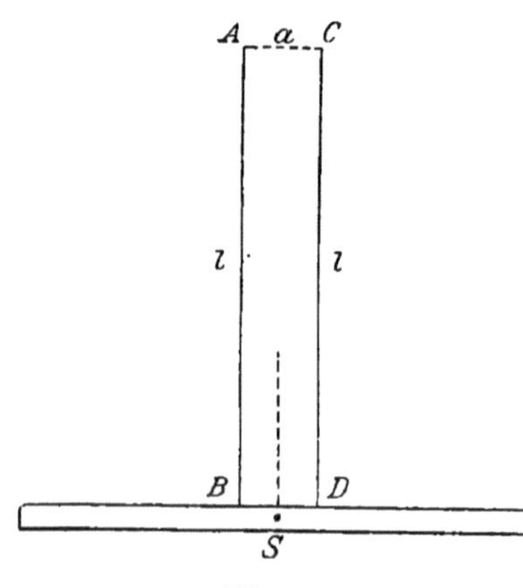

Fig. 59.

Das Trägheitsmoment des fingierten Pendels ist aber gleich $M\dfrac{a^2}{4}$, wenn wir durch a den Abstand der Suspensionsfäden bezeichnen. Ist ferner H

---

[1] Über Abweichungen hiervon vergl.: ROBERT VON STERNECK, Relative Schwerebestimmungen ausgeführt im Jahre 1894. Mitteilungen des k. u. k. militär-geographischen Institutes. **XIV.** Band. **Wien 1895.**

die unbekannte Direktionskraft, T die Schwingungsdauer des fingierten Pendels, so gilt die Gleichung

$$\frac{T^2}{\pi^2} = \frac{M \cdot \dfrac{a^2}{4}}{H}.$$

Das fingierte Bifilarpendel stellt sich aber andererseits dar als eine Kombination zweier mathematischer Pendel AB und CD, die stets in entgegengesetztem Sinne hin- und herschwingen, so daß der Mittelpunkt ihrer Verbindungslinie in einer vertikalen Linie sich auf und ab bewegt. Die Schwingungsdauer dieser mathematischen Pendel ist gegeben durch

$$\frac{T^2}{\pi^2} = \frac{l}{g},$$

wenn l die Länge der Suspensionsfäden.

Setzen wir die beiden Werte der Schwingungsdauer einander gleich, so ergibt sich

$$H = Mg \cdot \frac{a^2}{4\,l},$$

ein Ausdruck, der nach dem Vorhergehenden ebenso die Direktionskraft des wirklich gegebenen, wie die des fingierten Bifilarpendels repräsentiert. Der Winkel, den das abgelenkte Bifilarpendel mit seiner Ruhelage einschließt, sei φ, dann ist der in § 77 angegebenen Bedeutung der Direktionskraft zufolge das Drehungsmoment der Bifilarsuspension gleich $Mg\dfrac{a^2}{4\,l} \cdot \varphi$.

§ 80. Die gedämpfte Pendelschwingung. Wenn man ein frei schwingendes Pendel in Bewegung bringt und dann sich selber überläßt, so bemerkt man, daß die Schwingungsamplituden allmählich kleiner werden, und daß schließlich das Pendel wieder zur Ruhe kommt. Es rührt das daher, daß die Luft der Bewegung des Pendels einen gewissen Widerstand entgegensetzt; die hierdurch bedingte fortwährende Verkleinerung der Schwingungsweite bezeichnet man als die Dämpfung der Schwingung. Diese Dämpfung spielt bei den verschiedensten physikalischen Erscheinungen eine bedeutende Rolle. Wir stoßen auf sie bei den Schwingungen der Saiten, bei den Schwingungen von Lichtstrahlen, welche in einen Körper von geringer Durchsichtigkeit eindringen; sie findet statt bei den schwingenden Bewegungen der Elektrizität, wie sie bei elektrischen Entladungen auftreten. Mit Rücksicht auf diese mannigfache Anwendung, welche die Gesetze der gedämpften Schwingung finden, scheint es zweckmäßig, sie an dem einfachen Beispiele der Pendelschwingung etwas eingehender zu untersuchen.

Ebenso wie die gewöhnliche Pendelschwingung können wir auch die gedämpfte Schwingung durch einen künstlichen Mechanismus erzeugen. Wir brauchen nur an Stelle des Kreises von § 73 eine sogenannte logarithmische Spirale zu benützen, wie sie durch Figur 60 dargestellt wird. C ist der Mittelpunkt, um den sich die Spirale windet; um ihn lassen wir den Radius CA mit ganz gleichmäßiger Geschwindigkeit im Sinne des eingezeichneten Pfeiles sich drehen; der Punkt A, in dem der Radius die Spirale schneidet, bewegt sich dann auf der Spirale mit einer

Geschwindigkeit, welche kleiner wird in dem Maße, in dem der Punkt A auf engere Windungen der Spirale übergeht. Von A fällen wir auf den horizontalen Durchmesser $B_1 D_1$ das Lot $A\alpha$; während der Punkt A in der Spirale herumläuft, geht dann der Projektionspunkt α in dem horizontalen Durchmesser $B_1 D_1$ hin und her; er führt in diesem eine Schwingung mit allmählich abnehmender Amplitude, d. h. eine gedämpfte Schwingung aus.

Die Windungen der Spirale durchschneiden den Durchmesser $B_1 D_1$ nicht senkrecht; daher bezeichnen die Punkte B_1, D_1, B_2, ... nicht die Stellen größter Abweichung des Punktes α von seiner Ruhelage C;

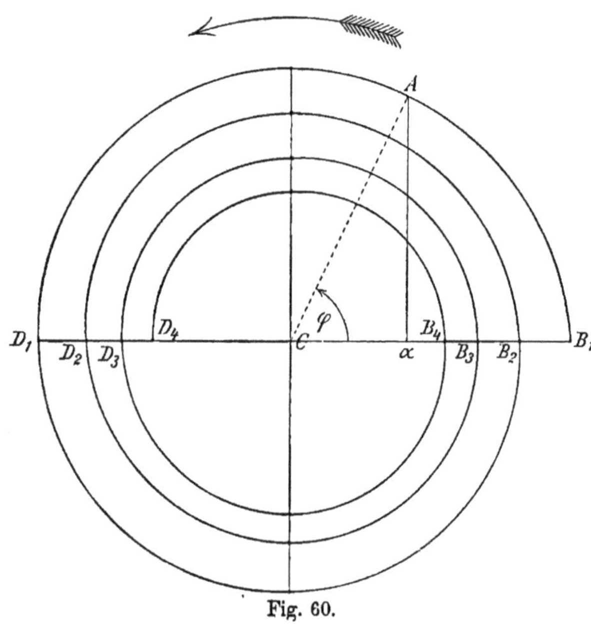

Fig. 60.

vielmehr sind diese letzteren Stellen gegen die Punkte B_1, D_1, B_2 ... immer etwas nach außen verschoben. Bei einer Spirale, deren Windungen sich nur langsam zusammenziehen, ist die Abweichung immerhin nicht groß, und wir wollen daher, um die Betrachtung nicht unnötig zu erschweren, annehmen, daß die Punkte B_1, D_1, B_2 ... für die extremen Lagen des Punktes α genommen werden können. Die aufeinanderfolgenden Amplituden der Schwingung sind dann gegeben durch die Strecken CB_1, CD_1, CB_2, CD_2, CB_3 ... Bezeichnen wir den Winkel, den der Radius CA mit der horizontalen Achse CB_1 einschließt, durch φ, so ist der Radiusvektor der Spirale gegeben durch die Gleichung:

$$CA = CB_1 e^{-\nu\varphi}.$$

Hier ist e die in § 10 angegebene Zahl. Für $\varphi = 0$ ist $e^0 = 1$, somit $CA = CB_1$ in Übereinstimmung mit unserer Figur 60. Für die Abweichung des Punktes α von seiner Ruhelage C ergibt sich aus der Figur der Wert:

$$C\alpha = CB_1 \cdot e^{-\gamma\varphi} \cos\varphi.$$

Nun ist für $\qquad \varphi = 0, \ \varphi = 2\pi, \ \varphi = 4\pi \ldots \cos\varphi = 1,$

für $\qquad\qquad \varphi = \pi, \ \varphi = 3\pi, \ \varphi = 5\pi \ldots \cos\varphi = -1.$

Somit ergibt sich für die aufeinanderfolgenden Amplituden der Schwingung von α:

$$
\begin{aligned}
CB_1 &= CB_1, \\
CD_1 &= -CB_1 \cdot e^{-\gamma\pi}, \\
CB_2 &= CB_1 \cdot e^{-2\gamma\pi}, \\
CD_2 &= -CB_1 \cdot e^{-3\gamma\pi}, \\
CB_3 &= CB_1 \cdot e^{-4\gamma\pi}, \\
&\ \ \cdots\cdots\cdots\cdots
\end{aligned}
$$

Die nach rechts gewandten Amplituden sind hier von den nach links gewandten unterschieden durch das Vorzeichen. Aus der Zusammenstellung der Amplitudenwerte ergibt sich nun leicht die charakteristische Eigenschaft der von uns betrachteten logarithmischen Dämpfung.

Das Verhältnis zweier aufeinanderfolgender Amplituden bleibt dasselbe während der ganzen Dauer der Schwingung.

In der Tat ist, wenn wir von dem Vorzeichen absehen:

$$\frac{CB_1}{CD_1} = \frac{CD_1}{CB_2} = \frac{CB_2}{CD_2} = \frac{CD_2}{CB_3} = \cdots = e^{\pi\gamma},$$

also konstant. Man bezeichnet jenes Verhältnis als das Dämpfungsverhältnis, die Zahl $\pi\gamma$ als das logarithmische Dekrement. Von experimenteller Seite ist der ausgesprochene Satz durch die Beobachtung der verschiedenartigsten gedämpften Schwingungen bestätigt worden.

Die Geschwindigkeit und die Beschleunigung des Punktes α in seiner geradlinigen Bahn läßt sich nicht in so elementarer Weise bestimmen wie in dem Falle von § 73. Wir begnügen uns, das Resultat der Rechnung mitzuteilen. Es ergibt sich für die Geschwindigkeit der Wert:

$$v = -\frac{\pi}{T}\,(A\alpha + \gamma \cdot C\alpha);$$

für die Beschleunigung:

$$a = -\frac{\pi^2}{T^2}\,(1 + \gamma^2) \cdot C\alpha - 2\gamma \cdot \frac{\pi}{T} \cdot v.$$

Hier bedeutet T die Schwingungsdauer, d. h. die Zeit, welche der Punkt α zu einem einmaligen Hin- oder Hergange in seiner Bahn, zu der Bewegung von $B_1 \to D_1$, $D_1 \to B_2$, $B_2 \to D_3$, ... braucht. Die negativen Vorzeichen deuten an, daß Geschwindigkeit und Beschleunigung in dem betrachteten Zeitpunkte der Richtung der horizontalen Achse CB_1 entgegengesetzt sind.

Der Radius $C\alpha$ durchstreicht in der Zeit T die obere oder die untere Halbebene, von $\varphi = 0$ bis $\varphi = \pi$ oder von $\varphi = \pi$ bis $\varphi = 2\pi$. Hat der Radius zur Zeit $t = 0$ die Lage CB_1, so ist für $t = 0$ auch $\varphi = 0$; zur Zeit $t = T$ wird $\varphi = \pi$. Zu einer beliebigen Zeit t sei der Winkel, um den sich der Radius $C\alpha$ von der Ausgangslage CB_1 an gedreht hat, gleich φ; wir haben vorausgesetzt, daß der Radius sich ganz gleichmäßig um den Punkt C dreht, somit ist:

$$\varphi : t = \pi : T \quad \text{oder} \quad \varphi = \frac{\pi}{T} \cdot t,$$

wodurch die Beziehung zwischen Drehungswinkel und Zeit festgelegt ist.

Setzt man in den für v und a gegebenen Gleichungen $\gamma = 0$, so kommt man zurück zu den Formeln, welche auf Seite 82 und 83 für Geschwindigkeit und Beschleunigung der ungedämpften Schwingung gegeben worden sind.

Ist in dem Punkte a die Masse m konzentriert, so ergibt sich schließlich für die Kraft F, welche der von uns benützte Mechanismus auf den Punkt a ausübt, der Ausdruck

$$F = m\,a = -\frac{\pi^2}{T^2}(1 + \gamma^2)\,m \cdot C\,a - 2\gamma\,\frac{\pi}{T}\,m\,v.$$

Die Kraft F setzt sich zusammen aus zwei Teilen,

$$F_1 = -\frac{\pi^2}{T^2}(1 + \gamma^2)\,m \cdot C\,a$$

und

$$F_2 = -2\gamma\,\frac{\pi}{T}\,m\,v.$$

Beide Kräfte sind der Richtung der horizontalen Achse $C\,B_1$ entgegengesetzt, was in dem negativen Vorzeichen zum Ausdruck kommt. Die erste Kraft ist dem jeweiligen Abstande des Punktes a von seiner Ruhelage proportional, wie bei der gewöhnlichen Pendelbewegung; die zweite Kraft ist der Bahngeschwindigkeit v des Punktes a proportional und wirkt dieser Geschwindigkeit entgegen; sie ist es, welche die allmähliche Abnahme der Schwingungsbewegung, die Dämpfung erzeugt; man bezeichnet sie als eine **Kraft der Reibung**.

Ganz ebenso wie in § 73 ziehen wir aus diesen Betrachtungen nun noch eine weitere Konsequenz. Es sei ein in gerader Linie um eine mittlere Gleichgewichtslage C pendelnder Körper gegeben, dessen Masse wir uns in dem Punkt a der Figur 60 konzentriert denken; auf ihn wirke einmal eine Kraft

$$F_1 = -p^2 \cdot C\,a,$$

welche ihn nach der Ruhelage zurückzuziehen sucht, andererseits eine der Bahngeschwindigkeit v proportionale Reibung:

$$F_2 = -2q \cdot v.$$

Wir schließen aus der vorhergehenden Untersuchung, daß der Körper eine gedämpfte Pendelschwingung ausführen wird. Dann aber kann man die Kräfte F_1 und F_2 mit Hilfe der im vorhergehenden gegebenen Formeln auch aus den Elementen der Bewegung, aus der Schwingungsdauer T und aus dem logarithmischen Dekrement $\pi\gamma$ berechnen. Setzt man nun die verschiedenen für dieselben Kräfte geltenden Werte einander gleich, so kommt man zu den folgenden Formeln für die Schwingungsdauer und für das logarithmische Dekrement:

$$\frac{T^2}{\pi^2} = \frac{m\,(1 + \gamma^2)}{p^2};$$

$$\pi\,\gamma = \frac{q\,T}{m}.$$

Sind die Koëffizienten p^2 und q bekannt, so kann man hieraus die Schwingungsdauer und das logarithmische Dekrement berechnen; umgekehrt kann man die Koëffizienten der Kräfte bestimmen, wenn T und $\pi\,\gamma$ durch Beobachtung gefunden sind.

Die Schwingungsdauer wird durch die Dämpfung vergrößert; das logarithmische Dekrement wächst mit der Reibung und mit der Schwingungsdauer; es nimmt ab bei zunehmender Masse des Pendels.

Zum Schlusse machen wir noch auf eine andere graphische Darstellung der gedämpften Schwingung aufmerksam, welche der Figur 61 zugrunde liegt. Auf der von C ausgehenden horizontalen Linie sind die Zeiten abgetragen, senkrecht dazu die entsprechenden Strecken $C\,\alpha$, um welche der schwingende

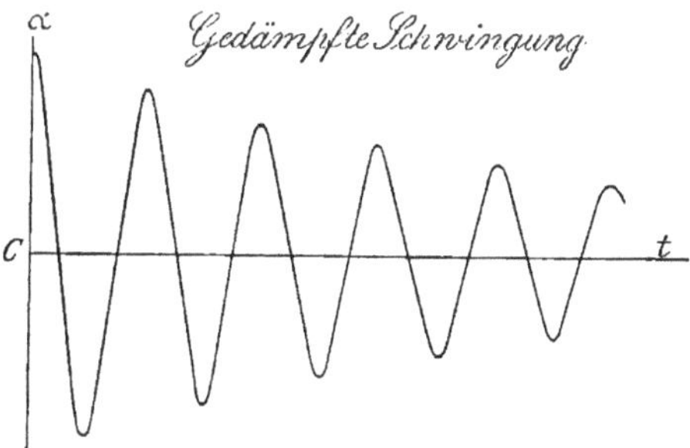

Fig. 61.

Punkt α von seiner Ruhelage entfernt ist. Man erhält dann eine Wellenlinie mit allmählich abnehmender Amplitude. Verbindet man die Punkte der größten Abweichungen beiderseits von der Ruhelage, so erhält man zwei die Wellenlinie einschließende Kurven, die anfangs steiler, allmählich schwächer gegen die Achse der Zeiten abfallen.

§ 81. Die erzwungene Schwingung. Wir betrachten noch eine letzte merkwürdige Bewegung des Pendels, die in folgender Weise zustande kommt. Wir lassen auf das Pendel außer der Schwere noch eine Kraft wirken in der als geradlinig betrachteten Bahn, die es bei seiner natürlichen Schwingung durchläuft; diese Kraft wechsle in periodischer Weise ihre Richtung und ihre Größe. Tragen wir auf einer horizontalen Linie die Zeiten ab, senkrecht dazu die den Zeiten entsprechenden Werte der Kraft, so ergibt sich als Bild ihrer Abhängigkeit von der Zeit eine Wellenlinie. Man kann daher von einem Hin- und Herschwingen der Kraft sprechen; als Schwingungsdauer wird dabei die Zeit zu bezeichnen sein, die vergeht, während die Kraft von einem größten Wert in der einen Richtung bis zu dem entgegengesetzten Werte in der anderen, von dem Gipfel des Wellenberges bis zu dem tiefsten Punkte des Wellentales schwankt.

Durch eine solche periodische Kraft wird nun das Pendel gleichfalls in Schwingung versetzt. Die Schwingungsdauer hängt aber nicht zusammen mit der Länge des Pendelfadens und mit der Beschleunigung der Schwere, sie wird vielmehr bestimmt durch die periodische Kraft und ist dieselbe wie bei dieser. Die Schwingung, die ein Pendel nur unter der Wirkung der Schwere ausübt, nennen wir seine natürliche oder freie Schwingung. Im Gegensatz dazu nennen wir die durch eine periodische Kraft erzeugte, bei der dem Pendel eine ihm fremde Schwingungsdauer von außen aufgenötigt wird, eine erzwungene Schwingung.

Auf erzwungenen Schwingungen beruhen die Erscheinungen der Resonanz, die bei allen Wellenbewegungen, vor allem denen der Akustik, aber auch denen der Optik und der Elektrizitätslehre, auftreten. Es ist daher nicht ohne Interesse, die Gesetze der erzwungenen Schwingung an einem typischen Beispiele zu studieren.

Es erfordert eine etwas umständliche Vorrichtung, wenn man rein mechanisch auf ein Pendel eine periodische Kraft ausüben will. Dagegen gelingt dies leicht, wenn man die mechanischen Kräfte ersetzt durch magnetische. Wir haben schon in § 73 darauf hingewiesen, daß eine aus dem magnetischen Meridian abgelenkte Kompaßnadel Pendelschwingungen

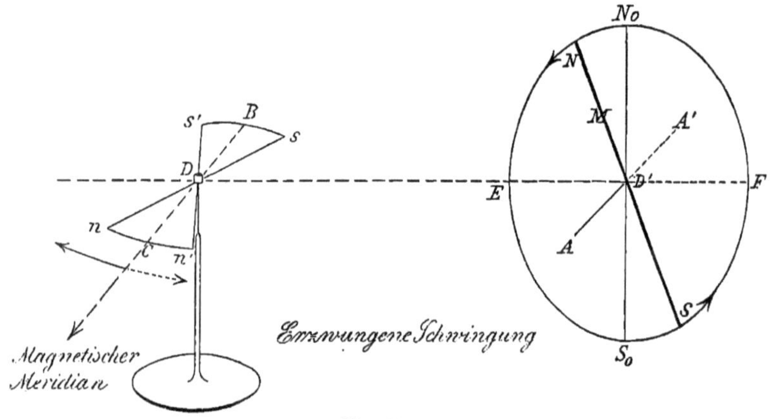

Fig. 62.

um ihre Ruhelage ausführt; wir führen dies etwas weiter aus an der Hand der Figur 62. Die Kompaßnadel ist mit einem Achathütchen auf eine feine Stahlspitze D gesetzt, so daß sie sich um diese in einer horizontalen Ebene mit großer Leichtigkeit drehen kann. Wir unterscheiden an der Nadel den magnetischen Nordpol n, den Südpol s, welche auf der Mittellinie der Nadel einander diametral gegenüberliegen; der Drehungspunkt D halbiert die Linie $n\,s$, die magnetische Achse der Nadel. Lassen wir die Nadel zur Ruhe kommen, so stellt sie sich mit der Verbindungslinie ihrer Pole in eine bestimmte Linie $B\,C$, die Richtung des magnetischen Meridians; dieser weicht von dem astronomischen Meridian nicht zu viel ab. Der Nordpol wendet sich dabei nach Norden, der Südpol nach Süden. Lenken wir nun die Nadel aus ihrer Ruhelage $B\,C$ ab, etwa bis zu der Stellung $n\,s$, so schwingt sie, wieder losgelassen, um die Ruhelage hin und her. Die Pole n und s bewegen sich dabei auf zwei horizontalen Kreisbogen, deren Mittelpunkt in D liegt; der Nordpol schwingt von der äußersten Lage links, dem Punkte n, durch seine Ruhelage C bis zu dem äußersten Punkte n' rechts; von da zurück nach n, wieder hinüber nach n' usw. Ebenso schwingt der Südpol von s durch B nach s', zurück nach s, wieder nach s' usw. Die beiden Pole bewegen sich wie ein doppeltes Pendel; im gleichen Momente befinden sie sich stets in gleichem Abstand von ihren Ruhelagen, aber auf verschiedenen Seiten, da ja die vom Drehungspunkte nach den Polen gehenden Radien Dn und Ds stets in die Verbindungslinie ns fallen müssen. In der Tat kann man die Schwingungsdauer der Kompaßnadel nach dem in § 77 gegebenen verallgemeinerten Pendelgesetze berechnen unter der auch dort gemachten Voraussetzung, daß die Amplituden der Schwingungen klein sind.

Um nun auf unsere Kompaßnadel eine periodische Kraft wirken zu lassen, verfahren wir in folgender Weise. Wir nehmen eine zweite Magnetnadel M und machen sie drehbar um eine horizontale, durch ihre Mitte D' senkrechte hindurchgehende Achse AA'. Wir bringen diese Achse in die Drehungsebene der Kompaßnadel und stellen sie ein in die Richtung des magnetischen Meridians, d. h. parallel zu der Ruhelage BC der Nadel. Endlich schieben wir die Achse AA' so, daß die Linie DD', welche die Mittelpunkte beider Magnetnadeln verbindet, auf dem magnetischen Meridiane, also auf BC senkrecht steht.

Bei der Drehung der Nadel M im Sinne der eingezeichneten Pfeile durchlaufen ihre Pole die Peripherie eines und desselben Kreises, wobei sie sich stets einander diametral gegenüber befinden. Wir richten die Nadel zunächst vertikal, so daß ihr Nordpol in N_0, ihr Südpol in S_0 sich befindet. Nun stoßen sich gleichnamige Pole zweier Magnete ab, ungleichnamige ziehen sich an. N_0 übt also eine abstoßende Kraft auf n, S_0 eine anziehende aus. N_0 und S_0 liegen aber symmetrisch in bezug auf die durch n gehende horizontale Ebene nDD'. Daraus ergibt sich, daß die von N_0 und S_0 herrührenden Kräfte sich wechselseitig zerstören; dasselbe gilt von den Kräften, welche die Pole N_0 und S_0 auf den Südpol s der Kompaßnadel ausüben. Es zeigt sich, daß bei vertikaler Stellung der Nadel M, wenn ihr Nordpol und ihr Südpol in dem höchsten und in dem tiefsten Punkte des von ihnen durchlaufenen Kreises liegen, keine rotatorische Wirkung auf die Kompaßnadel ausgeübt wird. Drehen wir aber die Nadel M von der Stellung $N_0 S_0$ aus, so daß ihr Nordpol N sich in dem vorderen Halbkreise $N_0 E S_0$ befindet, so überwiegt die Wirkung des Nordpols, der Pol n wird abgestoßen, s angezogen, die Nadel wird im Sinne des ausgezogenen Pfeiles abgelenkt. Drehen wir den Magnet M von der Stellung $S_0 N_0$ aus um mehr als $180°$, so kommt der Südpol auf den vorderen Halbkreis $N_0 E S_0$ zu liegen. Jetzt überwiegen die von dem Südpole ausgeübten Kräfte, n wird angezogen, s abgestoßen, und die Kompaßnadel wird in der Richtung des gestrichelten Pfeiles abgelenkt. Drehen wir den Magnet M gleichmäßig im Kreise herum, so wechselt das von ihm auf die Nadel ausgeübte Drehungsmoment nach jeder halben Umdrehung seine Richtung. Wir erhalten also in der Tat eine Einwirkung auf unsere Kompaßnadel, welche den verlangten periodischen Charakter besitzt.

Nach dieser etwas mühsamen Vorbereitung gehen wir nun über zu der Schilderung der Versuche, die wir mit unseren beiden Magnetnadeln anstellen können.

Wir regulieren erst die Entfernung DD' der Nadelmittelpunkte so, daß die Kompaßnadel um 10^0 bis 20^0 aus ihrer Ruhelage abgelenkt wird, wenn wir die Nadel M horizontal stellen. Die Schwingungsdauer der Kompaßnadel bezeichnen wir mit T; sie betrage etwa 1 sec, die Zeit, während welcher der Magnet M eine halbe Umdrehung macht, sei U. Wir beginnen nun den Magnet M zu drehen, so langsam, daß U zunächst erheblich größer ist als T. Die Nadel ns gerät in kleine Schwingungen, deren Dauer gleich U ist. Vergrößern wir die Drehungsgeschwindigkeit von M, so nimmt die Schwingungsamplitude der Nadel zu. Wenn aber die halbe Umdrehungszeit U von M gleich oder wenigstens nahe gleich der Schwingungsdauer T der Nadel geworden ist, so zeigt sich das folgende, auffallende Verhalten. Die Schwingungsamplitude von ns wird immer größer, sie wächst bis zu einem Winkel von 90^0 und darüber hinaus. Sobald aber die Nadel über die zum Meridian senkrechte Linie DD' einmal hinübergeschwungen ist, kehrt sie überhaupt nicht mehr zurück, sondern gerät nun in eine wirbelnde Bewegung um ihren Drehungspunkt D herum, die Schwingungsamplitude wächst gewissermaßen ins Unendliche. Es ist dies der Fall der Resonanz zwischen Kompaßnadel und Magnet.

Es ist leicht, sich von diesem besonderen Verhalten Rechenschaft zu geben. Nehmen wir an, der Nordpol von M befinde sich in N_0, in dem Momente, in welchem die Nadel ihre eine äußerste Lage $s'n'$ einnimmt; während der Nordpol durch den vorderen Halbkreis N_0ES_0 geht, schwingt die Nadel hinüber nach der anderen Grenzlage sn; während dieser ganzen Bewegung wirkt aber das von M herrührende Drehungsmoment in der Richtung des ausgezogenen Pfeiles, d. h. im Sinne der Drehung und diese verstärkend. Schwingt nun die Nadel von ns wieder zurück gegen die Ruhelage hin, so gelangt gleichzeitig der Südpol von M auf den vorderen Halbkreis. Das auf die Nadel ausgeübte Drehungsmoment hat die Richtung des gestrichelten Pfeiles und wirkt abermals verstärkend auf die Bewegung. Ist aber durch die vollkommene Übereinstimmung der drehenden Bewegung von M mit der schwingenden von sn die Amplitude so weit verstärkt worden, daß die Nadel sn über die Linie $D'D$ hinausschwingt, so kehrt sich das Drehungsmoment von M in dem Augenblicke um, in dem die Pole n und s auf die andere Seite der Linie $D'D$ gelangt sind, und erzeugt nun eine Weiterdrehung im selben Sinne wie zuvor; so kommt dann die beobachtete wirbelnde Bewegung der Nadel zustande

Läßt man die Umlaufszeit $2U$ des Magnets M noch weiter abnehmen, so daß U kleiner als T wird, so nimmt die Amplitude der erzwungenen Schwingung rasch ab und wird bei sehr schneller Drehung von M unmerklich.

Die Reibung einer Kompaßnadel auf ihrer Spitze ist eine sehr geringe; daher macht sich bei den bisherigen Beobachtungen der Einfluß der Dämpfung nur wenig bemerklich. Wollen wir untersuchen, wie sich die Erscheinungen bei stärkerer Dämpfung ändern, so stellen wir die Kompaßnadel in ein Becherglas, welches mit einer Flüssigkeit, Benzin oder Vaselinöl, gefüllt ist. Wir können nun die Versuche mit allmählich wachsender Rotationsgeschwindigkeit des Magnets M wiederholen. Der Unterschied gegenüber den Versuchen mit sehr kleiner Dämpfung besteht im wesentlichen darin, daß die Schwingungsamplituden kleiner sind. Insbesondere kommt es in dem Falle der Resonanz, in dem die halbe Umdrehungszeit U des Magnets M gleich der natürlichen Schwingungsdauer T der Kompaßnadel ist, nicht mehr zu einem Herumwirbeln der letzteren. Es tritt in diesem Falle nur ein ausgesprochener Maximalwert der Amplitude ein.

§ 82. Gesetze der erzwungenen Schwingung. Schließlich mögen die Erscheinungen der erzwungenen Schwingung auch noch von theoretischer Seite beleuchtet werden. Die Versuche mit der Kompaßnadel eignen sich hierzu nicht, da wir dabei mit großen Amplituden operiert haben. Bei der theoretischen Behandlung wollen wir uns aber auf den Fall kleiner Amplituden beschränken. Es erscheint daher zweckmäßig, wieder an den Fall des Pendels anzuknüpfen, dessen freie Schwingungen wir in § 73, § 74 und § 80 für den Fall kleiner Amplituden untersucht haben.

Die Schwingungsdauer, welche das von jeder Reibung befreite Pendel besitzen würde, bezeichnen wir mit T_0. Es wäre das etwa die Schwingungsdauer in einem luftleeren Raume; davon ist aber die Schwingungsdauer in Luft bei ihrer geringen Reibung kaum unterschieden. Die Masse der Pendelkugel bezeichnen wir durch m, den Mittelpunkt ihrer Bahn wie in Figur 55 durch C, ihre abgelenkte Lage durch A. Die Kraft, welche das Pendel nach seiner Ruhelage zurückzieht, ist nach § 74 gleich $m \dfrac{\pi^2}{T_0{}^2} \cdot C A$. Die Bahngeschwindigkeit des Pendels sei v, die der Bewegung entgegenwirkende Reibung wie in § 80 gleich $2q \cdot v$. Endlich sei der Maximalwert der äußeren periodischen Kraft, ihre Amplitude, gegeben durch F; ihre Schwingungsdauer, die Zeit, in der sie von dem Maximalwert F in der einen Richtung bis zu dem entgegengesetzten in der anderen Richtung übergeht, bezeichnen wir, wie bei dem gedrehten Magnet, durch U. Die periodische Kraft selbst kann dann ausgedrückt werden durch $F \cos\left(\dfrac{\pi}{U} t\right)$; für die Zeit $t = 0$ ergibt sich der Maximalwert F, für $t = U$ der entgegengesetzte Wert $-F$, in Übereinstimmung mit der Definition der Schwingungdauer. Hiermit sind alle auf die Pendelkugel wirkenden Kräfte aufgezählt. Bezeichnen wir die von ihnen erzeugte Beschleunigung durch a, so ergibt sich nach dem Prinzip der Masse:

$$m\,a = F \cos\left(\frac{\pi}{U} t\right) - m \frac{\pi^2}{T_0{}^2} \cdot C A - 2 q v.$$

Die weitere Behandlung dieser Gleichung, die in elementarer Weise nicht durchgeführt werden kann, führt nun zu den folgenden Sätzen.

1. Die Amplitude der erzwungenen Schwingung ist gleich

$$\frac{F}{m\sqrt{\left(\dfrac{\pi^2}{T_0^2} - \dfrac{\pi^2}{U^2}\right)^2 + \dfrac{4\pi^2 q^2}{m^2 U^2}}}.$$

Man kann den Ausdruck noch etwas anders gestalten, wenn man die Konstante $\pi\gamma$ einführt, die wir in § 80 als logarithmisches Dekrement bezeichnet haben. Nach § 80 gelten für die Dauern T und T_0 der gedämpften und der reibungslosen Schwingung die Gleichungen:

$$\frac{T^2}{\pi^2} = \frac{m}{p^2}(1 + \gamma^2), \qquad \frac{T_0^2}{\pi^2} = \frac{m}{p^2}, \qquad T = T_0\sqrt{1 + \gamma^2}.$$

Ferner ist nach Seite 93:

$$\pi\gamma = \frac{qT}{m}, \qquad \frac{q}{m} = \frac{\pi\gamma}{T}.$$

Bei Benützung dieses Wertes wird die Amplitude der erzwungenen Schwingung gleich:

$$\frac{F T_0^2}{\pi^2 m \sqrt{\left(1 - \dfrac{T_0^2}{U^2}\right)^2 + \dfrac{4\gamma^2 T_0^2}{(1 + \gamma^2)\, U^2}}}.$$

Die Amplitude ist proportional dem Maximalwerte der periodischen Kraft; umgekehrt proportional der Masse des Pendels.

Ein Bild der hierdurch bestimmten Abhängigkeit der Amplitude von der Schwingungsdauer U der periodischen Kraft geben die Kurven der Figur 63. Dabei ist $T_0 = 1$ und ebenso $F T_0^2/\pi^2 m = 1$ gesetzt, d. h. die natürliche Schwingungsdauer des nicht gedämpften Pendels ist als Einheit der Zeit, die für sehr große Werte von U geltende Amplitude $F T_0^2/\pi^2 m$ ist als Einheit der Länge benutzt.

Die obere Kurve entspricht dem Fall, daß das Pendel von Reibung frei, ungedämpft ist. In diesem Falle ist $\gamma = 0$ und die Amplitude wird unendlich groß im Falle der Resonanz, wenn $U = T_0$ wird. In Wirklichkeit kann natürlich ein solches unbeschränktes Anwachsen der Amplitude nicht eintreten; die Theorie gilt ja auch nur für den Fall kleiner Amplituden und tritt also an dieser Stelle mit ihren eigenen Grundlagen in Widerspruch. Die zweite Kurve, welche nur in dem Intervall $U = 0 \cdot 8$ bis $U = 2$ gezeichnet ist, entspricht dem Falle eines schon ziemlich stark gedämpften Pendels. Es ist angenommen, daß das Dämpfungsverhältnis $e^{\pi\gamma}$, das Verhältnis zweier aufeinanderfolgender Amplituden, gleich $1 \cdot 65$ sei. Dann wird $\pi\gamma = 0 \cdot 5$ und $\gamma = 0 \cdot 159$; zwei aufeinanderfolgende Schwingungsbogen verhalten sich wie $165 : 100$. Man sieht, daß der Verlauf der Kurven den Beobachtungen entspricht, die wir mit der Kompaßnadel angestellt haben. Man bemerkt weiter, daß

die Dämpfung von geringem Einfluß auf die Amplituden ist, solange
die Schwingungsdauer der Kraft von der des Pendels erheblich abweicht.
Der Einfluß tritt erst hervor, wenn U sich der Schwingungsdauer T_0

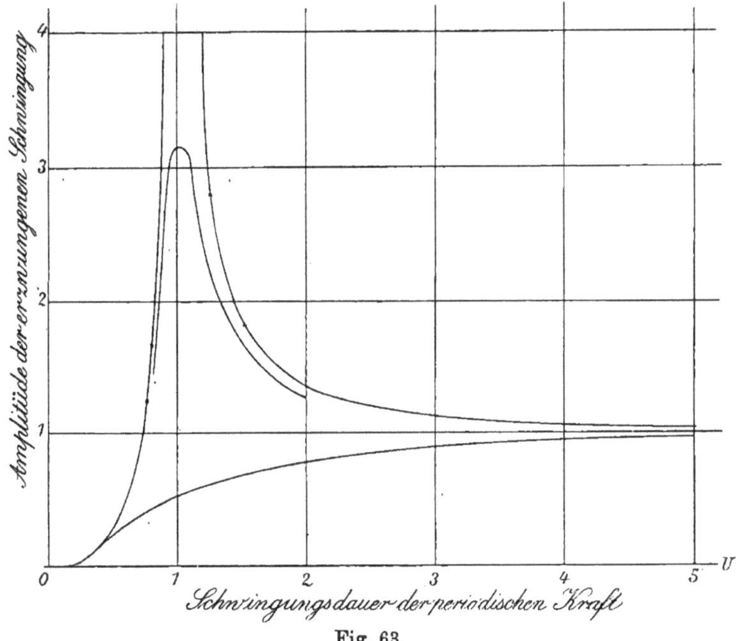

Fig. 63.

nähert, er ist am stärksten, wenn $U = T_0$ wird. Es bleibt dann auch
der durch die Theorie bestimmte Wert der Amplitude endlich. Übrigens
liegt das Maximum der Amplitude bei gedämpfter Schwingung nicht bei
$U = T_0$, sondern bei $U = T_0 \sqrt{1 + \gamma^2} / \sqrt{1 - \gamma^2}$; in der Figur wird das
Maximum um so mehr nach links verschoben, je größer die Dämpfung ist.
Bei der zweiten Kurve der Figur 63 beträgt die Verschiebung allerdings
nur ein Hundertel der Schwingungsdauer T_0, ist also kaum zu bemerken.

Die dritte Kurve der Figur bezieht sich auf einen Fall äußerst
starker Dämpfung. Dabei ist angenommen, γ sei so groß, daß $\gamma^2 / (1 + \gamma^2)$
gleich 1 gesetzt werden kann.

2. **Die Phasenverschiebung der erzwungenen Schwingung.** Die
Theorie führt uns noch auf eine andere merkwürdige Eigenschaft der
erzwungenen Schwingung, deren Erforschung auf rein experimentellem
Wege nicht ganz leicht sein würde. Die erzwungene Schwingung hat
zwar dieselbe Schwingungsdauer, wie die periodisch wirkende Kraft, sie
unterscheidet sich aber doch von der Schwingung der Kraft in eigentümlicher Weise. Wir wollen annehmen, in einem bestimmten Augenblicke, etwa zur Zeit $t = 0$, habe die periodische Kraft ihren Maximalwert. Dann erreicht der Ausschlag des Pendels nicht zur selben Zeit

7*

seinen größten Wert. Vielmehr tritt das Maximum des Ausschlages später ein als das Maximum der Kraft, das Maximum des Ausschlages ist um eine gewisse Zeit verzögert. Diese Zeit, welche zwischen dem Maximum der Kraft und dem Maximum des Ausschlages verstreicht, bezeichnen wir durch τ. Den durch diese zeitliche Verschiebung bedingten Unterschied zwischen der Schwingung der Kraft und zwischen der Schwingung des Pendels bezeichnet man als einen Unterschied der Phase. Stellen wir die beiden Schwingungen in der Art der Figur 61 graphisch durch zwei Wellenlinien mit gleicher Wellenlänge dar, so äußert sich der Phasenunterschied durch eine wechselseitige Verschiebung dieser Linien, so daß die Berge und Täler der einen denen der anderen voraneilen.

Zu der Bestimmung des Phasenunterschiedes durch die Verzögerungszeit τ gibt die Theorie nun die folgenden Mittel. Wir haben einen Hilfswinkel ε einzuführen, dessen Tangente durch die Gleichung gegeben wird:

$$\operatorname{tg} \varepsilon = \frac{2\gamma}{\sqrt{1+\gamma^2}} \cdot \frac{1}{\dfrac{U}{T_0} - \dfrac{T_0}{U}} .$$

Haben wir hieraus den Winkel ε berechnet, so ergibt sich die Verzögerung τ der Pendelschwingung mittels der Formel:

$$\tau = \frac{\varepsilon}{\pi}\, U.$$

Bei der graphischen Darstellung von Figur 63 haben wir die natürliche Schwingungsdauer T_0 des Pendels als Zeiteinheit benützt. Der Übereinstimmung halber empfiehlt es sich, auch jetzt so zu verfahren. Wir dividieren zu diesem Zwecke die beiden Seiten der letzten Formel durch T_0 und erhalten dann:

$$\frac{\tau}{T_0} = \frac{\varepsilon}{\pi} \cdot \frac{U}{T_0} .$$

Setzen wir hier $T_0 = 1$, so heißt das, daß wir sowohl die Schwingungsdauer U der Kraft, wie die Verzögerung τ des Pendels durch die natürliche Schwingungsdauer T_0 des Pendels als Einheit messen.

Die Änderung der Verzögerungszeit mit der Schwingungsdauer U der Kraft und mit der Dämpfung wird durch Figur 64 anschaulich gemacht. Die am höchsten ansteigende Kurve bezieht sich auf eine Dämpfung, wie sie in Figur 61 dargestellt ist; das Dämpfungsverhältnis beträgt $^{10}/_9$, das logarithmische Dekrement $0 \cdot 1$, die Konstante γ hat den Wert $0 \cdot 0318$. Die zweite Kurve entspricht dem Dämpfungsverhältnisse $^{165}/_{100}$, die dritte wieder dem Falle einer sehr starken Dämpfung.

Für den Fall der Resonanz, wenn die Schwingungsdauer U der Kraft gleich der natürlichen Schwingungsdauer T_0 des Pendels ist, wird die Verzögerung gleich der halben Schwingungsdauer, wie wir leicht an dem Beispiele der Kompaßnadel bestätigen können. Bei kleiner Dämpfung zeigt die Verzögerung im übrigen den folgenden Verlauf. Wird U größer als T_0, in unserer Figur also größer als 1, so nimmt die Verzögerung rasch ab, um so mehr, je kleiner die Dämpfung. Wird U kleiner als T_0, so wächst die Verzögerung bis zu einem Maximum, nimmt dann

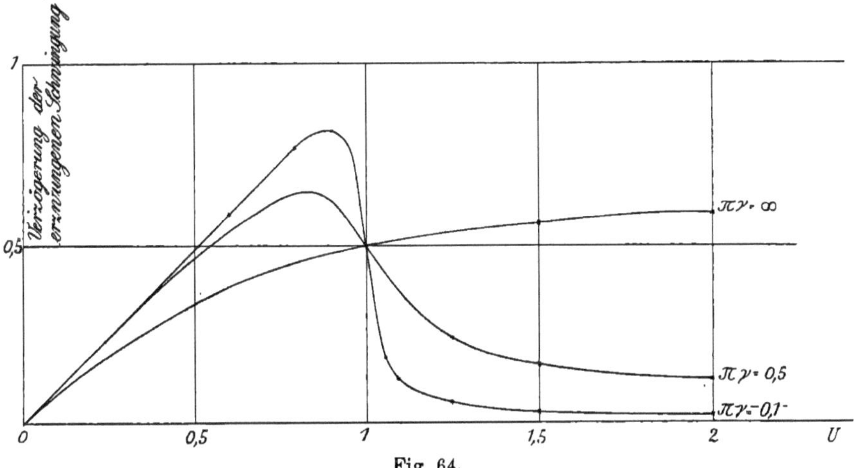

Fig. 64.

wieder ab, um mit U zu Null zu werden. Der Maximalwert der Verzögerung wird mit abnehmender Dämpfung größer. Bei verschwindender Dämpfung ist die Verzögerung Null, solange U größer als T_0, gleich U, wenn U kleiner als T_0. Bei starker Dämpfung nimmt die Verzögerung mit der Schwingungsdauer U zunächst stetig zu, um bei sehr großen Werten von U den Grenzwert $\dfrac{2\gamma}{\pi\sqrt{1+\gamma^2}}$ zu erreichen.

Wegen der Konstanz der Amplitude ist das äußere Verhalten einer erzwungenen Schwingung dasselbe, wie das einer freien und ungedämpften. Sie kann wieder wie die letztere durch die Konstruktion von § 73 dargestellt werden. Somit müssen auch die Kräfte, welche auf das Pendel wirken, sich auf eine einzige Kraft reduzieren lassen, welche dem Abstande des Pendels von seiner Ruhelage proportional ist. In der Tat liegt nun gerade in der Verzögerung die Möglichkeit, aus der periodisch wirkenden äußeren Kraft eine Komponente abzuspalten, welche der auf das Pendel wirkenden Reibung immer gleich und entgegengesetzt ist. Dadurch wird das Pendel von dem Einfluß der Reibung befreit. Die übrigbleibende Komponente ist, ebenso wie die wirksame Komponente des Gewichtes, dem Abstande von der Ruhelage proportional, und erzeugt zusammen mit dieser die Schwingung des Pendels.

§ 83. Das Doppelpendel. Die Gesetze der gedämpften Schwingung, wie wir sie im vorhergehenden kennen gelernt haben, finden ihre Anwendung bei einer eigentümlichen Erscheinung, auf die wir bei einer späteren Gelegenheit zurückkommen werden. Wir hängen ein schweres Gewicht P, von etwa 2 kg, an einem Drahte als Pendel auf; den Draht führen wir über eine Rolle, so daß er über diese aufgezogen oder herabgelassen werden kann. Die Länge des Pendelfadens soll dadurch etwa innerhalb der Grenzen von 1 m bis 20 cm veränderlich sein. Den untersten Punkt des Pendelgewichtes P machen wir zum Aufhängepunkt eines zweiten Pendels, dessen Aufhängefaden eine Länge von 30 cm besitze. Seine Pendelkugel k bestehe aus Holz und habe einen Durchmesser von etwa 1 cm. Unter diesen Umständen wird man von vornherein erwarten, daß die Bewegung des Pendels P durch die schwache Spannung, welche der Aufhängefaden von k besitzt, nicht wesentlich beeinflußt werde. In der Tat zeigt der Versuch, daß das Pendel P in derselben Weise schwingt, ob die Kugel k angehängt ist oder nicht. Für das Pendel k hat also die ganze Einrichtung die Folge, daß sein Aufhängungspunkt selbst eine Pendelschwingung ausführt, deren Schwingungsdauer dieselbe ist, wie die des Pendels P. Man gibt nun dem Aufhängefaden von P zu Anfang eine Länge von 20 cm; die Schwingungsdauer von P ist dann kleiner als die von k, dessen Faden eine Länge von 30 cm haben sollte. Wenn wir nun P in eine Schwingung von kleiner Amplitude versetzen, so gerät die Kugel k in eine Schwingung, deren Amplitude ebenfalls klein ist; ihre Dauer stimmt mit der von P überein. Verlängert man den Aufhängefaden von P, so wächst die Amplitude der Schwingung, zu welcher k angeregt wird. Wenn man aber gerade die Länge des Aufhängefadens trifft, bei welcher die Schwingungsdauern der beiden Pendel einander gleich werden, so ergibt sich der eigentümliche Anblick, daß k in die weitesten Schwingungen versetzt wird, während P kaum merklich hin- und herschwankt. Bei weiterer Verlängerung des Fadens von P und bei einer entsprechenden Vergrößerung seiner Schwingungsdauer nimmt die Amplitude von k rasch bis zu einem relativ kleinen Betrage ab.

Die Erklärung der Erscheinung liegt in der Tat in den Sätzen der vorhergehenden Paragraphen. Man wird sich dies am leichtesten klar machen, wenn man überlegt, daß eine periodische Verschiebung des Aufhängepunktes auf ein Pendel ganz ebenso wirken muß, wie eine periodische Änderung der Schwererichtung oder der Kraft, welche das Pendel in seiner Bahn bewegt.

Wenn die Schwingungsdauern der Pendel P und k nicht ganz, aber doch nahezu übereinstimmen, so beobachtet man eine weitere merkwürdige Erscheinung. Das Pendel k schwingt in immer weiterem Bogen hin und her, die Amplitude bleibt aber nicht konstant, sondern, wenn sie ihr Maximum erreicht hat, nimmt sie wieder ab, bis das Pendel ein kleine Zeit völlig ruhig zu stehen scheint; dann nimmt die Amplitude wieder zu, erreicht dasselbe Maximum wie zuvor, nimmt wieder ab, und dieser Vorgang wiederholt sich mit vollkommener Regelmäßigkeit immer in derselben Weise. Man bezeichnet diese Bewegung als eine Schwebung; sie erklärt sich aus dem Zusammenbestehen der natürlichen und der erzwungenen Schwingung. Ausführlicher werden wir auf schwebende Bewegungen in der Akustik zurückkommen.

§ 84. Aperiodische Dämpfung. Die in § 80 entwickelten Gesetze der freien gedämpften Schwingung erleiden eine Veränderung, wenn die der Bewegung entgegengerichtete Reibung ein gewisses Maß übersteigt. Das Charakteristische der gedämpften Schwingung, wie wir sie bisher betrachtet haben, besteht in folgendem. Das Pendel schwinge von dem äußersten Punkte A auf der einen Seite der Ruhelage C durch diese hindurch nach dem äußersten Punkte B auf der anderen Seite; dann ist bei der gedämpften Schwingung der Bogen CB kleiner als der Bogen AC; das Verhältnis $AC : CB$ bleibt dasselbe für alle Paare aufeinanderfolgender Schwingungsbögen; dieses Dämpfungsverhältnis wird um so größer, d. h. die Schwingungsbögen nehmen um so schneller ab, je größer die Reibung ist. Nun kann aber die Reibung einen solchen Betrag erreichen, daß eine schwingende, periodische Bewegung überhaupt nicht mehr zustande kommt. Man erteile in diesem Falle dem Pendel in der Ruhelage einen Stoß, der es zur Seite treibt. Es macht einen der Stärke des Stoßes entsprechenden Ausschlag, kehrt aber dann mit immer weiter abnehmender Geschwindigkeit zur Ruhelage zurück, ohne diese zu überschreiten und Schwingungen um sie auszuführen. Zieht man das Pendel aus der Ruhelage zur Seite und läßt es dann los, ohne ihm einen Stoß zu geben, so kehrt es gleichfalls zur Ruhelage zurück, ohne über sie hinauszuschwingen. Man bezeichnet eine solche Bewegung als eine a p e r i o d i s c h e, ein Pendel, das sie ausführt, als ein a p e r i o - d i s c h   g e d ä m p f t e s.

Die Gesetze dieser aperiodischen Dämpfung, die insbesondere bei der Konstruktion elektrischer Meßapparate Verwendung findet, mögen im Anschlusse an § 80 noch etwas weiter verfolgt werden. Von besonderem Interesse ist dabei die Frage, wie sich jener kritische Wert der Reibung bestimmt, bei dem die periodische Dämpfung in die aperiodische übergeht.

Der Ausschlag des Pendels, sein jeweiliger Abstand von der Ruhelage sei x; dann kann man mit einer kleinen Veränderung der in § 80 benützten Bezeichnungen schreiben:

$$x = A e^{-\gamma \varphi} \cos \varphi .$$

Hier ist φ ein Hilfswinkel, der mit der Zeit t durch die Formel $\varphi = \dfrac{\pi}{T} t$ zusammenhängt. T bezeichnet ebenso wie in § 80 die Dauer der gedämpften Schwingung. Nach Seite 93 ist:

$$\frac{\pi}{T} \gamma = \frac{q}{m} ,$$

somit:

$$x = A e^{-\frac{q}{m} t} \cos \pi \frac{t}{T} ;$$

q ist der Faktor, der mit der doppelten Bahngeschwindigkeit multipliziert die dämpfende Kraft liefert. In dem Ausdrucke für x wollen wir nun an Stelle der Schwingungsdauer T der gedämpften Bewegung die Dauer T_0 derjenigen Schwingung benutzen, welche das von dem Einfluß der Reibung befreite Pendel ausführen würde. Die auf Seite 93 entwickelte Formel gibt mit $\gamma = 0$ und $T = T_0$:

$$\frac{T_0{}^2}{\pi^2} = \frac{m}{p^2}.$$

Es ist aber andererseits nach derselben Formel:

$$\frac{T^2}{\pi^2} = \frac{m}{p^2}(1 + \gamma^2),$$

somit:

$$T^2 = T_0{}^2(1 + \gamma^2),$$

oder wenn wir für γ den aus der Formel $\pi\gamma = \dfrac{qT}{m}$ folgenden Wert setzen:

$$T^2 = T_0{}^2\left(1 + \frac{q^2 T^2}{\pi^2 m^2}\right).$$

Daraus folgt:

$$T = T_0 \frac{1}{\sqrt{1 - \dfrac{q^2 T_0{}^2}{\pi^2 m^2}}};$$

und:

$$x = A e^{-\frac{q}{m}t} \cos \frac{\pi}{T_0}\sqrt{1 - \frac{q^2 T_0{}^2}{\pi^2 m^2}}\, t.$$

An diese Formeln knüpfen sich nun die folgenden wichtigen Bemerkungen. So lange das Produkt qT_0 kleiner als πm ist, bleibt auch die gedämpfte Bewegung eine periodische, ihre Schwingungsdauer ist aber größer als die der ungedämpften Schwingung. Wird $qT_0 = \pi m$, so wird die Schwingungsdauer der gedämpften Bewegung unendlich groß, d. h. das dem Einflusse der Reibung unterworfene Pendel schwingt überhaupt nicht mehr; wird es aus seiner Ruhelage abgelenkt, so kehrt es allmählich in diese zurück, ohne sie zu überschreiten. Wird qT_0 größer als πm, so wird die Schwingungsdauer T imaginär, d. h. das Pendel führt auch in diesem Falle keine Schwingungen mehr aus, sondern kehrt nach einer Ablenkung aperiodisch in die Ruhelage zurück. Der kritische Punkt, bei dem die periodische Bewegung in eine aperiodische sich verwandelt, ist bestimmt durch $qT_0 = \pi m$. Bei gegebener Pendelmasse m kann also die periodische Dämpfung auf zweierlei Weise in die aperiodische verwandelt werden; einmal dadurch, daß man bei konstant erhaltenem T_0 die mit q proportionale Reibung vergrößert, bis qT_0 den kritischen Wert erreicht. Andererseits dadurch, daß man bei konstanter Reibung die Schwingungsdauer T_0 vergrößert, bis $qT_0 = \pi m$ geworden ist. Nun ist aber die Kraft, welche das Pendel nach seiner Ruhelage zurückzieht, gegeben durch $F_1 = \dfrac{\pi^2}{T_0{}^2}m$. Vergrößerung von T_0 wird also durch Verkleinerung von F_1 zu erreichen sein.

§ 85. Kreisbewegung, Zentralkraft und Winkelgeschwindigkeit.
Wir sind in § 73 von der Bewegung eines gleichförmig im Kreise um-
laufenden Punktes übergegangen auf die Pendelbewegung; wir machen nun
jene Bewegung selbst zum Gegenstande der Untersuchung. Ein Punkt A
(Fig. 65), in dem wir uns die Masse einer kleinen Kugel konzentriert denken,

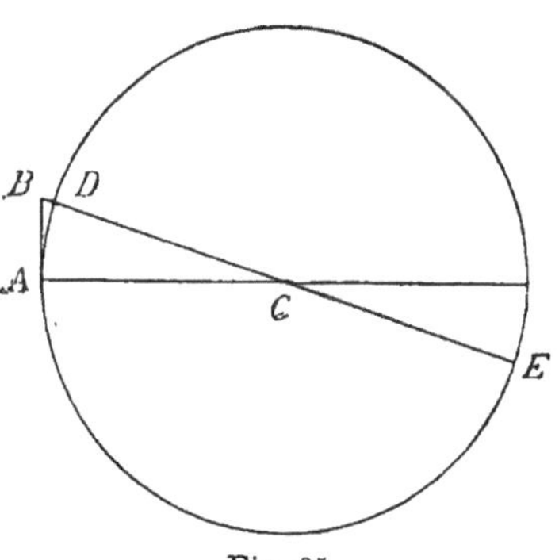

Fig. 65.

bewege sich mit gleichförmiger Geschwindigkeit in der Peripherie eines
Kreises, dessen Mittelpunkt in C liege.
Vermöge seiner Trägheit würde er
in jedem Augenblick in der Richtung
der Tangente von der Kreisbahn abweichen. Er muß also durch eine
senkrecht zur Bahn, in der Richtung
des Radiusvektors wirkende Kraft
immer wieder auf die Kreisperipherie
zurückgeführt werden. Wir bezeichnen diese als eine auf den Körper
wirkende **Zentralkraft**. Ist beispielsweise der Punkt A durch einen
Faden mit C verknüpft und in Umschwung um C versetzt worden,
so ist es die Spannung des Fadens, die ihn in der Kreisbahn erhält;
die Zentralkraft ist gleich dieser Spannung. Umgekehrt spannt also der
in Umschwung befindliche Körper den Faden, er übt auf ihn eine nach
außen gerichtete Kraft aus, die wir als **Zentrifugalkraft** bezeichnen.
Mit dieser wächst die Spannung des Fadens und kann schließlich einen
solchen Betrag erreichen, daß der Faden zerreißt. In diesem Augenblick verschwindet die Zentralkraft, die den Körper in seiner Kreisbahn
erhielt, und dieser fliegt in der Richtung der Kreistangente mit gleichbleibender Geschwindigkeit fort.

Die Abhängigkeit der Zentralkraft von den Elementen der Bewegung ergibt sich in folgender Weise. Ist v die Bahngeschwindigkeit
des Punktes A, so wird er in der kleinen Zeit τ infolge seiner Trägheit
den Weg $AB = v\tau$ in der Richtung der Tangente zurücklegen. Tatsächlich gelangt er in dieser Zeit in den Punkt D der Kreisperipherie,
legt also in der Richtung senkrecht dazu den Weg BD zurück; dieser
ist die Folge der Zentralkraft. Bezeichnen wir die ihr entsprechende
Beschleunigung durch a, so ist nach § 66 $BD = \frac{1}{2} a \tau^2$. Es ist aber
$AB^2 = BE \times BD$ oder, da BD sehr klein gegen DE, mit hinreichender
Genauigkeit $AB^2 = DE \times BD$. Setzen wir den Halbmesser des Kreises
gleich r, so ist $BD = \frac{AB^2}{2r}$; setzen wir hier für BD und AB die zuvor
angegebenen Werte, so ergibt sich $a = \frac{v^2}{r}$ und die Zentralkraft

$$ma = \frac{mv^2}{r}.$$

Wenn eine Masse in Kreisbewegung versetzt wird, so ist die auf sie wirkende Zentralkraft oder die von ihr ausgeübte Zentrifugalkraft proportional der Masse, proportional dem Quadrate der Bahngeschwindigkeit und umgekehrt proportional dem Halbmesser der Bahn.

Hat der von dem Radiusvektor CA des Punktes A in der Zeiteinheit durchstrichene Winkel im Bogenmaß den Wert ω, so nennt man ω die Winkelgeschwindigkeit von A. Zwischen dieser und der Bahngeschwindigkeit besteht die Beziehung $v = \omega r$. Mit Einführung der Winkelgeschwindigkeit ergibt sich also für die Zentralkraft der bequemere Ausdruck $m\,r\,\omega^2$.

Mit Rücksicht auf eine später auszuführende Rechnung ist es vielleicht nützlich, die Abhängigkeit der Geschwindigkeiten v und ω von der Zeit U anzugeben, welche der Punkt A zu einem Umlauf in seinem Kreise braucht; es ist:

$$v = \frac{2\,\pi\,r}{U}, \quad \omega = \frac{2\,\pi}{U}.$$

Zur Prüfung der gefundenen Gesetze benützt man einen besonderen Apparat, die Zentrifugalmaschine (Fig. 66). Dieselbe besteht im wesent-

Fig. 66.

lichen aus einer vertikalen, möglichst stabilen Achse, die mit Hilfe eines Schnurlaufes in rasche Umdrehung versetzt werden kann. Von den mannigfachen Versuchen, die man mit der Maschine anstellen kann, heben wir nur wenige hervor. 1. Auf einem glatten Drahte (Fig. 67), der senkrecht zur Achse der Maschine in einem Rahmen befestigt ist, sind zwei durch einen Faden verbundene Kugeln m und m' leicht verschiebbar. Die Kugeln halten sich bei der Drehung im Gleichgewicht, wenn ihre Abstände von der Drehungsachse sich umgekehrt verhalten wie ihre Massen, $r : r' = m' : m$. Da ihre Winkelgeschwindigkeit ω dieselbe ist, so sind dann in der Tat die auf sie ausgeübten Zentralkräfte $m\,r\,\omega^2$ und $m'\,r'\,\omega^2$ gleich groß; die Zentralbeschleunigungen $r\,\omega^2$ und $r'\,\omega^2$ sind den Entfernungen von der Drehungsachse direkt proportional, sie verhalten sich umgekehrt wie die Massen der beiden Körper, in Übereinstimmung mit den Bemerkungen von § 68. 2. Die Achse der

Maschine wird durch einen in sie eingeschraubten Stab nach oben verlängert. Das obere Ende trägt eine kleine horizontale Achse, um die
eine an einem Arm BC befestigte Kugel in vertikaler Ebene sich drehen
kann (Fig. 68). Wird die Maschine in Rotation versetzt, so stellt sich
der Draht BC in die Richtung der Resul-
tante aus Zentrifugalkraft und Schwerkraft;
die Kugel steigt um so höher, je größer die
Umdrehungsgeschwindigkeit der Maschine
ist. Von dieser Bewegung macht man Gebrauch bei der Dampfmaschine, um den Zutritt
des Dampfes zu dem Zylinder zu regulieren

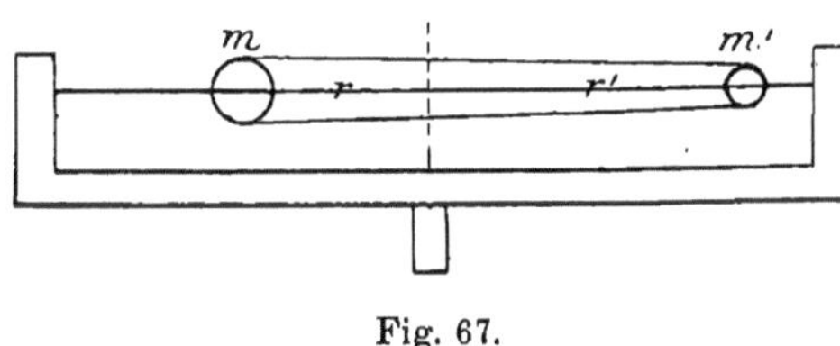

Fig. 67.   Fig. 68.

und den Gang zu einem gleichmäßigen zu machen. 3. Wir setzen auf die
Achse der Maschine ein zylindrisches Gefäß konzentrisch mit ihr und füllen
dasselbe bis zu einer angemessenen Höhe mit einer Flüssigkeit, etwa Quecksilber. Wird die Maschine gedreht, so stellt sich die freie Oberfläche der
Flüssigkeit senkrecht gegen die Resultante aus Zentrifugalkraft und Schwerkraft. Es ergibt sich, daß die Gestalt der Oberfläche die eines Um-
drehungsparaboloides sein muß, was durch den Versuch bestätigt wird.

  Wir erinnern noch an einige Erscheinungen des praktischen Lebens,
bei denen die Zentrifugalkraft eine wesentliche Rolle spielt. Wenn die
Eisenbahn eine Kurve macht, so wird die Fläche des Bahnkörpers beim
Bau nach innen geneigt, so daß die Resultante aus der Zentrifugalkraft
und aus der Schwere des Zuges auf derselben senkrecht steht. Die
Schienen erleiden dann nur einen Normaldruck, keinen Schub nach außen
hin. Aus demselben Grunde legt sich der Schlittschuhläufer und der
Radfahrer nach innen, wenn er einen Bogen beschreibt. Er lenkt, wenn
er zu fallen droht, in einem Bogen nach der betreffenden Seite ein, um
den Körper von neuem ins Gleichgewicht zu setzen.

  § 86. Die Keplerschen Gesetze. Das großartigste und mannig-
fachste Objekt für die Anwendung unserer Prinzipien bietet das
Planetensystem dar. Zugleich gestattet die Schärfe, deren die astronomischen Beobachtungen fähig sind, eine sehr genaue Prüfung der
Theorie durch Vergleichung ihrer Ergebnisse mit denen der Beobachtung.
Das Fundament für die dynamische Erforschung des Planetensystems
ist gegeben durch die bekannten Gesetze, die Kepler aus den Beobachtungen Tychos abgeleitet hat.

1. Die Planeten bewegen sich in Ellipsen, in deren einem Brennpunkte die Sonne sich befindet.

2. Der von der Sonne nach einem Planeten gezogene Leitstrahl durchstreicht in gleichen Zeiten gleiche Flächenräume.

3. Die Quadrate der Umlaufszeiten zweier Planeten verhalten sich wie die Kuben der großen Achsen der Bahnellipsen.

§ 87. Newtons allgemeine Gravitation. Die beiden ersten Keplerschen Gesetze erklären sich in einfacher Weise durch die Annahme einer gegen die Sonne gerichteten Zentralbeschleunigung, oder durch eine von der Sonne auf die Planeten in der Richtung der Leitstrahlen ausgeübte Anziehung, die dem Quadrate der Entfernung umgekehrt proportional ist. Das dritte Gesetz zeigt, daß diese Kraft außerdem der Masse des angezogenen Planeten direkt proportional sein muß. Nimmt man noch das Prinzip der Gleichheit von Aktion und Reaktion zu Hilfe, so ergibt sich das Newtonsche Anziehungsgesetz.

Zwischen der Sonne und einem Planeten besteht eine wechselseitige Anziehung, die dem Produkte der Massen beider Körper direkt, dem Quadrate ihrer Entfernung umgekehrt proportional ist.

Die hiermit gegebene Anschauung wurde von Newton sofort erweitert; dieselbe Anziehung betrachtete er als die Ursache, welche die Trabanten der Planeten in ihren Bahnen erhält; er sah in ihr eine allgemeine zwischen irgend zwei Körpern des Planetensystems wirkende Kraft und bahnte so den Weg zu der Theorie der Bahnstörungen, welche die Planeten infolge ihrer wechselseitigen Anziehung erleiden. Endlich aber, und hierin liegt eine seiner bewunderungswürdigsten Leistungen, erkannte er, daß jene zwischen den Himmelskörpern vorhandene Anziehung ihrem Wesen nach keine andere ist, als die an der Oberfläche der Erde beobachtete Anziehung der Schwere. In der Tat, wenn wir sehen, daß die Schwere in den Schächten der Bergwerke und auf den Spitzen der höchsten Berge vorhanden ist, so fordert die Kontinuität, daß sie auch über irdische Entfernungen hinaus, z. B. bis zum Monde wirke, daß also der Mond gegen die Erde schwer sei, und daß diese Schwere ihn in seiner Bahn um die Erde erhalte. Wenn aber die Schwere mit der Newtonschen Anziehung identisch ist, so nimmt sie ab nach dem umgekehrten Quadrate der Entfernung vom Erdmittelpunkt. Beträgt die Beschleunigung an der Oberfläche der Erde 981 cm·sec^{-2}, so ist sie in der Entfernung des Mondes, d. h. in einem Abstand von 60·3 Erdhalbmessern gleich $\dfrac{981}{60\cdot3 \times 60\cdot3} = 0\cdot27$ cm·sec^{-2}. Dies ist aber tatsächlich die Zentralbeschleunigung des Mondes, wie sie sich aus Bahnhalbmesser und Umlaufszeit nach § 85 berechnen läßt, wenn man von der geringen Elliptizität der Bahn absieht und die Bewegung als eine kreisförmige betrachtet. Die Annahme, daß die Schwere mit jener Zentralkraft, welche die Planeten in ihren Bahnen erhält, identisch sei, führt somit für die Mondbewegung zu einem mit der Beobachtung vollkommen übereinstimmenden Resultate. Der Begriff der Schwere erweitert sich hierdurch zu dem der allgemeinen Gravitation. Aber es wird damit auch die Vorstellung, daß die zwischen den Weltkörpern vorhandenen Anziehungen ihren physischen Ursprung in ihren Mittelpunkten haben, aufgehoben; die Schwere muß ausgehen von jedem beliebigen Teil ihrer Massen; es müssen je zwei Massenteilchen, welches auch ihre Herkunft, welches ihre sonstige Beschaffenheit sei, dem Newtonschen Gesetz entsprechend sich anziehen. Bezeichnen wir also durch m und m' irgend zwei Massen, durch r ihre Entfernung, so findet zwischen ihnen eine wechselseitige Anziehung K statt, die gegeben ist durch

$$K = \varkappa \frac{m\,m'}{r^2}.$$

Der in dieser Formel auftretende Faktor $\varkappa$ hat eine einfache physikalische Bedeutung; es wird nämlich die Anziehung gleich $\varkappa$, wenn wir m und m' gleich der Masseneinheit, r gleich der Einheit der Entfernung setzen. Es ist also $\varkappa$ diejenige konstante Kraft, mit der sich zwei Masseneinheiten in der Einheit der Entfernung anziehen. Man bezeichnet $\varkappa$ als die Gravitationskonstante; aus der Anziehung, die zwei beliebige Massen in beliebiger Entfernung aufeinander ausüben, berechnet sie sich nach der Formel

$$\varkappa = \frac{K r^2}{m\,m'}.$$

Im absoluten Maßsystem ist daher die Dimension von $\varkappa$

$$[\varkappa] = l^3 m^{-1} t^{-2}.$$

Mit Rücksicht auf die Identität, die zwischen der Anziehung der Weltkörper und der Schwere an der Erde besteht, nennt man alle Körper, die nach dem Newtonschen Gesetz aufeinander wirken, ponderable.

Aus jener Identität folgt weiter, daß die Keplerschen Gesetze auch für die Wurfbewegung an der Oberfläche der Erde gelten müssen. Wenn wir einen Stein von einem in einiger Höhe über dem Boden liegenden Punkte aus in horizontaler Richtung werfen, so beschreibt er, abgesehen von den durch den Luftwiderstand bedingten Abweichungen, eine Ellipse, deren einer Brennpunkt in dem Mittelpunkt der Erde sich befindet. Die Dimensionen der Wurfbahn sind aber im allgemeinen so klein, daß die von der Erdmitte aus nach ihren Punkten gezogenen Radien als parallel erscheinen, die Ellipse kann daher ersetzt werden durch eine Parabel.

Es ist nicht ohne Interesse, die Veränderung zu verfolgen, welche die Wurfbahn erleidet, wenn die anfängliche Wurfgeschwindigkeit immer mehr gesteigert wird. Wir setzen dabei wieder voraus, daß die Wurfrichtung zu Anfang eine horizontale sei. Bei kleineren Geschwindigkeiten ist die Bahn eine Ellipse, deren ferner liegender Brennpunkt in den

Mittelpunkt der Erde fällt. Wird die Wurfgeschwindigkeit gesteigert, so kann die Ellipse in einen Kreis übergehen, dessen Mittelpunkt in den Mittelpunkt der Erde fällt. Die Zentrifugalbeschleunigung muß dann gleich sein der Beschleunigung der Schwere; bezeichnen wir also mit v_0 die anfängliche Wurfgeschwindigkeit, mit r den Halbmesser des Kreises mit g wie früher die Beschleunigung der Schwere, so ergibt sich zur Bestimmung von v_0 die Gleichung:

$$\frac{v_0^2}{r} = g.$$

Setzen wir r gleich dem Erdhalbmesser, g gleich 981 cm, so wird $v_0 = 790\,000$ cm/sec, gleich einer Geschwindigkeit von nahezu 8 km in der Sekunde.

Wächst die Anfangsgeschwindigkeit des Steines über diesen Betrag hinaus, so wird die Bahn wieder elliptisch, aber der Mittelpunkt der Erde stellt jetzt den näher liegenden Brennpunkt der Ellipse dar. Wird die Anfangsgeschwindigkeit gleich 11·18 km/sec, so fällt der zweite Brennpunkt der Ellipse in unendliche Entfernung, d. h. die Ellipse verwandelt sich in eine Parabel. Übersteigt die Anfangsgeschwindigkeit den zuletzt gegebenen Wert, so tritt an Stelle der Parabel eine hyperbolische Bahn, welche um den Mittelpunkt der Erde als um ihren einen Brennpunkt sich herumbiegt, und im Unendlichen sich verliert.

§ 88. Sätze über die Anziehung von Kugeln. Wenn wir die Wechselwirkungen der Planeten oder die von der Erde an ihrer Oberfläche ausgeübte Anziehung berechnen, so denken wir uns ihre Massen in den Mittelpunkten konzentriert. Dieses Verfahren findet seine Rechtfertigung durch einen von Newton aufgestellten Satz:

Eine homogen mit Masse erfüllte Kugelschale wirkt auf einen äußeren Punkt gerade so, wie wenn ihre Masse im Kugelmittelpunkt vereinigt wäre.

Gleiches gilt dann auch für eine aus konzentrischen homogenen Schichten aufgebaute Vollkugel.

Auf einen in ihrem Inneren liegenden Punkt wirkt eine homogene Kugelschale gar nicht; hiernach läßt sich die Änderung der Schwere im Inneren einer Kugel bestimmen, die entweder durchaus homogen ist oder aus konzentrischen homogenen Schalen von bekannter Dichte besteht.

§ 89. Bestimmung der Gravitationskonstante und der Dichte der Planeten. Die Gravitationskonstante kann nach einem zuerst von Cavendish angegebenen Prinzip mit Hilfe einer sogenannten Drehwage bestimmt werden. Ein leichter Stab, der Wagbalken (Fig. 69), der an seinen beiden Enden zwei kleine Bleikugeln trägt, wird so aufgehängt, daß er sich in einer horizontalen Ebene drehen kann. Zu diesem Zweck kann man zunächst, wie dies von Reich[1] geschehen ist, die in § 79 besprochene bifilare Aufhängung benutzen. Größere Empfindlichkeit der Wage erreicht man, wenn der Balken in seiner Mitte an einem feinen

---

[1] Pogg. Anm. Bd. 85. 1852. p. 189.

Drahte aufgehängt wird, dessen Elastizität allein die Richtkraft abgibt.
Ist die Ruhelage des Balkens bestimmt, so wird jeder der von ihm getragenen Kugeln eine große Bleikugel gegenübergestellt, so daß die zwischen
den Kugelpaaren wirkenden Anziehungen den Stab in demselben Sinne
zu drehen suchen. In der neuen Ruhelage hält die von der Drillung
des Drahtes herrührende elastische Kraft dem Drehungsmomente der
Anziehung das Gleichgewicht. Ist die erstere bekannt, so ist auch
das letztere gegeben, und aus ihm kann die Größe der Anziehung
selbst berechnet werden. Dann aber ergibt sich nach der Formel
$\varkappa = \dfrac{K\,r^2}{m\,m'}$ der Wert der Gravitationskonstanten. Im cm, g, sec System wird

$$\varkappa = 6 \cdot 658 \times 10^{-8}\ \mathrm{cm^3 \cdot g^{-1} \cdot sec^{-2}}.$$

Die Kraft, mit der zwei Kilogrammstücke in der Entfernung von 10 cm
einander anziehen, ist hiernach im absoluten Maßsystem:

$$K = 6 \cdot 66 \times 10^{-8} \times \frac{10^3 \times 10^3}{10^2}\,\mathrm{cm \cdot g \cdot sec^{-2}}.$$

$$= 6 \cdot 66 \times 10^{-4}\ \mathrm{Dynen}$$

oder gleich dem Gewichte von 0·00068 Milligrammstücken.

Mit Bezug auf die Konstruktion der Drehwage fügen wir noch eine
Bemerkung hinzu. Der Balken muß
so lang gemacht werden, daß die
Wirkung einer festen Kugel auf die
ihr nicht benachbarte bewegliche
Kugel der anderen Wagbalkenhälfte
außer Betracht kommt; denn sie wirkt
der Anziehung auf die benachbarte
Kugel entgegen. Es läßt sich dies
aber auch bei einem Balken von
kleiner Länge erreichen, wenn man
die beiden von ihm getragenen Kugeln
in verschiedene Höhe bringt. Es
kann dies etwa so gemacht werden,
daß man die kleinen Bleikugeln nicht
direkt an dem Balken befestigt, sondern von seinen Enden an verschieden
langen Fäden vertikal herunter hängen
läßt. Damit ist die Möglichkeit gegeben, das ganze System in kleinem
Maßstabe und mit sehr geringem

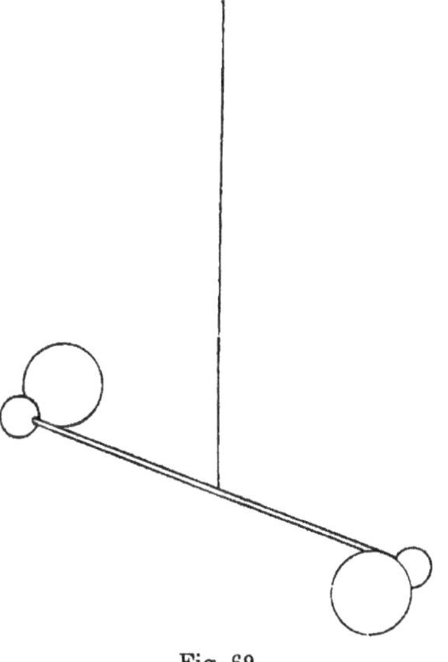

Fig. 69.

Gewichte herzustellen. Zu der Aufhängung der Drehwage wird dann
ein feiner aus geschmolzenem Quarze gezogener Faden benutzt.[1]

An die Bestimmung der Gravitationskonstanten schließt sich noch

<hr>

[1] Boys, On the Newtonian Constant of Gravitation. Phil. Trans. of the Roy.
Soc. of London. Vol. 186. 1895. p. 1. Carl Braun. Die Gravitationskonstante.
Denkschr. der math. naturw. Klasse der Wiener Akademie. 64 1896.

eine Aufgabe von besonderem Interesse, die Bestimmung der Masse und der Dichtigkeit der Himmelskörper. Nach dem Gravitationsgesetz ist die Beschleunigung a, die eine Kugel von der Masse M in der Entfernung r von ihrem Mittelpunkt erzeugt, gegeben durch

$$a = \varkappa \frac{M}{r^2} \cdot$$

Sind durch Beobachtung zwei zusammengehörige Werte von a und r gegeben, so ist

$$M = \frac{a\,r^2}{\varkappa} \cdot$$

Wenn wir durch V das Volumen der Kugel bezeichnen, so ist

$$\delta = \frac{M}{V} = \frac{a\,r^2}{V\varkappa} = \frac{3\,a}{4\pi\,r\,\varkappa}$$

bei beliebiger Massenverteilung ihre mittlere Dichte. An der Oberfläche der Erde ist $a = g$, r gleich ihrem Halbmesser; die mittlere Dichte der Erde wird darnach gleich $5 \cdot 527$, während die Dichte der Erdrinde etwa gleich $2 \cdot 5$ anzunehmen ist.

§ 90. Die reine Gravitation der Erde. Auf einen Körper an der Oberfläche der Erde ·wirken gleichzeitig zwei Kräfte, die durch das Newtonsche Gesetz bestimmte Anziehung und die von der Drehung der Erde um ihre Achse herrührende Zentrifugalkraft; durch die Richtung ihrer Resultante wird die Ruhelage, durch ihre Größe die Schwingungsdauer eines Pendels bestimmt. Die Beschleunigung der Schwere g, wie sie aus Pendelbeobachtungen gefunden wird, ist die Resultante aus, der Beschleunigung der Gravitation und aus der der Zentrifugalkraft. Da die Dimensionen der Erde und ihre Umdrehungsgeschwindigkeit, bekannt sind, so kann die Zentrifugalbeschleunigung für jeden Punkt ihrer Oberfläche berechnet werden; nehmen wir an, daß die reine Gravitation, deren Beschleunigung wir mit a bezeichnen wollen, überall nach dem Mittelpunkt der Erde gerichtet sei, so können wir sie nach dem Satz vom Parallelogramm bestimmen. Am Äquator ist a gleich der Summe von g und von der Zentrifugalbeschleunigung, am Pole sind a und g identisch. Für den Äquator berechnen wir die Centrifugalbeschleunigung aus folgenden Angaben. Der Umfang des Äquators ist gleich $2\pi \times 6\,378\,200$ m, die Umdrehungszeit der Erde nach § 17 gleich $24 \times 60 \times 60 - 236 = 86\,164$ sec., somit die Zentrifugalbeschleunigung gleich

$$\left\{ \frac{2\pi \times 6\,378\,200}{86\,164} \right\}^2 \cdot \frac{1}{6\,378\,200} = 0 \cdot 0339\,\text{m} \cdot \text{sec}^{-2}.$$

Die Beschleunigung der reinen Gravitation ist somit am Äquator:

$$a = 978 \cdot 00 + 3 \cdot 39 = 981 \cdot 39\,\text{cm} \cdot \text{sec}^{-2},$$

$$\text{am Pol: } a = 983 \cdot 19.$$

Auch die reine Gravitation ist demnach am Pole größer als am Äquator. Es folgt hieraus, daß die Erde keine Kugel, sondern ein an den

Polen abgeplatteter Körper ist. In der Tat ergibt sich aus den an der
Oberfläche der Erde ausgeführten Gradmessungen, daß die Erde im
wesentlichen als ein abgeplattetes Rotationsellipsoid zu betrachten ist. Der
Überschuß der äquatorialen Achse über die Polarachse, die sogenannte
Abplattung, beträgt $\frac{1}{297}$ der ersteren.

**§ 91. Die Abplattung der Erde und die Massenverteilung in ihrem
Inneren.** Wenn man bedenkt, daß der größere Teil der Erdoberfläche
mit Wasser bedeckt ist, daß die ganze Erde in früheren Epochen wahrscheinlich flüssig war, so liegt es nahe, ihre Abplattung als eine Wirkung
der Zentrifugalkraft zu betrachten. Wir nehmen zunächst an, die Erde
bestehe aus einem festen kugelförmigen Kern, der von einer Flüssigkeit
von geringerer oder höchstens gleicher Dichte bedeckt sei. Auf ein
beliebiges Teilchen der Flüssigkeit wirkt die nach dem Mittelpunkte gerichtete Anziehung des Kernes, die Anziehung der übrigen Flüssigkeitsteilchen und die Zentrifugalkraft; die Oberfläche der Flüssigkeit stellt
sich ebenso wie in dem Beispiel des § 85 senkrecht gegen die Resultante
aus diesen drei Kräften; die Zentrifugalkraft hat daher in der Tat die
Folge, daß die Flüssigkeitsschichte, die sonst den Kern mit konstanter
Dicke konzentrisch umhüllen würde, an den Polen sich abplattet. Für
die Größe der Abplattung ergibt sich der Wert:

$$\frac{1}{582} \cdot \frac{1}{1 - 0 \cdot 6 \, \frac{\varrho}{\delta_m}} \cdot$$

Hier bezeichnet ϱ die Dichte der Flüssigkeit, δ_m die mittlere Dichte
der Erde, so daß nach § 89 $\delta_m = 5 \cdot 5$. Setzen wir ϱ gleich der Dichte
des Wassers, gleich 1, so wird die Abplattung gleich $\frac{1}{520}$; denken
wir uns den Kern bedeckt mit einer flüssigen Schicht, deren Dichte
gleich der mittleren Dichte der Erdrinde ist, so erhalten wir ungefähr
$\frac{\varrho}{\delta_m} = \frac{1}{2}$, und die Abplattung gleich $\frac{1}{407}$; setzen wir endlich $\varrho = \delta_m$, so
erhalten wir für die Abplattung eines homogenen Erdkörpers den
Betrag $\frac{1}{232}$. In keinem Falle ergibt die Theorie die tatsächlich vorhandene Abplattung von etwa $\frac{1}{300}$, keine von den gemachten Voraussetzungen entspricht also den wirklichen Verhältnissen des Erdkörpers.

Unsere Voraussetzungen dürften nun in zwei Punkten der Wirklichkeit nicht entsprechen. Es ist von vornherein unwahrscheinlich, daß
der Kern der Erde, den wir als wesentlich dichter von der umgebenden
Hülle absondern, kugelförmig sei; entsprechend der äußeren Oberfläche
wird auch der Kern eher durch ein abgeplattetes Rotationsellipsoid zu
begrenzen sein. Ferner weist die Verteilung der Schwere darauf hin,
daß die Oberfläche der Erde nicht mit hinreichender Genauigkeit durch
ein abgeplattetes Rotationsellipsoid dargestellt wird. Die von dem
letzteren etwas abweichende Begrenzungsfläche des Erdkörpers, welche
den Beobachtungen besser entspricht, bezeichnet man als das Geoid. Auf
Grund dieser verallgemeinerten Annahmen gelangt man nun in der Tat

zu einer befriedigenden Übereinstimmung zwischen Beobachtung und Rechnung. Im einzelnen ergeben sich die folgenden bemerkenswerten Daten.

Man kann annehmen, daß auch das Geoid eine Umdrehungsfläche sei, deren beide Hälften zu der Ebene des Äquators symmetrisch sind. Der äquatoriale Halbmesser a des Geoids ist dann gleich 6 378 200 m, der polare Halbmesser b gleich 6 356 700 m, die Abplattung $\frac{a-b}{a} = \frac{1}{297}$. Von der Form des Geoids erhalten wir am leichtesten eine Vorstellung, wenn wir zuerst das Rotationsellipsoid konstruieren, dessen Achsen gleich den eben gegebenen Werten von a und b sind. Das Geoid liegt dann, abgesehen von Pol und Äquator, innerhalb dieses Ellipsoids; in einer Breite von 45° ist das Geoid in der Richtung des Erdradius um 2·7 m niedriger als das Ellipsoid; dieser Unterschied ist beinahe verschwindend klein gegenüber der Größe des Erdhalbmessers selber.

Der Kern der Erde hat eine äquatoriale Achse von 4 977 400 m, eine polare Achse von 4 962 000 m, seine Abplattung beträgt $\frac{1}{323}$.

Während nach § 89 die mittlere Dichte der Erde gleich 5·527 ist, ergibt sich für die Dichte des Kerns die Zahl 8·206. Dieser hohe Betrag macht es ‚wahrscheinlich, daß der Kern der Erde aus Metall besteht, vielleicht aus Eisen, dessen Dichte dem gefundenen Werte am nächsten liegt. Die mittlere Dichte der Erdrinde wird 3·098, etwas mehr als die mittlere Dichte der Gesteine.

Die genauere Theorie, welche von der Geoidform der Erde ausgeht, führt auch zu einer etwas anderen Abhängigkeit der Schwere von der geographischen Breite; an Stelle der Formel von § 78 tritt die folgende:

$$g = g_0 + (g_{90} - g_0)\sin^2\varphi - 2\,(g_0 + g_{90} - 2\,g_{45})\sin^2\varphi\,\cos^2\varphi.$$

Hier bezeichnet g_0 die Beschleunigung der Schwere am Äquator, g_{90} die am Pole, g_{45} die in einer Breite von 45°, und es ist:

$$g_0 = 978\cdot046,$$
$$g_{90} - g_0 = 5\cdot185,$$
$$g_{90} + g_0 - 2\,g_{45} = 0\cdot014[1].$$

§ 92. Gleichgewicht und Bewegung an der Oberfläche der rotierenden Erde. In § 90 haben wir es als etwas beinahe Selbstverständliches hingestellt, daß die Schwere an der Oberfläche der Erde eine Resultante aus zwei Kräften sei, aus der reinen Gravitation und aus der Zentrifugalkraft. In Wirklichkeit aber enthält dieser Satz große begriffliche Schwierigkeiten, und es scheint daher zweckmäßig, etwas ausführlicher auf diese Dinge zurückzukommen.

Wäre ein Körper, der an der Rotation der Erde teilnimmt, mit ihrer Achse durch ein festes Band verbunden, so würde die auf den

---

[1] E. WIECHERT, Über die Massenverteilung im Inneren der Erde. Göttinger Nachrichten Math. phys. Kl. 1897. p. 221. F. R. HELMERT, Der normale Teil der Schwerkraft im Meeresniveau. Sitzungsber. der Berliner Akademie 1901. XIV.

Körper wirkende Zentralkraft durch die Spannung des Bandes gegeben sein. Die Spannung würde aber auch umgekehrt auf die Achse de Erde wirken und würde sie zu neigen suchen; entsprechend dem Prinzip der Gleichheit von Aktion und Reaktion würden Zentralkraft und Zentrifugalkraft einander gegenüberstehen. Wenn aber ein Stein an der Oberfläche der Erde ruht, so ist er mit dieser nicht durch ein festes Band, sondern nur durch die in die Ferne wirkende NEWTONsche Gravitation verbunden. Es fragt sich, wie dann die Zentralkraft zustande kommt, die den Stein in seiner kreisförmigen Bahn erhält. Der Einfachheit halber nehmen wir an, der Stein befinde sich im Äquator der Erde; er durchläuft dann in einem Tage den Umfang des Äquators, und es muß daher in der Richtung des Erdhalbmessers eine Zentralkraft auf ihn wirken, die durch das in § 85 gefundene Gesetz bestimmt wird. Nun wirken auf den Stein in Wirklichkeit zwei Kräfte; einmal die Anziehung der Erde, die reine Gravitation; andererseits übt die Unterlage des Steines auf ihn einen nach oben gerichteten Druck aus, der gleich seinem Gewichte ist. Die reine, gegen den Erdmittelpunkt gerichtete Gravitation ist aber größer als der Gewichtsdruck; die Differenz zwischen der reinen Gravitation und zwischen dem Gewichte ist gleich der zur Erhaltung der Kreisbewegung nötigen Zentralkraft.

Ganz ähnlich liegt der Fall bei einem in Ruhe befindlichen Pendel, das wir uns gleichfalls im Äquator aufgestellt denken. Nach dem Erdmittelpunkte hin wirkt die reine Gravitation, nach oben die Spannung des Pendelfadens, die wir gleich dem Gewichte der Pendelkugel setzen. Die Differenz zwischen der Gravitation und der Fadenspannung muß gleich der Zentralkraft sein, die nötig ist, um die nur scheinbar ruhende Pendelkugel in der kreisförmigen Bahn zu erhalten, die sie infolge der Drehung der Erde in Wirklichkeit beschreibt. Die Betrachtung läßt sich leicht ausdehnen auf ein schwingendes Pendel. Dabei beschränken wir uns ebenso wie früher auf den Fall kleiner Amplitude, in dem man die Kreisbahn des Pendels durch eine horizontale gerade Linie ersetzen kann. Wir zerlegen dann die Fadenspannung in eine horizontale und in eine vertikale Komponente. Die erste erzeugt die Pendelschwingung; die zweite muß zusammen mit der auf das Pendel wirkenden reinen Gravitation wiederum die Zentralkraft geben, welche das Pendel in seiner kreisförmigen Bahn um die Erdachse erhält.

Der Halbmesser des Äquators sei R, die Winkelgeschwindigkeit der Erdrotation ω, die Masse der Pendelkugel m; dann ist nach § 85 die Zentralkraft gleich $mR\omega^2$. Bezeichnen wir die reine Gravitation, wie sie durch die NEWTONsche Anziehung erzeugt wird, mit A, die Fadenspannung und das ihr gleiche Gewicht der Pendelkugel mit G, so ist:

$$mR\omega^2 = A - G,$$

$$G = A - mR\omega^2.$$

In der zweiten Formel tritt $mR\omega^2$ als eine Kraft auf, welche von der reinen Gravitation abzuziehen ist; diese Kraft muß vom Erdmittelpunkt weg gerichtet sein, und wir bezeichnen sie deshalb als eine Zentrifugalkraft. In Worten wird dann der Inhalt der Formel so auszudrücken sein: Das Gewicht der Pendelkugel ist gleich der reinen Gravitation vermindert um die Zentrifugalkraft. Dasselbe gilt natürlich für jeden Körper, den wir uns am Äquator an der Oberfläche der Erde liegend denken.

Eine andere Auffassung ergibt sich aus der ersten Formel. Nach dieser ist die Zentralkraft $mR\omega^2$ gleich der Resultante aus der reinen Gravitation und aus einer nach oben wirkenden Kraft, die entweder gleich dem Gewichtsdrucke des Steines auf seine Unterlage, oder gleich der durch das Pendelgewicht gemessenen Fadenspannung ist. In diesem Falle hat die Zentralkraft keine unabhängige Existenz, sie erscheint vielmehr als eine aus zwei gegebenen Kräften konstruierte Resultante.

Wie steht es nun mit dem freien Fall eines Körpers an der Oberfläche der Erde? Hier hört jede materielle Verbindung zwischen dem Körper und der Erde auf, sobald er die ihn haltende Hand verläßt. Hier sind es nur zwei Ursachen, welche seine Bewegung im wesentlichen bestimmen: die reine Gravitation und die Geschwindigkeit, die der Körper im Momente des Loslassens infolge der Erdrotation besitzt. Von einer Zentral- oder Zentrifugalkraft als einer wirklich vorhandenen

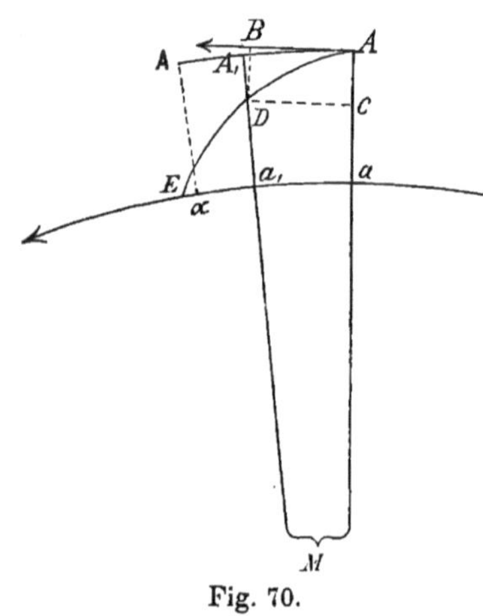

Fig. 70.

Bewegungsursache ist hier von vornherein keine Rede. Um die Verhältnisse etwas eingehender zu untersuchen, begeben wir uns wieder in einen Punkt des Äquators, von dem ein Stück durch den Kreisbogen der Figur 70 dargestellt sei; aA sei die durch den Mittelpunkt M der Erde gehende Vertikale, A etwa die Spitze eines Turmes, von der aus wir einen Stein frei fallen lassen. Wir ziehen durch A einen Kreisbogen AA_1 mit M als Mittelpunkt; legen wir an diesen Kreisbogen die Tangente AB, so hat der Stein infolge der Rotation der Erde in A eine Geschwindigkeit v in der Richtung der Tangente. Die Winkelgeschwindigkeit der Erdrotation sei ω, der Halbmesser des Äquators R, die Höhe des Turmes $aA = h$, dann ist:

$$v = \omega(R + h).$$

Außerdem wirkt nun in der Richtung Aa auf den Stein die Anziehung der Erde, deren Beschleunigung, die Beschleunigung der reinen Gravitation, wir wieder mit a bezeichnen. Infolge des Zusammenwirkens der beiden Bewegungsursachen muß nun der Stein in einer elliptischen Bahn um den Mittelpunkt der Erde sich bewegen, gerade so, wie die Planeten um die Sonne. Diese Bahn ist in der Figur in rein schematischer Weise gezeichnet, sie trifft den Äquator in dem Punkte E. Ein Stück der elliptischen Bahn können wir nach den Vorschriften von § 67 konstruieren. Wir betrachten die Bewegung während einer Zeit τ, die so klein ist, daß wir annehmen können, die Gravitation wirke während derselben in · der unveränderten Richtung $A\,a$; die Strecke $A\,C$, welche in dieser Richtung infolge der Beschleunigung a zurückgelegt wird, ist dann $\frac{1}{2}a\,\tau^2$; gleichzeitig legt der Stein infolge seiner Geschwindigkeit v in der Richtung der Tangente des Bogens $A\,A_1$ die Strecke $A\,B$ gleich $v\tau$ zurück. Unter der gemeinsamen Wirkung der beiden Bewegungsursachen kommt der Stein in der Zeit τ in die Ecke D des aus $A\,B$ und $A\,C$ konstruierten Rechteckes. Was wir aber beobachten, ist nicht die wirkliche Bewegung des Steines von A bis D. Wir drehen uns selber mit der Erde, und während der Stein den Ellipsenbogen $A\,D$ durchläuft, kommt unser Turm von $a\,A$ nach $a_1\,A_1$. Wir beobachten nun, um wieviel der Stein von der Spitze des Turmes ab gefallen ist. Dieser Fallraum $A_1\,D$ ist aber offenbar kleiner als die Strecke $A\,C$, welche der Stein infolge der nach M gerichteten Anziehung zurücklegt. Die aus dem beobachteten Fallraume berechnete Beschleunigung in der Richtung des rotierenden Radius $A_1\,a_1$, die Beschleunigung der Schwere, ist somit kleiner, als die in der festen Richtung $A\,a$ wirkende Beschleunigung der reinen Gravitation. Eine kleine geometrische Betrachtung gibt die Beziehung:

$$g = a - R\,\omega^2.$$

Die Beschleunigung der Schwere ist gleich der Beschleunigung der reinen Gravitation vermindert um die Beschleunigung der Zentrifugalkraft. Hier aber sieht man deutlich, daß die Zentrifugalkraft keine wirkliche Existenz besitzt. Sie ist eine fingierte Kraft; durch ihre Einführung tragen wir den Veränderungen Rechnung, die dadurch bedingt sind, daß wir die Bewegung des fallenden Steines nicht von einem ruhenden Standpunkt außerhalb der Erde, sondern von dem mitbewegten Standpunkt an ihrer Oberfläche beobachten.

Es kann nun nicht geleugnet werden, daß unsere Betrachtung infolge des zweideutigen Charakters der Zentrifugalkraft, die bald als eine reale Wirkung, bald als eine bloße Rechnungsgröße auftritt, einen Rest von Unbehagen zurückläßt. Dieses Unbehagen empfand Heinrich Hertz so stark, daß es für ihn zur Veranlassung wurde, die Mechanik von dem Begriffe der Kraft ganz zu befreien und auf eine neue Weise zu begründen. Er nahm an, daß die Körper ihre Bewegungen wechselseitig dadurch bestimmen, daß sie durch irgendwelche materielle Zwischenglieder miteinander verbunden sind, ähnlich wie die Elemente einer Maschine durch Kurbeln, Räder oder Ketten. In der Tat hat Hertz auf Grund dieser Annahme ein in sich vollkommenes Lehrgebäude der

Mechanik errichtet. Aber eine unbehagliche Empfindung bleibt uns auch hier, solange wir nicht wissen, was wir uns unter jenen hypothetischen Verbindungen und Zwischengliedern zu denken haben, und wie sie beschaffen sein müssen, um die beobachteten Erscheinungen zu erklären.

Das praktische Resultat der bisherigen Überlegungen können wir so ausdrücken: Wollen wir die Bewegungen von Körpern an der Oberfläche der Erde nicht im ruhenden Raume, ohne Rücksicht auf ihre Rotation sondern so bestimmen, wie sie sich von dem mit der Erde rotierenden Standpunkte des Beobachters aus darstellen, so müssen wir zu den wirklich auf den Körper wirkenden Kräften noch eine fingierte Kraft hinzufügen, die von der Erdachse weg gerichtete Zentrifugalkraft. Nun ergibt sich aber, daß dies nicht der einzige Unterschied zwischen der wahren Bewegung des Körpers im Raume und seiner scheinbaren Bewegung an der Oberfläche der Erde ist.

Wir wollen dies zunächst an dem Beispiele der Fallbewegung zeigen; der Einfachheit halber betrachten wir wieder die Verhältnisse am Äquator, so daß wir an die Figur 70 anknüpfen können. Bestände die durch die Rotation bedingte Änderung allein darin, daß an Stelle der Beschleunigung a der reinen Gravitation die Beschleunigung der Schwere g tritt, so müßte der fallende Stein immer auf der mit der Erde rotierenden Vertikallinie $A_1 a_1$ bleiben. In Wirklichkeit ist dies nicht der Fall. Man kann dies zunächst theoretisch in folgender Weise zeigen. Die elliptische Bahn, welche der von A fallende Stein im Raume beschreibt, läßt sich konstruieren mit Hilfe der bekannten Anfangsgeschwindigkeit v in der Richtung AB und der Beschleunigung a der reinen Gravitation in der Richtung Aa. Man kann somit auch den Punkt E bestimmen, in dem die Bahn die Oberfläche der Erde schneidet, den Punkt, in dem der Stein zu Boden fällt. Ferner kann man die Zeit t berechnen, welche der Stein braucht, um den Ellipsenbogen AE zu durchlaufen. Man findet mit genügender Annäherung:

$$t = \frac{R+h}{R}\sqrt{\frac{2h}{g}} - \frac{2}{3}\frac{h}{R}\sqrt{\frac{2h}{g}}.$$

R bezeichne wie früher den Halbmesser der Erde, h den ganzen Fallraum Aa, g die Beschleunigung der Schwere. Die Geschwindigkeit des Punktes a ist gleich der Winkelgeschwindigkeit ω der Erde multipliziert mit dem Erdhalbmesser, d. h. gleich $R\omega$. Andererseits ist die Bahngeschwindigkeit von A gegeben durch $v = (R + h)\omega$. Die Geschwindigkeit, mit der sich der Punkt a im Äquator bewegt, ist somit $v\frac{R}{R+h}$. Multiplizieren wir diese Geschwindigkeit mit der Zeit t, so ergibt sich der Weg $a\alpha$, den der Punkt a zurücklegt, während der Stein den Bogen AE durchläuft. Wir erhalten mit derselben Annäherung wie vorher:

$$a\alpha = v\sqrt{\frac{2h}{g}} - \frac{2}{3}\frac{v}{R}h\sqrt{\frac{2h}{g}}.$$

Auf der anderen Seite wird die Distanz aE, in welcher der Stein den Boden erreicht:

$$aE = v\sqrt{\frac{2h}{g}}.$$

Wir wollen uns nun unter Aa, A_1a_1, $A\alpha$ die Achse eines Turmes denken, von deren Endpunkt der Stein fallen gelassen wird. Der Stein eilt dann bei seinem Falle jener Achse im Sinne der Erdrotation voran; er trifft den Boden nicht in ihrem Fußpunkt α, sondern in einem Punkte E, der gegen α nach Osten hin um die Strecke $aE - a\alpha$ oder

$$\alpha E = \frac{2}{3}\frac{v}{R}\cdot h\sqrt{\frac{2h}{g}}$$

verschoben ist. Am Äquator ist:

$$R = 6\,378\,000\,\text{m}, \quad v = 465{\cdot}12\,\text{m},$$

$$g = 9{\cdot}780\,\text{m}.$$

Setzen wir mit Rücksicht auf einen sofort zu erwähnenden Versuch die Höhe des Turmes, $h = 158{\cdot}5\,\text{m}$, so wird:

$$\alpha E = 43{\cdot}6\,\text{mm}.$$

Beobachtungen über die Abweichung des frei fallenden Körpers von der Vertikalen hat Reich in einem Bergwerksschachte in Freiberg, also unter einer Breite von $50^0\ 57'$ angestellt; er fand eine östliche Abweichung des fallenden Steines von $28{\cdot}4\,\text{mm}$. Das ist beträchtlich weniger als wir für den Äquator berechnet haben. Aber in einer Breite von $50^0\ 57'$ beträgt die von der Erdrotation herrührende Anfangsgeschwindigkeit des Steines auch nicht $465{\cdot}12\,\text{m}$, sondern nur $293{\cdot}02\,\text{m}$, der berechnete Wert der Abweichung wird daher $27{\cdot}5\,\text{mm}$, eine Zahl, die mit der von Reich beobachteten hinreichend übereinstimmt, um die Richtigkeit unserer Überlegungen zu beweisen.

Ein Physiker, der von der Rotation der Erde nichts wüßte, würde durch die Beobachtungen von Reich zu der Vorstellung gedrängt, daß auf die Körper an der Oberfläche der Erde eine von West nach Ost gerichtete Kraft wirke. Eine fingierte Kraft von dieser Art müssen wir einführen, wenn wir die Bewegungen der Körper nicht im ruhenden Raume, sondern in dem mit der Erde rotierenden Raume des Beobachtungsortes richtig bestimmen wollen. Wir sehen also, daß die Rotationsbewegung noch zu der Einführung einer zweiten fingierten Kraft neben der Zentrifugalkraft führt. Diese zweite Kraft tritt aber nur auf, wenn der betrachtete Körper sich gegen die Oberfläche der Erde bewegt, nicht, wenn er an der Oberfläche ruht.

§ 93. Das Foucaultsche Pendel. Die zweite von den Wirkungen, die wir in dem vorhergehenden Paragraphen besprochen haben, macht sich in besonders auffallender Weise bei einem Fadenpendel geltend, das um den Aufhängepunkt des Fadens nach allen Richtungen hin schwingen kann. Die Verhältnisse, die wir zu untersuchen haben, sind im allgemeinen ziemlich verwickelt; wir erleichtern unsere Aufgabe, indem wir uns das Pendel über dem Nordpol der Erde aufgestellt denken, wo die Erscheinung besonders einfach sich gestaltet. Wenn der Aufhängungspunkt des Pendels in der Erdachse liegt, so erfährt er bei der Drehung der Erde keinerlei Verschiebung. Die Pendelkugel bewegt sich von Anfang an in einer durch den Pendelfaden und die Erdachse gelegten Ebene; senkrecht dazu wirkt weder eine Beschleunigung noch eine Geschwindigkeit; das Pendel wird also im ruhenden Raume immer in derselben durch die Erdachse hindurchgehenden Ebene schwingen, in welcher der Anfang der Bewegung sich vollzog. Unter dem Pendel aber dreht sich die Erde in nahe 24 Stunden einmal um ihre Achse. Da der Beobachter an dieser Drehung teilnimmt, so ist für seine Empfindung die Erde in Ruhe; ihm scheint also die Ebene der Pendelschwingung in 24 Stunden einmal im Kreise umzulaufen in einem der Drehung der Erde entgegengesetzten Sinne. Die scheinbare Bahn, welche die Pendelkugel über die Oberfläche der Erde hin beschreibt, hat den durch Figur 71 dargestellten Typus. Nur beträgt die Zahl der Schleifen, welche auf eine Umdrehung kommen, bei einem Sekundenpendel z. B. nahezu 43 000.

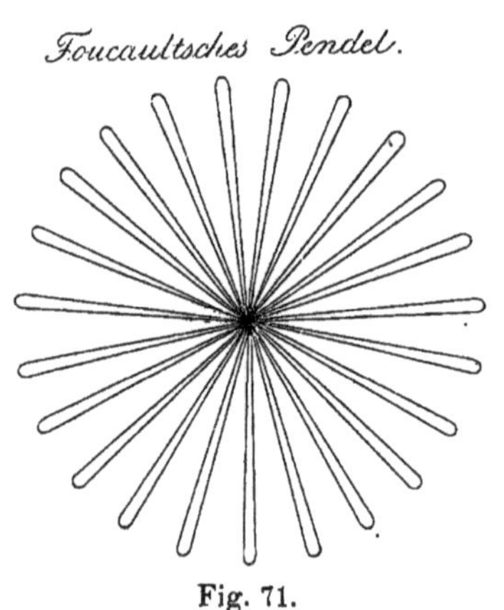

Fig. 71.

Für andere Stellen der Erdoberfläche wird die theoretische Betrachtung durch den Umstand erschwert, daß der Aufhängungspunkt des Pendels an der Rotation der Erde teilnimmt. Wir begnügen uns daher mit der Angabe des sehr einfachen Resultates der Rechnung:

An einem beliebigen Orte dreht sich die Schwingungsebene eines Fadenpendels mit einer Geschwindigkeit, welche gleich ist der Winkelgeschwindigkeit der Erdrotation, multipliziert mit dem Sinus der geographischen Breite.

Am Äquator fällt die Drehung fort.

Foucault hat die Drehung der Schwingungsebene eines Fadenpendels zuerst beobachtet und durch die Übereinstimmung der Beobachtungen mit dem angeführten Satze einen Beweis für die Achsendrehung der Erde geliefert, der nur Beobachtungen an der Oberfläche der Erde selbst voraussetzt.

§ 94. Das sphärische Pendel. Bei dem Foucaultschen Versuche benutzten wir ein Fadenpendel, welches nach allen Richtungen hin frei schwingen kann, ein sogenanntes sphärisches Pendel. Die Theorie des Pendels, wie wir sie in früheren Paragraphen entwickelt haben, setzt voraus, daß das Pendel in einer durch seinen Aufhängungspunkt hindurchgehenden vertikalen Ebene schwingt. Bei den physischen Pendeln wird diese Bedingung in der Regel schon dadurch erfüllt, daß das Pendel nicht um einen Punkt, sondern um eine horizontale Achse drehbar ist. Bei dem Fadenpendel suchen wir der Bedingung dadurch zu genügen, daß wir die Pendelkugel zur Seite ziehen und loslassen, ohne ihr irgend eine seitliche Geschwindigkeit zu erteilen. Gerade durch die Beobachtungen mit dem FOUCAULTschen Pendel, bei denen wir von der allseitigen Beweglichkeit des Fadenpendels Gebrauch machen, wird aber die Frage

nahegelegt, wie sich ein Pendel bewegt, wenn ihm beim Loslassen eine, wenn auch kleine, seitliche Geschwindigkeit erteilt wird. Die Bahn des Pendels besitzt dann den Typus der in Figur 72 gezeichneten Kurve. Man erhält sie, wenn man die Pendelkugel eine Ellipse durchlaufen läßt, und diese Ellipse zugleich um ihren Mittelpunkt im Kreise herumdreht. Ist die Ellipse sehr schmal, so ergibt sich auch hier der Eindruck einer Drehung der Schwingungsebene um die Vertikale. Wenn also das FOUCAULTsche Pendel beim Loslassen einen seitlichen Stoß erleidet, so wird auch hierdurch eine Drehung der Pendel

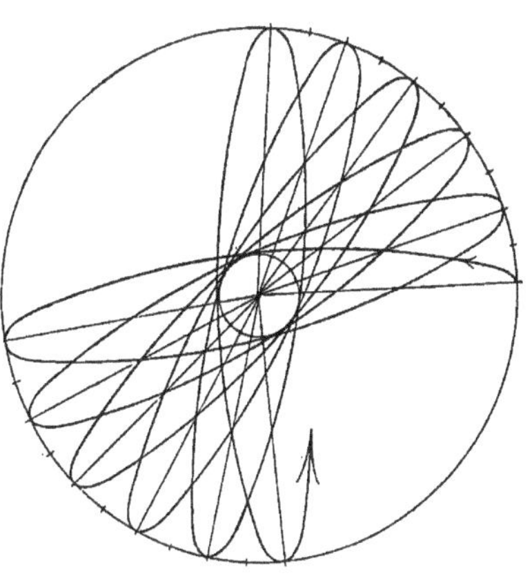

Fig. 72.

ebene erzeugt; die durch die Erdrotation bedingte Drehung kann dadurch mehr oder weniger gestört, bei größerer Seitenabweichung des Pendels völlig verdeckt werden.

§ 95. Rotation eines starren Körpers um seinen Schwerpunkt. In der Lehre vom Pendel haben wir Schwingungen betrachtet, die ein starrer Körper um eine unveränderliche Drehungsachse ausführt. Beim physischen Pendel ist diese Unveränderlichkeit von vornherein dadurch gesichert, daß die Drehungsachse durch eine mit ihm fest verbundene, zu seiner Längsrichtung senkrechte Schneide dargestellt wird, mit der das Pendel auf einer festen horizontalen Platte aufliegt. Beim mathematischen Pendel ist allerdings eine solche bestimmte Drehungsachse nicht vorhanden; wir sorgen aber durch die Art, wie die Bewegung eingeleitet wird, dafür, daß das Pendel in einer Ebene hin- und herschwingt, d. h. so, wie wenn es um eine unveränderliche Achse sich drehte. Im allgemeinen sind die Bewegungen eines Körpers, der um einen festen Punkt nach allen Richtungen hin sich frei drehen kann, von komplizierter Natur. Das bekannteste Beispiel einer solchen Bewegung bildet der Kreisel, der mit seiner Spitze in eine glatte Pfanne eingesetzt ist, so daß er sich um die Spitze dreht, während diese zugleich gezwungen ist, an derselben Stelle zu bleiben. Aber auch die Achsendrehung der Erde, die Rotation eines Geschosses in der Luft besitzen denselben Charakter. Der Unterschied liegt nur darin, daß in den letzteren Fällen zu der drehenden Bewegung um den Schwerpunkt noch eine fortschreitende Bewegung hinzukommt.

Wir beschränken uns bei dem Problem der Rotation eines starren Körpers um einen festen Punkt auf wenige Andeutungen, da eine ausführliche Behandlung nicht möglich ist, ohne einen etwas umständlichen mathematischen Apparat. Vor allem setzen wir voraus, daß der betrachtete Körper mit Bezug auf eine bestimmte Achse nach allen Seiten hin symmetrisch gebaut sei, daß er die Gestalt eines Umdrehungskörpers besitze; jene Symmetrieachse bezeichnen wir als **Figurenachse** des Körpers; aus Symmetriegründen muß dann der Schwerpunkt in der Figurenachse liegen; wir nehmen zunächst an, daß der Drehungspunkt mit dem Schwerpunkt zusammenfalle, der Körper sich so bewege, als ob überhaupt keine äußeren Kräfte auf ihn wirkten.

Wir betrachten nun zuerst den Fall, daß die Drehungsachse zusammenfällt mit der Figurenachse des Körpers. Die Resultante aller auf den Körper wirkenden Zentrifugalkräfte ist in diesem Falle gleich Null, da die rotierenden Massen um die Achse vollkommen symmetrisch verteilt sind. Die Drehung geht also gerade so vor sich, wie wenn keine Zentrifugalkräfte wirkten. Es ist dies der Fall eines vollkommen zentrierten Schwungrades, dessen Lager durch Zentrifugalkräfte in keiner Weise in Anspruch genommen werden. Ganz anders gestaltet sich die Sache, wenn das Schwungrad schief auf seine Achse aufgesetzt ist, die Drehungsachse nicht zugleich Figurenachse ist. Es stelle der in Figur 73 gezeichnete Kreis das Schwungrad vor, CD sei die Drehungsachse, CF die Figurenachse. Wenn wir nun zwei Punkte a und a' des Rades betrachten, die symmetrisch zu der Ebene DCF liegen, so heben sich die von ihnen entwickelten Zentrifugalkräfte allerdings noch auf, aber nicht so die Zentrifugalkräfte zweier Punkte b und b', die in der Ebene DCF gleich weit von der Achse liegen; diese erzeugen ein Kräftepaar K, K', das die Figurenachse der Drehungsachse zu nähern, eine Drehung des Rades um eine zu DCF senkrechte Achse aa' zu erzeugen sucht. Soll also die Rotationsachse des Schwungrades ihre Lage im Raume behalten, so muß auf sie von außen her ein Kräftepaar p, p' wirken, welches, dem der Zentrifugalkraft in jedem Augenblick entgegengesetzt, durch den von den Lagern auf die Achse ausgeübten Druck geliefert wird. Die Achse aa', um welche p und p' zu drehen suchen, steht in jedem Augenblick senkrecht zu der Ebene DCF, sie rotiert also mit dem Rade, und gleiches gilt natürlich auch von der Richtung der Drucke p und p' selbst. Es beruht auf diesem Umstand das Schleudern eines schief auf der Achse sitzenden Rades, die rasche Abnützung der Lager und der Achse.

Wir haben bisher angenommen, daß die Achse des Schwungrades durch feste Lager gehalten sei. Wir fügen noch einige Bemerkungen hinzu, die sich auf den Fall eines um seinen Schwerpunkt frei nach allen Seiten drehbaren Rotationskörpers beziehen. Wenn die Drehungsachse mit der Figurenachse zusammenfällt, so ist nach dem Vor-

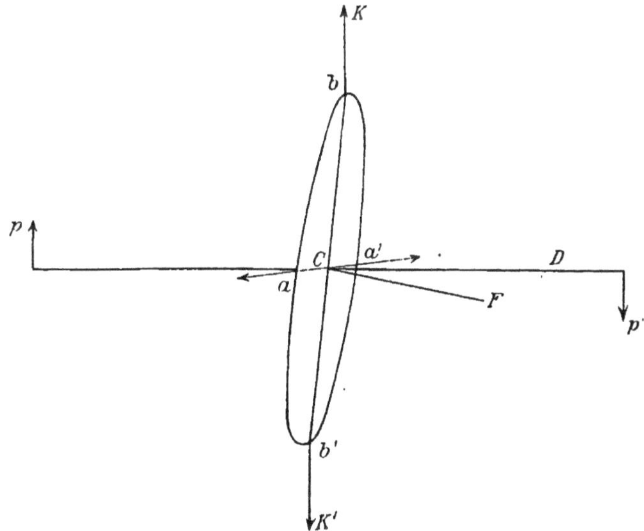

Fig. 73. Schwungrad.

hergehenden die Resultante der Zentrifugalkräfte gleich Null, der Körper fährt fort, um die Figurenachse zu rotieren; mit Bezug hierauf bezeichnet man diese als eine **freie Achse**. Wenn aber der Körper zu Anfang um eine andere gegen die Figurenachse geneigte Linie in Umdrehung versetzt wurde, so gesellt sich zu der ihm erteilten Winkelgeschwindigkeit sofort eine zweite, durch Zentrifugalkräfte erzeugte, hinzu; die Achse, um welche im ersten Moment die Drehung erfolgte, bleibt nicht Drehungsachse, vielmehr wandert diese im Inneren des Körpers auf dem Mantel eines Kreiskegels, dessen Figurenachse mit der des Körpers zusammenfällt. Aber nicht bloß im Inneren des Körpers verschiebt sich die Drehungsachse, sondern auch im Raume ändert sie von Augenblick zu Augenblick ihre Lage, indem sie auch hier den Mantel eines Kegels durchläuft. Halten wir uns an den Fall eines Körpers, der wie ein Schwungrad im wesentlichen die Gestalt eines Ringes oder einer flachen Scheibe hat — wir wollen ihn als Kreisel bezeichnen —, so können wir uns von der Bewegung in folgender Weise eine deutliche und anschauliche Vorstellung machen (Fig. 74). Wir beschreiben um den Drehungspunkt C eine Kugel. Wir haben dann einmal den mit dem Kreisel fest verbundenen Kegel, der von den aufeinanderfolgenden Lagen der Drehungsachse gebildet wird. Seine Figurenachse, zugleich die des Kreisels selbst, durchbohrt in dem betrachteten Augenblick die Oberfläche der Kugel in dem Punkt F; der Mantel durchschneidet die Kugel in einem

Kreise, dessen sphärischer Mittelpunkt F ist. Wir haben zweitens einen im Raum festen Kegel, dessen Achse auf der Kugelfläche den unveränder-

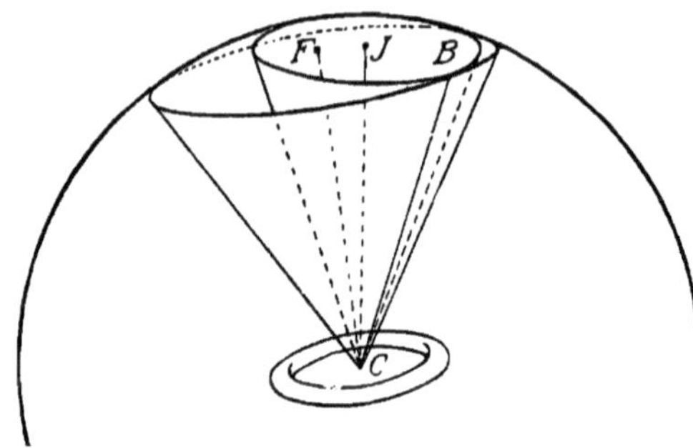

Fig. 74. Kreiselbewegung.

lichen Punkt J bestimmt. Der Mantel dieses Kegels erzeugt auf der Oberfläche der Kugel einen zweiten Kreis, dessen Mittelpunkt J ist. Die beiden Kreise berühren sich bei der momentanen Lage des Kreisels in einem Punkte B, die Kante BC ist die Achse, um die augenblicklich die Drehung des Krei-

sels erfolgt; die weitere Bewegung ergibt sich, wenn man den mit dem Kreisel verbundenen Kegel um den im Raume festen, d. h. den Kreis F um den Kreis J ohne Gleiten rollen läßt. Die Bewegung stimmt dem Ansehen nach überein mit dem Kreiseln einer flachen Scheibe, eines Geldstückes, eines Ringes auf einer ebenen Tischplatte.

§ 96. Präzessionsbewegung. Bewegungen, welche der zuletzt geschilderten ähnlich sind, ergeben sich, wenn man einen Körper zwar

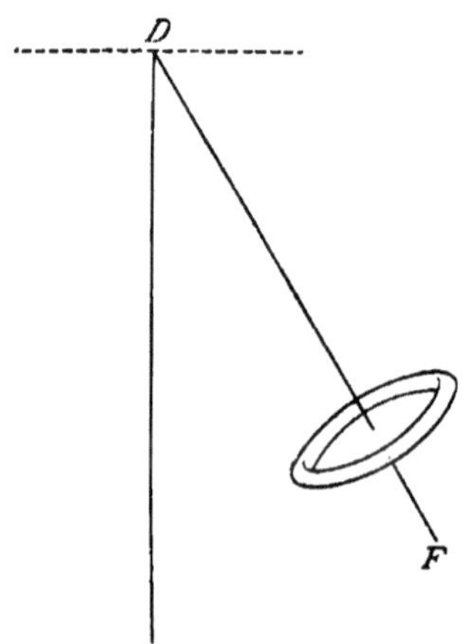

Fig. 75.

um seine Figurenachse in Rotation versetzt, dann aber irgendwelche äußere Kräfte auf ihn einwirken läßt. Bei einem Kreisel, dessen Drehungspunkt nicht mit seinem Schwerpunkte zusammenfällt, ergibt sich eine solche Kraft schon aus der Schwere. Wie im vorhergehenden nehmen wir an, daß der Kreisel die Form einer flachen Scheibe besitzt, die um ihre Figurenachse in schnelle Rotation versetzt werden kann. Auf der einen Seite sei die Achse verlängert und um ihren Endpunkt D frei drehbar (Fig. 75).[1]

Wir legen durch D eine horizontale Ebene und betrachten zuerst den Fall, daß die Figurenachse DF zu Anfang unterhalb dieser Ebene gehalten werde. Wenn der Kreisel keine Rotation um seine Achse besitzt, so wird er, losgelassen, einfache ebene Pendelschwingungen ausführen. Wenn er aber, um seine Figurenachse in Rotation versetzt, in der Stellung DF erst ruhig gehalten und dann losgelassen wird, so

---

[1] Hess, Über das Gyroskop. Math. Anm. 19. 1881. p. 121. Math. Anm. 29, 1887. p. 500. Klein und Sommerfeld. Über die Theorie des Kreisels. I.—IV. Heft. 1898—1904.

gesellt sich zu der durch die Schwere erzeugten Winkelgeschwindigkeit
noch die um die Figurenachse. Kombiniert man die Bewegungen, die
ihnen einzeln entsprechen, so ergibt sich, daß die Figurenachse des
Kreisels aus der vertikalen Ebene im Sinne der Rotation abweicht.
Das Ende der Figurenachse beschreibt eine Kurve, die in Figur 76 von
oben gesehen gezeichnet ist. Der Sinn, in dem der Kreisel um seine Achse
rotiert, ist durch den Pfeil auf dem kleinen um F beschriebenen Kreise
gegeben. Die Kurve verläuft in dem Raume zwischen zwei konzentrischen

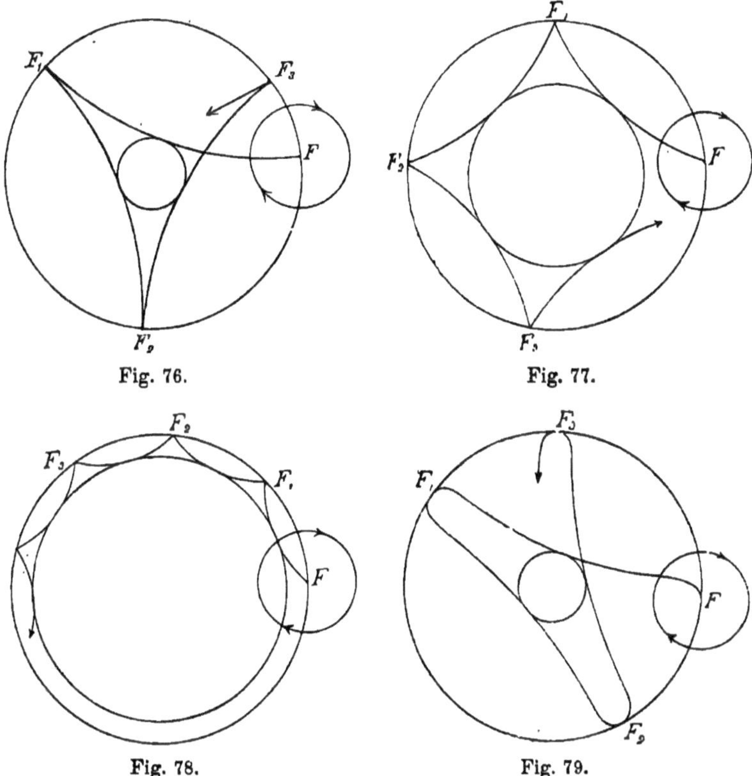

Fig. 76.   Fig. 77.

Fig. 78.   Fig. 79.

Kreisen, deren Mittelpunkte in der Vertikalen durch den Drehungspunkt
liegen; auf dem äußeren Kreis bildet sie eine Reihe von Spitzen, den
inneren berührt sie. Die Figuren 77 und 78 zeigen, wie die von dem
Endpunkte der Figurenachse beschriebene Kurve sich ändert, wenn die
Rotationsgeschwindigkeit des Kreisels wächst. Figur 79 gibt die Änderung
der Kurve, wenn die Figurenachse des rotierenden Kreisels aus der Anfangsstellung DF nicht einfach losgelassen wird, sondern gleichzeitig
einen seitlichen Antrieb im Sinne ihrer weiteren Bewegung erfährt.
Figur 80 zeigt die Bahn von F, wenn jener anfängliche Stoß der Bewegung von F entgegengesetzt ist.

Besonders eigentümlich stellt sich die Bewegung des Kreisels dar, wenn die Figurenachse von Anfang an nicht unter, sondern über der

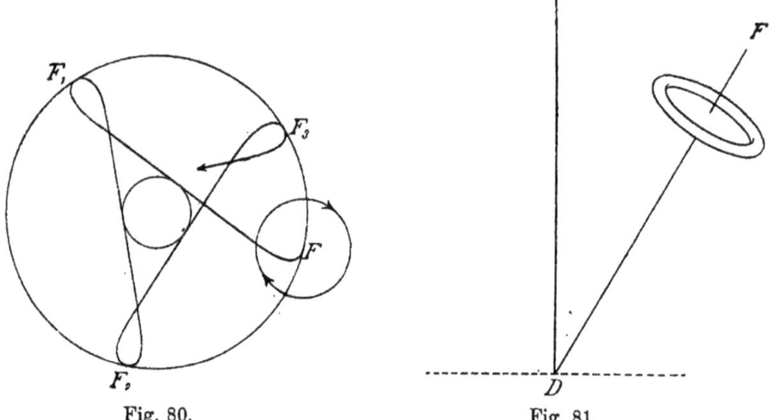

Fig. 80.   Fig. 81.

durch D gelegten Horizontalebene sich befand (Fig. 81). Wenn die Rotationsgeschwindigkeit genügend groß ist, so sinkt die Figurenachse nicht unter jene Ebene hinab, und ihr Endpunkt F beschreibt auf einer über der Horizontalebene liegenden Halbkugel Kurven, die für zunehmende Rotationsgeschwindigkeit in den Figuren 82 und 83 gezeichnet sind. Man hat dann bei großer Rotationsgeschwindigkeit den überraschenden Anblick, daß die Achse DF der Wirkung der Schwere zum Trotz anscheinend in derselben Höhe sich hält, daß sie aber zugleich schwankend oder zitternd einen

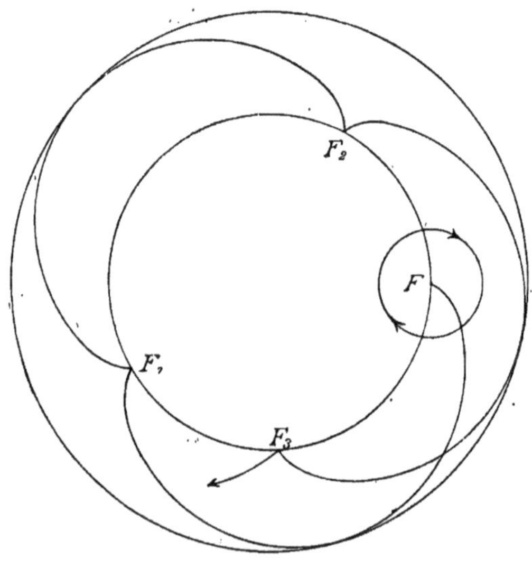

Fig. 82.

Kegel beschreibt, dessen Achse mit der Vertikalen durch den Drehungspunkt zusammenfällt.

Man hat damit zugleich die Bewegung eines gewöhnlichen auf einer Spitze drehbaren Kreisels, dessen Schwerpunkt über dem Drehungspunkte gelegen ist, bei dem also die Schwere den Winkel zwischen der Figurenachse und der Vertikalen zu vergrößern sucht (Fig. 84).

Man kann aber auch den zuerst betrachteten Fall, in dem der Schwerpunkt des rotierenden Körpers unterhalb der durch den Drehungspunkt gelegten Horizontalebene sich befindet, mit einem auf einer Spitze

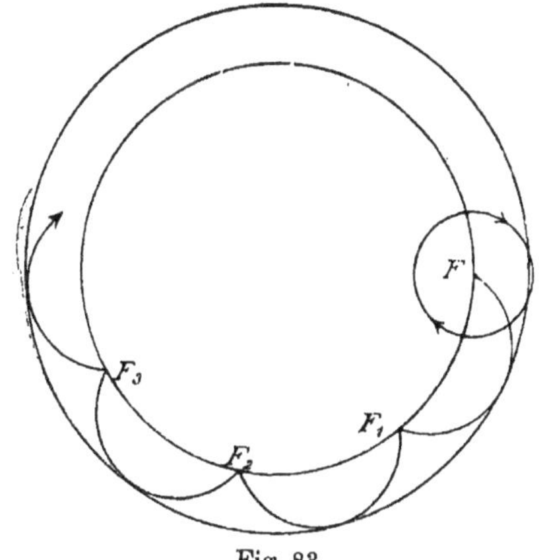

Fig. 83.

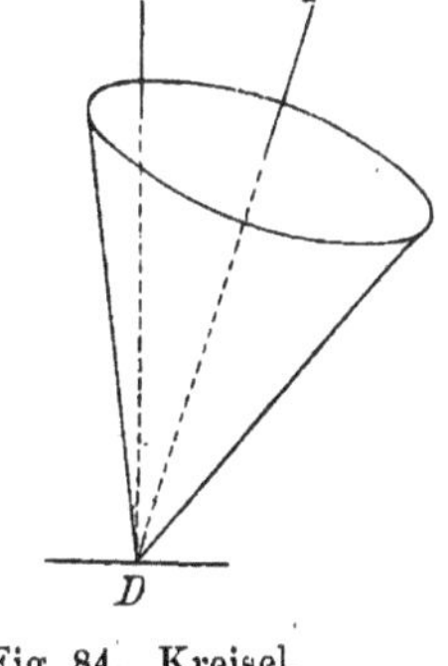

Fig. 84. Kreisel.

rotierenden Kreisel realisieren; zu diesem Zwecke gibt man seinem Durchschnitt die in Figur 85 gezeichnete Form, bei der die Spitze D höher zu liegen kommt als der Schwerpunkt. Setzt man den Kreisel mit seiner Spitze in eine polierte konkave Pfanne, so befindet er sich im Gleich

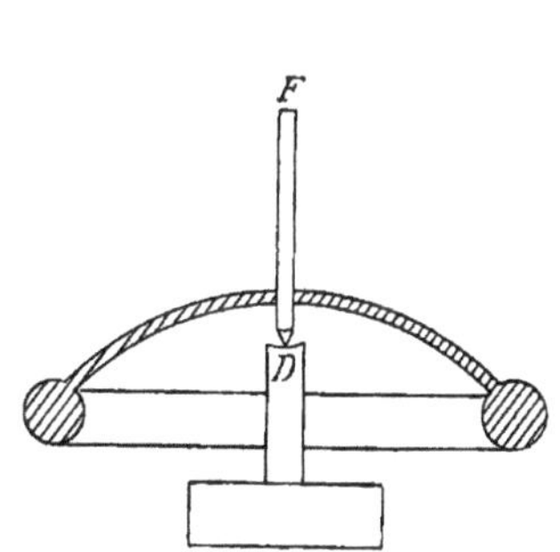

Fig. 85. Kreisel.

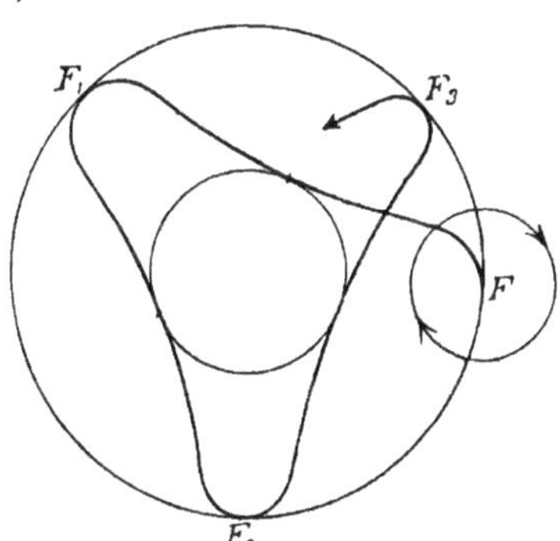

Fig. 86.

gewicht, wenn die Achse DF vertikal steht. Wird er um DF in Rotation gebracht und dann schief auf die Pfanne gesetzt, so beschreibt der Endpunkt F die in den Figuren 76—80 gezeichneten Kurven. Wir kehren noch einmal zurück zu dem Falle der Figur 79, in welchem die Achse DF aus ihrer Anfangsstellung nicht einfach losgelassen wird, sondern gleichzeitig einen seitlichen Stoß in der Richtung der eintretenden Bewegung erhält. Die Figuren 86—88 zeigen die Änderung der Bahn bei all mählich steigender Seitengeschwindigkeit. Man erkennt aus denselben, daß eine gewisse Stärke jenes Stoßes existieren muß, bei welcher der äußere und der innere Berührungskreis zusammenfallen, bei dem also der Punkt F einen Kreis, die Figurenachse DF einen Kegel um die

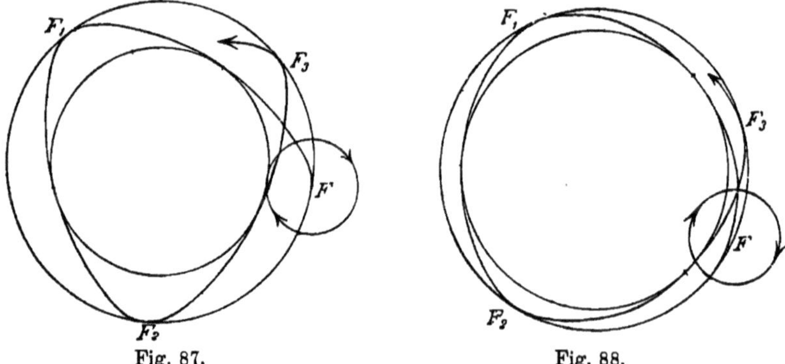

Fig. 87.   Fig. 88.

Vertikallinie durch D beschreibt. Es ergibt sich ferner aus der Figur, daß der Endpunkt F der Figurenachse in seinem Kreise, die Achse DF in ihrem Kegel in einem Sinne umläuft, welcher der Achsendrehung des Kreisels entgegengesetzt ist. Diese Bewegung bezeichnet man als die Präzession der Figurenachse.

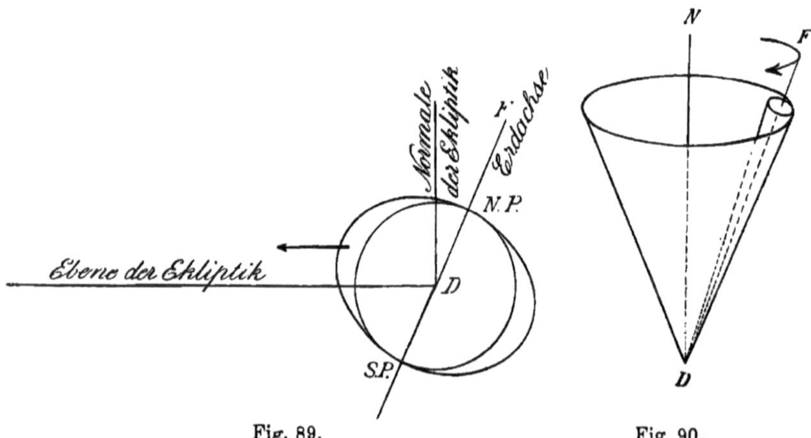

Fig. 89.   Fig. 90,
                 Präzession der Erdachse.

Jener ausgezeichnete Fall der Bewegung ist von einem ganz besonderen Interesse deshalb, weil er sich realisiert findet bei der Achsendrehung der Erde. Wäre die Erde eine vollkommene Kugel, so wäre kein Grund vorhanden, weshalb die Richtung ihrer Drehungsachse im Raume sich ändern sollte; sie würde ganz unabhängig von der gleichzeitigen fortschreitenden Bewegung stets dieselbe Richtung behalten. Nun ist aber die Erde ein abgeplattetes Rotationsellipsoid, also gewissermaßen eine Kugel mit einem

auf den Äquator gesetzten Wulst. Dieser wird angezogen von Sonne und
Mond, und zwar stärker auf der diesen Weltkörpern zugewandten als
auf der abgewandten Seite. Es resultiert daraus ein Drehungsmoment,
das die Erdachse aufzurichten, gegen die Ebene der Ekliptik senkrecht
zu stellen sucht (Fig. 89). Die Erde verhält sich also, wenn wir von
ihrer fortschreitenden Bewegung absehen, in der Tat gerade so, wie
der Kreisel der Figur 85. In Übereinstimmung damit ergibt sich aus
den Beobachtungen, daß ihre Figurenachse DF in einem der täglichen
Drehung entgegengesetzten Sinne einen Kegel durchläuft, dessen Achse
normal zu der Ekliptik steht. Diese Bewegung bezeichnet man als
die **Präzession der Erdachse.** Eine genauere Vorstellung davon
gibt die folgende Konstruktion. (Fig. 90.) Wir wissen, daß die Achse
der Erde gegen die Normale der Ekliptik um einen Winkel von $23\,^1/_2{}^0$
geneigt ist. Durch den Mittelpunkt D der Erde, den wir uns der
Einfachheit halber im Raume fest denken, ziehen wir ein Parallele DN
zu jener Normalen und beschreiben um sie mit jenem Winkel von $23\,^1/_2{}^0$
einen Kegel, der gleichfalls im Raume fest steht. Wir beschreiben
ferner um die Figurenachse der Erde DF einen mit ihr fest verbundenen Kegel, dessen gegenüberliegende Kanten einen Winkel von
$0\cdot0173''$ miteinander bilden[1]; er durchschneidet die Oberfläche der Erde
in einem den Pol umgebenden Kreise von $26\cdot6$ cm Halbmesser. Diesen
Kegel legen wir so, daß er den im Raume festen Kegel von innen berührt und daß die gemeinsame Kante der beiden Kegel der augenblicklichen Drehungsachse der Erde parallel ist. Die Änderung der Achse
ergibt sich, wenn wir den mit der Erde verbundenen Kegel auf dem
im Raume festen abrollen lassen, so daß der Mantel des ersteren an
jedem Tage gerade einmal auf dem Mantel des letzteren sich abwickelt;
die Figurenachse DF durchläuft dann in der Zeit von 25 800 Jahren
einen um die Normale DN der Ekliptik beschriebenen Kegel. Die
Richtung, in welcher jener schmale Kegel rollt, ergibt sich aus der
zwischen der täglichen Achsendrehung der Erde und der Präzessionsbewegung ihrer Figurenachse bestehenden Beziehung. Für einen auf dem
Nordpol stehenden Beobachter erfolgt die tägliche Rotation in einem der
Bewegung des Uhrzeigers entgegengesetzten Sinne. Die Präzessionsbewegung aber ist wie in den Figuren 76—80 und 86—88 der Rotation
entgegengesetzt; die Verschiebung der Figurenachse erfolgt also im Sinne
des Uhrzeigers und der mit der Figurenachse verbundene Kegel muß in der
hierdurch bestimmten Richtung rollen. Eine genauere Untersuchung zeigt
übrigens, daß der im Raume feste Kegel kein vollkommener Kreiskegel ist;
die Folge davon ist, daß die Figurenachse DF der Erde bald der Normalen
der Ekliptik sich ein wenig nähert, bald von ihr ebenso sich entfernt, sie
schwankt in einer Periode von $18\,^1/_2$ Jahren um einen Winkel von $9''$ zur
Rechten und Linken ihrer Mittellage; diese Bewegung nennt man **Nutation**

---

[1] Poinsot, Précession des Equinoxes. Paris 1857. p. 13.

der Erdachse. In der Präzessionsbewegung der Erdachse liegt der Grund für die auf Seite 17 erwähnte Verschiebung des Frühlingspunktes in der Ekliptik. Man wird sich hiervon leicht überzeugen, wenn man beachtet, daß im Frühlingspunkte der in der Ekliptik liegende Durchmesser des Erdäquators nach der Sonne gerichtet sein muß, und daß dieser Durchmesser im selben Sinne sich dreht wie die Erdachse.

An die Betrachtungen dieses Paragraphen knüpfen wir endlich noch eine Bemerkung, die sich auf die Rotation um eine freie Achse bezieht. Wenn ein Kreisel um seine Figurenachse rotiert und dabei in seinem Schwerpunkt unterstützt ist, so fährt er fort, um jene Achse zu rotieren, und nur eine äußere Kraft vermag die Richtung der Achse zu ändern. Wir können umgekehrt sagen, daß der Kreisel die Richtung seiner Rotationsachse mit einer gewissen Kraft festzuhalten sucht, und davon können wir uns in der Tat in einer sehr sinnfälligen Art mit Hilfe eines Kreisels überzeugen, der, von einem Ringe gehalten, um seine Figurenachse in rascher Rotation begriffen ist. Wenn wir versuchen, den Ring und mit ihm die Rotationsachse zu drehen, so empfinden wir eine lebhafte seitliche Reaktion, indem der Kreisel senkrecht gegen die erzwungene Bewegung auszuweichen sucht.

§ 97. Kombination von Winkelgeschwindigkeiten. Auf eine genauere Begründung der in den vorhergehenden Paragraphen enthaltenen Resultate müssen wir verzichten; nur ein paar Sätze mögen hervorgehoben werden, die für die Untersuchung von fundamentaler Wichtigkeit sind. Bei der Drehung eines Körpers um einen festen Punkt handelt es sich um die Kombination von Drehungen, die gleichzeitig um verschiedene Achsen stattfinden; z. B. Rotation um eine beliebige Achse mit einer durch Zentrifugalkraft erzeugten um eine dazu senkrechte Achse; Rotation um die Figurenachse und Rotation um eine dazu Senkrechte infolge der Schwere oder einer äußeren Einwirkung. Es leuchtet ein, daß eine Zusammensetzung der verschiedenen Bewegungen nach dem Prinzip der Kombination unter allen Umständen möglich ist. Die Anwendung des Prinzips führt aber zu dem überaus einfachen Resultate, daß Winkelgeschwindigkeiten oder kleine Drehungen sich direkt nach dem Satze vom Parallelogramm zu einer resultierenden Winkelgeschwindigkeit oder Drehung zusammensetzen. Dabei müssen die Winkelgeschwindigkeiten in bestimmter Weise durch Linien graphisch dargestellt sein, und zwar geschieht dies folgendermaßen: Die beiden verschiedenen Achsen, um welche der Körper gleichzeitig und in gleichem Sinne sich dreht, seien DA und DB (Fig. 91), die entsprechenden Winkelgeschwindigkeiten α und β. Wir machen dann die Strecken DA und DB numerisch gleich α und β und bezeichnen sie nun als Repräsentanten dieser Winkelgeschwindigkeiten. Konstruieren wir die Diagonale

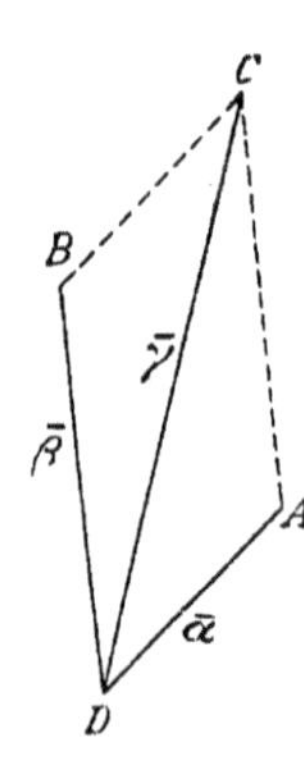

Fig. 91.

DC des aus DA und DB gebildeten Parallelogramms, so besteht die
wirkliche Bewegung des Körpers in dem betrachteten Zeitpunkt in einer
Drehung um die Achse DC mit einer Winkelgeschwindigkeit γ, deren Betrag numerisch gleich der
Diagonale DC ist. In Bogenmaß sind die Drehungen
um die drei Achsen während einer kleinen Zeit τ
gegeben durch $\alpha\tau$, $\beta\tau$ und $\gamma\tau$. Machen wir in Figur 92
auf den drei Achsen die Strecken DA', DB', DC'
numerisch gleich den Drehungen, so findet die resultierende Drehung $\gamma\tau$ ihre geometrische Repräsentation
durch die Diagonale des aus DA' und DB' konstruierten
Parallelogramms.

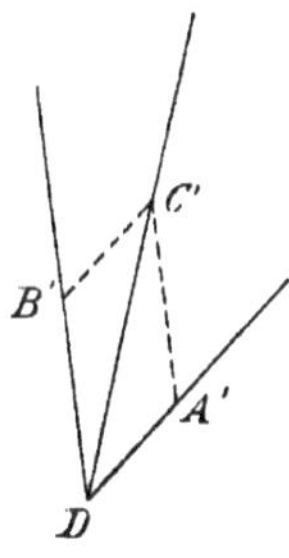
Fig. 92.

§ 98. Graphische Darstellung von Kräftepaaren.

Wir nehmen, ebenso wie in § 37, an, daß die Kräfte P
eines Paares zu der Verbindungslinie ab ihrer Angriffspunkte senkrecht stehen. Die Drehungsachse gehe durch den Mittelpunkt c der
Verbindungslinie hindurch, und stehe senkrecht auf der Ebene des
Kräftepaares. Das von dem letzteren ausgeübte Drehungsmoment D
ist gleich $P \times ab$. Um dieses Moment graphisch so darzustellen, daß
man aus der Figur nicht bloß seine Größe, sondern auch den Sinn der
Drehung ohne weiteres erkennen kann, hat man zunächst in willkürlicher
Weise die eine Seite der Drehungsachse ausgezeichnet und als ihre
positive Richtung bezeichnet. Man
denkt sich zu diesem Zweck in die von
a ausgehende Kraft $\overline{P}$ (Fig. 93) eine
menschliche Figur gelegt, so daß die
Richtung $\overline{P}$ mit der Richtung vom Fuß
zum Kopfe übereinstimmt. Wendet
man das Gesicht der Figur der in b
angreifenden Kraft zu, so gibt sie durch
ihre ausgestreckte linke Hand die
positive Richtung der Drehungsachse an.
Auf dieser trägt man dann von c bis d
eine Strecke $\overline{D}$ ab, welche numerisch
gleich dem Moment $P \times ab$ des Kräftepaares ist. Diese Strecke ist das geometrische Bild des Kräftepaares.

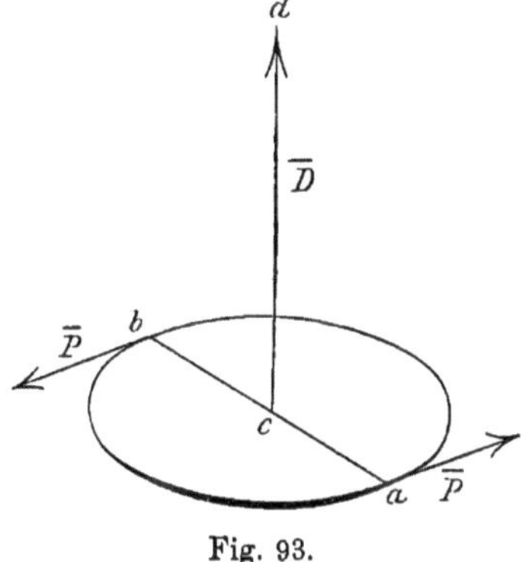
Fig. 93.

Sind mehrere Kräftepaare gegeben, deren Mittelpunkte mit dem
Punkte c zusammenfallen, so kann man ihre von c ausgehenden Repräsentanten nach dem Prinzip der Kombination zu einer Resultanten
vereinigen. Diese ist dann das geometrische Bild eines einzigen Kräftepaares, das an die Stelle der gegeben gesetzt werden kann.

§ 99. Winkelbeschleunigung und Kräftepaar.

Wenn die Drehung
eines Körpers um eine Achse keine gleichförmige ist, so entwickelt sich
aus dem Begriff der Winkelgeschwindigkeit der der Winkelbeschleunigung

ganz ebenso wie der Begriff der linearen Beschleunigung aus dem der linearen Geschwindigkeit (§ 53 und § 54). Wenn die Winkelgeschwindigkeit in der Zeit τ gleichmäßig von ω_1 auf ω_2 wächst, so ist die Winkelbeschleunigung gleich $\dfrac{\omega_2 - \omega_1}{\tau}$.

Wirkt auf einen Körper eine Kraft, so erteilt sie ihm eine Beschleunigung in ihrer eigenen Richtung. Wirkt auf einen Körper ein Kräftepaar, so sucht dieses den Körper um eine Achse zu drehen, die zu der Ebene des Kräftepaares senkrecht steht, beispielsweise um die Achse cd der Figur 93. Das Kräftepaar erteilt dem Körper eine Winkelbeschleunigung um diese Achse. Im allgemeinen ist der Zusammenhang zwischen Winkelbeschleunigung und Drehungsmoment des Kräftepaares ein sehr verwickelter; wir haben schon erwähnt, daß bei der Rotation eines Körpers zu den äußeren Kräften noch Drehungsmomente kommen, welche durch Zentrifugalkräfte erzeugt werden. Im allgemeinen ist daher jede Drehung um eine Achse verbunden mit einer Drehung um eine dazu senkrechte; beide Drehungen können nicht für sich, sondern nur in ihrer Verbindung untersucht werden.

Die Beziehung zwischen dem Drehungsmomente des Kräftepaares und zwischen der Winkelbeschleunigung ist nur in zwei Fällen eine einfache; erstens, wenn die Drehungsachse des Kräftepaares zugleich eine Figurenachse des Körpers ist, und infolge dieser Symmetrie die Zentrifugalkräfte sich gegenseitig zerstören. Zweitens, wenn die Drehungsachse sowohl im Inneren des Körpers, wie im Raume eine unveränderliche Lage besitzt. In diesen Fällen ist das Verhältnis zwischen dem Drehungsmomente und der Winkelbeschleunigung gleich dem von der Masse und den Dimensionen des Körpers abhängenden Ausdruck, den wir in § 77 als Trägheitsmoment mit Bezug auf die Drehungsachse bezeichnet haben. Hat man diesen Ausdruck berechnet, so findet man die Winkelbeschleunigung des Körpers, indem man das Drehungsmoment durch das Trägheitsmoment dividiert. Dann aber kann man die weitere Drehung des Körpers ebenso bestimmen, wie die geradlinige Bewegung eines Körpers unter der Wirkung einer beschleunigenden Kraft.

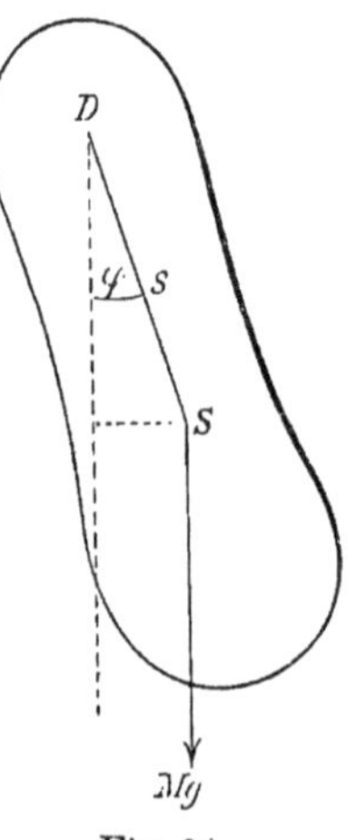

Fig. 94.

Insbesondere ergibt sich aus dem angeführten Satze das Gesetz für die Schwingungsdauer des physischen Pendels. Wenn die Amplituden der Schwingung klein sind, wenn also die Verbindungslinie DS von Drehungspunkt und Schwerpunkt (Fig. 94) mit der Vertikalen nur einen kleinen Winkel φ einschließt, so ist das Drehungsmoment der Schwere gleich $Mgs\varphi$, Mgs also ebenso wie in § 77 die Direktionskraft. Ist $\mathfrak{M}$ das Trägheitsmoment des Pendels um die Drehungsachse, α die Winkelbeschleunigung, so ist:

$$\mathfrak{M} \cdot a = - M g s \cdot \varphi.$$

Ist andererseits m die Masse der Kugel eines Fadenpendels, a ihre Beschleunigung, x ihr augenblicklicher Abstand von der Ruhelage, so ist nach § 74:

$$m \cdot a = - m \frac{\pi^2}{T'^2} \cdot x.$$

In beiden Fällen geben wir der rechten Seite der Gleichung ein negatives Vorzeichen, weil die Kraft dem Ausschlag entgegenwirkt. Die Analogie der beiden Gleichungen führt zu dem Schlusse, daß die Schwingungsdauer des physischen Pendels durch die Formel bestimmt wird:

$$\frac{\pi^2}{T^2} = \frac{M g s}{\mathfrak{M}}.$$

In der Tat steht das in vollkommener Übereinstimmung mit dem in § 77 angegebenen Gesetze.

§ 100. Der Stoß. Die Erscheinungen des Stoßes, die wir im folgenden behandeln, sind von allgemeiner Bedeutung, weil sie Veranlassung geben zur Einführung der wichtigen Begriffe der impulsiven Bewegung, der Bewegungsgröße und des schon § 57 benützten der lebendigen Kraft. Über die physikalischen Vorgänge beim Zusammenstoße zweier Körper gewinnen wir einige Aufklärung durch die folgenden Versuche. Lassen wir eine Kugel von weichem Ton auf eine fest aufgestellte, ebene und harte Platte fallen, so bleibt sie nach dem Auffallen ruhig liegen, und wir beobachten, daß sie an der Berührungsstelle eine Abplattung erlitten hat. Diese wurde erzeugt durch den Druck der Platte auf die Kugel, einen Druck, der zuerst die Bewegung der die Platte berührenden Teilchen, dann vermöge des Zusammenhanges der Teilchen die Bewegung der ganzen Kugel aufhob. Machen wir denselben Versuch mit einer Elfenbeinkugel, so springt diese im Momente des Auffallens wieder in die Höhe und fällt abermals herab, um, von neuem zurückgeworfen, die frühere Bewegung zu wiederholen. Eine bleibende Abplattung der Kugel ist nicht zu beobachten. Wenn wir aber die Platte mit Ruß überziehen, so entsteht an jeder Auffallstelle auf der Kugel ein schwarzer Kreis. Während der Dauer der Berührung ist eine Abplattung vorhanden, sie verschwindet aber vollständig, sobald der Druck zwischen Kugel und Platte aufhört. Hiernach wird der Vorgang des Stoßes bei der Elfenbeinkugel zunächst derselbe sein, wie bei der Tonkugel. Die von der Platte ausgehenden Druckkräfte zerstören die Bewegung der sie berührenden Teilchen und damit die Bewegung der ganzen Kugel. Während aber bei dem Tone die abgeplattete Kugel eine neue Gleichgewichtsfigur darstellt, hat das Elfenbein das Bestreben, die ursprüngliche Gestalt wiederherzustellen. Daraus folgt, daß der wechselseitige Druck zwischen Kugel und Platte so lange besteht wie die Abplattung. Wenn die ursprüngliche Bewegung verschwunden ist, und gleichzeitig die Abplattung ihren größten Betrag erreicht hat, so wird dieser Druck die Kugel von der Platte zurückstoßen, bis sie bei zunehmender Entfernung wieder volle

Kugelgestalt erreicht hat. Mit der in diesem Augenblick vorhandenen Geschwindigkeit springt sie von der Platte zurück.

Körper, die unter der Wirkung äußerer Kräfte eine neue dauernde Gleichgewichtsfigur annehmen, nennen wir plastische, Körper, die hierbei zwar deformiert werden, aber nach dem Verschwinden jener Kräfte ihre ursprüngliche Gestalt wiederherstellen, heißen elastische. Man übersieht leicht, daß die Erscheinungen des Stoßes für die beiden Klassen von Körpern wesentlich verschieden sein müssen. Ausführlicher werden wir im folgenden von dem Stoße elastischer Körper handeln.

§ 101. Bewegungsgröße und Impuls. Vor allem müssen wir uns die charakteristischen Eigenschaften der beim Stoße wirkenden Kräfte klar machen. Dabei kommt in Betracht, daß die Stoßzeit, die Zeit, während der die beiden stoßenden Körper mit den aus der Abplattung entspringenden Druckkräften aufeinander wirken, eine sehr kurze ist; sie beträgt bei zwei Stahlkugeln von der Masse von 50 g, die mit einer relativen Geschwindigkeit von 50 cm/sec zusammenstoßen, kaum mehr als $\frac{1}{10000}$ sec.[1] Während der Stoßzeit wächst der Druck bis zu einer gewissen Größe, um dann wieder zu verschwinden. Setzen wir an Stelle des veränderlichen Druckes seinen mittleren Wert, so charakterisiert sich die Stoßkraft als eine Kraft von bestimmter Größe, deren Wirkung sich über einen so kurzen Zeitraum erstreckt, daß innerhalb desselben die räumliche Lage der stoßenden Körper eine sichtbare Änderung nicht erleidet. Wirkungen von dieser Art nennen wir Impulse, Bewegungen, die durch sie erzeugt werden, impulsive Bewegungen. Mit Bezug auf sie ergeben sich aus dem Prinzip der Masse die folgenden Sätze:

1. Ein Impuls, der auf eine gegebene Masse wirkt, erteilt ihr eine bestimmte Geschwindigkeit.

2. Das Produkt aus der Masse und aus der ihr erteilten Geschwindigkeit ist gleich dem Produkt aus der den Impuls erzeugenden Kraft und aus der Dauer des Impulses.

Verstehen wir unter Bewegungsgröße eines Körpers das Produkt aus seiner Masse und seiner Geschwindigkeit, unter der Größe eines Impulses das Produkt aus Kraft und Dauer ihrer Wirkung, so können wir den vorhergehenden Satz so aussprechen:

Die Bewegungsgröße, die einem Körper durch einen Impuls erteilt wird, ist gleich dem Impuls.

Lassen wir auf einen gegebenen Körper einen Impuls wirken, etwa durch einen kurzen Stoß unserer Hand, so erlangt er eine bestimmte Geschwindigkeit; verdoppeln wir, ohne die Kraft zu ändern, die Dauer des Impulses, so wird die Geschwindigkeit verdoppelt; dasselbe geschieht, wenn wir bei gleichbleibender Dauer des Impulses die Kraft verdoppeln. Lassen wir andererseits denselben Impuls auf verschiedene Körper wirken,

---

[1] M. Hamburger, Untersuchungen über die Zeitdauer des Stoßes von Zylindern und Kugeln. Wied. Ann. Bd. 28. 1886. S. 664. — Hertz, Über die Berührung fester elastischer Körper. Ges. Werke Bd. I. S. 173.

so verhalten sich die ihnen erteilten Geschwindigkeiten umgekehrt wie ihre Massen; eine Bemerkung, die wir in § 65 zur Erläuterung des Massenprinzips benutzt haben.

§ 102. Erhaltung der Bewegungsgröße. Wenden wir die vorhergehenden Sätze an auf den Stoß zweier elastischer Kugeln, die sich auf einer und derselben geraden Linie bewegen (Fig. 95). Die erste besitze die Masse m_1 und die Geschwindigkeit v_1, sie werde verfolgt von der

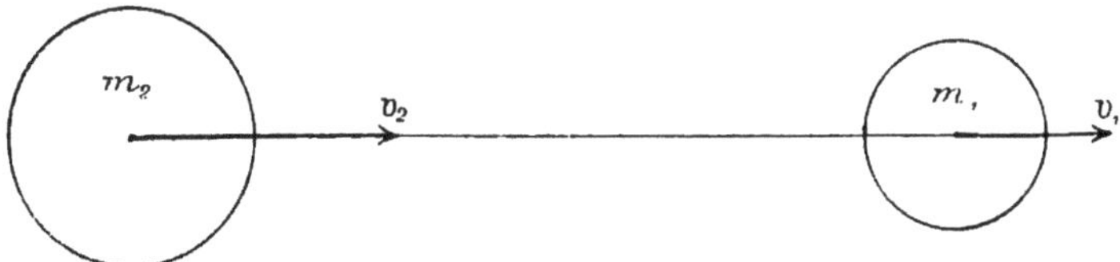

Fig. 95. Stoß zweier Kugeln.

zweiten mit der Masse m_2 und der Geschwindigkeit v_2. Ist $v_2 > v_1$, so wird die zweite Kugel der ersten sich mehr und mehr nähern und schließlich sie einholen. Durch den Zusammenstoß werden beide Kugeln abgeplattet, sie üben in der Berührungsstelle einen wechselseitigen Druck aufeinander aus, der die Bewegung der vorderen Kugel zu beschleunigen, die der hinteren zu verzögern sucht. Das Produkt aus Druckkraft und Stoßzeit stellt den auf beide Kugeln in entgegengesetztem Sinne wirkenden Impuls dar. Bezeichnen wir die Geschwindigkeiten der Kugeln nach ihrer Trennung durch c_1 und c_2, so hat die vordere Kugel durch den Stoß die Bewegungsgröße $m_1 (c_1 - v_1)$ gewonnen, die hintere die Bewegungsgröße $m_2 (v_2 - c_2)$ verloren. Beide Änderungen müssen gleich dem sie erzeugenden Impulse sein. Da aber auf die beiden Kugeln derselbe Impuls in entgegengesetzter Richtung wirkt, so müssen die Änderungen gleich, also

$$m_1 (c_1 - v_1) = m_2 (v_2 - c_2),$$

oder

$$m_1 v_1 + m_2 v_2 = m_1 c_1 + m_2 c_2$$

sein.

Die Summe der Bewegungsgrößen beider Kugeln wird durch den Stoß nicht verändert.

Dieser Satz gilt auch für den Stoß zweier plastischer Kugeln; bei ihnen verschwindet die maximale Abplattung, die in dem Momente vorhanden ist, in dem ihre Geschwindigkeiten gleich geworden sind, nicht wieder; es fällt also von diesem Augenblick an jede Reaktion zwischen den beiden Kugeln fort, sie bewegen sich mit der erlangten Geschwindigkeit zusammen weiter; bezeichnen wir diese durch c, so ist

$$(m_1 + m_2) c = m_1 v_1 + m_2 v_2 .$$

§ 103. Erhaltung der lebendigen Kraft. In dem Falle elastischer Kugeln wird der vorhergehende Satz ergänzt durch einen von sehr allgemeiner Tragweite: den Satz von der Erhaltung der lebendigen Kraft.

Unter lebendiger Kraft eines bewegten Körpers verstehen wir das halbe Produkt aus seiner Masse und aus dem Quadrate seiner Geschwindigkeit. Die gesamte lebendige Kraft eines aus mehreren Körpern bestehenden Systems setzen wir gleich der Summe der lebendigen Kräfte, die den einzelnen Körpern entsprechen. Mit Bezug auf diese Festsetzungen führt das Prinzip der Masse (§ 62) zu dem Satze:

Die gesamte lebendige Kraft der beiden Kugeln erleidet durch den Zusammenstoß keine Veränderung.

Es gilt also die zweite Gleichung:

$$\tfrac{1}{2} m_1 v_1{}^2 + \tfrac{1}{2} m_2 v_2{}^2 = \tfrac{1}{2} m_1 c_1{}^2 + \tfrac{1}{2} m_2 c_2{}^2,$$

die in Verbindung mit der im vorhergehenden Paragraphen gegebenen zur Bestimmung von c_1 und c_2 genügt.

Die gefundenen Gesetze mögen auf ein paar einfache Beispiele angewandt werden.

Ist zunächst $m_1 = m_2 = m$, und $v_1 = o$, so ergibt sich $c_2 = o$ und $c_1 = v_2$; die Bewegung der stoßenden Kugel wird aufgehoben, ihre Geschwindigkeit überträgt sich auf die zuvor ruhende.

Wir betrachten andererseits zwei Kugeln von gleicher Masse m, die sich mit der gleichen Geschwindigkeit auf derselben geraden Linie gegeneinander bewegen. Der entgegengesetzten Bewegungsrichtung entsprechend werden wir die Geschwindigkeit der einen Kugel als eine positive, die der anderen als eine negative Größe einführen; wir setzen $v_1 = v$ und $v_2 = -v$; da überdies $m_1 = m_2 = m$, so ist die Summe der Bewegungsgrößen vor dem Stoße:

$$m_1 v_1 + m_2 v_2 = m v - m v = 0.$$

Folglich muß auch die gesamte Bewegungsgröße nach dem Stoße gleich Null, die resultierenden Geschwindigkeiten c_1 und c_2 müssen entgegengesetzt gleich sein, etwa $c_2 = c$ und $c_1 = -c$. Nun ist aber die lebendige Kraft vor dem Stoße:

$$\tfrac{1}{2} m_1 v_1{}^2 + \tfrac{1}{2} m_2 v_2{}^2 = m v^2;$$

nach dem Stoße mit Benützung der obigen Werte der Geschwindigkeiten:

$$\tfrac{1}{2} m_1 c_1{}^2 + \tfrac{1}{2} m_2 c_2{}^2 = m c^2.$$

Der Satz von der Erhaltung der lebendigen Kraft gibt:

$$c^2 = v^2;$$

die Kugeln haben also nach dem Zusammenstoße dieselbe absolute Geschwindigkeit wie vorher; wir müssen aber offenbar setzen:

$$c_1 = -v \quad \text{und} \quad c_2 = +v.$$

Die Kugeln bewegen sich nach dem Stoße entgegengesetzt wie vorher, sie prallen mit derselben Geschwindigkeit voneinander ab, mit der sie aufeinander getroffen waren.

§ 104. Wellenbewegung einer gespannten Kette. Wir betrachten schließlich noch eine Bewegung, die von besonderem Interesse ist, weil sie das erste Beispiel einer großen Klasse von eigentümlichen Bewegungserscheinungen bildet, die Wellenbewegung einer gespannten Kette. Auf der Lehre von der Wellenbewegung beruht die ganze Akustik und Optik. Schon in der Akustik ist die Wahrnehmung der Bewegung schwierig, in manchen Fällen direkt überhaupt nicht möglich. In der Optik können wir eine direkte Kenntnis von der Existenz der Wellenbewegung nicht gewinnen; wir schließen auf sie nur auf Grund von experimentellen Tatsachen, die wir in anderer Weise nicht zu erklären vermögen. Es ist daher von Wichtigkeit, solche Wellenbewegungen genauer zu untersuchen, bei denen eine direkte Übersicht über die Verhältnisse zu gewinnen ist, um so zu der Kenntnis der allen gemeinsamen Eigenschaften zu gelangen. In diesem Sinne bietet sich als ein geeignetes Objekt für die Untersuchung die Bewegung dar, die an einer gespannten Kette entsteht, wenn an irgend einer Stelle ein kurzer Schlag senkrecht gegen sie geführt wird. Es wird dadurch auf gewisse Glieder der Kette ein Impuls ausgeübt, infolgedessen sie eine zu der Längsrichtung der Kette senkrechte Geschwindigkeit erlangen, sie entfernen sich von der Ruhelage und das Gleichgewicht ist gestört. Die hierdurch veranlaßte Bewegung, die wir in derselben Weise an einem gespannten Seile, einem Kautschukschlauche, einem Faden oder einer Saite erzeugen können, bildet den Gegenstand unserer Untersuchung. Obwohl die Kette im ganzen einen biegsamen Körper darstellt, so reichen doch die für die Mechanik der starren Körper geltenden Sätze zu der Untersuchung der Bewegung aus; denn die einzelnen Glieder der Kette sind starre Körper und die Wirkung ihrer Verbindung kann durch Kräfte ersetzt werden, die an jedem Gliede in den Berührungspunkten mit dem vorhergehenden und dem folgenden angreifen. Eine Saite aber, oder ein Seil können wir zerlegen in einzelne Abschnitte von solcher Länge, daß wir sie bei der Bewegung als unveränderlich oder starr betrachten können. Wieder werden wir dann anzunehmen haben, daß auf die Endpunkte eines solchen Stückes Kräfte wirken, die von den benachbarten Teilen der Saite herrühren. Wir halten uns im folgenden vorzugsweise an das Beispiel einer Kette, weil wir dieser leicht die nötige Länge geben können, und weil die Bewegung der Kettenglieder leicht zu verfolgen ist.

Wir hängen die Kette an ihrem einen Ende fest auf und verbinden das andere mit einer Rolle, die um eine horizontale Achse leicht drehbar ist (Fig. 96). Um die Rolle schlingen wir eine Schnur, die an dem frei herabhängenden Ende eine Wagschale trägt; durch Belastung dieser können wir die Spannung der Kette beliebig regulieren. Von der leichten Krümmung nach unten, die schon in der Ruhelage vorhanden ist, sehen wir ab und zeichnen die Kette zunächst als eine horizontale gerade Linie AB. Nehmen wir ein Stück EF der Kette, so wird dieses an seinen Endpunkten dem von den benachbarten Teilen ausgeübten Zug unterworfen sein; da aber die Kette in ihrer ganzen Ausdehnung gleich gespannt ist, so halten sich die beiden entgegengesetzten Züge das Gleichgewicht. Wenn aber eine Ausbiegung entsteht, von der das Stück EF einen Teil bildet, so fallen die von beiden Seiten her wirkenden Züge nicht mehr in eine gerade Linie, sondern schließen miteinander einen Winkel ein, der um so größer ist, je schwächer die Krüm-

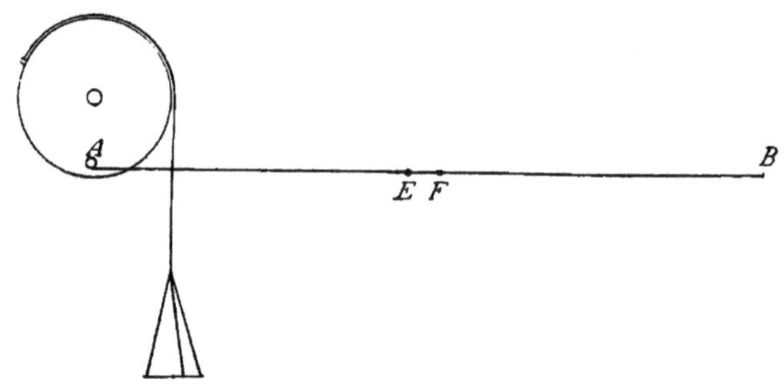

Fig. 96.

mung der Kette (Fig. 97). In der Tat kann man die Gestalt der Kette in der unmittelbaren Umgebung des Stückes EF als eine kreisförmige betrachten.

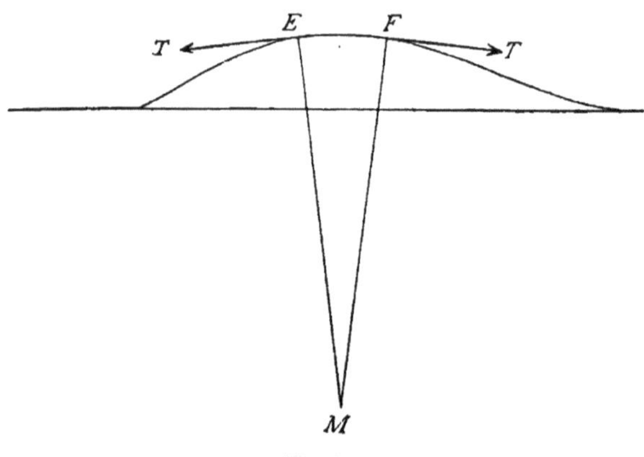

Fig. 97.

Der Mittelpunkt des Kreises, der sogenannte Krümmungsmittelpunkt des Stückes EF, sei M; die in E und F angreifenden Spannungen' haben die Richtung der in diesen Punkten an den Kreis gezogenen Tangenten und schließen miteinander einen Winkel ein, der den Winkel EMF zu $180^{\,0}$ ergänzt. Ihre Resultante steht senkrecht zu EF und ist gleich $T \cdot \dfrac{FF}{ME}$, wenn wir mit T die Spannung der Kette bezeichnen. Mit dieser, dem Krümmungshalbmesser ME umgekehrt proportionalen Kraft wird das Stück EF gegen seine Ruhelage hin gezogen. Verstehen wir unter m die Masse, welche ein Stück der Kette von der Länge Eins besitzt, so ist die Masse des Stückes EF gleich $m \times EF$, und somit seine Beschleunigung gegen die Ruhelage

$$a = \frac{T}{m} \times \frac{1}{ME}.$$

Die Untersuchung dieser Gleichung ist eine Aufgabe der Mathematik, die wir nicht weiter verfolgen; es zeigt sich, daß sie in der Tat zu der Lösung des Problems genügt und zu einer vollständigen Aufklärung über alle Einzelheiten der Bewegung führt, zu deren Beschreibung wir nun übergehen.

Wenn man gegen die Mitte der Kette einen Schlag von oben her führt, so entsteht an der getroffenen Stelle eine Ausbiegung nach unten hin. Diese teilt sich dann in zwei Teile, von denen der eine nach dem rechten, der andere nach dem linken Ende der Kette hineilt. Wir beobachten also hier eine Bewegung, die nicht Fortbewegung eines Körpers ist, sondern nur Fortpflanzung der an der Kette erzeugten Formänderung von einer Stelle zur anderen; wir nennen eine solche Bewegung eine scheinbare im Gegensatze zu der wirklichen Bewegung eines Körpers. Es leuchtet ein, daß die scheinbare Bewegung, das Fortschreiten der Ausbiegung, auf einer reellen Bewegung der einzelnen Kettenglieder beruht, und es entsteht daher die Aufgabe, den Zusammenhang jener scheinbaren und dieser reellen Bewegung zu ermitteln. Die Übersicht über den Vorgang wird erschwert durch das gleichzeitige Auftreten zweier Ausbiegungen. Wir vermeiden dies, wenn wir die anfängliche Verschiebung unmittelbar vor der Rolle erzeugen. Was wir dann beobachten, ist folgendes. Die Ausbiegung eilt von der Rolle nach dem festen Ende der Kette hin, von dort kehrt sie zurück, aber mit umgekehrter Richtung, d. h. als eine nach oben hin gehende Ausbiegung, sie wird, wie man sagt, an dem festen Ende reflektiert (Fig. 98). An der Rolle angekommen,

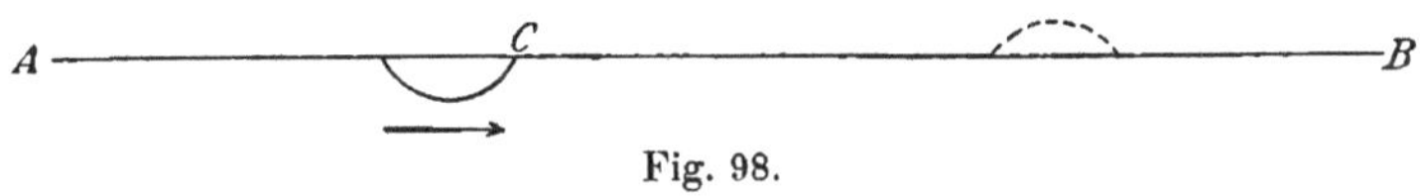

Fig. 98.

erleidet sie eine abermalige Reflexion, sie ist also wieder in dem ursprünglichen Sinne nach unten gerichtet und schreitet nach dem festen Ende fort, um dort von neuem reflektiert zu werden. So geht die Ausbiegung zwischen den Endpunkten der Kette hin und her, bei jeder Reflexion ihre Richtung wechselnd, bis endlich infolge von Reibungswiderständen die Bewegung erlischt. Das Hinlaufen der Ausbiegung an der Kette hat eine gewisse Ähnlichkeit mit dem Fortschreiten einer Wasserwelle in einem Kanale. Man bezeichnet daher auch die Bewegung der Kette als eine Wellenbewegung, die an ihr hinlaufende Ausbiegung als eine Welle.

Die Bewegung eines beliebigen Kettengliedes C beginnt, wenn die von A kommende, nach unten gerichtete Ausbiegung an C anlangt. Das Glied entfernt sich nach unten aus der Ruhelage, erreicht seinen tiefsten Punkt, wenn die tiefste Stelle der Ausbiegung unter C weggeht, steigt bei weiterem Fortschreiten der Ausbiegung wieder in die Höhe und erreicht die Ruhelage, wenn die Ausbiegung über die Stelle C hinweg ist. Nach einiger Zeit kommt die reflektierte Ausbiegung nach C;

dasselbe wird in die Höhe gehoben und sinkt, während die Ausbiegung vorübereilt, wieder nach der Ruhelage herab. Die Ausbiegung geht weiter, wird in A reflektiert und kommt in der ursprünglichen Richtung wieder zurück. In dem Moment, in dem sie bei C anlangt, beginnt die Bewegung des Kettengliedes von neuem. Teilen wir die Zeit in eine Reihe gleicher Epochen, deren Anfangs- und Endpunkte markiert sind durch die Momente, in denen die nach unten gerichtete von A kommende Ausbiegung bei C anlangt, so wiederholt sich innerhalb dieser sich aneinander schließenden Epochen die Bewegung von C stets in derselben Weise. Beim Beginn der Epoche macht C einen Ausschlag nach unten, bleibt einige Zeit in Ruhe, macht dann einen gleichen Ausschlag nach oben, pausiert bis zum Schluß der Epoche und führt dann in der neu beginnenden wieder dieselbe Bewegung aus. Wir bezeichnen eine solche Bewegung als eine schwingende oder periodische. Unter ihrer Periode versteht man die Zeitdauer jener Epochen, innerhalb derer dieselbe Bewegung sich wiederholt. Das klassische Beispiel einer periodischen Bewegung ist die Pendelbewegung; ihre Periode ist gleich dem Doppelten der Schwingungsdauer, gleich der Zeit eines Hin- und Herganges. Auch bei der Wellenbewegung an unserer Kette läuft das Kettenglied in seiner Bahn während einer Periode hin und zurück, es führt in seiner Bahn eine Doppelschwingung aus, oder eine ganze Schwingung, wenn man den einfachen Hin- oder Hergang als eine halbe Schwingung bezeichnet, wie das in der Wellenlehre gebräuchlich ist. Wir bezeichnen daher in der Wellenlehre die Zeit der Periode auch als die Zeit einer Doppel- oder ganzen Schwingung, die Anzahl der ganzen Schwingungen in einer Sekunde als die Schwingungszahl.

Die Ermittelung des Zusammenhanges zwischen der scheinbaren oder virtuellen und der reellen Bewegung bietet nach den vorhergehenden Betrachtungen keine Schwierigkeit mehr. Die Periode der Bewegung ist ja identisch mit der Zeit, die zwischen zwei aufeinanderfolgenden Durchgängen der von A kommenden nach unten gerichteten Ausbiegung durch den Punkt C liegt, d. h. gleich der Zeit, in der die Ausbiegung zweimal die Kette durchläuft.

Die Zeit einer ganzen Schwingung ist gleich der Zeit, während der die Welle zweimal die Länge der Kette durchläuft.

Die Geschwindigkeit, mit der die Ausbiegung längs der Kette fortschreitet, sei v, die Länge der Kette l, dann ist die Zeit der Doppelschwingung $\Theta = \dfrac{2\,l}{v}$. Bezeichnen wir die Schwingungszahl, die Anzahl der Doppelschwingungen in einer Sekunde durch n, so ist $n = \dfrac{1}{\Theta} = \dfrac{v}{2\,l}$.

Das Kettenglied C, auf das sich unsere Betrachtung bezog, ist ganz willkürlich gewählt; ebenso wie C führt jedes andere eine periodische Bewegung aus, deren Schwingungszahl gleich $v/2\,l$ ist; man bezeichnet daher diese Zahl als die Schwingungszahl der Kette selbst und erhält so den Satz:

Bei der Wellenbewegung an einer gespannten Kette ist die Schwingungszahl gleich der Fortpflanzungsgeschwindigkeit der Welle dividiert durch die doppelte Länge der Kette.

Der Zusammenhang der scheinbaren und der reellen Bewegung ist hierdurch gegeben. Der Verlauf der reellen Bewegung ist für alle Kettenglieder, abgesehen von den Enden, im wesentlichen derselbe, da die nämliche Welle über alle Glieder hinweggeht; der Zeitpunkt aber, in dem die Bewegung beginnt, ist für die verschiedenen Glieder verschieden, ein um so späterer, je weiter sie von dem Anfang der Kette entfernt sind. Während ein bestimmtes Glied der Kette seine Ruhelage schon wieder erreicht hat, wird ein weiter vorliegendes von unten her gegen dieselbe zurückschwingen; ein noch weiter vorliegendes seinen Ausschlag nach unten eben beginnen; darüber hinaus liegen dann die Teile der Kette, die sich noch in ihrer Ruhelage befinden.

Bei einem einzelnen Gliede der Kette bezeichnet man die verschiedenen Stellen seiner Bahn als Phasen der Bewegung. Die einzelnen Phasen folgen sich bei allen Gliedern der Kette in ähnlicher Weise, aber zu einer und derselben Zeit befinden sich die verschiedenen Glieder in verschiedenen Phasen ihrer Bewegung.

Für die Fortpflanzungsgeschwindigkeit v der Welle gibt die Theorie den Wert:

$$v = \sqrt{\frac{T}{m}},$$

wenn wir unter m wie früher die Masse der Längeneinheit verstehen. Die Spannung T ist gleich der Masse M des spannenden Gewichtes multipliziert mit der Beschleunigung der Schwere; wir können daher auch schreiben

$$v = \sqrt{g\,\frac{M}{m}}.$$

Um die Richtigkeit der Formel zu prüfen, nahmen die Gebrüder Weber eine Schnur von 1657 cm Länge, bei der ein Stück von 1 cm Länge 0·0313 g wog. Das spannende Gewicht hatte eine Masse von 603·48 g. Die Fortpflanzungsgeschwindigkeit der Welle ist hiernach

$$v = \sqrt{981 \times \frac{603\cdot48}{0\cdot0313}} = 4349 \text{ cm}\cdot\text{sec}^{-1}.$$

Der Beobachtung zufolge durchlief die Welle die doppelte Länge der Schnur in 0·767 sec, woraus sich die Fortpflanzungsgeschwindigkeit $v = 4321$ cm·sec^{-1} ergibt, in guter Übereinstimmung mit der Theorie.[1]

§ 105. Die Reflexion der Welle. Die Reflexion der Welle an dem festen Ende der Kette vollzieht sich so rasch, daß sie in ihren einzelnen Phasen experimentell nur sehr schwer zu verfolgen ist. Hier tritt die theoretische Forschung ergänzend ein, indem sie zu einer einfachen

---

[1] Ernst Heinrich und Wilhelm Weber, Wellenlehre auf Experimente gegründet. Wilhelm Webers Werke. Bd. V. S. 342.

konstruktiven Darstellung des Vorganges führt. Es sei CFD (Fig. 99) eine Ausbiegung, die eben gegen das Ende A der Kette sich bewegt. Wir zeichnen nun eine Ausbiegung $C'F'D'$, die zu CFD symmetrisch ist mit Bezug auf den Punkt A; diese lassen wir längs der durch die Kette gegebenen geraden Linie in entgegengesetztem Sinne mit derselben. Geschwindigkeit fortrücken, wie die Welle selbst. Im selben Moment werden dann die symmetrischen Endpunkte C und C' der Ausbiegungen in dem Punkte A eintreffen; in einem folgende Momente wird die wirk-

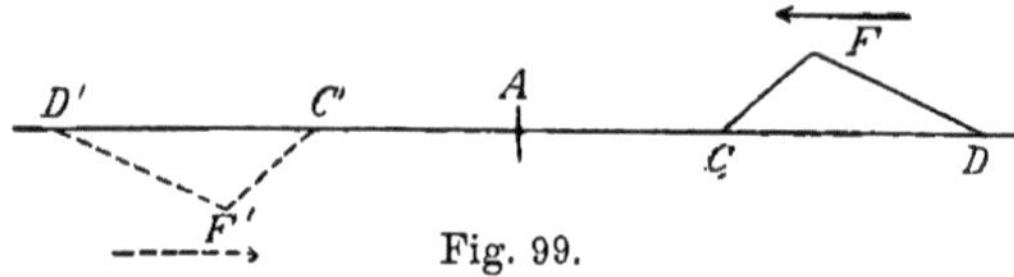

Fig. 99.

liche Welle zu einem Teile über das Ende A hinausgerückt sein, und also jegliche reelle Bedeutung verloren haben, während gleichzeitig die Ausbiegung $C'F'D'$ mit einem entsprechenden Teile auf die Kette selbst übergegangen ist. Nun setzen wir die Abweichungen von der Ruhelage, die den Ausbiegungen CFD und $C'F'D'$ einzeln genommen entsprechen, zusammen nach dem Prinzip der Kombination; d. h. wir summieren gleichgerichtete Ausschläge, nehmen die Differenzen entgegengesetzter. Die so erhaltenen Punkte geben dann die augenblickliche Gestalt der in Reflexion begriffenen Welle. Man sieht, daß die Konstruktion der Bedingung genügt, daß das Ende A der Kette fest ist, bei der Bewegung also in Ruhe bleiben muß; bei der vorausgesetzten Sym-

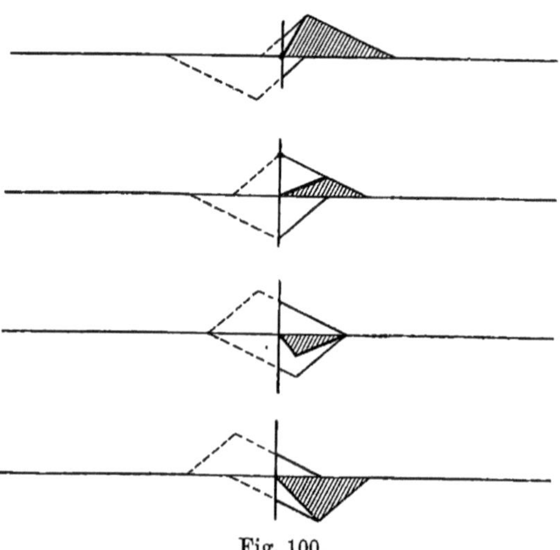

Fig. 100.

metrie der Ausbiegungen CFD und $C'F'D'$ kommen nämlich immer gleiche aber entgegengesetzte Ausschläge an die Stelle von A, dem Zentrum der Symmetrie, zu liegen. Die Figuren 100 stellen einige der Phasen des Reflexionsvorganges dar, entsprechend der angegebenen Konstruktion.

§ 106. Stehende Wellen. Auch für die ganze Bewegung einer Kette oder Saite, an der durch einen Schlag an irgend einer Stelle eine Ausbiegung erzeugt worden war, gibt unsere Konstruktion ein einfaches Bild. Es seien wieder A und B (Fig. 101) die festen Endpunkte, CED die ursprünglich erzeugte Ausbiegung; die zu der geraden Linie, mit der die Ruhelage der Saite zusammenfällt, senkrechten Ab-

weichungen bezeichnen wir in Anlehnung an die Definitionen von § 22
als die Ordinaten der Welle; der Deutlichkeit halber zeichnen wir sie
in den folgenden Figuren in einem im Verhältnis zu den horizontalen
Dimensionen übertrieben großen Maßstab. Nach § 104 teilt sich nun
zunächst die Ausbiegung CED in zwei, die nach entgegengesetzten
Seiten hin an der Saite sich bewegen; um diese Teilausbiegungen zu
erhalten, halbieren wir sämtliche Ordinaten von CED und erhalten so
die Kurve CFD, welche nun zwei sich deckende unter sich gleiche
Ausbiegungen repräsentiert. Dies ist in Figur 101 dadurch angedeutet,
daß die Kurve doppelt, das eine Mal ausgezogen, das andere Mal gestrichelt gezeichnet ist. Die ausgezogene Kurve ist im folgenden durch
CFD, die gestrichelte durch $C'F'D'$ bezeichnet. Die ausgezogene Kurve
möge sich von links nach rechts, die gestrichelte entgegengesetzt mit
der Wellengeschwindigkeit bewegen; der weitere Vorgang ergibt sich
dann mit Hilfe der folgenden Konstruktion. Wir zeichnen eine gestrichelte Ausbiegung $C_1' F_1' D_1'$, symmetrisch zu CFD mit Bezug auf

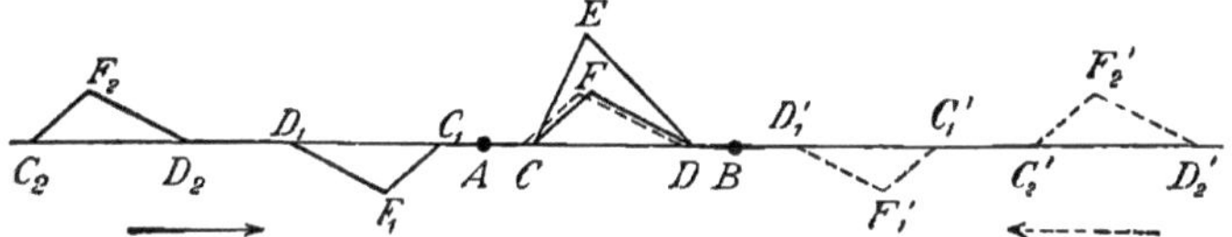

Fig. 101.

den Endpunkt B der Saite; eine ausgezogene $C_1 F_1 D_1$ symmetrisch zu
$C'F'D'$ mit Bezug auf den Punkt A; zu $C_1 F_1 D_1$ wiederum die mit
Bezug auf B symmetrische $C_2' F_2' D_2'$; zu $C_1' F_1' D_1'$ die mit Bezug auf A
symmetrische $C_2 F_2 D_2$; usf. Auf diese Weise erhalten wir zwei Wellenzüge, deren einer gebildet wird von den ausgezogenen Ausbiegungen
CFD, $C_1 F_1 D_1$, $C_2 F_2 D_2$, ..., der andere von den gestrichelten $C'F'D'$,
$C_1' F_1' D_1'$, $C_2' F_2' D_2'$ ... Diese Wellenzüge nun bewegen wir auf der
geraden Linie AB in der Richtung der Pfeile mit der in § 104 bestimmten Geschwindigkeit v, den ausgezogenen von links nach rechts,
den gestrichelten von rechts nach links, während Gestalt und Anordnung
unverändert bleiben. Die Bewegung der Saite ergibt sich dann nach
demselben Prinzip, das wir bei der Konstruktion der Reflexion benützt
haben. Von reeller Bedeutung sind immer nur diejenigen Ausbiegungen
oder Teile von solchen, die jeweilig auf der Saite AB selbst sich befinden. Aus diesen aber ergibt sich ihre augenblickliche Gestalt wieder
nach dem Prinzip der Kombination. Zu irgendeiner Zeit befinde sich
über der Stelle x der Saite die Ordinate y einer ausgezogenen, y' einer
gestrichelten Ausbiegung. Der wirkliche Ausschlag von x ist gleich der
Summe von y und y', wenn diese nach derselben Seite gerichtet sind.
Geht die eine der Ordinaten nach oben, die andere nach unten, so ist
der wirkliche Ausschlag gleich ihrer Differenz und gerichtet nach der
Seite der größeren.

Die Durchkreuzung zweier entgegengesetzter Wellenzüge, wie sie als das wesentlichste Element unserer Konstruktion hervortritt, bezeichnet man als Interferenz. Das Prinzip der Kombination, sofern es dazu dient, das Resultat solcher Interferenzen zu ermitteln, wird in der Regel als Prinzip der Superposition bezeichnet.

Besonders einfach gestaltet sich der ganze Vorgang, wenn die an der Saite erzeugte Ausbiegung sich von Anfang an über ihre ganze Länge erstreckte; dies ist z. B. der Fall, wenn man die Saite in der Mitte zur Seite zieht und dann losläßt. Die Konstruktion liefert dann zwei zusammenhängende aus Bergen und Tälern bestehende Wellenzüge, die sich in entgegengesetztem Sinne mit gleicher Geschwindigkeit bewegen (Figur 102). Die Endpunkte der Saite A und B bleiben bei der Bewegung natürlich in Ruhe; zwischen ihnen nimmt aber die Saite

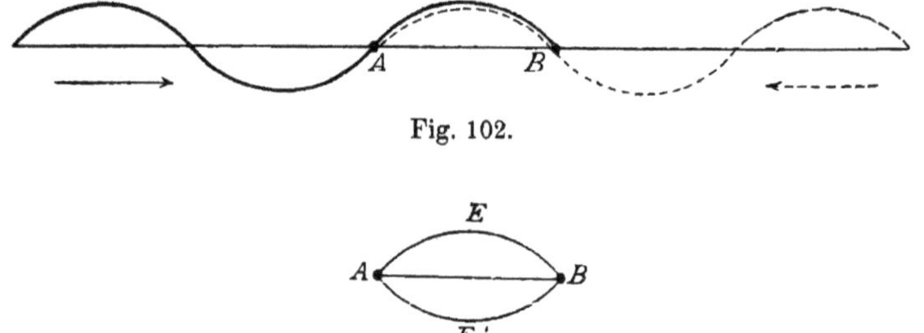

Fig. 102.

Fig. 103.   Stehende Wellen.

abwechselnd die in Figur 103 gezeichneten Formen an; sie schwingt von der ursprünglichen Lage $A\,E\,B$ hinüber nach der symmetrischen $A\,E'B$ in der Zeit, in der die Welle um die Länge der Saite fortschreitet; sie kehrt in die ursprüngliche Lage $A\,E\,B$ zurück in der Zeit, in der die Welle die doppelte Länge der Saite durcheilt. Die Zeit einer solchen ganzen Schwingung der Saite ist daher in Übereinstimmung mit § 104 gleich $\frac{2\,l}{v}$, die Schwingungszahl der Saite gleich $\frac{v}{2\,l}$; wo v wie früher die Fortpflanzungsgeschwindigkeit der Welle, l die Länge der Saite bezeichnet.

Eine Wellenbewegung von der geschilderten Art, wie sie aus der Durchkreuzung zweier gleicher aber entgegengesetzter Wellenzüge abgeleitet werden kann, nennt man eine stehende. Die Punkte A und B, die dabei in Ruhe bleiben, heißen Knotenpunkte, die zwischen ihnen in der Mitte liegenden, die im allgemeinen Stellen lebhaftester Bewegung sind, Schwingungsbäuche. Wir werden auf diese stehenden Schwingungen wieder zurückkommen bei der Wellenbewegung des Wassers und bei den Tönen schwingender Saiten.

Fünftes Kapitel. Energetik.

§ 107. Arbeitsvorrat oder potentielle Energie. Die folgenden Paragraphen sind der Entwickelung eines Satzes gewidmet, der mehr und mehr eine zentrale Bedeutung für das ganze Gebiet der Physik gewonnen hat; es ist der Satz von der Erhaltung der Energie, den wir zuerst nach der rein mechanischen Seite begründen wollen, um ihn dann auf gewisse mit den mechanischen zusammenhängende Wärmeerscheinungen auszudehnen. Wir knüpfen an den in § 46 besprochenen Begriff der Arbeit an. Wenn wir ein Gewicht P auf eine Höhe h emporheben, so leisten wir eine Arbeit, die gegeben ist durch das Produkt Ph. Dabei ist es gleichgültig, auf welchem Wege wir die Hebung bewirken, ob wir das Gewicht direkt in vertikaler Richtung in die Höhe ziehen oder auf irgend einer schiefen Bahn: denn wenn wir diese durch eine Treppe ersetzen, so erfordert die Verschiebung längs der horizontalen Absätze nach § 46 keine Arbeit. Das gehobene Gewicht können wir benutzen, um Arbeit zu gewinnen; so unterhält das Uhrgewicht die Bewegung des Pendels entgegen den Widerständen der Reibung. Das aus einem Bache abgeleitete, einem oberschlächtigen Mühlrad zugeführte Wasser ist in demselben Sinne ein gehobenes Gewicht; nur waren es nicht die Kräfte des Menschen, sondern die Sonnenwärme, die meteorologischen Prozesse in der Atmosphäre, die es hoben. Indem das Wasser die Zellen auf der vorderen Seite des Rades füllt, bringt es diese durch sein Übergewicht zum Sinken, und dreht so das Mühlrad. Die Arbeit, welche die Schwere dabei leistet, erhalten wir, wenn wir das Gewicht des von den Zellen aufgefangenen Wassers mit dem Durchmesser des Rades, der Höhe, um die das Wasser sinkt, multiplizieren; ebenso ist die Arbeit des sinkenden Uhrgewichtes gegeben durch das Produkt $P \cdot h$ aus Gewicht und Fallhöhe. Jedes gehobene Gewicht enthält also für uns eine Möglichkeit Arbeit zu gewinnen, wir schreiben ihm einen gewissen Arbeitsvorrat, eine potentielle Energie zu Das Maß dafür ist eben die Arbeit, die wir gewinnen können, wenn wir das Gewicht ganz ablaufen, so tief fallen lassen, als es unter den gegebenen Verhältnissen möglich ist. Bezeichnen wir diese größte Fallhöhe durch H, so ist der ganze Arbeitsvorrat gleich $P \cdot H$, also auch gleich der Arbeit, die zuvor geleistet werden mußte, um das Gewicht P auf die Höhe H zu heben. Fällt das Gewicht um die Höhe h, so ist der noch vorhandene Arbeitsvorrat gleich $P \cdot (H - h)$; er hat sich vermindert um $P \cdot h$, d. h. um die Arbeit, die von der Schwere bei dem Herabsinken um die Höhe h geleistet wurde.

Wir wenden den Begriff des Arbeitsvorrates noch an auf die Theorie der in § 41 bis § 44 betrachteten sogenannten einfachen Maschinen. Bei dem Hebel, dem Wellrad, dem Flaschenzug, dem Räderwerk haben wir einen Arbeitsvorrat in der an dem einen Teile des Mechanismus hängenden Last und in dem Gewichte, durch das die Last im Gleichgewichte gehalten wird. Wird bei einer virtuellen Verschiebung der Maschine die Last gehoben, so wird hier ein gewisser Arbeitsvorrat erzeugt, gleichzeitig aber sinkt das Gewicht, es geht Arbeitsvorrat verloren, und wird Arbeit von der Schwere geleistet. Nach dem in § 47 aufgestellten Prinzip der virtuellen Verschiebungen ist der Gewinn an Arbeitsvorrat auf der einen Seite gleich dem Verlust auf der anderen. Es wird also der gesamte Arbeitsvorrat nicht geändert. Die Arbeit, die bei der Verschiebung geleistet wird, dient eben dazu, einen mit ihr gleichen Arbeitsvorrat zu erzeugen.

§ 108. Arbeitsvorrat und lebendige Kraft oder kinetische Energie. Eine neue wichtige Beziehung ergibt sich für den Arbeitsvorrat aus der Betrachtung der Fallbewegung. Wir könnten uns dabei auf die Entwickelungen von § 57 beziehen, aber im Interesse des Zusammenhanges scheint es doch besser, die Verhältnisse beim freien Falle von neuem zu behandeln. Wenn ein Körper frei fällt, ohne daß er irgendwie mit anderen Körpern zu einem mechanischen System verbunden ist, so wird der beim Falle verschwindende Arbeitsvorrat nicht dazu verwandt, irgend einen neuen Arbeitsvorrat zu erzeugen; dafür erlangt aber der Körper Geschwindigkeit und es liegt nahe, nach einer Beziehung zwischen der von der Schwere geleisteten Arbeit und der Geschwindigkeit des Falles zu suchen. In der Tat ergibt sich aus der Verbindung der Fallgesetze die Gleichung:

$$v^2 = 2\,g\,s,$$

wenn v die Fallgeschwindigkeit, s den Fallraum bezeichnet. Multiplizieren wir die Gleichung mit der halben Masse, so haben wir

$$\tfrac{1}{2}\,m\,v^2 = m\,g\,s.$$

Auf der linken Seite haben wir nun den Ausdruck, der in § 57 und § 103 als die lebendige Kraft des bewegten Körpers bezeichnet wurde, auf der rechten die von der Schwere auf dem Fallraum s geleistete Arbeit. Wir haben also den Satz:

Die lebendige Kraft eines freifallenden Körpers ist in jedem Augenblicke gleich der von der Schwere geleisteten Arbeit.

Die ganze disponible Fallhöhe des Körpers bezeichnen wir wieder durch H; wenn wir dann auf beiden Seiten der vorhergehenden Gleichung den ganzen ursprünglich vorhandenen Arbeitsvorrat $m\,g\,H$ addieren, so können wir sie auf die Form bringen

$$\tfrac{1}{2}\,m\,v^2 + m\,g\,(H - s) = m\,g\,H.$$

Nun ist $m\,g\,(H - s)$ der Arbeitsvorrat, der in dem Körper noch übrig bleibt, nachdem er um die Strecke s gefallen ist. Wir können also sagen, daß in jedem Augenblick des Falles die Summe aus der lebendigen Kraft und aus dem noch vorhandenen Arbeitsvorrat dieselbe, nämlich gleich dem ursprünglich in dem Körper enthaltenen Arbeitsvorrate sei. Diese Bemerkung gibt dann Veranlassung zu der Auffassung, daß Arbeitsvorrat und lebendige Kraft nur zwei verschiedene Formen einer und derselben Eigenschaft des Körpers seien, die während des Falles unverändert bleibt; diese Eigenschaft nennt man seine Energie und man sagt im Anschluß an die vorhergehenden Betrachtungen, daß die Energie in zwei verschiedenen Formen existieren könne, nämlich als Arbeitsvorrat oder potentielle Energie und als lebendige Kraft oder kinetische Energie.

Solange wir den Körper schwebend in der Höhe H halten, besitzt er Energie nur in ihrer potentiellen Form; lassen wir ihn fallen, so verschwindet potentielle Energie, an ihre Stelle tritt kinetische Energie, so daß die ganze Energie unverändert denselben Wert behält; sie ändert nur ihre Form, nicht ihre Größe.

Beim freien Fall von der Ruhe aus verwandelt sich potentielle Energie in kinetische. Umgekehrt verwandelt sich bei einem in die Höhe geworfenen Stein kinetische Energie in potentielle. Hier wird Arbeit gegen die Schwere verrichtet, und um ihren Betrag sinkt die kinetische Energie. Eine Verwandlung von derselben Art können wir bei dem mathematischen Pendel beobachten. In den höchsten Punkten seiner Bahn hat seine ganze Energie die potentielle Form; sie ist gleich $m\,g\,H$, wenn wir mit m die Masse des Pendels, mit H die Höhe der Umkehrpunkte über dem tiefsten Punkte der Bahn bezeichnen. Schwingt das Pendel gegen diesen letzteren hin, so verwandelt sich die potentielle Energie in kinetische. Im tiefsten Punkte selbst ist die Energie nur noch in der kinetischen Form vorhanden, und es ist $\frac{1}{2}\,m\,v^2 = m\,g\,H$, wenn v die Bahngeschwindigkeit; sobald das Pendel jenen Punkt überschreitet, verwandelt sich die kinetische Energie ihrerseits wieder in potentielle, und wenn der zweite Umkehrpunkt erreicht, und die kinetische Energie verschwunden ist, hat die potentielle wieder den Betrag $m\,g\,H$.

§ 109. Energie der allgemeinen Gravitation. Der in einem gehobenen Körper enthaltene Arbeitsvorrat beruht auf der Anziehung, die nach dem NEWTONschen Gesetze zwischen der Erde und dem Körper vorhanden ist. Er stellt daher eine potentielle Energie dar, die dem von Körper und Erde zusammen gebildeten System eigentümlich ist. Diese Energie wird um so kleiner, je näher der Körper der Oberfläche der Erde kommt, sie verschwindet, sobald er bis zu dieser herabsinkt. Den größten Wert des Arbeitsvorrates erhalten wir, wenn der Körper sich in so großer Entfernung von der Erde befindet, daß ihre Anziehung unmerklich klein ist. Er ist gleich der Arbeit, die von der Anziehung, geleistet wird, wenn man den Körper von jener Entfernung bis auf die Oberfläche der Erde herabführt. Geschehe dies in der Richtung des Radius Vektors $A\,B$ (Fig 104). Wir können dann die Arbeit, die auf einer kleinen Strecke $E\,F$ der Bahn geleistet wird, in folgender Weise berechnen. Die Entfernungen der Punkte E und F vom Mittelpunkt der Erde seien r_1 und r_2, somit $E\,F = r_1 - r_2$. Ist die Anziehung auf der

Strecke EF gleich K, so ist die von ihr geleistete Arbeit gleich $(r_1 - r_2)K$. Sind M und m die Massen von Erde und Körper, so ist nach § 87 die Anziehung in E gleich $\varkappa \dfrac{m\,M}{r_1{}^2}$, in F gleich $\varkappa \dfrac{m\,M}{r_2{}^2}$, im Mittel können wir also für die Strecke EF setzen: $K = \varkappa \dfrac{m\,M}{r_1 r_2}$; damit aber wird die Arbeit:

$$\varkappa \frac{m\,M}{r_1\,r_2}(r_1 - r_2) = \varkappa\,m\,M\left(\frac{1}{r_2} - \frac{1}{r_1}\right).$$

Teilen wir die Strecke AB in eine Reihe von aufeinander folgenden kleinen Abschnitten, so können wir für jeden davon die Arbeit nach dieser Formel berechnen; summieren wir die Einzelarbeiten, so ergibt

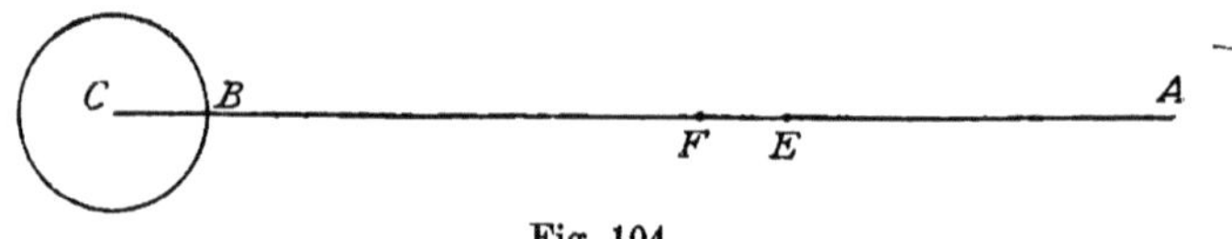

Fig. 104.

sich die bei der Bewegung von A nach B geleistete Arbeit, d. h. der in A vorhandene Arbeitsvorrat U. Ist r die Entfernung von A zum Mittelpunkt der Erde, b der Erdhalbmesser, so ergibt sich

$$U = \varkappa \frac{m\,M}{b} - \varkappa \frac{m\,M}{r}.$$

Der Arbeitsvorrat erreicht seinen größten Wert $\varkappa \dfrac{m\,M}{b}$, wenn r so groß wird, daß der Wert des zweiten Bruches verschwindet.

Dieselbe Betrachtung, die wir hier für die Erde und einen von ihr angezogenen Körper angestellt haben, gilt nun offenbar für beliebige Massen, die sich nach dem Newtonschen Gesetz anziehen. Bei sehr großer Entfernung werden sie, als ein zusammengehöriges Paar betrachtet, einen gewissen konstanten Betrag von potentieller Energie besitzen, den wir durch $\mathfrak{E}$ bezeichnen wollen. Wenn sie sich einander nähern, so nimmt die Energie ab und hat in der Entfernung r noch den Wert

$$U = \mathfrak{E} - \varkappa \frac{m\,m'}{r},$$

wenn m und m' die Massen der Körper sind. So kommt also dem von Erde und Sonne gebildeten System eine gewisse potentielle Energie zu, die mit abnehmender Entfernung der Erde von der Sonne kleiner wird. Gleichzeitig hat aber, wenn wir die Sonne als ruhend betrachten, die Erde eine gewisse lebendige Kraft; diese wächst, wenn sie der Sonne sich nähert, sie nimmt ab, wenn sie sich entfernt. Nun ergibt sich, daß die Veränderungen der potentiellen und der kinetischen Energie bei dem von Erde und Sonne gebildeten System sich stets wechselseitig kompensieren; es gilt also auch hier der Satz, daß die gesamte Energie eine unveränderliche Größe besitzt und nur ihre Form in periodischer Weise wechselt. Wenn bei Annäherung an die Sonne potentielle Energie verloren geht, so entsteht ein damit gleicher Betrag von kinetischer Energie und umgekekrt. Es gilt diese Bemerkung aber nur, wenn wir Erde und Sonne als ein für sich abgeschlossenes System betrachten, wenn wir also von den Störungen der Erdbahn durch die übrigen Planeten absehen. Aber auch für das Planetensystem im ganzen gilt der Satz von der Erhaltung der Energie; nehmen wir die Körper des Planetensystems, Sonne und Planeten, paarweise zusammen, so entspricht jedem Paare eine gewisse potentielle Energie, die der Formel

$$U = \mathfrak{E} - \varkappa\, \frac{m\, m'}{r}$$

entsprechend von der Entfernung abhängt. Die potentielle Energie des ganzen Planetensystems ist gleich der Summe der Energieen der einzelnen Paare. Andererseits kommt jedem Körper des Systems eine gewisse kinetische Energie zu, und die gesamte kinetische Energie des Systems ist gleich der Summe der Energieen seiner einzelnen Glieder. Nun zeigt sich, daß die Summe der potentiellen und kinetischen Energieen immer die gleiche bleibt, wie auch die Konfiguration und die Geschwindigkeit der einzelnen Teile wechselt. Es wohnt also auch dem Sonnensystem eine Energie von unveränderlichem Betrage inne, aber bei einem Teil derselben ist die Form beweglich, er tritt bald als potentielle, bald als kinetische Energie auf, jedoch wird immer die verschwindende potentielle Energie vollkommen kompensiert durch die entstehende kinetische und umgekehrt.

§ 110. Spannkraft. Betrachten wir eine Federwage (Fig. 105), wie sie für die Zwecke des praktischen Lebens vielfach Verwendung findet. Hängen wir an den Haken ein Gewicht P, so sinkt die ihn tragende Hülse, und die Feder wird von dem auf ihr lastenden Gewichte zusammengedrückt. Sie enthält dann einen gewissen Arbeitsvorrat, den man dadurch bestimmen kann, daß man die Wage ganz allmählich entlastet, ohne daß sie dabei in merkliche Schwankungen gerät, d. h. ohne daß kinetische Energie entsteht. Wenn schließlich die Belastung wieder auf Null reduziert ist, so steht auch der Zeiger wieder auf seinem Nullpunkt und es ist eine Arbeit geleistet gleich dem Produkt aus der Strecke h, um die sich der Haken gehoben hat, und aus dem Mittelwerte $\frac{P}{2}$ der zu Anfang und Ende des Vorganges

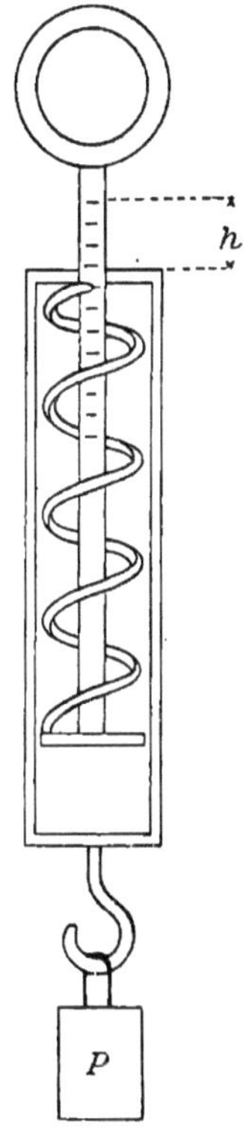

Fig. 105.
Federwage.

vorhandenen Belastungen. Diese Arbeit gibt den Betrag der potentiellen Energie, die in der zusammengedrückten Feder enthalten war. Bei einem bekannten Spielzeug benützen wir die in einer zusammengedrückten Feder enthaltene Energie, um einen Pfeil zu schnellen; dabei verwandelt sich die potentielle Energie der gespannten Spiralfeder in die kinetische Energie des Pfeiles. Zu demselben Zwecke dient beim Bogen die elastische Spannung der durch das Anziehen der Schnur erzeugten Biegung. Bei dem Chronometer oder der Taschenuhr wird in der aufgezogenen Feder eine gewisse potentielle Energie angesammelt, die beim Ablaufen verbraucht wird, um der schwingenden Unruhe die durch Reibung vernichtete lebendige Kraft immer von neuem zu ersetzen.

Bei Armbrust und Bogen ist es uns geläufig, von einer Spannkraft zu sprechen, die dem Pfeile seine Geschwindigkeit erteilt. Durch diese Beziehung wird es erklärt, daß man an Stelle von Arbeitsvorrat oder potentieller Energie als gleichwertig auch den Namen Spannkraft benützt hat. Potentielle Energie in der Form von Spannkraft erhalten wir auch, wenn wir eine Kette oder Saite zur Seite ziehen und so eine über ihre ganze Länge sich erstreckende Ausbiegung erzeugen. Die stehende Schwingung, die nach dem Loslassen der Kette entsteht, bildet ähnlich der Pendelbewegung ein Beispiel für die wechselseitige Verwandlung von potentieller und kinetischer Energie.

§ 111. Das Prinzip der Erhaltung und Vermehrung der Energie für ein mechanisches System. Maß der Energie. Die in den vorhergehenden Paragraphen an einzelnen Beispielen erläuterten Eigenschaften der Energie kann man in dem Satze zusammenfassen:

Bei jedem in sich abgeschlossenen und sich selbst überlassenen System ist die Energie konstant; sie ist aber im allgemeinen in zwei verschiedenen Formen vorhanden, als potentielle Energie, die sich mit der räumlichen Konfiguration, als kinetische, die sich mit der Geschwindigkeit der bewegten Massen ändert. Jede Änderung der potentiellen Energie ist verbunden mit einer gleichen, aber entgegengesetzten der kinetischen und umgekehrt.

Betrachten wir den Fall, daß das System nicht sich selbst überlassen, sondern irgend welchen äußeren Einwirkungen unterworfen wird. Wenn die äußeren Kräfte eine positive Arbeit leisten, so wächst die Energie um den Betrag dieser Arbeit. Wenn umgekehrt die von dem System selbst auf die umgebenden Körper ausgeübten Kräfte bei einer Veränderung seines Zustandes positive Arbeit leisten, so nimmt die Energie um den Betrag der geleisteten Arbeit ab. Betrachten wir beispielsweise die Erde und ein von ihr angezogenes Gewicht; heben wir das letztere, so leistet eine äußere Kraft Arbeit an dem System und vermehrt seine Energie. Benützen wir das sinkende Gewicht, um eine Arbeit zu leisten, etwa um ein zweites mit ihm verbundenes zu heben, so nimmt die Energie jenes Systems um den Betrag der geleisteten Arbeit ab.

Aus all den vorhergehenden Betrachtungen folgt, daß der Maßstab der Energie kein anderer ist, als der der Arbeit. Handelt es sich um potentielle Energie, so messen wir sie ja eben dadurch, daß wir zusehen, wieviel Arbeit aus ihr zu gewinnen ist. Wir haben die Einheit der potentiellen Energie, wenn die Einheit der Arbeit von ihr erzeugt wird. Kinetische Energie aber können wir verwandeln in potentielle und so indirekt durch eine Arbeit messen. Im absoluten System ist also die Einheit der Energie gegeben durch das Erg, im technischen durch das Kilogrammgewicht-Meter (§ 70).

Verwandlung von kinetischer Energie in potentielle beobachten wir bei einem aufwärts geworfenen Körper, bei einem Pendel. Man hat sie benützt, um die Geschwindigkeit von Geschossen zu bestimmen, indem man diese gegen ein sogenanntes **ballistisches Pendel** schlagen ließ und die durch den Stoß erzeugte Elongation beobachtete. Diese bestimmt die Hebung des Pendels über seine Ruhelage und nach der Formel des § 108 die potentielle Energie im Momente des größten Ausschlags. Die letztere ist aber zugleich das Maß für die anfängliche lebendige Kraft des Pendels und des, bei unelastischem Stoße, mit ihm zusammen sich bewegenden Geschosses. Hieraus kann dann nach den Stoßgesetzen die ursprüngliche Geschwindigkeit des Geschosses selbst berechnet werden.

§ 112. Vernichtung von kinetischer Energie durch Stoß und Reibung. Wärmeenergie. Wenn zwei plastische Massen m_1 und m_2 zusammenstoßen, so findet ein Verlust von kinetischer Energie statt, der gegeben ist durch $W = \frac{1}{2} m_1 v_1^2 + \frac{1}{2} m_2 v_2^2 - \frac{1}{2} (m_1 + m_2) c^2$. Hierbei sind v_1 und v_2 die Geschwindigkeiten vor dem Stoß, c die gemeinsame Geschwindigkeit nach demselben. Mit Benützung der in § 102 gegebenen Formel findet man

$$W = \frac{1}{2} \frac{m_1 m_2}{m_1 + m_2} (v_2 - v_1)^2$$

oder

$$W = \frac{1}{2} (m_1 c - m_1 v_1)(v_2 - v_1).$$

Es scheint also, daß das Prinzip von der Erhaltung der Energie in diesem Falle keine Gültigkeit besitzt.

Ein ähnlicher Fall ist der von Geschwindigkeitsverlusten durch Dämpfung oder Reibung. Ein schwingendes Pendel kommt allmählich zur Ruhe, seine Energie scheint sich zu verlieren. Die Geschwindigkeit des Eisenbahnzuges wird durch Bremsen aufgehoben, und damit verschwindet seine kinetische Energie.

Nun ergibt sich, daß durch Stoß und Reibung Wärme entsteht, und man kann so zu der Vermutung kommen, daß eben diese ein Äquivalent für die verlorene kinetische Energie sei. Es würde also die Wärme als eine dritte Energieform neben die kinetische und die potentielle Energie treten. Eine bestimmte Menge von potentieller Energie könnte sich ebensogut in eine bestimmte Menge von Wärme, wie in kinetische Energie verwandeln, und umgekehrt müßte Wärmeenergie in potentielle Energie übergehen, Arbeit leisten können. In der Tat benutzen wir eine solche Verwandlung von Wärme in mechanische Arbeit oder potentielle Energie bei der Dampfmaschine und dem Gasmotor. Bei einem in sich abgeschlossenen System würde wieder der Satz von der

Erhaltung der Energie gelten. Die Energie kann aber jetzt in den drei Formen der potentiellen, der kinetischen, der Wärmeenergie vorhanden sein; jede davon kann in die anderen sich verwandeln, aber immer bleibt ihre Summe konstant. Von außen her kann einem System auf doppelte Weise Energie zugeführt werden, einmal durch mechanische Arbeit, dann durch Wärme. Umgekehrt kann die Energie eines Systems auf doppelte Weise vermindert werden, durch eine gegen äußere Kräfte geleistete Arbeit und durch Abgabe von Wärme.

§ 113. Das mechanische Äquivalent der Wärme. Die im vorhergehenden entwickelten Anschauungen gewinnen eine bestimmte Bedeutung und ein sicheres Fundament erst dann, wenn es gelingt, zu zeigen, daß Wärme in der Tat nach einem ganz bestimmten Tauschwerte als Ersatz für Arbeit, potentielle oder kinetische Energie eintritt. Die Untersuchung dieser Frage gehört nun freilich nicht in die Mechanik starrer Körper, sondern in die Wärmelehre. Da es aber wünschenswert ist, die im vorhergehenden angebahnte Untersuchung zu einem gewissen Abschluß zu führen, und da wir von der Wärmelehre kaum mehr voraussetzen, als Kenntnisse, die wir aus dem täglichen Leben mitbringen, so möge der entsprechende Abschnitt der Wärmelehre hier zum Teil vorweggenommen werden.

Wir haben bei den folgenden Untersuchungen Temperaturmessungen nötig, die mit einem nach Celsiusgraden geteilten Quecksilberthermometer vorgenommen werden mögen. Zur Messung von Wärmemengen benutzt man in der Wärmelehre die Kalorie; die sogenannte Grammkalorie ist die Wärmemenge, die notwendig ist, um 1 g Wasser bei einer Zimmertemperatur von 15^0 um 1^0 Celsius zu erwärmen. Unter einer großen Kalorie versteht man die Wärmemenge, die nötig ist, um 1 kg Wasser von 15^0 auf 16^0 zu erwärmen. Mit Beziehung hierauf kann die Frage, um die es sich handelt, so gestellt werden: Ist die Wärmemenge, die durch eine bestimmte Arbeitsleistung erzeugt wird, unter allen Umständen dieselbe, und kann aus ihr jene selbe Arbeit wiedergewonnen werden? Ist diese Frage zu bejahen, so bezeichnet man die bestimmte Arbeit, die nötig ist, um eine Wärmeeinheit zu erzeugen, und die umgekehrt aus einer Wärmeeinheit gewonnen werden kann, als das mechanische Äquivalent der Wärme. Die aufgeworfene Frage ist entschieden, wenn bei verschiedener Anordnung der Versuche für dieses mechanische Äquivalent der Wärme immer derselbe Wert gefunden wird. Robert Mayer, der zuerst das Prinzip von der Erhaltung der Energie ausgesprochen hat, bemerkte zugleich, daß gar keine neuen Versuche notwendig waren, um einen numerischen Wert für das mechanische Äquivalent der Wärme zu finden; er berechnete denselben auf Grund von gewissen Eigenschaften der Gase. Da aber diese erst in der Wärmelehre zu besprechen sind, so können wir den von Mayer, mit noch ungenügenden experimentellen Daten, eingeschlagenen Weg hier nicht verfolgen.

Unabhängig von den Untersuchungen Mayers hat Joule durch eine umfassende Reihe von experimentellen Untersuchungen das mechanische

Äquivalent der Wärme bestimmt. Er setzte in ein mit einer abgewogenen Menge Wasser gefülltes Gefäß (Fig 106), das sogenannte Kalorimeter, ein um eine vertikale Achse drehbares Rad mit zwei übereinander liegenden Schaufelkränzen, die durch entsprechend ausgeschnittene Querwände hindurch mit großer Reibung sich bewegten. Die Drehung erfolgte durch einen doppelten Schnurlauf und Gewichte nach dem in Figur 106 gegebenen Schema. Infolge der Reibung fielen die Gewichte mit gleichförmiger, sehr kleiner Geschwindigkeit;

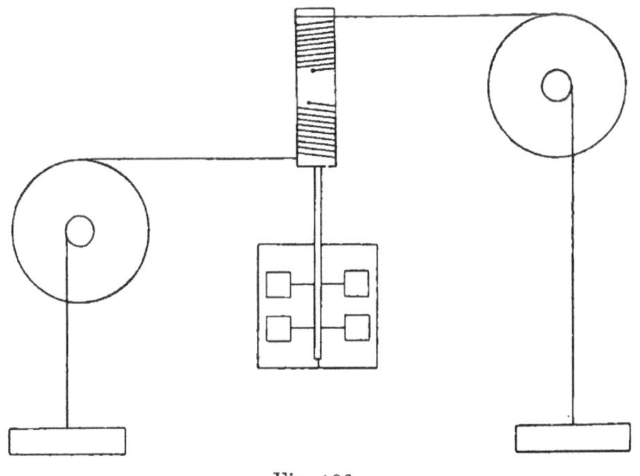

Fig. 106.

die von der Schwere geleistete Arbeit findet also ihr Äquivalent nicht in der lebendigen Kraft der fallenden Gewichte, sondern in der Wärme, die infolge der Reibung in dem Kalorimeter erzeugt wird. Ist h die Fallhöhe, p das fallende Gewicht, so ist die geleistete Arbeit gleich $p \cdot h$; ist andererseits die Masse des Wassers in dem Kalorimeter gleich m, die Temperaturerhöhung gleich t^0 Celsius, so ist die in ihm erzeugte Wärme gleich $m\,t$; das mechanische Äquivalent der Wärme, die zu der Erzeugung einer Wärmeeinheit erforderliche Arbeit, ist somit:

$$\mathfrak{A} = \frac{p\,h}{m\,t}.$$

Die Versuchsanordnung wurde von Joule in der mannigfachsten Weise variiert; nach demselben Prinzip, aber mit viel größeren Mitteln, wurde die Bestimmung von Rowland wiederholt. Benutzen wir zur Messung der Arbeit die technische Einheit des Kilogrammgewicht-Meter, zur Messung der Wärme die große Kalorie, so wird das mechanische Äquivalent der Wärme

$$\mathfrak{A} = 427 \cdot 5,$$

d. h. die durch den Fall eines Kilogrammgewichtes um $427 \cdot 5$ m erzeugte Wärme genügt, um 1 kg Wasser von 15 auf 16^0 Celsius zu erwärmen. Daraus ergibt sich, daß ein Grammgewicht bei einem Fall um 42 750 cm eine Grammkalorie erzeugt. Bei Zugrundelegung der Maßeinheiten des Zentimeter, des Grammgewichtes und der Grammkalorie wird somit der Wert des mechanischen Äquivalentes

$$\mathfrak{A} = 42\,750.$$

Gehen wir nun über von dem technischen Maßsystem zu dem absoluten. Die Einheit der Arbeit, das Erg, ist die Arbeit einer Dyne auf der Strecke von 1 cm. Das Gewicht eines Grammstückes ist gleich 981 Dynen, somit die Arbeit von 42 750 g-Gewicht-cm gleich $981 \times 42\,750$ Erg. Im absoluten $cm \cdot g \cdot sec$ - System wird somit das mechanische Äquivalent der Wärme

$$\mathfrak{A} = 42\,000\,000\,,$$

d. h. eine Arbeit von 42 000 000 Erg ist notwendig, um 1 g-Kalorie zu erzeugen.

§ 114. Das Prinzip der Vermehrung der Energie für ein thermisch-mechanisches System. Die Bestimmung des mechanischen Äquivalentes der Wärme ermöglicht es, dem am Schlusse von § 112 geäußerten Gedanken eine ganz exakte Formulierung zu geben. Die Energie eines gegebenen Systems von Körpern wird vermehrt, wenn ihm von außen Wärme zugeführt wird. Messen wir die Energie nach den Einheiten des kg-Gewicht-m oder des Erg, so haben wir die Anzahl der zugeführten kg- oder g-Kalorien mit dem entsprechenden Werte des mechanischen Wärmeäquivalents zu multiplizieren, um den Energiezuwachs zu erhalten. Die zweite Quelle von Energieänderungen wird durch die Arbeiten gebildet, die entweder von dem System äußeren Widerständen entgegen geleistet, oder umgekehrt von außen her auf das System ausgeübt werden. Leistet das System selbst eine Arbeit, so muß seine Energie um ihren Betrag abnehmen. Wenn wir beide Arten von Energieänderung gleichzeitig berücksichtigen, so erhalten wir den Satz:

Bei einem System, das thermischen und mechanischen Veränderungen unterworfen wird, ist die Vermehrung der Energie gleich dem mechanischen Äquivalent der zugeführten Wärme vermindert um die von dem System geleistete Arbeit.

Ist die Energie in dem anfänglichen Zustand des Systems U_1, am Schlusse des Prozesses gleich U_2, wird während der Veränderung die Wärmemenge W zugeführt und die Arbeit L geleistet, so ist

$$U_2 - U_1 = \mathfrak{A}\,W - L\,.$$

§ 115. Allgemeine Bedeutung des Energieprinzips. Wir haben uns in den vorhergehenden Paragraphen mit der wechselseitigen Verwandlung von mechanischer Energie und von Wärme beschäftigt. Nun liegt es nahe, sich daran zu erinnern, daß mechanische Energie auch noch andere Umwandlungen erleiden kann; bei der Elektrisiermaschine erzeugen wir durch mechanische Arbeit elektrische Ladungen; in unseren Elektrizitätswerken benutzen wir mechanische Energie, um elektrische Ströme zu gewinnen; umgekehrt dienen diese Ströme bei der elektrischen Eisenbahn zur Erzeugung von Bewegung, von lebendiger Kraft. Bei der elektrischen Beleuchtung bringt der elektrische Strom die Wärme hervor, die den Kohlenfaden der Glühlampen zum Glühen erhitzt. Wärme wird also erzeugt durch mechanische Arbeit, durch den elektrischen

Strom; vor allem aber benutzen wir als eine schier unerschöpfliche Quelle von Wärme den chemischen Prozeß der Verbrennungen.

Diese Beobachtungen führen nun zu der Vorstellung, daß außer der mechanischen Energie, die sich ihrerseits in die potentielle und in die kinetische Form spaltet, und außer der Wärmeenergie noch eine elektrische und eine chemische Energie existiere; nehmen wir Rücksicht auf die magnetischen Zustände des Eisens, so werden wir diesen noch eine magnetische Energie hinzufügen können. Der Satz von der Erhaltung der Energie würde dann besagen, daß all diese Energiearten nur verschiedene Formen einer und derselben Eigenschaft sind, die einem in sich abgeschlossenen, äußeren Einwirkungen entzogenen Systeme in unveränderlicher Größe innewohnt, und die wir seine Gesamtenergie nennen. Jede Energieform kann sich in jede andere verwandeln, und zwar geschieht dies auf Grund von bestimmten Äquivalenzwerten, die natürlich abhängen von den spezifischen Einheiten, die wir bei der Maßbestimmung verschiedener Energiearten benutzen. Es möge ein Betrag A einer ersten Energieart verschwinden, und dafür ein Betrag B einer zweiten entstehen; wir erhalten B, wenn wir A durch den Äquivalenzwert der ersten Energieart dividieren. Umgekehrt kann dann der Betrag B der zweiten Form wieder in den Betrag A der ersten zurückverwandelt werden.

Aus der Verwandelbarkeit der Energieen folgt aber, daß wir den Betrag der Energie immer nach demselben Maße messen können, welches auch ihre Form sei. Als eine gemeinsame Maßeinheit für alle Energiearten empfiehlt sich die Einheit der mechanischen Arbeit, das Erg, beziehungsweise das Kilogramm-Gewicht-Meter. Daß die potentielle Energie in dieser sich ausdrücken läßt, ergibt sich aus den Betrachtungen des § 107. Daß dasselbe für kinetische Energie gilt, folgt aus der Umwandlung in potentielle, die wir in § 108 und 111 besprochen haben. Den Wert der elektrischen und magnetischen Energie werden wir in dem dritten Teile dieses Lehrbuches an geeigneter Stelle bestimmen. Von der Beziehung zwischen chemischer und elektrischer Energie wird ebenda die Rede sein. Die Verwandlung von chemischer Energie in Wärmeenergie werden wir im vierten Teile, in der Wärmelehre, berühren.

§ 116. Das Perpetuum mobile. Die Erfinder des vergangenen Jahrhunderts wandten allen möglichen Scharfsinn auf, um eine Maschine zu konstruieren, die Arbeit leistet und sich selbst fortdauernd im Gang hält. Ein Mühlrad, das nicht bloß die Mühle treibt, sondern auch das Wasser, von dem es gedreht wird, wieder auf die frühere Höhe zurückpumpt, so daß es in einem vollkommenen Kreislaufe sich bewegt und dabei Arbeit leistet. Zwei gleiche Uhrwerke, von denen immer das eine ablaufend das andere aufzieht, und die dabei noch irgend eine Maschine treiben. Aus dem Prinzip von der Erhaltung der Energie folgt, daß ein Perpetuum mobile ein Ding der Unmöglichkeit ist. Denn wenn durch Verschwinden der Energie A eine ihr äquivalente B von irgend einer Form erzeugt ist, so kann sich B rückwärts eben nur wieder in A verwandeln, unmöglich aber nebenbei noch Arbeit leisten, d. h. eine vorher nicht vorhandene Energie aus nichts erzeugen. In Wirklichkeit würde natürlich nicht einmal jene Rückverwandlung gelingen; denn bei allen unseren Maschinen gibt Reibung, Fortleitung und Ausstrahlung von Wärme zu einer Zerstreuung der Energie Veranlassung, die nicht wieder rückgängig zu machen ist.

§ 117. Die Bewegung der Energie. Der Satz von der Erhaltung der Energie sagt aus, daß die Energie konstant bleibt, wie sich auch ihre räumliche Verteilung und ihre Form verändern mag. Der Satz gibt keinen Aufschluß darüber, ob überhaupt unter gegebenen Verhältnissen eine Bewegung oder Verwandlung der Energie eintritt, und nach welchen Gesetzen sie sich richtet. Er bedarf nach dieser Seite hin einer Ergänzung, und man kann vermuten, daß er nur ein Teil eines allgemeineren Prinzips ist, das zugleich die Gesetze der Bewegung und der Verwandlung der Energie enthält. In der Tat werden wir in der Wärmelehre in dem Satze von der Entropie ein solches Prinzip kennen lernen, vorläufig müssen wir uns beschränken auf einen speziellen Fall von Umwandlung potentieller Energie, aus dem wenigstens gewisse Gesichtspunkte sich ergeben, die bei der Entwickelung einer allgemeinen Energielehre von Bedeutung sind. Wir nehmen zwei mit Wasser gefüllte Reservoire (Fig. 107); das Niveau des einen

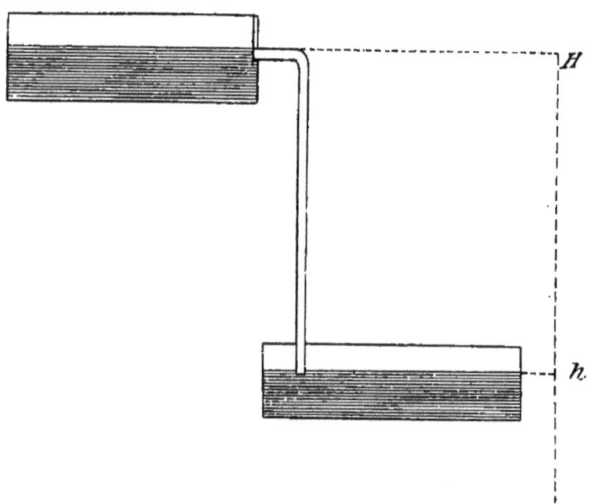

befindet sich in der Höhe H, das des anderen in der Höhe h über dem Boden. Von dem oberen Niveau zu dem unteren geht eine Röhre, deren obere Öffnung aber durch einen Schieber verschlossen ist; heben wir den Schieber, so wird eine gewisse Wassermenge von dem oberen zu dem unteren Niveau fließen. Ist m ihre Masse, so verliert das obere Reservoir

Fig. 107.

die potentielle Energie $U = m\,g\,H$, das untere gewinnt die potentielle Energie $u = m\,g\,h$. Außerdem aber gewinnt das herabfließende Wasser lebendige Kraft, die durch den Zusammenstoß mit dem Wasser des unteren Reservoirs und durch die der Bewegung widerstehende Reibung in Wärme verwandelt wird. Es ist somit bei dem geschilderten Vorgang eine gewisse Menge u von potentieller Energie von dem oberen

Niveau zu dem unteren übergegangen; gleichzeitig aber ist die Energie-
menge $U - u$ in Wärme verwandelt. Man kann hiernach sagen, daß
die Richtung, in der sich die Energie bewegt, durch den Höhenunterschied der Wasserniveaus bestimmt wird; die Energie bewegt sich von
dem höheren Niveau zu dem tieferen. Nun bildet die Höhe des Niveaus
den einen der Faktoren, aus denen der Ausdruck der potentiellen Energie
sich zusammensetzt. Bezeichnen wir jene Höhe als den Niveauwert der
Energie, so würde zunächst in dem betrachteten Beispiele der Satz
gelten: Die Energie bewegt sich von dem höheren Niveauwert zu dem
tieferen. Charakteristisch für unseren Vorgang ist ferner, daß die Bewegung der potentiellen Energie verbunden ist mit einer teilweisen Umwandlung in Wärme. Zwischen der von dem oberen Reservoir abgegebenen und der von dem unteren aufgenommenen Energie findet die
Beziehung statt:

$$\frac{U}{H} = \frac{u}{h}.$$

Diese Energieen verhalten sich wie die entsprechenden Niveauwerte.
Zwischen der von dem oberen Reservoir abgegebenen und der in Wärme
verwandelten Energie besteht die Gleichung:

$$\frac{U}{h} - \frac{U}{H} = \frac{U - u}{h}$$

oder

$$\frac{U - u}{U} = \frac{H - h}{H}.$$

Die in Wärme verwandelte Energie verhält sich zu der ganzen dem
höheren Niveau entzogenen Energie, wie die Differenz der Niveauwerte
zu dem Niveauwerte des oberen Reservoirs.

Es frägt sich, ob die in diesen Sätzen ausgesprochenen Eigenschaften der Energiebewegung über das betrachtete Beispiel hinaus eine
allgemeine Bedeutung besitzen. Nehmen wir, um einen Anhalt zur
Beantwortung der Frage zu gewinnen, die Wärmeenergie. Wärme geht
von selbst von einem warmen Körper zu einem kalten, man könnte also
die Temperatur als den Niveauwert der Wärme betrachten und würde
dann den ersten der gefundenen Sätze auch auf die Wärmeenergie ausdehnen können.

Wenn man aber aus dem zweiten Satze schließen wollte, daß jede
Bewegung von Wärmeenergie mit einer teilweisen Verwandlung in eine
andere Energieform verbunden sein müsse, so würde dem die Erfahrung
widersprechen. Wärme kann von einem heißen zu einem kalten Körper
übergehen, ohne daß dabei eine andere Energieform auftritt. Dagegen
findet der zweite der im vorhergehenden aufgestellten Sätze in der
Wärmelehre seine Analogie bei den sogenannten Kreisprozessen; ein
solcher Prozeß ist es, durch den wir bei der Dampfmaschine Arbeit
gewinnen. Das Charakteristische dabei ist, daß eine gewisse Wärmeenergie Q einem Körper von hoher Temperatur, dem Kessel der Dampf-

maschine, entzogen, daß ein Teil davon, $Q - q$, in Arbeit verwandelt, der Rest q an einen Körper von niedriger Temperatur, den Kondensator, abgegeben wird. Zwischen diesen Wärmemengen und den von $- 273^0$ Celsius an gezählten absoluten Temperaturen T und t der beiden Körper bestehen dann die Beziehungen

$$\frac{Q}{T} = \frac{q}{t} \quad \text{und} \quad \frac{Q - q}{Q} = \frac{T - t}{T},$$

deren Analogie mit den zuvor gefundenen unmittelbar in die Augen fällt. Diese Gleichungen aber sind es, die zu dem schon erwähnten Satze von der Entropie führen, der dann das allgemeine Bewegungsgesetz der Energie enthält; seine Entwickelung aber ist eine spezifische Aufgabe der Wärmelehre.[1]

§ 118. Beziehung der Energie zu dem Prinzip der virtuellen Verschiebungen. Wir haben in § 48 gesehen, daß die von selbst eintretenden, natürlichen Verschiebungen eines mechanischen Systems immer in dem Sinne eintreten, in dem positive Arbeit geleistet wird. Im Sinne der Energetik wird dieser Satz so auszusprechen sein: Die natürlichen Bewegungen gehen immer so vor sich, daß die potentielle Energie der beweglichen Systeme kleiner wird. Gibt es keine virtuelle Verschiebung, bei der diese Energie abnimmt, hat also die potentielle Energie einen Minimalwert erreicht, so ist das System im Gleichgewicht.

---

[1] Vergl. E. MACH, Die Geschichte und die Wurzel des Satzes der Erhaltung der Arbeit. Prag 1872. — Zur Geschichte und Kritik des CARNOTschen Wärmegesetzes. Sitzungsber. d. k. Akad. d. Wiss. in Wien, Math.-Nat. Kl. Bd. 101, II a, Dez. 1892.

ZWEITES BUCH.

MECHANIK DER FLÜSSIGKEITEN UND GASE.

Erster Abschnitt.

Statik der Flüssigkeiten und Gase.

Einleitung.

§ 119. Inkompressible und kompressible Flüssigkeiten. Flüssigkeiten und Gase besitzen die gemeinsame Eigenschaft, einer nicht zu raschen Änderung der Form keinen merklichen Widerstand entgegenzusetzen. Sofern man also in dieser leichten gegenseitigen Verschiebbarkeit der Teilchen die wesentliche Eigenschaft einer Flüssigkeit sieht, würden auch die Gase als flüssige Körper zu bezeichnen sein. Wenn man aber das Volumen von Flüssigkeiten und Gasen zu verkleinern sucht, so verhalten sie sich sehr verschieden. Schließt man in einem Zylinder durch einen verschiebbaren Kolben eine gewisse Menge einer Flüssigkeit ab, so bewirkt der größte auf den Kolben ausgeübte Druck eine so kleine Änderung des Volumens, daß sie sich lange Zeit der Beobachtung entzogen hat. Man hielt die Flüssigkeiten für unzusammendrückbar und bezeichnete sie dementsprechend als **inkompressible Flüssigkeiten.** Bei Gasen genügt schon ein kleiner Druck zu einer sehr merklichen Volumänderung; man nennt daher die Gase, um die Übereinstimmung und den Unterschied ihres Verhaltens dem der Flüssigkeiten gegenüber zu bezeichnen, **kompressible Flüssigkeiten.**

Inkompressible Flüssigkeiten, oder Flüssigkeiten schlechtweg, besitzen ein nahezu unveränderliches Volumen; sie bieten in jedem Gefäß, dessen Raum sie nicht ganz erfüllen, die Erscheinung der freien Oberfläche dar. Gase dagegen füllen jeden ihnen dargebotenen Raum, wie groß er auch sei, vollständig an; sie vermögen sich ins Unbegrenzte auszudehnen, und es fehlt ihren Teilchen der Zusammenhalt, der bei den Flüssigkeiten das Volumen konstant erhält, wie auch ihre Form, d. h. die Form des sie enthaltenden Gefäßes wechselt. Diesem Verhalten entsprechend, bezeichnet man die Gase auch als ausdehnsame Flüssigkeiten.

Erstes Kapitel.   Statik der inkompressiblen Flüssigkeiten.

§ 120. Prinzip der Niveauflächen. Die freie Oberfläche einer Flüssigkeit — wir werden hierunter eine inkompressible verstehen — ist immer senkrecht gegen die auf sie wirkenden Kräfte. Würde dies nicht der Fall sein, so würden die auf Teilchen der Oberfläche wirkenden Kräfte tangentiale Komponenten besitzen (Fig. 108); diese aber würden sofort eine Verschiebung der Teilchen längs der Oberfläche, eine Bewegung der

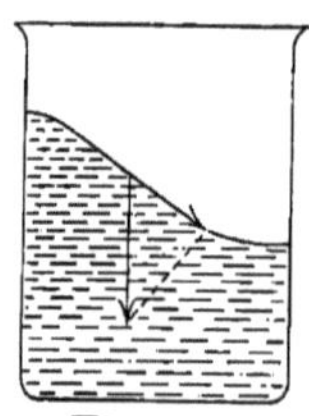

Fig. 108.

Flüssigkeit bewirken, die erst zur Ruhe käme, wenn jene tangentialen Komponenten verschwunden sind, die Oberfläche sich senkrecht zu den Kräften gestellt hat. Die freie Oberfläche der Flüssigkeit bezeichnet man auch als ihre **Niveaufläche**, und man überträgt diesen Namen auf alle Flächen, die ein gegebenes System von Kräften senkrecht zu deren Richtung durchschneiden, wie etwa die um ein Gravitationszentrum als Mittelpunkt beschriebenen Kugelflächen.

An der Oberfläche der Erde ist die freie Oberfläche einer Flüssigkeit eine horizontale Ebene. Ein Quecksilberniveau dient daher als horizontaler Spiegel; bei den Libellen benützt man die horizontale Oberfläche der in der Libellenröhre oder Dose eingeschlossenen Flüssigkeit um die horizontale Stellung einer ebenen Platte zu prüfen.

§ 121. Druck einer Flüssigkeit gegen die Gefäßwand. Wir richten unsere Aufmerksamkeit jetzt auf die unfreie von der Gefäßwand begrenzte Oberfläche der Flüssigkeit. Machen wir einen Teil davon beweglich, indem wir eine zylindrische Röhre in die Wand einsetzen und durch einen verschiebbaren Kolben verschließen, so wird die Flüssigkeit durch ihre Schwere den Kolben herauszudrücken suchen. Wir müssen ihn auf der anderen Seite mit einer zu seiner Fläche senkrechten Kraft nach innen drücken, um den Ausfluß der Flüssigkeit zu verhindern. Der Satz des vorhergehenden Paragraphen läßt sich somit auch auf die unfreie Oberfläche übertragen, insofern die Wirkung der begrenzenden Wand ersetzt werden kann durch einen, senkrecht zu ihr, auf die Flüssigkeit ausgeübten Druck.

Der experimentelle Nachweis dieser Druckkräfte kann, entsprechend der reziproken Stellung von Flüssigkeit und Gefäßwand, in doppelter Weise geführt werden. Einmal kann man die Flüssigkeit beweglich machen gegen die Oberfläche eines sie begrenzenden festen Körpers; oder man kann den begrenzenden Körper beweglich machen gegen die Flüssigkeit. Im ersten Falle (Fig. 109) setzen wir einen mit Flüssigkeit gefüllten Zylinder auf die Schale einer Wage und bringen diese ins Gleichgewicht; tauchen wir dann einen an einem Stative befestigten Zylinder mit vertikaler Achse teilweise in die Flüssigkeit, so sinkt die Wagschale, auf der sie steht. Wir können durch Auflegen von Gewichten auf die andere Schale die Wage wieder ins Gleichgewicht bringen und so den auf die Flüssigkeit ausgeübten Druck messen. Derselbe rührt offenbar von der unteren Grenzfläche des Zylinders her, da die von dem Mantel ausgehenden horizontalen Drucke sich wechselseitig kompensieren. Als Resultat von Messungen, die · unter verschiedenen Verhältnissen angestellt werden, ergibt sich der Satz: Der auf die Flüssigkeit ausgeübte Druck ist gleich dem Gewichte der von dem Zylinder verdrängten Flüssigkeit.

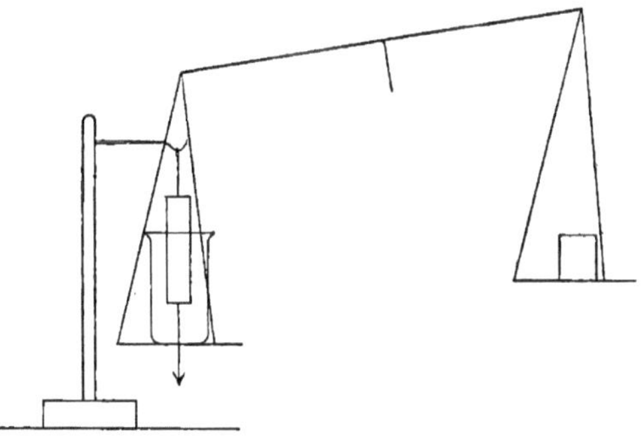

Fig. 109.

Mit Rücksicht auf dieses Ergebnis kann man nun den zweiten Versuch, bei dem ein beweglicher Körper dem Drucke der ihn umgebenden Flüssigkeit unterworfen wird, in folgender Weise anordnen (Fig. 110) Man hängt den Körper — er sei wieder durch einen Zylinder mit vertikaler Achse repräsentiert -- an den einen Arm einer Wage, über ihn an denselben Arm einen Hohlzylinder, der durch den unteren massiven Zylinder genau ausgefüllt wird. Taucht nun der untere Zylinder zuerst nur teilweise in die Flüssigkeit ein, so erleidet seine untere Fläche einen Druck oder Auftrieb, der dadurch kompensiert werden kann, daß man in den Hohlzylinder Flüssigkeit eingießt. Die Höhe, bis zu welcher dieser gefüllt werden ·muß, ist dann immer gleich der Tiefe, bis zu der der Vollzylinder eintaucht. Heben wir das Niveau der Flüssigkeit, so daß der Zylinder tiefer eintaucht, so nimmt der Auftrieb zu; von dem Augenblick an, in dem der Zylinder ganz eintaucht, bleibt

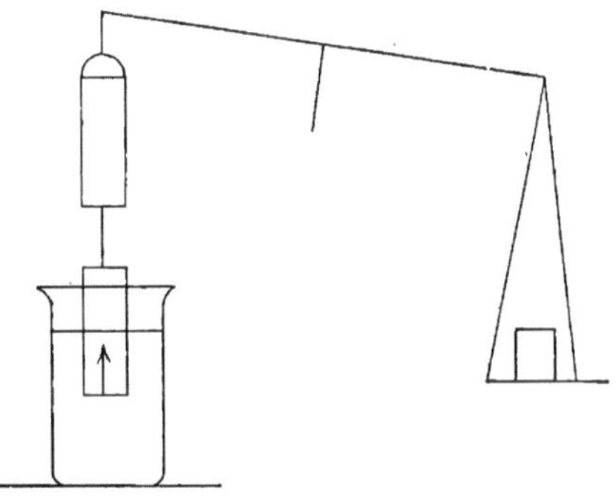

Fig. 110.

er konstant gleich dem Gewichte der den oberen Zylinder bis zum Rande füllenden Flüssigkeit. In der Tat wirken dann, wie aus späteren Betrachtungen noch deutlicher hervorgehen wird, auf beide Endflächen des untergetauchten Zylinders Druckkräfte von entgegengesetzter Richtung, und der Auftrieb wird durch ihre Differenz bestimmt.

§ 122. Das Archimedische Prinzip. Den Beobachtungen des vorhergehenden Paragraphen zufolge wird der Auftrieb unter allen Umständen durch das Gewicht der verdrängten Flüssigkeit gemessen. Da in diesem Satze gar keine Beziehung mehr auf die zylindrische Form des eingetauchten Körpers enthalten ist, so liegt es nahe, ihm eine allgemeine Gültigkeit für Körper von beliebiger Gestalt zuzuschreiben. In der Tat kann man diese Vermutung leicht prüfen, wenn man den Zylinder mit horizontaler Achse an der Wage aufhängt. Man gelangt so zu dem bekannten Prinzip des Archimedes:

Ein Körper, der in eine Flüssigkeit ganz oder teilweise eintaucht, erleidet einen Auftrieb oder Gewichtsverlust, der gleich ist dem Gewichte der verdrängten Flüssigkeit.

Archimedes selbst wurde auf sein Prinzip geführt durch eine Überlegung, die in modernem Gewande auf die Betrachtung der Arbeit führt, die bei einer Verschiebung des eingetauchten Körpers geleistet wird. Bezeichnen wir sein Gewicht durch P, so ist die bei einer Senkung des Schwerpunktes um die Höhe h geleistete Arbeit gleich $P \cdot h$ (Fig. 111). Nun füllt sich dabei der vorher von dem Körper eingenommene Raum

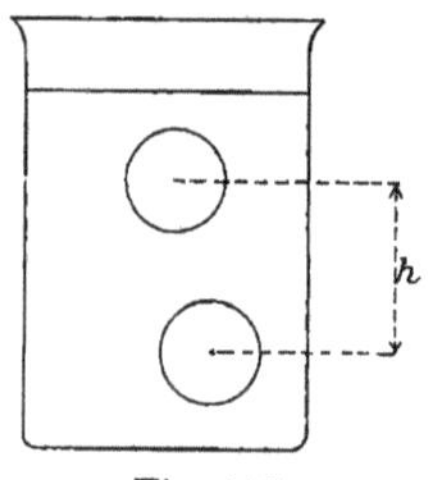

Fig. 111.

mit Wasser; die ganze mit der Senkung des Körpers verbundene Bewegung des Wassers verhält sich so, wie wenn der Schwerpunkt der verdrängten Flüssigkeit um die Strecke h gehoben worden wäre; hierdurch wird aber eine Arbeit von dem Betrage $W \cdot h$ konsumiert, wenn W das Gewicht der verdrängten Flüssigkeit bezeichnet. Wird also ein Körper in einer Flüssigkeit nach unten hin verschoben, so ist die von der Schwere geleistete Arbeit gleich $(P - W) \cdot h$, dieselbe, wie bei der Verschiebung des Gewichtes $P - W$ im leeren Raum. Der Körper erleidet in der Flüssigkeit einen Gewichtsverlust gleich dem Gewichte der verdrängten Flüssigkeit.

Wir wollen die allgemeine Gültigkeit des Archimedischen Prinzips endlich noch auf einem Wege begründen, der von Interesse ist, weil

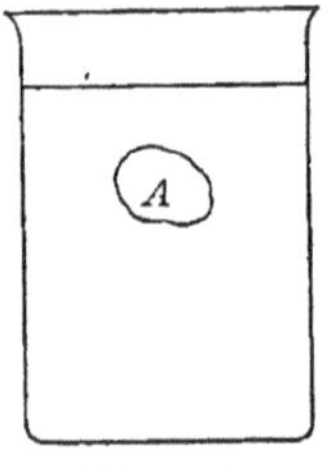

Fig. 112.

der ihm zugrunde liegende Gedanke nicht selten zu der Entscheidung von Gleichgewichtsfragen bei Flüssigkeiten benützt werden kann. Wir grenzen durch eine geschlosssene Fläche (Fig. 112) einen Teil A der Flüssigkeit ab; wäre die übrige Flüssigkeit nicht vorhanden, so würde A infolge seines Gewichtes fallen; wenn A im Innern der Flüssigkeit im Gleichgewicht ist, so muß ein Auftrieb vorhanden sein, der dem Gewichte von A gleich ist, und der durch Druckkräfte erzeugt wird, welche die umgebende Flüssigkeit auf die Oberfläche von A ausübt. Diese Druckkräfte aber müssen dieselben sein, welches auch die Natur jener Oberfläche ist; man kann sich dieselbe als eine starre Fläche denken, man kann ihr Inneres mit irgend einer von der Flüssigkeit verschiedenen Substanz füllen. Dann aber hat man in der

Tat den Satz, daß die Flüssigkeit auf einen den Raum A erfüllenden Körper einen Auftrieb ausübt gleich dem Gewichte eines gleichen Volumens Flüssigkeit.

Wir werden später sehen, daß auch die Gase schwere Flüssigkeiten sind; die vorhergehende Betrachtung findet dann auch bei ihnen Anwendung, und das Archimedische Prinzip gilt daher ebenso für die ausdehnsamen Flüssigkeiten.

§ 123. Das spezifische Gewicht des Wassers bei 4⁰ Celsius. Nach der in § 71 gegebenen Definition ist das spezifische Gewicht des Wassers bei 4⁰ Celsius gleich 1, d. h. das Gewicht von 1 cdm Wasser bei 4⁰ C. ist gleich dem Gewichte von 1 kg. Es fragt sich nun, ob die zu der Herstellung des kg-Gewichtes erforderlichen Messungen mit solcher Genauigkeit anzustellen sind, daß jene Beziehung wirklich erfüllt ist. Die fundamentale Bedeutung, welche diese Frage für die ganze Metrologie besitzt, wird es rechtfertigen, wenn wir einige Augenblicke bei ihr verweilen.

Im Prinzip ist der bei der Herstellung des kg-Gewichtes eingeschlagene Weg der folgende. Der erste Schritt besteht in der sorgfältigen Herstellung eines Metallzylinders, dessen Volumen durch Messung der Länge und des Durchmessers zu bestimmen ist; dasselbe betrage v cdm. Zweitens handelt es sich um die Herstellung eines Volumens Wasser von 4⁰ Celsius, das dem Rauminhalte des Zylinders genau gleich ist. Das Gewicht dieses Volumens sei nach einer beliebigen Gewichtseinheit gemessen gleich w. Dann ist das Gewicht von 1 cdm Wasser von 4⁰ Celsius gleich $\frac{w}{v}$, d. h.

das kg-Gewicht ist repräsentiert durch eine Anzahl $\frac{w}{v}$ jener willkürlichen Gewichtseinheiten. Der zweite Teil der Aufgabe wird dadurch gelöst, daß wir den Zylinder in ein mit Wasser von 4⁰ Celsius gefülltes Gefäß einhängen. Nach dem Archimedischen Prinzip ist dann der Gewichtsverlust, den der Zylinder in dem Wasser erleidet, gleich dem Gewicht des verdrängten Wassers, also gleich dem Gewichte w von v cdm Wasser bei 4⁰ Celsius. Wenn man nun ein Gewichtsstück herstellt, das gleich $\frac{w}{v}$ willkürlichen Gewichtseinheiten sein soll, so wird man bei der Unvollkommenheit aller Messungen nicht erwarten dürfen, daß dieses Stück genau gleich dem Gewicht von 1 cdm Wasser bei 4⁰ Celsius sei, sondern nur, daß seine Abweichung von diesem Gewicht einen gewissen von der Genauigkeit der Beobachtungen abhängenden Grad nicht übersteige. In der Tat zeigen neuere Untersuchungen, daß das Gewicht von 1 cdm Wasser von 4⁰ Celsius nicht gleich 1 kg-Gewicht, sondern gleich 0·999 955 kg-Gewichten, daß also das spezifische Gewicht und ebenso die Dichte des Wassers bei 4⁰ Celsius nicht gleich 1, sondern gleich 0·999 955 ist.[1]

---

[1] Rapports présentés au congrès international de Physique réuni à Paris en 1900. T. I. p. 99.

§ 124. Anwendung des Archimedischen Prinzips zur vergleichenden Bestimmung spezifischer Gewichte. Um direkt das spezifische Gewicht oder die Dichte eines Körpers zu finden, würde man, dem in § 123 geschilderten Verfahren entsprechend, sein Gewicht durch Wägung nach g-Gewichten, sein Volumen durch Messung der linearen Dimensionen nach Kubikzentimetern bestimmen und das erhaltene absolute Gewicht durch das Volumen dividieren. Die praktische Ausführung dieser Methode ist in den meisten Fällen ausgeschlossen durch die Schwierigkeit der Volumbestimmung; man greift daher zu indirekten Methoden, die auf einem von den folgenden Sätzen beruhen.

I. Bei gleichem Volumen verhalten sich die spezifischen Gewichte oder die Dichten zweier Körper wie ihre absoluten Gewichte.

II. Bei gleichem absoluten Gewicht verhalten sich die spezifischen Gewichte oder die Dichten zweier Körper umgekehrt wie ihre Volumina.

Auf dem ersten Satz beruhen die Bestimmungen spezifischer Gewichte mit der hydrostatischen Wage. Bei einem festen Körper bestimmt man durch Wägung in Luft, aber mit Berücksichtigung des von ihr herrührenden Auftriebes, das absolute Gewicht m, durch Wägung in Wasser den Gewichtsverlust w, nach dem Archimedischen Prinzip das Gewicht des verdrängten Wassers. Ist dann δ das spezifische Gewicht des Körpers, Q das des Wassers, so hat man:

$$\frac{\delta}{Q} = \frac{m}{w}.$$

Die spezifischen Gewichte von Flüssigkeiten werden bestimmt, indem man den Auftrieb, den ein Glaskörper in ihnen erleidet, vergleicht mit dem von Wasser ausgeübten. Man kann aber gleiche Volumina von einer Flüssigkeit und von Wasser auch dadurch herstellen, daß man ein Gefäß mit ausgezogenem Halse, ein sogenanntes konstantes Gefäß, zu gleicher Höhe mit beiden füllt. Aus der Wägung des leeren, des mit Wasser und des mit der Flüssigkeit gefüllten Gefäßes ergibt sich das spezifische Gewicht.

Eine sehr bequeme Methode zur Bestimmung spezifischer Gewichte von Flüssigkeiten beruht auf dem zweiten Satze. Wir benützen dabei ein „Aräometer", eine an beiden Enden zugeschmolzene Glasröhre, von der wir vorerst annehmen, daß sie überall gleiche Weite besitze; an ihrem unteren Ende wird sie mit Quecksilber oder Schrot so beschwert, daß sie, in eine Flüssigkeit eingetaucht, in vertikaler Stellung stabil schwimmt (Fig. 113 a). Setzen wir sie in zwei verschiedene Flüssigkeiten, so wird sie in beiden so lange sinken, bis der Auftrieb dem Gewichte der Röhre gleich ist. Dem Archimedischen Prinzip zufolge sind dann die Gewichte der verdrängten Flüssigkeitsvolumina einander gleich, und die spezifischen Gewichte verhalten sich umgekehrt wie die verdrängten

Volumina. Bei einer gleich weiten Röhre verhalten sich aber diese Volumina wie die eingetauchten Längen. Nun möge die eine Flüssigkeit Wasser von der Temperatur 15° Celsius und dem spezifischen Gewicht Q_{15} sein; die eingetauchte Länge der Röhre sei a; in einer Flüssigkeit vom spezifischen Gewicht δ sei die eingetauchte Länge l, dann ist

$$\frac{\delta}{Q_{15}} = \frac{a}{l}.$$

Die Einheit, nach der wir die Längen l und a messen, ist gleichgültig. GAY-LUSSAC hat die Länge a, bis zu der die Röhre in Wasser eintaucht, gleich 100 gesetzt. Diese Länge, von dem unteren Ende der Röhre bis zu dem sogenannten Wasserpunkt, ist dann in 100 Teile zu teilen und die Teilung nach oben fortzusetzen. Sinkt das so eingerichtete „Skalenaräometer" in irgend einer Flüssigkeit bis zu dem Teilstrich n, so ist

$$\frac{\delta}{Q_{15}} = \frac{100}{n}.$$

Für den praktischen Gebrauch ist die Bemerkung wichtig, daß man die GAY-LUSSACsche Teilung auch durch Bestimmung zweier Punkte herstellen kann, indem man die Röhre in Wasser und eine andere Flüssigkeit von bekanntem spezifischen Gewicht taucht, etwa Alkohol vom spezifischen Gewicht 0·8. Der Punkt, bis zu dem die Röhre in dem Alkohol sinkt, entspricht dann dem Punkte

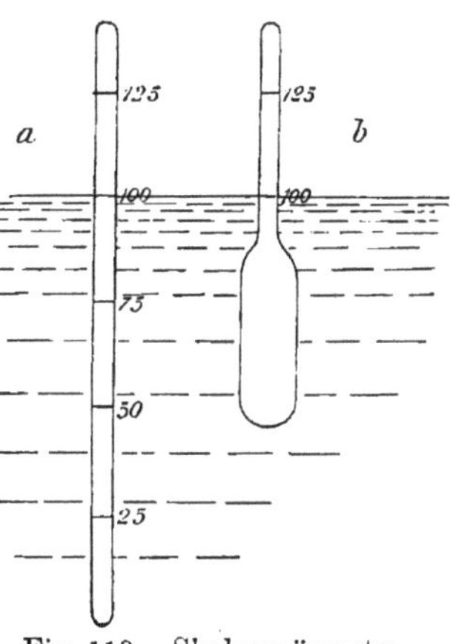

Fig. 113. Skalenaräometer.

125 der GAY-LUSSACschen Skala; die ihr entsprechende Längeneinheit ergibt sich durch Teilung des Intervalls in 25 gleiche Teile. Auf diese Weise kann die Teilung auch bei Aräometern erhalten werden, die nur in ihrem oberen Teile gleichmäßige Weite besitzen, während der untere Teil aus einer Röhre von größerem Querschnitt besteht (Fig. 113 b). Solche Aräometer sind aber für den praktischen Gebrauch unentbehrlich, da nur bei ihnen eine kleine Gesamtlänge mit hinreichender Empfindlichkeit sich verbinden läßt. Als Densimeter bezeichnet man Aräometer, bei denen die GAY-LUSSACsche Skala durch eine nach spezifischen Gewichten fortschreitende ersetzt ist. Endlich kann man die Skala auch so einrichten, daß sie bei bestimmten Lösungen, z. B. wässerigem Alkohol, wässeriger Schwefelsäure u. dergl., unmittelbar den Prozentgehalt angibt.

§ 125. **Gewichtsaräometer.** Ein in Wasser stabil schwimmender Körper ändert seine Stellung mit dem Gewicht und kann daher als Wage dienen. Man versieht ihn zu diesem Zweck mit einer Wagschale Fig. 114), die durch einen dünnen Stiel mit dem Körper verbunden ist.

An dem Stiel befindet sich eine Marke. Um mit diesem „Gewichtsaräometer" eine Wägung auszuführen, legt man auf die Wagschale so viel Gewichte, daß die Marke eben in dem Niveau des Wassers ein-

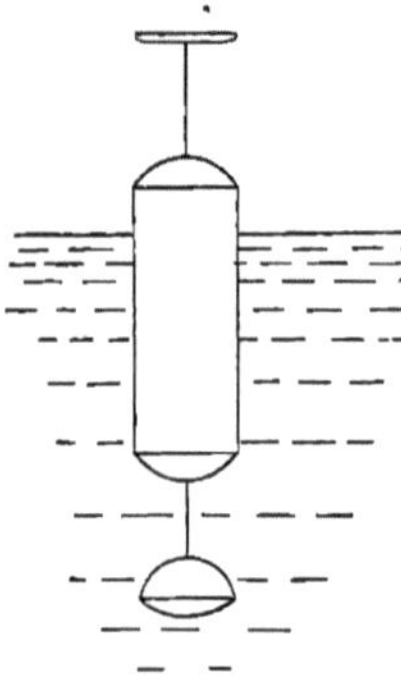

Fig. 114.
Gewichtsaräometer.

steht. Man nimmt hierauf die Gewichte ab, legt den zu wägenden Körper auf die Schale und so viel Gewichte zu, daß das Aräometer wieder bis zu der Marke einsinkt. Das Gewicht des Körpers ist dann gleich der Differenz der aufgelegten Gewichte. Auch zu der Bestimmung spezifischer Gewichte fester Körper läßt sich das Aräometer leicht einrichten, wenn man eine zweite Wagschale unten an demselben anbringt, mit Hilfe deren man das Gewicht der Körper im Wasser bestimmen kann. Endlich kann man auch spezifische Gewichte von Flüssigkeiten aus dem Auftrieb gleicher verdrängter Volumina berechnen, wenn das Gewicht des Aräometers selbst bekannt ist.

§ 126. Prinzip der gleichmäßigen Ausbreitung des Druckes. Eine Flüssigkeit, von deren Schwere wir vorerst absehen, sei in ein Gefäß eingeschlossen, das eine zylindrische, durch einen beweglichen Kolben abgeschlossene Ansatzröhre besitzt (Fig. 115).

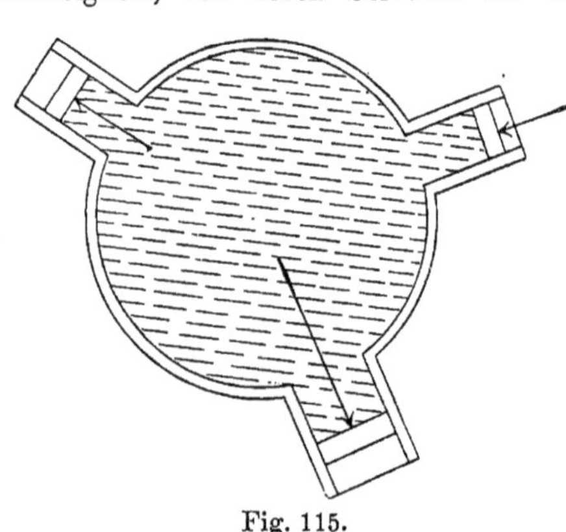

Fig. 115.

Üben wir auf jenen Kolben einen Druck aus, so verbreitet er sich der Erfahrung zufolge gleichmäßig durch die Flüssigkeit hindurch nach allen Seiten der Gefäßwand. Setzen wir an irgend einer anderen Stelle eine zweite Röhre ein von demselben Querschnitt wie die erste, so müssen wir den in ihr beweglichen Kolben ebenso stark nach innen drücken wie den ersten, um ein Zurückweichen zu verhindern. Bei doppeltem Querschnitt der zweiten Ansatzröhre ist die doppelte, bei dreifachem die dreifache Kraft nötig. Die Druckkraft ist der gedrückten Fläche proportional.

Eine wichtige Anwendung findet dieses Prinzip in der hydraulischen Presse (Fig. 116). Zwei vertikal stehende Zylinder von verschiedenen Querschnitten Q und q sind miteinander verbunden durch eine horizontale Röhre. Beide sind mit Wasser gefüllt und verschlossen durch verschiebbare Kolben. Der Kolben des weiteren Zylinders trägt eine horizontale Platte, mit welcher der zu pressende Gegenstand gegen ein festes Widerlager gedrückt werden kann. Wird der Kolben in dem engen Zylinder mit der Kraft p nach unten gedrückt, so wird auf den Kolben vom Querschnitt Q eine Kraft $p\,\dfrac{Q}{q}$ übertragen, und mit dieser der zwischen Platte und Widerlager liegende Körper zusammengepreßt. Um die Pressung kontinuierlich steigern zu können, befindet sich in dem die beiden Zylinder verbindenden Rohre ein Ventil, welches das Zurücktreten des Wassers aus dem großen Zylinder hindert. Andererseits bildet der kleine Zylinder den Stiefel einer Pumpe, deren Saugrohr in ein unter der Presse befindliches Wasserreservoir hinabgeht; bei jedem Hube des Kolbens füllt sich der Zylinder von neuem mit Wasser, das beim Niedergehen in den großen Zylinder hinübergedrückt wird.

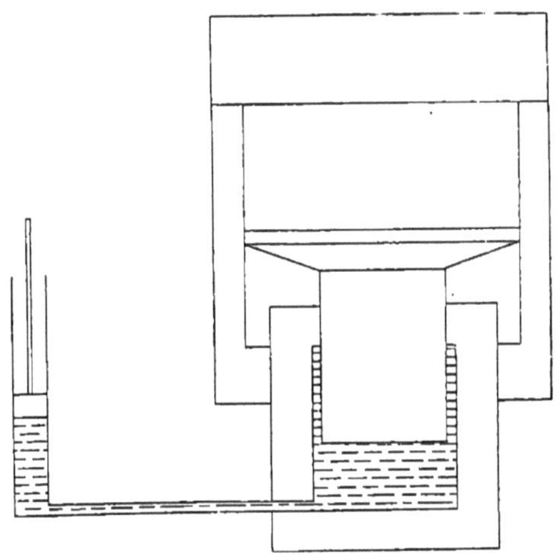

Fig. 116. Hydraulische Presse.

§ 127. Druck im Innern einer schweren Flüssigkeit. Wir gehen über zu der Betrachtung der Druckkräfte, die im Innern einer Flüssigkeit durch das Gewicht der einzelnen Flüssigkeitsteilchen selbst erzeugt werden. Wir werden dabei die Druckkräfte beziehen auf die Flächeneinheit, 1 qcm, und werden die so reduzierten Druckkräfte als Druck schlechtweg bezeichnen. Wir erhalten demnach einen Druck p, wenn wir eine Kraft durch eine Fläche dividieren; im absoluten Maßsystem ist nach § 51 und 69 die Dimension eines Druckes gegeben durch

$$[p] = \frac{\text{Kraft}}{\text{Fläche}} = l^{-1}m\,t^{-2}.$$

Wenn wir ein Quadratzentimeter etwa aus dünnem Bleche ausschneiden und in das Innere einer Flüssigkeit bringen, so wird es durch einen senkrecht von beiden Seiten her wirkenden Druck zusammengepreßt. Legen wir das Blech horizontal, so wird der Druck durch das Gewicht der über ihm stehenden Flüssigkeitssäule gegeben sein. Solange also das Blech in derselben Horizontalebene liegt, bleibt der Druck derselbe. Wir können aber zeigen, daß der Druck sich auch dann nicht ändert, wenn wir dem Bleche bei unveränderter Lage seines Mittelpunktes eine geneigte Stellung geben. Zu diesem Zwecke betrachten wir (Fig. 117) ein Quadratzentimeter AB mit horizontaler Fläche und ein zweites Quadratzentimeter, dessen Mittelpunkt in der Horizontalebene AB liegt, dessen Fläche CD aber geneigt ist. Verbinden wir den Rand von AB mit dem von CD durch Linien, so daß in der Flüssigkeit ein Kanal entsteht, der AB mit CD verbindet, so müßte in diesem eine Verschiebung der

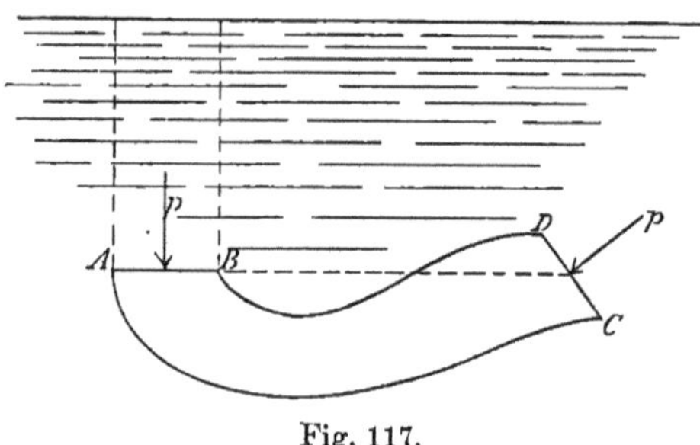

Fig. 117.

Flüssigkeit stattfinden, wenn auf CD ein anderer Druck ausgeübt würde als auf AB. Es erleidet somit das Quadratzentimeter CD denselben Druck wie AB; in einer horizontalen Ebene ist der Druck unabhängig von seiner Richtung. Wir sind daher berechtigt, von einem solchen Druck zu sprechen ohne Rücksicht auf eine bestimmte Richtung, in der er wirkt. In einer beliebigen horizontalen Ebene wird der Druck dargestellt durch das Gewicht einer Flüssigkeitssäule, deren Querschnitt gleich 1 qcm, deren Höhe gleich der Tiefe der betrachteten Ebene unter der freien Oberfläche der Flüssigkeit ist.

Dem im vorhergehenden gegebenen Beweise liegt die Vorstellung zugrunde, daß das Gewicht der in dem Kanale $ABCD$ der Figur 117

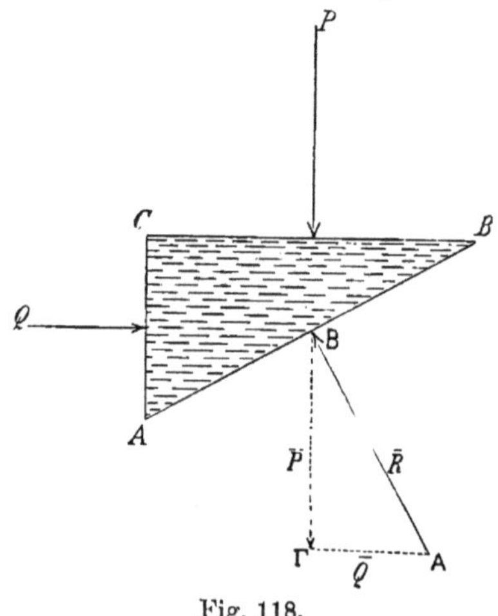

Fig. 118.

eingeschlossenen Flüssigkeit eine Bewegung von AB nach CD, d. h. in einem, im ganzen genommen, horizontalen Sinne, nicht zu erzeugen vermöge. Die Annahme ist richtig und läßt sich auch durch Heranziehung des Arbeitsbegriffes genauer begründen, zunächst aber entspringt sie doch mehr einem instinktiven Gefühle, als einer klaren wissenschaftlichen Erkenntnis. Es mögen daher die vorstehenden Betrachtungen durch den folgenden strengeren, wenn auch etwas weitläufigeren Beweis ergänzt werden.

Zunächst wollen wir hervorheben, daß der Druck, den zwei in einer ebenen Fläche aneinander grenzende Teile der Flüssigkeit wechselseitig aufeinander ausüben, jedenfalls gegen jene Fläche senkrecht steht, denn sonst würde, wie in dem Falle von § 120, eine wechselseitige Verschiebung der Flüssigkeitsteilchen eintreten.

Wir grenzen nun in der ruhenden, schweren Flüssigkeit ein rechtwinkliges Prisma ab, dessen Querschnitt in Figur 118 gezeichnet ist. Seine eine Kathetenfläche liegt horizontal, die Hypotenusenfläche in geneigter Stellung unter ihr. Die zu dem Querschnitt senkrechten Längskanten des Prismas haben eine Länge von 1 cm, die Seiten des Querschnittes, ebenfalls in Zentimetern, die Längen $BC = a$, $AC = b$, $AB = c$. Wenn die Flüssigkeit im Gleichgewicht ist, so wird dieses nicht gestört, wenn wir uns das Prisma in der umgebenden Flüssigkeit fest geworden, gefroren denken. Sein Gleichgewicht wird dann bestimmt durch die für einen starren Körper geltenden Sätze. Auf die Seiten des Prismas wirken senkrechte Druckkräfte; außerdem aber tritt zunächst als ein unbequemes Element wieder das Gewicht des Prismas auf; hier aber können wir uns davon befreien, indem wir den Querschnitt ABC so klein nehmen, daß das Gewicht des Prismas neben den Druckkräften nicht in Betracht kommt. Wir können dann auch die Angriffspunkte der Druckkräfte in die Mitten der Prismenseiten legen; die Richtungen der Kräfte gehen nun durch einen und denselben Punkt, und die erste Gleichgewichtsbedingung von § 31 ist damit erfüllt. Damit auch der zweiten genügt wird, ist nötig, daß die Kräfte P, Q, R durch Parallelverschiebung zu einem Dreieck $A\,B\,\Gamma$ sich zusammenfügen lassen, welches dann offenbar dem Dreieck ABC ähnlich ist; daraus aber folgt:

$$\overline{P} : \overline{Q} : \overline{R} = B\,C : A\,C : A\,B,$$

oder

$$\frac{P}{a} = \frac{Q}{b} = \frac{R}{c}.$$

Es stellen aber a, b, c zugleich die Inhalte der Prismenflächen in Quadratzentimetern dar, da ja die Längskanten gleich 1 cm sind. Die in der vorhergehenden Beziehung auftretenden Brüche sind somit nichts anderes, als die auf das Quadratzentimeter der Seiten kommenden Drucke, die Drucke schlechtweg, und diese sind somit einander gleich.

In einer schweren Flüssigkeit wird nun der auf die obere horizontale Seite des Prismas wirkende Gewichtsdruck durch eine über ihr stehende Flüssigkeitssäule von 1 qcm Querschnitt erzeugt. Das Gewicht dieser Säule gibt also überhaupt den Druck an der betrachteten Stelle der Flüssigkeit, unabhängig von seiner Richtung.

Der Satz gilt allgemein für jede beliebige Form des Gefäßes. Man wird dies verstehen, wenn man zunächst bemerkt, daß derselbe Druck, der im Innern zwischen den aneinandergrenzenden Teilen der Flüssigkeit besteht, auch zwischen Wand und Flüssigkeit wirkt. Wenn aber die Flüssigkeit im Gleichgewicht ist, so kann dieses, einer Bemerkung

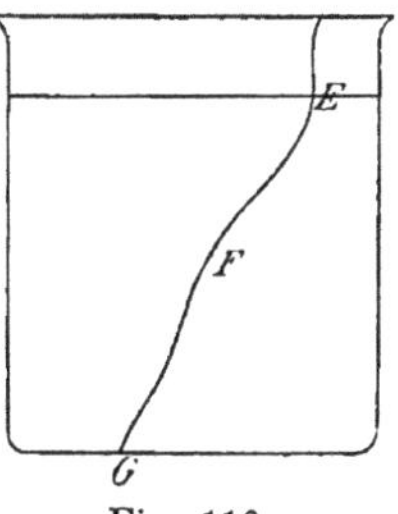

Fig. 119.

von § 122 zufolge, nicht verändert werden, wenn wir durch sie hindurch eine beliebig gestaltete Fläche EFG (Fig. 119) legen und diese als eine unbewegliche starre Wand betrachten. Jeder Teil dieser Wand übt dann auf den angrenzenden Teil der Flüssigkeit denselben Druck aus, der früher durch die benachbarten Flüssigkeitsteilchen ausgeübt wurde. Die Druckverteilung in der Flüssigkeit ist also durch die Einführung der Wand EFG nicht geändert worden. Daraus aber folgt, daß der Druck im Innern einer Flüssigkeit nicht abhängt von der Gestalt des Gefäßes, sondern nur von der Tiefe der betrachteten Stelle unter ihrem Niveau.

Den ganzen Druck im Innern einer ruhenden Flüssigkeit, wie er teils durch ihre Schwere, teils durch äußere Kräfte nach dem Ausbreitungsprinzip erzeugt wird, nennt man den **hydrostatischen Druck**.

§ **128. Kommunizierende Gefäße.** Kehren wir den im vorhergehenden Paragraphen gefundenen Satz um, so ergibt sich, daß eine schwere

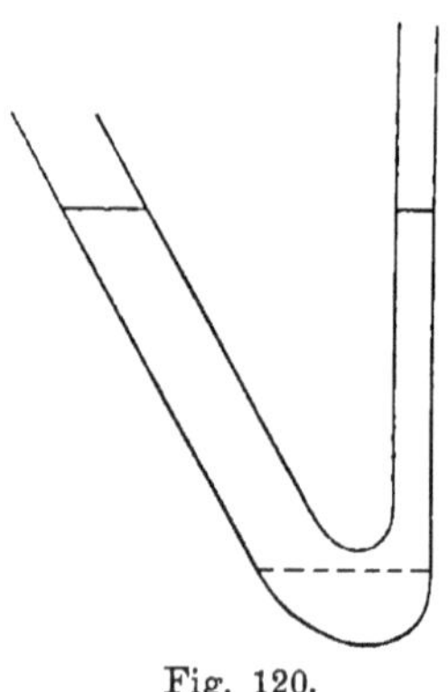

Flüssigkeit in Ruhe nur dann sein kann, wenn in allen Punkten einer horizontalen Ebene der Druck derselbe ist. Wenden wir dies an auf eine Flüssigkeit, die zwei beliebige, miteinander kommunizierende Gefäße erfüllt (Fig, 120), so ergibt sich, daß die freien Oberflächen in beiden Gefäßen in einer und derselben horizontalen Ebene liegen müssen. Legen wir nämlich durch den verbindenden Kanal eine horizontale Ebene, so wird der Druck in dieser ebensogut bestimmt durch ihren Vertikalabstand von der freien Oberfläche des einen wie von der des anderen Gefäßes; der Druck kann also in den Punkten der Ebene nur dann überall der gleiche sein, wenn jene Abstände gleich sind.

Fig. 120.

§ **129. Korrespondierende Flüssigkeitshöhen.** Zwei kommunizierende Gefäße, die beiden Schenkel einer heberförmig gebogenen Röhre (Fig. 121),

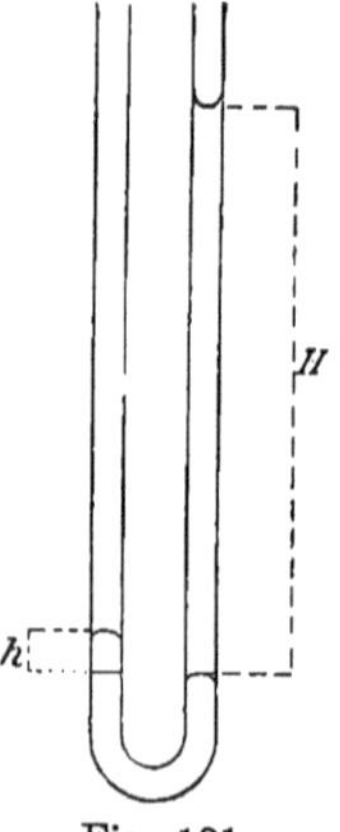

seien mit zwei verschiedenen Flüssigkeiten gefüllt, die sich nicht mischen, etwa mit Wasser und Quecksilber. Das spezifisch schwerere Quecksilber füllt den unteren Teil der Röhre aus. Die freie Oberfläche der Wassersäule erhebt sich beträchtlich höher, als die des Quecksilbers. Legen wir durch die Berührungsfläche von Wasser und Quecksilber in dem einen Schenkel eine horizontale Ebene, so schneidet diese den zweiten Schenkel in einem entsprechenden Querschnitt. Auf der Berührungsfläche lastet der Druck der darüber stehenden Wassersäule, auf dem Querschnitt des zweiten Schenkels der Druck der über ihm stehenden Quecksilbersäule. Ist das Quecksilber in Ruhe, so müssen die Drucke gleich sein, da sie auf Teile einer und derselben Horizontalebene wirken. Die Produkte aus den

Fig. 121.

spezifischen Gewichten, δ des Quecksilbers, Q des Wassers, und aus den Höhen h und H der über der Berührungsfläche stehenden Flüssigkeitssäulen müssen somit gleich sein.

Diejenigen Höhen zweier Flüssigkeitssäulen, bei denen sie den gleichen Druck auf ihre Grundflächen ausüben, bezeichnen wir als korrespondierende Höhen. Wir haben dann den Satz:

Korrespondierende Höhen zweier Flüssigkeiten verhalten sich umgekehrt wie die spezifischen Gewichte.

Es ist damit ein neues Prinzip zu der Bestimmung von spezifischen Gewichten oder Dichten gegeben; einige wichtige Anwendungen desselben werden wir gelegentlich kennen lernen.

Zweites Kapitel.

Statik der kompressiblen oder gasförmigen Flüssigkeiten.

§ 130. Druck der Luft. Die Untersuchung der Erscheinungen der Gase ist schwieriger als die bisherigen Untersuchungen, weil die Vorstellungen, welche uns die tägliche Erfahrung über die Eigenschaften der Luft oder der Gase zuführt, viel weniger bestimmt und sicher sind, als die von den festen und flüssigen Körpern. Wir nehmen an, daß die Teilchen der Gase mit äußerster Leichtigkeit gegeneinander verschiebbar sind; wir wissen aber nicht, ob diese Verschiebbarkeit irgend einem Gesetze unterworfen ist. Selbst über die Frage, ob die Luft schwer ist oder nicht, kann die populäre Betrachtung nicht entscheiden; der Nachweis, daß die Luft Gewicht besitzt, erfordert besondere Versuche, die ein gewisses Maß wissenschaftlicher Erkenntnis und feinere Beobachtungsmittel voraussetzen.

Wir haben schon erwähnt, daß die Gase jeden Raum, der ihnen dargeboten wird, vollständig ausfüllen, daß ihr Volumen beliebig geändert werden kann. Die Frage, ob diese Volumänderung an irgend ein Gesetz gebunden sei, hat nur einen Sinn, wenn außer dem Volumen noch eine andere Eigenschaft des Gases zu finden ist, die mit jenem sich ändert. Erst wenn zwei zugleich sich ändernde Größen gegeben sind, kann man nach einer Beziehung fragen, durch welche die Änderungen der einen mit denen der anderen verbunden werden. Eine solche zweite Größe ist nun der Druck, den die Luft auf die Oberfläche der sie begrenzenden Körper ausübt. Von dem Vorhandensein eines solchen Druckes überzeugen wir uns durch den folgenden Versuch. Wir nehmen eine Glasglocke (Fig. 122) und setzen sie mit der nach unten gekehrten Öffnung in einen mit Wasser gefüllten Glaszylinder. Wenn wir die Glocke niederdrücken, so dringt das Wasser etwas ein, das Niveau im Innern steht aber beträchtlich tiefer als außen. Betrachten wir die durch jenes Niveau AB bestimmte horizontale Ebene, so hat man außen jedenfalls

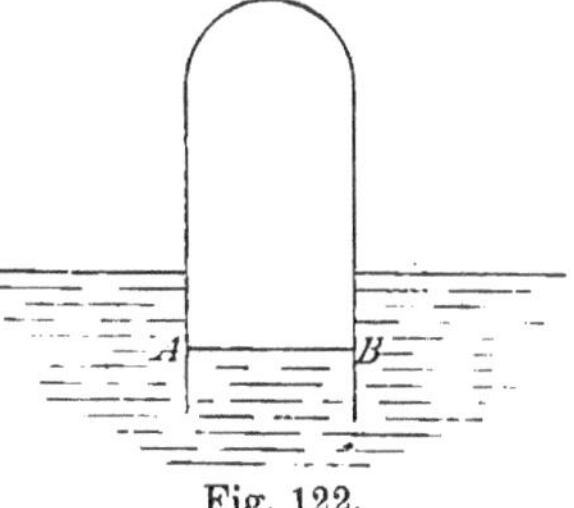

Fig. 122.

einen Druck, der durch das Gewicht der über $A\,B$ stehenden Wassersäule erzeugt wird. Der Druck muß im Innern der Glocke kompensiert werden durch einen gleichen Gegendruck, der nur von der über dem Wasser befindlichen Luft herrühren kann. Es würde leicht sein, den Versuch zu einer quantitativen Prüfung des Zusammenhanges zu verwerten, der zwischen Volumen und Druck stattfindet; zu zeigen, daß der Druck in der Tat lediglich von dem Volumen abhängt und der Luft an sich zukommt, ohne Rücksicht auf die Natur der sie begrenzenden Körper. Wir gehen aber darauf nicht ein, da wir zuvor einen Versuch zu besprechen haben, mit Hilfe dessen jener Zusammenhang einfacher zu begründen ist.

§ 131. Der Torricellische Versuch. Wenn die Luft an sich die Eigenschaft hat, Druck auszuüben, so wird man vermuten, daß ihr ein solcher nicht bloß zukommt, wenn sie rings eingeschlossen ist, sondern auch in der freien Atmosphäre. Die Entscheidung dieser Frage wurde durch einen fundamentalen Versuch gegeben der im Jahre 1643 durch Torricelli veranlaßt wurde. Eine an dem einen Ende zugeschmolzene Glasröhre wird mit Quecksilber gefüllt und dann in umgekehrter Stellung in ein mit Quecksilber gefülltes Gefäß gesetzt (Fig. 122). Es sinkt dann das Quecksilber in der Röhre so weit zurück, daß seine Kuppe in einer Höhe von etwa 76 cm über der Oberfläche des Quecksilbers in dem Gefäße sich befindet. Torricelli erklärte die Erscheinung dadurch, daß er der Luft einen Druck zuschrieb, der dem Druck einer Quecksilbersäule von der angegebenen Höhe das Gleichgewicht zu halten vermag.

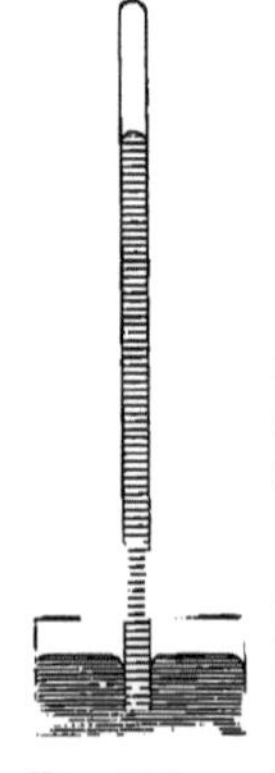

Fig. 123.
Torricellis
Röhre

Der Versuch von Torricelli ist im Grunde nichts, als eine geschickte und in einfacher Weise auszuführende Darstellung der Erfahrungen, die man schon früher bei der Konstruktion der Wasserpumpen gemacht hatte; man schrieb aber die saugende Wirkung, die der in die Höhe gezogene Kolben der Pumpe scheinbar auf das Wasser ausübt, einem horror vacui, oder, in mehr physikalischer Ausdrucksweise, einer anziehenden Kraft zu, die der leere Raum auf das Wasser ausübe, einer Kraft, die dann imstande sein mußte, noch das Gewicht einer Wassersäule von etwas über 10 m Höhe zu tragen. Torricelli erkannte zuerst, daß alle dem horror vacui zugeschriebenen Erscheinungen sich in vollständiger, konsequenter und einfacher Weise aus dem Drucke der Luft erklären, daß man für sie keine neue Hypothese zu ersinnen braucht.

§ 132. Das Gesetz von Boyle-Mariotte. Wir kommen nun zu der Entwickelung des Gesetzes, durch welches Volumen und Druck der Gase miteinander verbunden sind. Dasselbe wurde im Jahre 1662 von Boyle, im Jahre 1679 von Mariotte entdeckt und heißt daher das Boyle-Mariottesche Gesetz. Mariotte benutzte zu seinen Versuchen eine heberförmig gebogene Röhre mit einem kurzen zugeschmolzenen und einem langen offenen Schenkel (Fig. 124). Der erstere ist kalibriert, so daß das Volumen der in ihm enthaltenen Luft unmittelbar abgelesen werden kann. Man gießt zunächst so viel Quecksilber in die Röhre, daß die Verbindung der beiden Schenkel eben unterbrochen wird. In dem zugeschmolzenen Schenkel ist dann ein bestimmtes Luftvolumen abgeschlossen, das denselben Druck besitzt, wie die freie atmosphärische Luft, einen Druck, der durch die Höhe der Quecksilbersäule bei dem TORRICELLIschen Versuche bestimmt wird. Gießt man nun in dem langen Schenkel der Röhre Quecksilber zu, so wird die Luft in dem zugeschmolzenen Schenkel komprimiert, gleichzeitig ihr Druck vergrößert. Der neue Druck ergibt sich, wenn man zu der Höhe der Quecksilbersäule in der TORRICELLIschen Röhre noch den Vertikalabstand der Quecksilberkuppen in der MARIOTTEschen Röhre addiert. Auf diese Weise gelangt man zu dem Gesetze von BOYLE-MARIOTTE:

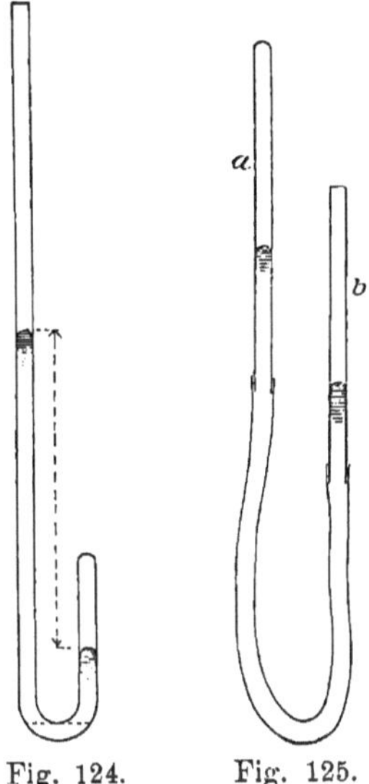

Fig. 124.   Fig. 125.
MARIOTTES
Röhre.

Der Druck einer bestimmten Gasmenge ist ihrem Volumen umgekehrt proportional, das Produkt aus Druck und Volumen ist konstant.

Will man das Gesetz auch bei einer Verminderung des anfänglichen Druckes prüfen, so benützt man eine oben geschlossene Glasröhre *a* (Fig. 125), die mit einer oben offenen *b* durch einen biegsamen Kautschukschlauch verbunden ist. Stehen die Kuppen des Quecksilbers in beiden Röhren in gleicher Höhe, so ist der Druck der in *a* abgeschlossenen Luft gleich dem der freien atmosphärischen. Senkt man dann die offene Röhre *b*, so vergrößert sich das Volumen der Luft in *a* und in demselben Verhältnisse sinkt ihr Druck.

§ 133. Abweichungen vom BOYLE-MARIOTTEschen Gesetz. Bei höheren Drucken treten Abweichungen von dem Gesetze von BOYLE-MARIOTTE ein, von denen wir uns am besten durch eine graphische Darstellung Rechenschaft geben können. Auf einer horizontalen Achse (Fig. 126) tragen wir die nach Metern Quecksilber gemessenen Drucke, senkrecht dazu die entsprechenden Werte des Produktes pv ab. Nach dem MARIOTTEschen Gesetze müßten diese Produkte gleich groß sein, die Endpunkte der sie darstellenden Ordinaten müßten auf einer horizontalen geraden Linie liegen. Statt dessen sieht man, daß die Kurve des Wasserstoffes von dem Anfangsdruck von 30 m an steigt; die Kurve des Stickstoffes ist zuerst horizontal und beginnt erst bei einem Drucke von 60 m zu steigen. Die Kurven für Kohlensäure fallen, erreichen ein Minimum und gehen dann erst in die Höhe. Aus den für Kohlensäure gezeichneten Kurven, die sich auf die Temperaturen von 35·1⁰ und 100⁰ Celsius beziehen, wird der Einfluß der Temperatur auf den Verlauf des Produktes $p\,v$ ersichtlich. Derselbe ist auch bei Stickstoff und Wasserstoff bemerklich, bei denen die gezeichneten Linien auf eine

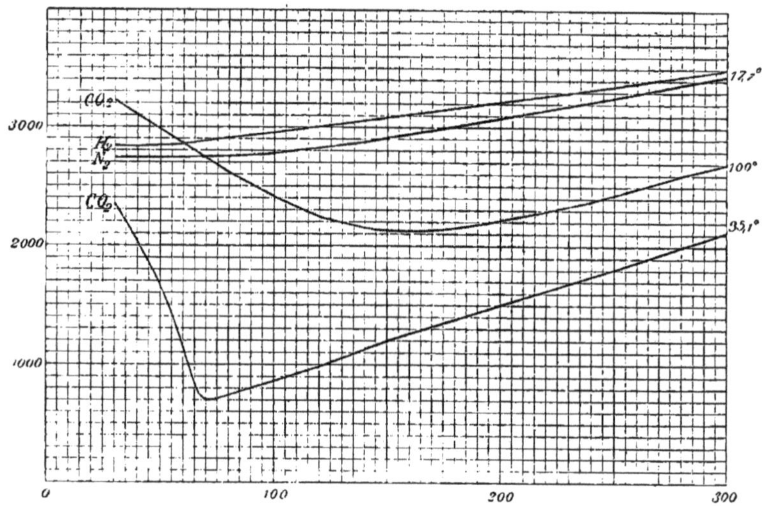

Fig. 126. Abhängigkeit des Produktes $p\,v$ vom Druck.

Temperatur von 17·7⁰ Celsius sich beziehen. Bei höherer Temperatur steigt die Kurve des Stickstoffes, wie die des Wasserstoffes, von dem Druck von 30 m an in die Höhe, bei tieferer Temperatur sinkt sie zuerst ähnlich der der Kohlensäure. Bei der Beurteilung der Kurven muß man sich übrigens gegenwärtig halten, daß der kleinste angewandte Druck das 40fache des Druckes der atmosphärischen Luft, der größte das 400fache davon beträgt.[1]

§ 134. **Das Barometer.** Die Kenntnis des Druckes, den die freie atmosphärische Luft ausübt, ist nicht bloß für die Meteorologie, sondern auch für eine große Zahl physikalischer Untersuchungen von großer Bedeutung. Es ist daher notwendig, das zur Messung des Luftdruckes dienende Barometer kurz zu betrachten.

Der Luftdruck wird gemessen durch die Höhe der Quecksilbersäule in der Torricellischen Röhre; die Herstellung des Barometers besteht daher in nichts anderem, als in der Ausführung des Torricellischen Versuches. Natürlich wird dabei die größte Sorgfalt darauf zu verwenden sein, daß keine Luft in den Torricellischen Raum gelangt. Zu diesem

---

[1] E. H. Amagat, Sur la compressibilité des gaz sous de fortes pressions. Ann. de chimie et de phys. (5) 22, p. 353. 1881.

Zwecke wird das Quecksilber, wenn es in die Torricellische Röhre gefüllt ist, durch Auskochen von Luft befreit. Der Vertikalabstand der Quecksilberkuppen in der Röhre und in dem Gefäß, der Barometerstand, kann mit Hilfe eines Kathetometers gemessen werden. In der Regel zieht man es vor, das Barometer transportabel zu machen, und vereinigt zu diesem Zweck den Maßstab mit dem Gefäß und der Torricellischen Röhre zu einem Ganzen. Durch geeignete Einrichtungen muß dafür gesorgt werden, daß der Maßstab vertikal steht, und daß beim Ablesen die Visierlinien nach den Kuppen des Quecksilbers horizontal sind. Die doppelte Ablesung der beiden Kuppen kann vermieden werden, wenn man den Nullpunkt des Maßstabes bei jeder Beobachtung auf den Spiegel des Quecksilbers in dem Gefäß einstellt. Dies kann geschehen, wenn der untere Teil des Gefäßes aus einem Lederbeutel hergestellt wird, der durch eine Schraube gehoben oder gesenkt werden kann (Fig. 127). Der Nullpunkt des Maßstabes wird dabei repräsentiert durch eine in das Gefäß hinabreichende Spitze, die bei jeder Beobachtung mit ihrem Spiegelbild in der Quecksilberoberfläche zur Berührung gebracht wird.

Fig. 127.
Gefäßbarometer.

Eine zweite Form des Barometers ist gegeben durch das Heberbarometer (Fig. 128); eine heberförmig gebogene Röhre mit einem zugeschmolzenen, etwa 1 m langen Schenkel und einem kürzeren, oben offenen, wird mit luftfreiem Quecksilber gefüllt und umgekehrt, so daß sie die in der Figur gezeichnete Stellung annimmt. Das Quecksilber sinkt in dem zugeschmolzenen Schenkel so weit zurück, daß der Druck der über der Kuppe in dem offenen Schenkel schwebenden Quecksilbersäule gleich dem Luftdruck ist. Die Heberform eignet sich vorzugsweise für transportable Barometer; der Nullpunkt des mit der Röhre zu verbindenden Maßstabes wird zweckmäßig in ihre Mitte gelegt, so daß man den Barometerstand durch Addition der unteren und oberen Ablesung erhält.

Bei den vorhergehenden Betrachtungen ist eine Klasse von Kräften nicht berücksichtigt, die auf den Stand des Quecksilbers in der Barometerröhre unter Umständen einen großen Einfluß üben. Es sind dies die Kapillarkräfte, mit deren Betrachtung wir an einer späteren Stelle uns beschäftigen werden. Bei einem Gefäßbarometer ist infolge der Kapillarwirkungen die Oberfläche des Quecksilbers in der Röhre nicht eben, sondern konvex; in dem Gefäße ist zwar der mittlere Teil der Oberfläche horizontal, am Rande aber senkt sich das Quecksilber gegen die Oberfläche des Glases herab. Die Bildung des Meniskus in der Torricellischen Röhre ist aber nicht die für uns wesentliche Wirkung der Kapillarkräfte; vielmehr kommt für uns in Betracht, daß aus ihnen

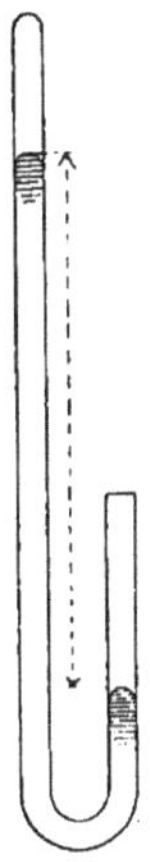

Fig. 128.
Heberbarometer.

eine nach unten gerichtete Kraft resultiert, welche die sogenannte Kapillardepression des Quecksilbers in der Röhre hervorruft. Der Vertikalabstand der Quecksilberkuppen gibt also nicht ohne weiteres den Luftdruck an; vielmehr müssen wir zu ihm noch den Betrag der Kapillardepression addieren. Diese hängt ab von der Weite der Röhre einerseits, dem Winkel, unter dem die Oberfläche des Quecksilbers die Glaswand trifft, andererseits. Hat dieser „Randwinkel" den mittleren Wert von 50°, so ergibt sich für die Depression des Quecksilbers die folgende Zusammenstellung:

Weite der Röhre	4 mm	8 mm	12 mm
Depression . .	1·4 mm	0·5 mm	0·2 mm.

Bei einer Röhre von 30 mm Durchmesser ist die Depression unmerklich. Zur Elimination der durch die Kapillardepression bedingten Abweichung des beobachteten Barometerstandes von dem Luftdrucke bietet sich somit ein doppelter Weg. Entweder bestimmt man die Größe der Korrektion aus Röhrenweite und Randwinkel, oder man gibt der Röhre, wenigstens an der von der Quecksilberkuppe eingenommenen Stelle, eine solche Weite, daß die Kapillardepression verschwindet.

Beim Heberbarometer wird man zu der Annahme geneigt sein, daß die Korrektion wegen der Kapillarwirkungen fortfalle, da die Kapillardrucke bei der gleichen Röhrenweite sich zu kompensieren scheinen. Nun zeigt aber die Beobachtung, daß die zwischen Quecksilber und Glas vorhandenen Kapillarwirkungen in hohem Maße abhängig sind von der Beschaffenheit des Quecksilbers und der Glasoberfläche; beträchtliche Änderungen des Randwinkels stellen sich ein, ohne daß auf anderem Wege eine Veränderung von Quecksilber und Glas nachzuweisen wäre. Aus diesem Grunde ist die obige Annahme sehr wenig sicher.

Der Vollständigkeit halber müssen wir noch der Aneroidbarometer gedenken. Ihren wesentlichen Bestandteil bilden luftleere, biegsame Hohlkörper aus Metall von verschiedener Form, die bei Änderungen des äußeren Luftdruckes ihre Gestalt verändern. Die hierdurch bedingten Bewegungen werden durch Hebelvorrichtungen in genügender Weise vergrößert und durch einen Zeiger sichtbar gemacht. Die Drehungen des Zeigers werden durch Vergleichung auf die Angaben des Quecksilberbarometers reduziert.

§ 135. Die Luft eine schwere Flüssigkeit. In den vorhergehenden Paragraphen haben wir gesehen, daß die Luft ebenso wie eine in einem Gefäße befindliche inkompressible Flüssigkeit einen Druck ausübt. Bei der letzteren rührt aber der Druck her von ihrem Gewicht; es ist daher wahrscheinlich, daß auch der Druck der Luft durch ihr Gewicht bedingt wird. Wenn dies der Fall ist, so muß der Luftdruck aus demselben Grunde mit der Höhe des Beobachtungsortes abnehmen, wie der Flüssigkeitsdruck in einem Gefäße mit der Höhe über dem Boden. Diese Konsequenz wurde durch einen im Jahre 1648 unternommenen Versuch bestätigt, welcher durch PASCAL, vielleicht infolge einer Anregung DESCARTES', veranlaßt worden war. Ein Barometer wurde auf den Gipfel des Puy de Dôme gebracht und zeigte in der Tat hier einen geringeren Luftdruck als im Tale.

Das Gewicht eines Kubikzentimeters Luft werden wir ebenso als ihr spezifisches Gewicht, seine Masse ebenso als ihre Dichte bezeichnen, wie bei einem festen oder flüssigen Körper. Aber das spezifische Gewicht der Luft ist wesentlich abhängig vom Druck. Es steigt in dem Maße, in dem die Luftteilchen durch Zunahme des Druckes auf ein kleineres Volumen zusammengedrängt werden.

Das spezifische Gewicht der Luft ist ihrem Drucke proportional.

§ 136. **Das spezifische Gewicht der Luft.** Eine Methode zur Bestimmung des spezifischen Gewichtes der Luft ergibt sich aus dem Versuche von PASCAL. Bei demselben ist nämlich die Verminderung des Luftdruckes einmal gleich dem Gewichte der Luftsäule, die sich von der Talsohle bis zu dem Gipfel des Puy de Dôme erhebt, und andererseits ist sie gegeben durch die Gewichtsabnahme der Quecksilbersäule, die dem Luftdruck das Gleichgewicht hält. Die Höhe, um welche die Quecksilbersäule des Barometers sank, und die Höhe jener Luftsäule haben die Eigenschaft korrespondierender Flüssigkeitshöhen, und umgekehrt wie sie verhalten sich also nach § 129 die spezifischen Gewichte von Luft und von Quecksilber. Nun ist aber zu bedenken, daß innerhalb der ganzen bis zu der Spitze des Puy de Dôme sich erhebenden Luftsäule Druck und Dichtigkeit der Luft stetig abnimmt, so daß die aus der angegebenen Proportion berechnete Zahl nur einen innerhalb jener Luftsäule vorhandenen Mittelwert des spezifischen Gewichtes darstellt. Wollen wir die Methode zu der Bestimmung des wahren spezifischen Gewichtes benützen, so müssen wir die Beobachtung beschränken auf eine Luftsäule von so geringer Höhe, daß innerhalb derselben die Unterschiede des spezifischen Gewichtes verschwinden. Dabei wollen wir als Basis der zu untersuchenden Säule die Oberfläche des Meeres benützen, an der im Mittel ein Luftdruck von 76 cm Quecksilber herrscht. Gehen wir nun um 1050 cm in die Höhe, so sinkt der Barometerstand um 0·1 cm. Das spezifische Gewicht der Luft bei einem Barometerstande von 76 cm ist somit, wenn wir das von Quecksilber gleich 13·6 nehmen:

$$\lambda_0 = 13 \cdot 6 \times \frac{0 \cdot 1}{1050} = 0 \cdot 00129.$$

Haben wir einen Barometerstand von b cm Quecksilber, so ist nach dem BOYLE-MARIOTTEschen Gesetz das spezifische Gewicht

$$\lambda = 0 \cdot 00129 \times \frac{b}{76} \cdot$$

Die Zahlen gelten genau für eine Temperatur von 0^0 Celsius.

§ 137. **Der Atmosphärendruck.** Wir haben den Druck der Luft bisher nur durch die Höhe der Quecksilbersäule gemessen, die ihm das Gleichgewicht hält; auf Grund der im vorhergehenden enthaltenen

Angaben können wir den Druck, zunächst für die Oberfläche des Meeres, auch wirklich berechnen. Wie bei den inkompressiblen Flüssigkeiten beziehen wir ihn auf die Flächeneinheit, das Quadratzentimeter. Er ist dann gegeben durch das Gewicht einer Quecksilbersäule von 1 qcm Querschnitt und 76 cm Höhe; somit im technischen Maßsystem gleich

$$76 \times 13 \cdot 6 = 1033 \text{ g-Gewichten}$$

pro Quadratcentimeter; im absoluten System gleich

$$981 \times 76 \times 13{,}6 = 1014000 \text{ Dynen pro Quadratzentimeter } (\text{cm}^{-1}\,\text{g sec}^{-2}).$$

Man bezeichnet diesen Druck, den Druck von 1,033 kg-Gewichten auf das Quadratzentimeter, als den Druck einer **Atmosphäre** und benützt ihn häufig als eine besondere Maßeinheit bei der Messung größerer Drucke.

§ 138. Abhängigkeit des Luftdruckes von der Höhe. Die Möglichkeit, den Luftdruck für jede beliebige Höhe über dem Meere zu finden, ergibt sich aus der folgenden Überlegung. Gehen wir aus von der Oberfläche des Meeres, so sinkt nach dem Vorhergehenden der Barometerstand bei einer Erhebung um 10·5 m von 760 mm auf 759 mm (Fig. 129). Gleichzeitig wird sich dann auch das spezifische Gewicht im Verhältnis 759:760 vermindern. Dieses kleinere spezifische Gewicht betrachten wir nun als konstant in einer zweiten Luftschicht von abermals 10,5 m Dicke und können dann die nach Durchlaufung dieser Schicht eintretende Verminderung des Druckes berechnen. Wir finden so den Druck in einer Höhe von 2 × 10·5 m. Durch

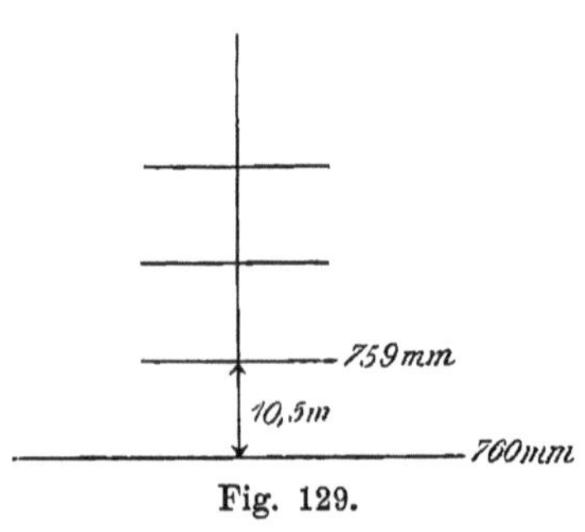

Fig. 129.

fortgesetzte Wiederholung dieses Verfahrens würde es möglich sein, den Druck der Luft von 10·5 m zu 10·5 m zu bestimmen. Die mathematische Behandlung des Problems führt zu einem sehr einfachen Gesetze. Wird die Meereshöhe in Kilometern durch h, der Druck, nach technischem Maße in kg-Gewichten gemessen, durch p bezeichnet, so ist

$$p = 1 \cdot 033 \times e^{-\frac{h}{7{,}99}}.$$

Hier ist $e = 2 \cdot 718$ die Basis der natürlichen Logarithmen.

Die Formel kann auch umgekehrt benützt werden, um aus dem gemessenen Druck p die Höhe h zu berechnen; sie enthält das Prinzip der sogenannten barometrischen Höhenmessung.

§ 139. Die virtuelle Druckhöhe. Nach dem BOYLE-MARIOTTESchen Gesetz ist das Verhältnis von Druck und spezifischem Gewicht der Luft konstant. Bezeichnen wir also durch p und λ zwei zusammengehörige

Werte von Druck und spezifischem Gewicht, so muß der Quotient $\frac{p}{\lambda}$ gleich sein dem entsprechenden Quotienten aus den Werten 1033 und 0·00129, die für die Oberfläche des Meeres gelten, wenn das technische System und Zentimeter und g-Gewicht als Einheiten zugrunde gelegt werden. Wir erhalten so:

$$\frac{p}{\lambda} = \frac{1033}{0\cdot00129} = 801\,000,$$

oder bei Benützung genauerer Werte der spezifischen Gewichte von Luft und von Quecksilber:

$$\frac{p}{\lambda} = 799\,000.$$

Für den Druck der Luft in g-Gewichten auf das Quadratzentimeter ergibt sich hieraus:

$$p = 799\,000\,\lambda.$$

Betrachten wir nun 799000 als die in Zentimetern gemessene Höhe einer Luftsäule, so würde der Druck, den sie durch ihr Gewicht auf die Fläche von 1 qcm ausübt, gleich 799000 λ g-Gewichten sein, also eben gleich jenem Produkte, durch das der Luftdruck p angegeben wird. Die Zahl 799000 bedeutet also die in Zentimetern gemessene Höhe einer Luftsäule, die durch ihr Gewicht den beobachteten Luftdruck p zu erzeugen imstande ist, und die dabei in ihrer ganzen Ausdehnung dasselbe spezifische Gewicht besitzt, wie die gegebene Luftmenge vom Druck p. Man bezeichnet diese Höhe als die virtuelle Druckhöhe der Luft. Das Boyle-Mariottesche Gesetz kann darnach auch in dem Satze ausgesprochen werden: Die virtuelle Druckhöhe der Luft ist konstant.

Mit besonderer Beziehung auf die Atmosphäre bezeichnet man die virtuelle Druckhöhe auch als die scheinbare Höhe der Atmosphäre. Aus dem Vorhergehenden ergibt sich dann, daß diese Höhe (von dem Einfluß der Temperatur abgesehen) für jede beliebige Stelle der Atmosphäre 7·99 km beträgt, d. h. daß eine Grenze der Atmosphäre nicht existiert, daß sie sich vielmehr durch den ganzen Weltraum erstreckt. Es scheint dieses Resultat in Widerspruch zu stehen mit der Tatsache, daß ein Einfluß der Erdatmosphäre auf die Bewegung des Mondes oder der Planeten nicht vorhanden ist, daß ihr Einfluß auf den Weg der Lichtstrahlen in einer Höhe von ca. 50 km verschwindet, daß das Aufglühen von Meteoren höchstens bis zu einer Höhe von 160 km beobachtet wird. Dies wird man am ehesten verständlich finden, wenn man die Luft als einen Körper von molekularer Konstitution betrachtet, d. h. als einen Körper, der aus einzelnen, voneinander durch große Zwischenräume getrennten Teilchen besteht. Dann folgt aus dem Boyle-Mariotteschen Gesetz, daß diese Zwischenräume in demselben Maße wachsen, in dem der Druck abnimmt. Man kann sich nun leicht vorstellen, daß in gewisser Entfernung von der Oberfläche der Erde die

Luftteilchen in einem solchen Maße zerstreut sind, daß sie einen Einfluß auf die Bewegung des Lichtes oder der Weltkörper nicht mehr auszuüben vermögen.

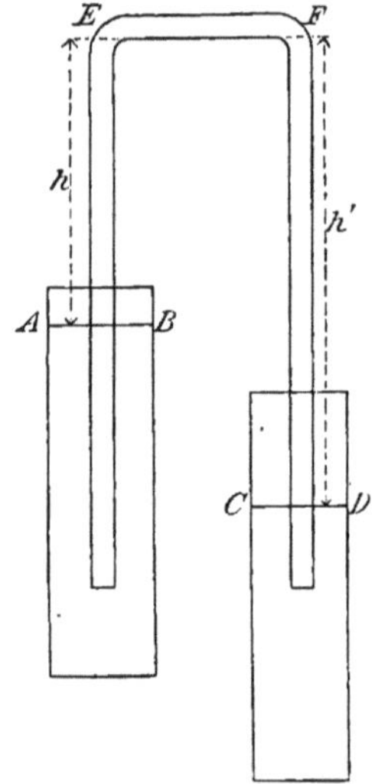

Fig. 130. Heber.

§ 140. Der Heber. Wir gehen im folgenden über zu der Beschreibung einiger Apparate, bei denen wir vom Luftdruck Anwendung machen. Der erste ist der Heber, eine U-förmig gebogene Glasröhre, die mit einer Flüssigkeit gefüllt und in umgekehrter Stellung mit ihren Enden in zwei mit derselben Flüssigkeit gefüllte Gefäße gesetzt wird (Fig. 130); AB sei das Niveau in dem einen, CD in dem anderen. Den Druck der Flüssigkeit an dem oberen Ende E des einen vertikalen Schenkels erhalten wir, wenn wir von dem Luftdruck den Druck der in der Röhre sich erhebenden Flüssigkeitssäule h abziehen; ebenso den Druck in F, wenn wir den Luftdruck vermindern um den Druck einer Flüssigkeitssäule von der Höhe h'. Ist h' größer als h, steht also das Niveau CD tiefer als AB, so ist der Druck in E größer als in F, die Flüssigkeit wird also aus dem Gefäß zur Linken durch den Heber in das zur Rechten abfließen, bis die Höhe des Niveaus in beiden dieselbe ist.

Diese Betrachtung gilt im wesentlichen auch dann, wenn der eine Schenkel des Hebers, statt in ein mit Flüssigkeit gefülltes Gefäß zu tauchen, in die freie Luft mündet. Der Luftdruck wirkt dann an der unteren Öffnung der Röhre; vermöge des Zusammenhaltens ihrer Teilchen fließt die Flüssigkeit in einem Strahle aus, wenn die Öffnung tiefer steht, als das Niveau des Gefäßes.

§ 141. Die Wasserpumpen. Die eine Form der Wasserpumpe, die Saugpumpe (Fig. 131), ist nach dem folgenden Prinzip konstruiert. Der eine Hauptteil besteht aus einem vertikalen Zylinder, dem Pumpenstiefel, in dem ein an einer Stange befestigter Kolben auf und ab bewegt werden kann. Von diesem geht die Saugröhre hinab in ein Wasserreservoir. Zwischen Stiefel und Saugröhre befindet sich ein Ventil, das sich gegen den Stiefel hin öffnet; zieht man den Kolben von dem Boden des Stiefels in die Höhe, so wird die Luft unter ihm verdünnt, und der auf der

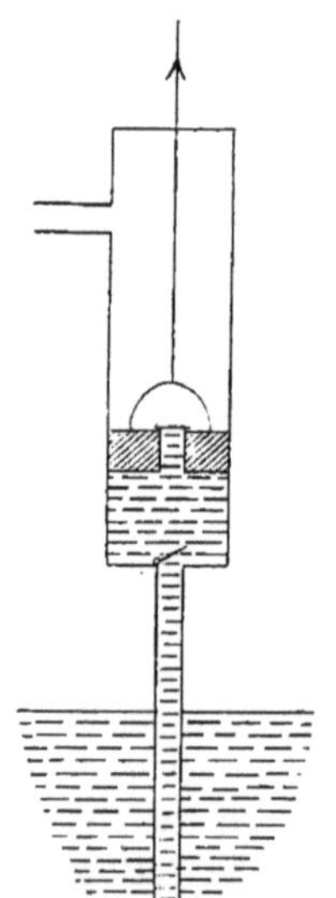

Fig. 131. Saugpumpe.

Oberfläche des Wasserreservoirs lastende Luftdruck treibt das Wasser in die Saugröhre und den Stiefel hinein. Drückt man den Kolben nach unten, so schließt sich das Ventil und verhindert das

Zurücksinken des Wassers. Gleichzeitig öffnet sich ein in den Kolben eingelassenes Ventil, und das Wasser gelangt in den Raum oberhalb des Kolbens. Gehen wir mit dem Kolben bis zu dem Boden des Stiefels herab und ziehen wir ihn dann abermals in die Höhe, so wird das Kolbenventil durch den Druck des über ihm stehenden Wassers geschlossen; indem das Bodenventil sich wieder öffnet, dringt von neuem Wasser aus dem Reservoir in den Stiefel ein; gleichzeitig wird die über dem Kolben befindliche Wassersäule gehoben und entleert sich durch eine in der Wand des Pumpenzylinders angebrachte Röhre, die Brunnenröhre.

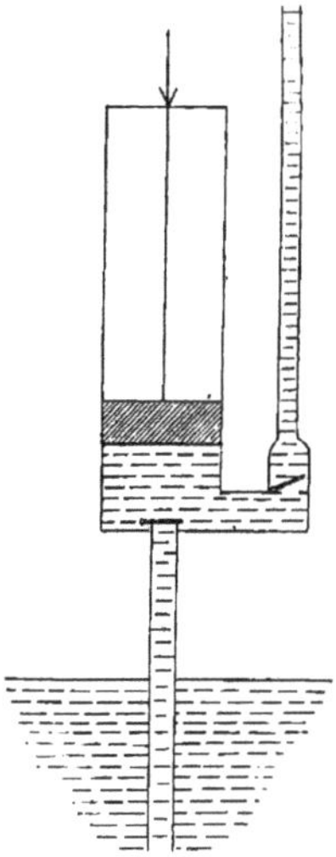

Bei der Druckpumpe (Fig. 132) ist der Kolben nicht durchbrochen; die bei einem Pumpenzuge gehobene Wassermenge wird beim Niedergang des Kolbens in eine seitlich in dem Boden des Stiefels mündende Röhre, die Steigröhre, hineingepreßt; zwischen dem Stiefel und der Steigröhre befindet sich ein nach der letzteren sich öffnendes Ventil, das beim Aufziehen des Kolbens durch den Druck der im Steigrohre stehenden Wassersäule geschlossen wird.

Fig. 132.
Druckpumpe.

In der Saugröhre einer Wasserpumpe kann das Wasser höchstens bis zu der Höhe gehoben werden, bei der sein eigener Druck dem Luftdruck das Gleichgewicht hält. In der Steigröhre einer Druckpumpe hängt die Höhe der Wassersäule lediglich von dem auf den Kolben ausgeübten Druck ab.

§ 142. Die Luftpumpe. Der für physikalische Zwecke wichtigste der hier zu besprechenden Apparate ist die Luftpumpe, die von Otto von Guericke erfunden und auf dem Regensburger Reichstag im Jahre 1654 demonstriert wurde. Ihre einfachste Form wird repräsentiert durch die einstieflige Hahnenluftpumpe (Fig. 133). Den ersten Bestandteil bildet der Rezipient, der Raum, in dem die Luft verdünnt werden soll. Er wird hergestellt durch eine Glasglocke, die mit eben geschliffenem Rande auf einen horizontalen Teller aufgesetzt ist. Der zweite Bestandteil ist die aus Stiefel und Kolben bestehende Pumpe; der dritte die mit einem Hahn versehene Röhre, die den Rezipienten mit dem Pumpenstiefel verbindet. Wir stellen den Hahn zuerst so, daß der Rezipient mit dem Pumpenstiefel kommuniziert, ziehen den Kolben von dem Boden des letzteren zurück und saugen so einen Teil der Luft aus dem Rezipienten in den Raum des Pumpenstiefels hinein. Wenn der Kolben bis zu dem Deckel des letzteren emporgezogen ist, legen wir den Hahn um, so daß der Rezipient abgeschlossen und gleichzeitig der Pumpenraum mit der atmosphärischen Luft durch eine seitliche Durchbohrung des Hahns in Verbindung gesetzt ist. Beim Herabgehen des Kolbens wird

die vorher aus dem Kolben herausgezogene Luft in die Atmosphäre entleert. Durch Zurückdrehen des Hahns stellen wir jetzt wieder die Verbindung der Pumpe mit dem Rezipienten her und können nun von
neuem Luft aus dem letzteren herausziehen. Wir sehen, wie durch
Wiederholung der Operation die Luft in dem Rezipienten mehr und mehr verdünnt werden kann.

Es knüpft sich hieran eine wichtige Bemerkung, aus der hervorgeht, daß die mit der Pumpe zu erreichende Verdünnung eine bestimmte Grenze besitzt. So oft wir durch Umlegen des Hahns den Pumpenraum mit der Atmosphäre in Verbindung setzen, füllt sich der zwischen dem Hahn und der unteren Kolbenfläche vorhandene Raum s mit atmosphä-

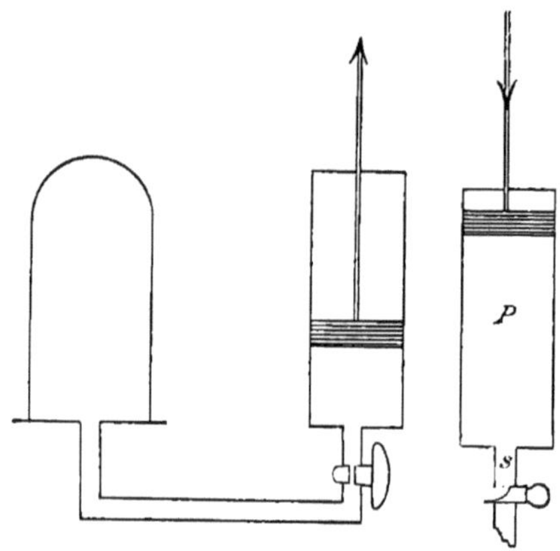

Fig. 133. Hahnenluftpumpe.

rischer Luft. Wir wollen nun das Spiel der Pumpe ein wenig abändern.
Statt sofort die Kommunikation zwischen dem Rezipienten und der
Pumpe herzustellen, drehen wir den Hahn nur so weit, daß alle Verbindungen unterbrochen sind. Ziehen wir dann den Kolben bis zu dem
Deckel des Stiefels zurück, so wird die Luft, die zuerst jenen Raum s mit
atmosphärischem Druck erfüllt hatte, auf den Raum des Pumpenstiefels
sich ausbreiten. Bezeichnen wir durch s zugleich das Volumen des
Raumes, der zwischen dem Hahn und dem auf dem Boden des Stiefels
ruhenden Kolben eingeschlossen ist, das Volumen des Pumpenstiefels
durch P, den Barometerstand durch b, so ist der Druck, den die zu
Anfang in s befindliche Luft nach ihrer Ausbreitung über den Raum
des Stiefels annimmt, gleich $b \cdot \frac{s}{P}$. Legen wir nun den Hahn vollends
um, so daß der Rezipient mit der Pumpe kommuniziert, so wird Luft
aus dem ersterem nur austreten, wenn der Druck der in ihm enthaltenen
Luft größer ist als $b \cdot \frac{s}{P}$; ist dieser Druck erreicht, so ist eine weitere
Verdünnung der Luft im Rezipienten nicht möglich. Die zu erreichende
Verdünnung ist um so kleiner, je größer der Raum s; man bezeichnet
ihn daher als den schädlichen Raum, und bei der Konstruktion der
Pumpe wird man also vor allem darauf zu sehen haben, daß der schädliche Raum möglichst verringert wird. Verkleinerung des schädlichen
Raumes, größere Bequemlichkeit in der Handhabung der Pumpe hat
man zu erreichen gesucht, indem man an Stelle des Hahns Ventile
setzte; stärkere Wirkung durch Konstruktion von zweistiefligen Pumpen.

§ 143. Die Quecksilberluftpumpe. Den schädlichen Raum, der nach dem vorhergehenden der Verdünnung der Luft im Rezipienten eine bestimmte Grenze setzt, kann man nicht vermeiden, solange der Kolben der Luftpumpe aus einem festen Körper hergestellt wird; denn ein solcher läßt sich dem Boden der Pumpe nie vollständig anpassen; es bleibt immer, auch bei der tiefsten Stellung des Kolbens, zwischen seiner unteren Fläche und dem Boden des Pumpenstiefels ein gewisser Raum. Dieser wird sich beseitigen lassen, wenn man den Kolben der Pumpe aus einer Flüssigkeit herstellt, die den Wänden des Pumpenstiefels vollkommen, ohne jeden Zwischenraum sich anschmiegen kann. Dieser Gedanke wird verwirklicht durch die Quecksilberluftpumpe. Wir beschreiben im folgenden zunächst die einfache Form derselben, die der einstiefligen Hahnluftpumpe entspricht (Fig. 134). Der Stiefel ist repräsentiert durch einen Glasballon A, der etwa 1 Liter Quecksilber faßt. An dem Ballon ist oben die Glasröhre angeschmolzen, welche die Verbindung mit dem Rezipienten vermittelt. Sie ist mit einem Hahn versehen, der die früher beschriebene doppelte Durchbohrung besitzt. Die Bewegung des den Kolben ersetzenden Quecksilbers geschieht mit Hilfe eines zweiten Gefäßes B von gleichem Volumen wie A, das mit diesem durch einen biegsamen Kautschukschlauch verbunden

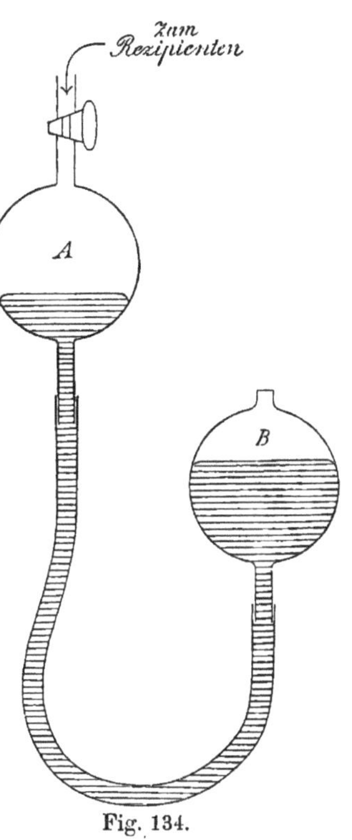

Fig. 134.

ist. Der Hahn wird zuerst so gestellt, daß A mit der atmosphärischen Luft kommuniziert. Das Niveau des Quecksilbers stellt sich dann in den Gefäßen A und B gleich hoch. Wird B gehoben, so steigt das Niveau in A, und man kann so das ganze Gefäß A bis zu dem Hahne mit Quecksilber füllen. Stellt man jetzt durch Drehen des Hahns die Verbindung mit dem Rezipienten her, so wird beim Senken des Gefäßes B das Quecksilber in A sich zurückziehen, und eine entsprechende Menge Luft aus dem Rezipienten in das Gefäß übertreten. Diese wird durch Zurückdrehen des Hahns in die erste Stellung und abermaliges Heben des Gefäßes B in die Atmosphäre entleert. Man sieht, wie der Rezipient ebenso evakuiert werden kann, wie bei der Hahnenluftpumpe, aber der schädliche Raum ist vermieden, und dementsprechend die Grenze der Verdünnung ganz außerordentlich erniedrigt.

Eine andere Form der Quecksilberluftpumpe, bei der gar keine Hähne oder anderen Schliffstücke verwandt sind, zeigt Figur 135, welche dem Zustande einer schon weit fortgeschrittenen Verdünnung entspricht. Der Ballon A kommuniziert mit dem Rezipienten durch das Rohr C. Dieses ist mit Hilfe eines durchbohrten Korkes in ein mit Quecksilber gefülltes Glas G eingesetzt und steigt über das Niveau des Quecksilbers noch um etwa 80 cm in die Höhe. Über das Steigrohr C ist der eine weitere Schenkel D eines heberförmig gebogenen Glasrohres gestülpt, so daß der Rand unter das Quecksilber in dem Gefäße G taucht und der innere Raum durch das Quecksilber gegen die Luft abgeschlossen wird. Der zweite Schenkel E des Heberrohres führt zu dem Rezipienten. Wenn die Verdünnung der Luft in dem Rezipienten fortschreitet, so wird das Quecksilber durch den Druck der äußeren Luft in den Raum zwischen den Röhren C und D getrieben und bewirkt so stets einen luftdichten Abschluß des Rezipienten und des mit ihm verbundenen Ballons A. Will man weiter evakuieren, so hebt man den Ballon B; das vordringende Quecksilber verschließt selbst die Mündung F der Steigröhre C und verhindert so das Zurückströmen der in A noch vorhandenen Luft in den Rezipienten. Hebt man die Kugel B weiter, so erfüllt das Quecksilber allmählich den Ballon A

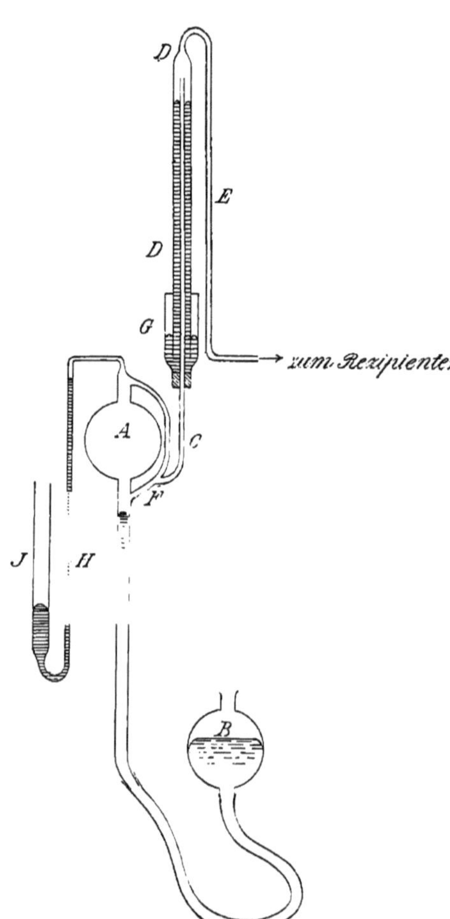

Fig. 135. Töplersche Pumpe.

und treibt die Luft in die enge Röhre, welche die Verbindung mit dem Auslaßrohr HJ vermittelt. Hebt man soweit, daß etwas Quecksilber in das Rohr HJ überfließt, so reißt dieses die kleinsten noch vorhandenen Luftmengen mit sich und treibt sie durch den offenen Schenkel J des Auslaßrohres in die Atmosphäre hinaus. Mit einer solchen Pumpe ist es möglich, den Druck der Luft im Rezipienten auf 0·000012 mm zu reduzieren.[1]

Die Verbindung zwischen dem Rezipienten und dem Gefäße A läßt sich bequemer als durch die Röhre D, deren Länge der einer Barometerröhre gleichkommt, durch eine mit einem Quecksilberventil versehene Röhre herstellen. Eine solche ist in Fig. 135 a im offenen und im geschlossenen Zustande in etwas größerem Maßstabe gezeichnet.

§ **144. Die Barometerprobe.** Bei der praktischen Anwendung der Luftpumpe ist es vor allem nötig, den Grad der erreichten Verdünnung, den Druck der Luft im Rezipienten zu messen. Man kann zu diesem Zweck mit dem Rezipienten ein Barometer, am bequemsten ein Heberbarometer, verbinden. Das Quecksilber in dem zugeschmolzenen Schenkel wird in dem Maße sinken, in dem der Druck abnimmt. Da es sich aber in der Regel nur um

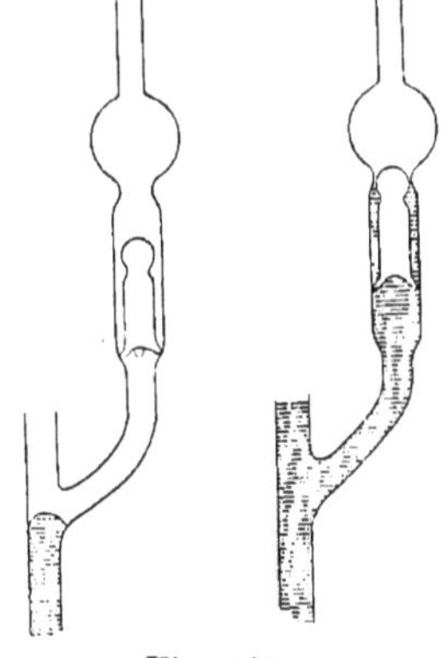

Fig. 135 a.

die Bestimmung sehr kleiner Drucke handelt, so hat man nicht nötig, dem geschlossenen Schenkel die dem Atmosphärendruck entsprechende Länge zu geben. Man kürzt ihn ab und erhält so ein Barometer, dessen beide Schenkel gleiche Länge besitzen, dessen zugeschmolzener Schenkel ganz mit Quecksilber gefüllt ist, eine sogenannte Barometerprobe (Fig. 136).

Die sehr kleinen Drucke, die mit der Quecksilberluftpumpe zu erreichen sind, lassen sich natürlich nicht mit einem Manometer messen. Man bedient sich hier des folgenden Verfahrens. Durch passende Einstellung des Gefäßes B Fig. 135) sei das Quecksilber so weit gehoben, daß die Verbindung zwischen dem Rezipienten und zwischen dem Gefäß A bei F eben unterbrochen ist. Der Druck in dem Rezipienten ist dann noch derselbe wie in A. Das Volumen, welches unter diesen Umständen von der Luft in A und in

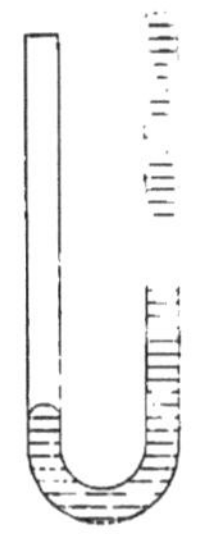

Fig. 136.

den damit kommunizierenden Röhren eingenommen wird, sei V. Nun wird das Gefäß B gehoben, so daß das Quecksilber bis zu der Mündung der Kapillare steigt, welche A mit H verbindet. Die so herbeigeführte große Volumverminderung der eingeschlossenen Luft hat eine entsprechende Vermehrung ihres Druckes zur Folge; das Quecksilber in der Auslaßröhre H wird dadurch herabgedrückt. Ziehen wir den vertikalen Höhenunterschied der Quecksilberkuppen in H und in I von dem Barometerstand ab, so erhalten wir den Druck p der eingeschlossenen Luft nach

---

[1] BESSEL-HAGEN, Über eine neue Form der TÖPLERschen Quecksilberluftpumpe und einige mit ihr angestellte Versuche. Wied. Ann. Bd. 12. 1881. p. 425.

der Verkleinerung ihres Volumens. Ist ferner das entsprechende Volumen
der Kapillare von ihrer Mündung in das Gefäß A bis zu der Kuppe
des Quecksilbers in H gleich v, so ist der ursprüngliche Druck der Luft
in A gleich

$$p \cdot \frac{v}{V}$$

Ebenso groß ist aber der Druck, bis zu dem die Verdünnung der
Luft in A fortgeschritten ist.

§ 145. **Spezifisches Gewicht der Gase.** Von den mannigfachen
Versuchen, die man mit der Luftpumpe anzustellen pflegt, um die Wirkungen des Luftdruckes oder die Eigenschaften der Luft zu demon-
strieren, beschränken wir uns auf zwei von allgemeinerer Bedeutung.
Wir haben früher das spezifische Gewicht der Luft gemessen nach einer
Methode, die im wesentlichen auf dem Satz von den korrespondierenden
Höhen beruhte. Die Luftpumpe bietet die Möglichkeit, auch die anderen
bei den inkompressiblen Flüssigkeiten besprochenen Methoden zur Anwendung zu bringen. Ein Glasballon wird gewogen luftleer, mit Luft
und mit Wasser gefüllt. Man erhält so das Gewicht gleicher Volumina
von Luft und von Wasser und daraus das spezifische Gewicht der Luft. Die
Methode ist natürlich ebenso anwendbar bei anderen Gasen. Betrachtet
man das spezifische Gewicht der Luft als gegeben, so hat man dabei
nicht nötig, den Ballon luftleer zu wägen, man kann ebensogut das
Gewicht des mit Luft gefüllten Ballons bestimmen. Auf diese Weise
ergibt sich bei einem Drucke von 76 cm Quecksilber für Wasserstoff ein
spezifisches Gewicht von 0·0000895, für Chlor ein solches von 0·00317,
für Kohlensäure von 0·00196. Die Angaben beziehen sich, ebenso wie
die früher für Luft gemachte, auf eine Temperatur von 0° Celsius.

Nach dem BOYLE-MARIOTTEschen Gesetz ist der Quotient aus dem
Druck und dem spezifischen Gewichte für jedes Gas eine konstante Zahl,
die wir als virtuelle Druckhöhe bezeichnet haben. Da der Druck von
76 cm Quecksilber 1033 g-Gewichten auf das Quadratzentimeter entspricht, so ist die virtuelle Druckhöhe des Wasserstoffes gleich

$$\frac{1033}{0 \cdot 0000895} = 11\,540\,000 \text{ cm.}$$

Ebenso ergibt sich für Chlor eine virtuelle Druckhöhe von 326 000 cm,
für Kohlensäure eine solche von 527 000 cm.

Da die Gase schwere Flüssigkeiten sind, so üben sie auf Körper,
die in ihnen schweben, einen Auftrieb aus, der gleich dem Gewichte des
verdrängten Gases ist. Man kann somit auch die auf der Anwendung
des Archimedischen Prinzips beruhende Methode der spezifischen Ge-
wichtsbestimmung bei den Gasen anwenden. An den einen Arm einer
kleinen empfindlichen Wage, die unter den Rezipienten der Luftpumpe gebracht werden kann, hängt man einen zugeschmolzenen Glasballon und legt auf die am andern Arm hängende Schale so viel Gewichte,
daß die Wage in dem evakuierten Rezipienten im Gleichgewicht ist.

Wenn man nun den Rezipienten mit einem Gase füllt, so erleidet der Ballon einen Auftrieb gleich dem Gewicht des durch ihn verdrängten Gasvolumens. Hieraus und aus dem Gewichtsverlust in Wasser ergibt sich das spezifische Gewicht des Gases.

Aus der Definition der virtuellen Druckhöhe folgt, daß die spezifischen Gewichte zweier Gase bei gleichem Drucke sich umgekehrt verhalten wie ihre virtuellen Druckhöhen. Hiernach ist das Verhältnis, welches zwischen dem spezifischen Gewicht eines Gases und dem spezifischen Gewichte der Luft bei gleichem Drucke besteht, eine von dem absoluten Werte des Druckes unabhängige Konstante; man bezeichnet sie als Gasdichte. Ihre Werte für die obengenannten Gase sind bei:

Luft	1·0000
Wasserstoff	0·0695
Kohlensäure	1·502
Chlor	2·451

Die Zahlen beziehen sich zunächst auf eine Temperatur von 0° Celsius. Betrachtungen, die wir der Wärmelehre vorbehalten müssen, zeigen aber, daß die Zahlen auch von der Temperatur unabhängig sind, sofern nur die Temperatur der Luft dieselbe ist, wie die des betreffenden Gases.

§ 146. Die Kompresssionspumpe. Jede Hahnluftpumpe kann in eine Kompressionspumpe, durch welche die Luft im Rezipienten verdichtet wird, verwandelt werden, wenn man das Spiel des Hahnes umkehrt. Beim Rückgang des Kolbens wird er so gestellt, daß der Stiefel mit der atmosphärischen Luft kommuniziert; ist der Kolben zurückgezogen, so wird die Verbindung mit dem Rezipienten hergestellt und die in dem Stiefel enthaltene Luft in den Rezipienten hineingepreßt. An Stelle von Teller und Glocke, die fest zusammengepreßt werden müßten, um das Entweichen der verdichteten Luft zu verhindern, benützt man als Rezipienten eine mit dem Pumpenstiefel luftdicht verschraubte Flasche. Der Hahn kann dann ersetzt werden durch ein in ihren Boden eingesetztes Ventil, das sich nach ihrem Innern öffnet (Fig. 137). Um den Raum des Pumpenstiefels bei jedem Rückgange des Kolbens von neuem mit atmosphärischer Luft zu füllen, setzt man in die Wand des Zylinders eine kleine, nach außen offene Röhre ein, durch welche die Luft einströmt, sobald der Kolben über sie zurückgegangen ist. Eine solche Pumpe kann natürlich ebenso zur Kompression irgend eines anderen Gases gebraucht werden, wenn man die Einströmungsöffnung mit dem Gasometer verbindet.

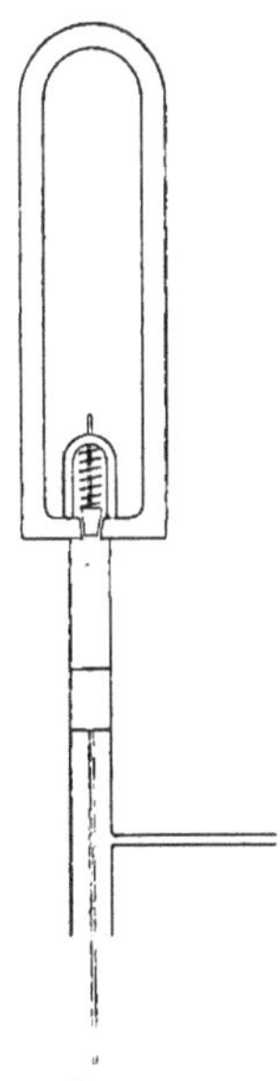

Fig. 137.

§ 147. Der Luftballon. Die im vorhergehenden betrachteten Gesetze finden eine interessante Anwendung auf die Gleichgewichtstheorie eines Luftballons. Dieser bildet für die Erforschung der Atmosphäre ein Hilfsmittel, dessen Wert mehr und mehr hervortritt, und es scheint daher nicht überflüssig, die Bedingungen für sein Schweben im Luftmeere kurz zu untersuchen. Wir betrachten einen Ballon von der gewöhnlichen kugelförmigen Gestalt; wir nehmen an, daß der Druck des in dem Ballon enthaltenen Gases stets gleich dem äußeren Luftdrucke sei. Beim Auflassen wird der Ballon mit einem leichteren Gase, z. B. mit Wasserstoff, nur teilweise gefüllt. Wenn er in die Höhe steigt, so nimmt mit dem Luftdrucke auch der Druck des Gases ab; umgekehrt muß sein Volumen zunehmen und das sich ausdehnende Gas wird den Ballon mehr und mehr aufblähen, bis er die kugelförmige Gestalt erreicht.

Für die theoretische Betrachtung wird es zweckmäßig sein, wenn wir die Form und den inneren Raumgehalt des Ballons als unveränderlich betrachten. Wir nehmen dann an, daß der Ballon zu Anfang in seinem oberen Teile bis zu der Linie AB (Fig. 138) mit Wasserstoff, in seinem unteren Teile mit Luft gefüllt sei. Der Auftrieb, den die äußere Luft auf den unteren Teil L des Ballons ausübt, wird durch das Gewicht der im Ballon enthaltenen Luft kompensiert. Es kommt also nur der auf den oberen, mit Wasserstoff gefüllten Teil wirkende Auftrieb in Betracht. Bezeichnen wir durch W das Gewicht des in dem Ballon enthaltenen Wasserstoffes, durch σ, sein spezifisches Gewicht, so ist das von dem Wasserstoff eingenommene Volumen

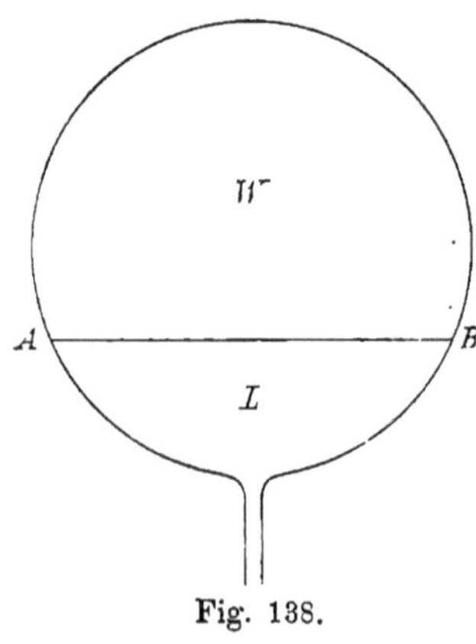

Fig. 138.

gleich W/σ; ist λ das spezifische Gewicht der Luft, so ist das Gewicht der von dem Wasserstoff verdrängten Luft gleich $\lambda\,W/\sigma$. Subtrahieren wir hiervon das Gewicht des in dem Ballon enthaltenen Wasserstoffes, so ergibt sich als Größe des wirksamen Auftriebes:

$$W\left(\frac{\lambda}{\sigma} - 1\right).$$

Nun ist σ/λ nach § 145 eine von Druck und von Temperatur unabhängige Konstante; der auf den Ballon wirkende Auftrieb ist somit nur abhängig von dem Gewichte des in ihm enthaltenen Wasserstoffes einerlei ob dieser einen größeren oder geringeren Teil des inneren Raumes, oder ob er diesen ganz ausfüllt; einerlei, welches Druck und Temperatur der äußeren Luft sind. Bei gegebenen Verhältnissen läßt sich hiernach der auf den Ballon wirkende Auftrieb leicht ausrechnen. Der Durchmesser des Ballons betrage 10 m; er sei zu Anfang bei einer Temperatur von Null Grad und bei normalem Luftdruck bis zu $^2/_3$ seines Volumens mit Wasserstoff gefüllt. Das Volumen des letzteren beträgt dann

349 100 cdzm, sein Gewicht mit Benützung der in § 145 angegebenen Zahl $31 \cdot 24$ kg. Für λ/σ ergibt sich aus der in demselben Paragraphen angeführten Gasdichte der Wert $14 \cdot 39$. Hiermit wird der wirksame Auftrieb für den betrachteten Ballon gleich 418 kg. Dieser Auftrieb bleibt in jeder Höhenlage des Ballons derselbe, solange nur das in ihm enthaltene Wasserstoffgewicht W unverändert bleibt. Wenn also das Gewicht G des Ballons selbst samt dem von ihm getragenen Korbe kleiner ist als 418 kg, so steigt der Ballon; benützen wir die allgemeinen zu Anfang eingeführten Symbole, so ergibt sich für die Kraft, welche den Ballon nach oben treibt, der Ausdruck:

$$W\left(\frac{\lambda}{\sigma} - 1\right) - G.$$

Sie bleibt dieselbe, solange das Gewicht W des in dem Ballon enthaltenen Wasserstoffes unverändert bleibt. Der Ballon steigt also zunächst mit konstanter Kraft; je höher er kommt, um so geringer wird der Druck der Luft; der im Ballon enthaltene Wasserstoff dehnt sich aus, und verdrängt mehr und mehr die Luft, die zu Anfang den unteren Raum des Ballons erfüllte. Schließlich wird die Luft ganz verdrängt, das Wasserstoffgewicht W erfüllt das ganze Innere des Ballons. Bis zu diesem Augenblick behält die nach oben gerichtete Kraft den angegebenen Wert. Wenn aber der Ballon weiter steigt, so entweicht Wasserstoff, das Gewicht W wird kleiner, die treibende Kraft nimmt ab und wird schließlich zu Null, wenn eine hinreichende Menge von Wasserstoff entwichen ist. Will man nun noch weiter steigen, so muß man das Gewicht des Ballons vermindern, indem man Ballast auswirft. Das weitere Steigen ist aber mit weiterem Verluste von Wasserstoff verbunden, und nach einiger Zeit wird abermals Gleichheit zwischen Auftrieb und Ballongewicht erreicht sein; der Ballon wird nun in der erreichten Höhe im Gleichgewicht schweben. Man bemerkt aber, daß dieses Gleichgewicht einen labilen Charakter besitzt. Denn wenn jetzt durch irgend welche Umstände ein neuer Verlust von Wasserstoff eintritt, wird der Auftrieb kleiner als das Gewicht des Ballons; der Ballon wird mit einer konstanten Kraft nach unten getrieben und ins Fallen geraten. Ist W' das Gewicht des noch in dem Ballon vorhandenen Wasserstoffes, so ist die nach unten treibende konstante Kraft:

$$G - W'\left(\frac{\lambda}{\sigma} - 1\right).$$

Sie kann nur dadurch verringert oder aufgehoben werden, daß man das Ballongewicht G von neuem verkleinert.

Zweiter Abschnitt.

Dynamik der Flüssigkeiten und Gase.

Erstes Kapitel. Strömungen und Wirbel.

§ 148. Bewegungen idealer Flüssigkeiten. In dem vorhergehenden Abschnitt haben wir die Gleichgewichtserscheinungen der Flüssigkeiten und Gase entsprechend ihrer augenfälligen Verschiedenheit gesondert behandelt. Dagegen zeigen die Bewegungserscheinungen der inkompressibeln und der kompressibeln Flüssigkeiten, insbesondere die im folgenden zu besprechenden, eine so große Übereinstimmung, daß eine Teilung des Stoffes nach der Art der betrachteten Flüssigkeit durchaus verkehrt wäre. Das durchgreifende Prinzip der Teilung wird hierdurch die Art der Bewegung gegeben.

Aus der leichten Verschiebbarkeit, welche die Teilchen einer Flüssigkeit gegeneinander besitzen, folgt, daß ihre Bewegungen viel mannigfaltiger sind, als die der starren Körper. Wenn ein starrer Körper nicht rotiert und keine Kräfte auf ihn wirken, so ist er nur einer einzigen Bewegung fähig, einer Verschiebung in gerader Linie mit konstanter Geschwindigkeit. Eine Flüssigkeit dagegen, auf die keine Kräfte wirken und die keine Rotationsbewegung besitzt, kann noch unendlich verschiedene Bewegungen ausführen. Ihre Mannigfaltigkeit ist nur beschränkt durch den zwischen Dichte und Druck bestehenden Zusammenhang, d. h. durch die Inkompressibilität bei den Flüssigkeiten im engeren Sinn, durch das BOYLE-MARIOTTEsche Gesetz bei den Gasen.

Wir betrachten in den nächstfolgenden Paragraphen Bewegungen einer Flüssigkeit, auf die keine Kräfte wirken. Man könnte vermuten, daß das Studium solcher Bewegungen kein praktisches Interesse besitze, weil alle Bewegungen, die wir in Flüssen, Kanälen, Röhren vor sich gehen sehen, zu ihrer Erhaltung einer äußeren Kraft bedürfen, sei es der auf die Teilchen der Flüssigkeit wirkenden Schwere, sei es eines auf ihre Oberfläche ausgeübten äußeren Druckes. Nun verhalten sich aber jene Bewegungen doch in vielen Fällen so, als ob keine Kraft auf die Flüssigkeiten wirkte. In einem Kanale, der von parallelen Wänden begrenzt und nur wenig geneigt ist, fließen die Wasserteilchen mit unveränderter Geschwindigkeit dahin, ebenso in einer Röhre von gleichförmigem Querschnitt, wenn zwischen ihrem Anfang und ihrem Ende eine konstante Druckdifferenz herrscht. Dies ist nur dadurch zu erklären, daß die Flüssigkeitsteilchen einer zweiten Wirkung unterliegen, durch welche die beschleunigende Wirkung der äußeren Kraft aufgehoben wird. Eine solche ist gegeben durch die Reibung, welche die Teilchen einer jeden realen Flüssigkeit bei ihrer Bewegung gegeneinander und gegen die begrenzende Wand erleiden. Eine Flüssigkeit, wie wir sie im folgenden betrachten, die keine innere Reibung besitzt, die also, ohne daß eine Kraft auf sie wirkt, eine einmal empfangene Bewegung lediglich vermöge ihrer Trägheit unendlich lange fortsetzt, stellt also einen idealen Fall dar, von dem die Flüssigkeiten, die wir in der Natur beobachten, in bestimmter Weise unterschieden sind. Nehmen wir aber bei den vorher benützten Beispielen an, daß die Widerstände der Reibung der Schwere oder dem äußeren Druck gerade das Gleichgewicht halten, so wird die Flüssigkeit sich im wesentlichen so verhalten, als ob keine Kräfte auf sie wirkten. Die Bewegung wird dann wenigstens im allgemeinen nach den für eine reibungslose, ideale Flüssigkeit geltenden Gesetzen sich vollziehen, deren Teilchen äußeren Kräften nicht unterworfen sind. Immerhin muß man bei der Übertragung dieser Gesetze auf reale Flüssigkeiten mit einer gewissen Vorsicht verfahren; wir werden später sehen, daß die Teilchen einer reibenden Flüssigkeit, die unmittelbar an der begrenzenden Wand sich befinden, an dieser haften, sich also überhaupt nicht bewegen. Infolge der zwischen ihnen und den benachbarten Flüssigkeitsteilchen vorhandenen Reibung wird auch die Bewegung dieser mehr oder weniger gehemmt. Die ideale, reibungslose Flüssigkeit dagegen kann längs der Wand mit jeder beliebigen Geschwindigkeit strömen. Hieraus folgt, daß Übereinstimmung zwischen den Bewegungen einer idealen Flüssigkeit und der wirklichen Strömung in Flüssen, Kanälen, Röhren jedenfalls nur in einem gewissen Abstande von den Wänden möglich ist, ein Umstand, der nicht übersehen werden darf, wenn man die bei einer idealen Flüssigkeit möglichen Bewegungen mit den Bewegungen vergleichen will, die man bei realen Flüssigkeiten beobachtet.

§ 149. Strömung. Wenn eine Flüssigkeit sich so bewegt, daß die Geschwindigkeit an jeder bestimmten Stelle der Richtung und Größe nach konstant bleibt, so nennt man dies eine stationäre Strömung; alle Teilchen der Flüssigkeit, die nacheinander dieselbe Stelle passieren, gehen mit gleicher Richtung und gleicher Geschwindigkeit durch sie hindurch. Daraus folgt, daß die Flüssigkeit in ganz bestimmten Linien, den Strömungslinien, sich bewegt, die wir durch Beobachtung bestimmen können, wenn wir die Bahnen verfolgen, die von leichten, in der Flüssigkeit suspendierten Körperchen durchlaufen werden. Eine Fläche, welche, senkrecht zu den Strömungslinien, den Kanal durchschneidet, wollen wir als einen Querschnitt des Stromes bezeichnen. Wenn wir in einem solchen Querschnitt ein kleines Flächenstück abgrenzen, so schließen die durch seinen Rand hindurchgehenden Strömungslinien eine Röhre ein, in der die Flüssigkeit strömt, gerade so, wie wenn ihre Wände undurchdringlich wären; wir nennen die in einer solchen Röhre sich bewegende Flüssigkeit einen Stromfaden. Wenn die Dichte der Flüssigkeit dieselbe bleibt, so wollen wir unter Stromstärke in einem solchen Faden das Volumen verstehen, das in einer Sekunde durch seinen Querschnitt fließt. Es ist klar, daß bei jeder stationären Bewegung die Stromstärke in einem Faden allenthalben konstant sein muß. Nun ist aber die Stromstärke gleich dem Produkt aus Querschnitt und Geschwindigkeit. Wir erhalten somit den Satz:

Im Falle der stationären Bewegung einer Flüssigkeit von konstanter Dichte verhalten sich an den verschiedenen Stellen eines Stromfadens die Geschwindigkeiten umgekehrt wie seine Querschnitte.

Wir betrachten den Fall eines von parallelen Wänden begrenzten, sehr langen Kanales, der in der Mitte eine Erweiterung besitzt. Solange die Flüssigkeit zwischen parallelen Wänden sich bewegt, sind die Strömungslinien parallele Gerade, die Strömungsgeschwindigkeit ist überall dieselbe. Wenn die Flüssigkeit dem weiteren Becken sich nähert, so divergieren die Strömungslinien in der durch Fig. 139 angedeuteten Weise. An der

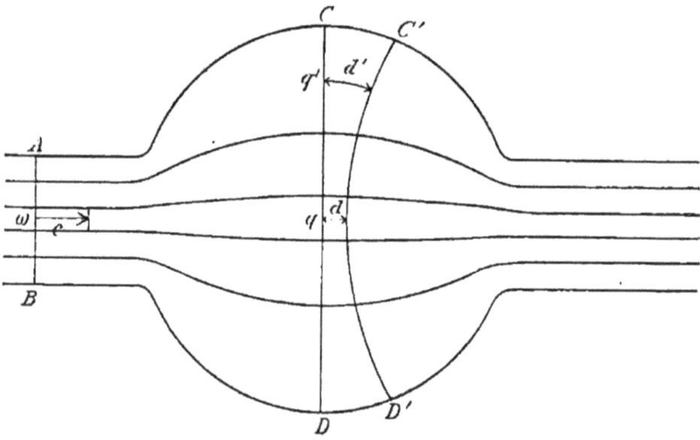

Fig. 139. Strömung.

Stelle AB teilen wir den ebenen Querschnitt des Kanales in gleich große Flächenstücke vom Inhalt ω; in den durch sie bestimmten Stromfäden ist dann auch die Stromstärke, das in einer Sekunde durch ω gehende Flüssigkeitsvolumen, gleich groß, nämlich bei allen gleich ωc, wenn wir durch c die konstante Stromgeschwindigkeit in dem geraden Teile des Kanales bezeichnen. Gehen wir nun über zu dem mittleren Querschnitt CD des erweiterten Beckens; die Figur läßt erkennen, daß der Stromfaden, der unmittelbar an der Achse des ganzen Kanales liegt, einen kleineren Querschnitt besitzt, als ein weiter nach außen liegender. Sind q und q' die beiden Querschnitte; v und v' die Geschwindigkeiten, so ist $vq = v'q' = c\omega$. Wir legen nun einen Querschnitt $C'D'$ durch den Kanal, der dem Querschnitt CD benachbart ist. Zwischen den beiden Querschnitten liegen dann Stücke der durch q und q' gehenden Stromfäden, deren Höhen durch d und d' bezeichnet werden mögen. Man sieht dann, daß dem kleineren Querschnitt auch die kleinere Höhe entspricht; die genauere Untersuchung zeigt, daß die Proportion erfüllt ist: $q:q' = d:d'$, und in dem Bestehen dieser Beziehung haben wir die Eigenschaft zu erblicken, durch welche die **strömende Bewegung** einer Flüssigkeit wesentlich charakterisiert wird. Nun verhalten sich aber die Strömungsgeschwindigkeiten in den Querschnitten q und q' umgekehrt wie diese Querschnitte, also auch umgekehrt wie die Höhen. Man hat somit den Satz:

In dem von zwei Querschnitten des Stromes begrenzten Raume verhalten sich die Geschwindigkeiten an verschiedenen Stellen umgekehrt wie die Abstände der Querschnitte.

Dieser Satz gibt mit dem vorhergehenden zusammen einen vollständigen Überblick über die Geschwindigkeitsverhältnisse der Strömung.

§ 150. Zirkulation. In einer Flüssigkeitsmasse, die nichts nach außen abgibt und keine Zufuhr nach außen empfängt, müssen die Stromfäden alle in sich zurücklaufen. Wir wollen eine solche Strömung einer Flüssigkeit eine **Zirkulation** nennen. Eine, wenn auch nicht ganz reine, Anschauung von dem Vorgang gewährt die Bewegung des Wassers in einem Becherglase, das unten in der Mitte erwärmt wird. Man sieht, wie die Flüssigkeit in der Mitte aufsteigt, wie sie sich oben ausbreitet und an den Wänden des Glases herabsinkend zur Mitte zurückkehrt. Die großartigsten Zirkulationen vollziehen sich in der Atmosphäre der Erde; der Austausch der warmen und kalten Luftmassen des Äquators und der Pole beruht auf einer Zirkulation; die parallel zu der Erdoberfläche übereinander liegenden Teile der Strömung, welche entgegengesetzte Richtungen haben, sind bekannt als unterer und oberer Passatwind.

§ 151. Wirbelbewegung. Wenn wir ein zylindrisches Gefäß mit einer Flüssigkeit auf die Zentrifugalmaschine setzen und um die Achse des Zylinders rotieren lassen, so wird nach einiger Zeit die Flüssigkeit mit dem Gefäße rotieren, wie wenn beide zusammen einen starren Körper bildeten. Wir können leicht zeigen, daß diese Rotation der Flüssigkeit von der im vorhergehenden betrachteten Strömung ganz wesentlich verschieden ist. Zunächst sind die Strömungslinien der Flüssigkeit Kreise, deren Achse mit der Zylinderachse zusammenfällt (Fig. 140). Legen wir eine Ebene durch die letztere, so schneidet sie die Strömungslinien senkrecht, sie würde also dem entsprechen, was wir früher Querschnitt der Strömung nannten. Nun legen wir durch die Achse zwei einander benachbarte Ebenen M und

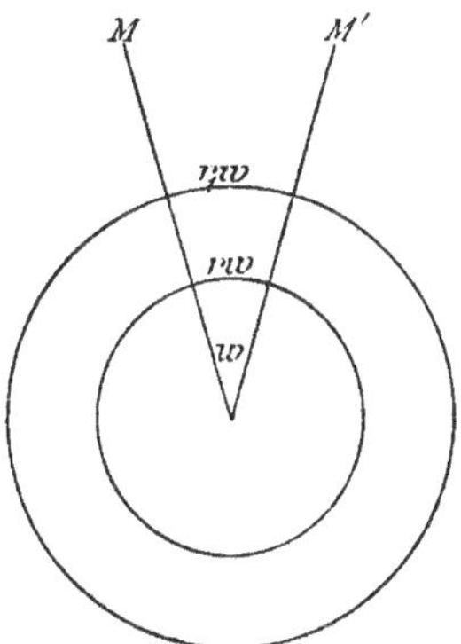

Fig. 140. Rotation.

M'; sie schließen miteinander den Winkel w ein, der gleich der Winkelgeschwindigkeit der Zentrifugalmaschine sein möge. Da die Bewegung der Flüssigkeit in einer einfachen Rotation um die Achse besteht, so müssen alle Teilchen, die sich zu einer bestimmten Zeit in einer Ebene M befinden, nach einer Sekunde in die Ebene M' gelangt sein. Nehmen wir zwei Teilchen in den Entfernungen r und r_1 von der Achse, so sind ihre linearen Geschwindigkeiten gleich wr und wr_1; ebenso groß aber sind die Abstände der Querschnitte M und M'. Während also bei der Strömung einer Flüssigkeit die Geschwindigkeiten in dem Raume zwischen zwei Querschnitten ihren Abständen umgekehrt proportional sind, stehen bei der Rotation die Geschwindigkeiten in dem gleichen Verhältnis wie jene Abstände. Damit ist offenbar ein fundamentaler Unterschied der beiden Bewegungsarten gegeben.

Rotationsbewegungen sind nun auch im Innern ausgedehnter Flüssigkeitsmassen möglich; so oft solche auftreten, spricht man von Wirbelbewegungen in der Flüssigkeit. Für uns ist von besonderem Interesse der spezielle Fall, daß die Rotation auf abgegrenzte Teile der Flüssigkeit von der Form dünner Röhren mit zunächst gleichförmigem Querschnitt beschränkt ist. Wir bezeichnen dann den in Rotationsbewegung begriffenen Teil der Flüssigkeit als einen Wirbel. Die Achse, um welche die Teilchen alle mit derselben Winkelgeschwindigkeit rotieren, nennen wir Wirbelachse. Der Wirbel selbst wird von der die Achse umgebenden Röhre eingehüllt. Wir setzen voraus, daß ihr Querschnitt klein sei gegen ihre Länge und sprechen mit Bezug hierauf von einem Wirbelfaden. Die Wirbelachse braucht keineswegs eine gerade Linie zu sein, sie kann jede beliebige Form haben; immer werden die Flüssigkeitsteilchen relativ zu ihr in Kreisen sich bewegen, deren Ebene in einem Querschnitt des Wirbelfadens, deren Mittelpunkt in der Achse liegt. Wenn die Achse des Wirbels selber in Bewegung ist, so werden die Kreisbahnen der rotierenden Flüssigkeitsteilchen von der Achse mitgeführt, wie wenn sie fest mit ihr verbunden wären, der ganze Wirbelfaden schwimmt wie ein biegsamer Schlauch in der Flüssigkeit fort, ohne daß die in ihm enthaltenen Teilchen sich irgendwie mit den anderen vermischen. Im Innern einer Flüssigkeit kann ein Wirbelfaden offenbar nicht aufhören, da sonst die Kontinuität der Bewegung zerstört würde. Die Wirbelachse muß somit entweder in sich selbst zurückkehren, oder an den die Flüssigkeit begrenzenden Wänden endigen. Der Querschnitt eines Wirbelfadens kann sich mit der Zeit ändern, er kann auch räumlich, von einer Stelle der Achse zur andern, wechseln, immer ändert sich dann auch die Rotationsgeschwindigkeit, so daß das Produkt aus dem Querschnitt q und der Winkelgeschwindigkeit w dasselbe bleibt. Das Produkt qw stellt also eine unveränderliche und unzerstörbare Eigenschaft des Wirbels dar.

Betrachten wir die Flüssigkeit, die außerhalb des Wirbelfadens sich befindet, so kann auch diese nicht in Ruhe sein; die an den Wirbelfaden unmittelbar angrenzenden Teilchen werden in eine zirkulierende Bewegung versetzt und übertragen diese auch auf die entfernteren. Die so in der Flüssigkeit außerhalb des Wirbelfadens entstehende Bewegung folgt den in § 149 angegebenen Gesetzen der Strömung, sie hat den Charakter einer Zirkulation, bei der die Geschwindigkeit mit der Entfernung von dem Faden immer kleiner wird.

§ 152 Geradlinige Wirbelfäden und Wirbelringe. Wir werden im folgenden die Eigentümlichkeiten der Wirbelbewegung an ein paar speziellen Beispielen noch etwas genauer studieren. In einer idealen Flüssigkeit, die wir uns durch zwei horizontale Ebenen begrenzt denken können, seien zwei parallele vertikale Wirbelfäden von kreisförmigem Querschnitt gegeben. Die Strömungslinien sind dann notwendig horizontal und in allen Horizontalebenen dieselben. Unsere Zeichnung (Fig. 141) stellt die Verhältnisse in irgend einer durch die Flüssigkeit gelegten Horizontalebene dar; die Kreise A und B sind die Querschnitte der Wirbelfäden; die Rotationsrichtungen seien einander entgegengesetzt und werden durch die eingezeichneten Pfeile gegeben. Man sieht nun, daß jeder Wirbelfaden den anderen in einer Richtung fortzutreiben sucht, die übereinstimmt mit der Richtung, in der sich die Flüssigkeitsteilchen auf seiner inneren Seite bewegen. Die Folge dieser von den Wirbeln wechselseitig aufeinander ausgeübten Impulse ist eine gleichmäßig fortschreitende Bewegung beider Wirbel senkrecht zu der sie verbindenden Ebene. Durch die eigene Bewegung der Wirbel wird nun die Zirkulation, die ein feststehender Wirbel in der ganzen

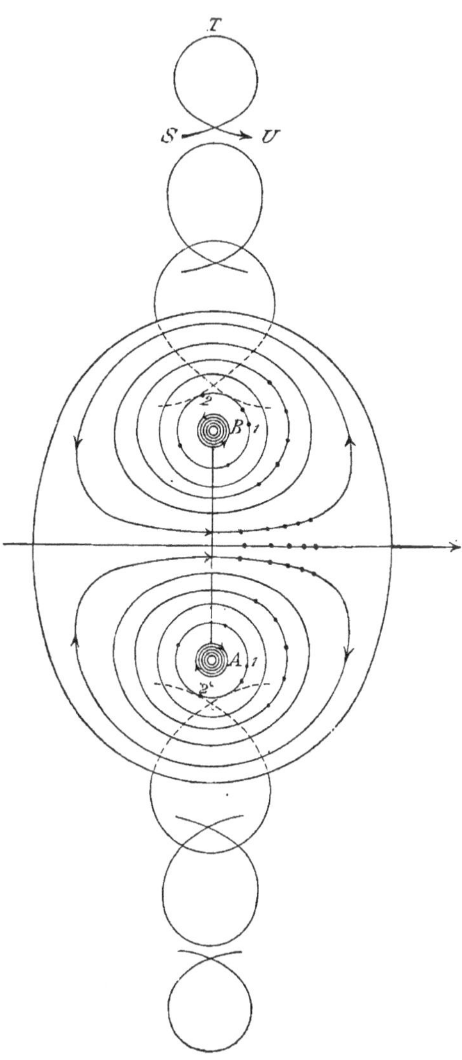

Fig. 141. Zwei geradlinige, parallele Wirbel.

umgebenden Flüssigkeit erregen würde, in sehr eigentümlicher Weise verändert. Um die beiden geraden Wirbelfäden herum grenzt sich ein vertikaler Zylinder ab von ovalem Querschnitt, der sich mit den

Wirbelfäden weiterbewegt und sie immer in derselben Weise umgibt. Innerhalb dieses Zylinders zirkuliert die Flüssigkeit um die beiden Wirbelfäden in den aus der Figur ersichtlichen Strömungslinien, so daß der Zylinder immer von denselben Flüssigkeitsteilchen erfüllt bleibt. Da auch seine Mantelfläche eine unveränderte Gestalt bewahrt, so verhält sich der Zylinder mit der in ihm zirkulierenden Flüssigkeit gerade wie ein starrer Körper, der sich mit gleichmäßiger Geschwindigkeit durch die übrige, im ganzen ruhende Flüssigkeit bewegt; wir bezeichnen diesen, um die Wirbelfäden zirkulierenden und mit ihnen fortschreitenden Teil der ganzen Flüssigkeit als den Wirbelkörper. Betrachten wir nun ein Teilchen der Flüssigkeit, das seitwärts von dem Wirbel, etwa an der Stelle S, sich befindet. Wenn der Wirbelkörper dem betrachteten Teilchen sich nähert, so wird er zuerst nach vorn und außen gedrängt, bewegt sich nachher wieder rückwärts, während die seitliche Bewegung noch andauert; in dem Moment, in dem die Achsenebene der beiden Wirbelfäden durch das Teilchen geht, hat es seine größte seitliche

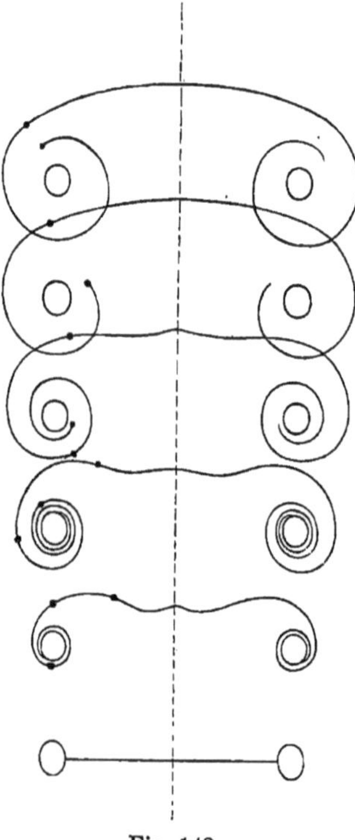

Fig. 142.

Abweichung in dem Punkte T erreicht; wenn der Wirbelkörper weitergeht, so bewegt es sich auf einer zu der bisherigen symmetrischen Kurve und kommt in dem Punkte U zur Ruhe, wenn der Wirbelkörper in großer Ferne verschwunden ist.

Die Zirkulationsbewegung in dem Wirbelkörper gibt noch zu einer Bemerkung Veranlassung, die mit Rücksicht auf gewisse Beobachtungen von Interesse ist. Wir betrachten die Flüssigkeitsteilchen, die sich in einem bestimmten Augenblicke zwischen den beiden Wirbelfäden auf der geraden Linie AB befinden. Bei der Zirkulation bewegen sie sich auf den zugehörigen Strömungslinien mit verschieden großen Geschwindigkeiten in der Richtung, in welcher der Wirbelkörper selbst fortschreitet. Für einige der Strömungslinien sind die Punkte markiert, in welche die zu Anfang auf der Linie AB liegenden Teilchen nach 1, 2, 3, 4 und 5 Sekunden gelangen. Denken wir uns eine dünne Flüssigkeitslamelle zu Anfang in der Ebene der Wirbelfäden AB ausgespannt, so wird diese durch die verschiedene Geschwindigkeit der Strömung rasch deformiert; ihre Mitte baucht sich immer weiter aus, während ihre Ränder spiralig um die Wirbelfäden herum aufgewunden werden, wie dies durch Fig. 142 anschaulich gemacht wird.[1]

Der Fall geradliniger Wirbelfäden ist von besonderer Bedeutung, weil bei ihm die Berechnung der Bewegung nach den allgemeinen Prinzipien der Mechanik vollständig durchgeführt werden kann. Der Beobachtung dagegen sind Wirbelfäden mit kreisförmigen, überhaupt gekrümmten Achsen leichter zugänglich. Wirbel in der Luft mit in sich zurücklaufender kreisförmiger Achse sind z. B. Rauchringe, die durch eine kreisförmige Öffnung erzeugt werden; Wirbel in einer inkompressiblen Flüssigkeit, bei denen zwei Punkte der Oberfläche durch eine gekrümmte Achse verbunden sind, erhält man, wenn man ein Ruder durch die Oberfläche des Wassers, oder wenn man eine halbkreisförmige Scheibe, den unteren Rand eines Löffels eine kurze Strecke längs der Oberfläche einer Flüssigkeit führt und dann schnell herauszieht.

Wirbelringe mit kreisförmiger Achse kann man in einer inkompressiblen Flüssigkeit mit dem folgenden Apparate erzeugen (Fig. 143). In den Boden eines zylindrischen Glasgefäßes ist zentral eine Röhre O eingesetzt, die mit einem Hahn Q versehen und durch ein horizontales Verbindungsstück mit dem vertikalen Druckrohre $G\,G'$ verbunden ist. Der Zylinder wird mit reinem Wasser, das Steigrohr bis zu dem Hahne mit gefärbtem Wasser so hoch gefüllt, daß in ihm ein gewisser Überdruck vorhanden ist. Öffnet man für einen Moment den Hahn, so tritt eine kleine Menge von gefärbtem Wasser aus der Mündung der Röhre O stoßartig aus. Es bildet sich rings um den Rand der Öffnung ein Wirbelfaden, der sich in ähnlicher Weise, wie dies bei zwei parallelen Wirbelfäden der Fall ist, mit einem Wirbelkörper umgibt und mit diesem zusammen in dem Zylinder sich erhebt. In dem Wirbelkörper zirkuliert die Flüssigkeit um den Wirbelfaden, und dies hat eine

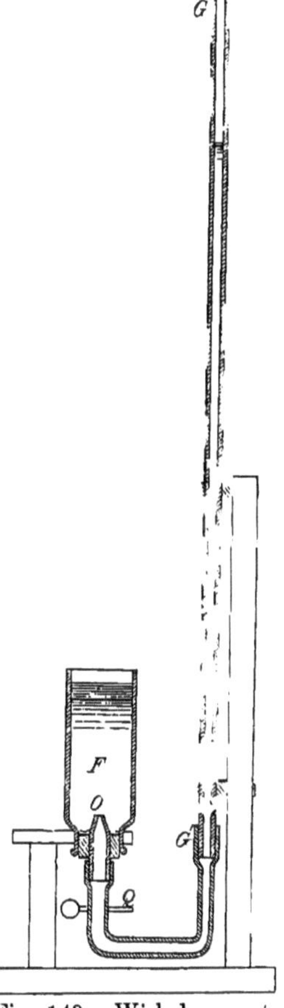

Fig. 143. Wirbelapparat.

Erscheinung zur Folge, die im wesentlichen mit der durch die Figur 142 dargestellten übereinstimmt. Die gefärbte Flüssigkeit tritt aus der Öffnung zuerst in der Form einer flachen Scheibe. Durch die Zirkulation

[1] Riecke, Beiträge zur Hydrodynamik. Göttinger Nachr. 1888. Nr. 13. Wied. Annal. Bd. 36. 1889. p. 322.

wird diese in der Mitte ausgestülpt, so daß sie dem Hute eines Pilzes ähnlich wird; die Ränder aber werden um den Wirbelfaden herum aufgewunden, so daß in einem Meridianschnitte eine den Querschnitt des Wirbelfadens umziehende, farbige Spirale entsteht, deren Windungen durch die ungefärbte Flüssigkeit voneinander getrennt sind (Fig. 144).[1] Natürlich führt die immer weitergehende Windung der Spiralen zu einer raschen Vermischung der gefärbten und der ungefärbten Flüssigkeit. In dieser Weise tragen auch die Wirbel, welche beim Zusammenrühren verschiedener Flüssigkeiten entstehen, zu ihrer Mischung bei.

Zwei einander diametral gegenüberliegende Teile eines kreisförmigen Wirbelfadens verhalten sich zueinander ebenso, wie zwei parallele geradlinige Wirbelfäden von entgegengesetzter Rotationsrichtung; daraus folgt, daß jeder kreisförmige Wirbelfaden in der Richtung fortschreitet, in der die Flüssigkeitsteilchen auf seiner inneren Seite sich bewegen. — Wenn zwei kreisförmige Wirbelfäden mit gemeinsamer Figurenachse im selben Sinne rotieren (Fig. 145), so schreiten sie auch in demselben Sinne längs der Figurenachse fort; der hintere wird dabei durch den von ihm ausgehenden An-

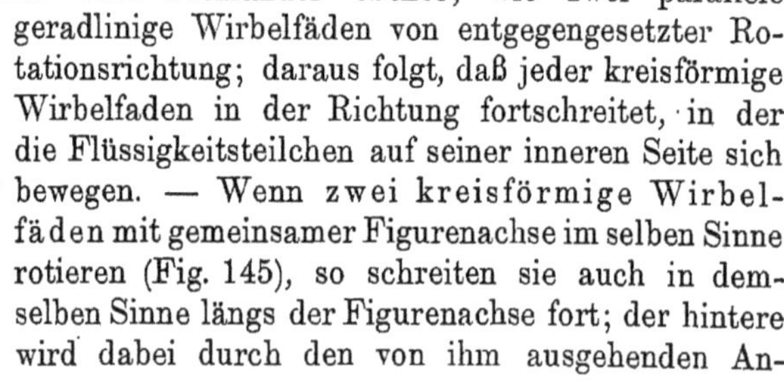

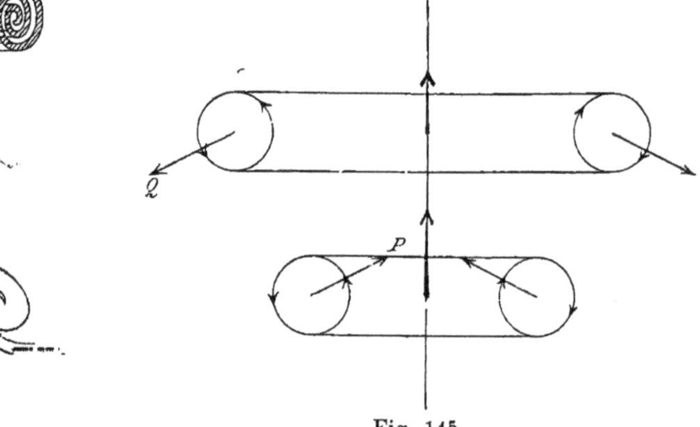

Fig. 144.   Fig. 145.

trieb Q den vorderen erweitern, der vordere den hinteren durch den Antrieb P verengern; zugleich nimmt die Translationsgeschwindigkeit des vorderen ab, die des hinteren zu. So kommt es, daß der hintere Ring den vorderen einholt und durch seine Öffnung hindurchschlüpft, worauf dann dasselbe Spiel mit umgekehrten Rollen sich wiederholt; so können dieselben Ringe immer von neuem durcheinander hindurchschlüpfen.[2]

[1] Reusch, Über gewisse Strömungsgebilde im Innern von Flüssigkeiten und deren morphologische Bedeutung. Tübingen 1860.

[2] Helmholtz, Über Integrale der hydrodynamischen Gleichungen, welche den Wirbelbewegungen entsprechen. 1858. Wissensch. Abh. I. Bd. p. 101.

Wenn die beiden kreisförmigen Wirbelfäden bei gemeinsamer Figurenachse in entgegengesetztem Sinne rotieren, wie in Figur 146, so daß sie sich einander nähern, so erweitern sie sich gegenseitig durch die Antriebe P und Q, und zugleich nimmt ihre Geschwindigkeit immer mehr ab. Umgekehrt, wenn sie sich voneinander entfernen, wie in Figur 147, so verengern sie sich wechselseitig, und ihre Geschwindigkeit nimmt zu.

In den beiden letzten Fällen haben die in der Symmetrieebene EE' der Wirbelfäden liegenden Flüssigkeitsteilchen keine Geschwindigkeit senkrecht zu dieser Ebene;

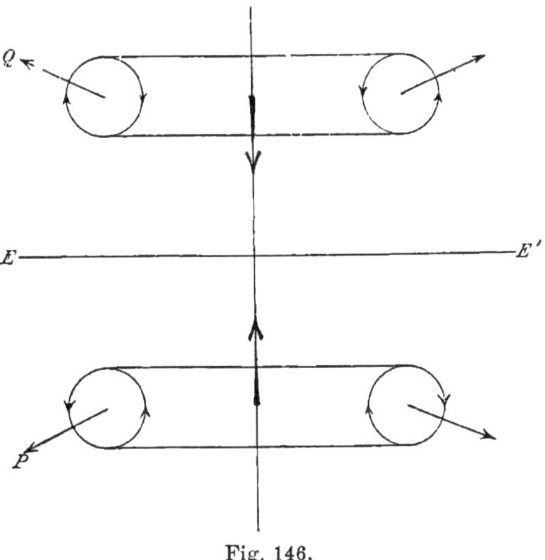

Fig. 146.

man kann daher an ihrer Stelle eine feste Wand in die Flüssigkeit einsetzen, ohne daß dadurch in der Bewegung irgend etwas geändert wird. So erhalten wir die Bewegung eines kreisförmigen Wirbelfadens in einer durch eine ebene, ihm parallele Wand begrenzten Flüssigkeit. Nehmen wir an, die Flüssigkeit erhebe sich über einer horizontalen Grundfläche; wenn der gleichfalls horizontale Wirbelring so rotiert, daß die infolge der Zirkulation durch ihn strömende Flüssigkeit aufsteigt, so geht der Ring, entsprechend Figur 147, selbst mit zunehmender Geschwindigkeit in die Höhe und wird enger.

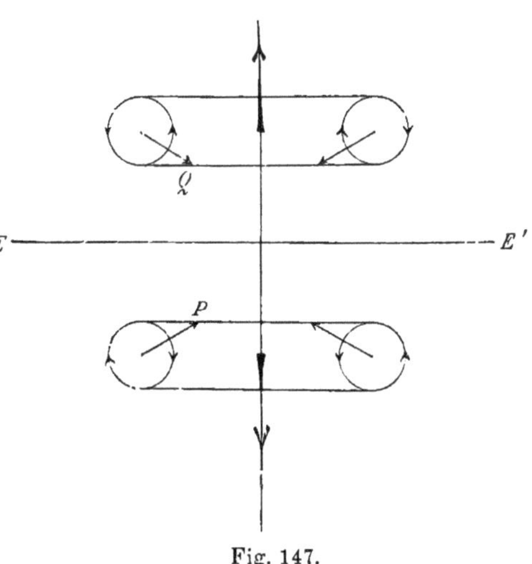

Fig. 147.

Wenn umgekehrt die zirkulierende Flüssigkeit durch den Ring hindurch nach dem Boden absteigt, so bewegt sich der Ring wie in Figur 146 mit abnehmender Geschwindigkeit nach unten und wird weiter.

Auch in dem Fall zweier paralleler, geradliniger und entgegengesetzt rotierender Wirbelfäden (Fig. 141) kann man die Mittelebene als eine feste Wand einführen, ohne die Bewegung zu ändern. Ein zu der horizontalen Grundfläche einer Flüssigkeit paralleler Wirbelfaden schreitet also parallel der Grundfläche fort, in der Richtung, in der sich die Flüssigkeitsteilchen seiner unteren Seite bewegen.

§ 153. **Druck in einer bewegten Flüssigkeit.** Verfolgen wir einen bestimmten Stromfaden in einer stationär sich bewegenden Flüssigkeit, so wird nach § 149 die Geschwindigkeit der Flüssigkeitsteilchen größer, wenn sie von einem größeren Querschnitt zu einem kleineren fließen. Es muß also eine Kraft vorhanden sein, welche die Beschleunigung hervorbringt. Da wir von äußeren Kräften absehen, so kann diese nur daher rühren, daß in dem weiteren Querschnitt, also bei der kleineren Geschwindigkeit, der Druck der Flüssigkeit größer ist, als in dem engeren Querschnitt bei größerer Geschwindigkeit. Nach dem Energieprinzip muß die Zunahme der lebendigen Kraft gleich der Arbeit sein, die von der Druckkraft an der bewegten Flüssigkeit geleistet wird. Es mögen nun die Linien F und G der Figur 148 die Grenzen eines Stromfadens im Inneren der

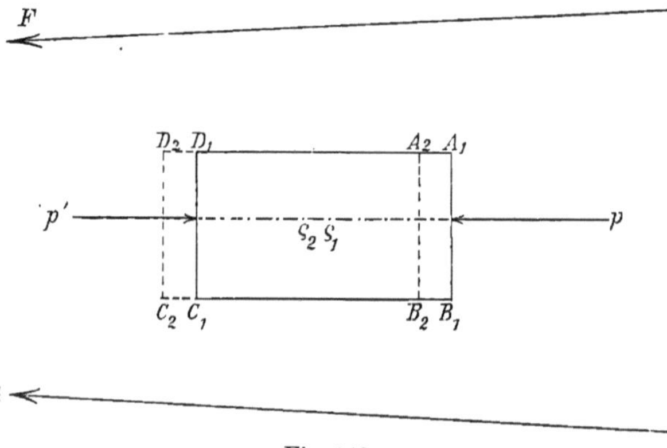

Fig. 148.

Flüssigkeit repräsentieren. Im stationären Zustande ändert sich die Verteilung der Geschwindigkeiten und der Drucke in dem Stromfaden nicht mehr mit der Zeit, es kommt also jedem Punkte des von dem Faden erfüllten Raumes ein bestimmter Wert der Geschwindigkeit und des Druckes zu. In dem Stromfaden grenzen wir ein kleines zylindrisches Stückchen $A_1 B_1 C_1 D_1$ ab, dessen Längsachse mit einer Stromlinie zusammenfällt, dessen Endflächen auf dieser Stromlinie senkrecht stehen. Der Schwerpunkt des Stückchens sei S_1, die ihm entsprechenden Werte der Geschwindigkeit und des Druckes v_1 und p_1. Bezeichnen wir mit m die Masse des abgegrenzten Teilchens der Flüssigkeit, so ist die lebendige

Kraft, welche ihm in der Lage $A_1 B_1 C_1 D_1$ zukommt, gleich $\frac{1}{2} m v_1^2$. Infolge der Strömung gelangt der Zylinder $A_1 B_1 C_1 D_1$ nach einer kleinen Zeit in die Lage $A_2 B_2 C_2 D_2$, sein Schwerpunkt verschiebt sich von S_1 nach S_2. Die Werte von Geschwindigkeit und Druck in dem Punkte S_2 seien v_2 und p_2. Die lebendige Kraft des betrachteten Teilchens der Flüssigkeit in der Lage $A_2 B_2 C_2 D_2$ ist dann gleich $\frac{1}{2} m v_2^2$. Die Grenzen des Stromfadens convergieren von rechts nach links, die Geschwindigkeit nimmt in demselben Sinne zu. Die Flüssigkeitsmenge m erleidet also einen Zuwachs an lebendiger Kraft

$$\tfrac{1}{2} m v_2^2 - \tfrac{1}{2} m v_1^2,$$

während ihr Schwerpunkt von S_1 nach S_2 sich verschiebt. Ein solcher Zuwachs kann nur dadurch erklärt werden, daß eine von außen wirkende Kraft an der Flüssigkeitsmenge eine Arbeit leistet. Von einer etwaigen Wirkung der Schwere können wir absehen; es bleibt uns nur die Wirkung der auf die Flächen $A_1 B_1$ und $C_1 D_1$ wirkenden Drucke. Sollen diese eine mit der Bewegung gleichgerichtete Kraft liefern, so muß der Druck p auf $A_1 B_1$ größer sein als der Druck p' auf $C_1 D_1$. Ist q der Querschnitt des Zylinders, so ist die auf $A_1 B_1$ wirkende Kraft gleich $p q$, die auf $C_1 D_1$ wirkende gleich $p' q$; die mit der Bewegung gleichgerichtete Kraft ist somit gleich $(p - p') q$, und die von ihr geleistete Arbeit gleich $(p - p') q \cdot S_1 S_2$. Nach dem Prinzip der Energie muß nun die Beziehung bestehen:

$$\tfrac{1}{2} m v_2^2 - \tfrac{1}{2} m v_1^2 = (p - p') q \cdot S_1 S_2.$$

Wenn das von uns abgegrenzte zylindrische Stückchen $A_1 B_1 C_1 D_1$ hinreichend klein ist, so können wir annehmen, daß innerhalb desselben die Druckänderungen den Längenänderungen proportional sind; es ist dann:

$$\frac{p - p'}{A_1 D_1} = \frac{p_1 - p_2}{S_1 S_2}.$$

Mit Hilfe dieser Beziehung können wir die vorhergehende Gleichung in die Form bringen:

$$\tfrac{1}{2} m v_2^2 - \tfrac{1}{2} m v_1^2 = (p_1 - p_2) q \cdot A_1 D_1 .$$

Das Produkt $q \cdot A_1 D_1$ ist aber nichts anderes, als das Volumen des Flüssigkeitsteilchens mit der Masse m; die Dichte δ der Flüssigkeit, die Masse der Volumeinheit, ist somit:

$$\delta = \frac{m}{q \cdot A_1 D_1} ;$$

dividieren wir unsere Gleichung mit $q \cdot A_1 D_1$, so ergibt sich:

$$\tfrac{1}{2} \delta v_2^2 - \tfrac{1}{2} \delta v_1^2 = p_1 - p_2,$$

oder

$$\tfrac{1}{2} \delta v_1^2 + p_1 = \tfrac{1}{2} \delta v_2^2 + p_2 .$$

In einer stationär sich bewegenden Flüssigkeit besitzt somit die Summe aus der lebendigen Kraft der Volumeinheit und aus dem Druck an allen Stellen der Flüssigkeit denselben Wert. Bezeichnen wir die Geschwindigkeit allgemein durch v, den Druck in dem betrachteten Teile der Flüssigkeit durch p, so ist $\frac{1}{2}\delta v^2 + p =$ konstanz. Natürlich müssen dabei lebendige Kraft und Druck in demselben Maßsystem angegeben werden. Wählen wir das absolute System mit cm, g, sec als Einheiten, so ist der Druck in Dynen pro Quadratzentimeter auszudrücken. Gewisse Teile der ganzen Flüssigkeitsmasse mögen so wenig bewegt sein, daß man ihre lebendige Kraft vernachlässigen kann. Der in ihnen herrschende Druck sei p_0, dann findet im ganzen Innern der Flüssigkeit die Gleichung statt:

$$\tfrac{1}{2}\delta v^2 + p = p_0 \, .$$

Aus ihr kann der Druck p, der sogenannte hydrodynamische Druck, berechnet werden, wenn die Geschwindigkeit v gegeben ist.

Bei der Ableitung des Satzes haben wir von der Wirkung äußerer Kräfte abgesehen. Sind solche vorhanden, so rührt die Zunahme der lebendigen Kraft auch von der von ihnen geleisteten Arbeit her. Handelt es sich um die Wirkung der Schwere, so ergibt sich die folgende Beziehung. Der als ruhend betrachtete Teil der Flüssigkeit befinde sich in der Tiefe z_0 unter ihrem Spiegel, die betrachtete Stelle der strömenden Flüssigkeit in der Tiefe z; dann ist: $\tfrac{1}{2}\delta v^2 + p = p_0 + g\,\delta(z - z_0)$. Zu p_0 kommt also die hydrostatische Druckdifferenz der betrachteten Stellen hinzu.

§ 154. Strahlbildung. Wir nehmen an, in den nur wenig bewegten Teilen einer Flüssigkeit sei der Druck gleich dem Luftdruck, also nach § 137 gleich 1014000 Dynen pro qcm. Dann gilt im ganzen Innern der strömenden Flüssigkeit die Gleichung $\tfrac{1}{2}\delta v^2 + p = 1014000$.

Im Falle des Wassers können wir $\delta = 1$ setzen und erhalten dann für den Druck

$$p = 1014000 - \tfrac{1}{2}v^2 \, .$$

Daraus folgt, daß der Druck Null wird überall, wo die Geschwindigkeit des Wassers den Betrag von 1420 cm·sec^{-1} erreicht. Wird die Geschwindigkeit größer, so wird der Druck negativ; die Teilchen des Wassers werden nicht mehr zusammengedrückt, sondern auseinandergezogen; aus theoretischen Betrachtungen ergibt sich, daß die hierzu erforderliche Steigerung der Geschwindigkeit immer da eintreten würde, wo die kontinuierliche Strömung um eine scharfe Kante herumbiegen müßte. Nun zeigt aber die Erfahrung, daß das Wasser einem Zuge nicht widerstehen kann, sondern unter seiner Wirkung zerreißt. Sobald ein solches Zerreißen eingetreten ist, brauchen benachbarte Teilchen des Wassers, die eben durch die Fläche der Zerreißung voneinander getrennt sind, nicht mehr gleiche Geschwindigkeit zu besitzen, es können sogar die auf der einen Seite befindlichen Teilchen in Ruhe sein, während die auf der anderen Seite mit großer Geschwindigkeit sich bewegen. Die Zerreißungsfläche kann einen ruhenden Teil der Flüssig-

keit von einem anderen trennen, der an der Zerreißungsfläche wie an
einer festen Wand dahinströmt. Zu beiden Seiten einer solchen Trennungs-
fläche muß der Druck derselbe sein; man hat dann auf der einen Seite den
einfachen hydrostatischen Druck der ruhenden Flüssigkeit; auf der anderen
Seite muß der zu Anfang vorhandene Überdruck durch die Strömung so
vermindert sein, daß er dem Druck der ruhenden Flüssigkeit gleich geworden ist. Auf diesen Verhältnissen beruhen die diskontinuierlichen
Bewegungen der Flüssigkeiten, die wir als Strahlen bezeichnen.[1] Luft, die
mit nicht zu großer Geschwindigkeit aus einer feinen zylindrischen Öffnung
hervordringt, bildet einen solchen Strahl, wie man beobachten kann, wenn
man die Luft mit Rauch vermischt. Man sieht dann, daß die Luft
in dem Strahl in der Tat wie in einer von festen Wänden gebildeten
Röhre sich bewegt, während die äußere Luft von dem Strahle kaum be-

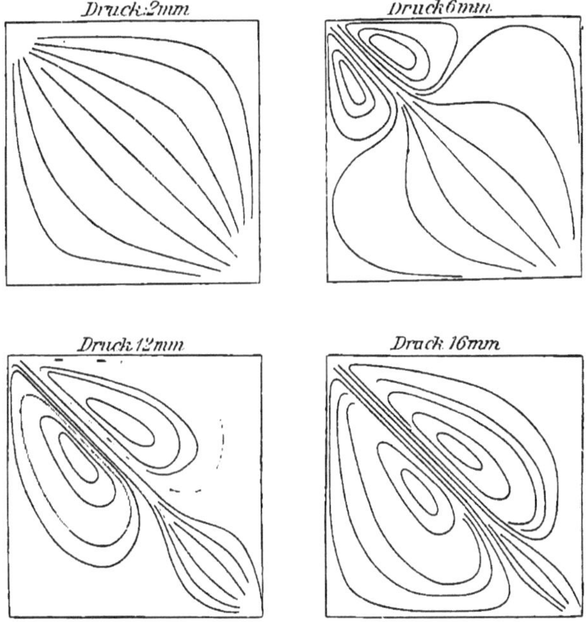

Fig. 149. Strahlbildung.

einflußt wird. Gleiches beobachtet man, wenn man den Strahl gegen
eine Flamme richtet; er durchbohrt die Flamme in einem scharf abgegrenzten Loche, während sie im übrigen ungestört bleibt. Die Figuren
149 zeigen die Strahlbildung in einer quadratischen Wasserplatte, wenn
Zu- und Abfluß in den Ecken einer Diagonale liegen. Bei dem sehr

---

[1] HELMHOLTZ, Über diskontinuierliche Flüssigkeitsbewegungen 1868. Wiss. Abh.
Bd. I. p. 146.

geringen Druck, unter dem das Wasser anfänglich durch die Platte strömt, ist von Strahlbildung kaum etwas wahrzunehmen, mit wachsendem Drucke bildet sich der quer durch die Platte gehende Strahl immer mehr aus. Dabei zeigt sich aber, daß die neben dem Strahle liegenden Teile des Wassers nicht wie bei der Luft in Ruhe bleiben, sondern in Wirbelbewegung geraten. Es ist dies eine Folge der zwischen den Teilchen einer Flüssigkeit vorhandenen Reibung, die bei Wasser um vieles stärker ist als bei der Luft. Die Höhen der Wassersäulen, unter deren Druck die Bewegung stattfindet, sind bei den Figuren in Millimetern angegeben.[1]

§ 155. Ausfluß einer Flüssigkeit aus einem Gefäße. Wir gehen über zu der Betrachtung des durch die S c h w e r e , also durch eine äußere Kraft, veranlaßten Ausflusses einer Flüssigkeit aus einem Gefäße. Die kleine kreisförmige Öffnung befinde sich in dem Boden des

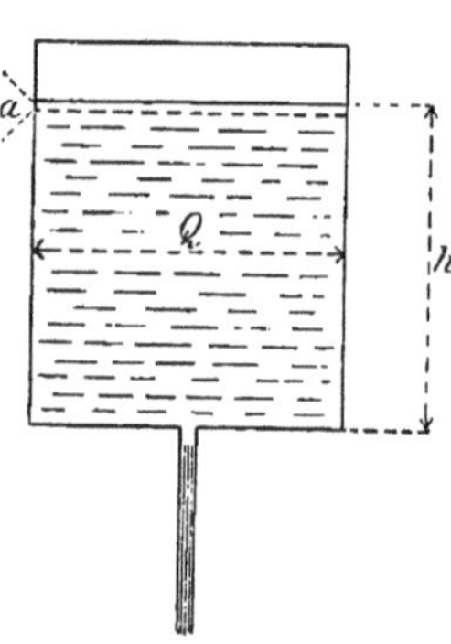

Gefäßes in der Tiefe h unter dem freien Niveau (Fig. 150). Der Querschnitt des Gefäßes sei Q; sinkt der Spiegel der Flüssigkeit um die sehr kleine Höhe a, so vermindert sich die potentielle Energie um $g \delta Q a h$, wenn δ die Dichte der Flüssigkeit bezeichnet. Gleichzeitig fließt die Menge $\delta Q a$ aus und gewinnt die lebendige Kraft $\frac{1}{2} \delta Q a v^2$; es ergibt sich somit nach dem Energieprinzip für die Ausflußgeschwindigkeit v der Wert:

$$v = \sqrt{2 g h}.$$

Fig. 150.

Die Ausflußgeschwindigkeit ist hiernach unabhängig von dem spezifischen Gewicht und gleich der Geschwindigkeit eines frei fallenden Körpers, dessen Fallhöhe gleich der Druckhöhe der Flüssigkeit ist. Die Ausflußöffnung kann auch seitlich in der Gefäßwand angebracht werden; der Strahl beschreibt dann, entsprechend den Gesetzen des Wurfes, eine Parabel, deren Weite von der Ausflußgeschwindigkeit abhängt. Die Ausmessung der Parabel kann zur Prüfung des gefundenen Gesetzes dienen. Bringt man endlich die Ausflußöffnung in einem seitlichen Ansatze des Gefäßes nach oben hin an, so springt aus ihr ein Strahl in die Höhe, allerdings nicht bis zu dem Niveau der Flüssigkeit, wie dies nach der Formel zu erwarten wäre; der Grund hierfür ist im wesentlichen in den Reibungswiderständen zu suchen, denen die Bewegung unterliegt.

Bei der vorhergehenden Betrachtung ist die Annahme gemacht, daß die Geschwindigkeit der Strömung in dem Gefäße so klein sei, daß nur

---

[1] RIECKE, Beiträge zur Hydrodynamik. Gött. Nachr. 1888. p. 347. WIED. Ann. Bd. 36. 1889. p. 322.

die lebendige Kraft des aus der Öffnung tretenden Strahles zu berücksichtigen ist; dies ist zulässig, solange der Querschnitt der Öffnung sehr klein ist gegen den des Gefäßes. Außerdem gilt die Betrachtung nur, wenn zwischen dem Niveau der Flüssigkeit und der Öffnung keine andere Druckdifferenz vorhanden ist, als die von der Schwere der Flüssigkeit selbst herrührende. Im Gegensatz hierzu wird bei Gasen der Ausfluß aus einer feinen Öffnung wesentlich durch den äußeren Druck bedingt, unter dem sie stehen. Aber auch in diesem Falle kann das Energieprinzip zu der Bestimmung der Ausflußgeschwindigkeit dienen. Ein Gasometer sei mit Gas von einem Drucke p gefüllt, der größer ist als der Luftdruck p_0. Die Messung des Druckes p, beziehungsweise der Druckdifferenz $p - p_0$ geschieht mit einem Manometer (Fig. 151). Es ist dies eine U-förmig gebogene Glasröhre, die mit der Öffnung des einen Schenkels in das Gasometer eingesetzt ist; der untere Teil der Röhre ist mit Wasser oder Quecksilber gefüllt; der außerhalb des Gasometers befindliche Schenkel ist meist offen; der Stand der Sperrflüssigkeit gibt dann die Druckdifferenz $p - p_0$. Bei Messung von sehr hohen Drucken wird der äußere Schenkel zugeschmolzen und der Druck durch das Volumen der in ihm abgeschlossenen Luft bestimmt.

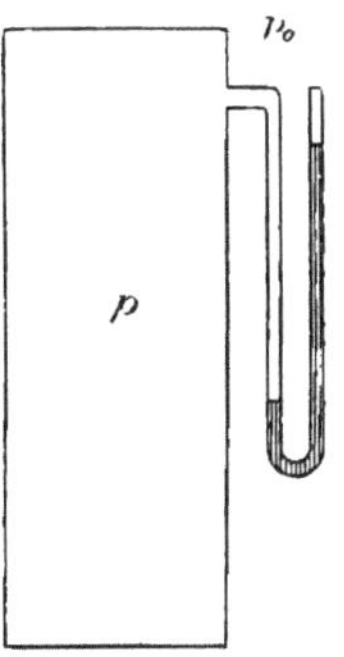

Fig. 151.

Das unter dem Drucke p in dem Gasometer eingeschlossene Gas enthält eine Energie, die gleich ist der Arbeit, die wir aufwenden mußten, um es von dem Druck der Atmosphäre p_0 auf den Druck p zu komprimieren. Bezeichnen wir die in der Volumeinheit des komprimierten Gases erzeugte Energie mit u; sie verwandelt sich bei dem Ausfluß in lebendige Kraft; dabei sinkt der Druck wieder auf p_0, das Volumen nimmt dementsprechend zu. Ist δ die Dichte des Gases im Gasometer, v die Ausflußgeschwindigkeit, so muß $\frac{1}{2}\delta v^2 = u$ sein, und daher

$$v = \sqrt{\frac{2\,u}{\delta}}.$$

Die Energie u hängt nur von den Drucken p und p_0 ab; es ergibt sich somit der Satz, daß bei gleichen Druckverhältnissen die Ausflußgeschwindigkeiten verschiedener Gase sich umgekehrt verhalten wie die Quadratwurzeln ihrer Dichten. Es ist dadurch ein Prinzip gegeben, nach dem sich leicht vergleichende Messungen der Dichten oder der spezifischen Gewichte verschiedener Gase anstellen lassen; nur muß die nicht ausführbare Beobachtung der Ausflußgeschwindigkeiten durch die Messung der in gleichen Zeiten ausströmenden Gasmengen ersetzt werden.

Die Berechnung der in der Volumeinheit enthaltenen Energie u stößt auf Schwierigkeiten, weil jede Volumenänderung eines Gases mit Änderungen der Temperatur verbunden ist; die Aufgabe liegt daher außerhalb des Gebietes der Mechanik und würde erst in der Wärmelehre gelöst werden können. Sieht man von Temperaturänderungen ab, so kann man die Energie auf der Grundlage des Boyle-Mariotteschen Gesetzes bestimmen und findet

$$u = p \log \mathrm{nat.}\, \frac{p}{p_0} \cdot$$

Sind die Drucke p und p_0 nur wenig verschieden, so erhält man hierfür: $u = p - p_0$. Unter diesen vereinfachten Annahmen stellt also $p - p_0$ die an der Volumeneinheit des komprimierten Gases geleistete Arbeit dar, ein Resultat, das sich durch eine direkte Berechnung leicht bestätigen läßt. Für die Ausflußgeschwindigkeit ergibt sich dann

$$v = \sqrt{2 \frac{p - p_0}{\delta}} \cdot$$

Bei der praktischen Anwendung der Formel muß man auf die Maße Rücksicht nehmen, die zugrunde gelegt werden. Im absoluten cm·g·sec-System ist $p - p_0$ in Dynen pro Quadratzentimeter, δ, die Dichte im Gasometer, in g pro Kubikzentimeter anzugeben. Ist der Druck zunächst durch die Anzahl der g-Stücke bestimmt, die auf das Quadratzentimeter drücken, so erhält man den Druck in Dynen durch Multiplikation mit g. Benutzen wir andererseits das technische Maßsystem, so bezeichnet $p - p_0$ eine gewisse Anzahl von g-Gewichten pro Quadratzentimeter; δ ist die Masse eines Kubikzentimeters in technischen Einheiten. Ist nun das spezifische Gewicht des Gases gleich σ, so gibt σ die Anzahl der g-Gewichte in Kubikzentimetern. Es ist aber nach § 69 die Masse eines g-Gewichtes gleich $\frac{1}{981}$ Einheiten des technischen Systems, somit die Masse von σ g-Gewichten gleich $\frac{\sigma}{981}$ technischen Einheiten; d. h. es ist im technischen Maßsystem $\delta = \frac{\sigma}{981}$ oder, wenn wir an Stelle von 981 das allgemeine Zeichen der Schwerebeschleunigung benützen, $\delta = \frac{\sigma}{g}$. Setzen wir diesen Wert in die Formel für die Ausflußgeschwindigkeit, so ergibt sich

$$v = \sqrt{2\, g\, \frac{p - p_0}{\sigma}} \cdot$$

Da g und g-Gewicht, Dichte und spezifisches Gewicht durch dieselben Zahlen gegeben werden, so stimmen die auf den verschiedenen Wegen erhaltenen Formeln miteinander vollkommen überein. Durch dieselbe Betrachtung wie in § 139 zeigen wir, daß $\frac{p - p_0}{\sigma}$ die Bedeutung einer virtuellen Druckhöhe hat; setzen wir diese gleich h, so wird $v = \sqrt{2\, g\, h}$, eine Formel, welche der für inkompressible Flüssigkeiten geltenden analog ist.

Die Formel $v = \sqrt{2\, g\, \frac{p - p_0}{\sigma}}$ gilt übrigens auch für inkompressible Flüssigkeiten, wenn diese nicht infolge der Schwere, sondern getrieben von einem darauf wirkenden Drucke ausfließen.

Bei der Berechnung von Ausflußmengen aus den im vorhergehenden entwickelten Formeln muß man auf die Kontraktion Rücksicht nehmen, die der Strahl beim Austritt aus der Öffnung erleidet. Sie rührt daher, daß die an dem Rande der Öffnung vorbeigehenden Flüssigkeitsteilchen sich nicht senkrecht zu ihr, sondern seitlich gegen die Achse des Strahles hin bewegen.

§ 156. Reaktion des ausfließenden Strahles. Wenn wir ein Gefäß (Fig. 152), woraus Wasser durch eine seitliche Öffnung ausfließt, um eine vertikale Achse drehbar machen, so gerät es um diese in Rotation.

Wir geben dem Gefäße die in Figur 152 gezeichnete Form und halten dasselbe fest. Die Zentrifugalkräfte der Flüssigkeitsteilchen, die in den beiden kreisförmig gebogenen Stücken der Ausflußröhren sich bewegen, üben dann ein Drehungsmoment um die Achse D aus. Da die Verhältnisse auf beiden Seiten der Drehungsachse ganz dieselben sind, so können wir uns auf die Betrachtung einer Seite beschränken. Die auf den Viertelkreis AB wirkenden Zentrifugalkräfte verteilen sich symmetrisch zu beiden Seiten des Radius CE; wir können sie somit zu einer Re-

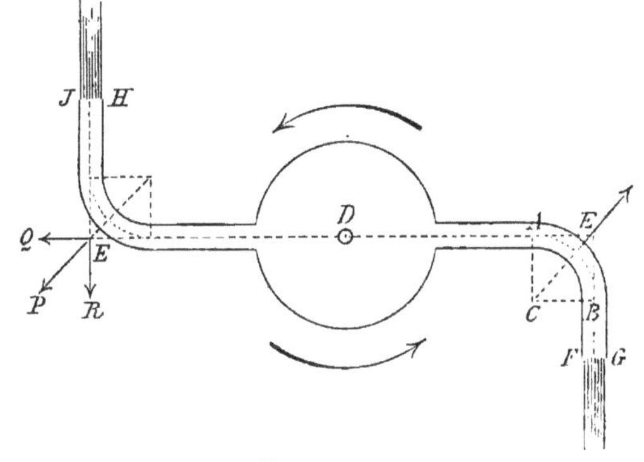

Fig. 152.

sultanten P vereinigen, welche durch die Mitte des Bogens AB senkrecht hindurchgeht. Bezeichnen wir die Dichte der Flüssigkeit durch δ, den Querschnitt der Ausflußröhre mit q, die Ausflußgeschwindigkeit mit v, so ergibt sich für jene Resultante der Ausdruck $P = \sqrt{2} \cdot \delta q v^2$. (Vgl. hierzu die analoge und ausführlichere Rechnung in § 164.)

Wir verlegen nun, entsprechend dem Satze von § 30, den Angriffspunkt der Kraft P in ihrer Richtung nach E. Dann können wir, wie dies auf der linken Seite der Zeichnung geschehen ist, die Kraft P zerlegen in zwei Komponenten R und Q; die erste steht gegen den Radius DE senkrecht, die zweite fällt in seine Richtung, beide greifen an in dem Punkte E. Die Wirkung von Q wird aufgehoben durch eine ihr gleiche und entgegengesetzte Komponente auf der rechten Seite der Drehungsachse; die Komponente R erzeugt ein Drehungsmoment $R \times DE$ um die Achse D. Ein ebensolches Moment wird von der entsprechenden Komponente der rechten Seite ausgeübt; das gesamte Moment, welches das Gefäß um die Achse D zu drehen sucht, ist somit gleich $2R \times DE$.

Die Bewegung vollzieht sich so, als ob nur die Kraft R und die ihr entsprechende der anderen Seite vorhanden wäre; die Richtung von R fällt in die Achse der Ausflußöffnung JH, sie ist der Richtung des ausfließenden Strahles entgegengesetzt; die Kraft R sucht also das Gefäß in einem Sinne zu bewegen, welcher der Bewegung des Strahles entgegengesetzt ist. Man bezeichnet daher R als die Reaktion des ausfließenden Strahles, die dadurch erzeugte Bewegung als die Reaktionsbewegung des Gefäßes.

Aus der Figur folgt, daß

$$R = \frac{P}{V\,2} = \delta\,q\,v^2.$$

Die Reaktion des ausfließenden Strahles ist also bei ruhendem Gefäße gleich dem Produkte aus seinem Querschnitt, aus der Dichte der Flüssigkeit und aus dem Quadrate der Ausflußgeschwindigkeit.

§ **157. Verminderter Seitendruck von Flüssigkeitsstrahlen. Versuche und Anwendungen (Luftpumpen).** Im folgenden stellen wir noch einige Versuche zusammen, durch welche der verminderte Druck bewegter Flüssigkeiten anschaulich gemacht wird, sowie einige Anwendungen, die man davon bei der Konstruktion von Apparaten gemacht hat. Der Charakter der Erscheinungen ist allerdings ein komplizierter, da wir nicht mit idealen Flüssigkeiten zu tun haben. Wegen der Reibung zieht jeder Strahl die umgebende Flüssigkeit in die Bewegung hinein; bei der Luft spielt außerdem die mit Verdünnung verbundene Druckabnahme eine wesentliche Rolle.

Wir nehmen eine enge Röhre $a\,b$ (Fig. 153), die bei b in eine weitere $b\,c$ einmündet. Von $b\,c$ führe durch die seitliche Öffnung d eine Röhre $d\,e$ in ein mit Flüssigkeit gefülltes Gefäß G. Lassen wir durch $a\,b$ Flüssigkeit unter kleinem Drucke einströmen, so erweitern sich die Stromfäden stetig bei dem Übergang in die weitere Röhre, sie verzweigen sich, indem ein Teil durch $d\,e$ nach dem Gefäße, ein Teil in der Hauptröhre nach c weiter geht. Wenn wir aber die Geschwindigkeit, mit der die Flüssigkeit strömt, steigern, so zerreißt sie beim Eintritt in die weitere Röhre, und es bildet sich in dieser

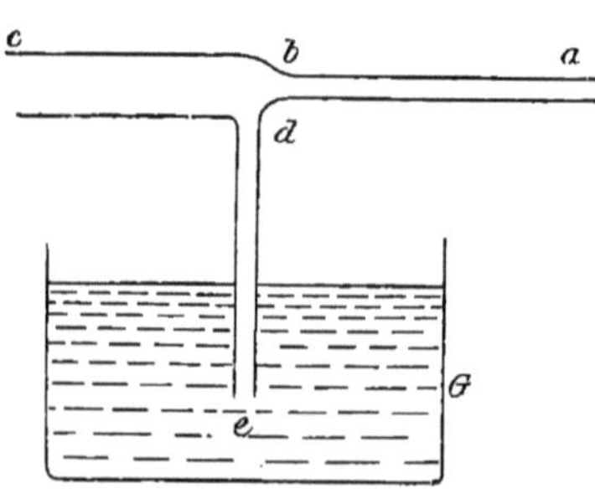

Fig. 153. Aspirator.

ein Strahl; infolge der hiermit verbundenen Druckabnahme treibt der auf der Oberfläche der Flüssigkeit in dem Gefäße G lastende Luftdruck die Flüssigkeit aus diesem in die Röhre hinein, wo sie dann von dem Strahle mitgerissen wird. Man bezeichnet dies als eine Aspiration infolge des verminderten Seitendruckes.

Stellt man die Röhre $a\,b$ vertikal und verbindet man die seitliche

Röhre *d e* mit einem Rezipienten, der mit Luft gefüllt ist, so aspiriert, der aus *a b* tretende Wasserstrahl Luft aus dem Rezipienten und man hat damit das Prinzip für die Konstruktion der **Wasserstrahlluft-** **pumpe** gewonnen.

Läßt man die Röhre *d e* in die freie Luft münden, so aspiriert der aus *a b* tretende Wasser- strahl fortdauernd Luft und reißt diese in der vertikalen Fallröhre *C* (Fig. 154) mit hinab. Mündet diese in ein Gefäß *G*, so sammelt sich hier die Luft oben, das Wasser unten. Das Wasser fließt durch die Röhre *H* ab, die Luft wird durch *J* herausgeblasen. Hierauf beruht die Konstruktion der **Wasserstrahlgebläse.**

Lassen wir durch die Röhre *a b*, die wie in Fig. 153 in horizontaler Lage zu denken ist, einen Dampfstrahl austreten, während *d e* nach einem Flüssigkeitsreservoir geht, so wird Flüssig- keit aspiriert und von dem Dampfstrahle mitge- führt. Auf dieser Wirkung beruht der bekannte **Zerstäuber,** sowie der **Injektor,** den man benützt, um bei den Dampfmaschinen dem Kessel neues Wasser zuzuführen. Für die Aspiration von Luft durch einen Gasstrahl liefert der **Bunsen-** **brenner** ein Beispiel.

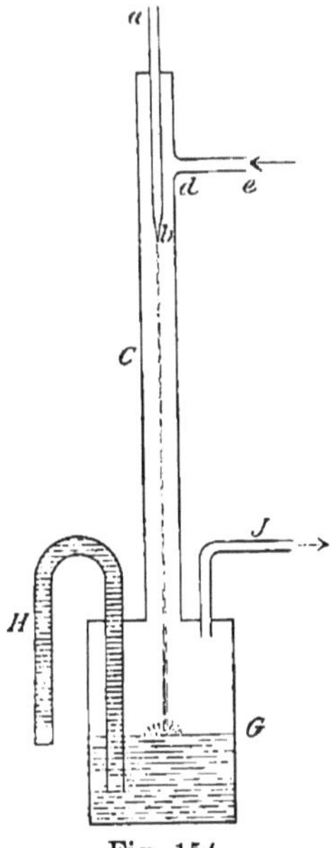

Fig. 154.
Wasserstrahlgebläse.

In sehr hübscher Weise äußert sich der verminderte Seitendruck von Luftstrahlen bei den beiden folgenden Versuchen. Vor eine ver- tikal gestellte Glasplatte (Fig. 155) setzen wir ein Licht und blasen mit einer Glasröhre gegen das Spiegelbild. Wir sehen dann, daß das Licht senk- recht gegen die Glasplatte getrieben wird. Es erklärt sich dies daraus, daß der gegen die Platte treffende Luftstrahl von ihr nicht reflek- tiert wird, sondern sich entlang der Glasplatte ausbreitet; die Bewegung des Lichtes ist dann die Folge des geringeren Druckes, den die im Strahle bewegte Luft ausübt. Bei dem zweiten Ver- suche mündet die Röhre *a b* in einer ebenen Platte *c d* (Fig. 156) senkrecht zu ihr; *c d* gegenüber steht eine zweite parallele Platte

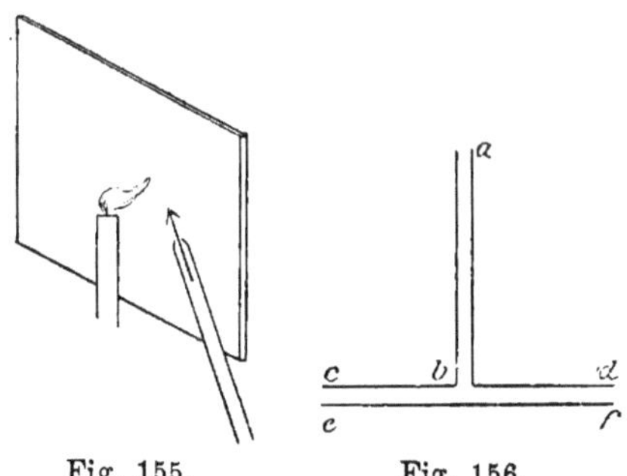

Fig. 155.   Fig. 156.

e f, die in der Richtung der Röhrenachse beweglich ist. Bläst man durch *a b* einen kräftigen Luftstrom, so wird die Platte *e f* entgegen seiner Richtung nach der Platte *c d* gezogen. Zwischen den beiden Platten ist in der rings ausströmenden Luft der Druck erniedrigt, und die Bewegung ist eine Folge des von der ruhenden Luft ausgeübten Überdruckes.

Mit dem verminderten Drucke einer bewegten Flüssigkeit hängt endlich noch die Wirkung der Sprengelschen Quecksilberluftpumpe zusammen; nur wird dabei nicht ein freier Flüssigkeitsstrahl, sondern eine in einer Glasröhre fallende Quecksilbersäule benützt. Die in ein untergestelltes Gefäß mündende Glasröhre $a\,b$ (Fig. 157) ist mit einem Trichter durch einen Schlauch verbunden, der durch einen Quetschhahn geschlossen werden kann. In die Röhre $a\,b$ mündet seitlich eine Röhre $d\,e$, die mit dem zu evakuierenden Rezipienten verbunden ist. Man füllt den Trichter mit Quecksilber, öffnet den Hahn und läßt das Quecksilber durch die Röhre $a\,b$ herunterfließen. Bei d wird dann infolge des verminderten Druckes Luft aspiriert und die Luft im Rezipienten verdünnt. Schließt man den Quetschhahn, so bleibt in der Röhre $a\,b$ eine Quecksilbersäule stehen, die den Grad der erreichten Verdünnung angibt. Würde das Quecksilber durch $a\,b$ in einer zusammenhängenden Säule fließen, ohne in Tropfen zu zerreißen, so würde der hydrodynamische Druck in $a\,b$ von der Mündung an nach oben ebenso abnehmen, wie der hydrostatische. Wenn die Höhe der Ansatzstelle e über der Mündung 76 cm beträgt, so würde bei e der hydrodynamische Druck auf Null reduziert sein. Macht man die Fallröhre

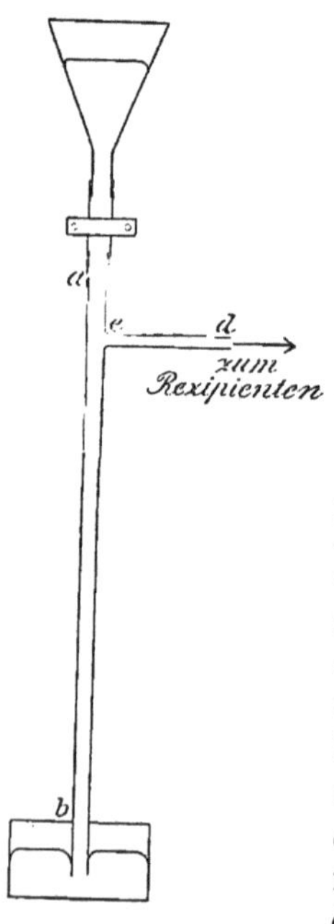

Fig. 157.
Sprengelsche Pumpe.

$a\,b$ etwas länger als 76 cm, so kann man mit der Pumpe die Verdünnung der Luft im Rezipienten ebenso weit treiben, wie mit der gewöhnlichen Quecksilberluftpumpe.

§ 158. Automatische Quecksilberluftpumpe. Die im vorhergehenden besprochenen Erscheinungen können zur Konstruktion einer selbsttätigen Quecksilberluftpumpe verwandt werden, welche ein kontinuierliches Auspumpen des Rezipienten ermöglicht, ohne daß man genötigt ist, in den Ablauf des Vorganges irgendwie einzugreifen. Eine einfachere Form einer solchen Pumpe, wie sie durch Verbindung einer Wasserstrahlpumpe mit einer Sprengelschen Pumpe entsteht, ist durch Fig. 158 dargestellt. Die Verbindungen der einzelnen Röhren des Apparates werden teils durch Schliffstücke, teils durch kurze Stücke von Gummischläuchen bewirkt. Soll der Rezipient evakuiert werden, so wird der Gummischlauch c durch einen Quetschhahn zusammengedrückt, so daß der obere Teil der Röhre C von dem unteren abgeschlossen ist. Der am oberen Ende der Pumpe befindliche Hahn h wird so gestellt, daß die Röhren A und B

durch den Gummischlauch W mit einer Wasserstrahlpumpe in Verbindung stehen; der Quetschhahn a ist offen.

Sobald man die Wasserstrahlpumpe anläßt, wird Luft aus der Röhre A und aus dem damit kommunizierenden oberen Teile der Röhre C herausgesaugt. Die Röhre B reicht hinab bis zum Boden eines Gefäßes G, welches bis zu einer gewissen Höhe mit Quecksilber gefüllt ist. Das Gefäß kommuniziert mit der Luft durch die mit Chlorcalcium gefüllte Flasche L und die Röhre E, welche in den unteren Teil des Rohres C mündet. Wird der Quetschhahn b am oberen Ende von B geöffnet, so wird in der Röhre B Quecksilber angesaugt. Auf diese Weise sollen nun die Röhren A und damit auch C von B aus soweit mit Quecksilber gefüllt werden, daß dieses durch die heberförmige Röhre F ausfließt und in der mit dem Rezipienten verbundenen Röhre D, dem Fallrohr der SPRENGEL schen Pumpe, in das Gefäß G zurückfällt, die Luft aus dem Rezipienten mit sich reißend. Die Erreichung dieses Zweckes ist dadurch erschwert, daß der Höhenunterschied zwischen dem oberen Ende der Röhre B und zwischen dem Gefäße G etwa $1\frac{1}{2}$ m beträgt; der Luftdruck ist also nicht imstande, das Quecksilber in B

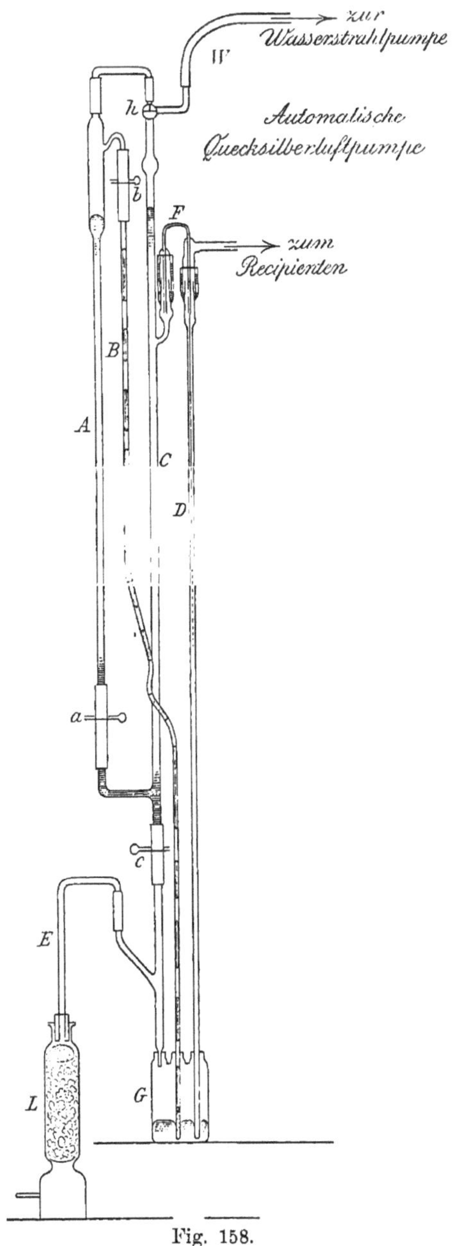

Fig. 158.

auf die erforderliche Höhe zu heben. Die Schwierigkeit wird dadurch umgangen, daß man in B Quecksilber mit Luft vermischt ansaugt. Die

Röhre B hat zu diesem Zwecke über dem Niveau des Quecksilbers in G eine kleine Öffnung, durch welche die durch L und E zuströmende Luft eintreten kann. Wenn die Pumpe arbeitet, so wird durch B fortdauernd Quecksilber angesaugt und in die Röhre A hineingeschleudert, es steigt in der Röhre C hinauf, füllt den Heber F und fließt durch das Fallrohr D wieder in das Gefäß zurück. Auf diese Weise wird ein fortdauernder Kreislauf des Quecksilbers durch den Apparat erhalten, bei dem ohne Unterbrechung Luft aus dem Rezipienten aspiriert wird. Hat man den gewünschten Verdünnungsgrad erreicht, so wird der Hahn h abgestellt und der Quetschhahn b geschlossen. Der Quetschhahn c wird geöffnet, wenn man das Quecksilber aus dem Apparate entleeren will.

Zweites Kapitel.

Flüssigkeiten und starre Körper in wechselseitiger Bewegung.

§ 159. Ruhende Kugel in einer strömenden Flüssigkeit. Die Fragen, mit denen wir uns im folgenden beschäftigen, sind von mannigfacher praktischer Bedeutung. Bei der Schwierigkeit des Gegenstandes müssen wir aber auf ein tieferes Eindringen verzichten und die allgemeine Untersuchung durch die Betrachtung von speziellen Beispielen ersetzen.

Wir nehmen zuerst eine Flüssigkeit, die in einem Kanale von gleichmäßigem Querschnitt mit kleiner Geschwindigkeit hinfließt. Die Strömungslinien sind durch gerade, den Wänden des Kanales parallele Linien dargestellt. Nun bringen wir in die Mitte des Kanales eine feste Kugel. Die Strömungslinien müssen sich dann um die Kugel herumbiegen. Wenn die Wände des Kanales weit genug von der Kugel entfernt sind, um keine Asymmetrie zu erzeugen, so ergibt sich für die Strömung der Flüssigkeit um die feste Kugel das in Figur 159 gezeichnete Bild. Die Strömungslinien sind vollkommen symmetrisch zu dem Äquator AB der Kugel; dasselbe gilt von den Geschwindigkeiten und von den hydrodynamischen Drucken. Es folgt daraus, daß die Gesamtdrucke, die auf die beiden durch den Äquator AB geschiedenen Halbkugeln ausgeübt werden, einander gleich sind. Die in der Strömung befindliche Kugel erleidet somit keinerlei Wirkung in der Richtung der Strömung.

Wir sind damit zu einem Schlusse gelangt, welcher der alltäglichen Erfahrung widerspricht, und es entsteht die Frage, woher dieser Widerspruch rührt. Es kommt dabei in erster Linie in Betracht, daß bei allen realen Flüssigkeiten zu den hydrodynamischen Drucken noch eine zweite Klasse von Kräften sich gesellt, die von der wechselseitigen Reibung der Flüssigkeitsteilchen abhängt. Die Reibung erzeugt in unserem Falle eine Kraft, welche die Kugel im Sinne der Strömung mitzureißen sucht, eine Kraft, wie wir sie tatsächlich beobachten. Es gibt aber noch einen Umstand, der selbst bei der Strömung einer reibungslosen Flüssigkeit einen Druck in der Stromrichtung erzeugen kann. Es ist dies die in § 154 betrachtete Strahlbildung; sobald sie eintritt, wird die Symmetrie der Verhältnisse zu beiden Seiten des Äquators AB völlig zerstört und es bleibt ein Drucküberschuß im Sinne der Strömung.

§ 160. Bewegte Kugel in einer ruhenden Flüssigkeit. Wir wollen versuchen, uns von den Bewegungen ein Bild zu machen, welche auftreten, wenn wir durch eine im ganzen ruhende Flüssigkeit eine Kugel in gerader Linie mit gleichmäßiger Geschwindigkeit fortbewegen. Wir gehen dabei aus von den Verhältnissen der Fig. 159. Die Bewegungsrichtung der strömenden Flüssigkeit sei dort, wo der störende Einfluß der Kugel sich nicht bemerklich macht, parallel der Achse DC; die Strömungsgeschwindigkeit sei v. Wir erteilen nun

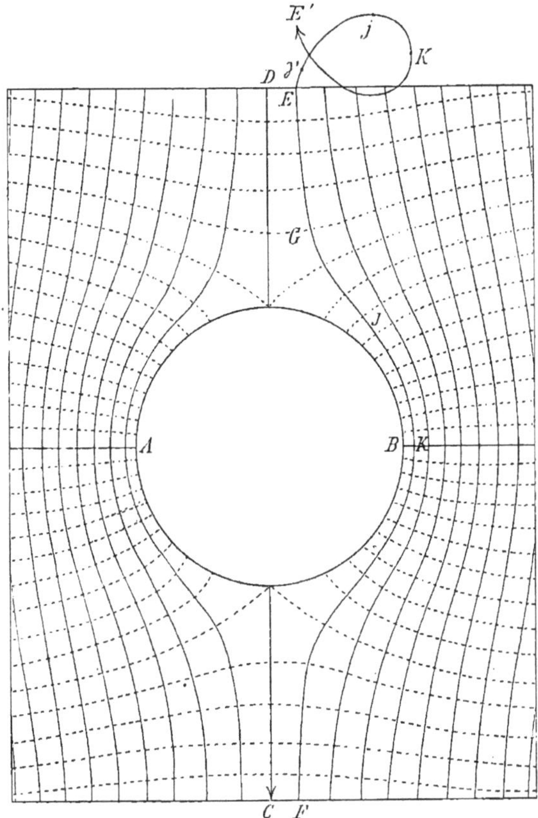

Fig. 159.

der ganzen Flüssigkeit samt der in ihr befindlichen Kugel die Verschiebungsgeschwindigkeit v in der umgekehrter Richtung, d. h. von C nach D; die Flüssigkeit kommt dann an allen Stellen, welche nicht in der Nähe der Kugel liegen, zur Ruhe; da die beiden entgegengesetzt gleichen Geschwindigkeiten sich aufheben. Die Kugel dagegen schreitet mit der Geschwindigkeit v in der Richtung der Achse CD durch die Flüssigkeit fort.

Wir versuchen nun, uns über die Bewegung der Flüssigkeitsteilchen zu orientieren, die in die Nähe der Kugel gelangen. Zu diesem Zwecke betrachten wir ein Flüssigkeitsteilchen p, das bei ruhender Kugel die Linie EF durchlaufen würde. In dem Punkte E sei die Strömungslinie EF noch parallel mit der allgemeinen Stromrichtung DC, sowie die Geschwindigkeit des Teilchens p noch gleich v. Wenn wir also dem ganzen Systeme die Geschwindigkeit v in der entgegengesetzten Richtung CD erteilen, so wird die Geschwindigkeit von p gerade aufgehoben und das Teilchen bleibt in Ruhe an der Stelle E. Nun entfernt sich aber weiterhin die Stromlinie EF von der Achse DC; die Geschwindigkeit, welche das Teilchen p in der Stromlinie EF besitzt, nimmt ab. Mit dieser abnehmenden Geschwindigkeit kommt das Teilchen p in einer gewissen Zeit nach dem Punkte G der Strömungslinie. Verschieben wir gleichzeitig die Flüssigkeit samt der Kugel mit der Geschwindigkeit v nach oben, so wird das Teilchen p über die Stelle E hinausgetragen nach dem mit γ bezeichneten Punkte; es wird nach vorn, in der Bewegungsrichtung der Kugel, verschoben und zugleich zur Seite gedrängt.

Auf der Strecke GJ biegt sich die Stromlinie EF von der Achse DC immer weiter ab, zugleich aber verengern sich die von EF begrenzten Stromfäden. Die Geschwindigkeit, mit der das Teilchen p in der Stromlinie EF sich bewegt, nimmt zu. Die Stelle J sei so gewählt, daß die mit DC parallele Komponente der Strömungsgeschwindigkeit gerade gleich v ist. Erteilen wir nun dem Teilchen p abermals mit dem ganzen System zusammen die Verschiebungsgeschwindigkeit v in der Richtung CD, so zerstören sich die entgegengesetzten Geschwindigkeiten, es bleibt nur eine Seitengeschwindigkeit senkrecht zu CD übrig. Das Teilchen p ist inzwischen an die mit j bezeichnete Stelle gelangt und bewegt sich hier senkrecht zu der Achse CD. Von J bis K wendet sich die Strömungslinie der Achse wieder zu, in K ist sie mit CD parallel. Gleichzeitig verengern sich die Stromfäden immer noch mehr, und die Strömungsgeschwindigkeit des Teilchens p nimmt dementsprechend weiter zu; die mit CD parallele Komponente der Geschwindigkeit ist von J an größer als v. Die Geschwindigkeit der Strömung überwiegt über die Geschwindigkeit der Verschiebung, das Teilchen p bewegt sich daher von dem Punkte j an rückwärts und weicht gleichzeitig noch weiter nach der Seite aus. In dem Moment, in dem die Verbindungslinie des Teilchens p mit dem Mittelpunkte der Kugel zu der Bewegungsrichtung der letzteren senkrecht steht, hat das Teilchen seine größte Seitenausweichung in dem Punkte K erreicht; seine Geschwindigkeit ist jetzt der Bewegungsrichtung der Kugel genau entgegen gerichtet. Wenn die Kugel in ihrer geradlinigen Bahn noch weiter geht, so bewegt sich das Teilchen p in einem zu der bisherigen Bahn symmetrischen Bogen bis zu dem Punkte E', in dem es zur Ruhe kommt.

Die Bewegung, welche in einer Flüssigkeit durch eine in gerader Linie gleichmäßig fortschreitende Kugel erzeugt wird, ist nach dem vorhergehenden ganz ähnlich der durch einen fortschreitenden Wirbelkörper erzeugten, eine Analogie, auf die wir schon in § 152 hingewiesen haben.

Das Resultat, daß eine in einem Flüssigkeitsstrome ruhende Kugel keine Kraft in der Richtung des Stromes erleidet, überträgt sich auf den Fall einer in einer ruhenden Flüssigkeit gleichmäßig bewegten Kugel.

Das Auffallende und scheinbar Unannehmbare des Satzes wird durch
dieselben Bemerkungen beseitigt, wie in dem zuerst betrachteten Falle.

§ 161. Zwei Kugeln in einer Flüssigkeit. Besonders eigentümliche
Wirkungen treten auf, wenn gleichzeitig mehrere Körper in eine strömende
Flüssigkeit tauchen, oder in einer ruhenden Flüssigkeit sich bewegen.
Wir erläutern diese Verhältnisse an dem Beispiele zweier Kugeln. Dabei
gehen wir wieder von dem Falle einer Flüssigkeit aus, die in einem
Kanale von gleichmäßigem Querschnitt in parallelen Linien
mit konstanter Geschwindigkeit strömt. In den Strom tauchen
wir zwei Kugeln, so daß die Verbindungslinie ihrer Mittelpunkte zu den
Strömungslinien senkrecht steht. Man übersieht dann, daß die Stromlinien in dem Raume zwischen den Kugeln sich mehr zusammendrängen
als außerhalb. Die Geschwindigkeit der Strömung ist also zwischen den
Kugeln größer als außerhalb, der hydrodynamische Druck kleiner. Die
Kugeln werden durch den überwiegenden äußeren Druck zusammen-
getrieben, sie üben scheinbar eine anziehende Wirkung aufeinander aus.

Wir bringen nun umgekehrt die beiden Kugeln so in den Strom, daß
die Verbindungslinie ihrer Mittelpunkte den Stromlinien parallel wird.
Der Abstand benachbarter Stromlinien wird dann in dem Zwischenraume
zwischen den Kugeln größer, ebenso der Druck, und dieser vergrößerte
Druck treibt die Kugeln auseinander. Diese üben scheinbar eine
abstoßende Wirkung aufeinander aus.

Das Verhalten bewegter Kugeln in einer im ganzen ruhenden
Flüssigkeit kann aus den vorhergehenden Betrachtungen für zwei
spezielle Fälle leicht abgeleitet werden. Man braucht nur dem ganzen
System, welches aus der strömenden Flüssigkeit und aus den in ihr
ruhenden Kugeln besteht, eine Geschwindigkeit zu erteilen, welche der
Strömungsgeschwindigkeit gleich und entgegengesetzt ist. In größerer
Entfernung von den Kugeln kommt die Flüssigkeit dadurch zur Ruhe;
die Kugeln aber schreiten mit derselben Geschwindigkeit in der im ganzen
ruhenden Flüssigkeit fort. In den Wirkungen, welche die Kugeln scheinbar aufeinander ausüben, kann durch die Hinzufügung einer gemeinsamen
Geschwindigkeit nichts geändert werden. Wir erhalten somit die Sätze:

Wenn in einer im Ganzen ruhenden Flüssigkeit zwei
Kugeln senkrecht zu der Verbindungslinie ihrer Mittelpunkte
mit derselben Geschwindigkeit sich bewegen, so ziehen sie
sich scheinbar an. Fällt die Richtung der gemeinsamen Geschwindigkeit mit der Verbindungslinie der Mittelpunkte
zusammen, so stoßen sich die Kugeln scheinbar ab.

Wir betrachten noch den allgemeineren Fall, daß die beiden
Kugeln im Innern der im ganzen ruhenden Flüssigkeit in
beliebigen Richtungen mit konstanten Geschwindigkeiten
bewegt werden. Die Anwendung der allgemeinen Prinzipien der
Mechanik hat hier zu dem folgenden, verhältnismäßig einfachen Satze
geführt.

K_1 und K_2 (Fig. 160), seien die beiden Kugeln, V_1 und V_2 die Richtungen, in welchen sie sich bewegen. Die durch den Mittelpunkt von K_1 gelegte Richtung V_1 schneide ihre Oberfläche. in den Polen a_1 und b_1. Durch den Mittelpunkt der Kugel K_2 legen wir eine Parallele zu V_2, welche auf ihrer Oberfläche die Pole α_1 und β_1 bestimmt. Die

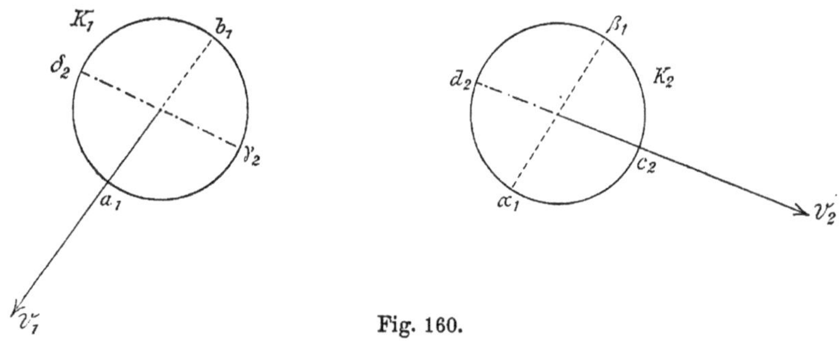

Fig. 160.

von der Kugel K_1 auf K_2 scheinbar ausgeübte Wirkung verhält sich dann so, als ob zwischen den Polen a_1 und α_1, b_1 und β_1 Anziehung, zwischen a_1 und β_1, b_1 und α_1 dagegen Abstoßung vorhanden wäre. Beide Wirkungen sind den Quadraten der Entfernungen $a_1\,\alpha_1$, $b_1\,\beta_1$, $a_1\,\beta_1$, $b_1\,\alpha_1$ umgekehrt proportional zu setzen, außerdem proportional dem Quadrat der Geschwindigkeit, mit der sich die Kugel K_1 bewegt. Die von K_1 auf K_2 ausgeübte Wirkung ist somit von der Bewegung dieser Kugel selbst unabhängig.

Wollen wir umgekehrt die Wirkung untersuchen, die von K_2 auf K_1 ausgeübt wird, so bestimmen wir auf der Oberfläche von K_2 die in der Richtung V_2 liegenden Pole c_2 und d_2.

Wir ziehen ferner durch den Mittelpunkt K_1 die Linie $\delta_2\,\gamma_2$ parallel mit $d_2\,c_2$. Zwischen γ_2 und c_2, δ_2 und d_2 muß dann Anziehung, zwischen γ_2 und d_2, δ_2 und c_2 Abstoßung angenommen werden. Die Kräfte sind wieder dem Quadrate des Abstandes der aufeinander wirkenden Punkte umgekehrt proportional und proportional dem Quadrate der Geschwindig= keit von K_2.

Für die scheinbare Wechselwirkung, welche die Kugeln K_1 und K_2 aufeinander ausüben, hat hiernach das Prinzip der Gleichheit von Aktion und Reaktion keine Gültigkeit. Es erklärt sich dies dadurch, daß die Kräfte nicht unmittelbar von der einen Kugel auf die andere wirken. Sie sind nichts anderes als die Resultanten der hydrodynamischen Drucke, welche von der durch die Kugeln mitbewegten Flüssigkeit herrühren.

Mit den zu Anfang behandelten Beispielen steht der im vorstehenden formulierte allgemeine Satz in voller Übereinstimmung. Von naheliegenden weiteren Anwendungen soll abgesehen werden; dafür aber möge noch eine andere Bewegung der beiden Kugeln betrachtet werden, bei der sich gleichfalls merkwürdige scheinbare Wechselwirkungen ergeben. Es ist dies eine **pendelnde Bewegung in gerader Linie mit derselben Schwingungsdauer für beide Kugeln.**

Wir betrachten zunächst den Fall, daß die Oscillationsrichtung der Kugeln mit der Verbindungslinie ihrer Mittelpunkte zusammenfällt. Schwingen dann die beiden Kugeln mit gleicher Phase, also zugleich nach rechts und zugleich nach links, so stoßen sie sich ab. Schwingen sie mit entgegengesetzter Phase, also immer gleichzeitig in entgegengesetzten Richtungen, so ziehen sie sich an.

Einen zweiten ausgezeichneten Fall erhalten wir, wenn die Schwingungsrichtungen der beiden Kugeln senkrecht zu der Linie stehen, welche die Mittellagen der Kugelzentren verbindet. Schwingen dann die Kugeln mit gleicher Phase, so findet Anziehung, schwingen sie mit entgegengesetzter Phase, so findet Abstoßung statt.

Schließlich kehren wir zurück zu der Betrachtung ruhender Kugeln in bewegter Flüssigkeit. Die beiden Kugeln mögen zunächst nicht bloß mit gleicher Schwingungsdauer, Richtung und Phase, sondern auch mit gleicher Amplitude schwingen. Sie bewegen sich dann so, wie wenn sie fest miteinander verbunden wären. Wenn man nun dem ganzen aus Kugeln und Flüssigkeit bestehenden System in jedem Augenblick eine Geschwindigkeit erteilt, die der Geschwindigkeit der Pendelbewegung entgegengesetzt gleich ist, so kommen die Kugeln zur Ruhe; dafür wird die Flüssigkeit in eine hin- und herschwankende Bewegung versetzt, deren Oscillationsdauer dieselbe ist, wie vorher die der Kugeln, deren Oscillationsrichtung im ganzen übereinstimmt mit der früheren Schwingungsrichtung der Kugeln. Die scheinbaren Wechselwirkungen werden in den beiden Fällen dieselben sein. Wir erhalten somit die beiden Sätze:

Zwei Kugeln sollen sich im Inneren einer Flüssigkeit in Ruhe befinden; die Flüssigkeit aber schwanke im ganzen periodisch hin und her in einer Richtung, welche zu der Verbindungslinie der Kugelmittelpunkte senkrecht stehe. Unter diesen Umständen ziehen sich die beiden Kugeln scheinbar an.

Ist andererseits die Schwingungsrichtung der Flüssigkeit parallel der Verbindungslinie der Kugelmittelpunkte, so stoßen sich die beiden Kugeln scheinbar ab.

Diese Wirkungen stimmen dem Sinne nach mit den in einem konstanten Strome auftretenden überein.

§ 162. Eine ebene Scheibe in einem Flüssigkeitsstrome. Wir haben schon in den ersten Paragraphen dieses Kapitels darauf hingewiesen, daß die Strömung einer Flüssigkeit, in die ein fester Körper eingetaucht ist, bei größeren Strömungsgeschwindigkeiten durch Strahlbildung wesentlich modifiziert werden kann. Wir haben ferner in § 154 davon gesprochen, daß Strahlbildung, Zerreißen der Flüssigkeit besonders dann eintritt, wenn sie gezwungen wird, um eine scharfe Kante herumzubiegen. Gerade dieser Fall aber hat ein großes praktisches Interesse, er tritt beispielsweise ein, wenn ein Ruder in bewegtes Wasser getaucht wird, oder wenn ein Drache in der Luft entgegen der Richtung des Windes im Gleichgewichte steht. So scheint es nützlich, etwas genauer auf die Verhältnisse einer solchen diskontinuierlichen Bewegung einzugehen.

Wir berichten zunächst über die Resultate theoretischer Untersuchungen; dieselben beziehen sich auf den Fall einer Flüssigkeit, die von Hause aus, etwa in einem Kanale von gleichmäßigem, großem Querschnitte, in parallelen Linien mit der konstanten Geschwindigkeit c dahinströmt. In die Flüssigkeit werde nun eine Scheibe oder Lamelle von rechteckiger Form und von großer Länge, l, aber kleiner Breite, b, so eingetaucht, daß ihre Längskanten zu der ursprünglichen Richtung der Strömungslinien senkrecht stehen; die schmalen Kanten sollen gegen die Strömungslinien unter einem wechselnden Winkel geneigt werden. Die folgenden Sätze beziehen sich auf die Strömung über die Längskanten, und zwar auf solche Punkte derselben, in denen der störende Einfluß der Seitenkanten noch nicht merklich ist.

Am übersichtlichsten gestalten sich die Verhältnisse, wenn die Fläche der Lamelle zu der ursprünglichen Richtung der Strömungslinien senkrecht steht. Auf diesen Fall bezieht sich die Figur 161, welche einen Durchschnitt der strömenden Flüssigkeit mit einer zu den Längskanten der Lamelle senkrechten Ebene darstellt. AB ist der Schnitt dieser Ebene mit der Lamelle; C der Mittelpunkt, DC das Mittellot von AB; dieses liegt in der Richtung der ungestörten Strömung, und zu DC als Achse ist das ganze Bild der Bewegung symmetrisch. An den Kanten A und B der Lamelle zerreißt die Flüssigkeit infolge der vermehrten Geschwindigkeit der Strömung; sie zerfällt in zwei Teile, entsprechend den Räumen, welche in unserer Zeichnung durch die Linien AE und BF und

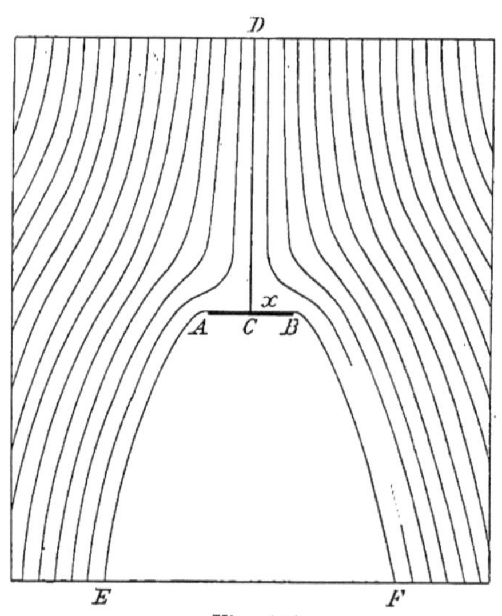

Fig. 161.

durch das Bild der Lamelle, AB, geschieden werden. Die in dem Raume $EABF$ befindliche Flüssigkeit bleibt in Ruhe. Der umgebende Raum, sowie der vor der Lamelle AB befindliche ist mit strömender Flüssigkeit erfüllt. Die Strömungslinien sind in der Figur eingezeichnet. Sie bleiben dieselben, welches auch die Geschwindigkeit der strömenden Flüssigkeit ist, solange nur die Breite der Lamelle gleich bleibt. Wird die Lamelle verbreitert, so sind die linearen Dimensionen der Stromlinien in demselben Maße zu vergrößern, das Bild der Strömung bleibt sich geometrisch ähnlich.

In der Achse DC bewegen sich die Flüssigkeitsteilchen mit stetig abnehmender Geschwindigkeit, dem Punkte C selbst würde die Geschwindigkeit Null entsprechen; er wird von Flüssigkeitsteilchen umgeben sein, welche nur eine sehr kleine Geschwindigkeit besitzen. Wir nehmen daher an, daß in C der hydrodynamische Druck dem hydrostatischen Drucke p gleich sei. In dem ruhenden Teil $EABF$ der Flüssigkeit herrscht überall derselbe hydrostatische Druck p_0, sofern wir von dem Einfluß äußerer Kräfte, wie etwa der Schwere, absehen. An den Grenzflächen AE und BF der ruhenden und der bewegten Flüssigkeit kann Gleichgewicht nur bestehen, wenn der Druck der strömenden Flüssigkeit allenthalben derselbe ist, wie der Druck der ruhenden. Ist $\mathfrak{g}$ die Geschwindigkeit der Strömung in der Grenze, δ die Dichte der Flüssigkeit so ist der hydrodynamische Druck gleich $p - \frac{1}{2}\delta\mathfrak{g}^2$, und es muß also an den Grenzflächen AE und BF

$$p - \tfrac{1}{2}\delta\mathfrak{g}^2 = p_0$$

sein; $\mathfrak{g}$ ist hiernach konstant. In großer Entfernung von der Lamelle wird aber die Geschwindigkeit $\mathfrak{g}$ wieder gleich der ursprünglichen Strömungsgeschwindigkeit c, sie muß also in der ganzen Grenze gleich c sein und wir erhalten so den wichtigen Satz:

An den Grenzflächen AE und BF der strömenden gegen die ruhende Flüssigkeit ist die Geschwindigkeit der ersteren konstant und gleich der Geschwindigkeit c des Stromes in einer Entfernung von der Lamelle, wo der störende Einfluß derselben sich noch nicht geltend macht.

Wir betrachten jetzt eine Stelle x der Lamelle zwischen den Punkten C und B. Die Flüssigkeit wird hier eine Geschwindigkeit v besitzen, kleiner als die Geschwindigkeit c, welche an der Kante B erreicht wird. Der hydrodynamische Druck, den die bewegte Flüssigkeit auf die Lamelle an der Stelle x ausübt, ist gleich $p - \frac{1}{2}\delta v^2$. Dem vorhergehenden Satz zufolge ist aber $p - \frac{1}{2}\delta c^2 = p_0$, d. h. gleich dem Druck in dem ruhenden Teile der Flüssigkeit. Der hydrodynamische Druck an der Stelle x kann somit ausgedrückt werden durch:

$$p_0 + \tfrac{1}{2}\delta(c^2 - v^2).$$

Ihm entgegen wirkt auf der Seite der ruhenden Flüssigkeit der Druck p_0. An der betrachteten Stelle übt somit die strömende Flüssigkeit einen Überdruck aus von der Größe:

$$\tfrac{1}{2}\delta(c^2 - v^2).$$

Der Überdruck ist am größten in der Mitte der Lamelle, für $v = 0$; er verschwindet an ihrem Rande, für $v = c$. Im ganzen resultiert aus diesen

Überdrucken eine Kraft, welche die Lamelle in der Richtung der Strömung fortzutreiben sucht. Die theoretische Betrachtung gibt für diese Kraft die Formel:

$$\frac{\pi}{4+\pi} \cdot b\, l\, \delta\, c^2.$$

Hier bezeichnet b die Breite, l die Länge der Lamelle. Benützt man als Einheit der Länge das Zentimeter, als Einheit der Zeit die Sekunde, als Einheit der Masse das Gramm, so wird die Kraft angegeben in Dynen. Mit Rücksicht auf praktische Anwendungen scheint es zweckmäßiger die Kraft auszudrücken durch Kilogrammgewichte, die Länge zu messen nach Metern. Die sich ergebenden neuen Maßzahlen der Länge, der Breite und der Geschwindigkeit seien b', l', und c'; dann ist die auf die Lamelle wirkende Druckkraft gegeben durch:

$$\frac{\pi}{4+\pi} b'\, l'\, \delta\, c'^2 \times \frac{10^8}{981\,000},$$

d. h. gleich:

$$45 \times b'\, l'\, \delta\, c'^2 \ \text{Kilogrammgewichten.}$$

Die Kraft ist proportional der von der Strömung getroffenen Fläche, proportional dem Quadrate der Strömungsgeschwindigkeit und der Dichte der Flüssigkeit.

Für Luft ergibt sich der Wert der Druckkraft mit $\delta = 0\cdot0012$ zu

$$0\cdot054 \times b'\, l'\, c'^2 \ \text{Kilogrammgewichten.}$$

Wir behandeln noch kurz den Fall, daß die Richtung der Strömung gegen die Ebene der Lamelle unter einem beliebigen Winkel α geneigt ist. Eine erste Abweichung von dem Falle der senkrechten Strömung besteht darin, daß die Grenze zwischen den nach rechts und den nach links abfließenden Teilen der Flüssigkeit nicht mehr durch die Mitte der Lamelle geht. Sie trifft vielmehr die Lamelle seitlich, wie dies durch die Linie $D\,G$ der Figur 162 anschaulich gemacht wird. In dem Falle von Fig. 161 ergibt sich ferner schon aus der Symmetrie, daß die resultierende Druckkraft ihren Angriffspunkt in der Mitte C der Lamelle haben muß. Bei schiefer Richtung der Strömung erfährt auch dieser Punkt eine seitliche Verschiebung; in Fig. 162 ist die Druckkraft durch den Pfeil N dargestellt, hr Angriffspunkt liegt in dem Punkte n. Sein Abstand von der Mitte C der Lamelle wird um so größer, je kleiner der Winkel α zwischen der

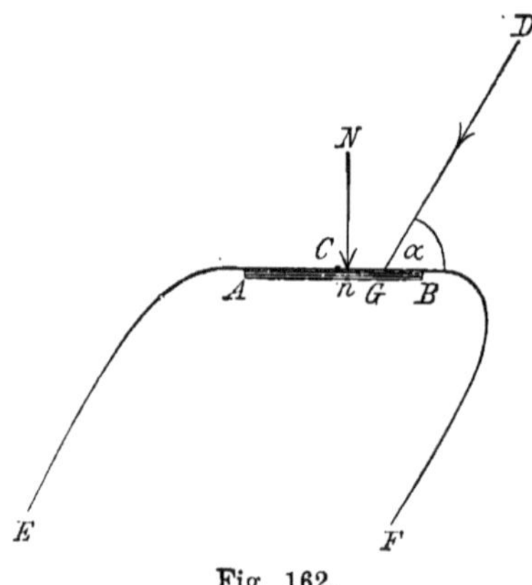

Fig. 162.

Stromrichtung und der Fläche der Lamelle ist. Die Theorie gibt für den Abstand Cn die Formel

$$\frac{Cn}{AB} = \frac{3 \cos \alpha}{4(4 + \pi \sin \alpha)}.$$

Seinen größten Wert erreicht Cn für α gleich Null, und zwar wird dann:

$$(Cn)_0 = 0 \cdot 187 \times AB.$$

Endlich ist natürlich auch die Größe der Druckkraft abhängig von dem Winkel α. Hierfür ergibt sich das Gesetz:

$$\text{Resultierende Druckkraft } N = \frac{\pi \sin \alpha}{4 + \pi \sin \alpha}\, b\, l\, \delta\, c^2.$$

Bezeichnen wir mit N_{90} den Betrag der Druckkraft bei senkrechter Strömung, so ist:

$$\frac{N}{N_{90}} = \frac{(4 + \pi) \sin \alpha}{4 + \pi \sin \alpha}.$$

Die folgende Tabelle enthält eine Reihe von Zahlen, die aus den angeführten Formeln abgeleitet sind, und mit Hilfe deren die Druckkraft sowie die Lage der Punkte G und n berechnet werden kann:[1]

α	N/N_{90}	Cn/AB	CG/AB
90°	1·000	0·000	0·000
70°	0·965	0·037	0·232
50°	0·854	0·075	0·402
30°	0·641	0·117	0·483
20°	0·481	0·139	0·496
10°	0·273	0·163	0·500

An das vorhergehende knüpfen sich noch ein paar praktische Folgerungen. Machen wir unsere Lamelle drehbar um eine Achse, welche durch ihren Mittelpunkt C parallel zu den Längskanten hindurchgeht, so stellt sie sich unter der Wirkung des von der Strömung herrührenden Druckes zu dieser senkrecht. Wir nehmen andererseits einen Punkt n seitlich von der Achse, aber so, daß die Entfernung Cn kleiner als $0 \cdot 187 \times AB$ ist. Machen wir die Lamelle drehbar um eine durch jenen Punkt gehende Längsachse, so stellt sie sich schief gegen die Strömung und der Betrag der Neigung kann mit Hilfe unserer Tabelle bestimmt werden. Wird die Entfernung der Drehungsachse, von der Mitte der Lamelle gleich oder größer als $0,187 \times AB$, so stellt sie sich in die Richtung der Strömung.

Zum Schlusse möge noch darauf hingewiesen werden, daß die vorhergehenden Resultate sich auf den Fall übertragen lassen, daß eine starre, ebene Lamelle durch eine im ganzen ruhende Flüssigkeit bewegt wird. Es beruht dies auf derselben Überlegung, die wir in § 160 angestellt haben.

§ 163. Ergebnisse der Beobachtung; Winddruck. Für den Druck, welchen der Wind auf eine senkrecht zu seiner Richtung

---

[1] Lord RAYLEIGH, On the resistance of fluids. Philos. Mag. Dez. 1876.

stehende Lamelle von der Fläche F ausübt, hat LILIENTHAL die empirische Formel aufgestellt:

$$N_{90} = 0 \cdot 13 \, F v^2 \cdot \text{Kilogrammgewichten.}$$

Hier bedeutet v die Windgeschwindigkeit in m/sec; ebenso wie in dem vorhergehenden Paragraphen ist als Einheit der Fläche das qm genommen. Mit der theoretischen Formel von § 162 stimmt die empirische nur in der Größenordnung überein; der beobachtete Druck ist $2 \cdot 4$ mal größer als der berechnete.

Die Erklärung dieser Differenz liegt vor allem darin, daß die Theorie sich auf eine ideale, reibungslose Flüssigkeit bezieht; die Reibung der Luft wirkt aber einmal direkt vergrößernd auf die Druckkraft, andererseits erzeugt sie auf der Rückseite der Lamelle Wirbel, welche den dort vorhandenen hydrostatischen Druck verkleinern.

Der Einfluß der Luftreibung tritt sehr deutlich hervor, wenn die Windrichtung nicht senkrecht zu der Lamelle steht, sondern unter einem kleineren Winkel α gegen sie geneigt ist. Während bei der idealen Flüssigkeit der Druck nach wie vor senkrecht zu der Fläche der Lamelle bleibt, tritt bei den Experimenten LILIENTHALS zu der normalen Druckkraft N noch eine tangentiale Kraft P hinzu, welche die Lamelle in ihrer Ebene in einem der Windrichtung entsprechenden Sinne zu verschieben sucht. In der Fig. 163 sind die Werte von N/N_{90} und von P/N_{90}, wie sie sich aus den Beobachtungen von LILIENTHAL ergeben, auf den von C aus gezogenen Windrichtungen abgetragen. AB stellt die von dem Winde getroffene Lamelle dar. Weht der Wind in der Richtung DC senkrecht zu der Lamelle, so ist die normale Druckkraft am größten, die mit der Lamelle parallele Kraft verschwindet. Fällt umgekehrt die Windrichtung in die Lamelle, so ist die Normalkraft Null, die tangentiale Wirkung im Maximum.

Die gestrichelte Kurve gibt die Werte von N/N_{90}, welche sich aus der theoretischen Formel des vorhergehenden Paragraphen ergeben. Nach den Versuchen LILIENTHALS nimmt die normale Kraft schneller ab als nach der Theorie.

Den Abstand des Angriffspunktes der normalen Druckkraft von der Mitte der Lamelle hat KUMMER[1] auf experimentellem Wege bestimmt. Das Prinzip für eine solche Bestimmung liegt in den Bemerkungen am Schlusse des vorhergehenden Paragraphen. Ebenso wie dort bezeichne AB die Breite der Lamelle, C ihre Mitte und n den Angriffspunkt der normalen Druckkraft. Bei einer quadratischen Scheibe von 8 cm Kantenlänge ergaben sich bei verschiedenen Neigungswinkeln α die folgenden Werte des Verhältnisses Cn/AB

α	90^0	70^0	50^0	30^0	20^0	10^0	0^0
$\dfrac{Cn}{AB}$	0·000	0·033	0·058	0·081	0·150	0·222	0·266

---

[1] Abhandl. d. Kgl. Akad d. Wiss. zu Berlin 1876.

Eine unmittelbare Vergleichung dieser Zahlen mit den in dem vorhergehenden Paragraphen mitgeteilten ist nicht möglich; die letzteren

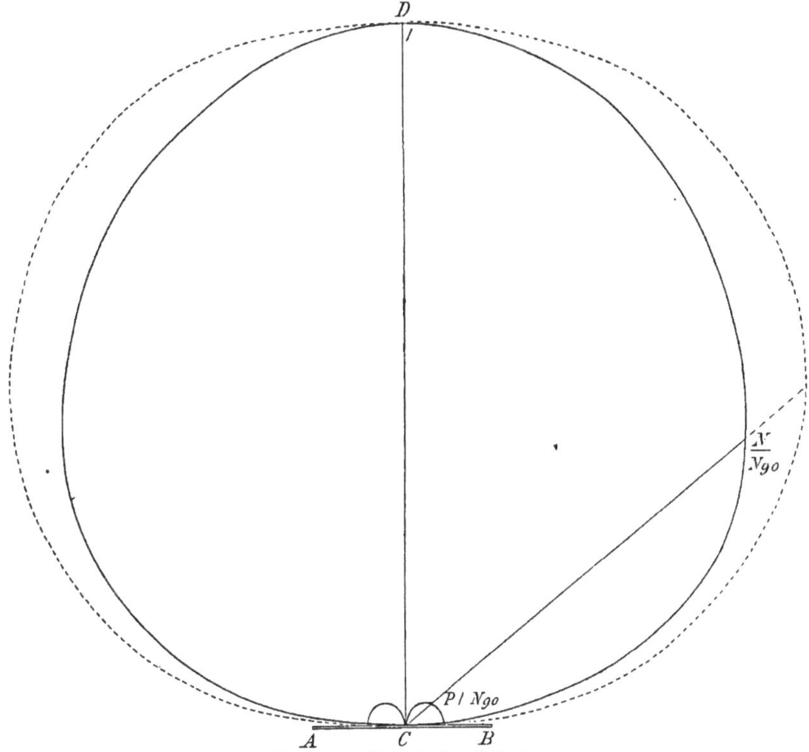

Fig. 163. Druck des Windes.

gelten für ein langes und schmales Rechteck; die von Kummer ermittelten für eine quadratische Scheibe.

§ 164. Stoß von Flüssigkeitsstrahlen gegen starre Körper. Von dem Drucke, den ein freier Flüssigkeitsstrahl, der einen starren Körper trifft, auf diesen ausübt, hat man bei gewissen Formen der Turbinen praktische Anwendung gemacht.

Die Größe der Druckkraft läßt sich in einem speziellen Falle durch eine ziemlich elementare Betrachtung bestimmen. Der starre Körper habe die Gestalt eines Keiles mit scharfer Schneide, dessen Seitenflächen durch zwei sich berührende Zylinder von gleichem Radius dargestellt sein mögen. Fig. 164 gibt einen Durchschnitt des Keiles senkrecht zu seiner Kante. Die Kreisbogen AC und BC entsprechen den Seitenflächen des Keiles; CD ist ihre gemeinsame Tangente und zugleich Symmetrieachse der Figur. In der Richtung CD stoße nun auf die Kante des Keiles ein Flüssigkeitsstrahl mit der Geschwindigkeit v. Seine

Dicke sei b, seine Breite sei gleich der Länge L des Keiles. Wir setzen voraus, daß L sehr groß sei gegen b. Der Strahl habe also die Gestalt einer breiten aber dünnen Lamelle. Beim Auftreffen auf die Kante des Keiles teilt er sich in zwei Teile, deren jeder die Dicke $^1/_2\,b$ besitzen wird. Diese werden längs der Kreisbögen CA und CB von der ursprünglichen Richtung CD abgelenkt, und verlassen den Keil in den Enden A und B in tangentialer Richtung mit der Geschwindigkeit v. Dabei üben die im Kreise sich bewegenden Wasserteilchen Zentrifugalkräfte auf die Seiten des Keiles aus; die Resultante dieser Zentrifugalkräfte gibt die auf den Keil wirkende Druckkraft.

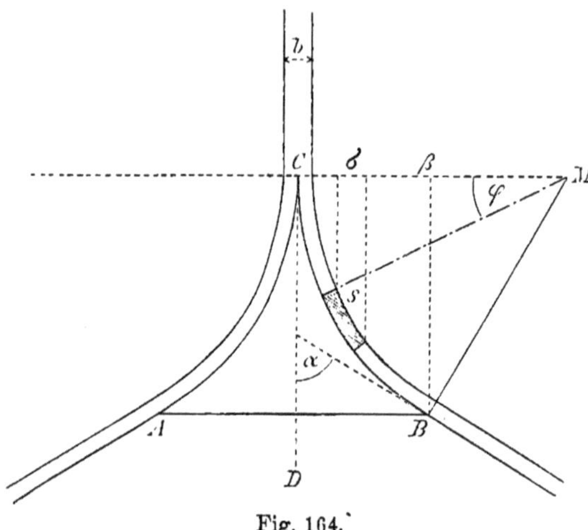

Fig. 164.

Nehmen wir in dem an CB entlang gleitenden Strahl ein Stück von der Länge s, so ist das ihm entsprechende Flüssigkeitsvolumen gleich $\frac{1}{2}bLs$; ist δ die Dichte der Flüssigkeit, so ist die in dem betrachteten Stücke s enthaltene Masse gleich $\frac{1}{2}\delta bLs$, somit die von ihm auf die Wand des Keiles ausgeübte Zentrifugalkraft gleich

$$\frac{1}{2}\,\delta\,b\,L\,s\,\frac{v^2}{r},$$

wenn wir unter r den Halbmesser MC des Kreisbogens CB verstehen. Von dieser Kraft wird aber aus Symmetriegründen nur die der Mittellinie CD parallele Komponente zur Geltung kommen. Bezeichnen wir den Winkel zwischen MC und zwischen dem nach dem Stücke s gehenden Radiusvektor mit φ, so ist jene wirksame Komponente gegeben durch:

$$\frac{1}{2}\,\delta\,b\,L\,\frac{v^2}{r}\,s\sin\varphi.$$

Nun ist aber $s\sin\varphi$ nichts anderes, als die Projektion von s auf die Linie MC. Bezeichnen wir diese Projektion mit σ, so ergibt sich für die ganze Kraft, die auf die Seite BC des Keiles in der Richtung CD wirkt, der Ausdruck:

$$\frac{1}{2}\,\delta\,b\,L\,\frac{v^2}{r}\,\Sigma\,\sigma = \frac{1}{2}\,\delta\,b\,L\,\frac{v^2}{r}\times C\beta,$$

wo wir mit β den Projektionspunkt von B auf MC bezeichnen. Der Winkel, den die Strahlrichtung beim Verlassen der Keilfläche mit der Achse CD einschließt sei α, dann ist $C\beta = r - r\cos\alpha$. Für die gesamte Kraft, welche der Strahl in der Richtung CD auf beide Flächen des Keiles zusammengenommen ausübt, ergibt sich hiernach der Wert: $\delta\, b\, L\, v^2\, (1 - \cos\alpha)$.

Dasselbe Gesetz gilt noch in einem anderen Falle, der zu einem hübschen Experimente Veranlassung gibt. Es sei AB (Fig. 165) ein zylindrischer Wasserstrahl, der vertikal aus der Mündung eines Springbrunnens empor- steigt. Er treffe auf eine Kugel, deren Mittel- punkt M in der Achse des Strahles sich be- finde. Der Strahl wird an der Kugel trichter- förmig ausgebreitet und fällt seitlich wieder nach unten zurück. Wir bezeichnen den Winkel, unter dem die Kanten des Trichters gegen die Achse des Strahles geneigt sind, mit α, den Querschnitt des ungeteilten Strahles mit q, die Geschwindigkeit der Flüssigkeit wie oben mit v, ihre Dichte mit δ; die Kraft, welche der Strahl auf die Kugel nach oben hin ausübt, ist dann gleich:

$$\delta\, q\, v^2(1 - \cos\alpha).$$

Ist diese Kraft gleich dem Gewichte der Kugel, so bleibt diese auf dem Gipfel des Strahles schweben, allein von dem Druck des Strahles getragen.

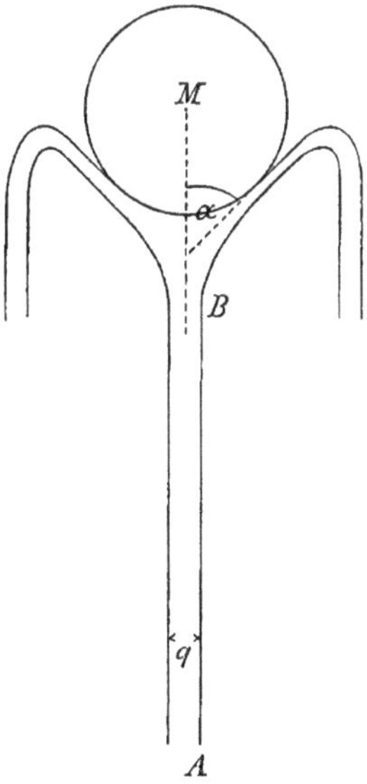

Besonders überraschend gestaltet sich der Versuch, wenn wir eine verhältnismäßig

Fig. 165.

leichte Kugel von einem Luftstrahle tragen lassen. Das Gleichgewicht der Kugel ist dann ein vollkommen stabiles; denn verschieben wir den Mittelpunkt der Kugel, so daß sie an der Seite des Luftstrahles sich befindet, so schwingt sie infolge des verminderten Seitendruckes der bewegten Luft (§ 157) von selber nach der Achse des Strahles zurück.

§ 165. Der Drache. Dieses bekannte Spielzeug ist in neuerer Zeit vielfach verwandt worden, um mit seiner Hilfe Untersuchungen über den Zustand der Atmosphäre anzustellen. Dieser Umstand mag es rechtfertigen, wenn wir seiner Betrachtung einige Zeilen widmen. Es würde zu weit führen, wenn wir hier eine allgemeine Theorie des Gleichgewichtes und der Bewegung eines Drachen in der Luft geben wollten. Wir werden uns darauf beschränken, an einem den Verhältnissen der Wirklichkeit einigermaßen entsprechenden Beispiele die in Betracht kommenden Wirkungen zu studieren, und insbesondere das Gewicht zu bestimmen, welches der Drache zu tragen imstande ist; denn dieses ist gerade mit Rücksicht auf die praktischen Anwendungen von besonderem Interesse.

Der Drache bestehe zunächst aus einem einfachen, möglichst leichten Rahmen von rechteckiger Form, der mit Papier überspannt ist. Die Länge des Rechteckes betrage 1·5 m, die Breite 1 m. Wir nehmen an, der Drache stehe ruhig im Winde so, daß seine Längskanten zur Windrichtung senkrecht sind, seine Fläche unter einem Winkel von 20° gegen jene Richtung geneigt ist. Der Wind wehe in horizontaler Richtung; die Längskanten des Drachens stehen gleichfalls horizontal. Die Windgeschwindigkeit betrage 10 m in der Sekunde. Unter diesen Umständen ergibt sich aus den Versuchen von LILIFNTHAL eine normale Druckkraft N von im ganzen 7·47 kg-Gewichten, ein tangentialer Zug P von 1·05 kg-Gewichten. Der Angriffspunkt der normalen Druckkraft kann aus den Angaben der §§ 162 und 163 näherungsweise bestimmt werden. Er ist von dem Mittelpunkt des Rechteckes um ca. 14·5 cm der Windrichtung entgegen verschoben. Diesen Verhältnissen entspricht die Fig. 166. A und B stellen die Mitten der langen Kanten der Drachen-

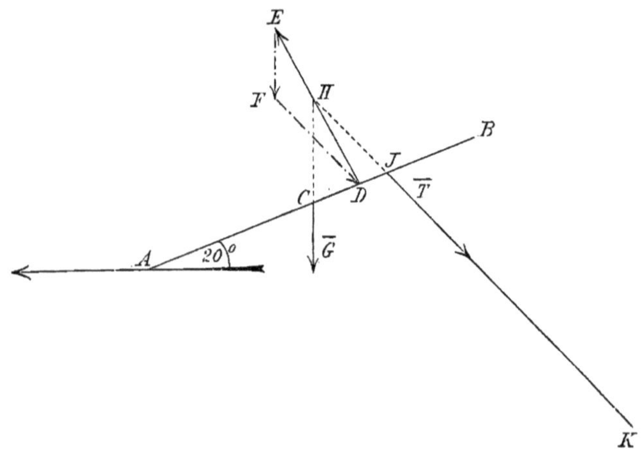

Fig. 166. Gleichgewicht des Drachens.

fläche dar; ihre Verbindungslinie AB wollen wir als die Mittellinie des Drachens bezeichnen; die Figur bezieht sich auf eine Ebene, welche durch die Mittellinie senkrecht zu den langen Kanten gelegt ist; diese Ebene ist vertikal und geht durch die Windrichtung. C ist der Mittelpunkt der Drachenfläche; in ihm werden wir das Gewicht G des Drachens samt der etwaigen Belastung angreifen lassen. D bezeichnet den Angriffspunkt der normalen Druckkraft; DE die Resultante R aus der normalen Kraft N und aus der tangentialen P. Die Schnur oder der Draht, welcher den Drachen hält, mache mit der Horizontalen einen Winkel von 45°; seine Spannung sei T. Von den drei Kräften, welche auf den Drachen wirken, ist uns die eine R der Größe und der Richtung nach bekannt; von den anderen G und T kennen wir nur die Richtung. Konstruieren wir demnach über der Linie DE, der Repräsentanten von R, ein Dreieck EFD, dessen eine Seite EF vertikal, dessen andere Seite FD unter 45° gegen die Horizontale geneigt ist, so stellt EF das Gewicht des Drachen, FD den Zug des Drahtes dar. Die Resultante DE ist gleich $7{\cdot}55$ kg Gewichten; aus der Figur ergibt sich für das Gewicht G der Betrag von 3 kg-Gewichten, für den Zug T ein solcher von $5{\cdot}2$ kg-Gewichten. Beträgt das Eigengewicht des Drachens etwa 1 kg-Gewicht, so ist er imstande, noch eine Last von 2 kg-Gewichten zu tragen, die in C anzuhängen ist.

Damit aber der Drache unter den angenommenen Verhältnissen wirklich im Gleichgewicht sich befindet, muß schließlich noch der Punkt, in dem der Draht zu befestigen ist, in geeigneter Weise bestimmt werden. Drei Kräfte können an einem starren Körper nur dann im Gleichgewichte sein, wenn ihre geometrischen Repräsentanten durch einen und denselben Punkt gehen. Nun schneiden sich die Richtungen des Gewichtes G und des resultierenden Winddruckes DE in H; durch denselben Punkt muß somit auch der Zug T gehen; wir erhalten seinen Angriffspunkt J, wenn wir durch H die Parallele HJ zu FD ziehen. In dem Punkte J muß der Draht JK befestigt sein.

In Wirklichkeit wird der Befestigungspunkt J des Drachens von Hause aus gegeben sein; man kann dann die ganze im vorhergehenden enthaltene Schlußfolgerung umkehren und erhält den Satz: Wenn das gesamte Gewicht des Drachens 3 kg-Gewichte beträgt, so ist er unter den folgenden Bedingungen im Gleichgewicht. Seine Mittellinie AB muß mit dem Drahte JK in einer und derselben vertikalen Ebene liegen, die langen Kanten der Drachenfläche, A und B müssen horizontal, also senkrecht zu der Richtung des Windes liegen; die Fläche des Drachens muß unter einem Winkel von 20° gegen die Windrichtung geneigt sein, der Draht, welcher den Drachen hält, einen Winkel von 45° mit der Horizontalen bilden.

Man wird nun zu der weiteren Frage kommen, ob das so bestimmte Gleichgewicht des Drachens ein stabiles ist. Um dies zu entscheiden, muß man den Drachen aus der Gleichgewichtsstellung herausbringen und zusehen, ob unter allen Umständen Kräfte entstehen, die ihn in die Gleichgewichtslage zurückzuführen suchen. Bei unveränderter Länge des haltenden Drahtes KJ kommen vorzugsweise die folgenden Bewegungen in Betracht. Der Punkt J kann sich nach oben oder nach unten auf einem Kreisbogen verschieben, welcher sich in der Vertikalebene KJA mit KJ als Halbmesser beschreiben läßt; zugleich kann sich der Drache um eine durch J gehende horizontale Achse drehen, so daß seine Neigung gegen den Wind eine andere wird. Zweitens kann sich der Punkt J seitlich auf einem Kreisbogen verschieben, der mit KJ als Halbmesser so beschrieben ist, daß er in J auf der Ebene AJK senkrecht steht; zugleich kann sich der Drache um seine Mittellinie AB drehen.

Es ergibt sich nun in der Tat, daß das Gleichgewicht des Drachens all jenen Verschiebungen gegenüber stabil ist, wenigstens solange, als sie ein gewisses Maß nicht überschreiten. Daraus folgt aber nicht, daß der Drache ruhig in seiner Gleichgewichtslage steht; es folgt daraus nur, daß er um diese Gleichgewichtslage herum schwingt und immer wieder nach ihr zurückzukehren sucht. Man hat häufig Gelegenheit, solche Schwingungen zu beobachten, namentlich die durch die seitlichen Abweichungen bedingten. Dabei besteht aber immer die Gefahr, daß diese schlingernden Bewegungen durch äußere Störungen verstärkt werden, so daß die Grenze der Stabilität überschritten wird, nnd der Drache zu Boden stürzt.

Aber auch ganz abgesehen hiervon werden Schwingungen störend sein, wenn der Drache irgendwelche Instrumente zu Beobachtungszwecken zu tragen hat. Man wird also unter allen Umständen schwingende Bewegungen zu unterdrücken suchen, und man wird dies erreichen, indem man sie in einer möglichst wirksamen Weise dämpft. Bei dem Spielzeug der Knaben dient dazu der Drachenschwanz. Bei den zu wissenschaftlichen Zwecken bestimmten Drachen hat man denselben Zweck ohne Verminderung der Tragkraft dadurch erreicht, daß man ihnen die Form einer Röhre von rechteckigem Querschnitt gibt, welche mehr breit als lang ist, und durch welche der Wind hindurchstreichen kann (Fig. 167). Auf die untere Fläche wirkt der Wind

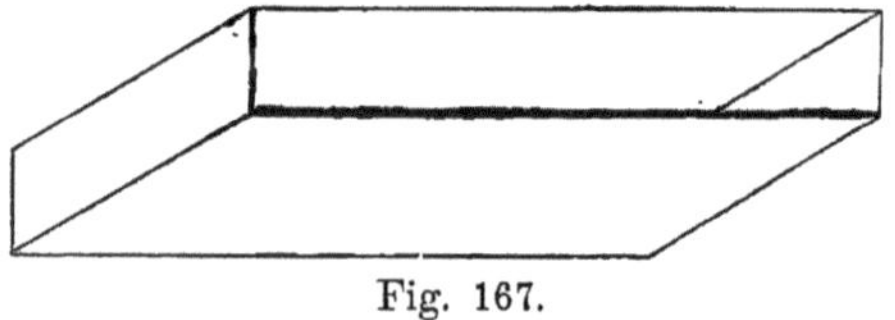

Fig. 167.

ebenso, wie auf die Fläche eines einfachen Drachen; von der Bewegung der Luft zwischen der oberen und der unteren Fläche kann man sich zwar ein ungefähres Bild machen; es scheint aber schwierig, die hier auftretenden Druckkräfte zu bestimmen. Vorerst ist es jedenfalls nicht möglich, die Gleichgewichtsbedingungen in derselben Weise aufzustellen, wie bei einem einfachen Drachen. Die Erfahrung aber zeigt, daß solche röhrenförmige Drachen, der Vergrößerung der Fläche entsprechend, eine größere Tragkraft und eine starke Dämpfung besitzen; sie stehen ruhig im Winde. Es wird dies zum Teil von Luftreibung, zum Teil davon herrühren, daß die Luft seitlichen Bewegungen des Drachens einen erheblichen Widerstand entgegensetzt, vermöge des auf die Seitenwände ausgeübten Druckes.

Das Steigen des Drachens wird durch Nachlassen des haltenden Drahtes bewirkt; seine Spannung wird dadurch vorübergehend vermindert, es entsteht eine Resultante der wirkenden Kräfte, welche den Drachen in der Richtung des Drahtes nach oben treibt. Mit einem einzelnen Drachen hat man so eine Höhe von 1000 m erreicht; bis zu Höhen von 4000 m ist man gekommen, indem man mehrere Drachen übereinander setzte, so daß einer den anderen trug.

§ 166. Der Bumerang. Ein besonders merkwürdiger Fall von Bewegung eines starren Körpers in der Luft wird uns geboten durch den Bumerang, das Wurfgeschoß der australischen Wilden. Wir beschränken uns auf die Darstellung der beobachteten Bewegungen, ohne auf einen Versuch zu ihrer Erklärung uns einzulassen.[1]

Der Bumerang wird am besten aus Eschenholz hergestellt; er hat die in Fig. 168 a gezeichnete Form, seine Länge beträgt, in der Mittellinie gemessen, etwa 80 cm. Er ist in seiner Mitte B etwa 6·5 cm breit und 1 cm dick; er ist bei B annähernd in einem rechten Winkel gebogen. Der Querschnitt ist in Fig. 168 b gezeichnet. Die eine

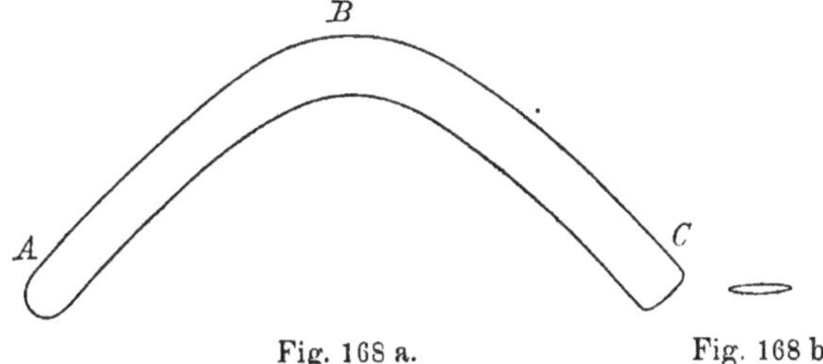

<table><tr><td>Fig. 168 a.</td><td>Fig. 168 b.</td></tr></table>

Seite ist stärker gewölbt wie die andere. Das Gewicht beträgt ungefähr 230 g. Die Arme BA und BC werden nach den Enden hin etwas schmäler; sie sind aus der Ebene ABC heraus um die Linien AB und BC im Sinne einer rechtsläufigen Schraube gedreht; die Drehung beträgt nur 2 bis 3°, so daß die breiten Flächen des Bumerang sich als ganz flache, rechtsgewundene Schraubenflächen darstellen.

Beim Werfen hält man den Bumerang so, daß die gewölbtere Seite nach links, die konkave Kante nach vorn zeigt, die Ebene ABC stellt man vertikal, und wirft nun den Bumerang horizontal nach vorn, indem man ihn zugleich in möglichst rasche Rotation um eine horizontale zu ABC senkrechte Achse versetzt. Figur 169 gibt ein Bild der einfachsten, von einem Bumerang beschriebenen Bahn. Der untere Teil der Figur stellt die

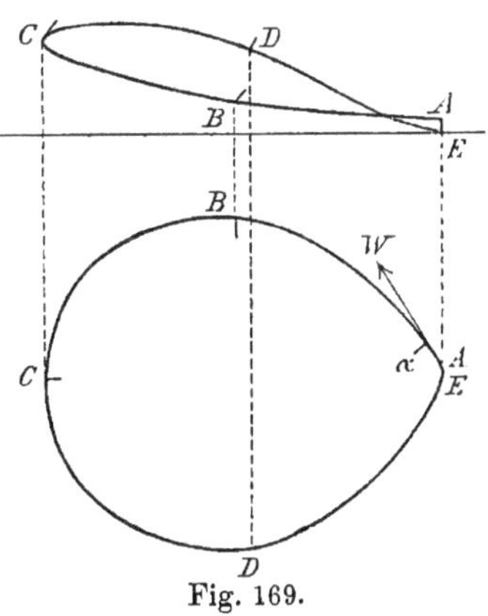

Fig. 169.

Projektion auf die horizontale Fläche des Bodens dar, der obere Teil die Projektion auf die vertikale Ebene, zu welcher die horizontale Projektion symmetrisch ist. AW repräsentiert die Richtung des

---

[1] Gilbert T. Walker, Phys. Zeitschrift II. p. 457.

anfänglichen Wurfes, *a* die Anfangsstellung der Rotationsachse. Der Maßstab der Figur ist etwa 1:1000. Während der Bewegung erfährt die Rotationsachse eine doppelte Änderung. Sie dreht sich einmal um eine vertikale Achse entgegengesetzt der Bewegung des Uhrzeigers; zugleich krümmt sich die Bahn nach der linken Seite des Werfenden. Zweitens dreht sich die Achse im Sinne des Uhrzeigers um die Flugrichtung des Bumerang, so daß die zu Anfang vertikal stehende Rotationsebene sich der horizontalen Lage nähert; zugleich steigt die Bahn in die Höhe. Die Bahn wendet sich bei *C* dem Werfenden wieder zu, der Bumerang sinkt von der erreichten Höhe herab, seine Rotationsgeschwindigkeit wird infolge des Luftwiderstandes allmählich kleiner, und schließlich erreicht er den Erdboden nahe den Füßen des Werfenden.

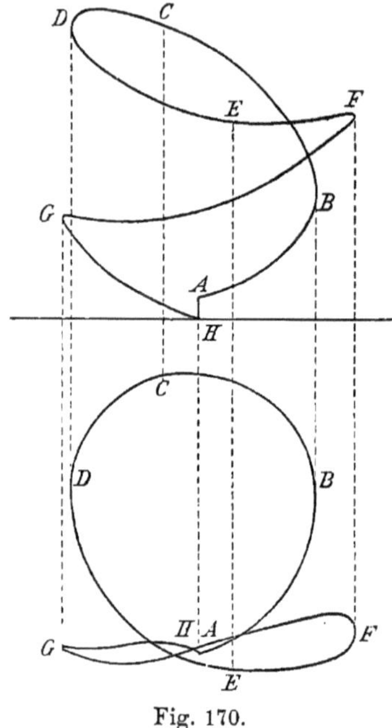

Fig. 170.

Eine kompliziertere Bahnkurve entsprechend einer größeren Anfangsgeschwindigkeit ist in Figur 170 dargestellt. Der untere Teil der Figur gibt wieder eine Projektion auf die Horizontalebene; der obere Teil stellt eine Vertikalprojektion der Bahn dar. Die Projektionsebene steht aber senkrecht zu der bei Fig. 166 gewählten, da nur so der schleifenförmige Teil der Bahn deutlich wird.

Drittes Kapitel. Wellenbewegungen.

§ 167. Wellen inkompressibler Flüssigkeiten. Wenn man einen Stein in die ruhige Oberfläche eines Teiches wirft, so sieht man die bekannte Erscheinung der Wellenringe, die sich um den getroffenen Punkt konzentrisch verbreiten. Die Gebrüder WEBER erzeugten bei ihren klassischen Untersuchungen über Wellenbewegung ähnliche Wellen in einer von parallelen Glaswänden begrenzten Rinne, indem sie an dem einen Ende eine Säule der Flüssigkeit, mit der die Rinne gefüllt war, in einer Glasröhre aufsaugten und dann fallen ließen. In beiden Fällen besteht die Welle aus einem voranschreitenden Wellenberg und einem darauf folgenden Wellental. Beide zusammen geben die ganze Länge der Welle. Wie bei jeder Wellenbewegung, so ist auch hier zu unterscheiden zwischen der scheinbaren Bewegung, welche in dem Fortschreiten der Welle, d. h. der in der angegebenen Weise veränderten

Gestalt der Oberfläche, von einer Stelle zu der anderen besteht, und der reellen Bewegung, welche die einzelnen Teilchen der Flüssigkeit selbst dabei ausführen. Wie bei den Seilwellen in § 104, so wird auch hier eine Hauptaufgabe der Forschung in der Ermittelung des zwischen den beiden Bewegungen vorhandenen Zusammenhanges bestehen. Daß die reelle Bewegung der Flüssigkeitsteilchen keine fortschreitende, sondern im wesentlichen eine schwingende ist, erkennen wir, wenn wir irgend einen auf dem Wasser schwimmenden oder in ihm suspendierten Körper beobachten. Die Welle ist also kein Körper, der dauernd aus denselben Teilchen sich zusammensetzte, sondern nur eine Form der Oberfläche und der übereinander gelagerten Schichten der Flüssigkeit; im Zustande der Ruhe sind diese eben, bei der Wellenbewegung gekrümmt, so daß sie Erhebungen und Vertiefungen bilden. Das Fortrücken einer Welle ist daher nur ein Fortrücken dieser Form; während die Welle, die durch den in das Wasser geworfenen Stein erzeugt wurde, über einen immer größeren Kreis sich ausdehnt, bleibt das Wasser, aus dem sie jeweils besteht, an seinem Ort.

Für die reelle Bewegung der Flüssigkeitsteilchen bei der Wellenbewegung ergeben sich aus den Beobachtungen der Gebrüder WEBER die folgenden Sätze:

Die Schwingungsbahnen der in der Nähe der Oberfläche der Flüssigkeiten befindlichen Teilchen sind anscheinend Ellipsen, die sich der Kreisgestalt nähern; mit der Tiefe wird die elliptische Gestalt der Bahnen immer gestreckter und fällt endlich mit einer horizontalen geraden Linie zusammen.

Mit der Tiefe nehmen die Bahnen der daselbst schwingenden Teilchen, sowohl im senkrechten als im horizontalen Durchmesser, an Größe ab.

Die schwingende Bewegung der Teilchen ist selbst in einer Tiefe, welche der 350 maligen Höhe der Welle über der Oberfläche gleichkommt, noch wahrnehmbar.

Die scheinbare Bewegung, das Fortschreiten der Welle, ergibt sich aus der geschilderten reellen Bewegung dadurch, daß die horizontal in der Fortschreitungsrichtung hintereinander liegenden Teilchen sukzessiv in eine schwingende Bewegung geraten, und zwar so, daß sich niemals mehrere derselben, die zu einer Welle gehören, gleichzeitig in entsprechenden Punkten ihrer Schwingungsbahnen befinden, sondern erst sukzessiv in diese entsprechenden Punkte kommen.

Nach der Lage der Teilchen in den Schwingungsbahnen bemessen wir, ebenso wie in § 104, die Phasen der Schwingung; die Beziehung zwischen den Schwingungen verschiedener Teilchen drückt sich dann dadurch aus, daß sie eine bestimmte Phasendifferenz besitzen.

In die Tiefe der Flüssigkeit hinab bemerkt man weder bei der Erregung noch bei dem Fortgange der Wellen ein allmähliches Fortschreiten derselben, sondern die schwingende Bewegung scheint gleichzeitig in der Tiefe und an der Oberfläche zu geschehen, und die senkrecht untereinander liegenden Teilchen einer Flüssigkeit scheinen gleichzeitig in die sich entsprechenden Punkte ihrer Schwingungsbahnen eintreten.[1]

Daß durch eine solche schwingende Bewegung der einzelnen Teilchen der Flüssigkeit in der Tat die Formänderung der Oberfläche hervorgebracht wird, die wir bei der Wellenbewegung beobachten, ergibt sich aus Fig. 171. Die Punkte $a, b, c, \ldots i$ stellen die in gleichen Abständen genommenen Mittelpunkte von vertikalen Kreisen dar, in denen sich die an der Oberfläche befindlichen Teilchen $A, B, C, \ldots J$ der Flüssigkeit bewegen. Von diesen Teilchen mögen sechs gerade auf die

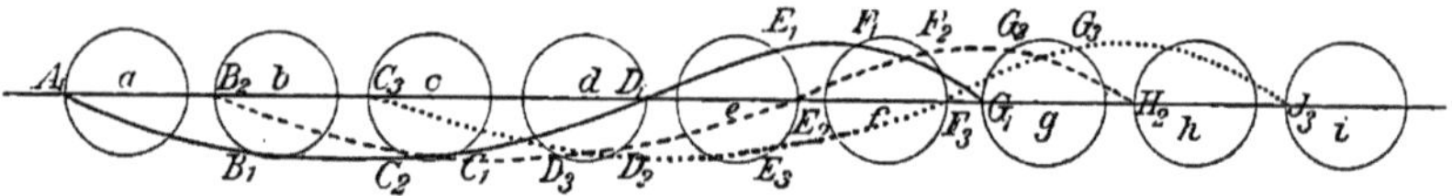

Fig. 171. Wasserwellen.

Länge der Welle kommen. Die Welle schreite von links nach rechts fort, die Teilchen bewegen sich in ihren kreisförmigen Bahnen im Sinne des Uhrzeigers. Die Welle sei mit dem Anfang ihres Berges bis zu dem Teilchen G vorgedrungen, und dieses befinde sich in dem Punkte G_1 eben noch in Ruhe. Das hinter G liegende Teilchen F hat schon $^1/_6$ seines Kreises durchlaufen und befindet sich in F_1, das Teilchen E $^2/_6$ in dem Punkte E_1; D hat schon die Hälfte seiner Bahn zurückgelegt und steht seiner Ruhelage diametral gegenüber in D_1. Die Teilchen C und B haben $^4/_6$ und $^5/_6$ ihrer Bahnen zurückgelegt und sind in den Punkten C_1 und B_1 angelangt; A endlich hat schon seine ganze Bahn vollendet und ist in die Ruhelage A_1 zurückgekehrt; in dieser bleibt es von nun an, es sei denn, daß an die erste Welle sich eine zweite, dritte, oder ein ganzer Zug von zusammenhängenden Wellen anschlösse. Die Gestalt der Welle ist gegeben durch die Linie $A_1 B_1 C_1 D_1 E_1 F_1 G_1$, welche die augenblicklichen Lagen der betrachteten Teilchen verbindet. Suchen wir nun die Formänderung, welche die Oberfläche der Flüssigkeit erleidet, in dem Zeitintervall, in dem die Flüssigkeitsteilchen den sechsten Teil ihrer Bahn durchlaufen. Die betrachteten Teilchen haben sich alle um $^1/_6$ des Kreisumfanges weiterbewegt nach den mit dem Index 2 versehenen Punkten der betreffenden Kreise; der Fuß des Wellenberges ist vorgedrungen bis zu der Ruhelage H_2 des zunächst vor G liegenden Teilchens, das Ende des Wellentales ist bei B_2. Die Welle selbst ist gegeben durch die Linie $B_2 C_2 D_2 E_2 F_2 G_2 H_2$. Während also die Teilchen $^1/_6$ ihrer Bahn durchliefen, ist die Welle um $^1/_6$ ihrer Länge vorgerückt. In einem folgenden, gleich großen Zeitintervalle ge-

---

[1] Ernst Heinrich Weber und Wilhelm Weber, Wellenlehre auf Experimente gegründet. 1825. Wilhelm Webers Werke, Bd. V. p. 90—94.

langen die Teilchen in die mit dem Index 3 versehenen Punkte; die Welle ist dargestellt durch die Linie $C_3\,D_3\,E_3\,F_3\,G_3\,H_3\,I_3$; sie ist in der Zeit, in der die Teilchen $^2/_6$ ihrer Bahn durchliefen, um $^2/_6$ ihrer Länge vorgeschritten. Setzen wir diese Betrachtung weiter fort, so erkennen wir, daß die Wellenbewegung, soweit sie als Formänderung der Oberfläche erscheint, in der Tat dadurch dargestellt werden kann, daß wir eine unveränderliche aus Berg und Tal zusammengesetzte Wellenlinie über die Oberfläche mit gleichbleibender Geschwindigkeit hinbewegen. Wir sehen aber auch, wie diese scheinbare Bewegung aus der kreisförmigen Schwingung der Flüssigkeitsteilchen entsteht, und wir gewinnen den beide Bewegungen verbindenden Satz:

Während ein Teilchen der Flüssigkeit einmal seine Bahn durchläuft, schreitet die Welle, in der sich das Teilchen befindet, um so viel fort, als ihre Länge beträgt.

Bezeichnen wir die Länge der Welle durch l, ihre Fortpflanzungsgeschwindigkeit durch v, die Umlaufszeit der Teilchen in ihrer kreisförmigen Bahn durch T, so ist:

$$l = v\,T.$$

Wenn durch einen kontinuierlichen Zug von Wellen die Teilchen andauernd in ihrer kreisförmigen Bewegung erhalten werden, ist es zweckmäßig, an Stelle von T die Schwingungszahl n der Teilchen einzuführen, die Anzahl der Umläufe, die sie in einer Sekunde machen. Es wird dann:

$$n = \frac{v}{l}.$$

Die Schwingungszahl der in der Welle befindlichen Teilchen ist gleich der Fortpflanzungsgeschwindigkeit der Welle, dividiert durch die Wellenlänge.

Die Kraft, die bei der Wellenbewegung wirksam ist, liegt in den hydrostatischen Druckdifferenzen, die zwischen dem Berge und dem Tale einer Welle und ebenso zwischen beiden und dem Spiegel der ruhenden Flüssigkeit bestehen. Daraus ergibt sich die Möglichkeit einer theoretischen Untersuchung der Bewegung vom Standpunkt der Newtonschen Prinzipien aus. Wir beschränken uns auf die Angabe eines Resultates, das sich auf die Fortpflanzungsgeschwindigkeit der Flüssigkeitswellen bezieht. Diese hängt im allgemeinen ab von der Wellenlänge und von der Tiefe der Flüssigkeit. Ist die letztere sehr groß gegenüber der Wellenlänge, so verschwindet ihr Einfluß, und es ergibt sich für die Fortpflanzungsgeschwindigkeit der Wert

$$v = \sqrt{\frac{g}{2\,\pi}\,l}.$$

Die Fortpflanzungsgeschwindigkeit ist proportional der Wurzel aus der Wellenlänge. Ist umgekehrt die Wellenlänge sehr groß im Vergleich mit der Tiefe h der Flüssigkeit, pflanzen sich z. B. lange Wellen in einem flachen Kanale fort, so ist ihre Geschwindigkeit $v = \sqrt{g\,h}$.

§ 168. Das HUYGHENSsche Prinzip. Von der oberflächlichen Ausbreitung einer Welle von einem Erschütterungszentrum aus machen wir uns nach HUYGHENS die folgende Vorstellung. Es sei die von dem Punkte O (Fig. 172) ausgehende Welle zu irgend einer Zeit bis zu dem Kreise $a\,b\,c\,d\,e$ ... vorgedrungen. Nun denkt sich HUYGHENS, daß die von der Welle erschütterten Teilchen a, b, c, d, e ... sich wie neue Wellenzentren verhalten, daß von ihnen neue Wellen, Elementarwellen, nach vorwärts sich ausbreiten mit derselben Geschwindigkeit, mit der die Hauptwelle über die Oberfläche der Flüssigkeit hingeht. In der Zeit also, in der die Hauptwelle sich bis zu dem Kreise $A\,B\,C\,D\,E$ ... ausgebreitet hätte, haben die von

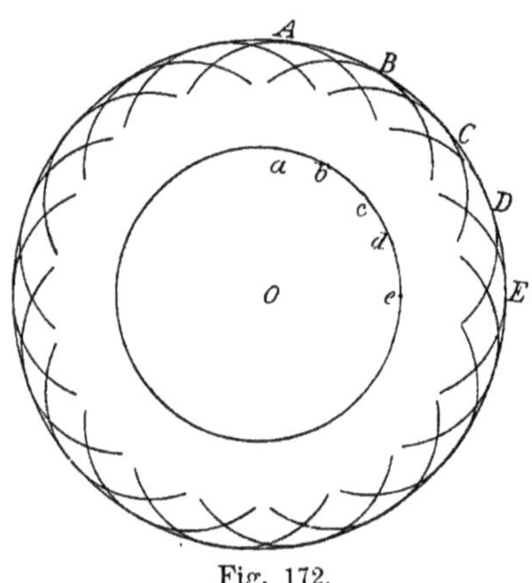

Fig. 172.

den Punkten a, b, c, d, e ... ausgehenden Elementarwellen auf Kreise von dem Halbmesser $a\,A$, $b\,B$, $c\,C$, $d\,D$, $e\,E$ ... sich erweitert, welche den Wellenkreis $A\,B\,C\,D\,E$ ... als gemeinsame Umhüllungslinie besitzen. Dementsprechend können wir uns den Kreis $A\,B\,C\,D\,E$ ... zusammengesetzt denken aus den ihn berührenden und sich kontinuierlich aneinanderreihenden Segmenten der von den Punkten a, b, c, d, e ... ausgehenden Elementarwellen. Wir können also in der Tat sagen, daß diese nach vorwärts sich zu der neuen Welle $A\,B\,C\,D\,E$ ... zusammensetzen; wir müssen aber zugleich annehmen, daß im Innern dieses Wellenkreises die Wirkung der sich durchkreuzenden Elementarwellen verschwindet. Für das Verständnis der Ausbreitung einer kreisförmigen Welle von einem Erschütterungszentrum aus erscheint das HUYGHENSsche Prinzip überflüssig; es wird aber sofort zu einem mächtigen Hilfsmittel für die Untersuchung der Wellenbewegung, wenn wir ihm eine etwas allgemeinere Fassung geben, welche durch die zugrunde liegende Vorstellung unmittelbar an die Hand gegeben wird.

Auf der Oberfläche der Flüssigkeit, auf welcher eine Welle sich ausbreitet, sei eine beliebige Linie gegeben (Fig. 173). Werden ihre Punkte a, b, c, d, e ... von der Welle, sei es gleichzeitig (wie in der Figur), sei es sukzessive, getroffen, so breiten sich von ihnen Elementarwellen aus, mit derselben Geschwindigkeit, die der gegebenen Welle zukommt; für irgend eine spätere Zeit ist dann die Gestalt der Welle, die Linie, bis zu der die ursprüngliche Wellenbewegung sich ausgebreitet hat, durch die Umhüllende jener Elementarwellen gegeben.

Wir wenden diesen Satz an auf den Durchgang einer von einem Punkte O (Fig. 174) ausgehenden Welle durch eine Öffnung, die von zwei in die Flüssigkeit eintauchenden Wänden gebildet wird. Hier werden die in den Punkten a, b, c, d, e der Öffnung liegenden Flüssigkeitsteilchen der Reihe nach von der Welle getroffen. Fragen wir nach der Gestalt, welche die Welle zu einer Zeit besitzt, in der bei ungestörter Ausbreitung die von O ausgehende Welle bis zu dem Kreise

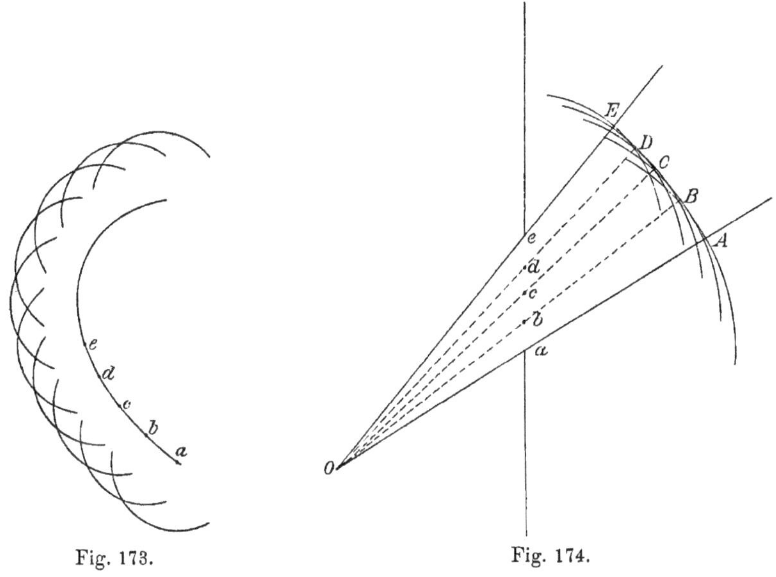

Fig. 173.
Fig. 174.

$A E$ gelangt wäre. Die von den Teilchen a, b, c, d, e erregten Elementarwellen haben sich in dem betrachteten Zeitpunkte zu Kreisen mit den Halbmessern $a A$, $b B$, $c C$, $d D$ und $e E$ erweitert. Ihre gemeinsame Umhüllungslinie wird durch den Kreisbogen $A B C D E$ dargestellt, der von den Verbindungslinien $O A$ und $O E$ des Wellenzentrums mit den Rändern der Öffnung begrenzt wird. Die Welle dringt also von O aus in den Raum hinter der Öffnung ein, aber so, daß sie in diesem Raume begrenzt wird durch die nach den Rändern der Öffnung hingehenden Strahlen. Man bezeichnet dies als **geradlinige Ausbreitung der Welle**. Jedoch findet eine solche in Wirklichkeit nur statt, wenn die Wellenlänge klein ist gegen die Breite der Öffnung. Es folgt dies aus einer tiefer eindringenden Untersuchung, die wir der Wellenlehre des Lichtes vorbehalten.

Wir betrachten zweitens mit Hilfe des HUYGHENSschen Prinzips den Vorgang der Reflexion einer Welle. In einer Flüssigkeit, die auf einer Seite durch eine ebene Wand begrenzt ist, werde in dem Punkte O

(Fig. 175) eine Welle erregt; sie breitet sich zunächst kreisförmig aus, bis sie an die Wand stößt. Es entsteht nun die Aufgabe, die weitere Bewegung zu bestimmen, die Gestalt der Welle für irgend einen späteren Zeitpunkt zu konstruieren. Wir können diesen Zeitpunkt dadurch fixieren, daß wir den Kreis $f e A e' f'$ zeichnen, bis zu dem die Welle von O aus sich verbreitet hätte ohne das Dazwischentreten der Wand. Ist a die Mitte der Sehne $e\,e'$, die jener Kreis aus der Wand ausschneidet,

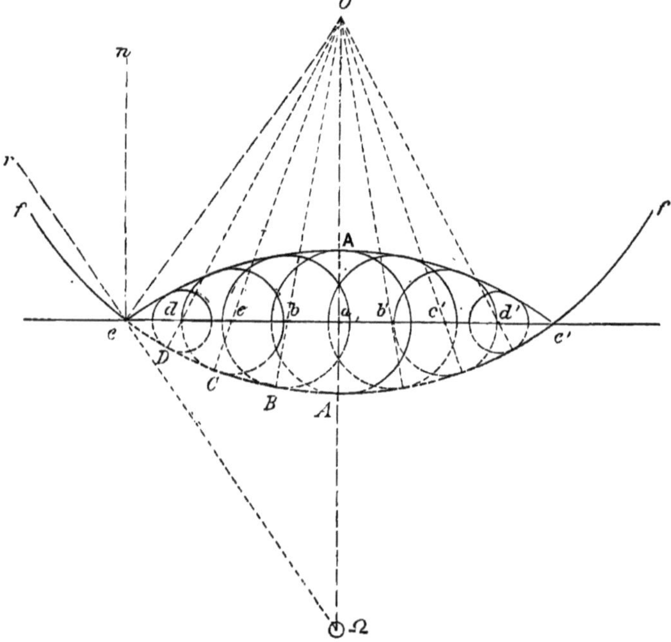

Fig. 175. Reflexion einer Welle.

so wird das in a befindliche Flüssigkeitsteilchen zuerst von der Welle getroffen, darauf die Teilchen b, $b' - c$, $c' - d$, $d' -$ zuletzt die Teilchen e, e'. In der Zeit, in der die Hauptwelle bis zu dem Kreis $e A e'$ fortschreiten würde, breiten sich die von den Teilchen a, b, b', c, c', d, d' ausgehenden Elementarwellen auf Kreise mit den Halbmessern $a A$, $B b$, $c C\, d D$ aus. Im Falle der Reflexion können von diesen Kreisen nur die rückwärts gewandten Teile in Betracht kommen, im Gegensatz zu dem Falle der fortschreitenden Welle, in dem wir nur die vorwärts liegenden Teile zu berücksichtigen hatten. Die umhüllende dieser Elementarwellen ist ein Kreisbogen $e A e'$, der zu dem Bogen $e A e'$ symmetrisch liegt mit Bezug auf die feste Wand. Sein Mittelpunkt liegt in dem zu O symmetrischen Punkte Ω. Hieraus folgt, daß zu der betrachteten Zeit die Welle aus zwei Teilen besteht, dem ungestörten Wellenkreise $f e - f' e'$, der noch nicht mit der Wand in Berührung gekommen ist, und dem von der Wand reflektierten Teil eAe'. Dieser reflektierte Teil besteht aus einem Kreisbogen, dessen Mittelpunkt Ω auf dem von dem Erschütterungszentrum auf die Wand gefällten Lote Oa gerade so weit hinter der Wand liegt, als O vor derselben. Der reflektierte Teil der Welle verhält sich demnach gerade so, als ob er zu einer Welle gehörte, die in einem zu dem Wellenzentrum mit Bezug auf die Wand symmetrischen Punkte erregt wäre.

In dem Punkte e ist die Fortschreitungsrichtung der ursprünglichen Welle gegeben durch den Radius Oe, die der reflektierten Welle durch $\Omega e r$; wir bezeichnen diese Richtungen als die Wellenstrahlen. Ziehen wir in dem Punkte e die Linie en senkrecht zu der reflektierenden Wand, so sind die Winkel Oen und ren gleich. Wir nennen en das Einfallslot, Oen den Einfalls-, ren den Reflexionswinkel und haben dann den Satz:

Trifft eine Welle auf eine ebene Wand, so wird sie so reflektiert, daß der Einfallswinkel gleich dem Reflexionswinkel ist.

§ 169. Stehende Wellen. Wir betrachten den Fall, daß in dem Erschütterungszentrum O eine stetige Folge von gleich langen Wellen erregt wird, die sich zu einem zusammenhängenden Wellenzuge verbinden. Wird dieser an einer geradlinigen Wand reflektiert, so entsteht ein zweiter aus den einzelnen reflektierten Wellen zusammengesetzter Zug. Dieser besteht ebenso wie der ursprüngliche aus kreisförmigen Wellen; das Zentrum Ω, von dem sie scheinbar ausgehen, liegt nach dem Vorhergehenden symmetrisch mit O zu der reflektierenden Wand. Die gleichzeitige Ausbreitung der beiden Wellenzüge auf der Oberfläche, die damit verbundene Durchkreuzung ihrer Berge und Täler gibt zu eigentümlichen Erscheinungen Veranlassung, deren Analogie bei den Seilwellen in § 106 behandelt worden ist. Wir bezeichnen diese Erscheinungen mit dem schon damals eingeführten Namen der Interferenz. Das Ergebnis der Durchkreuzung bestimmt sich nach dem Prinzip der Kombination mit Hilfe des in §§ 105 und 106 geschilderten Verfahrens. An jeder Stelle der Flüssigkeitsoberfläche ist die wirkliche Abweichung der Teilchen von ihrer Ruhelage gleich der algebraischen Summe der auf sie fallenden Ordinaten der verschiedenen sich durchkreuzenden Wellen. Wenn die Oberfläche der Flüssigkeit mit feinen Kräuselwellen bedeckt ist, und zugleich größere Wogen über sie hinrollen, so scheinen die letzteren mit einem Netze von feinen Wellen überzogen; diese Bemerkung enthält den Grund, weshalb man bei der Wellenbewegung das allgemeine Prinzip der Kombination als das der Superposition bezeichnet.

Kehren wir nun zurück zu der Untersuchung der durch Reflexion eines Wellenzuges bedingten Interferenz. Experimentell läßt sich die Erscheinung am besten mit Quecksilber darstellen, wenn man in O aus einem darüberstehenden Trichter einen feinen Strahl von Quecksilber einfließen läßt; es geht dann von O ein regelmäßiger Zug von Wellen aus, der, an den Wänden des das Quecksilber enthaltenden Gefäßes reflektiert, Interferenz erzeugt. Der von uns betrachtete Fall, daß die Flüssigkeitsoberfläche nur einseitig von einer geraden Wand begrenzt ist, kann natürlich nur näherungsweise realisiert werden, wenn man in einem eine große Oberfläche bietenden Gefäße das Erschütterungszentrum O relativ nahe an eine geradlinige Wand verlegt. Man erhält aber regelmäßige Interferenzerscheinungen auch bei allseitig begrenzten Flüssigkeitsoberflächen und hat in dem HUYGHENSschen Prinzip und dem daraus abgeleiteten Reflexionsgesetz ein Mittel, um den Verlauf der Erscheinung auch bei anscheinend sehr komplizierten Verhältnissen theoretisch zu verfolgen. Besonders einfach und regelmäßig gestaltet sich diese

Fig. 176. Stehende Wellen.

bei elliptischer Begrenzung, wenn das Erschütterungszentrum in den einen Brennpunkt der Ellipse fällt. Eine für diesen Fall von den Brüdern WEBER entworfene Zeichnung ist in Figur 176 reproduziert.

Wir betrachten schließlich ausführlicher nur noch die Verhältnisse, wie sie sich in der Nähe einer geradlinigen reflektierenden Wand in nicht zu großer Entfernung von der die Wellenzentren O und Ω (Fig. 175) verbindenden Linie gestalten. Die Wellen selbst können wir dann als parallel mit der Wand betrachten; der ursprüngliche und der reflektierte Wellenzug sind also ebenfalls einander parallel, ihre Wellenlänge ist dieselbe, aber ihre Fortpflanzungsrichtungen sind entgegengesetzt. Schneiden wir die beiden Wellenzüge durch eine vertikale Ebene nach der Linie $O\,\Omega$, so bieten sie in einem bestimmten Momente das in Fig. 177a dargestellte Bild; der direkte Wellenzug ist ausgezogen, der reflektierte gestrichelt. In den Punkten K_1, K_2, K_3, . . . sind die den einzelnen Wellen entsprechenden Ordinaten entgegengesetzt gleich, die in ihnen liegenden Flüssigkeitsteilchen befinden sich somit in ihrer Ruhelage; wir nennen diese Punkte Knotenpunkte; in den mitten zwischen ihnen liegenden Punkten B_1, B_2, B_3, . . . summieren sich die nach oben gerichteten Ordinaten der Berge, die nach unten gehenden der Täler; in ihnen sind die Teilchen der Flüssigkeit am weitesten in dem einen

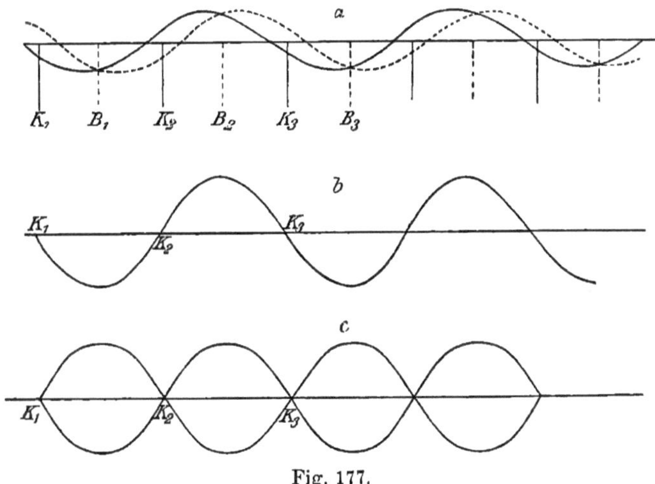

Fig. 177.

oder anderen Sinne von ihrer Ruhelage entfernt; wir nennen diese Punkte Schwingungsbäuche. Die Oberfläche der Flüssigkeit hat im Schnitt durch die Vertikalebene $O\,\Omega$ in dem betrachteten Augenblicke die Gestalt der ausgezogenen Kurve (Fig. 177 b). Wenn wir nun die Bewegung der Wellen weiter fortschreiten lassen, so schieben sich die Wellenlinien der Fig. 177a im entgegengesetzten Sinne mit gleicher Geschwindigkeit durcheinander. Man erkennt, daß in den Punkten K stets entgegengesetzt gleiche Ordinaten zusammentreffen, daß sie stets den Charakter von Knotenpunkten behalten, in denen die Flüssigkeitsteilchen in Ruhe sind. In den Bäuchen B dagegen schwanken die Teilchen am stärksten auf und ab, indem sie bald zu der doppelten Höhe des Berges einer einzelnen Welle erhoben, bald in die doppelte Tiefe ihres Tales hinabgezogen werden. Die extremen Gestalten, die der Durchschnitt $O\,\Omega$ dabei annimmt, sind in Fig. 177c gezeichnet. Übertragen wir dies auf den betrachteten Teil der Oberfläche der Flüssigkeit, so entsprechen den Punkten K Knotenlinien, die sich der Wand parallel über die Oberfläche hinziehen; in ihnen bleibt der Spiegel der Flüssigkeit in Ruhe; in den dazwischen liegenden Streifen schwankt der Spiegel auf und ab; so daß benachbarte Streifen sich stets in entgegengesetzten Schwingungsphasen befinden, der eine einen Wellenberg, der andere gleichzeitig ein Wellental bildet. Man bezeichnet diese Bewegung als **eine stehende Wellenbewegung oder stehende Schwingung. Die Entfernung zweier benachbarten Knoten oder zweier benachbarten Bäuche ist dabei gleich der halben Länge der interferierenden Wellen. Die Periode der Schwingung, die Zeit**, in der die Flüssigkeit in einem durch zwei Knotenlinien begrenzten Streifen von ihrer größten Erhebung durch das Tal hindurch wieder zu derselben Höhe zurückkehrt, ist gleich der Zeit, in der die Wellen ihre eigene Länge durchlaufen. **Bezeichnen wir jene Zeit einer ganzen Schwingung durch** T, **die Länge der Welle durch** l, **ihre Fort**pflanzungsgeschwindigkeit durch v, so ist $T = \dfrac{l}{v}$.

Bezeichnen wir die Anzahl der ganzen Schwingungen, welche der Flüssigkeitsspiegel in einer Sekunde ausführt, durch n, so ist diese **Schwingungszahl**:

$$n = \frac{v}{l}.$$

Der nahe Zusammenhang dieser Betrachtungen mit denen von § 106 liegt auf der Hand.

§ 170. Wellenbewegung in Gasen. Wenn wir in der Luft an irgend einer Stelle die gleichmäßige Verteilung des Druckes und der Dichtigkeit stören, indem wir etwa in einem kugelförmigen Bereiche die Luftteilchen nach außen drängen, so daß in ihm die Luft verdünnt, ringsherum verdichtet wird, so gibt dies Veranlassung zu einer Luftwelle, die sich kugelförmig von dem Störungspunkte aus verbreitet. Ebenso wie bei den Wasserwellen ist das, was sich in der Luftwelle ausbreitet, nicht ein Körper, sondern eben nur jene veränderte Verteilung der Dichtigkeit und des Druckes. Die Luftteilchen selbst führen eine schwingende Bewegung aus; in dem verdichteten Teile der Welle bewegen sie sich nach vorn, in der Richtung, in der die Welle sich ausbreitet; wenn sie in den verdünnten Teil gelangen, so schwingen sie zurück der Fortpflanzungsrichtung der Welle entgegen. Als charakteristisch für die Wellenbewegung in der Luft erscheint der Umstand, daß die Richtung, in der die Welle fortschreitet, mit der Schwingungsrichtung der Teilchen in dieselbe gerade Linie fällt. Wellenbewegungen von dieser Art nennt man **longitudinale Wellen.** Zwischen der reellen Bewegung der Luftteilchen und der virtuellen Bewegung der Welle besteht wieder die Beziehung, daß die Welle um ihre eigene Länge fortschreitet in der Zeit einer ganzen Schwingung der Teilchen. Ist T die Dauer einer ganzen Schwingung, n die Schwingungszahl, die Anzahl der Schwingungen in einer Sekunde, l die Wellenlänge und v die Fortpflanzungsgeschwindigkeit, so ist wieder:

$$T = \frac{l}{v} \quad \text{und} \quad n = \frac{v}{l}.$$

Die Anwendung der Newtonschen Prinzipien auf die Wellenbewegung der Luft oder der Gase überhaupt gelingt am leichtesten, wenn man eine in einer langen zylindrischen Röhre eingeschlossene Luftsäule betrachtet. Schließt man sie an dem einen Ende durch einen beweglichen Stempel ab, so kann man eine Welle in der Röhre erzeugen, indem man den Stempel einmal rasch vorwärts stößt; die vor dem Stempel ent-; stehende Verdichtung bewegt sich dann als Welle in der Röhre weiter ebenso kann man durch Zurückziehen des Stempels eine Verdünnungswelle, durch rasches Hin- und Zurückschieben eine aus Verdichtung und Verdünnung zusammengesetzte Welle erzeugen. Die Kraft, welche die einzelnen Teile der Luft in Bewegung setzt, resultiert aus den in der Röhre herrschenden Druckdifferenzen.

Nehmen wir (Fig. 178) die zwischen den Querschnitten $A\,B$ und $C\,D$ der Röhre eingeschlossene Luft-

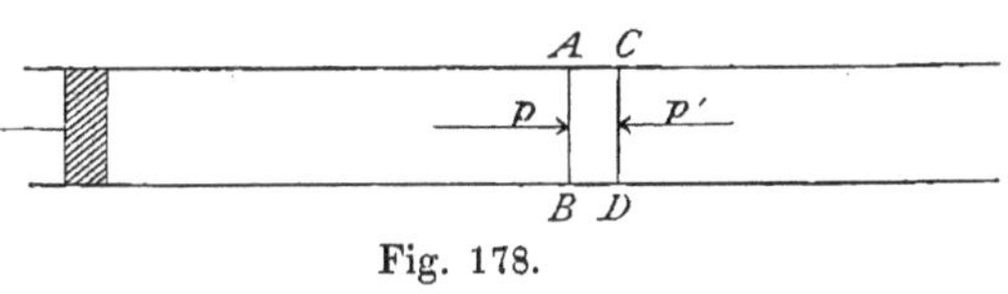

Fig. 178.

säule, so wird der auf ihre Endflächen wirkende Druck verschieden groß sein, so lange sich der Abschnitt $A\,B\,C\,D$ in der Welle befindet. Bezeichnen wir den auf $A\,B$ wirkenden Druck durch p, den auf $C\,D$ ausgeübten durch p', den Querschnitt der Röhre durch q, so wirkt auf die Säule $A\,B\,C\,D$ eine Kraft $q\,(p-p')$ im Sinne von A nach C. Ist δ die mittlere Dichte der in $A\,B\,C\,D$ enthaltenen Luft, a die von der wirkenden Kraft erzeugte Beschleunigung, so ist nach dem Prinzip der Masse:

$$A\,C \times q\,\delta \cdot a = q\,(p-p')$$

oder

$$\delta \cdot a = \frac{p-p'}{A\,C}.$$

Zu dieser Gleichung kommt zunächst noch die zwischen Druck und Dichtigkeit der Luft bestehende Beziehung hinzu; außerdem eine Gleichung für die Dichtigkeitsänderungen, welche durch die Bewegung der Luft herbeigeführt werden. Nimmt man an, daß die erstere Beziehung durch das Boyle-Mariottesche Gesetz gegeben sei, so liefert die weitere mathematische Behandlung der Gleichungen für die Fortpflanzungsgeschwindigkeit den Wert:

$$v = \sqrt{\frac{p}{\delta}}.$$

Dabei ist nun unter p der Druck der ruhenden Luft zu verstehen. Die Anwendung der Formel setzt voraus, daß Druck und Dichte in demselben Maßsystem ausgedrückt werden. Benützen wir das absolute System, so ist der Druck p in Dynen pro Quadratzentimeter anzugeben; δ bezeichnet die Masse der Volumeinheit in g. Benützen wir das technische System, so ist der Druck p durch die Anzahl der g-Gewichte auf das

Quadratzentimeter gegeben; die Dichte δ ist gleich dem spezifischen Gewichte σ dividiert durch die Beschleunigung der Schwere. Bei Zugrundelegung des technischen Systemes erhalten wir somit:

$$v = \sqrt{g\,\frac{p}{\sigma}}$$

oder mit Benützung der in § 139 eingeführten virtuellen Druckhöhe

$$v = \sqrt{g\,h},$$

eine Formel, die ebenso für irgend ein anderes Gas gilt, wie für Luft.

§ 171. **Die Schallgeschwindigkeit.** Die im vorhergehenden Paragraphen für die Fortpflanzungsgeschwindigkeit der Luftwellen gegebene Formel kann in sehr einfacher Weise geprüft werden, wenn man beachtet, daß jede Luftwelle, wenn sie zu unserem Ohre gelangt, die Empfindung eines Schalles hervorruft. Die Geschwindigkeit, mit der Wellen in der Luft sich fortpflanzen, ist somit keine andere als die Schallgeschwindigkeit. Diese kann bestimmt werden, wenn man auf zwei Stationen A und B Kanonen abfeuert und sowohl in A als in B die Zeit beobachtet, die zwischen der Wahrnehmung des Blitzes und der des Schalles vergeht; das Mittel aus den Beobachtungen gibt die Zeit, welche der Schall braucht, um die Strecke AB zu durchlaufen, unabhängig von der Geschwindigkeit eines etwa herrschenden Windes. Auf diese Weise ergab sich für die Fortpflanzungsgeschwindigkeit des Schalles oder der Luftwellen der Wert:

$$v = 33170 \text{ cm} \cdot \text{sec}^{-1}.$$

Setzen wir dagegen in die im vorhergehenden gegebene Formel die virtuelle Druckhöhe der Luft, 799 000 cm, ein, so ergibt sich:

$$v = \sqrt{981 \times 799\,000}$$

oder

$$v = 28\,000 \text{ cm} \cdot \text{sec}^{-1},$$

Zwischen Theorie und Erfahrung besteht hiernach eine sehr bedeutende Differenz. Der Grund davon wurde aufgeklärt durch Laplace. Jede Verdichtung der Luft ist mit einer Erwärmung, jede Verdünnung mit einer Abkühlung verbunden; bei der Wellenbewegung der Luft vollziehen sich aber diese Änderungen so schnell, daß ein Ausgleich der Temperaturunterschiede während der Schwingung nicht möglich ist. Das Boyle-Mariottesche Gesetz ist daher nicht gültig; an seine Stelle tritt eine andere Beziehung, deren Entwickelung eine Aufgabe der Wärmelehre ist. Aus der verbesserten Theorie ergibt sich dann für die Schallgeschwindigkeit in einem beliebigen Gase der Ausdruck

$$v = \sqrt{k\,\frac{p}{\delta}}\,.$$

Hier bezeichnet bei Zugrundelegung des absoluten Maßes p den Druck in Dynen pro qcm, δ die Dichte und k das Verhältnis der spezifischen Wärmen des Gases bei konstantem Druck und bei konstantem Volumen. Für Luft ist $k = 1 \cdot 411$.

DRITTES BUCH.

MOLEKULARERSCHEINUNGEN.

Einleitung.

§ 172. Molekularkräfte. Wir werden uns in den folgenden Abschnitten mit einer Gruppe von Erscheinungen befassen, die man, von gewissen theoretischen Vorstellungen ausgehend, als Molekularerscheinungen bezeichnet hat. An das NEWTONsche Gesetz hat man zunächst die Vermutung geknüpft, daß außer der Gravitation zwischen zwei Körpern A und B noch andere Wechselwirkungen existieren, die von der Entfernung abhängig sind. Ganz im allgemeinen ergibt sich dann folgendes. Wenn die Dimensionen von A und B sehr klein sind im Vergleich mit ihrer Entfernung, so kann eine zwischen ihnen vorhandene Wechselwirkung außer von der besonderen Beschaffenheit der Körper nur von ihrer Entfernung und etwa noch von deren zeitlichen Änderungen abhängig sein; die Richtung der Wechselwirkung muß mit der Richtung der Verbindungslinie zusammenfallen, die Körper müssen sich einfach anziehen oder abstoßen, wenigstens solange, als in ihrem Innern keine ausgezeichneten Richtungen existieren, die außerdem zu Direktionskräften Veranlassung geben. Abhängigkeit der Kraft von der relativen Geschwindigkeit oder Beschleunigung wurde von WILHELM WEBER angenommen, um die Erscheinungen der Elektrizität aus Fernwirkungen zu erklären; schließen wir diese Annahme aus, so kann die zwischen A und B vorhandene Wechselwirkung in eine Reihe entwickelt werden von der Form:

$$K = \frac{b}{r^2} + \frac{c}{r^3} + \frac{d}{r^4} + \cdots,$$

wo r die Entfernung ist, b, c, d gewisse, von der Beschaffenheit der Körper abhängige Konstanten bedeuten.

Das erste Glied repräsentiert die NEWTONsche Anziehung; die den folgenden entsprechenden Kräfte müssen gegen die Gravitation so klein sein, daß sie ihr gegenüber nicht bloß bei planetarischen Distanzen verschwinden, sondern auch in den kleinen Entfernungen, wie sie bei den Beobachtungen in Betracht kommen, durch welche die Gravitationskonstante bestimmt worden ist. Nun kann man fragen, wie weit muß die Entfernung zweier Körper verkleinert werden, damit außer der NEWTONschen Anziehung noch weitere Glieder der allgemeinen Reihe sich bemerkbar machen. Es zeigt sich, daß dies nicht der Fall ist, solange die Entfernung der Körper mit gewöhnlichen Hilfsmitteln meßbar ist. Erst bei unmittelbarer Berührung treten neue Wirkungen auf, die wir nun als Molekularwirkungen bezeichnen. Die NEWTONsche Vorstellung von fernwirkenden Kräften versagt unter diesen Verhältnissen, solange man sich die Körper als kontinuierlich den Raum erfüllend denkt. Erst die Annahme der molekularen Konstitution gewährt wieder die Möglichkeit, die bei unmittelbarer Berührung auftretenden Wirkungen auf einzelne Paare von Kräften zu reduzieren. Man hat demnach der ganzen von uns zu betrachtenden Klasse von Erscheinungen die Annahme zugrunde gelegt, daß die Körper im kleinen ähnlich wie die Weltsysteme im großen aus einzelnen Teilchen, den Molekülen, zusammengesetzt seien, die voneinander durch relativ große Zwischenräume getrennt sind, so daß man sie wie materielle Punkte behandeln kann. Diese Moleküle wirken aufeinander mit Kräften, die mit wachsender Entfernung rasch abnehmen; beschreibt man um den Mittelpunkt eines Moleküls A eine Kugel, deren Halbmesser gleich der größten Distanz ist, bis zu welcher die von ihm auf ein anderes Molekül ausgeübte Molekularkraft noch wirkt, so nennt man sie die Wirkungssphäre von A; jene größte Entfernung bezeichnet man als den Radius der Wirkungssphäre. Nach Versuchen von QUINCKE kann man den Radius der Wirkungssphäre etwa gleich 50×10^{-6} mm setzen. Mindestens auf eine solche Distanz müßte man also die Oberflächen zweier Körper einander nähern, um molekulare Wechselwirkungen zu erhalten. Die Annahme von der molekularen Konstitution und den zwischen den Molekülen wirkenden Kräften ist eine Hypothese, die sich in vielen Fällen als ein nützlicher Leitfaden erwiesen hat; sie enthält aber eine Reihe von willkürlichen Annahmen, deren Berechtigung keineswegs sichergestellt ist, und so sehr sie durch die dem Chemismus nahestehenden Erscheinungen der Lösung, der Absorption, endlich durch die Tatsachen der Chemie selbst gefordert zu werden scheint, darf sie nicht in dogmatischer Weise als eine ausgemachte Sache betrachtet werden. Es ist daher wünschenswert, die Gruppe der Molekularerscheinungen noch unter einem anderen, allgemeineren Gesichtspunkte zusammenzufassen. Ein solcher ergibt sich aus der Betrachtung der ihnen zugrunde liegenden Energieformen. Die Energie erscheint bei ihnen gebunden an die einzelnen Volum- oder Oberflächenelemente der Körper und hängt mit direkt meßbaren Änderungen der geometrischen Verhältnisse zusammen Man kann sagen, daß den Erscheinungen der Gravitation eine Distanzenergie, den Molekularerscheinungen eine Volum- oder Oberflächenenergie zugrunde liege[1], eine Bemerkung, die in der folgenden Darstellung selbst ihre Begründung finden wird.

---

[1] OSTWALD, Studien zur Energetik. II. Grundlinien der allgemeinen Energetik. Ber. d. Kgl. sächs. Ges. d. Wiss. Math.-Phys. Kl. 1892. p. 211.

Erstes Kapitel. Molekularerscheinungen fester Körper.

§ 173. Elastizität; spezielle Gesetze. Wenn man einen prismatischen Stab oder einen Draht belastet, so wird er verlängert, gebogen oder gedreht, je nachdem die Last wirkt. Wenn man das angehängte Gewicht wieder entfernt, so kehrt er zu seiner ursprünglichen Form zurück. Man bezeichnet diese Eigenschaft eines Körpers, nach Fortfall der deformierenden Ursache seine ursprüngliche Gestalt wieder anzunehmen, als seine Elastizität. Wir betrachten im folgenden die für gewisse spezielle Formänderungen geltenden Gesetze.

Elastizität der Ausdehnung. Die Länge des Stabes (Fig. 179) sei a; der Querschnitt sei rechteckig mit den Kantenlängen b und c; der Stab sei an seinem oberen Ende festgeklemmt, an seinem unteren belastet; die ganze in der Richtung der Länge a wirkende Zugkraft sei P_1, die auf die Flächeneinheit kommende „Spannung" $p_1 = \dfrac{P_1}{bc}$; die Verlängerung der Kante a sei gleich α. Als Dilatation λ bezeichnen wir dann das Verhältnis der Verlängerung zu der ursprünglichen Länge; $\lambda = \dfrac{\alpha}{a}$. Die Beobachtung führt dann zu folgendem Gesetze für die Verlängerung:

$$\alpha = \frac{1}{E} \cdot \frac{P_1}{b\,c} \cdot a\,.$$

Hier ist E eine der Substanz des Stabes eigentümliche Konstante, der **Elastizitätsmodul der Ausdehnung.** Zwischen der Spannung und der Dilatation besteht dementsprechend die Beziehung

$$\lambda = \frac{p_1}{E}\,.$$

Wenn wir auf das Prisma nicht einen Zug, sondern einen Druck in der Richtung a ausüben, so tritt an Stelle der Verlängerung eine Verkürzung, an Stelle der Dilatation eine Kontraktion, aber die Beziehung

$$\lambda = \frac{p_1}{E}$$

bleibt dieselbe, wenn wir jetzt unter λ die Kontraktion, unter p_1 den Druck auf die Flächeneinheit verstehen.

Wird das Prisma durch einen in der Richtung a ausgeübten Zug gedehnt, so ist mit der Verlängerung α eine Verkürzung der Kanten des Querschnittes verbunden, die sogenannte Querkontraktion. Sind β und γ diese Verkürzungen für die Kanten b und c, so sind die Kontraktionen gegeben durch die Verhältnisse

$$\mu = \frac{\beta}{b} \quad \text{und} \quad \nu = \frac{\gamma}{c}\,.$$

Sie sind bei isotropen Körpern einander gleich, und ihr Verhältnis zu der Längsdilatation

$$\lambda = \frac{\alpha}{a}$$

stellt eine zweite dem Stabe eigentümliche Konstante dar. Bezeichnen wir dieses Verhältnis der Querkontraktion zu der Längsdilatation durch $\varkappa$, so ist

$$\mu = v = \varkappa\,\lambda.$$

Die Abhängigkeit der Querkontraktion von der Spannung in der Richtung der Kante a ist somit durch die Formel gegeben:

$$\frac{\beta}{b} = \frac{\gamma}{c} = \frac{\varkappa}{E}\,p_1\,.$$

Diese Gesetze gelten ebenso bei anderen Formen des Stabquerschnittes; die Querkontraktion ist dann allgemeiner gleich dem Verhältnis, in dem die Verkürzungen seiner Querdimensionen zu den ursprünglichen Werten selbst stehen.

Lassen wir gleichzeitig auf alle drei Seitenflächen eines Prismas Spannungen wirken, p_1 auf die Fläche $b\,c$, p_2 auf $c\,a$ und p_3 auf $a\,b$, so superponieren sich die den einzelnen entsprechenden Dilatationen und Kontraktionen, und man erhält so zur Berechnung der resultierenden Wirkungen die Formeln:

$$\lambda = \frac{a}{\alpha} = \quad \frac{1}{E}\,p_1 - \frac{\varkappa}{E}\,p_2 - \frac{\varkappa}{E}\,p_3$$

$$\mu = \frac{\beta}{b} = -\,\frac{\varkappa}{E}\,p_1 + \frac{1}{E}\,p_2 - \frac{\varkappa}{E}\,p_3$$

$$v = \frac{\gamma}{c} = -\,\frac{\varkappa}{E}\,p_1 - \frac{\varkappa}{E}\,p_2 + \frac{1}{E}\,p_3\,.$$

Hier sind α, β, γ die ganzen Verlängerungen, die durch das Zusammenwirken der drei verschiedenen Züge erzeugt werden; die Spannungen p_1, p_2, p_3 sind, wie immer, berechnet für die Flächeneinheit.

Biegungselastizität. Ein prismatischer Stab von der Breite a und der Höhe b werde an seinen Enden auf zwei feste Schneiden aufgelegt und in der Mitte mit einem Gewichte P belastet; die Mitte senkt sich dadurch um eine Strecke s (Fig. 180). Ist die Entfernung der Schneiden gleich l, so gilt das Gesetz:

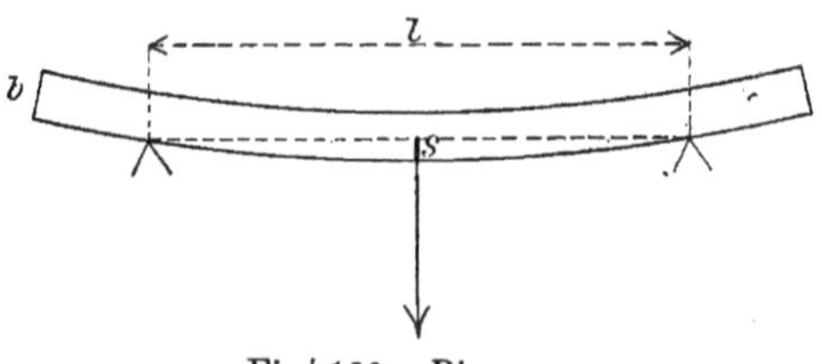

Fig. 180. Biegung.

$$s = \frac{1}{4\,E}\cdot\frac{l^3}{a\,b^3}\cdot P\,.$$

Torsionselastizität. Ein Draht mit kreisförmigem Querschnitt von dem Halbmesser r werde vertikal aufgehängt und an seinem oberen Ende fest eingeklemmt (Fig. 181). Auf das freie untere Ende wirke in horizontalem Sinne das Drehungsmoment D. Der Draht wird dadurch um einen Winkel φ gedrillt, der in Bogenmaß gegeben ist durch die Formel:

$$\varphi = \frac{2}{\pi} \cdot \frac{1}{T} \cdot \frac{l}{r^4} D \cdot$$

Hier bezeichnet l die Länge des Drahtes, T eine von seiner Natur abhängende Konstante, den Torsionsmodul. Zwischen diesem und den bei der Ausdehnung eingeführten Konstanten besteht die Beziehung:

$$T = \frac{1}{2} \cdot \frac{E}{1 + \varkappa} \cdot$$

Verbindet man Beobachtungen über Ausdehnung oder Biegung mit solchen über Torsion, so kann man darnach die beiden elastischen Konstanten E und $\varkappa$ bestimmen.

§ 174. Numerische Werte. Bei der Ausdehnungselastizität bestand zwischen der Dilatation und dem Zuge die Beziehung

$$\lambda = \frac{p_1}{E} \cdot$$

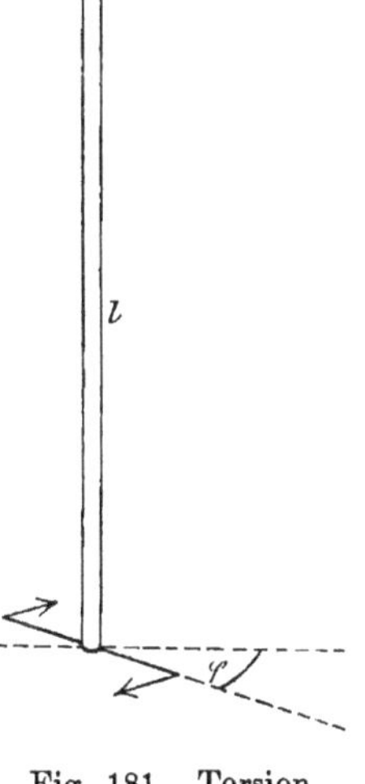

Fig. 181. Torsion.

Die Dilatation ist das Verhältnis zweier Längen, also eine reine Zahl; es muß somit auch der auf der rechten Seite stehende Bruch eine reine Zahl, in den Einheiten der Länge, Masse und Zeit von der Dimension Null sein. Daraus folgt, daß der Elastizitätsmodul im absoluten Maße die Dimension einer Spannung oder eines Druckes besitzt; seine Dimensionsgleichung ist somit nach § 127:

$$[E_a] = l^{-1} m \, t^{-2}.$$

Der Index a ist hier eingefügt, um anzudeuten, daß bei der Berechnung von E die Einheiten des absoluten Systems zugrunde gelegt werden.

Das Verhältnis der Querkontraktion zu der Längsdilatation ist natürlich eine reine Zahl, somit hat der Torsionsmodul T dieselbe Dimension wie der Elastizitätsmodul der Ausdehnung. Messen wir in der Formel

$$\lambda = \frac{p_1}{E}.$$

Spannung oder Druck nach Dynen pro Quadratzentimeter, so erhalten wir den Wert des Elastizitätsmodul E im absoluten cm·g·sec-System. Messen wir in der Formel

$$\varphi = \frac{2}{\pi} \cdot \frac{1}{T} \cdot \frac{l}{r^4} D$$

die in Betracht kommenden linearen Dimensionen nach Zentimetern, die das Drehungsmoment D erzeugende Kraft nach Dynen, so ergibt sich auch der Torsionsmodul T in Einheiten des absoluten cm·g·sec-System. Wir bezeichnen die so berechneten Moduln, entsprechend der vorigen Bemerkung, durch E_a und T_a; die Dimensionsgleichungen sind:

$$[E_a] = \mathrm{cm}^{-1} \cdot \mathrm{g} \cdot \mathrm{sec}^{-2}$$
$$[T_a] = \mathrm{cm}^{-1} \cdot \mathrm{g} \cdot \mathrm{sec}^{-2}.$$

In der Technik rechnet man bei der Bestimmung der Elastizitätsmoduln die Spannung nach kg-Gewichten pro Quadratmillimeter. Verstehen wir unter E den in diesem technischen Maße ausgedrückten Elastizitätsmodul der Ausdehnung, so ergibt sich seine Beziehung zu dem Werte E_a im absoluten System in folgender Weise. Es ist nach § 70 1 Dyne $= \frac{1}{981000}$ kg-Gewichten. Um also die Spannung von Dynen zu reduzieren auf kg-Gewichte, müssen wir den Wert E_a dividieren durch 981000; wollen wir ferner die Spannung statt auf das Quadratzentimeter auf das Quadratmillimeter beziehen, so müssen wir noch weiter dividieren durch 100; somit ergibt sich für den Modul in technischem Maße:

$$E = \frac{E_a}{98\,100\,000}\,, \text{ und umgekehrt } E_a = 98\,100\,000\ E.$$

Daß die Reduktion auch für den Torsionsmodul in derselben Weise sich gestaltet, sieht man leicht, wenn man für das Drehungsmoment D das Produkt aus Kraft P und Hebelarm a einführt und die Gleichung der Drillung so schreibt:

$$\varphi = \frac{2\,l\,a}{r^2} \cdot \frac{1}{T} \cdot \frac{P}{\pi\,r^2}\,.$$

Die folgende Tabelle enthält für eine Reihe von Metallen die Werte der besprochenen Konstanten:[1]

	$E\ \dfrac{\text{kg·Gew.}}{\text{mm}^2}$	$T\ \dfrac{\text{kg·Gew.}}{\text{mm}^2}$	$\varkappa$
Mg	4260	1710	0·24
Al	6570	2580	0·26
Fe	12800	5210	0·23
Ni	20300	7820	0·28
Cu	10800	4780	0·13
Zn	10300	3880	0·33
Ag	7790	2960	0·31
Cd	7070	2450	0·44
Sn	5410	1730	0·50
Au	7580	2850	0·33
Bi	3190	1240	0·34.

Mit Rücksicht auf ihre vielfache praktische Verwendung fügen wir hinzu:

	E	T	$\varkappa$
Stahl	20000	8070	0·26
Messing	9220	3700	0·25
Bronze	10600	4060	0·31.

Für einige dichte Mineralien haben sich die folgenden Werte ergeben:

	E	T	$\varkappa$
Solnhofer Lithographenstein	5890	2350	0·25
Feuerstein	7600	3520	0·08
Opal	3880	1880	0·06.

---

[1] W. Voigt, Bestimmung der Elastizitätskonstanten einiger quasi-isotroper Metalle durch langsame Schwingung von Stäben. Wied. Ann. Bd. 48. 1893. p. 674.

Man kann die Konstante E bezeichnen als die zur Verdoppelung der Länge dienende Spannung; der Versuch ist natürlich nicht ausführbar, die entsprechende Definition von E aber doch nützlich wegen des anschaulichen Bildes, das sie mit den Zahlen der Tabelle verbindet.

§ 175. Allgemeine Theorie der Elastizität. Auf Grund der speziellen Resultate, mit denen wir uns im ersten Teile von § 173 beschäftigt haben, ist es möglich, zu einer allgemeinen Theorie zu gelangen, mit Hilfe deren die Formänderungen elastischer Körper auch unter komplizierteren Bedingungen im voraus berechnet werden können.

Nehmen wir einen Körper von beliebiger Form, der irgend welchen deformierenden Ursachen unterworfen wird. In seinem Innern herrschen Spannungen oder Drucke, ähnlich wie in einer schweren Flüssigkeit. Um eine unnötige Schwerfälligkeit des Ausdruckes zu vermeiden, werden wir zunächst nur von Drucken sprechen, welche die aneinandergrenzenden Teile des Körpers wechselseitig aufeinander ausüben; aber unsere Sätze gelten ebenso für Spannungen und Dilatationen, wie für Drucke und Kontraktionen. Während nun bei einer Flüssigkeit der Druck von der Richtung, in der er wirkt, unabhängig ist, hängt der Druck im Innern eines festen Körpers von der Lage der Fläche ab, auf die er ausgeübt wird. Damit hängt zusammen, daß an einer Stelle A im Innern des Körpers der Druck im allgemeinen nicht senkrecht gegen eine durch A gelegte Fläche F gerichtet ist, sondern schief

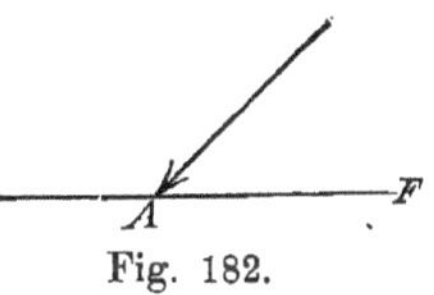

Fig. 182.

(Fig. 182); er besitzt eine in der Fläche selbst liegende Komponente, welche die in F aneinandergrenzenden Teile des Körpers gleitend gegen einander zu verschieben sucht. Man bezeichnet eine derartige Kraft als eine scherende, und wir haben also im allgemeinen in dem Innern der festen Körper nicht bloß mit normalen Drucken, sondern auch mit diesen Scherkräften zu rechnen.

Nun ergibt sich aber, daß an jeder Stelle A drei zu einander senkrechte Flächen F_1, F_2 und F_3 sich finden lassen, so daß auf sie nur normale Drucke, keine Scherkräfte wirken. Die zu den Flächen F_1, F_2, F_3 senkrechten Richtungen dieser Drucke bezeichnen wir als **Hauptdruckachsen**, die entsprechenden Drucke p_1, p_2, p_3 selbst als die **Hauptdrucke**. Bei einem Körper, der beliebigen äußeren Kräften unterworfen ist, ändern die Hauptdruckachsen von einer Stelle zu der anderen ihre Richtung. Es existiert daher im allgemeinen im Innern des Körpers ein System von drei sich unter rechten Winkeln kreuzenden Linien, die den Verlauf der Hauptdruckachsen darstellen. Zerschneidet man den Körper in Gedanken in Prismen, deren Kanten durch Kurven der Hauptdrucke gebildet werden, so wirken an keiner Schnittfläche Kräfte, die eine Scherung, eine gleitende Verschiebung der Prismen gegeneinander zu bewirken suchen. Wäre der Körper nach allen Richtungen in der Tat nur auf Druck in Anspruch genommen, so könnte man ihn in der angegebenen Weise wirklich durchschneiden, ohne daß der Zusammenhang gelockert würde. Dadurch wird verständlich, weshalb die konstruktiven Elemente bei Maschinen, bei den Knochen des menschlichen Körpers den Kurven der Hauptdrucke angepaßt sind.

Zur Erläuterung diene noch Figur 183. Sie entspricht dem Falle eines ausgedehnteren Körpers, der von einer ebenen Fläche begrenzt ist. Auf diese werde in A von außen her ein normaler Druck ausgeübt. Die Figur zeigt die Kurven der Hauptdrucke in einer durch die Richtung des äußeren Druckes gelegten Ebene. Man sieht an der Richtung der Pfeile, daß die Prismen, in welche der Körper durch jene Kurven zerschnitten wird, in seinem mittleren Teile in der einen Richtung auf Druck, in der dazu senkrechten auf Zug beansprucht werden. [1]

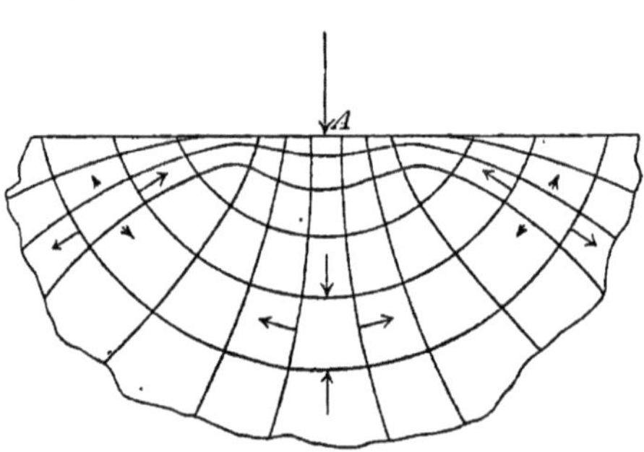

Fig. 183.
Kurven der Hauptdrucke.

Wenden wir uns nun zu der Betrachtung der durch äußere Kräfte im Innern des Körpers erzeugten Deformationen. Wenn wir einen Streifen von Kautschuk aufhängen und belasten, so wird ein Kreis, den wir vorher auf die Oberfläche gezeichnet hatten, infolge der Längsdilatation und Querkontraktion, zu einer Ellipse verzerrt. Allgemein wird eine Kugel, die wir um einen Punkt A im Innern eines Körpers konstruieren, in ein dreiachsiges Ellipsoid verwandelt. Damit sind nun wieder drei ausgezeichnete Richtungen an der Stelle A gegeben, die Achsen X, Y, Z jenes Ellipsoides, die Hauptdilatationsachsen (Fig. 184). Schneiden wir um den Punkt A ein Prisma aus, dessen den Hauptdilatationsachsen parallele Kanten ursprünglich die Längen a, b, c, nach der Deformation die Längen $a + \alpha$, $b + \beta$, $c + \gamma$ besitzen, so nennen wir die Dilatationen

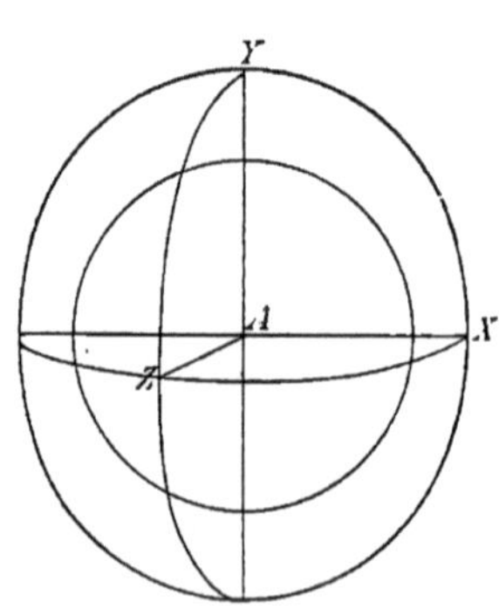

Fig. 184.
Deformationsellipsoid.

$$\lambda = \frac{\alpha}{a}, \quad \mu = \frac{\beta}{b}, \quad \nu = \frac{\gamma}{c}$$

die Hauptdilatationen. Nun verhält sich aber ein solches Prisma gerade so wie das in § 173 betrachtete; auf seine Seitenflächen wirken also normale Spannungen p_1, p_2, p_3, welchen die Dilatationen λ, μ, ν entsprechen. Wir werden

---

[1] H. Hertz, Über die Berührung fester elastischer Körper und über die Härte. 1882. Ges. Werke Bd. I. p. 174.

somit annehmen müssen, daß die Richtungen der Hauptdrucke oder Spannungen, von den besonderen Verhältnissen der Kristalle abgesehen, mit denen der Hauptdilatationen zusammenfallen und daß zwischen ihnen die in § 173 aufgestellten Beziehungen bestehen:

$$\lambda = \frac{1}{E}\, p_1 - \frac{\varkappa}{E}\, p_2 - \frac{\varkappa}{E}\, p_3$$

$$\mu = -\frac{\varkappa}{E}\, p_1 + \frac{1}{E}\, p_2 - \frac{\varkappa}{E}\, p_3$$

$$\nu = -\frac{\varkappa}{E}\, p_1 - \frac{\varkappa}{E}\, p_2 + \frac{1}{E}\, p_3\,.$$

Auf die weitere mathematische Behandlung dieses Ansatzes und seine Anwendung zu der Lösung allgemeinerer Probleme der Elastizitätslehre gehen wir nicht ein. Nur auf einen aus der Theorie sich ergebenden Zusammenhang wollen wir noch hinweisen. Wenn wir einen elastischen Körper einem allseitig gleichen Drucke p unterwerfen, so wird er zusammengedrückt; die räumliche Kompression messen wir durch das Verhältnis der Volumabnahme ω zu dem ursprünglichen Volumen v; sie ist dem Drucke p proportional und kann daher durch die folgende Formel dargestellt werden:

$$\frac{\omega}{v} = \frac{p}{C}\,.$$

Hier bezeichnen wir die Konstante C als den **Kompressionsmodul** oder **Modul der Volumelastizität**. Aus den vorstehenden Formeln folgt, daß sich C durch den Elastizitätsmodul der Ausdehnung und durch das Verhältnis der Querkontraktion zur Längsdilatation in folgender Weise ausdrückt:

$$C = \frac{1}{3} \cdot \frac{E}{1 - 2\varkappa}\,.$$

Würde $\varkappa = 0{\cdot}5$, so würde die räumliche Kompression 0, für $\varkappa > 0{\cdot}5$ würde sie negativ. Schließt man die Fälle, in denen allseitiger Druck räumliche Dilatation, einseitiger Zug Querdilatation erzeugt, aus, so ergibt sich, daß der Wert von $\varkappa$ zwischen den Grenzen 0 und $0{\cdot}5$ liegen muß.

§ 176. Energiegehalt eines deformierten elastischen Körpers. Wir wenden uns nun zu der schon in § 172 berührten Frage nach dem Energiegehalt eines elastisch deformierten Körpers. Einen solchen, z. B. einen gebogenen oder tordierten Stab, können wir nach dem vorhergehenden Paragraphen in Prismen zerlegen, deren Kanten von Kurven der Hauptdrucke gebildet werden. Im nicht deformierten Zustand haben wir die Kanten eines solchen Prismas bezeichnet durch a, b, c. Die Deformation wollen wir uns so entstanden denken, daß zuerst auf die Fläche bc eine Spannung ausgeübt wird, die von dem Werte Null allmählich bis zu dem Betrage p_1 steigt. Gleichzeitig findet in der Richtung der zu bc senkrechten Kanten a eine Dilatation λ statt, so daß die Verlängerung der Kanten gleich $a\lambda$ ist. Die Kraft, unter deren Wirkung diese Verlängerung des Prismas entsteht, ist zu Anfang Null, am Schlusse $p_1 \cdot bc$, im Mittel $\frac{1}{2}p_1 \cdot bc$; die von ihr bei der Verlängerung geleistete Arbeit ist $\frac{1}{2}p_1 \cdot bc \cdot \lambda a = \frac{1}{2}p_1 \lambda abc$; wenn auf die anderen Seitenflächen der Prismen die Spannungen p_2 und p_3 wirken, und die Dilatationen in der Richtung der Kanten b und c wie früher durch μ und v bezeichnet werden, so ist die ganze von den Druckkräften geleistete Arbeit gleich

$$\tfrac{1}{2}(p_1 \lambda + p_2 \mu + p_3 v)\, abc.$$

Hier muß man für λ, μ, v die ganzen schließlich vorhandenen Dilatationen setzen; denn die durch einen Zug bedingten Querkontraktionen konsumieren Arbeit, wenn auch auf die sich kontrahierenden Flächen ein Zug wirkt. Die ganze geleistete Arbeit hat sich verwandelt in eine in dem Prisma abc aufgespeicherte Energie, die dem Volumen des Prismas proportional ist. Für die auf die Volumeinheit bezogene Energie ergibt sich der Wert

$$\Omega = \tfrac{1}{2}(p_1 \lambda + p_2 \mu + p_3 v);$$

setzen wir hier für λ, μ, v die im vorhergehenden Paragraphen gegebenen Werte, so drückt sich die elastische Energie der Volumeinheit aus durch die Formel:

$$\Omega = \frac{1}{2E}\left(p_1{}^2 + p_2{}^2 + p_3{}^2\right) - \frac{\varkappa}{E}\left(p_1 p_2 + p_2 p_3 + p_3 p_1\right).$$

Man kann aber die früheren Formeln auch nach p_1, p_2 p_3, als unbekannten Größen auflösen und diese durch λ, μ, v ausdrücken. Dann ergibt sich die elastische Energie in Übereinstimmung mit einer früheren Bemerkung als Funktion der Deformationen. Ein Beispiel von Rückverwandlung elastischer Energie in Arbeit gibt uns die Feder einer Taschenuhr, welche beim Ablaufen sich entspannt und die Uhr den Reibungswiderständen entgegen im Gange erhält.

§ 177. **Zur Molekulartheorie der Elastizität.** Die Theorie der molekularen Konstitution der festen Körper setzt voraus, daß ihre kleinsten Teilchen im natürlichen Zustand in ganz bestimmten Punkten im stabilen Gleichgewichte sich befinden. Im natürlichen Zustand wirken aber nur die Wechselkräfte der Moleküle, und diese müssen also bei einer bestimmten Anordnung der Moleküle stabiles Gleichgewicht zur Folge haben. Es scheint dies kaum auf andere Weise möglich, als dadurch, daß jene Wechselwirkungen abstoßende sind, wenn die Entfernung der Moleküle unter eine gewisse Grenze sinkt, anziehende, wenn sie diesen kritischen Wert übertrifft.

Wenn man annimmt, daß die Moleküle nach allen Seiten gleiche Kräfte ausüben, wie homogene Kugeln, so ergibt sich aus der Molekulartheorie für die Konstante $\varkappa$ der Wert 0·25. Wenn dies nach der in § 174 gegebenen Tabelle im allgemeinen nicht der Fall ist, so folgt, daß die Wirkungen der Moleküle einen polaren Charakter besitzen, daß sie nicht bloß von der Entfernung, sondern auch von der Orientierung abhängen, die gewisse ausgezeichnete, mit den Molekülen verbundene Achsen gegen die Entfernung besitzen.

§ 178. Elastizität der Kristalle. Die in den vorhergehenden Paragraphen aufgestellten Gesetze gelten für sogenannte isotrope Körper, die nach allen Richtungen hin dieselben Eigenschaften zeigen. Bei den Kristallen sind die elastischen Eigenschaften von der Richtung im Kristall abhängig; die Hauptdilatationen fallen mit den Hauptdrucken im allgemeinen nicht zusammen; die Zahl der elastischen Konstanten ist eine um so größere, je geringer die Symmetrie des Kristalles; die Erscheinungen werden in entsprechendem Maße verwickelt.

Wir beschränken uns auf einige Angaben, welche die elastischen Eigenschaften des Quarzes betreffen; diese sind von einem gewissen Interesse, da man Fäden von geschmolzenem und dann freilich isotropem Quarz vorteilhaft verwendet, um einen Körper so aufzuhängen, daß er um eine vertikale Achse sich drehen kann und nach seiner Gleichgewichtslage mit einer sehr kleinen Direktionskraft zurückgetrieben wird. So hat man zu der Konstruktion der in § 89 erwähnten Drehwage Quarzfäden benützt. Der Quarz kristallisiert im rhomboëdrischen System; bei allen Kristallen erscheint als Grundform eine regelmäßige sechsseitige Säule (Fig. 185); ihre Achse bezeichnen wir als die Achse Z; durch sie gehen senkrecht zu den Seiten der Säule drei Ebenen, mit bezug auf welche die elastischen Eigenschaften symmetrisch

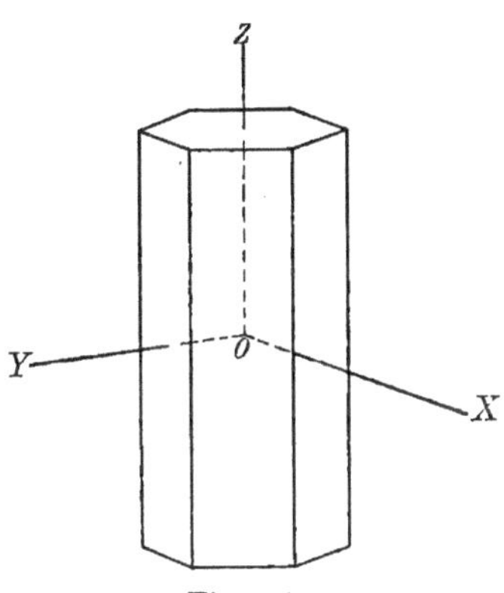

Fig. 185.
Säule des Quarzes.

sind. Eine von der Mitte O der Z-Achse in einer dieser Symmetrieebenen senkrecht zu OZ gezogene Linie bezeichnen wir als die Y-Achse; endlich ziehen wir noch die zu OZ und OY senkrechte Linie OX, die X-Achse.

Schneiden wir aus dem Kristall einen Zylinder, dessen Längsrichtung mit der Z-Achse zusammenfällt, so ist für diesen der Elastizitätsmodul der Ausdehnung

$$E^0 = 10\,300,$$

des Modul der Torsion

$$T^0 = 5080.$$

Die Werte beziehen sich auf das technische Maßsystem; es wird also der Druck in kg-Gewichten für das Quadratmillimeter angegeben.

Schneiden wir aus dem Kristall einen Zylinder, dessen Längsrichtung zu der Achse senkrecht steht, also irgendwie in der Ebene XY gelegen ist, so hat der Elastizitätsmodul der Ausdehnung den Wert

$$E' = 7850,$$

der Modul der Torsion den Wert

$$T' = 4130.$$

Wenn man die Längsrichtung des Zylinders durch eine Drehung

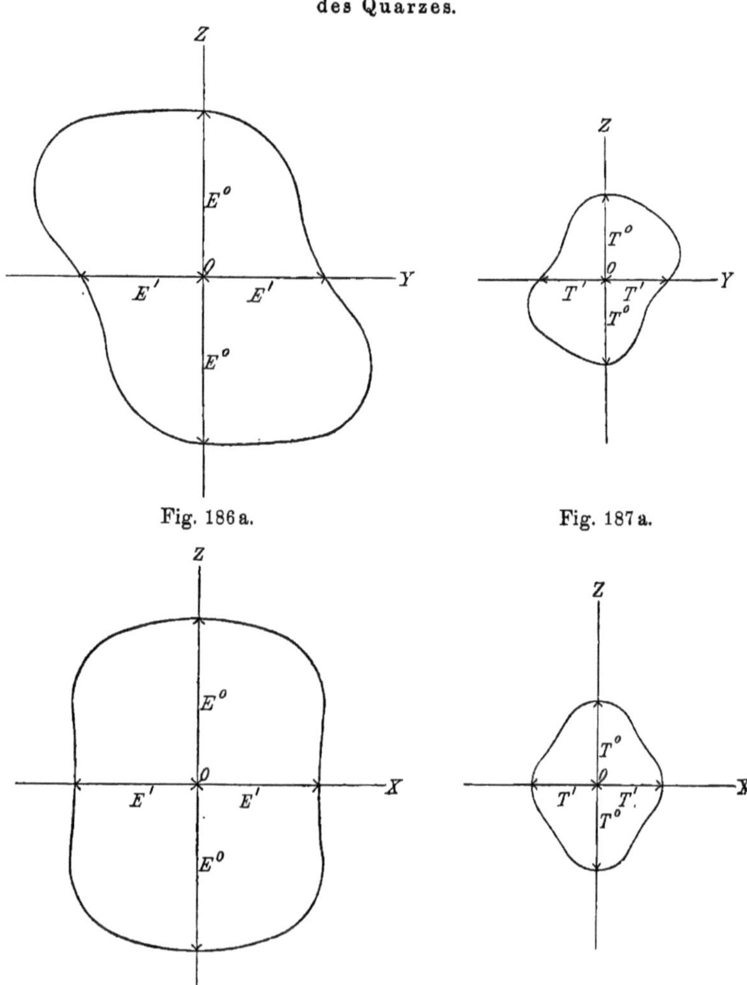

Ausdehnungsmoduln   Torsionsmoduln
des Quarzes.

Fig. 186 a.

Fig. 187 a.

Fig. 186 b.

Fig. 187 b.

um die X-Achse allmählich aus der mit der Z-Achse parallelen Stellung in die Richtung der Y-Achse übergehen läßt, so verändert sich der Elastizitätsmodul stetig. Man gewinnt von der Änderung ein anschauliches Bild, wenn man auf den verschiedenen Richtungen der Zylinderachse

Strecken abträgt, die den entsprechenden Elastizitätsmoduln numerisch gleich sind. Auf diese Weise ergibt sich für den Ausdehnungsmodul die in Figur 186a gezeichnete, in der Symmetrieebene ZY liegende Kurve. Man sieht, daß die Moduln bei gleicher Neigung der Zylinderachse gegen die Z-Achse verschieden sind, je nachdem die Längsrichtung des Zylinders in dem vorderen oder hinteren Quadranten liegt. Bei Zylindern, deren Längsrichtung der XZ-Ebene angehört, fällt dieser Unterschied weg, hier muß die Kurve, durch welche die Werte der Ausdehnungsmoduln graphisch dargestellt werden, notwendig gegen die beiden Achsen Z und X symmetrisch sein; dies wird durch die in Figur 186b gegebene graphische Darstellung bestätigt. Die Figuren 187a und 187b geben die entsprechenden Bilder für die Torsionsmoduln von Zylindern, deren Achse in der Symmetrieebene YZ oder in der dazu senkrechten Ebene XZ beliebig gegen die kristallographische Hauptachse des Quarzes geneigt sind. [1]

§ 179. Wellenbewegung in einem isotropen elastischen Körper. In einem isotropen elastischen Körper möge an irgend einer Stelle das Gleichgewicht durch eine vorübergehende Verschiebung oder Erschütterung der Teilchen gestört werden. Diese Stelle wird dann Ausgangspunkt einer Wellenbewegung, ähnlich derjenigen in einem Gase, dessen Dichte in einem kleinen Bezirke eine vorübergehende Veränderung erlitten hatte. Während aber in einem Gase nur longitudinale Wellen möglich sind, können in einem festen elastischen Körper sowohl longitudinale, wie transversale Wellen fortschreiten. Bei den ersteren fällt die Richtung, in der sich die Elemente des elastischen Körpers bewegen, zusammen mit der Ausbreitungsrichtung der Wellen, Verschiebungen senkrecht zu dieser Richtung sind nicht vorhanden; die Welle ist mit einseitigen Kontraktionen und Dilatationen in der Ausbreitungsrichtung verbunden. Bei den transversalen Wellen stehen die Verschiebungen auf der Richtung der Wellenfortpflanzung senkrecht, räumliche Dilatationen oder Kontraktionen sind nicht vorhanden. Die theoretische Untersuchung der Bewegung gibt für die Geschwindigkeit der longitudinalen Wellen den Ausdruck:

$$\sqrt{\frac{2T}{\delta} \cdot \frac{1-\varkappa}{1-2\varkappa}} \quad \text{oder} \quad \sqrt{\frac{3C}{\delta} \cdot \frac{1-\varkappa}{1+\varkappa}} \,.$$

Hier bezeichnet T wie früher den Elastizitätsmodul der Torsion, C den Kompressionsmodul, $\varkappa$ das Verhältnis von Querkontraktion zu Längsdilatation, δ die Dichte des elastischen Körpers. Für die Fortpflanzungsgeschwindigkeit der Transversalwellen ergibt sich der sehr viel einfachere Ausdruck:

$$\sqrt{\frac{T}{\delta}} \,.$$

---

[1] W. Voigt, Bestimmung der Elastizitätskonstanten von Beryll und Bergkristall. Gött. Nachr. 1886. p. 93. 289. — Liebisch, Phys. Kristallographie. Leipzig 1891. p. 545.

Die Geschwindigkeit der transversalen Wellen wird durch den Torsionsmodulus bestimmt. Es hängt dies damit zusammen, daß die bei der Drillung eines Drahtes auftretenden Verschiebungen gleichfalls einen transversalen Charakter besitzen. Sie stehen senkrecht auf der Längsrichtung des Drahtes; sie bedingen keine Änderung des Volumens. Aus den früher angegebenen Elastizitätskonstanten ergeben sich für die longitudinalen und für die transversalen Wellen die folgenden Fortpflanzungsgeschwindigkeiten in m/sec.

	Fortpflanzungsgeschwindigkeit	
	longitudinaler	transversaler
	Wellen in m/sec	
Mg	6390	3740
Fe	4310	2560
Cd	5490	1670
Stahl	5560	3180
Messing	3620	2090
Solnhofer Stein	5150	2980
Feuerstein	5350	3620
Opal	3840	2600

Die Tabelle zeigt, daß die Verschiedenheiten der Elastizität zum großen Teile kompensiert werden durch die Verschiedenheiten der Dichte, so daß Stoffe von so verschiedener Art, wie Stahl und Solnhofer Stein beinahe dieselben Fortpflanzungsgeschwindigkeiten besitzen.

Bei der ausführlicheren Untersuchung der Wellenbewegung in einem festen elastischen Körper kann man, ebenso wie bei den Wasserwellen, das HUYGHENSsche Prinzip benützen. Man wird nur die Konstruktionen, die wir in § 168 in der Ebene des Wasserspiegels ausgeführt haben, auf den Raum übertragen müssen. Denn die Wellen in einem unbegrenzten elastischen Körper breiten sich von einem Erschütterungszentrum in Kugelform aus, nicht in Kreisen wie die Wasserwellen.

Die Konstruktionen, wie die aus ihnen abzuleitenden Gesetze der Wellenbewegung, werden aber im Falle des elastischen Körpers komplizierter als bei den Wasserwellen. Denn wir haben bei dem elastischen Körper von vornherein mit zwei Wellen zu tun, mit einer longitudinalen und mit einer transversalen. Es möge dies etwas weiter ausgeführt werden in dem besonders wichtigen Falle, daß der Raum von zwei verschiedenen elastischen Medien a und b erfüllt wird, welche in einer ebenen Grenzfläche F zusammenstoßen. Von einem in dem Medium a gelegenen Zentrum O (Fig. 188) breite sich eine kugelförmige Welle aus; wir nehmen an, daß es sich nur um eine einzige Welle, und zwar um eine longitudinale handle, die wir durch $\mathfrak{E}_l$ bezeichnen wollen. Wenn diese Welle bei ihrer Ausbreitung einen Punkt P der Grenzfläche F trifft, so bildet dieser dem HUYGHENSschen Prinzip zufolge ein neues Erschütterungszentrum. Als solches wirkt P zunächst auf das Medium a zurück; P erzeugt aber hier nicht bloß eine Elementarwelle, sondern zwei, eine longitudinale r_l und eine transversale r_t. Die erstere breitet sich mit derselben Geschwindigkeit aus, wie die Welle $\mathfrak{C}_l$; die Geschwindigkeit von r_t ist kleiner. Wir benützen zur Zeichnung eine Ebene, die durch das Erschütterungszentrum O senkrecht zu der Grenzfläche F hindurchgeht; für die resultierende longitudinale Welle $\mathfrak{R}_l$ gelten dann die Verhältnisse der Figur 188; sie verhält sich so, als ob sie von einem Punkte Ω herrührte, der mit Beziehung auf die Grenzfläche F symmetrisch zu O gelegen ist. Die Welle $\mathfrak{R}_l$ gehorcht also dem in § 168 ausgesprochenen Reflexionsgesetz. Die transversalen Elementarwellen r_t dagegen pflanzen sich mit kleinerer Geschwindigkeit fort, als die longitudinalen; demnach wird auch die sie umhüllende

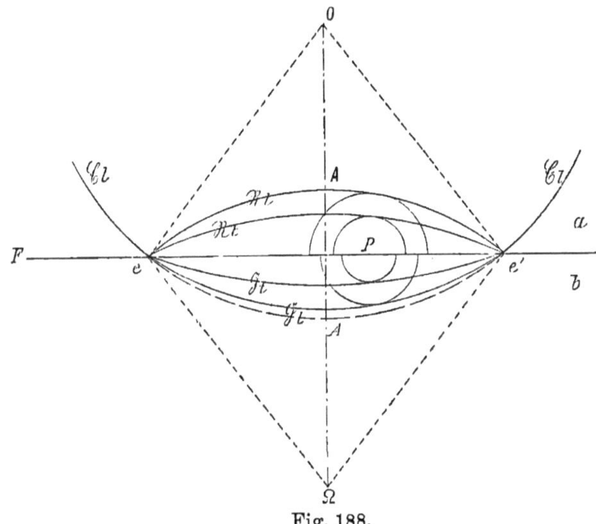

Fig. 188.

transversale Hauptwelle $\mathfrak{R}_t$ innerhalb des Kreisbogen $e\,A\,e'$ liegen; sie ist nicht mehr kugelförmig und gehorcht nicht mehr dem gewöhnlichen Reflexionsgesetze.

Ein Punkt P der Grenzfläche, welcher von der Welle $\mathfrak{C}_l$ getroffen wird, sendet aber Elementarwellen auch in das zweite Medium b hinein, eine longitudinale Welle g_l, eine transversale Welle g_t; wieder ist die Geschwindigkeit der Welle g_l größer als die von g_t. Die Elementarwellen setzen sich nach dem HUYGHENSschen Prinzip zu zwei Hauptwellen $\mathfrak{G}_l$ und $\mathfrak{G}_t$ zusammen, welche sich in dem Medium b so ausbreiten, daß die transversale Welle $\mathfrak{G}_t$ stets umschlossen wird von der rascher sich ausbreitenden Welle $\mathfrak{G}_l$. Die Form beider Wellen ist eine von der Kugelform abweichende. Die in das Medium b eindringenden Wellen bezeichnen wir als die gebrochenen Wellen.

Dieselben Konstruktionen können wir nun auch ausführen, wenn die ursprüngliche in dem Medium a erregte Welle eine trans-

versale ist. Auch in diesem Falle erhalten wir zwei reflektierte und
zwei gebrochene Wellen. Nur die reflektierte transversale Welle bewahrt die Kreisform und gehorcht damit dem gewöhnlichen Reflexionsgesetze. Die vier aus den ursprünglichen entstehenden Wellen sind
für diesen Fall in Figur 189 dargestellt. Dabei sind, ebenso wie bei
Figur 188, für das Medium a die Konstanten des Solnhofer Steines,
für das Medium b die des Eisens benützt.

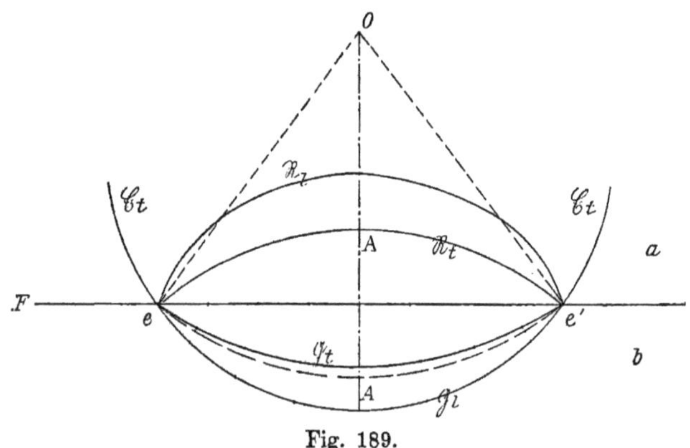

Fig. 189.

§ 180. Die Brechung ebener Wellen. Wenn das Zentrum O, von
dem die ursprünglichen Wellen ausgehen, sehr weit von der Grenzfläche
der Medien a und b entfernt ist, so werden die Wellen innerhalb eines
kleineren Bereiches den Charakter ebener Wellen haben; d. h. alle
Punkte, welche gleichzeitig von der Welle ergriffen werden, liegen in
einer und derselben Ebene, und diese Wellenebene schreitet sich selber
parallel in der Richtung ihrer Normale fort; die Richtung, in welcher
die Wellenbewegung sich fortpflanzt, ist durch die Normale der Wellenebene bestimmt. Wir wollen für diesen Fall den Übergang der Welle
von dem einen Medium zu dem anderen noch etwas genauer verfolgen.

Die Linie FD (Figur 190) stelle die Grenzfläche der Medien a und b
dar; wir nehmen an, daß diese Grenzfläche selbst zu der Ebene der
Zeichnung senkrecht stehe. Die Linie AB stelle die ebene Welle $\mathfrak{E}$
dar, welche in dem Medium a gegen die Grenzfläche sich bewegt, die
einfallende Welle; dabei können wir unentschieden lassen, ob es
sich um eine longitudinale oder um eine transversale Welle handelt.
Ebenso wie die Grenzfläche stehe auch die Ebene der einfallenden
Welle auf der Zeichenebene senkrecht. Dem Punkte A der Zeichnung
entspricht im Raume eine Linie A, in welcher die Wellenebene die
Grenzfläche der Medien a und b schneidet; wir begrenzen die Welle $\mathfrak{E}$
dadurch, daß wir durch den Punkt B eine Parallele zu jener Schnittlinie A ziehen.

Die Fortpflanzungsrichtung der Welle ist durch die senkrecht zu AB stehende Linie BD gegeben. Während nun der obere Rand der Welle die Strecke BD bis zu der Grenzfläche der beiden Medien durchläuft, werden von dem Punkte A und von den in ihm sich projizierenden Punkten der Schnittlinie A longitudinale und transversale Elementarwellen halbkugelförmig sich ausbreiten mit den Geschwindigkeiten, wie sie dem Medium b eigentümlich sind. Von diesen Wellen betrachten wir nur die von einer Art, einerlei, ob dies die longitudinalen oder die transversalen sind. Wir berechnen den Halbmesser der von A ausgehenden Elementarwelle für den Moment, in welchem der obere Rand der ebenen Welle $\mathfrak{E}$ die Grenzfläche in D trifft. Ist v_a die Geschwindigkeit der Wellenbewegung in dem Medium a, so ergibt sich für die Zeit, welche die Welle zum Durchlaufen

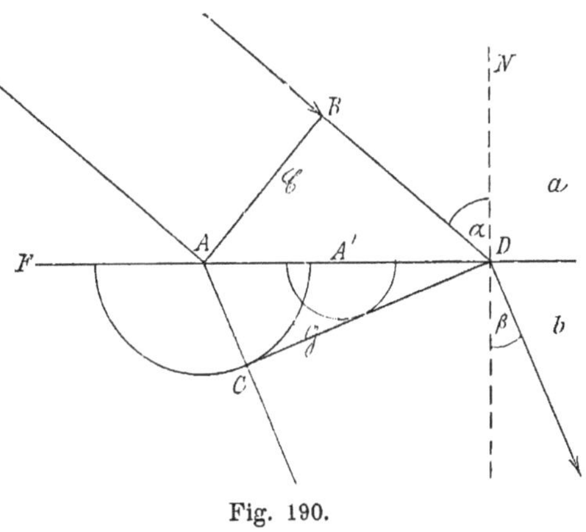

Fig. 190.

der Strecke BD braucht, $\tau = BD/v_a$; ist v_b die Geschwindigkeit der Wellenbewegung in dem Medium b, so breitet sich die von A ausgehende Elementarwelle in derselben Zeit τ auf eine Kugel von dem Halbmesser

$$AC = BD \times \frac{v_b}{v_a}$$

aus. Bei der Zeichnung ist angenommen, daß $v_b < v_a$, also auch $AC < BD$ sei.

Die Wellenlänge trifft gleichzeitig mit A alle Punkte der Grenzfläche, welche sich in A projizieren, alle Punkte der Linie, die wir mit dem gleichen Buchstaben bezeichnet haben. Die von ihnen ausgehenden kugelförmigen Elementarwellen werden jederzeit umhüllt von einem zu der Ebene der Zeichnung senkrecht stehenden Zylinder, dessen Achse durch die Linie A gebildet wird. Man kann daher diese Linie, in welcher die Grenzfläche von der ebenen Welle $\mathfrak{E}$ getroffen wird, als den Ursprung einer zylindrischen Elementarwelle betrachten, welche in dem Medium b mit der Geschwindigkeit v_b sich ausbreitet. Ganz ähnliche Zylinderwellen breiten sich aber nacheinander von den Linien der Grenzfläche aus, welche durch die zwischen A und D liegenden Punkte senkrecht zu der Ebene der Zeichnung hindurchgehen. Die Gestalt der Hauptwelle ist für irgend einen Moment gegeben durch die Fläche, welche sämtliche für den gleichen Moment konstruierte Zylinderwellen berührt. Wir beschreiben nun um A als Mittelpunkt einen Kreis mit dem Halbmesser $AC = BD \times v_b/v_a$;

er stellt den Querschnitt der von der Linie A ausgehenden Zylinderwelle für die Zeit τ dar, in welcher der obere Rand der einfallenden Welle $\mathfrak{C}$ die Strecke BD durchlaufen hat. Ziehen wir von D aus die Tangente DC an den Kreis A, so entspricht ihr eine Ebene DC, welche die in jenem Kreise projizierte Zylinderwelle berührt. Betrachten wir nun irgend einen Punkt A' der Grenzfläche, der zwischen A und D gelegen ist; er wird später von der in der Richtung BD fortschreitenden ebenen Welle erreicht, als A. Zur Zeit τ wird also der Halbmesser der von A' ausgehenden Elementarwelle kleiner sein als AC, und zwar ergibt sich, daß die Elementarwelle des Punktes A' zur Zeit τ die Ebene DC gerade berührt. Dies gilt aber für alle Punkte der Grenzfläche, welche nacheinander von der ebenen Welle des Mediums a getroffen werden; es folgt daraus weiter, daß die Ebene DC auch all die Zylinderwellen berührt, die von den Linien der Grenzfläche ausgehen, welche der Reihe nach den unteren Rand der in dem Medium a fortschreitenden Welle bilden. Dem Huyghensschen Prinzip zur Folge stellt also die Ebene DC die in dem Medium b fortschreitende Welle $\mathfrak{G}$ dar, und zwar für den Moment, in welchem der obere Rand der einfallenden Welle eben die Grenzfläche getroffen hat. Die Welle bleibt also auch nach dem Übergang in das Medium b eine ebene, nur ihre Neigung gegen die Grenzfläche und ihre Fortpflanzungsrichtung ist eine andere geworden.

Die Änderung gehorcht einem einfachen Gesetz, das wir leicht aus der Figur ableiten können. Wir ziehen zu diesem Zweck die Normale DN der Grenzfläche, das Einfallslot. Den Winkel α, welchen die Fortpflanzungsrichtung BD der Welle $\mathfrak{C}$ mit dem Einfallslot bildet, nennen wir, wie bei den Wasserwellen, den Einfallswinkel. Die Welle $\mathfrak{G}$ des Mediums b, welche aus der einfallenden Welle entsteht, nennen wir die gebrochene Welle, den Winkel β zwischen ihrer Fortpflanzungsrichtung AC und zwischen dem Einfallslote nennen wir den Brechungswinkel. Nun ist:

$$BD = AD \sin \alpha,$$
$$AC = AD \sin \beta.$$

Somit:

$$\frac{BD}{AC} = \frac{\sin \alpha}{\sin \beta}$$

Andererseits ergibt sich aus der früheren Betrachtung:

$$\frac{BD}{AC} = \frac{v_a}{v_b}.$$

Der Zusammenhang zwischen den Fortpflanzungsrichtungen der einfallenden und der gebrochenen Welle ist somit gegeben durch die Formel:

$$\frac{\sin \alpha}{\sin \beta} = \frac{v_a}{v_b}.$$

Aus dieser kann für jeden Einfallswinkel α der zugehörige Brechungswinkel β berechnet werden, sobald die Geschwindigkeiten v_a und v_b

bekannt sind. Das Gesetz, welches seinen Ausdruck in der letzten Formel findet, bezeichnet man als das Brechungsgesetz.

An die Ableitung dieses wichtigen Gesetzes, dem wir bei der Brechung des Lichtes wieder begegnen werden, schließen wir noch einige ergänzende Bemerkungen an.

Die erste bezieht sich auf den Fall, daß die Fortpflanzungsgeschwindigkeit der Welle in dem Medium b größer ist, als in a. Man kann dann immer eine solche Neigung der einfallenden Welle AB (Fig. 191), einen solchen Einfallswinkel α finden, daß die Strecke BD von der Welle im Medium a in derselben Zeit durchlaufen wird, wie die Strecke AD von einer Welle in b. Während die obere Kante der einfallenden Welle in der Zeit τ von B nach D vorrückt, breitet sich die von A ausgehende Elementarwelle auf eine Kugel vom Halbmesser AD aus, welche das Einfallslot DN in D berührt. In demselben Punkt D berühren sich

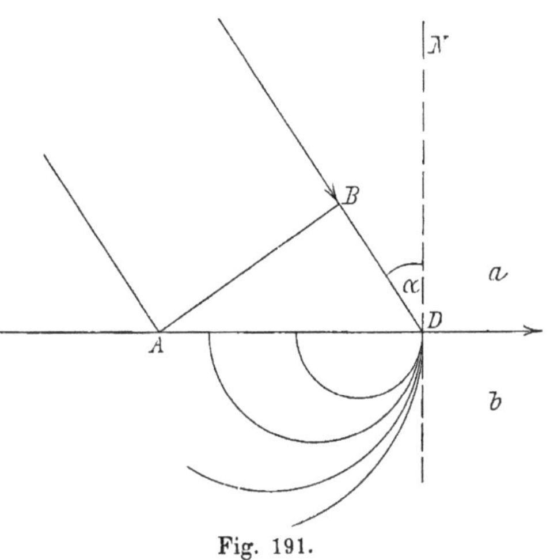

Fig. 191.

aber auch all die anderen Elementarwellen, die während der Zeit τ von den zwischen A und D liegenden Punkten der Grenzfläche ausgehen. Räumlich entsprechen den in der Figur gezeichneten Kreisen zylindrische Wellen, die zu der Ebene der Zeichnung senkrecht stehen; dem Berührungspunkte der Kreise entspricht eine Berührungskante der Zylinder. Dem Bogenelemente, welches die Kreise im Berührungspunkte gemeinsam haben, entspricht im Raume ein unendlich schmaler Flächenstreifen als die gemeinsame Berührungsfläche der Zylinderwellen. Der Flächenstreifen stellt die gebrochene Welle dar; ihre Normale ist gegeben durch AD; in dieser Richtung, also parallel mit der Grenzfläche schreitet die gebrochene Welle als ein unendlich schmales, zur Grenzfläche senkrecht stehendes Band fort. Man bezeichnet die Welle als eine streifend gebrochene. Der Brechungswinkel ist in diesem Falle gleich 90°; der zu ihm gehörende Einfallswinkel ergibt sich aus der Formel:

$$\sin \alpha_g = \frac{v_a}{v_b}.$$

Den hieraus berechneten Winkel α nennt man den Grenzbrechungswinkel.

Es frägt sich noch, was eintritt, wenn die Welle in dem Medium a unter einem Winkel α einfällt, der größer ist, als der Grenzbrechungswinkel α_g. In diesem Falle umhüllen sich die Elementarwellen, welche der Reihe nach von A und von den zwischen A und D liegenden Punkten ausgehen, ohne sich zu berühren. Das Huyghenssche Prinzip liefert also wenigstens so, wie es in § 168 ausgesprochen wurde, keine gebrochene Welle mehr.

Eine zweite Bemerkung bezieht sich auf die reflektierten Wellen. Wir haben schon in den vorhergehenden Paragraphen hervorgehoben, daß das gewöhnliche Reflexionsgesetz nur dann gilt, wenn die reflektierte Welle mit der einfallenden gleichartig ist. Wenn aber aus einer einfallenden longitudinalen Welle eine reflektierte transversale, oder umgekehrt aus einer einfallenden transversalen eine reflektierte longitudinale entsteht, so findet zwischen dem Einfallswinkel und zwischen dem Reflexionswinkel eine Beziehung von derselben Art statt wie bei der Brechung. Nun ist die Geschwindigkeit, mit der sich die transversalen Wellen fortpflanzen, stets kleiner als die Geschwindigkeit der longitudinalen. Daraus folgt, daß für die transversale Welle ein Grenzwert des Einfallswinkels existiert, für welchen die zugehörige longitudinale Welle unter einem Winkel von 90^0, streifend reflektiert wird. Für Einfallswinkel, die größer sind als jener Grenzwinkel, gibt es dann keine reflektierte longitudinale Welle mehr.

Die vorhergehenden Betrachtungen bezogen sich auf die geometrischen Verhältnisse der Reflexion und der Brechung; sie werden zu ergänzen sein durch eine Untersuchung, welche die Ermittelung der Intensitätsverhältnisse der Wellen zum Ziele hat. Man kann von vornherein annehmen, daß bei Wellen von gleicher Oscillationsdauer die größere oder geringere Intensität der Bewegung davon abhängt, ob die Teilchen bei ihrer Schwingung sich mehr oder weniger weit von ihrer Gleichgewichtslage entfernen, ob die Amplitude ihrer Schwingung größer oder kleiner ist. Die Frage nach den Intensitätsverhältnissen der Wellen kann also im wesentlichen auf die Frage nach dem Verhältnis ihrer Amplituden zurückgeführt werden. Zu ihrer Lösung dient auf Seiten der Theorie die folgende Überlegung. Wenn die beiden Medien a und b in der Grenzfläche fest gegeneinander gepreßt sind, so müssen die einander berührenden Elemente von a und von b dieselbe Bewegung besitzen. Die einfallende Welle möge etwa eine longitudinale sein; sie gibt dann Veranlassung zu einer reflektierten longitudinalen und einer reflektierten transversalen Welle. Ein Teilchen des Mediums a, welches gerade an der Grenze gelegen ist, nimmt an der Bewegung der drei in a vorhandenen Wellen teil; seine Verschiebung bestimmt sich nach dem Prinzip der Kombination aus den Verschiebungen, die den einzelnen Wellen entsprechen. Ebenso ergibt sich aus den Verschiebungen der beiden gebrochenen Wellen die Verschiebung eines an derselben Stelle der Grenze liegenden, aber dem Medium b angehörenden Teilchens. Stellt man die Bedingung auf, daß die Verschiebungen der beiden betrachteten Teilchen einander gleich sein sollen, so ergeben sich gewisse Bedingungen, welchen die Amplituden der Wellen zu genügen haben. Aber zu einer Berechnung der Amplituden reichen sie nicht aus. Die noch fehlenden Gleichungen ergeben sich aus der Annahme, daß auch der Druck auf beiden Seiten der Grenzfläche derselbe sein muß. Da der Druck einerseits abhängt von den Verschiebungen in dem Medium a, andererseits von den Verschiebungen in b, so ergeben sich weitere Beziehungen zwischen den Amplituden. Im ganzen erhält man auf diese Weise vier Gleichungen, welche die Amplituden der beiden reflektierten und der beiden gebrochenen Wellen als Unbekannte enthalten und zu ihrer Berechnung ausreichend sind.

Eine Kontrolle für die Ergebnisse der Rechnung ergibt sich aus einer energetischen Betrachtung, die wir noch kurz andeuten wollen. Die einfallende Welle enthält eine gewisse Menge von Energie, welche mit der Welle von einer Stelle des Raumes zur anderen fortgetragen wird. Wenn die einfallende Welle sich spaltet in die beiden reflektierten und in die beiden gebrochenen, so verwandelt sich ihre Energie in die Energie dieser vier Wellen, vorausgesetzt, daß keine inneren Reibungswiderstände zu berücksichtigen sind, die zur Entstehung von Wärme Veranlassung bieten würden. Unter dieser Voraussetzung muß die Energie der einfallenden Welle gleich der Summe der Energieen sein, die in den reflektierten und in den gebrochenen Wellen enthalten sind. Eine genauere Untersuchung der hierdurch gegebenen Bedingung würde uns zu weit führen. Wir beschränken uns auf die Bemerkung, daß die Energie einer in einem elastischen Körper fortschreitenden Welle mit dem Quadrate der Wellenamplitude und mit der Dichte des Körpers proportional ist. In einem ähnlichen Falle, nämlich bei einer schwingenden Saite, werden wir später (§ 223) die Energiebestimmung wirklich ausführen.

Eine letzte Bemerkung bezieht sich auf den Fall, daß der elastische Körper durch eine freie Oberfläche begrenzt wird. Auf diese wirkt der Druck der Luft; der Körper wird dadurch ein wenig komprimiert. Wir können nun in dem Körper elastische Wellen erzeugen, etwa dadurch, daß wir gegen irgend eine Stelle der Oberfläche einen Schlag führen. Über die konstanten durch den Luftdruck erzeugten Deformationen lagern sich dann die Verschiebungen, welche den elastischen Wellen entsprechen. Der Druck, den die Oberfläche des Körpers erleidet, der Luftdruck, wird aber durch die Wellen nicht geändert. Die Verschiebungen der oberflächlichen Körperteilchen, welche von den elastischen Wellen herrühren, müssen daher so beschaffen sein, daß der ihnen entsprechende Oberflächendruck gleich Null ist. Diese Bedingung ermöglicht die Berechnung der Amplituden der beiden von der freien Oberfläche reflektierten Wellen, welche aus einer einfallenden longitudinalen oder transversalen Welle entstehen.

§ 181. Erdbebenwellen. Die Ergebnisse der beiden vorhergehenden Paragraphen finden zur Zeit nur eine interessante Anwendung, und zwar auf die elastischen Schwingungen, die von einem Erdbebenzentrum aus wellenförmig durch die Erde sich verbreiten.

Die Schwingungen, die an einem Orte der Erdoberfläche durch ein Beben mit fernem Zentrum erzeugt werden, sind überaus klein; es bedarf zu ihrem Nachweise sehr feiner Hilfsmittel, nnd es scheint nicht überflüssig, zunächst über diese einiges zu sagen. Das Prinzip für die Konstruktion eines Apparates, der die Bewegungen des Erdbodens aufzeichnet, ist durch das in § 83 besprochene Doppelpendel gegeben. Der Erdboden selbst zusammen mit einem festen, wohl fundamentierten Gestell entspricht dem Pendel von großer Masse; dem in erzwungene Schwingung versetzten Pendel von kleiner Masse entspricht ein an dem Gestelle hängendes Pendel, welches zur Aufzeichnung von Erdbebenwellen dient.

Der Rahmen $ABFG$, Fig. 192, repräsentiert das Gestell; das Pendel besteht aus einem starren Stabe, der an seinem unteren Ende die Pendelmasse P trägt. Soll das Pendel Bewegungen des Erdbodens anzeigen, die parallel sind mit der Richtung AG, so verbinden wir dasselbe mit einer horizontalen Drehungsachse D, die senkrecht zu dem Rahmen $ABFG$ steht. Die Vergrößerung der Bewegungen wird durch einen langen Zeiger PC bewirkt, der seine Bewegungen mit einer feinen Spitze auf berußtem Papier aufschreibt. Die Theorie dieses seismographischen Pendels ist außerordentlich einfach, wenn die Schwingungen des Erdbodens sehr schnell sind im Vergleich mit der Schwingungsdauer des Pendels P. Für diesen Fall folgt aus den Untersuchungen der §§ 81 und 82, daß der Schwerpunkt der Pendelmasse P an derselben Stelle des Raumes in Ruhe bleibt. Wenn also die Achse D infolge der Schwingungen des Erdbodens nach D' verschoben wird, so dreht sich die Pendelstange DP und der Zeiger PC um den Schwerpunkt von P; die Spitze des Zeigers kommt dadurch nach E; gleichzeitig hat sich die vertikale Linie DC nach $D'C'$ verschoben. Der Ausschlag des Zeigers ist somit gleich EC'. Er verhält sich zu der wirklichen Verschiebung DD' des Erdbodens wie die Länge DC zu der Pendellänge DP; es ist also

$$DD' = EC' \times \frac{DP}{DC}.$$

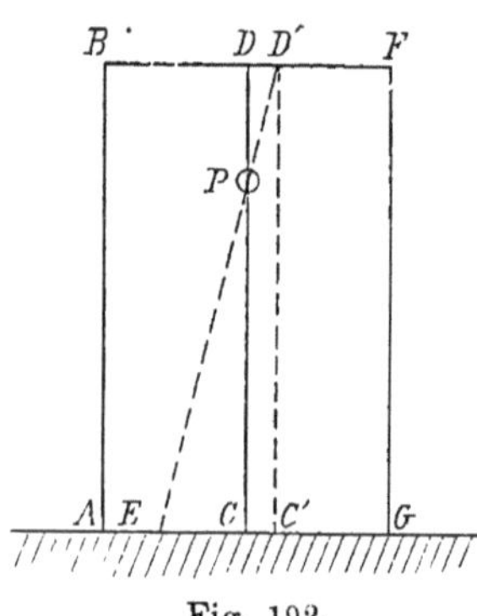

Fig. 192.

Die Länge DC bezeichnet man als die Indikatorlänge, das Verhältnis $\frac{DC}{DP}$ als die Indikatorvergrößerung.[1]

---

[1] WIECHERT, Physikalische Zeitschrift. 2. Jahrg. Nr. 40 und 41.

Komplizierter wird der Zusammenhang zwischen dem Ausschlage, den der Zeiger aufschreibt, und der wirklichen Bewegung des Bodens, wenn die Schwingungsdauer der Erdbebenwellen der Schwingungsdauer des Pendels mehr oder weniger nahe kommt. Die Amplitude der Pendelschwingungen wird insbesondere dann eine unverhältnismäßig große, wenn die Wellen dieselbe Schwingungsdauer besitzen, wie das Pendel, d. h. wenn dieses auf die Schwingungen des Bodens resoniert. Die Untersuchungen der §§ 80—82 zeigen, wie man ein übermäßiges Anwachsen der Ausschläge in diesem Falle vermeiden kann; man muß einen Reibungswiderstand einführen, welcher die Bewegungen des Pendels dämpft. Eine solche Dämpfung ist aber noch aus einem anderen Grunde notwendig. Im allgemeinen werden zu den erzwungenen Schwingungen, welche den Wellen des Erdbebens entsprechen, freie Schwingungen des Pendels von der ihm eigentümlichen Dauer sich gesellen. Durch die Überlagerung der beiden Bewegungen würde die Deutung eines von dem Zeiger aufgeschriebenen Erdbebendiagrammes außerordentlich erschwert. Der verwirrende Einfluß der freien Schwingungen wird vermieden, wenn das Pendel so stark gedämpft ist, daß ihre Amplitude schon nach wenigen Schwingungen auf einen kleinen Bruchteil des ursprünglichen Betrages herabgedrückt wird.

In Fig. 193 ist ein in Göttingen erhaltenes Erdbebendiagramm wenn auch nicht in all seinen Einzelheiten, so doch in seinem ganzen Charakter wiedergegeben. Die an den horizontalen Linien angeschriebenen Zahlen bedeuten Minuten. Die Schwingungsdauer des Pendels betrug 5·6 sec, die Indikatorlänge 6600 m. Eine solche Länge kann natürlich nicht durch einen einfachen mit dem Pendel verbundenen Zeiger hergestellt werden. An seine Stelle tritt vielmehr ein Hebelmechanismus, der aber die Pendelausschläge ebenso vergrößert, wie ein Indikator von der angegebenen Länge.

Die Schwingungen sind zu einer wellenförmigen Kurve dadurch auseinander gezogen, daß das berußte Papier unter dem Schreibstifte mit einer Geschwindigkeit von etwa 80 cm in der Stunde in einer zu der Schwingung des Pendels senkrechten Richtung fortgezogen wurde.

Das Beben beginnt mit unregelmäßigen Schwingungen von etwa 2,5 sec Dauer, den Vorläufern. Diese zeigen nach 3 min einen neuen charakteristischen Einsatz, der Erschütterungen mit größerer Amplitude einleitet. Nach Verfluß von etwa 6 min setzen regelmäßigere Schwingungen von größter Amplitude ein, die Hauptwellen; ihre Schwingungsdauer beträgt etwa 5,5 sec; ihre Amplituden wachsen rasch zu einem Maximum an, um dann allmählich wieder abzunehmen. Nach einer Zeit von etwa 30 min ist die Bewegung unmerklich geworden. Das Zentrum des dargestellten Bebens lag in Kleinasien.

In Göttingen betrugen die Verschiebungen des Bodens im Maximum etwa $^1/_3$ mm.

Der bei dem Pendel benützten Schwingungsdauer von 5·6 sec würde bei einem Fadenpendel ein Länge von 31 m entsprechen.

Das längste Pendel, welches bisher zur Registrierung von Erdbebenwellen, als Seismometer, benützt wurde, hat Vicentini in Padua konstruiert. Es besitzt eine Länge von 20 m bei einer Pendelmasse von 400 kg. Schon bei einem solchen Pendel sind die Schwierigkeiten der Aufhängung sehr groß; Pendel von noch größerer Länge würden

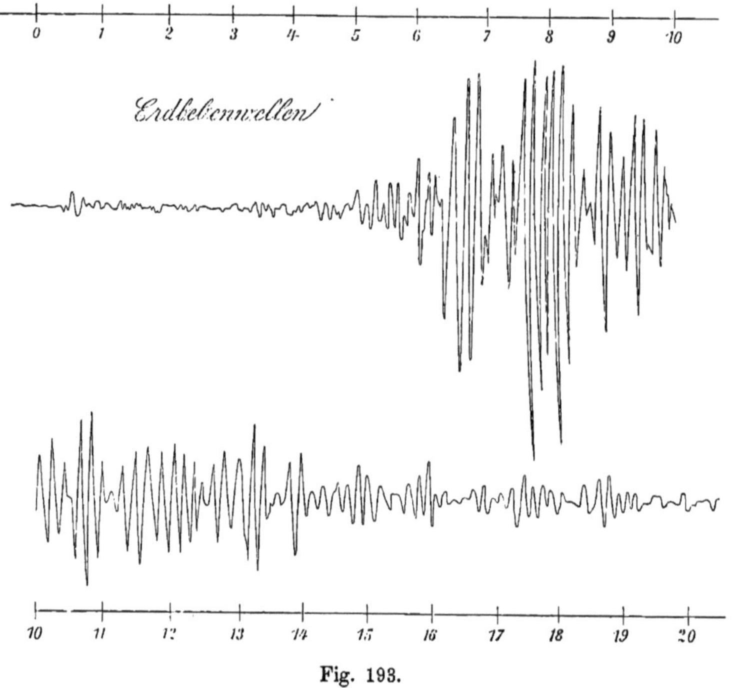

Fig. 193.

nur unter ganz besonderen Verhältnissen zu brauchen sein. Man muß also die große bei dem Göttinger Pendel benützte Schwingungsdauer von 5·6 sec dadurch erreichen, daß man die Einwirkung der Schwere auf die Pendelmasse bis auf einen kleinen Rest kompensiert.

Bei dem sogenannten Horizontalpendel (Fig. 194) geschieht dies in folgender Weise: Die Pendelmasse P wird einerseits von dem in B befestigten Faden BA gehalten, und andererseits stützt sie sich mittels der Stange DE gegen die mit B in derselben Vertikalebene liegende Spitze E einer Schraube. Durch Drehen der letzteren kann der Stützpunkt E der Stange in horizontaler Richtung verschoben werden. Liegen die Punkte E und B in einer Vertikalen, so bleibt der Schwerpunkt der Pendelmasse bei einer Drehung um BE in derselben Höhe; das Pendel befindet sich in jeder Lage im Gleichgewicht. Neigen wir die

Linie *B E* durch Drehen der Schraube nach der Seite, auf welcher das
Pendel sich befindet, so hat der Schwerpunkt des letzteren die tiefste
mögliche Lage, wenn die Ebene des Drei-
eckes *B C E* vertikal steht. Diese Lage entspricht somit dem stabilen Gleichgewichte
des Pendels. Die Direktionskraft, durch
welche das Pendel bei einer Ablenkung
aus der Gleichgewichtslage in diese zurückgetrieben wird, ist um so kleiner, je geringer
die Neigung der Linie *B E*. Nun wächst aber
die Schwingungsdauer des Pendels mit abnehmender Direktionskraft, durch passende
Einstellung der Spitze *E* wird man also
leicht eine Schwingungsdauer von der gewünschten Größe herstellen können.[1]

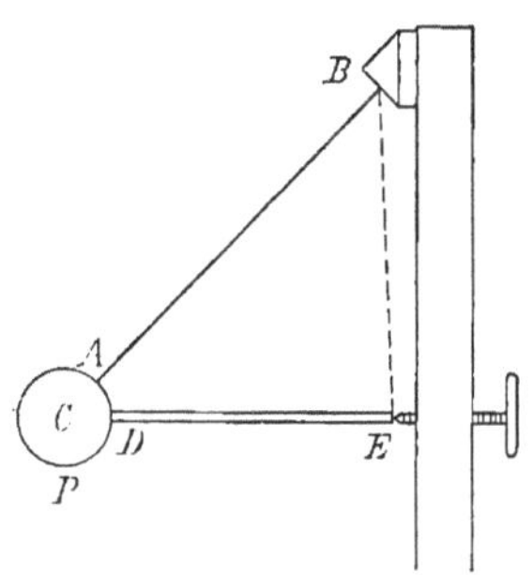

Fig. 194.

In anderer Weise ist die Kompensation bei den neuesten von
WIECHERT konstruierten Pendeln erreicht (Fig. 195). Die Pendelmasse
P ruht mit der Stange *AB* auf der Fußplatte des
Apparates. Wir wollen annehmen, daß *AB* um
eine horizontale Achse drehbar sei, welche wir
uns in *A* senkrecht zu der Ebene der Zeichnung
stehend denken. Das Pendel wird dann zu der
Registrierung von horizontalen Bodenbewegungen
dienen können, welche senkrecht zu jener Drehungsachse stehen. Damit das Pendel nicht umfällt,
muß man auf dasselbe außer der Schwere noch
eine zweite Kraft in entgegengesetztem Sinne
wirken lassen. Zu diesem Zwecke ist die Stange
verlängert bis *D*. In diesem Punkte greift eine aus
zwei Gliedern *DE* und *EGF* bestehende Führung
an, und verbindet ihn mit einem Punkte *H* des
den Apparat tragenden festen Gestelles. In den
Punkten *D*, *E* und *F* befinden sich Gelenke, so daß
die in ihnen zusammenhängenden Teile sich gegeneinander um Achsen drehen können, welche der
Drehungsachse der Stange *AB* parallel sind. Um

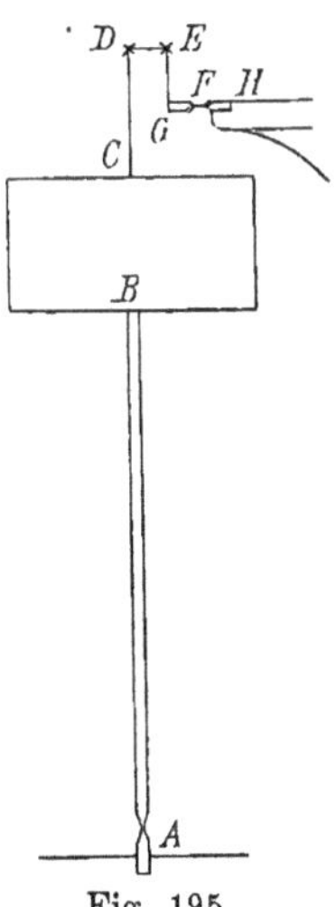

Fig. 195.

Reibungswiderstände zwischen sich berührenden Körpern zu vermeiden,
sind jene Gelenke durch elastische Federn dargestellt, wie dies bei *F*
in schematischer Weise angedeutet ist. Auch die Stange *AB* ist dadurch drehbar gemacht, daß sie bei *A* zu einer Feder ausgefeilt ist,
welche sich in der zu ihrer Fläche senkrechten Richtung hin und her-
biegen kann. Wenn wir die Pendelstange etwa nach der linken Seite

---

[1] Vgl. hierzu: WIECHERT, Seismometrische Beobachtungen im Göttinger geo-
physikalischen Institut. Gött. Nachr. 1899. p. 195.

der Figur hinüberneigen, so wird die Feder F nach unten gebogen; sie übt dann infolge ihrer Elastizität ein Drehungsmoment auf das Pendel aus, welches, dem der Schwere entgegengesetzt, die Pendelstange wieder aufzurichten sucht. Die Stärke der Feder F muß so reguliert werden, daß das durch ihre Biegung erzeugte Drehungsmoment dem der Schwere ein wenig überlegen ist. Die Wirkung der Schwere wird also bei dem Apparat von Wiechert durch die elastische Gegenkraft um einen kleinen Betrag überkompensiert. Den einzigen Punkt, wo bei dem Wiechert-schen Pendel gleitende Reibung verschiedenartiger Körper auftritt, bildet die Spitze des Schreibstiftes. Der Reibungswiderstand des Stiftes kann bei Anwendung von berußtem Papier auf $1/_2$ mg Gewicht herabgedrückt werden; er wirkt aber am Ende des langen Zeigers, also an einem großen Hebelarm. Um den störenden Einfluß der Reibung tunlichst herabzudrücken, gibt man dem Pendel eine große Masse, bei dem Apparate von Wiechert von etwa 1000 kg.

Um Eigenschwingungen des Pendels, wie sie durch jede Erschütterung erzeugt werden, rasch zu beseitigen, benützt Wiechert einen soge-

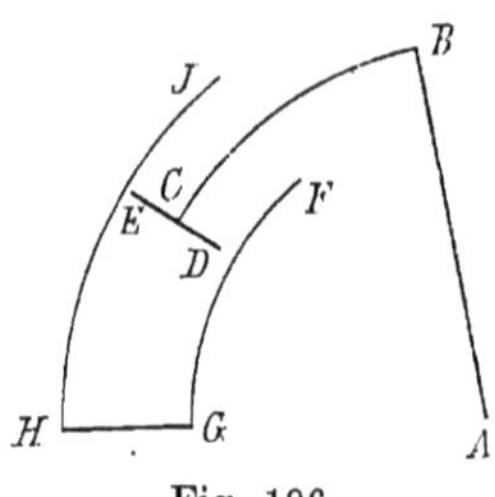
Fig. 196.

nannten Luftdämpfer. Es würde zu weit führen, auf Einzelheiten der Konstruktion einzugehen; da aber die Luftdämpfung bei vielen Apparaten angewandt wird, um Eigenschwingungen aufzuheben, so möge eine von den gebräuchlichsten Formen des Luftdämpfers kurz erläutert werden (Fig 196). Die Achse um welche die zu dämpfenden Schwingungen sich vollziehen, stehe in A senkrecht auf der Ebene der Zeichnung. $FGHJ$ bezeichnet eine bei GH geschlossene, im Kreise gebogene Röhre, welche fest aufgestellt ist, so daß ihre Rotationsachse mit der Drehungsachse A zusammenfällt. Mit dieser letzteren ist durch den Arm ABC eine Scheibe DE verbunden, deren Ebene durch die Achse A hindurchgeht. Diese Scheibe füllt den Querschnitt der Röhre $FGHJ$ so weit aus, daß nur noch ein schmaler ringförmiger Spalt am Rande frei bleibt. Erteilen wir der Achse A eine Winkelgeschwindigkeit entgegen dem Sinne des Uhrzeigers, so wird zunächst die Luft in der hinteren Kammer der Röhre $FGHJ$ verdichtet und strömt dann durch den schmalen Spalt zwischen Scheibe und Röhre nach vorn; die dabei entwickelte Reibung erzeugt eine starke, die Schwingung dämpfende Kraft. Ist die Winkelgeschwindigkeit entgegengesetzt der Drehung des Uhrzeigers, so wird die Luft in der hinteren Kammer von $FGHJ$ verdünnt; die Strömung der Luft erfolgt in entgegengesetztem Sinne wie vorher, aber der dämpfende Einfluß ist derselbe.

Wir ergänzen den vorstehenden Bericht über Instrumente und Beobachtungen durch einige Bemerkungen von theoretischer Natur.

Wären wir mit der Beschaffenheit der Erde, mit ihrer Elastizität, ihrer Dichte bekannt, so würden die §§ 179 und 180 die Mittel enthalten, um eine vollständige Theorie der Erdbebenwellen zu entwerfen. Umgekehrt darf man hoffen, daß aus einer vollständigen Beobachtung der Erdbeben wichtige Schlüsse auf die Beschaffenheit der Erde sich werden ziehen lassen. Immerhin muß man von vornherein darüber klar sein, daß es sich um die Entwirrung sehr komplizierter Vorgänge handelt. In § 91 haben wir gesehen, daß die Erdkugel aus einem Mantel von Gesteinen mit geringerer Dichte und einem Kerne von metallischer Dichte bestehen muß. Unter dieser Voraussetzung würde sich für die Ausbreitung der Wellen von einem an der Oberfläche der Erde liegenden Zentrum A das folgende Bild ergeben.

Wir legen zunächst von A aus einen Kegel, welcher den Metallkern der Erde berührt; ihre Oberfläche zerfällt dadurch in zwei Zonen. In der Mitte der einen liegt das Erdbebenzentrum A, in der Mitte der anderen der Gegenpunkt B von A. Die beiden Zonen mögen bezw. mit denselben Buchstaben A und B bezeichnet werden. Wir nehmen zuerst einen Punkt P der Zone A; die in A erzeugten Wellen pflanzen sich nach ihm in der geraden Linie $A\,P$ durch den Gesteinsmantel fort. Außerdem gelangen nach P Wellen, die an der Oberfläche der Erde eine einmalige oder eine wiederholte Reflexion erlitten haben. Ferner erhält P eine Welle, die an der Oberfläche des Metallkernes einmal reflektiert wurde, andere Wellen, die zwischen der Oberfläche des Kernes und zwischen der äußeren Oberfläche der Erde wiederholt hin- und hergeworfen wurden. Wenn endlich die Geschwindigkeit der Wellen in dem Metallkerne größer ist als in dem Gesteinsmantel, so können Wellen auch durch den Kern hindurch von A nach P kommen.

Nehmen wir einen Punkt Q der Zone B, so kann in der geraden Linie $A\,Q$ keine Welle nach ihm gelangen; es bleiben nur die Wellen, welche an der äußeren und an der inneren Oberfläche des Gesteinsmantels reflektiert worden sind. Dazu kommen die durch den Metallkern gebrochenen Wellen; ihr Verhalten hängt wesentlich davon ab, ob sie sich in dem Kern mit größerer oder mit kleinerer Geschwindigkeit fortpflanzen, wie die entsprechenden Wellen im Mantel. Im ersteren Falle würde die Wirkung des Kernes an die der Zerstreuungslinsen der Optik erinnern, im zweiten an die Wirkung der Sammellinsen. Den Verhältnissen der Optik gegenüber bleibt aber die große Komplikation, daß im allgemeinen jede einfallende elastische Welle in zwei reflektierte und in zwei gebrochene sich spaltet, wobei immer die longitudinalen Wellen sich rascher fortpflanzen als die entsprechenden transversalen

§ 182. Elastische Nachwirkung. Wenn man einen elastischen Körper einer deformierenden Kraft unterwirft, so nimmt die Deformation noch längere Zeit hindurch, bei manchen Körpern mehr, bei anderen weniger, zu. Wenn man die deformierende Kraft aufhebt, so verschwindet

die Formänderung nicht sofort vollständig, es bleibt vielmehr zunächst ein
Rest, der erst nach längerer Zeit ganz rückgängig wird. Man bezeichnet
diese mit großer Regelmäßigkeit verlaufenden Erscheinungen als elastische
Nachwirkung.

Wenn nach irgend einer äußeren Einwirkung eine merkliche, dauernde
Formänderung eines Körpers zurückbleibt, so sagt man seine Elastizitätsgrenze sei überschritten worden.

Zyklische Deformationen. In eigentümlicher Weise äußert sich
die elastische Nachwirkung bei zyklischen Prozessen. Wir lassen auf einen
Körper erst eine kleine Anfangsbelastung wirken, wir steigern sie in
stetiger Weise bis zu einem bestimmten Maximalwerte, lassen sie ebenso
abnehmen, bis der Anfangswert wieder erreicht ist; von da an steigen
wir von neuem auf bis zu dem Maximalwert, gehen abermals herunter

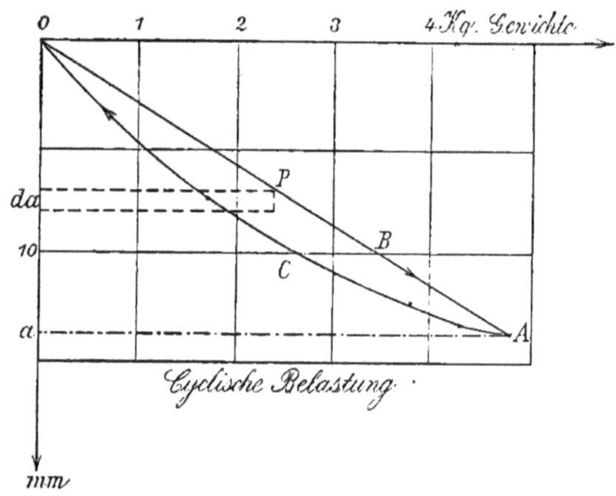

Fig. 197.

zum Anfangswert, und wiederholen diesen Prozeß so lange, bis das Verhalten des Körpers ein ganz konstantes geworden ist, d. h. bis jeder
Belastung der aufsteigenden wie der absteigenden Reihe immer wieder
dieselbe Deformation entspricht, so daß der Körper eine geschlossene
Folge von Deformationen in gleicher Weise durchläuft. Dabei stellt
sich dann heraus, daß die den abnehmenden Belastungen entsprechenden
Deformationen andere sind, als die bei zunehmender Belastung beobachteten. Es wird dies am einfachsten an der Hand einer graphischen
Darstellung deutlich zu machen sein.

Die Zeichnung, Fig. 197, bezieht sich auf den Fall der Dehnung
einer Lederschnur durch ein angehängtes Gewicht; die Länge der Schnur
betrug 130 cm, ihr Durchmesser 0·49 cm; die anfängliche Belastung
ist gleich Null genommen. Die allmählich bis zu dem Maximalwerte
$P_m = 4\cdot76$ kg-Gewichten gesteigerte Last ist auf der horizontalen Achse
abgetragen, senkrecht dazu nach unten hin die entsprechenden Ver-

längerungen α in mm. Die Linie OBA entspricht der Zunahme der Belastung, die Linie ACO der Wiederabnahme. Infolge der elastischen Nachwirkung verläuft ACO unterhalb von OBA. Daraus ergibt sich noch eine weitere eigentümliche Folgerung. Die Schnur sei belastet mit einem Gewichte P; wenn wir nun ein kleines Mehrgewicht hinzufügen, so dehnt sich die Schnur um einen kleinen Betrag $d\alpha$; bei dieser Dehnung wird von dem Gewichte P die Arbeit $P \cdot d\alpha$ geleistet. Die gesamte Arbeit, welche von der allmählich bis zu dem Maximalwerte steigenden Belastung geleistet wird, ist gegeben durch $\sum P d\alpha$, oder nach § 22 durch den Inhalt der zwischen den Linien OBA, Aa und aO eingeschlossenen, dreieckigen Figur. Wenn nun die Schnur allmählich wieder entlastet wird, so verkürzt sie sich und hebt dabei die jeweilig noch vorhandene Belastung; es wird also bei der Entlastung Arbeit wiedergewonnen, und diese gewonnene Arbeit ist durch den Inhalt der Figur $ACOaA$ gegeben. Die gewonnene Arbeit ist hiernach kleiner als die geleistete: die Differenz ist numerisch gleich dem Inhalte der Figur $OBACO$. Nun kehrt bei einem vollkommen zyklischen Prozeß die Schnur stets wieder in denselben Zustand zurück; es scheint also, daß ein gewisser Teil der geleisteten Arbeit verloren gegangen ist. Nach dem Prinzip von der Erhaltung der Energie muß aber die anscheinend verlorene Arbeit in irgend einer Form von Energie sich wiederfinden, und es ist kaum eine andere Annahme möglich, als daß dies die Form der Wärmeenergie ist. Wir kommen somit zu dem Schlusse, daß in jedem Körper, der einen zyklischen Prozeß von der geschilderten Art durchläuft, Wärme erzeugt wird.

Die Erscheinungen, von denen wir hier gesprochen haben, bezeichnet man als elastische Hysteresis; ganz analogen Erscheinungen werden wir auf dem Gebiete des Magnetismus begegnen.

§ 183. Innere Reibung. Mit der Erscheinung der elastischen Nachwirkung hängt die der inneren Reibung zusammen. Wenn wir eine gebogene Feder schwingen lassen, oder wenn wir einen vertikal aufgehängten Draht drillen und dann loslassen, so daß er in Torsionsschwingung gerät, so bemerken wir, daß die Weite der Schwingungen immer mehr abnimmt, bis die Bewegung schließlich erlischt. Wir bezeichnen dies als Dämpfung der Schwingungen, und den Grund der Erscheinung suchen wir in einer Reibung, welche die Teilchen des schwingenden Körpers bei der gegenseitigen Verschiebung erfahren. Die Energie des deformierten Körpers, welche während der Schwingung bald potentieller, bald kinetischer Art ist, verwandelt sich infolge der inneren Reibung allmählich in Wärme.

§ 184. Festigkeit. Wenn man einen Draht so belastet, daß seine Elastizitätsgrenze überschritten wird, so zerreißt er sehr bald, wenn er aus einem spröden Stoffe besteht; Stoffe, die große Formänderungen erleiden können, ohne daß der Zusammenhang ihrer Teile zerstört wird, nennen wir zähe oder duktile. Unter Zugfestigkeit verstehen wir die auf die Flächeneinheit kommende Spannung, bei der ein Stab oder Draht zerreißt. Um eine Vorstellung von den hier vorliegenden Verhältnissen zu geben, stellen wir in der folgenden Tabelle einige Werte von Zugfestigkeiten zusammen:

Stahl	80	$\dfrac{\text{kg-Gewicht}}{\text{mm}^2}$
Eisen	60	"
Messing	60	"
Kupfer	40	"
Platin	30	"
Silber	29	"
Zink	13	"
Blei	2	"

Bei Glas erweist sich die Zugfestigkeit in hohem Grade als abhängig von der chemischen Zusammensetzung und der Beschaffenheit der Oberfläche. Sie schwankt zwischen $3 \cdot 5$ und $11 \cdot 9$ kg-Gewichten pro Quadratmillimeter und steigt bei Glasstäben mit geätzter Oberfläche bis auf $17 \cdot 8$.[1]

Rückwirkende Festigkeit nennen wir den Druck, der zum Zerdrücken eines Körpers von prismatischer Form erfordert wird. Biegungsfestigkeit ist die Kraft, welche zum Zerbrechen, Torsionsfestigkeit die, welche zum Abdrehen eines stabförmigen Körpers notwendig ist. Auffallend ist die große Biegungsfestigkeit schnell gekühlten Glases, z. B. des Schwanzes der Glastränen; sie ist gleich der des Stahles; sobald aber der Bruch eintritt, so zerfällt das ganze Glasstück explosionsartig in kleine Splitter.

Sehr merkwürdig sind die Erscheinungen, welche dem Zerreißen eines über die Festigkeitsgrenze hinaus in Anspruch genommenen Stabes vorhergehen. Ein gedehnter Stahlstab schnürt sich an einer Stelle ein, es tritt ein Fließen der Masse ein, bis schließlich an der Stelle der größten Einschnürung der Bruch erfolgt. Im Zusammenhange damit stehen gewisse Veränderungen der Oberfläche; insbesondere tritt beim Beginn des Fließens eine eigentümliche netzartige Zeichnung auf, die sich von dem einen Ende aus über die Oberfläche verbreitet; eine Erscheinung, die man als Überfließen bezeichnet. Charakteristisch für die Natur des Materiales sind die Bruchflächen selbst; es scheint, daß sie bei spröden Körpern senkrecht stehen zu der Richtung der größten linearen Dilatation, während sie bei duktilen der Richtung der größten Scherkraft folgen; bei den letzteren treten daher in der Regel trichterförmige Bildungen an den Bruchflächen auf. Während des Überfließens ist das Eisen besonders empfänglich für magnetische Erregung; die Stellen eines gedehnten Stabes, an denen das Überfließen eintritt, werden schon unter dem Einflusse des Erdmagnetismus relativ stark magnetisch; es hängt dies mit Tatsachen zusammen, über die wir in der Lehre vom Elektromagnetismus berichten

---

[1] C. BRODMANN, Einige Beobachtungen über die Festigkeit von Glasstäben. Gött. Nachr. Math.-Phys. Kl. 1894. p. 44. — WINKELMANN und SCHOTT, Über die Elastizität und über die Zug- und Druckfestigkeit verschiedener neuer Gläser in ihrer Abhängigkeit von der chemischen Zusammensetzung, WIED. Ann. Bd. 51. 1894. p. 697.

werden. Beim Fließen selbst bis zu dem schließlichen Bruche nimmt die magnetische Erregbarkeit wieder ab.[1]

Um eine Vorstellung von den Deformationen zu erhalten, welche ein mehr oder weniger duktiles Material durch Überlastung erleidet, be-

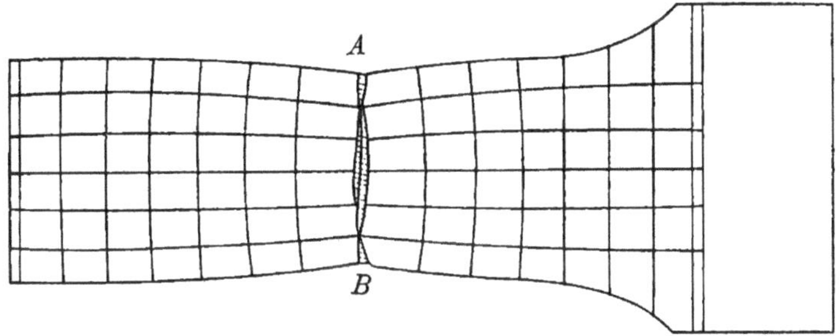

Fig. 198.

trachten wir die Figuren 198 und 199. Die erstere stellt in verkleinertem Maßstabe einen bis zum Bruche nach der Linie AB gedehnten Flachstab aus Flußstahl dar. Seine Breite betrug ursprünglich 60 mm, seine Dicke

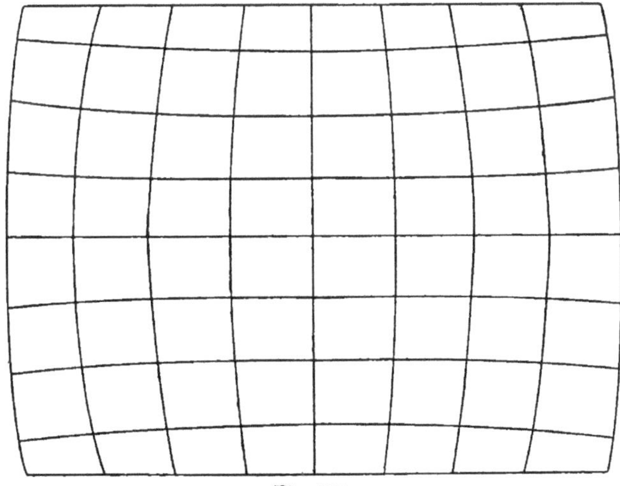

Fig. 199.

12 mm, der Querschnitt 7·2 qcm. Auf dem Stab war durch Längs- und Querlinien ein quadratisches Netz von 10 mm Seitenlänge gezeichnet worden. Dieses erfuhr die aus der Figur ersichtliche Deformation. Man sieht, daß vor dem Zerreißen in der Tat Formänderungen eintreten, die

---

[1] Kirsch, Beitrag zum Studium des Fließens beim Eisen und Stahl. Mitteilungen aus den Kgl. techn. Versuchsanstalten zu Berlin. 1887 p. 69, 1888 p. 37, 1889 p. 9.

dem Strömen einer flüssigen Masse analog sind. Nach dem Zerreißen betrug der Querschnitt an der Bruchstelle AB noch 4·53 qcm, die Bruchbelastung war 37 460 kg-Gewichte; die Dehnung betrug auf 100 mm 27·5 mm.

Figur 199 stellt einen Bleiwürfel dar, der zwischen zwei parallelen Platten zusammengedrückt wurde. Seine Kanten besaßen ursprünglich eine Länge von 80 mm. Auf den Seitenflächen waren quadratische Netze mit 64 Maschen gezeichnet; ihre Deformation zeigt die Figur. Die Höhe des Würfels beträgt nach dem Zusammendrücken noch 65 mm; die Kanten der Druckflächen haben sich um 6 mm, die ihnen parallelen Mittellinien der Seitenflächen um 10 mm verlängert.[1]

§ 185. Adhäsion. Wenn man zwei vollkommen reine, eben geschliffene Glasplatten zusammendrückt, so haften sie fest zusammen. Ist die eine Platte größer als die andere, so kann man sie auf einen horizontalen Ring auflegen, so daß die kleinere an ihrer unteren Fläche hängt. Bringt man die Vorrichtung unter den Rezipienten der Luftpumpe, so haften die Platten unverändert aneinander. Man nimmt gewöhnlich an, daß die Erscheinung durch die molekulare Anziehung der sich berührenden Teile, die Adhäsion, bewirkt werde. Aus optischen Beobachtungen ergibt sich aber, daß die Platten sich dabei nicht zu berühren brauchen, sondern durch einen Zwischenraum von 0·0001 mm Dicke voneinander getrennt sein können. Das ist mehr als der Radius der Wirkungssphäre, und es ist daher wahrscheinlich, daß der Zusammenhang der Platten unter Umständen auch durch Luftschichten vermittelt wird, die an ihrer Oberfläche verdichtet sind.[2]

§ 186. Gleitende Reibung. Zwei Körper mögen sich berühren und normal zu der Berührungsfläche mit einer gewissen Kraft N gegeneinander gedrückt werden. Sobald man versucht, den einen Körper gegen den anderen gleitend zu verschieben, entsteht in der Berührungsfläche eine Kraft, die jener Verschiebung entgegengerichtet ist. Man bezeichnet diese Kraft als gleitende Reibung. Die Kraft, welche die wechselseitige Verschiebung der sich berührenden Körper zu erzeugen sucht, möge von einem sehr kleinen Betrage an allmählich zunehmen. Der Widerstand der Reibung ist dann fürs erste immer gerade so groß, wie jene äußere Kraft. Aber die gleitende Reibung besitzt einen gewissen Maximalwert, den sie nicht überschreiten kann. Wenn die äußere Kraft diesem Maximalwert gleich geworden ist, so werden die beiden Körper eben noch in Ruhe gegeneinander bleiben; sobald aber die äußere Kraft noch weiter steigt, wird sie die beiden Körper in der Berührungsfläche gegeneinander verschieben. Der Maximalwert der gleitenden Reibung ist unabhängig von der Größe

---

[1] Bach, Elastizität und Festigkeit. Berlin 1894. Taf. I und IV.

[2] W. Voigt, Einige Beobachtungen über das Verhalten der an Glasflächen verdichteten Luft. Wied. Ann. 1883. Bd. 19. p. 89.

der Berührungsfläche; sein Verhältnis zu dem Druck N, der Koëffizient der gleitenden Reibung, kann für zwei bestimmte Substanzen näherungsweise als konstant betrachtet werden. Bezeichnen wir ihn durch η, die Maximalkraft der gleitenden Reibung durch F, so ist $F = \eta \cdot N$. Wenn man einen Körper von dem Gewichte P auf eine schiefe Ebene legt, die aus einer beliebigen Substanz hergestellt ist, so hält, wie sich aus Fig. 200 leicht ergibt, die Reibung der zu jener Ebene parallelen Komponente des Gewichtes eben noch das Gleichgewicht, wenn tg $\varphi = \eta$ ist, unter φ den Neigungs-

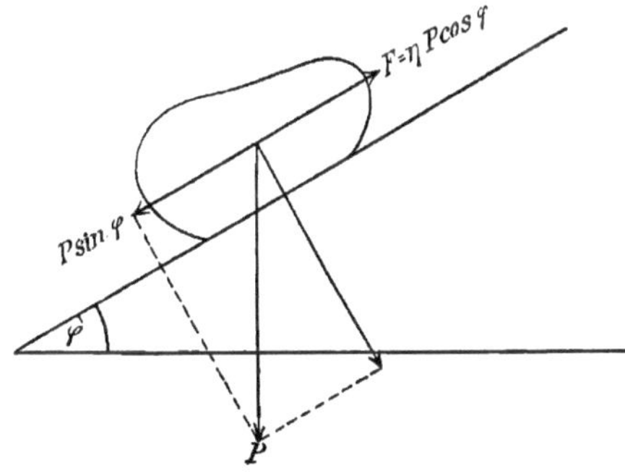

Fig. 200.

winkel der schiefen Ebene verstanden. Einige der von den Technikern benutzten Reibungskoëffizienten sind folgende:

$$\eta$$

Holz auf Holz:	$0\cdot2$—$0\cdot5$
Holz auf Stein:	$0\cdot4$
Eisen auf Stein:	$0\cdot3$—$0\cdot7$
Holz auf Metall:	$0\cdot2$—$0\cdot6$
Leder auf Metall:	$0\cdot56$
Metall auf Metall:	$0\cdot15$—$0\cdot25$.

Der Betrachtung, die wir an Fig. 200 geknüpft haben, läßt sich eine etwas andere Wendung geben, wenn wir an Stelle der schiefen Ebene eine horizontale, an Stelle des Gewichtes eine beliebige auf den Körper wirkende Kraft P treten lassen, welche gegen die Vertikale unter dem Winkel φ nach unten geneigt ist. Wir können dann fragen, wie groß der Winkel φ werden kann, ohne daß der Körper auf der horizontalen Unterlage verschoben wird. Man findet für diesen Maximalwert wieder tg $\varphi = \eta$. Nun liegt es nahe, an Stelle des Koëffizienten η eine andere Konstante ϱ einzuführen, welche mit η durch die Gleichung verbunden ist:

$$\text{tg}\,\varrho = \eta.$$

Der Körper wird dann auf der horizontalen Ebene unter der Wirkung der Kraft P im Gleichgewicht sein, solange der Winkel zwischen P und der Vertikalen kleiner als ϱ ist. Man nennt ϱ den Reibungswinkel. Wir beschreiben ferner um die Normale der Ebene, auf welcher der Körper liegt, als Achse einen Kegel, dessen Kanten mit der Achse den Winkel ϱ einschließen; dieser Kegel heißt der Reibungskegel. Kräfte, deren geometrische Repräsentanten innerhalb dieses Kegels liegen, vermögen keine Verschiebung des Körpers auf der Unterlage zu erzeugen.

In all den Fällen, in denen die gleitende Reibung zur Erhaltung des

Gleichgewichtes in ihrem maximalen Betrage in Anspruch genommen wird, kann die Resultante aus dem Normaldruck N und aus der Reibung

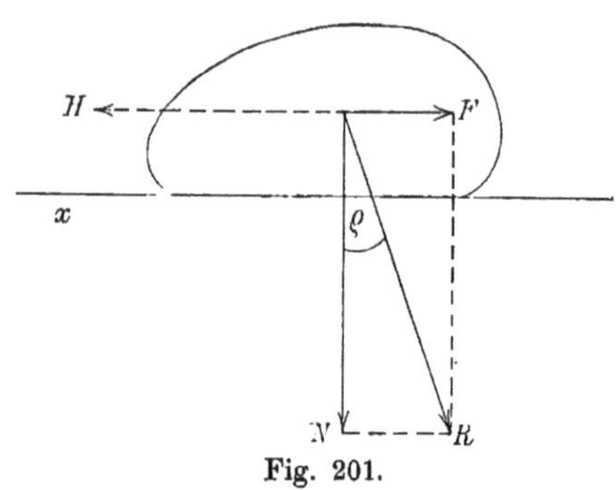

Fig. 201.

mit Hilfe des Reibungswinkels ϱ sehr einfach dargestellt werden. Es seien irgend welche Ursachen vorhanden, die den Körper in der Richtung x (Fig. 201) auf seiner Unterlage zu verschieben suchen; entgegengesetzt mit x wirkt dann die gleitende Reibung $F = N \operatorname{tg} \varrho$. Die Resultante aus N und F ist $R = N / \cos \varrho$. Der Winkel, welchen die Resultante mit der Normalen bildet, ist gleich dem Reibungswinkel ϱ, die Resultante liegt in der durch x und N bestimmten Ebene, abgewandt von der Richtung x der erstrebten Verschiebung.

Bei den bisherigen Betrachtungen haben wir angenommen, daß die sich berührenden Körper unter der Mitwirkung der gleitenden Reibung in Ruhe sind; die Reibung wirkt aber auch, wenn die Körper in der gemeinsamen Berührungsfläche aufeinander gleiten. Quantitativ ist übrigens diese Reibung der Bewegung namentlich bei großen Geschwindigkeiten verschieden von der Reibung der Ruhe.

Gleitende Reibung benützen wir bei der Kraftübertragung durch Riemen und Riemenscheiben, sie macht sich geltend bei jeder Achse in der Berührungsfläche mit dem sie umhüllenden Lager. Bei den Achsen der Maschinen benützen wir Schmiermittel, um die gleitende Reibung zu vermindern; auf ihre Wirkung werden wir in § 199 zurückkommen.

Auch die Messung des von einer Maschine gelieferten Effektes, der in einer Sekunde geleisteten Arbeit, beruht auf einer Anwendung der gleitenden Reibung.

Man preßt, nach Ausschaltung der Arbeitsmaschinen, die Backen einer Bremse, des soge-

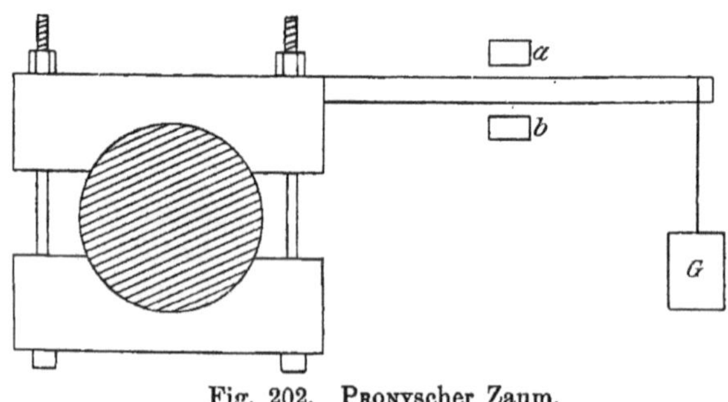

Fig. 202. Pronyscher Zaum.

nannten Pronyschen Zaumes (Fig. 202), gegen den Umfang der rotierenden Maschinenachse und reduziert dadurch die Umdrehungsgeschwindigkeit auf den Wert, für welchen der Effekt gefunden werden soll.

Dabei wird ein mit dem Zaume verbundener Hebel je nach der Rotationsrichtung gegen den Anschlag a oder b sich legen. Man verschiebt dann an dem Hebel ein Gewicht G so lange, bis er frei zwischen den Anschlägen schwebt. Nach dem Hebelgesetz muß das statische Moment der auf den Umfang der Achse wirkenden Reibung dem Moment des Gewichtes G gleich sein; man kann also die Reibungskraft berechnen, die in dem Umfange der Welle von dieser auf die Bremsbacken ausgeübt wird. Dieselbe Kraft ist dann umgekehrt von der rotierenden Welle zu überwinden, und eben darin besteht die ganze von der Maschine geleistete Arbeit. Multipliziert man die Kraft mit dem Umfang der Welle und mit der Anzahl der Umdrehungen in einer Sekunde, so hat man den Effekt, wie er der bei dem Versuche vorhandenen Rotationsgeschwindigkeit entspricht.

§ 187. Rollende Reibung. Das Rollen eines Zylinders auf einer ebenen Fläche kann man auffassen als eine Rotationsbewegung, bei der die Drehung in jedem Augenblicke um die Kante erfolgt, in der sich gerade Zylinder und Ebene berühren. Dieser Bewegung setzt sich ein Widerstand entgegen in der Form eines statischen

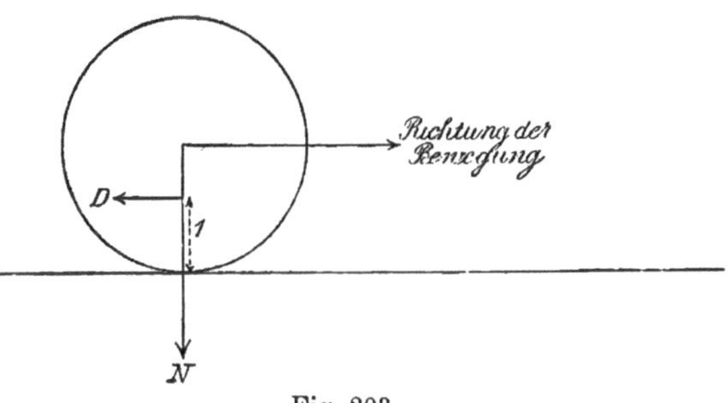

Fig. 203.

Momentes, das der Drehung um jene Berührungslinie entgegenwirkt; man bezeichnet dieses Moment als das **Moment der rollenden Reibung**; dasselbe ist dem zwischen Zylinder und Ebene vorhandenen Drucke proportional; der Koëffizient der rollenden Reibung ist aber sehr viel kleiner, als der der gleitenden. Bezeichnen wir den Normaldruck durch N, das Moment der rollenden Reibung durch D, jenen Koëffizienten durch ζ, so ist

$$D = \zeta N;$$

zur Erläuterung diene Figur 203. Dabei ist D als eine Kraft eingeführt, die an dem Hebelarm 1 wirkt. Der Reibungskoëffizient selbst hat die Eigenschaft eines Hebelarmes, seine Dimension ist die einer Länge.

Für Eichenholz auf Eichenholz ist ζ gleich $0{\cdot}018$ cm, für Gußeisen auf Gußeisen ζ gleich $0{\cdot}006$ cm.[1]

Um schwere Lasten zu bewegen setzen wir sie auf Rollen oder Räder; um eine Achse möglichst leicht beweglich zu machen, lassen wir sie auf Friktionsrollen laufen. Bei der Riemenscheibe kann man die

---

[1] RANKINE, Applied Mechanics. London 1885. p. 619.

relative Bewegung zwischen Scheibe und Riemen als ein Abrollen der ersteren auf dem Riemen betrachten; an den Stellen, wo der Riemen die Scheibe verläßt, widersetzt sich dieser Trennung nur die rollende, nicht die gleitende Reibung, während diese letztere das Haften des Riemens an der Peripherie der Scheibe verursacht.

Zweites Kapitel. Molekularerscheinungen der Flüssigkeiten.

§ 188. **Kompressibilität der Flüssigkeiten**. Die Flüssigkeiten haben den früheren Betrachtungen zufolge keine Elastizität der Form, wohl aber eine solche des Volumens; sie widerstehen einer Zusammendrückung mit großer Kraft, besitzen eine sehr geringe Kompressibilität. Die Messung der letzteren ist zunächst erschwert durch den Umstand, daß jeder Druck, der auf eine Flüssigkeit wirkt, zugleich das Gefäß deformiert,

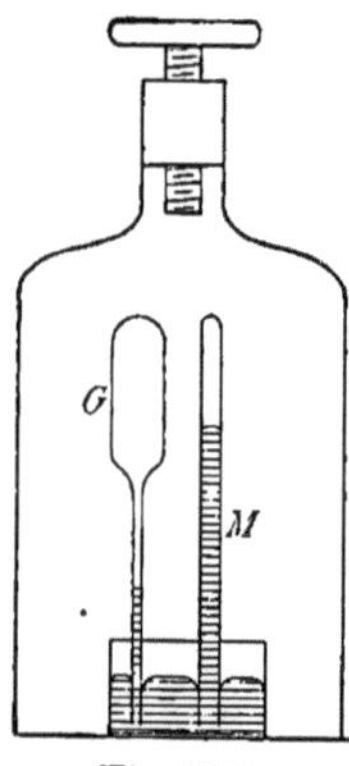

Fig. 204.
Piëzometer.

in dem sie enthalten ist. Die erste Bedingung für genaue Messungen war also die, eine Versuchsanordnung zu finden, bei der die Deformation des Gefäßes klein und leicht zu berücksichtigen ist. Dies ist der Fall bei dem Piëzometer (Fig. 204). Das Gefäß G, welches die zu untersuchende Flüssigkeit enthält, ist in eine Kapillarröhre ausgezogen und durch Quecksilber gegen außen abgeschlossen. Es befindet sich in einem zweiten, weiteren und mit Wasser gefüllten Gefäße, in dem der Druck in geeigneter Weise gesteigert werden kann; er pflanzt sich durch das Wasser hindurch auf das absperrende Quecksilber und die in dem Piëzometer enthaltene Flüssigkeit fort, und die durch ihn erzeugte Kompression kann an der geteilten Kapillare abgelesen werden.

Die Größe des Druckes wird mit Hilfe eines Luftmanometers M gemessen. Das Piëzometergefäß erleidet keine Änderung der Form, wohl aber eine solche des Volumens, die nach den Elastizitätsgesetzen berechnet und zu der scheinbaren Kompression hinzugefügt werden muß. Als Maß der Kompression benützen wir das Verhältnis der Volumveränderung ω zu dem ursprünglichen Volumen v. Bezeichnen wir durch p die Druckzunahme, so ist

$$\frac{\omega}{v} = \frac{p}{C}.$$

C ist eine der betreffenden Flüssigkeit eigentümliche Konstante, die wir Modul der Volumelastizität oder Kompressionsmodul nennen. Rechnen wir den Druck wie bei der Elastizität der festen Körper nach kg-Gewichten auf das Quadratmillimeter, so ergeben sich für die Konstante C die folgenden Werte:

	$C \dfrac{\text{kg Gew.}}{\text{mm}^2}$	Temperatur
Queeksilber	3503	0° Cels.
Wasser	205	0° ,,
Äthylalkohol	124	7° ,,
Methylalkohol	113	13° ,,

Zum Vergleich fügen wir die nach der Formel von § 175 berechneten Kompressionsmoduln einiger Metalle hinzu:

	C		C		C
Mg	2800	Ni	17000	Ag	7080
Al	4830	Cu	4950	Au	7470
Fe	7900	Zn	10100	Bi	2500

Man könnte, allerdings nur auf Grund einer Fiktion, den Kompressionsmodul definieren als den Druck, der das Volumen eines Körpers auf Null reduzieren würde. Der Vergleich der obigen Zahlen macht dann die viel kleinere Kompressibilität der Metalle dem Wasser und den Alkoholen gegenüber anschaulich.

Bei Vermehrung des Druckes um eine Atmosphäre wird Wasser um 50 Millionstel, Quecksilber um 3 Millionstel seines Volumens komprimiert.

§ 189. Oberflächenspannung der Flüssigkeiten. Flüssige Körper besitzen, ebenso wie die festen, Volumelastizität; d. h. Energie kann durch Kompression in den einzelnen Volumelementen angesammelt werden. Bei den Flüssigkeiten tritt aber noch eine zweite Energie auf, die ihren Sitz in den Elementen der Oberfläche hat. Sie beruht auf einer Spannung der Oberfläche, die wir durch den folgenden Versuch nachweisen können. An den beiden parallelen Schenkeln ab und cd eines U-förmig gebogenen Drahtes (Fig. 205) sei mit Hilfe zweier Ösen ein vierter Draht bd leicht verschiebbar; wir bringen in das Rechteck $abcd$ eine Seifenlamelle und halten die Vorrichtung so, daß die Schenkel ab und cd vertikal nach unten gerichtet sind. Der bewegliche Draht bd wird in die Höhe gezogen und die Lamelle zieht sich zusammen. Wenn wir ein kleines Gewicht an bd hängen, so wird an der Erscheinung zunächst nichts verändert; bei vorsichtiger Vermehrung der Belastung gelingt es aber, ein Gewicht zu finden, welches der in der Lamelle vorhandenen Spannung gerade das Gleichgewicht hält. Man kann dann die Lamelle weit ausziehen oder auf einen engen Raum zusammenschieben, ohne das Gleichgewicht zu stören. Wenn man jedoch das Gewicht noch weiter vergrößert, so wird die Lamelle immer mehr gedehnt, bis sie schließlich zerreißt. Um die Beobachtung zu erklären, nehmen wir an, auf den beiden Seiten der Lamelle sei die Oberfläche überzogen mit einer äußerst dünnen Schicht von abweichender Beschaffenheit, und diese sei der Sitz der Spannung, die wir demnach als Oberflächenspannung bezeichnen. Man hat gefunden, daß die Dicke einer Seifenlamelle im Minimum 16×10^{-6} mm beträgt.[1] Auf Quecksilber kann man zusammenhängende Ölhäutchen ausbreiten, deren Dicke kleiner ist als 5×10^{-6} mm.[2] Die Schlüsse, die man daraus auf den Radius der Wirkungssphäre gezogen hat, beruhen auf der zweifelhaften Annahme, daß die Dicke der dünnsten, existenzfähigen Flüssigkeitslamellen gleich dem Doppelten jenes Radius sei.

Die Oberflächenspannung wirkt senkrecht zum Rande, im Innern der Oberfläche senkrecht gegen die Linie, welche zwei benachbarte Teile derselben scheidet. Wir beziehen die Spannung auf die Längeneinheit; ihre Dimension ist daher gegeben durch einen Bruch, dessen Zähler eine Kraft, dessen Nenner eine Länge ist. Die Dimensionsgleichung im absoluten System ist somit:

$$[T] = m\, t^{-2}.$$

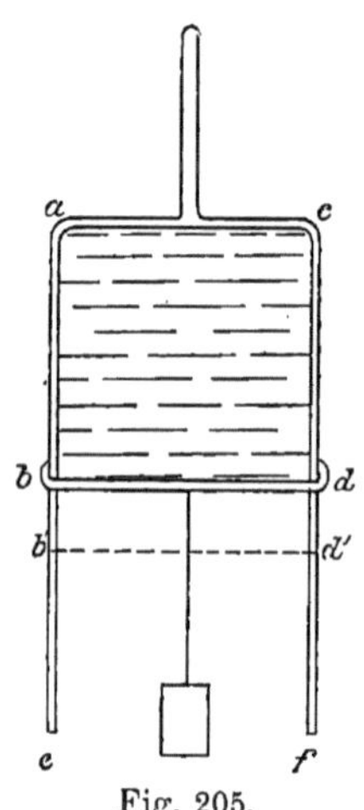

Fig. 205.

Ziehen wir den Draht bd (Fig. 205) nach unten bis in die Lage $b'd'$, so leisten wir eine Arbeit, die gleich dem Produkte aus der doppelten Spannung $2\,T$ und aus dem Inhalte des Rechteckes $bb'd'd$ ist; die Oberflächenspannung wirkt ja auf beiden Seiten der Lamelle, und die ganze bei der Verschiebung zu überwindende Kraft ist also gleich $2\,T \times bd$. Die Arbeit verwandelt sich in Oberflächenenergie und diese wächst somit um $2\,T \times bd \times bb'$. Andererseits ist die Vergrößerung, welche die Oberfläche der Lamelle auf beiden Seiten zusammen erleidet, gleich $2 \times bd \times bb'$. Es ergibt sich hieraus, daß die Oberflächenspannung gleich der Zunahme der Energie bei einer Vergrößerung der Oberfläche um die Einheit, d. h. gleich der Energie der Flächeneinheit ist.

Aus Versuchen, die wir in § 193 besprechen werden, ergeben sich die folgenden Werte der Oberflächenspannung; dabei sind technische Einheiten und zwar g-Gewichte pro cm zugrunde gelegt; vorausgesetzt ist ferner, daß die Oberfläche der Flüssigkeiten von Luft begrenzt ist.

	T, g-Gewichte pro cm
Quecksilber	0·550
Wasser	0·075
Olivenöl	0·035
Benzol	0·031
Chloroform	0·031
Terpentinöl	0·030
Alkohol	0·025
Äther	0·018.

---

[1] DRUDE, Über die Größe der Wirkungssphäre der Molekularkräfte und die Konstitution von Lamellen der PLATEAUschen Glyzerin-Seifenlösung. Gött. Nachr. 1890. p. 482.

[2] K. T. FISCHER, Die geringste Dicke der Flüssigkeitshäutchen. Ann. d. Phys. 1899. Bd. 68. p. 414.

Wenn zwei Flüssigkeiten sich berühren, so hängt die Spannung in der gemeinsamen Grenzfläche von der Natur der beiden Flüssigkeiten ab. Im folgenden sind einige Beispiele solcher Spannungen gegeben.

T, g-Gewicht pro cm

Wasser-Quecksilber	0·421
Quecksilber-Olivenöl	0·342
Quecksilber-Chloroform	0·403
Olivenöl-Wasser	0·021
Chloroform-Wasser	0·029.

§ 190. Erscheinungen der Ausbreitung. Wir betrachten den Fall, daß drei Flüssigkeiten gegeben sind, a, b, c (Fig. 206). Die Spannungen an ihren Berührungsflächen seien T_{ab}, T_{bc}, T_{ca}. Stoßen die Flüssigkeiten in einer Linie zusammen, so müssen die Grenzflächen sich so stellen, daß die Spannungen im Gleichgewichte sind. Dies ist nach dem Satz vom Parallelogramm der Fall, wenn ihre geometrischen Repräsentanten sich zu einem Dreieck zusammenfügen lassen. Hiernach sind die Winkel, unter denen die Grenzflächen sich schneiden, entsprechend Fig. 206 leicht zu konstruieren.

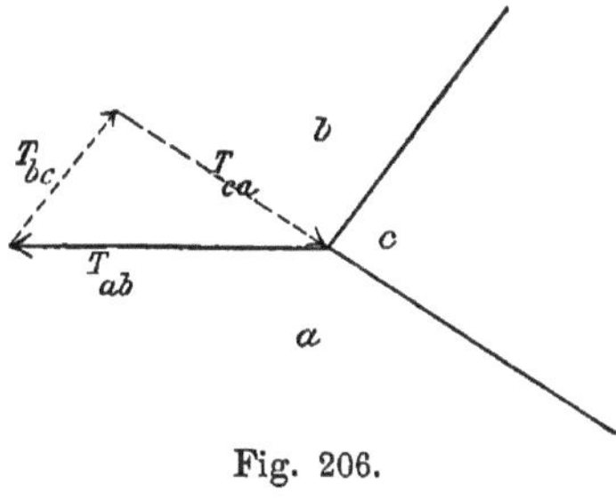

Fig. 206.

Ist die Summe zweier Spannungen kleiner als die dritte, so ist Gleichgewicht nicht möglich; bringt man z. B. einen kleinen Öltropfen auf Wasser, so ist die Spannung in der Oberfläche des Wassers, 0·075, größer als die in der Oberfläche des Öls zusammen mit der in der Berührungsfläche von Öl und Wasser, 0·035 + 0·021. Der Öltropfen wird daher sofort zu einer Haut ausgezogen, die sich über die ganze Oberfläche des Wassers ausbreitet (Fig. 207). Da das Wasser eine viel größere Oberflächenspannung hat, als die meisten anderen Flüssigkeiten, so breiten sich alle energisch auf ihm aus, und es ist sehr

Fig. 207.

schwierig, eine wirklich reine Wasseroberfläche herzustellen. Bringt man an einer Stelle Alkohol auf die Oberfläche des Wassers, so wird die Oberflächenspannung verändert, sie ist da, wo noch reiner Alkohol sich findet, auf 0·025 erniedrigt und steigt bis zu dem Werte 0·075 des reinen Wassers. Dieses wird daher lebhaft nach außen getrieben und der Alkohol verbreitet sich mit großer Schnelligkeit über die ganze Oberfläche.

In derselben Weise werden die fetten Öle vermöge ihrer größeren Oberflächenspannung von Terpentin, Alkohol, Äther, Benzol verdrängt; davon ziehen wir beim Entfernen von Fettflecken Nutzen. Wir umgeben den Fleck mit Benzol; das Fett zieht sich dann zu einem Tropfen zusammen, der von einem damit in Berührung gebrachten Stück Fließpapier vermöge der in § 193 zu besprechenden Kapillarwirkungen aufgesaugt wird.

§ 191. Gleichgewichtsfiguren. Wir haben in § 118 gesehen, daß die natürlichen Bewegungen mechanischer Systeme so geschehen, daß ihre potentielle Energie kleiner wird. Dies gilt auch von den durch Oberflächenspannung veranlaßten Bewegungen flüssiger Körper; vermöge ihrer Spannung sucht sich die Oberfläche so weit zu verkleinern, als es unter den gegebenen Bedingungen möglich ist; mit der Oberfläche vermindert sich aber in gleichem Maße die Energie. Wenn die Oberfläche und mit ihr die Energie ein Minimum geworden ist, so ist der Gleichgewichtszustand erreicht.

Am einfachsten gestaltet sich die Anwendung dieses Prinzipes, wenn keine äußere Kraft auf die Flüssigkeit wirkt. Dies ist der Fall bei den Seifenlamellen, welche man zwischen Drähten herstellen kann, die z. B. zu einem windschiefen Viereck, einem Polyeder miteinander verlötet oder zu irgend einer zusammenhängenden Kurve gebogen sind. Tatsächlich wirkt zwar auf die Lamellen noch ihre Schwere, bei dünnen Lamellen hat sie aber keinen merklichen Einfluß auf das Gleichgewicht. Dem Einfluß der Schwere völlig entziehen lassen sich Ölmassen, die in einer Mischung von Wasser und Alkohol schweben. Ein freier Tropfen nimmt dabei Kugelform an, da die Kugel der Körper ist, der bei gegebenem Volumen die kleinste Oberfläche hat. Andere Formen erhält man, wenn man den Tropfen an Drahtringen adhärieren läßt oder ihn in Rotation um eine durch seinen Mittelpunkt gehende Achse versetzt.

Einen wesentlichen Einfluß übt dagegen die Schwere auf die Form von Tropfen, die an einer Röhre oder Platte hängen, oder auf horizontaler, nicht benetzter Unterlage liegen, sowie auf die Form von Luftblasen in einer Flüssigkeit.

§ 192. Seifenblasen. Bei einer Seifenblase ist der Überdruck der eingeschlossenen Luft im Gleichgewicht mit der Oberflächenspannung. Bei einer virtuellen Verschiebung muß dann nach § 47 die Summe der Arbeiten gleich Null sein. Bezeichnen wir die Oberfläche der kugelförmigen Blase mit O, jenen Überdruck durch p, so ist der ganze auf die innere Oberfläche wirkende Druck gleich Op; die bei einer kleinen Zunahme ϱ des Halbmessers geleistete Arbeit ist gleich $Op\varrho$ (Fig. 208). Andererseits ist mit dieser Zunahme des Halbmessers eine Vergrößerung ω der Oberfläche verbunden; bezeichnen wir den Halbmesser der Blase durch r, so wird für die innere und äußere Oberfläche

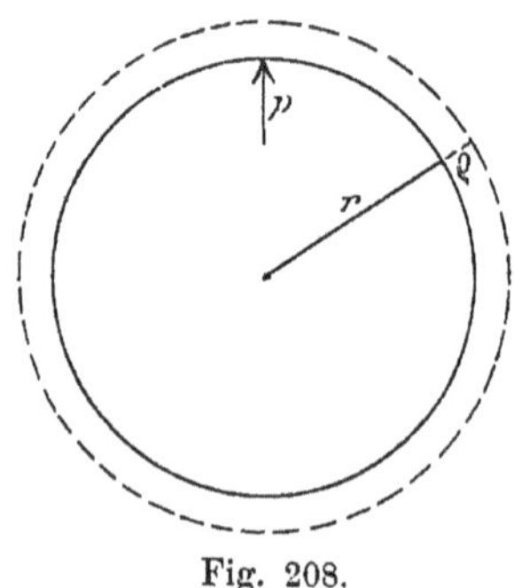

Fig. 208.

zusammengenommen $\omega = 4\,O\dfrac{\varrho}{r}$; die Vermehrung der Oberflächenenergie ist also gleich $\omega\,T$ oder $4\,O\dfrac{\varrho}{r}\,T$. Dieser Energiezuwachs muß aber gleich der von dem Drucke p geleisteten Arbeit sein. Wir haben somit die Gleichung:

$$O\,p\,\varrho = 4\,O\frac{\varrho}{r}\,T,$$

oder

$$p = 4\,\frac{T}{r}\,.$$

Der Druck der in einer Seifenblase eingeschlossenen Luft ist um so größer, je kleiner ihr Halbmesser. Die Messung von p und r kann zu der Bestimmung der Oberflächenspannung dienen.

§ 193. Kapillarität. Wenn man eine enge Glasröhre in eine benetzende schwere Flüssigkeit taucht, so stellt sich diese in ihr höher als außerhalb. Die Flüssigkeit zieht sich an der Wand der Röhre in einer dünnen an ihr haftenden Schicht über die scheinbare Grenzlinie hinauf. Ihre freie Oberfläche bildet angenähert eine hohle, die Röhre berührende Halbkugel (Fig. 209). Auf dem ganzen Umfange dieser Halbkugel wirkt die Spannung T nach oben; ist der Halbmesser der Röhre gleich r, so ergibt sich hieraus ein nach oben gerichteter Zug von der Größe $2\,\pi\,r\,T$, der dem Gewichte der gehobenen Flüssigkeit das Gleichgewicht halten muß. Ist h die Steighöhe, σ das spezifische Gewicht der Flüssigkeit, so ergibt sich $2\,\pi\,r\,T = \pi\,r^2\,h\,\sigma$, somit

$$h = \frac{2\,T}{r\,\sigma}\ \text{ und }\ T = \frac{1}{2}\,h\,r\,\sigma\,.$$

Die Steighöhe ist hiernach dem Halbmesser der Röhre umgekehrt proportional; ihre Beobachtung liefert eine bequeme Methode zur Bestimmung der Oberflächenspannung.

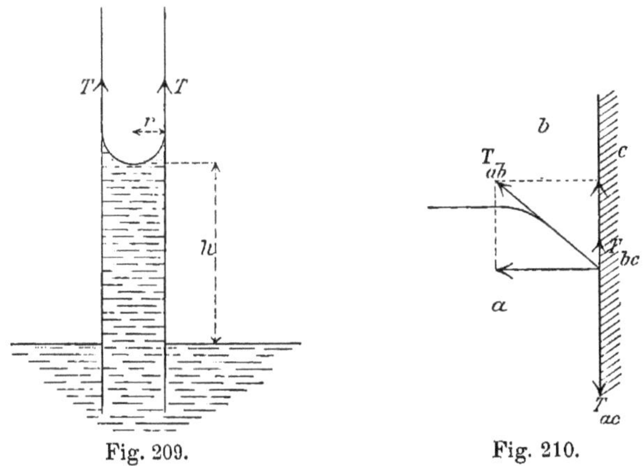

Fig. 209.

Fig. 210.

§ 194. Randwinkel. Wenn die Grenzfläche zweier Flüssigkeiten a und b (Fig. 210) an eine ebene feste Wand c stößt, so wird die zu der Wand senkrechte Komponente der Spannung T_{ab} in der Berührungsfläche durch die Festigkeit der Wand aufgehoben. Die zu der Wand parallele Komponente muß der Differenz der Spannungen T_{ac} und T_{bc} zwischen den Flüssigkeiten und der festen Wand entgegengesetzt gleich sein. Es bestimmt sich hierdurch der Winkel, unter dem die Berührungsfläche der beiden Flüssigkeiten die Wand trifft, der Randwinkel. Die Konstruktion des Randwinkels ist nur möglich, solange die Spannung T_{ab} in der Grenzfläche der beiden Flüssigkeiten größer ist, als die Differenz $T_{ac} - T_{bc}$ der Spannungen in den Berührungsflächen zwischen den Flüssigkeiten und zwischen der Wand. Es existiert also auch nur unter dieser Voraussetzung ein Randwinkel. Ist dagegen $T_{ab} < T_{ac} - T_{bc}$, so wird sich die Flüssigkeit b über die ganze Oberfläche des festen Körpers ausbreiten, und die Flüssigkeit a von derselben verdrängen. Darauf beruht das Kriechen von Flüssigkeiten an der Oberfläche des Glases.

§ 195. Der Radius der Wirkungssphäre. Der Wert, den wir auf S. 244 für den Radius der Wirkungssphäre angegeben haben, beruht auf Beobachtungen der Steighöhe von Wasser zwischen Glasplatten, die mit gleichen, keilförmigen Silberschichten bedeckt waren. Die Platten wurden in kleinem Abstande einander parallel so in das Wasser gestellt, daß sich überall gleiche Dicken der Silberschichten gegenüberstanden. Die Resultate einer von QUINCKE ausgeführten Beobachtungsreihe sind in Figur 211 graphisch dargestellt. Als Abszissen sind die

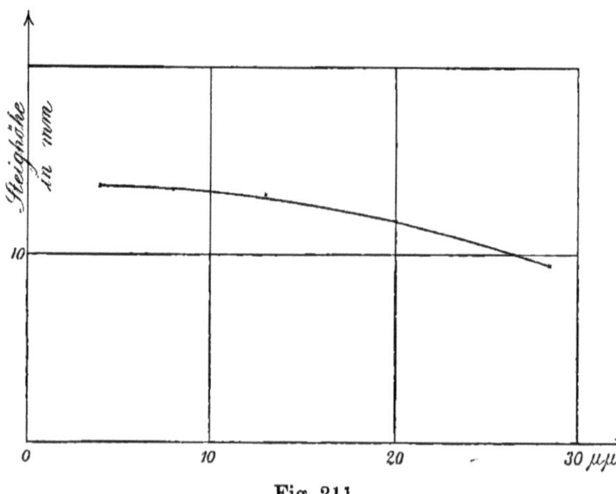

Fig. 211.

Dicken der Silberschichten in Milliontel mm horizontal abgetragen, als Ordinaten die Steighöhen des Wassers, welche bei diesen Dicken beobachtet wurden. Die Steighöhe nimmt mit wachsender Dicke des Silbers ab; die Abnahme war bis zu einer Dicke von 50×10^{-6} mm noch bemerklich. Daraus schloß QUINCKE, daß die Molekularkräfte, die von Glas auf Wasser ausgeübt werden, noch in einer Entfernung von $50\,\mu\mu$ merklich seien, daß also der Radius der Wirkungssphäre in diesem Falle gleich jener Entfernung gesetzt werden könne.

§ 196. Bewegung infolge von Kapillarkräften. Daß kapillare Kräfte auch Bewegungen starrer Körper zu erzeugen vermögen, wollen wir nur an einem Beispiele zeigen. In ein mit Wasser oder mit einer anderen benetzenden Flüssigkeit gefülltes Gefäß tauchen wir zwei Glasplatten AB und CD (Fig. 212). Beide seien vertikal und einander in kleinem Abstande parallel gestellt. AB werde festgehalten, die Platte CD sei in horizontalem Sinne beweglich, etwa dadurch, daß sie an zwei feinen Fäden aufgehängt ist. In dem Zwischenraum zwischen den Platten steigt die Flüssigkeit an; gleichzeitig wird die bewegliche Platte nach der festen hingezogen. Der Luftdruck spielt bei der Erscheinung keine wesentliche Rolle; er wirkt sowohl auf die äußere, wie auf die innere Seite der Platte CD; die kleine durch den Höhenunterschied h bedingte Verschiedenheit können wir vernachlässigen. Die ganze Wirkung muß von dem Zuge herrühren, welchen die in dem Zwischenraume emporgehobene Flüssigkeitsschichte durch ihre Schwere ausübt. Gerade wie der Druck im Innern einer Flüssigkeit, wirkt auch dieser Zug ebenso in horizontaler wie in vertikaler Richtung. In der vertikalen

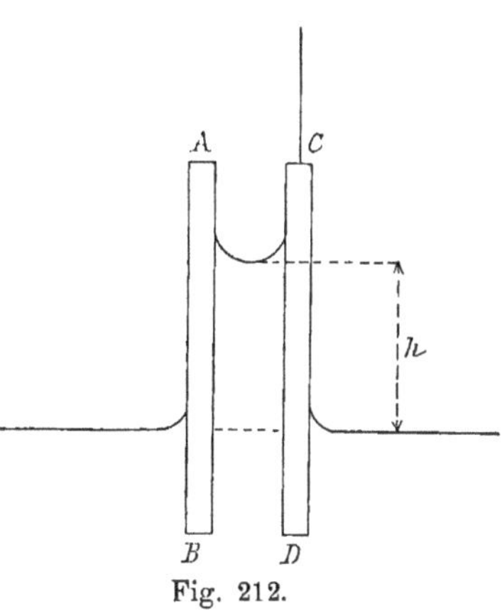

Fig. 212.

Richtung wird er aufgehoben durch die Spannung in der die Platten berührenden Oberfläche der Flüssigkeit. Der in horizontaler Richtung auf die Platte CD wirkende Zug aber treibt diese Platte gegen die feste Platte hin. An dem oberen Ende ist der Zug der gehobenen Flüssigkeitsschichte für 1 qcm durch das Gewicht einer Flüssigkeitssäule von 1 qcm Querschnitt und von der Höhe h gegeben; er ist also hier gleich σh, wenn σ das spezifische Gewicht der Flüssigkeit ist. In der Höhe der äußeren Oberfläche der Flüssigkeit ist der Zug gleich Null; im Mittel ist er gleich $\frac{1}{2}\sigma h$. Bezeichnen wir mit l die Länge der Platten, so ist die Fläche, auf welche der Zug wirkt, gleich lh, und somit die Kraft, welche die Platte CD nach innen treibt, gleich $\frac{1}{2}\sigma l h^2$. Die Steighöhe h in dem Zwischenraume der Platten hängt mit der Oberflächenspannung T durch die Gleichung zusammen:

$$h = \frac{2\,T}{\sigma\,d}\,.$$

Hier bezeichnet d die Distanz der Platten.

§ 197. Kapillarwellen. Die Wellenbewegung einer Flüssigkeit hängt im allgemeinen von der Schwere und von der Oberflächenspannung ab. Bei größeren Wellen tritt der Einfluß der Spannung zurück gegenüber dem hydrostatischen Drucke. Wenn man aber auf die Oberfläche einer Flüssigkeit an einer bestimmten Stelle schwache Impulse in regelmäßiger Folge wirken läßt, so bildet sich ein System sehr feiner Wellen, deren

Fortpflanzung nur von der Oberflächenspannung abhängt, während die Wirkung des hydrostatischen Druckes verschwindet. Diese Wellen bezeichnet man als Kapillarwellen. Man erzeugt die Wellen am besten dadurch, daß man über der Flüssigkeit eine Stimmgabel anbringt, an deren Zinken feine, in die Oberfläche der Flüssigkeit eintauchende Stifte befestigt sind. Sobald die Schwingungen der Stimmgabel erregt werden, entsteht auf der Flüssigkeit ein sehr regelmäßiges System von Kapillarwellen. Wir bezeichnen die Länge der Wellen mit λ, die Schwingungszahl der Stimmgabel, d. h. die Anzahl der auf 1 sec kommenden ganzen Schwingungen, mit n, die Dichte der Flüssigkeit mit σ, ihre Oberflächenspannung in g-Gewichten pro cm mit T; dann findet die Beziehung statt:

$$\lambda^3 = \frac{2\,\pi\,g\,T}{\sigma\,n^2}.$$

Hier bedeutet g die Beschleunigung der Schwere. Man sieht, daß man durch Beobachtung der Wellenlänge λ die Oberflächenspannung T bestimmen kann. Einige auf diesem Wege gewonnene Zahlen sind im folgenden zusammengestellt.[1]

	T, g-Gewichte pro cm
Quecksilber	0·400
Blei	0·482
Chlor	0·343
Schweflige Säure	0·340.

§ 198. Zur Molekulartheorie der Kapillarität. Nehmen wir an, daß die Teilchen einer Flüssigkeit mit molekularen Kräften aufeinander wirken, so ist klar, daß für ein Teilchen im Innern so lange keine resultierende Wirkung sich ergibt, als seine Wirkungssphäre ganz in das Innere der Flüssigkeit fällt. Dagegen erleidet das Teilchen, anziehende Wechselwirkung vorausgesetzt, einen nach innen gerichteten Zug, sobald seine Wirkungssphäre die Oberfläche der Flüssigkeit durchschneidet; denn dann ist die allseitige Symmetrie der Wirkungen verschwunden.

Wir betrachten eine Flüssigkeit (Fig. 213), deren Oberfläche durch eine mit dem Halbmesser r aus dem Punkte O beschriebene Kugel begrenzt wird; diese ist im Durchschnitte durch den Kreis $A\,B\,C$ dargestellt. Den unterhalb der Kugel liegenden,

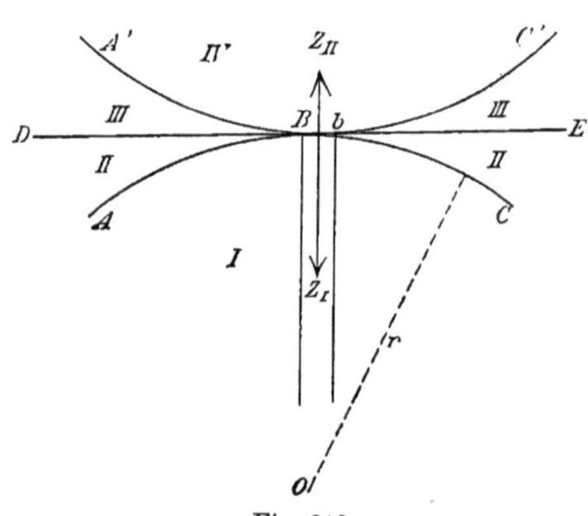

Fig. 213.

[1] Grünmach, Ann. d. Phys. 1900. Bd. 3. p. 660.

von Flüssigkeit erfüllten Raum bezeichnen wir mit I. Bei B grenzen wir ein durch Bb bezeichnetes Flächenstück ab, dessen Inhalt wir gleich der Einheit nehmen; errichten wir senkrecht auf Bb einen in das Innere der Flüssigkeit hineingehenden Zylinder, so wird der molekulare Zug oder Druck, dem das Flächenstück Bb unterworfen ist, gleich der Anziehung sein, die der von Flüssigkeit erfüllte Raum I auf jenen Zylinder ausübt. Es ergibt sich, daß dieser Druck aus einem konstanten und einem mit dem Kugelhalbmesser veränderlichen Teile besteht; bezeichnen wir ihn durch Z_I, so besteht eine Gleichung von der Form:

$$Z_I = K + \frac{A}{r} \cdot$$

Für den Fall einer ebenen Grenzfläche wird der Druck somit gleich K. Wir legen in B eine Tangentialebene DBE an die Kugel; den zwischen ihr und der Kugel eingeschlossenen Raum bezeichnen wir durch II; füllen wir ihn mit Flüssigkeit, so übt er auf den Zylinder Bb einen offenbar nach oben gerichteten Zug aus, der durch Z_{II} bezeichnet werden möge. Der von den Räumen I und II zusammengenommen nach unten geübte Druck ist dann gleich $Z_I - Z_{II}$. Aber die Räume I und II bilden zusammen einen von der Ebene DBE begrenzten Flüssigkeitsraum, und der resultierende Druck muß daher gleich K sein. Es ergibt sich somit:

$$Z_I - Z_{II} = K,$$

und mit Rücksicht auf die vorhergehende Gleichung:

$$Z_{II} = \frac{A}{r} \cdot$$

Konstruieren wir eine Kugel $A'BC'$, die zu ABC mit Bezug auf die Tangentialebene DBE symmetrisch liegt, und füllen wir den zwischen ihr und jener Ebene liegenden Raum III ebenfalls mit Flüssigkeit, so läßt sich zeigen, daß er auf den Zylinder Bb einen Zug Z_{III} nach oben ausübt, der ebenso groß ist wie der von dem Meniskus II herrührende; es ist somit auch:

$$Z_{III} = \frac{A}{r} \cdot$$

Wenn also die Oberfläche der Flüssigkeit durch die Hohlkugel $A'BC'$ begrenzt ist, so hat der in B herrschende molekulare Druck den Wert

$$Z_I - Z_{II} - Z_{III} = K - \frac{A}{r} \cdot$$

Endlich ergibt sich noch, daß der von der Kugel $A'BC'$ umschlossene Raum IV mit Flüssigkeit erfüllt einen Zug Z_{IV} nach oben auf den Zylinder Bb ausübt, der gegeben ist durch

$$Z_{IV} = K - \frac{A}{r} \cdot$$

$Z_{IV} + Z_{III} + Z_{II}$ ist dann wieder gleich $K + \frac{A}{r}$, also gleich Z_I, aber umgekehrt gerichtet.

Wir nehmen nun an, daß der Raum *I* von einer Flüssigkeit, der Raum *II + III + IV* von einer anderen erfüllt sei (Fig. 214). In ähnlicher Weise wie zuvor kann man dann die molekularen Züge berechnen, die an der Stelle *B* auf den Zylinder *Bb* von der einen und anderen Flüssigkeit ausgeübt werden. Ihre Differenz stellt einen nach dem Innern von *I* gerichteten Druck dar, der gegeben ist durch

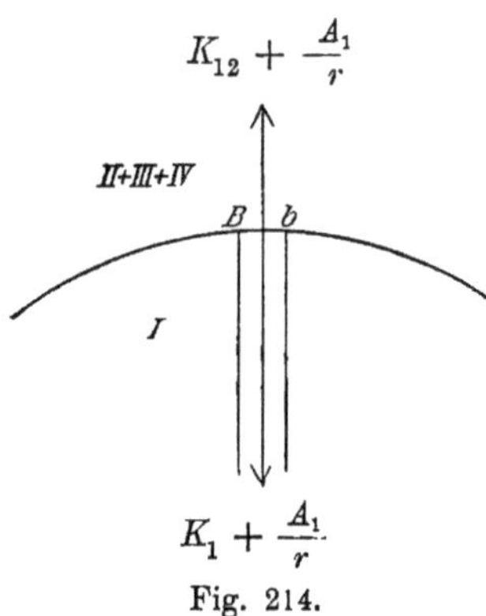

Fig. 214.

$$P_1 = K_1 - K_{12} + \frac{A_1 - A_{12}}{r} .$$

Hier haben die Konstanten K_1 und A_1 für die Flüssigkeit, welche den Raum *I* erfüllt, dieselbe Bedeutung, wie K und A bei der vorhergehenden Betrachtung; dagegen sind K_{12} und A_{12} Konstanten, die von der Wirkung abhängen, welche die Teilchen der beiden Flüssigkeiten wechselseitig aufeinander ausüben.

Über der Fläche *Bb* können wir nun einen zweiten Zylinder errichten, der in das Innere der zweiten Flüssigkeit hineingeht. Unsere Betrachtung gilt dann auch umgekehrt für die zweite Flüssigkeit. Im Falle der Figur 214 wird auf die Fläche *Bb*, als Grenzfläche der zweiten Flüssigkeit, ein nach oben gerichteter Druck

$$P_2 = K_2 - K_{12} - \frac{A_2 - A_{12}}{r}$$

wirken. K_2 und A_2 sind die Werte, welche die Konstanten K und A für die zweite Flüssigkeit besitzen.

Wir wollen schließlich den gesamten Druck bestimmen, der an der Stelle *B* nach dem Innern der ersten Flüssigkeit wirkt. Er ist offenbar gleich der Differenz der zuvor betrachteten Drucke P_1 und P_2; für diese aber ergibt sich:

$$P_1 - P_2 = K_1 - K_2 + \frac{A_1 + A_2 - 2 A_{12}}{r} .$$

Erfüllt die erste Flüssigkeit den Raum *I + II + III*, die zweite den Raum *IV* (Fig 215), so werden die Drucke P_1 und P_2:

$$P_1 = K_1 - K_{12} - \frac{A_1 - A_{12}}{r} ,$$

$$P_2 = K_2 - K_{12} + \frac{A_2 - A_{12}}{r} .$$

Somit der nach dem Innern der ersten Flüssigkeit gerichtete Druck:

$$P_1 - P_2 = K_1 - K_2 - \frac{A_1 + A_2 - 2 A_{12}}{r} .$$

Immer also zerfällt der Molekulardruck in einen konstanten Teil, dessen Wert nur abhängig sein kann von dem Wirkungsgesetz der Molekularkräfte und von der Zahl der in der Wirkungssphäre enthaltenen Teilchen, d. h. von der Dichte der Flüssigkeiten, und in einen variabeln Druck, der dem Krümmungshalbmesser der Oberfläche umgekehrt proportional ist. Mit Hilfe der in § 192 benützten Methode kann man andererseits zeigen, daß eine Oberflächenspannung T einen Druck erzeugt, der gleich $2\,\dfrac{T}{r}$, dem Krümmungshalb-

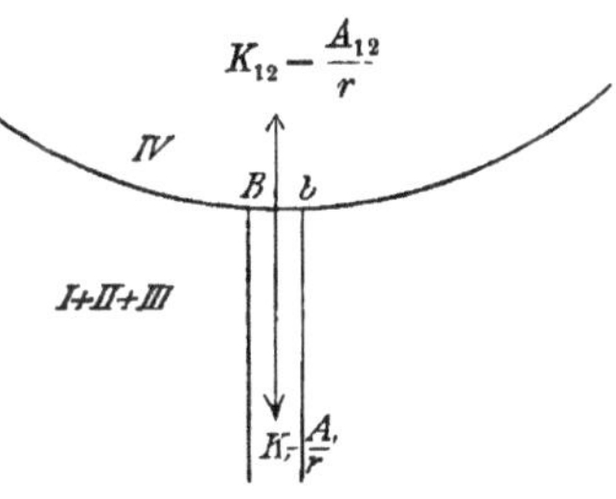

Fig. 215.

messer gleichfalls umgekehrt proportional ist. Der in der molekularen Theorie sich ergebende variable Druck kann also in der Tat als das Resultat einer Oberflächenspannung angesehen werden, deren Betrag gegeben ist durch $T = \dfrac{A_1 + A_2 - 2\,A_{12}}{2}$.

Die Übereinstimmung der theoretischen Betrachtung mit den Vorstellungen, die wir in § 189 entwickelt hatten, ist aber doch nur eine formale. Der unmittelbaren Anschauung erscheint die Oberflächenspannung als eine ursprüngliche, reale Wirkung, welche mit der Gestalt der Oberfläche nichts zu schaffen hat. Die Theorie betrachtet als das real Existierende einen nach dem Innern der Flüssigkeit gerichteten Druck, dessen einer Teil konstant, dessen anderer Teil der Krümmung der Oberfläche proportional ist. An Stelle dieses letzteren Druckes setzen wir eine ihm äquivalente Spannung der Oberfläche, welcher dann aber nur die Bedeutung einer Fiktion und keine reale Existenz zukommt.

Bei der Berechnung der Konstanten K und A aus den Wechselwirkungen der Moleküle macht man zunächst die Annahme, daß die Dichte der Flüssigkeiten konstant sei, und daß die Moleküle in allen Entfernungen sich wechselseitig anziehen. Keine dieser Annahmen dürfte der Wirklichkeit entsprechen. Die der Oberfläche benachbarte Schichte der Flüssigkeit besitzt vermutlich eine wechselnde Dichte, die molekularen Kräfte werden nur in größerer Entfernung anziehende, in kleinerer abstoßende sein. Wenn die Berücksichtigung dieser Verhältnisse auch zu denselben allgemeinen Ausdrücken führt, durch die wir oben die molekularen Drucke dargestellt haben, so werden die quantitativen Verhältnisse der Konstanten K und A doch wesentlich andere werden können.

Für die Oberflächenspannung an der Grenze zweier Flüssigkeiten haben wir die Formel erhalten:

$$T = \frac{A_1 + A_2}{2} - A_{12}\,.$$

Sie ist bemerkenswert, weil sie die Möglichkeit nahe legt, daß T negativ werden kann. In diesem Falle würde die gemeinsame Grenzfläche nicht das Bestreben haben, sich zusammenzuziehen, sondern umgekehrt, sich auszudehnen. Einen solchen negativen Wert der Oberflächenspannung könnte man z. B. annehmen an der Grenze eines festen Körpers und einer ihn benetzenden Flüssigkeit.[1]

§ 199. Innere Reibung der Flüssigkeiten. Gehen wir nun über zu der Betrachtung bewegter Flüssigkeiten, so treten zu den Erscheinungen der Kompressibilität und der Oberflächenspannuug noch die der inneren Reibung, von deren Bedeutung wir schon in § 148 gesprochen haben.

Eine Flüssigkeit fließe über einer ruhenden horizontalen Platte (Fig. 216); die unmittelbar an der Platte liegenden untersten Teilchen mögen an dieser haften und seien daher gleichfalls in Ruhe. Proportional der zunehmenden Höhe wachse die Geschwindigkeit der Flüssigkeit und sei in einer Höhe c über der Platte gleich v. Infolge der verschiedenen Geschwindigkeit der übereinander liegenden Flüssigkeitsschichten entsteht zwischen je zwei eine Kraft, welche die schnellere Schicht zu verzögern, die langsamere zu beschleunigen sucht. Wir bezeichnen als ihre Ursache die innere Reibung der Flüssigkeit; sie hat den Charakter eines auf die Grenzflächen der Schichten wirkenden Zuges, dessen Richtung bei der langsamer bewegten mit der Stromrichtung übereinstimmt, während sie bei der schneller bewegten dem Strom entgegengeht. Nehmen wir in der Höhe c als Grenze zweier Flüssigkeitsschichten eine Fläche s, so ist die in ihr parallel zu der Strömungsrichtung liegende Reibungskraft gegeben durch

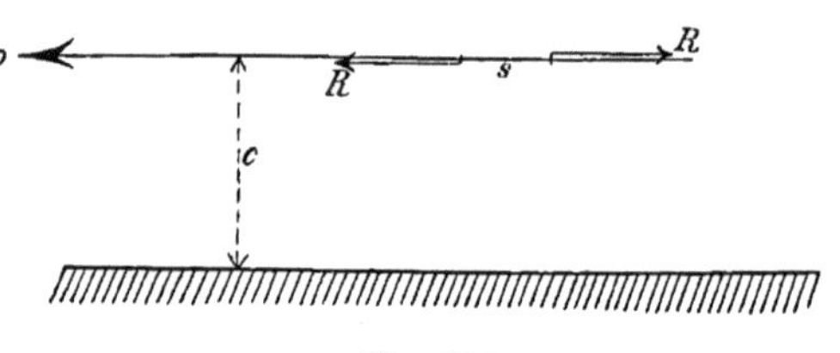
Fig. 216.

$$R = \varrho\, \frac{v}{c}\, s\,.$$

Sie hängt nicht ab von der absoluten Geschwindigkeit v, sondern nur von dem Verhältnis zwischen v und zwischen der Höhe c, in welcher die Geschwindigkeit v erreicht wird, von dem Geschwindigkeitsgefälle $\frac{v}{c}$; ϱ ist eine von der Natur der Flüssigkeit abhängende Konstante, die man als Koëffizienten der inneren Reibung bezeichnet. Benützt man die Gleichung zu der Berechnung von ϱ, so ergibt sich

$$\varrho = \frac{R\,c}{s\,v}\,.$$

Die Dimension des Reibungskoëffizienten im absoluten Maßsystem ist daher:

$$[\varrho] = l^{-1}\, m\, t^{-1}.$$

Sind v und v' die Geschwindigkeiten der Flüssigkeit in den Höhen c

---

[1] Van der Mensbrugghe, Congrès international de Physique 1900. T. I. p. 487. Paris.

und c', so kann das Geschwindigkeitsgefälle auch durch den Bruch $\dfrac{v-v'}{c-c'}$ definiert werden. Es ist nützlich, dies zu bemerken, weil so eine Bestimmung des Gefälles auch bei ungleichförmiger Geschwindigkeitsänderung möglich wird.

Wenn wir eine starre Scheibe in einer Flüssigkeit in horizontaler Stellung bifilar aufhängen und in Schwingung versetzen, so teilt sich ihre Bewegung der Flüssigkeit mit, nach einiger Zeit aber kommen Scheibe und Flüssigkeit zur Ruhe; dies ist eine Folge der inneren Reibung, und die Beobachtung der Dämpfung, welche die Schwingung der Scheibe erleidet, kann zu der Bestimmung des Reibungskoëffizienten dienen.

Von großer Bedeutung ist die innere Reibung bei dem Ausflusse der Flüssigkeiten aus langen Röhren. An der Röhrenwand haftet eine Flüssigkeitsschicht, die ein für allemal in Ruhe bleibt; die Geschwindigkeit nimmt dann gegen die Achse der Röhre hin zu, und so zerfällt die in der Röhre strömende Flüssigkeit in konzentrische Ringe, die mit verschiedener Geschwindigkeit, also unter Reibung, sich gegeneinander bewegen. Die Druckdifferenz zwischen dem Anfang und dem Ende der Röhre sei $p_0 - p$, der Halbmesser der letzteren R, ihre Länge l; dann ist die Geschwindigkeit der Flüssigkeit im Abstand r von der Röhrenachse gegeben durch:

$$\frac{1}{\varrho} \cdot \frac{p_0 - p}{4\,l}(R^2 - r^2);$$

der Druck nimmt auf der Länge l von p_0 bis p stetig ab, kann also graphisch für eine beliebige Stelle der Röhre durch die in Figur 217 gezeichnete Gerade bestimmt werden.

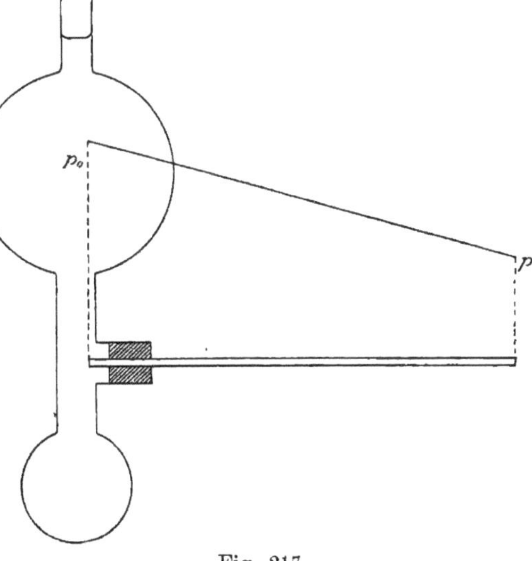

Fig. 217.

Für das in einer Sekunde ausströmende Volumen V der Flüssigkeit gilt das Gesetz von PoisEUILLE, wonach:

$$V = \frac{\pi}{\varrho} \cdot \frac{p_0 - p}{8\,l} R^4.$$

Die Messung von V kann daher zu der Bestimmung des Reibungskoëffizienten ϱ dienen.

Diesen kann man, auf Grund der Formel für ϱ auf S. 290, definieren als den Zug, der auf die Flächeneinheit wirkt, wenn die Geschwindigkeit auf der Längeneinheit um die Einheit abnimmt, d. h. wenn das Geschwindigkeitsgefälle $\frac{v}{c} = 1$ ist.

Im folgenden sind die Werte einiger Reibungskoëffizienten im technischen Maße, g-Gewichte pro qcm, und im absoluten Maß, Dynen pro qcm, zusammengestellt.

	Koëffizient der inneren Reibung	
	g-Gewichte	absolutes Maß
	qcm	cm$^{-1}\cdot$g$\cdot$sec^{-1}.
Glyzerin (15°)	0·00238	2·34
Olivenöl	0·00100	0·98
Quecksilber	0·0000163	0·0160
Wasser (15°)	0·0000137	0·0134.

Wir erwähnen noch einige Anwendungen, welche die im vorhergehenden enthaltenen Sätze finden.

Läßt man eine schwere Kugel im Inneren einer Flüssigkeit von der Ruhe aus fallen, so wird sie zunächst in eine beschleunigte Bewegung geraten. Aber mit der wachsenden Geschwindigkeit nimmt auch die von der Reibung herrührende Gegenkraft zu. Es wird schließlich der Moment kommen, in dem die beschleunigende Wirkung der Schwere durch jene Kraft gerade kompensiert wird, von diesem Augenblicke an fällt die Kugel mit konstanter Geschwindigkeit. Bezeichnet man diese mit c, und ist R der Halbmesser der Kugel, so wird die Gegenkraft der Reibung durch den Ausdruck

$$6 \pi \varrho R c$$

dargestellt. Ist andererseits δ die Dichte des Materiales, aus dem die Kugel besteht, so ist ihr Gewicht $\frac{4}{3} \pi \delta R^3 g$; man erhält also zur Berechnung der konstanten Endgeschwindigkeit die Formel:

$$c = \frac{2}{9} \cdot \frac{\delta}{\varrho} R^2 g .$$

Die Endgeschwindigkeit ist dem Reibungskoëffizienten ϱ umgekehrt proportional, außerdem proportional der Dichte und der Oberfläche der Kugel. An Stelle dieser letzteren Bestimmungen kann man auch die direkte Proportionalität mit dem Gewichte, die umgekehrte mit dem Halbmesser der Kugel setzen.

Auf der Reibung beruht ein großer Teil des Widerstandes, den ein fester Körper, z. B. ein Schiff, bei seiner Bewegung durch das Wasser findet; außerdem tragen dazu die in den §§ 162 und 163 behandelten Druckkräfte bei, die mit Diskontinuitäten der Flüssigkeitsbewegung verbunden sind, sowie die Drucke der Wellen, die von dem Schiff selber erregt werden.

Wenn man zwischen eine rotierende Achse und das sie umschließende Lager Schmieröl bringt, so haftet dieses einerseits an der

Achse, andererseits an dem Lager; die äußerste Schicht ist in Ruhe, die innerste rotiert mit der Achse. Der Bewegung wirkt die innere Reibung des Öles entgegen. Auf dem viel kleineren Betrage, den sie der gleitenden Reibung fester Körper gegenüber besitzt, beruht die Wirkung des Schmiermittels.

Die Bewegungen von Flüssigkeiten, die eine sehr große innere Reibung besitzen, führen endlich noch hinüber zu den Bewegungen duktiler fester Körper unter sehr großem Druck. Es ist bekannt, daß man aus Natrium mit leichter Mühe Drähte herstellen kann, wenn man das Metall in einem Zylinder zusammenpreßt, in dessen Boden eine kleine Öffnung sich befindet. Ebenso kann man, nur mit Anwendung sehr viel stärkerer Drucke, Blei in Drahtform auspressen. Auch das Schmieden und Walzen des Eisens, das Treiben des Kupfers, das Prägen der Metalle, die Herstellung der nahtlosen MANNESMANNschen Röhren sind Prozesse, die zu dieser Kategorie gehören. Die dabei auftretenden Deformationen kann man als ein Fließen der Metalle bei hohem Drucke bezeichnen, wobei die aneinander gleitenden Schichten einer sehr starken inneren Reibung unterworfen sind.

§ 200. Relaxation. In einer ruhenden Flüssigkeit ist der Druck nach allen Richtungen derselbe; in einer reibenden Flüssigkeit, die in Bewegung begriffen ist, sind die Drucke in verschiedenen Richtungen verschieden. Nun legt das ganze Verhalten der zähen Flüssigkeiten die Annahme nahe, daß sie einer plötzlich einwirkenden Kraft gegenüber sich im ersten Momente verhalten wie feste Körper; dann würden also auch in der anscheinend ruhenden Flüssigkeit verschiedene Drucke nach verschiedenen Richtungen wirken. Aber diese Verschiedenheit muß sich mehr oder weniger schnell verlieren und man bezeichnet dies als die Relaxation.

MAXWELL hat in seiner dynamischen Theorie der Gase einen auf diesen Vorgang bezüglichen Satz entwickelt. Von dem Momente ab, in dem die äußere Kraft zu wirken begann, sei die Zeit t verflossen; in einer beliebigen Richtung wirkt jetzt der Druck p'. Nach vollendeter Relaxation sei p der Wert des Druckes; dann ist:

$$p' - p = C \cdot e^{-\frac{t}{T}}.$$

Die Differenz $p' - p$ hat zu Anfang den Wert C; sie sinkt in der Zeit T auf den Wert $\frac{C}{2 \cdot 718}$. Diese Zeit T bezeichnet MAXWELL als die Relaxationszeit. Er findet, daß $T = \frac{\varrho}{H}$; hier ist H der Modul der elastischen Reaktion, welche der deformierenden Kraft widerstrebt, ϱ der Koëffizient der inneren Reibung. Aus den Angaben der §§ 188 und 199 ergibt sich die Relaxationszeit für Wasser zu 670×10^{-15} sec, für Quecksilber zu 46×10^{-15} sec. Bei Gasen ist der Modul H identisch mit dem Druck; nun beträgt die innere Reibung der Luft $19 \cdot 1 \times 10^{-8}$ g-Gew/cm², ihre Relaxationszeit ist somit

$$T = 2 \times 10^{-10} \text{ sec.}^{1}$$

§ 201. Diffusion. Wenn man in einem Gefäße über eine wässerige Lösung von Kupfersulfat vorsichtig Wasser schichtet, so sind die beiden Flüssigkeiten zu Anfang durch eine ziemlich scharfe Grenze geschieden. Bald aber sieht man, wie die blaue Färbung des Kupfersulfates sich nach oben ausbreitet, während nach unten hin die Intensität der Färbung abnimmt. Man bezeichnet diese Erscheinung, die nicht auf einer sichtbaren Strömung, sondern auf einem molekularen Vorgange beruht, als Diffusion. Die Moleküle des gelösten Salzes wandern dabei von den Orten größerer nach denen kleinerer Konzentration. Kann man während der Zeit t das Konzentrationsgefälle, die Abnahme der Konzentration auf der Längeneinheit, als konstant betrachten, so ist die Menge Salz, die in dieser Zeit durch den Querschnitt q eines Diffusionszylinders wandert, gegeben durch

$$\varrho = D\frac{c - c'}{l} \cdot q\,t.$$

Hier bezeichnen c und c' die Konzentrationen am Anfang und am Ende der Strecke l, längs welcher die Konzentration gleichmäßig sinkt, $\dfrac{c - c'}{l}$ das Konzentrationsgefälle, D eine von der Natur des gelösten Körpers und des Lösungsmittels abhängende Konstante, den Diffusionskoëffizienten. Betrachten wir die in der Volumeinheit enthaltene Masse als Maß der Konzentration, so ergibt sich für die Dimension des Diffusionskoëffizienten die Gleichung $[D] = l^2 \cdot t^{-1}$. Nehmen wir als Einheit der Zeit den Tag, als Einheit der Länge das Zentimeter, so gibt der Diffusionskoëffizient die Anzahl g gelöster Substanz, die an einem Tage durch ein Quadratzentimeter wandern, wenn das Konzentrationsgefälle gleich 1 ist. Die Konzentration ist dabei in g auf das Kubikzentimeter anzugeben. Im folgenden sind diese Diffusionskoëffizienten für ein paar Substanzen gegeben:

Salzsäure .	2·4	g pro qcm und Tag
Harnstoff .	0·81	,, ,, ,, ,, ,,
Rohrzucker	0·31	,, ,, ,, ,, ,,
Eiweiß . .	0·05	,, ,, ,, ,, ,,

Etwas verwickelter ist der Vorgang, wenn zwei verschiedene, aber miteinander in jedem Verhältnis mischbare Flüssigkeiten, wie Wasser und Alkohol, ineinander diffundieren.

Wie sich aus den mitgeteilten Zahlen ergibt, ist die Diffusion ein sehr langsam verlaufender Vorgang; beschleunigen kann man die

---

[1] MAXWELL, On the dynamical Theory of Gases. 1866. The Scientific Papers. Vol. II. p. 69—71. — A. KUNDT, Über die Doppelbrechung des Lichtes in bewegten reibenden Flüssigkeiten. WIED. Ann. 1881. Bd. 13. p. 110.

Mischung zweier Flüssigkeiten nur durch Vergrößerung der Berührungsfläche, und darauf beruht der Nutzen des Rührens.

§ 202. Osmotischer Druck. Wenn man Kupfersulfatlösung in
ein unten mit Pergament verschlossenes Gefäß einfüllt, und dieses in
destilliertes Wasser stellt, so tritt Wasser in das Gefäß ein. Läßt man
dieses oben in eine engere Röhre ausgehen, so steigt die Kupfersulfatlösung in ihr in die Höhe. Mit der Zeit macht sich auch eine umgekehrte Bewegung, ein Übertritt von Kupfersulfat zum
Wasser bemerklich; aber auch wenn das Gefäß nicht in
Wasser, sondern in Kupfersulfatlösung gesetzt wird, steigt
die Lösung in der Röhre, solange die Konzentration der
Lösung innen größer ist als außen. Man bezeichnet den
Vorgang als Osmose, den in dem Gefäß sich einstellen-
den Druck als osmotischen Druck.

Höchst überraschend gestalten sich die Beziehungen,
wenn man eine verdünnte Lösung von dem Lösungsmittel,
durch eine sogenannte halbdurchlässige Wand trennt,
die wohl dem Lösungsmittel, aber nicht dem gelösten Stoffe
den Durchgang gestattet. Für Wasser und Rohrzucker
besitzt diese Eigenschaft in sehr vollkommener Weise eine
auf einer porösen Tonzelle niedergeschlagene Membran
von Ferrocyankupfer. Füllt man die Zelle mit Rohrzucker-
lösung und setzt man sie in destilliertes Wasser, so dringt
Wasser in die Zelle ein; die Lösung steigt in der mit
der Zelle verbundenen vertikalen Röhre und vermehrt so
den Druck im Innern (Fig. 218). Der osmotische Druck

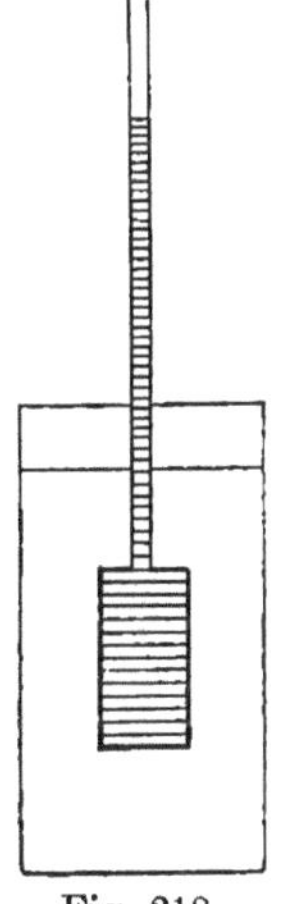

Fig. 218.

ist gleich dem schließlich erreichten Maximaldruck, der dem weiteren
Eindringen von Wasser in die Zelle ein Ziel setzt. Man erhält auf
diese Weise eine direkte manometrische Messung des Druckes. Für
verschieden konzentrierte Lösungen ergaben sich so die folgenden Werte:

Prozentgehalt der Zuckerlösung	Spezifisches Gewicht der Zuckerlösung	Osmotischer Druck in Zentimeter Quecksilber	Dichte des gelösten Zuckers
1 %	1·0026	55·5	0·001003
2 %	1·0066	101·6	0·002013
4 %	1·0144	208·2	0·004057
6 %	1·0223	307·5	0·006134.

Aus den Zahlen der beiden ersten Kolumnen ergibt sich die Dichte
des gelösten Zuckers, d. h. die in 1 ccm davon enthaltene Menge in g:
die Zahlen der letzten Kolumne. Dividieren wir den Druck durch die
Dichte, so ergeben sich die vier Zahlen:

$$55\,200, \quad 50\,470, \quad 51\,370, \quad 50\,130.$$

Aus der annähernden Gleichheit derselben ergibt sich der merkwürdige und wichtige Satz:

Der osmotische Druck ist der Konzentration des gelösten
Stoffes, der Anzahl der g im Kubikzentimeter, proportional.

Die Analogie dieses Satzes mit dem Gesetze von BOYLE-MARIOTTE springt in die Augen. Weitere Untersuchungen, die sich insbesondere auch auf die Abhängigkeit des osmotischen Druckes von der Temperatur richten mußten, haben gezeigt, daß es sich nicht um eine bloße Analogie, sondern um eine vollkommene Identität handelt. Nehmen wir einen Stoff, den wir, wie etwa Äther, als Dampf und in wässeriger Lösung kennen. Bei dem Dampf ist nach dem BOYLEschen Gesetz das Verhältnis von Druck und Dichte bei gegebener Temperatur konstant; seine Abhängigkeit von der Temperatur, die wir erst in der Wärmelehre ausführlich studieren werden, läßt sich am einfachsten darstellen mit Hilfe der in § 21 eingeführten absoluten Temperatur T, Grade Celsius von $-273°$ an gezählt. Ist p der Druck, δ die Dichte, so gilt die Gleichung

$$\frac{p}{\delta} = R\,T,$$

wo R eine dem Äther eigentümliche Konstante bezeichnet. Dieselbe Gleichung gilt aber auch für den osmotischen Druck p einer verdünnten Ätherlösung, wenn wir unter δ die Konzentration, d. h. wiederum die in der Volumeinheit enthaltene Äthermasse verstehen. Der osmotische Druck einer Lösung ist also genau derselbe wie der Gasdruck, den die gelösten Moleküle ausüben würden, wenn das Lösungsmittel entfernt, und der von ihm eingenommene Raum allein von jenen Molekülen im Gaszustande erfüllt würde. Auf indirektem Wege kann der osmotische Druck einer verdünnten Lösung aus den in der Wärmelehre zu besprechenden Erscheinungen der Gefrierpunktserniedrigung und Siedepunktserhöhung berechnet werden.

Drittes Kapitel. Molekularerscheinungen der Gase.

§ 203. Übersicht über die Erscheinungen. Die Gase zeigen ebenso wie die Flüssigkeiten die Erscheinungen der inneren Reibung; der Ausfluß eines Gases durch eine lange Kapillarröhre folgt daher dem in § 199 angeführten Gesetze. Die Erscheinung der Diffusion tritt bei Gasen in derselben Weise auf, wie bei Flüssigkeiten. Trennt man zwei Gase durch eine poröse Wand, z. B. eine Tonzelle, die keine spezifische Wirkung auf die Gase ausübt, so diffundiert das leichtere Gas rascher durch die Wand, als das schwerere; es entsteht daher eine Druckdifferenz zwischen den beiden Seiten der Wand. So diffundiert Leuchtgas rascher durch eine Tonzelle als Luft, und es steigt daher der Druck auf der Seite der letzteren. In manchen Fällen beruht die Diffusion durch eine Scheidewand auf einer Lösung der Gase in ihrer Substanz. So diffundiert Ammoniak durch eine mit Wasser benetzte Membran, Wasserstoff durch Palladiumbleche.

Der Fall der einfachen Interdiffusion zweier Gase möge noch durch einige weitere Bemerkungen erläutert werden. Wir denken uns einen vertikalen Zylinder, der in seinem unteren Teile mit einem schweren Gase $\mathfrak{G}_1$ gefüllt wird, über dem ein leichteres $\mathfrak{G}_2$ sich befindet. Der Druck sei im ganzen Innern des Zylinders der gleiche und ändere sich auch nicht während der Diffusion. Diese bedingt eine mehr und mehr fortschreitende Vermischung beider Gase; betrachten wir zu irgend einer Zeit zwei Querschnitte, a und b, die in der Entfernung l übereinander sich befinden. Die Dichtigkeit des ersten Gases sei in dem Querschnitt a gleich $\delta_1{}^a$, in b gleich $\delta_1{}^b$, das Gefälle der Dichtigkeit ist dann $\dfrac{\delta_1{}^a - \delta_1{}^b}{l}$. Unter diesen Umständen geht durch einen Querschnitt c, der in der Mitte zwischen a und b liegt, während einer kleinen Zeit τ eine gewisse Menge von $\mathfrak{G}_1$ von unten nach oben hindurch. Ist m_1 die Zahl der hindurchgehenden Gramme, q der Flächeninhalt des Querschnittes, so gilt das Gesetz:

$$m_1 = D_{12}\,\frac{\delta_1{}^a - \delta_1{}^b}{l} \cdot q \cdot \tau.$$

Hier ist D_{12} eine von der Natur der beiden Gase abhängende Größe, der Diffusionskoëffizient. Er hat ebenso wie der Diffusionkoëffizient der Flüssigkeiten die Dimension $[D_{12}] = l^2 \cdot t^{-1}$. Er ist dem Drucke des Gasgemisches umgekehrt proportional und wächst mit steigender Temperatur.

Dem Diffusionsstrome des Gases $\mathfrak{G}_1$ entspricht natürlich ein umgekehrt gerichteter Strom von $\mathfrak{G}_2$; die Zahl m_2 der in der Zeit τ durch den Querschnitt c hindurchgehenden g wird durch die leicht verständliche Gleichung

$$m_2 = D_{12}\,\frac{\delta_2{}^b - \delta_2{}^a}{l} \cdot q \cdot \tau$$

bestimmt.

Für Zentimeter und Sekunde als Einheiten ergeben sich aus den Beobachtungen die folgenden Werte der Diffusionskoëffizienten bei Atmosphärendruck und der Temperatur des schmelzenden Eises.

Wasserstoff-Sauerstoff	0·722	cm² sec−1
Sauerstoff-Kohlensäure	0·180	„
Kohlensäure-Wasserstoff	0·556	„
Kohlensäure-Luft	0·151	„

Eine andere und wohl etwas anschaulichere Deutung des Diffusionskoëffizienten ergibt sich aus der Betrachtung des folgenden Vorganges. Zwei große Gasometer 1 und 2 seien mit den Gasen $\mathfrak{G}_1$ und $\mathfrak{G}_2$ bei gleichem Druck gefüllt; die Dichten seien δ_1 und δ_2. Die Gasometer werden miteinander verbunden durch einen Zylinder von der Länge l und dem Querschnitt q. Noch seien in keinen der Gasometer bemerkbare Spuren von dem Gase des anderen eingedrungen, dagegen mögen sich die Gase in der Verbindungsröhre vermischt haben, so daß die Dichte von $\mathfrak{G}_1$ auf der Länge l von δ_1 abnimmt auf Null, die von $\mathfrak{G}_2$ in umgekehrter Richtung von δ_2 auf Null. Unter diesen Umständen verschwinden infolge der Diffusion in der Zeit τ Teilchen des Gases $\mathfrak{G}_1$

aus dem Gasometer 1; das Volumen v von $\mathfrak{G}_1$, gemessen bei dem Drucke der Gasometer, welches in der Zeit τ durch die Verbindungsröhre nach dem Gasometer 2 übergeht, ist gegeben durch:

$$v = D_{12} \cdot \frac{q}{l} \cdot \tau\,;$$

an seine Stelle tritt aus dem zweiten Gasometer ein ebenso großes Volumen des Gases $\mathfrak{G}_2$. Dies gilt so lange, bis durch den wechselseitigen Übergang der Gase die Dichtigkeiten δ_1 und δ_2 merklich verändert worden sind. Die Formel ergibt sich aus dem zuvor angeführten allgemeinen Gesetz, wenn man $\delta_1{}^b = 0$ setzt und mit $\delta_1{}^a$ dividiert.[1]

Die Absorption eines Gases in einer Flüssigkeit können wir vergleichen mit der wechselseitigen Lösung zweier Flüssigkeiten, die miteinander nicht mischbar, aber bis zu einem gewissen Grade ineinander löslich sind, wie z..B. Äther und Wasser. Eine Flüssigkeit absorbiert von einem Gase ein Volumen, welches unter dem Drucke des über ihr stehenden Gases gemessen sich als konstant erweist. Die absorbierte Gasmasse ist danach dem Absorptionsdrucke proportional. Absorptionskoëffizient nach Bunsen ist das Volumen, welches von der Volumeinheit der Flüssigkeit aufgenommen ist, gemessen bei dem Druck des über der Flüssigkeit stehenden Gases und bei der Temperatur von $0^{\,0}$ Celsius.

Die Absorptionskoëffizienten einiger Gase in Wasser und Alkohol sind im folgenden zusammengestellt.

Absorptionskoëffizienten bei $15^{\,0}$ Cels.

	Wasser	Alkohol
Stickstoff	0·0148	0·1214
Wasserstoff	0·0193	0·0672
Kohlenoxyd	0·0243	0·2044
Sauerstoff	0·0299	0·2840
Stickoxydul	0·7778	3·2678
Kohlensäure	1·0020	3·1993.

Mit wachsender Temperatur nehmen die Absorptionskoëffizienten stark ab. Auch bei sehr hohen Drucken tritt eine Abnahme der Koëffizienten ein.[2]

Hierzu möge noch bemerkt werden, daß man den Absorptionskoëffizienten neuerdings häufig auch definiert als das Volumen des von 1 ccm der Flüssigkeit aufgenommenen Gases, gemessen bei dem Druck und bei der Temperatur des über der Flüssigkeit stehenden. Der so definierte Absorptionskoëffizient ergibt sich aus dem Bunsenschen durch Multiplikation mit

$$1 + \frac{t}{273},$$

---

[1] Maxwell, On the dynamical Theory of Gases. The scientific papers. Vol. II p. 26. — O. E. Meyer, Die kinetische Theorie der Gase. Breslau 1877. p. 162. — Maxwell, On Loschmidts Experiments on Diffusion in relation to the kinetic Theory of Gases. l. c. p. 343.

[2] Cassuto, Phys. Zeitschr. 1904. p. 233.

wenn t die Versuchstemperatur bedeutet. Bei dieser Definition gilt der Satz, daß das Verhältnis zwischen dem osmotischen Drucke des absorbierten Gases und dem Drucke des freien gleich dem Absorptionskoëffizienten ist.

An die Erscheinung der Absorption schließt sich zunächst die der Verdichtung von Gasen an der Oberfläche fester Körper, die **Adsorption**. Die Oberfläche fester Körper ist unter gewöhnlichen Umständen immer mit einer Schichte von verdichteter Luft überzogen. Auf den Eigenschaften dieser adsorbierten Gasschichte beruht das Zustandekommen der sogenannten MOSERschen Hauchbilder. Wenn man auf eine Metall- oder Glasplatte einen gravierten Metallstempel setzt, nach einiger Zeit abnimmt und die Platte behaucht, so wird das Bild des Stempels sichtbar. Die Dämpfe schlagen sich an den von ihm berührten Stellen anders nieder als an den nicht berührten infolge einer Veränderung der adsorbierten Gasschicht bei der Berührung zwischen Platte und Stempel.

Besonders stark ist die Adsorption bei poröser Kohle; ein Volumen Buchsbaumkohle adsorbiert die folgenden Volumina verschiedener Gase:

Ammoniak	90	Kohlenoxyd	9·4
Schweflige Säure	65	Sauerstoff	9·2
Stickoxydul	40	Stickstoff	7·5
Kohlensäure	35	Wasserstoff	1·7.

Der Adsorptionsdruck betrug bei den Versuchen, aus denen die Zahlen berechnet sind, 724 mm.

Lösung von Gasen in festen Körpern, wie z. B. von Wasserstoff in Platin und Palladium, bezeichnet man als **Okklusion**. Ein Volumteil Palladium okkludiert 960 Volumteile elektrolytisch abgeschiedenen Wasserstoffs und dehnt sich dabei um $^1/_{10}$ seines Volumens aus.

§ 204. Kinetische Theorie der Gase. Bei den Gasen ist es gelungen, auf Grund einer hypothetischen Vorstellung von ihrer molekularen Konstitution ein ziemlich vollständiges und zusammenhängendes Bild von ihren physikalischen Eigenschaften zu entwerfen.

Man denkt sich die Gase bestehend aus einzelnen kleinsten Teilchen, den Molekülen, die voneinander im allgemeinen durch große Zwischenräume getrennt sind. Wir nehmen an, diese Moleküle haben die Eigenschaften von harten, elastischen Kugeln und fahren, ähnlich den Mücken eines Mückenschwarmes, mit einer gewissen Geschwindigkeit durcheinander. Jedes bewegt sich, dem Prinzipe der Trägheit entsprechend, so lange in gerader Linie fort, bis es mit einem anderen zusammenstößt und aus seiner Bahn abgelenkt wird; in der neuen Richtung bewegt es sich abermals geradlinig bis zu einem neuen Zusammenstoß usf. Die ganze Bahn, die ein bestimmtes Molekül durchläuft, ist somit durch eine Zickzacklinie im Raume dargestellt, bei der lauter aufeinanderfolgende geradlinige Strecken unter allen möglichen Winkeln zusammenstoßen. Da man die Bewegungen der einzelnen Gasmoleküle nicht verfolgen kann, so ist man in der Gastheorie angewiesen auf die Methode der **Statistik**.

Anstatt die mannigfach wechselnden Bahngeschwindigkeiten der einzelnen Moleküle zu betrachten, operiert man mit gewissen Durchschnittswerten der molekularen Geschwindigkeit. Ebenso setzt man an Stelle der individuellen veränderlichen Werte, welche die geradlinigen Strecken der zickzackförmigen Molekülbahnen besitzen, einen Durchschnittswert, den man als die **mittlere Weglänge** bezeichnet. Wir gehen nun zu einer flüchtigen Skizzierung der Theorie über, die auf dem Grunde dieser Vorstellungen sich aufbaut.

Gesetz von BOYLE-MARIOTTE. Der Druck eines Gases gegen die begrenzende Wand rührt her von den Stößen, welche die Moleküle des Gases auf sie ausüben. Denken wir uns ein Gasmolekül von der Masse μ mit der Geschwindigkeit V senkrecht auf die begrenzende Wand stoßen, so wird es von dieser mit unveränderter Geschwindigkeit, aber entgegengesetzter Bewegungsrichtung reflektiert; die Änderung seiner Bewegungsgröße ist $2\,\mu\,V$. Ebenso groß ist nach § 101 der bei dem Zusammenstoße auf die Wand wirkende Impuls. Man gelangt nun am einfachsten zu dem BOYLE-MARIOTTEschen Gesetz, wenn man einen Würfel von 1 ccm Inhalt betrachtet, unter der Annahme, daß die in ihm enthaltenen Gasmoleküle sich in drei Scharen sondern, von denen jede, ohne durch die anderen irgendwie gestört zu werden, parallel einer Würfelkante hin und herfährt. Nehmen wir (Fig. 219) ein Molekül, das parallel der Kante AB gegen die Wand BC sich bewegt. Die Zeit

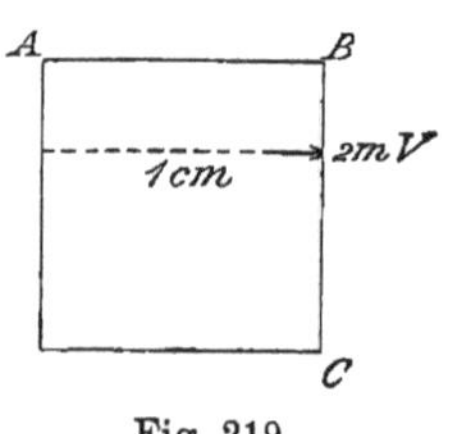

Fig. 219.

zwischen zwei aufeinanderfolgenden Stößen des Moleküls gegen BC ist gleich der Zeit, die es braucht, um zweimal die Länge AB zu durchlaufen, d. h. gleich der Zeit $\frac{2}{V}$, in der es eine Strecke von 2 cm zurücklegt. Das Molekül stößt somit in einer Sekunde $\frac{V}{2}$ mal gegen die Fläche BC; bei jedem Stoße ist der auf die Wand ausgeübte Impuls gleich $2\,\mu\,V$, der Gesamtimpuls während einer Sekunde somit gleich μV^2, entsprechend einer kontinuierlich wirkenden Kraft von gleichem Betrage. Dasselbe gilt aber von den übrigen Molekülen. Ist die ganze Zahl der in dem Kubikzentimeter enthaltenen Gasmoleküle gleich N, so stößt der dritte Teil davon gegen die eine Seitenfläche, der ganze in einer Sekunde ausgeübte Impuls ist somit $\frac{1}{3} N \mu V^2$, entsprechend einem konstanten Drucke von derselben Größe. $N\mu$ ist die Masse des in dem Kubikzentimeter enthaltenen Gases, d. h. seine Dichte δ. Wir können somit die gefundene Beziehung auch in der Form schreiben:

$$\frac{p}{\delta} = \tfrac{1}{3}\,V^2,$$

in der ihre Übereinstimmung mit dem Gesetz von BOYLE-MARIOTTE in die Augen springt. Zu demselben Resultat gelangt man übrigens auch dann, wenn man eine gleichförmige Verteilung der Geschwindigkeit V auf alle möglichen Richtungen annimmt. V^2 würde zunächst den mittleren Wert des Quadrates der molekularen Geschwindigkeit bezeichnen. Wir wollen aber, um unsere Betrachtungen nicht unnötig zu verwickeln, die molekulare Geschwindigkeit als eine konstante behandeln; dann ist V^2 das Quadrat der molekularen Geschwindigkeit, und diese selbst gegeben durch:

$$V = \sqrt{3\frac{p}{\delta}}\,.$$

Benützen wir hier die in den §§ 139 und 145 eingeführte virtuelle Druckhöhe h des Gases, so wird der in Dynen zu messende Druck $p = g\,h\,\delta$ und daher

$$V = \sqrt{3\,g\,h}.$$

Hiernach ergeben sich die folgenden molekularen Geschwindigkeiten für die Temperatur 0^0 Celsius:

Wasserstoff	184 400 cm	sec -1
Stickstoff	49 200	„
Sauerstoff	46 100	„
Kohlensäure	39 200	„

DALTONsches Gesetz. Wenn mehrere Gase in einem und demselben Raume zusammen sind, so verhält sich jedes so, als ob die anderen nicht vorhanden wären. Der Gesamtdruck des Gasgemenges ist gleich der Summe der Partialdrucke der einzelnen Gase, und diese sind für die einzelnen Gase dieselben, wie wenn sie allein den Raum erfüllten. Diese Sätze sind eine unmittelbare Konsequenz der im vorhergehenden gegebenen Ableitung des BOYLE-MARIOTTEschen Gesetzes.

Bei der Absorption eines Gasgemenges in einer Flüssigkeit ist für jedes einzelne Gas der Partialdruck als der maßgebende Absorptionsdruck zu betrachten. Hierdurch und durch die Verschiedenheit der Absorptionskoëffizienten erklärt es sich, daß die in Wasser absorbierte Luft $35\,^0/_0$ Sauerstoff enthält, während der Prozentgehalt der freien gleich 21 ist.

Satz von AVOGADRO. Zwei Gase mögen gleichen Druck und gleiche Temperatur besitzen. Die Molekulargewichte seien μ_1 und μ_2, die molekularen Geschwindigkeiten V_1 und V_2, die Anzahlen der in 1 ccm enthaltenen Moleküle N_1 und N_2. Als Bedingung der Temperaturgleichheit betrachten wir die Gleichheit der lebendigen Kraft der Moleküle. Wir haben dann die Gleichungen:

$$\tfrac{1}{3} N_1\,\mu_1\,V_1{}^2 = \tfrac{1}{3} N_2\,\mu_2\,V_2{}^2,$$
$$\tfrac{1}{2}\mu_1\,V_1{}^2 = \tfrac{1}{2}\mu_2\,V_2{}^2.$$

Somit muß $N_1 = N_2$ sein.

Gleiche Volumina zweier verschiedener Gase enthalten bei gleichem Druck und gleicher Temperatur gleiche Anzahlen von Molekülen.

Gesetz von Gay-Lussac. Die Konstante des Boyle-Mariotte-schen Gesetzes,

$$\frac{p}{\delta} = \tfrac{1}{3} V^2,$$

ist abhängig von der Temperatur. Benützt man die absolute Temperaturskale, so ist, wie schon in § 202 erwähnt wurde, für die Temperatur T

$$\frac{p}{\delta} = R T,$$

wo R eine dem betrachteten Gas individuelle, von der Temperatur unabhängige Konstante bezeichnet. Wir müssen hiernach annehmen, daß die molekulare Geschwindigkeit der Wurzel aus der absoluten Temperatur proportional ist, entsprechend der Gleichung

$$V = \sqrt{3 R T}.$$

Das Gesetz von van der Waals. Um die in § 133 erwähnten Abweichungen von dem Boyle-Mariotteschen Gesetz zu erklären, kann man die Annahme machen, daß zwischen den Gasmolekülen anziehende Kräfte existieren von der Art, wie wir sie in der Molekulartheorie der Kapillarität betrachtet haben. Aus denselben resultiert dann ein gegen die Oberfläche des Gases wirkender normaler Druck K, der sich zu dem von den begrenzenden Wänden ausgeübten addiert. Nun ist jener konstante Kapillardruck proportional mit dem Quadrat der Dichte, oder umgekehrt proportional dem Quadrat des Volumens; man kann daher setzen: $K = \dfrac{a}{v^2}$, wo a eine neue, dem Gase eigentümliche Konstante repräsentiert. Der Gesamtdruck, unter dem dieses steht, ist dann:

$$p + \frac{a}{v^2}.$$

Will man endlich zum Ausdruck bringen, daß bei unendlich großem Drucke das Volumen des Gases nicht verschwindet, sondern einen bestimmten Grenzwert b erreicht, so muß man in dem Boyleschen Gesetz an Stelle von b den Wert $v - b$ einsetzen und gelangt so zu der Formel

$$\left(p + \frac{a}{v^2}\right)(v - b) = m R T,$$

wo nun m die Masse des Gases bezeichnet. Durch diese Gleichung lassen sich die in § 133 hervorgehobenen Abweichungen in befriedigender Weise darstellen.

Innere Reibung und mittlere Weglänge. Wenn ein Gas im ganzen in strömender Bewegung sich befindet, und verschiedene Schichten dabei verschiedene Geschwindigkeit besitzen, so treten infolge der molekularen Bewegung Teilchen mit kleinerer Strömungsgeschwindigkeit in Schichten mit größerer, Teilchen mit größerer Strömungsgeschwindigkeit in Schichten mit kleinerer. Darauf beruht die innere Reibung der Gase. Für den Koëffizienten derselben ergibt sich der Wert

$$\varrho = \tfrac{1}{3} \delta V L.$$

Hier bezeichnet δ die Dichtigkeit des Gases, V die molekulare Geschwindigkeit, L die mittlere Weglänge. Da man den Koëffizienten der inneren Reibung bei Gasen nach denselben Methoden bestimmen kann, wie bei Flüssigkeiten, so gibt die Gleichung ein Mittel zur Berechnung der mittleren Weglänge. In der folgenden Tabelle sind einige so erhaltene Werte zusammengestellt. Die Reibungskoëffizienten geben wie in § 199 den auf das Quadratzentimeter wirkenden Zug in g-Gewichten, wenn die Geschwindigkeitsdifferenz auf 1 cm gleich 1 cm sec^{-1} ist. Die Temperatur ist zu 15^0 angenommen:

	$\varrho \times 10^8 \; \dfrac{\text{g-Gew.}}{\text{cm}^2}$	L mm
Wasserstoff	9·4	0·000172
Kohlensäure	15·5	0·000060
Kohlenoxyd	17·2	0·000087
Stickstoff	18·1	0·000089
Sauerstoff	20·7	0·000095.

Die bei der Berechnung von L zu benützenden Werte von ϱ in absolutem Maße, cm^{-1} g sec^{-1}, ergeben sich aus den Zahlen der Tabelle durch Multiplikation mit 981.

Von der Dichte des Gases ist der Reibungskoëffizient unabhängig; die mittlere Weglänge ist daher der Dichte oder dem Drucke umgekehrt proportional. Die Zahlen der Tabelle beziehen sich auf den normalen Druck von 760 mm.

Wie die innere Reibung eines Gases von Weglänge und molekularer Geschwindigkeit abhängt, so muß auch die wechselseitige Diffusion zweier Gase durch ihre molekularen Geschwindigkeiten und Weglängen bedingt sein. Es knüpft sich hieran die Möglichkeit, molekulare Weglängen aus den Diffusionskoëffizienten, diese selbst aus den Koëffizienten der inneren Reibung zu berechnen. Die wirkliche Verfolgung dieses Weges stößt auf Schwierigkeiten, vor allem deshalb, weil die molekularen Weglängen der Gase bei ihrer Mischung andere werden.

Molekulardurchmesser und Molekulerabstand. Es ist von vornherein zu erwarten, daß die Weglänge abhängt von dem Durchmesser der Moleküle und von ihrer Distanz, oder, was im wesentlichen auf dasselbe hinauskommt, von dem Verhältnis des Raumes v, in dem das Gas im ganzen verbreitet ist, zu dem Raume k, der von den kugelförmig gedachten Molekülen selbst wirklich ausgefüllt wird. In der Tat ergibt sich zunächst eine Beziehung zwischen Weglänge, Molekulardistanz und Molekularhalbmesser.

Wir denken uns die Moleküle des Gases gleichmäßig in den Mittelpunkten eines regelmäßigen, aus lauter gleich großen Würfeln gebildeten Zellensystems verteilt. Die Kante eines ein Molekül umschließenden Würfels entspricht dann der mittleren Entfernung benachbarter Moleküle. Wir bezeichnen diese Entfernung λ als den **Molekularabstand**, den Würfel vom Inhalt λ^3 als den **Molekularwürfel**. Der Halbmesser der kugelförmig gedachten Moleküle sei R, die Weglänge L, dann gilt die Proportion:

$$L : \lambda = \lambda^2 : 4\sqrt{2}\,\pi R^2.$$

Das Verhältnis zwischen dem Volumen eines Moleküls, $\tfrac{4}{3}\pi R^3$, und dem des Molekularwürfels, λ^3, setzen wir gleich dem Verhältnis zwischen dem Raume k, den die Gesamtheit der Moleküle nach vollständiger Kondensation des Gases einnimmt, und zwischen dem ursprünglichen Volumen v im gasförmigen Zustand. Wir haben somit die zweite Gleichung:

$$\tfrac{4}{3}\,\pi\,R^3 : \lambda^3 = k : v.$$

Die Verbindung beider Gleichungen gibt für den Molekulardurchmesser die Formel:

$$2\,R = 8 \cdot 5\,L\,\frac{k}{v},$$

für die Molekulardistanz:

$$\lambda = L\,\sqrt[3]{319\,\frac{k^2}{v^2}}\;.$$

Da ferner λ^3 den von einem Molekül im gasförmigen Zustand im ganzen okkupierten Raum darstellt, so ist $\frac{1}{\lambda^3} = N$ die Zahl der Moleküle in der Volumeinheit. Das Verhältnis $\frac{k}{v}$ kann aus der Konstanten b des VAN DER WAALSschen Gesetzes berechnet werden. Ist die Weglänge L bekannt, so ergibt sich die Größe des Molekulardurchmessers, der Molekularabstand und die Zahl der Moleküle in der Volumeinheit. Für Kohlensäure ist bei normalem Druck und normaler Temperatur, d. h. bei 0^0 Celsius

$$\frac{k}{v} = 0 \cdot 0005\;.$$

Somit wird der Molekulardurchmesser

$$2\,R = 0 \cdot 25 \times 10^{-6}\;\text{mm},$$

die Molekulardistanz bei normalen Verhältnissen von Druck und Temperatur:

$$\lambda = 2 \cdot 6 \times 10^{-6}\;\text{mm},$$

die Anzahl der Moleküle im Kubikmillimeter unter derselben Voraussetzung:

$$N = 58000 \times 10^{12}.$$

Für Wasserstoff sind die entsprechenden Zahlen:

$$\frac{k}{v} = 0 \cdot 0003;\quad 2\,R = 0 \cdot 44 \times 10^{-6}\;\text{mm};$$

$$\lambda = 5 \cdot 3 \times 10^{-6}\;\text{mm};\quad N = 6800 \times 10^{12}.$$

Die Werte für λ und für N müßten nach der AVOGADROschen Regel dieselben sein, wie bei Kohlensäure. Die Abweichung illustriert die Unsicherheit, welche den Grundlagen der Rechnung in theoretischer, wie in experimenteller Hinsicht noch anhaftet.

Die vorstehenden Betrachtungen enthalten die Annahme, daß die Moleküle im Zustande der Kondensation den Raum lückenlos erfüllen, eine Annahme, die in Widerspruch steht mit den Vorstellungen des § 172 über die molekulare Konstitution der Körper. Wir müssen jene Vorstellungen abändern, um den Widerspruch zu heben. In der Tat genügt es für die Entwickelung der Molekulartheorie, wenn die Moleküle, welches immer ihre Beschaffenheit sein mag, sich so verhalten, als ob die wechselseitig ausgeübten Kräfte von einzelnen materiellen Punkten ausgingen.

VIERTES BUCH.

AKUSTIK.

Erstes Kapitel. Die musikalischen Töne.

§ 205. Entstehung der Töne. Wir haben in § 171 gesehen, daß eine einfache Welle, die sich in der Luft ausbreitet, die Empfindung des Schalles erzeugt, sobald sie unser Ohr trifft. Es fragt sich nun, wie die Tonempfindung zustande kommt. Wenn die Luft an irgend einer Stelle in regelmäßiger Weise andauernd erschüttert wird, so gehen von da Wellenzüge aus, deren einzelne, unter sich gleiche Wellen kontinuierlich aufeinander folgen und mit derselben Geschwindigkeit durch den Luftraum hindurch sich ausbreiten. In unserem Ohre werden sie in regelmäßiger Folge, in genau gleichen Zeitintervallen eintreffen, jedesmal die Schallempfindung hervorrufend. Wenn nun die Zahl der in einer Sekunde sich häufenden Eindrücke eine gewisse Grenze übersteigt, so kommen nicht mehr einzelne Schallstöße zur Empfindung, sondern es tritt eine ganz neue Empfindung auf, der musikalische Ton.

Von der Richtigkeit dieser Anschauung überzeugen wir uns, wenn wir Vorgänge betrachten, bei denen musikalische Töne erzeugt werden; am nächsten liegt das Beispiel der Klaviersaiten; bei ihnen ist der Ton an die Schwingung gebunden, welche durch das Anschlagen der Hämmer hervorgerufen wird. Es zeigt sich nun, daß ganz allgemein jede schwingende Bewegung, gleichgültig auf welchem Wege sie hervorgerufen wird, einen Ton erzeugt, wenn sie nur mit genügender Schnelligkeit vor sich geht. Wenn man ein Kartenblatt gegen den Rand eines rasch rotierenden Zahnrades hält, so wird es in Schwingungen versetzt und gibt einen Ton, dessen Höhe mit der Rotationsgeschwindigkeit zunimmt. In einer sehr eigentümlichen Weise wird die schwingende Bewegung bei dem sogenannten Trevelyan-Instrument erzeugt (Fig. 220 a). Eine Barre von Kupfer trägt an ihrer unteren Fläche zwei scharfe hervorragende Leisten, so daß sie im Querschnitte die in Fig. 220 b bezeichnete Form besitzt. Sie wird in der Flamme eines Bunsenbrenners erhitzt und in schräger Stellung mit dem an ihr befindlichen Griffe auf die Tischplatte, mit der einen Kante gegen den blank geschabten Rand eines Bleiklötzchens gelegt. An der Berührungsstelle zwischen Kupfer und Blei findet eine energische Wärmeströmung von dem ersteren zu dem letzteren statt, und bei der

schlechten Wärmeleitung des Bleies resultiert daraus eine plötzliche starke
Erwärmung jener Stelle. Diese hat eine so schnelle Ausdehnung des
Bleies zur Folge, daß dadurch die Kupferbarre wie durch einen Stoß in

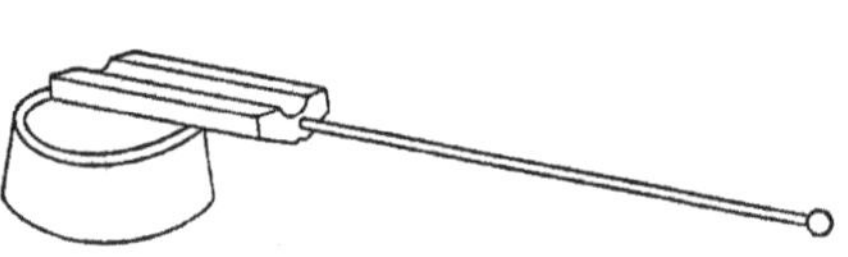

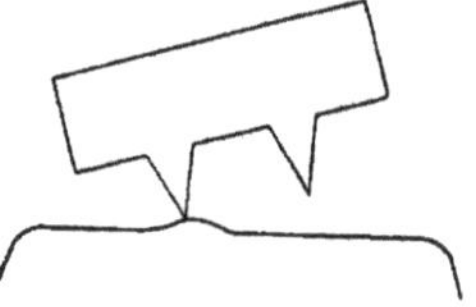

Fig. 220a. Trevelyan-Instrument.　　　　　　　　　　Fig. 220b.

die Höhe geworfen wird, um dann auf die andere Kante zurückzufallen.
Sobald diese mit dem Blei in Berührung kommt, wiederholt sich bei ihr
derselbe Vorgang, und auf diese Weise gerät der kupferne Wieger in
eine schwingende, einen Ton erzeugende Bewegung.

Wenn man einen Luftstrahl durch eine feine Öffnung austreten läßt,
so entsteht ein Ton. Er muß durch eine irgendwie mit dem Ausflusse
verbundene, periodisch sich wiederholende
Bewegung der Luft erzeugt werden. In
der Tat sind nun die Verhältnisse eines
Luftstrahles, der unter hohem Drucke
aus einem Gasometer austritt, überaus
kompliziert. Fig. 221[1] gibt ein photographisches Bild eines Strahles, der bei
einem Drucke von 48 Atmosphären aus
einer feinen, runden Öffnung tritt. Der
Querschnitt des Strahles ist nicht konstant, sondern zeigt wellenförmige Er-
weiterungen und Einschnürungen; in
seinem Inneren wechselt die Dichte der
Luft in regelmäßigen Intervallen. In
geringerem Maßstabe treten solche Ver-

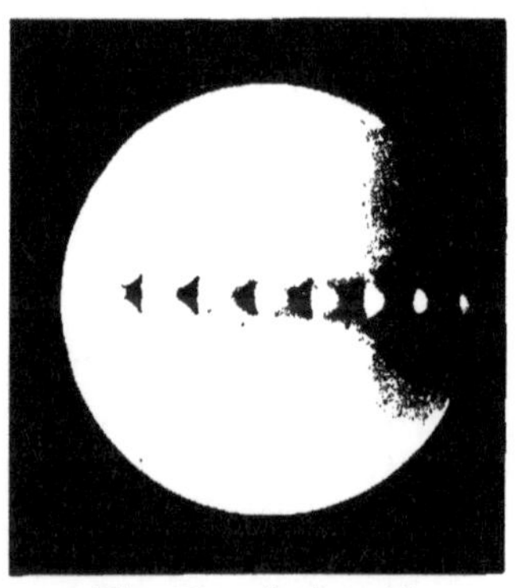

Fig. 221. Luftstrahl.

schiedenheiten auch noch bei kleineren Drucken auf. Mit ihnen müssen
wellenförmge Bewegungen der umgebenden Luft zusammenhängen, deren
Ursprung an der Austrittsöffnung gelegen ist, und welche die Entstehung des Tones veranlassen. Auf ähnlichen Verhältnissen müssen die
Töne beruhen, die entstehen, wenn eine Peitschenschnur oder ein Draht
in rascher Bewegung die Luft durchschneiden. Umgekehrt entstehen
durch die Strömung der Luft gegen einen an seinen Enden befestigten
Draht die Töne, die man bei den Äolsharfen, bei Telegraphendrähten
beobachten kann. Die Höhe des Tones steigt mit der Geschwindigkeit

---

[1] E. Mach u. P. Salcher, Optische Untersuchung der Luftstrahlen. Wied.
Ann. 1890. Bd. 41. p. 144. — R. Emden, Über die Ausströmungserscheinungen
permanenter Gase. Wied. Ann. 1899. Bd. 69. p. 264. — Prandtl, Über die stationären Wellen in einem Gasstrahl. Phys. Zeitschr. 1904. p. 599.

der Bewegung; bei gleicher Geschwindigkeit geben dickere Drähte tiefere Töne als dünne.

§ 206. Die Tonhöhe. Die für die Unterscheidung der Töne weitaus wichtigste Eigenschaft ist ihre Höhe. Die Frage, von welchen Eigentümlichkeiten der sie erzeugenden Bewegung die Höhe abhängt, werden wir sicher nur entscheiden können, wenn wir uns nicht auf qualitative Versuche beschränken, sondern zur Erzeugung der Töne Bewegungen von vollkommen bestimmter Periodizität benützen. Wir werden andererseits auch die auf die Bedingungen ihrer Höhe zu untersuchenden Töne nicht ganz willkürlich, sondern so wählen, daß sie ein bestimmtes musikalisches Intervall, eine Oktave, Quarte usw. bilden.

Beide Bedingungen werden erfüllt durch die Konstruktion der Sirene. Eine Scheibe, die um ihre Achse in rasche Rotation versetzt werden kann, trägt an ihrem Umfange eine vierfache Löcherreihe, wie dies in Fig. 222 gezeichnet ist. Die Zahl der Löcher betrage in der innersten Reihe 40, in der folgenden 50, in der dritten 60 und in der äußersten 80. In der Figur ist die Zahl der Löcher der Deutlichkeit halber fünfmal kleiner genommen. Bläst man mit einem Glasröhrchen gegen eine Löcherreihe der rotierenden Scheibe, so wird der Luftstrahl unterbrochen, so oft eine massive Stelle der Scheibe vor die Mündung der Röhre kommt; es tritt ein Tropfen Luft in den Raum jenseits der Scheibe hinein, so oft ein Loch der Mündung gegenübersteht. Bezeichnen wir die Tourenzahl der Scheibe, die Anzahl der Umdrehungen in der Sekunde, durch n,

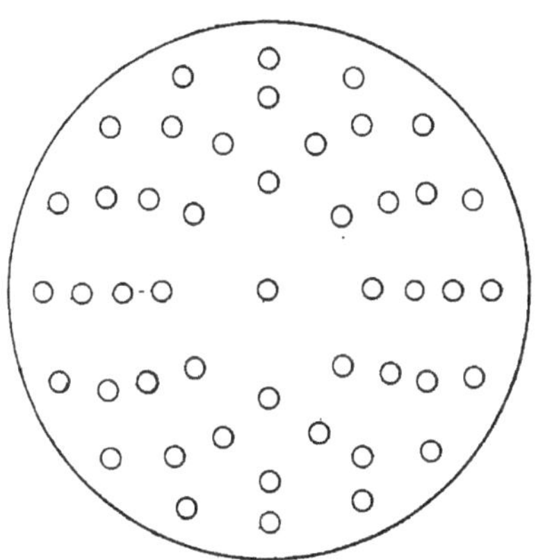

Fig. 222. Sirene.

die Anzahl der Löcher in der Reihe durch z, so gehen in einer Sekunde nz Löcher vor der Röhrenmündung vorbei; ebenso viele Lufttropfen werden in den Raum jenseits der Scheibe hinausgeschleudert, von denen jeder eine Welle in der Luft erregt. Von der Stelle A des Raumes, an der sich die Mündung der Röhre befindet, geht somit ein regelmäßiger Zug von Wellen aus; jede Welle besteht, wie dies in Figur 223 durch die verschiedene Entfernung der Kreise anschaulich gemacht wird, aus einem Teile, in dem die Luft verdichtet, aus einem, in dem sie verdünnt ist. Die Zahl der in der Sekunde erregten Wellen ist gleich dem Produkte nz aus Touren- und aus Löcherzahl. Wir verfolgen diese Wellen auf ihrer Bewegung nach unserem Ohre, die sich mit der Geschwindigkeit des Schalles vollzieht; sie treffen da in denselben Zeitintervallen ein, in denen sie von A ausgehen. Sie setzen mit ihren

20*

verdichteten und verdünnten Teilen die Luft in unserem Gehörgange in
eine schwingende, abwechselnd nach innen und nach außen gerichtete
Bewegung, deren Periode offenbar gleich ist dem Intervalle zwischen
dem Eintreffen zweier aufeinanderfolgender Wellen. Die Anzahl der
in einer Sekunde stattfindenden ganzen Schwingungen der Luft bezeichnen wir als die Schwingungszahl des gehörten Tones.

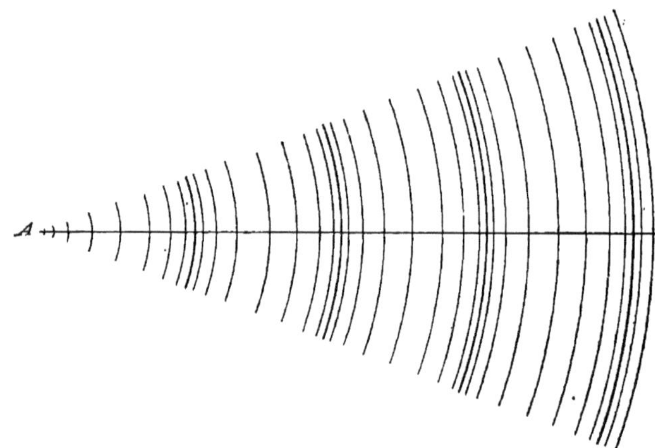

Fig. 223. Tonwellen.

Wenn wir nun den Luftstrom gegen die innerste und gegen die
äußerste Löcherreihe unserer Scheibe richten, so hören wir Grundton
und Oktave, welches auch die Rotationsgeschwindigkeit sein mag. Für
das Intervall der Oktave ist danach das Verhältnis der Schwingungszahlen 40:80 oder 1:2. Die drei inneren Löcherreihen geben die Töne
eines Durakkordes. Daraus folgen die Verhältnisse der Schwingungszahlen für die Töne der folgenden musikalischen Intervalle:

$$\text{Große Terz}\ .\quad 40:50\ \text{oder}\ 4:5$$
$$\text{Quinte}\ \ldots\ .\quad 40:60\ \text{oder}\ 2:3$$
$$\text{Kleine Terz}\quad 50:60\ \text{oder}\ 5:6.$$

Eine Scheibe mit drei Reihen von 50, 60 und 75 Löchern gibt
den Mollakkord. Man kann ferner Sirenenscheiben mit einer größeren
Zahl von Löcherreihen herstellen, so daß die von ihnen erzeugten Töne
die aufeinanderfolgenden Intervalle einer diatonischen Tonleiter bilden.
Nimmt man die Schwingungszahl des Grundtones als Einheit, so ergeben
sich so für die relativen Schwingungszahlen der Durtonleiter die Werte:

Grundton	Sekund	gr. Terz	Quart	Quint	gr. Sexte	gr. Septime	Oktave
1	$\frac{9}{8}$	$\frac{5}{4}$	$\frac{4}{3}$	$\frac{3}{2}$	$\frac{5}{3}$	$\frac{15}{8}$	2.

Ebenso ergibt sich für die Molltonleiter:

Grundton	Sekund	kl. Terz	Quart	Quint	kl. Sexte	kl. Septime	Oktave
1	$\frac{9}{8}$	$\frac{6}{5}$	$\frac{4}{3}$	$\frac{3}{2}$	$\frac{8}{5}$	$\frac{9}{5}$	2.

Für die Töne der sogenannten gleichmäßig temperierten Stimmung, die Töne eines Klavieres, können die Schwingungszahlen mit der Sirene bestimmt werden, indem man die Umdrehungszahl der Scheibe so reguliert, daß der Ton der Sirene dieselbe Höhe hat, wie der zu untersuchende. Zum Zwecke solcher absoluter Bestimmungen der Schwingungszahlen hat man die Einrichtung der Sirene in mannigfacher Weise verbessert. Vor allem wird mit der Achse ein Tourenzähler verbunden, der in einem gegebenen Momente in Gang zu setzen oder wieder auszurücken ist. Die Löcher werden in der Peripherie einer dickeren, eben abgedrehten Metallscheibe angebracht; der Luftstrom wird allen Löchern des Kranzes zugleich zugeführt mit Hilfe entsprechender Durchbohrungen einer festen Metallscheibe. Dadurch wird der Ton verstärkt und es wird gleichzeitig die Möglichkeit gewonnen, die rotierende Scheibe durch den Luftstrom selbst zu treiben, indem man sie mit schiefen Durchbohrungen versieht, die alle in demselben Sinne gegen die Löcher der festen Scheibe geneigt sind. Die Resultate der Bestimmungen sind für die verschiedenen Oktaven in der folgenden Tabelle zusammengestellt.

	C_{-2}	C_{-1}	C	c	c_1	c_2	c_3	c_4
C	16·17	32·33	64·66	129·3	258·7	517·3	1035	2069
Cis	17·13	34·25	68·51	137·0	274·0	548·1	1096	2192
D	18·15	36·29	72·58	145·2	290·3	580·7	1161	2323
Dis	19·22	38·45	76·90	153·8	307·6	615·2	1230	2461
E	20·37	40·74	81·47	162·9	325·9	651·2	1304	2607
F	21·58	43·16	86·31	172·6	345·3	690·5	1381	2762
Fis	22·86	45·72	91·45	182·9	365·8	731·6	1463	2926
G	24·22	48·44	96·89	193·8	387·5	775·1	1550	3100
Gis	25·66	51·32	102·65	205·3	410·6	821·2	1642	3285
A	27·19	54·37	108·75	217·5	**435.0**	870·0	1740	3480
Ais	28·80	57·61	115·22	230·4	460·9	921·7	1843	3687
H	30·52	61·03	122·07	244·1	488·3	976·5	1953	3906.

Wenn wir die in dieser Tabelle enthaltenen Zahlen als die Schwingungszahlen der Töne, wie sie z. B. von den Saiten eines Klavieres erzeugt werden, bezeichnen, so liegt darin die Voraussetzung, daß die Höhe eines Tones nur abhängt von der Schwingungszahl, daß Töne von gleicher Höhe immer gleichen Schwingungszahlen entsprechen, unabhängig davon, ob sie mit der Sirene oder auf irgend eine andere Art erzeugt werden. Die Richtigkeit dieses Satzes wird durch alle weiteren Untersuchungen der Akustik bestätigt werden. Sie leuchtet aber auch a priori ein, wenn wir bemerken, daß die Tonempfindung unmittelbar nur abhängen kann von den Schwingungen der Luft in unserem Gehörgang, nicht davon wie diese Schwingungen zustande gekommen sind.

§ 207. Die Konsonanz. Aus den vorhergehenden Untersuchungen ergibt sich, daß die Töne um so höher sind, je größer ihre Schwingungszahl, und zwar verdoppelt sich die Schwingungszahl, so oft wir um das Intervall einer Oktave fortschreiten. Ferner ergibt sich aus den relativen Schwingungszahlen der Töne der Dreiklänge und der diatonischen

Tonleitern, daß konsonante Töne solche sind, deren Schwingungszahlen zueinander im Verhältnisse einfacher ganzer Zahlen stehen, und zwar erscheint die Konsonanz um so vollkommener, je einfacher jene Zahlen sind. Dem scheint nun die Tabelle des vorhergehenden Paragraphen in gewisser Weise zu widersprechen. Zwar finden wir, daß die Schwingungszahlen der Oktaven sich durchaus wie $1:2$ verhalten. Dagegen ergibt sich für die große Terz, $c:e$, das Verhältnis $4:5 \cdot 039$, für die Quarte, $c:f$, das Verhältnis $3:4 \cdot 004$, und für die Quinte, $c:g$, das Verhältnis $2:2 \cdot 997$. Daraus folgt also, daß die Stimmung unseres Klavieres nur in den Oktaven rein, dagegen im übrigen eine unreine ist. Es wird dies dadurch bedingt, daß wir uns in der Musik nicht mit einer einfachen Tonreihe begnügen können, wie sie etwa durch die diatonische Tonleiter dargestellt wird; es muß vielmehr möglich sein, von jedem einzelnen Tone der Reihe ausgehend eine neue Reihe mit derselben Folge von Intervallen zu bilden, und zwar bei einer begrenzten Anzahl von Tönen. Die Lösung der Aufgabe ist nur möglich, wenn man sich kleine Abweichungen von den richtigen Verhältnissen der Intervalle gestattet. Eine erste Lösung, bei der aber die Abweichungen für das Ohr nicht unmerklich sind, erreicht man, wenn man 11 Töne zwischen den Grundton und die Oktave einschaltet. Die Oktaven selbst, bei denen eine Abweichung am empfindlichsten sein würde, werden dabei rein erhalten, während die Verhältnisse der anderen konsonierenden Intervalle in der angegebenen Weise verändert sind.

§ **208.** **Grenzen der Tonempfindung.** Wenn die Tonempfindungen nach dem Vorhergehenden durch Bewegungen erzeugt werden, die in periodischer Weise mit einer gewissen Geschwindigkeit sich wiederholen, so können wir umgekehrt fragen, ob jede schwingende Bewegung eines Körpers mit einer Tonempfindung verbunden ist. Es ist dies offenbar nicht der Fall, da ja sonst jedes Uhrpendel einen Ton erzeugen müßte. In der Tat ergibt die genauere Untersuchung, daß mindestens 16 Schwingungen in der Sekunde erforderlich sind, um eine Tonempfindung zu erzeugen, und daß andererseits kein Ton mehr hörbar ist, wenn die Anzahl der Schwingungen 36 000 übersteigt. Bei der Bestimmung der Grenzen spielt die subjektive Empfänglichkeit des Beobachters eine große Rolle, und es darf daher den angegebenen Zahlen keine absolute Geltung zugesprochen werden.

§ **209.** **Die Luft als Schallmedium.** Wir können der vorhergehenden Bedingung für das Entstehen einer Tonempfindung noch eine weitere hinzufügen. Der schwingende Körper erzeugt zunächst einen regelmäßigen Wellenzug in der Luft; wenn dieser in unser Ohr gelangt, so setzt er hier die Luft in Schwingung; die Tonempfindung wird unmittelbar nur durch diese erzeugt. Wenn wir einen schwingenden Körper, etwa eine Glocke, die wir von außen anschlagen können, in dem evakuierten Rezipienten einer Luftpumpe aufhängen, hören wir keinen Ton, da nun die Schwingungen nicht an die Luft abgegeben werden können.

Der Ton tritt auf, sobald wir Luft in den Rezipienten einströmen lassen.

§ 210. Das Dopplersche Prinzip. Den vorhergehenden Bemerkungen nach scheint die Tonempfindung vollkommen bestimmt, wenn die sie erzeugenden Schwingungen und ein Schallmedium gegeben sind. Dies ist aber in der Tat nur der Fall, wenn der tönende Körper und das Ohr ihre Entfernung nicht ändern, wenn also beide in Ruhe sind oder beide mit derselben Geschwindigkeit sich bewegen. Wir wollen untersuchen, was für eine Änderung der Tonempfindung eintritt, wenn der tönende Körper mit der Geschwindigkeit c dem Ohr sich nähert, während er in einer Sekunde n ganze Schwingungen macht. Wir nehmen an, er sei bei der ersten Schwingung in dem Punkte A (Fig. 224) 333 m von dem Ohre O entfernt; dann gelangt die von ihm erzeugte Welle nach einer Sekunde ins Ohr; nach Verlauf von einer Sekunde ist der tönende Körper in B vom Ohre um $333 - c$ m entfernt, zugleich macht er die $n$te Schwingung und sendet die $n$te Welle nach dem Ohre; diese hat aber nur die Strecke von $333 - c$ m zu durchlaufen und trifft daher nach $\frac{333 - c}{333}$ Sekunden im Ohre ein. Dieses nimmt somit in der Zeit von $\frac{333 - c}{333}$ Sekunden n Wellen auf; die im Gehörgange befindliche Luft macht in der Zeit von $\frac{333 - c}{333}$ Sekunden n, also in einer Sekunde $\frac{333 \cdot n}{333 - c}$ Schwingungen. Da aber die Tonempfindung lediglich von der Schwingung der Luft im Gehörgang abhängig ist, so ist die Schwingungszahl des gehörten Tones gleich

$$\frac{333\,n}{333 - c},$$

also höher als die des tönenden Körpers. Würde umgekehrt der letztere mit der Geschwindigkeit c sich von dem Ohre entfernen, so wäre die Schwingungszahl des gehörten Tones

$$\frac{333\,n}{333 + c},$$

die Tonhöhe schiene erniedrigt.

Man bezeichnet diesen Satz, der insbesondere auch für die Wellenbewegung des Lichtes von Bedeutung ist, als das Dopplersche Prinzip. Von seiner Richtigkeit kann man sich gelegentlich überzeugen, wenn man den Ton beobachtet, den die Pfeife einer vorüberfahrenden Lokomotive gibt.

Durch die vorhergehende Betrachtung wird man leicht weiter geführt werden zu der Frage, was eintritt, wenn der die Luftwellen erzeugende Körper sich mit einer Geschwindigkeit bewegt, welche die des

Schalles übertrifft. Der Unterschied dieses Falles gegen den zuvor angenommenen wird durch die Figuren 225a und 225b anschaulich gemacht.

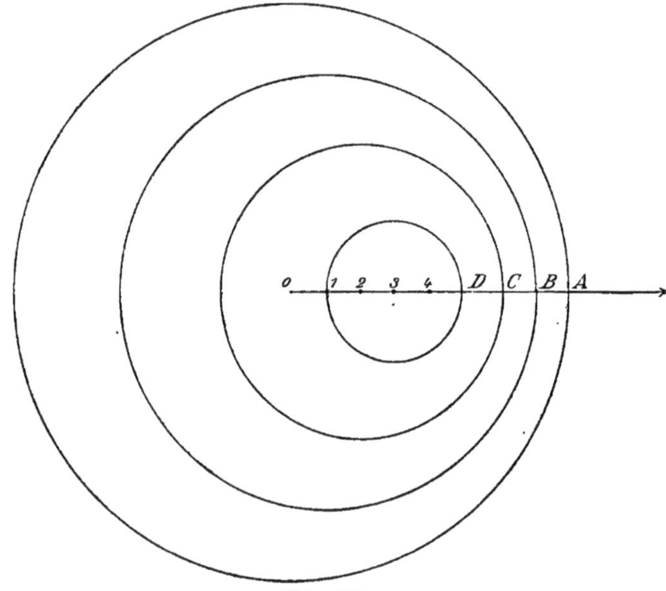

Fig. 225a.

Im Anfang der Beobachtung befinde sich der Körper in den mit 0
bezeichneten Punkten; er bewege sich in der Richtung der Pfeile und

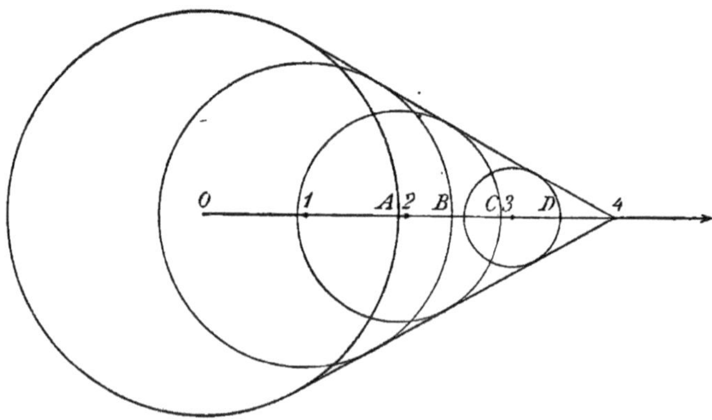

Fig. 225b.

sende in regelmäßigen Intervallen Wellen aus, welche durch die in den
Figuren gezeichneten Kreise dargestellt sind. Bezeichnen wir die Zeit,

die zwischen der Aussendung zweier aufeinanderfolgender Wellen verfließt, durch T, so gelangt der Körper nach den Zeiten T, $2T$, $3T$, $4T$ in die Punkte 1, 2, 3, 4. Bestimmen wir den Zustand der Wellenbewegung für den letzten dieser Momente; die von 0 ausgehende Welle hat dann zu ihrer Ausbreitung die Zeit $4T$; bezeichnen wir die Schallgeschwindigkeit durch v, so ist der Halbmesser der von dem Punkte 0 ausgehenden Wellenkugel: $0\,A = 4\,Tv$; die von 1, 2, 3 ausgehenden Wellen haben sich in dem Momente, in dem der Körper nach 4 gekommen ist, auf Kugeln ausgebreitet, deren Halbmesser $(1\,B)$, $(2\,C)$, $(3\,D)$ beziehungsweise gleich $3\,Tv$, $2\,Tv$, Tv sind. Der Anblick der Figuren zeigt, daß die Wellenkugeln ineinandergeschachtelt bleiben, solange die Geschwindigkeit des Körpers kleiner ist, als die des Schalles, sie drängen sich nur nach der einen Richtung zusammen, während sie in der entgegengesetzten ihren Zwischenraum vergrößern. Wenn aber das Verhältnis der Geschwindigkeiten das umgekehrte ist, so überschneiden die später erzeugten Wellen die früheren, wie in Figur 225 b. Sie besitzen einen gemeinsamen Umhüllungskegel, der durch die von 4 aus gezogenen Tangenten unserer Figur dargestellt ist; die von dem bewegten Körper erzeugten Wellen setzen sich in diesem Falle zu einer kegelförmigen, sogenannten Streckwelle zusammen. Diese entspringt an dem bewegten Körper und schreitet mit ihm durch den Raum fort. Die Spitze des Kegels ist um so schärfer, je größer die Geschwindigkeit des Körpers.

Fig. 226.   Streckwellen.

Diese Wellen hat man bei Geschossen in der Tat beobachtet, mit Hilfsmitteln, die wir in der Optik erwähnen werden. Figur 226 zeigt die von einem Mannlicher Projektil mit 8 mm Kaliber und $530\,\frac{\mathrm{m}}{\mathrm{sec}}$ Geschwindigkeit erzeugten Streckwellen.[1]

§ 211. Beziehung der Akustik zur Mechanik. Wir haben in den vorhergehenden Paragraphen den Satz aufgestellt, daß jede Schwingung eines Körpers, wenn sie sich mit genügender Schnelligkeit vollzieht, einen Ton erzeugt, und daß die Höhe des Tones allein abhängig ist von der Schwingungszahl des Körpers. Dieser Satz kann bestätigt werden durch Beobachtung von Schwingungen solcher Körper, bei denen man die Gesetze der Bewegung aus den allgemeinen Prinzipien der Mechanik zu entwickeln imstande ist. Er kann, seine Richtigkeit vorausgesetzt, auch umgekehrt dienen, die aus der allgemeinen Theorie sich ergebenden Ge-

---

[1] E. Mach und P. Salcher, Photographische Fixierung der durch Projektile in der Luft eingeleiteten Vorgänge. Wied. Ann. 1887. Bd. 32. p. 277.

setze schwingender Bewegungen durch Beobachtung zu prüfen. In diesem Sinne verwenden wir akustische Beobachtungsmethoden ganz besonders als ein Mittel zur Untersuchung solcher schwingender Bewegungen der Körper, die durch Molekularkräfte hervorgerufen werden. Wenn ein elastischer Körper einer Deformation unterworfen und dann losgelassen wird, oder wenn wir durch einen Schlag seinen Teilchen an einer Stelle eine gewisse Geschwindigkeit erteilen, während er an anderen Stellen festgehalten wird, so pflanzt sich die Störung des elastischen Gleichgewichtes wellenförmig in dem Körper fort, und es bildet sich bei geeigneter Begrenzung eine stehende Schwingung aus. Solche Schwingungen vollziehen sich aber in sehr kleinen Räumen und in sehr kurzen Zeiten, so daß ihre direkte Beobachtung mit großen Schwierigkeiten verbunden ist. Aber eben vermöge ihrer Schnelligkeit geben sie Veranlassung zu Tönen, aus deren Höhe die Zahl der Schwingungen bestimmt werden kann. Andererseits aber kann man die Bewegungen der Körper aus den Gesetzen der Elastizität nach den allgemeinen Prinzipien der Mechanik bestimmen, kann also auch ihre Schwingungzahl zum voraus auf theoretischem Wege berechnen. Die Übereinstimmung der berechneten und der beobachteten Zahl liefert dann die Prüfung für die Richtigkeit der aus den allgemeinen Gesetzen der Elastizität gezogenen Folgerungen.

Zweites Kapitel. Freie Schwingungen tönender Körper.

§ 212. Schwingungen der Saiten. Wir haben uns schon in § 106 mit den stehenden Schwingungen beschäftigt, in die eine Saite versetzt wird, wenn man sie in der Mitte zur Seite zieht und dann losläßt. Bezeichnen wir die Geschwindigkeit, mit der eine Welle längs der Saite fortschreitet, durch v, die Saitenlänge durch l, so ist die Schwingungszahl nach § 106 gegeben durch:

$$n = \frac{v}{2\,l}.$$

Die Länge der Saite entspricht der halben Wellenlänge. Für die Geschwindigkeit v haben wir in § 104 den Wert gefunden:

$$v = \sqrt{g\,\frac{M}{m}}.$$

Hier bezeichnet M die Masse des die Saite spannenden Gewichtes, also gM die Spannung selbst; m ist die Masse, welche die Längeneinheit der Saite besitzt. Wir können diese Gesetze, deren Richtigkeit wir schon in § 104 durch Beobachtungen bestätigt haben, zu einer Prüfung der Resultate benützen, die wir in dem vorhergehenden Kapitel mit der Sirene erhielten. Die Saite erzeugt einen Ton, sobald Länge und Spannung so reguliert werden, daß die Schwingungen mit hinreichender Schnelligkeit vor sich gehen. Wenn wir bei gleichbleibender Spannung die Länge der Saite auf die Hälfte, ein Drittel, ein Viertel, ein Fünftel reduzieren, so erhalten wir die Oktave, die Quinte der Oktave, die zweite Oktave, die große Terz der zweiten Oktave. Gleichzeitig stehen aber die Schwingungszahlen der aufeinanderfolgenden Töne in dem Verhältnis der Zahlen

$$1 : 2 : 3 : 4 : 5.$$

Es ergeben sich daraus für die Schwingungszahlen der genannten musikalischen Intervalle dieselben Zahlen, wie in dem vorhergehenden Kapitel.

Um mit Hilfe einer schwingenden Saite die absolute Schwingungszahl irgend eines musikalischen Tones zu bestimmen, benützen wir das Monochord (Fig. 227). Eine Saite wird in einem festen, gegen eigene Schwingungen möglichst gesicherten Gestelle vertikal aufgehängt und mit einem passenden Gewichte gespannt. Sodann wird mit Hilfe einer verschiebbaren Klemme ein Stück von solcher Länge abgegrenzt, daß der von ihm gegebene Ton genau ebenso hoch ist, wie der zu untersuchende. Die Schwingungszahl des Monochordtones kann nach den angeführten Formeln berechnet werden, und damit ist zugleich die Schwingungszahl des zu untersuchenden Tones bestimmt. Die auf diesem Wege gefundenen Resultate stimmen vollkommen mit den früher angeführten überein.

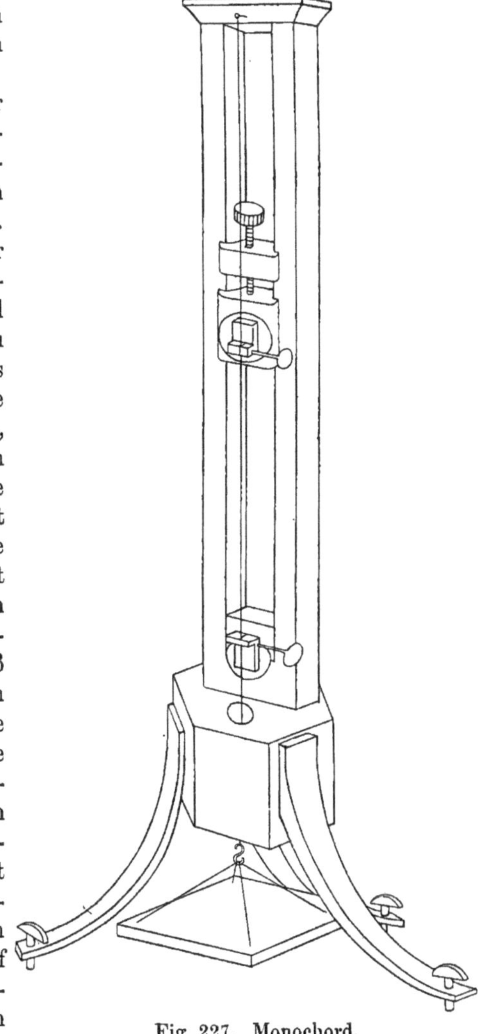

Fig. 227. Monochord.

Bei den durch ihre Spannung bedingten Schwingungen einer Saite stehen die reellen Bewegungen ihrer Teilchen senkrecht zu der Fortpflanzungsrichtung der Welle, der Längsrichtung der Saite. Man bezeichnet eine solche Schwingung, ebenso wie die ihr entsprechende Wellenbewegung, als eine transversale.

§ 213. Obertöne. Die im vorhergehenden betrachtete Schwingung einer Saite bezeichnen wir als ihre Grundschwingung, den dabei auftretenden Ton als den Grundton. Bei demselben sind die Endpunkte der Saite selbstverständlich Punkte ohne Bewegung, Knotenpunkte, der in der Mitte der Saite liegende Punkt ein Punkt größter Bewegung, ein Schwingungsbauch. Außer der Grundschwingung können wir nun noch eine Reihe höherer Schwingungen erzeugen.

Wir berühren die Saite in der Mitte mit dem Finger und zupfen oder streichen sie in ein Viertel ihrer Länge. Sie schwingt dann so, daß in ihrer Mitte sich ein weiterer Knoten bildet, während die beiden Hälften stets in entgegengesetzter Schwingungsphase sich befinden. Die Länge der Saite entspricht jetzt der ganzen Wellenlänge, und die Schwingungzahl ist $\frac{2\,v}{2\,l}$, wenn l wieder die Saitenlänge bezeichnet. In derselben Weise können wir erreichen, daß sich zwischen den Enden der Saite 2, 3, 4 ... weitere Knoten bilden, daß die Saite in drei Dritteln, vier Vierteln, fünf Fünfteln ... schwingt.

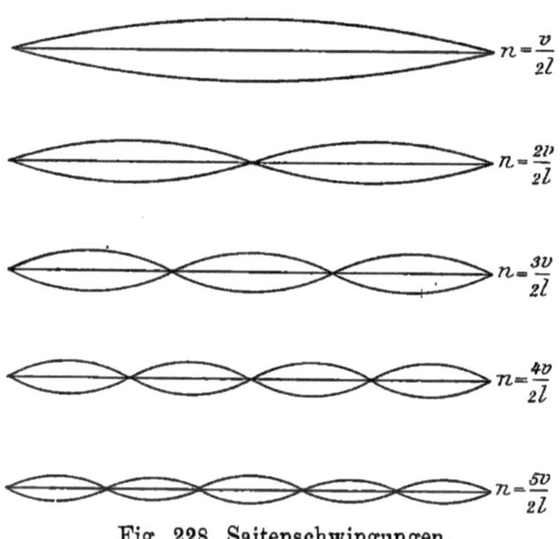

Fig. 228. Saitenschwingungen.

Wenn wir eine Saite der Reihe nach mit der Grundschwingung, mit zwei, drei, vier, fünf ... gleichen Teilen schwingen lassen, so erhalten wir Töne, deren Schwingungszahlen sich verhalten, wie die Zahlen

$$1:2:3:4:5:\ldots$$

Die entsprechenden Schwingungsformen sind durch Fig. 228 dargestellt.

Die Reihe der Töne, deren Schwingungszahlen durch die ganzen Vielfachen der Schwingungszahl des Grundtones gegeben werden, bezeichnen wir als die Reihe der harmonischen Obertöne. Die Saite gibt also durch ihre höheren Schwingungsarten die ganze Reihe dieser Töne.

Von der Existenz der Knotenpunkte bei diesen höheren Schwingungsarten kann man sich leicht überzeugen, wenn man in ihnen kleine Reiterchen aus Papier auf die Saite setzt. Sie bleiben während der Schwingung ruhig liegen, während sie an anderen Stellen durch die Bewegung der Saite sofort abgeschleudert werden. Unmittelbar sichtbar kann man die Knoten und Bäuche bei höheren Schwingungen durch einen verhältnismäßig langsam in weiten Grenzen schwingenden Kaut-

schukschlauch machen. Man befestigt das eine Ende und bewegt das
andere taktmäßig mit passender Schnelligkeit hin und her. Das in
der Hand gehaltene Ende des Schlauches bildet dabei einen Knoten
der Schwingung. Daran knüpft sich eine Bemerkung, die auch für
die Erklärung anderer Erscheinungen nicht ohne Bedeutung ist. Der
Knotenpunkt ist in unserem Falle nicht ein Punkt ohne Bewegung,
sondern nur ein solcher, in dem die Amplitude der Schwingung kleiner
ist, als in den Nachbarpunkten. Es gehen von ihm fortwährend kleine
Impulse aus, die sich summieren, wenn ihre Periode mit der Eigenschwingung des Schlauches übereinstimmt, und die ihn dann in weite
Schwingungen versetzen.

§ 214. Gespannte Membranen. Mit den Schwingungen der Saiten
stehen in einer gewissen Analogie die Schwingungen gespannter Membranen, z. B. eines Trommelfelles. Auch bei ihnen rührt die Kraft, mit
der ein aus der Gleichgewichtslage herausgebogenes Stück der Membran
in diese zurückgezogen wird, her von der Spannung. Untersucht hat
man vorzugsweise Membranen von quadratischer und kreisförmiger Gestalt, die an ihrem ganzen Rande fest eingespannt wurden. Bei der
einfachsten Schwingungsart bewegen sich alle Punkte der Membran gleichzeitig nach derselben Seite; der erzeugte Ton heißt der Grundton. Zu
der Grundschwingung gesellt sich dann aber eine große Zahl von höheren
Schwingungen, bei denen die Membran sich in eine allmählich steigende
Zahl von schwingenden Abteilungen teilt; dabei sind benachbarte Abteilungen stets in entgegengesetzter Richtung bewegt und voneinander
getrennt durch Knotenlinien, die ein für allemal in Ruhe bleiben. Die
Lage dieser Knotenlinien kann man sehr schön sichtbar machen durch
aufgestreuten Sand, der, von den schwingenden Teilen der Membran ab-
geworfen, in den Knotenlinien sich ansammelt.

§ 215. Transversalschwingung von Stäben. Wenn wir einen elastischen Stab, den wir uns nach der einen Seite unbegrenzt denken
wollen, horizontal aufhängen
und gegen sein Ende senkrecht
zu der Längsrichtung einen
Schlag führen, so biegen wir
den Stab, und diese Biegung
wird ähnlich wie eine Welle an
ihm entlang sich fortpflanzen.
Die wirksame Kraft entspringt
dabei der Biegungselastizität.
Die Bewegung der einzelnen
Teilchen des Stabes ist zu seiner

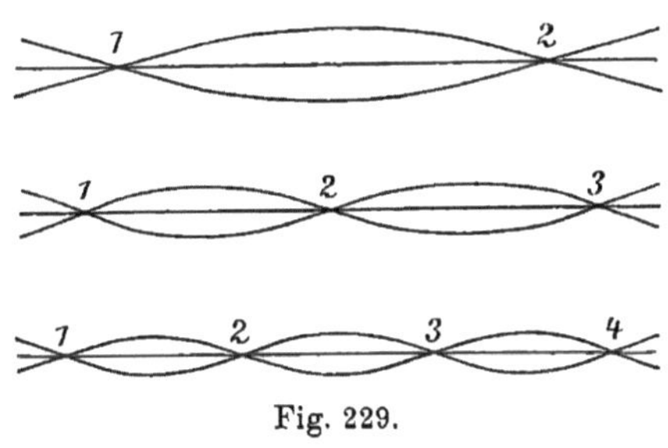

Fig. 229.

Länge, zu der Fortpflanzungsrichtung der Welle senkrecht; die Schwingung
ist somit, ebenso wie die einer gespannten Saite, eine transversale. Bei
einem begrenzten Stabe entstehen durch einen Schlag stehende Wellen;
ebenso, wenn man den in geeigneten Punkten, Knotenpunkten der ent-

stehenden Schwingung, festgehaltenen Stab an dem einen Ende mit einem Violinbogen streicht. Die Reihe der aufeinanderfolgenden Schwingungen eines an beiden Enden freien Stabes ist durch Figur 229 anschaulich gemacht; man unterscheidet sie am bequemsten durch die Anzahl der Knotenlinien, die auf der Länge des Stabes sich bilden. Ihre Lage kann wieder durch aufgestreuten Sand sichtbar gemacht werden. Bei jeder einzelnen Schwingungsart bezeichnen wir die Gesamtzahl der Knotenlinien durch k. Zählen wir die Knotenlinien von dem einen Ende des Stabes an, so bezeichnen wir die Nummer, welche eine bestimmte Knotenlinie dabei erhält, durch p. Es sei ferner d_p der Abstand der Knotenlinie p von dem freien Ende des Stabes, l seine Länge, dann gilt wenigstens angenähert die Gleichung:

$$\frac{d_p}{l} = \frac{4\,p - 3}{4\,k - 2}.$$

Es ist ferner die zu der Schwingung mit k Knotenlinien gehörende Schwingungszahl:

$$n = \left(\frac{2\,k - 1}{2}\right)^2 \frac{\pi\,a}{l^2}\sqrt{\frac{4\,E}{\delta}}.$$

Hier bezeichnet a die Dicke des Stabes, $4\,E$ den Elastizitätsmodul der Biegung in absolutem Maße, δ die Dichte des Stabes. Wie man sieht, wachsen die Schwingungszahlen im Verhältnis der Zahlen $9 : 25 : 49 : \ldots$

§ **216. Stimmgabeln.** Wenn man einen Klangstab um seine Mitte biegt, so hat das den Erfolg, daß die Knotenlinien zusammenrücken (Fig. 230). Durch fortgesetzte Biegung erhält man so aus dem Klang-

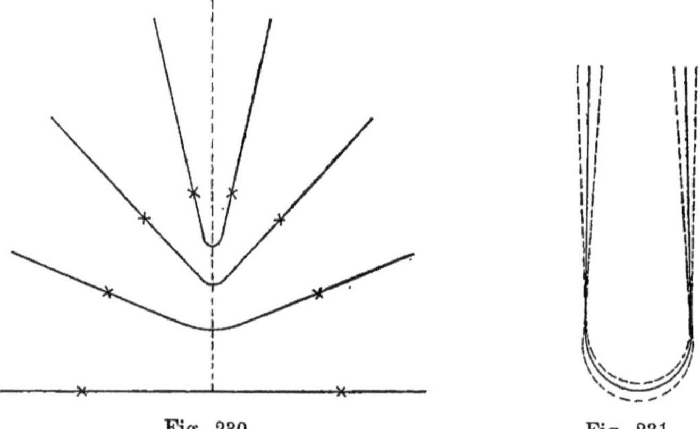

Fig. 230.   Fig. 231.

stabe eine Stimmgabel, bei der die beiden Knotenlinien der ersten Schwingung an dem unteren Ende der Zinken einander ziemlich nahe liegen; die Zinken schwingen gleichzeitig nach innen und gleichzeitig nach außen, das untere Ende der Gabel, an dem der sie tragende

Stiel befestigt ist, schwingt nach unten, wenn die Zinken nach innen, nach oben, wenn sie nach außen gehen (Fig. 231). Die höheren Schwingungen einer Stimmgabel sind schwach und werden schnell gedämpft; man hört in der Regel nur den Grundton.

Um die Schwingungszahl einer Stimmgabel zu bestimmen, kann man die Schwingungen sich selbst auf einen berußten Zylinder aufschreiben lassen, der mit bekannter Geschwindigkeit gedreht wird (Fig. 232). Man befestigt an der einen Zinke der Gabel ein Stückchen von einer Feder. Schwingt die Gabel parallel der Achse des rotierenden Zylinders, so schreibt sie ihre Schwingungen in Form einer Sinuslinie auf den Zylinder auf; aus der Anzahl der auf den Umfang des Zylinders gehenden Wellen und der Umdrehungsgeschwindigkeit

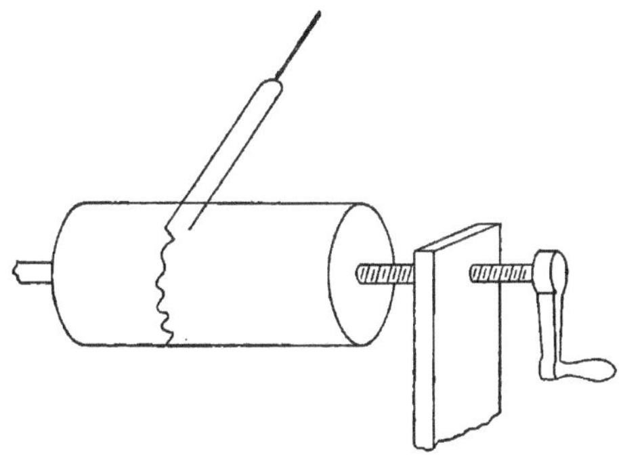

Fig. 232.
Registrierung der Stimmgabelschwingungen.

läßt sich dann die Schwingungszahl der Gabel leicht berechnen.

§ 217. Klangscheiben. Eine quadratische Scheibe von Messing, möglichst homogen, werde durch eine in ihrer Mitte angreifende Klemme in horizontaler Lage gehalten. Wenn man die Scheibe in bestimmten Punkten ihres Randes festhält und an bestimmten anderen mit dem Violinbogen senkrecht zu ihrer Fläche streicht, so kann man eine große Mannigfaltigkeit von Schwingungen erzeugen. Wie die Membranen, so teilen sich auch die Platten bei ihrer Schwingung in eine gewisse Zahl von Abteilungen, von denen immer zwei benachbarte gleichzeitig in entgegengesetzter Richtung schwingen und durch eine Knotenlinie getrennt sind. Diese Linien machen wir ebenso wie bei den Membranen durch aufgestreuten Sand sichtbar, der sich in den Knotenlinien anhäuft. Einige

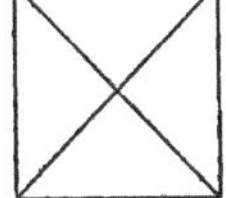 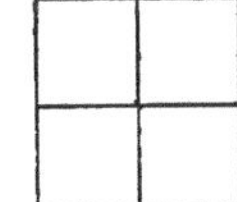 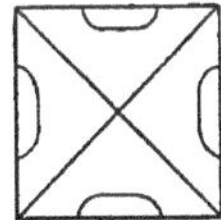 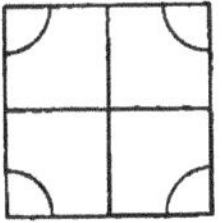

Fig. 233. Chladnische Klangfiguren.

der auf diese Weise zu erzeugenden Figuren sind in Figur 233 dargestellt, man nennt sie nach ihrem Entdecker die Chladnischen Klangfiguren.

Man kann über die Schwingungsarten einer quadratischen Klangplatte eine schematische Übersicht gewinnen auf Grund der folgenden, mit den strengen Bedingungen des Problems allerdings nicht vereinbaren Vorstellung. Eine solche Platte $ABCD$ (Fig. 234) betrachtet man zunächst als einen Klangstab, dessen Längsrichtung mit AB zusammenfällt, der aber in der Richtung AD verbreitert ist, so daß seine Breite seiner Länge gleich geworden ist. Bei der einfachsten Schwingung entstehen dann zwei Knotenlinien EF und GH, deren Lage durch das in § 215 angegebene Gesetz bestimmt werden kann. Nun können wir aber mit demselben Rechte die Scheibe $ABCD$ als einen Klangstab betrachten,

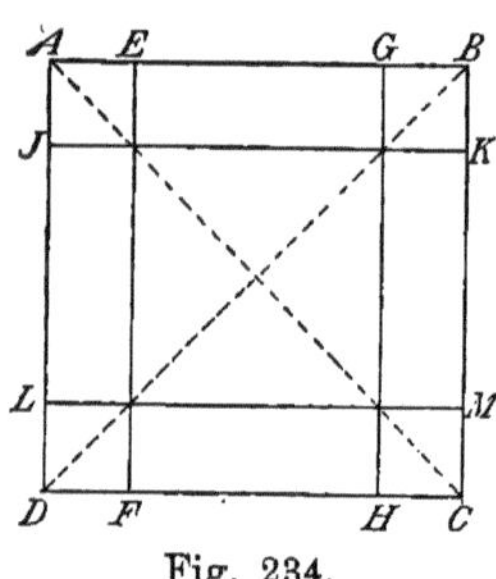

Fig. 234.

dessen Länge durch AD gegeben, der nach AB verbreitert ist. Der einfachsten Schwingung würden dann die Knotenlinien JK und LM entsprechen. Im allgemeinen Falle werden die beiden genannten Schwingungen gleichzeitig vorhanden sein, ihre Ausschläge sich superponieren. Nehmen wir an, die Phase der Schwingungen sei entgegengesetzt, d. h. es schwingen vermöge der ersten Schwingungsart die in dem Streifen $EFGH$ befindlichen Teilchen nach oben, während zugleich vermöge der zweiten Schwingungsart die in $JKLM$ befindlichen Teilchen nach

unten sich bewegen. Es ergibt sich dann, daß alle in den Diagonalen AC und BD liegenden Punkte unter der gleichzeitigen Wirkung der beiden Schwingungen in Ruhe bleiben, während die zwischen ihnen eingeschlossenen Dreiecke auf- und abschwingen, so daß je zwei benachbarte gleichzeitig entgegengesetzte Bewegungsrichtungen besitzen. Es ergibt sich also die erste von den in Figur 233 dargestellten Schwingungen.

Von besonderem Interesse sind noch die Schwingungen kreisförmiger Platten. Bei ihnen treten zwei Arten von Knotenlinien auf; einmal Kreishalbmesser, die nur in gerader Zahl vorhanden sein können, da ja benachbarte Abteilungen gleichzeitig immer entgegengesetzt schwingen; sodann konzentrische Kreise; diese können für sich allein nur auftreten, wenn die Mitte der Platte frei ist. Wird diese in ihrem Mittelpunkte festgeklemmt, so können Kreise als Knotenlinien nur in Kombination mit Durchmessern vorhanden sein.

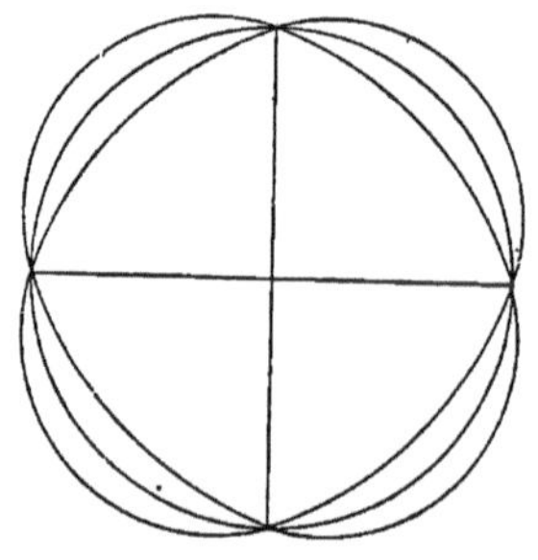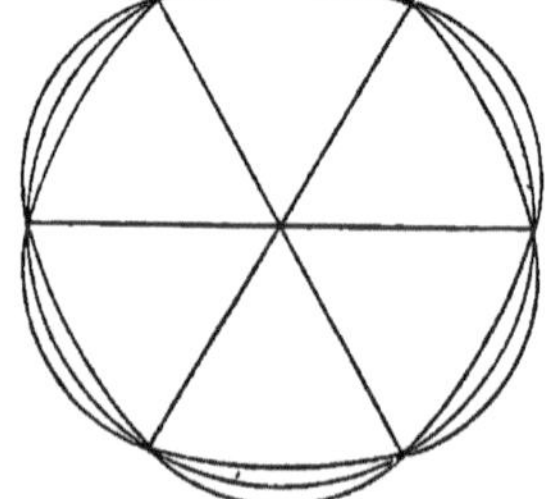

Fig. 235.

§ 218. **Glocken.** Aus den Schwingungen kreisförmiger Klangplatten können wir die der Glocken durch eine Deformation ableiten, ebenso wie wir die Schwingungen der Stimmgabel aus denen des Klangstabes entwickelt haben. Die Knotenlinien einer Glocke teilen den Rand in eine gerade Zahl von 4, 6, 8, ... Teilen (Fig. 235). Von zwei durch eine Knotenlinie getrennten Segmenten schwingt das eine gleichzeitig nach innen, das andere nach außen. Die Knotenlinien einer Glasglocke kann man sehr schön nachweisen, wenn man diese mit Wasser füllt und den Rand mit einem Violinbogen streicht. Von den Schwingungsbäuchen gehen Kräuselungen der Oberfläche aus, und wenn man kräftig streicht, so erhebt sich das Wasser an den schwingenden Abteilungen in einem Sprühregen feiner Tröpfchen.

§ 219. Longitudinalschwingungen von Saiten und Stäben. Während die bisher betrachteten Schwingungen durch die Spannung oder die Elastizität der Biegung bedingt waren, hängen die im folgenden betrachteten von der Elastizität der Dehnung ab.

Wenn man eine an den beiden Enden festgeklemmte Saite mit einem wollenen Lappen, der etwas mit Kolophonium eingerieben ist, der Länge nach streicht, so hört man einen hohen, schrillen Ton, der durch eine longitudinale Schwingung der Saite erzeugt wird.

An irgend einer Stelle der Saite sei das elastische Gleichgewicht gestört, indem etwa auf der Strecke AB eine Dilatation, auf BC eine Kompression bestehe (Fig. 236). Vermöge der Ausdehnungselastizität suchen sich die auf AB voneinander entfernten Querschnitte wieder zu nähern, die auf BC zusammengedrängten sich wieder voneinander zu entfernen.

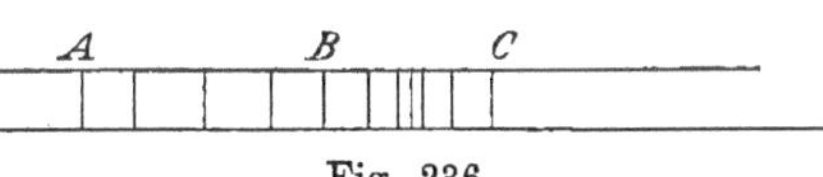

Fig. 236.

Es ergibt sich daraus eine wellenförmige Ausbreitung der erzeugten Veränderung, welche in ihrem Verlaufe mit der Wellenbewegung an einer gespannten Kette die größte Analogie besitzt. Der wesentliche Unterschied ist der, daß bei der Kette die reelle Bewegung der einzelnen Glieder gegen die Fortpflanzungsrichtung der Welle senkrecht steht, während bei der hier betrachteten Bewegung einer Saite die reelle Bewegung ihrer einzelnen Querschnitte mit der Länge der Saite, der Richtung, in der die Bewegung fortschreitet, zusammenfällt. Die Wellenbewegung einer Kette ist transversal, die auf der Ausdehnungselastizität beruhende einer Saite longitudinal. Für die Fortpflanzungsgeschwindigkeit der longitudinalen Welle ergibt sich der Ausdruck:

$$v = \sqrt{\frac{E}{\delta}}\,.$$

Hier ist E der Elastizitätsmodul der Ausdehnung in absolutem Maße, δ die Dichte der Saite. Wenn eine Welle an den festen Enden der Saite anlangt, so wird sie reflektiert und durch Interferenz reflektierter Wellen bildet sich eine stehende Schwingung aus, in ähnlicher Weise, wie dies früher bei den transversalen Wellen der Saite gezeigt worden ist.

Für die stehende Longitudinalschwingung einer Saite ist natürlich gleichfalls Bedingung, daß die beiden Enden Knotenpunkte sind. Die einfachste Schwingung ist daher die, bei der alle Querschnitte der Saite zu gleicher Zeit in gleichem Sinne sich bewegen, also alle von dem Ende A nach B, oder nach Verfluß einer halben Schwingung von B nach A (Fig. 237). Dabei findet in den Knotenpunkten ein Wechsel der Dichte

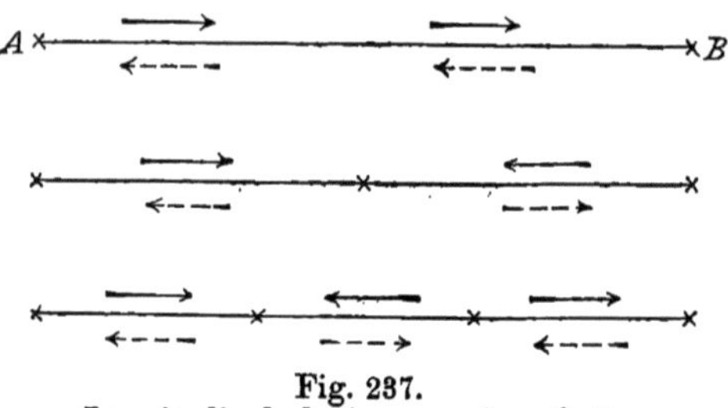

Fig. 237.
Longitudinalschwingung einer Saite.

statt; während die Querschnitte von A nach B schwingen, wird die Saite gegen B hin verdichtet, gegen A verdünnt; wenn die Schwingungsrichtung sich umkehrt, so gilt gleiches von der Veränderung der Dichtigkeit. Die Mitte der Saite bildet die Grenze zwischen den verdichteten und verdünnten Teilen; sie behält immer die normale Dichte, ist aber gleichzeitig die Stelle, an welcher die Querschnitte der Saite in der lebhaftesten Bewegung sind; die Mitte der Saite ist ein Schwingungsbauch. Die Saitenlänge entspricht der halben Wellenlänge, und daher ist die Schwingungszahl:

$$n = \frac{v}{2\,l}.$$

Höhere Schwingungsarten erhält man, wenn man die Saite in zwei Hälften, drei Dritteln, usw., schwingen läßt; in benachbarten Abteilungen sind die Bewegungsrichtungen einander entgegengesetzt; sie sind voneinander getrennt durch Knoten, Stellen ohne Bewegung, aber mit größtem Wechsel der Dichtigkeit. Eine Anschauung von der Reihe der Longitudinalschwingungen einer Saite gibt die Figur 237. Die ausgezogenen Pfeile sollen die im Augenblicke vorhandenen Schwingungsrichtungen darstellen, die gestrichelten, die nach Verlauf einer halben Schwingung eintretenden. Die Schwingungszahlen sind gegeben durch die Reihe:

$$\frac{v}{2\,l}\,,\quad \frac{2\,v}{2\,l}\,,\quad \frac{3\,v}{2\,l}\,,\quad \frac{4\,v}{2\,l}\,,\quad \frac{5\,v}{2\,l}\,\dots$$

Die Saite gibt die ganze Reihe der harmonischen Obertöne.

Ein Gegenstück zu den longitudinalen Schwingungen der Saite bilden die eines Stabes, der an seinen beiden Enden frei ist, während er in geeigneten Punkten seiner Länge, Knotenpunkten der zu erzeugenden Schwingung, festgehalten wird; die Töne werden hervorgebracht dadurch, daß man den Stab, ebenso wie zuvor die Saite, mit einem mit Kolophonium eingeriebenen Lappen reibt. Der zuerst festhaftende und plötzlich abreißende Lappen versetzt den Stab in Schwingung. Wenn es aber gelingt, durch fortgesetzte Reibung den Ton des Stabes mehr und mehr zu verstärken, so muß dies darauf beruhen, daß das Anhaften und Abreißen des Lappens eben durch die Schwingung zu einem rhythmischen Vorgange sich gestaltet, dessen Periode mit der der Stabschwingung übereinstimmt, so daß die Kraft der Reibung mit der Bewegung der Stabquerschnitte an der geriebenen Stelle jederzeit gleichgerichtet ist. Die Bedingung, welche für die Schwingung des Stabes aus der Freiheit seiner Enden folgt, ist die, daß die Enden Stellen ohne Änderung der Dichte, aber von größter Be-

wegung sein müssen, Schwingungsbäuche. Jede Bewegung, die mit dieser Bedingung übereinstimmt, repräsentiert eine mögliche Schwingungsart des Klangstabes. Bei der einfachsten befindet sich ein Knoten in der Mitte, bei der zweiten zwei Knoten in $^1/_4$ und $^3/_4$ der Stablänge, bei der dritten drei Knoten in $^1/_6$, $^3/_6$, $^5/_6$, ... Diese Schwingungen sind durch die Figur 238 anschaulich gemacht.

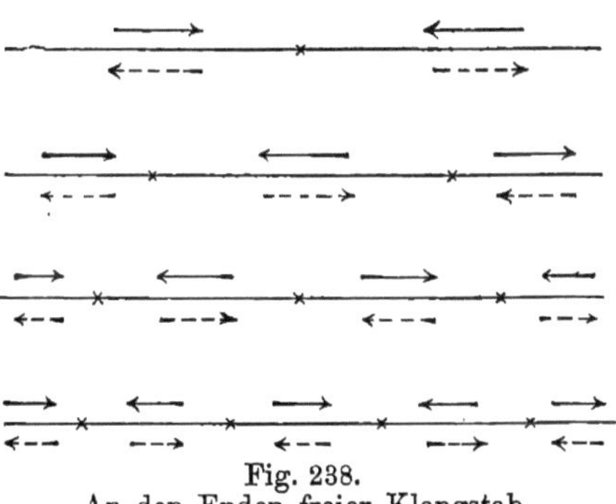

Fig. 238.
An den Enden freier Klangstab.

Die Länge des Stabes entspricht bei ihnen $^1/_2$, $^2/_2$, $^3/_2$, $^4/_2$, ... Wellenlängen. Die Schwingungszahlen verhalten sich wie die Reihe der Zahlen

$$1 : 2 : 3 : 4 : 5 : \ldots$$

Der an beiden Enden freie Klangstab liefert bei Longitudinalschwingungen die ganze Reihe der harmonischen Obertöne.

Wir gehen endlich noch über zu den Schwingungen eines an dem einen Ende eingeklemmten, an dem anderen, freien Stabes. Die Bedingung ist, daß das feste Ende ein Knoten, das freie ein Bauch der Schwingung ist. Am einfachsten wird ihr genügt, wenn alle Querschnitte des Stabes in gleichem Sinne von dem festen Ende weg und wieder zu ihm zurückschwingen. Die Länge des Stabes entspricht dabei dem vierten Teil der Wellenlänge, die Schwingungs-

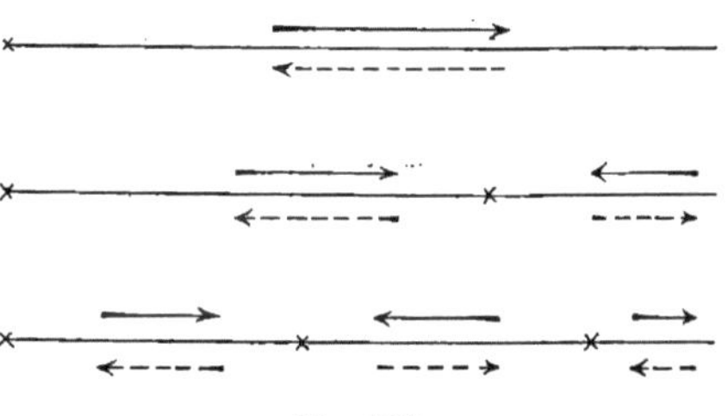

Fig. 239.
An einem Ende fester Klangstab.

zahl ist $n = \dfrac{v}{4\,l}$, wenn l die Stablänge. Die Reihe der möglichen Schwingungen ist durch Figur 239 angedeutet; die Schwingungszahlen verhalten sich wie die Zahlen $1 : 3 : 5 : 7 : \ldots$ Jeder an einem Ende eingeklemmte, am anderen freie Stab gibt bei Longitudinalschwingungen nur die Reihe der ungeraden Obertöne.

§ 220. Schwingungen der Pfeifen. Die größte Analogie mit den

Longitudinalschwingungen der Klangstäbe besitzen die Schwingungen der Orgelpfeifen. Nach § 171 pflanzt sich eine Verdichtung oder Verdünnung, die wir in einer von einer Röhre eingeschlossenen Luftsäule erregen, in dieser mit der Geschwindigkeit $v = \sqrt{1 \cdot 41 \dfrac{p}{\delta}}$ fort, wo p den Druck, δ die Dichte der Luft bezeichnet. Wenn die Röhre begrenzt ist, so geben die Reflexionen zu der Bildung stehender Wellen Veranlassung, die der Art nach mit den Longitudinalschwingungen der Klangstäbe vollkommen übereinstimmen. Dabei ist zu beachten, daß an einem geschlossenen Ende Verdichtung als Verdichtung, Verdünnung als Verdünnung reflektiert wird; an einem offenen Ende dagegen tritt an Stelle von Verdichtung Verdünnung und umgekehrt.

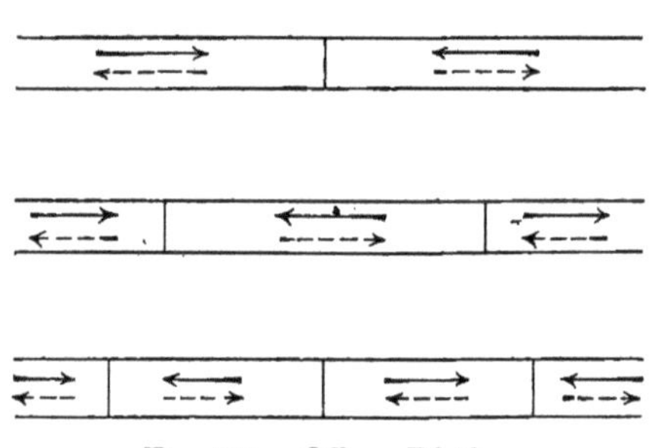

Fig. 240. Offene Pfeife.

Die Schwingungen der Luft in einer an beiden Enden offenen Röhre, einer offenen Pfeife, sind dieselben, wie die eines an den Enden freien Klangstabes. Die offenen Enden sind unter allen Umständen Bäuche der Schwingung; die Reihe der möglichen Schwingungsarten ist durch Figur 240 gegeben. Die ausgezogenen und gestrichelten Pfeile geben die Bewegungsrichtungen der Luftquerschnitte zu zwei um eine halbe Schwingung auseinanderliegenden Zeiten, die Querlinien die Knoten der Schwingung. Die Reihe der relativen Schwingungszahlen ist gegeben durch $1:2:3:4: \ldots$ Die offene Pfeife gibt die ganze Reihe der harmonischen Obertöne.

Die Schwingungen einer an dem einen Ende offenen, an dem anderen geschlossenen, einer sogenannten gedeckten Pfeife stimmen überein mit den Longitudinalschwingungen eines am einen Ende festen, am anderen Ende freien Stabes. Das gedeckte Ende ist Knoten, das offene Bauch der Schwingung. Die verschiedenen Schwingungsarten sind durch die Figur 241 dargestellt. Die Reihe der relativen Schwingungszahlen ist $1:3:5: \ldots$ Die gedeckte Pfeife gibt nur die ungeraden Obertöne.

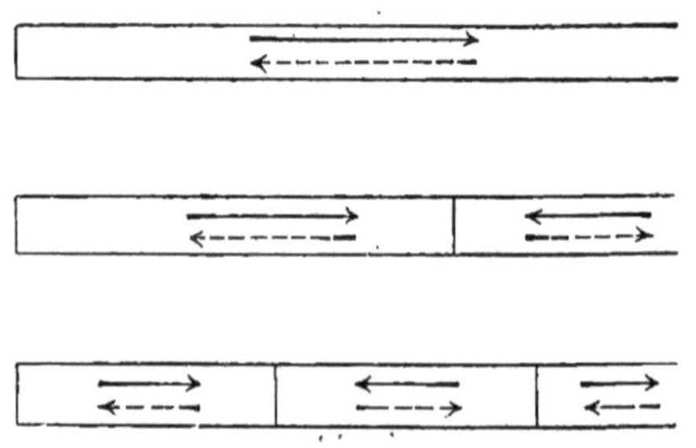

Fig. 241. Gedeckte Pfeife.

Bedeutet l die Pfeifenlänge, v die Geschwindigkeit des Schalles, so hat der Grundton einer offenen Pfeife die Schwingungszahl $n = \dfrac{v}{2\,l}$, der einer gedeckten, die Schwingungszahl $n' = \dfrac{v}{4\,l}$; bei gleicher Länge gibt die offene Pfeife die Oktave der gedeckten.

Die Knotenstellen tönender Pfeifen lassen sich nachweisen mit Hilfe sogenannter manometrischer Flammen. Aus der Wand der Pfeife (Fig. 242) wird ein kreisförmiges Stück herausgeschnitten und durch eine dünne Kautschukmembran verschlossen. Über der Membran befindet sich eine luftdichte Kapsel, in die durch ein Rohr a Gas geleitet werden kann, das aus einer feinen Öffnung am Ende des Rohres b heraustritt und angezündet wird, so daß es mit einer dünnen spitzen Flamme brennt. Wenn an der Stelle der Membran ein Schwingungsknoten sich befindet, so wird bei jeder Verdichtung die Membran nach außen, bei jeder Verdünnung nach innen getrieben; es wird dadurch das Gas in der Kapsel gleichfalls in schwingende Bewegung versetzt, die sich dem Flämmchen mitteilt und dieses in eine auf- und niederhüpfende Bewegung versetzt. Um diese zu erkennen, betrachtet man das Bild der Flamme in einem Spiegel (Fig. 243), der um eine zu seiner Fläche nahezu senkrechte Achse rotiert. Das Bild der ruhenden Flamme wird durch ihn zu einem Ringe ausgezogen, das Bild der schwingenden erscheint als eine aus einzelnen Flammen gebildete Krone (Fig. 244). — Wenn man die Luft in der Pfeife in sehr starke Schwingung versetzt, so wird die Flamme an einer Knotenstelle

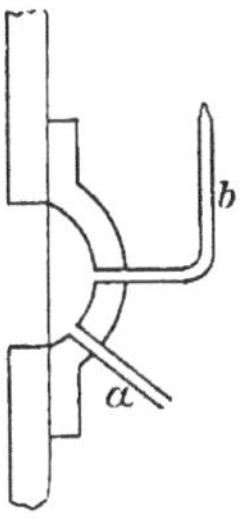

Fig. 242.

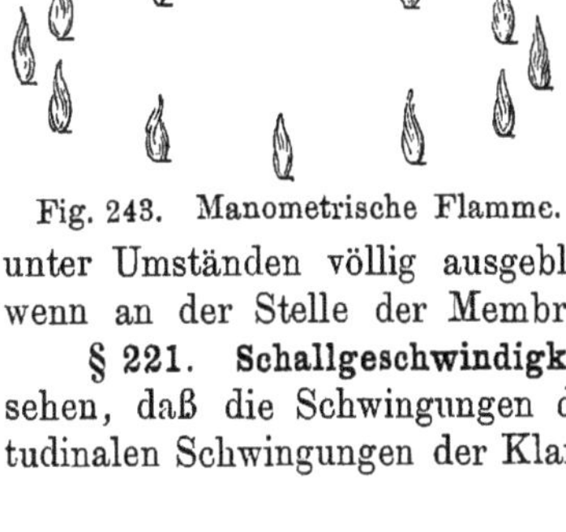

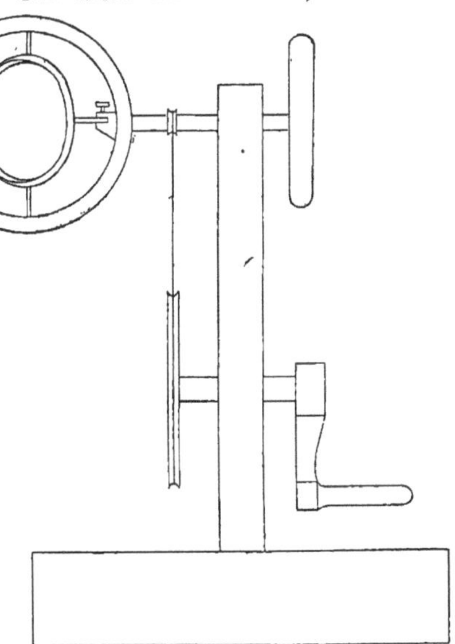

Fig. 243. Manometrische Flamme.   Fig. 244. Rotierender Spiegel.

unter Umständen völlig ausgeblasen, während sie ruhig weiter brennt, wenn an der Stelle der Membran ein Schwingungsbauch sich befindet.

§ 221. Schallgeschwindigkeit in festen Körpern. Wir haben gesehen, daß die Schwingungen der Pfeifen der Art nach mit den longitudinalen Schwingungen der Klangstäbe übereinstimmen; der Unterschied liegt in der verschiedenen Höhe der Töne, und diese wird durch die verschiedenen Werte der Geschwindigkeiten v bedingt. Bei den Pfeifen ist v die Geschwindigkeit des Schalles.

Ebenso stimmt auch in einem stabförmigen festen Körper die Geschwindigkeit, mit der sich eine durch Kompression oder Dilatation erzeugte Welle seiner Länge nach fortpflanzt, überein mit der Schallgeschwindigkeit. Es wird dadurch die Frage nahe gelegt, ob v bei stabförmigen festen Körpern sich nicht in ähnlicher Weise bestimmen läßt, wie die Schallgeschwindigkeit in Luft. In der Tat wurde eine solche direkte Messung der Schallgeschwindigkeit in Gußeisen von BIOT ausgeführt. Er benutzte eine eiserne Röhrenleitung von 951 m Länge; an dem einen Ende befestigte er eine Glocke und beobachtete dann an dem anderen Ende den doppelten, durch das Eisen und durch die Luft fortgepflanzten Schall der angeschlagenen Glocke. Aus der Zeit, die zwischen der ersten und der zweiten Wahrnehmung verfloß, konnte die Schallgeschwindigkeit im Eisen berechnet werden. Es ergab sich ein Wert von 3500 m in der Sekunde. Dieser muß nun übereinstimmen mit dem aus der Elastizitätstheorie sich ergebenden $v = \sqrt{\dfrac{E}{\delta}}$. Der Elastizitätsmodul des Eisens in absolutem Maße ist nach § 174:

$$E = 12\,800 \times 98\,100\,000 \; \text{cm}^{-1} \cdot \text{g} \cdot \text{sec}^{-2}.$$

Die Dichte des Eisens setzen wir gleich $7 \cdot 8$, dann ergibt sich der allerdings erheblich abweichende Wert $v = 4030 \dfrac{\text{m}}{\text{sec}}$. Man muß aber bedenken, daß eine wirkliche Vergleichung der Zahlen nur möglich wäre, wenn die für Elastizität und Dichte angenommenen Werte mit denen jenes Röhrensystems übereinstimmten. Da beide Eigenschaften von der spezifischen Beschaffenheit des Eisens in erheblicher Weise abhängig sind, so kann eine genaue Vergleichung der beobachteten Schallgeschwindigkeit mit der berechneten durch das Vorstehende nicht gegeben werden. Man kann aber die Schallgeschwindigkeit in einem Metallstabe auch aus der Höhe der bei Longitudinalschwingungen auftretenden Töne bestimmen. Auf diesem Wege hat man für eine Reihe von Metallen die Schallgeschwindigkeit gemessen, und die gefundenen Werte stehen mit den aus der Elastizität berechneten in einer durchaus befriedigenden Übereinstimmung.

Die Ergebnisse dieser Betrachtungen stehen in einem gewissen Widerspruch mit den Untersuchungen von § 179. Dort haben wir uns mit der Fortpflanzungsgeschwindigkeit longitudinaler Wellen in einem elastischen Körper beschäftigt, von dem wir annehmen, daß er sich nach allen Seiten umbegrenzt ausdehne. Aus den dort angegebenen Formeln ergibt sich für die Fortpflanzungsgeschwindigkeit der abweichende Wert $\sqrt{\dfrac{E(1-\varkappa)}{\delta(1+\varkappa)(1-2\varkappa)}}$. Der Unterschied erklärt sich dadurch, daß bei dem stabförmigen Körper die Längsdilatation verbunden ist mit Querkontraktion; Longitudinalwellen in dem unbegrenzten Körper dagegen werden durch rein longitudinale Verschiebungen erzeugt, ohne sie begleitende transversale.

§ 222. Schallgeschwindigkeit in Flüssigkeiten. Vermöge der Volumelastizität einer Flüssigkeit muß eine an irgend einer Stelle erzeugte Kompression zu einer Welle Veranlassung geben, ebenso wie in einem Gase oder in einem festen Körper. Für die Fortpflanzungsgeschwindigkeit einer solchen Welle ergibt sich auf Grund der allgemeinen Prinzipien der Mechanik der Ausdruck

$$v = \sqrt{\frac{C}{\delta}}.$$

Hier bezeichnet C den Kompressionsmodul der Flüssigkeit in absolutem Maße, δ ihre Dichtigkeit. Der Wert von C folgt aus dem Werte dieses Moduls in dem technischen Maße des § 188 durch Multiplikation mit 98 100 000; es ergibt sich dies in derselben Weise wie in § 174, wenn der Druck in Dynen pro qcm, statt in kg-Gewichten pro qmm ausgedrückt wird. Eine direkte Bestimmung der Schallgeschwindigkeit in Wasser wurde im Genfer See ausgeführt; an einer Stelle war eine Glocke in das Wasser versenkt, an einer anderen ein Höhrrohr. Aus der Zeitdifferenz zwischen dem Anschlag der Glocke und der Ankunft des Schalles an der [entfernten Stelle ergab sich die Schallgeschwindigkeit zu 1435 $\frac{m}{sec}$. Setzen wir die Dichte des Wassers gleich 1, den Kompressionsmodul in absolutem Maße $C = 205 \times 98\,100\,000$ cm$^{-1} \cdot$ g $\cdot$ sec^{-2}, so ergibt sich als theoretischer Wert der Schallgeschwindigkeit in Wasser $v = 1410 \frac{m}{sec}$, ein Resultat, das mit der Beobachtung in befriedigender Weise übereinstimmt.

In Röhren eingeschlossene Flüssigkeitssäulen kann man ebenso in stehende longitudinale Schwingungen versetzen, wie Luftsäulen; die Gesetze sind im wesentlichen dieselben, wie die in § 220 für lufterfüllte Pfeifen entwickelten.

Auch hier möge noch auf einen Zusammenhang mit den Betrachtungen von § 179 hingewiesen werden. Setzen wir in der Formel $v = \sqrt{\frac{3\,C}{\delta} \cdot \frac{1-\varkappa}{1+\varkappa}}$, welche dort für die Fortpflanzungsgeschwindigkeit der longitudinalen Wellen angegeben wurde, $\varkappa$ gleich dem Grenzwert 0·5 so wird $v = \sqrt{\frac{C}{\delta}}$, in Übereinstimmung mit der für Flüssigkeiten geltenden Formel. Zwischen dem Elastizitätsmodul der Dehnung E und dem Kompressionsmodulus C besteht ferner die Beziehung $E = 3\,C(1 - 2\varkappa)$ ist $\varkappa = 0 \cdot 5$, so wird $E = 0$, sofern C keinen unendlich großen Wert hat.

§ 223. Energie einer schwingenden Saite. Von den speziellen Untersuchungen der vorhergehenden Paragraphen wenden wir uns zu Betrachtungen von allgemeiner Bedeutung, Anwendungen des Energieprinzips auf Wellenbewegungen; wir beginnen mit der Schwingung der

Saiten. Um die in einer schwingenden Saite enthaltene Energie zu bestimmen, zerlegen wir sie in einzelne Stücke, deren Länge der Längeneinheit gleich, deren Masse m sei. Wenn wir die Masse jedes Stückes in seinem Mittelpunkte konzentriert denken, so zerfällt die Saite in eine Reihe von Massenpunkten, die wie kleine Pendel hin- und herschwingen. Die größte Entfernung, die ein solches Pendel von seiner Ruhelage, von der durch die ruhende Saite gegebenen geraden Linie, erreicht, nennen wir die Amplitude seiner Schwingung. Wir bezeichnen sie durch a, die zu irgend einer anderen Zeit vorhandene Abweichung durch x; ist die Schwingungszahl der Saite gleich n, so ist die Dauer einer halben Schwingung, die Schwingungsdauer im Sinne des Pendelgesetzes, gleich $\frac{1}{2n}$. Nach § 74 ist dann die Geschwindigkeit, mit der sich das betrachtete Element der Saite im Abstand x von seiner Ruhelage bewegt, gegeben durch:

$$2\,n\,\pi\sqrt{a^2 - x^2}\,.$$

Die lebendige Kraft ist somit:

$$2\,n^2\,\pi^2\,m\,(a^2 - x^2).$$

Für die Kraft, mit der ein Pendel im Abstande x von seiner Ruhelage nach dieser zurückgezogen wird, ergibt sich nach § 74 der Ausdruck:

$$4\,n^2\,\pi^2\,m\,x.$$

Wenn das Pendel von der Ruhelage bis zu der Entfernung x bewegt wird, so ist die von jener Kraft geleistete Arbeit gleich $2\,\pi^2\,n^2\,m\,x^2$. Diese hat sich verwandelt in die potentielle Energie oder Spannkraft des aus der Ruhelage entfernten Pendels. Der gefundene Ausdruck gilt ebenso für das betrachtete Element der Saite. Es ergibt sich somit, daß für jedes einzelne Stück der Saite die Summe der lebendigen Kraft und der Spannkraft einen konstanten Wert besitzt:

$$2\,\pi^2\,n^2\,m\,(a^2 - x^2) + 2\,\pi^2\,n^2\,m\,x^2 = 2\,\pi^2\,n^2\,m\,a^2.$$

Während der Schwingung wechselt die Energie fortwährend ihre Form; in dem Moment, in dem die Saite durch ihre Ruhelage geht, existiert sie nur in der Form von kinetischer, wenn die Saite ihre größte Schwingungsweite erreicht hat, nur in der Form von potentieller Energie. Man kann die Mittelwerte der beiden Energieformen während einer ganzen Schwingung bestimmen; man findet, daß der Mittelwert der kinetischen Energie ebenso groß ist, wie der der potentiellen, so daß also beide Mittelwerte durch den Ausdruck

$$\pi^2\,n^2\,m\,a^2$$

gegeben sind. Wollen wir den Mittelwert der kinetischen oder potentiellen Energie für die ganze Saite bestimmen, so müssen wir für jeden Abschnitt derselben den obigen Ausdruck mit Rücksicht auf die Veränderung der Amplitude a bilden und alle den einzelnen Abschnitten entsprechenden Energiewerte summieren. Die mittlere kinetische und ebenso die mittlere potentielle Energie der ganzen Saite wird somit durch eine Summe von der Form

$$\sum \pi^2 n^2 m a^2$$

repräsentiert.

Die Saite hat, wie sich aus der in § 104 und 105 angedeuteten Theorie ergibt, bei ihrer Grundschwingung die Form von Berg oder Tal einer Wellenlinie. Betrachten wir sie im Momente der größten Abweichung von der Ruhelage, so sind die Ordinaten der Welle zugleich die Amplituden a der Pendelschwingungen, die von den einzelnen Elementen der Saite ausgeführt werden. Bezeichnen wir also durch s den Abstand eines der Stücke, in die wir die Saite geteilt hatten, von ihrem Anfangspunkte, durch l die Länge der Saite, so können wir

$$a = A \sin \pi \frac{s}{l}$$

setzen. Die einzelnen von uns betrachteten Amplituden a sind somit alle proportional mit der Amplitude A, die der Mitte der Saite entspricht. Ihre ganze Energie kann durch den Ausdruck

$$U = 2\,\pi^2 n^2 m\, A^2 \sum \sin^2 \pi \frac{s}{l} = \pi^2 n^2 A^2 \cdot m\, l$$

dargestellt werden; sie ist proportional mit A^2. Bezeichnen wir A, den maximalen Ausschlag in der Mitte der Saite, als Amplitude der Schwingung schlechtweg, so ist **die Energie dem Quadrat der Amplitude proportional**.

Nun betrachten wir aber **die Energie als Maß für die Intensität einer Schwingung**. Aus dem Vorhergehenden ergibt sich dann, daß **die Intensität der Schwingung dem Quadrat ihrer Amplitude proportional ist**.

§ 224. Zerstreuung der Energie. Wenn eine Saite im Luftraume schwingt, so geht von ihr ein ununterbrochener Zug von Wellen aus; die Saite überträgt dabei Energie auf die umgebende Luft und in dem Maße, in dem die Wellen im Luftraume fortschreiten, breitet sich diese Energie über eine immer größere Luftmasse aus. Nach dem Satze von der Erhaltung der Energie muß die Energie der schwingenden Saite um den Betrag der abgegebenen Energie sinken, die Amplitude der Schwingung, mit deren Quadrat die Energie der Saite proportional ist, muß abnehmen. Man bezeichnet den Vorgang als eine Zerstreuung der Energie; die Verbreitung der Energie durch die von der schwingenden Saite ausgehenden Tonwellen als Strahlung. Die allmähliche Abnahme der Saitenschwingungen, ihre Dämpfung, ist daher nicht bloß eine Folge der inneren Reibung, sondern auch der Ausstrahlung ihrer Energie.

§ 225. Tonstärke. Nach denselben Prinzipien, die wir im vorhergehenden angewandt haben, um die Energie einer schwingenden Saite zu bestimmen, wird es möglich sein, die Energie einer in der Luft fortschreitenden longitudinalen Welle zu ermitteln. Nur wird dabei nicht allein die Länge der Welle in Betracht kommen, wie bei der nur nach einer Dimension sich erstreckenden Saite. Eine Luftwelle erfüllt im allgemeinen das Innere einer Kugelschale, ihre ganze Energie wird durch die Summe der kinetischen und potentiellen Energieen all der Teilchen dargestellt, die sich im Inneren der Kugelschale befinden. Wir beschränken uns nun auf die Betrachtung eines von der Tonquelle ausgehenden Schallstrahles. In einer größeren Entfernung von der Tonquelle legen wir senkrecht zu ihm eine Fläche f von 1 qcm Inhalt. Wenn die Schwingungszahl des Tones gleich n ist, so gehen in 1 sec n Wellen durch die Fläche, die dann einen abgestumpften, nach außen sich erweiternden Kegel erfüllen, dessen Basis gleich 1, dessen Länge gleich der Schallgeschwindigkeit ist. Jede von diesen Wellen führt, wenn sie die Fläche f durchdringt, eine gewisse Energie durch sie hindurch. Die ganze Energie, die auf diese Weise in einer Sekunde durch die Fläche f hindurchgeführt wird, nennen wir das mechanische Maß der Tonstärke an der Stelle von f. Die Länge einer kugelförmigen Luftwelle ändert sich nun nicht bei ihrer Ausbreitung; die Räume der Kugelschalen, die von der Welle der Reihe nach erfüllt werden, verhalten sich daher wie die Quadrate ihrer Radien; da aber die Gesamtenergie der Welle konstant bleibt, so nimmt der Energiegehalt gleicher Volumina ab, entsprechend dem umgekehrten Quadrate der Entfernung von der Tonquelle. Somit ist auch die Energie, welche von jeder einzelnen Welle durch die Fläche f geführt wird, dem Quadrate des Abstandes zwischen f und der Tonquelle umgekehrt proportional, und man erhält daher den Satz: Die Tonstärke ist dem Quadrate des Abstandes von der Tonquelle umgekehrt proportional.

Aus Betrachtungen ähnlich denen von § 223 folgt, daß die Energie einer Luftwelle, bei gleichem Inhalt des von ihr erfüllten Raumes, dem Quadrate der Schwingungsamplitude proportional ist. Wir werden ferner annehmen, daß die Amplitude der Schwingung, in welche die Luftteilchen durch einen tönenden Körper versetzt werden, der Schwingungsamplitude des letzteren selbst proportional ist. Darnach wächst die Intensität eines Tones proportional mit dem Quadrate der Schwingungsamplitude des tönenden Körpers.

Durch die im vorhergehenden gemachte Festsetzung ist ein mechanisches Maß für die Tonstärke gegeben. Wir müssen davon unterscheiden die Stärke der subjektiven Empfindung, das physiologische Maß, welches von dem anatomischen Bau des Ohres abhängt.

§ 226. **Die Klangfarbe.** Wir haben uns im folgenden mit einer merkwürdigen Eigenschaft der Töne unserer Musikinstrumente zu beschäftigen, die man als ihren Klang bezeichnet. Es scheint zweckmäßig, die hierher gehörenden Verhältnisse zunächst an dem Beispiele der Saiten zu erläutern. Wenn wir eine Saite an einer beliebigen Stelle, etwa nahe ihrem Ende, zupfen oder streichen, so werden wir zunächst ihren Grundton hören. Wenn wir nun die Saite in ihrer Mitte leicht mit dem Finger berühren, so wird die Grundschwingung zerstört, der Grundton verschwindet, aber wir hören jetzt die Oktave. Berühren wir die Saite ganz leise in einem Drittel ihrer Länge, so erklingt die Quinte der Oktave, in einem Viertel, die zweite Oktave u. s. f. Diese höheren Schwingungsarten können nicht erst durch das Anlegen des Fingers erzeugt sein, sie müssen schon vorher vorhanden gewesen sein. Es ergibt sich also, daß die Saite durch eine beliebige Art der Anregung in einen komplizierten Schwingungszustand versetzt wird, den man als eine Superposition der verschiedenen einfachen Schwingungsarten ansehen kann, die wir in § 213 betrachtet haben. In der Tat gelingt es nun bei gesteigerter Aufmerksamkeit, bei einer beliebigen Erregung der Saite neben dem Grundton und zugleich mit ihm auch die harmonischen Obertöne zu hören. Wir müssen also dem Ohre die Fähigkeit zuschreiben, daß es die komplizierte Schwingung, wie sie durch die Superposition der einfachen Schwingungsarten entsteht, in die letzteren aufzulösen, die ihnen entsprechende Reihe von Tönen aus der komplizierten Bewegung der Luft herauszuhören vermag. Die Klangfarbe eines Tones würde dann eben darauf beruhen, daß zu dem Grundtone Obertöne treten, deren Intensitätsverhältnisse im Vergleich mit der Stärke des Grundtones, je nach der Art der Erregung, je nach der Befestigung der Saite, in der mannigfachsten Weise variieren können.

Ebenso beruht dann auch der Klang anderer tönender Körper darauf, daß sie bei willkürlicher Erregung in einen komplizierten Schwingungszustand geraten, der als eine Superposition von einfachen Schwingungen mit bestimmten Intensitätsverhältnissen aufgefaßt werden kann. Dementsprechend empfindet das Ohr neben dem Grundton eine Reihe von Obertönen, und ihre Vermischung mit dem Grundton bedingt den Klang. Vergleichen wir von diesem Gesichtspunkt aus die Töne der offenen und der gedeckten Pfeifen, so sehen wir, daß bei den letzteren alle geraden Obertöne fehlen, während die offenen Pfeifen alle Obertöne besitzen. Der Klang der gedeckten Pfeife ist weicher, aber auch weniger voll als der der offenen.

Beim Klavier pflegt man die Anschlagstelle des Hammers auf $1/7$ der Saitenlänge zu richten; es wird so ein Oberton ausgeschlossen, dessen Schwingungszahl das Siebenfache von der des Grundtons ist, und der dem Klang der Saite eine gewisse Schärfe geben würde.

Die im vorhergehenden entwickelte Theorie der Klangfarbe steht in einer sehr merkwürdigen Beziehung zu einem von FOURIER aufgestellten mathematischen Satze. Auf einer Linie (vergl. z. B. Fig. 245) sei eine wellenartige Kurve gezeichnet, die sich in Intervallen von der Länge λ immer in derselben Weise wiederholt; man bezeichnet λ, die Länge der kongruenten, sich wiederholenden Stücke, als die Periode der Kurve. Diese kann dann durch eine Superposition von einfachen Wellenlinien dargestellt werden, deren erste die Wellenlänge λ, deren zweite die

Wellenlänge $^1/_2\,\lambda$, deren folgende der Reihe nach die Wellenlängen $^1/_3\,\lambda$ $^1/_4\,\lambda$ ... besitzen. Jede beliebige Kurve von der Periode λ kann also gewissermaßen in eine Reihe einfacher Wellen aufgelöst werden, für deren Amplitudenverhältnisse die Gestalt der ursprünglich gegebenen Kurve maßgebend ist. Hiernach kann man auch die komplizierte

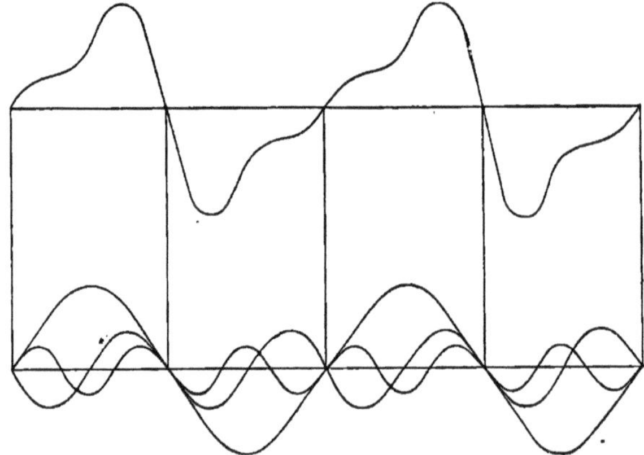

Fig. 245. Harmonische Zerlegung.

Schwingungsform, die eine Saite bei einer beliebigen Art der Erregung annimmt, nach rein mathematischen Gesichtspunkten zerlegen in übereinandergelagerte Wellen, deren Länge gleich der doppelten, der einfachen Saitenlänge, gleich $^2/_3$, $^2/_4$, $^2/_5$ ... davon ist.

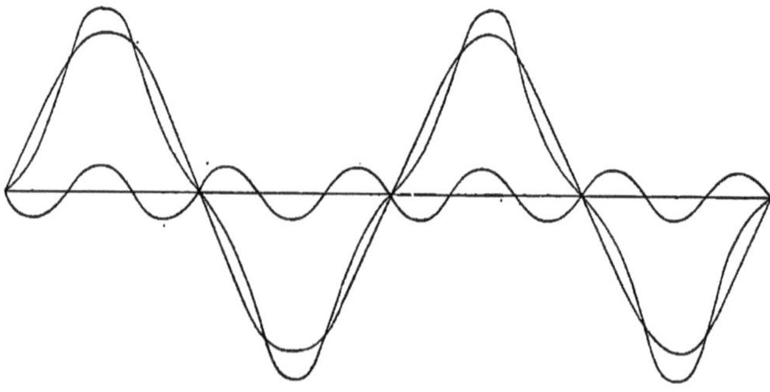

Fig. 246.

In vollkommener Übereinstimmung hiermit übt das Ohr den komplizierten Bewegungen der Luft gegenüber die Funktion eines harmonischen Analysators aus, indem es genau die Töne heraushört, welche den bei der geometrischen Zerlegung auftretenden einfachen Wellen entsprechen. Aber in unserem Bewußtsein, in unserem geistigen Ohre, verschmelzen die verschiedenen Töne, die das körperliche Ohr zu gleicher Zeit empfindet, wieder zu einem einheitlichen Ganzen, dem Klang.

Beispiele sogenannter harmonischer Zerlegungen komplizierterer Kurven sind in den Figuren 245 und 246 gegeben.

§ 227. Die Vokalklänge und der Phonograph. Für die Untersuchung der Vokalklänge besitzen wir ein ausgezeichnetes Hilfsmittel in dem Phonographen von Edison. Er enthält zunächst als wesentlichen Bestandteil eine mit Paraffin überzogene vollkommen zylindrische Walze, deren Achse durch eine Schraubenspindel gebildet wird, so daß sie bei der Drehung gleichzeitig in der Richtung der Achse sich verschiebt. Vor der Walze befindet sich in einer Fassung, zwischen Kautschukringen eingepreßt, eine Glasmembran von $1/8$ mm Dicke (Fig. 247a). Sie trägt in ihrer Mitte ein Metallplättchen, das durch Scharniere mit einem kleinen Meißel verbunden ist, der sich gegen die Oberfläche der Walze leicht anlegt. Wenn man gegen die Membran singt oder spricht, während die Walze gedreht wird, so gräbt das Meißelchen eine Furche in die Paraffinoberfläche,

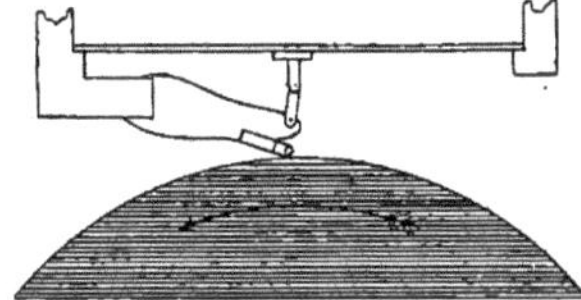

Fig. 247 a.

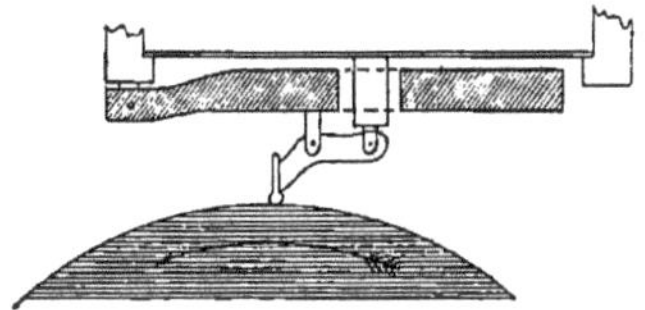

Fig. 247 b.

deren Berge und Täler den Schwingungen der Membran auf das treueste entsprechen. Wenn man einen bestimmten Vokal gegen die Membran singt oder spricht, so erhält man eine Furche, welche die für den Vokalklang charakteristischen Schwingungen durch ihre Höhen und Tiefen genau wiedergibt. Man kann nun das gegen die Membran Gesungene oder Gesprochene reproduzieren. Zu diesem Zwecke dient eine ähnliche, nur noch etwas dünnere Glasmembran (Fig. 247b); ihre Mitte ist durch Scharniere wieder mit einem Hebel verbunden, der aber an seinem Ende eine kleine Kugel trägt, die sich genau in die von dem Schreibmeißel gegrabene Furche einlegt. Wenn man die Kugel an den Anfang der Furche legt und nun die Walze dreht, so gleitet sie über all die Höhen und Tiefen der Furche weg; infolge der Hebelverbindung bringt sie die Membran in eine Bewegung, identisch mit der, durch welche die Furche erzeugt wurde. Die Membran ihrerseits wird die Luft wieder in dieselben Bewegungen versetzen, durch welche sie früher erschüttert wurde d. h. sie wird das reproduzieren, was zuvor gegen sie gesprochen oder gesungen ward.

Will man nun die in die Paraffinfläche gegrabenen Furchen benützen, um die Eigenschaften der Vokalklänge zu untersuchen, so muß man vor allem von ihren Höhen und Tiefen, von ihrem ganzen Verlaufe ein vergrößertes Bild herstellen, das in all seinen Einzelheiten ausgemessen werden kann. Man hat ein solches Bild auf photographischem

Wege erhalten; den die schleifende Kugel tragenden Hebel verband man mit einem Spiegel, der den Hebungen und Senkungen der Kugel entsprechend nach oben oder unten sich drehte. Von dem Spiegel wurde der Strahl einer elektrischen Lampe reflektiert; dieser zeichnete dann auf einem mit photographischem Papier überzogenen, gleichmäßig rotierenden Zylinder die Bewegungen der Kugel in vergrößertem Maßstabe. Einige so erhaltene Kurven sind in Figur 248 dargestellt; die Vokale sind dabei auf den Ton a gesungen. Die Ausmessung der Kurven hat zu den folgenden Resultaten geführt.

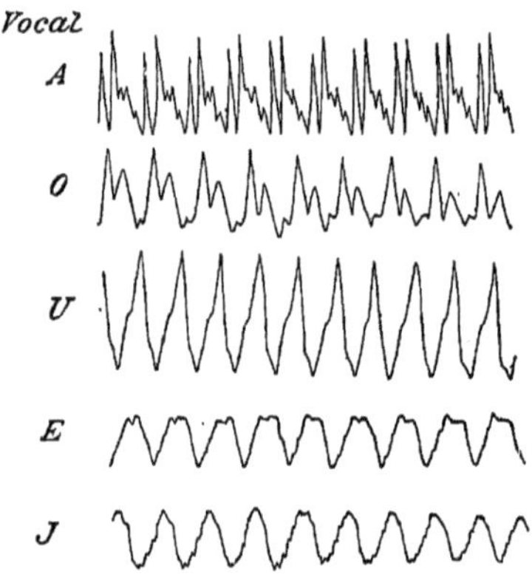

Fig. 248. Phonographische Kurven.

Die Vokale sind dadurch charakterisiert, daß die Obertöne an bestimmten Stellen der musikalischen Skala in ganz besonderem Maße verstärkt werden. Die Grenzen zwischen denen die für die Vokalklänge charakteristischen Obertöne liegen, sind in der folgenden Tabelle zusammengestellt.[1]

	1. Oktave	2. Oktave	3. Oktave	4. Oktave
U	$c_1 - f_1$	$d_2 - e_2$		
O		$c_2 - dis_2$		
A		$e_2 - gis_2$		
E		$d_2 - e_2$	$ais_3 - h_3$	
J				$e_4 - f_4.$

Drittes Kapitel.   Erzwungene Schwingungen und Resonanz.

§ 228. Freie und erzwungene Schwingung. Wenn wir irgend einen Körper aus seiner Gleichgewichtslage entfernen und dann loslassen, oder wenn wir ihm, während er sich im Gleichgewicht befindet, durch einen Schlag eine gewisse Geschwindigkeit erteilen, so schwingt er unter der Wirkung seiner inneren Kräfte um die Gleichgewichtslage. Eine solche Schwingung nennen wir eine **freie** Schwingung. Ein Körper kann aber auch dadurch in Schwingung gebracht werden, daß man von außen her eine periodische Kraft auf ihn wirken läßt. Der Körper schwingt dann nicht mit der vermöge seiner inneren Kräfte ihm eigentümlichen Periode, sondern mit der Periode der äußeren Kraft. Eine solche Schwingung nennen wir eine **erzwungene.** Die erzwungenen Schwin-

---

[1] L. Hermann, Phonophotographische Untersuchungen. Arch. f. d. ges. Phys. Bd. 53. 1892. — F. Auerbach, Die physikalischen Grundlagen der Phonetik. Zeitschr. f. franz. Sp. u. Litt. 16. 1894. p. 117.

gungen eines Pendels haben wir in den Paragraphen 81 und 82 studiert. Die dort gefundenen Gesetze haben eine typische Bedeutung für die entsprechenden Probleme der Akustik.

Eine erzwungene Schwingung einer Saite erhalten wir, wenn wir ihr Ende mit der einen Zinke einer Stimmgabel verbinden, deren Schwingungen bei ihrer überwiegenden Masse durch die Verbindung nicht wesentlich verändert werden.

Ein Beispiel für eine erzwungene Schwingung einer Membran infolge von periodischer Änderung des Luftdruckes haben wir in der Membran des Phonographen, ebenso in der Platte des Telephons oder dem Trommelfell des Ohres.

§ 229. Mittönen von Körpern bei synchroner Schwingung. Wir lassen auf einen Körper, der eine bestimmte eigene Schwingung besitzt, eine periodische Kraft von außen wirken, wie sie etwa durch die von einem tönenden Körper ausgehenden Luftwellen erzeugt wird. Der von ihnen getroffene Körper, wir nennen ihn den Resonator, wird in eine erzwungene Schwingung versetzt, deren Periode mit der des tönenden Körpers übereinstimmt. Wir nehmen an, der Eigenton des Resonators läge höher als der des tönenden Körpers. Die Periode der äußeren Kraft ist dann eine längere, als die der Eigenschwingung. Nun wollen wir die Periode der Kraft verkürzen, so daß sie sich der der Eigenschwingung nähert. Wir finden, daß zugleich die Schwingungsamplitude des Resonators wächst; sie erreicht ein sehr deutliches Maximum in dem Momente, in dem die Periode der Kraft mit der Periode der Eigenschwingung übereinstimmt, in dem die Schwingungen des Resonators mit denen des tönenden Körpers synchron sind. Wird die Periode der Kraft noch mehr verkürzt, so nimmt die Schwingungsamplitude des Resonators wieder ab. Dieses Ergebnis der Beobachtung wird in einer anscheinend übertriebenen Weise durch das Resultat der theoretischen Untersuchung bestätigt.

Bezeichnen wir die Amplitude der periodisch wirkenden Kraft mit F, ihre Schwingungszahl durch p, die des Resonators mit n, so ergibt sich, daß die Amplitude der erzwungenen Schwingung mit $\dfrac{F}{n^2 - p^2}$ proportional ist. Im Falle der synchronen Schwingung, für $n = p$, würde die Amplitude unendlich groß, während sie in Wirklichkeit nur ein Maximum erreicht. Der Widerspruch löst sich dadurch, daß in der angegebenen Formel die Wirkung der Reibung nicht berücksichtigt ist, daß außerdem bei sehr großen Entfernungen von der Ruhelage nicht mehr die einfachen Beziehungen zwischen den Deformationen und den entsprechenden Reaktionen gelten, die in der Theorie vorausgesetzt sind.

Ein schönes Beispiel von Mittönen bei synchroner Schwingung liefern zwei Stimmgabeln mit genau gleichem Tone. Wenn man sie in einiger Entfernung einander gegenüberstellt und die eine streicht, so hört man nach wenigen Sekunden die zweite mit erklingen. Es ist dies die Folge von Druckkräften der Luftwellen, die von der gestrichenen Gabel ausgesandt werden. So schwach auch der von einer einzelnen Welle ausgeübte Impuls im Verhältnis zu der großen Masse der resonierenden Stimmgabel sein mag, bei synchroner Schwingung wird die von jedem erzeugte Wirkung durch die nachfolgende im rechten Augenblick eintreffende Welle verstärkt und so kommt allmählich eine Schwingung von solcher Amplitude zustande, daß sie einen deutlichen Ton erzeugt. Ebenso vermag ein Knabe, wenn er taktmäßig an dem Seile einer Glocke zieht, die zu Anfang kaum merkbaren Schwingungen immer mehr zu verstärken bis der Klöppel anschlägt und die Glocke tönt. Ein einzelner Mann ist imstande, die enorme Masse einer Gitterbrücke durch taktmäßiges Treten in Schwingung zu bringen.

Um zu zeigen, daß bei synchroner Schwingung die Resonanz ein Maximum besitzt, ist es bequemer, bei ungeänderter Tonquelle die Stimmung des Resonators zu ändern. Dies kann man in einfacher Weise erreichen, wenn man gedeckte Pfeifen aus Glaszylindern herstellt, die mehr oder weniger hoch mit Wasser gefüllt sind. Als Tonquelle benützt man Stimmgabeln uud verändert nun durch Zugießen oder Herausnehmen von Wasser die Länge der Pfeifen so lange, bis das Maximum der Resonanz erreicht ist. So finden wir, daß die gedeckten Pfeifen, die auf die Stimmgabeln c_1, e_1, g_1, a_1 im Maximum resonieren, die Länge von 32, 25·4, 21·4, 19 cm besitzen. Dies sind aber eben die Längen der Pfeifen, welche die Töne c_1, e_1, g_1, a_1 bei ihrer Grundschwingung geben. Die experimentelle Bestätigung des angeführten Gesetzes ist damit geliefert. Es ist nun aber auch nicht schwer, von dem Grunde der Erscheinung eine anschauliche Vorstellung zu gewinnen. Betrachten wir die Stimmgabel a_1, so berechnet sich die Länge der von ihr ausgesandten Wellen in der Luft nach der Formel $\lambda = \dfrac{v}{n}$ zu 76 cm. Trifft der Wellenzug auf eine feste Wand, so wird er ähnlich wie ein Zug von Wasserwellen reflektiert; die Interferenz der direkten und der reflektierten Wellen erzeugt eine stehende Schwingung, deren Schwingungsknoten voneinander um die halbe Wellenlänge, d. h. um 38 cm entfernt sind; dabei wird ein erster Schwingungsknoten jedenfalls in der reflektierenden Fläche selber liegen, der erste Schwingungsbauch also um 19 cm von der Wand entfernt sein. Wenn nun die reflektierende Wand durch das geschlossene Ende einer gedeckten Pfeife dargestellt wird, so findet im allgemeinen zwischen der Eigenschwingung der Pfeife, die einen Bauch am freien Ende fordert, und der durch die Reflexion erzeugten stehenden Schwingung eine Differenz statt; beide Schwingungen haben verschiedene Perioden und wirken sich bis zu einem gewissen Grad entgegen. Wenn aber die Pfeife selber den Ton a_1 gibt, so fällt der erste Bauch der durch Reflexion erzeugten stehenden Schwingung auf das freie Ende der Pfeife, und beide Schwingungen stehen nun in vollkommener Übereinstimmung.

Zu einer graphischen Darstellung des Vorganges gelangen wir auf dem folgenden Wege. Wir halten den von der Stimmgabel ausgesandten Wellenzug in einem bestimmten Moment fest, etwa in dem Augenblick der größten gegenseitigen Entfernung der Zinken; wir ziehen den Schallstrahl, der von der Stimmgabel nach der Pfeife hingeht. Senkrecht zu diesem tragen wir die Entfernungen auf, welche die Luftteilchen in den aufeinanderfolgenden Querschnitten des Strahles gerade von ihren Ruhelagen besitzen, nach oben, wenn die Verschiebung im Sinne der fortschreitenden Welle erfolgt, nach unten im entgegengesetzten Falle. Der augenblickliche Zustand der Luft auf dem Schallstrahle wird dann durch eine ihm folgende Wellenlinie anschaulich gemacht (Fig. 249); seine zeitliche Änderung durch die Fortbewegung der Linie im Sinne des ausgezogenen Pfeiles mit der Geschwindigkeit des Schalles. Die reflektierende Wand befinde sich bei K. Den Vorgang der Reflexion können wir konstruieren mit Hilfe der zweiten gestrichelten Wellenlinie, die wir der ankommenden entgegen im Sinne des gestrichelten Pfeiles sich bewegen lassen. Man sieht, daß bei K, K_1, K_2, K_3 die entgegengesetzten Elongationen der beiden Wellen sich jederzeit kompensieren, weil die Wellen symmetrisch

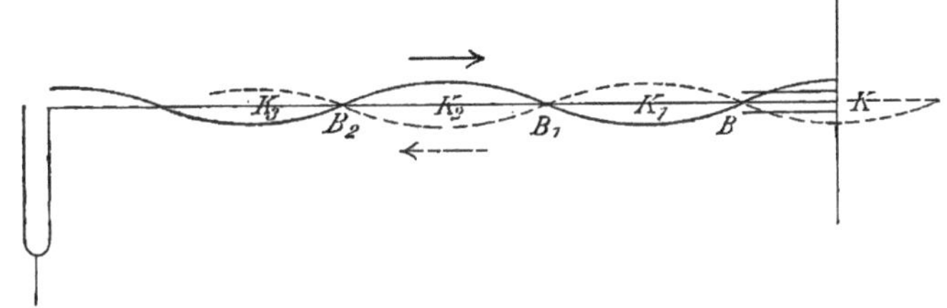

Fig. 249. Resonanz einer Pfeife.

sind zu der reflektierenden Wand; es sind dies Knoten der Bewegung. Bei B, B_1, B_2 dagegen werden bei der Weiterbewegung der Wellen die beiden Ordinaten sich abwechselnd nach unten und oben summieren; wir haben hier die Stellen größter Amplitude der Bewegung, die Schwingungsbäuche. Ist bei K das geschlossene Ende einer gedeckten Pfeife, so findet zwischen der durch Reflexion erzeugten stehenden Schwingung und der Eigenschwingung der Pfeife Übereinstimmung statt, wenn ihre Länge gleich KB; die Pfeife resoniert mit ihrem Grundtone. Dasselbe wäre aber der Fall, wenn die Länge der Pfeife gleich KB_1 oder KB_2 gemacht würde. Die durch Reflexion erzeugte Schwingung würde dann mit der ersten oder zweiten von den höheren Schwingungsarten der Pfeife übereinstimmen, diese resonierte mit ihrem ersten oder zweiten Obertone.

Die Resonanz einer Luftsäule auf einen Stimmgabelton benützt man zur Verstärkung des letzteren. Man setzt die Stimmgabel auf einen hölzernen Resonanzkasten, dessen Luftraum auf ihren Ton abgestimmt ist.

§ 230. Gleichmäßig resonierende Körper. Saiten, wie überhaupt Körper von kleiner Oberfläche und Masse, geben, in schwingende Bewegung versetzt, nur wenig Energie an die umgebende Luft ab, erzeugen also für sich genommen nur schwache Töne. Man verbindet sie bei den musikalischen Instrumenten mit Resonanzkörpern von größerer Oberfläche die infolge hiervon geeigneter sind, ihre Schwingungen der Luft mitzuteilen. Diese Körper müssen natürlich durch alle Töne des Instrumentes gleichmäßig in Mitschwingung versetzt werden, die Resonanz darf von ihrer Eigenschwingung nicht abhängig sein. Bei der Violine und dem Klavier sind die Resonanzkörper durch elastische Holzplatten dargestellt, bei denen infolge der Dämpfung der Einfluß der eigenen Schwingungen nicht merklich wird.

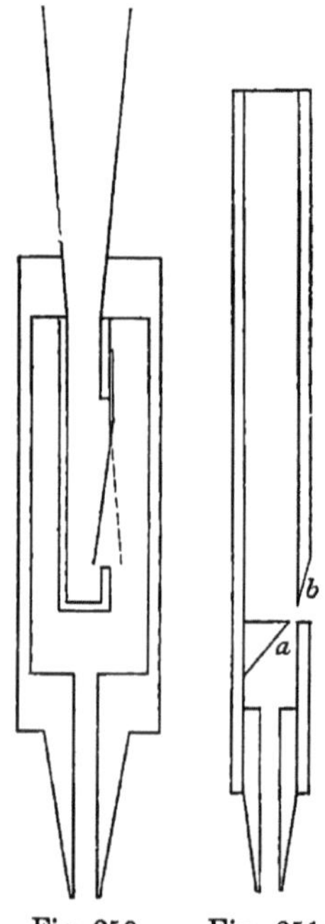

Auch das Trommelfell des Ohres wird durch jeden Ton in einem seiner Stärke entsprechenden Maße erregt, ohne daß bestimmte Töne bevorzugt werden, weil seine Eigenschwingung einer starken Dämpfung unterworfen ist.

Bei den Membranen des Telephons und des Phonographen sind die Schwingungszahlen der Eigentöne sehr hoch; auch sie geben für Töne von erheblich geringerer Schwingungszahl eine gleichmäßige Resonanz.

§ 231. **Zungenpfeifen und Lippenpfeifen.** Von den vorhergehenden Betrachtungen machen wir zunächst eine Anwendung auf die Theorie der Pfeifen. Nach der Art der Erregung unterscheidet man Zungenpfeifen (Fig. 250) und Lippenpfeifen (Fig. 251). Bei den ersteren wird durch den in die Pfeife geleiteten Luftstrom zuerst eine metallene Zunge in Schwingung versetzt, die Pfeife resoniert auf den Ton der Zunge. Dabei ergibt sich aus den Gesetzen der erzwungenen Schwingung, daß die Pfeife nicht genau auf den Eigenton der Zunge abgestimmt zu sein braucht; wenn dies nicht der Fall ist, so beobachtet man eine eigentümliche Rückwirkung der Schwingung der Pfeife auf die der Zunge. Wenn z. B. der Eigenton der Zunge tiefer ist als der der Pfeife, so wird er erhöht; Zunge und Pfeife schwingen vollkommen unisono, aber keine mit ihrer eigenen Periode, vielmehr nähern sie sich von entgegengesetzten Seiten her einer gewissen mittleren Schwingung. Als Zungenpfeife können wir auch den Kehlkopf mit den Stimmbändern und den mit ihm zusammenhängenden Lufträumen betrachten.

Bei den Lippenpfeifen (Fig. 251) dringt aus der Spalte *a* ein Luftstrahl gegen die Lippe *b*; an dieser bricht sich der Strahl; es würde nun ohne die Pfeife ein schwirrendes Geräusch, unter Umständen auch ein Ton, der sogenannte Schneidenton, entstehen. Wir können daraus schließen, daß der Luftstrahl in einem Zustande mehr oder weniger komplizierter Schwingungen sich befindet, deren Perioden im allgemeinen

Fig. 250.   Fig. 251.
Orgelpfeifen.

einem unregelmäßigen Wechsel unterworfen sind. Die Pfeife wählt nun aus den mannigfachen Bewegungen diejenige heraus, die mit ihrer eigenen Schwingung übereinstimmt, sie resoniert auf diese. Sie wirkt aber durch ihre Schwingung zurück auf die Schwingungen des Luftstrahles, verstärkt die mit ihr harmonierende, schwächt die anderen, bis zuletzt Pfeife und Luftstrahl in vollkommen übereinstimmender Weise ihre Schwingungen vollziehen; der Luftstrom wendet sich dann regelmäßig abwechselnd nach innen und außen.[1]

§ 232. **Singende Flammen.** Von der übereinstimmenden Schwingung eines Gasstromes und einer Pfeife kann man sich eine unmittelbare Anschauung verschaffen bei den singenden Flammen.

In eine lange aus einer Blechröhre hergestellte Pfeife ist von unten ein Bunsenbrenner mit ziemlich weiter Mündung geschoben; in der Wand befindet sich ein Fenster, durch das man die Flamme beobachten kann; sie gerät in unruhiges Flackern und erregt bei passender Regulierung des Gaszuflusses einen mächtigen Ton in der Pfeife; zugleich sieht man in einem rotierenden Spiegel an Stelle des zusammenhängenden Lichtkreises, der bei ruhig brennender Flamme erscheint, eine Reihe von einzelnen durch Zwischenräume getrennten Flammenbildern, ähnlich wie bei Figur 243. Bei der Schwingung der Luft in der Pfeife wird die Flamme durch jede Verdichtung in das Innere des Brenners zurückgedrängt und ausgelöscht. Sobald die Verdichtung der Welle vorüber ist, bricht der Gasstrom wieder hervor; er entzündet sich von neuem, indem in die Öffnung des Brenners ein Netz von Platindraht eingelegt ist. So abwechselnd erlöschend und sich wieder entzündend erregt die Flamme einen anhaltenden, starken Ton in der Pfeife, der ausgezeichnet ist durch die Fülle der mit dem Grundton verbundenen Obertöne

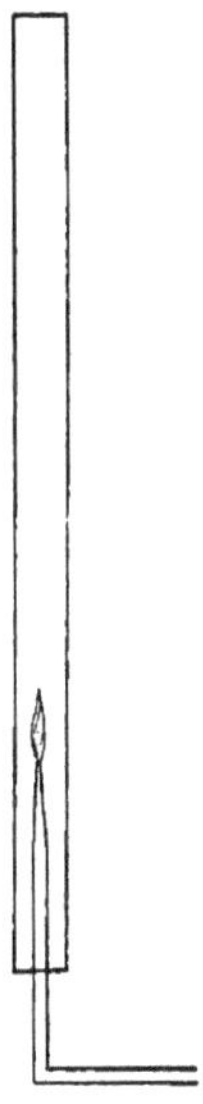

Kürzere Glasröhren bringt man zum Tönen durch spitze Flammen, die durch Brenner mit einer feinen kreisförmigen Öffnung erzeugt werden (Fig. 252). Der Ton tritt in der Regel erst auf, wenn man die Flamme durch Drehen des Gashahnes auf eine gewisse Höhe herunterdrückt. Wenn aber die Flamme nicht von selbst zu singen beginnt, so resoniert sie, sobald der Ton der Pfeife gesungen oder in anderer Weise angegeben wird, und die einmal erregte Schwingung hört nicht wieder auf, auch wenn der erregende Ton verschwindet.

Fig. 252.

Im Anschluß an das Vorhergehende möge noch der freien sensitiven Flammen gedacht werden, bei denen in sehr eigentümlicher Weise hervortritt, wie leicht die Bewegung eines Strahles durch äußere Einwirkungen verändert werden kann. Es sind Gasflammen, die aus zylindrischen Röhren

---

[1] WACHSMUTH. Phys. Zeitschr. 1903. p. 743.

22*

mit feiner Öffnung unter erheblichem Drucke hervorströmen, so daß sie eine Länge von etwa einem halben Meter erreichen. Wir haben sie zu betrachten als Gasstrahlen, die von der umgebenden, ruhenden Luft durch eine zylindrische Mantelfläche getrennt sind, jenseits deren ein plötzlicher Abfall der Geschwindigkeit eintritt. Die Umhüllungsfläche des Strahles befindet sich wahrscheinlich in einem Zustand, der nahe an ein labiles Gleichgewicht grenzt. Dadurch mag es sich erklären, daß die Form des Strahles, die Wirbel, in die er sich schließlich auflöst, durch die mit den Schallwellen verbundenen Bewegungen der Luft so leicht verändert werden. Es scheint aber nicht leicht, zu einer genaueren Vorstellung darüber zu gelangen, wie das plötzliche Zusammensinken zustande kommt, das eintritt, wenn man zischt oder gewisse hohe Töne erklingen läßt. Die Grundlage für eine dahin gehende weitere Untersuchung wird gegeben durch eine theoretische Untersuchung von HELMHOLTZ über die Verhältnisse in der Grenzfläche zweier Flüssigkeiten, die mit verschiedener Geschwindigkeit übereinander strömen. Er hat gezeigt, daß der Zustand der geradlinigen Strömung mit ebener Grenzfläche ein Zustand labilen Gleichgewichtes ist, der notwendig zu der Bildung von Wogen an der Grenzfläche führt.

§ **233. Resonatoren.** Von der Resonanz machen wir eine wichtige Anwendung, um aus einem komplizierten Klang die einzelnen Töne zu isolieren und zur Wahrnehmung zu bringen. Es geschieht dies mit Hilfe der HELMHOLTZschen Resonatoren (Fig. 253), kugelförmiger Pfeifen mit zwei einander diametral gegenüberliegenden Öffnungen. Von letzteren wird die eine an das Ohr gelegt, während durch die andere die Verbindung des inneren kugelförmigen Luftraumes mit der äußeren Luft unterhalten wird. Wenn in dem zu untersuchenden Klang der Eigenton des Resonators enthalten ist, so wird dieser deutlich ertönen, und mit einer Reihe von abgestimmten Resonatoren kann man daher eine vollständige Analyse des Klanges ausführen.

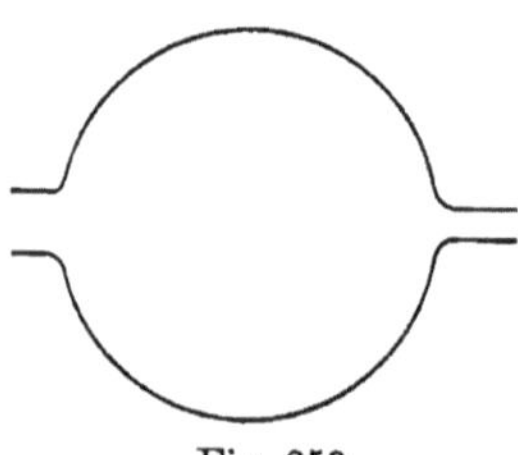

Fig. 253.

§ **234. KUNDTsche Staubfiguren.** Auf der Resonanz beruht noch eine von KUNDT eingeführte Messungsmethode, die einer ungemein vielseitigen Anwendung fähig ist. Ein Klangstab (Fig. 254) werde in den

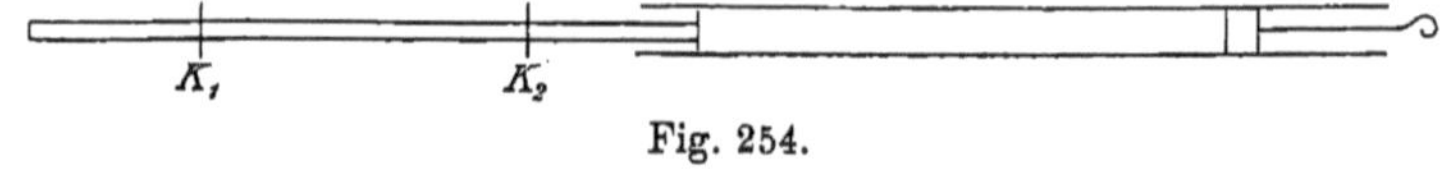

Fig. 254.

Punkten K_1 und K_2, in $^1/_4$ und $^3/_4$ seiner Länge in horizontaler Lage eingeklemmt, so daß er, wenn man ihn in der Mitte reibt, seinen ersten Oberton erklingen läßt. Das Ende des Klangstabes reicht in eine Glasröhre hinein, die an dem anderen Ende durch einen verschiebbaren Kork

verschlossen ist. Wenn die Länge der Röhre so reguliert wird, daß irgend
einer ihrer Obertöne mit dem Tone des Klangstabes übereinstimmt, so
resoniert sie kräftig; die in ihr enthaltene Luft gerät also in eine stehende
Schwingung, deren Schwingungszahl dieselbe ist, wie die des Klangstabes. Diese stehende Schwingung kann man dann · sichtbar machen,
wenn man etwas Korkstaub in die Röhre bringt; dieser bildet, wenn sie
resoniert, eigentümliche quer durch die Röhre sich legende Rippen
(Fig. 255); wenn die Länge der Röhre ein ganzes Vielfaches einer halben
Wellenlänge des vom Klangstab erzeugten Tones ist, so wird der Staub
von den in Schwingung begriffenen Abteilungen zuweilen ganz wegge-
fegt, so daß er sich in Häufchen an den Knoten sammelt (Fig. 256).
Immer ist es möglich, durch Messung die Abstände der Bäuche oder
der Knoten und hieraus die Wellenlänge des betreffenden Tones in der
Röhre zu bestimmen. Bezeichnen wir die Geschwindigkeit des Schalles
im Klangstab durch c, seine Länge durch l, so ist seine Schwingungszahl $n = \dfrac{c}{l}$; ist λ die Wellenlänge in der von Luft erfüllten Resonanz-
röhre, v die Schallgeschwindigkeit, so ist die Schwingungszahl auf der
anderen Seite gegeben durch $n = \dfrac{v}{\lambda}$. Wir haben also die Beziehung

$$\frac{c}{l} = \frac{v}{\lambda}.$$

Betrachten wir die Schallgeschwindigkeit v in der Luft als bekannt, so
ergibt sich aus der Messung von l und λ der Wert von c, die Schallgeschwindigkeit in dem
Klangstabe. Aus dieser
aber und aus der
Dichte des Stabes kann
nach der in § 221 an-
geführten Formel seine
Ausdehnungselastizi-
tät bestimmt werden.

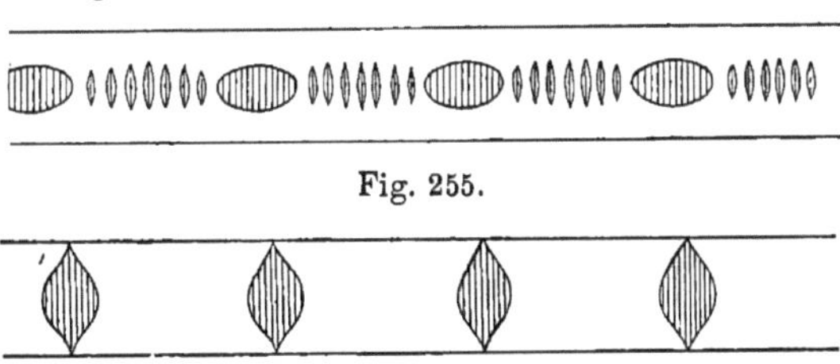

Fig. 255.

Fig. 256.
KUNDTsche Staubfiguren.

Füllen wir die
Röhre mit einem an-
deren Gase, in dem die Geschwindigkeit des Schalles gleich v' sein
möge, so wird die dem Tone des Klangstabes entsprechende Wellenlänge eine andere sein, λ'. Wir haben dann die Gleichung:

$$\frac{c}{l} = \frac{v'}{\lambda'},$$

und daher auch:

$$\frac{v}{\lambda} = \frac{v'}{\lambda'}.$$

Die Schallgeschwindigkeiten in den beiden Gasen verhalten sich wie
die Wellenlängen, die einem und demselben Tone in beiden entsprechen.

Wieder können wir die Geschwindigkeit v' berechnen, wenn wir die
Schallgeschwindigkeit in Luft als gegeben betrachten. Aus der Schall-

geschwindigkeit eines Gases kann aber weiter nach der in § 171 angeführten Formel das Verhältnis k der beiden spezifischen Wärmen bei konstantem Druck und bei konstantem Volumen gefunden werden.

An das Vorhergehende schließen wir noch die folgende allgemeine Bemerkung. Die von einer Tonquelle ausgehenden Wellen mögen eine Reihe verschiedenartiger Mittel durchdringen; die Wellenlängen in diesen verhalten sich dann wie die Schallgeschwindigkeiten, da die Schwingungszahl immer dieselbe, nämlich gleich der des tönenden Körpers bleibt.

Endlich möge noch erwähnt werden, daß die Schallgeschwindigkeit in Luft bei engen Röhren nach KUNDTS Versuchen kleiner ist als im freien Raum, wesentlich infolge der Reibung.[1] Bei der Bildung der KUNDTschen Figuren dürften die in § 161 untersuchten Kräfte eine wesentliche Rolle spielen.[2]

§ 235. Das CORTIsche Organ. Eine letzte Anwendung machen wir von den Gesetzen der Resonanz auf die Lehre von der Tonempfindung. Im Ohre befinden sich überaus zahlreiche, mikroskopisch kleine, schwingungsfähige Plättchen, die wie die Tasten eines Klavieres nebeneinanderliegen. Am einen Ende sind sie mit den Fasern des Hörnerven verbunden. HELMHOLTZ nimmt an, daß jedes dieser Plättchen auf einen bestimmten Ton abgestimmt sei, so daß es nur, wenn dieser erklingt, die zugehörige Nervenfaser erregen kann. Bei einem aus den mannigfachsten Tönen zusammengesetzten Klang wird jeder Ton das auf ihn abgestimmte Plättchen in Erregung bringen; man sieht, wie auf diese Weise das Ohr imstande ist, die komplizierteste Luftbewegung in ihre einzelnen Teile, in ihre einfachen harmonischen Schwingungen zu zerlegen.

Viertes Kapitel. Erscheinungen der Interferenz und Schwebung.

§ 236. NÖRREMBERGS Interferenzversuch. Wenn zwei tönende Körper, etwa zwei Stimmgabeln, von genau gleicher Tonhöhe gegeben sind, so haben die von ihnen ausgehenden Wellen dieselbe Länge. Wenn nun an irgend einer Stelle A des Raumes von der einen Gabel her eine Verdichtung, von der anderen zugleich eine Verdünnung eintrifft, so werden die entgegengesetzten Wirkungen sich aufheben; die Luft an der betreffenden Stelle wird weder verdichtet, noch verdünnt werden. Man sieht aber leicht, daß, wenn die Wirkungen der beiden Wellenzüge an der Stelle A sich einmal zerstören, dies auch in der Folge der Fall sein muß; denn nach einer halben Schwingung der tönenden Körper haben sich die von ihnen ausgehenden Wellenzüge um eine halbe Wellenlänge verschoben; an derselben Stelle, wo vorher eine Verdichtung war, ist jetzt eine Verdünnung und umgekehrt, nach einer ganzen Schwingung aber

---

[1] RAYLEICH, Theorie des Schalls, übersetzt von NEESEN. II. Bd. p. 372.
[2] W. KÖNIG, Hydrodynamisch-akustische Untersuchungen. WIED. Ann. 1893. Bd. 50. p. 639.

haben die Verdichtungen und Verdünnungen wieder ganz dieselbe Lage wie zu Anfang. Hiernach würde also zu erwarten sein, daß in der Umgebung zweier gleichschwingender Stimmgabeln gewisse Stellen vorhanden sind, wo die Dichte der Luft immer dieselbe bleibt, wo also kein Ton zu hören ist. Übrigens ergibt sich aus Betrachtungen, die wir bei der analogen Interferenzerscheinung der Optik anstellen werden, daß die Schwingungen zweier einfacher Tonquellen nur dann vollständig sich aufheben können, wenn die letzteren voneinander um mindestens eine halbe Wellenlänge entfernt sind. In Wirklichkeit gelingt der Versuch, auch bei Berücksichtigung dieser Bedingung, nur unvollkommen wegen der störenden Wirkung der Reflexionen, die an den Wänden des Beobachtungsraumes stattfinden. Dazu kommt, daß Stimmgabeln im Grunde nicht als einfache Tonquellen zu betrachten sind, was deutlich bei dem in § 237 zu beschreibenden Versuch hervortritt.

Viel sicherer läßt sich die Interferenz zweier Wellenzüge und das dadurch bedingte Verschwinden des Tones nach einem zuerst von NÖRREMBERG angegebenen Verfahren zeigen (Fig. 257). Man benützt dabei nur eine einzige Stimmgabel und läßt den von ihr ausgehenden Wellenzug in eine Röhre eintreten, die sich an der Stelle *a* in zwei Zweige gabelt; die Länge des einen Zweiges *a c d* von *a* bis zu der Stelle *d* der Wiedervereinigung macht man um eine halbe Wellenlänge größer als

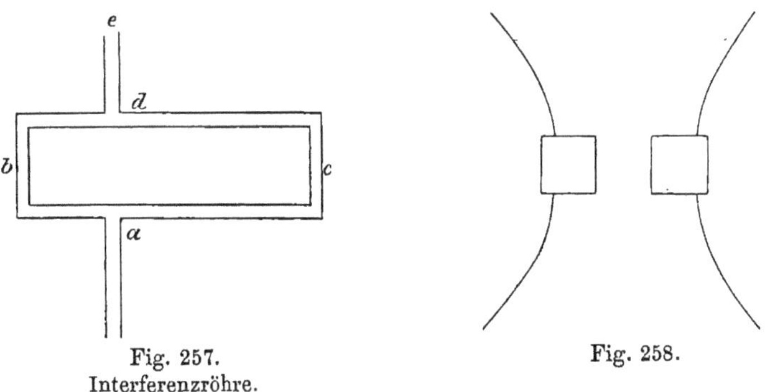

Fig. 257.
Interferenzröhre.

Fig. 258.

die des anderen Zweiges *a b d*. Der durch den längeren Zweig gehende Wellenzug wird dadurch um eine halbe Wellenlänge verzögert; wenn an der Stelle *d* durch *a b d* gerade eine Verdichtung anlangt, so kommt gleichzeitig durch *a c d* eine Verdünnung, und die entgegengesetzten Wirkungen zerstören sich, so daß an der Öffnung *e* kein Ton zu hören ist. Sobald wir aber die eine oder die andere Zweigröhre schließen, so daß nur ein Wellenzug zum Ohre gelangen kann, tritt der Ton hervor.

§ 237. Flächen der Stille bei einer Stimmgabel. WILHELM WEBER hat eine sehr eigentümliche Interferenzerscheinung bei einer Stimmgabel beobachtet.[1] Wenn man eine angeschlagene Gabel über der Öffnung eines Resonators dreht, so bemerkt man, daß der Ton in vier Stellungen derselben vollkommen verschwindet. Es gehen von den Zinken vier Flächen aus, in denen weder Verdichtung noch Verdünnung der Luft durch die Schwingung erzeugt wird. Jede dieser vier Interferenzflächen bildet einen Teil eines hyperbolischen Zylinders; die vier Brennlinien der Zylinder liegen in den vier äußeren Kanten der Stimmgabelzinken und die Flächen selbst divergieren in der durch die Linien der Figur 258 angedeuteten Weise; die Stimmgabel ist dabei auf eine zu ihrer Länge senkrechte Ebene projiziert.

Die Erklärung der Erscheinung muß jedenfalls in dem Umstand gesucht werden, daß bei jeder Zinke die Luft auf der vorderen und hinteren Seite gleichzeitig in entgegengesetztem Zustande sich befindet; immer wird auf der Seite, nach welcher die Zinken sich bewegen, Verdichtung, auf der entgegengesetzten Verdünnung entstehen; die Flächen, in denen diese verschiedenen Zustände sich ausgleichen, müssen WEBERS hyperbolische Interferenzflächen sein.

§ 238. Schwebungen. Wenn zwei Stimmgabeln genau gleiche Tonhöhe haben, so werden sich ihre Töne entweder fortdauernd verstärken oder fortdauernd schwächen, je nachdem von Anfang an Verdichtung mit Verdichtung oder Verdichtung mit Verdünnung zusammenfiel; immer erhalten wir den Eindruck eines vollkommen gleich dahinfließenden Tones. Nun wollen wir die eine Gabel nur ganz wenig verstimmen; wir hören jetzt den Ton abwechselnd anschwellen und wieder schwächer werden und dies bezeichnen wir als Schwebungen oder Stöße des Tones.

Die Schwingungszahl des höheren Tones sei n_1, die des tieferen n_2; in einer Sekunde sendet der erstere n_1, der zweite n_2 Wellen aus, die sich in dieser Zeit über eine Strecke von 332 m ausbreiten. Betrachten wir den Strahl, der die Verbindungslinie der beiden Gabeln nach außen

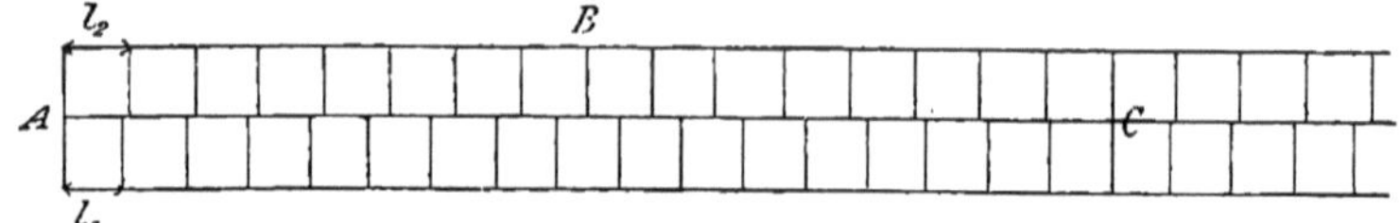

Fig. 259. Schwebungen.

verlängert, und grenzen wir auf ihm eine Strecke von 332 m ab, so daß in ihrem Anfangspunkt A (Fig. 259) eine Verdichtung der einen Gabel mit einer Verdichtung der anderen zusammenfällt. In der Figur sind die Stellen der größten Verdichtungen durch vertikale Striche bezeichnet. Nun ist die Wellenlänge l_1 des höheren Tones in Metern gegeben durch

---

[1] WILHELM WEBER, Über Unterbrechungen der Schallschichten in der transversal schwingende Stäbe und Gabeln umgebenden Luft. Werke Bd. I. p. 64.

$l_1 = \dfrac{332}{n_1}$, die des tieferen durch $l_2 = \dfrac{332}{n_2}$. Gehen wir auf dem Strahle vorwärts, so treffen wir also zuerst in dem Abstande l_1 auf die nächste Verdichtung des höheren Tones, dann im Abstande l_2 auf die des tieferen; gehen wir weiter, so folgt in dem Abstande $2\,l_1$ die dritte Verdichtung des höheren, im Abstande $2\,l_2$ die entsprechende des tieferen Tones. Wir sehen, daß die Verdichtung des tieferen Tones immer mehr der entsprechenden des höheren voraneilt; ist die Entfernung der beiden Verdichtungen gerade auf eine halbe Wellenlänge des höheren Tones angewachsen, wie bei B, so fällt die Verdichtung des tieferen Tones gerade mit einer Verdünnung des höheren zusammen, und die entgegengesetzten Wirkungen heben sich auf; wir haben dann weder Verdichtung, noch Verdünnung, die Stelle B des Strahles kann also auch keine Tonempfindung erzeugen. Weiterhin entfernt sich die Verdichtung des tieferen Tones um mehr als eine halbe Wellenlänge von der entsprechenden des höheren, sie nähert sich einer Verdichtung des letzteren, deren Ordnungszahl um eins höher ist; schließlich fällt wieder eine Verdichtung des tieferen Tones mit einer des höheren zusammen. Ist C der Punkt, in

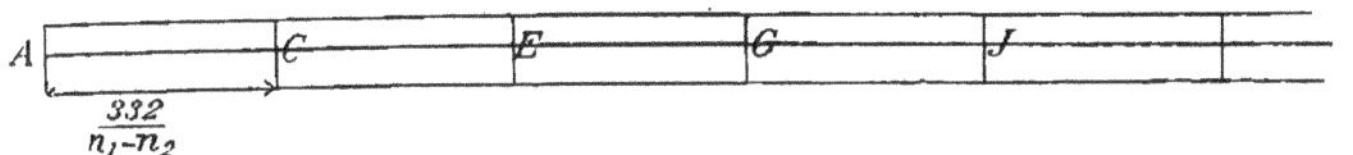

Fig. 260.

dem dies der Fall ist, so ist die auf der Strecke $A\,C$ liegende Wellenzahl des höheren Tones offenbar um eins größer als die des tieferen; gehen von dem tieferen Ton x Wellenlängen auf die Strecke $A\,C$, so ist sie gleich $x + 1$ Wellenlängen des höheren; wir haben somit:

$$A\,C = (x + 1)\,l_1 = x\,l_2 = \frac{332}{n_1 - n_2}.$$

Tragen wir (Fig. 260) von A aus die Strecken $A\,C = C\,E = E\,G = G\,J \ldots = \dfrac{332}{n_1 - n_2}$ der Reihe nach ab, so werden in all den Punkten C, E, G, $J \ldots$ zwei Verdichtungen zusammenfallen, in den zwischen ihnen in der Mitte liegenden eine Verdichtung mit einer Verdünnung. Auf einer Strecke von 332 m fällt somit $(n_1 - n_2)$ mal Verdichtung mit Verdichtung und $(n_1 - n_2)$ mal Verdichtung mit Verdünnung zusammen; das erstere bedingt eine Verstärkung, das letztere eine Schwächung der Schwingung. Da aber alle auf der Länge von 332 m liegenden Wellen in einer Sekunde in unser Ohr gelangen, so werden auch hier die Schwingungen der Luft in einer Sekunde $(n_1 - n_2)$ mal eine Verstärkung, und damit abwechselnd $(n_1 - n_2)$ mal eine Schwächung erfahren. Es ergibt sich somit, daß die Anzahl der in einer Sekunde erfolgenden Stöße oder Schwebungen gleich der Differenz der Schwingungszahlen der zusammenklingenden Töne ist. Dies kann man leicht durch den Versuch bestätigen, wenn man z. B. zwei a_1-Gabeln, von denen die eine, nach

Scheiblers Vorschlag, auf 440, die andere, nach der Pariser Stimmung, auf 435 Schwingungen in der Sekunde justiert ist, zusammenklingen läßt, oder wenn man von zwei gleichen Stimmgabeln die eine etwa durch Ankleben von Wachs ein wenig verstimmt.

Man kann von den Schwebungen zweier Stimmgabeln ein sehr anschauliches und schönes Bild in der folgenden Weise entwerfen. Wir befestigen an den äußeren Flächen der Zinken beider Gabeln leichte Spiegel, die mit den Zinken zusammen schwingen (Fig. 261). Wenn wir auf den Spiegel der einen Gabel einen Lichtstrahl fallen lassen, so wird er reflektiert und zeichnet solange der Spiegel in Ruhe ist, auf einem in geeigneter Weise aufgestellten Schirm einen hellen Punkt. Versetzen wir die Stimmgabel in Schwingung, so wird durch die Bewegung des Spiegels

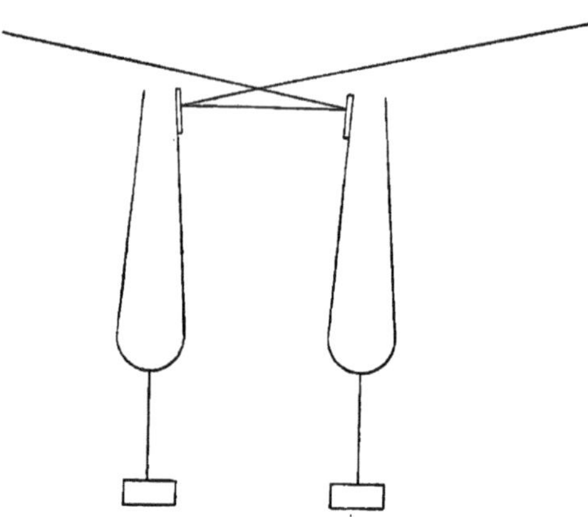

Fig. 261.
Objektive Darstellung der Schwebungen.

der Punkt in eine Lichtlinie ausgezogen. Nun stellen wir die zweite Gabel mit ihrer Längsrichtung und der durch die Mitten ihrer Zinken gehenden Ebene der ersten parallel und so, daß der von dieser reflektierte Lichtstrahl auf den Spiegel der zweiten Gabel fällt; er wird hier, entsprechend der Zeichnung von Figur 261, abermals reflektiert und erzeugt auf dem Schirm, der nun auf die andere Seite der Gabeln zu stellen ist, wieder einen hellen Punkt, solange beide Gabeln in Ruhe

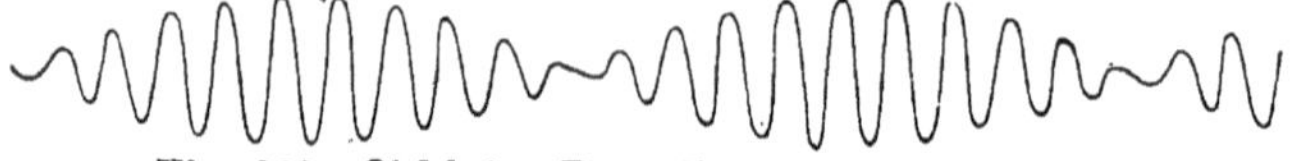

Fig. 262. Objektive Darstellung der Schwebungen.

sind. Wenn aber beide Gabeln schwingen, so geschieht dies infolge der Verschiedenheit ihrer Schwingungszahlen bald im gleichen, bald im entgegengesetzten Sinne. Demzufolge werden die durch die Reflexion erzeugten Ablenkungen des Lichtstrahles sich abwechselnd summieren und kompensieren; die Lichtlinie auf dem Schirm wird bald sich in die Länge dehnen, bald zu einem Punkte zusammenschrumpfen. Noch anschaulicher wird das Bild, wenn wir die zweite Gabel leicht hin- und herdrehen, so daß der von ihr reflektierte Strahl abwechselnd auf verschiedene nebeneinanderliegende Stellen des Schirmes fällt; es entsteht dann eine aus einer wellenartigen Linie gebildete, leuchtende Spindel

(Fig. 262), die an den Stellen der Kompensation sich einschnürt, an denen der Summation der Wirkungen sich erweitert, und die durch den Wechsel der Amplitude, welchen die sie bildenden Einzelwellen zeigen, das Anschwellen und Schwächerwerden des Tones anschaulich macht.

Man kann die zweite Stimmgabel auch so befestigen, daß ihre Längsrichtung horizontal wird, wenn die erste Gabel vertikal aufgestellt ist (Fig. 263). Wenn man dann den von der ersten Gabel reflektierten Lichtstrahl auf den Spiegel der zweiten fallen läßt, so macht sie ihn in horizontalem Sinne hin- und herschwingen, sobald sie selbst in Schwingung versetzt wird. Wenn beide Gabeln zusammentönen, so entstehen aus der Kombination der vertikalen und der horizontalen Bewegungen des Strahles eigentümliche Lichtkurven, die sogenannten LISSAJOUSchen Kurven. Man kann ihre verschiedenen Formen konstruieren, wenn man zwei zu einander senkrechte Pendelschwingungen von verschiedenem Phasen- und Periodenverhältnis nach dem Prinzip der Kombination zu einer resultierenden Bewegung vereinigt.

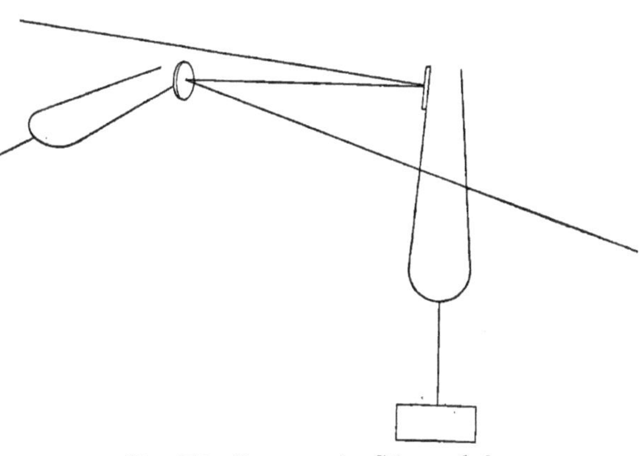

Fig. 263. LISSAJOUSche Stimmgabeln.

Schwingen die beiden Gabeln vollkommen unisono, so ergeben sich je nach der Phasendifferenz die in Figur 264 gezeichneten Kurven. Sind die Schwingungszahlen etwas verschieden, so ändert sich die Phasendifferenz stetig mit der Zeit; die von den Gabeln erzeugte LISSAJOUSsche Figur durchläuft der Reihe nach vor- und wieder rückwärts die Formen der Figur 264; die gerade Linie erweitert sich zu einer Ellipse,

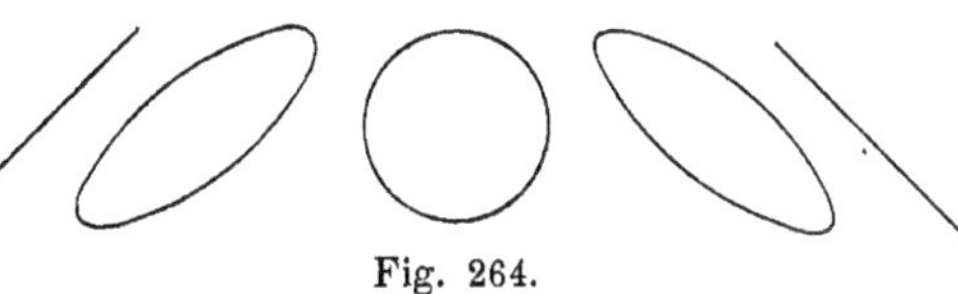

Fig. 264.

diese verwandelt sich in einen Kreis, der Kreis geht über in eine Ellipse mit umgekehrter Lage der großen und kleinen Achse, die Ellipse in eine gerade Linie usw. Der Wechsel wird um so schneller, je größer die Differenz der Schwingungszahlen, je größer die Zahl der in einer Sekunde erzeugten Schwebungen.

Ebenso wie bei Stimmgabeln treten Schwebungen und Stöße natürlich auch auf bei Saiten und Orgelpfeifen, überhaupt immer da, wo zwei Töne von wenig verschiedener Schwingungszahl zusammen erklingen.

§ 239. Kombinationstöne. Die Schwebungen scheinen eine einfache Erklärung zu geben für die Tatsache, daß bei dem Zusammenklange zweier Töne noch ein dritter gehört wird, dessen Schwingungszahl gleich der Differenz ihrer Schwingungszahlen ist. Man muß dann dem Ohre die Fähigkeit zuschreiben, durch Schwebungen in ähnlicher Weise affiziert zu werden, wie durch einzelne Schallwellen; auch Schwebungen müßten eine Tonempfindung erzeugen, wenn sie mit solcher Schnelligkeit aufeinander folgen, daß sie einzeln nicht mehr wahrzunehmen sind.

Daß die Erscheinung nicht in so einfacher Weise zu erledigen ist, ergibt sich aus dem Umstande, daß bei dem Zusammenklange zweier Töne nicht bloß der angeführte Differenzton, sondern wenn auch schwerer hörbar noch ein zweiter Ton erklingt, dessen Schwingungszahl gleich der Summe der Schwingungszahlen der Grundtöne ist. Durch den Umstand, daß die beiden Kombinationstöne besonders deutlich werden, wenn die Grundtöne stark sind, wurde HELMHOLTZ auf die Vermutung geführt, daß Schwingungen von großer Amplitude nicht mehr dem einfachen Prinzipe der Superposition gehorchen, sondern einen komplizierteren Schwingungszustand erzeugen. Die Vermutung findet eine gewisse Bestätigung in der Theorie der erzwungenen Schwingung eines Pendels. Man muß annehmen, daß die Kraft, welche das Pendel nach seiner Ruhelage zurückzieht, nicht einfach dem Ausschlage proportional sei, sondern ein zweites dem Quadrate des Ausschlages proportionales Glied enthalte. Wirken dann zwei periodische Kräfte mit den Schwingungszahlen p und q auf das Pendel, so gerät dieses in eine Schwingung, die sich aus sechs einfachen Schwingungen zusammensetzt. Ihre Schwingungszahlen sind, in Übereinstimmung mit der akustischen Beobachtung: p, q, $2p$, $2q$, $p + q$ und $p - q$.

§ 240. Konsonanz und Dissonanz. Wir haben gesehen, daß der Zusammenklang zweier Stimmgabeln von etwas verschiedener Schwingungszahl Schwebungen erzeugt. Diese haben zunächst, solange sie nur ein langsames Auf- und Abwogen des Tones, ein leichtes Beben oder Erzittern mit sich bringen, durchaus nichts Unangenehmes. Wenn aber die Zahl der Schwebungen wächst, so nehmen sie bald den Charakter unangenehmer Stöße oder Schläge an, die dem Tone eine gewisse Rauhigkeit erteilen; die zusammenklingenden Töne beginnen zu dissonieren. HELMHOLTZ nimmt an, daß die Dissonanz am stärksten empfunden wird, wenn in einer Sekunde 33 Stöße erfolgen. Wenn nun die beiden Stimmgabeln noch weiter gegeneinander verstimmt werden, so nimmt die Dissonanz allmählich ab; sie hört gänzlich auf, wenn die Zahl der Stöße auf mehr als 132 in der Sekunde steigt. Zwei reine, von Obertönen freie Schwingungen, wie sie mit Stimmgabeln zu erzeugen sind, fließen glatt und ohne Dissonanz nebeneinander her, wenn die Differenz ihrer Schwingungszahlen größer als 132 ist; sinkt die Differenz unter diesen Betrag, so tritt Dissonanz ein, die bei einer Differenz von 33 ihr Maximum erreicht.

Die Richtigkeit dieser Sätze kann man auch mit Hilfe von zwei Pfeifen nachweisen, die den Grundton möglichst frei von Obertönen geben. Wenn man die Röhre der einen nach Art eines Ausziehfernrohres einrichtet, so kann man, vom vollkommensten Zusammenklange ausgehend, durch allmähliches Ausziehen die schreiendste Dissonanz erzeugen; man wird finden, daß bei noch weiterem Ausziehen die Dissonanz schwächer wird und schließlich verschwindet, immer vorausgesetzt, daß sich die Obertöne nicht in störender Weise geltend machen.

Vom Standpunkte der in § 235 entwickelten Lehre von den Tonempfindungen aus wird die Erscheinung der Stöße in folgender Weise zu erklären sein. Damit Schwebungen oder Stöße empfunden werden, müssen die beiden zusammenklingenden Töne ein und dieselbe CORTISCHE Faser erregen. Wir müssen also den CORTISCHEN Gebilden die Fähigkeit zuschreiben, nicht bloß durch einen einzigen Ton von ganz bestimmter Schwingungszahl erregt zu werden, sondern durch ein gewisses Intervall von Tönen mit erst wachsender und dann wieder abnehmender Stärke. Zwei benachbarte Töne würden eine bestimmte Faser in intermittierender Weise erregen, da ihre Wirkungen sich bald unterstützen, bald aufheben, und dies würde die Empfindung der Schwebungen oder Stöße erzeugen. Nehmen wir nun zwei Töne, deren Schwingungszahlen um mehr als 132 differieren. Eine von den CORTISCHEN Fasern ist genau gleich gestimmt mit dem einen, etwa dem höheren Tone, und besitzt für ihn maximale Resonanz; sie resoniert weniger auf tiefere Töne, um so weniger, je größer die Differenz der Schwingungszahlen wird. Bei einer Differenz von 132 Schwingungen in der Sekunde müßte die Wirkung des tieferen Tones auf die betrachtete Faser so gering sein, daß sie vom Ohre nicht mehr empfunden wird, daß Stöße und Dissonanz verschwinden.

Wenn wir nun auf Grund der vorhergehenden Sätze ein Urteil über Konsonanz oder Dissonanz der gewöhnlichen musikalischen Intervalle gewinnen wollen, so müssen wir Rücksicht nehmen auf die ganze Reihe der Obertöne, die zu den Grundtönen hinzutreten. Selbst wenn die letzteren konsonieren, können durch die Obertöne Dissonanzen hervorgerufen werden, die den ganzen Zusammenklang der beiden Töne doch zu einem rauhen machen. In den folgenden Tabellen sind für verschiedene musikalische Intervalle die Schwingungszahlen der Grundtöne und die ihrer Obertöne zusammengestellt; gleichzeitig ist die Differenz der Schwingungszahlen der Grundtöne angegeben und hinzugefügt, wie oft diese Differenz in der ganzen Tonreihe auftritt. Die Tabellen geben, wie man sieht, zugleich Aufschluß über Konsonanz und Dissonanz von Tönen, die in verschiedenen Oktaven angeschlagen werden, und bei denen die Grundtöne an sich nach der HELMHOLTZschen Theorie keine Dissonanz erzeugen würden. Die Schwingungszahl des a_1 ist zu 440 angenommen; die Intervalle sind die der diatonischen Tonleiter.

Oktave:

Grundton	264	528
1. Oberton	528	1056
2. „	792	1584
3. „	1056	2112.

Differenz der Schwingungszahlen der Grundtöne 264. Kleinste vorkommende Differenz 264.

Quinte:

Grundton	264	396
1. Oberton	528	792
2. „	792	1188
3. „	1056	1584
4. „	1320	1980
5. „	1584	2376
6. „	1848	
7. „	2112.	

Differenz der Schwingungszahlen der Grundtöne gleich 132; die kleinste vorkommende Differenz ist 132 und tritt im ganzen sechsmal auf.

Quarte:

Grundton	264	352
1. Oberton	528	704
2. „	792	1056
3. „	1056	1408
4. „	1320	1760
5. „	1584	2112
6. „	1848	2464
7. „	2112	
8. „	2376.	

Die Differenz der Schwingungszahlen der Grundtöne ist 88 und diese Differenz wiederholt sich in der ganzen Tonreihe noch viermal.

Bleibt die Schwingungszahl des einen Tones gleich 264, so ist die Schwingungszahl der großen Terz gleich 330, die der kleinen Terz gleich 316·8. Die Schwingungszahlen der Grundtöne differieren bei der großen Terz um 66, bei der kleinen Terz um 52·8 Schwingungen. Bei der großen Terz kommt die Differenz 66 bis zum 8. Oberton noch dreimal vor, bei der kleinen Terz die Differenz 52·8 noch zweimal.

Wir sehen, daß die Ergebnisse der Analyse vollkommen mit der Theorie übereinstimmen, nach der die Dissonanz beginnt, wenn die Differenz der Schwingungszahlen kleiner ist als 132, und um so empfindlicher wird, je mehr sich die Differenz der Zahl 33 nähert.

Wenn wir an Stelle der Töne der diatonischen Tonleiter die der temperierten Skala setzen, so gestaltet sich das Resultat ganz ähnlich. Nur können infolge der unreinen Stimmung schon bei den Quinten Stöße auftreten, die dem Zusammenklange eine gewisse Rauhigkeit geben.

ZWEITER TEIL.

OPTIK.

§ 241. Allgemeine Aufgaben der Optik. Der ganze Inhalt der
Physik beruht auf Beobachtungen; diese geben uns Nachricht von Vor-
gängen, welche an mehr oder weniger entfernten Stellen des Raumes
sich abspielen. Wir werden daher unwillkürlich zu der Frage gedrängt,
wie die sinnlichen Empfindungen von jenen Punkten aus erregt und vermittelt werden. Für die Empfindungen des Ohres haben wir die Frage
in dem vorhergehenden Buche beantwortet. Die analogen Untersuchungen
für die Wirkungen des Lichtes bilden einen wesentlichen Teil der Optik.
Man kann zunächst unbekümmert darum, welches die Natur des Lichtes
ist, die Gesetze ermitteln, nach denen seine Wirkungen durch den Raum
hindurch sich verbreiten; ihre Gesamtheit bildet den Inhalt der geometrischen Optik. Einen zweiten Teil der Optik bildet die Untersuchung
des Zusammenhanges, der zwischen der physikalischen und chemischen
Natur der Körper und zwischen der Art des von ihnen ausgestrahlten
Lichtes besteht, sowie die Erforschung der besonderen Wirkungen, welche
die Körper auf von außen kommende Lichtstrahlen ausüben, und welche
sie umgekehrt von ihnen erleiden. Einen dritten Teil bilden die Untersuchungen, die das eigentliche Wesen des Lichtes, den inneren Mechanismus seiner Ausbreitung zu enthüllen suchen; sie führen zu der alle
Gebiete gleichmäßig beherrschenden Wellentheorie des Lichtes.

Lichtwirkungen empfängt das Auge zunächst von den selbstleuchtenden Körpern, der Sonne, den Fixsternen, glühenden Körpern. Die in
einem verdunkelten Zimmer befindlichen Gegenstände sehen wir nicht;
sie werden erst sichtbar, wenn sie beleuchtet werden. Der Mond, die Planeten sind an sich dunkel, sie leuchten nur, wenn das Licht der Sonne auf
sie fällt. Das von einem selbstleuchtenden Körper ausgehende Licht wirkt
also nicht nur auf das Auge, sondern auch auf andere Körper und bewirkt, daß auch diese Licht aussenden. Die Beobachtungen der Optik
beziehen sich ebenso auf das von selbstleuchtenden, wie auf das von
beleuchteten Körpern ausgehende Licht.

Die Frage nach dem Mechanismus der Lichtwirkung ist vorerst
nicht Gegenstand der Untersuchung. Nur das möge hervorgehoben
werden, daß diese Wirkung jedenfalls keine unmittelbare ist. Es folgt
dies aus der Tatsache, daß viele Körper die Lichtwirkungen aufheben,
wenn sie zwischen den leuchtenden Körper und den bis dahin beleuchteten treten. Wir nennen solche Körper undurchsichtig, den hinter
ihnen entstehenden dunkeln Raum ihren Schatten.

ERSTES BUCH

GERADLINIGE AUSBREITUNG, REFLEXION, BRECHUNG UND FARBENZERSTREUUNG.

Erstes Kapitel. Erscheinungen der geradlinigen Ausbreitung.

§ 242. Geradlinige Ausbreitung des Lichtes. Die Linien, längs deren die Lichtwirkungen sich ausbreiten, nennen wir Lichtstrahlen. Aus den geometrischen Verhältnissen des Schattens folgt, daß die Lichtstrahlen gerade Linien sind. Nehmen wir die Lichtquelle als einen leuchtenden Punkt L (Fig. 265), so ist der Schatten, den eine in ihrer Nähe befindliche Kugel auf einen weißen Schirm wirft, ein Kreis, oder bei schiefer Stellung des Schirmes, eine Ellipse. Allgemein stellt sich der Schatten als Durchschnitt eines Kegels dar, dessen Spitze in dem leuchten-

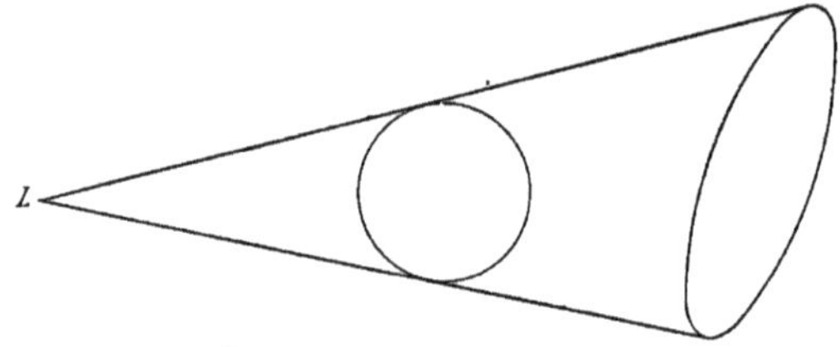

Fig. 265. Schlagschatten.

den Punkte L liegt, dessen Mantellinien durch die von L aus an die Kugel gezogenen Tangenten gebildet werden. Die den Schattenkegel begrenzenden Linien können aber keine anderen sein, als die den Rand der Kugel streifenden Lichtstrahlen; sind die Grenzlinien gerade, so gilt gleiches von den Strahlen.

Etwas komplizierter sind die Verhältnisse des Schattens, wenn die Lichtquelle nicht ein Punkt, sondern eine ausgedehnte Fläche ist. Für jeden ihrer Punkte erzeugt dann die Kugel einen besonderen Schattenkegel. Aus der Durchkreuzung dieser Kegel entstehen in dem Raume hinter der Kugel eigentümliche Beleuchtungsverhältnisse, die wir etwas genauer zu untersuchen haben. Wir halten uns dabei an das spezielle Beispiel von Sonne und Mond. An die beiden Körper legen wir die gemeinsamen Berührungskegel BAC und DJE, die nach ihren Scheitelpunkten als die Kegel A und J bezeichnet werden mögen (Fig. 266). Für die Punkte einer hinter dem Monde verlaufenden Linie KL, etwa einer Strecke der Erdbahn, ergeben sich dann die folgenden Verhältnisse. In allen Punkten von K bis α, bis zu dem Mantel des Kegels J, ist die Sonne vollständig sichtbar, diese Punkte werden also von dem Lichte der ganzen Sonne getroffen. Tritt der Beobachter in den Kegel J bei α ein, so verschwindet ein Teil der Sonnenscheibe und dementsprechend wird auch die Beleuchtung schwächer. In dem Momente, in dem der Beobachter bei β in den Kegel A gelangt, verschwindet die Sonne vollständig und es tritt Dunkelheit ein, bis bei β' der Rand des Kegels A wieder erreicht wird; bei weiterem Fortschreiten nimmt die Helligkeit zu, bei α' am Rande des Kegels J leuchtet wieder die ganze Scheibe der Sonne. Den kegelförmigen Raum FAG, in den gar kein Licht eindringt, nennt man den **Kernschatten des Mondes**; er ist umgeben von dem **Halbschatten** $AF\alpha$ und $AG\alpha'$, in dem von außen nach innen ein allmählicher Übergang von vollkommener Helligkeit zu völligem Dunkel sich vollzieht.

Liegt die Linie KL hinter A, so fällt der Kernschatten fort; in den Punkten, welche in dem Scheitelkegel des Kernschattens liegen, bleibt ein ringförmiger Teil der Sonne sichtbar.

Die vorhergehende Betrachtung

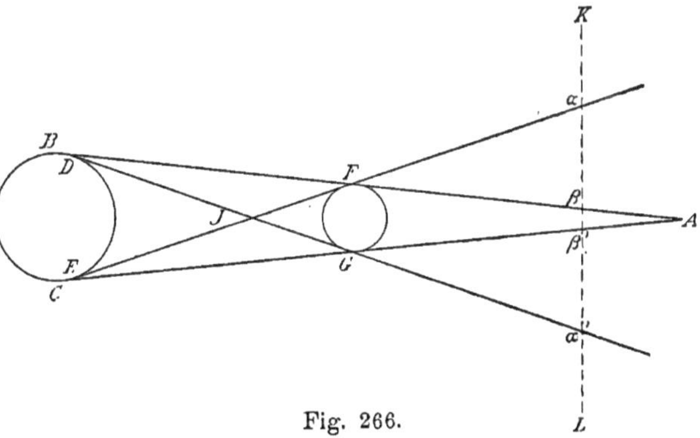

Fig. 266.

enthält zugleich die Grundlage der Theorie der Sonnenfinsternisse; die Übereinstimmung der berechneten Eintrittszeiten mit den beobachteten liefert einen weiteren Beweis für die geradlinige Ausbreitung des Lichtes.

Von anderen Erscheinungen und Beobachtungen, die auf der geradlinigen Ausbreitung des Lichtes beruhen, betrachten wir noch die Entstehung **optischer Bilder durch kleine Öffnungen**. In der Wand eines verdunkelten Raumes (Fig. 267) befinde sich eine kleine Öffnung etwa in Form eines Quadrates. Jeder Punkt eines außerhalb befindlichen Gegenstandes sendet durch die Öffnung einen dünnen Lichtkegel in den Raum hinein und beleuchtet auf der gegenüberliegenden Wand einen kleinen quadratischen Fleck, ein vergrößertes Abbild der

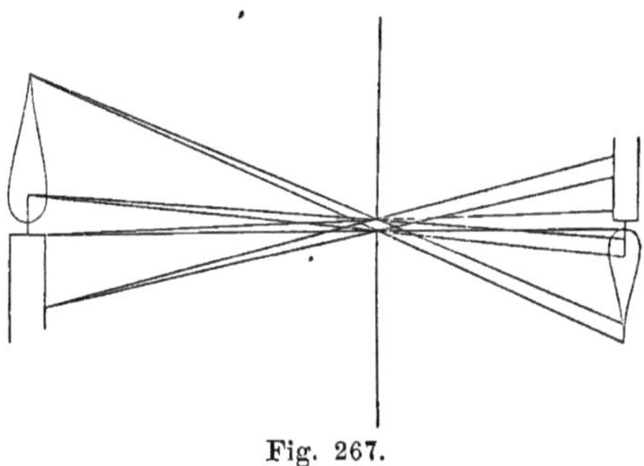

Fig. 267.

Öffnung. Die so erleuchteten Quadrate müssen sich an der Wand notwendig in derselben Weise aneinanderreihen, wie die Licht aussendenden Punkte an der Oberfläche des Gegenstandes. Sie entwerfen also in ihrer Gesamtheit ein Bild des Gegenstandes, das aber kein scharfes sein kann, da jeder Punkt des Objektes im Bilde zu einer kleinen quadratischen

Scheibe ausgedehnt erscheint. Überdies ist, wie man leicht sieht, in dem Bilde oben und unten vertauscht, dasselbe ist ein umgekehrtes.

§ 243. Fortpflanzungsgeschwindigkeit des Lichtes. Die Entdeckung, daß das Licht mit einer gewissen endlichen Geschwindigkeit sich fortpflanzt, machte der Astronom Römer um das Jahr 1675 bei Gelegenheit einer Untersuchung über die Umlaufszeiten der Jupitermonde; diese lassen sich sehr einfach bestimmen, wenn man die aufeinanderfolgenden Zeiten beobachtet, zu denen die Monde in den Schatten des Jupiter eintauchen (Fig. 268). Aus einer großen Menge von Beobachtungen, die in den verschiedensten Positionen der Erde und des Jupiter angestellt worden waren, hatte Cassini jene Umlaufszeiten bestimmt; für den ersten

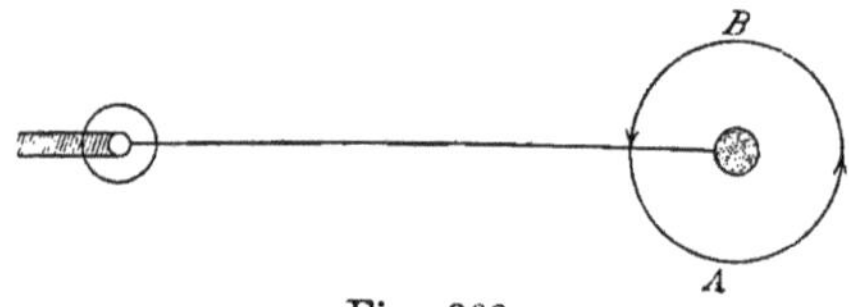

Fig. 268.

der Monde fand er eine solche von $1^3/_4$ Tagen. Nun beobachtete Römer eine gewisse Unregelmäßigkeit der Umlaufszeit, die mit der Bewegung der Erde zusammenzuhängen schien. Er fand die Umlaufszeit zu groß, wenn die Erde sich von dem Jupiter entfernte, also an der Stelle A, zu klein, wenn sie sich ihm näherte, d. h. in B. Nur in den Stellungen der Opposition und Konjunktion, in denen eine merkliche Änderung in der Entfernung der Planeten während eines Mondumlaufes nicht eintritt, ergab sich die Umlaufszeit in Übereinstimmung mit dem von Cassini bestimmten mittleren Werte. Römer erklärte diese Verschiedenheiten durch die Annahme einer endlichen Fortpflanzungsgeschwindigkeit des Lichtes. In der Tat, wenn das Licht eine bestimmte Zeit braucht, um von dem Jupiter nach der Erde zu gelangen, so sehen wir in einem bestimmten Augenblicke nicht das, was gleichzeitig auf dem Jupiter geschieht, sondern das, was sich eine gewisse Zeit früher dort ereignet hatte; wir sehen also die Immersion des Mondes in den Schattenkegel nicht in dem Augenblicke, in dem sie wirklich stattfindet, sondern später und zwar um so mehr, je weiter die Erde von dem Jupiter entfernt ist, je längere Zeit das Licht gebraucht, um von dem Jupiter auf die Erde zu gelangen. In der einen Quadratur, an der Stelle A ihrer Bahn, entfernt sich die Erde von einer Immersion des Mondes zu der anderen um 630000 Meilen vom Jupiter; die Beobachtung der zweiten Immersion muß dadurch verzögert werden um die Zeit, die das Licht zu der Durchlaufung jener 630 000 Meilen nötig hat. Umgekehrt nähert sich die Erde an der Stelle B während eines Mondumlaufes dem Jupiter um 630 000 Meilen; die Beobachtung der zweiten Immersion wird dadurch verfrüht, und die Zwischenzeit zwischen beiden Beobachtungen, die scheinbare Umlaufszeit des Mondes, wird verkürzt. Es ergibt sich so, daß die von Römer beobachteten Abweichungen in der Tat durch die Annahme einer endlichen Fortpflanzungsgeschwindigkeit des Lichtes ihre Erklärung finden. Zu einer Beobachtungsmethode, die eine genauere Bestimmung der Licht-

geschwindigkeit ermöglicht, führt die folgende Überlegung (Fig. 269).
Wir lassen Sonne und Jupiter zunächst in Opposition treten, die Stellung
in der Erde und Jupiter auf demselben von der Sonne ausgehenden
Radius Vektor sich befinden. Die bezüglichen Positionen der beiden
Planeten in ihren als Kreise gezeichneten Bahnen mögen durch E_1 und
J_1 bezeichnet werden. Bei dieser relativen Lage beobachten wir den
Zeitpunkt einer ersten Immersion des Mondes in den Jupiterschatten
Wir warten dann ab, bis Sonne und Jupiter in Konjunktion treten, bis
also Erde und Jupiter in entgegengesetzten Punkten E_2 und J_2 eines durch
die Sonne gezogenen Radius Vektors sich befinden. Da die Umlaufzeit
des Jupiter nahezu 12 Jahre beträgt, so hat die Erde von E_1 bis E_2 $^{12}/_{22}$
ihrer Bahn, der Jupiter von J_1 bis J_2 $^1/_{22}$ seiner Bahn zurückgelegt.
Gleichzeitig hat der Mond 112 Umläufe um
den Jupiter vollzogen. Wir beobachten die
Zeit, wenn er nun zum 113-ten Male in den
Schatten des Jupiter eintaucht. Bei dieser
Beobachtung ist aber die Erde um den
ganzen Durchmesser der Erdbahn weiter von
dem Jupiter entfernt; der Augenblick des
Eintritts erscheint also verzögert um die
Zeit, die das Licht gebraucht, um jenen
Durchmesser zu durchlaufen. Die Zwischen-
zeit zwischen der Beobachtung der ersten
Immersion in E_1 und der 113-ten in E_2 ist

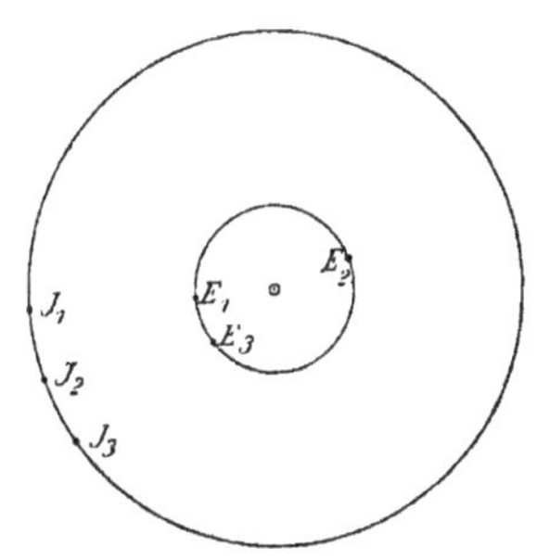

Fig. 269.

gleich der Zeit von 112 Mondumläufen vergrößert um die Zeit, die das
Licht zum Durchlaufen des Durchmessers der Erdbahn gebraucht Wir
warten nun weiter, bis Jupiter und Erde die mit $J_1 J_2$ und $E_1 E_2$ gleichen
Bogen $J_2 J_3$ und $E_2 E_3$ zurückgelegt haben, Sonne und Jupiter wieder
in Opposition sich befinden. In der Zwischenzeit haben abermals 112
Mondumläufe stattgefunden und wir beobachten nun den Zeitpunkt der
225-sten Immersion; dieser erscheint verfrüht, weil die Erde dem
Jupiter um den ganzen Durchmesser der Erdbahn näher gerückt ist.
Die Zwischenzeit zwischen der Beobachtung der 113-ten Immersion in
E_2 und der 225-sten in E_3 ist gleich der Zeit von 112 Mondumläufen
vermindert um die Zeit, die das Licht zum Durchlaufen des Erd-
bahndurchmessers gebraucht. Tatsächlich zeigt sich nun, daß die
Zeit zwischen der Beobachtung der ersten und 113-ten Immersion um
33,2 Minuten größer ist, als die Zeit zwischen der Beobachtung der
113-ten und 225-sten. Die Hälfte der Differenz, 16,6 Minuten, muß
die Zeit sein, die das Licht zu der Durchlaufung des Erdbahndurch-
messers gebraucht. Setzen wir den letzteren gleich 40 000 000 Meilen, so
ergibt sich die Lichtgeschwindigkeit gleich $\dfrac{40\,000\,900}{996}$, also nahezu gleich
40 000 geographischen Meilen oder gleich 298 000 km in der Sekunde.

    Eine zweite Bestimmung der Lichtgeschwindigkeit ergibt sich aus der von Bradley im Jahre 1726 entdeckten Aberration der Fixsterne. Bradley ging aus von einer Bemerkung, die mit der Frage nach der Entfernung der Fixsterne von der Erde auf das engste zusammenhängt. Bei der Erläuterung seines Gedankenganges sehen wir der Einfachheit halber von der Rotation der Erde ab; wir denken uns, daß sie einfach parallel mit sich selber die Sonne umlaufe. Wenn nun ein Fernrohr dauernd auf einen bestimmten Fixstern eingestellt bleiben soll, so muß die Richtung seiner Achse offenbar in dem Maße geändert werden, in dem die Erde in ihrer kreisförmigen Bahn fortschreitet. Betrachten wir, dem unmittelbaren Gefühle folgend, den Raum, in dem das Fernrohr aufgestellt ist, als ruhend, so wird umgekehrt der Stern im Laufe eines Jahres scheinbar eine geschlossene Bahn beschreiben, deren Durchmesser um so größer ist, je kleiner seine Entfernung von unserem Sonnensystem, um so kleiner, je größer jene Entfernung. Wenn der Durchmesser der Erdbahn der Entfernung des Sternes gegenüber verschwindet, so bleibt die Richtung des Fernrohres stets dieselbe, und ist keine scheinbare Bewegung des Sternes zu beobachten. In der Tat hat Bradley von der gesuchten Bewegung keine Spur entdeckt. Die große Mehrzahl der Sterne ist so weit entfernt, daß die Unterschiede in der Richtung des Fernrohres, welche durch die jährliche Bewegung der Erde bedingt werden, vollkommen verschwindende sind. Nur bei wenigen Sternen ist es mit den vollkommeneren Hilfsmitteln einer späteren Zeit gelungen, die Divergenz zu messen. Sie erreicht in einem Falle nahezu den Betrag von $1''$, in den übrigen ist sie höchstens gleich $\frac{1}{2}''$.

Bradley fand nun aber eine andere scheinbare Bewegung der Fixsterne, die abhängig ist von der Fortpflanzungsgeschwindigkeit des Lichtes, und die man als Aberration bezeichnet.

Das Verständnis der Erscheinung wird erleichtert, wenn man sich den Lichtstrahl in eine Reihe einzelner Elemente aufgelöst denkt, die mit der Geschwindigkeit des Lichtes in der geraden Richtung des Strahles sich bewegen. Welches die Natur dieser Elemente sei, lassen wir vorerst ganz unentschieden; man kann an materielle Teilchen denken, die von den leuchtenden Körpern ausgeschleudert werden, oder an Wellen, die sich in der Richtung der Strahlen fortpflanzen. Es soll nun das Fernrohr so gestellt sein, daß ein Fixstern gerade in seiner Mitte erscheint, daß seine Achse die Sehlinie nach dem Sterne bildet. Betrachten wir unter diesen Umständen den Strahl, der das Ende der Fernrohrachse trifft; in einem bestimmten Augenblicke liegt eines von den Elementen, die dem Strahl entlang sich bewegen, gerade in dem Endpunkte der Achse; es bleibt dann auch bei seiner weiteren Bewegung auf der Achse; denn die Richtung, in der es zum Auge gelangt, ist die Richtung, in der wir den Stern sehen, die Richtung der Fernrohrachse. Würde die Erde in Ruhe sein, so würde die hierin liegende Bedingung erfüllt, wenn die Fernrohrachse mit der nach dem Stern gehenden Geraden zusammenfiele; anders, wenn die Erde sich bewegt. Um das Verbleiben des in der Strahlrichtung weitereilenden Elementes auf der Fernrohrachse zu ermöglichen, müssen wir diese gegen den Strahl neigen. Wenn wir auf den Augenblick die Vorstellung adoptieren, daß die Elemente der Strahlen durch materielle, in geradliniger Wurfbewegung begriffene Teilchen repräsentiert seien, können wir dies leicht durch eine Analogie beweisen. Wir setzen an Stelle des Sternes eine Regenwolke, aus der bei windstillem Wetter die Tropfen senkrecht herabfallen; der Beobachter in einem mit voller Geschwindigkeit fahrenden Eisenbahnzuge sieht dann die Tropfen in einer gegen die vertikalen Fensterrahmen geneigten Richtung sich bewegen. Wollte er mit dem Wagen eine Röhre so verbinden, daß die Tropfen durch sie hindurchfielen, ohne die Wände zu berühren, so dürfte er sie nicht in vertikaler Stellung befestigen, sondern müßte sie, im Sinne der Bewegung, nach vorwärts neigen, ebenso wie bei unserer astronomischen Beobachtung die Achse des Fernrohres.

Die Größe der Neigung kann in der folgenden Weise durch Konstruktion bestimmt werden (Fig. 270). Es sei AE die Bewegungsrichtung der Erde, FA die Richtung des von dem Sterne auf das Fernrohr fallenden Strahles; GH sei die gegen die Strahlrichtung geneigte Fernrohrachse. Das Lichtelement, das in einem bestimmten Augenblick in H eintrifft, bewegt sich mit Lichtgeschwindigkeit längs HA weiter. Soll dasselbe stets auf der Fernrohrachse HG bleiben, so muß diese durch die Erdbewegung in demselben Maße vorgeschoben werden, in dem jenes Element längs HA vorwärts eilt. Es sei das Lichtelement gelangt bis α; ziehen wir $\alpha\gamma$ parallel zu AE, so ist γ der Punkt der Fernrohrachse, der durch die Erdbewegung nach α geführt wird; er kommt in demselben

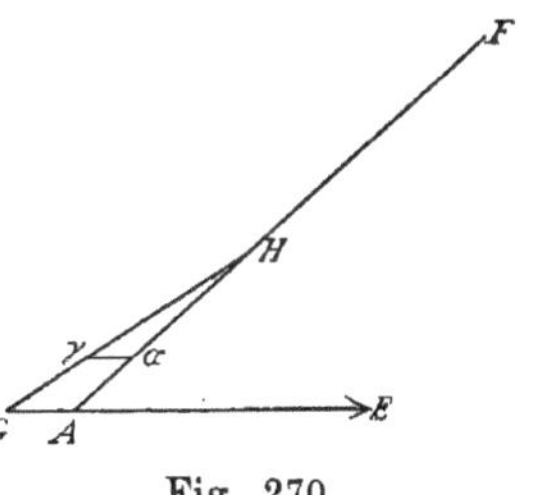

Fig. 270.

Augenblicke nach α, wie das Element des Lichtstrahles, wenn der Weg $H\alpha$ vom Lichte in derselben Zeit durchlaufen wird, wie der Weg $\gamma\alpha$ von der Erde, wenn sich also $H\alpha$ verhält zu $\gamma\alpha$ wie Lichtgeschwindigkeit zur Erdgeschwindigkeit. Nun verhalten sich auch die Strecken HA und GA wie $H\alpha$ und $\gamma\alpha$. Auch die Wege HA und GA werden somit vom Licht und von der Erde in gleichen Zeiten zurückgelegt, das Ende G der Fernrohrachse trifft in A zugleich mit dem Lichtelement ein, und dieses bleibt während seiner ganzen Bewegung auf der Achse des Fernrohres. Die erforderliche Neigung selbst aber wird gefunden durch Konstruktion eines Dreieckes, das ähnlich ist dem Dreieck GAH. Von diesem ist gegeben der Winkel GAH zwischen der Erdbahn und der Richtung des Lichtstrahles und das Verhältnis der Seiten HA und GA gleich dem Verhältnis von Lichtgeschwindigkeit zu Erdgeschwindigkeit. Das hiernach konstruierte Dreieck enthält an seiner Spitze H den gesuchten Neigungswinkel. Er ist am größten dann, wenn der Winkel FAE ein rechter ist, er ist gleich Null, wenn der Stern in der Richtung der Erdbahn liegt.

Wenn aber die Achse eines Fernrohres, das auf einen bestimmten Stern eingestellt wird, im Sinne der augenblicklichen Bahngeschwindigkeit der Erde gegen die Verbindungslinie zwischen Erde und Stern gedreht ist, so ändert sich seine Richtung mit der Richtung der Erdbahn. Es entsteht so der Schein, als ob der Stern selbst am Himmel sich bewegte, und diese Bewegung ist es, die wir als Aberration bezeichnen. Die Art der Bewegung ergibt sich leicht mit Hilfe der Figur 271. Es sei

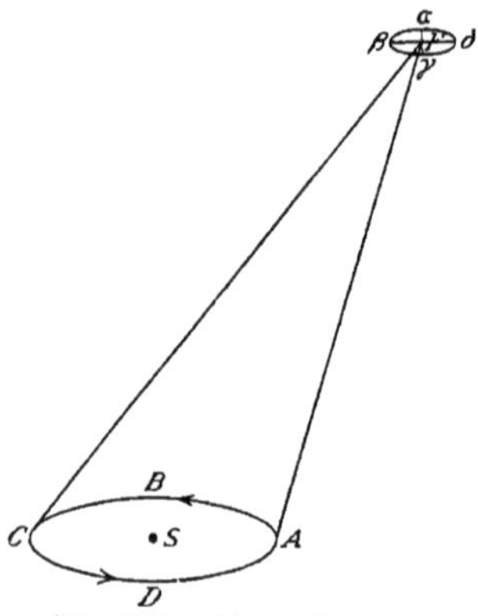

Fig. 271. Aberration.

S die Sonne, die Ellipse gebe eine perspektivische Ansicht der kreisförmig gedachten Erdbahn; F sei ein Fixstern, A der ihm nächste, C der entfernteste Punkt der Erdbahn, BD der zu SF senkrechte Durchmesser. Die Figur hat einen rein schematischen Charakter; denn in der Wirklichkeit werden die Differenzen der Entfernungen AF, CF und BF oder DF den Entfernungen selbst gegenüber verschwindend klein sein; die Erdbahn würde dementsprechend durch einen mikroskopisch kleinen Kreis um S dargestellt werden. Der Stern erscheint stets verschoben in der Richtung der Bewegung, also in der Richtung der Tangente der Erdbahn. Für die betrachteten Stellen ergeben sich darnach die Visierlinien $A\alpha$, $B\beta$, $C\gamma$ und $D\delta$. Die Sache verhält sich so, als ob der Stern in einer der Ekliptik parallelen Ebene einen Kreis $\alpha\beta\gamma\delta$ durchliefe. Aus der im vorhergehenden gegebenen Konstruktion des Neigungswinkels ergibt sich, daß der Winkel, unter dem der zu SF senkrechte Durchmesser $\alpha\gamma$ erscheint, für alle Sterne derselbe ist. Dagegen wechselt die scheinbare Größe des Durchmessers $\beta\delta$ mit der Höhe des Sternes über der Ekliptik. Für einen Stern im Pole der Ekliptik bleiben die beiden Durchmesser gleich; für einen in der Ekliptik selbst auf SA

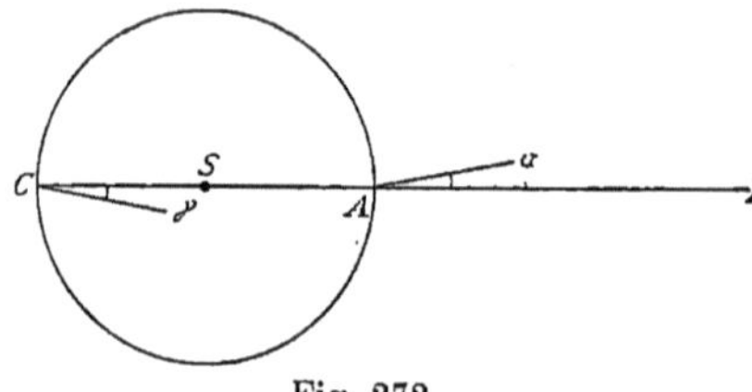

Fig. 272.

liegenden Stern fällt der Durchmesser $\beta\delta$ in die Richtung SA; der Winkel, unter dem er von A oder C aus erscheint, ist Null, und an Stelle des von dem Fernrohr im allgemeinen beschriebenen elliptischen Kegels tritt der von den Richtungen $A\alpha$ und $C\gamma$ gebildete Winkel.

Wir haben so die Erscheinungen der Aberration aus der gegebenen Geschwindigkeit des Lichtes entwickelt; man kann natürlich auch umgekehrt die Messung der Aberration zu einer Bestimmung der Lichtgeschwindigkeit benützen. Betrachten wir der Einfachheit halber einen in der Ekliptik liegenden Stern (Fig. 272). Das auf ihn eingestellte Fern-

rohr wird an der ihm nächsten Stelle A die Richtung $A\alpha$, an der fern-
sten Stelle C die Richtung $C\gamma$ besitzen. Nach den Beobachtungen von
BRADLEY schließen die Richtungen einen Winkel von 40·9″, jede derselben mit SF einen Winkel von 20·45″ ein. Wenden wir dies an auf
die Konstruktion des Dreieckes GAH (Fig. 273); dasselbe besitzt bei A
einen rechten Winkel. Der Winkel an der Spitze H ist gleich 20·45″;
daraus folgt, daß die Seite AH 10090 mal größer ist als GH. Die
Seiten AH und GH verhalten sich aber wie Lichtgeschwindigkeit und Bahngeschwindigkeit der
Erde. Die erstere ist somit gleich $10090 \times 29 \cdot 61$,
d. h. gleich 298800 Kilometer in der Sekunde,
ein Wert, der sich genau in derselben Weise aus
der Aberration irgend eines anderen Fixsternes

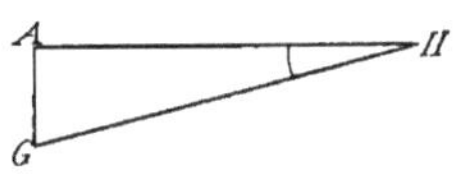

Fig. 273.

ergeben würde. Das Licht aller Fixsterne verbreitet sich also mit derselben Geschwindigkeit durch den Raum. Die nahe Übereinstimmung
des gefundenen Wertes mit dem aus der Verfinsterung des Jupitermondes
abgeleiteten zeigt, daß dieselbe Geschwindigkeit auch dem von seiner
Oberfläche reflektierten Sonnenlichte zukommt.

Ihre Ergänzung finden diese Ergebnisse in einer Untersuchung von
FIZEAU, dem es gelang, die Lichtgeschwindigkeit durch Beobachtungen
an der Oberfläche der Erde zu bestimmen. Das Prinzip, auf dem seine
Versuche beruhten, war folgendes: Durch die Lücke zwischen zwei
Zähnen eines gezahnten Rades hindurch wird ein Lichtstrahl gesandt,
der nach Durchlaufung eines nahezu 9 km langen Weges durch einen
Spiegel in sich selbst reflektiert wird. Bei ruhendem Rade geht der
Strahl wieder durch die Lücke durch. Man kann ihn von dem aus-
gesandten Strahle trennen, wenn man hinter der Lücke eine planparallele
Glasplatte unter einem Winkel von 45^0 gegen die Strahlrichtung auf-
stellt; der zurückkehrende Strahl wird dann von ihr seitlich reflektiert.
Nun werde das Rad gedreht und zwar mit einer solchen Geschwindig-
keit, daß der zurückkehrende Strahl gerade den der Lücke folgenden
Zahn auf seinem Wege findet. Er gelangt dann nicht mehr zu der
reflektierenden Glasplatte, und das zuvor helle Gesichtsfeld wird dunkel.
Mißt man die hierzu erforderliche Rotationsgeschwindigkeit, kennt man
den vom Lichte durchlaufenen Weg, sowie die Breite der Zähne und
Lücken, so kann man die Lichtgeschwindigkeit berechnen. Die von CORNU
nach der geschilderten Methode wiederholten Messungen haben für die
Lichtgeschwindigkeit den Wert von 300 000 km in der Sekunde ergeben.

§ 244. Beleuchtungsstärke und Lichtstärke. Denken wir uns einen
leuchtenden Punkt umhüllt von einer Kugel, deren Halbmesser gleich
1 m ist, so wird eine auf ihr befindliche Fläche von 1 qcm Inhalt eine
bestimmte Menge von Lichtstrahlen auffangen. Vergrößern wir den Halbmesser der Kugel auf 2 m, so werden dieselben Lichtstrahlen nun auf
eine viermal größere Oberfläche sich verteilen, die Zahl der auf 1 qcm
fallenden Strahlen ist also viermal kleiner als in der Entfernung von

1 m. Bezeichnen wir als Beleuchtungsstärke die Strahlenmenge, die auf 1 qcm fällt, so ist diese Stärke in der doppelten Entfernung viermal kleiner; allgemein ist sie dem Quadrate der Entfernung umgekehrt proportional, wobei vorausgesetzt ist, daß die Beleuchtung selbst eine senkrechte ist.

Stellen wir eine beliebige Fläche AB (Fig. 274) so, daß sie in schiefer Richtung von den Strahlen eines leuchtenden Punktes L ge-

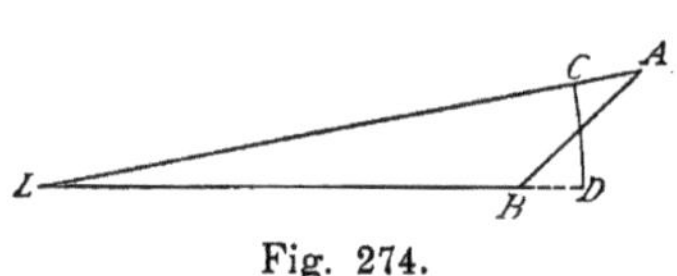

Fig. 274.

troffen wird, so sind sämtliche auf die Fläche fallenden Strahlen eingeschlossen in dem Kegel ALB, der den leuchtenden Punkt mit dem Rande der Fläche verbindet. Konstruieren wir einen senkrechten Durchschnitt CD dieses Kegels, indem wir von L aus eine Kugelfläche beschreiben, deren Halbmesser gleich ist der mittleren Entfernung der Fläche AB von L, so hat CD notwendig einen kleineren Flächeninhalt als AB. Auf ein Quadratzentimeter von AB fällt somit eine kleinere Menge von Lichtstrahlen als auf 1 qcm von CD, die Beleuchtungsstärke ist für eine gegen die Strahlenrichtung geneigte Fläche kleiner als für die senkrecht getroffene; sie ist proportional dem Sinus des Winkels der Strahlen gegen die Fläche.

Auf den vorhergehenden Sätzen beruht die Photometrie, die Vergleichung der Lichtstärken verschiedener Lichtquellen, wobei wir als Maß der Lichtstärke die in der Entfernung von 1 m bei senkrechtem Strahleneinfall entwickelte Beleuchtungsstärke betrachten. Um die Vergleichungen in einheitlicher Weise durchführen zu können, kann man die Lichtstärke einer bestimmten Lichtquelle als Einheit wählen; hierzu dient die Normalkerze aus Paraffin mit einem Durchmesser von 2 cm und einer Flammenhöhe von 5 cm oder die Amylacetatlampe bei einer Dochtdicke von 8 mm und einer Flammenhöhe von 4 cm; ihre Lichtstärke verhält sich zu der der Normalkerze wie 1 : 1 · 2. Die Stärke einer beliebigen Lichtquelle drückt man dann durch die Zahl der Normalkerzen aus, die an ihre Stelle gesetzt werden müssen, um eine Beleuchtung von gleicher Stärke zu erzeugen. Das Prinzip, nach dem eine Intensitätsvergleichung praktisch ausgeführt werden kann, ergibt sich aus der folgenden Betrachtung. Die Lichtstärke der Normalkerze sei J_n, der zu untersuchenden Lichtquelle J. Wir suchen zwei Abstände r_n und r der beiden Lichtquellen von einer und derselben Fläche so zu bestimmen, daß sie von beiden gleich hell senkrecht beleuchtet wird. Dann haben wir nach dem ersten Gesetze:

$$\frac{J}{r^2} = \frac{J_n}{r_n{}^2}, \text{ also } J = J_n \frac{r^2}{r_n{}^2}.$$

In der Entfernung von 1 m erzeugt somit das gegebene Licht dieselbe Beleuchtung wie eine Zahl von $\frac{r^2}{r_n{}^2}$ Normalkerzen, allgemein erzeugen diese letzteren dieselbe Helligkeit wie das zu untersuchende Licht, wenn sie an seine Stelle gesetzt werden. Die zu bestimmende Lichtstärke beträgt $\dfrac{r^2}{r_n^2}$ Normalkerzen.

Hinsichtlich der praktischen Ausführung der Messungen begnügen wir uns mit der Erwähnung der Apparate von RUMFORD und von BUNSEN. Bei dem Photometer von RUMFORD (Fig. 275) ist vor einen weißen Schirm ein undurchsichtiger Stab gestellt. In einige Entfernung von dem Schirme setzt man die zu untersuchende Lichtquelle und die Normalkerze; dann beleuchtet die erstere das von der Normalkerze entworfene Schattenbild des Stabes, die letztere den der Lichtquelle entsprechenden Schatten. Wer-

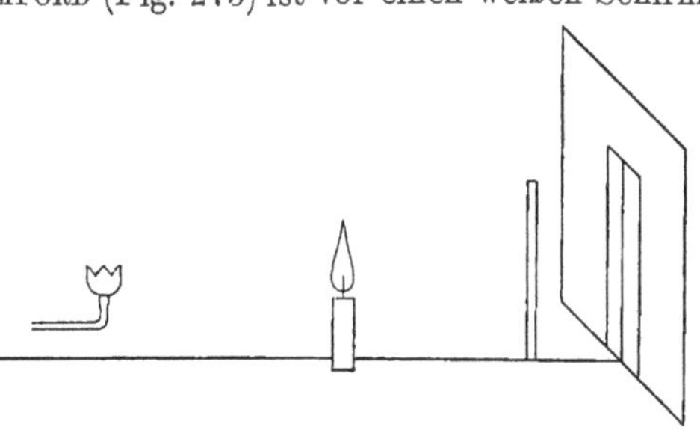

Fig. 275.   RUMFORDS Photometer.

den die Entfernungen der Lichtquelle und der Kerze von dem Schirme so reguliert, daß die beschatteten Flächen gleich dunkel erscheinen, so ergibt sich die gesuchte Lichtstärke nach der vorhergehenden Formel.

Das Photometer von BUNSEN beruht auf der folgenden Beobachtung. Auf ein Stück weißen Papieres macht man in der Mitte einen Stearinfleck. Stellt man ein Licht hinter das Papier, so erscheint der Fleck hell auf dunklerem Grunde, stellt man das Licht vor das Papier, so erscheint der Fleck dunkel auf hellem Grunde. Während hinter dem Papiere ein Licht von beliebiger aber konstanter Stärke brennt, bringt man das Licht, dessen Stärke gemessen werden soll, vor das Papier in eine solche Entfernung r, daß der Fleck eben verschwindet. Nach Wegnahme des zu untersuchenden Lichtes führt man denselben Versuch mit einer Normalkerze aus. Hat man den Fleck bei der neuen Entfernung r_n abermals zum Verschwinden gebracht, so ist das Papier jetzt ebenso hell beleuchtet wie vorher durch das Licht. Die Stärke des letzteren ist wieder gegeben durch den Bruch $\dfrac{r^2}{r_n^2}$.

Wir haben gesehen, daß die Beleuchtungsstärke abhängt von dem Winkel, unter dem die beleuchtete Fläche von den Strahlen getroffen wird. Ein ähnliches Gesetz gilt in vielen Fällen für die Emission des Lichtes durch eine leuchtende Fläche. Die Sonne erscheint wenigstens der oberflächlichen Beobachtung als eine gleichmäßig helle Scheibe. Würden die einzelnen Teile ihrer Oberfläche nach allen Richtungen hin gleichviel Strahlen aussenden, so müßten von dem Rande verhältnismäßig mehr Strahlen ins Auge dringen, als von der Mitte, der Rand müßte heller erscheinen. Da eine solche Zunahme der Helligkeit mit bloßem Auge nicht wahrzunehmen ist,[1] so müssen die am Rande

---

[1] Vgl. A. M. CLERKE, Geschichte der Astronomie während des 19. Jahrhunderts. Berlin 1889. p. 281.

liegenden Teile der Sonnenoberfläche bei gleicher Fläche weniger Strahlen in der Sehrichtung aussenden, als die in der Mitte liegenden. Die Intensität der Strahlen muß kleiner sein, wenn sie in schiefer Richtung die leuchtende Fläche verlassen, denn unter der Voraussetzung einer homogenen Beschaffenheit der Sonnenoberfläche ist der Unterschied der Richtung der einzige, der zwischen dem Rand und der Mitte besteht.

Die Sonne, wie jeder zum Glühen erhitzte Körper, sendet nicht bloß Licht, sondern auch Wärme aus. Die Untersuchungen über Wärmestrahlung haben zu der Erkenntnis geführt, daß Wärme- und Lichtstrahlen ihrer Natur nach identisch sind, daß der Unterschied nur auf der verschiedenen Empfindlichkeit unserer Nerven beruht. Wärme haben wir als eine Form der Energie kennen gelernt, gleiches gilt danach vom Lichte, und ein leuchtender Körper gibt ebenso Energie an den umgebenden Raum ab, wie ein tönender. Auf Grund dieser Bemerkungen können die im vorhergehenden angeführten Sätze schärfer formuliert, es kann auf ihnen eine allgemeine Theorie der Strahlung aufgebaut werden, von der wir in späteren Abschnitten noch einzelne Sätze besprechen werden.

Zweites Kapitel. Reflexion des Lichtes.

§ 245. Diffuse und regelmäßige Reflexion. Ein nicht selbstleuchtender Körper wird sichtbar, wenn er beleuchtet wird. Er sendet dann nach allen Richtungen des Raumes Lichtstrahlen aus, die aber mit dem auffallenden Lichte nicht mehr identisch sind, sondern modifiziert durch die Natur des Körpers. Wir bezeichnen diese Strahlen als die diffus reflektierten; sie machen uns den Körper in seiner eigentümlichen Gestalt und Farbe von allen Seiten sichtbar, wenn weißes oder gleichfarbiges Licht auf ihn fällt; dagegen reflektiert ein Körper kein diffuses Licht, er erscheint schwarz, wenn er von Strahlen getroffen wird, deren Farbe von seiner eigenen verschieden ist, z. B. ein roter Körper von grünen Strahlen.

Ein hiervon wohl unterschiedener Vorgang ist die regelmäßige Reflexion, die um so mehr hervortritt, je glatter die Oberfläche des von den Lichtstrahlen getroffenen Körpers ist. Sie ist aber auch bei matten Flächen, z. B. bei mattgeschliffenem Glase, zu beobachten, wenn die Lichtstrahlen nahezu streifend auf die Fläche fallen. Bei der regelmäßigen Reflexion werden die Strahlen nur nach einer Richtung zurückgeworfen, ohne daß ihre Beschaffenheit eine Veränderung erleidet; lassen wir Sonnenlicht auf einen horizontal gehaltenen Spiegel fallen, so erzeugen die regelmäßig reflektierten Strahlen einen hellen Fleck an der Decke oder der Wand des Zimmers; sie zeigen im Spiegel den leuchtenden Körper selbst, nur in einer durch die Reflexion veränderten Richtung.

§ 246. Das Reflexionsgesetz. Um das Gesetz, nach dem die Richtungsänderung der Strahlen bei der regelmäßigen Reflexion erfolgt, bequem ausdrücken zu können, hat man die folgenden Definitionen eingeführt.

Dabei ist vorausgesetzt, daß die reflektierende Grenzfläche eine Ebene sei. Den Punkt E (Fig. 276), in dem sie von dem einfallenden Lichtstrahle LE getroffen wird, nennt man den **Einfallspunkt**, eine in diesem auf der Ebene errichtete Senkrechte EN das **Einfallslot**, die durch einfallenden Strahl und Einfallslot gelegte Ebene die **Einfallsebene**, den Winkel des einfallenden Strahles mit dem Einfallslote den **Einfallswinkel**, den Winkel des reflektierten Strahles ER mit dem Lote den **Reflexionswinkel**. Für die Richtung des reflektierten Strahles ergibt sich nun das Gesetz:

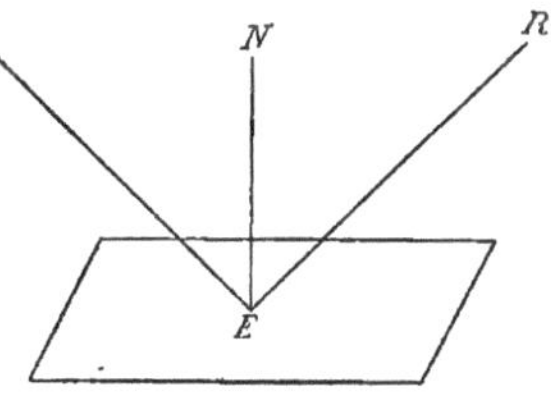

Fig. 276.

1. Der reflektierte Strahl liegt in der Einfallsebene auf der entgegengesetzten Seite des Einfallslotes, wie der einfallende Strahl.

2. Der Reflexionswinkel ist gleich dem Einfallswinkel.

Den schärfsten Beweis für die Richtigkeit des Gesetzes kann man mit Benützung eines Quecksilberhorizontes geben (Fig. 277). Ein um eine horizontale Achse A drehbares Fernrohr wird auf einen beliebigen Fixstern gerichtet, in passendem Abstand wird eine flache mit Quecksilber gefüllte Schale aufgestellt; bei einer Drehung nach unten erscheint dann das von dem Quecksilberhorizonte reflektierte Bild des Sternes im Gesichtsfelde. Der direkt in das Fernrohr fallende Strahl SA liegt somit in einer vertikalen Ebene mit dem reflektierten Strahl EA. Der auf den Horizont fallende Strahl SE ist aber parallel mit SA und liegt somit gleichfalls in der durch EA gehenden Vertikalebene, d. h. in der Einfallsebene; der erste Teil des Satzes ist damit bewiesen. Ziehen wir weiter durch A eine vertikale Linie UV, wie sie praktisch durch die Normale des Quecksilberhorizontes gegeben ist, so ist der Winkel SAV gleich dem Einfallswinkel SEN, der Winkel EAU gleich dem Reflexionswinkel AEN. Die Gleichheit der Winkel VAS und UAE ist mit Hilfe eines vertikalen von der Achse A getragenen Teilkreises leicht zu prüfen, aus ihr folgt aber dann unmittelbar die Gleichheit von Einfallswinkel und Reflexionswinkel.

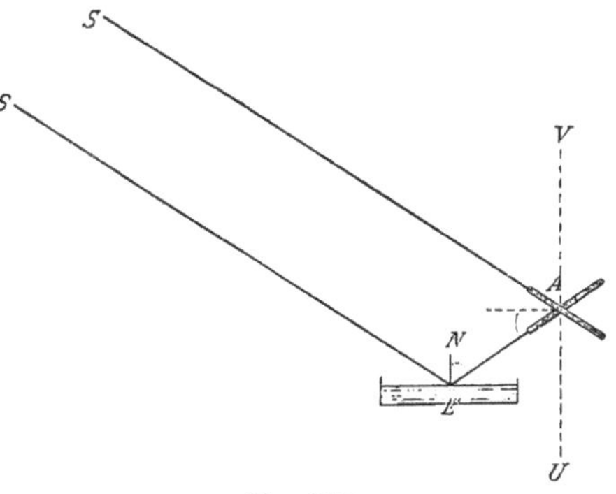

Fig. 277.

§ 247. Der ebene Spiegel. Unter den mannigfachen Folgerungen und Anwendungen, zu denen das Reflexionsgesetz Veranlassung gibt, heben wir zuerst hervor die Theorie des ebenen Spiegels (Fig. 278). Die Lichtstrahlen, die von einem vor ihm befindlichen leuchtenden Punkte A auf den Spiegel fallen, werden so reflektiert, daß ihre Rückverlängerungen sich in einem Punkte schneiden, der symmetrisch zu A hinter der Ebene des Spiegels gelegen ist. Wenn die reflektierten Strahlen ins Auge gelangen, so erwecken sie durch ihre Richtung den Anschein, als ob der leuchtende Punkt in A' sich befände. Wir nennen daher A' das Bild des Punktes A. Wenn der letztere einem ausgedehnten Gegenstande, etwa dem Pfeile $A B$ angehört, so wiederholt sich dasselbe bei den Strahlen, die von den übrigen Punkten von $A B$ ausgehen; die ihnen entsprechenden Bildpunkte werden sich zu einem Bilde $A' B'$ des Pfeiles aneinanderreihen, das hinter der Ebene des Spiegels symmetrisch zu diesem gelegen ist. Die Punkte von $A' B'$ sind nicht wirkliche Ausgangspunkte von Lichtstrahlen, sondern nur Schnittpunkte ihrer geometrischen Rückverlängerungen; wir bezeichnen daher das Bild $A' B'$ als ein scheinbares oder virtuelles, im Gegensatze zu den reellen optischen Bildern, deren einzelne Punkte Durchkreuzungspunkte wirklicher Lichtstrahlen sind.

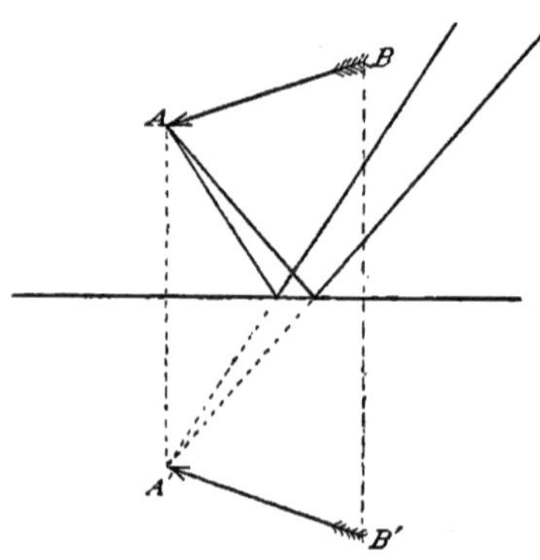

Fig. 278. Ebener Spiegel.

§ 248. **Messung eines Prismenwinkels.** Eine wichtige Anwendung findet das Reflexionsgesetz bei der Messung eines Prismenwinkels. Wir verstehen in der Optik unter einem Prisma ein Stück eines durchsichtigen Körpers, das zwei eben geschliffene Flächen besitzt. Die Linie, in der sich diese Flächen schneiden, nennt man die Kante, den Winkel, den sie miteinander bilden, den Winkel des

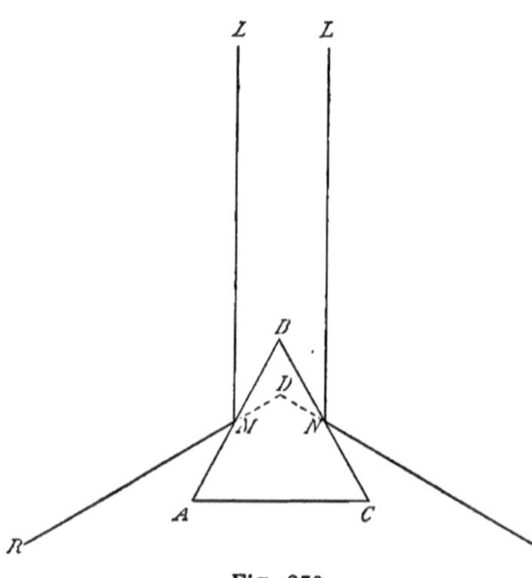

Fig. 279.

Prismas. Um diesen Winkel zu bestimmen, stellt man das Prisma auf ein horizontales Tischchen so, daß die Kante vertikal steht. In großer Entfernung befinde sich in der Höhe des Prismas ein leuchtender Punkt L. Sind $L M$ und $L N$ zwei Strahlen, die horizontal auf die Seiten-

flächen AB und CB des in Figur 279 in einem Horizontalschnitt gezeichneten Prismas fallen, so findet man, daß der Winkel RDS, den
die reflektierten Strahlen RM und SN miteinander bilden, gleich dem
doppelten Prismenwinkel ist. Die Richtungen RM und SN sind aber
diejenigen, in denen das Bild des leuchtenden Punktes in den beiden
Prismenflächen erscheint. Verbindet man das Tischchen mit einem um
die vertikale Achse desselben drehbaren Fernrohr, so kann man dieses
zuerst auf das in AB, dann auf das in CB reflektierte Bild einstellen;
der Winkel, um den dabei gedreht wird, ist das Doppelte des Prismenwinkels.

§ 249. Winkelmessung mit Spiegel und Skale. Eine dritte Anwendung, die in der messenden Physik eine große Rolle spielt, besteht
**in der Messung kleiner Drehungen durch die Ablenkung eines
reflektierten Lichtstrahles.** Der Punkt A (Fig. 280) stelle eine zu
der Ebene der Zeichnung senkrechte Achse vor, die infolge irgend welcher
Umstände kleinen Drehungen unterworfen
ist. Um diese zu beobachten, verbinden
wir die Achse mit einem Spiegel ST, dessen
Ebene durch die Achse hindurchgeht oder
ihr wenigstens sehr nahe liegt. Lassen wir
auf den Spiegel einen Lichtstrahl LA von
unveränderlicher Richtung fallen, so wird
er bei der gegebenen Lage des Spiegels
reflektiert nach AB; dreht sich die Achse und
der mit ihr verbundene Spiegel um den
Winkel α, so dreht sich die Spiegelnormale um denselben Winkel $NAN' = \alpha$; der

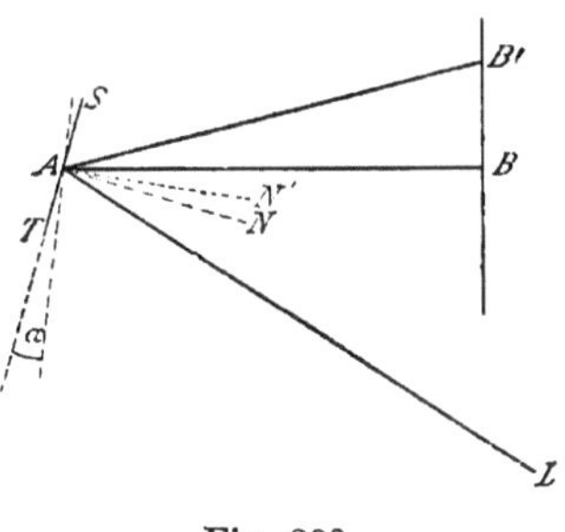

Fig. 280.

Einfallswinkel wächst um α, der Winkel zwischen dem einfallenden und
reflektierten Strahl um $BAB' = 2\alpha$. Der reflektierte Strahl dreht sich
in demselben Sinne, aber in doppeltem Maße, wie die reflektierende
Fläche. Die Drehung des reflektierten Strahles wird gemessen, indem
man ihn auf einen Maßstab fallen läßt und die Teilstriche B und B' beobachtet, die vor und nach der Drehung von ihm beleuchtet werden.
Stellt man den Maßstab so, daß er
in B senkrecht steht zu der anfänglichen Reflexionsrichtung AB, so wird
das rechtwinkelige Dreieck ABB'
vollständig bestimmt durch die
Seiten AB und BB'; der Winkel BAB'
ist dann der doppelte Drehungswinkel. Soll bei einer Drehung des
Spiegels umgekehrt der reflektierte
Strahl seine Richtung behalten, so

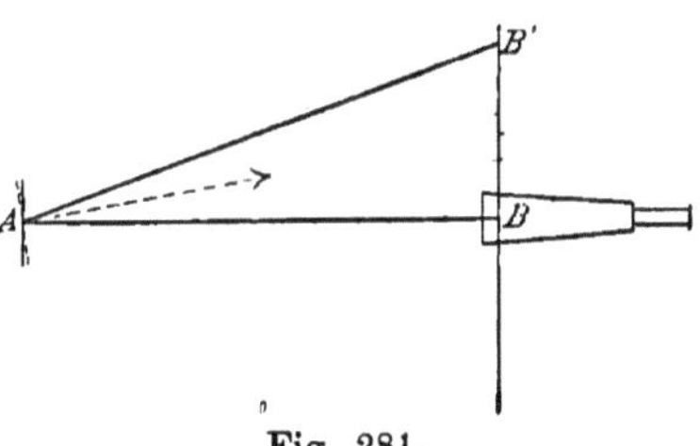

Fig. 281.

muß der einfallende um den doppelten Winkel sich drehen. Darauf
beruht die Winkelmessung mit Fernrohr, Spiegel und Skale

(Fig. 281). Senkrecht zu der Drehungsachse A des Spiegels wird ein Maßstab aufgestellt, so daß ein von dem Spiegel auf ihn gefälltes Lot gerade seinen mittleren Teilstrich B trifft. Das Spiegelbild des Maßstabes wird mit einem Fernrohr beobachtet, das so gerichtet ist, daß in der anfänglichen Lage des Spiegels gerade der Teilstrich B in der Mitte des Gesichtsfeldes erscheint. Dreht sich der Spiegel, so kommt ein anderer Skalenteil B' in die Mitte, und der Winkel $B'AB$ ist dann gleich dem doppelten Drehungswinkel; der Winkel $B'AB$ ergibt sich aber wieder aus dem rechtwinkeligen Dreieck $B'AB$, wenn die Seiten BB' und AB bekannt sind. Die Empfindlichkeit der Methode kann durch die Angabe erläutert werden, daß bei einer Entfernung zwischen Spiegel und Skale von 1·72 m eine Drehung um 1 Minute eine Verschiebung BB' von 1 mm erzeugt.

§ 250. Der Heliostat. Bei einer großen Zahl von optischen Untersuchungen benützen wir das Licht der Sonne. Die unmittelbare Verwendung der Sonnenstrahlen ist aber unbequem, einmal wegen der schiefen Richtung, dann wegen der fortwährenden Änderung dieser Richtung durch die Bewegung der Sonne. Die Schwierigkeiten werden beseitigt, wenn es gelingt, den Sonnenstrahlen zunächst eine bestimmte, unveränderliche Richtung zu erteilen, die dann durch Reflexion an einem Spiegel leicht in eine beliebige andere verwandelt werden kann. Eine solche unveränderliche Richtung, die man den Sonnenstrahlen durch Reflexion an einem bewegten Spiegel geben kann, ist die Richtung der Erdachse. Diese sei dargestellt durch EA (Fig. 282); SE sei die Richtung eines in E einfallenden Sonnenstrahles. Soll dieser von einem in E aufgestellten Spiegel nach EA reflektiert werden, so muß die Spiegelnormale EN den Winkel SEA halbieren. Nun bewegt sich aber die Sonne am Himmelsgewölbe so, als ob sie um die Achse EA in 24 Stunden einmal mit gleichförmiger Geschwindigkeit rotierte. Drehen wir in derselben Zeit durch ein mit der Achse EA verbundenes Uhrwerk auch den Spiegel herum, so bleibt die gegenseitige Stellung von Sonne, Spiegel und Achse dieselbe, die Sonnenstrahlen werden immer in der Richtung der Erdachse reflektiert. Mit Hilfe eines zweiten Spiegels kann dann diese Richtung in eine beliebige andere verwandelt werden.

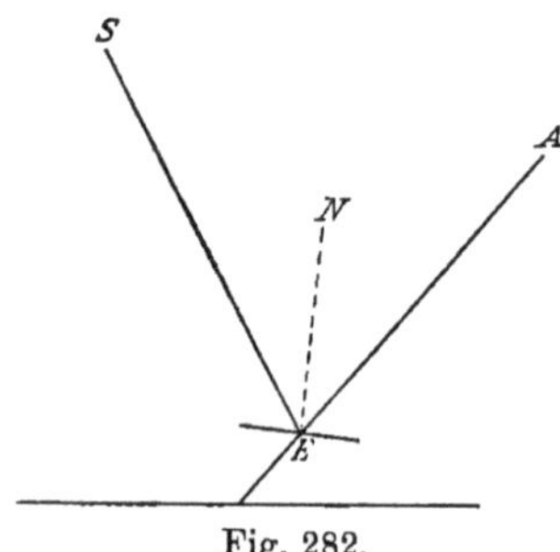

Fig. 282.

§ 251. Die sphärischen Spiegel. Wir wenden uns zu der Reflexion an sphärisch gekrümmten Flächen. Die Anwendbarkeit des Reflexionsgesetzes auf krumme Oberflächen ergibt sich daraus, daß wir das Flächenelement in der Umgebung des Einfallspunktes als eine kleine ebene Fläche betrachten können. Das Einfallslot ist durch die Normale der Fläche im Einfallspunkte gegeben, die Konstruktion des reflektierten Strahles ist im

übrigen dieselbe wie bei einer ebenen Fläche. Wir beschränken uns im
folgenden auf die Betrachtung kugelförmig gekrümmter Flächen, der sogenannten sphärischen Spiegel. Dieselben können das Licht entweder auf
der inneren hohlen oder auf der äußeren konvexen Seite reflektieren,
und wir unterscheiden danach Konkav- oder Hohlspiegel und Konvexspiegel. Wir werden uns mit der Theorie des Hohlspiegels etwas
ausführlicher beschäftigen, einmal, weil er in der praktischen Optik
mannigfache Anwendungen findet, dann auch, weil wir dabei gewisse
Betrachtungen und Beziehungen kennen lernen, die für eine Reihe analoger Probleme eine typische Bedeutung besitzen.

Wir beginnen mit einigen Betrachtungen von mehr geometrischem
Charakter. Der Hohlspiegel werde begrenzt von einem Kreise; die Linie,
die den sphärischen, auf der
Kugelfläche liegenden Mittelpunkt
des Kreises mit dem Kugelmittelpunkte verbindet, wird als die Achse
des Spiegels bezeichnet. Figur 283
stellt einen Durchschnitt des Spiegels nach seiner Achse dar; *M* ist
der sphärische Mittelpunkt,
C das Zentrum der Kugel, der
Krümmungsmittelpunkt des
Spiegels.

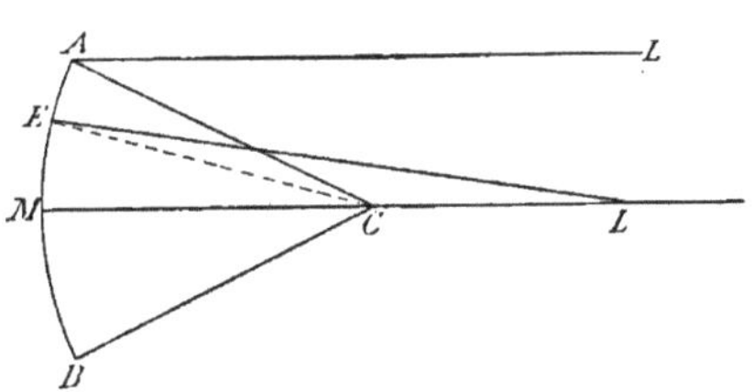

Fig. 283. Hohlspiegel.

Wir behandeln die Theorie des Hohlspiegels nicht allgemein, sondern nur unter der speziellen Voraussetzung, daß
alle in Betracht zu ziehenden Lichtstrahlen sehr kleine Einfallswinkel besitzen. Um zu untersuchen, was aus dieser Bedingung
für die Gestalt des Spiegels folgt, ziehen wir von einem, außerhalb *C M*
angenommenen Punkt *L* der Achse den einfallenden Strahl *L E*; das Einfallslot ist gegeben durch die Verbindungslinie des Punktes *E* mit dem
Krümmungsmittelpunkt *C*; der Einfallswinkel *L E C* ist Null, wenn *L* in den
Krümmungsmittelpunkt fällt; er wird um so größer, je weiter entfernt *L* auf
der Achse liegt. Rückt *L* in unendliche Entfernung, so wird der einfallende
Strahl der Achse parallel. Unter allen von der Achse ausgehenden und in
E einfallenden Strahlen, von dem Zentralstrahl *C E* nach außen hin
gerechnet, besitzt also der Parallelstrahl den größten Einfallswinkel.
Andererseits aber wächst dieser Winkel mit der Entfernung des Punktes
E von der Achse; den am Rande des Spiegels einfallenden Parallelstrahlen
entspricht daher der größte Winkel *L A C*; dieser ist gleich dem Winkel
A C M, den der nach *A* gehende Kugelradius mit der Achse bildet, oder
gleich der Hälfte des Winkels *B C A*, den zwei nach diametral gegenüberliegenden Randpunkten gehende Radien miteinander einschließen.
Diesen Winkel nennen wir die Öffnung des Spiegels; der größte in
Betracht kommende Einfallswinkel ist somit gleich der halben Spiegel-
öffnung. Die Bedingung kleiner Einfallswinkel ist erfüllt,

wenn der Spiegel eine kleine Öffnung besitzt. Übrigens müssen wir bemerken, daß auch bei Spiegeln von kleiner Öffnung noch Strahlen denkbar sind, die einen großen Einfallswinkel besitzen. Es sind solche, welche die Achse in einem dem sphärischen Mittelpunkte M naheliegenden Punkte schneiden; auch diese Strahlen müssen also bei unseren Untersuchungen ausgeschlossen werden.

Die Beschränkung, die wir mit dem Vorhergehenden unserer Untersuchung auferlegt haben, hat zur Folge, daß in einer naturgetreuen Darstellung des Spiegels die Entfernung der Randpunkte A und B von dem sphärischen Mittelpunkte M sehr klein wird im Vergleich mit den Abständen LM oder CM, daß die in Betracht kommenden Strahlen die Achse unter einem sehr spitzen Winkel schneiden. Alle bei der geometrischen Konstruktion zu ziehenden Linien werden sich daher in einem ganz schmalen Streifen zu beiden Seiten der Achse zusammenhäufen, sie werden nicht mehr deutlich voneinander zu unterscheiden, ihre Schnittpunkte werden nicht mehr scharf zu bestimmen sein. Die Möglichkeit einer graphischen Entwickelung der Theorie würde dadurch aufgehoben werden. Um diese Schwierigkeit zu umgehen, benützt man den Kunstgriff, alle zur Spiegelachse senkrechten Dimensionen in einem viel größeren Maßstabe zu zeichnen, als die Entfernungen längs der Achse.

Wir gehen nach diesen Vorbereitungen über zu der Untersuchung der optischen Eigenschaften des Hohlspiegels. Schon im vorhergehenden wurden die Strahlen, die mit der Achse des Spiegels parallel auf ihn fallen, als Parallelstrahlen bezeichnet; mit Bezug auf diese gilt der Satz:

Parallelstrahlen gehen nach der Reflexion am Spiegel durch einen und denselben Punkt seiner Achse, den Brennpunkt des Spiegels.

Der Brennpunkt F liegt in der Mitte zwischen dem sphärischen Mittelpunkt und dem Krümmungsmittelpunkt des Spiegels. Die Entfernung des sphärischen Mittelpunktes vom Brennpunkte bezeichnen wir als Brennweite (Fig. 284).

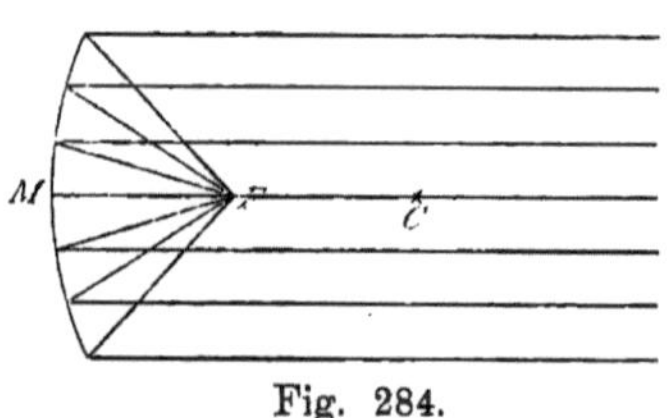

Fig. 284.

Der vorhergehende Satz läßt eine wichtige Verallgemeinerung zu. Parallelstrahlen können wir uns ausgehend denken von einem auf der Achse des Spiegels in unendlicher Entfernung liegenden Punkte; alle von diesem ausgesandten Strahlen vereinigen sich nach der Reflexion in einem einzigen Punkte der Achse, dem Brennpunkte; ebenso durchkreuzen sich die von einem beliebigen anderen Punkte P der Achse ausgehenden Strahlen nach der Reflexion in einem einzigen Punkte der Achse P_1 (Fig. 285). Nach der Reflexion kommen die von P ausgesandten Strahlen her von P_1, es ist also dieser letztere Punkt das Bild von P. Ist umgekehrt P_1 ein leuchtender Punkt, so durchkreuzen sich die von ihm ausgehenden Strahlen nach der Reflexion in P; die Beziehung zwischen den Punkten P und P_1 ist eine umkehrbare, jeder kann als leuchtender Punkt, jeder als Bildpunkt auf-

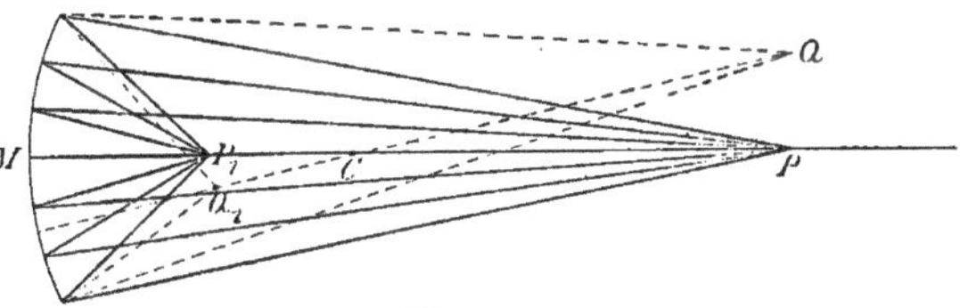
Fig. 285.

treten; die sie ver- bindenden Strahlen- wege können vom Lichte ebensogut in der einen, wie in der anderen Richtung durchlaufen werden.

Punkte, welche in dieser Beziehung zu einander stehen, bezeichnet man allgemein als konjugierte Punkte. In unserem Falle stehen die Entfernungen der konjugierten Punkte P und P_1 von dem sphärischen Mittelpunkte in einfacher Beziehung zur Brennweite; es gilt nämlich der Satz:

Die Summe der reziproken Spiegelabstände zweier konjugierter Punkte ist gleich der reziproken Brennweite.

Bezeichnen wir die Brennweite durch f, die Entfernungen MP und MP_1 durch p und p_1, so ist:

$$\frac{1}{f} = \frac{1}{p} + \frac{1}{p_1}.$$

Außer den Parallelstrahlen existiert noch eine zweite Strahlengattung, für welche die Reflexion in sehr einfacher Weise sich gestaltet. Es sind dies die durch den Krümmungsmittelpunkt des Spiegels hindurchgehenden Strahlen, die Zentralstrahlen. Wie man unmittelbar sieht, gilt für diese der Satz:

Zentralstrahlen werden in sich selbst reflektiert.

Für einen seitlich von der Achse liegenden Punkt Q (Fig. 285) hat der von ihm ausgehende Zentralstrahl QC dieselbe Bedeutung, wie für einen Achsenpunkt P die Achse selbst; daraus folgt, daß auch die Strahlen eines seitlich von der Achse liegenden Lichtpunktes Q sich nach der Reflexion in einem Punkte Q_1 durchkreuzen, der auf dem von Q ausgehenden Zentralstrahl QC liegt.

Die vorhergehenden Sätze enthalten alles, was notwendig ist, um die Verhältnisse der von einem Hohlspiegel ent- worfenen optischen Bil- dern zu studieren.

Das Objekt sei darge- stellt durch einen auf der Achse senkrecht stehen- den Pfeil PQ (Fig. 286);

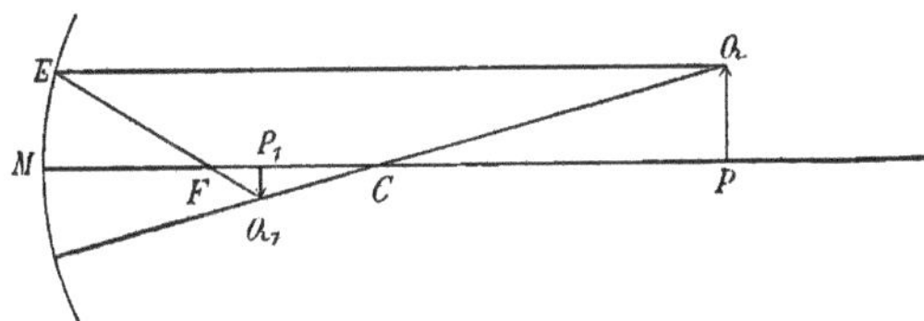
Fig. 286. Bildkonstruktion.

von der Spitze Q ziehen wir einen Parallelstrahl, der durch die Reflexion in einen Brennstrahl verwandelt wird. Außerdem ziehen wir den in sich selbst reflektierten Zentralstrahl QC. Die reflektierten Strahlen kreuzen sich in Q_1. Durch denselben Punkt müssen nach dem Vorhergehenden auch alle anderen von Q ausgehenden Strahlen nach der Reflexion hindurchgehen, es ist Q_1 das Bild der Pfeilspitze Q. Konstruieren wir in derselben Weise die Bilder der übrigen Punkte des Pfeiles, so setzen sie sich zusammen zu einem Bildpfeile, $P_1 Q_1$, der gleichfalls zu der Spiegelachse senkrecht steht. Das Bild ist ein reelles, da sämtliche Punkte desselben Durchkreuzungspunkte wirklicher Lichtstrahlen sind; es kann daher auf einem Schirme oder einer Tafel von mattem Glase aufgefangen werden. Das Bild ist ferner ein umgekehrtes; seine Größe verhält sich zu der Größe des Objektes wie der Bildabstand vom Spiegel zum Objektabstand; es ist also:

$$\frac{P_1 Q_1}{P Q} = \frac{p_1}{p},$$

während zwischen p und p_1 die früher erwähnte Relation besteht:

$$\frac{1}{p} + \frac{1}{p_1} = \frac{1}{f}.$$

Für ein Objekt, das in unendlicher Entfernung von dem Spiegel auf der Achse liegt, fällt das Bild in den Brennpunkt. In dem Maße, in dem das Objekt dem Spiegel sich nähert, entfernt sich das Bild von demselben. Liegt das Objekt an der Stelle des Krümmungsmittelpunktes, so fällt das Bild an dieselbe Stelle, und die Bildgröße ist gleich der Objektgröße. Wird das Objekt dem Spiegel noch weiter genähert, so entfernt sich das mehr und mehr vergrößerte Bild immer weiter von dem Spiegel, um schließlich in unendlicher Entfernung zu verschwinden, wenn das Objekt in den Brennpunkt fällt. Es bleibt also schließlich die Frage übrig, welches die Wirkung des Spiegels ist, wenn das Objekt in dem Zwischenraum zwischen Brennpunkt und sphärischem Mittelpunkte, innerhalb der Brennweite liegt (Fig. 287). Ziehen wir ebenso wie vorher von der Spitze des Pfeiles aus den Parallelstrahl $Q E$ und den Zentralstrahl $Q C$, so sehen wir, daß die reflektierten Strahlen selbst sich jetzt überhaupt nicht mehr schneiden; nur für ihre geometrischen Rückverlängerungen existiert ein Schnittpunkt Q_1 hinter der Fläche des Spiegels. Alle Strahlen, die von dem Punkte Q ausgehen, werden so reflektiert,

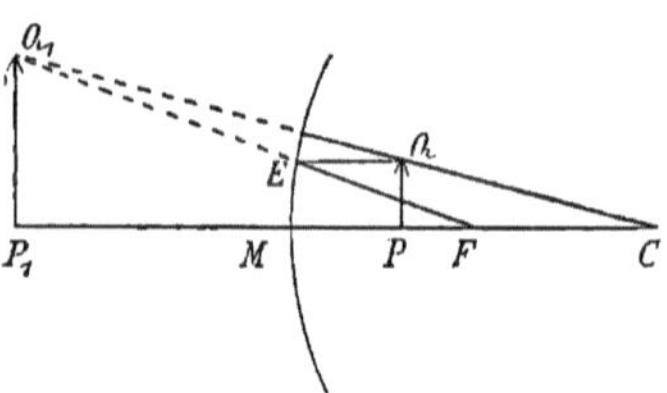

Fig. 287. Virtuelles Bild.

daß ihre Verlängerungen sich in dem Punkte Q_1 schneiden. Sie scheinen nach der Reflexion von dem Punkte Q_1 herzukommen, und dieser stellt demnach ein virtuelles Bild des Punktes Q dar; in derselben Weise erhalten wir die virtuellen Bilder der übrigen Punkte des Pfeiles, und diese reihen sich dann zu einem Bildpfeile $P_1 Q_1$ aneinander, der ebenso wie $P Q$ aufrecht und senkrecht auf der Achse des Spiegels steht. Dabei ist zu beachten, daß die Bedingung kleiner Einfallswinkel um so weniger

erfüllt bleibt, je weiter das Objekt von dem Brennpunkte weg dem Spiegel
zu rückt. Nehmen wir auf der Achse innerhalb der Brennweite einen
leuchtenden Punkt P, so werden die Einfallswinkel um so größer, je
näher wir der Oberfläche des Spiegels kommen, und die im vorhergehenden aufgestellten Sätze sind dann nicht mehr streng richtig.

Fassen wir die wesentlichen Resultate der Untersuchung zusammen,
so erhalten wir den Satz:

Der Hohlspiegel entwirft von einem außerhalb der Brennweite befindlichen Objekte ein reelles und umgekehrtes Bild
vor der Spiegelfläche. Die Bildgröße verhält sich zur Objektgröße wie der Bildabstand vom Spiegel zum Objektabstand.
Das Bild eines innerhalb der Brennweite liegenden Objektes
ist ein virtuelles, aufrechtes und vergrößertes, und liegt hinter
dem Spiegel.

In ganz analoger Weise ist auch die Theorie des Konvexspiegels
zu entwickeln. Wir beschränken uns auf die folgenden Bemerkungen;
haben wir ebenso wie beim Hohlspiegel durch Verbindung des sphärischen

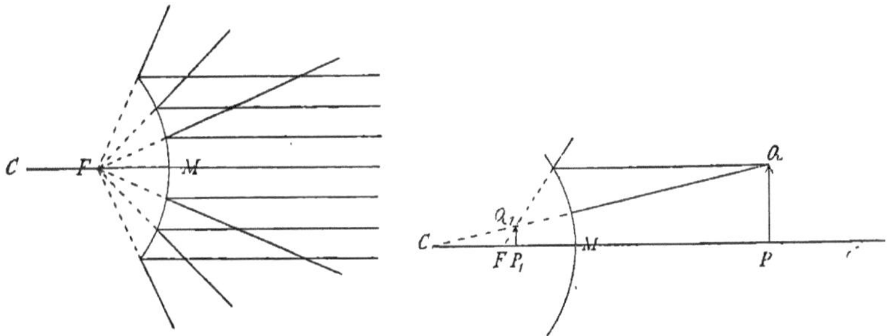

Fig. 288. Konvexspiegel.   Fig. 289. Bildkonstruktion.

Mittelpunktes mit dem Krümmungsmittelpunkt die Achse MC des Spiegels
konstruiert (Fig. 288), so ergibt sich, daß die einfallenden Parallelstrahlen durch die Reflexion zerstreut werden; nur ihre geometrischen
Rückverlängerungen konvergieren gegen einen Punkt F der Achse, den
virtuellen Brennpunkt des Spiegels, der wiederum in der Mitte
zwischen dem sphärischen Mittelpunkte und dem Krümmungsmittelpunkte
gelegen ist. Zentralstrahlen, die nach dem Krümmungsmittelpunkte hin
gerichtet sind, werden in sich selbst reflektiert. Die Konstruktion des
Bildes für einen vor dem Spiegel befindlichen Gegenstand erfolgt ebenso
wie beim Hohlspiegel durch Benützung des Parallel- und des Zentral-
strahles; das Bild ist unter allen Umständen ein virtuelles, aufrechtes und verkleinertes (Fig. 289).

Drittes Kapitel. Brechung des Lichtes.

§ 252. Das Brechungsgesetz. Fallen Lichtstrahlen, die sich in
Luft, Wasser, Glas oder einem anderen Körper bewegen, auf die Grenz-

fläche eines zweiten durchsichtigen Körpers, so wird ihre Bewegung in doppelter Weise geändert. Ein Teil wird reflektiert; ein anderer Teil dringt in das zweite durchsichtige Mittel ein, aber so, daß die Lichtstrahlen in der Grenze gebrochen erscheinen. Um die Richtung des gebrochenen Strahles zu fixieren, gebrauchen wir dieselben geometrischen Hilfsmittel, wie bei der Reflexion. Das Einfallslot wird in das Innere des zweiten Mittels hinein verlängert; der Winkel des gebrochenen Strahles mit dem Einfallslot wird bezeichnet als der Brechungswinkel. Das Gesetz, das die Richtung des gebrochenen Strahles mit der des einfallenden verbindet, das Brechungsgesetz, ist in den folgenden Sätzen enthalten.

Der gebrochene Strahl liegt in der Einfallsebene auf der entgegengesetzten Seite des Einfallslotes, wie der einfallende Strahl.

Der Sinus des Einfallswinkels steht zu dem Sinus des Brechungswinkels in demselben Verhältnis, welches auch die Neigung des einfallenden Strahles gegen die brechende Oberfläche sein mag.

Dieses Verhältnis, das nur abhängt von der Natur der Mittel, zwischen denen der Übergang des Lichtes sich vollzieht, heißt das Brechungsverhältnis.

Der Charakter der Brechung oder Refraktion ist hiernach ein wesentlich anderer als der der Reflexion. Die letztere erfolgt an der Oberfläche der verschiedenartigsten Körper in genau derselben Weise; das Brechungsverhältnis, die Richtungsänderung der Strahlen bei ihrem Übergang von einem Mittel zum anderen, hängt ab von der besonderen Natur der beiden Mittel. Jedem einzelnen Paare von Körpern entspricht ein besonderes Brechungsverhältnis und daher auch ein besonderes Maß der Richtungsänderung. Daß das Brechungsverhältnis auch abhängt von der Farbe der Strahlen, sei nur vorläufig erwähnt; ausführlich werden wir hierüber im folgenden Kapitel berichten.

Zu einer oberflächlichen Prüfung des Brechungsgesetzes kann man einen halbkreisförmigen, mit Wasser gefüllten Glastrog (Fig. 290) benützen, dessen gerade Seitenfläche mit schwarzem Papier so bedeckt ist, daß nur in der Achse E der zylindrischen Mantelfläche ein schmaler vertikaler Spalt frei bleibt. Auf diesen wirft man in horizontaler

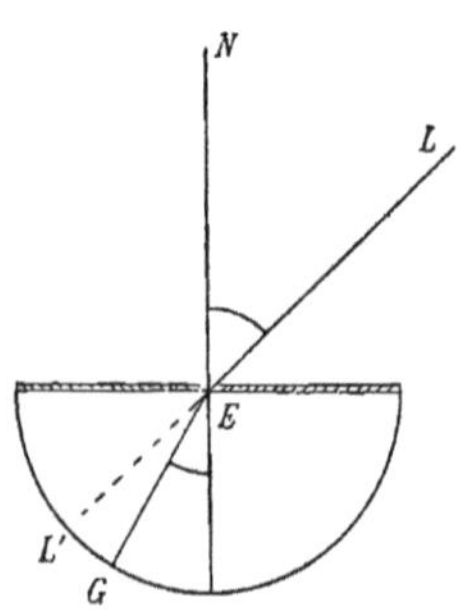

Fig. 290. Brechung.

Richtung die Strahlen einer intensiven Lichtquelle, etwa einer elektrischen Lampe. Fallen die Strahlen senkrecht in der Richtung NE auf die ebene Grenzfläche des Wassers, so findet keine Brechung statt, und es wird durch die in das Wasser eindringenden Strahlen eine Stelle in der Mitte der halbkreisförmigen Hinterwand beleuchtet, dem Spalte gerade gegenüber. Wenn man nun den Trog dreht, so daß die Strahlen in der schiefen Richtung LE in den Spalt einfallen, so sieht man die Brechung des in das Wasser eindringenden Strahles. Füllt man den Trog bis zu einer solchen Höhe, daß gerade die Hälfte des Spaltes unter Wasser sich befindet, so wird man auf der Rückseite zwei hell beleuchtete Linien haben. Die eine bei L' entspricht der oberen Hälfte des Spaltes; sie wird erzeugt von den über den Wasserspiegel weggehenden Strahlen, die keine Ablenkung erlitten haben; die untere bei G rührt von den im Wasser gebrochenen Strahlen her. Trägt die Rückwand des Troges, von der Mitte des Halbkreises ausgehend, eine Gradteilung, so kann man den Einfalls- und den Brechungswinkel unmittelbar ablesen und so eine, wenn auch nur rohe, Berechnung des Brechungsverhältnisses und eine Prüfung seiner Konstanz ausführen. Seine wahre Bestätigung findet das Brechungsgesetz darin, daß all die Folgerungen, die sich aus ihm ziehen lassen, durch die Erfahrung bestätigt werden, daß die feinen Messungsmethoden, die sich auf dasselbe gründen, noch nie zu widersprechenden Resultaten geführt haben. Indessen ist es notwendig, schon hier darauf aufmerksam zu machen, daß das Brechungsgesetz in der angegebenen Form nur für solche Körper gilt, die in optischer Beziehung nach allen Richtungen hin sich gleich verhalten, für die sogenannten isotropen Körper.

§ 253. Konstruktion des gebrochenen Strahles. An das Brechungsgesetz knüpft sich zunächst die Aufgabe, zu irgend einem einfallenden Strahle den gebrochenen zu finden. Betrachten wir zuerst das spezielle Beispiel von Luft und Wasser, für welche das Brechungsverhältnis gleich $^4/_3$ ist, so wird die Aufgabe durch folgende Konstruktion gelöst (Fig. 291). Es sei F die Grenzfläche der beiden Mittel, E der Einfallspunkt, LE der in der Luft sich bewegende Strahl; wir nehmen auf dem einfallenden Strahl einen beliebigen Punkt C und machen $EA = {}^4/_3\,EC$; mit EA als Halbmesser beschreiben wir einen Kreisbogen, ziehen durch C eine Paralle zu dem Einfallslot, bis sie den Bogen in B trifft. Die Linie BE gibt verlängert den gebrochenen Strahl EG. Ist das zweite Mittel nicht Wasser, sondern Glas, so ist das Brechungsverhältnis gleich $^3/_2$ und wir haben nun $EA = {}^3/_2\,EC$ zu machen; allgemein ist EA gleich EC multipliziert mit dem Brechungsverhältnis; bezeichnen wir dieses durch n, so ist $EA = n \times EC$.

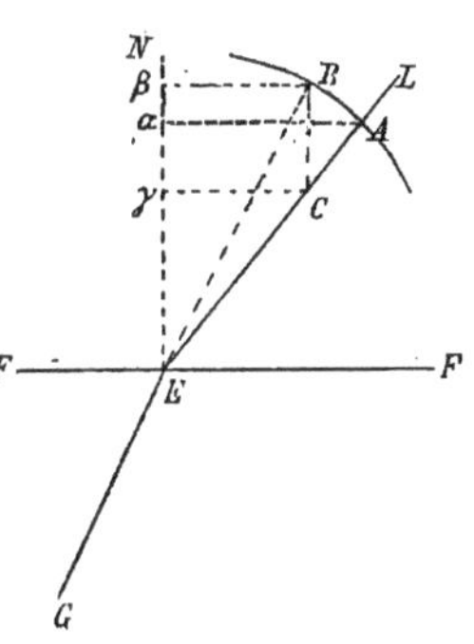

Fig. 291.

Die Richtigkeit der Konstruktion ergibt sich leicht, wenn wir durch E das Einfallslot EN ziehen und auf dieses die Senkrechten $A\alpha$, $B\beta$, $C\gamma$ fällen. Es ist dann: $A\alpha : C\gamma = n : 1$, ebenso $A\alpha : B\beta = n : 1$ oder auch:

$$\frac{A\,\alpha}{A\,E} : \frac{B\,\beta}{B\,E} = n : 1.$$

Die linksstehenden Brüche sind aber nichts anderes als der Sinus des Einfalls- und der des Brechungswinkels.

§ 254. Umkehr und Kombination von Brechungsverhältnissen. Die Übersicht über die bei der Kombination verschiedener durchsichtiger Mittel auftretenden Brechungsverhältnisse wird sehr erleichtert durch zwei allgemeine Sätze, die sich aus den optischen Eigenschaften planparalleler Platten ergeben.

Wir richten ein Fernrohr auf ein sehr entferntes Objekt, einen leuchtenden Punkt an der Erdoberfläche oder einen Stern. Bringen wir vor das Objekt eine planparallele Platte aus irgend einem durchsichtigen Mittel, so wird dadurch die Einstellung in keiner Weise geändert.

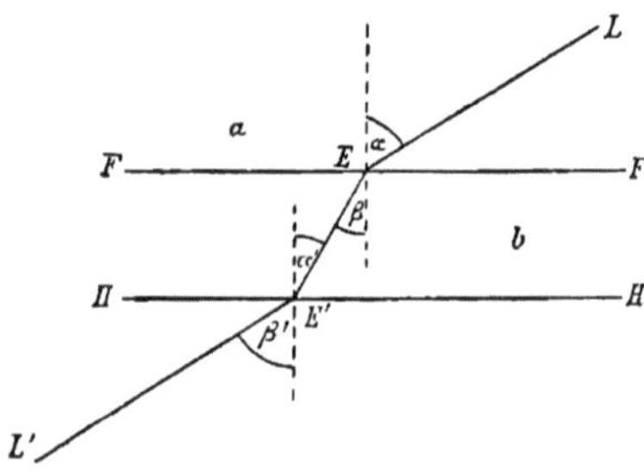

Fig. 292. Planparallele Platte.

Daraus folgt, daß die Lichtstrahlen beim Durchgang durch eine planparallele Platte keine Richtungsänderung erleiden. Die Parallelen FF und HH (Fig. 292) stellen die Grenzflächen der Platte vor; das Mittel, aus dem sie hergestellt ist, werde bezeichnet durch den Buchstaben b, das beiderseits an die Platte anstoßende Mittel durch a. Zur Bezeichnung von Brechungsverhältnissen bedient man sich des Buchstabens n; um auszudrücken, daß er sich auf den Übergang aus dem Mittel a in das Mittel b bezieht, benützen wir das Symbol $n\,(a, b)$. Das Brechungsverhältnis für den umgekehrten Übergang von b zu a ist dann repräsentiert durch $n\,(b, a)$.

$L\,E$ sei der auf die obere Grenzfläche einfallende Strahl, $E\,E'$ der gebrochene und $E'\,L'$ der parallel mit $L\,E$ in das Mittel a wieder austretende. Bezeichnen wir mit α und β Einfalls- und Brechungswinkel bei E, mit α' und β' dieselben Winkel bei E', so ist:

$$\alpha = \beta' \quad \text{und} \quad \beta = \alpha'.$$

Somit:

$$n\,(a, b) = \frac{\sin \alpha}{\sin \beta} = \frac{\sin \beta'}{\sin \alpha'} = \frac{1}{n\,(b, a)}.$$

Ist das Brechungsverhältnis von einem Mittel a zu einem Mittel b gleich $n\,(a, b)$, so ist das Brechungsverhältnis für den umgekehrten Übergang des Lichtes von b zu a gleich $\dfrac{1}{n\,(a, b)}$.

Aus der Gleichheit der Winkel α und β', β und α' folgt, daß das Licht den Weg $L\,E\,E'\,L'$ auch in umgekehrter Richtung durchlaufen kann. Stellen wir die Lichtquelle auf in L', und ist $L'\,E'$ der auf die untere Grenzfläche der Platte fallende Strahl, so geht er in der Richtung

$E'E$ durch sie hindurch, um in der Richtung EL in das Mittel a wieder auszutreten. Ebenso, wie dem Strahle LE als dem einfallenden der Strahl EE' als der gebrochene entspricht, so gehört zu dem Strahle $E'E$ als dem in dem Mittel b einfallenden der Strahl EL als der in a gebrochene. Ebenso wie bei der Reflexion gilt auch bei der Brechung der Satz:

Ein Strahlenweg kann vom Lichte ebenso in der einen, wie in der entgegengesetzten Richtung durchlaufen werden.

Wir haben schon bemerkt, daß das Brechungsverhältnis von Luft zu Glas $^3/_2$ ist; es ist also $\dfrac{\sin\alpha}{\sin\beta} = \dfrac{3}{2}$. Kehren wir die Bewegungsrichtung des Lichtes um, so wird β Einfallswinkel, α Brechungswinkel, und wir erhalten für den umgekehrten Übergang das Brechungsverhältnis $\dfrac{\sin\beta}{\sin\alpha} = \dfrac{2}{3}$ in Übereinstimmung mit dem allgemeinen Satze.

Der im vorhergehenden abgeleitete Satz läßt eine Verallgemeinerung zu, die sich auf die Tatsache stützt, daß zwei verschiedene planparallele Platten zusammengelegt die Richtung eines Lichtstrahles ebensowenig ändern, wie eine einzige. Bezeichnen wir das Mittel, von dem die zusammengesetzte Platte umgeben ist, durch a, die eine planparallele Platte durch b, die andere durch c, so wird ein Lichtstrahl, der in E (Fig. 293) auf die obere Fläche der Platte einfällt, in derselben den gebrochenen Weg EE_1E_2 zurücklegen und in E_2 parallel mit seiner ursprünglichen Richtung nach E_2L_2 austreten. Für die bei den verschiedenen Übergängen auftretenden Brechungsverhältnisse ergibt sich die Beziehung

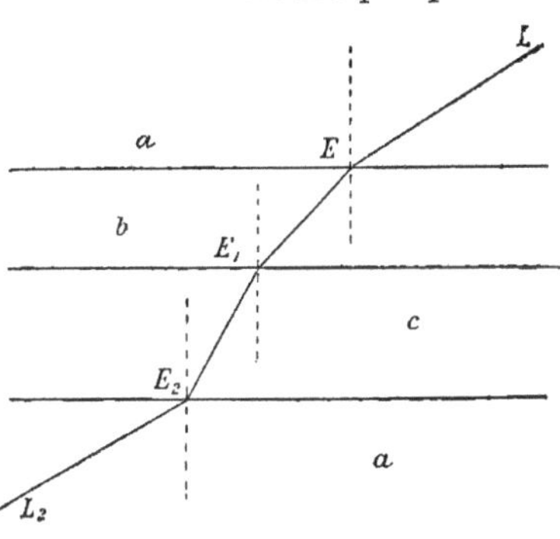

Fig. 293.
Zusammengesetzte planparallele Platte.

$$n(a,b) \times n(b,c) \times n(c,a) = 1$$

oder

$$n(a,b) \times n(b,c) = n(a,c).$$

Kennt man hiernach die Brechungsverhältnisse für die Kombination zweier Stoffe a und c mit einem und demselben dritten b, so kann man das Brechungsverhältnis für die Kombination von a mit c aus jenen berechnen. Es ist z. B. das Brechungsverhältnis von Luft zu Wasser gleich $^4/_3$, von Luft zu Glas gleich $^3/_2$, somit das Brechungsverhältnis von Wasser zu Glas gleich $\dfrac{3}{4} \times \dfrac{3}{2} = \dfrac{9}{8}$.

§ 255. Optisch dichtere und optisch dünnere Mittel. Mit Rücksicht auf gewisse theoretische Vorstellungen über die Natur der Lichtbewegung hat man dasjenige von zwei Mitteln, in dem der Strahl mit dem Einfallslote den kleineren Winkel einschließt, das optisch dichtere, das, in dem jener Winkel der größere ist, das optisch dünnere genannt. So ist Glas optisch dichter als Luft, Alkohol optisch dichter als Wasser.

§ **256. Brechung des Lichtes durch ein Prisma.** Eine ungemein vielseitige Verwendung findet bei optischen Versuchen und bei der Konstruktion optischer Instrumente die Brechung durch ein Prisma; wir werden sie daher im folgenden einer etwas eingehenderen Betrachtung unterziehen. Wir nehmen an, das Prisma sei auf einen horizontalen Tisch so gestellt, daß seine Kante (vergl. § 248) — die sogenannte

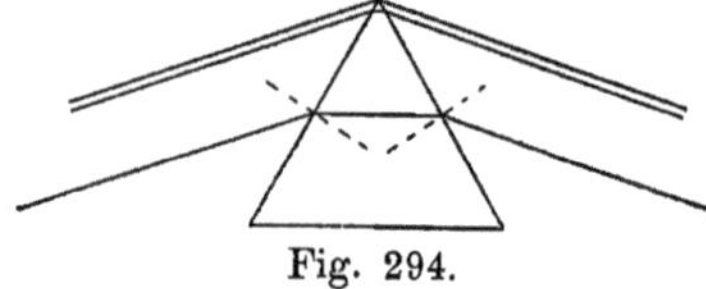

Fig. 294.

brechende Kante — vertikal steht. Wir betrachten die Brechung eines in horizontaler Richtung senkrecht zu der Kante auf das Prisma fallenden Strahles. Ist das Prisma optisch dichter als Luft, was in der Regel der Fall sein wird, so wird der Strahl an der ersten Prismenfläche dem Einfallslot zu, an der zweiten Fläche von ihm weg gebrochen (Fig. 294). Die hierdurch bedingte Richtungsänderung hängt nur ab von dem Winkel, unter dem der Strahl die Prismenfläche trifft, sie ist unabhängig von der speziellen Lage des Einfallspunktes; wenn es sich also nur darum handelt, die Richtung zu bestimmen, nach der ein auf das Prisma fallender Strahl gebrochen wird, so kann man den Strahl parallel mit sich selbst so verlegen, daß er unendlich nahe an der Prismenkante durchgeht. Die Richtungsänderung bleibt dieselbe, aber die Konstruktion des gebrochenen Strahles wird wesentlich vereinfacht.

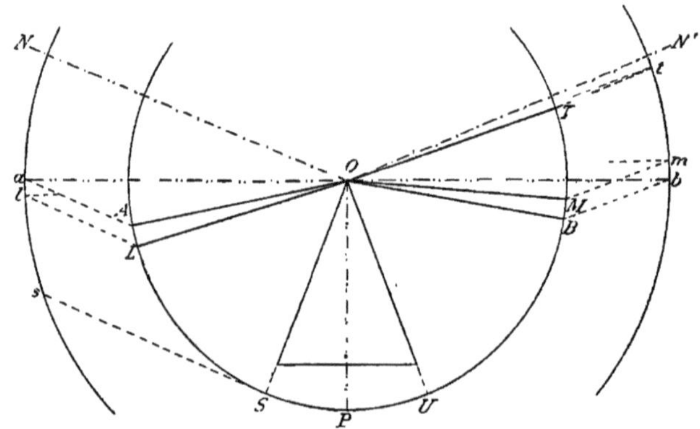

Fig. 295. Brechung durch ein Prisma.

Es sei SOU (Fig. 295) ein Normalschnitt des Prismas; um den Punkt O, die Projektion der brechenden Kante, konstruieren wir zwei Kreise, deren Halbmesser OS und Os sich verhalten wie $1:n$, wenn n das Brechungsverhältnis des Prismas gegen Luft ist. Wir bezeichnen den ersteren als den Kreis 1, den zweiten als den Kreis n. Es sei LO ein in dem Normalschnitt sich bewegender Lichtstrahl, der in O unendlich nahe der Kante einfällt. Wir ziehen $L\,l$ parallel zu der Normale $O\,N$ der ersten Prismenfläche, dann ist $l\,O$ nach der Konstruktion von § 253 der in das Prisma eintretende gebrochene Strahl. Schneidet $l\,O$ den Kreis n auf der anderen Seite in m, so ziehen wir durch m die Parallele $m\,M$ zu der Normale $O\,N'$ der zweiten Prismenfläche; $O\,M$ ist dann der zu $L\,O$ gehörende, aus dem Prisma wieder austretende Strahl. Der äußerste von den in O einfallenden Strahlen ist der Strahl $S\,O$, der streifend an der Oberfläche des Prismas hingleitet, bis er sie in O trifft. Um den ihm entsprechenden gebrochenen Strahl zu finden, ziehen wir $S\,s$ parallel zu $O\,N$; verlängern $s\,O$ bis zu dem Schnitt t mit dem Kreise n, ziehen $t\,T$ parallel zu $O\,N'$; dann ist $O\,T$ der gebrochene Strahl, welcher dem streifend einfallenden entspricht. Fällt umgekehrt ein Strahl in der Richtung $T\,O$ auf das Prisma, so tritt er längs $O\,S$ streifend aus; die jenseits $T\,O$ liegenden Strahlen gehen nicht mehr durch das Prisma hindurch.

Ziehen wir den Durchmesser $a\,O\,b$ senkrecht zu der Halbierungslinie $O\,P$ des Prismenwinkels und die Linien $a\,A$ und $b\,B$ parallel zu den Normalen $O\,N$ und $O\,N'$, so gehört $O\,B$ als austretender Strahl zu $O\,A$ als einfallendem; es sind ferner $O\,A$ und $O\,B$ symmetrisch zu $O\,P$; der Einfallswinkel $A\,O\,N$ ist gleich dem Austrittswinkel $B\,O\,N'$; ebenso der Brechungswinkel $a\,O\,N$ gleich dem Einfallswinkel $b\,O\,N'$. Der den Strahlenwinkel $A\,O\,B$ messende Bogen $A\,P\,B$ ist für diese Incidenz größer als für jede andere, die Ablenkung, die der Strahl durch das Prisma erleidet, kleiner als für jede andere Incidenz. Man bezeichnet daher den bei gleichwinkeligem Ein- und Austritt auftretenden Ablenkungswinkel, das Supplement des Winkels $A\,O\,B$, als den **Winkel der kleinsten Ablenkung.**[1]

§ 257. Bestimmung des Brechungsverhältnisses. Um das Brechungsverhältnis eines Körpers gegen Luft zu bestimmen, schneiden wir aus ihm ein Prisma und befestigen dieses so auf einem horizontalen drehbaren Tischchen, daß die Kante vertikal steht. Wir lassen parallele Lichtstrahlen in horizontaler Richtung durch das Prisma fallen und drehen dieses, bis das Minimum der Ablenkung erreicht ist. Bezeichnen wir unter diesen

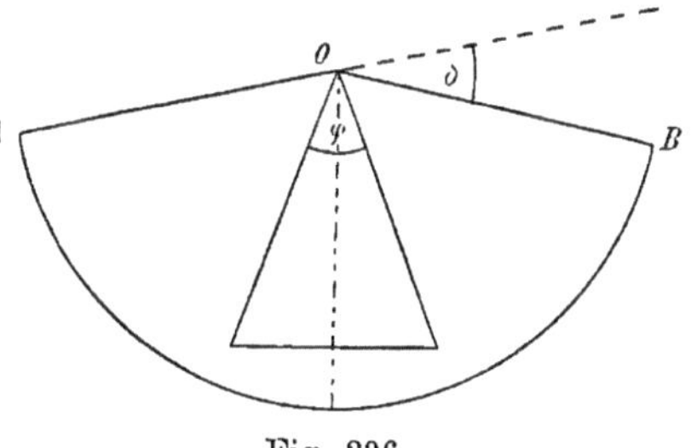

Fig. 296.

Umständen den Winkel der direkten und der gebrochenen Strahlen, den Winkel der kleinsten Ablenkung, durch δ, den brechenden Winkel des Prismas, den Winkel, den seine beiden Flächen miteinander bilden durch φ (Fig. 296), so ist das Brechungsverhältnis:

[1] E. Reusch, Die Lehre von der Brechung und Farbenzerstreuung des Lichtes an ebenen Flächen und in Prismen, in mehr synthetischer Form dargestellt. Pogg. Ann. 1862. Bd. 116. p. 241.

$$n = \frac{\sin \dfrac{\delta + \varphi}{2}}{\sin \dfrac{\varphi}{2}}.$$

§ 258. Absolutes Brechungsverhältnis und atmosphärische Strahlenbrechung. Die im vorhergehenden angedeutete Methode liefert die Brechungsverhältnisse für den Übergang des Lichtes von Luft zu irgend einem anderen Körper. Für die Zwecke der praktischen Optik ist ihre Kenntnis genügend; wenn man aber darauf ausgeht, den Zusammenhang der Lichtbrechung mit anderen Eigenschaften der Körper zu untersuchen, so erscheint der spezifische Einfluß, den die Luft auf den Wert jener Verhältnisse ausübt, als ein störendes Element. Von diesem Standpunkte aus erscheint es richtiger, die Brechungsverhältnisse der Körper gegen den leeren Raum zu bestimmen; diese bezeichnet man als absolute Brechungsverhältnisse oder Brechungsverhältnisse schlechtweg.

Die absoluten Brechungsverhältnisse der Körper erhält man nach § 254, wenn man die gegen Luft mit dem absoluten Brechungsverhältnis der Luft multipliziert.

Das absolute Brechungsverhältnis der Luft ergibt sich aus der atmosphärischen Strahlenbrechung, vermöge deren die von einem Sterne kommenden Lichtstrahlen nach der Vertikalen abgelenkt werden. Aus astronomischen Beobachtungen über die scheinbaren, durch die Brechung veränderten Zenithdistanzen der Fixsterne ergibt sich für das absolute Brechungsverhältnis der Luft bei Normal-Druck und -Temperatur der Wert 1.00 029.

Die Bestimmung der atmosphärischen Strahlenbrechung, des Weges, den ein Lichtstrahl in der Atmosphäre der Erde zurücklegt, wenn er entweder von außen her in sie eindringt, oder, von einem irdischen Objekte ausgehend, Luftschichten von verchiedener Dichte durchdringt, bildet einen speziellen Fall eines Problemes von nicht geringem Interesse. Denken wir uns einen Körper, der aus parallelen Schichten von verschiedenem Brechungsverhältnis besteht. Wenn ein Lichtstrahl sich in ihm bewegt, so wird er an jeder Grenzfläche zweier Schichten eine Brechung erleiden; sein Weg besteht aus einer Reihe von geradlinigen Strecken, die sich zu einem polygonalen Zuge aneinander reihen. Wenn die Schichten mit ihren verschiedenen optischen Eigenschaften kontinuierlich in einander übergehen, wenn das Brechungsverhältnis im Inneren des Körpers von Ort zu Ort in irgend einer Weise stetig sich ändert, so tritt an Stelle des gebrochenen Zuges ein stetig gekrümmter Lichtstrahl. Das Studium dieser gekrümmten Strahlen hat insbesondere für die Physik der Sonne zu wichtigen Ergebnissen geführt; es gelang, das Vorhandensein eines scheinbar scharfen Sonnenrandes durch die Strahlenbrechung in einer Atmosphäre von abnehmender Dichte zu erklären; die Annahme einer bestimmten Grenze zwischen einem

Sonnenkörper und einer Sonnenatmosphäre wird dadurch überflüssig gemacht.[1]

§ 259. Brechungsvermögen und Molekularrefraktion. Untersuchungen, die mit der sogenannten elektromagnetischen Theorie des Lichtes zusammenhängen, und von denen wir später berichten werden, machen es wahrscheinlich, daß das Brechungsverhältnis n in einer gewissen Beziehung zu der Körperdichte d steht. Es ergibt sich, daß der Ausdruck

$$R = \frac{1}{d} \cdot \frac{n^2 - 1}{n^2 + 2}$$

eine von Temperatur und Druck, sogar von dem Aggregatzustand unabhängige Konstante sein muß; eine Folgerung der Theorie, die durch die Erfahrung in bemerkenswerter Weise bestätigt worden ist. Man bezeichnet die Konstante R als das spezifische Brechungsvermögen.

Die Formel für R kann man auch so schreiben:

$$R = \frac{n - 1}{d} \cdot \frac{n + 1}{n^2 + 2}.$$

Die in Betracht kommenden Werte von n schwanken, solange Änderungen des Aggregatzustandes ausgeschlossen werden, innerhalb enger Grenzen. In noch höherem Grade ist dies der Fall bei dem Bruche $\frac{n + 1}{n^2 + 2}$. Es erweist sich daher auch $\frac{n - 1}{d}$ in den meisten Fällen als konstant, und in der Tat ist es dieser Ausdruck, der zuerst auf Grund der empirischen Daten als spezifisches Brechungsvermögen eingeführt wurde.

Der Satz von der Konstanz des spezifischen Brechungsvermögens kann benützt werden zu einer Berechnung des absoluten Brechungsverhältnisses der Luft, indem man durch Beobachtung die Brechungsverhältnisse beim Übergange des Lichtes zwischen Luftschichten von verschiedener Dichte bestimmt.

Wir bezeichnen diese Dichten mit d und d', die entsprechenden absoluten Brechungsverhältnisse mit n und n'; dann ist mit Benützung des vereinfachten Ausdruckes, den wir für das spezifische Brechungsvermögen eingeführt haben:

$$\frac{n - 1}{d} = \frac{n' - 1}{d'}.$$

Außerdem ist nach § 254

$$n' = n \times n\,(d, d').$$

Ist $n\,(d, d')$ durch eine Beobachtung gefunden, so haben wir zwei Gleichungen, aus denen wir n und n' berechnen können.

Das Produkt aus dem spezifischen Brechungsvermögen und dem

---

[1] Dr. A. Schmidt, Die Strahlenbrechung auf der Sonne, ein geometrischer Beitrag zur Sonnenphysik. Stuttgart 1891. — Erklärung der Sonnenprotuberanzen als Wirkungen der Refraktion in einer hochverdünnten Atmosphäre der Sonne Stuttgart 1895.

Molekulargewicht eines Stoffes nennt man seine Molekularrefraktion. Es knüpft sich an die Einführung dieses Begriffes die Aufgabe, den Zusammenhang zu ermitteln, der zwischen der Molekularrefraktion einer chemischen Verbindung und den Molekular- oder Atomrefraktionen ihrer Bestandteile vorhanden ist.

§ 260. Totalreflexion. Wir kehren nun zurück zu der in § 253 gegebenen Konstruktion des gebrochenen Strahles. Es handle sich um den Übergang des Lichtes von einem optisch dünneren zu einem dichteren Mittel. Wir konstruieren (Fig. 297) um den Einfallspunkt E als Mittelpunkt einen Kreis mit dem Halbmesser EN und einen zweiten mit dem Halbmesser $En = n \times EN$, wo n das Brechungsverhältnis für den betrachteten Übergang ist. Wir bezeichnen, wie in § 256, den ersten Kreis mit 1, den zweiten mit n. Ein Strahl, der längs der Normale NE einfällt, erleidet keine Brechung, dagegen eine allmählich zunehmende, wenn der Einfallswinkel wächst. Der letzte in Betracht kommende Strahl ist der, welcher, längs der Grenzfläche hingleitend, streifend in dem Punkte E einfällt; ziehen wir $S s$ parallel zu dem Einfallslote, so gibt $s E$ die Richtung des gebrochenen Strahles. Nehmen wir den von der anderen Seite her streifend einfallenden Strahl, so ist der

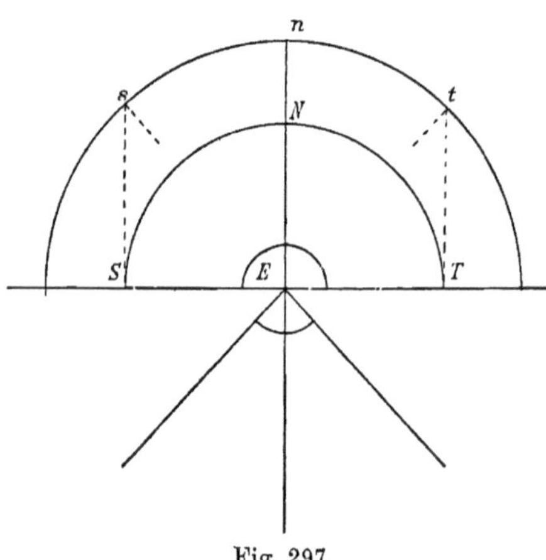

Fig. 297.

ihm zugehörende gebrochene durch die Linie $t E$ gegeben. Die Strahlen $s E$ und $t E$ sind danach die äußersten der gebrochenen Strahlen; den Winkel, den sie mit dem Einfallslote bilden, nennt man den Grenzbrechungswinkel. Der Strahlenfächer, der in dem dünneren Mittel, in einem Winkelraum von 180° von allen Seiten her gegen den Punkt E einfällt, zieht sich somit beim Eindringen in das dichtere Mittel auf einen Fächer zusammen, dessen Winkel gleich dem doppelten des Grenzbrechungswinkels ist. Für Luft und Glas ist das Brechungsverhältnis gleich $^3/_2$, der Grenzbrechungswinkel ergibt sich daher aus der Gleichung:

$$\frac{1}{\sin\beta} = \frac{3}{2} \text{ zu } \beta = 42^0.$$

Der Winkel des in das Glas eindringenden Strahlenfächers beträgt 84°.

Die Wege der Strahlen sind unkehrbar; wenn wir also jenen Strahlenfächer, mit seiner Öffnung von 84°, als einen betrachten, der in Glas in dem Punkte E der Grenzfläche einfällt, so breitet er sich in Luft zu einem Fächer aus, dessen Strahlen den ganzen vor E liegenden Winkelraum von 180° erfüllen. Lassen wir nun in Glas einen Strahl gegen E sich bewegen, dessen Einfallswinkel größer ist, als der zuvor berechnete Grenzbrechungswinkel, so wird dieser nicht mehr in die Luft austreten können. Während im allgemeinen ein Strahl, der die Grenzfläche zweier Mittel trifft, in zwei sich teilt, den reflektierten und den gebrochenen, fällt für Strahlen, deren Einfallswinkel größer ist, als der Grenzbrechungswinkel, der gebrochene Strahl weg, sie werden, wie man sagt, total reflektiert. Der Grenzbrechungswinkel bestimmt also die Grenze zwischen den Strahlen, welche, in dem optisch dichteren Mittel die Grenzfläche treffend, die gewöhnliche, mit Brechung verbundene, und denen, welche die totale Reflexion erleiden; man bezeichnet daher den Grenzbrechungswinkel auch als den Winkel der Totalreflexion.

Wir haben in § 244 die Vorstellung gestreift, daß ein Lichtstrahl eine bestimmte Menge von Energie mit sich führe; diese kann durch eine Teilung des Strahles nicht vermehrt werden, und daraus folgt, daß die bei der Reflexion und Brechung auftretenden Teilstrahlen einzeln genommen eine kleinere Menge von Energie enthalten, als der ursprüngliche; sie besitzen dementsprechend auch geringere Lichtstärken. Bei den total reflektierten Strahlen aber findet ein Energieverlust nicht statt, sie haben dieselbe Intensität, wie die einfallenden. Eine total reflektierende Fläche hat daher die Eigenschaft eines vollkommenen Spiegels.

Als solcher wird in vielen Fällen die Hypotenusenfläche eines rechtwinkligen Glasprismas benützt. Läßt man einen Lichtstrahl LE (Fig. 298) senkrecht auf die eine Kathete auffallen, so trifft er die Hypotenusenfläche in E unter einem Einfallswinkel von 45°, der größer ist, als der Winkel der Totalreflexion; der Strahl wird somit an der Hypotenuse total reflektiert und tritt durch die andere Kathetenfläche senkrecht wieder aus. Von dem Helligkeitsunterschiede der

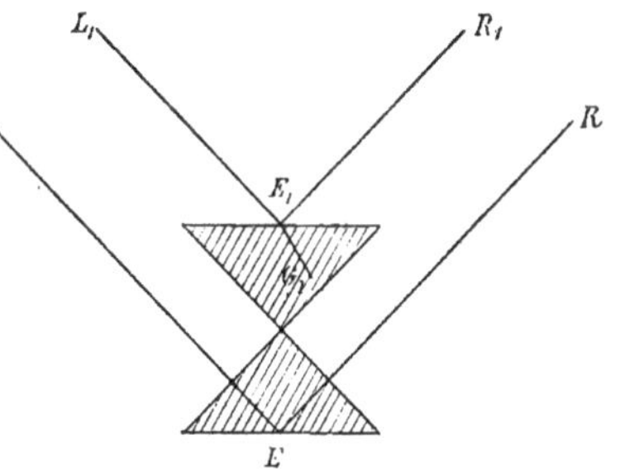

Fig. 298.
Totale und gewöhnliche Reflexion.

total und der partiell reflektierten Strahlen kann man sich leicht überzeugen, wenn man zwei rechtwinklige Prismen in der in Figur 298 angegebenen Weise zusammenstellt. Man kann dann von einem und demselben Gegenstand in der einen Hypotenusenfläche ein durch gewöhnliche, in der anderen ein durch Totalreflexion erzeugtes Spiegelbild beobachten; das letztere ist das ungleich hellere.

Da der Winkel der Totalreflexion mit dem Brechungsverhältnis durch die Gleichung:

$$\frac{1}{\sin\beta} = n$$

zusammenhängt, so kann seine Beobachtung zur Bestimmung des Brechungsverhältnisses dienen.

§ 261. Der Photometerwürfel. In einer sehr sinnreichen Weise wurde die Totalreflexion von Lummer und Brodhun zu der Konstruktion eines Photometers verwertet. Sollen die Stärken zweier Lichtquellen Q_1 und Q_2 verglichen werden, so müssen wir die Beleuchtungsstärken zweier Flächen vergleichen, deren eine nur von Q_1, deren andere nur von Q_2 Licht erhält. Die Sicherheit der Vergleichung hängt wesentlich davon ab, daß die beiden Flächen unmittelbar aneinandergrenzen. Zu diesem Zwecke dienen zwei rechtwinklig gleichschenklige Prismen A und B; das eine davon, A, ist am Rande abgeschliffen, wie dies in Figur 299 angedeutet ist. Die beiden Prismen sind mit ihren Hypotenusen fest aufeinander gepreßt, so daß keine Luftschicht zwischen ihnen bleibt; die Berührungsfläche ist dann vollkommen durchsichtig, es findet keinerlei Reflexion an derselben statt. Blicken wir senkrecht gegen die eine Kathete des Prismas B, so erhalten wir einerseits Licht, welches in der Richtung L durch die Berührungsfläche der Prismen hindurchgegangen ist, andererseits Licht, welches von dem Rande der Hypotenuse von B in derselben Richtung total reflektiert wurde. $F_1 F_2$ ist ein Schirm, dessen beide Seiten mit weißem Gipse überzogen sind.

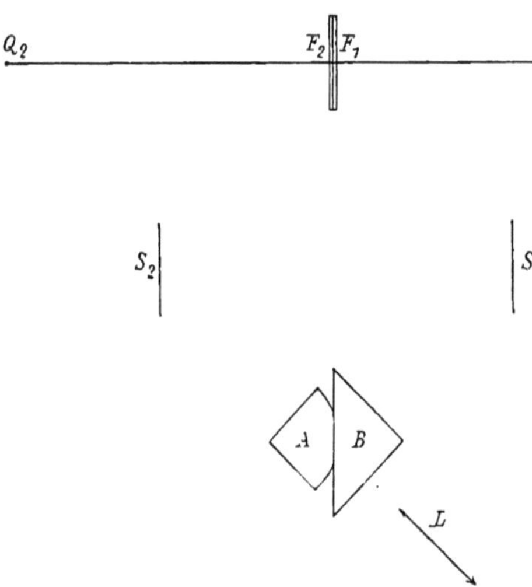

Fig. 299. Photometerwürfel.

Die eine Seite wird von der Lichtquelle Q_1, die andere von Q_2 senkrecht beleuchtet. S_1 und S_2 sind zwei gleiche Spiegel; S_2 ist so aufgestellt, daß das Spiegelbild der Fläche F_2 durch die Berührungsfläche der Prismen hindurch in der Richtung L erscheint. Die von der Fläche F_1 ausgehenden Strahlen werden zuerst von dem Spiegel S_1 reflektiert; sie fallen dann durch die eine Kathete von B auf die Hypotenuse, gehen in der Mitte ungehindert durch, werden aber an dem freien Rande in der Richtung L total reflektiert. In der Tat wird also der mittlere Teil der Hypotenusenfläche nur von F_2, die unmittelbar daran grenzenden Teile des Randes nur von F_1 unter sonst gleichen Umständen beleuchtet. Die Lichtquellen Q_1 und Q_2 werden bei der Messung in solche Entfernungen von dem Schirme $F_1 F_2$ gebracht, daß der Glaswürfel dem in der Richtung L blickenden Auge gleichmäßig hell erscheint.

§ 262. Brechung an einer sphärischen Fläche. Bisher bezogen sich unsere Untersuchungen auf den Fall, daß die verschiedenen Medien in ebenen Flächen aneinandergrenzen. Daß unsere Konstruktion des gebrochenen Strahles auch bei gekrümmten Flächen anwendbar bleibt, ergibt sich, wie bei den sphärischen Spiegeln, daraus, daß die Oberfläche in der Nähe des Einfallspunktes als eine kleine ebene Fläche betrachtet werden kann. Wir beschränken uns im folgenden auf den Fall der kugelförmigen Begrenzung, sowie auf die Betrachtung von Strahlen mit kleinem Einfallswinkel. Der Charakter der Untersuchungen ist ein ausgesprochen geometrischer; wir gehen daher nicht auf alle Einzelheiten der Beweisführung ein, sondern begnügen uns. soweit dies angeht, mit einem mehr historischen Bericht über das physikalisch Wichtige.

Es sei r (Fig. 300 a) Krümmungsmittelpunkt der sphärischen Grenzfläche zweier verschiedener Medien; ihr Rand sei gegeben durch einen Kugelkreis, dessen sphärischen Mittelpunkt O wir als Scheitelpunkt bezeichnen. Die Linie $r\,O$ ist die Achse des von den beiden Mitteln gebildeten brechenden Systems. Ein Lichtstrahl, der nach dem Krümmungsmittelpunkte r gerichtet ist, geht ungeändert durch die Grenzfläche hindurch. Bezeichnen
wir den Raum vor
der Fläche als den
Raum *I*, so gehen
achsenparallele
Strahlen in *I* nach
der Brechung in dem
hinter der Fläche
liegenden Raum *II*

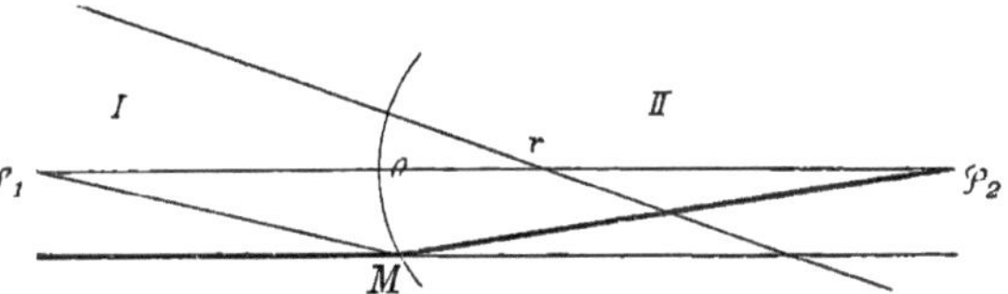

Fig. 300 a. Brechung an sphärischer Grenzfläche.

durch einen und denselben Punkt φ_2 der Achse. Ebenso gehen achsenparallele Strahlen im Raume *II* nach der Brechung in dem Raume *I* durch einen und denselben Punkt φ_1. Die Punkte φ_1 und φ_2 heißen die Brennpunkte der Kombination, die Abstände $(O\,\varphi_1) = \varphi_1$ und $O\,\varphi_2) = \varphi_2$ die Brennweiten. Bezeichnen wir das Brechungsverhältnis von *I* gegen *II* durch n, so ist:

$$\varphi_1 = -\,\frac{r}{n-1}\;,\quad \varphi_2 = \frac{n\,r}{n-1}.$$

Die Richtigkeit der Formeln ergibt sich leicht aus der Betrachtung der Figur 300 b. Wir bemerken, daß der Winkel $O\,r\,M$ gleich dem Einfallswinkel α des Parallelstrahles ist, der von der linken Seite her in M einfällt. Der Winkel $r\,M\,\varphi_2$ ist gleich dem Brechungswinkel β, somit der Winkel $O\,\varphi_2\,M = \alpha - \beta$. Wenn wir nun bedenken, daß alle in Betracht kommenden Winkel unserer Voraussetzung nach sehr klein sind, so können wir mit einem genügenden Grade von Annäherung den Bogen $O\,M = \varphi_2\,O \times \sphericalangle O\,\varphi_2\,M$ setzen; andererseits ist $O\,M = r\,O \times \sphericalangle O\,r\,M$. Bezeichnen wir die Brennweite $O\,\varphi_2$ einfach mit φ_2, den Krümmungshalbmesser $r\,O$ mit r, so ergibt sich:

$$\varphi_2 = r\,\frac{\alpha}{\alpha - \beta}.$$

Nach dem Brechungsgesetz ist aber $\sin\alpha / \sin\beta = n$, oder wegen der Bedingung kleiner Winkel $\alpha/\beta = n$. Somit erhalten wir in der Tat die Formel:

$$\varphi_2 = \frac{n\,r}{n-1}.$$

In ähnlicher Weise läßt sich auch die Richtigkeit des für φ_1 angegebenen Ausdruckes beweisen. Der Brennpunkt φ_1 liegt aber auf der entgegengesetzten Seite von O wie φ_2. Wir deuten dies dadurch an, daß wir der Brennweite φ_1 einen negativen Wert geben: $\varphi_1 = -\dfrac{r}{n-1}$. Bei dieser Festsetzung gelten noch die folgenden Beziehungen:

$$\frac{\varphi_2}{\varphi_1} = -n \quad \text{und} \quad \varphi_1 + \varphi_2 = r.$$

Bildkonstruktion. Auf der Verlängerung des in M einfallenden Parallelstrahles nehmen wir einen Punkt Q_1 (Fig. 300 b). Gegen diesen konvergiere ein in dem Raume I vor der sphärischen Fläche sich be-

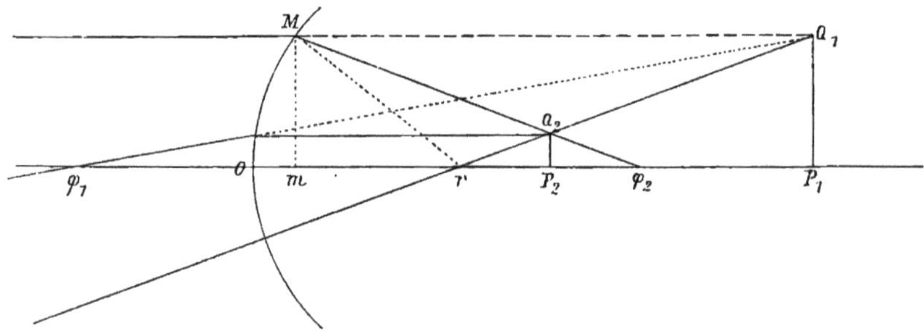

Fig. 300 b.

wegendes Strahlenbündel. Der nach Q_1 zielende Parallelstrahl verwandelt sich in den Brennstrahl $M\varphi_2$, der nach Q_1 gehende Zentralstrahl erleidet keine Brechung. Er schneidet den Brennstrahl in Q_2. Es läßt sich zeigen, daß alle Strahlen, welche in dem Raume vor der brechenden Fläche nach Q_1 konvergieren, nach der Brechung durch den Punkt Q_2 hindurchgehen. Wir bezeichnen Q_2 als das Bild von Q_1, oder als den mit Q_1 konjugierten Punkt. Fällen wir von Q_1 und Q_2 die Lote $Q_1 P_1$ und $Q_2 P_2$ auf die Achse der Linse, so sind auch P_1 und P_2 konjugierte Punkte. Gleiches gilt von allen Punktpaaren der beiden Linien $Q_1 P_1$ und $Q_2 P_2$, welche auf demselben Zentralstrahle gelegen sind. Die Punkte von $Q_1 P_1$ und $Q_2 P_2$ entsprechen sich paarweise wie Bild und Objekt.

Hieran schließen sich noch ein paar wichtige numerische Beziehungen. Wir wollen von M aus das Lot Mm auf die Achse fällen. Aus der Bedingung der unendlich kleinen Öffnung folgt, daß die gerade Linie Mm von dem Bogen MO kaum zu unterscheiden sein wird, daß wir die Punkte O und m als zusammenfallend betrachten dürfen. Die Entfernungen OP_1 und OP_2 mögen mit x_1 und x_2 bezeichnet werden. Aus der Ähnlichkeit der Dreiecke $\varphi_2\, m\, M$ und $\varphi_2\, P_2\, Q_2$ einerseits, der Dreiecke $r\, P_1\, Q_1$ und $r\, P_2\, Q_2$ andererseits folgen dann die Beziehungen:

$$\frac{P_2\, Q_2}{P_1\, Q_1} = \frac{\varphi_2 - x_2}{\varphi_2} = \frac{x_2 - r}{x_1 - r}\,.$$

Daraus ergibt sich:

$$(x_1 - x_2)\,\varphi_2 = (x_1 - r)\,x_2\,,$$

oder durch Division mit $x_1\, x_2$ und mit Benützung der im vorhergehenden angegebenen Beziehungen zwischen φ_1, φ_2 und r:

$$\frac{\varphi_2}{x_2} + \frac{n\,\varphi_1}{x_1} = 1 + (n-1)\frac{\varphi_1}{x_1}\,.$$

Hieraus folgt endlich die symmetrische Formel:

$$\frac{\varphi_1}{x_1} + \frac{\varphi_2}{x_2} = 1\,.$$

Setzen wir für φ_1 und φ_2 ihre Ausdrücke durch den Krümmungshalbmesser r, so erhalten wir noch:

$$\frac{n}{x_2} - \frac{1}{x_1} = \frac{n-1}{r}\,.$$

Zum Abschlusse dieses Formelsystems fehlt schließlich noch eine Beziehung, die sich aus der folgenden Betrachtung ergibt. Durch den vorderen Brennpunkt φ_1 ziehen wir den nach Q_1 hinzielenden Strahl; er trifft die Grenzfläche in M' und verwandelt sich in den Parallelstrahl $M'Q_2$. Aus der Ähnlichkeit der Dreiecke $\varphi_1\, O\, M'$ und $\varphi_1\, P_1\, Q_1$ folgt mit Rücksicht auf den negativen Wert von φ_1:

$$\frac{P_2\, Q_2}{P_1\, Q_1} = \frac{\varphi_1}{\varphi_1 - x_1}\,.$$

Diese Sätze gelten unter der Voraussetzung, daß die Öffnung der Grenzfläche, die wir ebenso bestimmen, wie in § 251, klein ist, daß immer nur kleine Einfallswinkel in Frage kommen. In der Figur ist überdies angenommen, daß der Raum I von dem optisch dünneren Mittel erfüllt sei. Der umgekehrte Fall führt zu analogen Sätzen, nur verlieren die Brennpunkte die Eigenschaft, wirkliche Durchkreuzungspunkte von Lichtstrahlen zu sein, und werden zu virtuellen Punkten.

Es dürfte nicht überflüssig sein, dem Vorhergehenden noch eine erläuternde Bemerkung nachzuschicken. Unsere Betrachtung wird vielleicht den Eindruck des Künstlichen erwecken. In der Tat schiene es natürlicher, in Figur 300 b den Punkt Q_1 auf der anderen Seite von M, d. h. auf dem einfallenden Parallelstrahle selbst anzunehmen, die Punkte der Linie $P_1\, Q_1$ würden dann wirkliche Ausgangspunkte von Lichtstrahlen sein, wir hätten ein reelles Objekt, dem bei passender Wahl von Q_1 ein reelles Bild $P_2\, Q_2$ entsprechen würde. Allein man wird sich leicht überzeugen, daß diesem Vorteile der Nachteil gegenübersteht, daß die geometrischen Verhältnisse bei der neuen Figur weniger übersichtlich sich gestalten; hierin liegt der Grund für die getroffene Wahl.

§ 263. Theorie der Linsen. Linse nennen wir einen aus einem durchsichtigen Mittel hergestellten Körper, der von zwei Kugelflächen begrenzt ist. Die Linie, welche die Mittelpunkte r_1 und r_2 der beiden Kugeln verbindet, bezeichnen wir als die Achse der Linse, die Punkte, in denen die Achse die Kugelflächen schneidet, als die Scheitelpunkte der Linsenflächen; in der Regel werden diese letzteren durch die Kreise begrenzt, deren sphärische Mittelpunkte in den Scheitelpunkten liegen; zu der vollständigen Begrenzung des Linsenkörpers gehört dann noch eine die beiden Kreise verbindende Zylinderfläche. Von der so entstehenden Linsenform gibt Figur 301 eine Vorstellung. Die Theorie der Linsen führt nun zu einfachen und übersichtlichen Resultaten nur dann, wenn die Einfallswinkel der in Betracht kommenden Lichtstrahlen sehr klein sind. Es folgt daraus, ebenso wie bei dem Hohlspiegel, die Bedingung, daß die Öffnungswinkel der begrenzenden

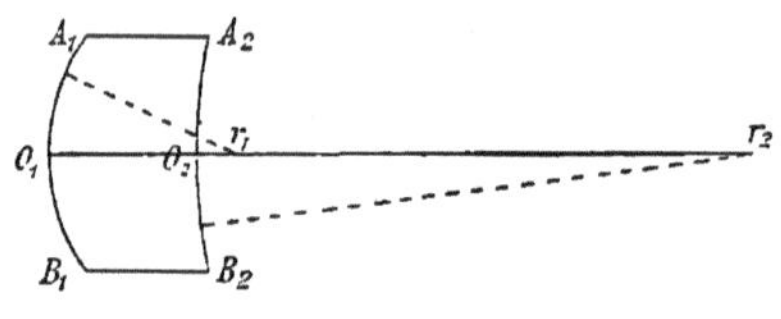

Fig. 301.

Kugelflächen $A_1\,r_1\,B_1$ und $A_2\,r_2\,B_2$ klein sein sollen. Wir fügen dieser Bedingung noch die weitere hinzu, daß die Dicke der Linse, der Abstand ihrer Scheitelpunkte, sehr klein sein soll gegen die Krümmungshalbmesser der Linsenflächen. Die im folgenden zu entwickelnden Gesetze stellen dann die Lichtbrechung der Linsen um so genauer dar, je dünner diese sind, und wir drücken dies in kurzem so aus, daß wir sagen, sie gelten für unendlich dünne Linsen. Unter den gemachten Voraussetzungen sind nun sechs Linsenformen denkbar, deren Axenschnitte durch die Figur 302 dargestellt sind. Die Formen a, b, c besitzen einen scharfen Rand, sie sind in der Mitte dicker als am Rande, die Formen d, e, f sind in der Mitte dünner als am Rande. Man überzeugt sich nun leicht, daß dies einen fundamentalen Unterschied in der Wirkungsweise der Linsen bedingt. Lassen wir auf eine Linse von der ersteren Gattung ein Bündel von Strahlen fallen, die der Achse parallel sind, so verhalten sich die von den einzelnen Strahlen getroffenen

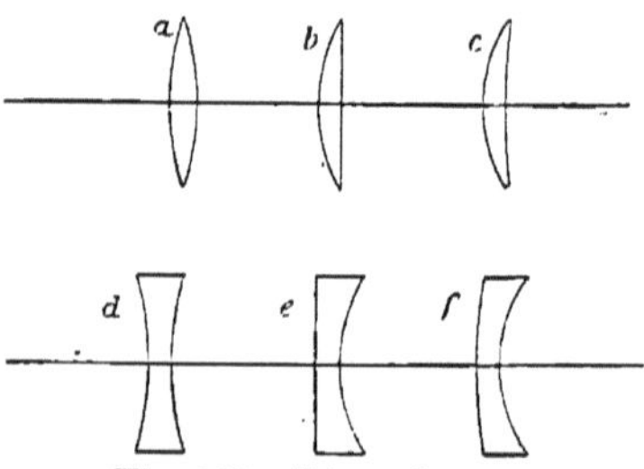

Fig. 302. Linsenformen.

Stellen der Linse wie Prismen, deren brechende Kanten nach außen gewandt sind. Die Strahlen werden durch die Brechung gesammelt, ihre vorher parallelen Richtungen werden in konvergierende verwandelt. Man nennt daher Linsen, die in der Mitte dicker sind als am Rande, Sammellinsen und unterscheidet bikonvexe, plankonvexe und konkavkonvexe Sammellinsen entsprechend den Figuren a, b, c. Lassen wir umgekehrt

auf eine Linse der zweiten Gattung, bei der die Mitte dünner ist als
der Rand, ein Bündel von Strahlen parallel zu der Achse fallen, so verhalten sich die getroffenen Stellen der Linse, wie Prismen mit nach
innen gewandter Kante. Die Strahlen werden nach außen gebrochen und
zerstreut. Linsen der zweiten Gattung nennt man daher Zerstreuungslinsen und unterscheidet bikonkave, plankonkave, konvexkonkave Zerstreuungslinsen entsprechend den Figuren *d, e, f.*

Wir behandeln im folgenden etwas ausführlicher die Theorie der
Sammellinse. Für die Figuren gilt die Bemerkung, die wir bei den
Hohlspiegeln gemacht haben; die zu der Achse senkrechten Dimensionen
sind in einem sehr vergrößerten Maßstabe gezeichnet. Die Linse selbst
repräsentieren wir, der Voraussetzung einer sehr geringen Dicke entsprechend, in der Regel durch einen einfachen zu der Achse senkrechten
Strich, der dann ein Symbol zugleich für die vordere und hintere Linsenfläche ist. Der Punkt, in dem dieser Strich die Achse schneidet, entspricht
ebenso den beiden Scheitelpunkten. Wir führen ihn in vorläufiger
Weise als das Zentrum der Linse ein, bemerken aber zugleich, daß
sich bald Gelegenheit zu einer schärferen Bestimmung dieses Punktes
ergeben wird. Auf der Achse selbst müssen natürlich die Krümmungsmittelpunkte r_1 und r_2 der vorderen und hinteren Linsenfläche angegeben
sein. Der Körper der Linsen selbst wird in der Regel aus Glas bestehen,
und dann ist das Brechungsverhältnis nahe gleich $^3/_2$. Damit sind dann
alle Voraussetzungen gegeben, um mit den in § 253 und § 262 entwickelten Hilfsmitteln die Wege der Lichtstrahlen durch die Linse hin-

durch zu verfolgen und so
die Theorie der Linse zu entwickeln. Wir beschränken
uns darauf, die Resultate der
Untersuchung mitzuteilen.

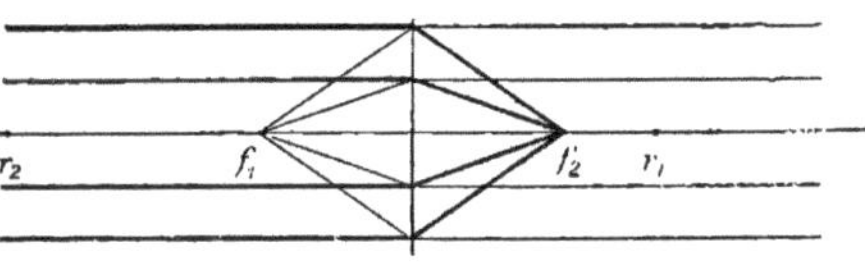

Fig. 303.

Achsenparallele Strah-
len und Brennpunkte. Ein Bündel von achsenparallelen Strahlen
wird von der Linse so gebrochen, daß die Strahlen hinter der Linse
durch einen Punkt der Achse, den Brennpunkt, hindurchgehen (Fig. 303).

Achsenparallele Strahlen verwandeln sich beim Durchgang
durch die Linse in Brennstrahlen.

Die Entfernung des Brennpunktes von dem Zentrum nennen wir die
Brennweite; da wir Parallelstrahlen von beiden Seiten auf die Linse
fallen lassen können, so erhalten wir zwei Brennpunkte; die entsprechenden Brennweiten sind aber gleich, sobald die vordere und hintere Linsenfläche an dasselbe Mittel, z. B. beide an Luft grenzen. Bei einer bikon-
vexen Linse bestimmt sich dann die Brennweite aus dem Brechungsverhältnis *n* gegen Luft und aus den Krümmungshalbmessern r_1 und r_2
der vorderen und hinteren Linsenfläche nach der Formel:

$$\frac{1}{f} = (n-1)\left(\frac{1}{r_1} + \frac{1}{r_2}\right).$$

25*

Bei einer konvexkonkaven Linse tritt an Stelle der Summe der reziproken Krümmungshalbmesser deren Differenz.

Zentralstrahlen. Für das Folgende müssen wir den Rahmen unserer Betrachtung etwas erweitern, indem wir zunächst von dem allgemeinen Falle einer sogenannten Stablinse von größerer Dicke ausgehen; legen wir (Fig. 304) an die beiden Grenzflächen in E_1 und E_2 zwei parallele Tangentialebenen, so verhält sich die Linse für einen Strahl, der in ihrem Inneren die Richtung $E_1 E_2$ besitzt, wie eine planparallele Platte; die Richtungen $L_1 E_1$ und $E_2 L_2$ der zu $E_1 E_2$ gehörenden einfallenden und austretenden Strahlen sind somit parallel; verlängern

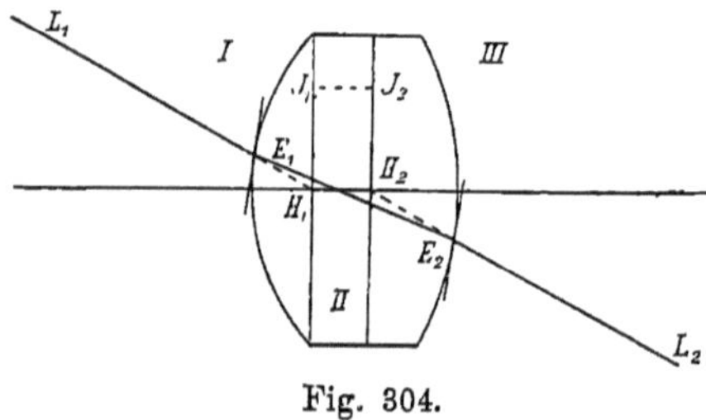

Fig. 304.

wir die Strahlen $L_1 E_1$ und $L_2 E_2$ bis zu ihrem Schnitt mit der Achse, so erhalten wir auf dieser zwei Punkte H_1 und H_2, die Hauptpunkte, mit sehr bemerkenswerten Eigenschaften, Bezeichnen wir den Raum vor der Linse als den Raum *I*, den von der Linse selbst erfüllten als *II*, den Raum hinter der Linse als *III*; es ergeben sich die folgenden Sätze, die in derselben Weise für eine beliebige Kombination von brechenden Flächen gelten, so lange nur ihre Krümmungsmittelpunkte auf derselben Achse liegen, und das erste Mittel mit dem letzten identisch ist.

Zu jedem Strahl, der in dem Raume *I* nach dem Punkte H_1 zielt, gehört in dem Raume *III* ein paralleler, der durch den Punkt H_2 geht.

Legen wir durch die Punkte H_1 und H_2 Ebenen senkrecht zu der Achse, die sogenannten **Hauptebenen**, und nehmen wir in diesen die Punkte J_1 und J_2 auf einer Parallelen zur Achse, so entspricht einem Strahl, der im Raume *I* nach J_1 zielt, ein Strahl in *III*, der rückwärts verlängert durch J_2 geht; die Punkte J_1 und J_2 sind **konjugiert**.

Bei der unendlich dünnen Linse, deren Theorie den eigentlichen Gegenstand unserer Betrachtung bildet, fallen die Punkte H_1 und H_2 und die durch sie gelegten Ebenen zusammen. In schärferer Weise als früher können wir nun das Zentrum einer unendlich dünnen Linse als den Vereinigungspunkt von H_1 und H_2 definieren; wir erhalten dann zugleich den Satz:

Bei einer unendlich dünnen Linse gehen Zentralstrahlen, d. h. solche, die nach ihrem Zentrum gerichtet sind, ungebrochen durch.

Bei der Untersuchung der Parallelstrahlen und Brennpunkte haben wir die Linse durch einen einfachen zu der Achse senkrechten Strich repräsentiert; nach dem Vorhergehenden ist es richtiger, wenn wir uns diesen Strich durch das Zusammenfallen der beiden Hauptebenen $H_1 J_1$ und $H_2 J_2$ entstanden denken.

Konjugierte Punkte. Strahlen, die von einem leuchtenden Punkte ausgehen, schneiden sich nach dem Durchgange durch die Linse entweder selber oder mit ihren Rückverlängerungen in einem und demselben Punkte, dem Bildpunkte. Die Beziehung zwischen leuchtendem Punkt und Bildpunkt ist umkehrbar, sie sind einander konjugiert (§ 251). Unter Umständen schneiden sich in beiden konjugierten Punkten nur die Rückverlängerungen der einander entsprechenden Strahlen; dies gilt z. B. von zwei konjugierten Punkten J und J_1 der Hauptebenen in Fig. 304.

Brennebenen. Die Ebenen, die wir durch die Brennpunkte F_1 und F_2 einer Linse senkrecht zu ihrer Achse legen, nennen wir Brennebenen. Nehmen wir in der ersten Brennebene (Fig. 305) den Punkt G_1, so geht der Zentralstrahl $G_1 C$ ungeändert durch die Linse hindurch, der Parallelstrahl $G_1 M$ verwandelt sich in den Brennstrahl $M F_2$; die Linien $G_1 C$ und $M F_2$ sind aber parallel, und daraus folgt, daß der von G_1 ausgehende Strahlenkegel beim Durchgang durch die Linse

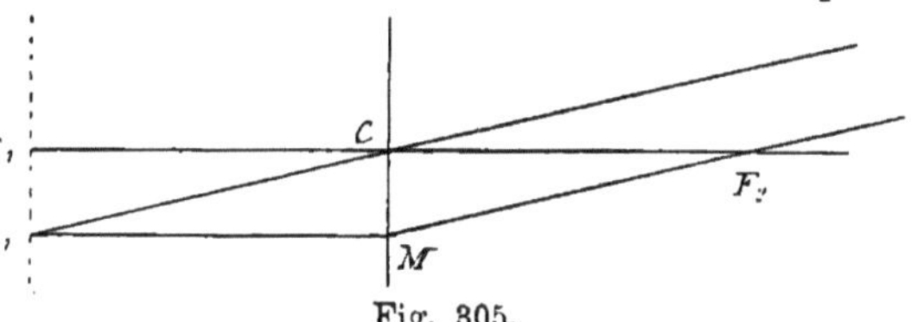

Fig. 305.

in ein Bündel von Parallelstrahlen sich verwandelt, deren Richtung durch den Zentralstrahl $G_1 C$ gegeben wird. Wenn umgekehrt ein Bündel schiefer Parallelstrahlen auf die Linse fällt, so vereinigen sich diese nach der Brechung in dem Punkte G_1, in dem die Brennebene von dem zu dem Bündel gehörenden Zentralstrahle getroffen wird.

Bildkonstruktionen. Vor der Linse, außerhalb ihrer Brennweite, sei ein Objekt in Gestalt eines zur Achse senkrechten Pfeiles $P_1 Q_1$ aufgestellt (Fig. 306). Von der Spitze Q_1 ziehen wir den Parallelstrahl $Q_1 M$, der sich in den Brennstrahl $M F_2$ verwandelt; der Zentralstrahl $Q_1 C$ geht ungeändert durch; beide schneiden sich in

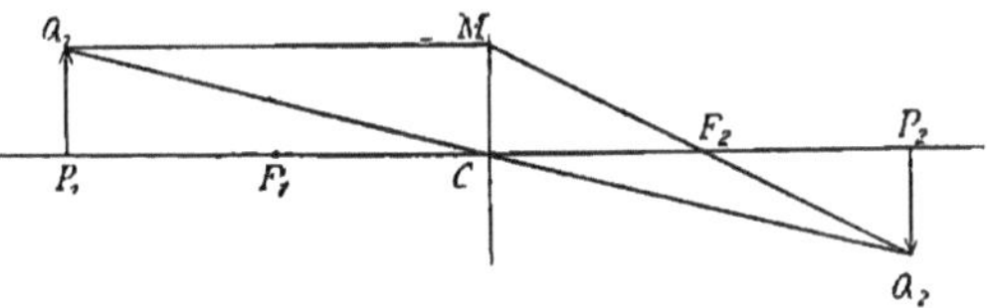

Fig. 306. Reelles Bild.

Q_2; ziehen wir $Q_2 P_2$ senkrecht zur Achse, so ist dieses das reelle umgekehrte Bild von $Q_1 P_1$. Bezeichnen wir die Abstände $P_1 C$ und $P_2 C$ des Gegenstandes und des Bildes von der Linse durch p_1 und p_2, so gilt die Beziehung:

$$\frac{1}{p_1} + \frac{1}{p_2} = \frac{1}{f}.$$

Die Summe der reziproken Abstände des Bildes und des Objektes von der Linse ist gleich der reziproken Brennweite.

Ferner ergibt sich der Satz:

Die Bildgröße verhält sich zur Objektgröße, wie der Bildabstand zum Objektabstand.

Wir bezeichnen dieses Verhältnis als die Vergrößerung m der
Linse und erhalten dafür die Ausdrücke;

$$m = \frac{P_2\,Q_2}{P_1\,Q_1} = \frac{p_2}{p_1} = \frac{f}{p_1 - f} = \frac{p_2 - f}{f}.$$

Liegt das Objekt unendlich fern auf der Achse, so fällt das Bild in
den hinteren Brennpunkt; nähert sich das Objekt dem vorderen Brennpunkte, so entfernt sich das Bild von dem hinteren; fällt das Objekt in
den vorderen Brennpunkt, so verschwindet das Bild im Unendlichen.

Wenn das Objekt innerhalb der Brennweite liegt, so gibt die
Konstruktion der Figur 307
das zugehörige Bild; man
sieht, daß dieses ein virtuelles, aufrechtes und
vergrößertes ist. Zugleich
gilt die Beziehung:

$$\frac{1}{p_1} - \frac{1}{p_2} = \frac{1}{f}.$$

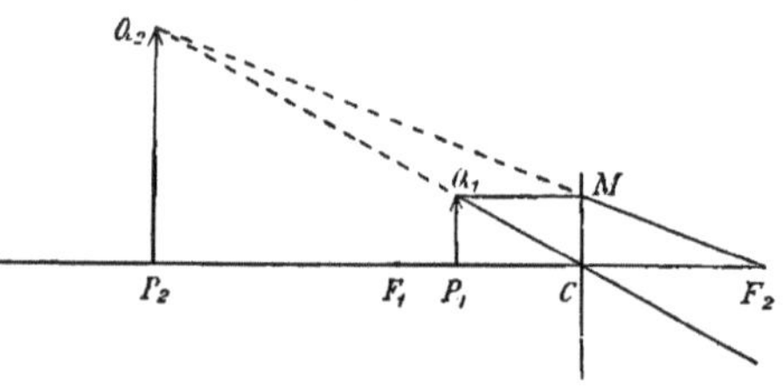

Fig. 307. Virtuelles Bild.

Fassen wir die Resultate
zusammen so erhalten wir den Satz:

Eine Sammellinse entwirft von einem außerhalb der Brennweite gelegenen Objekte ein reelles, umgekehrtes Bild auf
ihrer anderen Seite, vergrößert oder verkleinert je nach dem
Verhältnis des Bildabstandes von der Linse zum Objektabstand.
Das Bild eines innerhalb der Brennweite gelegenen Objektes
ist ein virtuelles, aufrechtes und vergrößertes auf derselben
Seite wie das Objekt.

Sphärische Abweichung. Die Bedürfnisse der praktischen Optik
nötigen in gewissen Fällen zu der Verwendung von Linsen mit größerer
Öffnung und einer im Vergleich mit den Krümmungshalbmessern größeren
Dicke. Nun folgt aus den für die Vergrößerung gegebenen Formeln, daß
starke Vergrößerung mit kleiner Brennweite verbunden ist; diese aber
erfordert Linsen mit kleinen Krümmungshalbmessern und solche erhalten
aus praktischen Gründen große Öffnung und Dicke. Mit Bezug hierauf ist es wichtig, sich über die Abweichungen zu orientieren, die unter
diesen Verhältnissen den vorhergehenden Gesetzen gegenüber sich geltend
machen. Die wichtigste Veränderung ist die, daß einem leuchtenden
Punkte P_1 der Achse nicht mehr ein einziger Bildpunkt P_2 entspricht,
sondern eine Linie, die dadurch entsteht, daß die am Rande der Linse
durchgehenden Strahlen sich in einem näherliegenden Punkte vereinigen, als
die in der Nähe des Zentrums durchgehenden (Fig. 308). Man kann sich
hiervon leicht überzeugen, wenn man das reelle Bild betrachtet, das
eine solche Linse von einem Gegenstande, etwa einer Flamme, auf
einem hinter der Linse befindlichen Schirme entwirft; dasselbe ist zu-

nächst undeutlich; wenn man aber durch eine Blende mit kreisförmiger Öffnung die Randstrahlen abhält, so gelingt es leicht, durch Verschiebung des Schirmes ein scharfes Bild zu erhalten. Wenn man jetzt umgekehrt durch eine volle Kreisscheibe die in der Umgebung des Zentrums einfallenden Strahlen abhält, so muß man den Schirm gegen die Linse zu verschieben, um abermals ein deutliches Bild zu erhalten. Entfernt man nun die Blende, so erzeugen die von der Mitte der Linse kommenden, Strahlen um jeden Punkt des Bildes einen Kreis zerstreuten Lichtes, der das verwaschene Aussehen des Bildes bedingt. Der Durchmesser dieses Kreises, die größere oder geringere Undeutlichkeit des Bildes hängt von der Lage

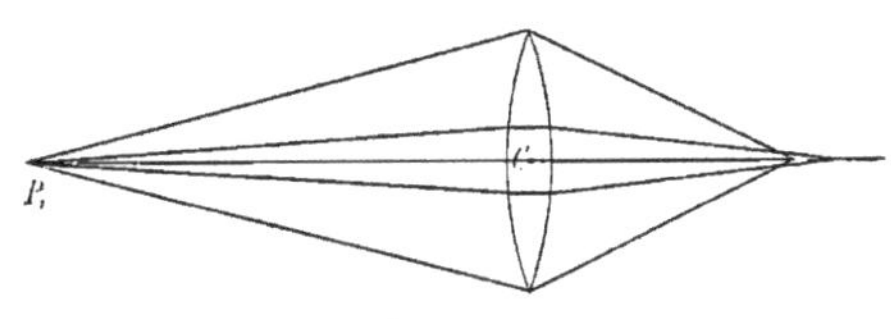

Fig. 308.

des Punktes P_1 und von den geometrischen Eigenschaften der Linse ab. Um ein bestimmtes Maß für diese Verhältnisse zu gewinnen, betrachten wir Parallelstrahlen; ihnen entspricht nun nicht mehr ein einzelner Brennpunkt, sondern eine Brennlinie, deren Länge wir als die **sphärische Abweichung** bezeichnen. Für Linsen von gleicher Brennweite kann die sphärische Abweichung sehr verschiedene Werte haben, und man kann sich daher die Aufgabe stellen, eine Linse von kleinster Abweichung bei vorgeschriebener Brennweite zu konstruieren Wir gehen hierauf nicht näher ein, sondern beschränken uns darauf, das Gesagte an dem Beispiel einer plankonvexen Linse zu erläutern. Wir können bei ihr die Parallelstrahlen entweder auf die plane oder auf die konvexe Seite fallen lassen (Fig. 309a und 309b); die sphärische Abweichung ist in dem ersteren Falle viermal so groß, wie im letzteren. Will man also mit einer plankonvexen Linse von einem entfernten Gegenstand ein deutliches Bild entwerfen,

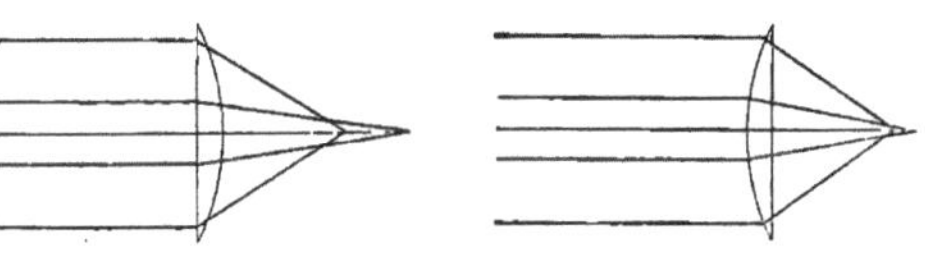

Fig. 309a.   Fig. 309b.

Sphärische Abweichung.

so muß man die konvexe Seite dem Objekte zuwenden. Soll umgekehrt die plankonvexe Linse von einem außerhalb der Brennweite, aber nahe dem Brennpunkt liegenden Objekt ein stark vergrößertes reelles Bild geben, so muß ihre plane Seite nach dem Objekt gerichtet sein.

Ein anderes Mittel, die störende Wirkung der sphärischen Abweichung zu verringern, besteht in der Ersetzung einer Linse von kleiner Brennweite durch zwei Linsen mit größeren Brennweiten f_1 und f_2; hintereinander geschaltet wirken diese wie eine Linse, deren Brennweite φ gegeben ist durch:

$$\frac{1}{\varphi} = \frac{1}{f_1} + \frac{1}{f_2}.$$

Zerstreuungslinsen. Um die Theorie der Zerstreuungslinsen zu entwickeln, benützen wir einen geometrischen Apparat, der mit dem bei den Sammellinsen eingeführten im wesentlichen übereinstimmt; die Definitionen der Achse, der achsenparallelen Strahlen, des Zentrums, der Brennweite sind dieselben wie dort.

Parallelstrahlen werden durch eine Zerstreuungslinse divergierend gebrochen; die Brennpunkte der Linse sind virtuell, d. h. nur die Rückverlängerungen der gebrochenen Parallelstrahlen gehen durch sie hindurch.

Zentralstrahlen gehen ungeändert durch die Linse.

Die Bildkonstruktion ergibt sich aus Figur 310. Dem Objekte $P_1 Q_1$ entspricht unter allen Umständen ein virtuelles, aufrechtes und verkleinertes Bild $P_2 Q_2$. Die Beziehung zwischen Objektabstand p_1, Bildabstand p_2 und Brennweite f ist:

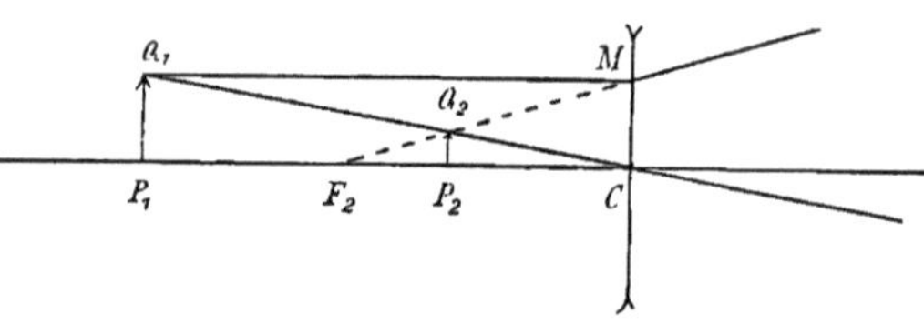

Fig. 310. Zerstreuungslinse.

$$\frac{1}{p_2} - \frac{1}{p_1} = \frac{1}{f}.$$

§ 264. Astigmatische Strahlenbündel. Bei den bisherigen Betrachtungen haben wir im wesentlichen immer die Bedingung festgehalten, daß die einfallenden Strahlen nur sehr kleine Einfallswinkel besitzen sollen. Für den Fall größerer Einfallswinkel haben wir nur den

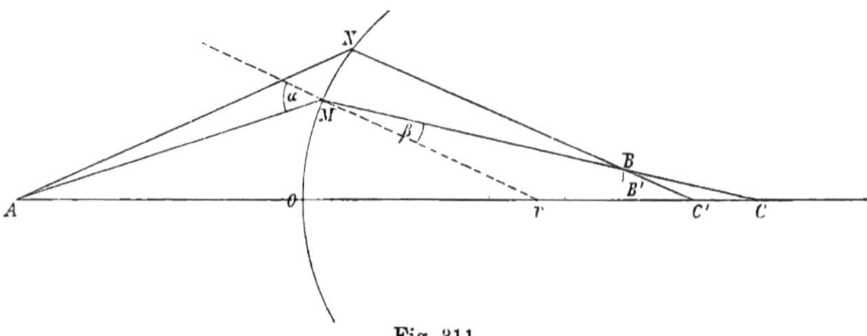

Fig. 311.

Satz angeführt, daß einem leuchtenden Punkte nicht mehr ein konjugierter Punkt, sondern eine Linie entspreche. Allein die Veränderung, welche das einfallende Strahlenbündel bei der Brechung an einer sphärischen Grenzfläche erleidet, wird durch diesen Satz doch nur unvollkommen beschrieben, und es erscheint nicht überflüssig, diese Verhältnisse etwas genauer zu untersuchen.

Wir betrachten den Fall einer konvexen, sphärischen Fläche, deren Scheitel in C, deren Krümmungsmittelpunkt in r gelegen sei (Fig. 311).

Auf der Achse Or befinde sich in A ein leuchtender Punkt. Wir werden nun nicht die Veränderungen untersuchen, die der ganze von A aus auf die brechende Fläche fallende Strahlenkegel erleidet; wir zerlegen vielmehr jenen Kegel in lauter ganz schmale von A ausgehende Bündel, und beschränken uns auf die Untersuchung der Veränderungen eines solchen Bündels. Haben wir ihre Gesetze ermittelt, so wird es immer möglich sein, rückwärts die Veränderung des ganzen Strahlenkegels zu ermitteln.

Die Begrenzung des zu betrachtenden Bündels konstruieren wir in folgender Weise. Der in Figur 311 gezeichnete Kreis stellt einen Schnitt der sphärischen Fläche mit einer durch ihre Achse Or gelegten Ebene dar. Auf dem Kreise nehmen wir in beliebiger Entfernung von O, aber sehr nahe beieinander die Punkte M und N. Wir ziehen nach diesen Punkten die Strahlen AM und AN. Nun drehen wir die Figur um die Achse Or um einen sehr kleinen Winkel, so daß die Ebene AMr eine neue, aber von der früheren nur wenig abweichende Lage einnimmt. Die Punkte M und N beschreiben dann auf der sphärischen Fläche zwei Kreise MM' und NN', die von der neuen Lage der Ebene OMr begrenzt, deren Endpunkte auf der Oberfläche durch den Kreisbogen $M'N'$ verbunden werden. Auf der sphärischen Fläche entsteht so ein Rechteck $MNN'M'$. Dieses machen wir zur Basis eines von A ausgehenden Strahlenkegels, und die Veränderung, welche dieser Kegel bei der Brechung erleidet, soll im folgenden untersucht werden. Wir bezeichnen das von A ausgehende Strahlenbündel als ein homozentrisches, eben um anzudeuten, daß alle seine Strahlen durch einen Punkt gehen.

Um unsere Aufgabe zu lösen, konstruieren wir zuerst die zu AM und AN gehörenden gebrochenen Strahlen MC und NC', die sich in dem Punkte B kreuzen. Der ganze zwischen AM und AN eingeschlossene Strahlenfächer verwandelt sich dann in einen gegen B konvergierenden. Die Schnittpunkte der einzelnen Strahlen mit der Achse erfüllen die Strecke CC'. Wir lassen nun die Figur um die Achse Or rotieren, bis MN in die Lage $M'N'$ kommt. Das entspricht einer Zerlegung des von A nach dem Rechtecke $MNN'M'$ hingehenden Strahlenbündels in eine Reihe von Fächern, die in den aufeinanderfolgenden Meridianebenen liegen. Bei der Rotation bleiben die Punkte C und C' unverändert; sie sind für alle jene Fächer dieselben. Dagegen beschreibt der Punkt B einen kleinen Kreisbogen BB'; seine Punkte geben die Kreuzungspunkte der aufeinanderfolgenden gebrochenen Fächer. Wenn die Drehung eine sehr kleine ist, so können wir den Kreisbogen BB' als eine gerade Linie betrachten. Diese Linie steht dann senkrecht auf einer Ebene, die wir durch CC' und durch die Mitte von BB' hindurchlegen. Die Linien CC' und BB' nennen wir Brennlinien. Das ursprüngliche homozentrische Strahlenbündel wird also durch die Brechung an der sphärischen Fläche in ein solches mit zwei Brennlinien verwandelt; jeder Strahl des gebrochenen Bündels schneidet die eine und die andere Brennlinie. Ein Strahlenbündel von dieser Art nennt man ein astigmatisches. Der zwischen den beiden Brennlinien von Strahlen erfüllte Raum ist in Figur 312 besonders gezeichnet.

Als Maß des Astigmatismus können wir die Entfernung der Punkte B und C betrachten. Zwischen den Abständen der Punkte B und C von dem Einfallspunkt M ergibt eine geometrische Untersuchung, von der wir nur das Resultat anführen, eine bemerkenswerte Beziehung. Es

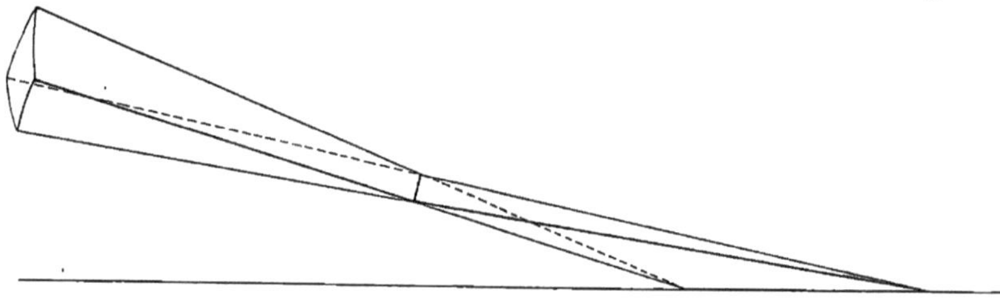

Fig. 312.

sei α der Einfallswinkel, β der Brechungswinkel des Strahles AM, n das Brechungsverhältnis; dann ist:

$$\frac{1 - \cos^2 \alpha}{MA} = \frac{n \cos^2 \beta}{MB} - \frac{n}{MC}.$$

Aus dieser Gleichung läßt sich eine Bedingung dafür ableiten, daß die astigmatische Differenz BC verschwindet. Dies ist der Fall, wenn $MB = MC$; die Bedingung ist also:

$$\frac{1 - \cos^2 \alpha}{MA} = \frac{n(\cos^2 \beta - 1)}{MB},$$

oder da

$$\frac{\sin \alpha}{\sin \beta} = n,$$

$$MA = - n \times MB.$$

Das negative Zeichen deutet an, daß der Punkt A nicht vor der sphärischen Fläche, sondern hinter derselben liegen muß. Die astigmatische Differenz kann also nur für ein Strahlenbündel verschwinden, welches gegen einen virtuellen, hinter der sphärischen Fläche liegenden Punkt A konvergiert.

Die Konstruktion von Kummer. Die im vorhergehenden gefundene Bedingung wird in sehr sinnreicher Weise durch die folgende Konstruktion verwirklicht. Der stark ausgezogene Kreis der Figur 313 repräsentiere einen Meridianschnitt der brechenden sphärischen Fläche. Wir können uns denken, die ihm entsprechende Kugel sei rings umgeben von Luft und sei in ihrem ganzen Inneren mit einem optisch dichteren Medium, etwa mit Glas oder Wasser ausgefüllt; ihr Brechungsverhältnis sei n. Gegeben sei ein einfallender Strahl SM; wir suchen zunächst den zu ihm gehörenden gebrochenen. Dies kann nach Kummer in der folgenden Weise geschehen. Zu dem mit dem Halbmesser r beschriebenen, die brechende Fläche repräsentierenden Kreise zeichnen wir zwei konzentrische, den einen, größeren mit dem Halbmesser nr, den anderen, kleineren mit dem Halbmesser $\frac{r}{n}$. Der einfallende Strahl schneide den größeren Kreis in A. Wir ziehen den Halbmesser rA, welcher den inneren Kreis in B schneidet. Ziehen wir die Linie MB, so gibt diese den gebrochenen Strahl. Ziehen wir nämlich den Halbmesser rM, so ist $\sphericalangle\, rMA$ gleich dem Einfallswinkel α, $\sphericalangle\, rMB$ gleich dem Brechungswinkel β. Es verhält sich ferner:

$$r\,A : r\,M = r\,M : r\,B = n : 1.$$

Die Dreiecke rMA und rBM sind somit ähnlich. Daraus folgt $\sphericalangle\, rAM = \beta$ und

$$\frac{\sin \sphericalangle\, r\,M\,A}{\sin \sphericalangle\, r\,A\,M} = \frac{\sin \alpha}{\sin \beta} = \frac{r\,A}{r\,M} = n,$$

in Übereinstimmung mit dem Brechungsgesetze. Außerdem verhält sich $MA : MB = rA : rM = n : 1$. Es erfüllen also die Punkte A und B die Bedingung $MA = n \times MB$. Rechnen wir die Strecke MA negativ, wenn der Punkt A auf der Verlängerung des einfallenden Strahles in das brechende Mittel hinein liegt, so erhalten wir:

$$MA = -\,n \times MB.$$

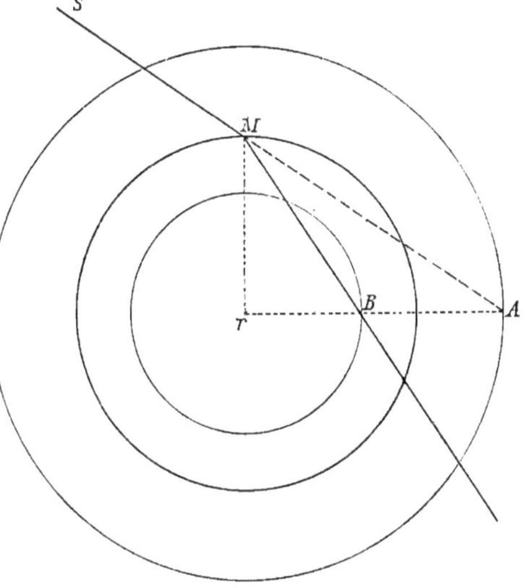

Fig. 313.

Diese Gleichung ist aber identisch mit der Bedingung, die wir für das Verschwinden der astigmatischen Differenz aufgestellt haben. Wenn also ein in Luft sich fortpflanzendes Strahlenbündel homozentrisch gegen den Punkt A konvergiert, so konvergiert das gebrochene Strahlenbündel in dem zweiten Medium ebenfalls homozentrisch gegen den Punkt B. Man erkennt dies ohne weiteres daraus, daß der Punkt B vollkommen bestimmt ist durch A, und unabhängig von dem Einfallspunkte M des nach A zielenden Strahles.

Wir wollen das Ergebnis der Betrachtung noch einmal zusammenfassen. Gegeben sei ein brechendes Mittel, das von einer Kugel vom Halbmesser r begrenzt sei, etwa ein Wassertropfen oder eine Glaskugel. Im Abstande nr vom Mittelpunkte der Kugel befinde sich ein Punkt A, gegen den im umgebenden Luftraume ein Strahlenbündel konvergiert.

Der ganze die Kugel treffende Strahlenkegel wird durch die Brechung wieder in einen Kegel verwandelt; seine Spitze B liegt auf dem Halbmesser $r A$, ihr Abstand von dem Mittelpunkte der Kugel ist $\frac{r}{n}$. Da Strahlenwege umkehrbar sind, so können wir auch sagen: dem leuchtenden Punkte B im Inneren der Kugel entspricht ein virtueller Bildpunkt A im Luftraume. Die punktförmige Abbildung des leuchtenden Punktes ist in diesem merkwürdigen Falle ganz unabhängig von der Größe der Einfallswinkel (Fig. 313).

§ 265. Doppelbrechung. Ehe wir die Lehre von der Brechung verlassen, scheint es zweckmäßig, die am Schlusse von § 252 gemachte Bemerkung über die beschränkte Gültigkeit des Brechungsgesetzes noch etwas weiter auszuführen. Das in § 252 aufgestellte Gesetz gilt darnach nur für isotrope Körper, deren optische Eigenschaften nach allen Richtungen dieselben sind. Zu diesen gehören vor allen die Flüssigkeiten, ferner glasartige Körper und die Kristalle des regulären Systems. Wesentlich komplizierter gestalten sich die Erscheinungen bei den Kristallen der übrigen Systeme, wie überhaupt bei Körpern, deren optische Eigenschaften von der Richtung abhängig sind, in der sich die Lichtstrahlen in ihrem Inneren bewegen. Wir bezeichnen solche Körper als anisotrope. Zu ihnen gehört auch die Mehrzahl der organisierten Substanzen; ihr Verhalten ist aber noch weiter dadurch kompliziert, daß sie inhomogen sind, daß sie höchstens innerhalb mikroskopisch kleiner Bereiche konstante Eigenschaften besitzen, während diese im allgemeinen von Ort zu Ort sich ändern.

Um uns über die eigentümlichen Erscheinungen der Brechung in nichtregulären Kristallen in vorläufiger Weise zu orientieren, untersuchen wir im folgenden die optischen Eigenschaften des isländischen Kalkspats.

Der Kalkspat gehört der sogenannten rhomboëdrisch-hemiëdrischen Gruppe des hexagonalen Kristallsystems an; er spaltet in ausgezeichneter Weise nach den drei Flächen eines Rhomboëders, und man kann daher leicht Spaltstücke von beliebigen Verhältnissen erhalten. Sie stellen sich dar als Parallelepipeda; aber die sechs sie begrenzenden Parallelogramme sind dadurch ausgezeichnet, daß sie gleich große stumpfe und natürlich auch gleiche spitze Winkel besitzen. Lassen wir nun auf eine Kalkspatplatte von einem leuchtenden Punkte L aus einen Strahl öder ein Strahlenbündel senkrecht auffallen (Fig. 314 und 315) so bemerken wir, daß sie durch die Kalkspatplatte in zwei zerlegt, doppelt gebrochen werden. Stellen wir hinter diese Platte einen Schirm, so erhalten wir auf diesem zwei beleuchtete Flecke G_o und G_a. Von diesen liegt G_o in der geraden Fortsetzung der einfallenden Strahlen, dagegen entspricht G_a seitlich abgelenkten Strahlen. Drehen wir die Platte um den einfallenden Strahl, so bleibt der Fleck G_o an seiner Stelle, während G_a einen Kreis um G_o beschreibt. Der dem ersteren entsprechende Strahl $E\,G_o$ wird somit durch die Kalkspatplatte ebensowenig von seiner senkrechten Einfallsrichtung abgelenkt wie durch eine Glasplatte, er folgt dem gewöhnlichen Brechungsgesetz und wird daher als der ordentliche bezeichnet; den zweiten Strahl, der in der Kalkspatplatte die dem gewöhnlichen Brechungsgesetz durchaus widersprechende Richtung EE_a verfolgt, nennt man den außerordentlichen.

Um die gegenseitige Lage der beiden Strahlen genauer angeben zu können, müssen wir auf die kristallographischen Eigenschaften des Kalkspats noch etwas näher eingehen. Ein durch Spalten hergestelltes Rhomboëder ist, wie schon erwähnt wurde, begrenzt von sechs Parallelogrammen, die paarweise kongruent und gleichgerichtet sind. Ihre Winkel sind dieselben, und es stoßen in zwei gegenüberliegenden Ecken des Rhomboëders je drei gleich große stumpfe Winkel von

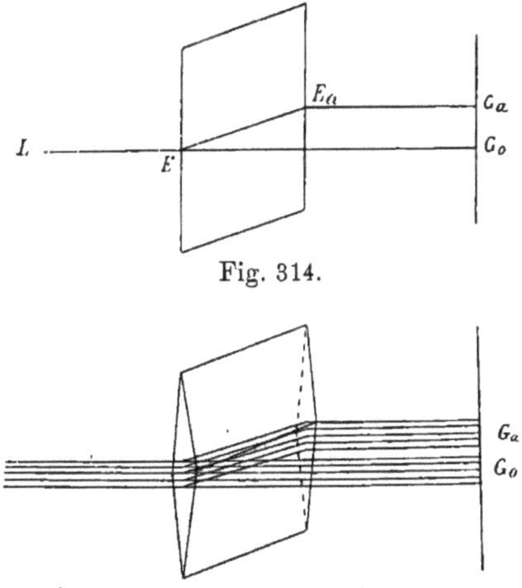

Fig. 314.

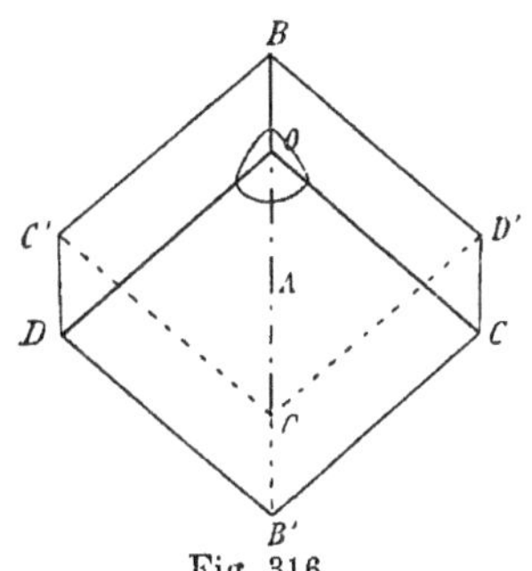

Fig. 315. Brechung im Kalkspat.

$101^\circ 53'$ zusammen. Bei der Figur 316 ist angenommen, daß das Rhomboëder mit einer Fläche auf das Zeichenblatt gelegt sei und nun von oben betrachtet werde. O und O' sind die stumpfen Ecken. In den sechs übrigen Ecken, die wie im Kranze zwischen den beiden stumpfen liegen, trifft immer ein stumpfer mit zwei spitzen Winkeln zusammen, von denen jeder gleich dem Supplemente des stumpfen ist. Ziehen wir durch die stumpfe Ecke O eine Linie OA, die mit den drei in ihr zusammenstoßenden Kanten gleiche Winkel einschließt, so gibt sie die Richtung der kristallographischen Hauptachse des Kalkspats. Eine durch die Achse OA senkrecht zu einer der Flächen des Rhomboëders gelegte Ebene nennen wir einen Hauptschnitt. In sehr einfacher Weise gestalten sich diese Konstruktionen, wenn

Fig. 316.
Kalkspatrhomboëder.

wir, wie in Figur 316, die Kanten des Rhomboëders alle gleich lang machen, so daß seine Form wirklich die eines Rhomboëders im geometrischen Sinne wird. Die Verbindungslinie OO' der beiden stumpfen Ecken gibt dann die Richtung der Hauptachse; die Diagonalebene $OBO'B'$ ist der auf der Fläche $OCB'D$ senkrecht stehende Hauptschnitt.

Es falle nun auf die obere Fläche des Rhomboëders ein Strahl LE (Fig. 317) in einem Punkte der Diagonale OB' senkrecht ein. Der ordentliche Strahl geht ungeändert durch, der außerordentliche bleibt im Hauptschnitt $OBO'B'$, wird aber im Sinne der Richtung OB abgelenkt und tritt in E_a parallel mit dem einfallenden Strahle wieder aus dem Rhomboëder aus. Verschieben wir den Einfallspunkt nach irgend einem

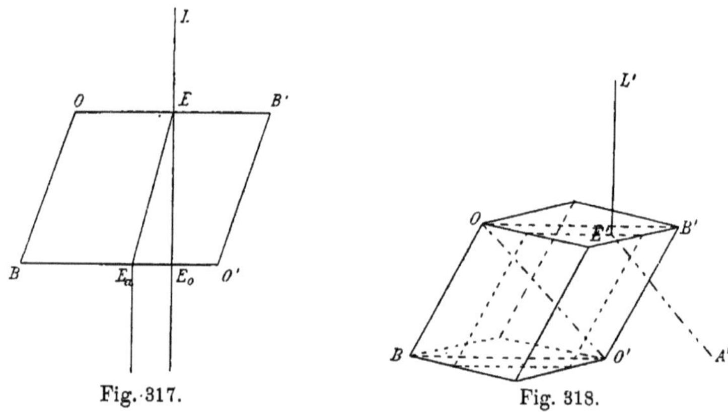

Fig. 317.   Fig. 318.

anderen Punkte der Grenzfläche E', so wird in den Richtungen der gebrochenen Strahlen nichts geändert. Die charakteristische Eigentümlichkeit der Kristalle besteht ja überhaupt darin, daß Eigenschaften, die sich auf Vorgänge von bestimmter Richtung beziehen, auch nur von der Richtung abhängen, also längs aller parallelen Geraden die gleichen sind. Ziehen wir durch E' (Fig. 318) eine Linie $E'A'$ parallel zu OO', so können wir sie mit demselben Recht als Hauptachse benützen wie OO', und eine durch $E'A'$ zu der Rhomboëderfläche senkrecht gelegte Ebene ist ebensogut ein Hauptschnitt, wie die Diagonalebene $OBO'B'$. In jener Ebene liegen die zu $L'E'$ gehörenden gebrochenen Strahlen ebenso wie die Strahlen EE_o und EE_a in der Ebene $OBO'B'$.

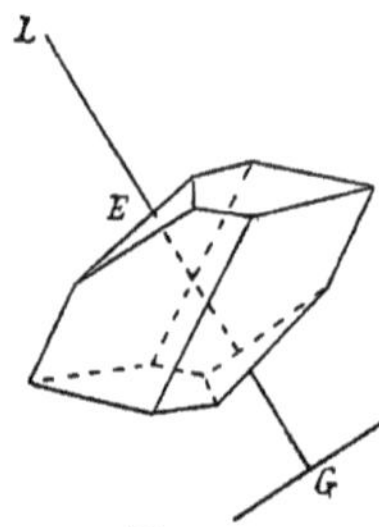

Fig. 319.

Wir ergänzen die im vorhergehenden geschilderte Erscheinung noch durch einige weitere Beobachtungen. Schneidet man aus einem Kalkspat eine Platte (Fig 319), deren Flächen senkrecht stehen zu der Hauptachse OA, so erzeugt ein senkrecht auffallender Lichtstrahl LE auf einem hinter der Platte aufgestellten Schirme nur einen einzigen Lichtpunkt G in der Verlängerung von LE. Längs der Hauptachse findet somit nur einfache Brechung statt.

Aus einem Kalkspat schneiden wir ein Prisma ABC (Fig. 320), dessen Kante B senkrecht zu der Hauptachse AC steht, und dessen Flächen gegen diese gleich geneigt sind; bringen wir das Prisma in die Stellung der kleinsten Ablenkung, so wird ein durch dasselbe gehender Lichtstrahl im Inneren in der Richtung der Hauptachse sich bewegen.

Man kann also nach der in § 257 angegebenen Methode das Brechungsverhältnis n_o eines solchen Strahles bestimmen.

Endlich betrachten wir noch ein Kalkspatprisma, dessen Kante der Hauptachse des Kristalles parallel ist (Fig. 321); in einem solchen findet Doppelbrechung statt; für beide Strahlen kann aber nach der Methode des § 257 das Brechungsverhältnis bestimmt werden. Für den stärker

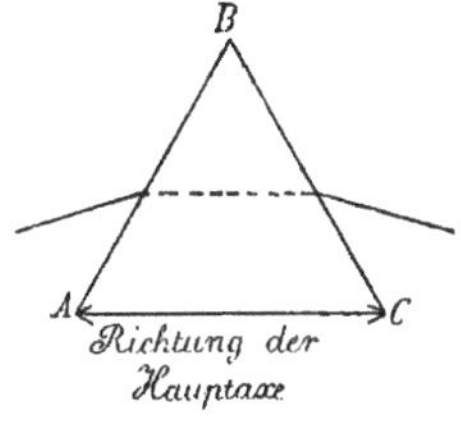

Fig. 320.

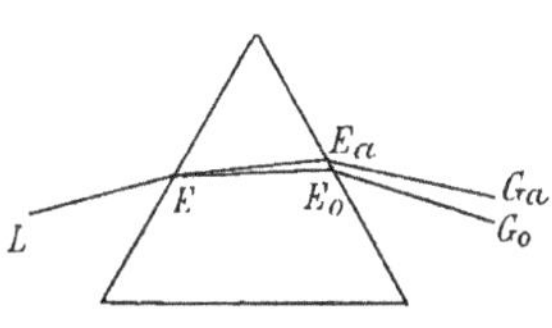

Fig. 321.

abgelenkten $E_o\,G_o$ ergibt sich derselbe Wert n_o, wie in der Richtung der Achse; er entspricht dem ordentlichen, dem gewöhnlichen Brechungsgesetze folgende Strahle. Der weniger stark abgelenkte Strahl $E_a\,G_a$ dagegen liefert ein anderes Brechungsverhältnis n_a, das kleiner als n_o ist. Es entspricht n_a einem senkrecht zu der Hauptachse sich bewegenden außerordentlichen Strahl.

Viertes Kapitel.   Farbenzerstreuung des Lichtes.

§ 266. Newtons Fundamentalversuche. Bald nachdem das Gesetz der Brechung entdeckt war, suchte man es zur Erklärung einer Erscheinung zu benützen, die von Alters her die Phantasie und das Nachdenken des Menschen beschäftigt hatte, der Erscheinung des Regenbogens. Allein erst Newton gelang es, durch eine Reihe von planmäßig angestellten Versuchen die Gesetze zu enthüllen, auf denen die Farbenerscheinung des Bogens beruht. Das wesentliche Resultat seiner Untersuchung besteht in dem Satze:

Das weiße Licht ist zusammengesetzt aus vielen farbigen Strahlen, die sich durch ihre verschiedene Brechbarkeit voneinander unterscheiden.

Die Richtigkeit des Satzes ergibt sich aus den folgenden Beobachtungen.

In den geschlossenen Fensterladen eines Zimmers schneidet man einen kleinen vertikalen Spalt und läßt durch diesen mit Hilfe eines Heliostaten ein Band von horizontalen Sonnenstrahlen fallen (Fig. 322). Auf der gegenüberliegenden Wand entsteht ein weißes Bild S des Spaltes; bringt man nun in den Weg der Lichtstrahlen ein Prisma A mit vertikaler Kante, so entsteht da, wo das gebrochene Bild zu erwarten ist, ein horizontaler Streifen, der von dem einen zu dem anderen Ende die Regenbogenfarben, rot, orange, gelb, grün, blau, indigo, violett, zeigt: das Spektrum.

Daß die farbigen Strahlen durch die Substanz des Prismas erst erzeugt werden, ist nicht wahrscheinlich, da sie bei den verschiedensten Prismen im wesentlichen in derselben Weise auftreten. Es bietet sich also in der Tat als das Einfachste die Annahme NEWTONS, daß jene Strahlen schon in dem weißen Lichte enthalten waren und durch das Prisma nur infolge ihrer verschiedenen Brechbarkeit voneinander getrennt wurden. Da das rote Ende des Spektrums, von besonderen, später zu erwähnenden Fällen abgesehen, das am wenigsten, das violette das am meisten abgelenkt ist, so muß

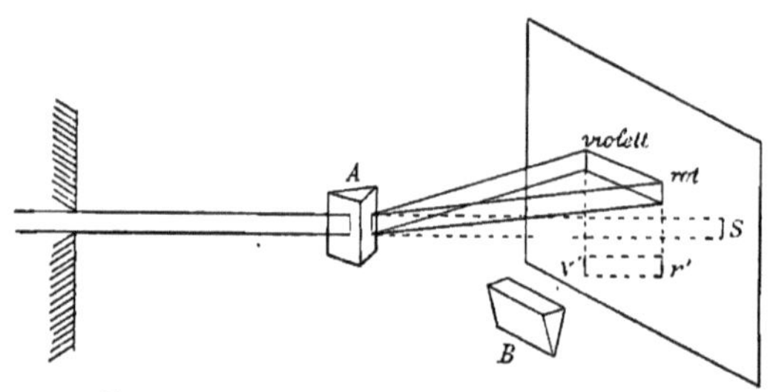

Fig. 322. Zerlegung des Sonnenlichtes.

den roten Strahlen die kleinste, den violetten die größte Brechbarkeit zukommen.

Eine direkte Prüfung dieser Anschauung ergibt sich, wenn man das von einem vertikalen Spalt entworfene Spektrum durch ein zweites Prisma *B* mit horizontaler Kante betrachtet. Das horizontale Band des Spektrums erscheint dann als ein schiefes Parallelogramm $r'v'$, welches von dem einen nach dem anderen Ende hin von den vertikalen Streifen der Spektralfarben durchzogen wird. Das rote Ende r' ist dabei am wenigsten, das violette v' am meisten von der ursprünglichen Lage abgelenkt, entsprechend den Verhältnissen der Figur 322. Das schiefe

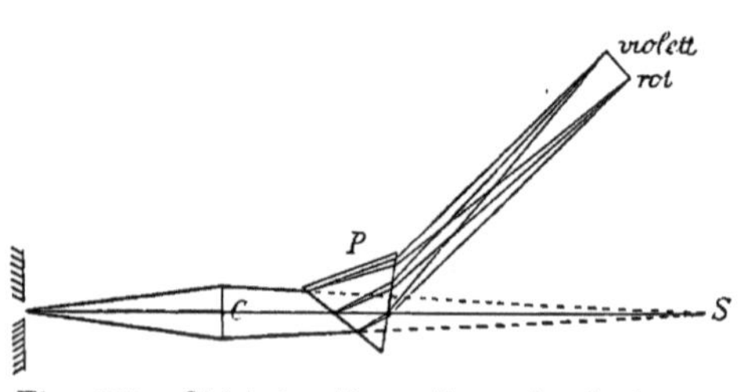

Fig. 323. Objektive Darstellung des Spektrums

Spektrum gewährt darnach eine unmittelbare Anschauung von den Brechungsverhältnissen der verschiedenen Strahlen, der Dispersion der Farben, auf seiner Erzeugung beruht eine wichtige Methode ihrer Untersuchung, die Methode der gekreuzten Prismen.

Mit Benützung des elektrischen Lichtes können wir den Fundamentalversuch NEWTONS in folgender Weise wiederholen. Wir werfen die Strahlen der elektrischen Lampe auf einen vertikalen Spalt und entwerfen von diesem mit einer Linse *C* ein deutliches, scharfes Bild *S* (Fig. 323). Wenn wir nun auf den Weg der Strahlen hinter der Linse ein Prisma *P* mit vertikaler Kante stellen, so erscheint in abgelenkter

Richtung, aber in derselben Entfernung vom Prisma, das Spektrum in Gestalt eines rechteckigen Bandes, in dem die Regenbogenfarben in vertikalen Streifen von rot bis violett nebeneinander gereiht sind. Bei dieser Versuchsanordnung wird es besonders deutlich, daß das Spektrum aus einer Reihe von verschiedenfarbigen Spaltbildern besteht, die sich nach der Brechbarkeit der erzeugenden Strahlen ordnen. Es ergibt sich gleichzeitig, daß die verschiedenen Farben um so besser voneinander getrennt werden, daß das Spektrum um so reiner ist, je enger der Spalt gemacht wird. Wenn man umgekehrt den Spalt erweitert, so überlagern sich die verschiedenfarbigen Bilder, wie Stufen einer Treppe, in immer größerer Ausdehnung, das Spektrum wird immer mehr verwaschen. Bei sehr weitem Spalt erscheint die Mitte des vom Spektrum bedeckten Rechteckes weiß und nur die Ränder sind rot und blau gefärbt. Diese Beobachtung steht mit der Newtonschen Annahme in vollkommener Übereinstimmung; wenn in der Mitte des Rechteckes die von allen Farben erzeugten Spaltbilder sich überdecken, so kommen von dort aus auch alle möglichen Strahlen ins Auge und müssen dann wieder die Empfindung des Weiß erzeugen.

Die Synthese des weißen Lichtes aus den farbigen Strahlen des Spektrums können wir noch durch den folgenden Versuch nachweisen. Da der Weg, den die aus einem weißen Strahle entstehenden farbigen Strahlen im Inneren des Prismas zurückzulegen haben, ein verhältnismäßig kleiner ist, so trennen sie sich hier nur wenig und treten nahezu an derselben Stelle A der zweiten Prismenfläche aus (Fig. 324). Wenn wir von dieser Stelle mit einem Hohlspiegel ein reelles Bild B entwerfen, so sehen wir ein weißes Bild, das durch die Wiedervereinigung der verschiedenfarbigen Strahlen erzeugt wird.

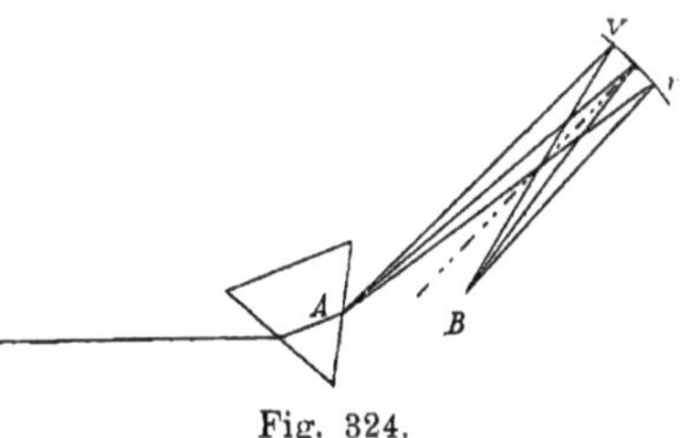

Fig. 324.

Endlich kann man auch Pigmentfarben zu weißem Lichte vereinigen. Es geschieht dies mit dem sogenannten Farbenkreisel; auf einer kreisförmigen Scheibe werden sieben Sektoren von bestimmter Größe mit Farben bemalt, die den sieben Spektralfarben möglichst ähnlich sind; wird die Scheibe in rasche Umdrehung versetzt, so vermischen sich im Auge die von den verschiedenen Sektoren herrührenden Eindrücke und erzeugen die Empfindung des Weiß.

§ 267. Die Fraunhoferschen Linien. Wenn man ein reines Spektrum der Sonne entwirft, so bemerkt man feine schwarze Linien, die an einzelnen Stellen, parallel der Richtung des Spaltes, die Farben durchziehen; man bezeichnet sie nach ihrem Entdecker als Fraunhofersche Linien. In dem Lichte der Sonne fehlen hiernach gewisse Farben von der Brechbarkeit, wie sie der Lage jener schwarzen Linien entspricht. Auf die

Erklärung der Erscheinung werden wir später eingehen, vorläufig sind die Linien für uns überaus wertvoll als Mittel zur Orientierung im Spektrum. Figur 325 gibt die wichtigsten Linien in ihrer Lage zu den fünf hauptsächlichsten Farben des Sonnenspektrums. Die Linien werden nach FRAUNHOFER durch die beigesetzten Buchstaben bezeichnet. Bei der Entwickelung der NEWTONschen Theorie haben wir von der verschiedenen Brechbarkeit des Rot, des Gelb usw. gesprochen; diese Begriffe sind sehr unbestimmter Natur, da die verschiedenen Farben im Spektrum einen mehr oder weniger breiten Raum einnehmen;

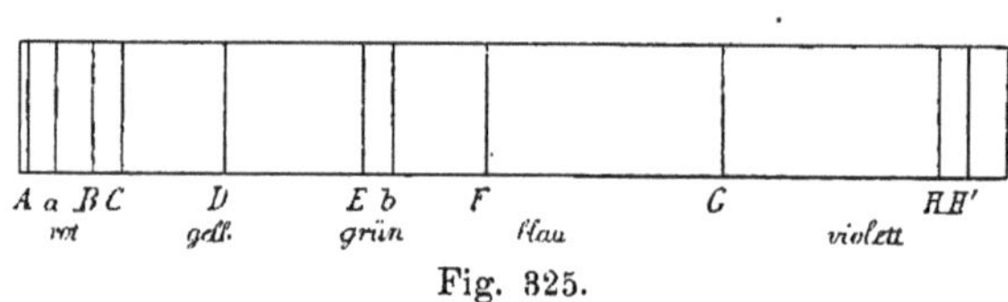

Fig. 325.

dagegen ist das Rot an der Stelle der Linie *A*, das Gelb an der von *D* ein ganz bestimmtes. Ihre Brechungsverhältnisse können auf das schärfste bestimmt werden aus der Ablenkung, welche die Linien *A* und *D* bei der Minimalstellung des Prismas erleiden. Dies ist der Grund, weshalb die Brechungsverhältnisse der verschiedenen Stoffe bei jeder exakteren Untersuchung auf die FRAUNHOFERschen Linien des Sonnenspektrums bezogen werden.

§ 268. **Numerische Werte von Brechungsverhältnissen.** In dem Abschnitt über Brechung haben wir uns mit einer ganz rohen Angabe einiger weniger Brechungsverhältnisse begnügt. In der Tat sind genauere Angaben nur möglich mit Berücksichtigung der Zerstreuung; das Brechungsverhältnis hat einen bestimmten Wert immer nur für eine bestimmte Stelle des Spektrums, für eine FRAUNHOFERsche Linie. Die folgende Tabelle enthält eine Zusammenstellung von Brechungsverhältnissen dieser Linien für einige wichtigere Stoffe.

			A	*B*	*C*	*D*	*E*	*F*	*G*	*H*
Wasser 17·5⁰			1·3291	1·3306	1·3314	1·3332	1·3353	1·3374	1·3407	1·3436
Alkohol 15·0⁰			1·3598	1·3611	1·3618	1·3635	1·3658	1·3679	1·3716	1·3748
Schwefelkohlenstoff 16⁰			1·6118	1·6181	1·6214	1·6308	1·6438	1·6555	1·6794	1·7032
Kronglas	{	leicht	1·5100	1·5118	1·5127	1·5153	1·5186	1·5214	1·5267	1·5312
		schwer	1·6097	1·6117	1·6126	1·6152	1·6185	1·6213	1·6265	1·6308
Flintglas	{	leicht	1·5986	1·6020	1·6038	1·6085	1·6145	1·6200	1·6308	1·6404
		schwer	1·7350	1·7405	1·7434	1·7515	1·7623	1·7722	1·7922	1·811
Steinsalz			1·538	1·540	1·541	1·545	1·550	1·554	1·562	1·569
Kalkspat	{	ordentlich	1·6500	1·6530	1·6545	1·6585	1·6635	1·6679	1·6762	1·6833
		außerordentl.	1·4828	1·4840	1·4847	1·4864	1·4888	1·4908	1·4946	1·4978

§ 269. **Totale Dispersion.** Unter totaler Dispersion eines Stoffes versteht man die Differenz seiner Brechungsverhältnisse im äußersten Rot und äußersten Violett, also für die Linien *A* und *H*. In der folgenden Tabelle sind diese Dispersionen zusammengestellt mit dem mittleren Werte des Brechungsverhältnisses, der etwa mit dem Brechungsverhältnis der Linie E übereinstimmt. Die Brechungsverhältnisse der Linien A und H sind mit n_r und n_v, das von E mit n bezeichnet.

		$n_r - n_v$	n
Wasser		0·0145	1·3353
Alkohol		0·0150	1·3658
Schwefelkohlenstoff		0·0914	1·6438
Kronglas	leicht	0·0212	1·5186
	schwer	0·0211	1·6185
Flintglas	leicht	0·0418	1·6145
	schwer	0·076	1·7623
Steinsalz		0·031	1·550
Kalkspat	ordentlich	0·0333	1·6635
	außerordentlich	0·0150	1·4888

In § 257 haben wir eine Formel angegeben, durch die das Brechungsverhältnis mit dem Winkel der kleinsten Ablenkung in Beziehung gebracht wird. Wenn der Prismenwinkel φ, und mit ihm auch der Ablenkungswinkel δ klein ist, so können wir an Stelle der Sinus die Winkel selber setzen und erhalten dann:

$$\delta = (n - 1)\,\varphi\,.$$

Bezeichnen wir durch δ_r den Ablenkungswinkel der Linie A, durch δ_v den von H, so ergibt sich:

$$\delta_v - \delta_r = (n_v - n_r)\,\varphi\,.$$

Der von dem Fächer der austretenden Farbenstrahlen erfüllte Winkel, und mit ihm die Ausdehnung des Spektrums ist somit bei gleichem Prismenwinkel der totalen Dispersion proportional; bei gleichem Winkel gibt ein mit Schwefelkohlenstoff gefüllter prismatischer Glastrog ein Spektrum, das viermal so ausgedehnt ist, wie das eines Kronglas-, zweimal so ausgedehnt, wie das eines Flintglasprismas. Diese für Prismen von kleinem Winkel geltenden Beziehungen können bei größeren Winkeln wenigstens für eine oberflächliche Vergleichung als Maßstab dienen.

§ 270. Achromatische Prismen und Linsen. Aus den im vorhergehenden Paragraphen angeführten totalen Dispersionen von leichtem Flint- und von Kronglas folgt, daß ein scharfes Prisma von Kronglas mit dem brechenden Winkel $2\,\varphi$ dieselbe Farbenzerstreuung gibt, wie ein Flintglasprisma mit dem Winkel φ. Dagegen ist die mittlere Brechung des Kronglasprismas noch immer beinahe doppelt so groß, wie die des Flintglasprismas. Wenn man also zwei solche Prismen C und F (Fig. 326) kombiniert, so daß sie ihre brechenden Kanten nach entgegengesetzten Seiten hin wenden, so stellen sie ein einziges Prisma dar, bei dem die Ablenkung der roten Strahlen dieselbe ist, wie die der violetten, ein Prisma, das also keine merkliche Farbenzerstreuung, wohl aber eine Brechung der Lichtstrahlen erzeugt. Man bezeichnet solche Prismen als achromatische.

Farbenzerstreuung oder Dispersion tritt natürlich auch ein bei den Linsen; aus den Brechungsverhältnissen der roten und violetten Strahlen folgt, daß der Brennpunkt der ersteren weiter von der Linse abliegt, als der der violetten. Läßt man weißes Licht auf eine Sammellinse fallen, so erscheint auf einem hinter der Linse aufgestellten Schirm der Brennpunkt der violetten Strahlen von einem roten, der Brennpunkt der roten von einem violetten Kreise umgeben. Ähnliche Farbenhöfe umgeben auch die einzelnen Punkte des Bildes, das die Linse von einem auf ihrer Achse aufgestellten Gegenstande entwirft. Man bezeichnet dies als die chromatische

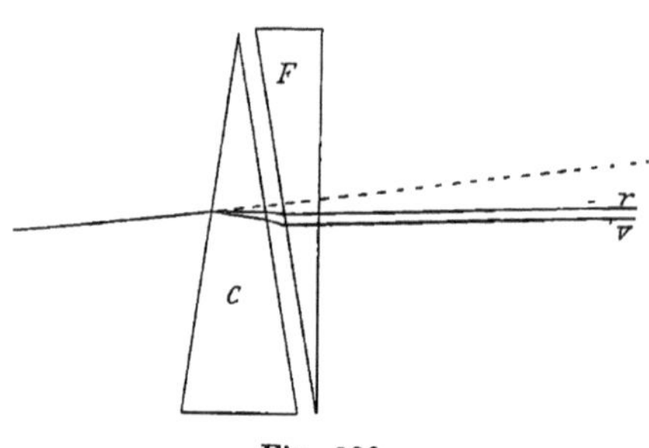

Fig. 326.

Abweichung der Linse. Aus der zwischen Linsen und Prismen bestehenden Beziehung folgt, daß es möglich ist, eine bikonvexe Sammellinse von Kronglas mit einer plankonkaven oder konvexkonkaven Zerstreuungslinse von Flintglas so zu kombinieren, daß sie in ihrer Vereinigung eine von Dispersion freie Sammellinse repräsentieren. Man bezeichnet diese für die Konstruktion optischer Instrumente sehr wichtigen Linsen als achromatische.

§ 271. Geradsichtprismen. Die Betrachtungen der vorhergehenden Paragraphen zeigen, daß auch die umgekehrte Aufgabe lösbar ist, Prismen zu konstruieren, die das Licht zerstreuen, aber die Strahlen von mittlerer Brechbarkeit nicht ablenken. Man wird dazu Kombinationen von Kron- und Flintglasprismen verwenden, bei denen etwa für die FRAUNHOFERsche Linie E die Brechung des Kronglases durch die entgegengesetzte des Flintglases aufgehoben wird. Die Zerstreuung des Flintglases wird aber gerade dann beiläufig doppelt so groß, wie die des Kronglases, die Zerstreuung der ganzen Kombination der des Kronglases ähnlich sein. Man bezeichnet solche Prismen als Geradsichtprismen. Steigerung der Dispersion kann man durch eine Kombination von mehreren Flint- und Kronglasprismen erzielen.

§ 272. Der Farbenkreisel. Das Spektrum des weißen Lichtes besteht aus einer unendlichen Mannigfaltigkeit von Farben, die sich kontinuierlich aneinander anschließen und stetig ineinander übergehen. Es ist offenbar willkürlich, wenn wir im Spektrum sieben verschiedene Farben unterscheiden; wir können ebensogut Orange und Indigo weglassen und nur Rot, Gelb, Grün, Blau, Violett unterscheiden. Nun wissen wir, daß man durch Mischung von Pigmenten die mannigfachsten Farbeneindrücke erhalten kann, und es ist wahrscheinlich, daß ebenso durch Mischung von Spektralfarben neue Farbentöne entstehen, wie ja in der Tat das Weiß durch die Vereinigung sämtlicher Spektralfarben erzeugt wird. YOUNG hat zuerst die Ansicht aufgestellt, daß alle Farbenempfindungen durch die Mischung dreier Grundfarben sich bilden, des Rot, Grün und Violett. Die hieraus folgenden Beziehungen der verschiedenen Farben lassen sich durch ein einfaches geometrisches Bild darstellen, wenn man die drei Farben Rot, Grün und Violett durch drei Punkte r, gr und v einer Ebene repräsentiert (Fig. 327). Nimmt man weiter an, daß für die Intensitäten des Rot, Grün und Violett, die in einer bestimmten Mischfarbe enthalten sind, irgend ein gemeinsames Maß gefunden sei, so kann auch der Mischfarbe ein bestimmter Punkt der Zeichenebene zugeordnet werden. Zu diesem Zwecke

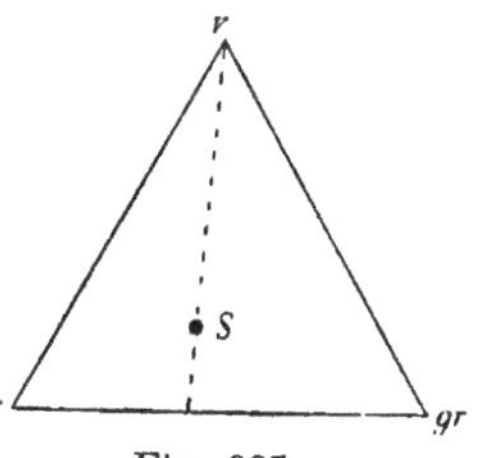

Fig. 327.

denkt man sich in den Punkten r, gr, v Gewichte wirkend, die jenen Intensitäten numerisch gleich sind, und sucht nach den hierfür geltenden Regeln ihren Schwerpunkt. Dieser repräsentiert die gegebene Farbe während ihre Intensität gleich der Summe der drei Teilintensitäten ist. Verhalten sich z. B. die Intensitäten des r, gr und v wie $4:3:2$, so ergibt sich die Zeichnung von Figur 327. Der Punkt S stellt die resultierende Mischfarbe dar. Es ergibt sich dann die weitere Folgerung, daß dieselbe Konstruktion, durch welche der Ort einer beliebigen Mischfarbe gegen die drei Grundfarben festgelegt wird, auch gilt, wenn man an ihrer Stelle drei beliebige zusammengesetzte Farben benützt, um durch ihre Mischung andere Farbentöne zu erzeugen Damit ist dann die Möglichkeit einer Prüfung der Theorie der zusammengesetzten Farben gegeben. Man sieht aber zugleich, daß diese Theorie unabhängig ist von der Annahme, daß alle Farbenempfindungen aus denen des Rot, Grün und Violett sich zusammensetzen. Die Bestätigung jener Theorie entscheidet daher noch nicht über die Frage nach den Grundempfindungen; die weitere Verfolgung dieser Frage aber bildet einen Gegenstand der physiologischen, nicht der physikalischen Forschung.

Zu den Versuchen, durch welche MAXWELL die erste quantitative Bestätigung der Theorie der Mischfarben geliefert hat, dienten Pigmentfarben; ihre Mischung wurde durch den schon auf Seite 401 erwähnten Farbenkreisel bewirkt. Farbige Scheiben, bei denen die einzelnen Farben wechselnde Sektoren des ganzen Kreises erfüllten, werden mit einem rasch rotierenden Kreisel verbunden; die Eindrücke der einzelnen verschiedenfarbigen Sektoren vermischen sich und erzeugen eine neue Empfindung, die Mischfarbe. Die aus verschiedenen Kombinationen resultierenden Farbentöne werden verglichen, indem auf demselben Kreisel zwei verschiedene Farbenscheiben mit größerem und kleinerem Durchmesser befestigt werden (vgl. Fig. 328). Es bildet dann die eine Scheibe einen konzentrischen Ring um die andere, und es entsteht die Aufgabe, die Verhältnisse der Sektoren so zu wählen, daß der Farbenton des inneren und des äußeren Ringes derselbe ist. Wir wollen dies durch Mitteilung eines bestimmten Versuches erläutern. Die als Grundfarben benützten Pigmente waren: Zinnoberrot Z, Ultramarin U, Smaragdgrün SG. Der Umfang der Farbenscheiben wurde gleich 1 gesetzt, und die Intensität der Grundfarben in einer beliebigen Mischung durch die Länge des ihnen zugehörigen Sektorbogens in Hundertteilen des Umfanges gemessen. Zuerst wurde diejenige Mischung der drei Grundfarben bestimmt, die dasselbe Weiß erzeugte, wie es andererseits durch die Kombination eines schneeweißen mit einem elfenbeinschwarzen Sektor hergestellt werden konnte. Das Ergebnis des Versuches ist dargestellt durch Figur 328 und wird ausgedrückt durch die Farbengleichung:

$$0{\cdot}37\,Z + 0{\cdot}27\,U + 0{\cdot}36\,SG = 0{\cdot}28\,SW + 0{\cdot}72\,ES,$$

in der SW das Schneeweiß, ES das Elfenbeinschwarz bezeichnet.

Legen wir die drei Grundfarben in die Ecken eines gleichseitigen Dreieckes nach Z, U, SG, so ergibt sich der dem Weiß entsprechende

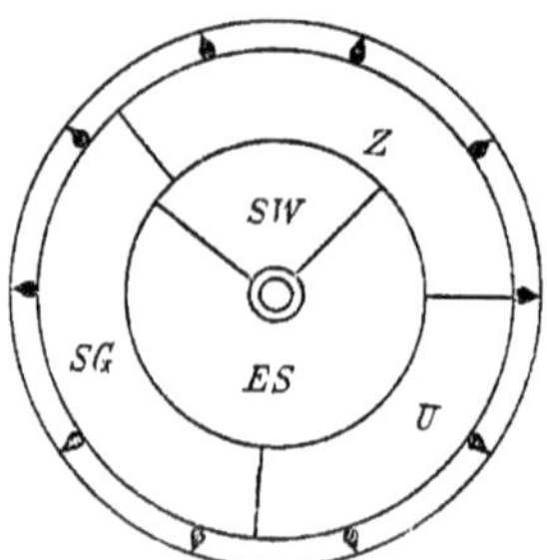

Fig. 328 Farbenkreisel.

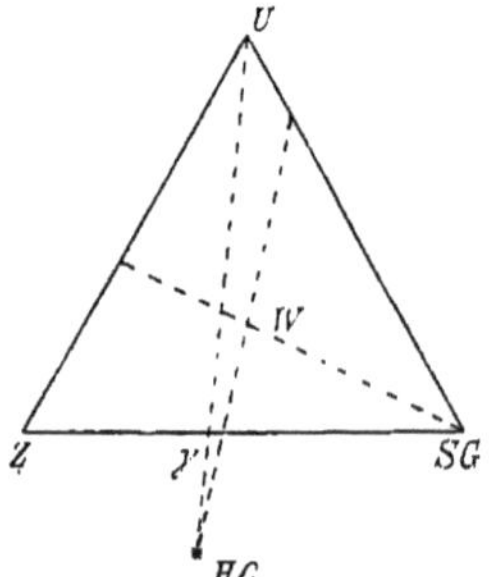

Fig. 329. Farbendiagramm.

Punkt W als Schwerpunkt dreier in Z, U und SG wirkender Gewichte, die beziehungsweise gleich $0{\cdot}37$, gleich $0{\cdot}27$ und gleich $0{\cdot}36$ Einheiten sind (Fig. 329). Es ist ferner die Intensität des weißen Sektors gleich der Summe der Intensitäten der das Weiß erzeugenden Grundfarben; die letzteren aber sind der eingeführten Maßbestimmung zufolge zusammengenommen gleich $0{\cdot}37 + 0{\cdot}27 + 0{\cdot}36$, d. h. gleich 1; somit ist auch die Intensität eines schneeweißen Sektors von der Bogenlänge $0{\cdot}28$ gleich 1, und die Intensität der vollen weißen Kreisscheibe würde darnach gleich $\dfrac{1}{0{,}28} = 3{\cdot}57$ zu setzen sein.

Bei einem zweiten Versuche wurde an Stelle des Zinnobers ein helles Chromgelb HC benützt, und damit die folgende Gleichung erhalten:

$$0{\cdot}33\,HC + 0{\cdot}55\,U + 0{\cdot}12\,SG = 0{\cdot}37\,SW + 0{\cdot}63\,ES.$$

Nun ist die Intensität eines weißen Sektors von der Bogenlänge $0{\cdot}37$ nach dem Vorhergehenden gleich $0{\cdot}37 \times 3{\cdot}57 = 1{\cdot}32$; die Gesamtintensität der auf der linken Seite der Gleichung stehenden Farben muß somit ebenfalls $1{\cdot}32$ Einheiten betragen; daraus folgt weiter, daß der

Sektor mit Chromgelb bei einer Bogenlänge von $0 \cdot 33$ die Intensität $0 \cdot 65$ besitzen muß. Wir erhalten so die korrigierte Gleichung:

$$0 \cdot 65\, hc + 0 \cdot 55\, U + 0 \cdot 12\, SG = 1 \cdot 32\, w.$$

Mit Hilfe dieser Gleichung kann man den Ort HC des Chromgelb in der Ebene des Dreieckes Z, U, SG bestimmen. Man muß zu diesem Zwecke einen Punkt HC suchen, so daß der zuvor schon gefundene Punkt W der Schwerpunkt der mit den Gewichten $0 \cdot 65$, beziehungsweise $0 \cdot 55$ und $0 \cdot 12$ belasteten Punkte HC, U und SG ist. Man findet, daß HC zwischen Z und SG, aber außerhalb des Dreieckes Z, U, SG liegt (Fig. 329); daher kann HC auf keine Weise durch Mischung von Z, U und SG erzeugt werden. Sobald nun in dieser Weise vier Farbenpunkte in der Ebene der Zeichnung gegeben sind, ist die Möglichkeit zu einer Prüfung der Theorie gewonnen. Man verbindet die Farben über Kreuz so, daß derselbe Mischton herauskommt; die hierzu nötigen Intensitäten kann man einerseits experimentell ermitteln, andererseits der graphischen Darstellung entnehmen. So ergab die Beobachtung mit dem Farbenkreisel

$$0 \cdot 39\, HC + 0 \cdot 21\, U + 0 \cdot 40\, ES = 0 \cdot 59\, Z + 0 \cdot 41\, SG,$$

wo ES wieder das Elfenbeinschwarz bezeichnet.

Bestimmt man nun auf der anderen Seite den Punkt γ, in dem die Linie (U, HC) die Dreiecksseite (Z, SG) durchschneidet, so repräsentiert dieser die erzeugte Mischfarbe. Die ihr entsprechenden Intensitäten von Zinnober und Smaragdgrün verhalten sich umgekehrt wie die Entfernungen γ, Z und γ, SG, also wie $0 \cdot 58 : 0 \cdot 42$. Es ergibt sich ferner aus der Zeichnung das Verhältnis der Strecken γ, $U : \gamma$, $HC = 0 \cdot 78 : 0 \cdot 22$. Die Intensitäten des Ultramarin und des Chromgelb in der Mischung verhalten sich somit wie $0 \cdot 22 : 0 \cdot 78$. Nach den vorhergehenden Messungen hat aber ein Sektor von Chromgelb von der Bogenlänge $0{,}33$ die Intensität $0 \cdot 65$; die Intensität $0 \cdot 78$ wird daher erreicht bei einem Sektor von der Länge $0 \cdot 39$. Der graphischen Darstellung der beiden vorhergehenden Versuche zufolge müßte also die Farbengleichung lauten:

$$0 \cdot 39\, HC + 0 \cdot 22\, U + 0 \cdot 39\, ES = 0 \cdot 58\, Z + 0 \cdot 42\, SG.$$

Die Übereinstimmung mit der durch direkte Beobachtung gewonnenen ist, wie man sieht, eine recht gute.

Mit Hilfe von sinnreich konstruierten Apparaten zur Mischung der Spektralfarben wurde auch ihre Stellung im Farbendiagramme bestimmt. Als wesentliches Resultat der Untersuchung ergab sich, daß die Spektralfarben vom Scharlach bis zum Grün der Linie E auf einer geraden Linie liegen; daß ebenso die Strahlen von einem bläulichen Grün bis zu einem Blau, das etwas jenseits der Linie F liegt, einer geraden Linie angehören; eine dritte gerade Linie enthält die purpurnen Farbentöne, welche durch Mischung von Rot und Violett entstehen. Die abgerundeten Ecken des Dreieckes enthalten in der durch Figur 330 anschaulich gemachten Weise Rot, Grün und Violett, die Mitten der beiden zuerst erwähnten Seiten Gelb und Blau. Der im Inneren des Dreieckes gezeichnete Kreis W entspricht dem Weiß. Ziehen wir durch W irgend eine Linie, so treffen wir auf gegenüberliegenden Punkten des Farbendreieckes zwei Farben, die sich zu Weiß ergänzen, sogenannte Komplementärfarben. Solche sind z B. Gelb und Blau, Rot und Grün.[1]

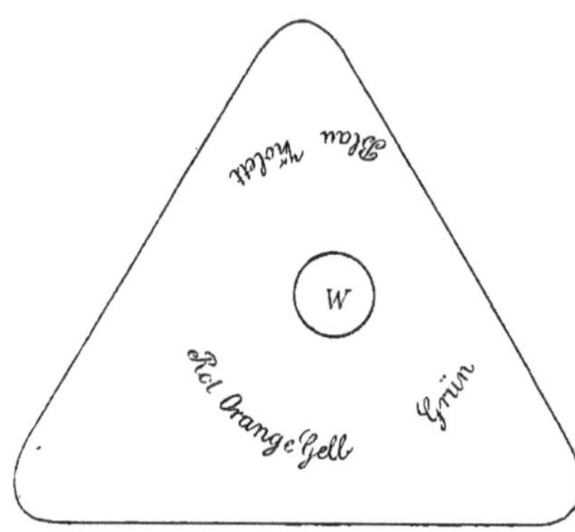

Fig. 330.
Die Spektralfarben im Farbendiagramm.

Die empirischen Gesetze, welche durch die geschilderten Untersuchungen gewonnen worden sind, bilden das Fundament für die tiefer gehenden Forschungen, die das Wesen der Farbenempfindung selbst zu erklären suchen. Die auf dieses Ziel gerichteten Theorien liegen aber dem Gebiete der Physik zu fern, und wir verzichten darauf, über sie zu berichten.

Fünftes Kapitel. Das Auge und die optischen Instrumente.

§ 273. Das Auge. Das Auge entspricht im ganzen genommen der Camera obscura eines photographischen Apparates. Diese besteht bekanntlich aus einem innen geschwärzten Kasten, der vorn in einer verstellbaren Röhre eine Sammellinse, beziehungsweise ein damit äquivalentes Linsensystem trägt. Diese Linse entwirft von einem vor der Kammer befindlichen Gegenstande, einer Person, einer Landschaft, ein reelles, umgekehrtes, verkleinertes Bild; dieses wird auf der lichtempfindlichen Platte aufgefangen und nachher entwickelt und fixiert.

Beim Auge tritt an Stelle der Linse des Photographen eine Reihe verschiedener brechender Medien, unter welchen die Kristalllinse besonders ausgezeichnet ist. An Stelle der Platte tritt die lichtempfindliche Netzhaut; das reelle umgekehrte Bild, welches die brechenden Medien des Auges von einem äußeren Gegenstande entwerfen, muß auf die Netzhaut fallen, wenn jener deutlich gesehen werden soll. Der Unterschied zwischen dem Auge und der Camera obscura beruht vor allem darauf, daß bei dieser vor und hinter dem brechenden System dasselbe Medium, Luft, sich befindet, bei dem Auge dagegen verschiedene

<hr>

[1] MAXWELL, On the Theory of Compound Colours and the Relations of the Colours of the Spectrum. The Scientific Papers. Vol. I. p. 410.

Medien, vorn Luft, hinten der sogenannte Glaskörper. Hiernach repräsentiert das Auge einen optischen Apparat, der von den früher untersuchten Linsen prinzipiell verschieden ist, und es entsteht die Frage, inwieweit die früher entwickelten Gesetze beim Auge Anwendung finden können. Um sie zu beantworten, müssen wir etwas genauer auf den Bau des Auges eingehen. Nach vorn ist dasselbe begrenzt von der kugelförmig hervorragenden Hornhaut, deren Scheitelpunkt in O, deren Krümmungsmittelpunkt in r gelegen sei (Fig. 331); die Linie Or ist dann die Achse des Auges. Der Raum zwischen der Hornhaut und der Kristallinse ist erfüllt von einer wasserhellen Flüssigkeit; die beiden Scheitelpunkte der Kristallinse seien O_1 und O_2, die Krümmungsmittelpunkte der vorderen und hinteren Linsenfläche r_1 und r_2. Der Raum hinter der Linse

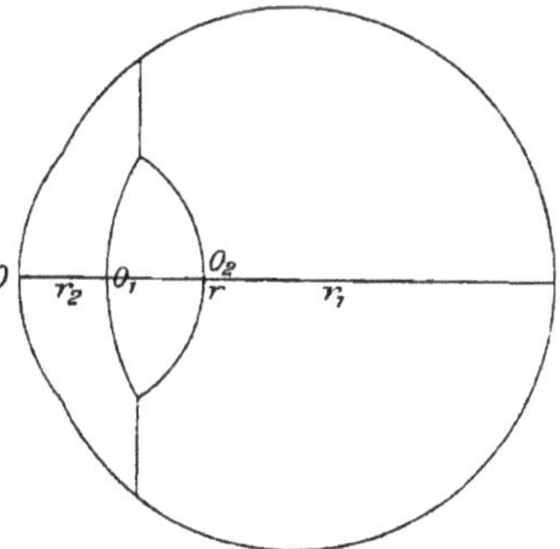

Fig. 331. Schematisches Auge.

ist, wie schon erwähnt, von dem Glaskörper erfüllt. Die Krümmungshalbmesser der verschiedenen brechenden Flächen haben die Werte:

$$Or = 7 \cdot 8 \,\text{mm}, \quad O_1 r_1 = 9 \cdot 51 \,\text{mm}, \quad O_2 r_2 = 5 \cdot 87 \,\text{mm}.$$

Ferner sind die Abstände:

$$O O_1 = 3 \cdot 78 \,\text{mm}, \quad O_1 O_2 = 4 \cdot 00 \,\text{mm}.$$

Dabei ist angenommen, daß das Auge auf ein sehr fernes Objekt gerichtet sei, denn, wie wir sehen werden, hängt die Krümmung der Kristallinse von der Weite der Einstellung ab. Die Brechungsverhältnisse n, n_1 und n_2 an den Grenzflächen O, O_1 und O_2 haben die Werte:

$$n = 1 \cdot 346, \quad n_1 = 1 \cdot 080, \quad n_2 = \frac{1}{n_1} = 0 \cdot 926.$$

Für eine brechende Kombination von der Art des Auges gelten nun die folgenden Sätze, deren Analogie mit den in § 263 für die Stablinse auf-

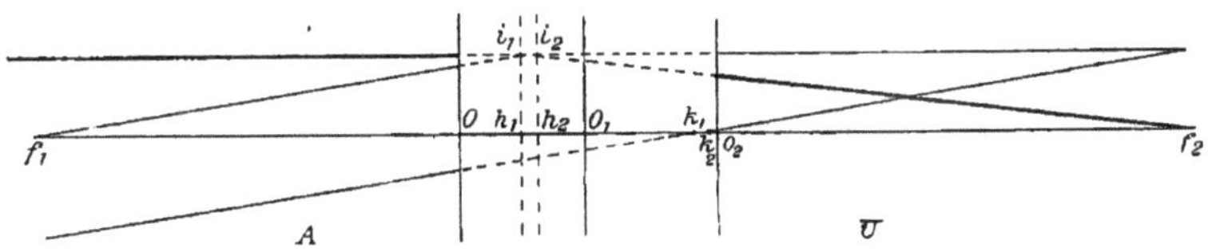

Fig. 332. Optik des Auges.

gestellten in die Augen fällt. Wir bezeichnen dabei den Raum vor dem Auge mit A, den Raum des Glaskörpers mit U (Fig. 332).

Achsenparallele Strahlen in A gehen in U durch einen und denselben Punkt der Achse, den zweiten Brennpunkt f_2.

Achsenparallele Strahlen in U gehen in A durch einen und denselben Punkt der Achse, den ersten Brennpunkt f_1.

Es existieren zwei in den Punkten h_1 und h_2 zur Achse senkrechte Ebenen, deren Punkte, ebenso wie die Punkte J_1 und J_2 der Figur 304, paarweise so konjugiert sind, daß die Verbindungslinien konjugierter Punkte der Achse parallel sind. Man bezeichnet diese Ebenen als die Hauptebenen, die Punkte h_1 und h_2 als die Hauptpunkte. Wenn also in A ein Bündel von Strahlen nach dem Punkt i_1 der ersten Hauptebene hinzielt, so divergiert dasselbe in U von dem gegenüberliegenden Punkt i_2 der zweiten Hauptebene.

Auf der Achse des Systems liegen außerdem zwei Punkte k_1 und k_2 so, daß ein Strahl, der in A nach k_1 hinzielt, in U mit sich selber parallel nach k_2 verschoben ist. Diese Punkte nennen wir die Knotenpunkte.

Hiernach besteht der wesentliche Unterschied zwischen einem System, in welchem das vordere Mittel mit dem hinteren identisch ist, und einem solchen, in dem diese beiden Mittel verschieden sind, darin, daß im ersteren Falle, z. B. bei der auf Seite 388 betrachteten Stablinse, die Haupt- und Knotenpunkte zusammenfallen, im letzteren, z. B. beim Auge, verschieden sind. Immer aber folgen sich die beiden Knotenpunkte k_1 und k_2 in derselben Ordnung und in derselben Distanz wie die Hauptpunkte h_1 und h_2.

Sind bei einem beliebigen System die Haupt- und Brennpunkte gegeben, so ergibt sich die Konstruktion des Bildes in leicht verständlicher

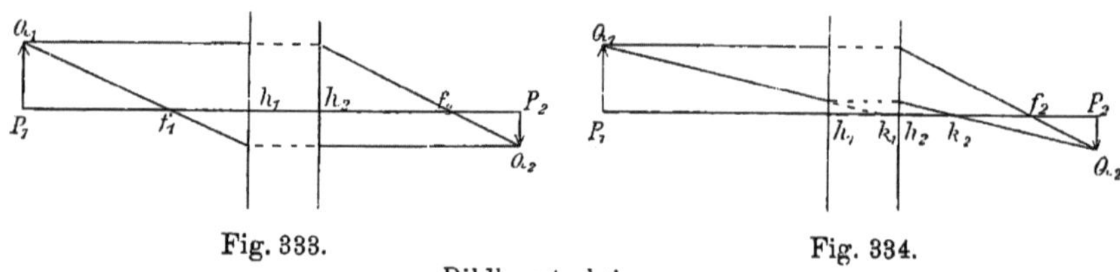

Fig. 333.   Fig. 334.
Bildkonstruktionen.

Weise nach Figur 333. Ist nur der hintere Brennpunkt gegeben, außerdem aber die Haupt- und Knotenpunkte, so erhält man die in Figur 334 dargestellte Konstruktion des Bildes.

Für ein auf ein entferntes Objekt gerichtetes Auge sind die erwähnten Fundamentalpunkte gegeben durch die folgenden Entfernungen:

$$O h_1 = 1 \cdot 93 \text{ mm}, \quad h_1 f_1 = 14 \cdot 77 \text{ mm}, \quad h_1 h_2 = k_1 k_2 = 0 \cdot 40 \text{ mm};$$
$$O' h_2 = 2 \cdot 33 \text{ mm}, \quad h_2 f_2 = 19 \cdot 88 \text{ mm}, \quad h_1 k_1 = 5 \cdot 12 \text{ mm}.$$

Hiernach ist die Zeichnung der Figur 332 im dreifachen Maßstabe entworfen.

Das Bild eines sehr entfernten Objektes entsteht an der Stelle des Brennpunktes f_2; hier muß die Netzhaut des Auges sich befinden, wenn jenes Objekt deutlich wahrgenommen wird. Für einen dem Auge näher liegenden Gegenstand muß dann das von dem brechenden Apparate entworfene Bild hinter die Netzhaut fallen, d. h. wenn das Auge bei den angegebenen Abmessungen ein weit entferntes Objekt deutlich sieht, so sind die Bilder aller näher liegenden verschwommen. Um auch ihre Bilder auf die Netzhaut zu werfen, muß der brechende Apparat des Auges irgendwie verändert, das Auge auf die kleinere Entfernung akkommodiert werden. Dies geschieht so, daß durch einen eigentümlichen Muskel die Flächen der Kristallinse stärker gewölbt, ihre Brechung vergrößert wird. Die Akkommodationsfähigkeit des Auges ist aber keine unbegrenzte; wenn man das Objekt dem Auge nähert, so findet man einen Punkt, den Nahpunkt, über den hinaus man nicht gehen kann, ohne die Deutlichkeit der Wahrnehmung zu verlieren; die Entfernung des Nahpunktes vom Auge, die Sehweite, ist für ein normalsichtiges Auge etwa gleich 25 cm. Zugleich vermag das normale Auge achsenparallele Strahlen noch auf der Netzhaut zu vereinigen, sein Fernpunkt liegt im Unendlichen. Bei dem Auge des Kurzsichtigen liegen beide Punkte dem Auge näher.

Aus der Betrachtung der Figur 332 ergibt sich, daß beim Auge die beiden Hauptpunkte und die beiden Knotenpunkte sehr nahe zusammenfallen. Man kann daher ohne Bedenken diese Punkte durch je einen Punkt h und k ersetzen (Fig. 335). Den aus der Vereinigung der

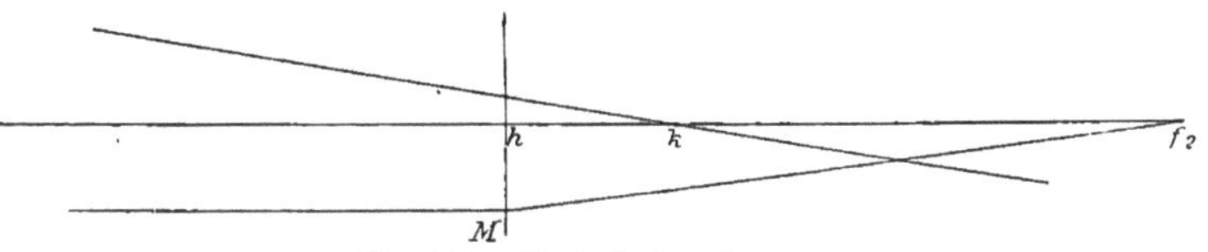

Fig. 335. Reduziertes Auge.

Knotenpunkte entstehenden, k, nennen wir den Kreuzungspunkt des Auges. Nach ihm gerichtete Strahlen gehen ganz unverändert bis zu der Netzhaut durch. Wenn die Hauptpunkte zusammenfallen, so gilt gleiches von den Hauptebenen, und die so entstehende zu der Achse senkrechte Ebene h verhält sich dann wie eine sphärische brechende Fläche mit dem Krümmungsmittelpunkt k; ein in M einfallender Parallelstrahl wird gebrochen nach Mf_2. Man kann also sagen, daß das Auge sich so verhält, als ob es gegen die Luft durch eine einzige brechende Kugelfläche abgegrenzt wäre, deren Scheitel in h, deren Mittelpunkt in k sich befindet; das Brechungsverhältnis an der Fläche h muß dann so bemessen sein, daß die Brennpunkte der auf sie fallenden achsenparallelen Strahlen nach f_1 und f_2 fallen.[1]

Fig. 336. Sehwinkel.

Wir schließen unsere Betrachtung der optischen Eigenschaften des Auges, indem wir noch eine zweite Bedingung hervorheben, an die das deutliche Sehen eines Gegenstandes gebunden ist. Stellen wir auf

---

[1] Reusch, Konstruktionen zur Lehre von den Haupt- und Brennpunkten eines Linsensystems. Leipzig 1870.

die Achse des Auges einen Gegenstand, etwa den Pfeil AB (Fig. 336,) so gehen die von A und B nach dem Kreuzungspunkte zielenden Strahlen ungeändert durch das Auge und bestimmen auf der Netzhaut die Bilder a und b, die um so näher beisammen liegen, je kleiner der Winkel AkB ist, unter dem die Strahlen im Kreuzungspunkte sich treffen, der Sehwinkel. Wenn dieser kleiner als eine Minute ist, so erzeugen die Punkte A und B nicht mehr zwei gesonderte Lichteindrücke. Der Pfeil kann daher nicht mehr als solcher wahrgenommen werden.

§ 274. Die Lupe. Wenn wir einen Gegenstand möglichst deutlich in all seinen Einzelheiten sehen wollen, so können wir ihn bis in den Nahpunkt des Auges bringen; gehen wir über diesen hinaus, so vergrößern wir zwar den Sehwinkel, aber wir verlieren die Möglichkeit der Akkommodation. In diesem Falle bringen wir zwischen Auge und Objekt eine Sammellinse, die Lupe, so daß das Objekt innerhalb der Brennweite liegt. Das von der Linse entworfene virtuelle, aufrechte und vergrößerte Bild muß dann im Nahpunkt des Auges liegen. Figur 337 zeigt die

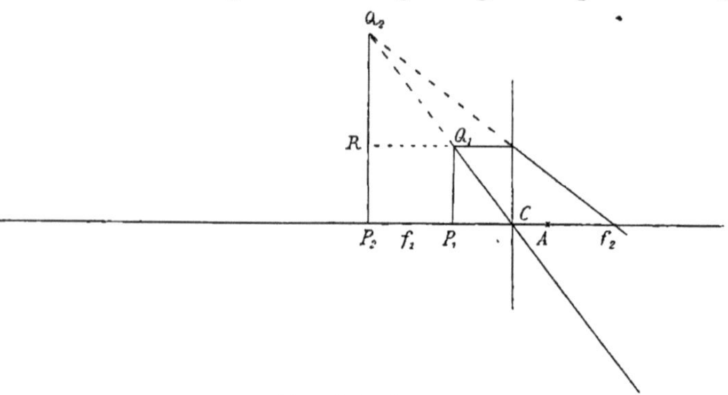

Fig. 337. Lupe.

schon früher besprochene Konstruktion. Die durch die Lupe erzielte Vergrößerung ergibt sich aus der folgenden Überlegung. Ist A der Punkt, in dem das Auge sich befindet, so erscheint das virtuelle Bild des Objektes unter dem Winkel P_2AQ_2; wollten wir das Objekt selbst ohne Lupe deutlich sehen, so müßten wir dasselbe in den Nahpunkt nach P_2R zurückschieben, und der Sehwinkel wäre P_2AR. Die Vergrößerung m ist gleich dem Verhältnis der beiden Winkel. Da aber nach den allgemeinen Voraussetzungen unserer Theorie die Winkel klein sind, so verhalten sie sich wie die Längen P_2Q_2 und P_2R oder P_1Q_1. Somit ergibt sich für die Vergrößerung der Wert:

$$m = \frac{P_2Q_2}{P_1Q_1} = \frac{p_2}{p_1}.$$

wo $p_2 = CP_2$ und $p_1 = CP_1$; nun ist nach § 263:

$$\frac{1}{p_1} = \frac{1}{p_2} + \frac{1}{f},$$

also auch:

$$m = 1 + \frac{p_2}{f}.$$

Bezeichnen wir endlich noch die Sehweite $A P_2$ mit w, den Abstand des Auges von der Lupe $A C$ mit a, so wird:

$$m = \frac{w - a}{f} + 1.$$

Die Vergrößerung der Lupe ist um so stärker, je kleiner ihre Brennweite ist und je mehr das Auge ihr genähert wird.

§ 275. Fernrohr und Mikroskop. Das KEPLERsche oder astronomische Fernrohr und das Mikroskop bestehen beide aus mindestens zwei Linsen, dem Objektiv und dem Okular. Bei beiden Instrumenten entwirft das Objektiv von dem Gegenstande ein reelles, umgekehrtes Bild; das Okular ist nichts anderes als eine Lupe, mit der jenes Bild betrachtet wird. Der Unterschied der Instrumente liegt nur darin, daß bei dem Mikroskop das Objekt im Bereiche unserer Hand ist, so daß wir schon mit dem Objektive ein stark vergrößertes Bild erzeugen können, während beim Fernrohre das zunächst erzeugte Bild notwendig ein sehr verkleinertes, dem Brennpunkt nahe liegendes ist.

Bei dem GALILEIschen Fernrohr dient als Okular eine Zerstreuungslinse. Die Wirkung wird durch Figur 338 erläutert. Das reelle

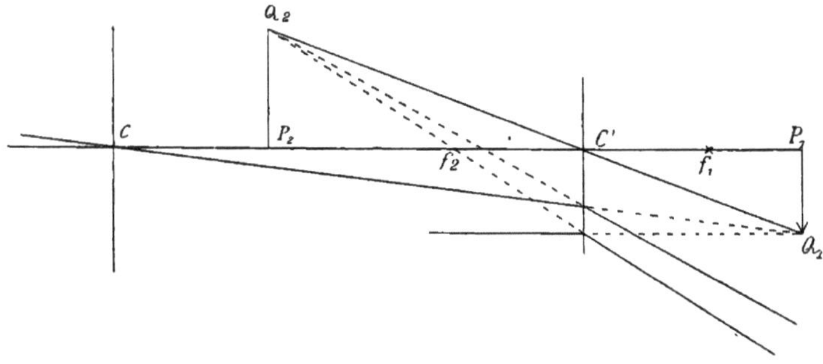

Fig. 338. GALILEIsches Fernrohr.

Bild $P_1 Q_1$, das von dem Objektiv C unter den früheren Verhältnissen entworfen wurde, kommt nicht zustande, da die nach $P_1 Q_1$ gehenden Strahlen auf die in C' aufgestellte Zerstreuungslinse fallen. Liegt $P_1 Q_1$ außerhalb ihrer Brennweite $C' f_1$, so entsteht ein virtuelles, aufrechtes, vergrößertes Bild, $P_2 Q_2$.

Wenn man das KEPLERsche Fernrohr auf ein unendlich entferntes Objekt richtet und für ein auf unendliche Entfernung akkommodiertes Auge einstellt, so fällt der Brennpunkt des Objektives zusammen mit dem vorderen Brennpunkte des Okulars, die Entfernung der Linsen ist gleich der Summe ihrer Brennweiten. Unter denselben Verhältnissen fällt bei dem GALILEIschen Fernrohr das Bild $P_1 Q_1$ in die Brennebene des Objektives; zugleich muß aber dieses Bild auch in der hinteren Brennebene des Okulars liegen, damit das virtuelle Bild $P_2 Q_2$ in unendliche Entfernung rückt; die Distanz der Linsen ist daher gleich der Differenz ihrer Brennweiten. Das GALILEIsche Fernrohr ist erheblich kürzer als das KEPLERsche, jenes gibt ein aufrechtes, dieses ein umgekehrtes Bild. Das terrestrische Fernrohr unterscheidet sich von dem astronomischen dadurch, daß zwischen Objektiv und Okular noch eine weitere Sammellinse eingeschaltet ist, die das von dem Objektiv erzeugte umgekehrte Bild wieder zu einem aufrechten macht; von diesem entwirft dann die Okularlinse ein virtuelles, vergrößertes und gleichfalls aufrechtes Bild.

Bei dem Spiegelteleskop wird das erste reelle Bild des fernen Objektes durch einen Hohlspiegel entworfen; das Okular wirkt wieder wie eine Lupe, beziehungsweise wie ein Mikroskop.

§ 276. Das Prismenfernrohr von ZEISS. Das terrestrische Fernrohr mit seinem nach Art eines Mikroskopes aus zwei Sammellinsen auf-

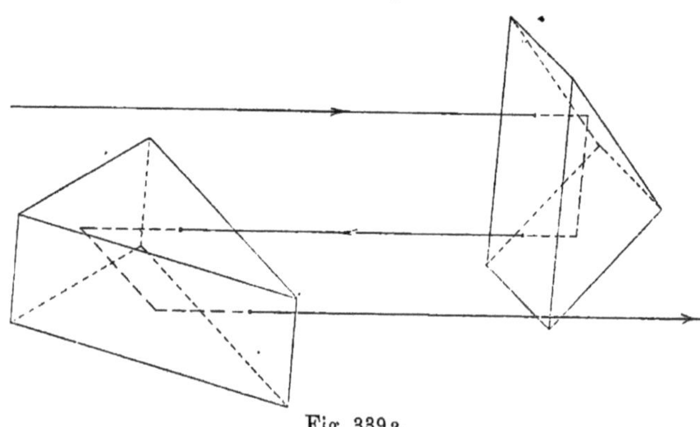

Fig. 339 a.

gebauten Okulare hat eine unbequeme Länge. Man kann diesen Übelstand vermeiden, wenn man die Wiederumkehr des von dem Objektive erzeugten reellen Bildes durch viermalige Totalreflexion an den Kathetenflächen zweier rechtwinklig-gleichschenkliger Prismen bewirkt, welche

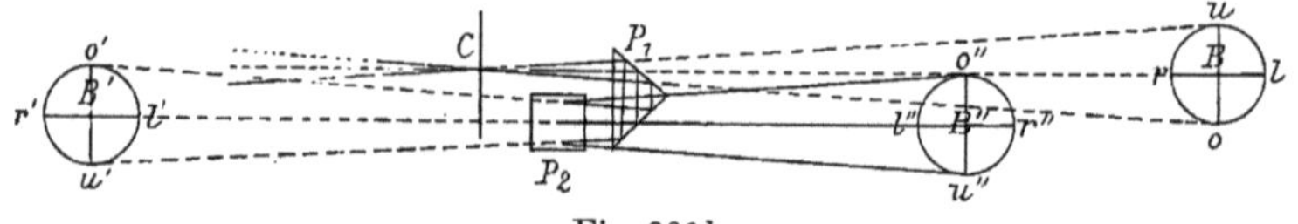

Fig. 339 b.

hintereinander mit parallelen Hypotenusenflächen, aber gekreuzten Kanten aufgestellt sind (Fig. 339 a). Etwas genauer wird die Wirkung der Kombination durch Figur 339 b erläutert. Wir nehmen an, das Objekt habe die Form eines Kreises; seine Ebene stehe vertikal, senkrecht zu der horizontal gestellten Achse CB des Objektives C. In dem in der Figur links von C zu denkenden Kreise ziehen wir den vertikalen Durchmesser OU und den horizontalen RL; O bezeichne den am höchsten, R den am weitesten nach rechts liegenden Punkt des Kreisumfanges. Das Objektiv würde, ohne die Dazwischenkunft der Prismen, von dem Kreise $ORUL$ ein reelles Bild an der Stelle B entwerfen. Das Bild steht senkrecht auf der Ebene der Zeichnung, ist aber in diese Ebene nach $orul$ umgeklappt. Die Reihenfolge der Bildpunkte $orul$ ist dieselbe, wie bei den Punkten $ORUL$, aber oben und unten, rechts und links sind vertauscht. Wir stellen nun in den Weg der Strahlen das rechtwinklig-gleichschenklige Prisma P_1 so, daß die Hypotenusenfläche vertikal, senkrecht zur Achse des Objektives, die Kanten horizontal liegen. Durch die doppelte Reflexion an den Kathetenflächen des Prismas wird das reelle Bild des Objektes nach B' geworfen; dabei wird die Lage der oberen und der unteren Strahlen vertauscht. Das Bild des Punktes O erscheint also in o' wieder oben, das Bild von U in u' wieder unten. Betrachten wir dagegen den Strahl Cr; der Punkt r liegt im Raume vor der vertikalen Ebene Cuo, der Ebene, auf die unsere Zeichnung sich bezieht. Man wird sich leicht davon überzeugen, daß auch der Punkt r', der infolge der doppelten Reflexion in dem Prisma P_1 an Stelle von r tritt, vor der Ebene Cuo liegt. In dem Bilde $o'l'u'r'$ haben also die Punkte o' und u' dieselbe Lage, wie die Punkte O und U in dem Objekt; dagegen ist die Lage von r' und l' entgegengesetzt der von R und L, es ist also in dem Bilde rechts und links noch immer vertauscht. Wir setzen nun vor das Prisma P_1 ein zweites P_2, dessen Hypotenusenfläche parallel ist der Hypotenusenfläche von P_1 und dessen Kanten vertikal stehen. Infolge der zweimaligen Reflexion an den Kathetenflächen dieses Prismas gelangen die nach o' zielenden Strahlen nach o'', die nach u' zielenden nach u''; die Bildpunkte o'' und u'' behalten also die frühere gegenseitige Lage. Die nach r' und l' zielenden Strahlen dagegen vertauschen ihre Lage infolge der zweimaligen Reflexion. In dem in B'' entstehenden Bilde haben demzufolge die Punkte r'' und l'' wieder dieselbe Lage wie in dem Objekte. In der Figur sind die in B' und B'' entstehenden Bilder ebenso umgeklappt, wie das Bild in B; das Bild in B' fällt dann in die Ebene der Zeichnung, das Bild in B'' wird dieser Ebene parallel. Man sieht, daß das Bild in B ein umgekehrtes, das in B'' ein aufrechtes ist; zugleich ist das Bild B'' dem Objektiv beträchtlich näher, als das Bild in B. Das aus einer einfachen Lupe bestehende Okular kann unmittelbar hinter B'' gesetzt werden. In der Tat kann man also mit Hilfe der Zeißschen Prismen eine wesentliche Verkürzung des Fernrohres erzielen und erhält zugleich natürlich orientierte Bilder. Die Verkürzung wächst mit dem Abstande der beiden Prismen; denn ihr Zwischenraum wird von den Strahlen dreimal durchlaufen, während die gesamte Länge der Strahlen vom Objektive bis zum Bilde durch die Reflexionen nicht verändert wird.

§ 277. Die optische Divergenz. Im folgenden soll ein Satz entwickelt werden, der für das Verständnis der Leistung optischer

Apparate von Bedeutung ist. Wir betrachten zunächst nur eine einfache Brechung an einer sphärischen Grenzfläche, knüpfen also an die
Verhältnisse an, die wir in § 262 untersucht und in Fig. 300a, b
graphisch dargestellt haben. Ebenso wie in jener Figur stelle auch in
Fig. 340 O den Scheitelpunkt der sphärischen Fläche dar, r den Krümmungsmittelpunkt, φ_1 und φ_2 die beiden Brennpunkte. P_1 und P_2 seien,
ebenso wie in Fig. 300b, zwei konjugierte Punkte der Achse. Ziehen
wir durch den Mittelpunkt r einen Zentralstrahl, und schneidet dieser
die in P_1 und P_2 auf der Achse errichteten Senkrechten in Q_1 und Q_2,
so ist $P_2 Q_2$ das Bild des Objektes $P_1 Q_1$. Das Objekt ist ein virtuelles,
sofern seine Punkte nicht Ausgangspunkte von Lichtstrahlen sind, sondern nur Konvergenzpunkte von Strahlenbündeln, die sich in dem vor
der brechenden Fläche befindlichen Raume bewegen.

Den Krümmungshalbmesser der Grenzfläche bezeichnen wir mit r,
die Brennweiten $O\varphi_2$ und $O\varphi_1$ mit φ_2 und φ_1; dabei halten wir das
in § 262 eingeführte Übereinkommen fest, daß die Brennweite φ_1, weil
sie entgegengesetzt liegt wie die Achse Or, negativ gerechnet wird.
Die Abszissen OP_1 und OP_2 der konjugierten Punkte seien x_1 und x_2.
Die Größe des virtuellen Objektes $P_1 Q_1$ sei b_1, die Bildgröße $P_2 Q_2$
gleich b_2. Durch den Rand der Grenzfläche ziehen wir den nach P_1
hinzielenden Strahl MP_1, dem der gebrochene Strahl MP_2 entspricht.
Die Winkel $MP_1 O$ und $MP_2 O$ nennen wir die Divergenzwinkel,
β_1 und β_2, der betreffenden Strahlen. Den Winkel OrM bezeichnen
wir durch w. Wir halten vorerst an der Bedingung sehr kleiner Einfallswinkel fest. Wir können dann bei den folgenden geometrischen Betrachtungen den Bogen OM durch eine in O auf der Achse senkrechte
Gerade ersetzen; ihre Länge bezeichnen wir durch s. Das Ziel unserer
Betrachtung besteht nun in der Herstellung einer Beziehung zwischen
den Divergenzwinkeln β_1 und β_2 und zwischen dem Verhältnis der
Objektivgröße b_1 zur Bildgröße b_2. Dafür haben wir aber schon in § 262
die Werte abgeleitet:

$$\frac{b_1}{b_2} = \frac{\varphi_1 - x_1}{\varphi_1} = \frac{\varphi_2}{\varphi_2 - x_2}.$$

Die Vergleichung der beiden Ausdrücke führt zu der Beziehung:

$$(\varphi_1 - x_1)(\varphi_2 - x_2) = \varphi_1 \varphi_2.$$

Man erhält ferner:

$$\frac{b_1}{\varphi_1 - x_1} = \frac{b_2}{\varphi_1}, \quad -\frac{b_1}{x_2(\varphi_1 - x_1)} = -\frac{b_2}{x_2 \varphi_1},$$

oder:

$$\frac{b_1}{(\varphi_2 - x_2 - \varphi_2)(\varphi_1 - x_1)} = -\frac{b_2}{x_2 \varphi_1}, \quad \frac{b_1}{(\varphi_2 - x_2)(\varphi_1 - x_1) - \varphi_2(\varphi_1 - x_1)} = -\frac{b_2}{x_2 \varphi_1}.$$

Nun ist aber: $(\varphi_1 - x_1)(\varphi_2 - x_2) = \varphi_1 \varphi_2$, somit ergibt sich:

$$\frac{b_1}{\varphi_2 x_1} = -\frac{b_2}{\varphi_1 x_2}.$$

Nach § 262 ist aber $\varphi_2 = -n\,\varphi_1$, wir können somit schreiben:

$$\frac{b_1}{x_1} = n\,\frac{b_2}{x_2}\,.$$

Multiplizieren wir auf beiden Seiten mit $OM = s$, so ergibt sich:

$$b_1 \cdot \frac{s}{x_1} = n\,b_2\,\frac{s}{x_2}\,.$$

Es ist aber $\dfrac{s}{x_1} = \operatorname{tg}\beta_1$, $\dfrac{s}{x_2} = \operatorname{tg}\beta_2$, somit:

$$b_1\,\operatorname{tg}\beta_1 = n\,b_2\,\operatorname{tg}\beta_2\,.$$

Damit ist die gesuchte Beziehung gefunden. Sie nimmt eine noch mehr symmetrische Form an, wenn man an Stelle des Brechungsverhältnisses n

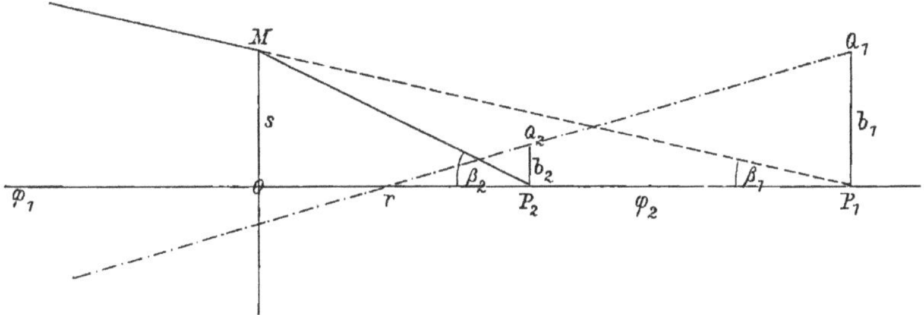

Fig. 340.

die absoluten Brechungsverhältnisse v_1 und v_2 der beiden Mittel einführt, die sich vor und hinter der brechenden Fläche befinden. Es ist dann: $n = v_2/v_1$, und daher:

$$v_1\,b_1\,\operatorname{tg}\beta_1 = v_2\,b_2\,\operatorname{tg}\beta_2\,,$$

oder, da β_1 und β_2 der Voraussetzung nach kleine Winkel sind:

$$v_1\,b_1\,\beta_1 = v_2\,b_2\,\beta_2\,.$$

Zwischen den Größen der konjugierten Linien $P_1\,Q_1$, $P_2\,Q_2$ und zwischen den Divergenzwinkeln der ihnen entsprechenden Strahlen besteht ein reziprokes Verhältnis. Je größer die Linie, um so kleiner der ihr entsprechende Divergenzwinkel.

Wir haben bei der vorstehenden Untersuchung mit einem virtuellen Objekte operiert aus dem Grunde, der schon in § 262 hervorgehoben wurde. Daß das wesentliche Resultat von der speziellen Wahl der Verhältnisse unabhängig ist, ergibt sich aus Fig. 341, bei der Objekt und Bild beide reell sind. Man sieht, daß auch hier der Divergenzwinkel um so kleiner wird, je stärker die Vergrößerung des Objektes ist.

Es ist leicht zu zeigen, daß die im vorhergehenden gefundene Beziehung auch für beliebig viele sphärische Flächen gilt, deren Mittelpunkte einer und derselben Achse angehören, die, wie man sagt, zentriert sind. Die Gleichung gilt zwischen jedem Paar von aufeinanderfolgenden Bildern, die mit Bezug auf eine der brechenden Flächen konjugiert sind, folglich auch zwischen dem Objekte und dem letzten Bilde. Bezeichnen wir also mit b_0 die Größe des Objektes, mit β_0 den ihm entsprechenden Divergenzwinkel, mit b_u die Größe des letzten von dem System entworfenen Bildes, mit β_u den zu ihm gehörenden Divergenzwinkel, und sind v_0 und v_u die absoluten Brechungsverhältnisse des Objekt- und des Bildraumes, so ist:

$$v_0\, b_0\, \beta_0 = v_u\, b_u\, \beta_u.$$

Bei Fernrohren und Mikroskopen liegt Objekt und Bild in der Regel in Luft, es ist also $v_0 = v_u$; und

$$b_0\, \beta_0 = b_u\, \beta_u.$$

Die zu Objekt und Bild gehörenden Divergenzwinkel verhalten sich umgekehrt wie die Größen von Objekt und Bild, wenn Objekt- und Bildraum von demselben Mittel erfüllt sind.

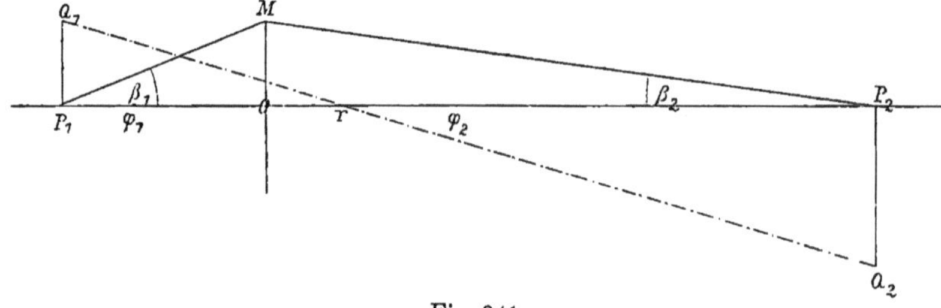

Fig. 341.

Dieser Zusammenhang, vermöge dessen der Divergenzwinkel um so kleiner wird, je stärker die Vergrößerung ist, hat, wie wir später sehen werden, für die Leistungsfähigkeit des Mikroskopes eine sehr große Bedeutung.

§ **278. Das Gesetz der Strahlung und die Helligkeit optischer Bilder.** Die Frage nach den Helligkeitsverhältnissen optischer Bilder spielt bei der Beurteilung der Leistungsfähigkeit von Mikroskop und Fernrohr gleichfalls eine große Rolle. Wir wollen auch diese Frage an dem Beispiele der Brechung an einer einzigen sphärischen Grenzfläche behandeln; wir vermeiden im Interesse der Kürze das genauere Eingehen auf die Konstruktion jener optischen Apparate und bemerken nur, daß den für den Fall einer einfachen Brechung geltenden Sätzen eine allgemeine Tragweite zukommt.

Ehe wir aber auf unsere eigentliche Aufgabe eingehen, ist es notwendig, ein empirisches Gesetz zu besprechen, durch welches man die über die Strahlung leuchtender Flächen gemachten Beobachtungen dargestellt hat. Dieses Gesetz bezieht sich auf die Strahlung eines ebenen Flächenelementes dS nach einem zweiten Flächenelemente ds hin. Um die Lichtmenge zu bestimmen, welche das leuchtende Flächenelement dem beleuchteten zusendet, verbinden wir die Mitten der beiden

Elemente durch eine gerade Linie, deren Länge r sein möge; wir errichten ferner in den Mitten der Elemente Senkrechte N und n auf ihren Flächen. Die Winkel, die sie mit der Entfernung r einschließen, seien Θ und ϑ. Unter diesen Umständen läßt sich die Lichtmenge, die von dS dem Elemente ds zugestrahlt wird, durch den folgenden Ausdruck darstellen:

$$L = J \frac{dS\,ds}{r^2} \cos \Theta \cos \vartheta .$$

Hier ist J ein Faktor, der im folgenden von den geometrischen Verhältnissen als unabhängig angenommen wird und den man die spezifische Intensität der Strahlung nennt. Um zu einer anschaulichen Bedeutung für diesen Faktor zu gelangen, kann man $dS = ds = 1$, ebenso $r = 1$ und $\Theta = \vartheta = 0$ setzen. Zweckmäßiger ist das folgende Verfahren. Man berechnet die Lichtmenge, die das Element dS einer um seinen Mittelpunkt konstruierten und durch seine Ebene begrenzten Halbkugel zusendet; man findet hierfür den Ausdruck:

$$M = J \pi dS.$$

Es ist also J die Lichtmenge, welche ein ebenes Flächenstück von $\frac{1}{\pi}$ qcm Inhalt einer um seinen Mittelpunkt konstruierten und über seiner Ebene sich wölbenden Halbkugel zusendet.

Nach dieser Vorbereitung gehen wir nun über zu unserer eigentlichen Aufgabe. Entsprechend der zu Anfang gemachten Bemerkung beschränken wir uns auf die Betrachtung eines durch eine einzige sphärische Grenzfläche erzeugten Bildes. O (Fig. 342) sei der Scheitel-

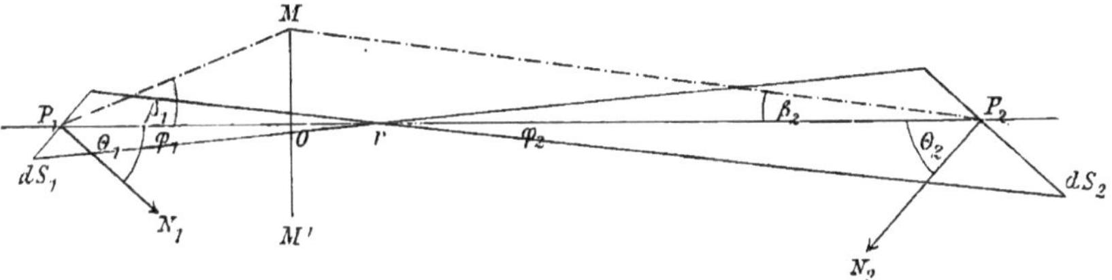

Fig. 342.

punkt dieser Fläche, r der Krümmungsmittelpunkt, Or die Achse; P_1 und P_2 seien zwei konjugierte Punkte der Achse. Durch P_1 als Mittelpunkt legen wir ein leuchtendes Flächenelement dS_1, seine Normale N_1 schließe mit der Achse den Winkel Θ_1 ein. Die sphärische Grenzfläche entwirft von dS_1 ein Bild dS_2, dessen Mitte durch P_2 gegeben ist. Die Normale N_2 von dS_2 bilde mit der Achse den Winkel Θ_2. Die Punkte M und M' bezeichnen gegenüberliegende Randpunkte der sphärischen Grenzfläche, die von einem um O mit dem Halbmesser OM beschriebenen Kreise begrenzt wird. Der Winkel $O P_1 M = \beta_1$ repräsentiert den Divergenzwinkel der von dS_1 ausgehenden Strahlen, der Winkel

$O P_2 M = \beta_2$ den Divergenzwinkel der das Bild $d S_2$ erzeugenden Strahlen. Wir setzen voraus, daß alle in Betracht kommenden Winkel, also auch die Öffnung $M r M'$ der brechenden Fläche sehr klein seien.

Unter diesen Voraussetzungen kann man nun die Helligkeit des Bildes $d S_2$ in folgender Weise ermitteln. Wir betrachten zuerst die Strahlung des Elementes $d S_1$ gegen die Öffnung $M M'$ der brechenden Fläche. An Stelle der früher mit $d s$ bezeichneten beleuchteten Fläche tritt dann die Öffnung $M M'$. Bezeichnen wir mit r_1 die Entfernung $O P_1$, so können wir den Flächeninhalt der Öffnung $M M'$ ausdrücken durch

$$\pi\, r_1^{\,2}\, \beta_1^{\,2}.$$

Der entsprechende Wert von ϑ ist offenbar Null, also $\cos \vartheta = 1$.

Setzen wir diese Werte in der früheren Formel an Stelle von $d s$ und $\cos \vartheta$, so ergibt sich für die Lichtmenge, die das Flächenelement $d S_1$ der Öffnung $M M'$ zustrahlt, der Ausdruck:

$$L = J_1 \frac{d S_1 \,\pi\, r_1^{\,2}\, \beta_1^{\,2}}{r_1^{\,2}} \cos \Theta_1 = J_1 \, d S_1 \, \pi\, \beta_1^{\,2} \cos \Theta_1 \,.$$

Wir gehen über zu der Frage nach der Beleuchtung des Bildes $d S_2$. Bei ihrer Untersuchung vernachlässigen wir die Verluste an Licht, welche durch Reflexion und durch Absorption der Strahlen verursacht werden. Wir nehmen also an, daß alle Strahlen, die von einem Punkte von $d S_1$ aus auf die Öffnung $M M'$ fallen, in einem entsprechenden Punkt des Bildes $d S_2$ sich wieder vereinigen, daß dieselbe Lichtmenge, die von dS_1 der Öffnung $M M'$ zugestrahlt wurde, von dieser nach $d S_2$ weiter gestrahlt werde. An Stelle des leuchtenden Elementes tritt also jetzt die Öffnung $M M'$; was den Intensitätsfaktor anbelangt, so haben wir gesehen, daß er von den geometrischen Verhältnissen unabhängig ist, dagegen kann er von dem Mittel abhängen, in dem sich die Strahlen bewegen. Wir wollen den Wert der spezifischen Intensität in dem hinter der Grenzfläche liegenden Mittel mit J_2 bezeichnen. Dann erhalten wir für die Lichtmenge, die von der Öffnung $M M'$ dem Bilde $d S_2$ zugestrahlt wird, den Wert:

$$L = J_2 \frac{d S_2 \,\pi\, r_2^{\,2}\, \beta_2^{\,2}}{r_2^{\,2}} \cos \Theta_2 = J_2 \, d S_2 \, \pi\, \beta_2^{\,2} \cos \Theta_2 \,;$$

r_2 bezeichnet hier die Entfernung $O P_2$.

Vergleichen wir die beiden für dieselbe Lichtmenge geltenden Ausdrücke, so ergibt sich:

$$J_1\, \beta_1^{\,2}\, d S_1 \cos \Theta_1 = J_2\, \beta_2^{\,2}\, d S_2 \cos \Theta_2.$$

Ferner folgt für die Beleuchtungsstärke des Bildes $d S_2$ der Ausdruck:

$$\frac{L}{d S_2} = J_2 \,\pi\, \beta_2^{\,2} \cos \Theta_2 \,.$$

Wir wollen diese Ausdrücke nun dadurch umgestalten, daß wir das

Verhältnis von Objektgröße zu Bildgröße in dieselben einführen. Das ist zunächst dadurch erschwert, daß Objekt und Bild unter verschiedenen Winkeln gegen die Achse geneigt sind, daß die Vergrößerung für verschiedene Teile des Bildes verschieden ist. Wir ersetzen also die Flächenelemente dS_1 und dS_2 durch ihre Projektionen $d\sigma_1$ und $d\sigma_2$ auf zwei Ebenen, die durch P_1 und P_2 senkrecht zur Achse hindurchgehen. Dann ist:

$$d\sigma_1 = dS_1 \cos\Theta_1 , \quad d\sigma_2 = dS_2 \cos\Theta_2 .$$

Die Elemente $d\sigma_1$ und $d\sigma_2$ weisen nach allen Richtungen dieselbe lineare Vergrößerung auf; bezeichnen wir mit b_1 und b_2 die in der Ebene der Zeichnung liegenden Durchmesser von $d\sigma_1$ und $d\sigma_2$ so ist:

$$\frac{d\sigma_1}{d\sigma_2} = \frac{dS_1 \cos\Theta_1}{dS_2 \cos\Theta_2} = \frac{b_1{}^2}{b_2{}^2} .$$

Somit folgt aus der ersten der von uns aufgestellten Gleichungen:

$$J_1 \beta_1{}^2 b_1{}^2 = J_2 \beta_2{}^2 b_2{}^2 .$$

Andererseits folgt aus dem Satze über die Divergenz, da die Winkel β_1 und β_2 sehr klein sein sollen:

$$\nu_1 \beta_1 b_1 = \nu_2 \beta_2 b_2 .$$

Aus der Verbindung der beiden letzten Gleichungen ergibt sich dann:

$$\frac{J_1}{\nu_1{}^2} = \frac{J_2}{\nu_2{}^2} .$$

In zwei verschiedenen Mitteln verhalten sich bei gleich bleibender Menge des gestrahlten Lichtes die spezifischen Intensitäten der Strahlung wie die Quadrate der absoluten Brechungsverhältnisse.

Der Ausdruck für die Beleuchtungsstärke des Bildes dS_2 kann nun auf die folgende Form gebracht werden:

$$\frac{L}{dS_2} = J_2 \pi \beta_2{}^2 \cos\Theta_2 = J_1 \pi \frac{\nu_2{}^2 \beta_2{}^2}{\nu_1{}^2} \cos\Theta_2 .$$

Nach dem Satze von der Divergenz ist:

$$\frac{\nu_2 \beta_2}{\nu_1} = \beta_1 \frac{b_1}{b_2} ,$$

somit die Beleuchtungsstärke:

$$\frac{L}{dS_2} = J_1 \pi \beta_1{}^2 \left(\frac{b_1}{b_2}\right)^2 \cos\Theta_2 .$$

Die Beleuchtungsstärke des Bildes ist also um so kleiner, je stärker die Vergrößerung, um so größer, je größer die Divergenz der von dem Objekte ausgehenden Strahlen, Sätze, deren Richtigkeit ohne weiteres einleuchtet.

§ 279. Die wechselseitige Strahlung zweier konjugierter Flächenelemente. Die in dem vorhergehenden Paragraphen entwickelten Sätze lassen noch eine etwas andere Auffassung zu; sie können in Beziehung zu gewissen Ergebnissen der Wärmelehre gebracht werden, von denen im zweiten Bande dieses Buches die Rede sein wird. Ehe wir auf die Sache selbst eingehen, sind einige Vorbereitungen nötig.

In dem von uns benützten Strahlungsgesetze tritt ein Faktor J auf, den wir als die spezifische Intensität der Strahlung bezeichnet haben. Dieser Faktor ist proportional dem Quadrate des absoluten Brechungsverhältnisses für das Mittel, in dem sich die Strahlen bewegen. Bezeichnen wir die spezifische Intensität der Strahlung für den leeren Raum mit J_0, so ist hiernach für ein Mittel mit dem absoluten Brechungsverhältnisse v:

$$J = v^2 J_0.$$

Es fragt sich, von welchen Verhältnissen der Faktor J_0 abhängen kann. Die Lichtstrahlung hängt, wie uns die tägliche Erfahrung zeigt, aufs engste mit Wärmestrahlung zusammen. Wir bringen die Körper zum Leuchten, indem wir sie erhitzen; sie strahlen um so heller, je höher ihre Temperatur; darnach werden wir nicht darüber im Zweifel sein, daß der Faktor J_0 abhängig ist von der Temperatur. Führen wir an Stelle der spezifischen Intensität J den Wert $v^2 J_0$ in dem Gesetze der Strahlung ein, so erhalten wir für die Lichtmenge, welche dem Elemente ds von dS zugestrahlt wird, den Ausdruck:

$$L = v^2 J_0 \frac{dS\,ds}{r^2} \cos\Theta \cos\vartheta.$$

Hier ist v das absolute Brechungsverhältnis des Mittels, in dem dS und ds gelegen sind. Es sei nun dS_2 das optische Bild eines Elementes dS_1, wie es durch eine einzelne sphärische Grenzfläche, oder durch ein Fernrohr oder Mikroskop entworfen wird, dann lehrt die Erfahrung, daß eine kleine materielle Fläche, die wir an den Ort des Bildes halten, durch die in ihren Punkten konzentrierten Strahlen erwärmt wird; wir brauchen dabei nur an die Wirkung des Brennglases zu denken. In diesem Falle wird nun auch das Element dS_2 Strahlen aussenden, die in umgekehrter Richtung von dS_2 nach dS_1 laufend dieses letztere Element erleuchten oder erwärmen. Man hat also mit einer wechselseitigen Strahlung der beiden Elemente dS_1 und dS_2 zu tun. Mit Bezug auf diese wechselseitige Strahlung wollen wir nun eine hypothetische Annahme machen. Betrachten wir dS_1 als das ursprünglich leuchtende Element, so ist die spezifische Intensität der von ihm ausgehenden Strahlung gegeben durch das Produkt $v_1{}^2 J_0$, wenn v_1 das absolute Brechungsverhältnis des Mittels bedeutet, in dem sich das Element dS_1 befindet. J_0 ist abhängig von der Temperatur des Elementes dS_1. Für die spezifische Intensität der von dem Elemente dS_2 rückwärts ausgesandten Strahlung ergibt sich ebenso der Wert $v_2{}^2 J_0$, wenn v_2 das absolute Brechungsverhältnis des Mittels ist, von dem das Element dS_2 umgeben ist. Der Wert von J_0 in dem Produkte $v_2{}^2 J_0$ hängt ab von der Temperatur des Elementes dS_2. Diese wird gesteigert durch die von dS_1 herkommenden Strahlen. Es ist aber klar, daß diese Steigerung eine bestimmte Grenze haben muß, und es erscheint natürlich, daß diese Grenze erreicht ist, wenn die Temperatur von dS_2 gleich der von dS_1 geworden ist. Wir werden also annehmen, daß die Temperatur von dS_2 höchstens gleich der von dS_1 sein könne; J_0 hat unter dieser Voraussetzung für beide Elemente denselben Wert.

Wenn aber Temperaturgleichheit zwischen den Elementen dS_1 und dS_2 sich hergestellt hat, so muß sie nun auch weiter dauernd sich erhalten. Es muß also nun jedem der beiden Elemente von dem anderen so viel Licht beziehungsweise so viel damit verbundene Wärme zugestrahlt werden, als das Element selbst durch Ausstrahlung nach dem anderen Elemente verliert. Diese Bedingung ist erfüllt, wenn die konjugierten Bilder dS_1 und dS_2 durch eine sphärische Grenzfläche von sehr kleiner Öffnung erzeugt werden. Das folgt aus einer Betrachtung, die beinahe identisch ist mit der in dem vorhergehenden Paragraphen angestellten. Mit Beziehung auf die Figur 342 ergibt sich, daß die Lichtmenge, die von dem Elemente dS_1 der Öffnung MM', und durch ihre Vermittlung dem Elemente dS_2 zugestrahlt wird, gegeben ist durch

$$L_1 = \nu_1{}^2 J_0 \pi \beta_1{}^2 dS_1 \cos \Theta_1 = \nu_1{}^2 J_0 \pi \beta_1{}^2 d\sigma_1 .$$

Für die umgekehrt von dS_2 nach MM' und weiter nach dS_1 gestrahlte Lichtmenge ergibt sich:

$$L_2 = \nu_2{}^2 J_0 \pi \beta_2{}^2 dS_2 \cos \Theta_2 = \nu_2{}^2 J_0 \pi \beta_2{}^2 d\sigma_2 .$$

Das Verhältnis beider Lichtmengen wird:

$$\frac{L_1}{L_2} = \frac{\nu_1{}^2 \beta_1{}^2 d\sigma_1}{\nu_2{}^2 \beta_2{}^2 d\sigma_2} .$$

Nach § 278 ist aber:

$$\frac{d\sigma_1}{d\sigma_2} = \frac{b_1{}^2}{b_2{}^2} ,$$

wenn b_1 und b_2 entsprechende Durchmesser von $d\sigma_1$ und $d\sigma_2$ bezeichnen. Wir erhalten also:

$$\frac{L_1}{L_2} = \frac{\nu_1{}^2 \beta_1{}^2 b_1{}^2}{\nu_2{}^2 \beta_2{}^2 b_2{}^2} .$$

Nach dem Satze von der Divergenz ist der rechts stehende Bruch gleich 1; die von den konjugierten Flächenelementen dS_1 und dS_2 einander wechselseitig zugestrahlten Licht- und Wärmemengen sind also in der Tat gleich, sobald sie dasselbe J_0, d. h. dieselbe Temperatur besitzen.

Das einmal hergestellte Gleichgewicht der Temperatur und der Strahlung wird sich aber nun in der Tat weiter erhalten. Sinkt in irgend einem Augenblicke die Temperatur von dS_2 unter die von dS_1, so überwiegt die von dS_1 herkommende Einstrahlung über die Ausstrahlung des Elementes dS_2. Die Temperatur von dS_2 wird also wieder steigen, bis sie von neuem der Temperatur von dS_1 gleich geworden ist.

Der im vorhergehenden betrachtete Fall der Temperaturgleichheit zwischen dem strahlenden Elemente dS_1 und dem bestrahlten dS_2 ist ein Grenzfall, der in Wirklichkeit nicht erreicht wird, vor allem deshalb, weil das Element dS_2 Wärmeverlusten durch Strahlung nach allen möglichen Richtungen des Raumes ausgesetzt ist, auf die wir bei der vorhergehenden Betrachtung keine Rücksicht genommen haben. Man wird also das praktische Ergebnis der Untersuchung so zu formulieren haben: Wenn dS_2 ein optisches Bild des leuchtenden Elementes dS_1 ist, so kann die Temperatur und der davon abhängende Intensitätsfaktor J_0 bei dem Bilde unter keinen Umständen größer als bei dem Objekte sein.

Bei der bisherigen Betrachtung haben wir angenommen, daß die Öffnung der das optische Bild erzeugenden sphärischen Fläche sehr klein sei. Man wird aber kaum daran zweifeln, daß der gefundene Satz von dieser Voraussetzung unabhängig sein muß. Das Bild dS_2 werde von einer sphärischen Grenzfläche oder von einer Kombination von Medien, die durch zentrierte sphärische Flächen von einander getrennt sind, mit beliebig großen Öffnungen entworfen, die Divergenzwinkel haben dementsprechend beliebig große Werte. Immer wird die Temperatur und die ihr entsprechende Intensität J_0 des Bildes höchstens gleich sein der Temperatur und der Intensität J_0 des leuchtenden Elementes dS_1, immer wird dann zwischen der wechselseitigen Strahlung der Elemente Gleichgewicht bestehen.

Gibt man die Richtigkeit des Satzes zu, so kann er umgekehrt benützt werden, um den Satz von der Divergenz, bei dessen Ableitung wir von der Voraussetzung sehr kleiner Winkel ausgegangen waren, zu verallgemeinern für den Fall beliebig großer Divergenzwinkel

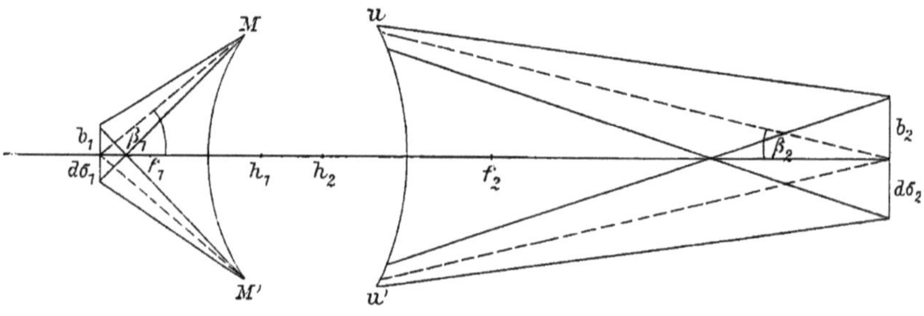

Fig. 343.

Wir gehen aus von der Betrachtung eines optischen Systems, das, nach Art des Auges, aus einer größeren Zahl von brechenden Medien zusammengesetzt sei. f_1 und f_2 (Fig. 343) seien seine Brennpunkte, h_1 und h_2 seine Hauptpunkte. Das Objekt sei gegeben durch eine kleine Scheibe $d\sigma_1$ mit dem Durchmesser b_1; sie stehe senkrecht zu der Achse des Systems. Wir machen nun die Annahme, daß die Lage von $d\sigma_1$ und die Beschaffenheit des Systems eine solche sei, daß $d\sigma_1$ abgebildet wird durch eine Scheibe $d\sigma_2$ mit dem Durchmesser b_2, welche gleichfalls eben und gleichfalls zur Achse senkrecht ist. Man drückt dieses so aus, daß man sagt, das System sei mit Bezug auf die gegebene Lage von $d\sigma_1$ ein **aplanatisches**. MM' sei die Öffnung der ersten, UU' die der letzten der sphärischen Grenzflächen. Die Offnungen dieser Flächen werden so bestimmt, daß alle Strahlen, die von einem Punkte von $d\sigma_1$ aus auf die Öffnung MM' fallen, auch nach dem konjugierten Punkte in $d\sigma_2$ gelangen. Von dem Einfluß der Reflexion und der Absorption sehen wir dabei ab. Wir nehmen an, daß die Temperatur der Fläche $d\sigma_2$ der von $d\sigma_1$ gleich geworden sei; dann ist auch J_0 für die beiden Flächen dasselbe, ein Zustand, der aber in Wirklichkeit aus den schon erwähnten Gründen nie ganz erreicht wird. Ferner müssen nun auch die Lichtmengen L_1 und L_2, die von den Elementen $d\sigma_1$ und $d\sigma_2$ den Grenzflächen MM' und UU' zugestrahlt werden, gleich sein. Diese Lichtmengen lassen sich allerdings nicht mehr durch eine elementare Rechnung bestimmen. Wir begnügen uns daher mit der Angabe des Resultates der Rechnung, es wird:

$$L_1 = \pi \, v_1{}^2 \, J_0 \, d\sigma_1 \sin^2 \beta_1 \,,$$
$$L_2 = \pi \, v_2{}^2 \, J_0 \, d\sigma_2 \sin^2 \beta_2 \,.$$

Hier sind β_1 und β_2 die Divergenzwinkel der Strahlen in dem ersten und in dem letzten Medium. Nun verhält sich aber:

$$d\sigma_1 : d\sigma_2 = b_1{}^2 : b_2{}^2 \,.$$

Somit ergibt sich, wenn wir $L_1 = L_2$ setzen, als Ausdruck des verallgemeinerten Divergenzsatzes die Beziehung:

$$v_1 \, b_1 \sin \beta_1 = v_2 \, b_2 \sin \beta_2 \,.$$

Bei sehr kleinen Divergenzwinkeln stimmt dies natürlich mit der in § 277 entwickelten Formel überein.

Die vorstehende Entwicklung ruht auf der Voraussetzung, daß die Abbildung des Objektes $d\sigma_1$ eine aplanatische sei, d. h., daß dem ebenen Objekte ein ebenes Bild entspreche; man kann den Satz auch umkehren und sagen: das Bestehen der Gleichung $v_1 \, b_1 \sin \beta_1 = v_2 \, b_2 \sin \beta_2$ für beliebige zusammengehörige Strahlen des ersten und des letzten Mediums bildet die **Bedingung für die aplanatische Abbildung**. Wenn man eine bestimmte Lage des Objektes gefunden hat, für die sie erfüllt ist, so entspricht dem ebenen Objekte ein ebenes Bild, während im allgemeinen bei großen Divergenzwinkeln eine Krümmung des Bildes eintritt.

§ 280. Die Helligkeit des Netzhautbildes. Zum Abschlusse unserer Untersuchungen über die Theorie der optischen Instrumente möge noch die Frage berührt werden, wie sich die Helligkeit beim Sehen durch ein System brechender Flächen, etwa durch ein Fernrohr, zu der Helligkeit bei direktem Sehen verhält. Um diese Frage an einem konkreten Beispiele zu entscheiden, nehmen wir an, das auf unendliche Weite eingestellte Auge werde direkt auf den Mond gerichtet.

Wir bezeichnen die Fläche des Mondes mit S, den Halbmesser der Pupille des Auges mit ϱ, die Entfernung des Mondes von der Erde mit D; dann ist die Lichtmenge, welche der Mond in die Pupille sendet, gleich

$$J\,\frac{\pi\,\varrho^2\,S}{D^2}\,.$$

Die durch die Pupille eindringende Lichtmenge verteilt sich gleichmäßig über das auf der Netzhaut entstehende Bild. Bezeichnen wir den Halbmesser dieses Bildes mit b, so ist seine Beleuchtungsstärke, seine Helligkeit gegeben durch:

$$J\,\frac{S\,\varrho^2}{D^2\,b^2}\,.$$

Wir wollen nun zwischen Auge und Mond ein astronomisches Fernrohr bringen; dabei wollen wir aber, um eine möglichst große Helligkeit zu erzielen, die Öffnung des Objektives und den Ort der Augenpupille so bestimmen, daß alle Strahlen, die vom Monde aus auf das Objektiv fallen, auch zu dem Netzhautbilde gelangen. Wir lösen diese Aufgabe an der Hand der Figur 344.

O sei der Mittelpunkt des Objektives, O' der des Okulares; das

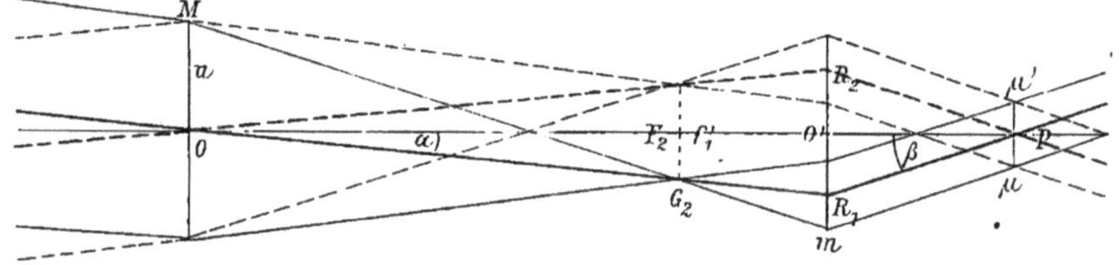

Fig. 344.

Fernrohr sei auf unendliche Entfernung eingestellt, so daß parallele Strahlen in einem Punkte der Netzhaut vereinigt werden. Der vordere Brennpunkt f_1' des Objektives fällt dann mit dem hinteren Brennpunkt F_2 des Okulares zusammen. Wir betrachten zunächst den obersten Randpunkt P der Mondscheibe. Von diesem geht ein Strahl nach dem Mittelpunkt O des Objektives und trifft nach dem Durchgang durch dasselbe das Okular in R_1. Gleichzeitig fällt aber von P ein ganzes Bündel von Strahlen auf die Fläche des Objektives. Da diese Strahlen als parallel zu betrachten sind, so vereinigen sie sich nach dem Durchgang durch die Linse in dem Punkte G_2, in welchem der gebrochene Zentralstrahl $P\,O\,R_1$ die Brennebene schneidet. M sei der oberste Randpunkt des Objektives, der in ihm vom obersten Randpunkte des Mondes her eintreffende Strahl verwandelt sich bei der Brechung in den Strahl $M\,G_2$, der das Okular in m trifft. Wir verfolgen den Strahlengang weiter durch das Okular hindurch. Der Voraussetzung nach ist die hintere Brennebene des Objektives zugleich vordere Brennebene des Okulares; Strahlen, die von einem Punkte G_2 der Brennebene divergieren, verwandeln sich also bei der Brechung durch das Okular in ein Bündel schiefer Parallelstrahlen. Hiernach läßt sich der Gang der von dem Punkte P der Mondscheibe stammenden Strahlen durch die Linsen des Fernrohres hindurch leicht verfolgen. Dieser Strahlengang ist durch die ausgezogenen Linien der Figur anschaulich gemacht. Ganz ebenso können wir nun den Gang der Strahlen verfolgen, die von dem untersten Punkte P' der Mondscheibe ausgehen. Der Weg des Zentralstrahls ist gegeben durch $O\,R_2\,P$; die Veränderung, welche das ganze von P' herrührende Strahlenbündel erleidet, ist durch die gestrichelten Linien der Figur dargestellt.

Man erkennt nun unschwer die folgenden wichtigen Beziehungen in unserer Figur. Die durch O gehenden Zentralstrahlen durchschneiden sich nach dem Durchgang durch das Okular in dem Punkte P; d. h. P und O sind konjugiert mit Beziehung auf das Okular. Die von dem obersten Randpunkte M des Objektives ausgehenden Strahlen schneiden sich hinter dem Okular in dem Punkte μ; d. h. μ ist konjugiert mit M. Ebenso ist der Punkt μ' konjugiert mit M'; $\mu\,\mu'$ ist somit das vom Okular entworfene Bild der Objektivöffnung $M\,M'$. Sollen alle Strahlen, die von einem Punkt der Mondscheibe her das Objektiv treffen, auch auf der Netzhaut des Auges sich vereinigen, so muß der Durchmesser der Pupille mindestens gleich $\mu\,\mu'$ sein, und die Pupille muß sich an der Stelle P befinden. Ist umgekehrt der Halbmesser der Pupille gegeben, so kann man mit Hilfe der Figur die Halbmesser des Objektives und des Okulares bestimmen, die nötig sind, wenn alles auf die Objektivöffnung fallende Licht auch auf die Netzhaut kommen soll.

Wir haben jetzt noch die mit dem Fernrohr erzielte Vergrößerung zu bestimmen. Mit bloßem Auge wird der Mond unter dem Winkel $P\,O\,P' = 2\,\alpha$ erscheinen, im Fernrohr ist der Winkel, unter dem das Mondbild erscheint, $R_1\,P\,R_2 = 2\,\beta$. Somit ist die Vergrößerung:

$$m = \frac{\beta}{\alpha}.$$

Nach dem Satze von der Divergenz ist aber

$$\alpha \times O\,M = \beta \times P\,\mu,$$

und daher, wenn wir mit u den Halbmesser des Objektives, mit ϱ den Halbmesser der Pupille bezeichnen:

$$m = \frac{u}{\varrho}.$$

Der Halbmesser des bei direktem Sehen auf der Netzhaut entstehenden Mondbildes haben wir mit b bezeichnet; der Halbmesser des durch das Fernrohr entworfenen Netzhautbildes ist daher gleich $m\,b$, seine Fläche gleich $\pi\,m^2\,b^2$. Die auf das Fernrohrobjektiv fallende Lichtmenge ist gleich

$$J \cdot \frac{S\,\pi\,u^2}{D^2}.$$

Hier bezeichnet wie früher S die Scheibe des Mondes, D seine Entfernung von der Erde. Für die Helligkeit des Netzhautbildes, seine Beleuchtungsstärke, ergibt sich der Wert:

$$J\frac{S}{D^2} \cdot \frac{u^2}{m^2 b^2}.$$

Nun ist aber $\frac{u}{m} = \varrho$, somit die Helligkeit

$$J\frac{S}{D^2} \cdot \frac{\varrho^2}{b^2},$$

d. h. die Helligkeit des Netzhautbildes ist mit Fernrohr dieselbe wie bei direktem Sehen.

Die vorhergehenden Betrachtungen enthalten einen Satz, der für die Bestimmung der Vergrößerung eines Fernrohres von praktischer Bedeutung ist. Die Vergrößerung eines auf Unendlich eingestellten Fernrohres ist gleich dem Verhältnisse zwischen dem Durchmesser des Objektives und zwischen dem Durchmesser des Bildes, das von der Objektivöffnung durch das Okular entworfen wird. Im vorhergehenden erscheint der Satz als eine Folge des Divergenzsatzes; man kann ihn aber auch direkt aus der Figur mit Hilfe einer einfachen geometrischen Betrachtung gewinnen.

§ 281. Elektrische Lampe und Projektionsapparat. Die weißglühenden Kohlenspitzen der elektrischen Lampe sind in einem innen geschwärzten Kasten eingeschlossen; dieser trägt in einem Rohransatz ein

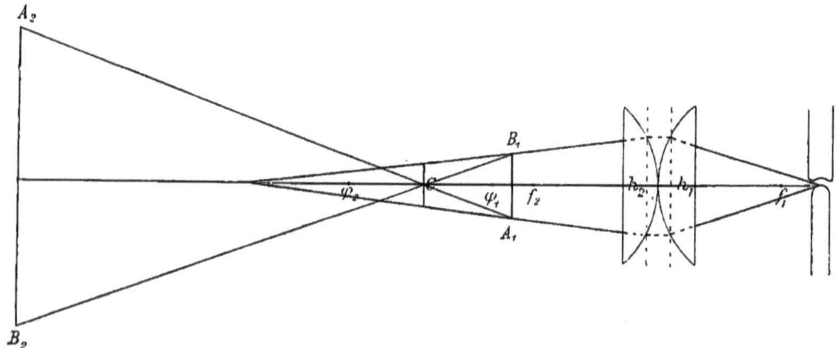

Fig. 345. Projektionsapparat.

verschiebbares Linsensystem, den Kollimator, dessen horizontale Achse mit dem Lichtpunkte in gleicher Höhe sich befindet. Stellt man den Kollimator so, daß die Kohlenspitzen an der Stelle des Brennpunktes liegen, so werden die von ihnen ausgehenden Strahlenkegel in Bündel von Parallelstrahlen verwandelt; entfernt man die Linsen von den Spitzen, so treten die Strahlen konvergent aus.

Will man die elektrische Lampe zu Projektionszwecken benützen, so konzentriert man das von den Kohlenspitzen ausgehende Licht durch den Kollimator auf eine Sammellinse und stellt zwischen dieser und dem

Kollimator den zu projizierenden Gegenstand so auf, daß die Sammellinse
von ihm ein reelles, umgekehrtes, vergrößertes Bild auf dem Projektions-
schirm entwirft. Zur Erläuterung diene die Figur 345. Der Kollimator
besteht aus zwei kombinierten plankonvexen Linsen; h_1 und h_2 sind die
Hauptpunkte, f_1 und f_2 die Brennpunkte der Kombination. $A_1 B_1$ ist
das beleuchtete Objekt, C das Zentrum der Projektionslinse, φ_1 und φ_2
ihre Brennpunkte, $A_2 B_2$ das vergrößerte Bild.

§ 282. **Die Schlierenmethode.** Von den Anwendungen, die wir von
den Gesetzen der Lichtbrechung machen, möge endlich noch die Methode
der Schlierenbeobachtungen erwähnt werden; sie kann zur Erkennung
der feinsten Störungen dienen, welche die Homogenität der Luft durch
Strömungen oder Wellenbewegungen erleidet. $A B$ (Fig. 346) sei eine
quadratische von einem intensiven Lichte gleichmäßig beleuchtete Öffnung;
C_1 das Zentrum einer Sammellinse, welche von der Öffnung $A B$ ein
reelles Bild in $A_1 B_1$ entwirft. Wir stellen nun an der Stelle, wo das
Bild $A_1 B_1$ entsteht, einen quadratischen, undurchsichtigen Schirm auf,
der das Bild $A_1 B_1$ vollständig auffängt, so daß von all den Strahlen, die

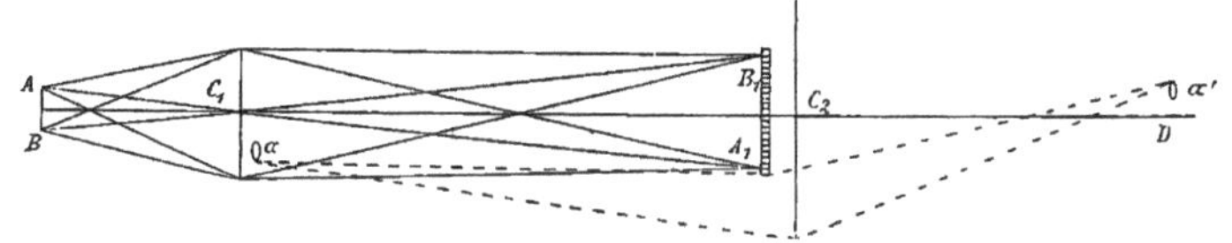

Fig. 346. Schlierenapparat.

von $A B$ aus durch die Linse C_1 gehen, unter normalen Verhältnissen keiner
in den Raum hinter den Schirm gelangen kann. Hinter dem Schirme
befinde sich eine zweite Linse, C_2, die von der Oberfläche der Linse C_1 in
D ein reelles Bild entwerfen würde. Nun werde an der Stelle α, nahe der
Oberfläche der Linse C_1, die Homogenität der Luft gestört; es steige
etwa ein Strom von heißer Luft, ein Gasstrahl auf; dann werden alle
durch α gehenden Strahlen von dem ursprünglichen Wege abgelenkt.
Sie gehen jetzt am Rande des undurchsichtigen Schirmes vorbei und erzeugen in der Ebene, die durch D senkrecht zu der Achse der Linsen
hindurchgeht, ein Bild α'. Dieses entspricht genau dem Gebiete, in dem
die optische Dichtigkeit verändert ist; die gebrochenen Strahlen erzeugen
also in den erwähnten Beispielen ein genaues Bild des aufsteigenden
Strahles. Wenn man in die Ebene D eine photographische Platte bringt,
so kann man eine Photographie des Strahles erhalten. In der Tat hat
man auf diesem Wege bei Strahlen, die unter hohem Drucke austreten,
die in § 205 erwähnten Diskontinuitäten beobachtet; es ist mit Benützung
dieses Prinzipes gelungen, die in § 210 erwähnten Streckwellen, die
Explosionswellen des elektrischen Funkens zu photographieren.[1]

<hr>

[1] TÖPLER, Methode der Schlierenbeobachtung als mikroskopisches Hilfsmittel
nebst Bemerkungen zur Theorie der schiefen Beleuchtung. Pogg. Ann. 1866. Bd. 127.
p. 556. — Optische Studien nach der Methode der Schlierenbeobachtung. Pogg. Ann.
1867. Bd. 131. p. 33.

ZWEITES BUCH.

EMISSION UND ABSORPTION DES LICHTES UND DIE SIE BEGLEITENDEN ERSCHEINUNGEN.

Erstes Kapitel. Emission und Absorption.

§ 283. Spektralanalyse. Die zuerst von KEPLER[1] in seiner Dioptrik beschriebene Zerlegung des weißen Lichtes durch ein Prisma enthält offenbar ein Prinzip, nach dem wir bei einem beliebigen leuchtenden Körper die Natur der von ihm ausgehenden Strahlen, die Zusammensetzung seines Lichtes, bestimmen können. Der von NEWTON aufgestellte Satz, daß Licht von verschiedener Farbe sich objektiv unterscheidet durch seine verschiedene Brechbarkeit, beseitigt auch die Unsicherheit, die nicht zu vermeiden ist, solange wir die Strahlen nur durch die ihnen entsprechende Farbenempfindung charakterisieren. Die Resultate der Untersuchungen über die Zusammensetzung des von verschiedenen Lichtquellen ausgesandten Lichtes bilden den Inhalt der Spektralanalyse.

§ 284. Der Spektralapparat. Wenn ein leuchtender Körper Licht von solcher Intensität aussendet, wie die Sonne oder eine elektrische Lampe, so kann man das Spektrum leicht auf einem Schirme entwerfen, wie dies in § 266 angegeben wurde. Im allgemeinen empfiehlt sich, namentlich wenn es sich um eine genaue Lagenbestimmung der ausgesandten Lichtstrahlen handelt, eine unmittelbare Beobachtung der gebrochenen Strahlen mit dem von KIRCHHOFF und BUNSEN konstruierten Spektralapparat (Fig. 347). Dieser besteht aus dem Prisma, das auf ein horizontales, drehbares Tischchen gestellt ist, so daß seine Kante vertikal steht; dem Spaltrohre, *S*, das an seinem einen Ende den von der Lichtquelle beleuchteten vertikalen Spalt, an seinem anderen eine Sammellinse trägt. Der Spalt befindet sich in der Brennebene der Linse, so daß die von seinen Punkten ausgehenden Strahlen die Linse parallel miteinander verlassen. Das Spektrum wird beobachtet mit einem auf unendliche Entfernung eingestellten Fernrohre; dieses vereinigt die aus dem Prisma parallel austretenden gebrochenen Strahlen in der Brenn-

---

[1] IOANNIS KEPLERI opera omnia ed. Dr. CH. FRISCH. Bd. II. p. 530.

ebene des Objektives und erzeugt hier reelle Farbenbilder des Spaltes, die sich nach der Brechbarkeit der Strahlen zu dem Spektrum der Lichtquelle aneinanderreihen. Auf dieses in der Brennebene des Objektives

Fig. 347. Spektralapparat.

entstehende Spektrum wirkt das Okular nach dem in § 274 und 275 angegebenen Prinzip wie eine Lupe.

Sollen die zu verschiedenen Zeiten mit dem Spektralapparat angestellten Beobachtungen miteinander vergleichbar sein, so muß bei allen

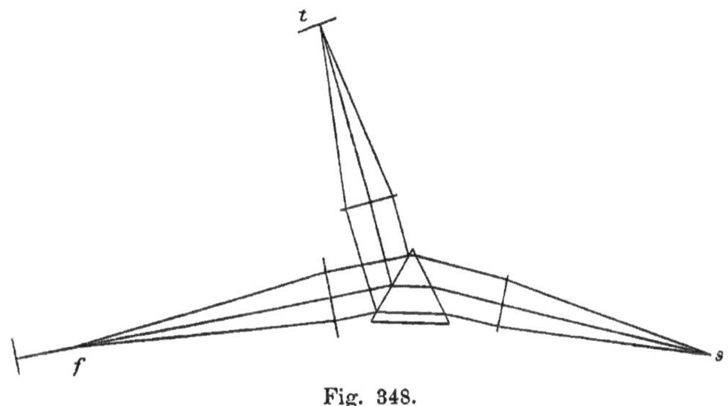

Fig. 348.

die Stellung des Prismas gegen das Spaltrohr dieselbe sein. Man erreicht dies am einfachsten dadurch, daß man das Prisma immer so stellt, daß die Ablenkung der *D*-Linie des Sonnenspektrums die minimale ist. Einen letzten Teil des Spektralapparates bildet endlich das

Skalenrohr *T*, das an dem einen Ende eine horizontale, auf Glas photographierte Skale, an dem anderen, dem Prisma zugewandt, eine Sammellinse trägt, in deren Brennebene die Skale sich befindet. Das Skalenrohr wird so gestellt, daß die aus der Linse austretenden Strahlen von der Vorderfläche des Prismas nach dem Fernrohr reflektiert werden. Wenn man dann die Skale von hinten beleuchtet, so erscheint das Spektrum über dem hellen Bilde der Teilung, und die Orientierung im Spektrum wird auf diese Weise wesentlich erleichtert. Der Gang der Strahlen wird anschaulich gemacht durch Figur 348; *s* bezeichnet den Spalt, *i* die Skale, *f* den Brennpunkt des Fernrohrobjektives.

§ **285. Spektra fester und flüssiger Körper.** Wenn man einen festen Körper, z. B. Metall, Kalk, Kohle, erhitzt, so beginnt er bei einer Temperatur von 525^0 zu glühen, und im Spektrum tritt das äußerste Rot auf; bei 1000^0 hat sich auch der gelbe Teil des Spektrums entwickelt, und zugleich der rote an Intensität gewonnen, bei 1600^0 endlich haben wir intensive Weißglut, und nun hat sich das ganze Spektrum von rot bis violett ausgebildet; dabei reihen sich die einzelnen Farben in vollkommener Kontinuität aneinander ohne irgend eine Trennung, wie sie beim Sonnenspektrum durch die FRAUNHOFERschen Linien bedingt wird; das Spektrum eines glühenden festen oder flüssigen Körpers ist ein **kontinuierliches**. Ausnahmen hiervon machen nur die Oxyde des Cer, Didym und Erbium; sie zeigen eigentümlich streifenartige Spektren, namentlich wenn sie nicht für sich, sondern mit Tonerde und anderen Oxyden vermischt zum Glühen gebracht werden.

§ **286. Spektra von Metalldämpfen.** Die Spektra von Flammen, die durch Metallsalze gefärbt sind, wurden zuerst von KIRCHHOFF und BUNSEN einer systematischen Untersuchung unterworfen. Sie zeigen eine von dem Spektrum glühender fester oder flüssiger Körper völlig verschiedene Natur; sie bestehen aus einzelnen hellen, durch lichtlose Zwischenräume voneinander getrennten Linien, und man bezeichnet sie daher als Linienspektren. Die Metalle, auf die sich die Untersuchungen von KIRCHHOFF und BUNSEN bezogen, waren K, Na, Li, Sr, Ca, Ba. Sie brachten zunächst die Metallchloride in die nicht leuchtende Flamme des BUNSENschen Brenners und bestimmten die Lage der einzelnen Linien. Nun erhob sich die Frage: woher rühren diese Linien? Gehören sie dem Metall als solchem an, sind sie abhängig von den besonderen, in der Flamme stattfindenden chemischen Prozessen, von der Temperatur, der Dichte der in die Flamme eingeführten Metalldämpfe? Zur Entscheidung der Frage wurde eine doppelte Reihe von Versuchen angestellt; einmal wurden die Chloride vertauscht mit den Bromiden, Jodiden, Oxydhydraten, Sulfaten und Karbonaten, sodann wurden an Stelle der Bunsenflamme andere gesetzt, und es wurde so die im folgenden wiedergegebene Skale von Temperaturen hergestellt. Die Temperaturangaben von KIRCHHOFF und BUNSEN sind übrigens viel zu hoch; z. B. beträgt die Temperatur der Bunsenflamme nach neueren Messungen nur 1760^0.

Schwefelflamme	1820° Cels.
Schwefelkohlenstoffflamme	2190° „
Leuchtgasflamme	2350° „
Kohlenoxydflamme	3040° „
Wasserstoffflamme in Luft	3260° „
Knallgasflamme	8060° „

Endlich wurde zu der Erzeugung von Spektren auch noch ein kräftiger elektrischer Funken angewandt, der zwischen Elektroden aus dem zu untersuchenden Metall übersprang. Über das Resultat ihrer Beobachtungen berichten KIRCHHOFF und BUNSEN mit den folgenden Worten:

„Bei dieser umfassenden und zeitraubenden Untersuchung, deren Einzelheiten wir übergehen zu dürfen glauben, hat sich herausgestellt, daß die Verschiedenheit der Verbindungen, in denen die Metalle angewandt wurden, die Mannigfaltigkeit der chemischen Prozesse in den einzelnen Flammen und der ungeheuere Temperaturunterschied dieser letzteren keinen Einfluß auf die Lage der den einzelnen Metallen entsprechenden Spektrallinien ausübt."[1]

Wenn hiernach die Lage der hellen Linien in den Spektren der Metalldämpfe unabhängig ist von ihrer Temperatur und Dichte, so ist damit keineswegs gesagt, daß diese Spektren absolut unveränderliche sind. Vielmehr zeigte es sich, daß bei Steigerung der Temperatur in mehreren Spektren neue Linien auftraten, daß die Intensitätsverhältnisse vorhandener Linien andere wurden. Das Ba besitzt zwei Linien im Grünen, von KIRCHHOFF und BUNSEN mit den Buchstaben η und γ bezeichnet. Bei niedriger Temperatur ist die weniger brechbare γ sehr deutlich, η nicht sichtbar, bei hoher Temperatur ist η heller als γ. Das Ca besitzt zwei scheinbar ganz verschiedene Spektra: in der Flamme des Bunsenbrenners erhält man ein Spektrum, das breite Streifen in rot, gelb, grün enthält, mit dem elektrischen Funken ein aus feinen Linien bestehendes. Schaltet man in die Entladungsstrecke des Funkens eine nasse Schnur ein, so wird seine Temperatur erheblich herabgesetzt, und das Spektrum ist dasselbe wie in der BUNSENschen Flamme.

Aus den Untersuchungen von KIRCHHOFF und BUNSEN folgt mit großer Wahrscheinlichkeit, daß die hellen Linien der Metallspektren durch die gasförmigen Moleküle der Metalle selbst erzeugt werden; denn nur dadurch wird die Übereinstimmung der unter sehr verchiedenen Umständen erhaltenen Spektren begreiflich. Man wird anzunehmen haben, daß die in die Flamme eingeführten Salze in dieser sich dissoziieren, und daß die das Spektrum erzeugenden Strahlen von den durch Dissoziation entstandenen Metallmolekülen ausgehen. Je leichter die Dissoziation eintritt, um so leichter, d. h. bei um so niedrigerer Temperatur ist das Spektrum zu erhalten. Bei den sehr beständigen Salzen der schweren

---

[1] KIRCHHOFF und R. BUNSEN, Chemische Analyse durch Spektralbeobachtungen. G. KIRCHHOFF, Gesammelte Abhandlungen. p. 598.

Metalle genügt der Bunsenbrenner nicht zur Erzeugung des Spektrums, es muß hier der elektrische Funken oder der Lichtbogen zwischen Elektroden aus dem betreffenden Metall benützt werden. Mit den Dissoziationsverhältnissen können außerdem die Veränderungen des Spektrums in Zusammenhang gebracht werden, wie sie bei Ba und Ca erwähnt wurden. Das kompliziertere Spektrum, das der tieferen Temperatur entspricht, kann seinen Grund in einer noch unvollständigen Dissoziation der Metallsalze haben. Endlich muß aber aus den Beobachtungen von Kirchhoff und Bunsen noch der Schluß gezogen werden, daß auch bei den von den dissoziierten Molekülen ausgesandten Strahlen die Intensitätsverhältnisse von der Temperatur und der Dichte der metallischen Dämpfe abhängig sind. Ihre Bestätigung finden diese Anschauungen durch Untersuchungen, über die wir in den nächsten Paragraphen zu berichten haben.

Die Spektren der Alkalimetalle sind durch Figur 349 dargestellt. Die Linien ordnen sich zu gewissen Gruppen oder Serien, die durch die Art der gezeichneten Striche (stark oder schwach ausgezogen, oder gestrichelt) kenntlich gemacht sind. Viele der Linien erweisen sich als doppelt;

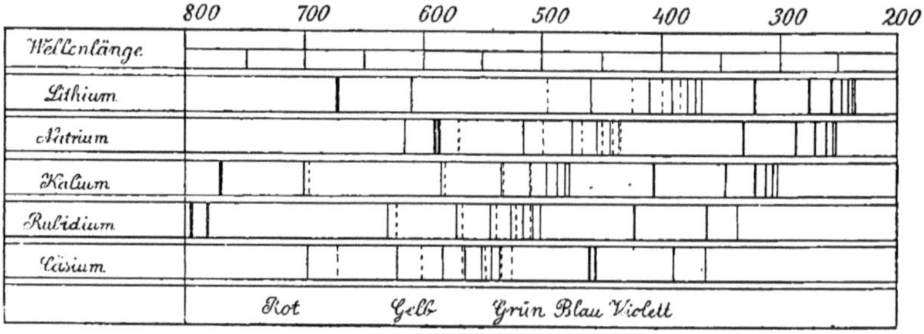

Fig. 349. Spektren der Alkalimetalle.

so die erste der stark ausgezogenen Linien des Natriums, die bekannte gelbe Natriumlinie. Unten ist die Farbe der betreffenden Spektralbezirke angegeben; über den Spektren befindet sich mit Rücksicht auf spätere Betrachtungen eine Skale der Wellenlängen, deren Bestimmung uns in der Undulationstheorie des Lichtes beschäftigen wird, in Milliontel-Millimetern $(\mu\,\mu)$. Die Spektren selbst sind nicht so gezeichnet, wie sie im Prisma erscheinen, sondern so, daß jene Skale nach gleichen Intervallen fortschreitet; eine Anordnung, deren Bedeutung und deren Vorteil freilich erst in der Wellenlehre des Lichtes verständlich werden wird.[1]

§ 287. Spektra Geisslerscher Röhren. Schon vor Kirchhoff und Bunsen hatte sich Plücker mit spektralanalytischen Untersuchungen beschäftigt, zu denen er durch die Erscheinungen der elektrischen Ent-

---

[1] H. Kayser und C. Runge, Über die Spektren der Elemente. III. Abschnitt. Über die Linienspektren der Alkalien. Abhandl. d. Königl. Preuß. Akad. d. Wiss. zu Berlin vom Jahre 1890.

ladung in verdünnten Gasen angeregt wurde. Verdünnte Gase sind
Leiter der Elektrizität, aber der Durchgang des Stromes ist mit eigentümlichen Lichtwirkungen verbunden. Zu ihrer Beobachtung benützte
PLÜCKER Glasröhren mit eingeschmolzenen Platinelektroden, die von dem
Mechaniker GEISSLER in Bonn in mannigfachster Form hergestellt wurden,
sogenannte GEISSLERsche Röhren (Fig. 350). Um das von der Entladung
erzeugte Licht spektralanalytisch zu untersuchen, wurden die Röhren in
ihrem mittleren Teile mit Kapillaren von etwa 0,6 mm Durchmesser versehen; werden die mit verschiedenen Gasen in sehr
verdünntem Zustande gefüllten Röhren mit den Polen eines
Induktionsapparates verbunden, so konzentriert sich der Ent-
ladungsstrom in dem kapillaren Teile und entwickelt in diesem
ein verhältnismäßig intensives Licht. Röhren, die dasselbe Gas
enthalten, zeigen im allgemeinen dasselbe Spektrum; doch ändert sich das Intensitätsverhältnis der einzelnen Strahlen, so daß
die durch ihre Mischung erzeugte Färbung auch bei demselben
Gas eine verschiedene sein kann. PLÜCKER untersuchte in
dieser Weise, zum Teil in Verbindung mit HITTORF, die Spektren von H, N, O, Cl, Br, J, P, S, Se und C. Durch die
Resultate der Untersuchung werden die Sätze von KIRCHHOFF
und BUNSEN nach mehreren Seiten erweitert und ergänzt. Vor
allem ergab sich, daß außer den kontinuierlichen und den
Linienspektren noch eine dritte Art von Spektren existiert, die
wir als Bandenspektren bezeichnen. PLÜCKER beobachtete
ein solches Spektrum beim Stickstoff; auch das Spektrum des
Lichtbogens zwischen den Kohlenspitzen einer elektrischen

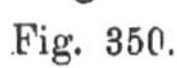

Fig. 350.

Lampe hat den Charakter eines Bandenspektrums. In einem solchen
treten vor allem helle, scharfe Kanten hervor, die durch lichtstarke
Linien erzeugt werden; an jede Kante schließt sich dem violetten Ende
des Spektrums zu eine Serie heller Linien von allmählich abnehmender
Intensität an. Die Abstände dieser oft doppelten oder dreifachen Linien
nehmen anfangs rasch, dann langsamer zu und scheinen schließlich konstant zu werden. Auf die erste Kante folgt in einigem Abstande eine
zweite mit einer ähnlichen Serie von Linien, auf die zweite Kante eine
dritte, und man hat so unter Umständen bis zu sechs Kanten beobachtet,
die dann mit den zugehörenden Linienreihen eben das ausmachen, was
wir eine Bande nennen; dabei entsteht durch die Übereinanderlagerung
der verschiedenen Serien ein schwer zu übersehendes Gewirr von Linien.
Es kommt hinzu, daß das Spektrum eines glühenden Gases aus mehreren
Banden bestehen kann; da, wo die verschiedenartigen Linien sich häufen,
eine Bande die andere überdeckt, scheint es dann unmöglich, das Spektrum in die einzelnen Bestandteile aufzulösen. Der allgemeine Anblick
eines Bandenspektrums erinnert durch das scharfe Hervortreten der hellen
Kanten, die allmähliche Abnahme der Helligkeit von einer Kante bis
zu der nächsten an den einer kannelierten Säule.

Aus den Untersuchungen von PLÜCKER und anderen geht hervor, daß Bandenspektren in GEISSLERschen Röhren vornehmlich bei niedriger Temperatur, Linienspektren bei hoher Temperatur, bei starken Entladungen, auftreten. So gelang es bei Stickstoff, Schwefel, Selen, Jod, Bandenspektren und Linienspektren zu erzeugen. Der Wasserstoff gibt bei niedriger Temperatur ein ungemein linienreiches Spektrum, bei höherer eines, das verhältnismäßig wenige Linien, aber von wunderbarer Regelmäßigkeit der Anordnung enthält. Die im Spektrum des elektrischen Bogenlichtes auftretenden Banden gehören sehr wahrscheinlich zum Teil dem Kohlenstoff, zum Teil dem Kohlenstickstoff an.

Die Figuren 351 und 352 geben eine Anschauung von den Banden des Kohlenspektrums. In Figur 351 sieht man fünf aufeinanderfolgende

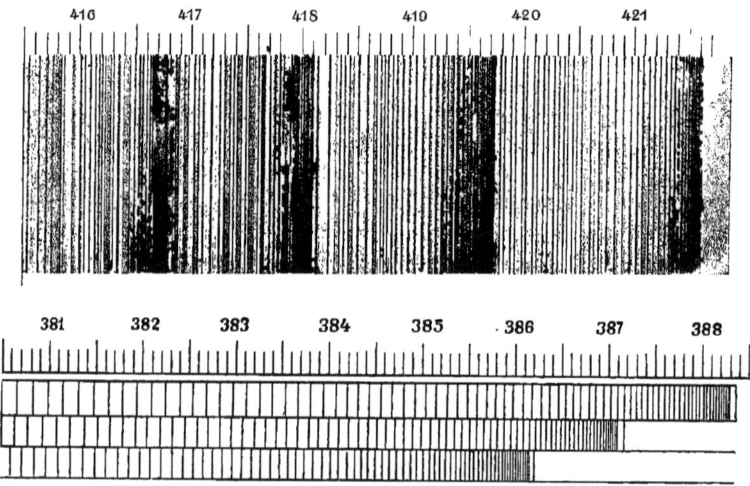

Fig. 351 und 352. Banden des Kohlenspektrums.

Kanten mit den daran sich schließenden Serien von Linien. In Figur 352 sind für einen anderen Teil des Spektrums die Serien auseinander gerückt, die sich an drei aufeinanderfolgende Kanten anschließen. Dabei sind die leuchtenden Linien des Spektrums in der Zeichnung durch schwarze Linien wiedergegeben; die Skalen beziehen sich wie bei Fig. 349 auf Wellenlängen.[1]

§ 288. Spektren chemischer Verbindungen. Schon die Untersuchung der Gasspektren GEISSLERscher Röhren hat gezeigt, daß zusammengesetzte Gase, wie z. B. das Cyan, ein eigentümliches, von der Kombination der Elementarspektra verschiedenes Spektrum besitzen. In systematischer Weise wurde die Frage nach den Verbindungsspektren von

---

[1] H. KAYSER und C. RUNGE, Über die Spektren der Elemente. II. Abschnitt. Über die im galvanischen Lichtbogen auftretenden Bandenspektren der Kohle. Abhandl. der Königl. Preuß. Akad. d. Wiss. zu Berlin vom Jahre 1889.

Mitscherlich behandelt.[1] Er ging aus von der Untersuchung der Chloride, und drängte ihre Dissoziation dadurch zurück, daß er in die Flamme eines Bunsenbrenners oder in eine Wasserstoffflamme freies Chlor einführte. Bei Ba, Sr, Ca, Bi, Pb, Cu, Au wurden Spektren erhalten, die, von den Metallspektren ganz verschieden, als Spektra der Chloride anzusehen waren. Dagegen gelang es bei K, Na, Li, Mg, Zn, Cd, Ag und Hg nicht, andere als die Metallspektren zu erhalten ohne Zweifel infolge der leichteren Dissoziation der entsprechenden Chloride. Weiterhin wurde die Untersuchung ausgedehnt auf die Bromide, Jodide und Fluoride, sowie auf die Oxyde. Die Spektren der letzteren wurden in der Flamme eines Leuchtgassauerstoffgebläses erzeugt, in deren oxydierenden Teil die Metalle gebracht wurden. Bei all den zuerst genannten Metallen wurden eigentümliche, den Verbindungen angehörende Spektren gefunden. Besonders bemerkenswert ist es, daß diese Spektren den Charakter von Bandenspektren besitzen; es spricht dies für die Vermutung, daß Bandenspektren einem komplizierteren Bau der Moleküle entsprechen, als Linienspektren. Allein die Frage ist noch keineswegs entschieden; denn wir kennen eine merkwürdige Tatsache, die mit jener Annahme unvereinbar scheint. Das Quecksilber, dessen Moleküle als einatomig zu betrachten sind, besitzt nicht nur ein Linienspektrum, in dem 600 Linien gemessen sind, sondern noch ein hiervon völlig verschiedenes und ziemlich kompliziertes Bandenspektrum.[2] An die Untersuchungen von Mitscherlich knüpft sich noch die Bemerkung, daß die in den Spektren von Ba, Sr, Ca in der Bunsenflamme sich zeigenden Banden den Oxyden dieser Metalle angehören.

§ **289. Spektrum und Dampfdichte.** Der Einfluß der Temperatur auf das Spektrum erweist sich als ein individueller, er ändert in einer den einzelnen Dämpfen eigentümlichen Weise die Intensitätsverhältnisse der Linien, er verwandelt Bandenspektren in Linienspektren. Da nun die Eigenschaften der Gase überhaupt außer von der Temperatur noch von dem Druck oder der Dichte abhängen, so ist auch bei dem Spektrum ein Einfluß der Dichte von vornherein zu erwarten. Nach den vorliegenden Beobachtungen äußert er sich aber bei den Spektren der verschiedenen Dämpfe in übereinstimmender Weise. Mit zunehmender Dichte werden die Linien des Spektrums breiter. Dies wurde zuerst von Plücker und Hittorf bei einer mit N gefüllten Röhre beobachtet, die bei einem Drucke von 250 mm gefüllt war. Sehr auffallend ist die Erscheinung bei H; in dem einfachen Linienspektrum des H treten besonders drei Linien in violett, blau und rot hervor, die mit den Buchstaben $H\gamma$, $H\beta$ und $H\alpha$ bezeichnet werden. Bei zunehmendem Drucke wird zuerst $H\gamma$,

---

[1] A. Mitscherlich, Beitrag zur Spektralanalyse. Pogg. Ann. 1862. Bd. 116. p. 499. — Über die Spektren der Verbindungen und der einfachen Körper. Ibid. 1864. Bd. 121. p. 459.

[2] Eder und Valenta, Die verschiedenen Spektren des Quecksilbers. Wied. Ann. 1895. Bd. 55. p. 479.

darauf $H\beta$ breiter, während $H\alpha$ sich am wenigsten ändert. Bei einem Drucke von 60 mm Quecksilber verwandelt sich das Spektrum in ein nahezu kontinuierliches, an dessen Ende nur noch die rote Linie sichtbar ist; bei einem Druck von 360 mm tritt ein glänzendes, kontinuierliches Spektrum auf, von dem die in ein breites Band ausgedehnte Linie $H\alpha$ kaum mehr sich abhebt.[1] Ähnliche Beobachtungen wurden mit Na gemacht, bei dem die Verbreiterung der Linien schon mit sehr einfachen Mitteln zu zeigen ist.

§ 290. Chemische Spektralanalyse. Nach den Untersuchungen von KIRCHHOFF und BUNSEN repräsentiert die Stellung, welche die Linien der Metallspektren einnehmen, eine chemische Eigenschaft, die von ebenso unwandelbarer und fundamentaler Natur ist, wie das Atomgewicht. Dazu kann ihre Lage im Spektrum mit astronomischer Genauigkeit bestimmt werden. Wo immer in einem Spektrum die Linien eines Metalles auftreten, kann mit absoluter Sicherheit auf seine Anwesenheit in der Lichtquelle geschlossen werden. Die Spektrallinien können daher als Reaktionsmittel dienen, durch welche die Metalle schärfer, schneller und in geringerer Menge sich nachweisen lassen, als durch irgend ein anderes analytisches Hilfsmittel.

Voraussetzung der hierdurch gegebenen chemischen Spektralanalyse ist natürlich, daß die den verschiedenen Metallen angehörenden Spektren einmal genau untersucht, die Linien in Tabellen registriert, oder durch eine Zeichnung des Spektrums anschaulich gemacht werden. Über die Ergebnisse dieser zuerst von KIRCHHOFF und BUNSEN unternommenen Arbeit mögen wenige Bemerkungen genügen.

Beim Na tritt in der Regel nur eine einzige Linie, oder vielmehr eine Doppellinie im Gelb hervor, welche man als Natriumlinie schlechtweg zu bezeichnen pflegt. Die auf das Erscheinen derselben gegründete Reaktion ist so empfindlich, daß man mit ihr noch $\dfrac{1}{3\,000\,000}$ Milligramm Na mit der größten Deutlichkeit erkennen kann.

Das Li zeigt stets eine rote glänzende, scharf begrenzte Linie und eine sehr schwache gelbe. Na- und Li-Flammen sind infolge dieser Beschaffenheit ihrer Spektren hervorragend geeignet zur Erzeugung eines homogenen, einfarbigen Lichtes, und man macht hiervon bei optischen Beobachtungen in ausgedehntem Maße Gebrauch. Ausgezeichnet durch die ungeheure Menge seiner Linien ist das Spektrum des Eisens; man hat deren ca. 4500 beobachtet und gemessen.

Wenn die Linien aller bekannten Metalle beobachtet, ihrer Lage nach genau bestimmt und gezeichnet sind, so kann das Auftauchen neuer Linien durch die Anwesenheit bis dahin unbekannter Metalle bedingt sein. In der Tat gelang auf diese Weise BUNSEN selbst die Entdeckung des Rubidiums und Cäsiums; später wurden auf demselben

---

[1] FRANKLAND, On the combustion of hydrogen and carbonic oxyde in oxygen under great pressure. Proc. of the Roy. Soc. London 1868. V. 16. p. 419.

Wege die Metalle Thallium, Indium, Gallium, Germanium, Scandium, Samarium, sowie die Gase Helium, Neon, Xenon, Metargon gefunden.[1]

§ 291. **Absorption des Lichtes.** Wenn weißes Licht auf die Oberfläche eines Körpers fällt, so wird es zum Teil reflektiert, zum Teil dringt es in denselben ein, es wird gebrochen. Aber mit dem gebrochenen Teile geht nun noch eine andere wichtige Veränderung vor sich, die wir als Absorption bezeichnen. Während das Licht im Inneren des Körpers sich bewegt, verliert es mehr oder weniger an Intensität. Nun trifft aber im allgemeinen die Absorption die verschiedenen Strahlen des Spektrums in verschiedenem Maße; das aus dem Körper wieder austretende Licht hat daher nicht mehr die Zusammensetzung des weißen auffallenden Lichtes, sondern ist gefärbt. Wenn ein mit Kupferoxydul zusammengeschmolzenes Glas alle Strahlen, mit Ausnahme der roten, sehr stark absorbiert, so muß das Glas im durchscheinenden Lichte rot sein; ebenso absorbiert ein Kobaltglas die mittleren Strahlen des Spektrums sehr stark und erscheint daher im durchgehenden Lichte blau.

Hiernach hängt also die Farbe, welche die Körper im durchfallenden Lichte zeigen, ab von der auswählenden Absorption, die sie üben. Wir können aber einen Schritt weiter gehen und nachweisen, daß auch die Farbe im diffus reflektierten Lichte in vielen Fällen durch Absorption bedingt wird. Zu diesem Zwecke wollen wir zuerst fragen, wie es kommt, daß gewisse Körper uns im auffallenden Lichte weiß erscheinen, wie Kreide, Marmor, gemahlener Gips, eine weiße Lilie, Schnee, hochschwebende vom Sonnenlicht getroffene Wolken, Strahlen von kondensiertem Wasserdampf. All diesen Körpern ist gemeinsam, daß sie aus einzelnen an sich farblosen und durchsichtigen Teilchen bestehen, die durch kleine Zwischenräume voneinander getrennt sind. Fällt weißes Licht auf einen solchen Körper, so dringen seine verschiedenen Strahlen in das Innere des Körpers ein, bis sie auf die Grenzfläche eines der Teilchen treffen, aus denen der Körper besteht; von diesem reflektiert, gehen sie nach der Oberfläche zurück. Wenn wir diese betrachten, so erhalten wir also Licht, das aus verschiedenen Tiefen und von Flächen der verschiedensten Orientierung reflektiert wurde, Licht, das nach dem Austritt aus dem Körper die verschiedensten Richtungen verfolgt und das alle Strahlen des weißen Lichtes enthält, da ja die Körperteilchen selbst farblos sind und keine dieser Strahlen absorbieren. Das auf diese Weise reflektierte Licht ist das diffuse weiße Licht, in dem wir den Körper sehen, und das seine weiße Farbe bedingt. Nehmen wir nun an, die Teilchen, aus denen der Körper zusammengesetzt ist, seien nicht farblos, sondern absorbieren Strahlen von bestimmter Farbe, so werden in dem aus dem Inneren reflektierten Lichte diese Strahlen fehlen oder eine verminderte Intensität besitzen, und der Körper erscheint dann in dem diffus reflektierten Lichte ebenso gefärbt, wie in dem durchgelassenen.

---

[1] W. Ramsay, Chem. Ber. 1898. 31, p. 3111.

Denken wir uns die Räume zwischen den Zellwänden einer Lilie mit einer roten Lösung gefüllt, so sind auch die aus dem Inneren reflektierten Strahlen rot, das weiße Blatt wird rot wie das einer Tulpe. Zugleich sehen wir, daß ein Körper schwarz erscheinen muß, wenn in dem auffallenden Lichte die Farben fehlen, für welche er durchsichtig ist.

§ 292. Absorptionsspektren. Auf der spektralanalytischen Methode beruht nicht bloß unsere Kenntnis von der Lichtemission der Körper; sie führt auch zu einer sehr einfachen und übersichtlichen Bestimmung ihrer Absorptionsverhältnisse. Man hat nichts nötig, als das kontinuierliche Spektrum eines weißglühenden festen Körpers durch eine aus der zu untersuchenden Substanz hergestellte planparallele Platte zu betrachten; man sieht dann unmittelbar, welche Teile des Spektrums ausgelöscht, welche mehr oder weniger geschwächt erscheinen, und welche mit ungeänderter Intensität durchgehen. Man kann so auch den Einfluß, den die Dicke der durchstrahlten Schichten, die Konzentration der in Lösung befindlichen Farbstoffe auf die Größe der Absorption ausübt, bestimmen. Man findet, daß Schichten von gleichem Gehalt an absorbierender Substanz von den auffallenden Strahlen immer denselben Bruchteil absorbieren. Die Absorption nimmt daher mit der Dicke der durchstrahlten Körper in starkem Verhältnis zu; Wasser, in dünnen Schichten farblos, erscheint in Schichten von einigen Metern Dicke schwach blau. Auf Grund derselben Ursache muß auch die Farbe des von einem Körper durchgelassenen Lichtes sich mit der Dicke ändern, indem zuerst die Strahlen verschwinden, die am meisten absorbiert werden, allmählich auch solche von etwas schwächerer Absorption, bis zuletzt nur die nicht oder nur sehr wenig absorbierten übrig bleiben. Manche Lösungen, wie die des Blutes, des Chlorophylls, des übermangansauren Kalis zeigen sehr eigentümliche streifenartige Absorptionen, die besonders überraschend bei den vollkommen farblosen Lösungen der Didymsalze sind. Ausgezeichnet durch eine Fülle von Absorptionslinien sind endlich gewisse Gase, wie Stickstoffdioxyd und Joddampf.

§ 293. Die Umkehrung der Spektrallinien. Wir kommen nun zu dem Hauptsatze der Strahlungslehre, dessen Entdeckung sich an die Absorptionserscheinungen der Gase knüpft. Das Spektrum eines elektrischen Bogenlichtes sei auf einem Schirm nach der in § 266 geschilderten Weise dargestellt. Bringt man nun vor den von den Strahlen der Lampe getroffenen Spalt eine intensiv durch Natrium gefärbte Gasflamme, so bildet sich im Gelb des Spektrums ein scharfer schwarzer Streifen aus, und zwar befindet er sich genau an derselben Stelle, wo der leuchtende Natriumdampf für sich die helle gelbe Linie erzeugen würde. Wir werden daraus schließen, daß der Natriumdampf die Eigenschaft hat, dieselben Strahlen, die er aussendet, auch zu absorbieren. In der Tat können wir dann annehmen, daß die Stelle des Spektrums, an der Licht von der Brechbarkeit der Natriumlinie sich befindet, wesentlich nur von dem Natriumdampf der Gasflamme beleuchtet wird, während die gleich brechbaren, aber viel intensiveren Strahlen des elektrischen Lichtes in dem Dampfe absorbiert werden. Die schwarze Linie entsteht somit durch eine Kontrastwirkung; die unmittelbar neben ihr liegenden Teile des Spektrums sind beleuchtet von dem vollen Lichte der elektrischen Lampe, die Natriumlinie selbst wesentlich nur von dem Lichte der Flamme; dieses aber ist so viel schwächer als das elektrische Licht, daß die von ihm allein getroffene Stelle völlig dunkel erscheint. Man bezeichnet diese Erscheinung als die **Umkehrung der Natrium-linie.** Eine eigentümliche, auch mit dem gewöhnlichen Spektralapparat leicht zu beobachtende Erscheinung ist die **Selbstumkehrung der Linie.** Wenn man in die Bunsenflamme metallisches Natrium einführt, so füllt sie sich mit sehr dichten Dämpfen des Metalles und erzeugt eine stark verbreiterte Linie; in ihrer Mitte erscheint dann eine schwarze Linie, die ihren Ursprung der Absorption in den kälteren äußeren Teilen der Flamme verdankt. Sehr häufig wurden solche Selbstumkehrungen beobachtet, wenn schwerer flüchtige Metalle im galvanischen Lichtbogen verdampft wurden. Auch der zuerst beschriebene Versuch wurde schon von KIRCHHOFF und BUNSEN mit Li, K, Sr, Ca, Ba wiederholt, wobei sie nur an Stelle des elektrischen Lichtes das der Sonne benützten. Man wird also allgemein annehmen dürfen, daß leuchtende Dämpfe die-selben Strahlen, die sie aussenden, auch in besonderem Maße absorbieren, daß ihr Absorptionsvermögen für Strahlen von bestimmter Brechbarkeit ihrem Emissionsvermögen für dieselben Strahlen proportional sei, wenigstens wenn die Temperatur bei beiden Vor-gängen dieselbe ist. Die weitere Aufführung dieses Satzes, seine Aus-dehnung auf Körper von beliebigem Aggregatzustand müssen wir der Lehre von der strahlenden Wärme vorbehalten.

§ 294. Das Sonnenspektrum als Absorptionsspektrum. Eine große Zahl der hellen Linien der Metalldämpfe befindet sich genau an den-selben Stellen des Spektrums wie entsprechende FRAUNHOFERsche Linien des Sonnenspektrums, so z. B. die Doppellinie des Na genau an der Stelle der gleichfalls doppelten D-Linie FRAUNHOFERS; daß es sich dabei nicht um einen Zufall handeln kann, ergibt sich einmal daraus, daß diese Koinzidenzen sich auch bei der stärksten Vergrößerung des Spektrums unverändert erhalten haben. Wie weit man nach dieser Richtung ge-gangen ist, wird anschaulich, wenn man bemerkt, daß in der FRAUN-HOFERschen Zeichnung des Sonnenspektrums die beiden D-Linien einen Abstand von 0·3 mm, in der KIRCHHOFFschen einen solchen von 4 mm besitzen. In der von KAYSER und RUNGE aufgenommenen Photo-graphie des Eisenspektrums entspricht der Abstand der D-Linien einer Länge von 6 mm, endlich in der ROWLANDschen Photographie des Sonnenspektrums einer Länge von 18 mm. Ein Zufall ist aber auch durch die Anzahl der Koinzidenzen ausgeschlossen, die beim Eisen bei etwa zweitausend Linien konstatiert worden sind. Hiernach ist das Spektrum der Sonne als ein Absorptionsspektrum zu betrachten. Der dichte Kern derselben muß ein kontinuierliches Spektrum erzeugen, von dem Strahlen von bestimmter Brechbarkeit durch die in der äußeren Atmosphäre enthaltenen Dämpfe absobiert werden. Die Untersuchung des Sonnenspektrums liefert darnach eine Analyse der chemischen Zusammensetzung ihrer Atmosphäre. Folgende Elemente sind auf diesem Wege in der Sonne nachgewiesen: Na, Mg, Ca, Sr, Ba, Fe, Co, Ni, Cr, Mn, H, Ti und Helium. Für einige von diesen Stoffen ist Koinzidenz nur bei einem Teil der Linien vorhanden, und die Frage daher noch nicht als ganz entschieden zu betrachten.

§ **295. Anomale Dispersion.** An die Absorption knüpft sich zunächst noch eine Erscheinung, durch die unsere Anschauungen über die Natur der Brechung eine nicht unwesentliche Erweiterung erfahren. Körper, die im Spektrum Absorptionssteifen erzeugen, brechen die in der Nähe der Streifen liegenden Strahlen in einer von der gewöhnlichen abweichenden Weise. Wenn wir ein Spektrum, das von einem Prisma aus farblosem Glase mit vertikaler brechender Kante erzeugt ist, durch ein eben solches Prisma mit horizontaler Kante betrachten, so erscheint das abgeleitete Spektrum als ein ziemlich gleichmäßig schief gezogener Streifen, in dem die einzelnen Farben um so mehr abgelenkt sind, je mehr sie sich dem violetten Ende des Spektrums nähern. Es ist dies die Methode der gekreuzten Prismen, die wir schon in § 266 erwähnt haben. Benützen wir nun bei dieser Methode als zweites Prisma ein solches mit ausgesprochenen Absorptionsstreifen, z. B. ein Prisma von Fuchsin, Cyanin, übermangansaurem Kali, so zeigt das abgeleitete Spektrum Formen, wie sie in Figur 353 dargestellt sind. Wenn man vom roten Ende des Spektrums ausgeht, so nimmt, wenn mehrere Absorptionsstreifen vorhanden sind, die Brechung bis zu dem ersten stark zu, um hinter ihm auf einen kleineren Betrag zurückzugehen, sie steigt dann wieder an, bis zu dem zweiten Streifen, ist hinter diesem wiederum kleiner, und dieses Verhalten wiederholt sich bei jedem Absorptionsstreifen bis zu dem violetten Ende des Spektrums. Diese Verschiebung der Brechbarkeit geht bei einer Fuchsinlösung, die das grüne Licht vollständig absorbiert, so weit, daß das Rot und Gelb des

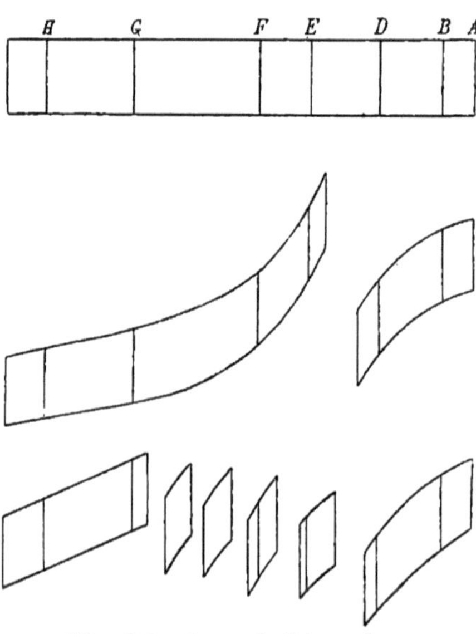

Fig. 353. Anomale Dispersion.

Spektrums stärker abgelenkt wird, als das Blau und Violett; die Brechungsverhältnisse einer solchen Lösung sind im folgenden zusammengestellt:

FRAUNHOFERsche Linie B C D F G H
            n 1·387   1·392   1·398   1·361   1·367   1·376.

Die hierdurch charakterisierte Art der Farbenzerstreuung bezeichnet
man als anomale Dispersion. Sie hängt nach dem Vorhergehenden
eng zusammen mit der Absorption der Strahlen und findet sich daher
auch bei Gasen, die ausgesprochene Absorptionsstreifen besitzen; so ist
bei Joddampf für rotes Licht $n = 1·00205$, für violettes $n = 1·00192$.

§ 296. Oberflächenfarben und Metallglanz. Wir haben in § 291
die Farbe, welche die Körper im diffusen Lichte uns zeigen, als ein
Absorptionsphänomen betrachtet. Im Anschluß an die vorhergehenden
Untersuchungen möge noch bemerkt werden, daß auch die regelmäßig
reflektierten Strahlen unter Umständen in eigentümlicher Weise gefärbt
erscheinen. Es ist dies der Fall bei allen Körpern, die starke Absorption
besitzen. Gerade die Farben, die stark absorbiert werden, haben dann
in dem regelmäßig reflektierten Licht eine besonders große Intensität.
So erklärt sich die lebhafte Färbung der Oberfläche bei Anilinfarben,
bei übermangansaurem Kali. Die Farbe dieser Körper im regelmäßig
reflektierten Lichte ist komplementär zu der im durchgelassenen. Diese
Bemerkung gilt auch für Metalle, z. B. für Gold. Dieses ist im durchgelassenen Lichte in dünner Schicht grün, es absorbiert die gelben
Strahlen und wirft sie demzufolge auch besonders stark zurück; das
Gold ist daher auch im regelmäßig reflektierten Lichte gelb gefärbt.
Endlich aber zeigen sich die Metalle überhaupt aus durch die starke
Absorption, die sie für alle Strahlen des Spektrums besitzen. Es hängt
damit zusammen, daß auch ihre regelmäßige Reflexion eine besonders
intensive ist, und hierin liegt die Ursache des Metallglanzes. Stoffe
mit ausgezeichneten Absorptionsstreifen besitzen wenigstens für die ihnen
entsprechenden Strahlen eine Reflexion von ähnlicher Stärke, man spricht
daher auch bei ihnen von metallischem Glanze der Oberfläche.

Durch die Stärke ihrer Reflexion nähern sich die Metalle den Verhältnissen der totalen Reflexion, und es ist in der Tat leicht zu sehen,
daß total reflektierende Flächen im Tageslichte den hellsten Silberglanz
besitzen.

Zweites Kapitel. Fluoreszenz und chemische Wirkung des Lichtes.

§ 297. Die Fundamentalerscheinung der Fluoreszenz. Mit der Absorption hängen weitere merkwürdige Lichtwirkungen zusammen, mit
denen wir uns im folgenden zu beschäftigen haben. Eine Lösung von
Chlorophyll ist im durchgehenden Lichte grün gefärbt. Läßt man mit
Hilfe einer Sammellinse einen Kegel von Sonnenlicht in die Lösung eindringen (Fig. 354), so geht von diesem nach allen Seiten ein rotes Licht
aus. Eine ganz analoge Erscheinung wurde an den Flußspaten von

Cumberland beobachtet, die im durchfallenden Lichte hellgrün sind. Der Weg eines kondensierten Lichtstrahles in dem Kristalle erscheint dunkelblau. Der Flußspat ist es, welcher der Erscheinung den Namen der Fluoreszenz gegeben hat. Sie tritt außerdem in ausgezeichneter Weise bei dem Uranglas auf, das, im durchscheinenden Lichte gelb, ein intensiv grünes Fluoreszenzlicht entwickelt; ebenso zeichnen

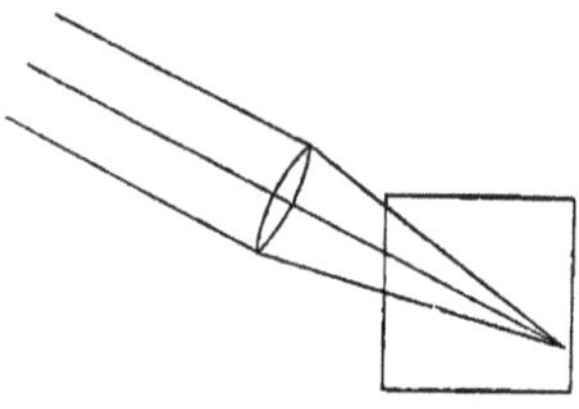

Fig. 354. Fluoreszenz.

sich durch ihre prachtvolle grüne Fluoreszenz die Farbstoffe der Eosingruppe, Eosin, Fluoresceïn, aus. Wenn man auf ein mit gelbem Platincyanbaryum beschriebenes Papier Sonnen- oder Tageslicht durch ein blaues Glas fallen läßt, so leuchten die Schriftzüge in einem intensiven, grünlichen Lichte; beleuchtet man dagegen durch gelbes oder rotes Glas, so verschwindet die Fluoreszenz. Ebenso fluoresziert ein Uranglaswürfel, wenn man das Sonnenlicht durch ein blaues Glas auf ihn fallen läßt, die Erscheinung verschwindet bei der Anwendung von rotem Lichte. Die Versuche zeigen, daß es sich bei der Fluoreszenz um eine Verwandelung des in den Körper eindringenden Lichtes handelt; dieses wird nicht einfach absorbiert, und hierbei in eine andere Energieform übergeführt, sondern es erregt wieder Licht, aber Licht von anderer Farbe und Brechbarkeit. Nach einer von STOKES aufgestellten Regel, welche wenigstens dem allgemeinen Charakter der Erscheinungen zu entsprechen scheint, handelt es sich im wesentlichen um eine Verwandlung von Strahlen von höherer Brechbarkeit in solche von geringerer, z. B. von blauen in grüne. Wenn aber die Fluoreszenz in einer Verwandlung von gewissen in den Körper eindringenden Strahlen in zerstreutes Licht von anderer Farbe besteht, so müssen in dem durch einen fluoreszierenden Körper durchgelassenen Lichte eben diese verwandelten Strahlen fehlen; es kann also dieses Licht nicht mehr die Fähigkeit besitzen, in einem zweiten Körper von derselben Art Fluoreszenz zu erregen; eine Folgerung, die durch die Erfahrung in vollem Umfange bestätigt worden ist.

§ 298. Fluoreszenzspektren. Sehr viel genauer sind die im vorhergehenden aufgestellten Sätze zu beweisen mit Hilfe der spektralanalytischen Methoden. Man bestreiche einen Papierstreifen zur Hälfte

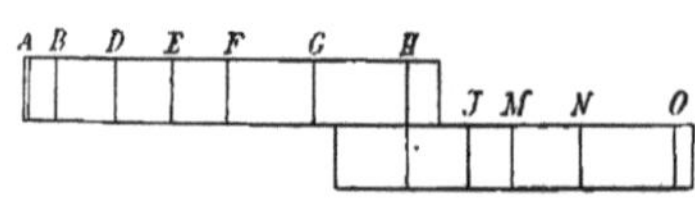

Fig. 355. Fluoreszenzspektrum.

mit Platincyanbaryum oder mit einer Chininlösung. Man entwerfe das Spektrum des elektrischen Lichtbogens oder der Sonne mit Hilfe eines vertikalen Spaltes, und lasse die Strahlen auf das präparierte Papier fallen, so daß die eine Hälfte des Spektrums auf die obere freie, die andere auf die untere, von der fluoreszierenden Substanz bedeckte Hälfte des Streifens fällt. Man sieht dann (vgl. Fig. 355) oben das gewöhnliche Spektrum;

unten aber leuchtet der Streifen in grünlichem Fluoreszenzlicht, das sich noch weit über die violette Grenze des gewöhnlichen Spektrums hinaus erstreckt. Diese Beobachtung spricht einmal für die Richtigkeit der Stokesschen Regel, da sie unmittelbar die Umwandlung violetter und blauer Strahlen in grüne und gelbe zur Anschauung bringt. Sie enthält aber außerdem die neue, höchst überraschende Tatsache, daß die Strahlung eines glühenden Körpers mit dem Violett des Spektrums keineswegs zu Ende ist, daß vielmehr darüberhinaus noch ein ausgedehntes Feld von brechbareren Strahlen existiert, die sich für gewöhnlich unserer Wahrnehmung entziehen, die aber sichtbar werden, weil sie in der fluoreszierenden Substanz in Strahlen von geringerer Brechbarkeit sich verwandeln. Die Fluoreszenz bildet darnach ein Mittel zu der Untersuchung dieses ultravioletten Teiles des Spektrums, und es ist von großem Interesse, zu sehen, daß seine Beschaffenheit derjenigen des sichtbaren Spektrums durchaus analog ist. Das Spektrum der Sonne zeigt sich in seinem ultravioletten Teile durchzogen von sehr zahlreichen, sich immer dichter zusammendrängenden Fraunhoferschen Linien; das Spektrum der Metalle, des elektrischen Lichtbogens weist dementsprechend eine Menge von Linien im Ultravioletten auf.

Zur Untersuchung des Fluoreszenzlichtes selbst wird man zweckmäßig die Methode der gekreuzten Prismen verwenden. Man entwirft das Spektrum eines vertikalen Spaltes auf einer fluoreszierenden Substanz und beobachtet es durch ein Prisma mit horizontaler Kante; dabei ergibt sich, daß das Fluoreszenzlicht keineswegs homogen ist, sondern aus Strahlen von sehr verschiedener Brechbarkeit besteht.

Endlich kann man noch das Absorptionsspektrum fluoreszierender Körper untersuchen; man findet dann in der Tat Absorption der Strahlen, die Fluoreszenzlicht erzeugen. Aber diese Absorption ist eine von der gewöhnlichen sehr verschiedene. Bei der letzteren verwandelt sich die Energie der absorbierten Strahlen im allgemeinen in Wärme; bei der Absorption der Fluoreszenz erregenden Strahlen bewahrt die Energie die Form der strahlenden Energie, nur die Brechbarkeit des Lichtes wird eine andere.

§ **299. Phosphoreszenz.** Manche Körper, zu denen insbesondere die Schwefelverbindungen der Erdalkalimetalle gehören, zeigen die Eigenschaft, nach der Bestrahlung durch Sonnen- oder elektrisches Licht längere oder kürzere Zeit zu phosphoreszieren, d. h. ein sanftes Licht auszustralen, dessen Farbe bei verschiedenen Körpern eine verschiedene ist. Dabei zeigen die Körper keine Erhöhung der Temperatur und keine nachweisbare chemische Veränderung. Ohne Zweifel ist die Phosphoreszenz nichts anderes, als eine nachwirkende Fluoreszenz; denn man kann eine ganze Stufenfolge von Körpern aufstellen, von solchen an, die nur Fluoreszenz, aber keine merkliche Phosphoreszenz besitzen, oder bei denen die letztere nur wenige Sekunden dauert, bis zu solchen, bei denen das Phosphoreszenzlicht viele Stunden hindurch ausgesandt wird.

§ 300. Chemische Wirkungen des Lichtes. Licht, das in einem Körper absorbiert wird, wandelt sich im allgemeinen um in Wärme; in fluoreszierenden und phosphoreszierenden Substanzen in Licht von anderer Brechbarkeit. Von großem Interesse ist eine dritte Wirkung, die mit Lichtabsorption verbunden sein kann, die Leistung von chemischer Arbeit. Die chemische Wirkung des Lichtes ist von Bunsen mit besonderer Ausführlichkeit beim Chlorknallgas untersucht worden. Es zeigte sich, daß sie der Intensität des Lichtes proportional ist. Bunsen untersuchte dabei auch die photochemische Wirkung in den verschiedenen Teilen des Sonnenspektrums; zu seiner Erzeugung wurden Quarz-Prismen und -Linsen benützt, da Glas die ultravioletten Strahlen viel zu stark absorbiert. Es ergab sich, daß die Wirkung gleich breiter Streifen des prismatischen Spektrums im Roten und Gelben bis zum Grünen hin sehr schwach ist, dann aber im Blau rasch zu einem Maximum zwischen G und H ansteigt; sie sinkt dann wieder, erreicht im Ultravioletten bei der Fraunhoffrschen Linie J ein zweites Maximum und wird zwischen den Linien T und U unmerklich.

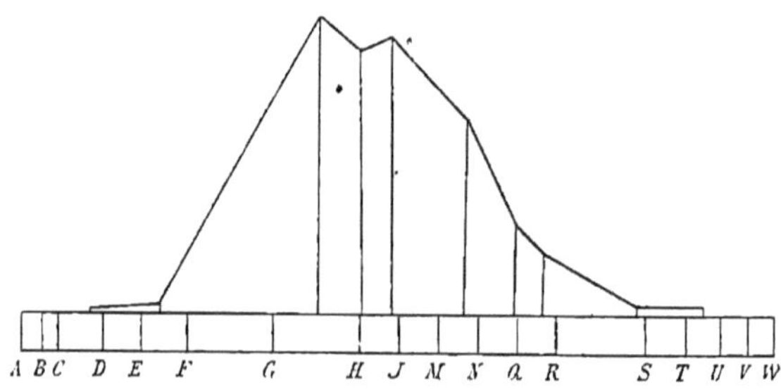

Fig. 356. Chemische Wirkung des Spektrums.

Graphisch sind diese Verhältnisse in Figur 356 dargestellt. Bemerkenswert ist dabei die Tatsache, daß die Lichtwirkung nicht mit der Bestrahlung zugleich in voller Stärke einsetzt, sondern erst nach einiger Zeit. Diese Erscheinung, die **photochemische Induktion**, wird durch die folgende Tabelle anschaulich gemacht: t bedeutet die Zeit nach Beginn der Belichtung in Minuten, S die während einer Minute gebildeten Mengen von Salzsäure.

t	S	t	S
1	0·0	6	2·1
2	1·6	7	14·6
3	0·5	8	29·2
4	0·0	9	31·1
5	0·5	10	30·4.

Es deutet diese Erscheinung vielleicht darauf hin, daß das Licht nicht direkt die Vereinigung von H und Cl bewirkt, sondern zunächst die Entstehung von Zwischenverbindungen veranlaßt. Die Bildung von Chlorwasserstoff würde erst dann beginnen, wenn eine gewisse Menge jener Zwischenprodukte vorhanden wäre. Diese Vermutung wird unterstützt durch die Bemerkung, daß die Verbindung der trockenen Gase sich nur schwer vollzieht, daß die Anwesenheit von Wasserdampf für den Verlauf der Reaktion wesentlich zu sein scheint.

§ 301. Photographie. Von eminenter praktischer Bedeutung ist die Empfindlichkeit, welche die Haloïdsalze des Silbers dem Lichte gegenüber besitzen; denn auf ihr beruht die Herstellung der Photographien. Auf einer bromsilberhaltigen, trockenen Gelatineplatte entwerfen wir in der Camera obscura das reelle Bild des aufzunehmenden Gegenstandes kurze Zeit hindurch. Es wird hierdurch eine sichtbare chemische Zersetzung nicht erzielt. Wenn wir aber nun die Platte mit einer reduzierenden Substanz, z. B. einer Lösung von Eisenoxalat, oder Hydrochinon behandeln, so vollzieht sich die Ausscheidung des Silbers an einer bestimmten Stelle der Platte um so schneller, je stärker sie zuvor beleuchtet war. Wenn die Reduktion rechtzeitig unterbrochen wird, so erhält man durch diesen Prozeß der „Entwickelung" ein Negativ, in dem die hellen Stellen des Objektes durch das ausgeschiedene Silber dunkel erscheinen. Um dieses Bild zu fixieren, die Verdunkelung durch eine allmählich weiter schreitende Zersetzung des Bromsilbers zu verhindern, muß das letztere entfernt werden, was durch Auswaschen des unzersetzten Bromsilbers mit einer wässerigen Lösung von unterschwefligsaurem Natron geschieht. Um ein positives Bild zu erhalten, belichtet man eine lichtempfindliche Platte durch das Negativ hindurch. Die Verbindungen des Silbers sind gegen die violetten und blauen Strahlen ungleich empfindlicher, als gegen die gelben und roten; daher kommt es, daß in dem positiven Bilde die roten und gelben Farben gegen die blauen und violetten bei gleicher Expositionsdauer dunkel erscheinen. Diesen für eine treue Wiedergabe der Objekte störenden Umstand hat man zu vermeiden gelernt durch die optische Sensibilierung. Man mischt den lichtempfindlichen Platten geringe Mengen von Substanzen bei, welche die gelben oder die roten Strahlen absorbieren; besonders wirksam haben sich erwiesen Azalin, Erythrosin, Dijodfluoresceïn. Die so präparierten Platten erweisen sich dann auch für die gelben und roten Strahlen als empfindlich.

§ 302. Photographien des Spektrums. Die Photographie bildet gegenwärtig das wichtigste Hilfsmittel für die Untersuchung der Spektren. Die hohe Lichtempfindlichkeit der Silbersalze für die violetten und ultravioletten Strahlen legte den Gedanken, sie zur photographischen Aufnahme des ultravioletten Spektrums zu benützen, von vornherein nahe. Es zeigte sich aber zugleich die schon erwähnte starke Absorption der ultravioletten Strahlen durch Glas; um den entsprechenden Teil des Spektrums in seiner ganzen Ausdehnung zu erhalten, ist es daher notwendig, zur Erzeugung der Spektren Linsen und Prismen aus Quarz oder Kalkspat, oder die später zu besprechenden Beugungsgitter zu verwenden. Aber schon die Luft übt auf den äußersten Teil des Ultravioletten eine starke Absorption aus; man hat daher in neuerer Zeit Metallspektren im Vakuum photographiert, um sie möglichst weit nach dem Ultravioletten zu verfolgen. Die sichtbaren Teile des Spektrums erfordern zunächst eine um so längere Expositionsdauer, je weniger wirksam ihre Strahlen sind; man wird also namentlich bei der Aufnahme des Gelben und Roten die

Platten sensibilieren; auf diesem Wege ist es dann möglich, auch im Ultraroten einen unsichtbaren Teil des Spektrums zu photographieren, dessen Existenz schon früher durch seine Wärmewirkungen angezeigt worden war. Das Sonnenspektrum besitzt in seinem ultraroten Teile, ebenso wie in seinem ultravioletten, zahlreiche FRAUNHOFERsche Linien; wir schließen daraus, daß auch die Strahlung der die Sonnenatmosphäre erfüllenden Metalldämpfe in das Ultrarote sich erstreckt, und daß ihre Spektren dort ebenso aus einzelnen Linien zusammengesetzt sind, wie im sichtbaren oder im ultravioletten Teile des Spektrums.

§ 303. Farbenphotographie. Als eine Unvollkommenheit der Photographie empfinden wir es, daß sie die aufgenommenen Gegenstände alle in denselben grauen oder braunen Tönen wiedergibt, daß ihr die Farbe fehlt. Die Möglichkeit, durch ein photographisches Verfahren auch die Farbe des auffallenden Lichtes wieder zu erzeugen, erhellt aus der folgenden Betrachtung. Es sei ein lichtempfindlicher Stoff gegeben, der alle Strahlen absorbiert, also an sich schwarz ist; infolge einer durch das absorbierte Licht bewirkten Zersetzung möge er drei verschiedene Stoffe liefern, von denen der eine die roten, der zweite die grünen, der dritte die violetten Strahlen in diffuser Weise reflektiert; andersfarbige Strahlen sollen in jedem der Stoffe absorbiert werden und ihn zugleich zerstören. Wird nun jener Grundstoff von rotem Lichte getroffen, so entstehen zwar zunächst die drei Zersetzungsstoffe; aber nur der erste, das rote Licht reflektierende bleibt, die beiden anderen werden von rotem Licht wieder zerstört. Der lichtempfindliche Stoff wird also im roten Licht in der Tat rot. Ebenso wird er bei grüner Beleuchtung grün, bei violetter violett. Eine Erweiterung der Betrachtung zeigt, daß auch Mischfarben richtig abgebildet werden. Soll der Grundstoff im weißen Lichte weiß werden, so muß bei der Lichtzersetzung außer den drei farbigen noch ein vierter, weißer Stoff entstehen. Eine weitere Frage ist natürlich die nach der Fixierung der erzeugten Farben; auf sie können wir zurzeit noch keine Antwort geben.[1]

Von einem ganz anderen Prinzip, mit Hilfe dessen man einer lichtempfindlichen Schichte gleichfalls die Farbe des auffallenden Lichtes erteilen kann, wird später die Rede sein.

Völlig verschieden von der eigentlichen Farbenphotographie ist ein Verfahren, bei dem man den Farbeneindruck der Wirklichkeit nach den Sätzen von § 272 durch die Kombination dreier photographischer Bilder des Objektes zu erreichen sucht, eines roten, eines grünen und eines violetten. Von diesen kann das rote dadurch hergestellt werden, daß man das Objekt durch ein rotes Glas hindurch aufnimmt. Das Bild gibt dann die Intensitätsverhältnisse der roten Strahlen wieder, die von dem Objekte ausgehen, sobald man dafür sorgt, daß von dem Bilde aus nur

---

[1] OTTO WIENER, Farbenphotographie durch Körperfarben und mechanische Farbenanpassung in der Natur. WIED. Ann. 1895. Bd. 55. p. 225.

rote Strahlen ins Auge gelangen. Ebenso ist dann bei der Aufnahme
des grünen Bildes eine grüne, bei der des violetten eine violette Glasplatte zu benützen. Eine Beschreibung der Kunstgriffe, die man an-
wendet, um die Farbeneindrücke der drei Bilder zu vermischen, würde
zu weit führen.

§ **304. Sichtbarkeit der ultravioletten Strahlen.** Wenn die ultravioletten Strahlen für gewöhnlich der Beobachtung entzogen sind, so
kann das daran liegen, daß sie nicht mehr auf das Auge wirken, oder
daran, daß sie in den Apparaten, die wir gewöhnlich zu der Darstellung
der Spektren benützen, zu stark absorbiert werden. Helmholtz hat gezeigt, daß der wahre Grund in der Tat der letztere ist, daß in einem
Spektrum, das mit Quarz-Linsen und -Prismen erzeugt ist, das Auge auch
die ultravioletten Strahlen zu sehen vermag, wenn alles andere Licht
sorgfältig abgeblendet ist.

DRITTES BUCH.

DAS LICHT ALS WELLENBEWEGUNG.

Erstes Kapitel. Emissions- und Undulationstheorie des Lichtes.

§ 305. Die Emissionstheorie. In der im Jahre 1698 erschienenen Optik erklärte NEWTON die Wirkung des Lichtes durch kleine Partikelchen, die, von den leuchtenden Körpern ausgeworfen, dem Prinzip der Trägheit entsprechend in gerader Linie mit konstanter Geschwindigkeit den Raum durcheilen. Diese Teilchen sollten, wenn sie das Auge treffen, die Lichtempfindung erregen, sie sollten an der Oberfläche und im Inneren der ponderabeln Körper alle die Wirkungen leiden und üben, die wir beim Lichte beobachten. Die Geschwindigkeit, mit der sie sich bewegen, muß die des Lichtes sein; sie müssen also von allen leuchtenden Körpern mit derselben Geschwindigkeit ausgestoßen werden.

Das Gesetz der Reflexion leitete NEWTON aus der Annahme ab, daß die Moleküle der Körper mit Kräften auf die Lichtteilchen wirken, die nur in unmeßbar kleiner Entfernung merklich sind. Wenn diese Kräfte abstoßende sind, so setzen sie sich zu einer Resultante zusammen, die von der Oberfläche der Körper weg und senkrecht gegen sie gerichtet ist. Zerlegt man die Geschwindigkeit der Lichtteilchen in zwei Komponenten, die beziehungsweise zur Oberfläche senkrecht und mit ihr parallel sind, so wird die erste durch die Wirkung der Resultante umgekehrt, die zweite bleibt ungeändert; nach dem Anprall an die Oberfläche bewegen sich dann die Lichtteilchen in der durch das Reflexionsgesetz bestimmten Richtung. Um in analoger Weise die Brechung des Lichtes zu erklären, mußte NEWTON annehmen, daß die Lichtteilchen periodischen Anwandelungen unterworfen sind, so daß sie von den Körpermolekülen bald abgestoßen, bald angezogen werden. In der Tat führt die Annahme anziehender Molekularkräfte zu dem Brechungsgesetz; sie führt aber gleichzeitig zu dem Resultate, daß das Brechungsverhältnis $n(a, b)$ zwischen zwei Körpern a und b gleich ist dem Verhältnis der Lichtgeschwindigkeit in b zu der Lichtgeschwindigkeit in a. Wenn also das Brechungsverhältnis für Luft und Wasser $^4/_3$ ist, so heißt das nach NEWTONS Theorie, daß die Lichtgeschwindigkeit in Wasser größer ist, als in Luft, im Verhältnis $4:3$. Auf die künstlichen Annahmen, die man nach der NEWTONSchen Theorie zu machen hat, um auch die Farbenzerstreuung des Lichtes zu erklären, werden wir um so weniger eingehen, als schon das zuletzt erwähnte Resultat geeignet ist, die Unzulässigkeit der ganzen Theorie zu beweisen.

§ 306. Die Undulationstheorie. Schon im Jahre 1678 hatte HUYGHENS der Pariser Akademie eine Abhandlung vorgelegt, in der er die Theorie entwickelte, daß das Licht, ähnlich wie der Schall, auf einer Wellenbewegung der zwischen dem leuchtenden Körper und dem Auge befindlichen Materie beruhe. Man sieht, daß für diese Annahme manche Schwierigkeiten, die der Emissionstheorie entgegenstehen, kaum vorhanden sind. Die Fortpflanzungsgeschwindigkeit des Lichtes kann nach ihr nur von den Eigenschaften des Mediums abhängen, in dem die Wellen fortschreiten und möglicherweise von der Länge der Wellen selbst; es wird so verständlich, daß das von den verschiedensten Sternen ausgesandte Licht den Weltraum mit derselben Geschwindigkeit durcheilt.

Auch die ungeheure Geschwindigkeit des Lichtes wird begreiflicher erscheinen, wenn sie sich nicht auf die fortschreitende Bewegung von materiellen Teilchen, sondern auf die Fortpflanzung einer Welle bezieht. Wenden wir auf die Lichtbewegung die Resultate an, die sich früher bei Schallwellen ergeben haben, so kann die Lichtgeschwindigkeit c ausgedrückt werden durch die Elastizität E und die Dichtigkeit δ des Stoffes, in dem die Wellenbewegung sich vollzieht; wir haben nach Analogie der früheren Formeln:

$$c = \sqrt{\frac{E}{\delta}} \; .$$

Bedenken wir nun, daß $c = 300000$ km sec^{-1} ist, daß dagegen die Schallgeschwindigkeit in Luft nur 0·33 km, in Wasser 1·43 km, in Eisen und Glas 5·0 km in der Sekunde beträgt, so kommen wir mit Notwendigkeit zu der Annahme, daß der Stoff, in dem die Lichtwellen sich fortpflanzen, ein von den ponderabeln Körpern verschiedener ist. Wir bezeichnen diesen sonst nicht wahrnehmbaren Stoff als den **Lichtäther**. Seine Elastizität muß ohne Vergleich größer, oder seine Dichte ebenso geringer sein, als die der ponderabeln Körper; auch kann natürlich ein großer Wert von E mit einem kleinen von δ zusammentreffen. Der Äther muß durch den ganzen Weltraum ausgebreitet sein und das Innere aller Körper durchdringen.

Die fundamentale Beziehung zwischen **Fortpflanzungsgeschwindigkeit** c, **Wellenlänge** λ und **Schwingungszahl** N,

$$\frac{c}{\lambda} = N,$$

die allen Wellenbewegungen gemeinsam ist, muß natürlich auch für das Licht gelten. Wenn ferner beim Schall die Qualität der Tonempfindung durch die Schwingungszahl bestimmt wird, so werden wir dementsprechend beim Lichte die **Schwingungszahl** der von der Wellenbewegung ergriffenen Ätherteilchen als das Element betrachten, von dem die Qualität der Lichtempfindung, die **Farbe**, abhängt. **Einfarbiges, homogenes Licht ist solches von einer bestimmten Schwingungszahl.** Die verschiedenfarbigen Strahlen unterscheiden sich in erster Linie durch die ihnen entsprechenden Schwingungszahlen, die ver-

schiedene Brechbarkeit würde erst als eine Folge hiervon zu betrachten
sein. Ändert sich die Geschwindigkeit eines Strahles von bestimmter Farbe, so muß sich die ihm entsprechende Wellen-
länge in demselben Maße ändern, so daß das Verhältnis $\frac{c}{\lambda} = N$
unverändert bleibt. Den experimentellen Beweis für die Richtigkeit
dieses wichtigen Satzes werden wir später mit Hilfe der Farbenerscheinungen dünner Blättchen liefern.

In einem isotropen Mittel pflanzt sich die von einem leuchtenden
Punkt ausgehende Welle nach allen Seiten mit gleicher Geschwindigkeit
fort. Die Welle hat die Gestalt einer Kugel, solange ihre Ausbreitung
eine ungestörte ist. Allgemein folgt aus dem HUYGHENSschen Prinzip, daß
die Richtung, in der ein kleines, als eben zu betrachtendes Element
einer Welle fortschreitet, zu der Wellenfläche senkrecht steht; nun nennen
wir aber die Richtungen, in denen die Elemente einer Lichtwelle sich
fortbewegen, Lichtstrahlen. In einem isotropen Mittel stehen
daher die Strahlen senkrecht auf der Wellenfläche. Zu der
von einem leuchtenden Punkt aus sich verbreitenden Kugelwelle gehört
die zweifach unendliche Mannigfaltigkeit der Strahlen, die vom Mittelpunkte der Kugel nach ihrer Oberfläche gehen.

Die Frage, ob bei dem Lichte die Schwingungsrichtung der Ätherteilchen zu der Fortpflanzungsrichtung der Wellen, zum Strahle, senkrecht steht, oder mit ihr parallel ist, wird erst durch die später zu
besprechenden Erscheinungen der Polarisation entschieden. Darnach haben
wir die Wellen des Äthers als transversale zu betrachten, und wir
wollen diese Anschauung von vornherein festhalten, obwohl die zunächst
zu besprechenden Erscheinungen ebensogut durch die Annahme longitudinaler Wellen zu erklären sein würden.

Bei transversaler Richtung der Schwingungen werden die auf einem
Lichtstrahl liegenden Ätherteilchen in einem bestimmten Momente einer
Wellenlinie angehören, vorausgesetzt, daß sich alle Teilchen in einer
Ebene bewegen. Die Schwingung der einzelnen Teilchen ergibt sich,
wenn man jene Wellenlinie längs dem Strahle mit der Geschwindigkeit
des Lichtes verschiebt. Die größte Abweichung der Teilchen von ihrer
Ruhelage ist durch die Höhe der Wellenberge oder die Tiefe der Wellen-
täler gegeben. Man bezeichnet sie als die Amplitude der Wellen.
Von dieser wird die Intensität des Lichtes ebenso abhängen, wie die des
Schalles von der Amplitude der Schallschwingungen.

Die weitere Entwickelung der Wellentheorie vollzieht sich mit den
Hilfsmitteln, die wir schon bei der Betrachtung der Wasserwellen eingeführt haben, dem HUYGHENSschen Prinzip und dem Prinzip der Superposition. Bei der großen Bedeutung dieser Sätze für die Optik scheint
es zweckmäßig, sie hier von neuem auszusprechen. Wir haben sie zudem
in der Hydrodynamik nur für die Wellenbewegung in einer Ebene aufgestellt, und auch bei ihrer Anwendung auf die räumlichen Wellen

fester, elastischer Körper haben wir sie nicht ausdrücklich für den allgemeineren Fall formuliert.

HUYGHENSSches Prinzip. In einem isotropen Mittel sei ein leuchtender Punkt gegeben (Fig. 357); er werde umschlossen von einer beliebigen Fläche s. Jeden Punkt von s betrachten wir in dem Moment, in dem er durch die von L ausgehende Kugelwelle getroffen wird, als Ausgangspunkt einer neuen Welle, einer Elementarwelle; die Hauptwelle für irgend einen späteren Zeitpunkt erhalten wir, wenn wir die von s nach außen sich ausbreitenden, kugelförmigen Elementarwellen für jene Zeit konstruieren und an sie die gemeinsame Berührungsfläche legen. Die letztere gibt die Gestalt der Hauptwelle für die betrachtete Zeit; in einem isotropen Mittel erhalten wir natürlich wieder eine Kugel. Rückwärts pflanzt sich von den Punkten der Fläche s keine Bewegung fort.

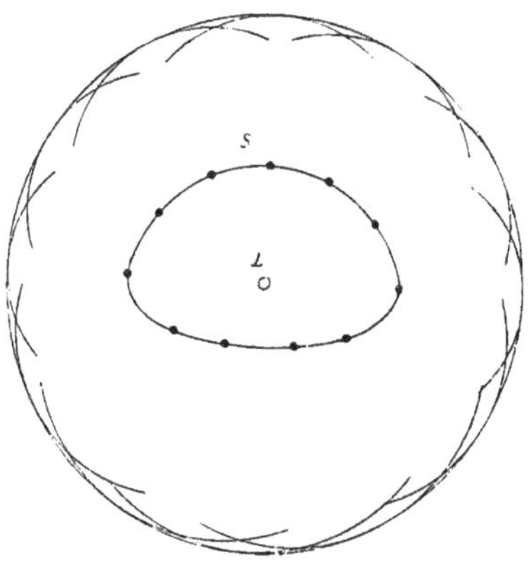

Fig. 357. Zum HUYGHENSSchen Prinzip.

Wir haben schon erwähnt, daß die Ausbreitungsrichtung einer Welle, der Lichtstrahl, zu der Wellenfläche senkrecht steht, solange die Elementarwellen Kugelform haben. Nun möge der leuchtende Punkt L in großer Entfernung liegen. Die Wellen, die in einem begrenzten Raume zur Wirkung gelangen, sind dann als ebene zu betrachten. Ihre Fortpflanzungsrichtung ist in allen Punkten dieselbe, die ihnen entsprechenden Lichtstrahlen sind parallel. Umgekehrt ist ein Bündel paralleler Lichtstrahlen durch eine Schar von aufeinander folgenden ebenen Wellen zu ersetzen, die sich als senkrechte Querschnitte des Strahlenbündels darstellen. Die Fortpflanzung der Lichtbewegung in einem solchen Bündel ergibt sich aus dem

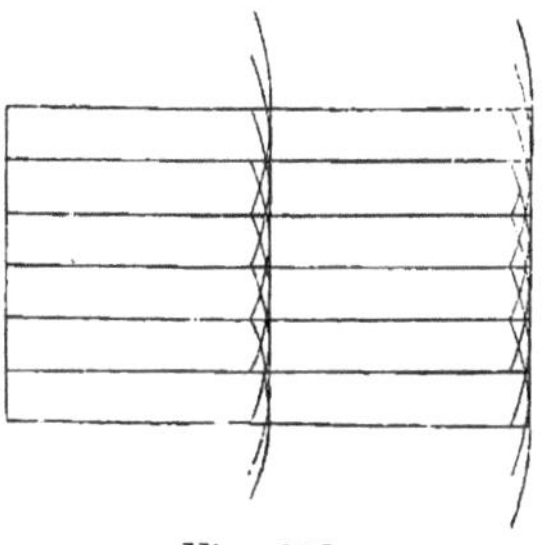

Fig. 358.

HUYGHENSSchen Prinzip durch die leichtverständliche Konstruktion von Figur 358.

Prinzip der Superposition. Wenn in irgend einem Punkte mehrere Wellen zusammentreffen, so bestimmt sich der Ausschlag des daselbst befindlichen Ätherteilchens nach dem allgemeinen Prinzip der Kombination; bei übereinstimmender Ausschlagsrichtung ist er (wie in §§ 105, 106 und 169) gleich der algebraischen Summe der Ordinaten, die den einzelnen Wellen entsprechen.

Die Anwendung des HUYGHENSSchen Prinzips führt zunächst mit

Hilfe von Betrachtungen, die denen von §§ 168, 179 und 180 vollkommen analog sind, zu den Gesetzen der Reflexion und Brechung.
Für den Fall der ersteren würden wir in der Tat die Betrachtungen
der §§ 168 und 179 einfach zu wiederholen haben; für die letztere ver-
weisen wir auf die Untersuchungen von § 180, außerdem aber bietet
sich Gelegenheit zu einer weiteren Ausführung in § 318. Um die
Brechung zu erklären, muß man darnach annehmen, daß die von den
Punkten der Grenzfläche zweier Mittel ausgehenden Elementarwellen in
dem optisch dichteren Mittel sich mit geringerer Geschwindigkeit fortpflanzen. Die Untersuchung gibt dann für das Brechungsverhältnis
$n(a, b)$ zweier Mittel die anschauliche Deutung, daß es gleich dem Verhältnis der Lichtgeschwindigkeiten c_a und c_b in a und b ist:

$$n(a, b) = \frac{c_a}{c_b}.$$

Mit einigen Schwierigkeiten ist die Erklärung der Farbenzerstreuung
verbunden. Wenn nämlich in den ponderabeln Körpern das Brechungsverhältnis der violetten Strahlen der Regel nach ein größeres ist, als
das der roten, so folgt daraus auf Grund der vorhergehenden Beziehung,
daß die roten Strahlen sich schneller ausbreiten, als die violetten. Dieses
Verhalten widerspricht dem, was man nach Analogie mit den Wellen
der Akustik erwarten möchte. Hohe und tiefe Töne, kurze und lange
Wellen pflanzen sich in der Luft mit gleicher Geschwindigkeit fort;
beim Lichte dagegen muß angenommen werden, daß die Fortpflanzungsgeschwindigkeit abhängig ist von Oszillationsdauer oder Wellenlänge.
Nun wird man bemerken, daß die Änderung der Geschwindigkeit mit
der Farbe immerhin keine sehr große ist; sie entspricht den in § 269
angegebenen totalen Dispersionen, sie bleibt in einer Reihe von Fällen
unter $1/_{50}$, steigt höchstens auf $1/_{10}$; man findet ferner, daß in den Gasen
die Dispersion eine äußerst geringe, daß im leeren Raume die Geschwindigkeit aller Strahlen dieselbe ist. Denn würde auch im Weltraum das
rote Licht sich schneller fortpflanzen, als das violette, so müßte z. B. bei
jedem Verschwinden und jedem Wiederauftauchen der Jupitermonde ein
Farbenwechsel beobachtet werden, was nicht der Fall ist. Diese Überlegungen machen es wahrscheinlich, daß die Farbenzerstreuung nicht
durch die Natur des freien Äthers, sondern durch ponderable Moleküle,
durch den Einfluß, den sie auf die Wellenbewegung üben, bedingt ist.

§ 307. Foucaults Bestimmung der Lichtgeschwindigkeit. Nach
dem Vorhergehenden hat das Brechungsverhältnis in den Theorien von
Newton und Huyghens genau entgegengesetzte Bedeutung. Nach der
ersteren ist die Fortpflanzungsgeschwindigkeit des Lichtes im dichteren
Mittel größer, nach der letzteren umgekehrt. Wenn das Brechungsverhältnis von Luft zu Wasser $4/_3$ ist, so verhält sich nach Newton die
Lichtgeschwindigkeit in Luft zu der in Wasser wie $3 : 4$, nach Huyghens
ist das Verhältnis das umgekehrte. Hierdurch ist die Möglichkeit zu
einer experimentellen Entscheidung zwischen den beiden Theorien

gegeben, und diese wird in der Tat durch einen von Foucault ausgeführten Versuch herbeigeführt.

Zur Bestimmung der Lichtgeschwindigkeit benützte Foucault eine
Einrichtung, die in Figur 359 schematisch dargestellt ist. AB ist ein
Spalt, von Sonnenstrahlen beleuchtet, die mit Hilfe eines Heliostaten in
horizontaler Richtung auf ihn geworfen werden. Die Strahlen fallen
zunächst auf einen ebenen, vertikal aufgestellten Spiegel S und werden
von ihm so reflektiert, als ob sie von dem Spiegelbilde des Spaltes,
$A_1 B_1$, herkämen. Die Sammellinse C entwirft dann das reelle Spaltbild $A_2 B_2$. An der Stelle
dieses Bildes befindet
sich ein Hohlspiegel,
dessen Krümmungs-
mittelpunkt mit dem
Mittelpunkt der Linse
zusammenfällt. Die
Zentralstrahlen CA_2 und
CB_2 werden dann in
sich selber reflektiert
und kommen, denselben
ben Weg noch einmal
durchlaufend, schließ-
lich nach A und B
zurück. Ebenso aber
vereinigen sich auch die
übrigen Strahlen, die
von A und B ausgehend,
gegen A_2 und B_2 konvergieren, nach der Re-
flexion am Hohlspiegel
und der zweiten Re-
flexion an dem ebenen
Spiegel wieder in den
Ausgangspunkten A und

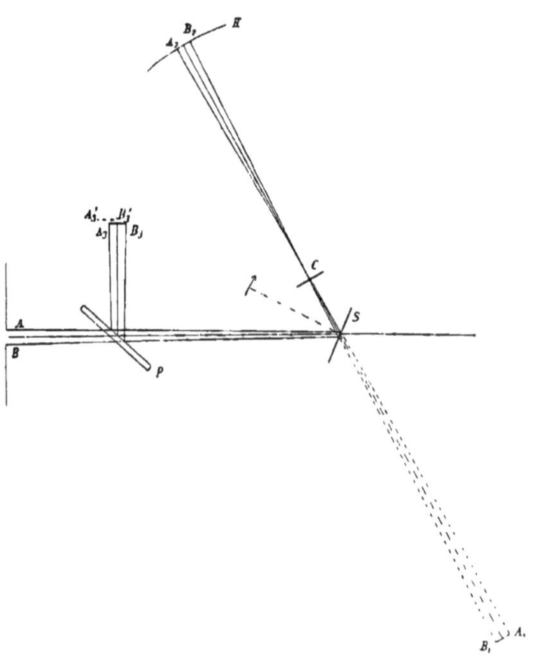

Fig. 359.
Foucaults Bestimmung der Lichtgeschwindigkeit.

B. Schaltet man zwischen AB und S eine planparallele Platte P ein,
so werden die zurückkehrenden Strahlen von ihr zum Teil reflektiert,
so daß sie, anstatt nach A und B zu gelangen, in $A_3 B_3$ ein reelles Bild
des Spaltes von gleicher Größe mit diesem selbst erzeugen. Wenn nun
der Spiegel S in sehr schnelle Rotation versetzt wird, so finden die von
dem Hohlspiegel zurückkehrenden Strahlen ihn nicht mehr in derselben
Stellung, wie bei der ersten Reflexion; er hat sich vielmehr in der
Zwischenzeit um einen kleinen Winkel gedreht und wirft die Strahlen
in einer von der früheren verschiedenen Richtung zurück. Das reelle,
von der Platte P reflektierte Bild entsteht jetzt nicht mehr an der Stelle
$A_3 B_3$, wie bei ruhendem Spiegel, sondern wird entgegen dem Sinne der

Rotation seitlich verschoben, etwa nach $A_3'B_3'$. Die Größe dieser Verschiebung hängt ab von der Rotationsgeschwindigkeit des Spiegels S und der Zeit, die das Licht braucht, um die Distanz zwischen S und H zweimal zu durchlaufen. Mißt man die Verschiebung und die Tourenzahl des Spiegels, so kann man jene Zeit und damit auch die Geschwindigkeit des Lichtes bestimmen. Foucault erhielt so einen Wert von $298\,000$ km sec^{-1}. Wurde nun zwischen Linse und Hohlspiegel eine mit Wasser gefüllte Röhre eingeschaltet, so wuchs die Verschiebung des Spaltbildes. Die Lichtgeschwindigkeit erwies sich in Wasser kleiner als in Luft, in Übereinstimmung mit der Undulationstheorie, und im Widerspruch mit der Annahme Newtons, die dadurch als unhaltbar erwiesen wird.

Zweites Kapitel. Interferenz und Beugung.

§ 308. Fresnels Spiegelversuch. Wir haben schon in der Akustik von den Interferenzerscheinungen gesprochen, die auftreten, wenn zwei Wellenzüge von gleicher Schwingungszahl in einem Punkte zusammentreffen. Wenn die Wellen mit einer Phasenverschiebung von einer halben Wellenlänge in dem betrachteten Punkt ankommen, so heben sich die entgegengesetzten Bewegungen auf, es findet weder Verdichtung noch Verdünnung der Luft daselbst statt und ebensowenig die Empfindung eines Schalles oder Tones. Wenn es gelingt, eine analoge Erscheinung auf dem Gebiete des Lichtes aufzufinden, zu zeigen, daß Licht zu Licht hinzukommend, unter Umständen

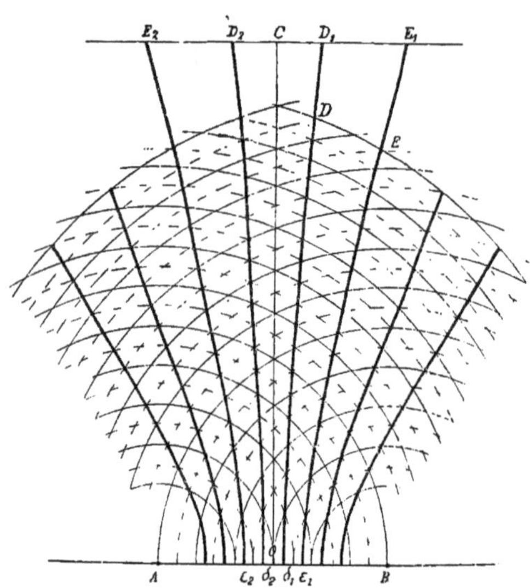

Fig. 360.

Interferenzkurven bei zwei leuchtenden Punkten.

Dunkelheit erzeugt, so ist damit der stärkste Beweis für die Richtigkeit der Wellentheorie gegeben. Das Verständnis der von Fresnel ersonnenen sinnreichen Versuchsanordnung wird durch eine theoretische Vorbetrachtung wesentlich erleichtert werden. Es seien A und B (Fig. 360) zwei Punkte, von denen Wellen von vollkommen gleicher Länge und Amplitude ausgehen; es stimmen auch die Schwingungsrichtungen der Ätherteilchen in den von A und von B herrührenden

Wellen überein und ebenso die Phasen der Schwingungen in A und B; diese Bedingung, nach der keine wechselseitige Verschiebung der Phasen im Verlaufe der Erscheinungen eintreten darf, bezeichnet man als die Bedingung der Kohärenz der Schwingungen. Wir legen nun durch AB eine horizontale Ebene und untersuchen die Beleuchtungsverhältnisse, die in dieser aus der Interferenz der Wellen sich ergeben. Zunächst ist klar, daß in allen Punkten, die, in der Mittellinie OC von AB gelegen, von A und B gleichweit entfernt sind, die Wellen sich unterstützen; wir haben in allen Punkten dieser Linie Helligkeit. Gehen wir etwas zur Seite, so wird es leicht sein, einen Punkt D zu finden, dessen Entfernungen von A und B um eine halbe Wellenlänge verschieden sind. In ihm werden gleichzeitig Strahlen eintreffen, die eine Phasendifferenz von einer halben Wellenlänge haben; stehen die Schwingungen des Äthers senkrecht auf der Ebene der Zeichnung, so zerstören sich die in D zusammentreffenden Strahlen, andernfalls erzeugen sie allerdings eine resultierende Schwingung; aber ihre Amplitude ist sehr klein, verglichen mit den Amplituden der in der Mittellinie OC liegenden Teilchen. In allen Punkten D, für welche $AD - BD = \pm \frac{\lambda}{2}$, ist also der Äther in Ruhe oder in kleinster Bewegung, es herrscht daselbst absolute oder relative Dunkelheit. Diese Punkte liegen aber auf einer Hyperbel, deren Brennpunkte A und B, deren Achse $\delta_1 \delta_2 = \frac{\lambda}{2}$ ist. Seitlich von den beiden Ästen dieser Hyperbel finden wir Punkte, deren Wegdifferenzen eine ganze Wellenlänge betragen, in denen die Wellen wieder mit gleicher Phase ankommen, und wo Helligkeit herrscht. Dann folgen Punkte E, deren Entfernungen von A und B um $^3/_2$ Wellenlängen sich unterscheiden; in ihnen findet eine Phasenverschiebung von $^3/_2 \lambda$ und demzufolge Ruhe oder kleinste Bewegung des Äthers statt. Wir erhalten also eine zweite Hyperbel, auf der Dunkelheit herrscht, mit der Achsenlänge $\varepsilon_1 \varepsilon_2 = {}^3/_2 \lambda$ usw. Wir erkennen, daß in der betrachteten Ebene unter der gleichzeitigen Wirkung der von A und B herkommenden Wellen eine Art von stehender Schwingung des Äthers sich herstellt. Die Ebene wird durch Knotenlinien in einzelne hyperbolische Streifen geteilt, in deren Mitte Maxima der Helligkeit liegen; nach beiden Seiten nimmt diese ab, bis auf den Hyperbeln $\delta_1 \delta_2$, $\varepsilon_1 \varepsilon_2$, ... Dunkelheit eintritt. Von einer wahren stehenden Schwingung unterscheidet sich der Zustand dadurch, daß die Phasen der Schwingung der Länge der Hyperbeln nach nicht konstant, sondern von Stelle zu Stelle andere sind. Wollen wir die für die Ebene gefundenen Resultate auf den ganzen Raum übertragen, so haben wir nur zu bedenken, daß in jeder durch AB gelegten Ebene dieselben Verhältnisse sich wiederholen. In der ganzen Mittelebene der beiden Punkte A und B haben wir daher ein Maximum von Helligkeit; an Stelle der dunkeln Hyperbeln treten zweischalige Rotationshyperboloide, deren Achse die Linie AB ist; diese teilen den Raum in hyperbolische Schalen, in denen dieselben Verhältnisse der Helligkeit herrschen, wie in den zuvor

betrachteten Streifen. Um endlich noch von der Breite der hellen
Streifen eine bestimmtere Vorstellung zu gewinnen, legen wir in der zuerst betrachteten Ebene die Linie $E_1 D_1 C D_2 E_2$ parallel zu AB. Die
halbe Breite $C D_1$ des mittleren Streifens ergibt sich dann aus der
Gleichung der ersten Hyperbel:

$$\frac{C D_1{}^2}{O \delta_1{}^2} - \frac{O C^2}{O A^2 - O \delta_1{}^2} = 1 \,.$$

Wir setzen $AB = a$, $OC = c$, die Wellenlänge wie früher gleich λ;
unter der Voraussetzung, daß c groß gegen a und λ, ergibt sich dann
für die Breite, die der mittlere helle Streifen in der Entfernung OC besitzt, die Näherungsformel:

$$D_1 D_2 = \lambda \frac{2c}{\sqrt{4 a^2 - \lambda^2}} \,.$$

Die Streifenbreite wächst natürlich mit dem Abstande c; sie ist
um so größer, je größer die Wellenlänge und je kleiner a. Für $\frac{\lambda}{2} = a$
wird $D_1 D_2$ unendlich groß; von allen Knotenlinien bleibt nur eine
einzige übrig, welche durch die beiden von A und B aus ins Unendliche
laufenden Äste der Linie AB gebildet wird. Ist endlich $\frac{\lambda}{2} > a$, so wird
$D_1 D_2$ imaginär, es existiert im ganzen Raume kein Punkt mehr, in dem
die von A und B ausgehenden Wellen sich zerstörten, in dem also Dunkelheit herrschte.

Wir gehen nun über zu der Frage, wie die im vorhergehenden vorausgesetzten Verhältnisse sich realisieren lassen. Wenn der in § 306
ausgesprochene Satz richtig ist, daß die Farbe des Lichtes abhängt von
der Wellenlänge, die es in einem bestimmten Mittel besitzt, so können
wir Lichtquellen von gleicher Wellenlänge leicht erhalten; wir brauchen
nur zwei Natriumflammen zu nehmen. Anders aber steht es mit den
Bedingungen der übereinstimmenden Schwingungsrichtung und der Kohärenz. In einer Flamme sind es fort und fort neue Teilchen, die sich
an der Emission des Lichtes beteiligen; bei zwei verschiedenen Flammen
beginnen die Teilchen ganz unabhängig voneinander zu leuchten, zwischen
den von ihnen erregten Schwingungsrichtungen besteht nicht die geringste
Beziehung. Daraus folgt, daß jene beiden Bedingungen unmöglich erfüllt werden können, solange man mit zwei verschiedenen Flammen
operiert. Fresnel kam nun auf die glückliche Idee, als Lichtquellen
die Spiegelbilder einer und derselben Flamme zu benützen. Diese stellen
dann ein Aggregat von leuchtenden Punkten dar, die paarweise die Bedingungen der übereinstimmenden Schwingungsrichtung und der Kohärenz
in vollkommenster Weise erfüllen. Hiernach können wir den Fresnelschen Versuch in folgender Weise ausführen. Mit dem Lichte einer
Natriumflamme beleuchten wir einen vertikalen Spalt S (vgl. Fig. 361,
die eine Horizontalprojektion der Versuchsanordnung darstellt); mit Hilfe
von zwei in einer vertikalen Kante K zusammenstoßenden, unter sehr

kleinem Winkel gegeneinander geneigten Spiegeln entwerfen wir von
dem Spalte zwei nahe beieinander liegende Bilder A und B. Der von
beiden gleichzeitig erleuchtete Raum HKJ müßte
dann, der Figur 360 entsprechend, abwechselnd von
hellen und dunkeln Zonen erfüllt sein. Stellen
wir in diesen Raum einen Schirm $E_1 D_1 C E_2 D_2$, so
sollte dieser nicht gleichmäßig hell erscheinen, sondern von vertikalen dunkeln Streifen, E_1, D_1, D_2, E_2,
durchzogen sein. In Wirklichkeit wird das bloße
Auge hiervon nichts erkennen; wohl aber erscheinen
die Streifen, wenn man das Auge mit einer Lupe
bewaffnet; es ist dann nicht nötig, die von A und B
ausgehenden Strahlen erst auf einem Schirme auf-
zufangen; betrachten wir ja auch beim Mikroskope
das von dem Objektiv entworfene reelle Bild mit
dem Okular, ohne es vorher auf einen Schirm zu
entwerfen. Die Lupe zeigt uns die Verteilung der
Helligkeit in der Ebene, auf die sie eingestellt ist.

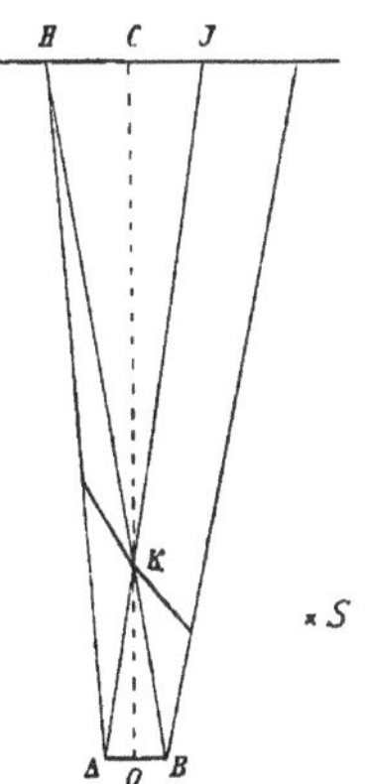

Fig. 361.
Fresnels Spiegel.

Damit der Versuch gelingt, ist es notwendig, den
Neigungswinkel der Spiegel, die Entfernung $AB = a$ sehr klein, die
Distanz $OC = c$ groß zu machen; daraus ergibt sich schon, daß die
Wellenlänge λ des Lichtes eine sehr kleine Größe ist. Man übersieht
ferner, daß die Wellenlänge aus der Breite des mittleren Streifens $D_1 D_2$
und den Entfernungen a und c bestimmt werden kann. Wendet man an
Stelle von homogenem Lichte weißes Licht an, so treten an Stelle der
hellen und dunkeln Streifen farbige Fransen. Es wird dadurch die Annahme bestätigt, daß der Unterschied der Farbe durch die Verschiedenheit der Wellenlänge, beziehungsweise durch die der Oszillationsdauer
bedingt sei. Zugleich ergibt sich aus der Reihenfolge der Farben, daß
das rote Licht die größte, das violette die kleinste Wellenlänge besitzt.

§ 309. Zonenteilung der Wellenfläche und Beleuchtung eines Punktes.
Mit dem Huyghensschen Prinzip ist der Satz, daß das von einem leuchtenden Punkte ausgehende, einen undurchsichtigen Körper treffende Licht
nicht in den geometrischen Schatten eindringt, nicht vereinbar. Denkt
man sich in der Wand eines verdunkelten Zimmers eine von Sonnenstrahlen erleuchtete Öffnung, so ist nach dem Huyghensschen Prinzip
jeder Punkt derselben Ausgangspunkt einer Elementarwelle, und es muß
daher tatsächlich Wellenbewegung auch in dem seitlich von der Öffnung
befindlichen Raume vorhanden, auch dieser muß wenigstens in gewissem
Grade erleuchtet sein. Da nun auf einem der Öffnung gegenüber befindlichen Schirme scheinbar nur das einfache runde Sonnenbildchen vorhanden ist, so scheint die Undulationstheorie hierdurch widerlegt zu sein;
es war dies in der Tat der Grund, den Newton gegen sie geltend
machte. Eine genauere Beobachtung zeigt aber, daß der Einwand Newtons auf einer falschen Voraussetzung beruht. Es werden bei dem er-

wähnten Versuche wirklich auch solche Teile des Schirmes erleuchtet,
die in dem geometrischen Schatten, wenn auch sehr nahe an dessen
Grenze, liegen, die Lichtstrahlen werden gewissermaßen um den Rand
der Öffnung herumgebogen, so daß sie in den Raum des geometrischen
Schattens hineindringen. Man hat daher diese Erscheinungen, die zuerst
von Lionardo da Vinci und Grimaldi beobachtet wurden, als Beugungserscheinungen bezeichnet.

Die Erklärung der später von Thomas Young und Fresnel eingehender untersuchten Erscheinungen wird erleichtert durch eine Vorbetrachtung, die sich auf die Beleuchtung eines Punktes P durch die
von einem leuchtenden Punkte L ausgehenden Wellen bezieht. Die
Stärke dieser Beleuchtung soll durch eine Anwendung des Huyghensschen Prinzips zum voraus bestimmt werden; dies wird nur möglich,
wenn wir erst das Huyghenssche Prinzip selber auf die folgende,
etwas andere Form bringen.

Die Wellenbewegung habe sich in einem bestimmten Augenblick

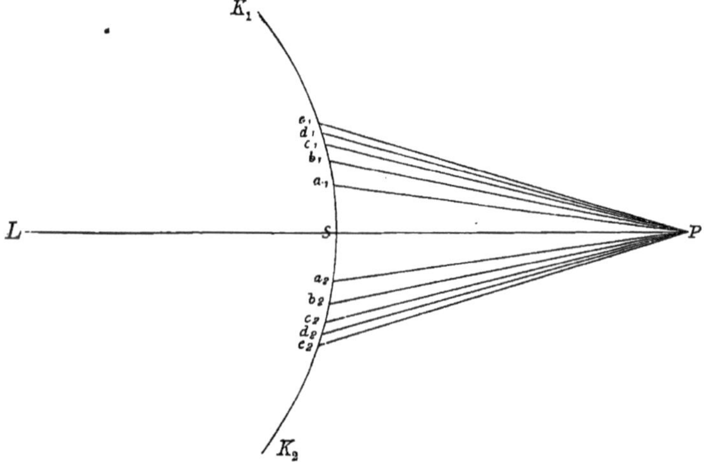

Fig. 362. Zonenteilung der Wellenfläche.

bis zu der Kugel $K_1 K_2$ (Fig. 362) ausgebreitet, deren auf dem Strahl
LP gelegener Scheitel durch S bezeichnet ist. Zu jeder von $K_1 K_2$ vorwärts
gegen P sich bewegenden Elementarwelle gehört ein Elementarstrahl, der
nach dem Punkte P hineilt; in dem beleuchteten Punkte P treffen unendlich viele Elementarstrahlen zusammen, die von den Punkten
der Hauptwelle ausgesandt werden. Die Bewegung des Äthers,
die durch ihr Zusammenwirken in P erzeugt wird, bestimmen
wir nach dem Prinzip der Superposition. Zu diesem Zwecke
ziehen wir auf der Kugeloberfläche um S eine Reihe von Parallelkreisen,
die in dem von uns gezeichneten Meridianschnitt der Kugel durch die
Punkte $a_1 a_2$, $b_1 b_2$, $c_1 c_2$, $d_1 d_2$, $e_1 e_2$ ... sich markieren. Die Punkte
a_1, b_1, c_1, d_1, e_1 sind so zu bestimmen, daß zwischen den Ent-

fernungen PS, Pa_1, Pb_1, Pc_1, Pd_1, Pe_1 ... ein Unterschied von je einer halben Wellenlänge ist. Nehmen wir an, die Wellenlänge sei klein gegen den Halbmesser der Wellenkugel und gegen ihren Abstand von dem beleuchteten Punkte, so gilt dasselbe von der Breite der auf der Oberfläche der Kugel gebildeten Zonen; diese Breite nimmt mit der Entfernung vom Scheitelpunkt S ab. Man kann ferner zeigen, daß der Flächeninhalt jeder Zone gleich ist dem arithmetischen Mittel aus den Inhalten ihrer Nachbarzonen; die Zoneninhalte bilden eine steigende arithmetische Reihe. Nun kann aber zu jedem Strahle einer Zone ein entsprechender einer Nachbarzone gefunden werden, dessen Entfernung von dem Punkte P um eine halbe Wellenlänge größer oder kleiner ist, der also die Wirkung des ersten Strahles auf P gerade kompensiert Es ergibt sich somit, daß die Wirkung der II. Zone $a_1 b_1 a_2 b_2$ auf P aufgehoben wird durch die entgegengesetzte Wirkung der Strahlen, die von der halben I. Zone $a_1 S a_2$ und der halben III. Zone $b_1 c_1 b_2 c_2$ ausgehen; ebenso wird die Wirkung der IV. Zone $b_1 d_1 b_2 d_2$ aufgehoben durch die Wirkung der halben III. $b_1 c_1 b_2 c_2$ und der halben V. $d_1 e_1 d_2 e_2$, die Wirkung der VI. Zone durch die Wirkungen der halben V. und halben VII. usw. Hierzu tritt die Annahme, daß die Wirkungen der Zonen, dem in § 244 erwähnten Emissionsgesetze entsprechend, mit dem Sinus des Winkels abnehmen, unter dem die Strahlen die Zone verlassen. Nimmt man noch hinzu, daß die Wirkung der Zonen auch mit ihrer Entfernung von dem Punkte P abnimmt, so ergibt sich das Resultat, daß die Beleuchtung des Punktes P gerade so ist, wie wenn er nur von der Hälfte der Mittelzone $a_1 S a_2$ Licht erhielte.

§ 310. FRESNELsche Beugungserscheinungen. Die Art und Weise, in der FRESNEL seine Beugungserscheinungen herstellte und beobachtete, war folgende. Durch eine Öffnung in der Wand eines verdunkelten Zimmers ließ er ein Bündel von Sonnenstrahlen auf eine Linse von kleiner Brennweite fallen und erzeugte so einen sehr intensiven Lichtpunkt. In den von ihm ausgehenden Lichtkegel stellte er dann die beugenden Körper: einen undurchsichtigen Schirm mit scharfem, geradem Rande, einen Spalt oder Draht. Die Erscheinung selbst beobachtete er mit einer hinter dem beugenden Körper in einiger Entfernung aufgestellten Lupe; er untersuchte also die Verteilung der Helligkeit in einer vom Standpunkte des Beobachters aus diesseits des beugenden Körpers befindlichen Ebene, derjenigen, auf welche die Lupe eingestellt war. Es zeigte sich, daß bei der beugenden Kante eines Schirmes nahe der Grenze des geometrischen Schattens eine Reihe von helleren und dunkleren Streifen auftrat, daß die Helligkeit selbst nicht auf der Grenze des geometrischen Schattens verschwand, sondern, allmählich abnehmend, noch in diesen hinein sich ausdehnte. Bei einem beugenden Spalt wird je nach dem Abstand von der Lichtquelle die Mitte hell oder dunkel erscheinen, zu beiden Seiten der Mitte, bis in den Raum des geometrischen Schattens hinein, zeigen sich farbige Fransen. Analoge Erscheinungen treten auf, wenn wir in den Weg der Strahlen einen schmalen Schirm, einen dünnen Draht stellen.

Die Theorie dieser Erscheinungen wollen wir nicht in strenger Weise entwickeln, sondern nur symbolisch an einem Beispiele anschaulich machen, wie solche Erscheinungen zustande kommen. Wir machen zu diesem Zwecke die Fiktion, daß die von dem leuchtenden Punkte L ausgehende Welle nur in einer Ebene sich verbreite und in einem bestimmten Momente bis zu dem Kreise $K_1 K_2$ (Fig. 363) vorgedrungen sei. Den Punkt S, in dem er von dem nach dem beleuchteten Punkte gehenden Strahle LP getroffen wird, bezeichnen wir als den Scheitelpunkt. Von ihm aus stellen wir nun nach beiden Seiten hin eine Teilung her, wie wir sie in dem vorhergehenden Paragraphen bei der Kugelwelle betrachtet haben. Der Unterschied ist zunächst der, daß die oberen und unteren Segmente des Kreises voneinander völlig getrennt sind, während in Figur 362 die oberen und unteren Abschnitte einer und derselben Kugelzone angehörten. Außerdem aber nehmen die Segmente

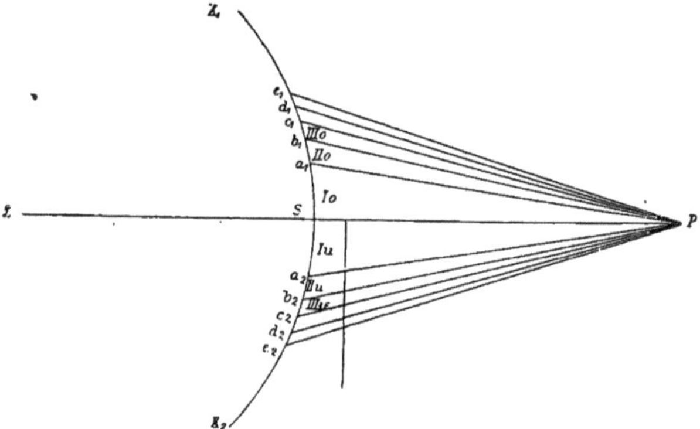

Fig. 363. FRESNELsche Beugungserscheinungen.

des Kreises ab, während die Zonen der Kugel zunahmen; die Kompensation der Wirkungen findet in ähnlicher Weise statt, wie bei der Kugel. Wir bezeichnen die oberen Kreissegmente Sa_1, $a_1 b_1$, $b_1 c_1 \ldots$ mit I_0, II_0, $III_0 \ldots$, die unteren Segmente Sa_2, $a_2 b_2$, $b_2 c_2 \ldots$ mit I_u II_u, $III_u \ldots$ Wenn die Beleuchtung des Punktes P eine ungestörte ist, so zeigt sich wie in dem vorhergehenden Paragraphen, daß nur ein Teil des mittleren Segmentes $a_1 a_2$ als wirksam zu betrachten ist. Schieben wir nun zwischen den leuchtenden Punkt L und den beleuchteten P einen Schirm ein, dessen Kante eben den Strahl LP berührt, so fällt die Wirkung all der unteren Zonen weg; die Lichtintensität in P sinkt offenbar auf die Hälfte. Ziehen wir den Schirm zurück, so daß allmählich die Zone I_u frei wird, so steigt die Helligkeit in P über das ohne Schirm vorhandene Maß. Überschreitet die Kante des Schirmes den das Segment II_u begrenzenden Strahl $a_2 P$, so nimmt die Helligkeit ab, weil die entgegengesetzt wirkenden Strahlen von II_u hinzutreten; die Helligkeit ist im Minimum, wenn die Kante des Schirmes den Strahl

$b_2 P$ erreicht hat und steigt wieder, wenn die Strahlen des Segmentes III_u frei werden. Daraus folgt, daß in dem beleuchteten Teile des Raumes, nahe der Grenze des geometrischen Schattens, ein Wechsel von helleren und weniger hellen Stellen vorhanden ist. Verschieben wir den Schirm von der zuerst angenommenen Mittelstellung nach oben, so daß er die ganze Mittelzone bedeckt, so erhält der Punkt P Licht von dem größeren Teil der Zone II_0; da diese aber kleiner ist als I_0, so ist auch die Beleuchtungsstärke in dem Punkte P kleiner. Schieben wir den Schirm so weit vor, daß er die Zonen I_0 und II_0 bedeckt, so bleibt die Wirkung des größeren Teiles von III_0 übrig, und es ergibt sich eine abermalige Verminderung der Helligkeit. Geht man so von Zone zu Zone weiter, so findet man, übereinstimmend mit der Beobachtung, eine rasche Abnahme der Helligkeit in dem geometrischen Schatten. Stellungen des Schirmes, die zwischen den betrachteten liegen, machen eine ausführlichere Untersuchung nötig, die wir übergehen. In ihrem Resultate kommt sie auf eine andere Anordnung der Zonenteilung hinaus, sobald der direkte Strahlenweg LSP unterbrochen ist. Man benützt dann als Anfangspunkt der Teilung den ersten Punkt des Kreises, von dem aus an der Kante des Schirmes vorbei ein Strahl nach dem Punkte P gezogen werden kann. Es zeigt sich, daß die Helligkeit in dem geometrischen Schatten stetig abnimmt, entsprechend der Beobachtung an dem Rande eines Schirmes.

§ **311. Beugung durch eine kreisförmige Öffnung.** Die in § 309 eingeführte Zonenteilung gibt Veranlassung zu einer Bemerkung, welche für die Theorie der Beugungserscheinungen einer kleinen kreisförmigen Öffnung von Interesse ist. Einen undurchsichtigen Schirm mit einer kreisförmigen Öffnung stellen wir senkrecht zu der Verbindungslinie des leuchtenden Punktes L und des beleuchteten P (Fig. 364), so daß der Mittelpunkt der Öffnung mit dem Scheitelpunkte S der Wellenfläche zusammenfällt. Den Schirm selbst richten wir so ein, daß der Halbmesser der Öffnung, wie bei einer sogenannten Irisblende, innerhalb gewisser Grenzen beliebig vergrößert und verkleinert werden kann. Die Öffnung sei zuerst so fein, daß nur ein kleiner Teil der mittleren Zone frei bleibt; in dem Punkte P wird dann nur eine geringe Helligkeit vorhanden sein; diese nimmt zu, wenn der Halbmesser der Öffnung vergrößert wird, bis die ganze mittlere Zone frei geworden ist. Unter diesen Umständen sei die Amplitude der in P erregten Ätherschwingungen gleich A; die Lichtintensität in P ist dann proportional mit A^2. Wenn wir nun den Halbmesser der Öffnung noch weiter vergrößern, so daß Teile der größeren II. Zone $a_1 b_1 a_2 b_2$ frei werden, so nimmt die Helligkeit nicht zu, sondern im Gegenteil bis zu völliger Dunkelheit ab, da die Strahlen der II. Zone denen der I. entgegenwirken. Beinahe völlige Dunkelheit ist auch dann noch vorhanden, wenn die Öffnung so groß geworden ist, daß die durch den Kreis $b_1 b_2$ begrenzte Kugelkalotte frei gegen P hin strahlen kann. Bei noch weiterer Vergrößerung der Öffnung nimmt die Helligkeit in P wieder zu;

sie erreicht ein zweites Maximum, wenn die Öffnung sich bis zu dem durch die Strahlen Sc_1 und Sc_2 angedeuteten Kegel ausgedehnt hat usw. Wenn der Schirm ganz weggenommen wird, so ist die Amplitude der in P erregten Schwingung gleich $\frac{A}{2}$, da nach § 309 nur noch die Hälfte der von der Mittelzone $a_1 S a_2$ ausgehenden Strahlen wirksam ist; die Lichtintensität in P ist dann proportional mit $\frac{A^2}{4}$, sie beträgt nur den vierten Teil des ersten Maximums. Das wesentliche Resultat der ganzen Betrachtung ist, daß bei einer mehr und mehr erweiterten kreisförmigen Öffnung ein Punkt, der auf dem von dem Lichtpunkte L nach dem Mittelpunkte S der Öffnung gezogenen Strahle liegt, abwechselnd hell und dunkel wird, eine Vorhersage der Theorie, die durch den Versuch bestätigt wird.

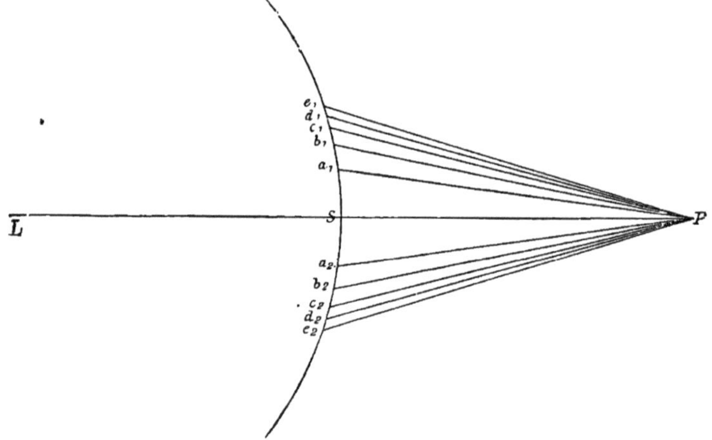

Fig. 364.

Dabei wird man allerdings nicht die wechselnde Beleuchtung desselben Punktes bei wechselnder Öffnung beobachten, sondern bei gleichbleibender Öffnung die Beleuchtung verschiedener Punkte der Strecke SP. Es ist aber leicht zu zeigen, daß für den letzteren Fall im wesentlichen dieselben Gesetze gelten, wie für den ersteren.

Eine Art von Umkehr des Versuches erhält man, wenn man einen kleinen undurchsichtigen Kreisschirm senkrecht auf die Linie LP (Fig. 364) stellt, so daß sein Mittelpunkt mit dem Scheitelpunkte S zusammenfällt. Der Schirm bedecke gerade die Mittelzone $a_1 S a_2$; es findet dann in P, obwohl dieser Punkt mitten in dem geometrischen Schatten des Schirmes liegt, Helligkeit statt, weil die Hälfte der von der II. Zone $a_1 b_1 a_2 b_2$ ausgehenden Strahlen wirksam bleibt. Ebenso ist der Punkt P hell, wenn der Schirm die I. und II. Zone, die Kugelkalotte $b_1 S b_2$ verdeckt usw. Aber die Helligkeit nimmt mit zunehmender Größe des Schirmes ab, wegen der allmählich abnehmenden

Neigung der Strahlen gegen die Fläche der Kugel. Wenn der undurchsichtige Schirm nicht gerade bis zu einem der Strahlenkegel geht, die den Punkt P mit den Grenzkreisen der von S aus konstruierten Zonen verbinden, so führt die bisherige Betrachtung nicht unmittelbar zum Ziele. Man muß dann, ähnlich wie dies in § 310 angedeutet ist, eine neue Zonenteilung konstruieren, so daß der innere Grenzkreis der ersten Zone auf dem Kegel liegt, der von dem Punkte P nach dem Rande des kreisförmigen Schirmes geht. Es haben dann alle Zonen die Form von Ringen zwischen Kugelkreisen; ihre Wirkungen kompensieren sich aber wieder so, daß die Hälfte der von der ersten Zone ausgesandten Strahlen wirksam bleibt. Verbindet man dieses Resultat mit dem vorhergehenden, so überzeugt man sich, daß die Helligkeit in P mit wachsender Größe des Schirmes stetig abnimmt.

§ 312. Fraunhofersche Beugungserscheinungen. Fresnel betrachtet die Beugungserscheinungen mit der Lupe, er beobachtet die Gesamtwirkung von Strahlen, die von der Wellenfläche her konvergierend in einem hinter dem beugenden Körper liegenden Punkte zusammentreffen. Fraunhofer hat an Stelle der Lupe ein auf unendliche Entfernung eingestelltes, parallele Strahlen zur Konvergenz bringendes Fernrohr ge-

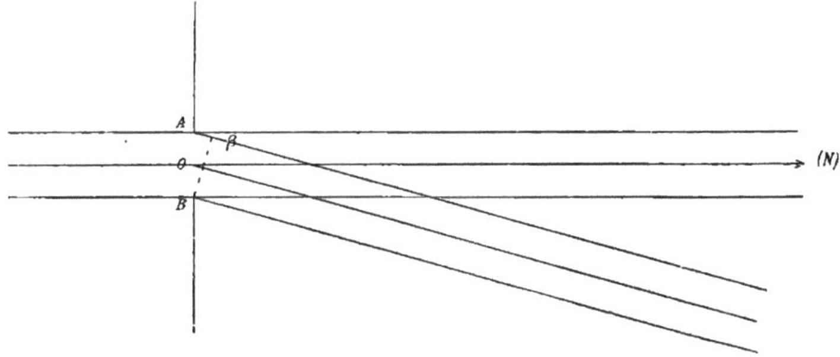

Fig. 365.

setzt und dadurch eine außerordentliche Vereinfachung der theoretischen Beziehungen erreicht. Die neuen Beugungserscheinungen, die Fraunhoferschen, verhalten sich so, als ob sie auf einem von dem beugenden Körper unendlich weit entfernten Schirme aufgefangen würden.

Wir betrachten zuerst die Fraunhofersche Beugungserscheinung eines Spaltes. Die Lichtstrahlen mögen senkrecht auf seine Fläche fallen, so daß alle seine Punkte gleichzeitig Ausgangspunkte von Elementarwellen werden, also die ihnen entsprechenden, nach allen Seiten divergierenden Strahlen in dem Spalte selbst alle die gleiche Phase besitzen. $A\,B$ (Fig. 365) sei der Querschnitt des Spaltes, O die Mitte von $A\,B$, N der unendlich ferne Punkt der in O auf $A\,B$ errichteten Normale; die Wege der einzelnen Strahlen nach N sind alle gleich groß, sie kommen also in N mit derselben Phase an, sich wechselseitig verstärkend;

auf dem unendlich fernen, parallel zu dem Spalt aufgestellten Schirme
wäre die Mitte hell, und gleiches gilt daher von der Mitte des Gesichtsfeldes in einem senkrecht gegen den Spalt gerichteten Fernrohr. Wir
gehen nun über zu der Betrachtung schiefer Parallelstrahlen. Den
Grad ihrer Neigung gegen die Normale ON können wir in folgender
Weise bestimmen. Wir fällen von B die Senkrechte $B\beta$ auf den durch
A gehenden Strahl, die Projektion $A\beta$ wächst dann wie der Sinus des
Neigungswinkels und möge als Maß der Neigung dienen. Nehmen wir
nun an, es sei $A\beta$ gleich der Wellenlänge λ; wir können dann das ganze
Bündel von Parallelstrahlen in eine obere und eine untere Hälfte teilen,
und jedem Strahl oben entspricht ein Strahl unten, dessen Länge bis zu
dem unendlich fernen Vereinigungspunkt um eine halbe Welle größer

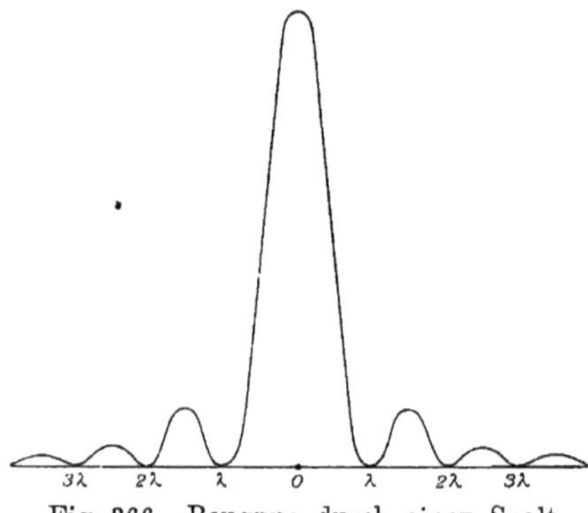

Fig. 366. Beugung durch einen Spalt.

oder kleiner ist als die des ersten.
Die Gesamtheit der Strahlen der
oberen Hälfte wird durch die
der unteren aufgehoben, in der
durch den Wert $A\beta = \lambda$ bestimmten Richtung findet Dun-
kelheit statt. Für $A\beta = \tfrac{3}{2}\lambda$ ergibt sich wieder ein Maximum
der Helligkeit, aber man überzeugt sich leicht, daß nur noch
$1/_3$ der von den Punkten der
Öffnung ausgehenden Strahlen
wirksam, die Beleuchtungsstärke
daher um Vieles kleiner ist,
als in der direkten Richtung ON; für $A\beta = 2\lambda$ erhalten wir wieder
Dunkelheit usf. Wir können ein graphisches Bild der Verhältnisse entwerfen, indem wir von dem Punkte O (Fig. 366) aus auf einer geraden Achse
nach rechts und links die Werte von $A\beta$ abtragen und senkrecht dazu
die entsprechenden Werte der Helligkeit. Wir erhalten eine wellenförmige Linie mit rasch abnehmender Gipfelhöhe. Die Gipfelpunkte
liegen bei $A\beta = 0$, $= \tfrac{3}{2}\lambda$, $= \tfrac{5}{2}\lambda\ldots$; in den Punkten $AB = \lambda$, $= 2\lambda$, $= \ldots$
berührt die Linie die Achse.

Wir gehen über zu der Beugungserscheinung von zwei Spalten,
die durch einen Zwischenraum von gleicher Breite getrennt sind. AB
und A_1B_1 (Fig. 367) seien die Querschnitte der beiden Spalten; O die
Mitte von BA_1, N der unendlich ferne Punkt der in O auf der Ebene
der Spalten errichteten Normale. Die Strahlen fallen senkrecht auf die
Ebene der Spalten ein, so daß die Punkte der letzteren derselben
Wellenfläche angehören. Den von den Punkten der Spalten ausgehenden
Elementarwellen entsprechen Elementarstrahlen, die nach allen Richtungen hin in den vor den Spalten befindlichen Raum eindringen; wir
haben zu untersuchen, was aus der Vereinigung der parallelen Strahlen
resultiert. In dem unendlich fernen Punkte der Normalen, in der Mitte

des Gesichtsfeldes, haben wir ebenso wie bei einem Spalte Helligkeit. Gehen wir über zu schiefen Parallelstrahlen, so wollen wir als Maß ihrer Neigung wie zuvor die Länge der Projektion $A\beta$ betrachten. Ist $A\beta = \frac{1}{4}\lambda$, so ist die Projektion von AA_1 gleich $\frac{1}{2}\lambda$. Jedem Strahle des oberen Spaltes entspricht einer des unteren, dessen Weg bis zur Vereinigung um $\frac{1}{2}\lambda$ länger oder kürzer ist, je nachdem die Strahlen, wie in der Figur, nach unten oder nach oben geneigt sind. Es treffen dann in dem unendlich fernen Punkte je zwei Strahlen mit einer Phasendifferenz von $\frac{1}{2}\lambda$ ein und die Vereinigung der Strahlen erzeugt Dunkelheit. Dasselbe ist der Fall, wenn $A\beta = \frac{3}{4}\lambda$. Endlich aber findet Dunkelheit auch statt, wenn $A\beta = \lambda$, weil dann die Strahlen der einzeln genommenen Spalten sich zerstören. Entwerfen wir in derselben Weise

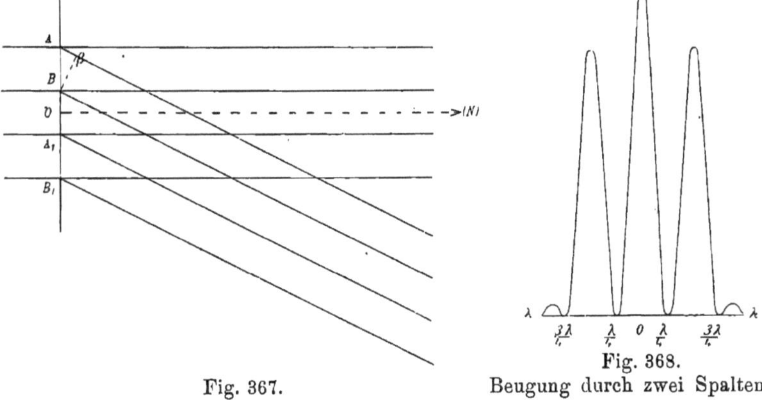

<table>
<tr><td>Fig. 367.</td><td>Fig. 368.
Beugung durch zwei Spalten.</td></tr>
</table>

wie zuvor ein graphisches Bild der Erscheinung, so ergibt sich für den mittleren Teil die Figur 368. Wir sehen, daß bei zwei gleichen, um ihre eigene Breite voneinander abstehenden Spalten die helle Mitte von vier dunkeln Streifen durchzogen ist.

Bei den im vorhergehenden betrachteten Erscheinungen hängt die Ausbreitung des gebeugten Lichtes von dem Verhältnis der Spaltbreite zu der Wellenlänge ab; nehmen wir den Fall eines einzigen Spaltes; ist er weit, so ist schon bei einer geringen Neigung der Strahlen $A\beta$ (Fig. 365) gleich der Wellenlänge; der Winkel, für den zum ersten Male Dunkelheit eintritt, ist somit ein kleiner, und der mittlere helle Streifen nur schmal. Wird der Spalt enger, so vergrößert sich der Winkel, für den $A\beta = \lambda$; wenn die Spaltbreite gleich der doppelten Wellenlänge ist, so wird Dunkelheit zuerst bei einer Neigung von $60°$ eintreten, der mittlere helle Streifen breitet sich dementsprechend über einen Winkelraum von $120°$ aus. Wäre die Spaltbreite gleich der Wellenlänge, so würde Dunkelheit erst bei einer Neigung der Strahlen von $90°$ sich einstellen; der ganze vor dem Spalte liegende Raum wäre also von Licht erfüllt, mit einer von der Mitte zum Rande abnehmenden Helligkeit.

Von Interesse sind noch die Fraunhoferschen Beugungserscheinungen durch eine kreisförmige Öffnung. Das Licht falle
senkrecht auf die Öffnung; dann ist klar, daß in der Richtung der
Achse ON, die durch den Mittelpunkt der Öffnung senkrecht zu ihr gezogen ist, Helligkeit herrscht. Ziehen wir (Fig. 369) von O aus eine
Richtung OD, welche mit der Achse den Winkel φ einschließt, so
herrscht auf ihr Dunkelheit, wenn

$$\sin \varphi = \frac{z}{2\pi} \cdot \frac{\lambda}{\varrho}.$$

Hier bezeichnet ϱ den Halbmesser der Öffnung; z ist eine Zahl, die der
Reihe nach die Werte $1{\cdot}22\pi$, $2{\cdot}23\pi$, $3{\cdot}24\pi$, $4{\cdot}24\pi$, $5{\cdot}24\pi \ldots$ an

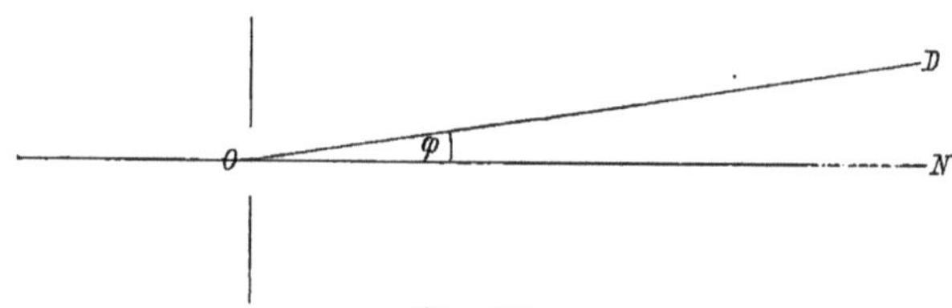

Fig. 369.

nehmen kann. Man erhält also, wenn es sich bei relativ großer Öffnung
nur um kleine Neigungen der Strahlen handelt, zum ersten Male
Dunkelheit für

$$\varphi_1 = 0{\cdot}61 \times \frac{\lambda}{\varrho},$$

zum zweiten Male für

$$\varphi_2 = 1{\cdot}11 \times \frac{\lambda}{\varrho},$$

zum dritten Male für

$$\varphi_3 = 1{\cdot}62 \times \frac{\lambda}{\varrho},$$

. . . .

Die helle Mitte des Gesichtsfeldes ist begrenzt von einem dunkeln
Ringe, dessen Durchmesser durch den Winkel φ_1 bestimmt wird. Auf
diesen folgt ein heller Ring, der nach außen durch den zweiten dunkeln
Ring mit dem Winkel φ_2 begrenzt wird, usf. Die Intensitäten der
hellen Ringe nehmen nach außen sehr rasch ab, so daß bei nicht zu
intensiver Lichtquelle nur die innere, von dem ersten dunkeln Ringe
begrenzte Beugungsscheibe sichtbar bleibt.

Wir machen von diesen Ergebnissen noch eine Anwendung auf das
menschliche Auge. Die Pupille des Auges wirkt wie eine beugende Öffnung
von etwa 2 mm Halbmesser. Das Bild eines Fixsternes ist hiernach
kein Punkt, sondern eine kleine Scheibe. Der Winkel, unter dem diese
Scheibe erscheint, läßt sich aus den vorhergehenden Angaben leicht berechnen. Die Wellenlänge des Lichtes in Luft setzen wir näherungsweise
gleich 0·0006 mm; das Brechungsverhältnis der Augenflüssigkeiten gegen

Luft ist nahe gleich $^4/_3$, somit die Wellenlänge im Auge gleich
0·00045 mm. Somit ergibt sich für den Winkel φ_1 in Bogenmaß
der Wert:

$$\varphi_1 = 0\cdot 61 \times \frac{0\cdot 00045}{2},$$

oder in Minuten:

$$\varphi_1 = 0\cdot 61 \times \frac{0\cdot 00045}{2} \times 57\cdot 3 \times 60 = 0\cdot 47'.$$

Der Stern erscheint somit als eine leuchtende Scheibe unter einem
Gesichtswinkel von etwa 1 Minute.

Es mag im Anschluß hieran bemerkt werden, daß ganz analoge
Betrachtungen sich auch bei Schallwellen anstellen lassen. Es ergibt
sich dann, daß bei der Größe der Schallwellen Beugungserscheinungen
in der Akustik eine ganz hervorragende Rolle spielen, so sehr, daß die
Erscheinungen der geradlinigen Ausbreitung und der Brechung in der
Regel vollständig durch sie verdeckt werden.

§ 313. Verschiebung der Interferenzstreifen. Wir wollen bei der
im vorhergehenden Paragraphen beschriebenen Versuchsanordnung mit
zwei Spalten vor den einen eine planparallele Glasplatte setzen. Der
physischen Bedeutung des Brechungsverhältnisses zufolge ist die Lichtgeschwindigkeit in Glas nur $^2/_3$ von der in Luft, somit kann bei homogenem Licht, etwa dem der Natriumflamme, wegen der Konstanz der
Schwingungszahl, auch die Wellenlänge in Glas nur $^2/_3$ von der in Luft
sein. Auf einem Wege von derselben Länge liegt im Glas eine größere
Anzahl von Wellen als in Luft, und es werden daher die Strahlen in
dem von dem Glase bedeckten Spalt nicht mit derselben Phase ankommen, wie in dem freien. Das aber hat zur Folge, daß die Stelle
der größten Helligkeit nicht mehr in der Mitte des Gesichtsfeldes liegt,
sondern etwas nach der Seite des bedeckten Spaltes hin verschoben wird.
Gleiches ist bei den schwarzen Streifen der Fall, die zur Seite des Maximums der Helligkeit das Gesichtsfeld durchziehen. Man übersieht, daß
es möglich sein muß, aus der Größe der durch die Glasplatte erzeugten
Verschiebung die Phasendifferenz, aus dieser die Wellenlänge und Lichtgeschwindigkeit im Glase zu bestimmen.

Von der hierdurch gegebenen Methode hat FIZEAU eine interessante
Anwendung gemacht; er setzte vor die beiden Spalten zwei mit Wasser
gefüllte Röhren von gleicher Länge und beobachtete die Lage der
Interferenzstreifen, das eine Mal, wenn das Wasser in Ruhe war, das
andere Mal, wenn es beide Röhren in entgegengesetzter Richtung durch-
strömte. Die Streifen zeigten eine Verschiebung in dem Sinne, wie
wenn die Ätherwellen von dem bewegten Wasser mit fortgetragen würden,
ähnlich wie Schallwellen durch den Wind. Will man aber auf diese Weise
auch quantitativ die beobachtete Erscheinung richtig wiedergeben, so
muß man annehmen, daß der Äther von dem mit der Geschwindigkeit
Ω bewegten Wasser nur eine kleinere Geschwindigkeit

$$\omega = \frac{n^2 - 1}{n^2}\,\Omega$$

annimmt, unter n das Brechungsverhältnis des Wassers verstanden.

§ **314. Beugungsgitter und Gitterspektren.** Von großer praktischer Bedeutung für spektralanalytische Untersuchungen und für die Messung der Wellenlängen sind Fraunhofersche Beugungserscheinungen, die durch eine große Zahl paralleler Spalten, sogenannte Beugungsgitter erhalten werden. Die Spalten befinden sich in einem Schirme in sehr kleinem Abstande nebeneinander. Wir nehmen an, daß die Breite der Spalten klein sei gegen ihren Abstand, so daß wir in einem Durchschnitt des Gitters die Spalten durch Punkte darstellen können, die durch gleiche Zwischenräume voneinander getrennt sind (Fig. 370). Die von den Spalten ausgehenden Strahlenbündel ersetzen wir dementsprechend je durch einen einzigen Mittelstrahl. Die von der Lichtquelle kommenden einfarbigen Strahlen mögen senkrecht auf das von den Spalten gebildete Gitter fallen, so daß die von den Öffnungen aus nach allen Richtungen zerstreuten Elementarstrahlen in ihrem Ursprung alle dieselbe Phase besitzen. Bezeichnen wir die Mitte des Gitters durch O,

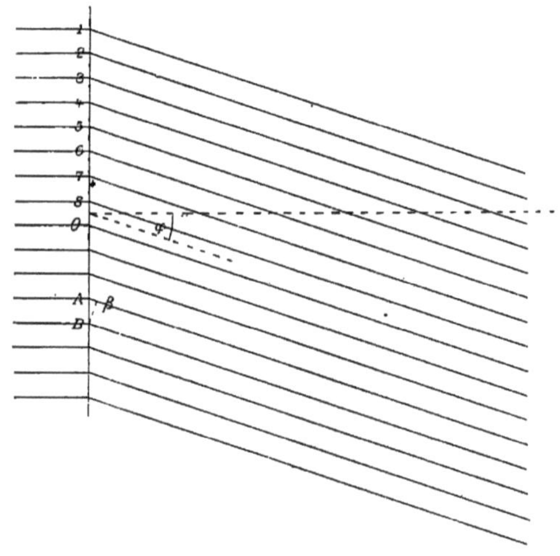

Fig. 370.

durch N den unendlich fernen Punkt der in O errichteten Normale, so haben wir in N aus denselben Gründen wie bei einem oder bei zwei Spalten Helligkeit. Betrachten wir schiefe Parallelstrahlen, so werden wir zu der Bestimmung ihrer Neigung abermals von dem früheren Mittel Anwendung machen. Es seien A und B zwei benachbarte Öffnungen; auf den schief aus A austretenden, die Richtung des ganzen Bündels bestimmenden Strahl fällen wir die Senkrechte $B\beta$ und benützen nun $A\beta$ als Maßstab der Schiefe. Man sieht dann leicht, daß jedenfalls Maxima der Helligkeit auftreten, wenn

$$A\beta = 0,\ = \lambda,\ = 2\lambda,\ = 3\lambda,\ \ldots$$

Betrachten wir nun das Intervall zwischen dem mittleren Maximum, das der direkten Strahlenrichtung entspricht, und dem ersten durch Beugung entstandenen Maximum etwas genauer. Wir wollen uns zu diesem Zweck die Spalten durchnumeriert denken und bemerken dann folgendes. Setzen wir $A\beta = \dfrac{\lambda}{2}$, so vernichten sich die Strahlen je zweier Nachbarspalten: in der entsprechenden Richtung findet also Dunkelheit statt; es sei $A\beta = \frac{1}{4}\lambda$; dann besitzen die Strahlen 1 und 3, 2 und 4, 5 und 7, 6 und 8 ... Phasendifferenzen von $\frac{1}{2}\lambda$, es tritt abermals Aufhebung der Bewegung ein. Setzen wir $A\beta = \frac{3}{4}\lambda$, so haben die Strahlen 1 und 3, 2 und 4 ... Phasendifferenzen von $\frac{3}{2}\lambda$; der Erfolg ist derselbe. Ebenso wenn $A\beta = \frac{1}{6}\lambda$, $\frac{5}{6}\lambda$ oder $A\beta = \frac{1}{8}\lambda$, $\frac{3}{8}\lambda$, $\frac{5}{8}\lambda$, $\frac{7}{8}\lambda$; es zerstören sich dann die Strahlen der Spalten 1 und 4, 2 und 5 ... oder 1 und 5, 2 und 6 ... Die Betrachtung zeigt, daß der ganze Zwischenraum zwischen dem mittleren Helligkeitsmaximum und dem ersten durch Beugung entstehenden von einer unendlichen Menge dicht gedrängter schwarzer Streifen durchfurcht ist, so daß das Licht hier völlig ausgelöscht erscheint. Gleiches gilt aber auch von dem Zwischenraume zwischen dem ersten und zweiten Beugungsmaximum usf. Wenn man ein Fernrohr gegen das Gitter richtet, senkrecht gegen seine Fläche, so sieht man in der Richtung der direkt einfallenden Strahlen das Bild der Lichtquelle, denn die von ihren einzelnen Punkten direkt durch die Gitterspalten gehenden Strahlen verhalten sich gerade so, wie wenn kein Gitter vorhanden wäre. Als Lichtquelle benützt man in der Regel einen feinen beleuchteten Spalt, der in dem Brennpunkte einer Linse angebracht ist, um die von ihm ausgehenden Strahlen parallel zu machen. Von dem Spaltbilde getrennt durch einen dunkeln Zwischenraum folgt dann das erste. durch Beugung entstandene Helligkeitsmaximum, eine dem Spalte parallele helle Linie, das **erste Beugungsbild** des Spaltes, weiterhin ein zweites, drittes ... solches Bild. Bezeichnet man den Winkel, um den man das Fernrohr nach rechts oder links aus der normalen Stellung drehen muß, um das erste, zweite, dritte ... Beugungsbild in die Mitte des Gesichtsfeldes zu bekommen, durch φ_1, φ_2, φ_3 ..., den Abstand AB zweier benachbarter Spalten durch d, so gelten die Gleichungen:

$$\lambda = d\sin\varphi_1, \quad 2\lambda = d\sin\varphi_2, \quad 3\lambda = \sin\varphi_3 \ldots$$

Man kann also die Wellenlänge aus der Entfernung der Spalten und der Ablenkung der Beugungsbilder in sehr einfacher Weise bestimmen.

Wenn der Spalt mit weißem Lichte beleuchtet wird, so erzeugt jede Farbe, der Verschiedenheit der Wellenlänge entsprechend, ihre eigenen Beugungsbilder; ebenso wie wir durch Brechung des weißen Lichtes ein Spektrum erhalten, so auch durch Beugung; die so entstehenden Beugungsspektren erster, zweiter, dritter ... Ordnung haben vor den durch Dispersion erhaltenen den Vorzug, daß ihre Anordnung in sehr einfacher Weise von der Wellenlänge bestimmt wird. Ist die Ablenkung eine so kleine, daß der Sinus des Winkels diesem selbst gleich gesetzt werden kann, so ist bei dem Beugungsspektrum die Ablenkung einfach der Wellenlänge proportional. Bei dem durch Brechung erzeugten Spektrum dagegen ist die Anordnung bedingt durch die Dispersion des Prismas: da diese im allgemeinen mit zunehmender Brechbarkeit wächst, so erscheint in dem Dispersionsspektrum der rote Teil unverhältnismäßig kurz, der violette und ultraviolette über die Gebühr ausgedehnt. Demgegenüber bezeichnet man dann die durch Beugung erhaltenen Spektren, in denen die Ablenkung nach dem Maße der Wellenlänge zunimmt, als normale. Die Beugungsspektren unterscheiden sich von den Dispersionsspektren noch ganz besonders dadurch, daß bei ihnen das violette Ende am wenigsten, das rote am meisten abgelenkt erscheint, weil, wie wir schon erwähnt haben, das violette Licht die kleinste, das rote die größte Wellenlänge besitzt. Um sich hiervon zu überzeugen, braucht man nur einen beleuchteten Spalt durch ein Beugungsgitter zu betrachten; man kann auch zum Zwecke objektiver Darstellung mit einer Linse ein reelles Bild des Spaltes auf einem Schirme entwerfen. Stellt man das Beugungsgitter hinter der Linse auf, so erhält man auf dem Schirme zur Seite des direkten Spaltbildes Beugungsspektren, deren violette Enden jenem Bilde zugewandt sind.

Dies wird durch Figur 371 erläutert. Das schmale Rechteck in der Mitte stellt das direkte Bild des Spaltes vor, zu beiden Seiten sieht man je zwei Beugungsspektren von der Linie A bis H.

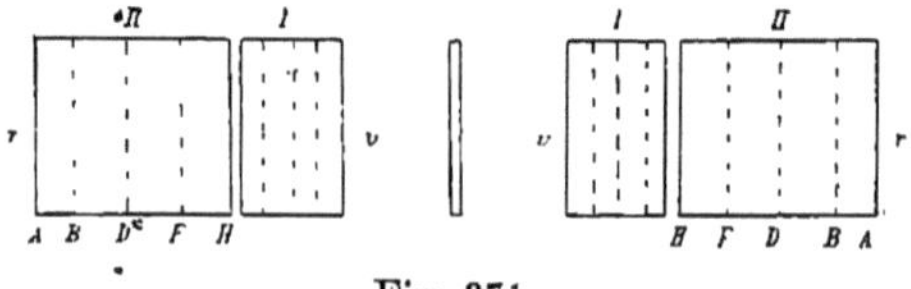

Beugungsgitter werden hergestellt, indem man Glasplatten versilbert und in den Belag mit einer Spitze feine parallele Risse macht; man kann auch auf der Glasplatte direkt mit einem Diamant parallele, feine Risse ziehen; die unverletzten Teile der Oberfläche repräsentieren dann die Spalten des Gitters.

Fig. 371.
Beugungsspektren erster und zweiter Ordnung.

Beugungserscheinungen erhält man von einem Gitter ebenso im reflektierten wie im durchgehenden Licht; in der Tat, betrachten wir ein Glasgitter, so breiten sich nach dem HUYGHENSschen Prinzip Elementarwellen ebensogut rückwärts in den diesseits des Gitters liegenden Raum, als vorwärts aus. Nur sind bei einem Glasgitter die Intensitäten der reflektierten Strahlen sehr gering, die Erscheinungen im reflektierten Lichte daher zu schwach. Wenn man aber Gitter auf eine Metalloberfläche einritzt, so haben die Wellen eine große Intensität, und man erhält daher sehr helle Beugungsspektren im reflektierten Lichte.

Durch eine Beugung des reflektierten Lichtes von derselben Art wie bei Metallgittern kommen, wie noch hinzugefügt werden möge, auch die Farben der Perlmutter und ähnliche Erscheinungen zustande.

Beugung bei schiefem Einfall der Strahlen. Wenn man bei einem Metallgitter die von dem Spalte ausgehenden Strahlen senkrecht auf das Gitter fallen läßt, so werden die nicht gebeugten Strahlen in derselben Richtung reflektiert; das direkte Bild des Spaltes entzieht sich daher der Beobachtung. Will man dies vermeiden, so muß man die von dem Spalte herkommenden Strahlen schief auf das Gitter fallen

lassen, so daß sie seitlich reflektiert werden. Mit Rücksicht auf eine
sofort zu besprechende Anwendung möge in diesem allgemeineren Falle
die Richtung der Strahlen bestimmt werden, die das erste Beugungsbild erzeugen.

Die Linie MM' (Fig. 372) stelle in starker Vergrößerung einen Teil
des Gitters dar, das wir uns mit seinen Rissen vertikal aufgestellt
denken. Die Punkte A und B repräsentieren zwei benachbarte nicht
geritzte, also reflektierende Linien der Oberfläche. $S_1 A$ und $S_2 B$ seien
die in horizontaler Richtung von dem Spalte herkommenden, einfallenden
Strahlen. Sind zunächst $A R_1$ und $B R_2$ die regelmäßig reflektierten
Strahlen, so sieht man leicht, daß die gesamten Weglängen $S_1 A R_1$ und
$S_2 B R_2$ einander gleich sind.
Die Strahlen $A R_1$ und $B R_2$
kommen somit in ihrem unendlich fernen Vereinigungspunkte
mit derselben Phase an; wir
erhalten daher in der Richtung
$A R_1$ ein Bild des Spaltes, dessen
Lage mit dem gewöhnlichen Reflexionsgesetze übereinstimmt.

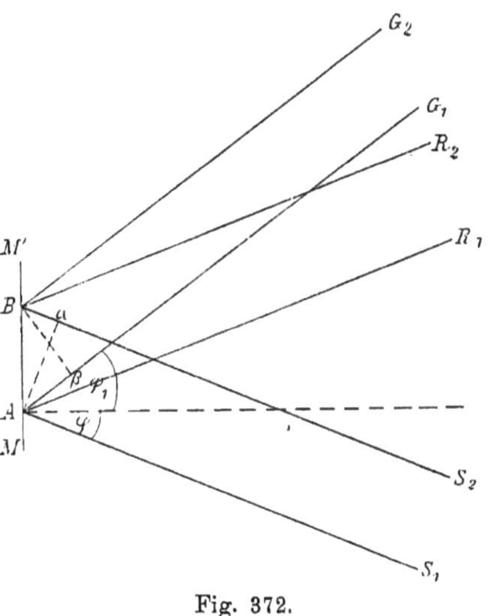

Es seien andererseits $A G_1$,
$A G_2$ die Parallelstrahlen, welche
das erste Beugungsbild erzeugen.
Die Bedingung für das Zustandekommen des Bildes ist die, daß
die gesamten Weglängen $S_1 A G_1$
und $S_2 B G_2$ sich um eine ganze
Wellenlänge unterscheiden. Wir
bezeichnen den Einfallswinkel
der Strahlen $S_1 A$ und $S_2 B$ durch

Fig. 372.

φ, den Winkel der Strahlen $A G_1$ und $B G_2$ mit dem Einfallslot durch φ_1,
den Abstand $A B$ der Gitterstreifen, durch d; dann ist:

$$S_1 A = S_2 B - B\alpha = S_2 B - d \sin \varphi$$
$$A G_1 = B G_2 + A\beta = B G_2 + d \sin \varphi_1.$$

Somit:

$$(S_1 A G_1) - (S_2 B G_2) = d (\sin \varphi_1 - \sin \varphi).$$

Da nun diese Wegdifferenz gleich einer Wellenlänge sein soll, so
ergibt sich zur Berechnung von φ_1 die Gleichung:

$$\sin \varphi_1 = \frac{\lambda}{d} + \sin \varphi .$$

Komplementäre Gitter. Wir haben bei der Entwickelung der
Theorie der Gitter angenommen, daß die Spalten sehr schmal seien
gegen die Risse. Wenn die Risse mit einem sehr feinen Diamant gezogen sind, so können auch umgekehrt die Risse schmal sein gegenüber
den unverletzten Streifen der Oberfläche. Mit Rücksicht auf diese

Möglichkeit ist ein Satz von Interesse, den BABINET über die Wirkung sogenannter komplementärer Gitter aufgestellt hat. Auf der einen Seite einer planparallelen Glasplatte wollen wir uns eine Reihe paralleler Linien gezogen denken, so daß sie abwechselnd einen kleinen Abstand a, und einen großen Abstand b besitzen. Die ganze Fläche zerfällt dann in zwei Systeme von äquidistanten Streifen; bei dem einen, dem Systeme A, haben die Streifen die Breite a, bei dem anderen, B, die Breite b. Wenn wir ein Fernrohr auf einen weit entfernten Spalt einstellen, und die planparallele Platte zwischen Fernrohr und Spalt einschieben, so wird an dem Bilde des Spaltes nichts geändert. Nun können wir aber die planparallele Platte zerlegen in die Streifensysteme A und B. Jedes von diesen stellt ein Beugungsgitter dar; die Gitter A und B stehen aber in einer solchen Beziehung, daß das eine seine Spalten da hat, wo die undurchsichtigen Streifen des anderen liegen würden. Die Gitter sind, wie man sagt, komplementär. In ihrer Vereinigung erzeugen sie das einfache, direkte Spaltbild. Dies ist nur dadurch zu erklären, daß die Beugungsbilder der beiden Gitter genau an denselben Stellen sich befinden, daß außerdem die ihnen entsprechenden Amplituden der Ätherschwingung gleich groß, die Ausschläge selbst aber von entgegengesetzter Richtung sind. Die beiden komplementären Gitter müssen hiernach, was Lage und Intensität der Bilder betrifft, vollkommen dieselbe Beugungserscheinung erzeugen. Der Satz gilt ebenso für Reflexionsgitter, insbesondere auch für die im folgenden Paragraphen zu besprechenden Konkavgitter,

§ 315. ROWLANDs Konkavgitter. Metallgitter von der höchsten Vollkommenheit hat ROWLAND hergestellt. Er hat damit aber noch einen weiteren Vorteil verbunden, indem er die Gitter auf hochpolierten, sphärischen Metallflächen, Hohlspiegeln, einritzte. Solche Gitter erzeugen, ohne daß Linsen zu Hilfe genommen werden, ein reelles Bild des Spaltes und auf seinen beiden Seiten reelle Beugungsbilder, oder Beugungsspektren, wenn der Spalt selbst weißes Licht aussendet. Gleichzeitig gelang es ROWLAND, die Teilung so zu verfeinern, daß 1700 Linien auf das Millimeter kamen, und er konnte so Spektren von ungemeiner Ausdehnung erzeugen.

Den Beweis für die erwähnte Eigenschaft der Konkavgitter wollen wir nur für das erste Beugungsbild liefern.

AB (Fig. 373) stelle einen Schnitt des Konkavgitters mit einer durch die Achse der Spiegelfläche senkrecht zu den Linien des Gitters gelegten Ebene vor; C sei der Mittelpunkt des Schnittkreises, M die Mitte des Bogens AB. Wir konstruieren über MC als Durchmesser einen Kreis, und machen nun die Voraussetzung, daß die Öffnung von AB so klein sei, daß der Bogen AB, in dem der Spiegel von der Zeichenebene durchschnitten wird, als zusammenfallend angesehen werden kann mit dem entsprechenden Bogen AB jenes über MC beschriebenen Kreises. Den leuchtenden Spalt haben wir uns senkrecht auf der Ebene der Zeichnung stehend zu denken; er projiziert sich also auf diese

Ebene in einem Punkte. Da wir aber die ganze Betrachtung auf die
Ebene der Zeichnung beschränken wollen, so setzen wir an Stelle des
Spaltes einen leuchtenden Punkt. Diesen bringen wir auf die Peripherie
des über CM beschriebenen Kreises nach S.

An den Enden des Konkavgitters, bei A und bei B, sondern wir
zwei kleine Stückchen ab, so daß wir sie als zwei ebene Gitter betrachten
können; ihre Normalen sind beziehungsweise durch die Linien CA und
CB gegeben. Auf der anderen Seite von C bestimmen wir den Punkt R
so, daß $CR = CS$. Nach einem bekannten geometrischen Satze ist dann:

$$\sphericalangle\, SAC = \sphericalangle\, RAC,$$
$$\sphericalangle\, SBC = \sphericalangle\, RBC;$$

d. h. RA und RB sind die zu SA und SB als einfallenden Strahlen
gehörenden reflektierten; ihr Kreuzungspunkt R bestimmt das durch
direkte Reflexion erzeugte Bild.

Es sei ferner AG die Richtung, für welche das bei A liegende Stückchen des Gitters das erste seitliche Lichtmaximum liefert. Wir bestimmen
jene Richtung durch den
Winkel φ_1, den sie mit dem
Einfallslote CA bildet; ist φ
der Einfallswinkel des Strahles
SA, so haben wir für φ_1 die
Gleichung:

$$\sin \varphi_1 = \frac{\lambda}{d} + \sin \varphi \cdot$$

Der hieraus berechnete Win-
kel φ_1 wird an AC angelegt,
und liefert durch den Schnitt
seines anderen Schenkels mit
der Kreisperipherie den Punkt
G. Ziehen wir nun die Linie
GB, so ist:

$$\sphericalangle\, CBS = \sphericalangle\, CAS = \varphi,$$
$$\sphericalangle\, GBC = \sphericalangle\, GAC = \varphi_1 .$$

BG gibt also die Richtung
an, in welcher das bei B

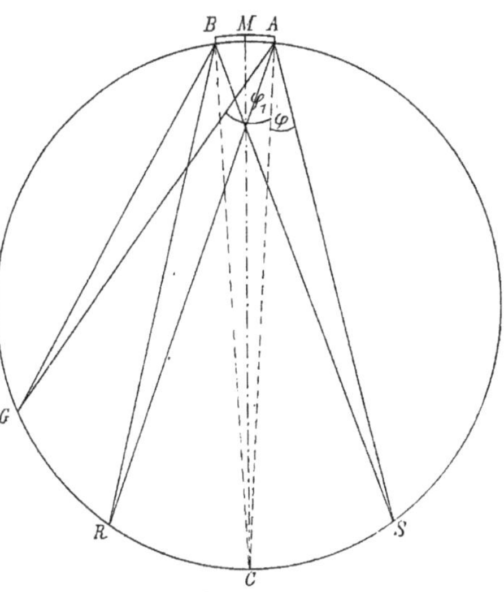

Fig. 373.

liegende Stückchen des Gitters das erste seitliche Lichtmaximum liefert.
Aber nicht bloß für die bei A und B liegenden Gitterteile kreuzen sich
die Richtungen der ersten Maxima in dem Punkte G, man wird sich
leicht davon überzeugen, daß dies auch für alle zwischen A und B liegenden Teile gilt. Durch die Teile des Gitters oberhalb und unterhalb der
Zeichenebene wird das Beugungsbild des Punktes S zu einer Linie ausgezogen, die in G senkrecht auf jener Ebene steht. Durch die Vereinigung
der Maxima, welche den übereinanderliegenden Spaltpunkten entsprechen,
entsteht dann in G das erste scharfe Beugungsbild des Spaltes C.

Ebenso wie G liegen auch die übrigen von dem Konkavgitter erzeugten Beugungsbilder auf dem über MC als Durchmesser konstruierten Kreise.

§ **316. Wellenlängen des Lichtes.** Die folgende Tabelle enthält für einige der wichtigsten Linien der Metalle und des Sonnenspektrums die Wellenlängen in Luft in Milliontel Millimetern, $\mu\mu$.

Kalium α	768	$\mu\mu$	Wasserstoff H$_\delta$	410·2	$\mu\mu$
A	760·4	,,	H$_1$	396·6	,,
B	687·0	,,	H$_2$	393·4	,,
Lithium α	670·8	,,			
C (H$_a$)	656·3	,,	L	382·0	,,
D$_1$	589·61	,,	M	372·7	,,
D$_2$	589·01	,,	N	358·1	,,
Thallium	534·9	,,	O	344·1	,,
E	527·0	,,	P	336·2	,,
F (H$_\beta$)	486·1	,,	Q	328·7	,,
Wasserstoff H$_\gamma$	434·0	,,	R	318·0	,,
G	430·7	,,			

Die hier angeführten ultravioletten Linien gehören mit Ausnahme von P dem Eisenspektrum, diese selbst dem Calcium an. Im ultraroten Teile des Spektrums hat ABNEY mit photographischen Mitteln die FRAUNHOFERschen Linien bis zu einer Wellenlänge von 980 $\mu\mu$ verfolgt. Bei Aluminium hat CORNU noch eine Linie im Ultravioletten mit der Wellenlänge 185·2 $\mu\mu$ erhalten, SCHUMANN im Vakuum Teile des Spektrums mit noch kleinerer Wellenlänge photographiert.

§ **317. Breite der Beugungsbilder und auflösende Kraft eines Gitters.** Wir haben bei unseren Untersuchungen über Emission und Absorption des Lichtes gesehen, daß die Spektren der leuchtenden Körper meist eine sehr große Zahl von Linien enthalten; häufig treten doppelte, dreifache Linien auf, die sich nur mit Hilfe von fein geteilten Gittern voneinander trennen lassen. Es wird dadurch die Frage nahe gelegt, wovon die Fähigkeit eines Gitters, eine zusammengesetzte Spektrallinie in ihre Bestandteile aufzulösen, abhängt. Um die Frage zu beantworten, müssen wir vor allem zeigen, daß die von homogenem Lichte erzeugten Beugungsbilder eine bestimmte Breite besitzen.

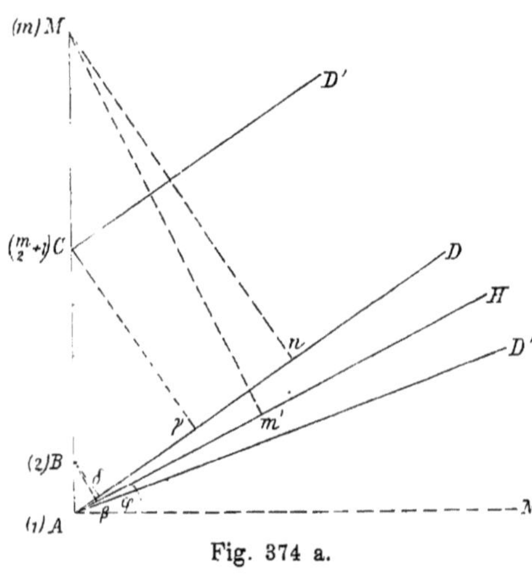

Fig. 374 a.

Die gerade Linie AM (Fig. 374 a) repräsentiere das als eben vorausgesetzte Gitter, die auf der Linie gezeichneten Punkte einzelne Gitterspalten; der Abstand benachbarter Spalten sei d, ihre gesamte Anzahl m; wir nehmen an, daß diese Zahl eine gerade sei. Der Spalt A trage die Nummer 1, B die Nummer 2 ..., M die Nummer m. Die von der Lichtquelle kommenden Strahlen mögen senkrecht auf die Fläche des Gitters fallen. Den Betrachtungen von § 314 zufolge erhalten wir in der Richtung $A H$ das $h$te Beugungsbild, wenn

$$A \beta = d \sin \varphi = h \lambda.$$

ist. Zugleich wird dann, wenn m' die Projektion des letzten Spaltpunktes M auf $A H$ ist,

$$A m' = (m - 1) A \beta = (m - 1) h \lambda.$$

Zu beiden Seiten von $A H$ verschwindet nun die Helligkeit nicht plötzlich; es bildet vielmehr $A H$ die Mittellinie eines spitzen Winkelraumes, in welchem die Helligkeit von der Mitte nach den Seiten abnimmt, um auf den Grenzlinien selber Null zu werden. Die Öffnung dieses Winkels bestimmt die Breite des Beugungsbildes, die Richtung seiner Schenkel ergibt sich durch die folgende Betrachtung:

Wir ziehen die Linie $A D$ und fällen auf sie von M das Lot Mn. Die Neigung $A D$ regeln wir dann so, daß

$$A n = (m - 1) h \lambda + \frac{m - 1}{m} \lambda$$

wird. Ist δ die Projektion von B auf die Richtung $A D$, so ist dann:

$$A \delta = h \lambda + \frac{\lambda}{m} \cdot$$

In der ganzen Reihe der Spalten nehmen wir nun den mit der Nummer $\frac{m}{2} + 1$ versehenen Spalt C; wir fällen von C das Lot $C\gamma$ auf $A D$; dann ist:

$$A \gamma = A \delta \times \frac{m}{2} = \frac{m h}{2} \lambda + \frac{\lambda}{2} \cdot$$

Die Wege, welche von den parallelen Strahlen $A D$ und $C D'$ bis zu ihrem unendlich fernen Vereinigungspunkte zurückzulegen sind, unterscheiden sich somit um $\left(\frac{m}{2} h + \frac{1}{2} \right)$ Wellenlängen; da m gerade sein soll, so bedeutet $\frac{m h}{2}$ eine gewisse Anzahl ganzer Wellenlängen, welche für die Interferenz von keiner Bedeutung ist; die übrigbleibende halbe Wellenlänge aber bedingt, daß die von A und C in der Richtung $A D$ ausgehenden Strahlen 1 und $\frac{m}{2} + 1$ sich wechselseitig zerstören. Dasselbe gilt aber von den Strahlen 2 und $\frac{m}{2} + 2$, 3 und $\frac{m}{2} + 3 \ldots, \frac{m}{2}$ und m. Es ergibt sich omit, daß in der Richtung $A D$ Dunkelheit eintritt. Der Winkel, den $A D$ mit der Gitternormale $A N$ einschließt, sei φ', dann ist $A \delta = d \sin \varphi'$, und wir erhalten zur Berechnung von φ' die Gleichung:

$$\sin \varphi' = h \frac{\lambda}{d} + \frac{\lambda}{m d} \cdot$$

Ganz ebenso ergibt sich nun auf der anderen Seite von AH eine
Richtung AD', auf der gleichfalls Dunkelheit eintritt; der Winkel $D'AN$
sei gleich φ'', dann ergibt sich zu seiner Berechnung die Gleichung:

$$\sin \varphi'' = h \frac{\lambda}{d} - \frac{\lambda}{m\,d}.$$

$m\,d$ ist nichts anderes als die ganze Breite des Gitters. Der Bruch
$\dfrac{\lambda}{m\,d}$ ist also jedenfalls sehr klein, und die Winkel φ' und φ'' sind daher
voneinander nur wenig verschieden. Man findet dann für die durch den
Winkel DAD' gemessene Breite des Beugungsbildes den Ausdruck:

$$\varphi' - \varphi'' = \frac{2\lambda}{m\,d\cos\varphi};$$

sie ist gleich dem Doppelten der Wellenlänge, dividiert durch die Breite
des Gitters und durch den Cosinus des Winkels, den die Richtung der
gebeugten Strahlen mit der Normale des Gitters bildet.

Wir betrachten nun auf der anderen Seite zwei Spektrallinien, welche sehr nahe bei einander liegen, wie etwa die D-Linien des Natriums; ihre Wellenlängen seien λ_1 und λ_2. Die Richtungen, in denen die h ten Maxima des gebeugten Lichtes liegen, sind für die beiden Linien beziehungsweise gegeben durch die Gleichungen:

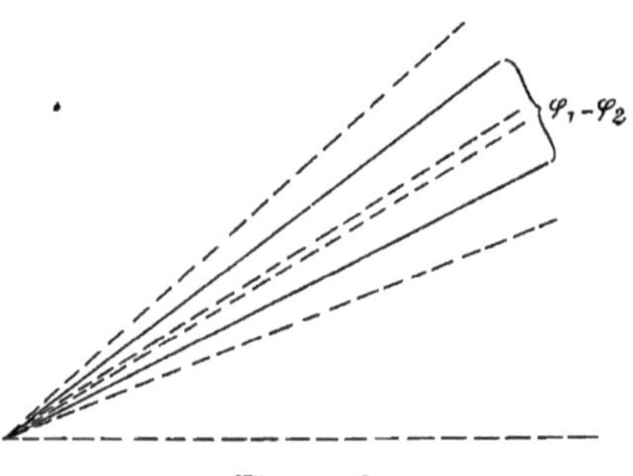

Fig. 374b.

$$\sin \varphi_1 = h \frac{\lambda_1}{d},$$

$$\sin \varphi_2 = h \frac{\lambda_2}{d}.$$

Hieraus folgt für den von den beiden Richtungen eingeschlossenen Winkel:

$$\varphi_1 - \varphi_2 = \frac{h(\lambda_1 - \lambda_2)}{d\cos\dfrac{\varphi_1 + \varphi_2}{2}}.$$

Die beiden Spektrallinien erscheinen offenbar nur dann völlig getrennt, wenn der Winkel $\varphi_1 - \varphi_2$ größer ist, als die Summe der halben
Breiten der den Linien entsprechenden Beugungsbilder, d. h. wenn:

$$\frac{h(\lambda_1 - \lambda_2)}{d\cos\dfrac{\varphi_1 + \varphi_2}{2}} > \frac{\lambda_1}{m\,d\cos\varphi_1} + \frac{\lambda_2}{m\,d\cos\varphi_2}.$$

Nun sind aber die Winkel φ_1 und φ_2 voneinander sehr wenig verschieden; man kann daher diese Bedingung mit vollkommen genügender
Annäherung durch die folgende ersetzen:

$$\lambda_1 - \lambda_2 > \frac{\lambda_1 + \lambda_2}{m\,h}.$$

Die Trennung der Spektrallinien ist hiernach bei einer um so kleineren Differenz der Wellenlängen möglich, die auflösende Kraft des Gitters ist um so größer, je größer die Gesamtzahl der Spalten und je höher die Ordnung des beobachteten Beugungsspektrums; die auflösende Kraft nimmt zu nach dem violetten Ende des Spektrums hin. Wenn man in dem Spektrum zweiter Ordnung beobachtet, so kann man mit einem Gitter von 30 000 Spalten im Bereiche der beiden D-Linien noch zwei Spektrallinien voneinander trennen, deren Wellenlängen sich um $0\cdot 02 \times 10^{-6}$ mm unterscheiden; das entspricht nahezu dem 30 sten Teile des Abstandes der D-Linien.

Bei den gewöhnlichen Beugungsgittern ist man in der Ordnung der zu beobachteten Spektren sehr beschränkt. Bei einem Gitter, bei dem 500 Striche auf das Millimeter kommen, erhält man nur die Beugungsspektren erster und zweiter Ordnung vollständig. Ein Gitter mit 1000 Strichen auf den Millimeter gibt nur ein einziges Spektrum vollständig. Dagegen gelingt es mit einem eigentümlichen, von MICHELSON ersonnenen Apparate, der sogenannten Glasplattenstaffel, Beugungsspektren mit sehr hoher Ordnung zu erzeugen, bei denen die auflösende Kraft in entsprechendem Maße gesteigert ist. MICHELSON konstruierte eine solche Staffel aus 20 planparallelen Glasplatten, welche alle genau dieselbe Dicke von 18 mm besaßen. Diese wurden so übereinander geschichtet, daß eine Treppe entstand, deren einzelne Stufen eine Breite von 1 mm besaßen.

Die Lichtstrahlen, welche von einem mit den Treppenstufen parallelen Spalte ausgehen, werden durch eine vorgesetzte Linse parallel gemacht; die Glasplattenstaffel selbst wird so gerichtet, daß die Strahlen senkrecht auf die Grundfläche der Treppe, die unterste der planparallelen Platten fallen. Die einzelnen zu der Richtung der Strahlen senkrechten Stufen der Treppe wirken ähnlich wie Gitterspalten von der Breite eines Millimeters. Die Wegdifferenzen der Strahlen, welche von den verschiedenen Stufen ausgehen, sind aber ohne Vergleich größer als bei einem gewöhnlichen Gitter, denn die Strahlen haben, ehe sie die Stufe verlassen, schon sehr verschiedene Wege im Glase zurückgelegt. Damit hängt zusammen, daß die Ordnung der zur Beobachtung kommenden Spektren eine ungemein hohe, ihre Auflösung eine sehr große ist.[1]

§ 318. Zur teleskopischen Beobachtung der Beugungserscheinungen. Wir haben die Theorie der FRAUNHOFERschen Beugungserscheinungen so entwickelt, als ob die von den Spalten ausgehenden Strahlen sich in Punkten eines unendlich weit entfernten Schirmes vereinigten. Tatsächlich werden sie durch die Linsen des Fernrohres oder die Medien des Auges gebrochen, durch die Objektivlinse des Fernrohres in den Punkten ihrer Brennebene, durch das Auge in Punkten der Netzhaut vereinigt. Man kann zweifeln, ob nicht dadurch neue Phasendifferenzen herbei-

---

[1] A. MICHELSON, Astrophysical Journ. 1898. Bd. 8. p. 37.

geführt, Korrektionen der früheren Theorie erfordert werden. Die Frage wird beantwortet durch den allgemeinen Satz:

Auf Strahlenwegen, die zwei verschiedene Lagen einer Wellenfläche miteinander verbinden, liegen gleichviel einzelne Wellen.

Solange die Welle in einem homogenen Mittel sich ausbreitet, ist der Satz' selbstverständlich. Im übrigen beweisen wir ihn nur für den speziellen Fall der Brechung einer von einem leuchtenden Punkt ausgehenden Welle durch eine ebene Fläche. Man wird von da aus leicht auch kompliziertere Fälle — gekrümmte Grenzflächen, eine größere Zahl brechender Medien — erledigen können.

Der leuchtende Punkt (Fig. 375) sei O; das vor der Grenzfläche liegende Medium bezeichnen wir durch I, das hinter ihr befindliche

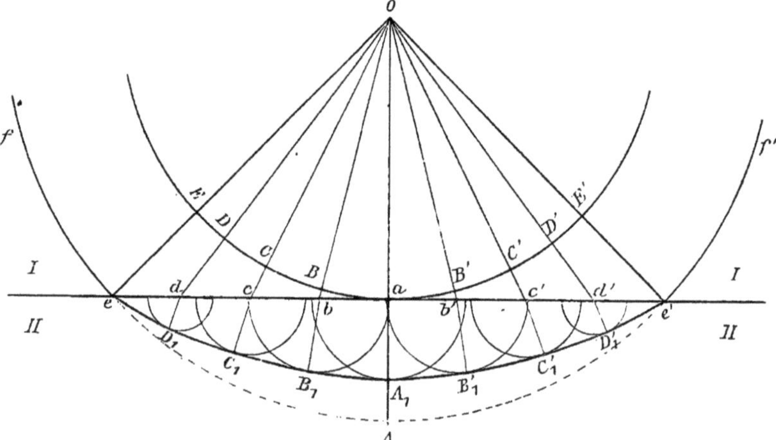

Fig. 375. Brechung durch eine ebene Grenzfläche.

durch II. Lichtgeschwindigkeit und Wellenlänge mögen in dem ersteren die Werte v_1 und λ_1, in dem zweiten die Werte v_2 und λ_2 haben. Bezeichnen wir Lichtgeschwindigkeit und Wellenlänge im leeren Raum durch v_0 und λ_0, so ist nach der in § 306 eingeführten Voraussetzung:

$$\frac{\lambda_1}{v_1} = \frac{\lambda_2}{v_2} = \frac{\lambda_0}{v_0}.$$

Wir konstruieren zuerst eine der von O aus in das Medium II eindringenden Wellen. Der ungestörte, noch in dem Medium I liegende Teil derselben sei, in einer durch O senkrecht zu der Grenzfläche gelegten Ebene, durch die Kreisbogen fe und $f'e'$ dargestellt. Um den gebrochenen Teil zu finden, haben wir die von den Punkten a, b, c, d, b', c', d' ausgehenden Elementarwellen zu suchen und ihre gemeinsame Umhüllungsfläche zu konstruieren. Man wird zu diesem Zwecke zunächst den Kreisbogen $e\,A\,e'$ ziehen, bis zu dem die Welle von O vorgedrungen sein würde, wenn das Medium II mit I identisch wäre. Für diesen

Fall würden dann die aus a, b, c, d, b', c', d' an den Bogen $e A c'$ gezogenen Berührungskreise die gesuchten Elementarwellen darstellen. Ist nun der Brechungsquotient für den Übergang des Lichtes von I zu II gleich n, so besteht zwischen den Lichtgeschwindigkeiten in den beiden Medien die Beziehung $v_2 = \dfrac{v_1}{n}$. In dem Medium II werden also die von den Punkten der Grenzebene ausgehenden Elementarwellen in gleicher Zeit auf Kugeln sich ausbreiten, deren Halbmesser n mal kleiner sind als die Halbmesser der den Bogen $e A e'$ berührenden. So ist es nun leicht, die Elementarwellen in dem Medium II und ihre Umhüllende, die gebrochene Welle zu konstruieren. Sie wird in dem Schnitt unserer Zeichenebene durch die Kurve $e D_1 C_1 B_1 A_1 B'_1 C'_1 D'_1 e'$ dargestellt, die von einem Kreisbogen nicht allzusehr verschieden ist. Die Linien $b B_1$, $c C_1$, ..., welche die Punkte der Grenzfläche mit den Berührungspunkten zwischen der Hauptwelle und zwischen den Elementarwellen verbinden, sind die gebrochenen Strahlen; es ist im Anschluß an die Figur nicht schwer zu zeigen, daß für sie in der Tat das Gesetz der Brechung gilt. Wir können mit Bezug hierauf an die ganz analogen Betrachtungen von § 180 erinnern.

Die zweite Wellenfläche, die wir betrachten, sei die letzte der ganz in I liegenden, die von O aus an die Grenzfläche gelegte Berührungskugel, welche in unserer Figur durch den Kreis $E a E'$ dargestellt ist. Die Zeit, in der die Welle aus der Lage $E a E'$ in die Lage $e A_1 e'$ übergeht, sei τ, dann ist $E e = v_1 \tau$, $a A_1 = v_2 \tau$; die Zahl der auf $E e$ liegenden Wellen $\dfrac{v_1 \tau}{\lambda_1}$, der auf $a A_1$ liegenden $\dfrac{v_2 \tau}{\lambda_2}$; ihre Zahl ist somit in der Tat für die beiden Wege dieselbe, nämlich gleich $\dfrac{v_0}{\lambda_0} \cdot \tau$. Betrachten wir noch einen der gebrochenen Strahlenwege, etwa $C c C_1$. Die Zeit, die zum Durchlaufen von $C c$ erforderlich ist, sei τ_1; von c bis C_1 brauche die Welle die Zeit τ_2, so daß $\tau_1 + \tau_2 = \tau$. Es ist dann $C c = v_1 \tau_1$, die Zahl der auf $C c$ liegenden Wellen $\dfrac{v_1}{\lambda_1} \tau_1 = \dfrac{v_0}{\lambda_0} \tau_1$; ebenso die Zahl der auf $c C_1$ liegenden $\dfrac{v_0}{\lambda_0} \cdot \tau_2$; die Gesamtzahl der Wellen auf dem Wege $C c C_1$ wird: $\dfrac{v_0}{\lambda_0}(\tau_1 + \tau_2) = \dfrac{v_0}{\lambda_0}\tau$, ebenso groß wie auf den Wegen $E e$ und $a A_1$.

Der zu Anfang ausgesprochene Satz ist damit bewiesen; er gilt ebenso beim Durchgang des Lichtes durch eine Reihe brechender Flächen, da man durch wiederholte Übergänge der durch Figur 375 gegebenen Art von einer beliebigen Anfangslage der Wellenfläche zu einer beliebigen Endlage kommen kann. Figur 376 stellt in diesem Sinne den Durchgang achsenparalleler Strahlen durch eine bikonvexe Linse dar: φ ist der Brennpunkt der vorderen Linsenfläche, f der der ganzen Linse; beim Übergang der ursprünglich ebenen Welle in die Linse treten Knickungen der Wellenfläche auf, ebenso wie in Figur 375. Setzen wir voraus, daß hinter der Linse alle Strahlen genau durch f hindurchgehen, so ist die

Wellenfläche hier ein Kugelabschnitt, dessen Mittelpunkt in f liegt. Sie zieht sich schließlich auf eine den Punkt f unendlich nahe umschließende Kugel zusammen, und wir können daher f selbst als eine Lage der Wellenfläche betrachten. Nach dem vorhergehenden Satze müssen dann auf allen Strahlen, die von der ebenen Welle vor der Linse bis zu dem

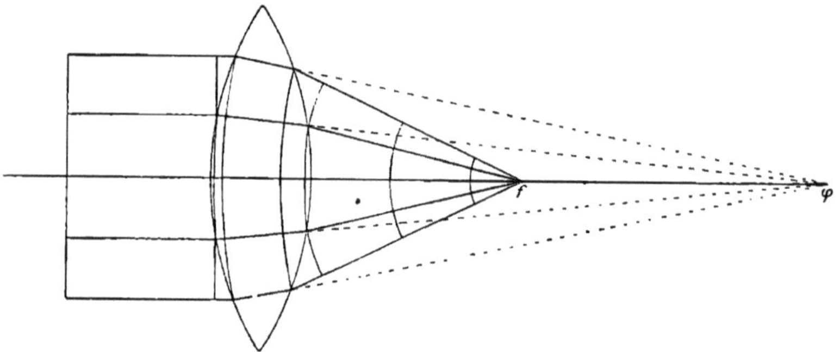

Fig. 376. Durchgang einer ebenen Welle durch eine Linse.

Brennpunkt f gehen, gleichviel einzelne Wellen liegen. Die Strahlen kommen also in f mit denselben Phasenverhältnissen an, die sie in der ebenen Welle hatten. Daraus ergibt sich aber, daß die Beugungserscheinungen bei der FRAUNHOFERschen Art der Beobachtung in der Tat dieselben sind, wie auf einem unendlich fernen Schirme.

§ 319. **Die Leistungsfähigkeit des Mikroskops.** Ehe wir die Erscheinungen der Beugung verlassen, wollen wir von denselben noch einige Anwendungen machen, die nach der praktischen, wie nach der theoretischen Seite von Interesse sind. Die erste bezieht sich auf die Leistungsfähigkeit des Mikroskops, d. h. auf die Frage nach der kleinsten Distanz an dem Objekte, die man mit dem Mikroskop noch sicher erkennen kann.

Man kann diese Frage auf zwei verschiedenen Wegen lösen. Bei dem einen, von HELMHOLTZ eingeschlagenen, betrachtet man das Objekt als selbstleuchtenden Körper. Wenn es sich nun um eine sehr starke Vergrößerung des Objektes handelt, so wird die Abbildung dem Satze von der Divergenz entsprechend durch ein sehr schmales Strahlenbündel erfolgen. Wir wollen annehmen, dieses Bündel werde durch eine im Inneren des

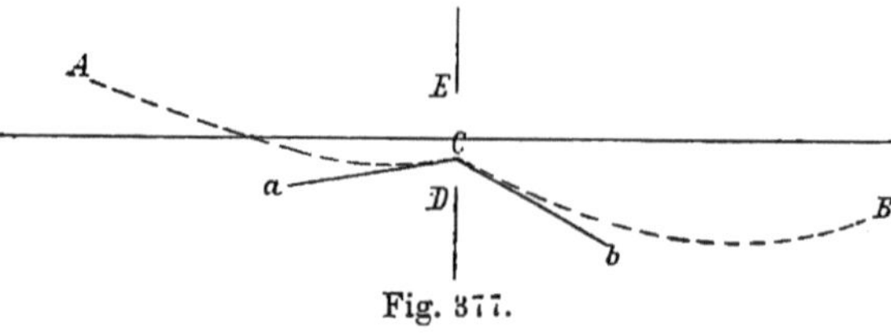

Fig. 377.

Mikroskopes befindliche, kreisförmige Blende begrenzt. DE (Fig. 377) stellt einen Durchmesser ihrer Öffnung dar. Diese Blende wirkt nun beugend; sie sendet nach dem HUYGHENSschen Prinzip Lichtstrahlen nicht bloß in der geraden Verlängerung der ankommenden Strahlen aus, sondern auch nach allen seitlichen Richtungen. A sei ein Punkt des Objektes, B ein Punkt, in dem sich die von A ausgehenden und durch die Blende gebeugten Strahlen wieder vereinigen; C sei ein beliebiger Punkt der Blende. Die gestrichelten Linien AC und CB deuten in schematischer Weise die, in Wirklichkeit irgendwie gebrochenen Wege an, auf denen das Licht von A nach C, von C nach B gelangt. Verlängern wir die Strahlen, die von A aus in den Punkten C der Blende eintreffen, so schneiden sie sich in einem Punkte a; dieser ist mit A konjugiert für den vor der Blende liegenden Teil des optischen Systems. Verlängern wir ebenso die von den Punkten C nach B führenden Strahlen, so erhalten wir den Schnittpunkt b, und dieser ist mit B konjugiert für den hinter der Blende liegenden Teil des optischen Systems. Die Punkte a und b liegen in demselben Mittel, in welchem die Blende sich befindet. Für die Beurteilung der beugenden Wirkung der Blende ist es nun wesentlich, zu wissen, wieviel Wellenlängen auf dem Wege ACB liegen. Wir wollen im folgenden die Zahl der Wellen, die auf irgend einem Lichtwege liegen, dadurch darstellen, daß wir die den Weg bezeichnenden Buchstaben in eine Klammer setzen. Dann ergeben sich leicht die folgenden Gleichungen:

$$(AC) = (ACa) - (Ca),$$
$$(CB) = (bCB) - (bC),$$

und daher

$$(ACB) = (ACa) + (bCB) - (Ca) - (bC).$$

Nun sind A und a, B und b konjugierte Punkte, d. h. die von den Punkten A und B ausgehenden Wellenflächen ziehen sich in a und b wieder punktförmig zusammen. Die auf den Wegen ACa und BCb liegenden Wellenzahlen sind nach dem im vorhergehenden Paragraphen bewiesenen Satze unabhängig von der Lage des Punktes C. Wir können somit, wenn wir unter K eine konstante Größe verstehen, die letzte Gleichung so schreiben:

$$(ACB) = K - (Ca) - (bC)$$
$$= K - (bCa),$$

d. h. bei einer Verschiebung des Punktes C verändert sich die Wellenzahl auf dem Wege ACB immer um ebensoviel, wie die Wellenzahl auf dem Wege aCb, die Beleuchtung des Punktes B durch das von A ausgehende Licht ist somit dieselbe, wie die des Punktes b durch das von a kommende. Damit ist aber die Beugung durch das komplizierte System des Mikroskops hindurch auf die Beugung einer kreisförmigen Öffnung zurückgeführt, auf deren beiden Seiten sich dasselbe Medium befindet, denn die Strahlen aC und Cb sind gerade, und die Punkte a und b liegen in demselben Medium, wie das Diaphragma.

Es sei nun a (Fig. 378) das Bild des in der Achse liegenden Punktes des Objektes. Betrachten wir a durch die Blende DE hindurch, so erscheint a als eine leuchtende Scheibe, begrenzt von einem dunkeln Ringe.

Ist der Halbmesser der Blende gleich ϱ, so ist der Halbmesser dieses Ringes nach § 312 gleich $0{,}61 \times \dfrac{\lambda}{\varrho} \times a\,C$. Nun ist aber $\varrho\,/\,a\,C$ nichts anderes, als der Divergenzwinkel der von a nach der Blende gehenden Strahlen; bezeichnen wir diesen durch β, so ist der Halbmesser des den Punkt a umgebenden Beugungskreises gleich $0\cdot 61\,\dfrac{\lambda}{\beta}$. Durch das hinter der Blende befindliche optische System werde von einem an der Stelle a befindlichen Objekte ein N mal vergrößertes Bild im letzten Medium entworfen. Dann sind auch seine Punkte von Beugungskreisen umgeben, deren Halbmesser δ_u gleich $0\cdot 61 \times \dfrac{N\lambda}{\beta}$ ist. Der Ausdruck läßt sich umgestalten mit Hilfe des Divergenzsatzes; n sei das absolute Brechungsverhältnis in dem Medium der Blende, n_1 das Brechungsverhältnis des Mediums, in dem das Objekt sich befindet; β_1 der Divergenzwinkel der von dem Objekte ausgehenden Strahlen; da dieser Winkel bei einem stark vergrößernden Mikroskop verhältnismäßig große Werte

Fig. 378.

annehmen kann, so benützen wir die allgemeinere Form des Divergenzsatzes (§ 279); wir bezeichnen mit b_1 den Durchmesser des Objektes, mit b den Durchmesser des von dem vorderen Teile des optischen Systems in a entworfenen Bildes; dann ist nach dem Divergenzsatze:

$$n_1\,b_1 \sin\beta_1 = n\,b\,\beta\,.$$

Es sei endlich b_u der Durchmesser des in dem letzten Mittel von b_1 entworfenen Bildes. Dann ist $\dfrac{b_u}{b} = N$; die durch das ganze System erzeugte Vergrößerung $\dfrac{b_u}{b_1}$ sei N_1. Dividieren wir die vorhergehende Gleichung durch b_u, so ergibt sich:

$$\frac{n_1 \sin\beta_1}{N_1} = \frac{n\,\beta}{N}$$

und

$$\frac{N}{\beta} = N_1 \frac{n}{n_1 \sin\beta_1}\,.$$

Setzen wir diesen Wert ein in dem Ausdrucke für den Halbmesser der in dem letzten Medium entstehenden Beugungskreise, so wird:

$$\delta_u = 0\cdot 61 \times \lambda\,N_1 \frac{n}{n_1 \sin\beta_1}\,.$$

Zwei Punkte in dem Bilde b_u werden aber nur dann zu unterscheiden sein, wenn ihre Entfernung mindestens gleich dem Halbmesser des

Beugungskreises ist. Im Bilde ist also die kleinste wahrnehmbare Distanz gegeben durch

$$\delta_u = 0 \cdot 61 \, \lambda \, N_1 \, \frac{n}{n_1 \sin \beta_1}.$$

Im Objekte entspricht ihr bei N_1 facher Vergrößerung eine N_1 mal kleinere Strecke

$$\delta_1 = \frac{\delta_u}{N_1} = 0 \cdot 61 \, \lambda \, \frac{n}{n_1 \sin \beta_1},$$

und dieses wäre also die kleinste am Objekte noch wahrnehmbare Distanz. Ist der Objektraum von demselben Medium erfüllt, wie der Raum der Blende, so ist $n = n_1$ und

$$\delta_1 = 0 \cdot 61 \, \lambda \, \frac{1}{\sin \beta_1}.$$

Der größte Wert, den $\sin \beta_1$ annehmen kann, ist gleich 1; mit diesem ergibt sich für die kleinste an dem Objekte noch wahrnehmbare Distanz der Wert

$$\delta = 0 \cdot 61 \, \lambda,$$

etwas mehr als die Hälfte der Wellenlänge des von dem Objekte ausgehenden Lichtes.

Es ist überraschend', daß man zu einem mit dem vorhergehenden nahe übereinstimmenden Resultate durch eine ganz andere Betrachtung

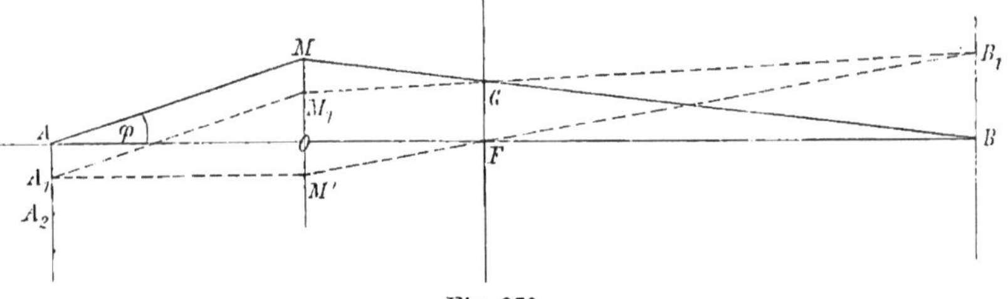

Fig. 379.

gelangt, die zuerst von Abbe angestellt worden ist. Bei dieser wird das Objekt nicht als ein selbstleuchtendes, sondern als ein durchleuchtetes angesehen, und die Bestimmung der Leistungsfähigkeit des Mikroskops beruht auf der Untersuchung der von dem Objekte selbst erzeugten Beugungserscheinungen. Am einfachsten ist es, als Objekt ein Beugungsgitter zu benützen. $A, A_1, A_2 \ldots$ (Fig. 379) seien die Projektionen der zu der Zeichenebene senkrecht stehenden Gitterspalten. O sei der Mittelpunkt des Objektives; F der hintere Brennpunkt, B das von dem Objektive entworfene Bild des Punktes A. Wir nehmen zunächst an, die Beleuchtung des Gitters sei eine senkrechte. Die von den Gitterspalten $A, A_1, A_2 \ldots$ ausgehenden achsenparallelen Strahlen vereinigen sich in dem Punkte F. In diesem tritt Helligkeit ein. Würden aber nur jene Parallelstrahlen zur Wirkung kommen, so würde das

Gesichtsfeld um den Punkt B herum nichts als eine allgemeine Helligkeit zeigen, von der Struktur des Gitters würde keine Spur wahrzunehmen sein. Nun kommen aber zu jenen Parallelstrahlen, die schiefen
Strahlen, welche die seitlichen Maxima erzeugen, hinzu. Wir betrachten
von diesen nur die dem ersten seitlichen Maximum entsprechenden. Ist
der Abstand der Gitterspalten gleich d, die Wellenlänge der beleuchtenden Strahlen λ, so bestimmt sich der Winkel φ, unter dem jene Strahlen
gegen die Achse geneigt sind, durch die Gleichung

$$d \sin \varphi = \lambda .$$

Die Strahlen vereinigen sich in dem Punkte G der Brennebene. Wir
erhalten also in der Brennebene jetzt zwei beleuchtete Punkte, beziehungsweise zwei zu der Zeichenebene senkrechte, helle Streifen, F
und G. Die in der Bildebene B auftretende Erscheinung wird bestimmt
durch die Interferenz der von F und von G ausgehenden Strahlen. Die so
erzeugte Interferenzerscheinung ist aber keine andere, als die bei dem
Fresnel schen Spiegelversuche (§ 308) auftretende. Es entsteht also in
der Bildebene ein System von hellen und dunkeln Streifen, ein Interferenzbild des Gitters. Der Abstand der hellen Streifen voneinander ist
nach § 308 gegeben durch:

$$d' = \lambda' \frac{F B}{F G} .$$

Hier ist λ' die Wellenlänge für das hinter dem Objektive liegende Mittel.

Die Lage der hellen Streifen in der Bildebene läßt sich leicht bestimmen. Zunächst ist B der mit A konjugierte Punkt; auf allen Lichtwegen, die von A durch das Objektiv hindurch nach B führen, z. B. auf
den Wegen $A\,O\,F\,B$ und $A\,M\,G\,B$, liegt hiernach dieselbe Zahl von Wellen.
B bezeichnet daher die Stelle des mittleren hellen Streifens in dem Interferenzbilde. Ziehen wir durch A_1 den Strahl $A_1 M_1 \parallel A M$ unter dem
Winkel φ gegen die Achse, so hat der gebrochene Strahl die Richtung
$M_1 G$; er schneidet die Brennebene in B_1; dieser Punkt ist mit A_1
konjugiert. Auf allen von A_1 nach B_1 führenden Lichtwegen liegt dieselbe Zahl von Wellen; dies gilt also insbesondere von den Wegen
$A_1 M_1 G B_1$ und $A_1 M' F B_1$. Daraus folgt, daß das erste seitliche Helligkeitsmaximum an der Stelle von B_1 liegen muß. Die Lage der übrigen
hellen Streifen ergibt sich, wenn wir die Strecke $B B_1$ von B und von
B_1 aus auf den Verlängerungen von $B B_1$ nach oben und unten abtragen.

Wichtig ist es, daß die Strecken $A A_1$ und $B B_1$, der Spaltenabstand d
des Gitters und der Streifenabstand d' des Interferenzbildes, sich wie
Objekt und Bild verhalten. Ist N die Vergrößerung des Objektives, so ist

$$d' = N \times d .$$

Das von den Interferenzstreifen erzeugte Bild ist also dem Gitter ähnlich,
aber es entspricht dem Gitter nicht vollkommen, denn an Stelle der
scharfen hellen Gitterspalten treten Interferenzstreifen, deren Helligkeit
von der Mitte ab allmählich bis zu den begrenzenden dunkeln Linien

abnimmt. Damit dieses Bild aber zustande kommt, muß das Objektiv zum mindesten noch die schiefen Parallelstrahlen aufnehmen, welche das erste Beugungsbild erzeugen; d. h. der nach dem Rande des Objektives gehende Strahl AM muß mit der Achse einen Winkel φ einschließen, der bestimmt ist durch die Gleichung $d \sin \varphi = \lambda$. Ist umgekehrt der Divergenzwinkel φ gegeben, so kann man aus der Gleichung die kleinste Distanz der Gitterspalten bestimmen, für welche die Gitterstruktur noch durch das Mikroskop nachzuweisen ist. Man findet $d = \lambda/\sin \varphi$. Nimmt man für $\sin \varphi$ den größten möglichen Wert $\sin \varphi = 1$, so wird $d = \lambda$. Die kleinste durch das Mikroskop noch nachweisbare Spaltendistanz wäre dann gleich der Wellenlänge.

Wesentlich günstiger läßt sich die Sache gestalten, wenn das Gitter nicht senkrecht, sondern schief beleuchtet wird. Man kann die beleuchtenden Strahlen unter einem solchen Achsenwinkel φ auf das Gitter fallen lassen, daß die dem ersten Beugungsmaximum entsprechenden Parallelstrahlen auf der anderen Seite einen ebenso großen Winkel φ mit der Achse bilden. Eine einfache Modifikation der auf S. 473 angestellten Rechnung gibt dann: $2 \sin \varphi = \dfrac{\lambda}{d}$; sollen in der Bildebene Interferenzstreifen zustande kommen, so müssen die direkten Strahlen an dem oberen Rande des Objektives, die dem ersten Beugungsmaximum entsprechenden an seinem unteren Rande durchgehen. Wenn also φ den Divergenzwinkel der nach dem Okjektiv gehenden Strahlen bezeichnet, so ist der kleinste noch nachweisbare Spaltenabstand

$$ d = \frac{\lambda}{2 \sin \varphi}. $$

Für den Maximalwert $\sin \varphi = 1$ wird $d = \dfrac{\lambda}{2}$, in naher Übereinstimmung mit dem aus der HELMHOLTZschen Theorie sich ergebenden Werte.

Wir haben bei den vorhergehenden Betrachtungen angenommen, daß nur zwei Helligkeitsmaxima in der Brennebene die Interferenzstreifen in der Bildebene B erzeugen. Dem entspricht, wie schon erwähnt, eine gewisse Unschärfe des Interferenzbildes. Es möge zum Schlusse noch hervorgehoben werden, daß diese Unschärfe um so geringer wird, je mehr Helligkeitsmaxima der Brennebene zu der Interferenzerscheinung in der Bildebene beitragen. Die Zahl der in der Brennebene entstehenden Maxima hängt aber wesentlich von der Öffnung des Objektives ab.

§ 320. Sichtbarmachung ultramikroskopischer Teilchen. Die Untersuchungen des vorhergehenden Paragraphen bezogen sich auf die Frage, welches die feinsten Einzelheiten sind, die man an einem Objekte noch nachweisen kann. Ganz anders liegt die Sache, wenn es sich nur darum handelt, das Vorhandensein eines Objektes nachzuweisen, abgesehen von jeder besonderen Beschaffenheit, Gestalt, Größe und dergl. In diesem Falle befinden wir uns dem Sternenhimmel gegenüber. Bei der ungeheuren Entfernung der Fixsterne verschwindet jede Möglichkeit, ihre Gestalt zu erkennen, nur ihre Existenz verrät sich durch das von ihnen ausgesandte Licht. Dementsprechend werden wir auch ultramikroskopische Teilchen, d. h. solche, deren Dimensionen weit unter der im vorhergehenden Paragraphen bestimmten Grenze liegen, sehen, sobald sie nur ein hinreichend intensives Licht aussenden.

Von diesem Gesichtspunkte ausgehend ist es SIEDENTOPF und ZSIGMONDY gelungen, die in den sogenannten Goldrubingläsern enthaltenen Teilchen metallischen Goldes sichtbar zu machen[1]. Es handelt sich dabei zuerst darum, die in dem Glase suspendierten Teilchen möglichst intensiv zu beleuchten. Zu diesem Zwecke wurden die von der Sonne, oder von einer elektrischen Lampe herkommenden Strahlen durch eine Linse, den Kondensor, konvergent gemacht. In die Spitze S des von den Lichtstrahlen gebildeten Kegels (Fig. 380) wird das zu unter-

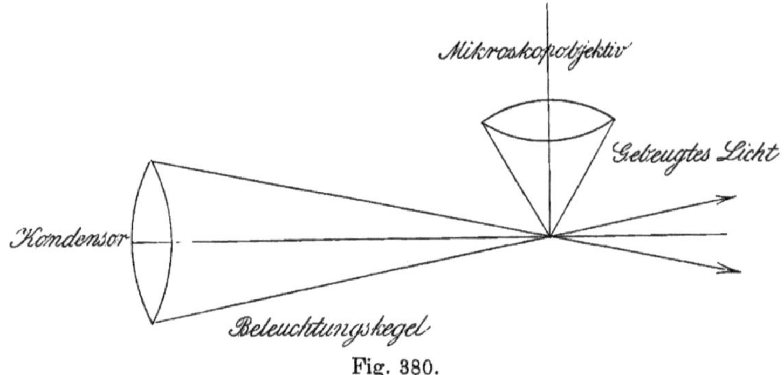

Fig. 380.

suchende Glas gebracht. Die einzelnen Goldpartikelchen leuchten dann, indem sie das auffallende Licht nach allen Seiten hin beugen oder, nach Art der Sonnenstäubchen, diffus reflektieren. Um von den Strahlen des Beleuchtungskegels nicht gestört zu werden, wird man in einer zu der Kegelachse senkrechten Richtung beobachten, und zwar mit einem Mikroskope, denn die Distanzen der einzelnen Goldteilchen sind viel zu klein, als daß diese mit unbewaffnetem Auge getrennt gesehen werden könnten. Im Mikroskope aber erscheinen die einzelnen Teilchen als helle Beugungsscheibchen auf dem dunkeln Grunde des homogenen Glases.

Daß das mikroskopische Bild über die wirkliche Gestalt der ausgeschiedenen Teilchen keinen Aufschluß gibt, haben wir schon erwähnt; die mikroskopische Beobachtung gibt aber doch Veranlassung zu weiteren, interessanten Schlüssen. Zunächst ist es möglich, die mittlere Entfernung der Goldteilchen zu bestimmen; sie ist abhängig vom Goldgehalte; bei einem roten Glase, das im Kubikmillimeter 80 Millionstel Milligramm Gold enthält, können wir jene Entfernung etwa gleich $1\,\mu$ setzen. Die

---

[1] Ann. d. Phys. 1903. Bd. X. S. 1.

Zahl der Teilchen in einem Kubikmillimeter beträgt dann 10^9, und die Masse eines Goldteilchens ist:

$$\frac{80 \times 10^{-6}}{10^9} = 80 \times 10^{-15} \text{ Milligramm.}$$

Nimmt man an, daß die ausgeschiedenen Goldpartikelchen Würfelform besitzen, und daß ihr spezifisches Gewicht gleich dem des metallischen Goldes sei, so ergibt sich für jene Würfel eine Kantenlänge von 16 $\mu\mu$.

Auf der anderen Seite können wir nun die Anzahl der einzelnen Atome berechnen, die in 1 g-Atom enthalten sind. Wir gehen zu diesem Zwecke aus von der Betrachtung des Wasserstoffes; 1 ccm Wasserstoff wiegt bei normalen Verhältnissen des Druckes und der Temperatur $0 \cdot 00009$ g. Unter denselben Umständen setzen wir die Zahl der in 1 ccm enthaltenen Wasserstoffmoleküle gleich $2 \cdot 5 \times 10^{19}$. (Der in § 204 angegebene, aus der kinetischen Theorie der Gase berechnete Wert ist sicher um vieles zu klein; der Wert $2 \cdot 5 \times 10^{19}$ folgt aus dem Gesetze der Wärmestrahlung.) Die Zahl der in $0 \cdot 00009$ g Wasserstoff enthaltenen Wasserstoffatome ist hiernach gleich 5×10^{19}, und in 1 g-Atom, d. h. in 1 g Wasserstoff sind $\frac{5 \times 10^{19}}{0 \cdot 00009}$ oder $0,55 \times 10^{24}$ Atome enthalten. Ebensogroß muß aber auch die Anzahl der Goldatome sein, die in 1 g-Atom Gold, d. h. in 197 g Gold enthalten sind.

Die Zahl der Atome, die in einem einzelnen Goldkörnchen des Rubinglases enthalten sind, ist hiernach:

$$\frac{0 \cdot 55 \times 10^{24}}{197} \times 80 \times 10^{-18} = 0 \cdot 22 \times 10^6.$$

Denkt man sich diese Atome in einen würfelförmigen Haufen regelmäßig aufgeschichtet, so werden in jeder Kante des Würfels 60 Atome liegen. Die Angaben, welche dieser Rechnung zugrunde liegen, bezeichnen aber nicht die äußerste erreichte Grenze der Sichtbarkeit. Bei intensivster Beleuchtung konnte noch die Existenz von Teilchen nachgewiesen werden, deren Gewicht sich nur auf 10^{-15} mg belief. In einem solchen Körnchen sind $2 \cdot 8 \times 10^3$ Goldatome enthalten; bei dem mit ihnen gebildeten Würfel kommen nur 14 Goldatome auf die Länge einer Kante.

Siedentopf und Zsigmondy haben ihre Beobachtungsmethode auch auf kolloidale Goldlösungen in Anwendung gebracht. Auch hier ließ sich die Existenz suspendierter Goldkörner in der anscheinend ganz homogenen Lösung nachweisen. Im Gesichtsfeld zeigen diese eine eigentümliche zugleich translatorische und oszillatorische Bewegung.

§ 321. Farben dünner Blättchen. Newtonsche Ringe. Seifenblasen, Ölschichten, die auf Wasser schwimmen, Oxydschichten an der Oberfläche der Metalle, z. B. auf angelaufenem Stahl, dünne Luftschichten in den Sprüngen durchsichtiger Körper zeigen Farben, die unter Umständen überaus glänzend und schön sind, und die man als Farben dünner Blättchen bezeichnet. Es ist nicht schwer, auf Grund der Wellentheorie eine Vorstellung von ihrer Entstehung zu gewinnen; O und U (Fig. 381) seien die miteinander parallelen Grenzflächen eines solchen Blättchens. Wir

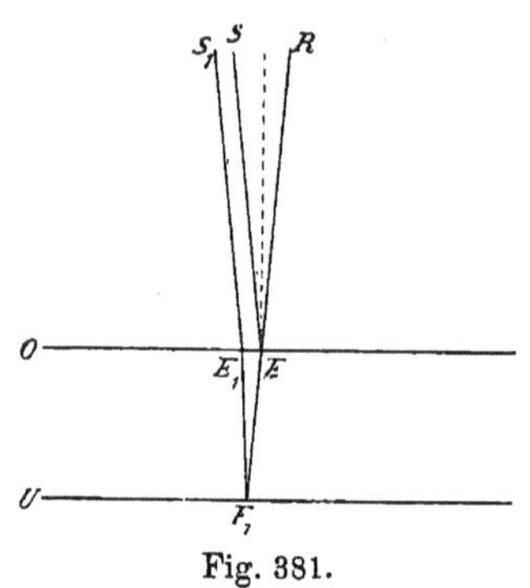

Fig. 381.

lassen auf dieses parallele Lichtstrahlen nahe senkrecht von oben fallen. SE sei ein einfallender, ER der zugehörige reflektierte Strahl. Nun finden wir leicht einen zweiten Strahl, der nach einer Reflexion an der unteren Seite des Blättchens auf dem Wege $S_1 E_1 F_1 E$ ebenfalls zum Austritt in der Richtung ER gelangt. Die beiden längs ER sich bewegenden Strahlen haben nun eine gewisse Wegdifferenz $E_1 F_1 E$, die wir gleich der doppelten Dicke des Blättchens setzen können. Wenn infolge hiervon eine Phasenverschiebung der Strahlen um eine halbe Wellenlänge entsteht, so werden sie sich gegenseitig vernichten. Wenn weißes Licht auf das Blättchen fällt, so fehlen, wie man auf spektralanalytischem Wege direkt nachweisen kann, in dem reflektierten Lichte die Strahlen von der betreffenden Wellenlänge; man darf überdies annehmen, daß Strahlen von wenig abweichender Wellenlänge stark geschwächt werden; so erklärt sich die Färbung des reflektierten Lichtes. Für eine genauere Theorie der Erscheinungen ist die Tatsache von großer Wichtigkeit, daß Blättchen, deren Dicke im Vergleich mit der Wellenlänge des Lichtes klein ist, vollkommen schwarz erscheinen. Eine nennenswerte Wegdifferenz zwischen den Strahlen ist hier offenbar nicht vorhanden, es muß also noch eine andere Ursache zu einer Phasenverschiebung vorhanden sein. Eine solche liegt in der Tat in dem Vorgange der Reflexion. Aus späteren Untersuchungen ergibt sich, daß **jeder Strahl, der an einem optisch dichteren Mittel reflektiert wird, eine Verzögerung von einer halben Wellenlänge erleidet, während bei der Reflexion am dünneren Mittel dies nicht eintritt.** Nun ist klar, daß bei dem dünnen Blättchen, einerlei ob seine Substanz die optisch dichtere oder dünnere ist, immer der eine der interferierenden Strahlen an dem optisch dichteren, der andere an dem optisch dünneren Mittel reflektiert wird; zu der Wegdifferenz $E_1 F_1 E$ tritt also immer noch infolge der Reflexionen eine Phasendifferenz von einer halben Wellenlänge hinzu.

Über die Erscheinung selbst werden wir am leichtesten einen Überblick gewinnen, wenn wir ein keilförmiges Blättchen betrachten, das von oben her in nahezu senkrechter Richtung mit homogenem Licht von der Wellenlänge λ beleuchtet wird. An der scharfen Kante des Keiles herrscht Dunkelheit, denn dort entsteht durch die Reflexion ein Phasenunterschied von $\frac{1}{2}\lambda$; weitere dunkle Stellen erhalten wir da, wo die doppelte Dicke $2d$ des Keiles $= \lambda$, $= 2\lambda$, $= 3\lambda \ldots$; dazwischen treten Maxima der Helligkeit auf an den Stellen, wo $2d = \frac{\lambda}{2}$, $= \frac{3}{2}\lambda$, $= \frac{5}{2}\lambda \ldots$ Wenn wir den Keil im reflektierten Lichte betrachten, so sehen wir auf ihm eine Reihe von dunkeln und hellen Streifen parallel zu seiner Kante. Die Stellen der aufeinanderfolgenden Lichtmaxima, der hellsten Stellen der Streifen, sind in Figur 382 durch die der jeweiligen Keildicke entsprechenden Linien a_1, b_1, c_1, d_1, e_1, f_1 dargestellt.

Wir wollen sehen, wie sich die Sache gestaltet, wenn das Licht nicht völlig homogen ist, etwa wie das Natriumlicht aus zwei Strahlen, S_1 und S_2, von wenig verschiedener Brechbarkeit besteht. Wir erhalten dann das erste Helligkeitsmaximum für den brechbareren Strahl S_2 bei a_2 für den

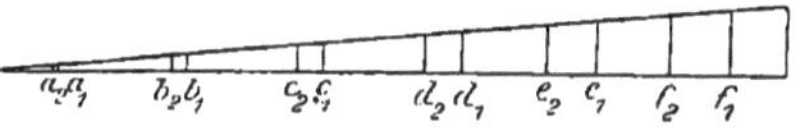

Fig. 382. Interferenzstreifen eines Keiles.

weniger brechbaren S_1 bei a_1; das zweite Maximum für S_2 bei b_2, für S_1 bei b_1; und man sieht leicht, daß $b_1 b_2 = 3 a_1 a_2$. Die dritten Maxima liegen bei c_2 und c_1, und es ist $c_1 c_2 = 5 a_1 a_2$ usw. Ebenso wie die Maxima rücken auch die Stellen, wo die Strahlen S_1 und S_2 für sich genommen Dunkelheit erzeugen würden, um so weiter auseinander, je mehr wir uns von der Kante des Keiles entfernen. Es ergibt sich hieraus, daß zunächst nur die scharfe Schneide des Keiles eine Stelle vollkommener Dunkelheit ist; gehen wir von ihr weg zu Stellen von wachsender Dicke, so gibt es Stellen von minimaler Helligkeit, aber nirgends mehr ein vollständiges Fehlen des Lichtes. Wenn die Helligkeitsmaxima von S_2 mit den dunkeln Stellen von S_1 zusammenfallen, so ergibt sich eine gleichmäßige Helligkeit, die Streifen sind verschwunden. Nun aber nähern sich die Helligkeitsmaxima von S_2 den hellsten Stellen von S_1, deren Ordnungszahl um 1 niedriger ist. In dem Maße, in dem dies geschieht, treten die hellen und dunkeln Streifen wieder hervor. Man sieht also, daß bei der Entfernung von der Kante die Streifen abwechselnd verschwinden und wieder hervortreten, eine Erscheinung, die auf dem Gebiete der Optik den Schwebungen der Akustik analog ist.

Eine sehr elegante Methode, die Farbe dünner Blättchen in ihrer Abhängigkeit von der Dicke zu untersuchen, rührt von NEWTON her. Auf eine ebene Glasplatte wird eine sehr schwach gekrümmte Konvexlinse gelegt. Zwischen beiden entsteht dann um den Berührungspunkt herum eine Luftschicht von allmählich zunehmender Dicke. In homogenem Lichte erscheint die dunkle Mitte von hellen und dunkeln Ringen umgeben, in weißem Lichte treten farbige Ringe auf. FIZEAU hat mit Na-Licht die Ringe bis zu einer Dicke der Luftschichte von $14\cdot7$ mm verfolgt; dabei wurde der Wechsel von scharfen und verschwindenden Ringen, die Schwebung, 52 mal beobachtet.

Mit den in den folgenden Paragraphen zu besprechenden Hilfsmitteln hat man Interferenzen des Lichtes bis zu ungleich größeren Gangunterschieden verfolgt. Dies deutet darauf hin, daß bei den NEWTONschen Ringen noch eine andere Ursache vorhanden sein muß, welche bei großen Gangunterschieden die Interferenzen stört. In der Tat liegt eine solche Ursache darin, daß in dem Auge des Beobachters nicht bloß solche Strahlen sich vereinigen, welche von Linse und Platte in einer bestimmten Richtung reflektiert werden. Das Auge wird vielmehr auch solche Strahlen aufnehmen, die gegen jene Richtung nach der einen oder anderen Seite ein wenig geneigt sind. Diese aber werden der veränderten Neigung entsprechend auch eine andere Phasendifferenz besitzen; je größer die Dicke des zwischen Linse und Platte durchlaufenen Raumes, um so größer wird, selbst bei geringer Änderung der Neigung, die Änderung der Phasenverschiebung sein. Darin liegt der Grund, weshalb bei größeren Dicken der Zwischenschichten die NEWTONschen Ringe undeutlich werden, auch wenn das zu ihrer Erzeugung benützte Licht vollkommen homogen ist.

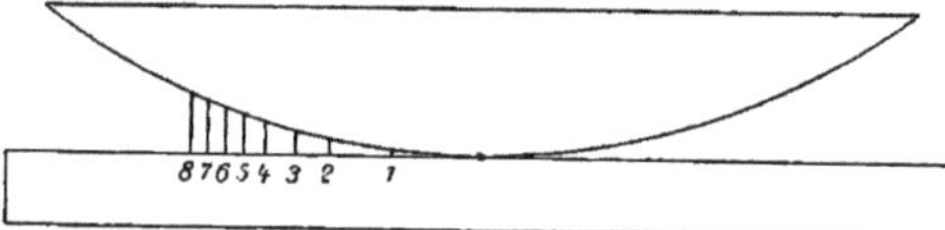

Figur 383 erläutert die Bildung und Erscheinung der NEWTONschen Ringe. Der obere Teil gibt einen Durchschnitt durch Linse und Platte.

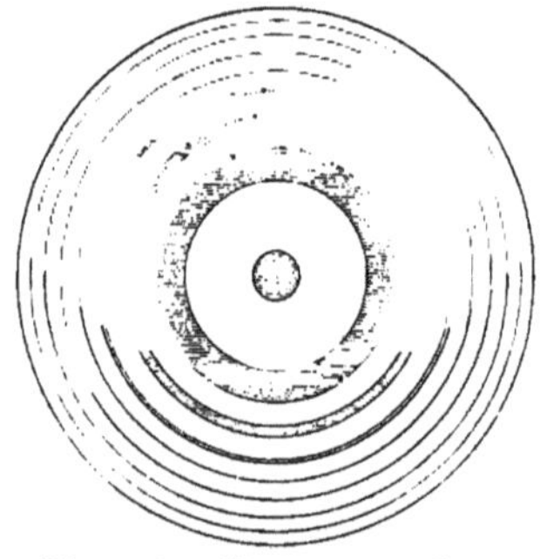

Fig. 383. NEWTONsche Ringe.

In 1, 2, 3... befinden sich die Stellen, an denen im homogenen Lichte die Mitten des ersten, zweiten, dritten ... hellen Ringes erscheinen, wo also die Dicke der Luftschicht $^1/_4$, $^3/_4$, $^5/_4$. Wellenlängen beträgt. Man wird dann leicht übersehen, daß aus dem Durchmesser der Ringe und dem Krümmungshalbmesser der Linse die Wellenlänge berechnet werden kann. Wenn man den Zwischenraum zwischen Linse und Platte statt mit Luft mit einer Flüssigkeit von größerem Brechungsverhältnis füllt, so ziehen sich wegen der kleineren Wellenlänge die Ringe zusammen. Eine geometrische Betrachtung, die wir nicht weiter ausführen wollen, zeigt, daß bei zwei verschiedenen, den Zwischenraum füllenden Flüssigkeiten a und b die Quadrate der Halbmesser bei entsprechenden Ringen sich verhalten wie die Wellenlängen λ_a und λ_b in a und b. Hiernach bietet die Beobachtung der NEWTONschen Ringe ein bequemes Mittel, um zu zeigen, daß in der Tat, der in § 306 gemachten Annahme entsprechend,

$$\frac{\lambda_a}{\lambda_b} = \frac{v_a}{v_b},$$

das Verhältnis der Wellenlängen gleich dem der Lichtgeschwindigkeit, d. h. gleich dem Brechungsverhältnis $n\,(a, b)$ ist.

Schließlich möge noch darauf hingewiesen werden, daß die von uns gegebene Erklärung der Interferenzerscheinung eines dünnen Blättchens nicht ganz vollständig ist. In dem Punkte E der Figur 381 treten außer dem von uns gezeichneten Strahl $S_1 E_1 F_1 E$ noch andere aus, die im Inneren des Blättchens wiederholte Reflexionen an der unteren und oberen Grenzfläche erlitten haben. An den Resultaten wird durch die Mitberücksichtigung dieser Strahlen nichts Wesentliches geändert, und wir haben uns daher im Interesse der Einfachheit auf die Betrachtung des ersten beschränkt.

§ 322. Ringe gleicher Neigung und Interferometer. Die NEWTONschen Ringe entsprechen gleichen Dicken der zwischen Linse und Platte liegenden Luftschicht. Im folgenden werden wir Interferenzringe betrachten, die man bei einer einfachen planparallelen Platte beobachten kann, Ringe, welche durch Strahlen von gleicher Neigung gegen die Platte erzeugt werden.

Das Prinzip des Versuches möge zunächst in einer mehr schematischen Weise mit Hilfe der Figuren 384 a und 384 b erläutert werden.

$A\,A'\,B\,B'$ (Fig. 384 a) stellt eine planparallele Platte dar, $S\,S'$ einen unendlich dünnen Spiegel, der das Licht teils reflektiert, teils durchläßt; die Ebene des Spiegels sei gegen die Ebene der Platte unter einem Winkel von genau 45^0 geneigt. Von einer seitlichen Quelle homogenen Lichtes, L, lassen wir ein Bündel paralleler Strahlen unter einem Winkel von 45^0 auf den Spiegel $S\,S'$ fallen. Der in E den Spiegel treffende Strahl $L\,E$ wird in der zu den parallelen Flächen $A\,A'$ und $B\,B'$ senkrechten Richtung $E\,G$ zurückgeworfen; ein Teil des Strahles erleidet an der Vorderfläche der Platte eine abermalige Reflexion in der umgekehrten Richtung $G\,E$; ein anderer Teil dringt in die planparallele Platte ein, um an der Rückfläche in H reflektiert zu werden. Aus dem Strahle $L\,E$ werden also zwei Strahlen, welche, beziehungsweise in G und in H reflektiert, in derselben Linie $G\,E$ sich bewegen. Die Strahlen haben eine Wegdifferenz, welche gleich der doppelten Dicke $2 \times H\,G$ der planparallelen Platte ist. Wir nehmen an, daß die Reflexionen in H und in G in gleicher Weise auf die Phase der Strahlen wirken. Dann werden die reflektierten Strahlen sich verstärken, wenn auf die doppelte Dicke der Platte eine ganze Anzahl von Wellenlängen kommt; sie werden eine Verschiebung um eine halbe Wellenlänge erleiden, sie werden sich also wechselseitig auslöschen, wenn die doppelte Plattendicke gleich einem ungeraden Vielfachen einer halben Wellenlänge ist. Was von dem Strahl $L\,E$ gilt, wiederholt sich aber in derselben Weise bei allen zu $L\,E$ parallelen Strahlen des Bündels; jeder von ihnen zerfällt infolge der doppelten Reflexion an der vorderen und an der hinteren Seite der

Platte in zwei, welche gegeneinander um die doppelte Dicke der Platte
verschoben sind. Die reflektierten Strahlen treffen wieder auf den unendlich dünnen Spiegel SS'; sie werden von ihm zum Teil nach L hin
reflektiert, zum Teil gehen sie unverändert durch den Spiegel hindurch.
Auf diese Strahlen richten wir nun ein Fernrohr, das auf unendliche
Entfernung eingestellt ist. Die achsenparallel auf das Objektiv C fallenden Strahlen werden dann in dem Brennpunkte F des Objektives vereinigt.
Sie erzeugen dort Helligkeit oder Dunkelheit, je nachdem die doppelte
Dicke der Platte gleich einem geraden oder gleich einem ungeraden

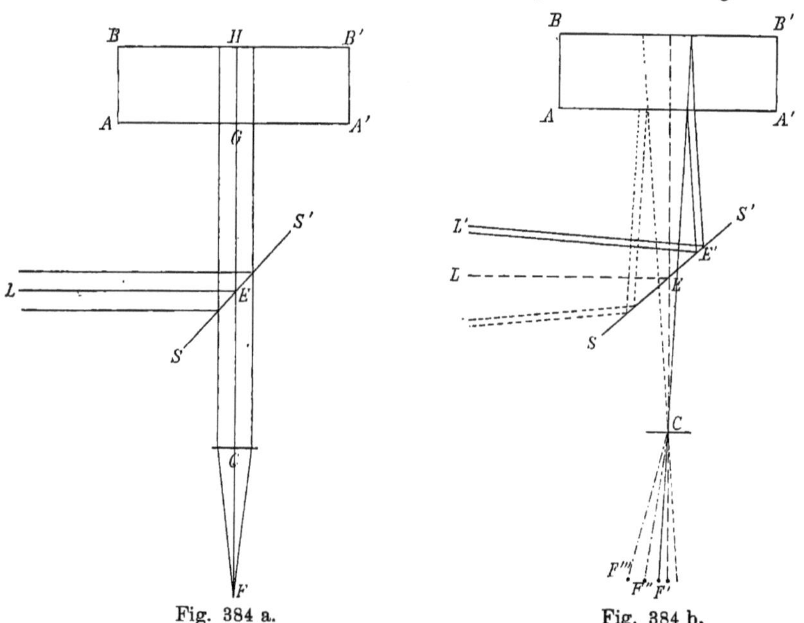

<table>
<tr><td>Fig. 384 a.</td><td>Fig. 384 b.</td></tr>
</table>

Vielfachen von einer halben Wellenlänge, von $\lambda/2$, ist. Wir wollen
annehmen, die Dicke der Platte sei veränderlich und sie sei zunächst
so reguliert, daß in F Dunkelheit herrscht. Vergrößern wir dann die
Plattendicke, etwa durch Parallelverschiebung der hinteren Fläche BB'
um $\frac{\lambda}{4}$, so erhalten wir in F ein Maximum der Helligkeit; eine Verschiebung von BB' um $2 \times \frac{\lambda}{4}$ hat wieder Dunkelheit, eine Verschiebung
um $3 \times \frac{\lambda}{4}$ ein neues Helligkeitsmaximum zur Folge usw.

Die bisherige Betrachtung bezog sich auf die zentrale Stelle des
Gesichtsfeldes; um sie herum liegen abwechselnd helle und dunkle
Ringe; ihr Zustandekommen durch Interferenz werde im folgenden mit
Hilfe der Figur 384b erläutert. Wir nehmen ein Bündel paralleler
Strahlen, welches die Oberfläche des unendlich dünnen Spiegels in der

von 45^0 etwas abweichenden Richtung $L'E'$ trifft; die Einfallsebene der Strahlen möge parallel bleiben mit der Ebene LEG. Wir suchen zunächst einen Strahl, welcher nach der Reflexion an SS' von der vorderen Fläche AA' der Platte so zurückgeworfen wird, daß er durch das Zentrum C des Fernrohrobjektives geht; er schneide die Brennebene des Objektives in F. Zu diesem Strahle läßt sich dann ein zweiter Strahl des Bündels finden, der an der Hinterfläche BB' der Platte reflektiert wird, so daß er aus der Vorderfläche AA' an derselben Stelle und natürlich auch in derselben Richtung austritt wie der zuerst betrachtete Strahl. In dem Raume vor der Platte fallen also die beiden von ihr reflektierten Strahlen vollständig zusammen; sie besitzen aber eine Wegdifferenz, die einerseits von ihrer Neigung gegen die Platte, andererseits von der Dicke der letzteren abhängig ist. Je nachdem diese Wegdifferenz gleich einem geraden oder gleich einem ungeraden Vielfachen einer halben Wellenlänge ist, werden die Strahlen sich verstärken oder auslöschen.

In derselben Weise wie die beiden Strahlen $L'E'$ kann man nun auch alle übrigen Strahlen des ganzen Bündels paarweise zusammenfassen; der eine Strahl eines jeden Paares muß an der vorderen, der andere an der hinteren Fläche der Platte reflektiert werden, und zwar so, daß die reflektierten Strahlen in dem Raume vor der Platte zusammenfallen. Da die von der Lichtquelle kommenden Strahlen des Bündels parallel sind mit $L'E'$, so müssen die reflektierten Strahlen der Richtung CF' parallel sein, in welcher die Strahlen $L'E'$ reflektiert wurden. Die Wegdifferenz je zweier in derselben Linie reflektierter Strahlen ist, wie man sich leicht klarmachen wird, dieselbe wie bei den Strahlen $L'E'$. Die Wirkung der ganzen Anordnung ist also schließlich die folgende. Das in der Richtung $L'E'$ von der Lichtquelle kommende Bündel paralleler Strahlen verwandelt sich in ein anderes Bündel von Parallelstrahlen; dieses fällt in der Richtung CF' auf das Fernrohrobjektiv und wird also in dem Punkte F' der Brennebene vereinigt. Je zwei Strahlen des Bündels bewegen sich auf einer und derselben Linie; sie besitzen eine Wegdifferenz, welche von der Dicke der Platte und von der Neigung der Strahlen gegen ihre Oberfläche abhängt, welche demnach für alle Strahlenpaare die gleiche ist. Beträgt diese Wegdifferenz ein gerades Vielfaches einer halben Wellenlänge, so haben wir in F' Helligkeit; ist sie gleich einem ungeraden Vielfachen einer halben Wellenlänge, so ist F' dunkel.

Die Wegdifferenz wächst mit zunehmender Neigung der Strahlen gegen die Oberfläche der Platte. Nehmen wir an, die Differenz betrüge in F' gerade eine halbe Wellenlänge; vergrößern wir jetzt die Neigung der Strahlen gegen die Platte, so nimmt die Wegdifferenz zu; sobald sie auf eine Wellenlänge angewachsen ist, erhalten wir in F'', seitlich von F', wieder Helligkeit; weitere Zunahme der Neigung gibt bei einer Wegdifferenz von $\frac{3}{2}$ Wellenlängen wieder Dunkelheit usw. Lassen wir also auf den Spiegel SS' Strahlenbündel fallen, deren Einfallsebenen der Ebene der Zeichnung parallel sind, welche aber unter verschiedenen Winkeln auf den Spiegel SS' fallen, so erhalten wir in der Brennebene des Objektives C eine von seinem Brennpunkte ausgehende Linie, auf der abwechselnd Helligkeit und Dunkelheit herrscht.

Wir haben nun noch einen letzten Schritt zu machen, um das Erscheinen von Interferenzringen um den Brennpunkt F des Fernrohrobjektives zu erklären. Wir wollen das einfallende Strahlenbündel $L'E'$ drehen um LE als Achse; dann dreht sich das Bündel der von dem Spiegel SS' reflektierten Strahlen um die Achse CE; gleichzeitig beschreibt der Punkt F', in dem die reflektierten Strahlen sich vereinigen, in der Brennebene einen Kreis um den Brennpunkt F. Durch die Drehung um LE entstehen aber aus dem einen einfallenden Strahlenbündel unendlich viele, die alle dieselbe Neigung gegen LE besitzen; ebenso entstehen durch Drehung um CE aus dem einen reflektierten Strahlenbündel unendlich viele, welche alle gegen die Platte $AA'BB'$ unter demselben Winkel geneigt sind. In der Figur ist das dem Bündel $L'E'$ diametral gegenüberliegende durch die punktierten Linien angedeutet. In der Brennebene des Objektives erzeugen jene Bündel einen Ring F' um den Brennpunkt F, der hell oder dunkel sein wird, je nachdem der Wegunterschied der an AA' und an BB' reflektierten Strahlen gleich einer geraden oder gleich einer ungeraden Zahl von halben Wellenlängen ist. Zugleich wird durch diese Betrachtung erklärt, weshalb wir die Interferenzringe als Ringe gleicher Neigung bezeichnet haben.

Wir haben noch zu untersuchen, wie eine Veränderung der Plattendicke auf die Erscheinung der Ringe wirkt. Die Dicke der Platte $AA'BB'$ sei so reguliert, daß der Ring F' dunkel ist; die Wegdifferenz der Strahlen beträgt dann allgemein ein ungerades Vielfaches von $\frac{\lambda}{2}$. Nun wollen wir die Dicke der Platte durch Verschieben der hinteren Fläche etwas vergrößern; die Wegdifferenz nimmt zu, und um sie wieder auf den früheren Betrag zu reduzieren, müssen wir die Neigung der Strahlen gegen die Platte etwas vermindern. Der schwarze Ring wird dann enger; die Stelle, welche er ursprünglich einnahm, hellt sich auf, der den dunkeln Ring umschließende helle Ring zieht sich zusammen. Bei Vergrößerung der Plattendicke wandert also das ganze Ringsystem nach dem Brennpunkte F zu, und die Ringe scheinen, einer nach dem anderen, in diesem Punkte zu verschwinden.

Es entspreche nun der Ring F' einer Wegdifferenz von $p \cdot \frac{\lambda}{2}$, wo p eine ungerade Zahl bedeutet; der nächste dunkle Ring nach außen hin, F'', entsteht dann in einer Entfernung vom Brennpunkte, welcher die Wegdifferenz $p \frac{\lambda}{2} + \lambda$ entspricht. Wenn wir die Dicke der planparallelen Platte vergrößern, so zieht sich der Ring zusammen, so daß die Weg-

differenz immer denselben Betrag von $p\,\frac{\lambda}{2} + \lambda$ behält. An der Stelle
F' ist die Wegdifferenz vor der Vergrößerung der Plattendicke gleich $p\,\frac{\lambda}{2}$;
wenn wir die hintere Fläche BB' der Platte um $\frac{\lambda}{2}$ zurückschieben, so
wächst die Wegdifferenz auf $p\,\frac{\lambda}{2} + \lambda$, d. h. der dunkle Ring, der sich
ursprünglich an der Stelle F''' befand, ist jetzt bis nach F' gewandert.
Wir können aber auch in umgekehrter Weise vorgehen. Wir fixieren
zuerst die Stelle des Ringes F'; nun schieben wir die hintere Fläche
der planparallelen Platte rückwärts, so daß der erste, der zweite,
der dritte, ... allgemein der i^{te} der nach außen liegenden Ringe an
die Stelle von F' tritt; die Verschiebung von BB' beträgt dann bezw.
$\frac{1}{2}\lambda$, $\frac{2}{2}\lambda$, $\frac{3}{2}\lambda \ldots \frac{i}{2}\lambda$. **Man sieht, daß die Zählung der vorüber-
wandernden Ringe ein Mittel zur Messung der Wellenlänge liefert.**

Zum Schlusse bleibt uns nun noch übrig zu zeigen, wie das im
vorhergehenden entwickelte Schema in dem ausgeführten Apparate, dem
Interferometer, realisiert wird (Fig. 385). An Stelle des unendlich
dünnen Spiegels tritt eine planparallele Glasplatte SS'; diese ist
auf ihrer vorderen Fläche schwach versilbert so, daß sie das
Licht in annähernd gleicher Stärke reflektiert und durchläßt. Von der
Lichtquelle fällt der Strahl LE unter einem Winkel von 45^0 auf die
Platte; er teilt sich in den reflektierten EJ und den durchgelassenen
EFG. Der letztere wird durch den fest aufgestellten Spiegel AA' in
sich selbst reflektiert, und kommt auf dem Wege $GFEL$ zu dem Fernrohrobjektiv C. Der erstere passiert die planparallele Platte PP',
welche mit SS' gleiche Dicke besitzt und ihr parallel gestellt ist; er
fällt in H senkrecht auf den Spiegel BB', wird von diesem in sich selber
reflektiert, und gelangt auf dem Wege $HKJEL$ zu dem Objektiv des
Fernrohres. In dem letzten Teile ELC ihres Weges fallen die beiden
reflektierten Strahlen zusammen. Im übrigen ist ihre Wegdifferenz, wie
man leicht sieht, gleich dem doppelten Unterschied der senkrechten Abstände, welche der Punkt E von den Flächen BB' und AA' besitzt.
Daraus ergibt sich, daß die ganze Anordnung wirkt wie eine
planparallele Platte, welche begrenzt ist einerseits von der Fläche BB',
andererseits von dem Bilde $(A)(A')$ der Fläche AA' in der spiegelnden
Fläche SS'. Aus unserer Figur ergibt sich diese Übereinstimmung
unmittelbar für ein Strahlenbündel, das unter dem Winkel von 45^0 auf
die Platte SS' fällt; die Übereinstimmung gilt aber auch für Strahlenbündel von anderer Einfallsrichtung. Der Spiegel BB' kann mit Hilfe
einer Mikrometerschraube parallel mit sich selbst in der Richtung KH
verschoben werden. Die Wegdifferenz der Strahlen, die Dicke $(G)H$
jener fingierten planparallelen Platte, kann dadurch innerhalb weiter
Grenzen variiert werden.

Die Bestimmung von Wellenlängen mit dem Apparate geschieht nach der Methode, die wir im Anschluß an die schematische Figur 384b erläutert haben. Da es bei dem Lichte sehr feiner Spektrallinien möglich ist, Interferenzen noch bei einer Wegdifferenz von etwa 40 cm, also bei einer Distanz $H(G)$ von etwa 20 cm zu beobachten, so ist die Messung eines außerordentlichen Grades von Genauigkeit fähig. Michelson hat auf diese Weise die Wellenlängen dreier Cadmiumlinien in Rot, Grün und Blau gemessen; er fand:

Linie	Wellenlänge in $\mu\mu$
Cd_r	643·8472
Cd_{gr}	508·5824
Cd_{bl}	479·9911

Für die grüne Quecksilberlinie fanden Fabry und Pérot die Wellenlänge $(gr) = 546 \cdot 0743\,\mu\mu$. Dabei betrug der Gangunterschied der Strahlen 790 000 Wellenlängen, entsprechend einer Distanz (G) H von $21 \cdot 57$ cm.

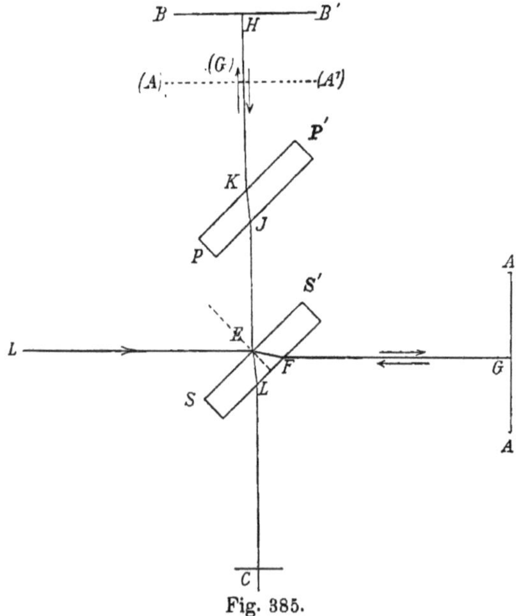

Fig. 385.

Bei einer Doppellinie, etwa bei den beiden Linien des Natriums, wird im Interferometer die bei den Farben dünner Blättchen erwähnte Erscheinung der Schwebungen in gleicher Weise auftreten, d. h. wenn wir durch Drehen der Mikrometerschraube den Spiegel BB' (Fig. 385) weiter und weiter zurückziehen, so werden die Interferenzringe abwechselnd größte Schärfe besitzen und abwechselnd verschwinden. Je näher die beiden Linien eines Paares beieinander liegen, um so weiter werden die Stellen größter Deutlichkeit und die Stellen des Verschwindens auseinanderliegen. Etwas ganz Ähnliches wie bei zwei getrennten Linien muß aber schon bei einer einzigen Linie auftreten, wenn sie eine gewisse Breite besitzt, d. h. wenn ihre Strahlen ein gewisses Bereich verschieden großer Wellenlängen umfassen. Das Gesetz, nach welchem bei einer bestimmten Linie die Interferenzen mit zunehmendem Abstande (G) H verschwinden und wieder auftreten, hängt ab von ihrer Breite und von der Art, wie die Helligkeit auf ihre Strahlen verteilt ist. Umgekehrt können Beobach-

tungen über die Sichtbarkeit der Interferenzringe bei verschiedener Lage
des Spiegels BB' zu Schlüssen über die Konstitution einer Spektrallinie
führen. [1]

Zu einer direkten Trennung nahe beieinander liegender Spektrallinien ist der Apparat von MICHELSON nicht ebenso geeignet. Er zeigt
bei homogener Beleuchtung im Gesichtsfelde breitere, helle Ringe, die
durch schmale schwarze voneinander getrennt sind. Sobald sich die
Ringsysteme zweier verschiedener Spektrallinien überlagern, entsteht eine
Aufhellung des ganzen Grundes, und die einzelnen Lichtmaxima heben
sich nicht mehr in gleicher Schärfe ab.

Frei von dem erwähnten Mangel ist eine von PÉROT und FABRY
ausgebildete Methode der Beobachtung. Die Ringe gleicher Neigung
bilden sich, ebenso wie die NEWTONschen Ringe, auch in dem durch eine
Platte hindurchgehenden Lichte. Wir schließen eine Luftschicht
zwischen den parallel gestellten Grenzflächen zweier Glasplatten ein.
Um das Reflexionsvermögen der Glasflächen zu verstärken, werden sie,
wie bei dem Apparate von MICHELSON, schwach versilbert, so daß sie
durchsichtig bleiben. Die Ringe entstehen dadurch, daß Strahlen, welche
einfach durch die Luftschicht hindurchgehen, mit solchen interferieren,
die an den beiden Grenzflächen der Schicht je einmal, je zweimal, je
dreimal . . . reflektiert wurden, welche also die Dicke der Luftschicht
dreimal, fünfmal, siebenmal . . . durchlaufen haben. Mit der Länge des
Weges wächst der Gangunterschied, welchen diese Strahlen dem einfach
durchgehenden Strahle gegenüber besitzen. Bei dem verhältnismäßig
starken Reflexionsvermögen der versilberten Glasflächen besitzen aber auch
die mehrfach reflektierten Strahlen noch hinreichende Intensität, um einen
merklichen Beitrag zu der Interferenzerscheinung zu liefern. Die Folge
davon ist, daß die Helligkeitsmaxima nach beiden Seiten rasch abfallen,
daß das Gesichtsfeld daher von scharfen hellen Ringen durchzogen erscheint,
welche durch breite dunkle Zwischenräume voneinander getrennt sind, ähnlich wie die Beugungsbilder eines Gitters. Den einzelnen Komponenten
einer zusammengesetzten Spektrallinie entsprechen daher voneinander
deutlich getrennte Ringsysteme; die Interferenzerscheinung gibt ganz
direkt eine Auflösung der Spektrallinien in ihre Komponenten. Auf dem
hierdurch gegebenen Prinzip beruht das von PÉROT und FABRY konstruierte Interferometer. [2]

LUMMERS Interferenzspektroskop mit planparalleler Platte. [3]
Bei den im vorhergehenden beschriebenen Apparaten wurde die schwache
Versilberung der Glasplatten als ein Mittel benutzt, ihr Reflexionsvermögen zu vergrößern. Derselbe Zweck läßt sich nun noch auf einem
ganz anderen Wege erreichen. Es ist bekannt, daß ein Strahl, der unter

---

[1] MICHELSON, Philos. Magaz. (5) 1891. Bd. 31. p. 338. 1892. Bd. 34. p. 280.
EBERT, Wied. Ann. 1891. Bd. 43. p. 790.
[2] PÉROT und FABRY, Phys. Zeitschr. III. Jahrg. 1901/1902. p. 5.
[3] LUMMER und GEHRCKE, Ann. d. Phys. 1903. Bd. 10. p. 457.

einem sehr großen Winkel auf die Oberfläche einer planparallelen Glasplatte fällt, sehr stark reflektiert wird; der gebrochene Teil des Strahles trifft die untere Fläche der Platte unter einem Winkel, der nahe an dem Winkel der Totalreflexion liegt; auch dieser Strahl wird daher stark reflektiert werden. Lummer beobachtet nun die Interferenzen von Strahlen, die bei nahe streifendem Einfall durch eine planparallele Glasplatte hindurchgehen, mit einem auf unendliche Entfernung eingestellten Fernrohr; der Strahlengang wird durch Figur 386 anschaulich gemacht. Der einfallende Strahl LE liefert im durchgehenden Lichte die Strahlen

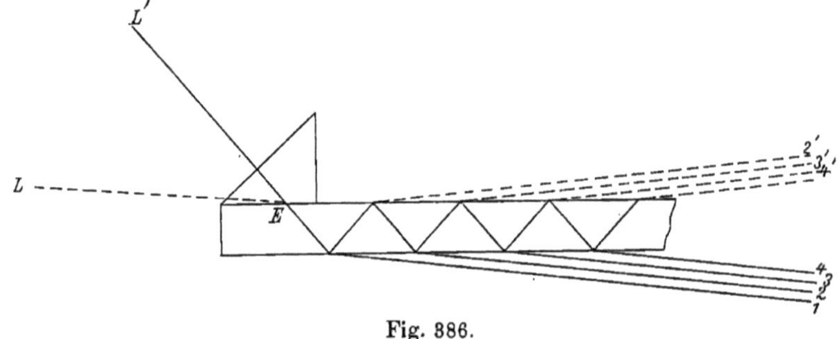

Fig. 386.

1, 2, 3, 4 .... Ob durch die Vereinigung dieser Strahlen im Fernrohr Helligkeit oder Dunkelheit entsteht, hängt ab von der Phasenverschiebung beim Durchgang durch die planparallele Platte. Für alle Strahlen von gleicher Neigung ist die Verschiebung die gleiche, dagegen ändert sie sich mit der Neigung. Bei homogenem Lichte erscheint im Gesichtsfeld

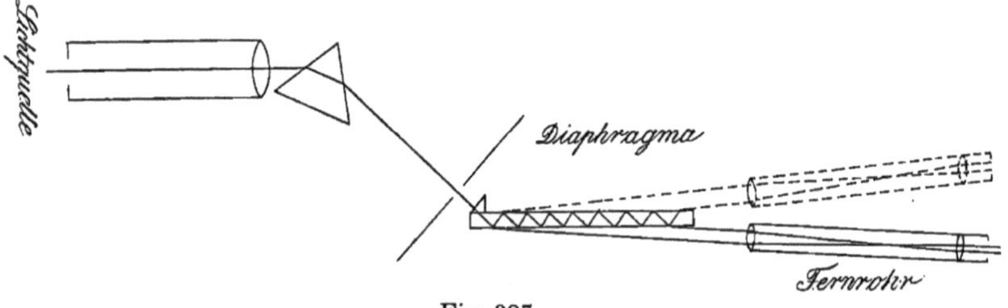

Fig. 387.

eine Reihe von scharfen hellen Linien, welche durch dunkle Zwischenräume getrennt sind. Die Anordnung leidet zunächst an dem Übelstande, daß der einfallende Strahl LE zum größten Teile reflektiert wird, daß also nur ein kleiner Teil des ganzen zur Verfügung stehenden Lichtes zu der Erzeugung der Interferenzerscheinung benützt wird. Man umgeht das, indem man auf den Anfang der planparallelen Platte ein rechtwinkeliges Prisma kittet. Ein Strahl LE, der nahezu senkrecht auf die Hypotenusenfläche fällt, trifft die untere Fläche der Platte gleichfalls unter einem Winkel, der nahe an dem der Totalreflexion liegt, er verhält sich also in seinem weiteren Verlaufe gerade so, wie früher der nahezu streifend einfallende Strahl LE.

Durch diese Abänderung der Konstruktion gewinnt man aber noch eine andere Möglichkeit der Beobachtung. Man kann auch die Strahlen zur Interferenz bringen, die auf der oberen Fläche der planparallelen Platte in den Richtungen 2′, 3′, 4′ . . . austreten. Man übersieht, daß sie eine Interferenzerscheinung von derselben Art liefern müssen, wie die Strahlen 1, 2, 3, 4 . . .

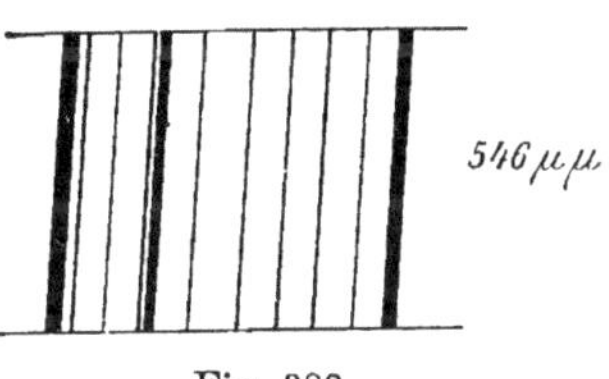

Fig. 388.

Die Verbindung der Lummerschen planparallelen Platte mit dem Spektralapparate wird durch Fig. 387 anschaulich gemacht.

Endlich gibt Fig. 388 ein Bild der hellgrünen Linie des Quecksilbers mit der Wellenlänge 546 $\mu\mu$. Sie wird durch das Lummersche Interferenzspektroskop in etwa 11 Komponenten zerlegt. Man kann nach der Methode von Lummer zwei homogene Wellen noch voneinander getrennt wahrnehmen, deren Wellenlängen nur um den vierhundertsten Teil des Unterschiedes der beiden D-Linien voneinander abweichen.

§ 323. **Der Interferentialrefraktor.** Wir erwähnen zum Schlusse noch eine Interferenzerscheinung, die durch eine Kombination von zwei dicken Glasplatten erzeugt wird. Es seien G_1 und G_2 (Fig. 389) zwei planparallele Glasplatten, die unter einem sehr kleinen Winkel gegeneinander geneigt sind. Auf G_1 falle von einem leuchtenden Punkte aus ein Lichtstrahl; man sieht, daß er durch Reflexion und Brechung an den Flächen der Glasplatten schließlich in vier zerlegt werden muß. Wir beobachten die Interferenz der beiden in der Figur gezeichneten Strahlen; ihre Phasendifferenz ist durch die

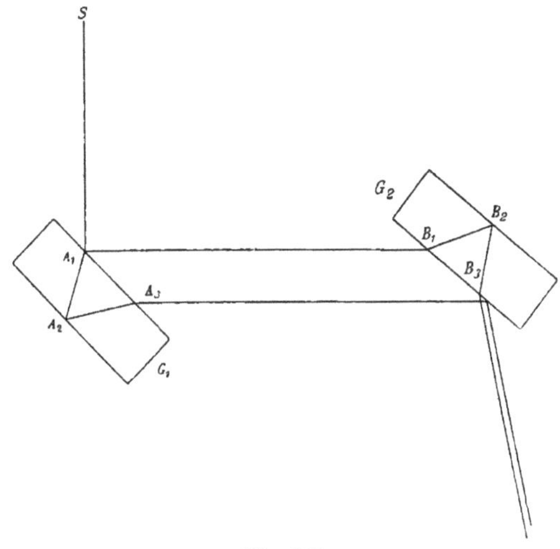

Fig. 389.

Verschiedenheit der Wege $A_1 A_2 A_3$ und $B_1 B_2 B_3$ bedingt. Nun falle auf die Platte G_1 einfarbiges Licht von einer ausgedehnteren Lichtquelle, etwa einer Natriumflamme. Die Strahlen treffen dann die Oberfläche der ersten Platte unter verschieden großen Winkeln, sie werden ebenso unter verschieden großen Winkeln reflektiert und gebrochen. Es zeigt sich, daß eine Reihe von Winkeln existiert, für welche die Wegdifferenz $A_1 A_2 A_3 - B_1 B_2 B_3$ ein ungerades Vielfaches einer halben Wellenlänge beträgt. Für alle diese tritt Auslöschung der Strahlen ein. In der Platte G_2 erscheint daher das Gesichtsfeld von einer Reihe von dunkeln Streifen durchzogen.

Die interferierenden Strahlen laufen zwischen den beiden Platten in großer Länge und in ziemlichem Abstande nebeneinander her. Bringt man in den Weg des einen einen Körper, dessen optische Dichte von der der Luft etwas verschieden ist, erwärmt man z. B. die Luft auf dem Wege des einen Strahles, so verschieben sich die Interferenzstreifen. Aus der Größe der Verschiebung kann das Verhältnis berechnet werden, in dem die Wellenlänge des Lichtes in dem eingeschalteten Körper zu der Wellenlänge in Luft steht. Es ist damit das Prinzip für die Konstruktion des Interferentialrefraktors gegeben, der häufig mit Vorteil an Stelle der in § 313 besprochenen Einrichtung benützt wird. Bei der Anwendung von weißem Lichte zerlegt man die von der zweiten·Platte reflektierten Strahlen mit dem Prisma und beobachtet dann die im Spektrum erscheinenden schwarzen Interferenzstreifen.

Drittes Kapitel. Polarisation und Doppelbrechung.

§ 324. Turmalinplatten. Aus den Erscheinungen der Interferenz und Beugung folgt mit Notwendigkeit, daß das Licht auf einer Wellenbewegung beruht. Unentschieden bleibt, ob diese Bewegung transversal oder longitudinal ist, ob die Schwingungen senkrecht zu der Fortpflanzungsrichtung stehen, oder ihr parallel sind. Aufschluß hierüber

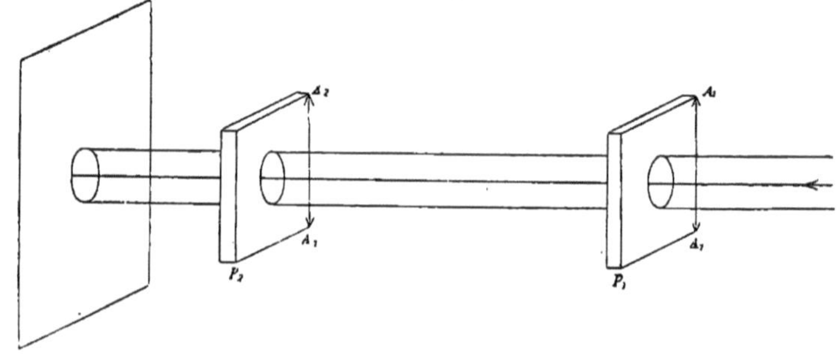

Fig. 390. Parallele Turmaline.

gibt eine Erscheinung, die wir bei einer Kombination zweier Turmalinplatten beobachten.

Der Turmalin ist ein Kristall des hexagonalen Systems, der in der Regel eine sechsseitige Säule zeigt, deren abwechselnde Kanten durch die Flächen einer dreiseitigen Säule abgestumpft sind. Die Achse dieser

Säulen ist die Hauptachse des Turmalins. Wir schneiden aus einem Kristall zwei planparallele Platten P_1 und P_2 parallel zu der Hauptachse und markieren bei beiden die Achsenrichtung A_1, beziehungsweise A_2 (Fig. 390). Durch eine runde Öffnung lassen wir ein Bündel paralleler Strahlen fallen, so daß auf einem ihr gegenüberstehenden Schirme ein heller Fleck beleuchtet wird. In den Weg der Strahlen, senkrecht zu ihnen, stellen wir nun die Turmalinplatten. Halten wir sie so, daß die Achsen A_1 und A_2 parallel sind, so bleibt das Bild der Öffnung hell, wenn auch infolge der Absorption des Turmalins grünlich oder bräunlich gefärbt; wenn aber die Achsen der Turmaline senkreht zueinander gestellt, gekreuzt werden, so wird das Bild dunkel. Halten wir die beiden aufeinandergelegten Turmalinplatten vor das Auge, so sehen wir hindurch, wenn die Achsen parallel sind, das Gesichtsfeld ist dunkel, wenn die Achsen senkrecht zu einander stehen (Fig. 391).

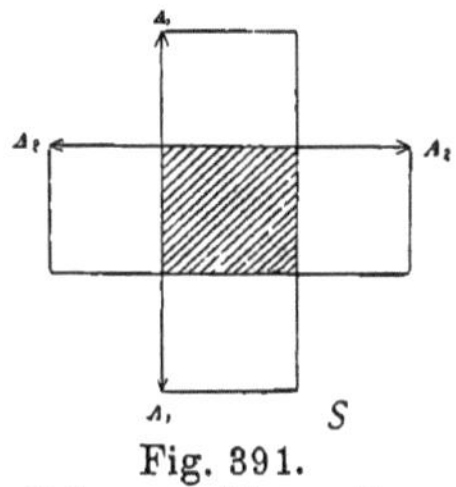

Fig. 391.
Gekreuzte Turmaline.

Diese Erscheinung ist nun in der Tat nur verständlich, wenn wir annehmen, daß die Wellenbewegung des Lichtes eine transversale ist. Wir können uns dann die Vorstellung bilden, eine Turmalinplatte lasse Lichtstrahlen, die senkrecht zu ihr auffallen, nur hindurch, wenn die Schwingungsrichtungen der auf ihnen liegenden Ätherteilchen ihrer Achse parallel sind. Bei dieser Annahme, deren Berechtigung wir später noch genauer prüfen werden, können aus der Platte P_1 nur solche Strahlen austreten, deren Schwingungsrichtung parallel A_1 ist. Fallen diese auf die Platte P_2, so werden sie durchgelassen, wenn ihre Schwingungsrichtung parallel ist mit A_2, wenn also die Achsen der beiden Platten parallel sind; sie können nicht durch die zweite Platte gehen, wenn ihre Achsenrichtung senkrecht zu der Schwingungsrichtung, d. h. senkrecht zu A_1 steht.

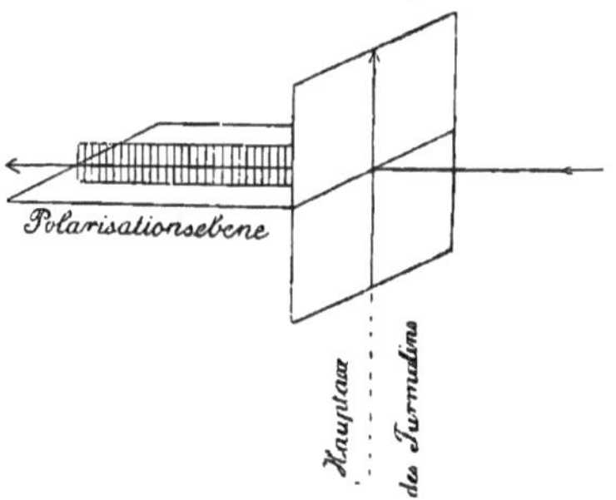

Fig. 392. Polarisationsebene und
Schwingungsrichtung.

Lichtstrahlen, die durch eine Turmalinplatte hindurchgegangen sind, haben nach dem Vorhergehenden die Eigenschaft, daß die auf ihnen liegenden Ätherteilchen nur noch in einer bestimmten, zu der Richtung des Strahles senkrechten Richtung hin- und herschwingen. Wir bezeichnen solche Lichtstrahlen als geradlinig polarisierte oder polarisierte schlechtweg, die durch den Strahl gehende Ebene, auf der die Schwingungsrichtung senkrecht steht, als die Polarisationsebene. Wenn wir sagen, ein Lichtstrahl sei nach einer bestimmten Ebene polarisiert.

so heißt das, seine Schwingungen stehen auf der Ebene senkrecht, diese sei seine Polarisationsebene. Bei einer Turmalinplatte ist eine zur Achse senkrechte Ebene die Polarisationsebene die Schwingungsrichtung der Strahlen parallel der Achse (Fig. 392).

§ 325. **Zusammensetzung und Zerlegung polarisierter Strahlen.** Wenn auf einer und derselben Geraden zwei Strahlen homogenen Lichtes von gleicher Wellenlänge und Polarisationsebene sich fortpflanzen, so gilt für die von ihnen erzeugte Bewegung des Äthers das Prinzip der Superposition. Wenn die Phasendifferenz der Strahlen gleich Null, gleich einer ganzen Wellenlänge oder einem Vielfachen einer solchen ist, so verstärken sich ihre Wirkungen; wenn dagegen ihre Phasendifferenz eine halbe Wellenlänge oder ein ungerades Vielfaches einer solchen beträgt, und ihre Amplituden gleich sind, so vernichten sich die Strahlen.

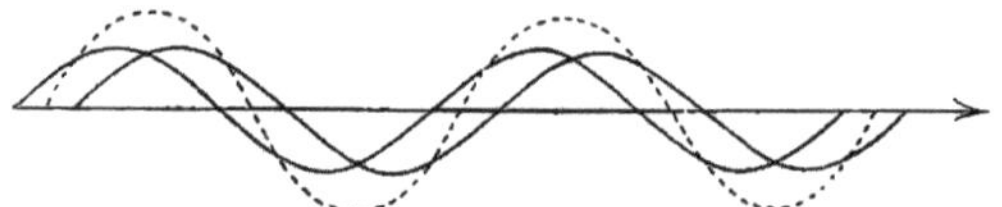

Fig. 393. Zwei Wellen von gleicher Farbe und Schwingungsrichtung.

Strahlen von beliebiger Phasendifferenz setzen sich zusammen zu einem Strahle von gleicher Wellenlänge, aber anderer Amplitude und Phase, wie dies durch Figur 393 gezeigt wird.

Wenn dagegen die Schwingungsrichtungen der beiden Strahlen und ihre Polarisationsebenen aufeinander senkrecht stehen, so können ihre Bewegungen sich nicht aufheben, auch wenn ihre Wellenlänge die gleiche ist. Je nach dem Phasenunterschied der beiden Strahlen kommen dann verschiedene Bewegungen zustande, die wir im folgenden beschreiben wollen.

Wir betrachten zuerst den Fall, daß die Phasendifferenz der senkrecht zu einander polarisierten Strahlen gleich Null ist.

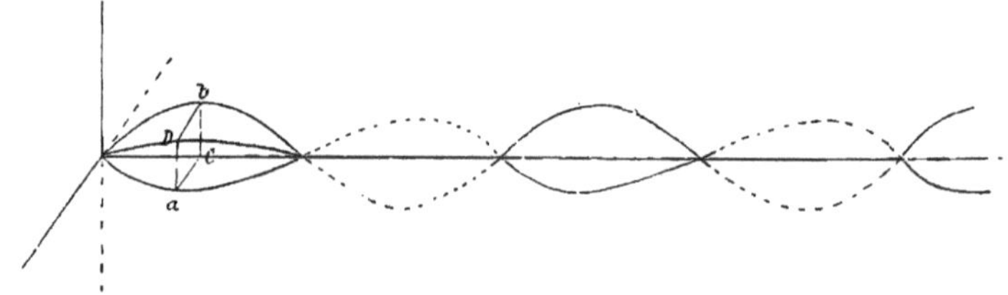

Fig. 394. Zwei Wellen von gleicher Farbe senkrecht zu einander polarisiert.

In einem bestimmten Momente werden die beiden von den Ätherteilchen gebildeten Wellen das in Figur 394 gezeichnete Bild darstellen. Bezeichnen wir die Ruhelage irgend eines Ätherteilchens durch C, so würde es in dem betrachteten Augenblick von der einen Welle nach a, von der anderen nach b verschoben. Der Ort, den es unter dem gleichzeitigen Einfluß der beiden Bewegungen einnimmt, ist die Ecke D des aus Ca und Cb konstruierten Rechteckes. Da die Wellenlinien gleiche Wellenlänge haben, so ist das Verhältnis $Ca : Cb$ für alle Ätherteilchen das gleiche; die resultierenden Verschiebungen CD liegen somit in einer und derselben Ebene. Zwei geradlinig polarisierte Strahlen, deren Schwingungsrichtungen zu einander senkrecht stehen, und deren Phasendifferenz Null ist, setzen sich somit wieder zu einem geradlinig polarisierten Strahle zusammen. Dasselbe ist, wie man aus der Figur unmittelbar ersieht, der Fall bei einer Phasendifferenz von $\frac{\lambda}{2}, \lambda, \frac{3}{2}\lambda \ldots$

Umgekehrt kann man einen geradlinig polarisierten Lichtstrahl in zwei andere zerlegen, deren Schwingungsrichtungen aufeinander senkrecht stehen. Wir bezeichnen diese als die Komponenten des gegebenen Strahles; die Amplituden der ihnen entsprechenden Schwingungen werden gefunden, wenn man die Amplitude des gegebenen Strahles CD auf die zu einander senkrechten Schwingungsrichtungen nach Ca und Cb projiziert.

Wir kommen nun zu dem Falle, daß die beiden senkrecht zu einander polarisierten Strahlen eine beliebige Phasendifferenz besitzen. Dabei machen wir im allgemeinen die beschränkende Annahme, daß die Amplitude der Strahlen, die maximale Abweichung der Ätherteilchen von ihrer Ruhelage, die gleiche sei. Die Wellenlinien, welche die Ätherteilchen unter der Wirkung des einen und des anderen Strahles bilden würden, sind dann kongruent. Die hier auftretenden Erscheinungen werden leichter zu verstehen sein, wenn wir einen synthetischen Gang befolgen.

Wir betrachten einen sogenannten zirkularpolarisierten Lichtstrahl. Bei einem solchen liegen die Ätherteilchen in einem bestimmten Momente auf einer um den Strahl als Achse gewundenen Schraubenlinie. Ihre Bewegung ergibt sich dadurch, daß wir die Schraubenlinie längs der Achse mit der Geschwindigkeit des Lichtes verschieben.

Die Schraube sei eine von links nach rechts ansteigende, eine rechts gewundene (Fig. 395a), $A_1 A_1' = \lambda$ ihre Ganghöhe. Wir betrachten nun die Bewegung von vier Ätherteilchen A, B, C, D, die in dem betrachteten Moment in den Punkten A_1, B_4, C_3, D_2 der Schraubenlinie so verteilt sind, daß sie den Bogen $A_1 A_1'$ der Schraube in vier gleiche Teile teilen. Mit Rücksicht auf die transversale Natur der Lichtschwingungen setzen wir voraus, daß der von der Ruhelage der Ätherteilchen nach ihrer jeweiligen Lage gezogene Radius Vektor zu der Strahlrichtung senkrecht stehe. Wir denken uns die Schraubenlinie $A_1 B_4 C_3 D_2 A_1'$ auf der Oberfläche des durch sie gelegten Zylinders gezeichnet; dieser wird von jeder Ebene, die zu seiner Achse senkrecht steht, in einem Kreise geschnitten. Ziehen wir also auf der Oberfläche des Zylinders die durch A_1, B_4, C_3 und D_2 gehenden Kreise, so entsprechen ihre Mittelpunkte den Ruhelagen, die Punkte der Peripherien möglichen Lagen der Ätherteilchen. Wenn wir die Schraubenlinie um $\frac{1}{4}\lambda$ verschieben, so kommt das Ätherteilchen A nach A_2, B nach B_1,

C nach C_4 und D nach D_3; jedes legt $\frac{1}{4}$ seines Kreises zurück. Nach einer Verschiebung um $\frac{1}{2}\lambda$ kommt A nach A_3, B nach B_2 usw.; nach einer Verschiebung um $\frac{3}{4}\lambda$ kommt A nach A_4, nach einer Verschiebung der Schraubenlinie um die ganze Ganghöhe $\lambda = A_1 A_1{'}$ kommen sämtliche Teilchen in die ursprüngliche Lage zurück. Die einzelnen Ätherteilchen bewegen sich in Kreisen; sehen wir der Fortpflanzungsrichtung $A_1 A_1{'}$ des Strahles entgegen, so folgt die Bewegung dem Sinne des Uhrzeigers. Lichtstrahlen von dieser Art bezeichnen wir als rechts zirkular polarisierte.

Wir legen nun durch die Punkte $A_1 A_1{'}$ und den Strahl eine Ebene; in ihr befindet sich dann außerdem noch der Punkt C_3. Den Strahl und die Ebene $A_1 C_3 A_1{'}$ denken wir uns horizontal liegend. Legen wir

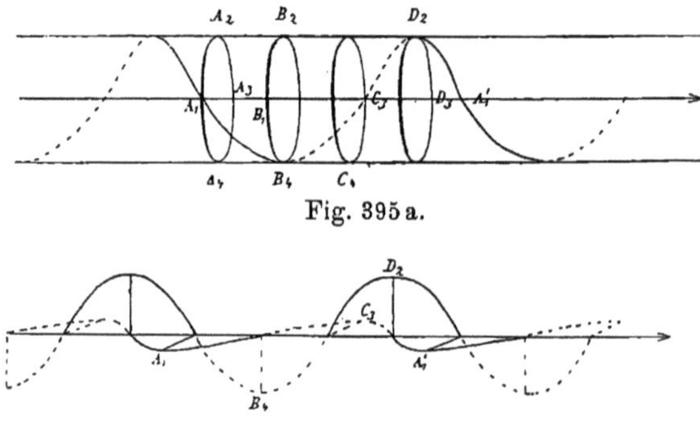

Fig. 395 a.

Fig. 395 b.
Zerlegung eines rechts zirkular polarisierten Strahles.

durch den Strahl noch eine zweite vertikale Ebene, so enthält diese die Punkte B_4 und D_2. Nun verbinden wir die Punkte A_1, C_3, $A_1{'}$ durch eine Wellenlinie in der horizontalen, die Punkte B_4 und D_2 durch eine solche in der vertikalen Ebene, so daß diese

Punkte die größten Elongationen der Wellenlinien bezeichnen; wir erhalten dann das in Figur 395 b gesondert gezeichnete Bild, zwei zu einander senkrechte Wellenlinien, die um $\frac{1}{4}\lambda$ gegeneinander verschoben sind. Wenn wir die ihnen einzeln entsprechenden Verschiebungen nach dem Prinzip der Kombination zusammensetzen, so überzeugen wir uns, daß wir die Schraubenlinie der Figur 395 a wieder erhalten; dabei ist die Wellenlänge identisch mit der Höhe des Schraubenganges. Es ergibt sich somit der Satz: Zwei geradlinig, senkrecht zu einander polarisierte Strahlen, die um eine Viertelwellenlänge in der durch Figur 395 b angegebenen Weise gegeneinander verschoben sind, setzen sich zusammen zu einem rechts zirkular polarisierten Strahle.

Gehen wir ebenso aus von dem Falle einer linksgewundenen Schraubenlinie (Fig. 396 a), so finden wir, daß die Äthertheilchen für ein gegen den Strahl blickendes Auge in dem entgegengesetzten Sinne des Uhrzeigers rotieren, wir erhalten einen links zirkular polarisierten Strahl. Ein solcher kann ebenfalls zusammengesetzt werden aus zwei geradlinig, senkrecht zu einander polarisierten mit einer Phasendifferenz von einer Viertelwellenlänge, wie dies durch die Figuren

396 a und 396 b anschaulich gemacht wird; der Sinn der Verschiebung ist der entgegengesetzte, wie im Falle des rechts zirkular polarisierten Strahles.

Unsere Betrachtung zeigt natürlich auch umgekehrt, daß jeder zirkular polarisierte Strahl zerlegt werden kann in zwei geradlinig, senkrecht zu einander polarisierte von gleicher Amplitude und einer Phasendifferenz von einer Viertelwellenlänge.

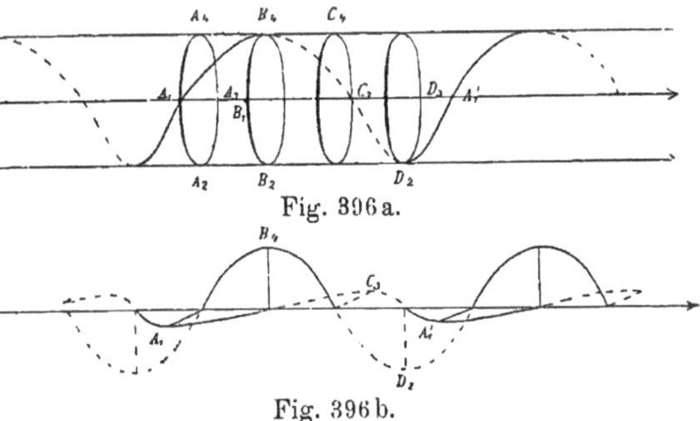

Fig. 396 a.

Fig. 396 b.
Zerlegung eines links zirkular polarisierten Strahles.

Dabei bleibt die Amplitude der Komponenten dieselbe, wie auch die beiden zu einander senkrechten Projektionsebenen durch den Strahl gelegt werden.

Wir wollen endlich noch zeigen, daß zwei entgegengesetzt zirkular polarisierte Strahlen von gleicher Wellenlänge, Amplitude und Fortpflanzungsrichtung sich wieder zu einem geradlinig polarisierten Strahl zusammensetzen. Zu diesem Zwecke ziehen wir auf der Oberfläche eines um den Strahl als Achse beschriebenen Zylinders zwei entgegengesetzt laufende in den Punkten A_1,

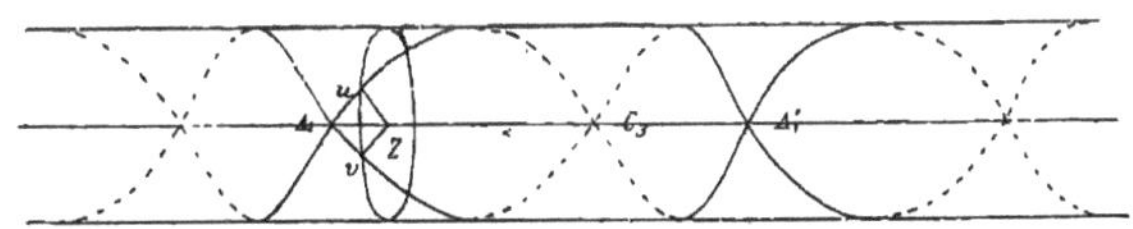

Fig. 397. Zusammensetzung zweier zirkular polarisierter Strahlen.

C_3 und A_1' sich durchkreuzende Schraubenlinien (Fig. 397). Sie mögen die augenblickliche Lage der Ätherteilchen in den beiden zirkular polarisierten Strahlen repräsentieren. Legen wir durch den Strahl und die Punkte A_1, C_3, A_1' eine Ebene, so sind die Schraubenlinien zu ihr symmetrisch. Die Bewegung eines beliebigen Ätherteilchens Z ist, der früheren Voraussetzung zufolge, an die Ebene des Kreises gebunden, in dem eine durch Z senkrecht zum Strahl gelegte Ebene den Zylinder schneidet; die Punkte u und v, welche dieser Kreis mit den beiden Schrauben gemeinsam hat, repräsentieren die Lagen des Ätherteilchens Z, je nachdem nur der eine oder nur der andere der zirkularen Strahlen vorhanden ist. Die durch beide zugleich bewirkte Lage ergibt sich aus den Verschiebungen Zu und Zv nach dem Satze von der Kombination. Infolge der Symmetrie liegt aber die Diagonale des aus Zu und Zv konstruierten Parallelogrammes immer in der Ebene $A_1 C_3 A_1'$.

Die Betrachtung gilt, gleichgültig an welcher Stelle des Strahles Z gelegen ist. Macht man die Konstruktion für die verschiedenen Teilchen Z des Strahles, so findet man, daß sie auf eine Wellenlinie in der Ebene $A_1 C_3 A_1'$ zu liegen kommen. Zwei entgegengesetzt zirkular polarisierte Strahlen erzeugen also in der Tat durch ihr Zusammenschwingen einen geradlinig polarisierten.

Wenn die Phasendifferenz zweier senkrecht zu einander polarisierter Strahlen zwischen Null und $\frac{\lambda}{2}$ liegt, so erzeugen sie Schwingungen der Ätherteilchen in elliptischen Bahnen, elliptisch polarisiertes Licht. Je nach der Richtung, in der die Strahlen gegeneinander verschoben sind, werden die Ellipsen bei der Bewegung im Sinne des Uhrzeigers oder in dem entgegengesetzten Sinne durchlaufen; das Licht ist rechts oder links elliptisch polarisiert. Elliptische Schwingungen entstehen aber auch bei einer Phasendifferenz von $\frac{\lambda}{4}$, wenn die Amplituden der Strahlen verschieden sind.

§ 326. Natürliches Licht. Wenn man eine Turmalinplatte um ein Bündel von Strahlen, das von der Sonne oder irgend einer irdischen Lichtquelle ausgeht, dreht, so findet nicht der mindeste Wechsel der Helligkeit statt. Fresnel hat sich daher von der Natur dieses sogenannten natürlichen Lichtes die Vorstellung gebildet, daß seine Strahlen zwar in jedem Augenblick geradlinig polarisiert seien, daß aber die Richtung der Schwingungen einem fortwährenden raschen Wechsel unterliege, so daß keine Richtung vor der anderen bevorzugt ist. Diese Vorstellung wird noch weiter präzisiert durch die in § 322 erwähnten Beobachtungen; wie wir sahen, hat man bei der grünen Quecksilberlinie das Phänomen der Ringe gleicher Neigung bis zu einer Dicke der Luftschichte von 21 cm, bis zu einem Gangunterschiede von 790000 Wellenlängen verfolgt. Über eine diese Größe vielmals übertreffende Länge müssen die Schwingungsrichtungen der Strahlen im wesentlichen unverändert sich erhalten. Daraus würde folgen, daß die leuchtenden Quecksilberteilchen während Perioden von vielleicht 10^{-8} Sekunden regelmäßige Schwingungen von merklich gleichbleibender Amplitude und Schwingungsrichtung ausführen.

Aus der Anschauung, die wir von der Beschaffenheit des natürlichen Lichtes gewonnen haben, folgt, daß man auch den natürlichen Lichtstrahl zerlegen kann in zwei senkrecht zu einander polarisierte Komponenten. Von einer Turmalinplatte wird nur die Komponente durchgelassen, deren Schwingungsrichtung der Achse des Turmalins parallel ist. Da aber in dem natürlichen Lichte die Schwingungsrichtungen so schnell wechseln, daß schon in äußerst kleinen Zeiträumen alle gleich vertreten sind, so wird die Turmalinplatte stets gleichviel Licht durchlassen, wie auch ihre Polarisationsebene gegen den Strahl gedreht wird.

Die Fresnelsche Vorstellung von dem natürlichen Lichte kann noch verallgemeinert werden, wenn wir an Stelle einer linearen Polarisation eine elliptische setzen, die natürlich ebenso wechseln muß, wie vorher die lineare. Für die Zerlegung des Strahles in zwei zu einander senkrechte Komponenten hat dies zur Folge, daß ihre Phasen und Amplituden sprungweisen Änderungen unterliegen, die bei beiden unabhängig eintreten. Mit Benützung einer früheren Ausdrucksweise können wir sagen, daß die Schwingungen der beiden zu einander senkrechten Komponenten nicht kohärent sind. Ihre mittleren Intensitäten aber müssen natürlich gleich sein und dieselben, wie auch die beiden Projektionsebenen durch den Strahl gelegt werden.

§ 327. **Polarisation durch Reflexion.** Erscheinungen, die auf der Polarisation des Lichtes beruhen, waren schon im Jahre 1678 von Huyghens beim Kalkspat beschrieben worden, aber ohne daß er imstande war, eine befriedigende Erklärung dafür zu geben. Erst im Jahre 1808 folgte eine neue, fundamentale Entdeckung, die Beobachtung von Malus, daß die von Huyghens bemerkte eigentümliche Modifikation des Lichtes, die „Polarisation", auch durch Reflexion erzeugt werden könne. An sie knüpft sich dann die von Fresnel und Arago gegebene Erklärung der Erscheinungen durch die Annahme transversaler Schwingungen der Ätherteilchen. Auf eine Glasplatte (Fig. 398) falle ein Strahl $L\,E$ natürlichen Lichtes unter einem Einfallswinkel von 56°. Lassen wir den reflektierten Strahl senkrecht auf eine Turmalinplatte fallen, so zeigt das Gesichtsfeld ein Maximum von Helligkeit, wenn die Polarisationsebene des Tur-malins mit der Einfallsebene zusammenfällt, es wird dunkel, wenn sie auf der letzteren senkrecht steht. Daraus folgt, daß der unter dem Polari-sationswinkel von 56° re-flektierte Strahl geradlinig polarisiert ist, so daß seine Polarisationsebene mit der Einfallsebene zusammenfällt;

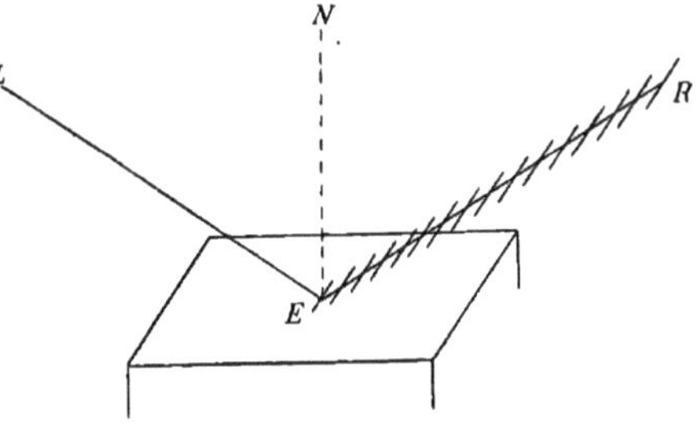

Fig. 398. Polarisation durch Reflexion.

seine Schwingungen würden dann nach der in § 324 gemachten An-nahme zu der Einfallsebene senkrecht, zu der reflektierenden Fläche parallel sein.

Lassen wir auf eine Glasplatte unter dem Winkel von 56° einen Strahl fallen, der schon geradlinig polarisiert ist, so wird er nicht re-flektiert, wenn seine Polarisationsebene zu der Einfallsebene senkrecht steht, seine Schwingungen in diese Ebene fallen. Der Strahl wird dann nur gebrochen, und die Intensität des gebrochenen Strahles ist gleich der des einfallenden. Hat die Polarisationsebene des einfallenden Strahles irgend eine andere Lage, so zerlegen wir ihn in zwei, von denen der eine in der Einfallsebene, der andere senkrecht zu ihr schwingt; der erste wird nur gebrochen, nicht reflektiert, der zweite reflektiert und gebrochen. Das reflektierte Licht ist nach der Einfallsebene vollständig polarisiert; das gebrochene besteht aus zwei Komponenten, senkrecht und parallel zu der Einfallsebene schwingend. Da aber ihr Amplitudenverhältnis ein anderes ist, als bei dem einfallenden Lichte, so ist die Polarisationsebene des gebrochenen Strahles gegen die des einfallenden gedreht.

§ 328. Allgemeine Gesetze der Reflexion und Brechung. Wir betrachten den Fall, daß ein polarisierter Lichtstrahl $\mathfrak{E}$ unter einem beliebigen Winkel α auf die ebene Oberfläche eines Glasstückes fällt. Welches auch die Lage seiner Polarisationsebene sein mag, immer können wir ihn zerlegen in zwei Strahlen $\mathfrak{E}_p$ und $\mathfrak{E}_s$, von denen $\mathfrak{E}_p$ die Einfallsebene zur Polarisationsebene hat, während die Polarisationsebene von $\mathfrak{E}_s$ senkrecht dazu steht. Nach der Annahme von FRESNEL, mit der wir uns schon in den vorhergehenden Paragraphen in Übereinstimmung gesetzt haben, sind die Ätherschwingungen von $\mathfrak{E}_p$ senkrecht zu der Einfallsebene, parallel zu der reflektierenden Fläche, die von $\mathfrak{E}_s$ liegen in jener Ebene. Kennt man nun das Gesetz, nach dem Strahlen, die parallel oder senkrecht zu der Einfallsebene polarisiert sind, reflektiert und gebrochen werden, so kann man zunächst die reflektierten Strahlen $\mathfrak{R}_p$ und $\mathfrak{R}_s$, und ebenso die gebrochenen $\mathfrak{G}_p$ und $\mathfrak{G}_s$ bestimmen, die aus $\mathfrak{E}_p$ und $\mathfrak{E}_s$ entstehen. Endlich kann man $\mathfrak{R}_p$ und $\mathfrak{R}_s$ wieder zu einem einzigen Strahl $\mathfrak{R}$, $\mathfrak{G}_p$ und $\mathfrak{G}_s$ zu einem Strahle $\mathfrak{G}$ zusammensetzen; das Problem der Reflexion und Brechung ist dann für den gegebenen Strahl $\mathfrak{E}$ vollkommen gelöst, d. h. es ist, außer den durch die geometrische Optik gegebenen Fortpflanzungsrichtungen, auch Polarisationsebene und Schwingungsamplitude gefunden. Die in den angeführten Spezialfällen geltenden, von FRESNEL aufgestellten Gesetze sind aber folgende:

I. Polarisationsebene parallel der Einfallsebene; Schwingungsrichtung senkrecht zur Einfallsebene. Die Amplitude des einfallenden Strahles sei E_p, die Amplitude des reflektierten R_p; die des gebrochenen G_p; α sei der Einfalls-, β der Brechungswinkel; es gelten die Formeln:

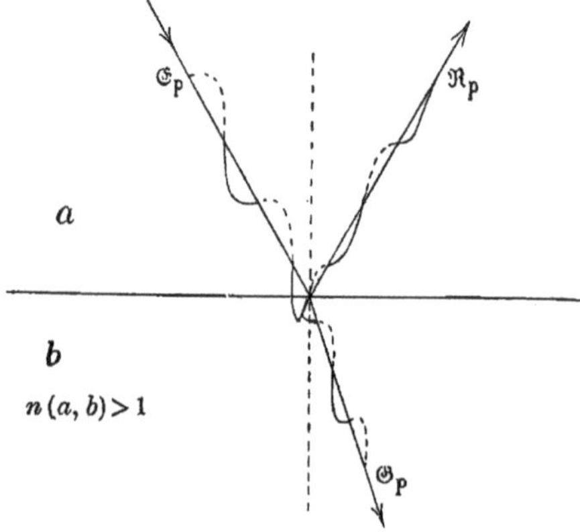

Fig. 399. Reflexion am dichteren Mittel.

$$R_p = - E_p \, \frac{\sin(\alpha - \beta)}{\sin(\alpha + \beta)};$$

$$G_p = E_p \, \frac{2 \cos\alpha \sin\beta}{\sin(\alpha + \beta)}.$$

Wenn $\alpha > \beta$, $n(a, b) > 1$, d. h. wenn die Reflexion an dem optisch dichteren Mittel stattfindet, so ist R_p negativ; die Amplituden haben in der Nähe des Einfallspunktes die durch Figur 399 anschaulich gemachten relativen Richtungen; der reflektierte Strahl ist dem einfallenden gegenüber um eine halbe Wellenlänge verschoben. Für den Fall, daß $\alpha < \beta$, d. h. bei der Reflexion an dem dünneren Mittel, sind die relativen Richtungen der Amplituden durch die Figur 400 gegeben; zwischen dem einfallenden und dem reflektierten Strahle findet keine Phasendifferenz statt.

II. Polarisationsebene senkrecht zu der Einfallsebene; Schwingungsrichtung in der Einfallsebene. Amplitude des einfallenden Strahles E_s, Amplitude des reflektierten R_s, des gebrochenen G_s. Die Formeln sind:

$$R_s = E_s \frac{\mathrm{tg}\,(\alpha - \beta)}{\mathrm{tg}\,(\alpha + \beta)}; \quad G_s = E_s \frac{2 \cos \alpha \sin \beta}{\sin (\alpha + \beta) \cos (\alpha - \beta)}.$$

Wenn $\alpha > \beta$, $n(a, b) > 1$, und außerdem der Einfallswinkel kleiner

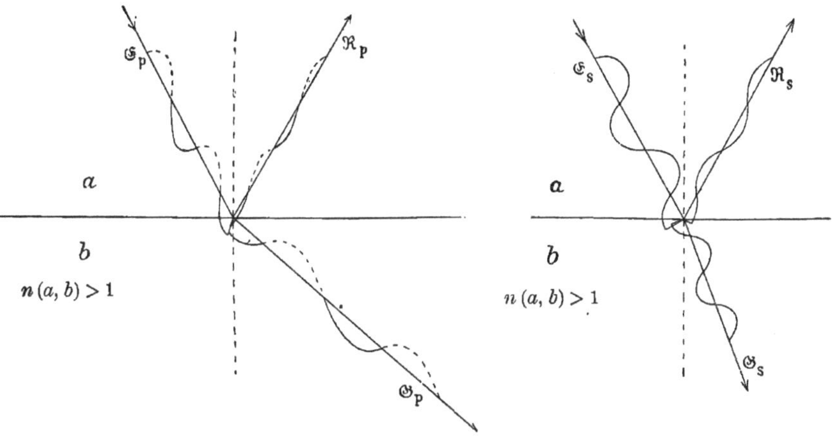

Fig. 400.
Reflexion am dünneren Mittel.

Fig. 401.
Reflexion am dichteren Mittel.

als der Polarisationswinkel ist, so sind die relativen Richtungen der Amplituden durch Figur 401 gegeben; man sieht, daß der reflektierte Strahl wieder eine Phasendifferenz von einer halben Wellenlänge gegen den einfallenden besitzt.

R_s wird gleich Null, wenn $\alpha + \beta = \frac{\pi}{2}$. Der hierdurch bestimmte Einfallswinkel ist kein anderer als der Polarisationswinkel; wir kommen auf diesem Wege zu dem von BREWSTER entdeckten Gesetz: Reflektiertes Licht ist vollständig polarisiert, wenn der reflektierte Strahl mit dem gebrochenen einen rechten Winkel einschließt. Wenn der Einfallswinkel größer ist als der Polarisationswinkel, so ist $\alpha + \beta > \frac{\pi}{2}$; $\mathrm{tg}(\alpha + \beta)$ und R_s werden negativ. Die relativen Lagen der Amplituden sind dann dieselben, wie in Figur 402, und es ergibt sich somit auch für streifende Inzidenz eine Phasenverschiebung von einer halben Wellenlänge bei der Reflexion am dichteren Mittel.

Die Verhältnisse bei der Reflexion an dem optisch dünneren Mittel sind durch Figur 402 gegeben, wenn der Einfallswinkel kleiner ist, als der Polarisationswinkel; andernfalls greifen die Verhältnisse der Figur 401 Platz.

Eine Phasenverschiebung zwischen dem einfallenden und dem reflektierten Strahl findet hier nicht statt.

Wir ziehen aus den vorhergehenden Formeln noch einige weitere Konsequenzen.

1. Zuerst behandeln wir den Fall eines sehr kleinen Einfalls- und Brechungswinkels; in diesem wird (nach § 10):

$$R_p = E_p \frac{\alpha - \beta}{\alpha + \beta}; \quad R_s = E_s \frac{\alpha - \beta}{\alpha + \beta}.$$

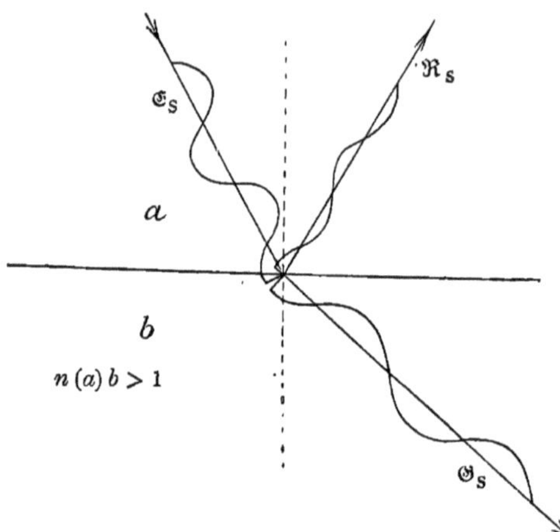

Fig. 402. Reflexion am dünneren Mittel.

Nun ist für kleine Werte der Winkel α und β das Brechungsverhältnis $n = \frac{\alpha}{\beta}$, somit:

$$R_p = E_p \frac{n - 1}{n + 1}, \quad R_s = E_s \frac{n - 1}{n + 1}.$$

Lassen wir den Strahl normal einfallen, so verschwindet hiernach der Unterschied von E_p und E_s. Bezeichnen wir unter diesen Umständen die Amplitude des einfallenden Strahles einfach durch E, die des reflektierten durch R, so ist:

$$R = E \frac{n - 1}{n + 1}.$$

Nun gelten die Betrachtungen, die wir über die Energie tönender Schwingungen angestellt haben, im wesentlichen auch für die Schwingungen des Lichtes; die Energie der Lichtwellen ist daher proportional mit dem Quadrat der Schwingungsamplitude, und da wir die Energie als das Maß der Lichtintensität betrachten können, so gilt gleiches von dieser. Bei senkrechter Inzidenz verhält sich somit die Intensität des reflektierten Lichtes zu der des einfallenden wie:

$$R^2 : E^2 \text{ oder wie } (n - 1)^2 : (n + 1)^2.$$

Da für Glas $n = \frac{3}{2}$, so ergibt sich, daß von senkrecht auffallendem Lichte $\frac{1}{25}$ reflektiert wird, während $\frac{24}{25}$ eindringen.

2. Aus den für R_p und R_s aufgestellten Formeln ergibt sich, daß die Amplitude R_s des in der Einfallsebene schwingenden Lichtes stärker geschwächt wird, als die Amplitude R_p des senkrecht dazu schwingenden.

Bei der Reflexion wird daher die Schwingungsrichtung eines nach einer beliebigen Ebene polarisierten Strahles von der Einfallsebene weggedreht, die Polarisationsebene der Einfallsebene genähert.

3. Die Amplituden der gebrochenen Strahlen sind gegeben durch:

$$G_p = E_p \frac{2 \cos \alpha \sin \beta}{\sin (\alpha + \beta)} , \qquad G_s = E_s \frac{2 \cos \alpha \sin \beta}{\sin (\alpha + \beta) \cos (\alpha - \beta)} .$$

Diese Ausdrücke können nur verschwinden, wenn E_p oder E_s gleich Null ist. Für das Verhältnis, in welchem die Amplituden der gebrochenen Strahlen zu einander stehen, ergibt sich der Ausdruck:

$$\frac{G_p}{G_s} = \frac{E_p}{E_s} \cos (\alpha - \beta).$$

Daraus folgt, daß die Amplitude des in der Einfallsebene schwingenden gebrochenen Strahles gegenüber der Amplitude des zu jener Ebene senkrecht schwingenden immer eine relative Vergrößerung erfährt. Welches auch die Schwingungsrichtung eines polarisierten einfallenden Strahles sein mag, die des gebrochenen wird immer der Einfallsebene etwas weiter zugedreht.

Wir wollen uns nun auf die Grenzfläche natürliches Licht unter dem Winkel α fallend denken. Nach § 326 können wir auch dieses durch zwei Komponenten, $\mathfrak{E}_p$ und $\mathfrak{E}_s$, ersetzen, welche beziehungsweise nach der Einfallsebene und senkrecht zu ihr polarisiert werden. Die Komponenten $\mathfrak{E}_p$ und $\mathfrak{E}_s$ sind aber nicht kohärent, d. h. sie sind in der Phase gegeneinander verschoben, und die Größe der Verschiebung ist einem fortwährenden, außerordentlich schnellen Wechsel unterworfen. Dieses Verhalten wird sich auch auf die gebrochenen Strahlen G_p und G_s übertragen; diese können sich also nicht zu geradlinig polarisiertem Lichte zusammensetzen. Sie geben aber auch kein natürliches Licht, denn dann müßten die Intensitäten der beiden senkrecht zu einander schwingenden Strahlen und ihre Amplituden gleich sein. Bei einfallendem natürlichen Lichte sind die Amplituden der Strahlen $\mathfrak{E}_p$ und $\mathfrak{E}_s$ einander gleich; somit ist nach der vorhergehenden Bemerkung die Amplitude G_p kleiner als G_s. In dem aus den Strahlen $\mathfrak{G}_p$ und $\mathfrak{G}_s$ bestehenden gebrochenen Lichte besitzen hiernach die in der Einfallsebene liegenden Komponenten der Schwingung ein gewisses Übergewicht, der Strahl wird nach einer zu der Einfallsebene senkrechten Ebene teilweise polarisiert. Auf dieser Bemerkung beruht die Möglichkeit, durch wiederholte Brechung den Anteil des polarisierten Lichtes mehr und mehr zu verstärken, und in der Tat wird das natürliche Licht beim Durchgange durch eine Reihe übereinander geschichteter Glasplatten so gut wie vollständig polarisiert.

§ 329. Totale Reflexion. Auf den Fall der totalen Reflexion finden die vorhergehenden Formeln natürlich keine Anwendung, da ja ein Brechungswinkel dabei gar nicht existiert. Man wird zunächst, wie vorher, die Strahlen $\mathfrak{E}_p$, deren Schwingungen zu der Einfallsebene senkrecht stehen, gesondert untersuchen von den Strahlen $\mathfrak{E}_s$, deren Schwingungen in der Einfallsebene liegen. Es ergibt sich, daß in beiden Fällen auch die reflektierten Strahlen $\mathfrak{R}_p$ und $\mathfrak{R}_s$ in derselben Weise geradlinig polarisiert sind. Dagegen ist bei einem einfallenden Strahl, dessen Schwingungen gegen die Einfallsebene beliebig geneigt sind, der reflektierte nicht mehr geradlinig, sondern elliptisch polarisiert. Dies beweist, entsprechend den Sätzen von § 325, daß die Strahlen $\mathfrak{R}_p$ und $\mathfrak{R}_s$ eine gewisse Phasendifferenz besitzen, daß sie bei der totalen Reflexion gegen die Komponenten $\mathfrak{E}_p$ und $\mathfrak{E}_s$ des entsprechenden einfallenden Strahles in verschiedenem Maße verzögert werden. Diese Eigentümlichkeit der totalen Reflexion hat FRESNEL weiter durch die Annahme zu erklären versucht, daß ein Teil des einfallenden Lichtes in das jenseits der Grenzfläche liegende Mittel bis zu einer gewissen Tiefe eindringe, um erst hier reflektiert zu werden. In jedem der reflektierten Strahlen $\mathfrak{R}_p$ und $\mathfrak{R}_s$ superponieren sich nach seiner Theorie zwei Strahlen von gleicher Schwingungsrichtung, die aber gegeneinander um eine gewisse Strecke verschoben sind. Bezeichnen wir die beiden senkrecht zu der Einfallsebene schwingenden Strahlen durch $\mathfrak{R}_p{}^1$ und $\mathfrak{R}_p{}^2$; sie setzen sich, wie in Figur 393, zu einem Strahle von gleicher Schwingungsrichtung und Wellenlänge, aber anderer Phase und Amplitude zusammen; gleiches gilt von den in der Einfallsebene schwingenden Strahlen $\mathfrak{R}_s{}^1$ und $\mathfrak{R}_s{}^2$. Dem einfallenden Strahle gegenüber besitzen aber die aus $\mathfrak{R}_p{}^1$ und $\mathfrak{R}_p{}^2$ einerseits, aus $\mathfrak{R}_s{}^1$ und $\mathfrak{R}_s{}^2$ andererseits resultierenden Strahlen $\mathfrak{R}_p$ und $\mathfrak{R}_s$ eine verschieden große Phasendifferenz. Sie sind also auch gegeneinander in der Phase verschoben und setzen sich daher zu einem elliptisch polarisierten Strahle zusammen. Daß das Licht bei der totalen Reflexion in das optisch dünnere Mittel wirklich eindringt, ist schon von NEWTON und FRESNEL beobachtet und später durch QUINCKE und VOIGT bestätigt worden.[1]

Wenn ein geradlinig polarisierter Lichtstrahl an der Grenze von Glas und Luft eine mehrfache totale Reflexion erleidet, so wird er zu einem zirkular polarisierten, sobald die Summe der Phasenverschiebungen, die seine Komponenten bei jeder einzelnen Reflexion erleiden, eine Viertelwellenlänge beträgt; dazu aber ist mindestens eine zweimalige Reflexion nötig. Läßt man nun den Strahl auf eine Turmalinplatte fallen, so bleibt das Gesichtsfeld gleich hell, wie man auch die Platte um ihn drehen mag; er verhält sich wie ein Strahl natürlichen Lichtes. Daß er aber doch von dem letzteren wesentlich verschieden ist, ergibt sich daraus, daß er durch abermalige Totalreflexion in einen geradlinig polarisierten zurückverwandelt werden kann, während natürliches Licht auf diesem Wege nicht linear zu polarisieren ist.

§ 330. Die Metallreflexion. Die optischen Eigenschaften der Metalle erscheinen vor allem dadurch bedingt, daß diese Körper eine sehr starke Absorption ausüben. Wir wollen an einem speziellen Beispiel

---

[1] QUINCKE, Optische Experimentaluntersuchungen. Pogg. Ann. 1866. Bd. 127. p. 1. — VOIGT, Göttinger Nachr. 1898. p. 294.

zeigen, was wir, vom Standpunkte der Wellenlehre aus, uns hierunter zu denken haben. Auf die Oberfläche eines Metalles falle ein geradlinig polarisierter Lichtstrahl senkrecht auf; er dringt dann bis zu einer gewissen Tiefe ein, aber die Amplitude der Schwingungen nimmt dabei sehr schnell ab. Wenn wir die im Metalle fortschreitende Wellenlinie in irgend einem Moment fixieren, so bietet sie ein von der gewöhnlichen Wellenlinie verschiedenes Bild, von dem Figur 403 eine Vorstellung gibt. Die zwischen der Wellenlinie im ab-
sorbierenden Mittel und zwischen der nor-
malen Wellenlinie bestehende Beziehung ergibt sich in folgender Weise. Auf dem in
das Metall eindringenden Strahle zeichnen wir
zuerst eine gewöhnliche Wellenlinie; einen
beliebigen Punkt des Strahles bestimmen wir
durch seinen Abstand z von der Grenzfläche.
Ist $A\alpha$ die über dem betrachteten Punkte
liegende Ordinate der normalen Wellenlinie,
so ist die Ordinate der Wellenlinie im Metalle
für denselben Punkt gegeben durch:

$$A\beta = A\alpha \times e^{-kz}.$$

Hier ist e die Basis der natürlichen Logarithmen, also nahezu gleich 2·72. Für $z = 0$,
an der Oberfläche des Metalles, wird $A\beta = A\alpha$,
in der Tiefe $z = \dfrac{1}{k}$ ist $A\beta = \dfrac{A\alpha}{2\cdot72}$. Wir bezeichnen k als den **Absorptionskoëffizien-
ten** des Metalles. Seine Dimension ist offenbar
reziprok mit einer Länge: $[k] = l^{-1}$.

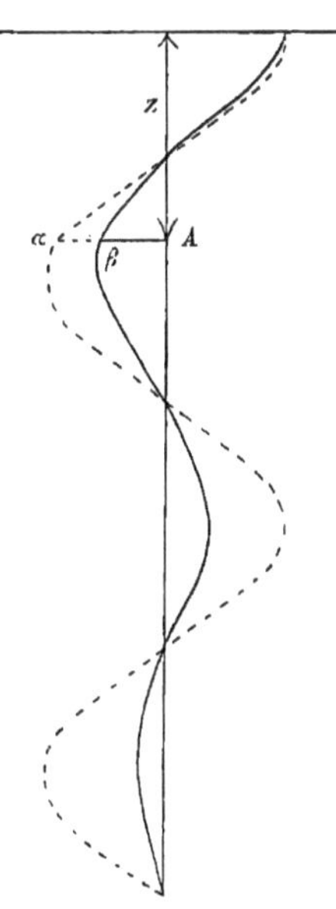

Fig. 403.
Absorption einer Welle.

Für die von der Metalloberfläche **reflektierten Strahlen** gelten nun die folgenden Gesetze:

1. Die Amplitude eines von einer Metallfläche reflektierten geradlinig polarisierten Lichtstrahles ist bei demselben Einfallswinkel verschieden, je nachdem seine Polarisationsebene in der Einfallsebene liegt oder senkrecht zu ihr steht.

Lassen wir auf eine Metallfläche einen polarisierten Strahl fallen, dessen Schwingungsrichtung unter 45° gegen die Einfallsebene geneigt ist. Zerlegen wir ihn in zwei Komponenten $\mathfrak{E}_p$ und $\mathfrak{E}_s$, die erste senkrecht zur Einfallsebene, die andere in ihr schwingend, so sind ihre Amplituden, E_p und E_s, gleich. Es gilt dies aber nicht mehr für die Strahlen $\mathfrak{R}_p$ und $\mathfrak{R}_s$, welche durch Reflexion aus $\mathfrak{E}_p$ und $\mathfrak{E}_s$ entstehen. Bezeichnen wir, ebenso wie bei der Reflexion an Glas, mit R_p die Amplitude von $\mathfrak{R}_p$, dem senkrecht zur Einfallsebene schwingenden Strahle, mit R_s die von $\mathfrak{R}_s$, dem in der Einfallsebene schwingenden, so hängt das Verhältnis $\dfrac{R_s}{R_p}$

von dem Einfallswinkel ab. Bei Glas gab es einen bestimmten Winkel, bei dem R_s gleich Null wurde, den Polarisationswinkel. Dies tritt bei der Metallreflexion nicht mehr ein, wohl aber gibt es einen Winkel, bei dem das Verhältnis $\dfrac{R_s}{R_p}$ zu einem Minimum wird. Diesen Winkel nennen wir den **Haupteinfallswinkel.**

2. Zwei von einer Metallfläche in derselben Richtung reflektierte Strahlen, von denen der eine parallel, der andere senkrecht zu der Einfallsebene polarisiert ist, verhalten sich so, daß der letztere gegen den ersteren um einen Bruchteil einer Wellenlänge verzögert ist.

Bei senkrechter Inzidenz ist die Verzögerung gleich Null, bei dem Haupteinfallswinkel gleich $\dfrac{\lambda}{4}$, bei streifender Inzidenz gleich $\dfrac{\lambda}{2}$.

Betrachten wir den Fall eines polarisierten Strahles, der unter dem **Haupteinfallswinkel** die Metallfläche trifft, und dessen Schwingungen gegen die Einfallsebene unter einem Winkel von 45° geneigt sind. Die Komponenten parallel und senkrecht zu der Einfallsebene besitzen dann gleiche Amplituden. Die reflektierten Strahlen haben eine Phasendifferenz von $\dfrac{\lambda}{4}$, aber außerdem verschieden große Amplituden R_p und R_s. Wenn nun irgendwie die Phasendifferenz von einer viertel Wellenlänge aufgehoben wird, so setzen sich die beiden senkrecht zu einander schwingenden Strahlen wieder zu einem geradlinig polarisierten zusammen. Aber wegen der Verschiedenheit der Amplituden R_p und R_s kann seine Polarisationsebene nicht mehr einen Winkel von 45° mit der Einfallsebene bilden, wie die des einfallenden Strahles; sie ist vielmehr gegen die Einfallsebene unter einem Winkel H geneigt, der aus dem Amplitudenverhältnis leicht zu bestimmen ist. Diesen Winkel nennt man das **Hauptazimut.**

Der Haupteinfallswinkel A und das Hauptazimut H stehen nun zu den optischen Konstanten des Metalles, d. h. zu dem Brechungsverhältnis n und dem Absorptionskoëffizienten k, in der einfachen Beziehung:

$$\sin A \, \mathrm{tg}\, A = \sqrt{n^2 + \frac{\lambda^2}{4\pi^2}k^2},$$

$$\mathrm{tg}\, 2H = \frac{\lambda}{2\pi} \cdot \frac{k}{n}.$$

Hier bedeutet λ die Wellenlänge des Lichtes in dem an das Metall grenzenden durchsichtigen Mittel, in der Regel also in Luft.

Die Beobachtung der Winkel A und H kann hiernach zu der Bestimmung des Brechungsverhältnisses und des Absorptionskoëffizienten dienen.

Endlich möge noch angeführt werden, daß bei senkrechter Inzidenz das Verhältnis zwischen der Intensität des reflektierten und des einfallenden Lichtes gegeben ist durch den Ausdruck:

$$J = \frac{\frac{\lambda^2}{4\pi^2}k^2 + (1-n)^2}{\frac{\lambda^2}{4\pi^2}k^2 + (1+n)^2} = \frac{n^2(1+\mathrm{tg}^2 2H) + 1 - 2n}{n^2(1+\mathrm{tg}^2 2H) + 1 + 2n},$$

der für k und $H = 0$, d. h. für ein nicht absorbierendes Mittel, mit dem in § 328 angegebenen identisch wird. Das Verhältnis J bezeichnen wir als das **Reflexionsvermögen** des Körpers.

Die folgende Tabelle gibt für eine Reihe von Metallen Haupteinfallswinkel A, Hauptazimute H, Brechungsverhältnisse n, Absorptionskoëffizienten und Reflexionsvermögen für Natriumlicht:[1]

	A	H	n	$k\,(\text{mm}^{-1})$	J
Kupfer	$71\cdot6^{0}$	$38\cdot9^{0}$	$0\cdot64^{\cdot}$	28 000	$0\cdot73$
Silber	$75\cdot7^{0}$	$43\cdot6^{0}$	$0\cdot18$	39 100	$0\cdot95$
Gold	$72\cdot3^{0}$	$41\cdot6^{0}$	$0\cdot37$	30 100	$0\cdot85$
Magnesium	$77\cdot9^{0}$	$42\cdot7^{0}$	$0\cdot37$	47 100	$0\cdot93$
Zink	$80\cdot6^{0}$	$34\cdot7^{0}$	$2\cdot12$	58 400	$0\cdot79$
Kadmium	$79\cdot4^{0}$	$38\cdot9^{0}$	$1\cdot13$	53 400	$0\cdot85$
Quecksilber	$79\cdot6^{0}$	$35\cdot7^{0}$	$1\cdot73$	52 900	$0\cdot78$
Aluminium	$79\cdot9^{0}$	$37\cdot6^{0}$	$1\cdot44$	55 700	$0\cdot83$
Zinn	$79\cdot9^{0}$	$37\cdot4^{0}$	$1\cdot48$	55 900	$0\cdot82$
Blei	$76\cdot7^{0}$	$30\cdot7^{0}$	$2\cdot01$	37 100	$0\cdot62$
Antimon	$80\cdot4^{0}$	$29\cdot6^{0}$	$3\cdot04$	52 700	$0\cdot70$
Wismut	$77\cdot0^{0}$	$32\cdot0^{0}$	$1\cdot90$	39 000	$0\cdot65$
Stahl	$77\cdot0^{0}$	$27\cdot8^{0}$	$2\cdot41$	36 200	$0\cdot58$
Kobalt	$78\cdot1^{0}$	$31\cdot7^{0}$	$2\cdot12$	42 900	$0\cdot67$
Nickel	$76\cdot0^{0}$	$31\cdot7^{0}$	$1\cdot79$	35 400	$0\cdot62$
Platin	$78\cdot5^{0}$	$32\cdot6^{0}$	$2\cdot06$	45 300	$0\cdot70$

Die in der letzten Kolumne enthaltenen Zahlen zeigen, um wieviel stärker das Reflexionsvermögen der Metalle ist, als das des Glases.

Bei der Berechnung von k ist das Millimeter als Längeneinheit zugrunde gelegt. Bei Kupfer würde also die Amplitude des normal eindringenden Lichtes schon in einer Tiefe von $\frac{1}{28\,000}$ mm auf $\frac{1}{2\cdot72}$ des ursprünglichen Wertes reduziert sein. Es entspricht diese Strecke etwa sechs Hunderteln von der Wellenlänge des Na-Lichtes.

KUNDT[2] hat die Brechungsverhältnisse der Metalle auch direkt aus der Ablenkung sehr dünner, durchsichtiger Prismen zu bestimmen vermocht. Nach seiner Methode sind die in der folgenden Tabelle mitgeteilten Werte erhalten:[3]

	Brechungsverhältnis n für		
	Rot	Gelb (D)	Blau (F)
Kupfer	$0\cdot48$	$0\cdot60$	$1\cdot12$
Silber	$0\cdot35$	$0\cdot27$	$0\cdot20$
Gold	$0\cdot26$	$0\cdot66$	$0\cdot82$
Wismut	$2\cdot61$	$2\cdot26$	$2\cdot13$
Eisen	$3\cdot06$	$2\cdot72$	$2\cdot43$
Kobalt	$3\cdot10$	$2\cdot76$	$2\cdot39$
Nickel	$1\cdot93$	$1\cdot84$	$1\cdot71$
Platin	$1\cdot99$	$1\cdot76$	$1\cdot63$

---

[1] DRUDE, Bestimmung der optischen Konstanten der Metalle. WIED. Ann. 1890. Bd. 39. p. 481. 1891. Bd. 42. p. 189.

[2] KUNDT, Über die Brechungsexponenten der Metalle. WIED. Ann. 1888. Bd. 34. p. 469.

[3] DU BOIS und RUBENS, Brechung und Dispersion des Lichtes in Metallen. WIED. Ann. 1890. Bd. 41. p. 521. — D. SHEA, Brechung durch Metallprismen. WIED. Ann. 1892. Bd. 47. p. 196.

§ 331. Reststrahlen. Wir haben schon in § 296 davon gesprochen, daß es Stoffe gibt, welche im reflektierten Lichte lebhafte Farben und einen entschiedenen Metallglanz entwickeln. Zu den früheren Beispielen können wir noch hinzufügen die Kristalle des Magnesium- und des Baryum-Platincyanürs. Die Formel, die wir in dem vorhergehenden Paragraphen für das Reflexionsvermögen der Metalle mitgeteilt haben, gilt ebenso für irgend welche anderen absobierenden Körper, wenn sie isotrop oder regulär kristallisiert sind. Man erkennt daraus, daß starkes Absorptionsvermögen im allgemeinen mit starkem Reflexionsvermögen verbunden sein wird. Lassen wir auf einen Körper, der die Eigenschaft hat, eine bestimmte Art von Strahlen besonders stark zu absorbieren, weißes Licht fallen, so werden diese Strahlen in dem reflektierten Lichte eine besonders große Intensität besitzen; wir sagen, diese Strahlen werden metallisch reflektiert. Wir stellen nun aus einem solchen Körper eine Reihe von spiegelnden Platten her, und lassen das auf die erste Platte fallende weiße Licht von den anderen der Reihe nach reflektieren. Bei jeder Reflexion wird der Anteil der metallisch reflektierten Strahlen an der Gesamtstrahlung verstärkt; die anderen Strahlen werden vorzugsweise gebrochen und dadurch bei jeder neuen Reflexion geschwächt. Nach einer genügenden Zahl von Reflexionen bleiben nur die metallisch reflektierten Strahlen in merklichem Betrage übrig. Es hat sich nun gezeigt, daß bei einer Reihe von Substanzen Strahlen metallisch reflektiert werden, die dem in § 302 erwähnten, durch seine Wärmewirkungen ausgezeichneten Strahlungsgebiete im Ultraroten angehören. Durch wiederholte Reflexion lassen sich diese Strahlen isolieren, und aus der Wärmewirkung kann dann mit Hilfe eines Beugungsgitters ihre Wellenlänge bestimmt werden. Man bezeichnet Strahlen, welche auf dem geschilderten Wege erhalten werden, als Reststrahlen. Die Wellenlängen solcher Strahlen sind im folgenden zusammengestellt:[1]

Wellenlänge		Wellenlänge	
Quarz	8·500 μ	Flußspat	24·4 μ
	8·850 „	Steinsalz	51·2 „
	9·020 „	Sylvin	61·1 „
	20·750 „		

§ 332. Trübe Medien. Wenn in einem an sich vollkommen durchsichtigen Mittel, etwa in Wasser, oder in Luft, feine Teilchen anderer Stoffe supendiert sind, so sprechen wir von einer Trübung des Mittels. In Wasser kann man solche Trübungen erzeugen, indem man einen Tropfen Milch, oder einen Tropfen Kölnischen Wassers hineinfallen läßt. Auch das Wasser des Meeres, mancher Seen, die mit feinsten Staubteilchen oder Nebeltröpfchen beladene Luft besitzen die Eigenschaften trüber Medien.

---

[1] Rubens und Nichols, Wied. Ann. 1897. Bd. 60. p. 418.—Rubens und Aschkinass. Wied. Ann. 1898. Bd. 65. p. 241.

Lassen wir in ein trübes Mittel einen Strahl unpolarisierten weißen Lichtes fallen, so geht von seiner Bahn im Inneren des Mittels nach allen Seiten diffuses Licht aus; dieses ist um so reiner blau, je feiner die suspendierten Teilchen sind. Das diffus reflektierte Licht ist teilweise polarisiert; die Polarisation ist am stärksten für diejenigen diffusen Strahlen, die sich in einer zu dem primären Strahle senkrechten Ebene bewegen. Dabei steht die bevorzugte Schwingungsrichtung senkrecht zum Primärstrahl. Mit den in den vorhergehenden Paragraphen angeführten Gesetzen der Reflexion sind diese Tatsachen nicht vereinbar; aber diese Gesetze gelten auch nur, wenn die Dimensionen der reflektierenden Fläche groß sind gegenüber der Wellenlänge. Sind die Dimensionen der in einem trüben Medium suspendierten Teilchen umgekehrt klein gegenüber der Wellenlänge, so führt die theoretische Untersuchung zu anderen Folgerungen, welche mit den oben angeführten Tatsachen durchaus im Einklange stehen. Es ergibt sich, daß die Intensität des diffus reflektierten Lichtes umgekehrt proportional der vierten Potenz der Wellenlänge ist. Darnach wird also von dem Blau und Violett des einfallenden Lichtes ein sehr viel größerer Anteil diffus reflektiert als von dem Rot, und es erklärt sich daraus die blaue Farbe des diffus reflektierten Lichtes. Umgekehrt muß in dem von dem Medium durchgelassenen Lichte der blaue und violette Anteil geschwächt sein, dieses muß eine rötliche Färbung erhalten; eine Folgerung, welche durch die Erfahrung durchaus bestätigt wird. Wir brauchen nur an die rote Färbung des Mondes und der Sonne bei ihrem Auf- und Untergange zu denken, wo ihre Strahlen durch eine dicke Schichte trüber Luft zu unserem Auge gelangen. Das Blau des Himmels selbst kann durch die diffuse Reflexion des Sonnenlichtes an den feinsten Trübungen der Atmosphäre erklärt werden. Diese Erklärung wird dadurch bestätigt, daß das Himmelslicht teilweise polarisiert ist, und zwar tritt das Maximum der Polarisation in einem Großkreise des Himmelsgewölbes auf, dessen Ebene zu der Richtung der die Atmosphäre durchsetzenden Sonnenstrahlen senkrecht steht. Das stimmt überein mit den Beobachtungen, die wir an getrübtem Wasser anstellen können, aber auch mit den Ergebnissen der theoretischen Untersuchung.

Die vorhergehenden Betrachtungen beziehen sich auf Trübungen, bei denen die suspendierten Teilchen klein sind im Verhältnis zu den Wellenlängen des Lichtes. Werden die Teilchen größer als die Wellenlängen, aber so, daß ihre Durchmesser den Wellenlängen der Größenordnung nach vergleichbar bleiben, so treten Beugungserscheinungen auf. Blickt man durch das trübe Mittel hindurch nach der Lichtquelle, so erscheint diese umgeben von Ringen gebeugten Lichtes. Auf diese Weise kommen die farbigen Höfe zustande, von denen Sonne oder Mond umgeben erscheinen, wenn sie von dünnen Nebelschleiern überdeckt sind. Die Durchmesser der Ringe sind um so größer, je kleiner der Durchmesser der Nebeltröpfchen ist. Man kann den

Durchmesser der letzteren aus dem gemessenen Durchmesser der Ringe berechnen. Im Jahresmittel ergibt sich ein Wert von 21·6 μ; der Durchmesser der Tröpfchen ist im Winter etwa 1 $\frac{1}{2}$ mal so groß wie im Sommer.

Unter ganz speziellen Umständen beobachtet man lebhafte Farben, wenn gröbere Teilchen in einer Flüssigkeit durch Schütteln vorübergehend suspendiert werden. Es ist dies der Fall, wenn sowohl die Flüssigkeit wie das in ihr verteilte Pulver an sich farblos sind, und wenn die Substanz des Pulvers für Strahlen von bestimmter Farbe genau dasselbe Brechungsverhältnis besitzt, wie die Flüssigkeit. Strahlen von jener Farbe gehen dann durch die Flüssigkeit hindurch, wie wenn sie von suspendierten Teilchen frei wäre; alle anderen Strahlen aber werden durch Reflexion und Brechung zerstreut und geschwächt. Das durchgehende Licht erhält somit die Farbe der im Inneren nicht gebrochenen Strahlen; das diffus reflektierte Licht besitzt die komplementäre Farbe. In dieser Weise verhält sich z. B. Glaspulver in einer Mischung von Benzol und Schwefelkohlenstoff.[1]

§ 333. Doppelbrechung und Polarisation. Die vorhergehenden Untersuchungen können nun weiter ausgedehnt werden auf den in § 265 besprochenen Fall der Doppelbrechung. Dabei ergibt sich das einfache Resultat, daß die beiden bei der Doppelbrechung entstehenden Strahlen geradlinig und zwar senkrecht zu einander polarisiert sind. Wir erläutern dies zunächst wieder an dem früher (§ 265) behandelten Beispiele des Kalkspates.

Auf eine Seitenfläche eines Kalkspatrhomboëders (Fig. 404) falle ein Lichtstrahl LE senkrecht auf; er teilt sich dann, wie wir früher gesehen haben, in zwei, den ordentlichen $E E_0 G_0$, den außerordentlichen $E E_a G_a$, der in dem Hauptschnitt gegen die stumpfe Ecke des Rhomboëders abgelenkt ist. Lassen wir den einfallenden Strahl LE durch eine Turmalinplatte hindurchgehen, so verschwindet der außerordentliche Strahl, wenn die Polarisationsebene

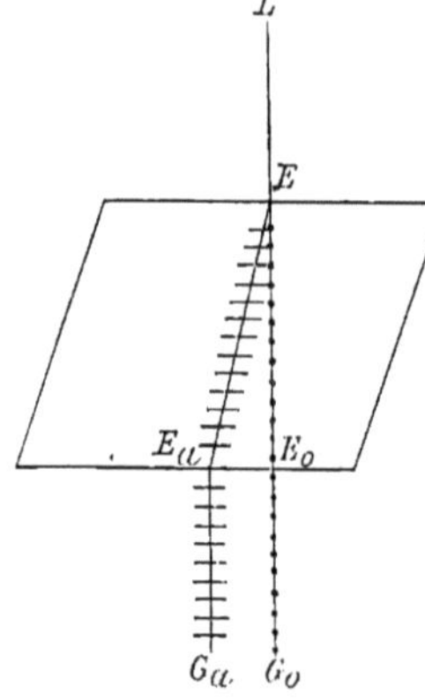

Fig. 404. Kalkspat; Schwingungsrichtung der Strahlen im Hauptschnitt.

des Turmalins mit dem Hauptschnitte zusammenfällt; gleichzeitig ist der ordentliche Strahl im Maximum seiner Helligkeit; drehen wir den Turmalin, so wird der ordentliche Strahl schwächer, der außerordentliche wird sichtbar. Steht die Polarisationsebene der Turmalinplatte zu dem Hauptschnitte des Kalkspates senkrecht, so verschwindet der ordentliche Strahl, der außerordentliche gewinnt seine größte Helligkeit. Daraus folgt, daß die Polarisationsebene des ordentlichen Strahles mit dem

---

[1] Christiansen, Wied. Ann. 1884. Bd. 29. p. 298.

Hauptschnitte zusammenfällt, die des außerordentlichen zum Hauptschnitte senkrecht steht. Nach der in § 324 gemachten Annahme schwingen also die Ätherteilchen auf dem ordentlichen Strahle senkrecht zum Hauptschnitt, bei einem regelmäßigen Rhomboëder parallel der langen Diagonale des oberen Rhombus; im außerordentlichen Strahle schwingen sie im Hauptschnitt, parallel der kurzen Diagonale des Rhombus.

In derselben Weise können wir auch die Strahlen untersuchen, die durch ein Kalkspatprisma gebrochen werden, dessen Kante der Hauptachse des Kalkspates parallel ist. Man findet, daß der stärker abgelenkte ordentliche Strahl $E E_o G_o$ (Fig. 405) nach einer Ebene polarisiert wird, die mit der in dem Punkte O projizierten Hauptachse parallel ist; die ihm entsprechende Schwingungsrichtung steht also zu

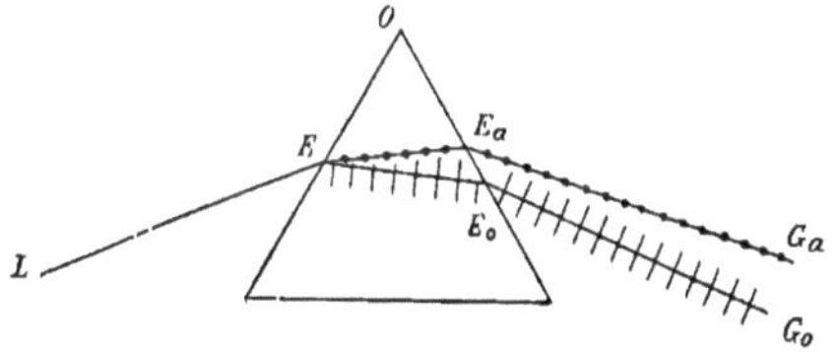

Fig. 405. Kalkspat; Schwingungsrichtungen der Strahlen in einer Ebene senkrecht zur Achse.

der Achse senkrecht; der weniger abgelenkte außerordentliche Strahl $E E_a G_a$ ist nach einer zu der Achse senkrechten Ebene polarisiert, seine Schwingungsrichtung ist also parallel der Achse.

Eine eigentümliche Erscheinung ergibt sich, wenn man einen Lichtstrahl senkrecht durch zwei gleiche hintereinander gestellte Rhomboëder hindurchgehen läßt. Wir stellen sie erst parallel, so daß die stumpfen Ecken O und O', die Enden H und H' der kurzen Diagonalen der oberen Rhomben je senkrecht übereinander liegen (Fig. 406). Es fallen dann die Hauptschnitte der beiden Kristalle zusammen, der zweite wird die Wirkung des ersten verdoppeln. Von oben gesehen, können wir die Richtung der Hauptschnitte durch die parallelen Linien OH und $O'H'$ (Fig. 407a) repräsentieren, die durch die gebrochenen Strahlen erzeugten Bilder durch die Punkte $G(oo')$ und $G(aa')$. Nun drehen wir den Hauptschnitt $O'H'$ in die durch Figur 407b dargestellte Richtung. Jeder der durch das erste Rhomboëder erzeugten Strahlen G_o und G_a kann dann in zwei Komponenten zerlegt werden, deren eine senkrecht, deren andere parallel zu dem Hauptschnitte des zweiten Kristalles schwingt, d. h. jedem der Strahlen G_o und

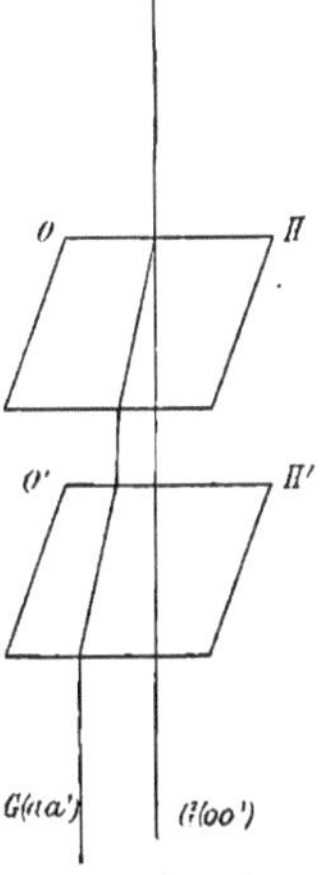

Fig. 406. Brechung durch zwei Kalkspatrhomboëder.

G_a entspricht in dem zweiten Kristalle ein ordentlicher und ein außerordentlicher gebrochener, so daß wir vier Strahlen $G_{oo'}$, $G_{oa'}$, $G_{ao'}$, $G_{aa'}$ erhalten. Die Lage der ihnen entsprechenden Bilder ist durch Figur 407b anschaulich gemacht. Beim Beginn der Drehung sind die Bilder $G(oo')$ und $G(aa')$ hell, $G(oa')$ und $G(ao')$ nur schwach; nach einer Drehung von 45°

haben alle vier Bilder gleiche Helligkeit. Von jetzt an nimmt die Helligkeit von $G(oo')$ und $G(aa')$ ab, die von $G(oa')$ und $G(ao')$ zu. Nach einer Drehung um $90°$ (Fig. 407 c) sind nur noch die in rechtem Winkel gegeneinander verschobenen Bilder $G(oa')$ und $G(ao')$ übrig. Die Lage der Bilder

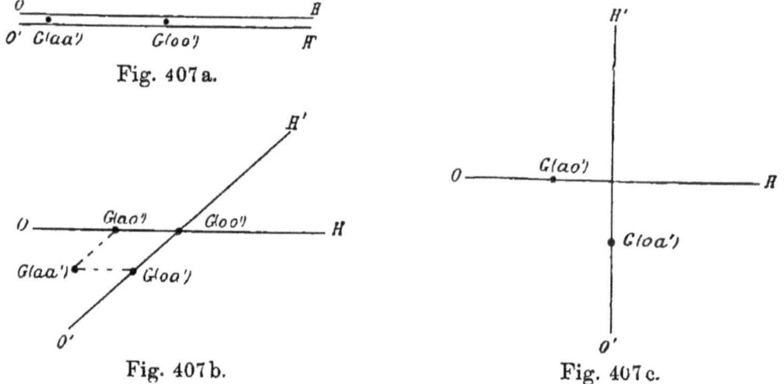

Fig. 407 a.

Fig. 407 b.   Fig. 407 c.

bei noch weiterer Drehung wird durch die Figuren 407 d und 407 e anschaulich gemacht. Wenn die beiden Hauptschnitte die entgegengesetzte Lage erreicht haben, sind die Bilder $G(ao')$ und $G(oa')$ verschwunden, $G(oo')$ und $G(aa')$ fallen in ein einziges Bild zusammen.

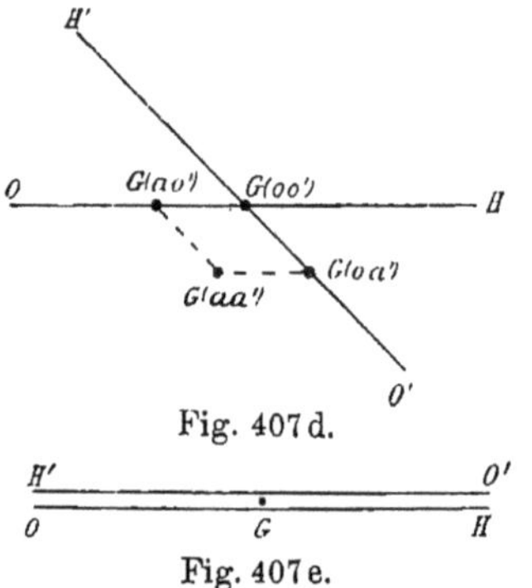

Fig. 407 d.

Fig. 407 e.

§ 334. Das Nicolsche Prisma. Die Doppelbrechung des Kalkspates gibt Gelegenheit zu der Konstruktion eines Apparates zur Erzeugung von polarisiertem Lichte. Wir nehmen zunächst ein Spaltstück von Kalkspat, das in der Richtung einer Kante eine etwas größere Länge besitzt, dessen obere und untere Grenzflächen gleichseitige Rhomben sind (Fig. 408). Die Diagonalebene $ABCD$ ist dann ein Hauptschnitt des Kristalles; der Winkel ABC beträgt $71°$. Statt der natürlichen Endflächen werden nun zwei andere parallele Flächen angeschliffen, die mit der langen Kante einen Winkel von nur $68°$ einschließen. Der Hauptschnitt nimmt dann die Form des Parallelogrammes $A'BC'D$ an, in dem der Winkel $A'BC'$ $68°$ beträgt. Jetzt wird der Kristall durchgeschnitten, so daß die Schnittebene $A'C'$ zu den neuen Endflächen $A'B$ und $C'D$ und zu dem Hauptschnitte senkrecht steht; die beiden Stücke werden dann mit Kanadabalsam zusammengekittet. Fällt nun ein Strahl LE parallel mit der langen Kante des Prismas ein, so tritt auf der unteren Seite nur der im Hauptschnitt schwingende außerordentliche Strahl EE_aG_a aus, während der stärker abgelenkte ordentliche EE_o an der Grenze des Kanadabalsams total reflektiert wird. Das Nicolsche

Prisma liefert also geradlinig polarisiertes Licht, das in einer der kurzen
Diagonale der oberen Grenzfläche parallelen Ebene schwingt, dessen
Polarisationsebene ihrer langen Diagonale parallel ist.

§ 335. Wellenfläche einachsiger Kristalle. Die allgemeinen Gesetze
der Polarisation bei der doppelten Brechung lassen sich nur im Zusammenhang mit den Gesetzen der
Doppelbrechung selbst behandeln;
wir wenden uns daher zu ihrer
Schilderung und zwar zunächst bei
den sogenannten optisch einachsigen Kristallen, den Kristallen
des hexagonalen und tetrago-
nalen Systemes.

In einem isotropen Körper
und in einem regulären Kristall
pflanzen sich die von einem leuchtenden Punkte ausgehenden Strahlen
nach allen Seiten mit gleicher Geschwindigkeit fort, sie gelangen nach
einer bestimmten Zeit auf eine Kugelfläche, die Wellenfläche des isotropen
Mittels. Wenn wir uns dagegen
einen leuchtenden Punkt C im Inneren
eines ausgedehnten Kalkspatkristal-
les denken, so pflanzen sich nach
jeder Richtung im allgemeinen zwei
Strahlen fort, der ordentliche und
der außerordentliche, und zwar mit
verschiedener Geschwindigkeit. Die
Wellenfläche, die Fläche, auf welche
die von C ausgehende Erschütterung
des Äthers nach einer bestimmten
Zeit, etwa der Zeiteinheit, gelangt,

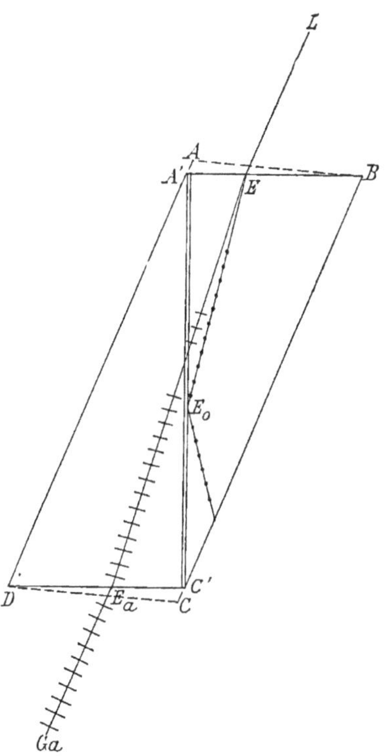

Fig. 408.   Nicolsches Prisma

besteht somit aus zwei Schalen, deren eine durch die Endpunkte der
ordentlichen, deren andere durch die Endpunkte der außerordentlichen
Strahlen gebildet wird. Die Wellenfläche verbindet die Endpunkte der
Strahlen, die im selben Augenblicke von einem Punkt im Inneren des
Kristalls ausgehen, und mit Beziehung auf diese Art der Erzeugung wird
sie häufig auch Strahlenfläche genannt. Wir wollen versuchen, uns
von der Gestalt der Wellenfläche des Kalkspates ein Bild zu machen.
Der ordentliche Strahl hat für alle möglichen Richtungen die gleiche
Geschwindigkeit, der ihm entsprechende Teil der Wellenfläche ist eine
Kugel. In der Richtung der Hauptachse pflanzt sich nur ein Strahl
fort, der außerordentliche hat hier dieselbe Geschwindigkeit wie der
ordentliche; in allen Richtungen senkrecht zu der Achse pflanzt sich

der außerordentliche Strahl mit einer und derselben Geschwindigkeit
fort und zwar schneller als der ordentliche. Bezeichnen wir den Punkt
A, in dem die Hauptachse des Kalkspates die Kugelwelle des ordentlichen Strahles durchschneidet, als ihren Pol, so hat der dem außer-

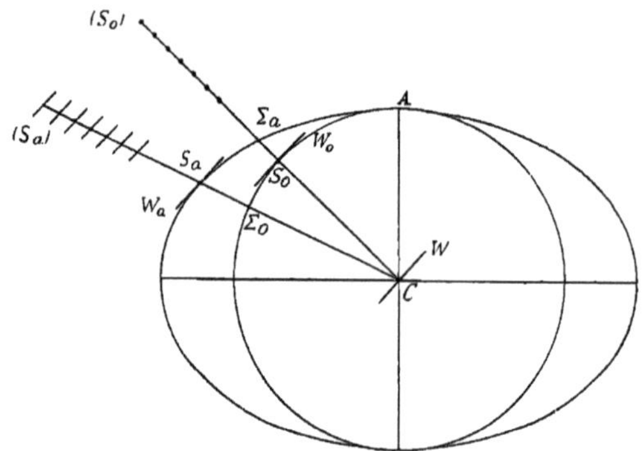

Fig. 409.
Wellenfläche eines negativ einachsigen Kristalles.

ordentlichen Strahl entsprechende Teil der Wellenfläche mit der Kugel
die Pole gemein, er umschließt die Kugel in der zu der Achse senkrechten Ebene des Äquators mit einem Kreise. Die einfachste, die Pole
mit dem Kreis verbindende Fläche ist ein Ellipsoid, und in der Tat
ergibt sich, daß diese Annahme
den Beobachtungen vollkommen
entspricht; die Wellenlänge
des Kalkspates besteht somit aus einer Kugel und aus
einem sie umschließenden ab-
geplatteten Rotationsellipsoid. Die Rotationsachse des
Ellipsoides fällt zusammen mit der
Hauptachse des Kalkspates und
ist zugleich ein Durchmesser der
Kugel (Fig. 409).

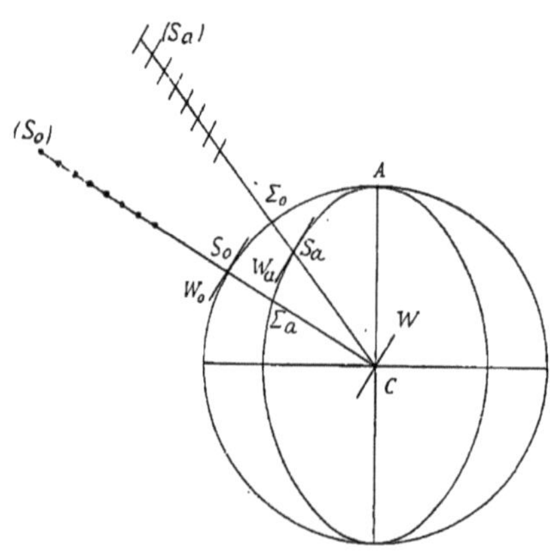

Fig. 410.
Wellenfläche positiveinachsiger Kristalle.

Wellenflächen von demselben
Charakter besitzen Turmalin, Beryll, gewisse Glimmerarten. Man
nennt die Doppelbrechung
dieser Kristalle eine nega-
tive, da der außerordentliche Strahl weniger abgelenkt wird als der
ordentliche und von dem Einfallslote gewissermaßen abgestoßen wird.

Bei anderen Kristallen mit einer Hauptachse, z. B. bei Eis und bei
Bergkristall, wenn man bei diesem von einer in § 343 zu schildernden

besonderen Eigentümlichkeit vorerst absieht, besteht die Wellen-fläche aus einer Kugel und aus einem von ihr umschlossenen verlängerten Rotationsellipsoid (Fig. 410). Man bezeichnet ihre Doppelbrechung als positiv, da bei ihnen der außerordentliche Strahl stärker gebrochen, von dem Einfallslot scheinbar angezogen wird.

Wir gehen nun über zu der Betrachtung ebener Wellen in einem einachsigen Kristall und ihres Zusammenhanges mit den Strahlen. Durch den Mittelpunkt C der Wellenfläche gehe eine kleine ebene Welle W; wir fragen, wie weit sie in der Zeiteinheit fortschreitet. Nach dem HUYGHENSschen Prinzip ist jeder Punkt von W als Ursprung einer Ele-mentarwelle zu betrachten; wir erhalten diese Wellen, wenn wir den Mittelpunkt der von C aus konstruierten Wellenfläche längs der Ebene W verschieben, so daß die Wellenfläche dabei mit sich selbst parallel bleibt. Die von W ausgehenden Elementarwellen sind daher kongruent und gleich gerichtet; sie werden alle berührt von den mit W parallelen und kongruenten Ebenen W_o und W_a, von denen die erste die Kugel, die zweite das Ellipsoid der von C ausgehenden Wellenfläche berührt; W_o ist die ordentliche, W_a die außerordentliche fortschreitende Welle. Bezeichnen wir durch S_o und S_a die Mittelpunkte von W_o und W_a, so stellt CS_o die Richtung dar, in der sich die ordentliche, CS_a die Richtung, in der sich die außerordentliche Welle verschiebt. Zu derselben Anfangslage der Wellenebene gehören zwei Ver-schiebungsrichtungen, ein ordentlicher und ein außerordent-licher Strahl. Die ordentliche Welle steht zu dem Strahle senkrecht, wie in einem isotropen Mittel; bei der außerordentlichen Welle ist dies nicht der Fall. Bei dieser trennen sich also — und dies ist für die Lichtbewegung in Kristallen charakteristisch — die Begriffe von Wellen-normale und von Strahl. In der Richtung des außerordentlichen Strahles CS_a pflanzt sich auch ein ordentlicher $C\Sigma_o$ fort, dessen Wellenebene durch die Berührungsebene der Kugel in Σ_o gegeben ist. Längs CS_o bewegt sich noch ein außerordentlicher Strahl $C\Sigma_a$, dessen Wellenebene das Ellipsoid in Σ_a berührt.

Durch diese Ergebnisse der Kristalloptik werden wir zu einer Revision der Vorstellungen von Wellen und Strahlen geführt, von denen wir ausgegangen waren. Wir haben früher Wellen als transversale bezeichnet, bei denen die Schwingungen der Teilchen zu der Aus-breitungsrichtung der Bewegung senkrecht stehen. Diese Richtung nannten wir den Strahl; bei der Lichtbewegung in isotropen Mitteln war sie identisch mit der Normale der Wellenfläche. Bei der außer-ordentlichen Welle eines einachsigen Kristalles aber ist die Normale der Wellenebene verschieden von der Richtung, in der sich die Licht-schwingungen von einer Stelle des Äthers zur anderen übertragen, ver-schieden von der Richtung des Strahles. Schwingen nun die Äther-teilchen unter diesen Umständen senkrecht zum Strahle, oder schwingen sie senkrecht zu der Normale, also in der Wellenebene? Die Alternative kann entschieden werden, wenn wir den Unterschied der transversalen und der longitudinalen Wellen in etwas allgemeinerer Weise fassen. Im Anschluß an die Untersuchungen von § 179 werden wir als die wesentliche Eigenschaft transversaler Wellen das betrachten, daß die Dichte des schwingenden Mediums bei ihnen nicht verändert wird; als longitudinale Wellen dagegen werden wir solche bezeichnen, welche mit Kompression und Dilatation des Mediums verbunden sind. Wir nehmen nun an, der ganze Raum sei von einem durchsichtigen Mittel erfüllt; die anfängliche Störung des Gleichgewichtes bestehe darin, daß alle in einer und derselben Ebene, der Wellenebene, liegenden Ätherteilchen in gleicher Weise aus ihren Ruhelagen verschoben werden. Welches auch die Verschiebung sei, immer läßt sie sich zerlegen in eine Komponente parallel zu der Wellenebene und in eine zu dieser senkrechte. Man kann nun die Verschiebung der Ätherteilchen dadurch erzeugen, daß man die Wellenebene erst in sich selbst und dann in der Richtung ihrer Normale verschiebt, ohne in der Anordnung der Teilchen in der Ebene etwas zu ändern. Durch die erste Verschiebung wird die Dichte des Äthers, die Zahl der in einem bestimmten Volumen befindlichen Teilchen, nicht verändert; die Verschiebung ist eine transversale. Die Verschiebung in der Richtung der Normale dagegen verändert den Abstand der mit Ätherteilchen besetzten Ebene von den benachbarten Schichten des Äthers, sie bedingt Kompression nach der einen, Dilatation nach der anderen Seite; die Verschiebung ist eine longitudinale. Wenn im Äther nur transversale Wellen sich ausbreiten sollen, so können also Verschiebungen in der Richtung der Wellennormale nicht auftreten, die Verschiebungen der Ätherteilchen müssen vielmehr ganz in der Wellenebene liegen, und damit ist die zu Anfang aufgestellte Alternative entschieden. Die Ätherteilchen schwingen unter allen Umständen in der Wellenebene. Der Äther verhält sich den Schwingungen des Lichtes gegenüber wie ein inkompressibler fester Körper.

Bei einer unbegrenzt sich ausdehnenden ebenen Welle wird man die Fortpflanzung der Welle nach dem Wege beurteilen, den sie in der Richtung ihrer Normale zurücklegt. Die Geschwindigkeit des Punktes, in dem die Welle eine feste zu ihr senkrechte Richtung durchschneidet, ist die Geschwindigkeit der Welle. Auch wenn die ebene Welle begrenzt ist, wenn sie etwa die Gestalt einer kleinen Scheibe besitzt, schreitet ihre Ebene parallel mit sich selber im Raume fort, die Wellengeschwindigkeit in der Richtung der Normale ist dieselbe wie zuvor. Aber der von Lichtschwingungen erfüllte Teil der Ebene, jene kleine Scheibe, gleitet in einer von der Normale abweichenden Richtung, der Richtung des Strahles, fort. Diese Gleitgeschwindigkeit, die Geschwindigkeit des Strahles, ist größer als die Geschwindigkeit der Welle. Die Schwingungen der Ätherteilchen bleiben auch bei begrenzter Welle in der Wellenebene, sie stehen senkrecht auf der Normale, aber im allgemeinen nicht mehr senkrecht auf dem Strahle.

Von diesen allgemeinen Betrachtungen kehren wir nun zurück zu den Figuren 409 und 410; wir haben noch die Schwingungsrichtungen des ordentlichen und des außerordentlichen Strahles zu bestimmen. Die Verallgemeinerung der in § 333 gefundenen Beziehungen führt in Bezug hierauf zu den folgenden Sätzen:

Die Polarisationsebene des ordentlichen Strahles ist der durch die Achse AC und den Strahl gelegte Hauptschnitt. Die Schwingungen in dem Strahle stehen zu dem Hauptschnitt senkrecht. Die Polarisationsebene des außerordentlichen Strahles steht auf dem Hauptschnitte senkrecht; die Ätherteilchen auf dem Strahle schwingen im Hauptschnitte; ihre Schwingungen liegen in der Wellenebene W_a und stehen nicht mehr senkrecht auf dem Strahle.

Die vorhergehenden Betrachtungen enthalten auch die Erklärung der beim Turmalin beobachteten Erscheinungen. Ein senkrecht auf eine Turmalinplatte fallender Strahl wird zerlegt in einen ordentlichen, senkrecht zu seiner Achse schwingenden, und einen außerordentlichen, der mit der Achse parallel schwingt. Nun hat der Turmalin die Eigenschaft, den ordentlichen Strahl so gut wie ganz zu absorbieren, er läßt also nur Licht durch, dessen Polarisationsebene zu seiner Achse senkrecht steht.

§ 336. Konstruktion der gebrochenen Welle bei einachsigen Kristallen. Die Probleme der Reflexion und Brechung in einachsigen Kristallen können

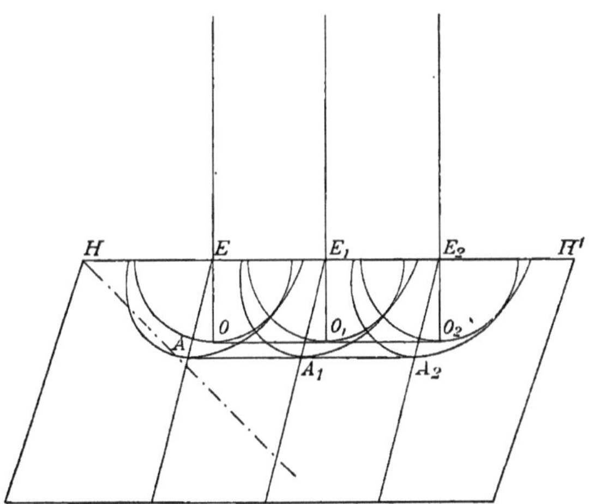

Fig. 411. Brechung in einem Kalkspatrhomboëder.

mit Hilfe des HUYGHENSschen Prinzipes ganz ebenso behandelt werden, wie bei isotropen Medien; nur tritt an Stelle der Kugelwellen der letzteren die aus Kugel und Ellipsoid bestehende Doppelfläche. Wir wollen dies etwas weiter ausführen in zwei speziellen Fällen, mit denen wir uns schon im vorhergehenden beschäftigt haben.

Figur 411 bezieht sich auf den Fall, daß ein Bündel paralleler Strahlen auf die obere Fläche eines natürlichen Kalkspatrhomboëders im Hauptschnitte HH' senkrecht auffällt. Es werden dann die Punkte E, E_1, E_2 des Hauptschnittes zu gleicher Zeit Ausgangspunkte von Elementarwellen; ihre Schnitte mit der Einfallsebene sind in der Figur für eine bestimmte spätere Zeit gezeichnet. Die Schnittkreise werden berührt von der Linie OO_1O_2, die Schnittellipsen von der Linie AA_1A_2; die erstere stellt die in den Kalkspat eindringende ordentliche, die zweite die außerordentliche Welle dar. Die Richtungen,

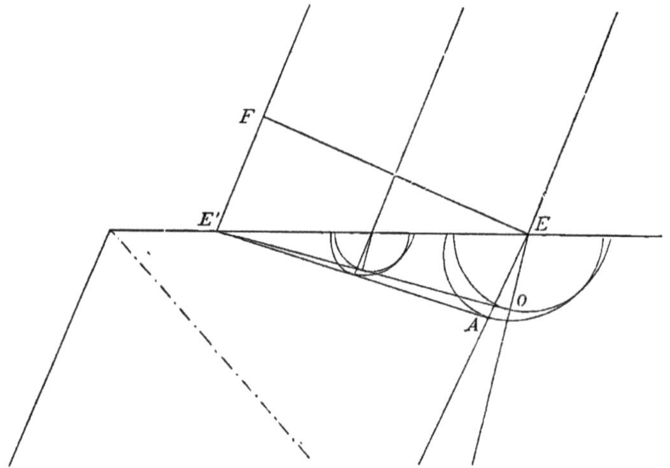

Fig. 412. Brechung in einem NICOLschen Prisma.

längs deren die Wellen parallel mit sich selbst hingleiten, sind durch EO und EA gegeben, und diese repräsentieren somit die gebrochenen Strahlen.

Figur 412 bezieht sich auf die Brechung in einem NICOLschen Prisma. Ein Bündel von Strahlen, die mit der Längsachse des Prismas parallel sind, fällt auf die obere Fläche im Hauptschnitte ein. In dem Moment, in welchem die dem Strahlenbündel entsprechende ebene Welle die Lage EF erreicht hat, wird der Punkt E Ausgangspunkt einer Elementarwelle. Wir suchen nun die Lage der in den Kalkspat eindringenden Wellen für den Moment zu konstruieren, in welchem auch der letzte Strahl FE' der ankommenden Welle die Grenzfläche erreicht hat. Während er aber in Luft die Strecke FE' durchläuft, breitet sich die von E erregte Elementarwelle so weit aus, daß ihre Radien-Vektoren sich zu FE' verhalten, wie die Lichtgeschwindigkeit im Kalkspat zu der Lichtgeschwindigkeit in Luft. Diesem Verhältnis entsprechend ist also die von E ausgehende Elementarwelle zu konstruieren. Die zwischen E und E' liegenden Punkte der Grenzfläche werden in dem Maße später von der ankommenden Welle getroffen, als sie näher an E' liegen. Die von ihnen erregten Elementarwellen lassen sich für den betrachteten späteren Moment nach demselben Prinzip konstruieren, wie die von E erregte. Unsere Figur zeigt die Schnitte der Wellenfläche durch die Einfallsebene. Die Kreisschnitte haben eine gemeinsame von E' ausgehende Tangente $E'O$, die Ellipsen eine gemeinsame Tangente $E'A$; die erstere repräsentiert die ordentliche, die letztere die außerordentliche gebrochene Welle. Die nach den Berührungspunkten gezogenen Radien Vektoren EO und EA geben die Richtungen, längs deren die Wellen parallel mit sich selbst sich verschieben, die gebrochenen Strahlen.

§ 337. Wellenfläche zweiachsiger Kristalle. Es gibt gewisse Kristalle, wie Aragonit und Topas, welche im Inneren zwei ausgezeichnete Richtungen besitzen, nach denen nur ein einziger Lichtstrahl sich fortpflanzt, während in allen anderen Richtungen zwei Strahlen sich bewegen. Wir nennen jene ausgezeichneten Richtungen die Strahlenachsen; die Linie, die ihren spitzen Winkel halbiert, die optische Mittellinie; die Ebene, welche durch die Strahlenachsen hindurchgeht, die Ebene, der optischen Achsen. Die erwähnte Eigenschaft findet sich bei allen Kristallen des rhombischen, monoklinen und triklinen Systemes und wir bezeichnen diese Kristalle als optisch zweiachsige.

Befindet sich im Inneren eines solchen Kristalles in C (Fig. 413) ein leuchtender Punkt, so erhalten wir seine Wellenfläche, wenn wir untersuchen, wohin die in C erregte Erschütterung des Äthers in der Zeiteinheit sich ausbreitet. Nun gehen von C aus im allgemeinen nach jeder Richtung zwei Strahlen. Die Punkte, bis zu denen ihre Endpunkte in der Zeiteinheit gelangen, bilden somit zwei einander umschließende Schalen, die zusammen die Wellenfläche darstellen. Ziehen wir aber durch C die Strahlenachsen, so bewegt sich auf ihnen vorwärts und rückwärts immer nur ein einziger Strahl, und es liegen auf ihnen nur je zwei Punkte A_1, A_1' und A_2, A_2' der Wellenfläche. Ihre beiden Schalen müssen somit in diesen vier Punkten zusammenhängen. Die Wellenfläche hat ferner die Ebene der optischen Achsen zur Symmetrieebene. Wir errichten nun in C eine Senkrechte CY auf der Ebene der optischen Achsen und ziehen die Halbierungslinien CX und CZ der Winkel, welche die Strahlenachsen miteinander einschließen. Dann sind auch die Ebenen YX und YZ Symmetrieebenen der Wellenfläche. Wir zeichnen jetzt den Durchschnitt der Fläche durch die Ebene XZ der optischen Achsen. Er besteht aus einem Kreis und einer Ellipse, die sich in den Endpunkten der Strahlenachsen durchschneiden. Legen wir die optische Mittellinie immer in dieselbe Richtung, so erhalten wir die beiden durch die Figuren 413 und 414 dargestellten Formen. Von diesen geht die erste durch eine leicht zu übersehende Deformation aus dem Meridianschnitte der Wellenfläche eines negativ einachsigen Kristalles (Fig. 409) hervor; wir bezeichnen Kristalle, die eine solche Schnittfigur besitzen, dementsprechend als negativ zweiachsige. Die zweite Figur entspricht einer gewissen Deformation der Wellenfläche der positiv einachsigen Kristalle (Fig. 410); wir nennen Kristalle, bei denen der Schnitt der Wellenfläche durch die Achsenebene die in Figur 414 gezeichnete Form hat, positiv zweiachsige. Als Beispiele führen wir an:

<table>
<tr><td>negativ zweiachsig:</td><td>positiv zweiachsig:</td></tr>
<tr><td>Aragonit</td><td>Topas</td></tr>
<tr><td>Glimmer</td><td>Gips</td></tr>
<tr><td>Feldspat</td><td>Schwefel.</td></tr>
</table>

Legen wir durch den Mittelpunkt C der Wellenfläche eine Wellenebene W senkrecht zu der Ebene der optischen Achsen, so ergibt sich

Schnitte der Wellenfläche durch die Ebene der optischen Achsen.

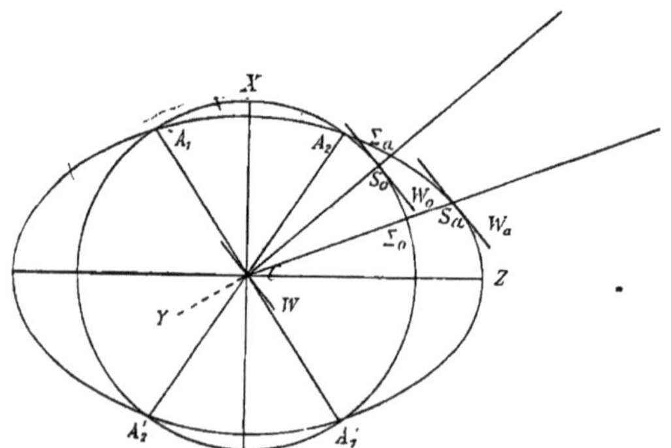

Fig. 413.
Negativ zweiachsige Kristalle.

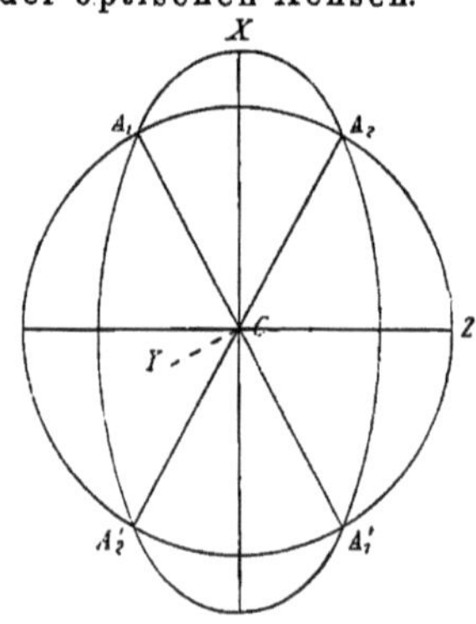

Fig. 414.
Positiv zweiachsige Kristalle.

aus dem HUYGHENSschen Prinzip, ähnlich wie im vorhergehenden Paragraphen beim einachsigen Kristalle, daß parallel mit W zwei ebene Wellen sich fortpflanzen. Die eine W_o berührt den Schnittkreis der Wellenfläche mit der Ebene der optischen Achsen, die andere W_a die Schnittellipse. Sind S_o und S_a die Berührungspunkte, so sind CS_o und CS_a die Richtungen, längs deren die ebenen Wellen immer sich selbst parallel hingleiten, die Lichtstrahlen. Ebenso wie bei einem einachsigen Kristall existieren im allgemeinen zwei Wellen, die einer gegebenen Ebene parallel sind, also dieselbe Wellennormale besitzen; sie unterscheiden sich durch die verschiedene Fortpflanzungsgeschwindigkeit und die verschiedene Richtung der zugehörigen Strahlen. Ferner pflanzen sich nach der Richtung CS_o, wie in dem Falle des einachsigen Kristalles, zwei Strahlen fort, CS_o und $C\Sigma_a$, wo Σ_a den Schnittpunkt von CS_o mit der Ellipse bezeichnet. Ihre Geschwindigkeit, sowie die Lage der ihnen entsprechen-

den Wellenebenen ist verschieden; für den Strahl $C\Sigma_a$ wird die letztere
bestimmt durch die in Σ_a an die Schnittellipse gelegte Tangente. Ebenso
haben wir auch längs CS_a noch einen zweiten Strahl $C\Sigma_0$, wenn Σ_0 der
Schnittpunkt von CS_a mit dem Kreise ist.

Einen etwas vollständigeren Einblick in die Gestalt der Wellenfläche gewährt Figur 415, in der für einen ihrer Oktanten die Schnitte
mit den drei Symmetrieebenen gezeichnet sind. Dabei sind Punkte, die
gleichweit von dem Zentrum C entfernt sind, mit gleichen Buchstaben,
u, v, w, bezeichnet; die Kurven, welche zwei gleich bezeichnete Punkte
verbinden, sind Kreise, die von u zu v, von v zu w, von w zu u laufenden sind Ellipsen. In der XZ-Ebene durchschneiden sich die beiden
Kurven in dem Endpunkte A_1 der einen Strahlenachse; die beiden Kurven

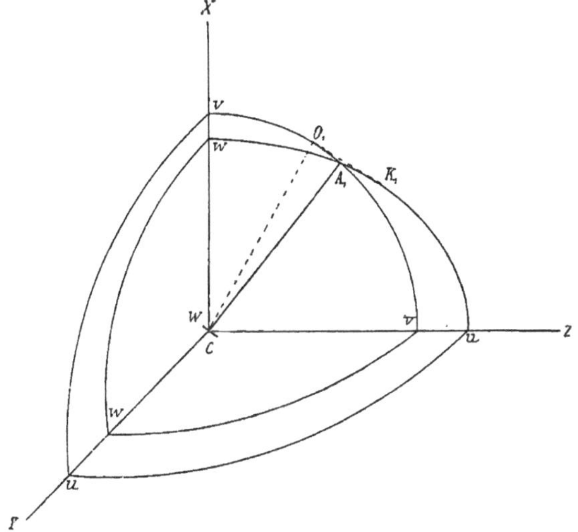

Fig. 415. Wellenfläche zweiachsiger Kristalle.

haben daher hier eine gemeinsame Tangente, die den Kreis in O_1, die
Ellipse in K_1 berührt. Daran schließt sich eine weitere überaus merk-
würdige Eigenschaft der Wellenfläche. Beschreiben wir über $O_1 K_1$
als Durchmesser einen Kreis, dessen Ebene senkrecht auf der
Ebene der optischen Achsen steht, so liegt dieser ganz auf der
Wellenfläche und seine Ebene berührt diese Fläche in allen
Punkten des Kreises.

Die zuletzt erwähnte geometrische Eigenschaft der Wellenfläche
hängt zusammen mit einer eigentümlichen Erscheinung, die man als
innere konische Refraktion bezeichnet hat. Wir denken uns in C
senkrecht auf der Ebene der optischen Achsen und parallel mit dem
Kreise $O_1 K_1$ eine kleine Wellenebene w. Um die von ihr ausgehende
Wellenbewegung zu finden, müssen wir von jedem ihrer Punkte aus die

Elementarwelle konstruieren. Wir werden dies am einfachsten ausführen können, wenn wir die in der Figur gezeichneten Linien aus Drähten herstellen, und das so gewonnene Modell sich selbst parallel bewegen, so daß sein Mittelpunkt C sukzessive nach sämtlichen Punkten der Ebene w gelangt. Wenn die Dimensionen von w relativ klein sind gegen die Dimensionen des Kreises $O_1 K_1$, so beschreibt dieser bei der Bewegung einen schmalen ebenen Ring, der alle von den Punkten der Ebene w herrührenden Elementarwellen berührt. Dieser Ring also stellt die Fläche dar, auf welche die in w erregte Welle sich ausbreitet. Es ergibt sich somit das sehr eigentümliche Resultat, daß die von w ausgehende Welle bei ihrem Fortschreiten sich auflöst in einen Kreisring, der in zwei dia-

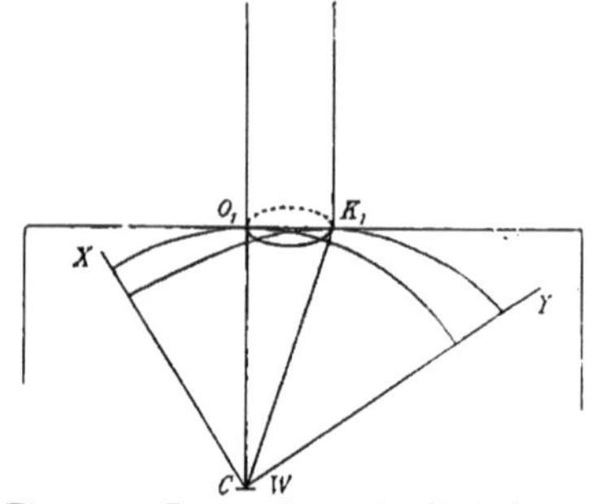

Fig. 416.   Innere konische Refraktion.

metral gegenüberliegenden Punkten von den Strahlen $C O_1$ und $C K_1$ durchschnitten wird, dessen Ebene senkrecht steht auf $C O_1$, dessen Wellennormale also durch $C O_1$ gegeben ist. Begrenzen wir unseren Kristall durch die Ebene des Kreises $O_1 K_1$, so pflanzt sich in dem jenseits der Grenze liegenden Luftraume die Ringwelle parallel mit sich selbst in der Richtung der Normalen $C O_1$ fort (Fig. 416). Die Strahlen stehen in dem isotropen Mittel senkrecht zu der Wellenebene und es dringt daher ein Strahlenbündel in den Luftraum ein, das einen Hohlzylinder erfüllt, dessen Basis durch den Kreis $O_1 K_1$ gegeben ist. Diese Erscheinung, die beim Aragonit leicht zu beobachten ist, ist die innere konische Refraktion. Zu einer in gewissem Sinne reziproken Erscheinung, der äußeren konischen Refraktion, gibt der Umstand

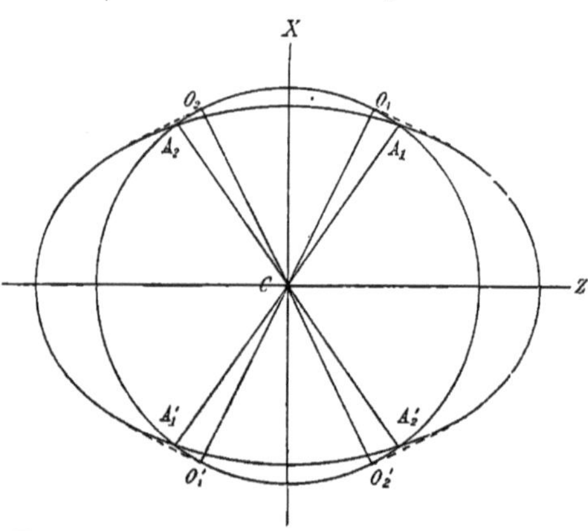

Fig. 417.   Strahlenachsen und optische Achsen.

Veranlassung, daß dem in der Richtung der Achse A_1 fortschreitenden Strahl unendlich viele Wellenebenen entsprechen, all die Berührungsebenen, die in der trichterförmigen Vertiefung, deren Spitze der Punkt A_1 ist, an die Wellenfläche gelegt werden können.

An diese Betrachtungen schließen sich noch zwei wichtige Sätze.

Wenn wir von C aus eine beliebige Richtung ziehen, so können wir im allgemeinen zwei zu ihr senkrechte Tangentialebenen an die Wellenfläche legen. Zu jener Richtung als der Wellennormalen gehören zwei ebene Wellen, denen verschiedene Strahlen und Geschwindigkeiten entsprechen. Die Richtung CO_1 dagegen hat, wie man aus den Figuren 415 und 417 ersieht, die Eigenschaft, daß nur eine einzige zu ihr senkrechte Tangentialebene an die Wellenfläche gelegt werden kann. Nach der Richtung CO_1 schreitet also nur eine einzige zu CO_1 senkrechte ebene Welle fort. CO_1 entspricht in der Ebene XZ noch eine zweite Richtung CO_2 von derselben Eigenschaft, symmetrisch mit CO_1 auf der anderen Seite von CX gelegen. Man bezeichnet diese beiden ausgezeichneten Richtungen als die optischen Achsen.

In der Richtung einer optischen Achse CO_1 pflanzt sich nur eine einzige, zu ihr senkrechte, ebene Welle fort, aber ihr entsprechen die unendlich vielen Strahlen, welche von C nach dem Kreise $O_1 K_1$ hingehen.

Endlich bleibt noch übrig, die Richtung der Ätherschwingungen und die Lage der Polarisationsebenen zu bestimmen.

Betrachten wir zuerst eine von C ausgehende Strahlenrichtung, so legen wir durch sie und durch die Strahlenachsen CA_1 und CA_2 zwei Ebenen; die Halbierungsebenen der von ihnen gebildeten Winkel sind die Ebenen, in denen die Ätherteilchen auf den beiden nach der gegebenen Richtung sich fortpflanzenden Strahlen schwingen. Die Schwingungsrichtungen selbst ergeben sich, wenn man noch die zu der Strahlrichtung gehörenden Wellenebenen aufsucht.

Es sei zweitens eine von C ausgehende Richtung gegeben, welche die gemeinsame Wellennormale zweier paralleler ebener Wellen bildet. Die Polarisationsebenen der letzteren erhalten wir durch eine ähnliche Konstruktion wie vorher. Wir legen durch die Wellennormale und die optischen Achsen CO_1 und CO_2 zwei Ebenen; die ihre Winkel halbierenden Ebenen sind die Polarisationsebenen der beiden parallelen ebenen Wellen; die Schnittlinien jener Ebenen mit der Wellenebene die Schwingungsrichtungen der Wellen.

Die Frage, wie Polarisationsrichtungen und Fortpflanzungsgeschwindigkeiten zusammengehören, werden wir im folgenden Paragraphen allgemein behandeln, in § 340 für einen speziellen Fall auf anderem Wege lösen.

§ 338. Zur Geometrie der Wellenfläche zweiachsiger Kristalle. Im Anschluß an die vorhergehenden Untersuchungen möge zunächst noch eine relativ einfache Konstruktion der Wellenfläche mitgeteilt werden. Wir wollen dabei die Wellenfläche so bestimmen, daß sie die Punkte umfaßt, bis zu denen die von dem Zentrum C ausgehende Erschütterung in der Zeiteinheit sich ausbreitet. Die Radien Vektoren der Wellenfläche sind dann nichts anderes, als die geometrischen Repräsentanten der Geschwindigkeiten, mit denen die von C ausgehenden Lichtstrahlen nach den verschiedenen Richtungen hin fortschreiten. Es sind dann in Figur 415 die in der Richtung der X-Achse liegenden Vektoren Cv und Cw numerisch gleich den Geschwindigkeiten v und w

der längs CX sich bewegenden Strahlen, ebenso in der Richtung CY die Radien Cw und Cu numerisch gleich den Strahlengeschwindigkeiten w

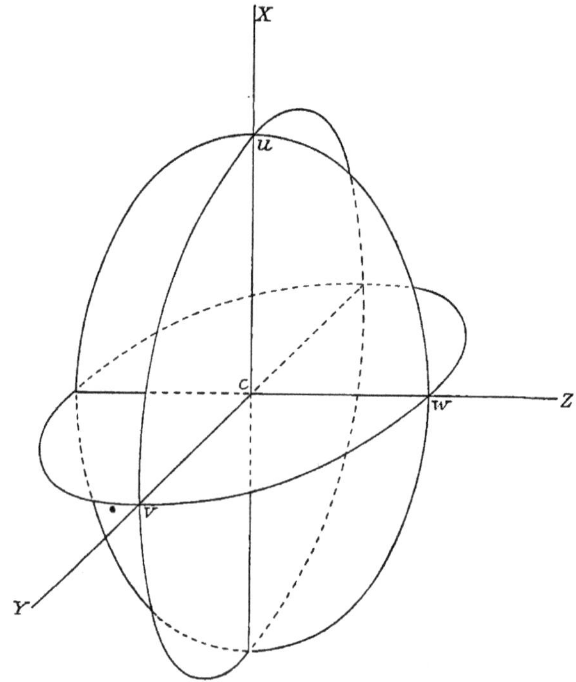

Fig. 418. FRESNELsches Ellipsoid.

und u für jene Richtung; in der Richtung der Z-Achse Cu und Cv numerisch gleich den Strahlengeschwindigkeiten u und v nach der Richtung CZ.

Wir ziehen nun im Inneren des Kristalles von C aus drei Achsen X, Y, Z; von diesen soll, ebenso wie in Figur 415, X der optischen Mittellinie entsprechen, Z in der Ebene der optischen Achsen zu X senkrecht stehen, Y endlich senkrecht sein zu X und Z. Wir tragen dann auf X die Geschwindigkeit u, auf Y die Geschwindigkeit v, auf Z die Geschwindigkeit w auf, die sogenannten Hauptlichtgeschwindigkeiten des Kristalles. Dabei ist, wie in Figur 415, angenommen, daß $u > v > w$ ist. Wir konstruieren

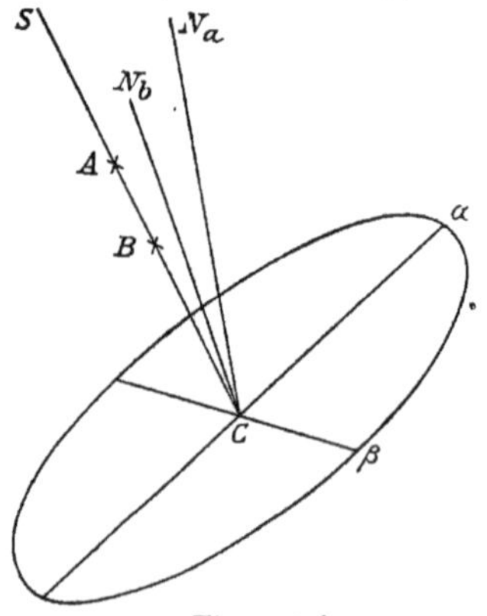

Fig. 419.

endlich ein Ellipsoid (Fig. 418), dessen Achsen numerisch gleich u, v, w sind; die Endpunkte der Achsen sind durch dieselben Buchstaben bezeichnet, wie ihre Längen. Dieses Ellipsoid, das sogenannte FRESNELsche, wird durch jede der Ebenen XY, YZ, ZX in einer Ellipse geschnitten; die Hauptachsen der zu CX senkrechten Schnittellipse sind gleich v und w; sie geben die Geschwindigkeiten der beiden in der Richtung CX fortschreitenden Strahlen; in derselben Beziehung stehen die Achsen der Schnittellipsen in der ZX- und XY-Ebene zu den Strahlen, die längs CY und CZ sich fortpflanzen. Es zeigt sich, daß die hierin liegende Beziehung allgemein für jede Strahlrichtung CS gilt. Um die ihr entsprechenden Strahlgeschwindigkeiten zu finden, legen wir senkrecht zu CS eine Ebene durch C, welche das Ellipsoid in einer Ellipse schneidet (Fig. 419); **ihre Hauptachsen $C\alpha$ und $C\beta$ sind dann numerisch gleich den Geschwindigkeiten der längs CS sich fortpflanzenden Strahlen.** Wenn wir also die Achsen $C\alpha$ und $C\beta$ auf der Strahlrichtung CS nach CA und CB abtragen, so sind A und B zwei Punkte der Wellenfläche. Wiederholt man die Konstruktion für eine Reihe von verschiedenen Strahlrichtungen, so kann man die beiden Mäntel der Wellenfläche durch die so erhaltenen Punkte A und B hindurchlegen.

Wir knüpfen hieran noch eine weitere Bemerkung; zu der Strahlrichtung CS gehören, wie wir in § 337 gesehen haben, zwei ebene Wellen. Ihre Normalen CN_a und CN_b liegen in den Ebenen $SC\alpha$ und $SC\beta$. Die Schwingungsrichtung des Strahles, der mit der Geschwindigkeit $C\alpha$ fortschreitet, liegt in der Ebene $SC\alpha$ senkrecht zu CN_a; die Schwingungsrichtung des Strahles mit der Geschwindigkeit $C\beta$ liegt in der Ebene $SC\beta$ senkrecht zu CN_b. Dabei ist vorausgesetzt, daß für Polarisationsebene und Schwingungsrichtung die in § 324 gemachte Annahme gilt, daß also die Schwingungen auf der Polarisationsebene senkrecht stehen.

Wir haben in § 337 gefunden, daß parallel mit einer gegebenen Ebene zwei ebene Wellen fortschreiten. Die Geschwindigkeiten, welche sie in der Richtung der Wellennormalen besitzen, lassen sich durch eine ganz ähnliche Konstruktion bestimmen, wie zuvor die Strahlgeschwindigkeiten. Den Ausgangspunkt der Konstruktion bildet die Fußpunktfläche des FRESNELschen Ellipsoides, das Ovaloid. Man erhält diese Fläche, wenn man an das Ellipsoid die berührenden Ebenen legt und auf diese von dem Mittelpunkte C aus Senkrechte fällt. Die Fläche, welche die Fußpunkte dieser Senkrechten auf den zugehörigen Berührungsebenen verbindet, ist das Ovaloid; dieses hat dieselben Achsen wie das Ellipsoid und berührt sich mit diesem in den Endpunkten der Achsen; im übrigen baucht sich aber das Ovaloid weiter aus als das Ellipsoid. Ist nun eine Wellenebene im Kristalle gegeben, so legen wir eine zu ihr parallele Ebene durch den Mittelpunkt C des Ovaloids. Der Schnitt ist ein Oval, welches, ebenso wie eine Ellipse, zwei zu einander senkrechte Hauptachsen hat; sie sind numerisch gleich den Geschwindigkeiten, mit denen die beiden zu der gegebenen Ebene parallelen Wellen in der Richtung ihrer Normalen fortschreiten. Für die den Wellen entsprechenden Strahlen und Schwingungsrichtungen gilt ein Satz, der demjenigen analog ist, den wir zuvor für die beiden längs einer Richtung CS fortschreitenden Strahlen angeführt haben. Trägt man auf der Normale der Wellenebene die beiden ihr entsprechenden Geschwindigkeiten auf, so beschreiben die Endpunkte der abgetragenen Strecken eine zweischalige Fläche, sobald man die Lage der Wellenebene stetig ändert; diese Fläche nennt man die Normalenfläche; sie steht zu der Wellenfläche in derselben Beziehung, wie das Ovaloid zum Ellipsoid, d. h. sie ist die Fußpunktfläche der. Wellenfläche.

§ 339. Polarisationsapparate. Wir gehen nun von den theoretischen Erörterungen der vorhergehenden Paragraphen zu der Beschreibung der Polarisationsapparate über, die für die experimentelle Entwickelung der Kristalloptik von fundamentaler Bedeutung sind. Von einem geeigneten Stative werden zwei NICOLsche Prismen so gehalten, daß ihre Längskanten parallel sind, und daß sie um die jenen Kanten parallelen Prismenachsen beliebig gedreht werden können. Das eine Prisma dient zur Erzeugung geradlinig polarisierten Lichtes; es wird daher als Polarisator bezeichnet; das zweite zur Untersuchung des von dem Polarisator herkommenden Lichtes; es heißt der Analysator. Durch Drehen des Analysators kann man seine Polarisationsebene zu der des Polarisators senkrecht stellen, die Prismen sind dann gekreuzt, und das Gesichtsfeld des Apparates ist dunkel

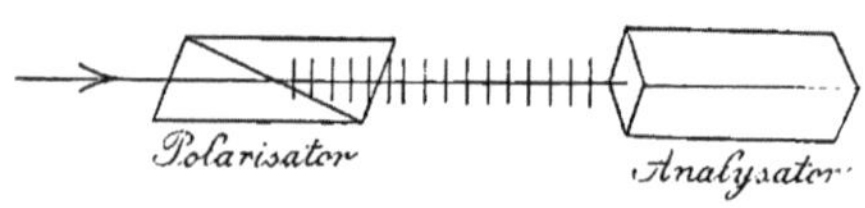

Fig. 420.

(Fig. 420). Dreht man den Analysator von jener Stellung aus weiter, so hellt sich das Gesichtsfeld auf; ein Maximum der Helligkeit tritt ein, wenn die Polarisationsebenen der Prismen parallel sind.

Um einen Polarisationsapparat herzustellen, kann man natürlich auch zwei beliebige andere Körper kombinieren, von denen jeder für sich geradlinig polarisiertes Licht erzeugt. Von den mannigfachen denkbaren Kombinationen verdient noch besondere Erwähnung die Turmalinzange, bei der zwei Turmalinplatten in einem handlichen Drahtgestell drehbar hintereinander befestigt sind.

Der Polarisationsapparat ist ein Mittel, um bei einem beliebigen Körper zu entscheiden, ob er isotrop ist, sich nach allen Richtungen gleich verhält, oder anisotrop, ob also seine optischen Eigenschaften abhängig sind von der Richtung, in der die Lichtstrahlen in seinem Inneren sich bewegen. Schneiden wir aus einem Körper von der letzteren Art eine Platte und bringen wir sie zwischen die gekreuzten Prismen eines Polarisationsapparates. Die Richtung der von dem Polarisator durchgelassenen Schwingungen bezeichnen wir durch p. Fällt ein in der Richtung p schwingender Strahl auf die anisotrope Platte, so wird er zerlegt in zwei senkrecht zu einander schwingende, die sich in ihrem

Inncron mit verschiedener Geschwindigkeit bewegen und aus der Platte
mit einer gewissen Phasenverschiebung wieder austreten. Sie setzen
sich im allgemeinen zu einem elliptisch polarisierten Strahle zusammen;
dieser aber hat eine Komponente, deren Schwingungsrichtung der vom
Analysator durchgelassenen Schwingung parallel ist. Diese Komponente
geht also durch den Analysator hindurch und bedingt eine Aufhellung
des Gesichtsfeldes. Nur wenn die Verschiebung der beiden Strahlen
eine halbe Wellenlänge oder ein Vielfaches einer solchen beträgt, setzen
sie sich nach dem Durchgang durch die Platte wieder zu einem geradlinig polarisierten Strahle zusammen. Beträgt die Phasenverschiebung
ein gerades Vielfaches einer halben Wellenlänge, so schwingt der resultierende Strahl parallel zu der Polarisationsebene des Analysators; er
kann nicht durch diesen hindurch, und das Gesichtsfeld würde dunkel
bleiben, wenn nur dieser eine Strahl vom Polarisator herkäme. Bei
Anwendung von weißem Licht werden nun immer gewisse Farben
existieren, die in der angegebenen Weise ausgelöscht werden. Daraus
erklärt es sich, daß das Gesichtsfeld bei Einschaltung eines anisotropen
Körpers nicht einfach erhellt, sondern gefärbt wird. Die Art der Färbung
hängt von dem Geschwindigkeitsunterschiede der in der anisotropen
Platte sich bewegenden Strahlen ab. Es
entstehen in der angegebenen Weise die
schönen Farbenerscheinungen gepreßter und
rasch gekühlter Gläser zwischen gekreuzten
Prismen. Diese Körper sind nicht homogen,
ihre Eigenschaften ändern sich vielmehr von
Stelle zu Stelle aber in stetiger Weise; die
Färbung ist daher keine gleichmäßige, sondern an verschiedenen Stellen verschieden
und enthüllt durch ihren Wechsel den Wechsel der inneren Beschaffenheit.[1]

**§ 340. Interferenzfarben dünner Kristall-
blättchen in parallelem Lichte.** Die allgemeinen
Andeutungen des vorhergehenden Paragraphen führen wir weiter aus für den Fall
eines dünnen Blättchens, das aus einem

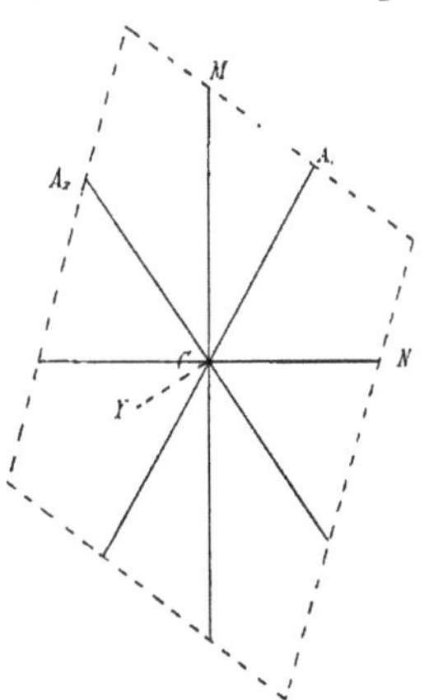

Fig. 421. Gipsplatte.

positiv zweiachsigen Kristall, etwa einem Gipse, durch Abspalten
erhalten werden kann. Die Strahlenachsen CA_1 und CA_2 des Gipses
liegen parallel der Spaltfläche (Fig. 421); dasselbe gilt dann auch von
der ihren spitzen Winkel halbierenden Mittellinie CM und von der
Halbierungslinie des stumpfen Winkels CN. Ziehen wir in dem Blättchen
eine Linie CY senkrecht zu der Ebene der Strahlenachsen, so bewegen

---

[1] F. Neumann, Über die Gesetze der Doppelbrechung des Lichtes in kom-
primierten und ungleichmäßig erwärmten unkristallinischen Körpern. Abhandl. der
Berl. Akad. 1841. — Maxwell, On the Equilibrium of Elastic Solids. The Scientific
Papers Vol. I, p. 30.

sich nach derselben zwei Strahlen, deren Wellenebenen der Ebene der optischen Achsen parallel sind, wie sich aus der Betrachtung von Figur 415 leicht ergibt. Ihre Schwingungsrichtungen erhalten wir nach der in § 337 angeführten Konstruktion; sie liegen in den Ebenen YCM und YCN, welche die beiden von CA_2 und CA_1 gebildeten Winkel halbieren; sie müssen aber außerdem in den durch die Ebene der optischen Achsen bestimmten Wellenebenen liegen. Die Schwingungsrichtungen der Strahlen, die in dem Gipsblättchen senkrecht zu seinen Grenzflächen sich fortpflanzen, fallen daher zusammen mit der optischen Mittellinie CM und der zu ihr senkrechten CN. Es frägt sich nur, wie die Schwingungsrichtungen und Fortpflanzungsgeschwindigkeiten zusammengehören. Zeichnen wir zu diesem Zwecke den Schnitt der Wellenfläche des Gipses durch die Ebene der optischen Achsen (Fig. 422 a). Die große Achse der Schnittellipse ist gegeben durch Cw, die kleine durch Cu''; die durch diese Achsen dargestellten Lichtgeschwindigkeiten bezeichnen wir durch w und u.

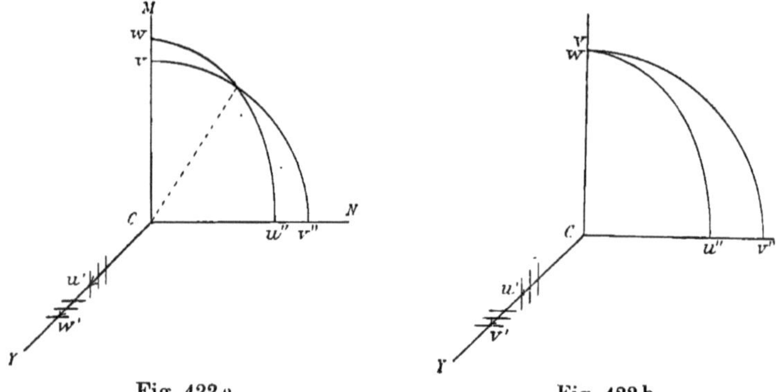

Fig. 422 a.   Fig. 422 b.

Fortpflanzungsgeschwindigkeit und Schwingungsrichtung.

Nehmen wir die Lichtgeschwindigkeit im leeren Raum als Einheit, so ist $w = 0\cdot657$, $u = 0\cdot654$. Senkrecht zu der Ebene der optischen Achsen in der Richtung CY pflanzen sich zwei Strahlen fort mit den Geschwindigkeiten w und u. Ihre Endpunkte gelangen in der Zeiteinheit auf die Punkte w' und u' der Wellenfläche. Die Schwingungsrichtungen sind nach dem Vorhergehenden gegeben durch die Richtungen der Achsen Cu'' und Cw. Um zu entscheiden, welche Richtung zu dem Strahle Cw', welche zu Cu' gehört, verfahren wir folgendermaßen. Wir deformieren die gegebene Wellenfläche des Gipses so, daß sie allmählich in die eines positiv einachsigen Kristalles übergeht. Zu diesem Zwecke müssen wir Cv und damit natürlich auch Cv'' vergrößern, bis sie schließlich gleich Cw oder Cw' werden; $w\,w'\,v''$ wird dann zu der Kugel $v\,v'\,v''$, und $w\,u\,u''$ zu dem Ellipsoid der einachsigen Wellenfläche (Fig. 422 b), Cw zu ihrer Hauptachse. Cw' entspricht dem ordentlichen Strahle Cv', Cu' dem außerordentlichen. Der erstere schwingt senkrecht, der letztere parallel zur Hauptachse; die Kontinuität des Überganges fordert, daß bei der Wellenfläche des Gipses die Schwingungsrichtung von Cw' parallel mit Cu'', die von Cu' parallel Cw sei. Der Strahl, dessen Geschwindigkeit gleich der großen Achse der Schnittellipse ist, schwingt parallel der kleinen und umgekehrt. Das so gewonnene Resultat stimmt überein mit der allgemeinen Regel des vorhergehenden Paragraphen.

Wir schalten nun das Gipsblättchen ein zwischen die beiden gekreuzten Prismen eines Polarisationsapparates. Die von dem Polarisator kommenden Strahlen seien einander parallel, CQ_1 (Fig. 423) sei ihre Schwingungsrichtung, CQ_2 die Schwingungsrichtung der vom Analysator durchgelassenen Strahlen. Legen wir das Gips-

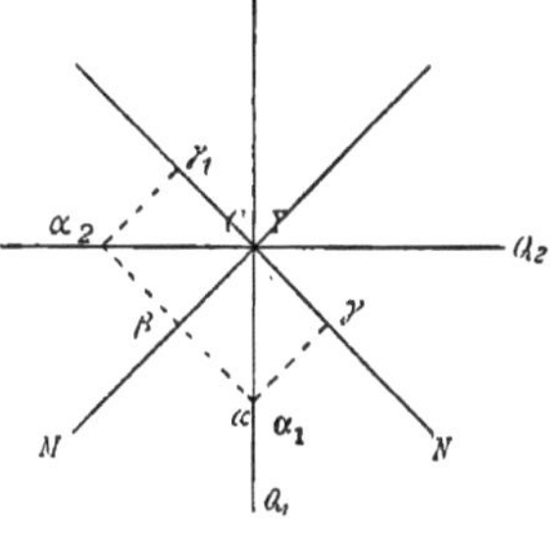

Fig. 423.

blättchen so, daß seine optische Mittellinie mit der Richtung CQ_1 oder CQ_2 zusammenfällt, so ändert sich nichts in den Verhältnissen des vom Polarisator kommenden Lichtes, das Gesichtsfeld bleibt dunkel.

Anders gestaltet sich die Sache, wenn wir, wie in der Figur, die optische Mittellinie CM unter einem Winkel von 45^0 gegen die Schwingungsrichtungen CQ_1 und CQ_2 legen. Es stelle $C\alpha$ die Amplitude der vom Polarisator kommenden Schwingungen vor; wir zerlegen den einfallenden Strahl in zwei, deren Schwingungen parallel mit CM und CN, deren Amplituden, $C\beta$ und $C\gamma$, die Projektionen von $C\alpha$ auf CM und CN sind. Beim Durchgang durch das Blättchen erleiden die beiden nach CM und CN schwingenden Strahlen eine Verschiebung der Phase; denn die Wellenlänge ist für den Strahl Cw' (Fig. 422a) größer als für Cu', für Na-Licht bei Cw' gleich 387, bei Cu' gleich 385 $\mu\mu$. Beträgt jene Verschiebung eine halbe Wellenlänge oder ein ungerades Vielfaches einer solchen, so ändert sich die relative Lage der Amplituden. Wenn etwa die Amplitude $C\beta$ des in der Mittellinie schwingenden Strahles beim Austritt ebenso gerichtet ist, wie vorher, so ist die Amplitude des zweiten Strahles umgekehrt gerichtet nach $C\gamma_1$ oder vielmehr $Y\gamma_1$, wenn wir unter Y den Punkt verstehen, in dem der Strahl das Blättchen wieder verläßt. Beide Strahlen setzen sich somit zu einem geradlinig polarisierten zusammen, dessen Schwingungsrichtung $C\alpha_2$ oder $Y\alpha_2$ parallel der Richtung CQ_2 der vom Analysator durchgelassenen Schwingungen ist; der Strahl $C\alpha_2$ wird somit durch den Analysator hindurchgehen, das Gesichtsfeld ist hell. Wenn aber die durch das Gipsblättchen erzeugte Phasendifferenz eine ganze Wellenlänge oder ein Vielfaches einer solchen beträgt, so setzen sich die austretenden Strahlen wieder zu einem Strahle von der Amplitude $C\alpha_1$ oder $Y\alpha_1$ zusammen; diese steht senkrecht auf CQ_2, der Strahl wird vom Analysator nicht durchgelassen, und das Gesichtsfeld bleibt dunkel. Die beiden

Fälle sind in den Figuren 424 und 425 schematisch dargestellt. In Wirklichkeit erreichen für Na-Licht die Strahlen Cw' und Cu' (Fig. 422a) erst bei einem Blättchen von 0·079 mm Dicke einen Phasenunterschied von einer Wellenlänge, und es liegen dann auf jener Dicke 192·5 Wellen des Strahles Cw' und 193·5 Wellen von Cu'. Lassen wir weißes Licht auf das Gipsblättchen fallen, so werden bei einiger Dicke desselben Farben vorhanden sein, die in der angegebenen Weise ausgelöscht werden. Ein Gipsblättchen von konstanter Dicke zeigt daher zwischen gekreuzten Polarisatoren in parallelem Lichte eine homogene Färbung, die von

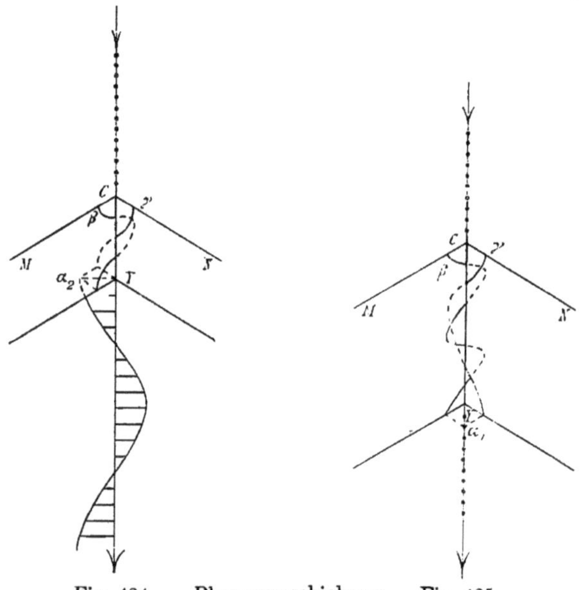

Fig. 424.   Phasenverschiebung   Fig. 425.
um eine halbe Wellenlänge.   um eine ganze Wellenlänge.

seiner Dicke abhängig ist. Würden Polarisator und Analysator und damit auch die Schwingungsrichtungen CQ_1 und CQ_2 parallel stehen, so würden die im vorhergehenden geschilderten Verhältnisse sich umkehren; Dunkelheit würde eintreten bei einer Phasenverschiebung um $\frac{\lambda}{2}$, Helligkeit bei einer solchen um λ. Im weißen Lichte sind daher die Farben der Blättchen bei parallelen Polarisatoren komplementär zu denen bei gekreuzten. Bei zu großer Dicke verschwindet die Farbe aus Gründen, ähnlich denen, die wir bei der Betrachtung der NEWTONschen Ringe besprochen haben.

In analoger Weise, wie Gipsblättchen, verhalten sich auch dünne, von einer Glimmertafel abgespaltene Blättchen, bei denen aber, abweichend von dem Gipse, die optische Mittellinie sehr nahe senkrecht auf den Grenzflächen steht. Sogenannte Viertelundulationsglimmerplatten,

d. h. solche, die den beiden in der Richtung der Plattennormale sie durchsetzenden Strahlen eine Wegdifferenz von einer Viertelwellenlänge erteilen, dienen häufig zur Erzeugung von zirkular polarisiertem Licht.

Die Farben, welche bei dünnen Blättchen zwischen gekreuzten Polarisatoren ausgelöscht werden, lassen sich sehr scharf bestimmen, wenn man den Polarisationsapparat verbindet mit dem Spektralapparat. Man bringt den Polarisator in dem Spaltrohr dicht hinter dem Spalte, den Analysator vor dem Okular des Fernrohres an. Beleuchtet man den Spalt mit Sonnenlicht, so kann man zunächst durch Drehen des Okularnicols das Gesichtsfeld dunkel machen. Bringt man jetzt in den Strahlengang zwischen Polarisator und Analysator ein Gipsblättchen, so erscheinen im Spektrum neben den FRAUNHOFERschen Linien schwarze, ihnen parallele Balken; denn es fehlen die Farben, für welche das Gipsblättchen zwischen den ordentlichen und außerordentlichen Strahlen eine Phasendifferenz von einer Wellenlänge oder einem Vielfachen einer solchen erzeugt.

Man könnte auf den Gedanken kommen, daß bei der im vorhergehenden betrachteten Erscheinung die Einführung des Polarisators überflüssig sei, da ja auch ein Strahl natürlichen Lichtes nach den Richtungen CM und CN zerlegt wird. Aber den so entstehenden Strahlen fehlt nach § 326 die Eigenschaft der Kohärenz, und sie sind daher nicht fähig, Interferenz zu erzeugen. Die Sache verhält sich im wesentlichen so, wie wenn der Polarisator mit ungeheurer Geschwindigkeit um seine Längsachse gedreht würde. Bei Anwendung von weißem Lichte tritt dann ein ebenso rascher Wechsel komplementärer Färbungen ein, und diese ergänzen sich zu dem Eindruck des Weiß.

§ 341. Der Kompensator. Schon bei der Untersuchung der Metallreflexion entsteht die Aufgabe, zwei senkrecht zu einander polarisierten Strahlen eine bestimmte Phasenverschiebung zu erteilen; wir benützen hierzu den BABINETschen Kompensator. Das Prinzip seiner Konstruktion ergibt sich aus dem Folgenden. Aus einem Quarze schneiden wir zwei dünne Platten parallel zu der Achse und legen sie so übereinander, daß die Achsenrichtungen gekreuzt sind; wir bezeichnen diese durch CH_1 und CH_2, die zu ihnen senkrechten mit CN_1 und CN_2 (Fig. 426).

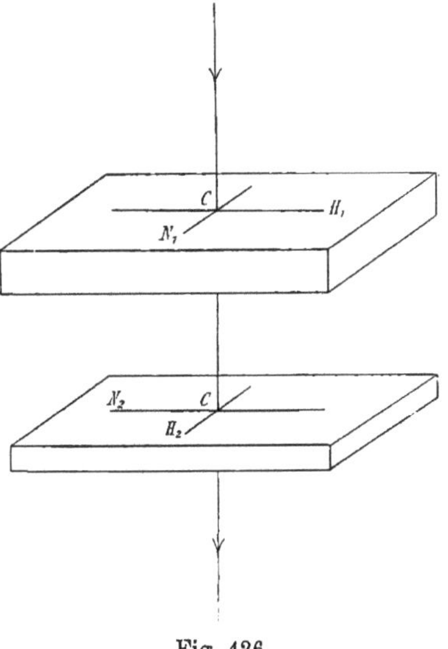

Fig. 426.

Nun falle auf diese Kombination senkrecht ein Strahl linear oder elliptisch polarisierten Lichtes. Er zerlegt sich beim Eintritt in die erste Platte in zwei, einen ordentlichen ϑ, der parallel mit $C N_1$, einen außerordentlichen ϑ', der parallel mit $C H_1$ schwingt. Der Strahl ϑ pflanzt sich schneller fort als ϑ' und erlangt dadurch einen gewissen Vorsprung in seiner Phase, den wir, ausgedrückt in Wellenlängen, durch δ_1 bezeichnen wollen. In dem zweiten Quarze schwingt der Strahl ϑ parallel mit $C H_2$, er wird hier zum außerordentlichen, der Strahl ϑ' parallel mit $C N_2$, er wird zum ordentlichen Strahl; der Strahl ϑ pflanzt sich jetzt langsamer fort und verliert dadurch wieder eine gewisse Zahl von Wellenlängen, die durch δ_2 bezeichnet sei. Im ganzen resultiert aus dem Durchgang durch die beiden Platten eine Phasenverschiebung von $\delta_2 - \delta_1$ Wellenlängen, deren Betrag von der Dicke der Platten abhängig ist; bei gleicher Dicke heben sich ihre Wirkungen auf, andernfalls ist ihre Wirkung dieselbe, wie die einer einzigen Platte, deren Dicke gleich der Differenz der Plattendicken, deren Achsenrichtung dieselbe ist, wie der Differenz der Plattendicken, deren Achsenrichtung dieselbe ist, wie

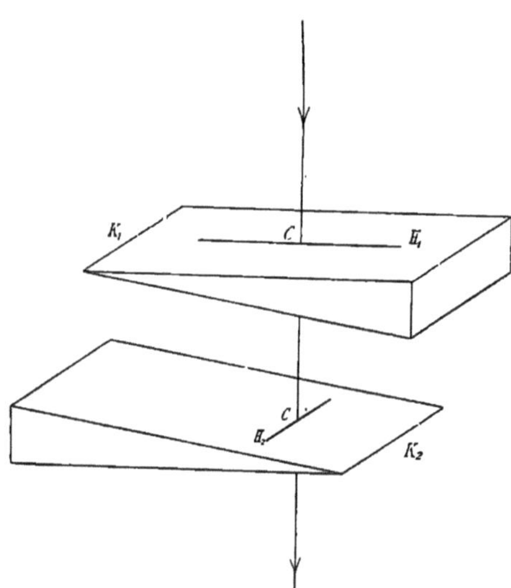

Fig. 427. Babinets Kompensator.

die der dickeren Platte. Diese Betrachtungen machen nun die Wirkungen des Kompensators leicht verständlich; er besteht aus zwei Quarzkeilen K_1 und K_2 (Fig. 427) von gleichem Keilwinkel, die so übereinandergelegt sind, daß die Schneiden einander parallel, aber nach entgegengesetzten Seiten gewandt, daß die äußeren Keilflächen parallel sind. Der Keil K_1 ist fest, seine optische Achse liegt parallel zu der äußeren Fläche und senkrecht zu seiner Schneide. K_2 ist gegen K_1 verschiebbar, aber so, daß die Schneiden und ebenso die äußeren Flächen der Keile

parallel bleiben; die optische Achse von K_2 liegt parallel zu der Schneide; die optischen Achsen der beiden Keile sind dann stets gekreuzt. Bedecken wir die Vorrichtung mit einer Blende, so daß nur in der Mitte ein schmaler Spalt frei bleibt, so wirken in diesem die beiden Keile wie die im vorhergehenden betrachteten Quarzplatten; da wir aber durch Verschieben des Keiles K_2 den Unterschied der Keildicken an der Stelle des Spaltes beliebig ändern können, so können wir den senkrecht zu einander polarisierten Strahlen ϑ und ϑ' jeden beliebigen Phasenunterschied erteilen.

Umgekehrt können wir mit dem Kompensator auch einen Phasenunterschied aufheben, der zwischen zwei senkrecht zu einander schwingenden Strahlen vorhanden ist, wir können elliptisch polarisiertes Licht in geradlinig polarisiertes verwandeln. Hiervon eben macht man Anwendung bei der Untersuchung der Metallreflexion.

Wir erwähnen noch die Erscheinung, die der Kompensator im Polarisationsapparate liefert, wenn homogenes Licht, etwa eine Na-Flamme, zur Beleuchtung benutzt wird. Die Keile mögen sich gerade überdecken, ihre Achsen Winkel von 45° mit den gekreuzten Polarisationsebenen bilden. Das Gesichtsfeld erscheint dann parallel den Schneiden von schwarzen Streifen durchzogen. Diese entstehen da, wo die Phasendifferenz der Strahlen ϑ und ϑ' ein Vielfaches einer ganzen Wellenlänge beträgt; der mittlere entspricht der Stelle, wo die Keile gleich dick sind.

§ 342. Erscheinungen im konvergenten Lichte. Die in den vorhergehenden Paragraphen entwickelten Prinzipien genügen auch zur Erklärung der Erscheinungen, die man erhält, wenn man polarisierte Strahlen mit Hilfe einer Sammellinse konvergent durch eine Kristallplatte gehen läßt; Erscheinungen, die man in einfachster Weise mit einer dicht vor das Auge gehaltenen Turmalinzange beobachten kann, bei der ohne alles weitere Strahlen von den verschiedensten Richtungen ins Auge gelangen. Wir beschränken uns darauf, einige wichtige Beispiele anzuführen, ohne auf eine theoretische Erläuterung einzugehen. Wir setzen voraus, daß die Polarisationsebenen gekreuzt, das Gesichtsfeld an und für sich dunkel sei.

Bringen wir nun zwischen die Polarisatoren eine senkrecht zur Achse geschnittene Platte eines einachsigen Kristalles, etwa von Kalkspat, so

Gekreuzte Polarisatoren.

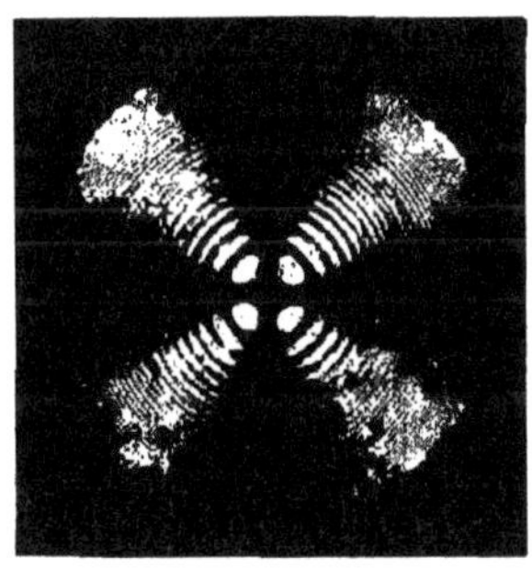

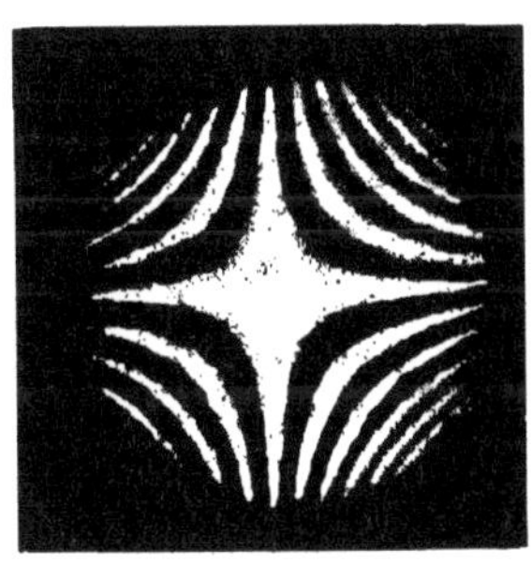

Fig. 428.   Fig. 429.

Kalkspat senkrecht zur Achse.   Quarz parallel zur Achse.

zeigt sich im homogenen Lichte das durch Figur 428 anschaulich gemachte Bild. Die Mitte des Gesichtsfeldes ist dunkel, von ihr geht ein dunkles Kreuz aus, dessen Arme den Polarisationsebenen parallel sind. In den vier zwischen ihnen liegenden Quadranten wechseln helle und dunkle Ringe, an deren Stelle im weißen Lichte farbige Ringe treten.

Eine parallel zu der Achse geschnittene Platte eines einachsigen Kristalles zeigt die durch Figur 429 dargestellte Erscheinung, abwechselnd helle und dunkle Hyperbeln.

Schneiden wir aus einem zweiachsigen Kristalle eine Platte senkrecht zu der optischen Mittellinie, so ergeben sich im homogenen Lichte die in den Figuren 430 und 431 dargestellten Erscheinungen. Figur 430 entspricht dem Falle, daß die Ebene der optischen Achsen mit der einen Polarisationsebene zusammenfällt; die Figur 431 setzt voraus, daß die

<h3 style="text-align:center">Zweiachsige Kristalle.</h3>

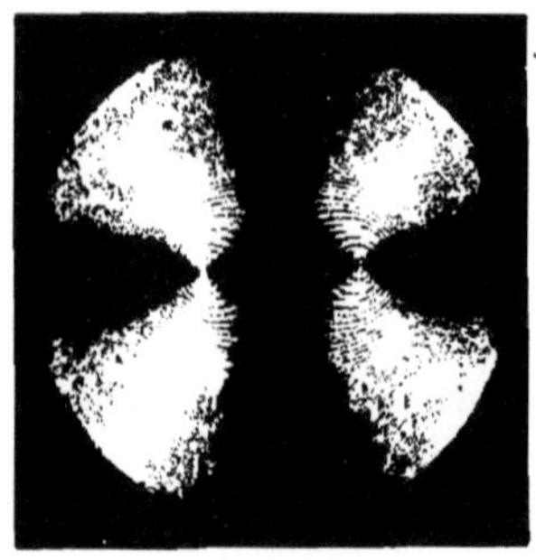 

Fig. 430.   Ebene der optischen Achsen   Fig. 431.
parallel zum Hauptschnitte des Analysators.   unter 45° geneigt.

Ebene der optischen Achsen mit den Polarisationsebenen Winkel von 45° einschließt. Die von den Kurven umschlossenen Punkte entsprechen den Austrittsrichtungen solcher Strahlen, für welche die zugehörigen Wellen im Inneren der Platte in der Richtung der optischen Achsen sich fortpflanzen.

Wir ergänzen diese Beschreibung der Erscheinungen noch durch einige Bemerkungen über den Polarisationsapparat, mit dem man sie in der Regel beobachtet. Der Einfachheit halber beziehen wir uns dabei auf das Beispiel einer senkrecht zur Achse geschliffenen Platte eines einachsigen Kristalls.

Die Kristallplatte ist bezeichnet durch KK (Fig. 432). Wir betrachten ein Bündel paralleler, durch einen Nicol N_1 polarisierter Strahlen, das von unten her unter einem kleinen Winkel gegen die optische Achse CA auf die Platte fällt. Indem wir in der Figur, die einen mehr schematischen Charakter besitzt, von der beim Durchgang durch die Platte eintretenden Parallelverschiebung der Strahlen absehen, stellen wir dieses Bündel durch die Linie CM und die beiden mit ihr parallelen Linien dar. Die genaue Bestimmung der Brechung und der Polarisation der Strahlen kann leicht mit den in § 335 und § 336 gegebenen Hilfsmitteln ausgeführt werden. Jedenfalls ergibt sich, daß der Charakter des Strahlenbündels nach dem Durchgang durch die Platte, von gewissen ausgezeichneten Fällen abgesehen, ein wesentlich anderer ist als vorher. Das von der Platte durchgelassene Strahlenbündel besteht aus einer Übereinanderlagerung ordentlicher und außerordentlicher Strahlen. Diese sind senkrecht zu einander polarisiert, sie haben im allgemeinen verschiedene Amplitude, und haben beim Durchgang durch die Platte eine Phasenverschiebung erhalten, welche von der Dicke der Platte und von der Neigung der Strahlen gegen die Achse abhängt. Die Phasenverschiebung ist dieselbe für alle Strahlenrichtungen CM, denen derselbe Winkel ACM entspricht; erzeugen wir also einen Kegel durch Rotation von CM um die Achse CA, so ist die Phasenverschiebung die gleiche für alle Strahlenbündel, welche parallel mit den Kanten dieses Kegels sind. Wir nehmen an, die Schwingungsrichtung der vom Polarisator kommenden Strahlen liege in der Ebene der Zeichnung. Wenn dann auch CM in der Zeichenebene liegt, so ist die Amplitude der ordentlichen Strahlen gleich Null; die außerordentlichen haben dieselbe Amplitude wie die aus dem Polarisator tretenden. Wenn die Ebene ACM senkrecht steht auf der Ebene der Zeichnung, so ist die Amplitude der ordentlichen Strahlen unverändert gleich der Amplitude der ankommenden; die Amplitude der außerordentlichen Strahlen gleich Null. Wenn die Ebene ACM mit der Zeichenebene einen Winkel von 45^0 einschließt, so sind die Amplituden der ordentlichen und der außerordentlichen Strahlen gleich.

Bei dem von NÖRREMBERG angegebenen Apparate, der zur Beobachtung größerer Kristallplatten im konvergenten Lichte dient, befindet sich über der Platte eine Sammellinse B, deren Achse mit CA zusammenfällt, deren Brennpunkt in F gelegen sein mag. Diese Linse vereinigt die mit CM parallelen Strahlen in dem Punkte G der Brennebene. Die Polarisationsverhältnisse der in G zusammentreffenden Strahlen hängen von der Phasenverschiebung der ordentlichen und der außerordentlichen Strahlen, im allgemeinen auch von dem Verhältnis ihrer Amplituden ab. Beträgt aber die Verschiebung eine ganze Anzahl von Wellenlängen, so setzen sich die ordentlichen und die außer-

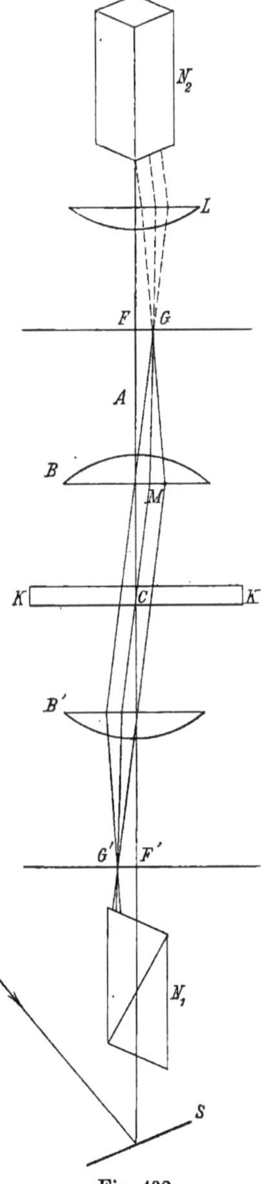

Fig. 432.

ordentlichen Strahlen unter allen Umständen zu einem linear polarisierten Strahle zusammen, dessen Schwingungsrichtung wieder dieselbe ist,
wie bei dem an der unteren Fläche der Platte ankommenden Strahle; der
gemachten Annahme entsprechend schwingen dann die in G vereinigten
Strahlen wieder parallel mit der Ebene der Zeichnung. Liegt die Richtung CM in der Ebene der Zeichnung, oder steht die Ebene ACM senkrecht
auf jener Ebene, so kann von einer Phasenverschiebung nicht die Rede
sein, weil dann entweder der ordentliche oder der außerordentliche
Strahl verschwindet. Die Schwingungsrichtung der Strahlen bleibt also
auch dann unverändert, wenn G der Zeichenebene oder der durch CA
senkrecht dazu gelegten Ebene angehört. Leicht zu übersehende Verhältnisse stellen sich endlich noch ein, wenn die Ebene ACM einen
Winkel von 45° mit der Zeichenebene einschließt. Beträgt unter dieser
Voraussetzung die Phasenverschiebung eine halbe Wellenlänge oder ein
ganzes Vielfaches einer halben Wellenlänge, so setzen sich ordentliche
und außerordentliche Strahlen zu einem linear polarisierten Strahle zusammen, dessen Schwingungen zur Ebene der Zeichnung senkrecht
stehen. Nimmt die Phasenverschiebung zu oder ab, bis sie gleich einem
Vielfachen einer ganzen Wellenlänge wird, so wird die Schwingung
ebenfalls linear und parallel der Ebene der Zeichnung. Zwischen diesen
beiden Fällen liegen alle möglichen Arten elliptischer Schwingung
(§ 335).

Wir betrachten nun die Brennebene FG durch einen analysierenden
Nicol N_2 und durch eine auf die Brennebene eingestellte Lupe L. Der
Analysator sei gegen den Polarisator gekreuzt. Dann werden alle diejenigen Stellen G dunkel erscheinen, in denen die resultierenden Strahlen
parallel der Zeichenebene schwingen; d. h. es erscheint in der Brennebene ein dunkles Kreuz, gebildet von ihren Schnittlinien mit der Zeichenebene und mit der zu ihr senkrechten Ebene. Außerdem aber erscheinen
dunkle Ringe um F als Mittelpunkt, gebildet von denjenigen Stellen, in
denen die Phasenverschiebung eine ganze Zahl von Wellenlängen beträgt.
Da, wo die resultierenden Strahlen linear und senkrecht zu der Ebene
der Zeichnung, oder elliptisch schwingen, wird die Brennebene mehr
oder weniger hell sein.

Um die in Figur 428 gezeichnete Erscheinung zu sehen, muß man
natürlich rings um die Achse CA eine unendliche Mannigfaltigkeit von
Parallelstrahlenbündeln unter allen möglichen Neigungswinkeln auf die
Platte fallen lassen. Die Linien CM, die wir als Repräsentanten dieser
verschiedenen Bündel betrachten können, erfüllen dann den Raum eines
Kreiskegels, dessen Spitze in C liegt, dessen Achse durch CA gegeben
ist. Da nur kleine Neigungen der Strahlen gegen die Achse in Betracht
kommen sollen, so wird dieser Kegel ein sehr spitzer sein. Jene verschiedenen Bündel von Parallelstrahlen werden durch eine Sammellinse
B' erzeugt, die mit B vollkommen gleich ist und symmetrisch zu B
unter der Kristallplatte angebracht wird; F' sei ihr Brennpunkt. Das

in der Figur gezeichnete Bündel von Parallelstrahlen entsteht dann aus den Strahlen, die von dem Punkte G' der Brennebene $F'G'$ herkommen. Zur Beleuchtung der Ebene $F'G'$ dient ein Spiegel, der das vom hellen Himmel kommende Licht nach oben reflektiert. Der polarisierende Nicol N_1 befindet sich zwischen Spiegel und Brennebene $F'G'$.

§ 343. Zirkularpolarisation. Der positiv einachsige Quarz zeigt gewisse Erscheinungen, die nach dem Vorhergehenden als anomal betrachtet werden müssen. Schneiden wir aus einem Bergkristall eine Platte senkrecht zur Achse, so ist dieselbe zwischen den gekreuzten Prismen eines Polarisationsapparates in parallelem Lichte nicht dunkel, sondern gefärbt; in konvergentem Lichte zeigen sich erst in einer gewissen Entfernung von der Mitte die Arme des schwarzen Kreuzes und die farbigen Ringe, welche für die einachsigen Kristalle charakteristisch sind, in der durch Figur 433 anschaulich gemachten Weise. Zugleich zeigt sich, daß die Färbung der Mitte wechselt, wenn man den Analysator dreht. Bei gewissen Quarzen gibt eine Drehung im Sinne des Uhrzeigers die Färbungen in der Reihe: Rot, Gelb, Grün, Blau; bei anderen ist die Reihenfolge die umgekehrte. Wir bezeichnen die ersteren als rechts-, die letzteren als linksdrehende. Die Erscheinung erklärt sich leicht, wenn wir Beobachtungen mit homogenem Lichte zu Hilfe nehmen. Die Polarisationsebenen seien gekreuzt, Figur 434, $O\,Q_1$ die Schwingungsrichtung des vom Polarisator kommenden Lichtes, $O\,Q_2$ die des vom Analysator durchgelassenen. Lassen wir unter diesen Umständen rotes Licht durch den Quarz gehen, so erscheint die Mitte des Gesichtsfeldes rot; ist der Quarz ein rechtsdrehender, so wird die Mitte dunkel, wenn wir den Analysator $O\,Q_2$ um einen gewissen Winkel δ_r nach rechts drehen; um denselben Winkel muß der Quarz die Polarisationsebene und die Schwingungsrichtung des einfallenden Strahles nach rechts gedreht haben. Wiederholen wir den Versuch mit violettem Lichte, so finden wir, daß die Wiederverdunkelung der Mitte erst nach einer größeren

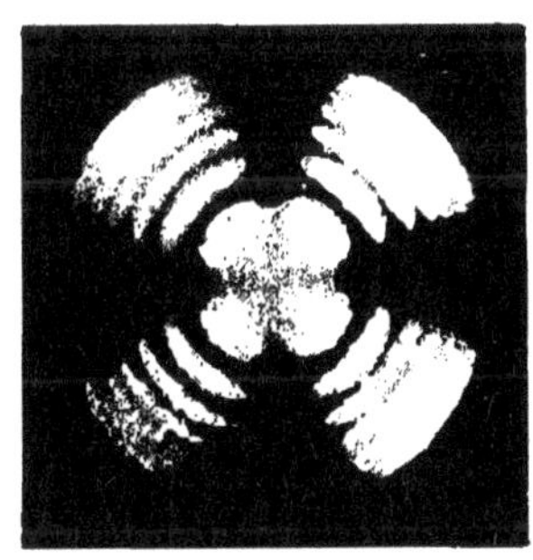

Gekreuzte Polarisatoren.

Fig. 433.

Quarzplatte senkrecht zur Achse.

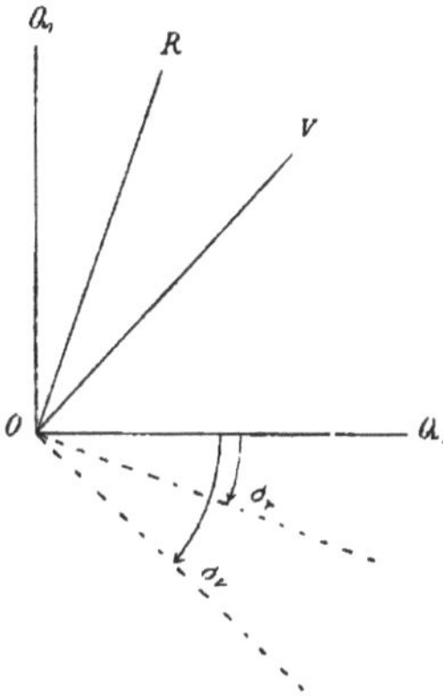

Fig 434.

Rechtsdrehung δ_v eintritt. Der rechtsdrehende Quarz hat somit die Eigenschaft, die Schwingungsrichtung geradlinig polarisierter Strahlen, die sich in der Richtung seiner Hauptachse bewegen, nach rechts zu drehen; am wenigsten die der roten, am meisten die der violetten Strahlen. In unserer Figur sind die Schwingungsrichtungen der gedrehten Strahlen durch $O R$ und $O V$ dargestellt. Wenn wir nun bei Benützung von weißem Lichte den Analysator so stellen, daß seine Polarisationsebene senkrecht steht auf der Schwingungsrichtung der gedrehten roten Strahlen, so werden diese vollständig durchgelassen; in der Färbung des Gesichtsfeldes herrscht das Rot vor; drehen wir den Analysator nach rechts, so stellt sich seine Polarisationsebene zunächst senkrecht zu den gedrehten gelben Strahlen, diese gehen ungeschwächt durch und bedingen einen gelben Ton des Gesichtsfeldes; bei fortgesetzter Drehung stellt sich die Polarisationsebene erst senkrecht gegen die grünen, dann gegen die blauen Strahlen, die Mitte des Interferenzbildes wird grün und blau. In der Tat folgen sich die Farbentöne in derselben Reihe wie im Regenbogen. Bei dem linksdrehenden Quarz werden die Polarisationsebenen der auffallenden Strahlen nach links gedreht, rot am wenigsten, violett am stärksten; bei einer Rechtsdrehung des Analysators muß daher die Reihenfolge der Farben die entgegengesetzte sein, wie im Regenbogen.

Der tiefere Grund der Erscheinung liegt darin, daß der Quarz einen in der Richtung der Achse eintretenden geradlinig polarisierten Strahl in zwei entgegengesetzt rotierende zirkularpolarisierte zerlegt, die sich längs der Achse mit verschiedener Geschwindigkeit fortpflanzen. Sie erleiden infolge hiervon eine gewisse Verschiebung gegeneinander; nach dem Austritt aus dem Quarz setzen sie sich nach dem in § 325 angeführten Satze wieder zu einem geradlinig polarisierten Strahle zusammen, dessen Schwingungsrichtung aber gegen die des ursprünglichen Strahles gedreht ist.

Strahlen, die im Quarze unter kleinem Winkel gegen die Achse sich bewegen, sind elliptisch polarisiert; in den beiden Strahlen, welche zu einer und derselben Wellenebene gehören, sind die Schwingungsellipsen um 90^0 gegeneinander verdreht. Die elliptische Polarisation nähert sich rasch der geradlinigen, so daß bei etwas größerer Neigung gegen die Achse die Erscheinungen mit denen der anderen positiv einachsigen Kristalle übereinstimmen.

Der Kompensator von SOLEIL. Nach dem Vorhergehenden wird man den Winkel, um den eine zirkularpolarisierende, oder wie man auch sagt, eine aktive Substanz die Polarisationsebene einfarbigen Lichtes dreht, am einfachsten in folgender Weise messen. Man stellt den Polarisationsapparat zuerst auf Dunkelheit des Gesichtsfeldes ein und bringt dann die drehende Substanz zwischen den Polarisator und den Analysator. Man dreht nun entweder den Polarisator rückwärts,

odor den Analysator vorwärts, bis das Gesichtsfeld abermals dunkel
wird. Der hierzu erforderliche Drehungswinkel ist gleich dem Winkel,
um welchen der aktive Körper die Polarisationsebene gedreht hat. Man
kann aber diesen letzteren Winkel auch dadurch bestimmen, daß man
die von dem aktiven Körper erzeugte Drehung durch eine zweite
Drehung kompensiert, welche von einer Platte einer entgegengesetzt
drehenden Substanz bei geeigneter Dicke hervorgebracht wird. Vorausgesetzt wird dabei natürlich, daß die Drehung der zum Vergleiche
dienenden Substanz in ihrer Abhängigkeit von der Dicke genau bekannt
sei. Zu diesem Zwecke dient der Kompensator von SOLEIL (Fig. 435).
Er besteht aus einer Platte R von rechtsdrehendem und zwei Keilen
K_1 und K_2 von linksdrehendem Quarze; die letzteren sind mit Hilfe
eines Triebes gegeneinander zu verschieben, sie stellen in ihrer Verbindung eine Platte linksdrehenden Quarzes von veränderlicher Dicke
dar. Die Platte R ist aus dem Quarze senkrecht zu seiner Hauptachse
geschnitten; ebenso stehen die äußeren Flächen der Keile senkrecht
zu der Achse. In der durch die Figur dargestellten Lage, der sogenannten Nulllage, ist die Dicke der von
den Keilen gebildeten Platte gleich der
Dicke von R, sie heben also die entgegengesetzte Drehung der letzteren Platte gerade auf. Je nachdem wir die Keile in
dem einen oder in dem anderen Sinne
gegeneinander verschieben, stellen sie eine
linksdrehende Platte dar, deren Dicke
größer oder kleiner ist, als die der Platte R.
Im ersten Falle entspricht die ganze Kombination einer linksdrehenden, im zweiten einer
rechtsdrehenden Platte; die wirksame Dicke
ist stets gleich der Differenz zwischen der
Dicke von R und zwischen der Summe
der übereinanderliegenden Keildicken.

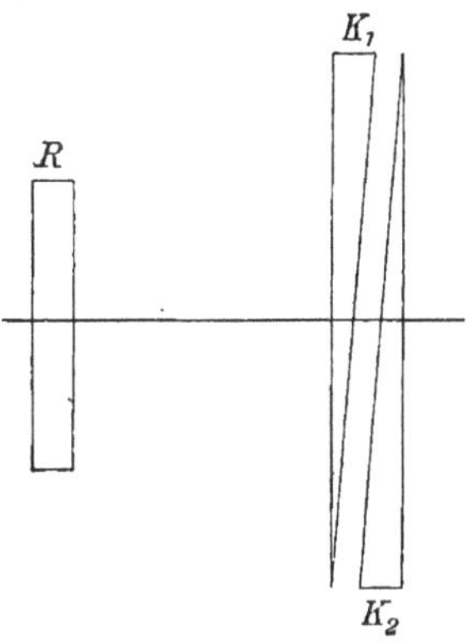

Fig. 435.

Die Messung einer Drehung mit dem Kompensator von SOLEIL gestaltet sich bei einfarbigem Lichte in folgender Weise. Die Polarisatoren
werden gekreuzt; zwischen ihnen befindet sich der Kompensator in der
Nulllage; das Gesichtsfeld ist also dunkel. Bringt man die drehende
Substanz zwischen den Kompensator und zwischen den Analysator, so
hellt sich das Gesichtsfeld auf; die Keile werden nun verschoben, bis
das Gesichtsfeld wieder dunkel ist. Aus der Verschiebung berechnet
sich die zur Kompensation erforderliche Quarzdicke und hieraus die
Drehung der zu untersuchenden Substanz.

Bei einer gegebenen Substanz ist die Drehung proportional mit
der vom Lichte in ihr durchlaufenen Länge. Für Quarz sind die durch
eine Platte von 1 mm Dicke erzeugten Drehungen in Graden für eine
Reihe verschiedener Wellenlängen hier zusammengestellt.

Drehung des Quarzes.

Wellenlänge in μ	Drehung δ pro 1 mm in Graden	Wellenlänge in μ	Drehung δ pro 1 mm in Graden
2·140	1·60	0·50861	29·72
1·770	2·28	0·48001	33·67
1·450	3·43	0·43586	41·55
1·080	6·18	0·40468	48·93·
0·67082	16·54	0·34406	70·59
0·58932	21·72	0·27467	121·06
0·54610	25·53	0·21935	220·72

Die Drehung des Quarzes läßt sich sehr gut durch die Formel

$$\delta = \frac{k_1}{\lambda^2 - \lambda_1^2} - \frac{k'}{\lambda^2}$$

darstellen; hier ist $k_1 = 12·200$, $k' = 5·046$.

Ferner ist $\lambda_1^2 = 0·010627\ \mu^2$; das ist derselbe Wert, der auch in der in § 347 zu besprechenden Dispersionsformel des Quarzes auftritt.

Die Doppelquarzplatte. Bei Beobachtungen über Drehungen der Polarisationsebene bedient man sich häufig einer Platte, die aus zwei gleich dicken, nebeneinander liegenden Quarzplatten hergestellt ist, von denen die eine rechts, die andere links dreht. Beide Platten können halbkreisförmig begrenzt sein, so daß durch ihre Kombination eine kreisförmige Platte entsteht, die nach einem Durchmesser geteilt ist. Zwischen gekreuzten Polarisatoren erscheinen in homogenem Lichte beide Platten gleich hell, da die eine ebensoweit rechts, wie die andere links dreht; bei Beleuchtung mit weißem Lichte sind beide Platten gleich gefärbt. Bringt man zwischen die Doppelplatte und den Analysator einen aktiven Körper, so wird die Drehung der Polarisationsebene auf der einen Seite verstärkt, auf der anderen geschwächt; die beiden Hälften der Platte erscheinen daher nicht mehr gleich hell, oder nicht mehr gleich gefärbt. Gleiche Helligkeit oder gleiche Färbung kann man wieder herstellen entweder durch Drehen des Polarisators, beziehungsweise des Analysators, oder mit Hilfe des Kompensators von SOLEIL. Im einen und anderen Falle ergibt sich die von dem aktiven Körper erzeugte Drehung der Polarisationsebene.

§ 344. **Polarisationsebene und Schwingungsrichtung**. Den Betrachtungen dieses ganzen Kapitels haben wir zunächst eine kritische Bemerkung nachzuschicken, die sich auf das Verhältnis von Schwingungsrichtung und Polarisationsebene bezieht. Die letztere ist eine in allen Fällen geometrisch wohl definierte Ebene: bei einer zur Achse parallelen Turmalinplatte und bei normalem Einfall die zu der Achse senkrechte Ebene; bei der Reflexion an Glas die Einfallsebene; bei dem ordentlichen Strahl im Kalkspat der Hauptschnitt; bei dem außerordentlichen eine zum Hauptschnitt senkrechte Ebene. Wenn wir nun in all diesen Fällen die Schwingungsrichtung der polarisierten Strahlen zu der Polarisationsebene senkrecht gesetzt haben, so beruht dies auf der durchaus willkürlichen Annahme, daß der durch eine Turmalinplatte gegangene Strahl der Hauptachse parallel schwinge. Wir hätten auch die entgegengesetzte Annahme machen können, wir würden dann ebenso konsequent zu dem Satz gekommen sein, daß die Schwingungen des Lichtes in der Polarisationsebene erfolgen. In der Tat knüpft sich hieran eine lange Kontroverse.

Die erste strenge und zusammenhängende Theorie der optischen Erscheinungen ging von der Annahme aus, daß der Äther den Oszillationen des Lichtes gegenüber die Eigenschaften eines elastischen, aber inkompressibeln, festen Körpers besitze. In einem solchen sind nur transversale ebene Wellen möglich, und ihre Ausbreitung in einem anisotropen Körper gehorcht unter gewissen Voraussetzungen in der Tat denselben Gesetzen, wie die Bewegung des Lichtes in Kristallen. Aber bei den Wellen in einem anisotropen elastischen Körper fallen Schwingungsrichtung und Polarisationsebene zusammen; gleiches müßte auch bei den Lichtwellen gelten, wenn ihre Eigenschaften identisch dieselben wären, wie die jener Wellen. Die Elastizitätstheorie führt hiernach zu der Annahme, daß die Schwingungen der Lichtwellen in der Polarisationsebene erfolgen, entgegen der Vorstellung Fresnels, die wir zugrunde gelegt haben. Ihre Lösung fand die eigentümliche Schwierigkeit erst durch Maxwells elektromagnetische Theorie des Lichtes. Wir werden in der Lehre von der Elektrizität die Vorstellung begründen. daß das Licht auf elektromagnetischen Schwingungen beruhe. In einer Lichtwelle haben wir dann elektrische und magnetische Oszillationen, die in zwei zu einander senkrechten Richtungen stattfinden. Die elektrischen Schwingungen stehen zu der Polarisationsebene senkrecht, die magnetischen liegen in dieser Ebene. Hiernach würden alle unsere Ausführungen für die elektrischen Schwingungen ihre volle Richtigkeit haben. Wir werden aber sofort einige Versuche mitteilen, aus denen mit großer Wahrscheinlichkeit folgt, daß für die Wirkungen des Lichtes eben die elektrischen Schwingungen, also die zur Polarisationsebene senkrechten, maßgebend sind.

Läßt man einen Zug elektromagnetischer Wellen normal reflektieren an einer spiegelnden Platte, so entwickelt sich infolge der Durchkreuzung der ankommenden und der reflektierten Wellen vor der Platte eine stehende Schwingung, ähnlich der, die wir in § 169 beim Wasser, in § 229 beim Schall besprochen haben. An der Oberfläche des Spiegels selbst und in Abständen von 1, 2, 3 ... halben Wellenlängen davon befinden sich Knoten der elektrischen Schwingung; es ist nun gelungen, zu zeigen, daß an diesen Stellen zugleich Minima für die photographische Wirkung des Lichtes liegen. Daraus folgt, daß die elektrischen Schwingungen die chemisch wirksamen sind. Nun beruht aber auch die Lichtwirkung im Auge sehr wahrscheinlich auf chemischen Prozessen, also auf den elektrischen Schwingungen, und diese würden demnach als die optisch wirksamen zu betrachten sein.

Noch deutlicher ergibt sich dasselbe Resultat aus dem folgenden Versuche. Auf einen ebenen Silberspiegel läßt man polarisierte Strahlen unter einem Winkel von 45° fallen. Sie durchkreuzen sich mit den reflektierten in dem Raume des rechtwinkligen Dreieckes $A B C$ (Fig. 436). Liegt die Polarisationsebene der Strahlen in der Einfallsebene, so bildet sich in jenem Raume eine stehende Schwingung aus, deren Bäuche und Knoten auf photographischem Wege sich nachweisen lassen. Wenn aber die Polarisationsebenen der Strahlen auf der Einfallsebene und also auch aufeinander senkrecht stehen, so tritt keine stehende Schwingung

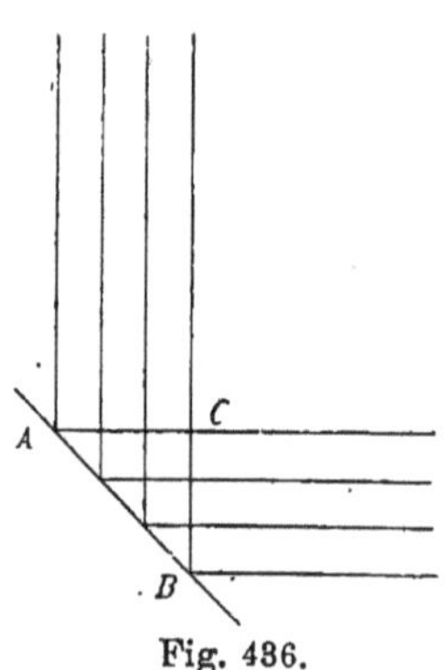

Fig. 436.

ein. Andererseits ist klar, daß in dem betrachteten Falle eine stehende Wellenbewegung nur zustande kommen kann, wenn die Schwingungen der Strahlen parallel sind, d. h. wenn sie auf der Einfallsebene senkrecht stehen. Der Versuch zeigt somit, daß die chemisch wirkenden Schwingungen auf der Polarisationsebene senkrecht stehen, daß sie mit den elektrischen Schwingungen des Strahles identisch sind.

Ergänzend möge hinzugefügt werden, daß an denselben Stellen, an denen bei den vorhergehenden Versuchen die photographische Wirkung fehlt, auch keine Fluoreszenz erregt wird. Die elektrischen Schwingungen sind darnach zugleich die Fluoreszenz erregenden.

Die im vorhergehenden besprochenen Versuche besitzen noch ein besonderes Interesse, da sie zu einer neuen Art von Farbenphotographie führen. Man erzeuge stehende Wellen einfarbigen Lichtes in einem lichtempfindlichen Gelatinehäutchen. Die Maxima der Schwingung werden dann in Abständen von einer halben Wellenlänge sich bilden: zwischen ihnen in der Mitte liegen die Minima der chemischen Wirkung. Das Blättchen wird so parallel zu seinen Grenzflächen in hellere und dunklere Schichten zerlegt. Diese wirken wie NEWTONsche Blättchen von der Dicke einer Viertel-Wellenlänge; sie geben daher im normal reflektierten Lichte die Farbe der Strahlen wieder, durch welche die chemische Zersetzung ursprünglich ausgelöst wurde; dabei ist für die genaue Wiedergabe der Farbe die große Zahl der übereinander liegenden Schichten von wesentlicher Bedeutung.[1]

Viertes Kapitel. Probleme der Wellenlehre.

§ 345. Emission des Lichtes; Gesetzmäßigkeiten der Spektren. In dem folgenden Schlußkapitel der Wellenlehre kommen wir auf einige

---

[1] O. WIENER, Stehende Lichtwellen und die Schwingungsrichtung polarisierten Lichtes. WIED. Ann. 1890. Bd. 40. p. 203. — DRUDE und NERNST, Über die Fluoreszenzwirkungen stehender Lichtwellen. WIED. Ann. 1892. Bd. 45 p. 490. — LIPPMANN, Die Farbenphotographie. Compt. rend. 1891. V. 112. p. 274.

schon früher betrachtete Erscheinungen zurück. Es handelt sich um die Darlegung von weiteren Resultaten und Gesichtspunkten, durch welche die früheren Untersuchungen vom Standpunkte der Wellenlehre aus ergänzt werden. Wir beginnen mit den Erscheinungen der Emission.

Wenn ein Körper leuchtet, so gehen von ihm Wellen in den umgebenden Äther hinaus, und diese müssen durch Schwingungen im Inneren der ponderabeln Materie erregt werden, wie etwa die Schallwellen in der Luft durch die Schwingungen tönender Körper. Stellt man sich auf den rein mechanischen Standpunkt, so muß man eine Wechselbeziehung zwischen dem Äther und der ponderabeln Materie annehmen, vermöge deren die ponderabeln Teilchen ihre Schwingungen dem Äther mitzuteilen vermögen. Wenn man elektrische Schwingungen als Ursache der Lichtwirkungen betrachtet, so kann man annehmen, daß die ponderabeln Moleküle mit elektrischen Teilchen verbunden seien, und daß diese durch ihre Schwingungen die elektrischen Wellen des Äthers erregen. Immer wird man zunächst die Tatsache zu erklären haben, daß das Leuchten der Körper in der Regel eine Folge der Temperatursteigerung ist. Nun zeigt die mechanische Theorie der Wärme, daß mit zunehmender Temperatur die lebendige Kraft der Moleküle wächst, aber nicht nur die lebendige Kraft ihrer äußeren Bewegung, sondern auch die lebendige Kraft der inneren Schwingungen, welche die Atome in dem Molekül gegeneinander ausführen. Wenn der Wärmezustand des Körpers ein stationärer ist, so findet zwischen der äußeren und der inneren Bewegung ein gewisses Gleichgewicht statt, so daß die lebendige Kraft der inneren Bewegung mit der äußeren Bewegungsenergie proportional ist, mit dieser zusammen steigt. Man übersieht dann wohl, daß die Intensität der von einem Körper ausgehenden Ätherschwingungen um so größer ist, je energischer die sie erregende Schwingung der Moleküle, je höher die Temperatur ist. Aber diese Vorstellung bedarf noch der weiteren Ausführung; es ist insbesondere zu erklären, weshalb bei Zunahme der Temperatur zuerst die Oszillationen von längerer Periode eine solche Intensität erlangen, daß wir Wirkungen der von ihnen erzeugten Wellen wahrzunehmen vermögen; es ist zu untersuchen, wie die bei einer bestimmten Temperatur ausgestrahlte Energie auf die einzelnen verschieden langen Wellen sich verteilt. Weiter wird man berücksichtigen müssen, daß Leuchten nicht notwendig mit erhöhter Temperatur verbunden ist, wie man an dem Beispiele der Phosphoreszenz, an dem Lichte der Leuchtkäfer erkennt. Man wird also annehmen müssen, daß unter Umständen leuchtende Schwingungen im Inneren der Moleküle erregt werden, ohne daß die Energie ihrer gesamten Bewegung, ihre Temperatur, merklich erhöht erscheint. Endlich wird sich die Frage nach der Natur der inneren leuchtenden Bewegungen erheben. Zu ihrer Verfolgung reizen vor allem die scheinbar einfachen und gesetzmäßigen Verhältnisse, die man bei den Linienspektren der Gase gefunden hat.

Der Wasserstoff besitzt in nicht zu niederer Temperatur ein einfaches Linienspektrum, das sogenannte erste Spektrum (Fig. 437); es ist dasselbe, welches in dem Lichte des Sirius und der Wega in ausgezeichneter Weise entwickelt ist. Die Wellenlängen seiner Linien können mit großer Genauigkeit nach der Formel:

$$\lambda = 364 \cdot 720 \, \frac{n^2}{n^2 - 4}$$

berechnet werden; für n sind der Reihe nach alle ganzen Zahlen von 3 an zu setzen; als Längeneinheit ist dabei ein milliontel Millimeter ($\mu\,\mu$)

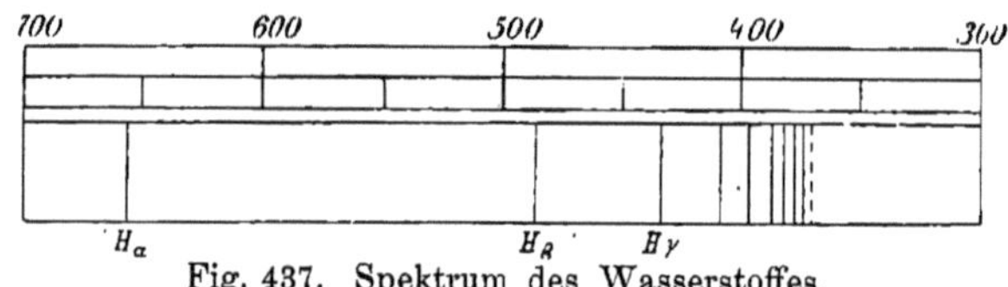

Fig. 437. Spektrum des Wasserstoffes.

benützt. Der Grad der Übereinstimmung wird durch die folgende Zusammenstellung berechneter und gemessener Wellenlängen anschaulich gemacht.[1]

Linie	n	berechnet	beobachtet
		Wellenlänge λ ($\mu\mu$).	
$H_\alpha = C$	3	656·50	656·50
$H_\beta = F$	4	486·29	486·29
H_γ	5	434·19	434·20
H_δ	6	410·31	410·31
$H_\varepsilon = H$	7	397·14	397·14
H_ζ	8	389·03	389·03
H_η	9	383·67	383·68
H_ϑ	10	379·92	379·92
H_ι	11	377·19	377·19
$H_\varkappa$	12	375·14	375·13
H_λ	13	373·56	373·53
H_μ	14	372·32	372·28
H_ν	15	371·32	371·29

Später wurde bei Wasserstoff noch eine zweite Serie und eine isolierte Linie mit der Wellenlänge 468·79 $\mu\mu$ beobachtet.

Bei anderen Elementen stellen sich die Spektren von vornherein in komplizierterer Weise dar. Es treten einmal mehrere Serien auf, deren Linien in ähnlicher Weise zusammengehören, wie die des Wasserstoffes. Dann aber treten an Stelle einfacher Linien sehr häufig doppelte und dreifache, Linienpaare und Linientripel. Werfen wir zunächst einen Blick auf die Spektren der Alkalimetalle. Jedes dieser Spektren setzt sich aus mehreren Linienserien zusammen, unter denen eine besonders hervortretende als die Hauptserie bezeichnet wird. Diese besteht beim Lithium aus scheinbar einfachen Linien,[2] beim Natrium aus engen Paaren, bei den anderen aus Paaren, deren Linien mit steigendem Atomgewicht

---

[1] Balmer, Notiz über die Spektrallinien des Wasserstoffes. Wied. Ann. 1885. Bd. 25 p. 80.

[2] Über Lithiumlinien vgl. Hagenbach, Ann. d. Phys. 1902. Bd 9. p. 729.

weiter und weiter auseinander rücken. Die Serien selbst verschieben
sich mit wachsendem Atomgewicht nach dem weniger brechbaren Ende
des Spektrums, was bei der Betrachtung der in Figur 349 gezeichneten
Spektren sehr deutlich hervortritt; die Wellenlängen der Linien lassen
sich nach der Formel

$$\frac{10^6}{\lambda} = A - \frac{B}{n^2} - \frac{C}{n^4}$$

berechnen, in der für die Ordnungszahl n der Reihe nach alle ganzen
Zahlen von 3 an zu setzen sind. Die für die Hauptserien der einzelnen
Metalle sich ergebenden Formeln sind in der folgenden Tabelle zusammengestellt. Als Längeneinheit ist wieder das milliontel Millimeter ($\mu\mu$)
benützt.

$$
\begin{array}{ll}
\text{Li} & 4358 \cdot 473 - 13366 \cdot 9\,/n^2 - 110008 \cdot 4\,/n^4 \\
\text{Na} & 4153 \cdot 681 - 12998 \cdot 5\,/n^2 - 80330 \cdot 1\,/n^4 \\
\text{K} \left\{ \begin{array}{l} 3508 \cdot 655 - 12698 \cdot 3\,/n^2 - 62531 \cdot 8\,/n^4 \\ 3508 \cdot 590 - 12690 \cdot 3\,/n^2 - 62163 \cdot 3\,/n^4 \end{array} \right. \\
\text{Rb} \left\{ \begin{array}{l} 3376 \cdot 211 - 12552 \cdot 1\,/n^2 - 56225 \cdot 5\,/n^4 \\ 3376 \cdot 538 - 12543 \cdot 1\,/n^2 - 54467 \cdot 9\,/n^4 \end{array} \right. \\
\text{Cs} \left\{ \begin{array}{l} 3150 \cdot 156 - 12507 \cdot 7\,/n^2 - 48988 \cdot 3\,/n^4 \\ 3146 \cdot 578 - 12318 \cdot 8\,/n^2 - 46458 \cdot 0\,/n^4 \end{array} \right.
\end{array}
$$

Die Formel für Na bezieht sich auf die weniger brechbare Linie
der Paare; die Verdoppelung ist aber hier nur bei den beiden ersten
Linien der Serie beobachtet.[1]

Nebenserien. Bei den Alkalimetallen werden die Hauptserien,
welche von dem ultraroten bis zu dem ultravioletten Ende des Spektrums
sich erstrecken, von einer oder zwei Nebenserien begleitet, die im
wesentlichen auf den sichtbaren Teil des Spektrums beschränkt sind.
Auch bei den Nebenserien lassen sich die reziproken Wellenlängen
durch die Formel

$$\frac{10^6}{\lambda} = A - \frac{B}{n^2} - \frac{C}{n^4}$$

darstellen. Die Linien der Nebenserien sind doppelt oder dreifach. Ihre
Zusammengehörigkeit zu einer und derselben Serie verrät sich auch
durch ihr sonstiges Verhalten. Die Linien der sogenannten ersten
Nebenserie sind stärker, wenig scharf und leicht umkehrbar, die
Linien der zweiten Nebenserie sind schwächer, aber schärfer und
nur nach dem roten Ende des Spektrums hin verbreitert. Die Hauptserie tritt nur bei den Alkalimetallen auf; bei einer Reihe anderer
Metalle finden sich zwei Serien, welche in ihrem Verhalten eine unver-
kennbare Ähnlichkeit mit den Nebenserien der Alkalimetalle zeigen; sie
werden daher gleichfalls als Nebenserien bezeichnet. Die Tabelle auf
S. 556 gibt eine Übersicht über die Werte der Konstanten A, B, C bei
den von Kayser und Runge gefundenen Nebenserien.

---

[1] Kayser und Runge, Über die Spektren der Elemente. III. Abschnitt.
Abhandl. der Berl. Akad. 1890.

	I. Nebenserie			II. Nebenserie			ν_1	ν_2	Atomgewicht
	A	B	C	A	B	C			
Li	2858·674	10962·5	184·7	2866·669	12239·1	23170·0			7·03
Na	2447·534 2449·484	11006·5 11015·3	414·8 348·7	2454·912 2456·583	12072·6 12071·5	19789·1 19793·5	1·95	1·67	23·05
K	2199·124 2205·032	11445·0 11447·8	11114·6 11133·7	2202·183 2207·711	11939·3 11926·4	6250·6 6398·1	5·91	5·53	39·15
Rb	2093·939 2117·938	12119·3 12142·2	13461·6 13179·9				24·00		85·4
Cs	1974·325 2029·522	12286·9 12289·1	30582·4 31662·5				55·20		133
Cu	3159·16 3184·01	13115·0	108506·0	3159·16 3184·01	12480·9	44058·2	24·85	24·85	63·6
Ag	3071·24 3163·32	13062·1	109382·3	3069·62 3161·70	12378·8	39430·3	92·08	92·08	107·93
Mg	3979·610 3983·689 3985·700	13039·8	143209·0	3983·674 3987·795 3989·791	12547·1	51878·1	4·08 2·01	4·15 2·00	24·36
Ca	3391·951 3402·212 3407·382	12354·7	96169·6	3404·117 3414·695 3419·909	12039·8	34609·7	10·26 5·17	10·58 5·21	40
Sr	3103·064 3142·467 3161·058	12232·8	83747·3				39·40 18·59		87·6
Zn	4294·532 4333·171 4352·148	13164·1	123612·5	4295·459 4334·365 4353·332	12691·9	53285·0	38·64 18·98	38·90 18·97	65·4
Cd	4075·521 4191·460 4245·664	12863·5	128961·9	4079·712 4196·880 4251·058	12614·6	55513·7	115·94 54·20	117·17 54·18	112
Hg	4015·960 4479·287 4656·078	12748·4	125269·5	4021·798 4485·101 4661·844	12636·1	61326·8	463·33 176·79	468·30 176·74	200·3
Al	4830·82 4842·02	15666·2	250533·1	4824·45 4835·65	12752·	68781·9	11·20	11·20	27·1
Jn	4451·54 4672·86	13930·8	131103·2	4453·50 4674·82	12676·6	64358·4	221·32	221·32	114
Tl	4154·27 4933·76	13229·3	126522·3	4150·64 4930·13	12261·7	79068·3	779·49	779·49	204·1

Für die Wellenlänge λ ist als Längeneinheit wie früher das milliontel Millimeter $(\mu\mu)$ benützt, der Grenzwert von $10^6/\lambda$, welcher bei einem unendlich großen Wert der Ordnungszahl n erreicht wird, ist durch die Konstante A gegeben; bezeichnen wir mit λ_∞ den entsprechenden Grenzwert der Wellenlänge in $\mu\mu$, so ist:

$$\frac{10^6}{\lambda_\infty} = A; \quad \lambda_\infty \times 10^{-6} = \frac{1}{A}.$$

Der reziproke Wert von A gibt somit den Grenzwert der Wellenlänge ausgedrückt in Millimetern. Der entsprechende Grenzwert der Schwingungszahl wird gleich $3\,A \times 10^{11}$.

Wir knüpfen an die Tabelle noch ein paar allgemeine Bemerkungen.

Von den Paaren oder Tripeln einer Serie betrachten wir zunächst nur je eine Linie und zwar die am weitesten nach dem roten Ende des Spektrums hin liegende. Bei der durch diese Linien gebildeten einfachen Serie nimmt innerhalb einer und derselben Gruppe von Elementen der durch A bestimmte Grenzwert der Schwingungszahl mit wachsendem Atomgewicht ab, der entsprechende Grenzwert der Wellenlänge zu. Die Serien verschieben sich mit wachsendem Atomgewichte nach dem roten Ende des Spektrums.

Bei den Alkalimetallen besitzen die Konstanten B und C für die Linien, welche zu einem Paare vereinigt sind, nahezu dieselben Werte; bei den übrigen in der Tabelle angeführten Metallen können die Konstanten B und C für die einzelnen Linien eines Paares oder eines Tripels einander gleich gesetzt werden, ohne daß die Genauigkeit, mit welcher die beobachteten Linien durch die Formeln wiedergegeben werden, leidet. Bei den Linienpaaren oder Tripeln sind somit die Differenzen entsprechender Schwingungszahlen für alle Werte der Ordnungszahl n, für alle einer und derselben Serie angehörenden Paare oder Tripel ganz oder nahezu dieselben. Aber auch wenn wir die beiden Nebenserien miteinander vergleichen, finden wir, daß entsprechende Differenzen von Schwingungszahlen übereinstimmen, oder doch nur wenig verschieden sind. Von der Richtigkeit dieser Bemerkungen wird man sich überzeugen, wenn man die beiden vorletzten, mit v_1 und v_2 überschriebenen Kolumnen der Tabelle betrachtet. Sie enthalten die Differenzen der Konstanten A für die erste und die zweite Nebenserie. Innerhalb jeder Gruppe wachsen die Differenzen mit dem Atomgewicht; der Abstand der zu einem Paare oder zu einem Tripel gehörenden Linien nimmt mit steigendem Atomgewicht zu.

Bemerkenswert ist noch die geringe Verschiedenheit der Konstante B der zweiten Nebenserien bei allen in der Tabelle angeführten Metallen.

An dem Beispiele des Na und des K möge endlich noch eine Beziehung erläutert werden, die wahrscheinlich eine allgemeine Bedeutung besitzt.

Für die Hauptserie des Natriums ist $A = 10^6/\lambda_\infty = 4153\cdot 68$, für die ersten Linien der Paare der ersten Nebenserie $A = 10^6/\lambda_\infty = 2447\cdot 53$. Die Differenz beider Zahlen ist gleich $1706\cdot 15$. Für die Linie D^1, die erste Linie der Hauptserie, ist $10^6/\lambda = 1696\cdot 02$, also nahe gleich der Differenz jener beiden A—Werte. Bei Kalium ist für die ersten Linien der Paare der Hauptserie $A = 10^6/\lambda_\infty = 3508\cdot 65$; für die ersten Linien der Paare der Nebenserie $A = 10^6/\lambda_\infty = 2199\cdot 12$. Die Differenz ist $1309\cdot 53$. Andererseits ist für die erste Linie der Hauptserie des Kaliums $10^6/\lambda = 1298\cdot 82$, also wieder nahe gleich jener Differenz. Die Werte von A sind für entsprechende Linien der ersten und der zweiten Nebenserie nur wenig verschieden; es ist daher bei der im vorhergehenden angestellten Rechnung ziemlich gleichgültig, ob man den zu der ersten oder den zu der zweiten Nebenserie gehörenden Wert von A benützt. In mehreren Fällen scheinen die für entsprechende Linien der beiden Nebenserien geltenden Werte von A identisch zu sein, die Schwingungszahlen würden in diesen Fällen bei beiden Serien einem und demselben Grenzwert sich nähern.

Außer bei den in der Tabelle aufgeführten Metallen sind Serien von dem Charakter der Nebenserien noch in den Spektren von Sauerstoff und von Schwefel gefunden worden. Die einzelnen Linien der Serien sind dreifach. Abweichend von den bisher betrachteten Spektren werden die Wellenlängen der Serien bei den beiden genannten Elementen durch die Formel

$$\frac{10^6}{\lambda} = A - \frac{B}{n^2} - \frac{D}{n^3}$$

dargestellt. Die Werte der Konstanten A, B, D sind in der folgenden Tabelle angegeben.

	I. Nebenserie			II. Nebenserie			ν_1	ν_2	Atomgewicht
	A	B	D	A	B	D			
	$2320\cdot 793$			$2319\cdot 385$					
O	$2321\cdot 163$	$11038\cdot 77$	$481\cdot 4$	$2319\cdot 755$	$10756\cdot 71$	$6310\cdot 8$	$0\cdot 37$	$0\cdot 37$	$16\cdot 00$
	$2321\cdot 373$			$2319\cdot 963$			$0\cdot 21$	$0\cdot 21$	
	$2008\cdot 689$			$2007\cdot 837$					
S	$2010\cdot 504$	$10959\cdot 8$	$11355\cdot 6$	$2009\cdot 652$	$10874\cdot 45$	$1826\cdot 8$	$1\cdot 81$	$1\cdot 81$	$32\cdot 06$
	$2011\cdot 617$			$2010\cdot 765$			$1\cdot 11$	$1\cdot 11$	

Die Tabelle gibt Veranlassung zu ähnlichen Bemerkungen, wie wir sie an die vorhergehende Tabelle geknüpft haben.

In all den betrachteten Fällen bilden die Wellenlängen oder die Schwingungszahlen der einzelnen Serien eine einfache Reihe, wie etwa die Schwingungszahlen einer Saite oder eines Klangstabes. Man könnte daraus schließen, daß die Moleküle oder Atome, von denen die entsprechenden Wellen erzeugt werden, nach Art von lineären Gebilden schwingen.

Die RYDBERGschen Formeln. Zu einer anderen Auffassung führt eine Darstellung der Serienschwingung, welche von RYDBERG[1] gegeben worden ist, und welche dem Wesen der Erscheinung um vieles näher zu kommen scheint, als die Formel von KAYSER und RUNGE.

Wir knüpfen zunächst wieder an die Verhältnisse des Wasserstoffes an; bei der schon erwähnten zweiten Serie, welche von PICKERING in dem Spektrum des Sternes ζ Puppis aufgefunden wurde, können die Schwingungszahlen dargestellt werden durch die Formel:

$$\frac{10^6}{\lambda} = N\left\{\frac{1}{4} - \frac{1}{(m + \frac{1}{2})^2}\right\};$$

m ist der Reihe nach gleich 3, 4, 5 ... zu setzen. Die Serie charakterisiert sich durch ihre schwachen aber scharfen Linien als eine zweite Nebenserie. Die Schwingungszahl der isolierten Linie mit der Wellenlänge 468,79 $\mu\mu$ kann ausgedrückt werden durch:

$$\frac{10^6}{\lambda} = -N\left\{\frac{1}{4} - \frac{1}{1\cdot5^2}\right\}.$$

Endlich kann man der BALMERschen Formel die Gestalt geben:

$$\frac{10^6}{\lambda} = N\left\{\frac{1}{4} - \frac{1}{n^2}\right\}.$$

Die hierdurch dargestellte Serie zeigt verbreiterte Linien; nach Analogie mit den Spektren anderer Elemente wird sie daher als eine erste Nebenserie anzusprechen sein. Schließlich liegt dann die Vermutung nahe, daß die isolierte Linie einer Hauptserie angehöre, deren übrige, im Ultravioletten liegende Linien bisher nicht beobachtet werden konnten. Die allgemeine Formel für die Schwingungszahlen dieser Hauptserie würde sein:

$$\frac{10^6}{\lambda} = N\left\{\frac{1}{n^2} - \frac{1}{1\cdot5^2}\right\},$$

wo für n die Zahlen $n = 2, 3, 4 \ldots$ zu setzen wären.

Die Zahl N hat, wie sich aus den Beobachtungen ergibt, für alle drei Serien einen und denselben Wert:

$$N = 10\,967,$$

wobei als Einheit der Wellenlänge das $\mu\mu$ vorausgesetzt ist. Die hiermit entwickelte Anschauung wäre eine sehr willkürliche, wenn wir das Wasserstoffspektrum für sich allein betrachten würden. Sie wird lediglich durch die Analogie gestützt, welche dadurch zwischen jenem Spektrum und den drei bei den Alkalimetallen auftretenden Serien hergestellt wird. Wenn wir aber jene Auffassung gelten lassen, so liegt natürlich der weitere Schritt nahe, die für die Hauptserie und für die zweite Nebenserie geltenden Formeln zu einer einzigen zu verbinden:

$$\frac{10^6}{\lambda} = \pm N\left\{\frac{1}{n^2} - \frac{1}{(m + \frac{1}{2})^2}\right\}.$$

---

[1] RYDBERG, La distribution des raies spectrales. Rapports présentés au Congrès international de Physique. Paris 1900. T. II p. 200.

Der rechts stehende Ausdruck ist dabei stets positiv zu nehmen. Man erhält dann die Hauptserie, wenn man $m = 1$ und $n = 2, 3, 4 \ldots$, die zweite Nebenserie, wenn man $n = 2$ und $m = 3, 4, 5 \ldots$ setzt. Die Schwingungen beider Serien bilden aber jetzt ein System, sie sind aufzufassen als Partialschwingungen eines nach zwei Dimensionen ausgedehnten Gebildes, analog etwa den Schwingungen einer Klangplatte. Zwischen diesen letzteren und zwischen dem System der beiden Serien besteht aber ein sehr bemerkenswerter Unterschied. Bei einer Klangplatte nimmt die Schwingungszahl immer mehr zu, je komplizierter die Teilung der Platte, je höher die Ordnungszahlen des Tones werden. Lassen wir dagegen bei unseren Serienschwingungen die Zahlen m und n bis ins Unendliche wachsen, so wird die Schwingungszahl schließlich gleich Null.

Wir wollen mit Hilfe unserer Formeln noch die Grenzwerte der Schwingungen für die einzelnen Serien berechnen. Für die Hauptserie wird mit $m = 1$ und $n = \infty$:

$$\left(\frac{10^6}{\lambda_\infty}\right)_H = \frac{N}{1 \cdot 5^2},$$

für die zweite Nebenserie mit $n = 2$ und $m = \infty$:

$$\left(\frac{10^6}{\lambda_\infty}\right)_{IIN} = \frac{N}{4},$$

für die erste Nebenserie mit $n = \infty$:

$$\left(\frac{10^6}{\lambda_\infty}\right)_{IN} = \frac{N}{4}.$$

Die Schwingungen der ersten und der zweiten Nebenserie haben dieselbe Grenze. Ferner ist:

$$\left(\frac{10^6}{\lambda_\infty}\right)_{IIN} - \left(\frac{10^6}{\lambda_\infty}\right)_H = N\left\{\frac{1}{4} - \frac{1}{1 \cdot 5^2}\right\}.$$

Der rechts stehende Ausdruck ist aber nichts anderes als der Wert von $10^6/\lambda$ für die erste Linie der Hauptserie. Die Sätze, deren näherungsweise Gültigkeit wir aus den Zahlen unserer Tabelle erschlossen hatten, folgen aus den RYDBERGschen Formeln mit aller Strenge.

Ganz analoge Darstellungen wie wir sie im vorhergehenden für die Serien des Wasserstoffes aufgestellt haben, gelten nun auch für die Serien der Alkalimetalle. Auch hier bilden die Schwingungen der Hauptserie zusammen mit denen der zweiten Nebenserie ein zweidimensionales System; seine Partialschwingungen lassen sich durch einen Ausdruck von der Form:

$$\frac{10^6}{\lambda} = \pm N\left\{\frac{1}{(n + \nu)^2} - \frac{1}{(m + \tfrac{1}{2} + \mu)^2}\right\}$$

darstellen. Hier sind ν und μ konstante Zahlen, welche positiv oder negativ sein können, deren Werte aber stets kleiner als $\tfrac{1}{2}$ sind. Wir erhalten die Hauptserie, wenn wir $m = 1$ und $n = 2, 3, 4 \ldots$, die zweite Nebenserie, wenn wir $n = 2$ und $m = 1, 2, 3, 4, 5 \ldots$ setzen;

die Formel für die Linien der Hauptserie wird daher:

$$\frac{10^6}{\lambda} = \pm N \left\{ \frac{1}{(n + \nu)^2} - \frac{1}{(1 \cdot 5 + \mu)^2} \right\},$$

für die zweite Nebenserie:

$$-\frac{10^6}{\lambda} = \pm N \left\{ \frac{1}{(2 + \nu)^2} - \frac{1}{(m + \frac{1}{2} + \mu)^2} \right\}.$$

Die erste Nebenserie teilt mit der zweiten den Grenzwert der Schwingungszahl; für sie gilt die Formel:

$$-\frac{10^6}{\lambda} = \pm N \left\{ \frac{1}{(2 + \nu)^2} - \frac{1}{(r + \varrho)^2} \right\},$$

mit $r = 3, 4 \ldots \varrho$ ist eine neue konstante Zahl, kleiner als $\frac{1}{2}$. Die erste Nebenserie besteht aus einer einfachen Reihe von Schwingungen, wie sie einem linearen Gebilde entspricht. Der Wert von N ist in allen Formeln derselbe wie bei Wasserstoff, 10 967; die Konstante N scheint hiernach eine universelle, von der chemischen Natur des leuchtenden Gases unabhängige Bedeutung zu besitzen. Die aus der früheren Tabelle erschlossenen Gesetzmäßigkeiten ergeben sich wieder als exakte Folgen der Gleichungen.

Mit noch größerer Genauigkeit werden die Schwingungszahlen der Hauptserie und der zweiten Nebenserie der Alkalimetalle durch die folgende Formel[1] dargestellt:

$$\frac{10^6}{\lambda} = \pm N \left\{ \frac{1}{\left(n + a + \dfrac{b}{n^2}\right)^2} - \frac{1}{\left(m + \frac{1}{2} + a' + \dfrac{b'}{(m + \frac{1}{2})^2}\right)^2} \right\}$$

N hat wieder den universellen Wert 10967, vorausgesetzt, daß die Wellenlänge in $\mu\mu$ angegeben wird; a, b, a' und b' sind gewisse von der chemischen Natur des leuchtenden Gases abhängende Konstanten. Ihre Werte sind in der folgenden Tabelle zusammengestellt.

	a	b	a'	b'
Li	$- 0 \cdot 04751$	$+ 0 \cdot 0261$	$+ 0 \cdot 09994$	$- 0 \cdot 02646$
Na	$\left\{ \begin{array}{c} 0 \cdot 14595 \\ 0 \cdot 14521 \end{array} \right\}$	$- 0 \cdot 1158$	$+ 0 \cdot 15157$	$- 0 \cdot 05586$
Ka	$\left\{ \begin{array}{c} 0 \cdot 29034 \\ 0 \cdot 28750 \end{array} \right\}$	$- 0 \cdot 2239$	$+ 0 \cdot 31789$	$- 0 \cdot 1076$
Rb	$\left\{ \begin{array}{c} 0 \cdot 35948 \\ 0 \cdot 34652 \end{array} \right\}$	$- 0 \cdot 2688$	$+ 0 \cdot 36660$	$- 0 \cdot 1401$
Cs	$\left\{ \begin{array}{c} 0 \cdot 44293 \\ 0 \cdot 41068 \end{array} \right\}$	$- 0 \cdot 3286$	$+ 0 \cdot 444$	$- 0 \cdot 169$

Die beiden von den Linien eines Paares gebildeten Serien unterscheiden sich, wie man sieht, nur durch den Wert der Konstante a.

---

[1] Ritz, Ann. d. Phys. 1903. Bd. 12. p. 264.

In der Darstellung von RYDBERG werden Hauptserie und zweite Nebenserie zu einem Systeme verbunden, dem die erste Nebenserie isoliert gegenübersteht. Die beiden erstgenannten Serien entsprechen den Schwingungen eines zweidimensionalen Gebildes, die letzte den Schwingungen eines linearen. Es ist vielleicht nicht überflüssig zu bemerken, daß man auch alle drei Serien zusammenfassen kann durch die Formel

$$n = \pm N \left\{ \frac{1}{(n + \nu)^2} - \frac{1}{(m + \frac{1}{2} + \mu)^2} - \frac{1}{(r + \varrho)^2} \right\}.$$

Man erhält dann die Hauptserie mit $m = 1$ und $r = \infty$, die erste Nebenserie mit $n = 2$ und $m = \infty$, die zweite Nebenserie mit $n = 2$ und $r = \infty$. Sämtliche Schwingungen des Spektrums erscheinen dann als Partialschwingungen eines dreidimensionalen Systems.

Gruppen von Linien. Bei einer von einem Linienpaare oder von einem Tripel gebildeten Serie wiederholt sich eine von zwei oder drei Linien gebildete Gruppe an verschiedenen Stellen des Spektrums, so daß die Schwingungszahlen entsprechender Linien eine konstante Differenz bewahren. Zugleich aber werden die Stellen, in welchen die Wiederholung der Gruppen eintritt, durch die Serienformel bestimmt. Bei den Spektren von Zinn, Blei, Arsen, Antimon und Wismut, und ebenso bei den Spektren der Metalle der Platingruppe ist es nicht gelungen Serien aufzufinden; aber die Eigentümlichkeit, daß bestimmte Gruppen von Linien sich an verschiedenen Stellen des Spektrums wiederholen, so daß die Differenz der Schwingungszahlen entsprechender Linien konstant bleibt, ist auch bei diesen Spektren vorhanden; es fehlt nur das die Wiederholungsstellen verbindende Gesetz. In dem Spektrum des Pd z. B. findet sich ein Tripel von Linien, welches sich sechsmal wiederholt. Die folgende Tabelle zeigt, inwieweit bei dieser Wiederholung die Gleichheit entsprechender Schwingungsdifferenzen gewahrt bleibt.

	I	Differenzen	II	Differenzen	III
1	2235·251	396·781	2632·032	119·121	2751·153
2	2373·530	396·785	2770·315	119·117	2889·432
3	2526·033	396·787	2922·820	119·118	3041·938
4	2567·833	396·781	2964·614	119·118	3088·732
5	2814·331	396·803	3211·134	119·119	3380·253
6	2905·669	396·804	3302·473	119·120	3421·598

Sehr viel komplizierter ist der Charakter der Bandenspektren. Bei ihnen können wir eine erste einfache Reihe herstellen, indem wir die Schwingungszahlen der erste Kanten aller Banden notieren, oder etwa graphisch auf einer Achse OX (Fig. 438) auftragen. Wir bezeichnen sie durch $a_{00}, a_{10}, a_{20}, a_{30}, \ldots$ Der ersten Kante jeder Bande ordnen sich nun weitere Kanten zu. Ihre Schwingungszahlen bestimmen sich nach einem Gesetz, das von einer Bande zur anderen sich ändern kann, so daß die darin auftretenden Koëffizienten als Funktionen der Zahlen

a_{00}, a_{10}, a_{20}, a_{30}, ... erscheinen. Wir bezeichnen die Schwingungszahlen der Kanten bei der ersten Bande durch

$$a_{00}, \; a_{01}, \; a_{02}, \; a_{03} \; \ldots ,$$

bei der zweiten durch

$$a_{10}, \; a_{11}, \; a_{12}, \; a_{13} \; \ldots ,$$

bei der dritten durch

$$a_{20}; \; a_{21}, \; a_{22}, \; a_{23} \; \ldots$$

Diese Zahlen stellen wir auf Linien, die durch die Punkte a_{00}, a_{10}, a_{20}, a_{30} .... parallel mit einer Achse $O\,Y$ gezogen werden, graphisch durch Punkte dar.

Endlich ordnen sich zu jeder Kante die Schwingungen der ihr zugehörenden Serie; das Gesetz, dem die entsprechenden Schwingungszahlen folgen, wird im allgemeinen wieder von Serie zu Serie wechseln, seine Koëffizienten werden also abhängig sein von der Schwingungszahl a_{ik} der entsprechenden Kante. Die Schwingungszahlen der Linien, welche in dieser Weise der Schwingungszahl a_{ik} entsprechen, bezeichnen wir durch a_{ik}, a^1_{ik}, a^2_{ik}, a^3_{ik} ... Wir können diese Zahlen auf Linien auftragen, die wir durch die Punkte a_{ik} der $X\,Y$-Ebene parallel zu einer dritten Achse $O\,Z$ ziehen. Wir erhalten so ein System

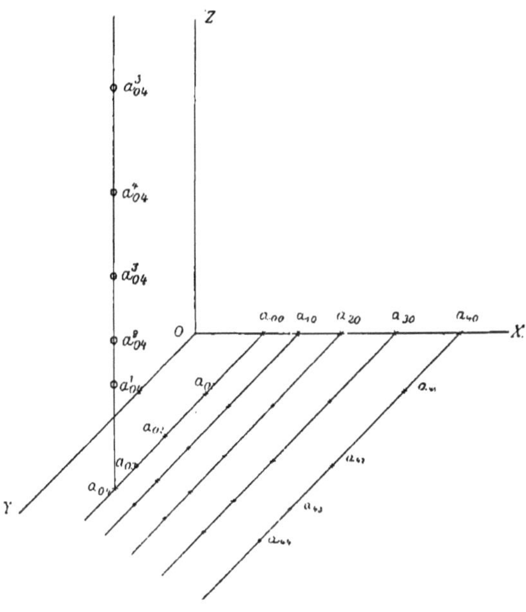

Fig. 438.

von Punkten, das die Schwingungszahlen aller dem Bandenspektrum angehörenden Linien repräsentiert. Die X-Achse enthält die Schwingungszahlen der Anfangskanten der Banden; die Ebenen, welche durch die Punkte der X-Achse parallel zu der $Y\,Z$-Ebene hindurchgehen, enthalten die Schwingungszahlen der zu den einzelnen Banden gehörenden Linien. Es ergibt sich hieraus, daß die Schwingungen von Molekülen, die ein Bandenspektrum erzeugen, durch drei verschiedene, voneinander unabhängige Bedingungen bestimmt werden, daß sie sich verhalten wie die Schwingungen räumlich ausgedehnter Körper.

Bei den Banden des Kohlenstoffes finden zwischen den von uns unterschiedenen Schwingungszahlen wenigstens in erster Annäherung die Beziehungen statt:

$$a_{i0} = a_{00} + a_0 i + \beta_0 i^2$$
$$a_{i1} = a_{01} + a_1 i + \beta_1 i^2$$
$$\cdot \quad \cdot \quad \cdot \cdot \; ,$$
$$a^n{}_{ik} = a_{ik} + \gamma_{ik} n^2 .$$

Hier sind die α, β und γ Konstante; für i und n hat man der Reihe nach die Zahlen 0, 1, 2, 3 ... zu setzen.

Die erste Gruppe von Gleichungen verbindet die entsprechenden Kanten verschiedener Banden, die letzte Gleichung die Linien einer zu einer Kante gehörenden Serie.[1]

§ 346. Kontinuierliche Spektren; Verbreiterung der Linien. Wir haben erwähnt, daß das Linienspektrum des Wasserstoffes bei zunehmender Dichte durch Verbreiterung der Linien in ein kontinuierliches Spektrum übergeht. Von dieser Erscheinung kann man sich vielleicht in der folgenden Weise Rechenschaft geben. Wir nehmen an, daß die Moleküle des Wasserstoffes nicht allein Licht von der Wellenlänge der Linien $H\alpha$, $H\beta$, $H\gamma$ ... aussenden, sondern Licht von allen möglichen Perioden der Schwingung; nur möge die Intensität der Strahlung für alle anderen Wellenlängen sehr klein sein, so daß wir für gewöhnlich nur die Linien $H\alpha$, $H\beta$, $H\gamma$ ... beobachten. In demselben Maße wie das Emissionsvermögen ist dann aber auch das Absorptionsvermögen des Wasserstoffes für andere Wellen kleiner. Daraus ergibt sich für sehr dichten Wasserstoff das folgende Verhältnis. Von allen Teilen werden die Wellen ausgesandt, welche die Linien $H\alpha$, $H\beta$, $H\gamma$ ... erzeugen. Aber das Absorptionsvermögen des Gases für diese Wellen ist sehr groß, es werden also bei der Strahlung wesentlich nur die an der Oberfläche befindlichen Teilchen wirksam sein. Für Wellen anderer Art ist die Absorption gering; Strahlen von anderer Wellenlänge dringen also auch von den in der Tiefe liegenden Molekülen zu der Oberfläche hindurch; an der Strahlung nimmt hier nicht bloß eine oberflächliche Schichte, sondern die ganze Masse des Gases teil. Bei großer Dichte kann daher die Intensität der Strahlung auch für andere Wellenlängen einen mit der Intensität der Linien vergleichbaren Wert erreichen, und dadurch würde die Entstehung eines kontinuierlichen Spektrums sich erklären.[2]

Bei leuchtenden Gasen existiert noch eine andere Ursache, welche eine, freilich nur geringe, Verbreiterung der Spektrallinien herbeiführt. Die leuchtenden Moleküle eines Gases sind ja nicht in Ruhe, sondern

---

[1] KAYSER und RUNGE, Über die Spektren der Elemente. II. Abschnitt. Abhandl. der Königl. Akad. der Wiss. zu Berlin. 1899. — RYDBERG, La distribution des raies spectrales. Congrès international de physique. T. II. p. 200. Paris. 1900.

[2] ZÖLLNER, Über den Einfluß der Dichtigkeit und Temperatur auf die Spektra glühender Gase. Königl. Sächs. Ges. d. Wissensch. Math.-Phys. Kl. 31. Okt. 1870.

bewegen sich mit der ihnen eigentümlichen Geschwindigkeit in ihren zickzackförmigen molekularen Bahnen. Immer wird daher eine gewisse Zahl von Molekülen vorhanden sein, die sich gerade auf das beobachtende Auge zu bewegen, während eine ebenso große Zahl von dem Auge wegfliegt. Auf die Lichtwellen, welche von diesen Molekülen ausgesandt werden, findet dann das DOPPLERsche Prinzip Anwendung, wie wir es in § 210 besprochen haben. Wir bezeichnen die Geschwindigkeit des Lichtes durch v, die molekulare Geschwindigkeit der Gasmoleküle durch c, die Zahl der Schwingungen, welche die leuchtenden Moleküle in einer Sekunde ausführen, durch n. Nach dem DOPPLERschen Prinzip ist die Schwingungszahl für die Wellen, bei denen die Richtung der Fortpflanzung mit der Richtung der Geschwindigkeit c übereinstimmt, gegeben durch

$$ n' = \frac{v}{v-c} \cdot n, $$

dagegen bei den Wellen, deren Fortpflanzungsrichtung der Geschwindigkeit c entgegengerichtet ist, durch

$$ n'' = \frac{v}{v+c} \, n. $$

Bei den Wellen der ersten Art wird die Schwingungszahl größer und die Wellenlänge dementsprechend kleiner; bei den Wellen der zweiten Art findet das Umgekehrte statt. Bezeichnen wir die den Schwingungszahlen n' und n'' entsprechenden Wellenlängen mit λ' und λ'', so wird, wie sich aus den Betrachtungen von § 210 leicht ergibt,

$$ \lambda' = \frac{v-c}{n}; \qquad\qquad \lambda'' = \frac{v+c}{n} . $$

Aus der scharfen Spektrallinie, welche der Schwingungszahl n entsprechen würde, wird infolge der Bewegung der Moleküle ein schmaler Streifen. Nehmen wir als Maß seiner Breite die Differenz der Wellenlängen für die beiden Randlinien, so erhalten wir:

$$ \lambda'' - \lambda' = \frac{2\,c}{n} . $$

Die Länge der Wellen, welche von den ruhenden Molekülen erzeugt wurden, ist:

$$ \lambda = \frac{v}{n} . $$

Führen wir diesen mittleren Wert der Wellenlänge in der vorhergehenden Gleichung ein, so ergibt sich:

$$ \lambda'' - \lambda' = 2\,\frac{c}{v}\,\lambda. $$

Für Wasserstoff ist bei 50° C. die mittlere molekulare Geschwindigkeit c gleich 2×10^5 cm/sec, die Lichtgeschwindigkeit v ist gleich 3×10^{10} cm/sec; somit wird die Breite der Wasserstofflinien:

$$ \lambda'' - \lambda' = \tfrac{1}{3}\,\lambda \times 10^{-5}. $$

Mit Benützung der auf Seite 554 angegebenen Werte ergibt sich die folgende Zusammenstellung:

Linie	Wellenlänge	Breite
H_α	656 $\mu\mu$	0·0087 $\mu\mu$
H_β	486 „	0·0065 „
H_γ	434 „	0·0058 „

Die Interferenzfähigkeit der Linien wird nach den Bemerkungen, die wir in § 322 gemacht haben, durch die mit der Verbreiterung wachsende Häufigkeit der Schwebungen vermindert.

§ 347. Erscheinungen der Absorption. Bei der nahen Beziehung, die zwischen Emission und Absorption vorhanden ist, wird man vermuten, daß auch diese letztere bedingt sei durch die Wechselwirkung zwischen dem Äther und den ponderabeln Molekülen. Halten wir uns an das mechanische Bild der Erscheinungen, so müssen wir annehmen, daß Lichtwellen, die in einen Körper eindringen, seine Moleküle in Schwingung versetzen. Bei der Fluoreszenz erfolgen diese Schwingungen wieder mit solcher Schnelligkeit, daß sie als Licht empfunden werden. Im allgemeinen aber würde die Energie, welche auf die ponderabeln Moleküle übertragen wird, nur zu Bewegungen Veranlassung geben, die wir als Wärme empfinden. Es leuchtet ein, daß die Abgabe von lebendiger Kraft an die ponderabeln Moleküle eine besonders große dann ist, wenn ihre eigene Schwingung zu der des einfallenden Lichtes in einem solchen Verhältnisse steht, daß die Erscheinung der Resonanz eintreten kann.

Vom Standpunkte der elektromagnetischen Lichttheorie aus werden wir uns die Moleküle der Körper als leitende Teilchen vorstellen können, die in ein isolierendes Medium eingebettet sind. Die eindringenden Lichtwellen erzeugen dann elektrische Schwingungen in den Molekülen, deren Energie sich entweder in Wärme verwandelt oder von neuem als Licht in den Raum hinausstrahlt. Man kann übrigens ebensogut annehmen, daß die heterogenen Teilchen, die in die isolierende Grundmasse des Körpers eingelagert sind, gleichfalls Isolatoren seien; nur müssen ihre elektrischen Eigenschaften andere sein, als die der Grundsubstanz. Als das Wesentliche erscheint eben die in der einen oder anderen Weise zu deutende Inhomogenëität des Mediums. Diese Vorstellungen haben nun in der Tat zu Formeln geführt, durch welche die Verhältnisse der gewöhnlichen und ⎨der anomalen Dispersion, sowie der hiermit zusammenhängenden Absorption in befriedigender Weise dargestellt werden.

Nehmen wir an, es seien verschiedene Gattungen leitender Moleküle im Inneren eines Körpers vorhanden, entsprechend der Existenz verschiedener Absorptionsstreifen. Die Perioden der ihnen eigentümlichen elektrischen Schwingungen seien T_1, T_2, ...; ε_0 sei eine Konstante des zwischen den Molekülen sich ausbreitenden Mediums; ε_1, a_1, ε_2, a_2 ... seien Konstanten, die für die verschiedenen Molekülgattungen charakteristisch sind. Dann ergeben sich für das Brechungsverhältnis n und den Absorptionskoëffizienten k die Formeln:

$$n^2 - \frac{\lambda^2}{4\pi^2} k^2 = \varepsilon_0 + \frac{\varepsilon_1 (T^2 - T_1^2) T^2}{(T^2 - T_1^2)^2 + a_1^2 T^2} + \frac{\varepsilon_2 (T^2 - T_2^2) T^2}{(T^2 - T_2^2)^2 + a_2^2 T^2} + \cdots,$$

$$\frac{\lambda}{\pi} n k = \frac{\varepsilon_1 a_1 T^3}{(T^2 - T_1^2)^2 + a_1^2 T^2} + \frac{\varepsilon_2 a_2 T^3}{(T^2 - T_2^2)^2 + a_2^2 T^2} + \cdots$$

Hier bezeichnet λ die Wellenlänge in Luft, T die Periode, die Dauer einer ganzen Schwingung, bei den Strahlen, für welche n und k gefunden werden sollen. Bei sehr kleiner Periode nähert sich das Brechungsverhältnis dem Werte $n = \sqrt{\varepsilon_0}$, es hängt nur ab von der Natur des Zwischenmediums, nicht von den Eigenschaften der eingelagerten Moleküle; zugleich nähert sich k der Null, die Absorption verschwindet.

Wir betrachten insbesondere den Fall, daß nur ein einziger Absorptionsstreifen vorhanden, also alle ε und a mit Ausnahme von ε_1 und a_1 gleich Null sind; es sei außerdem die mit a_1 proportionale Absorption so klein, daß a_1^2 gegen T^2 vernachlässigt werden kann. Man hat dann die Gleichungen:

$$n^2 - \frac{\lambda^2}{4\pi^2} k^2 = \varepsilon_0 + \frac{\varepsilon_1 T^2}{T^2 - T_1^2},$$

$$\frac{\lambda}{\pi} n k = \frac{\varepsilon_1 a_1 T^3}{(T^2 - T_1^2)^2}.$$

Es ergeben sich hieraus die in Figur 439a gezeichneten Kurven, durch welche das Brechungsverhältnis und der Absorptionskoëffizient in ihrer Abhängigkeit von der Periode T dargestellt werden.

Auf der Abszissenachse sind die Werte von T abgetragen, senkrecht dazu die Werte des Brechungsverhältnisses n und des Absorptionskoëffizienten k. Für $T = 0$ hat n den Wert $\sqrt{\varepsilon_0}$, für $T = \infty$ den Wert $\sqrt{\varepsilon_0 + \varepsilon_1}$. Wenn die Periode T der in das betrachtete Medium eindringenden Wellen mit der Periode T_1 der Eigenschwingungen übereinstimmt, so werden n und k unendlich groß. Doch gilt das nur bei verschwindend kleiner Absorption. Bei merklicher Absorption ergeben sich die Verhältnisse, welche in

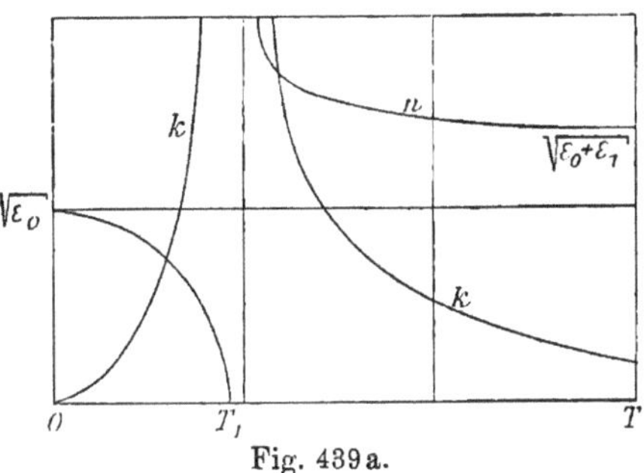

Fig. 439a.

Figur 439b graphisch dargestellt sind. Die Absorption zeigt bei $T = T_1$ ein Maximum. Lassen wir die durch ein Prisma zerlegten Strahlen weißen Lichtes durch das absorbierende Medium hindurchgehen, so erhalten wir an der entsprechenden Stelle des Spektrums einen Absorptionsstreifen. Gehen wir aus von dem violetten Ende des Spektrums, also von sehr kleinen

Werten der Periode T, so nimmt das Brechungsverhältnis n gegen den Absorptionsstreifen hin immer mehr ab, und erreicht unmittelbar vor dem Absorptionsstreifen ein Minimum. Durch den Absorptionsstreifen hindurch steigt n rapide an, und erreicht hinter dem Streifen ein Maximum, welches den Anfangswert $\sqrt{\varepsilon_0}$ weit übertrifft. Von dem Maximum sinkt n zu dem Werte $\sqrt{\varepsilon_0 + \varepsilon_1}$ herab, der für sehr große Perioden der einfallenden Schwingungen gilt. Diese Ergebnisse entsprechen vollkommen den Verhältnissen der anormalen Dispersion. Bei einer Reihe von anormalbrechenden Substanzen ist es gelungen, das Brechungsverhältnis durch den Absorptionsstreifen hindurch messend zu verfolgen. Die bei Fuchsin erhaltenen Resultate sind im folgenden zusammengestellt. An Stelle der Perioden T sind die mit ihnen proportionalen Wellenlängen λ angegeben.

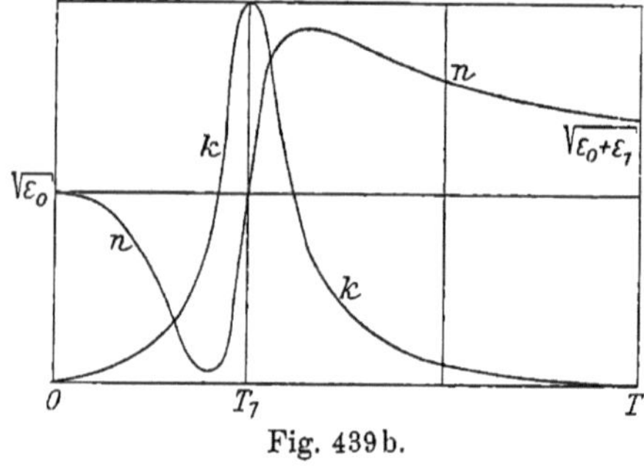

Fig. 439b.

$\lambda \times 10^6$ mm	405	410	434	461	486	535	589	671	703
n		1·38	1·17	1·04	0·83	1·05	1·95	2·64	2·34	2·30

Die zwischen den beiden vertikalen Strichen eingeschlossenen Wertpaare liegen innerhalb des Absorptionsgebietes. Der Verlauf der Zahlen wird graphisch durch eine Kurve wiedergegeben, welche mit der von Figur 439b durchaus übereinstimmt.

Bei kleiner Absorption ergibt sich, wenn ein Absorptionsstreifen mit der Peride T_r im Ultrarot, ein zweiter mit der Periode T_v im Ultraviolett liegt, für das Brechungsverhältnis die Formel:

$$n^2 = \varepsilon_0 + \frac{\varepsilon_v \, T^2}{(T^2 - T_v{}^2)} - \frac{\varepsilon_r \, T^2}{(T_r{}^2 - T^2)}.$$

Entwickelt man den ersten Bruch nach Potenzen von $\dfrac{T_v}{T}$, den zweiten nach Potenzen von $\dfrac{T}{T_r}$ und bricht mit den 4ten Potenzen ab, so erhält man für das Brechungsverhältnis im sichtbaren Teile des Spektrums die Formel:

$$n^2 = -\frac{\varepsilon_r}{T_r{}^4} T^4 - \frac{\varepsilon_r}{T_r{}^2} T^2 + \varepsilon_0 + \varepsilon_v + \varepsilon_v T_v{}^2 \frac{1}{T^2} + \varepsilon_v T_v{}^4 \frac{1}{T^4}.$$

In der Tat ergibt sich auf empirischem Wege, daß das Brechungsverhältnis durchsichtiger Körper in seiner Abhängigkeit von der Wellenlänge λ der Strahlen durch eine Formel von folgender Gestalt dargestellt werden kann:

$$n^2 = -a \lambda^2 + b + \frac{c}{\lambda^2} + \frac{d}{\lambda^4}.$$

Diese stimmt mit der vorhergehenden überein, wenn man das Glied mit T^4 vernachlässigt und berücksichtigt, daß $\lambda = v\,T$ ist, wo v die Lichtgeschwindigkeit bezeichnet.

Die zuerst angeführte allgemeine Gleichung für das Brechungsverhältnis n gibt bei kleiner Absorption:

$$n^2 = \varepsilon_0 + \frac{\varepsilon_1\,T^2}{T^2 - T_1{}^2} + \frac{\varepsilon_2\,T^2}{T^2 - T_2{}^2} + \frac{\varepsilon_3\,T^2}{T^2 - T_3{}^2} + \cdots,$$

eine Gleichung, die man auch auf die Form bringen kann:

$$n^2 = \varepsilon_0 + \varepsilon_1 + \varepsilon_2 + \varepsilon_3 + \cdots \frac{\varepsilon_1\,T_1{}^2}{T^2 - T_1{}^2} + \frac{\varepsilon_2\,T_2{}^2}{T^2 - T_2{}^2} + \frac{\varepsilon_3\,T_3{}^2}{T^2 - T_3{}^2} + \cdots$$

In der Tat erhält man so eine Formel, durch welche sich die Dispersionsverhältnisse mancher Körper sehr gut darstellen lassen. Für Quarz z. B. ergibt sich:

$$n^2 = \varepsilon + \frac{\varepsilon_1\,T_1{}^2}{T^2 - T_1{}^2} + \frac{\varepsilon_2\,T_2{}^2}{T^2 - T_2{}^2} + \frac{\varepsilon_3\,T_3{}^2}{T^2 - T_3{}^2},$$

oder wenn man an Stelle der Perioden T, T_1, T_2, T_3 die ihnen proportionalen Wellenlängen λ, λ_1, λ_2, λ_3 im leeren Raume einführt:

$$n^2 = \varepsilon + \frac{\varepsilon_1\,\lambda_1{}^2}{\lambda^2 - \lambda_1{}^2} + \frac{\varepsilon_2\,\lambda_2{}^2}{\lambda^2 - \lambda_2{}^2} + \frac{\varepsilon_3\,\lambda_3{}^2}{\lambda^2 - \lambda_3{}^2}.$$

Hier ist ε zur Abkürzung für $\varepsilon_0 + \varepsilon_1 + \varepsilon_2 + \varepsilon_3$ gesetzt; ε stellt den Wert von n^2 dar, dem dieses bei ins Unendliche wachsender Wellenlänge λ zustrebt. Die Konstanten der Formel haben für Quarz die folgenden Werte, wenn als Einheit der Länge das μ benutzt wird:

$$\varepsilon = 4{\cdot}57877,$$
$$\lambda_1{}^2 = 0{\cdot}010627\,\mu^2, \quad \lambda_2{}^2 = 78{\cdot}22\,\mu^2, \quad \lambda_3{}^2 = 430{\cdot}56\mu^2,$$
$$\varepsilon_1\,\lambda_1{}^2 = 0{\cdot}010654, \quad \varepsilon_2\,\lambda_2{}^2 = 44{\cdot}224, \quad \varepsilon_3\,\lambda_3{}^2 = 713{\cdot}55$$

Zu ganz analogen Resultaten wurde HELMHOLTZ durch die Annahme geführt, daß bestimmte elektrische Ladungen an den Atomen haften, aus denen die Moleküle der Körper zusammengesetzt sind, und daß die in einen Körper eindringenden Lichtwellen Schwingungen der Atome gegen ihren gemeinsamen Schwerpunkt erzeugen.[1]

§ 348. Fluoreszenz. Die in den vorhergehenden Paragraphen mitgeteilten Formeln ergeben sich aus der Betrachtung des Einflusses, den die Moleküle eines ponderabelen Körpers auf die eindringenden Lichtwellen ausüben. Man kann nun auch umgekehrt die Wirkungen zum Ziele der Untersuchung machen, welche die ponderabeln Moleküle von den Lichtwellen erleiden. Als die eigentümlichsten unter diesen Wirkungen erscheinen die leuchtenden Schwingungen, zu welchen die Moleküle eines fluoreszierenden Körpers von den eindringenden Wellen angeregt werden. Bei der Erklärung der Erscheinung wird man als ein unmittelbares Ergebnis der Beobachtungen die Annahme festhalten, daß

---

[1] DRUDE, Physik des Äthers. Stuttgart 1894. p. 525 u. 531. Optik. Leipzig 1900. p. 857.

in den fluoreszierenden Körpern Moleküle vorhanden sind, deren Eigenschwingungen in kontinuierlicher Folge ein begrenztes Gebiet erfüllen, entsprechend dem Spektrum des Fluoreszenzlichtes, das nur über einen verhältnismäßig schmalen Streifen des ganzen Spektrums ausgebreitet erscheint. Bei der weiteren Untersuchung sind nun zwei verschiedene Hypothesen möglich; die inneren Schwingungen der fluoreszierenden Moleküle können entweder direkt durch die eindringenden Strahlen erregt werden; dann wird für die Erscheinung der Fluoreszenz ein mechanisches Bild zu entwerfen sein. Oder aber: jene Schwingungen sind eine indirekte Wirkung des einfallenden Lichtes; dann wäre das einfachste, anzunehmen, daß die erregenden Strahlen zunächst einen chemischen Prozeß in dem fluoreszierenden Körper auslösen, und daß die Schwingungen des Fluoreszenzlichtes erst die Folge dieses Prozesses seien.

Um zu einer Entscheidung der Alternative zu kommen, wollen wir zunächst die Konsequenzen der ersten Annahme etwas weiter entwickeln. Die Grundlage der Untersuchung wird durch die Gesetze der freien und der erzwungenen Schwingung gebildet, die wir in den §§ 80—84 entwickelt haben. Wir haben in diesen Paragraphen die beiden Schwingungen gesondert untersucht, aber die Beobachtungen an dem Doppelpendel (§ 83) zeigen, daß mit der erzwungenen Schwingung immer auch die freie erregt wird. Dementsprechend werden wir annehmen, daß die erregenden Wellen in den fluoreszierenden Körpern eine doppelte Bewegung erzeugen: einmal eine freie Schwingung, die Eigenschwingung der Moleküle; von dieser nehmen wir an, daß sie einer dämpfenden Wirkung unterliegt, daß ihre Amplituden also mit der Zeit abnehmen. Dazu tritt eine erzwungene Schwingung, deren Amplitude, dem in § 82 gegebenen Gesetze entsprechend, konstant bleibt. Den Abstand von der Ruhelage, in dem sich irgend eines der in Pendelschwingung versetzten Teilchen zur Zeit t befindet, bezeichnen wir mit x. Der Abstand setzt sich zusammen aus dem Ausschlage x_1, welcher der freien, und dem Ausschlage x_2, welcher der erzwungenen Schwingung entspricht, es ist also

$$x = x_1 + x_2 .$$

Für den Ausschlag x_1 ergibt sich mit einer kleinen Veränderung des früheren Ausdruckes die Formel:

$$x_1 = A\, e^{-\gamma\, \tau} \sin(\varphi - \alpha).$$

Hier ist φ ein Hilfswinkel, der mit der Zeit t durch die Gleichung $\varphi = \dfrac{\pi}{T}\, t$ zusammenhängt; T bezeichnet die Dauer der gedämpften Schwingung. Nach Seite 93 ist:

$$\frac{\pi}{T}\, \gamma = \frac{q}{m} ,$$

somit:

$$x_1 = A\, e^{-\frac{q}{m}\, t} \sin\left(\pi\, \frac{t}{T} - \alpha\right).$$

q ist der Faktor, welcher mit der doppelten Bahngeschwindigkeit des Pendels multipliziert die dämpfende Kraft liefert. Wir wollen nun in dem Ausdrucke für x_1 an Stelle der Schwingungsdauer T die Periode τ derjenigen Schwingung benützen, welche das von dem Einfluß der Reibung befreite Pendel ausführen würde; die hierzu nötige Rechnung haben wir schon in § 84 ausgeführt, nur haben wir dort nicht die Periode der ungedämpften Schwingung benützt, sondern ihre Dauer $T_0 = \dfrac{T}{2}$. Mit Rücksicht hierauf folgt aus der auf Seite 104 angegebenen Gleichung:

$$x_1 = A\, e^{-\frac{q}{m}\, t} \sin\left\{ \frac{2\pi}{T} \sqrt{1 - \frac{q^2\, T^2}{4\, \pi^2\, m^2}}\; t - \alpha \right\}.$$

Nach dem, was wir in § 84 ausgeführt haben, tritt aperiodische Dämpfung ein, wenn die Periode den Wert

$$\Theta = \frac{2\, \pi\, m}{q}$$

erreicht oder überschreitet.

Führen wir diesen kritischen Wert in den Ausdruck für den Ausschlag x_1 ein, so ergibt sich:

$$x_1 = A\, e^{-2\pi\, \frac{t}{\Theta}} \sin\left\{ \frac{2\pi}{T} \sqrt{1 - \frac{T^2}{\Theta^2}} \cdot t - \alpha \right\}.$$

Wir betrachten zweitens die erzwungene Schwingung des Pendels (§ 82). Die Periode der äußeren Kraft sei ν, sie selbst sei gegeben durch

$$F \sin 2\, \pi\, \frac{t}{\nu}\, ;$$

der Ausschlag, welcher der erzwungenen Schwingung entspricht, kann dann durch

$$x_2 = f \sin\left(2\, \pi\, \frac{t}{\nu} - \varepsilon \right)$$

dargestellt werden. Man findet weiter:

$$\operatorname{tg} \varepsilon = \frac{q\, T}{\pi\, m \left(\dfrac{\nu}{T} - \dfrac{T}{\nu} \right)} = \frac{2\, T}{\Theta \left(\dfrac{\nu}{T} - \dfrac{T}{\nu} \right)}\, ;$$

$$f = \frac{F}{4\, m \sqrt{\left(\dfrac{\pi^2}{T^2} - \dfrac{\pi^2}{\nu^2} \right)^2 + \dfrac{\pi^2\, q^2}{m^2\, \nu^2}}} = \frac{F\, \Theta\, \nu}{8\, \pi^2\, m \sqrt{\dfrac{\Theta^2}{4}\, \nu^2 \left(\dfrac{1}{T^2} - \dfrac{1}{\nu^2} \right)^2 + 1}}.$$

Wenn das Pendel gleichzeitig eine freie und eine erzwungene Schwingung ausführt, so ist sein Ausschlag x gleich der Summe der Ausschläge x_1 und x_2, es ist also:

$$x = A\, e^{-2\pi\, \frac{t}{\Theta}} \sin\left\{ \frac{2\pi}{T} \sqrt{1 - \frac{T^2}{\Theta^2}}\; t - \alpha \right\}$$
$$+ f \sin\left(2\, \pi\, \frac{t}{\nu} - \varepsilon \right).$$

Wir nehmen nun an, daß das Pendel, d. h. das schwingende Teilchen eines fluoreszierenden Moleküls, sich von Hause aus in Ruhe befunden habe; seine Bewegung beginne mit der ersten Welle der Kraft $F \sin 2\pi \frac{t}{V}$, von der es getroffen wird. Nehmen wir den Moment, in dem dies geschieht, zum Anfangspunkte der Zeitrechnung, so müssen die Konstanten A und α so bestimmt werden, daß für $t = 0$ der Ausschlag x des Pendels und seine Bahngeschwindigkeit gleich Null sind. Aus diesen Bedingungen ergibt sich:

$$A = \frac{F}{8\,\pi^2\,m} \cdot \frac{\Theta\,T}{\sqrt{\dfrac{V^2\,\Theta^2}{4}\left(\dfrac{1}{T^2} - \dfrac{1}{V^2}\right)^2 + 1} \cdot \sqrt{1 - \dfrac{T^2}{\Theta^2}}}.$$

Von der Konstanten A hängt die Amplitude der freien Schwingung ab, welche in den fluoreszierenden Molekülen erzeugt wird. In der zweiten Auflage dieses Lehrbuches ist etwas ausführlicher gezeigt worden, daß A ein Maximum hat, wenn die Periode V der erregenden Wellen nahe übereinstimmt mit der Periode T der Eigenschwingung. Für das Fluoreszenzspektrum ergibt sich daraus die Folgerung, daß die Stelle seiner maximalen Intensität nicht bloß abhängig ist von der Natur des fluoreszierenden Körpers, sondern auch von der Periode des erregenden Lichtes.

Diese Folgerung einer rein mechanischen Auffassung wird nun durch Ergebnisse neuerer Forschungen[1] widerlegt; es wird dadurch gleichzeitig wahrscheinlich gemacht, daß chemische Prozesse als die unmittelbare Ursache der Fluoreszenz zu betrachten sind. Die Tatsachen, um die es sich handelt, sind folgende: Das Fluoreszenzspektrum besitzt eine Stelle maximaler Intensität, deren Lage nur von der Natur des fluoreszierenden Körpers abhängt, nicht von der Wellenlänge des erregenden Lichtes, ganz dasselbe gilt von der Art, wie die maximale Intensität nach beiden Seiten hin abfällt; die relativen Intensitäten der verschiedenen Teile des Fluoreszenzspektrums bleiben also immer dieselben, nur ihre absoluten Werte hängen von der Wellenlänge des einfallenden Lichtes ab. Starke Fluoreszenz ist verbunden mit ausgesprochenen Absorptionsbanden in dem Lichte, welches durch den fluoreszierenden Körper hindurchgelassen wird. In vielen Fällen entspricht dann die Stelle maximaler Fluoreszenz einer Wellenlänge, die größer ist, als die Wellenlängen des Absorptionsgebietes, und in diesem Sinne könnte die Regel von STOKES als gültig angenommen werden. Fluoreszenz wird aber auch von Strahlen erregt, die eine größere Wellenlänge besitzen als die Strahlen des Fluoreszenzspektrums. Der Vergleich des Fluoreszenzspektrums mit dem Spektralgebiete, über welches die Fluoreszenz erregenden Strahlen sich erstrecken, ergibt folgendes. Das Fluoreszenzspektrum dehnt sich nach der roten Seite weiter aus, als das Gebiet der erregenden Strahlen. Wenn sich die Wellenlänge des erregenden Lichtes der Grenze nähert, jenseits deren seine Wirkung aufhört, so nimmt die Helligkeit des Fluoreszenzspektrums bis zu völligem Ver-

---

[1] L. NICHOLS und E. MERRITT, The Physical Review. 1904. Vol. IX. p. 18.

schwinden ab. Es existiert eine Wellenlänge des erregenden Lichtes für welche die gesamte Helligkeit des Fluoreszenzlichtes einen größten Betrag erreicht. Nach der STOKESschen Regel könnte man erwarten, daß jene Wellenlänge kleiner sei, als die Wellenlänge an der Stelle der größten Intensität des Fluoreszenzspektrums; dies trifft in vielen, aber nicht in allen Fällen zu, von einer allgemeinen Gültigkeit der STOKESschen Regel kann daher keine Rede sein.

Zur Erläuterung dieser Sätze dienen die Figuren 440a und 440b. Die ausgezogenen Kurven stellen die Intensitätsverteilung in dem Fluoreszenzspektrum

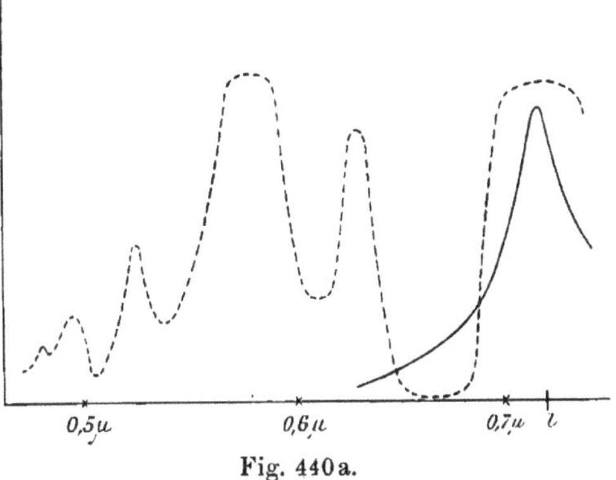

Fig. 440a.

dar, die gestrichelten die Intensitätsverteilung in dem von dem fluoreszierenden Körper durchgelassenen Lichte. Auf den horizontalen Achsen sind die Wellenlängen in μ abgetragen, senkrecht dazu die photometrisch gemessenen Intensitäten des Spektrums. Figur 440a bezieht sich auf Chlorophyll in alkoholischer Lösung. Die Fluoreszenz wurde mit einem Quecksilberlichtbogen erregt; l gibt die größte Wellenlänge des erregenden Lichtes an, bei der noch Fluoreszenz beobachtet werden konnte. Die gestrichelte Kurve entspricht dem Spektrum des durch eine Schichte der Lösung von $1 \cdot 1$ cm Dicke durchgelassenen Lichtes. Figur 440b bezieht sich auf grünen Flußspat. Wird der Kohlenlichtbogen zur Erregung der Fluoreszenz benützt, so ergibt sich für die Intensität des Fluoreszenzspektrums die Kurve A; die Kurve B entspricht der Erregung durch Quecksilberlicht, die gestrichelte Kurve dem

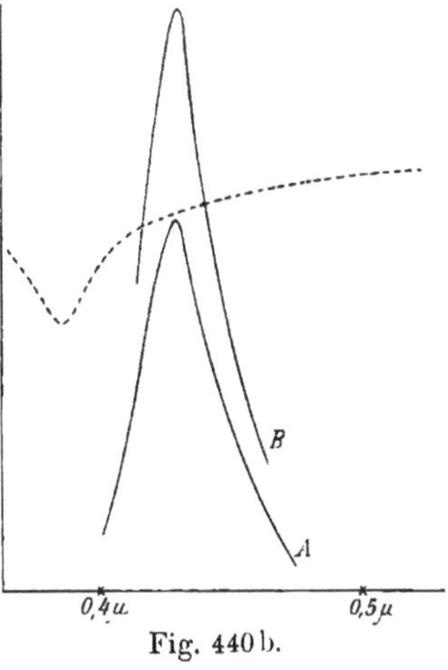

Fig. 440b.

Spektrum des durch eine Schicht von $0 \cdot 8$ cm Dicke durchgelassenen Lichtes.

Der Widerspruch zwischen der zuerst betrachteten mechanischen Theorie und den Tatsachen der Beobachtung wird auch durch die allgemeineren Annahmen nicht beseitigt, die LOMMEL[1] seiner Theorie der

<hr>

[1] LOMMEL, POGG. Ann. 1871. Bd. 140. p. 26. SCHMIDT, WIED. Ann. 1896. Bd. 58. p. 103.

Fluoreszenz zugrunde gelegt hat. Ähnlich wie Helmholtz in seiner Theorie der Differenz- und Summationstöne nimmt er an, daß die schwingenden Teilchen nach ihrer Ruhelage mit einer Kraft gezogen werden, welche ein dem Quadrate des Ausschlages proportionales Glied enthält. Ein erstes Maximum der Resonanz auf eine periodisch wirkende äußere Kraft tritt dann ein, wenn die Schwingungsperiode τ des Moleküles gleich ist der Periode der Kraft, ein zweites, wenn τ gleich der doppelten Periode der Kraft, ein drittes, erheblich schwächeres, wenn τ gleich der halben Periode der Kraft ist. Die beobachteten Tatsachen stehen hiermit nicht in Übereinstimmung; es ist aber nicht unmöglich, daß trotzdem die von Lommel vorgenommene Erweiterung der Grundlagen für die weitere Entwickelung der Theorie in der einen oder anderen Form von Bedeutung bleibt.

Ein ganz ähnliches Verhalten, wie die Fluoreszenz, zeigt nach neueren Untersuchungen[1] auch die Phosphoreszenz. Doch treten dabei noch besondere, sehr merkwürdige Verhältnisse ein, die wir zum Schlusse kurz andeuten wollen. Reines Sulfid, z. B. reines CaS, besitzt darnach die Eigenschaft der Phosphoreszenz nur in äußerst geringem Maße; notwendig ist, daß dem Sulfide geringe Mengen eines Metalles zugesetzt werden; beispielsweise wurden hierzu die Nitrate von Cu, Mn, Bi verwandt, als dritter Bestandteil tritt hinzu ein schmelzbarer Zusatz, z. B. Na_2SO_4 oder $CaFl_2 + Na_2SO_4$. Das Phosphoreszenzspektrum besteht aus einzelnen Banden, deren Lage nur abhängt von der Natur des phosphoreszierenden Körpers, nicht von der Wellenlänge des erregenden Lichtes; die Banden sind charakteristisch für das dem Sulfide beigemischte Metall; der schmelzbare Zusatz hat nur Einfluß auf die Intensitätsverhältnisse der Banden. Die Phosphoreszenz beruht auf zwei verschiedenen, während der Belichtung nebeneinander herlaufenden Vorgängen; einer momentanen Erregung, welche identisch sein dürfte mit der Fluoreszenz, und einer Dauererregung; die letztere ist dadurch charakterisiert, daß die ihr entsprechende Lichtemission langsam ansteigt, und nach dem Schlusse der Belichtung langsam wieder abklingt. Momentane und dauernde Erregung verhalten sich verschieden bei Änderung der Temperatur. Kühlt man ab, — die Temperatur wurde z. T. bis auf -180^0 erniedrigt —, so verschwindet die Lichtemission mit dem Schluß der Belichtung; aber wenn man den phosphoreszierenden Körper wieder bis auf höhere Temperatur, etwa auf Zimmertemperatur erwärmt, so tritt von neuem ein langsam abklingendes Phosphoreszenzlicht auf. In der tiefen Temperatur tritt also zu der momentanen Erregung eine Aufspeicherung von Energie, die in der höheren Temperatur wieder als Phosphoreszenzlicht ausgegeben wird. Wenn man dagegen den phosphoreszierenden Körper über die normale Temperatur, vielleicht bis 200° C., erhitzt, so verschwindet gleichfalls die dauernde Phosphoreszenz, aber es findet keine Auf-

---

[1] Lenard und Klatt. Ann. d. Phys. 1904 Bd. 15. p. 633.

speicherung von Energie statt; denn der nach Schluß der Belichtung wieder abgekühlte Phosphor zeigt keine Lichtemission. Beachtenswert ist noch die Tatsache, daß man Erdalkaliphosphore nie auf nassem Wege, sondern nur durch Glühen herstellen kann.

§ 349. Zirkularpolarisation. Die Drehung der Polarisationsebene, wie wir sie beim Quarz beobachten, ist nur möglich, wenn das Medium in dem sich der Lichtstrahl bewegt, keine durch ihn hindurchgehende Symmetrieebene besitzt; denn sonst wäre bei einem Strahle, dessen Polarisationsebene mit der Symmetrieebene zusammenfällt, keine Drehung denkbar. Nun gibt es eine Menge organischer Verbindungen des Kohlenstoffes, die in flüssigem oder gasförmigem Zustande die Polarisationsebene drehen. Als ein bekanntes Beispiel erwähnen wir den Zucker, bei dessen Lösungen die gemessene Drehung zu der Bestimmung des Zuckergehaltes benützt wird. Bei flüssigen Körpern aber kann die Asymmetrie nur in dem Baue der Moleküle selbst gesucht werden; in schematischer Weise könnte man sie durch rechts- oder linksgewundene Schrauben darstellen. Dieser Bemerkung entspricht nun die Tatsache, daß alle Kohlenstoffverbindungen, welche die Polarisationsebene drehen, asymmetrische Kohlenstoffatome besitzen, d. h. solche, deren vier Valenzen durch vier voneinander verschiedene Atome oder Radikale gebunden werden. Eine weitere Ausführung dieser Bemerkungen würde nur im Zusammenhange mit einer ausführlicheren Darstellung der theoretischen Optik gegeben werden können; sie liegt daher außerhalb der hier zu lösenden Aufgabe. Übrigens haben auch die weitergehenden Untersuchungen noch nicht über die formalen Analogien hinaus zu einer wirklichen Einsicht in den Zusammenhang geführt, der zwischen der chemischen Konstitution der Moleküle und ihrem Rotationsvermögen besteht.

Berichtigungen.

Seite 47 Zeile 16 von unten muß es heißen: bei statt der.

Seite 120 Zeile 5 von oben muß es heißen: bewege statt bewegt.

Seite 416 Zeile 30 von oben muß es heißen: Objektgröße statt Objektivgröße.